U0287367

稀散金属超常富集理论
与探测技术示范

温汉捷　李晓峰　陈懋弘　李红谊 等　著

科 学 出 版 社
北　京

内 容 简 介

本书以稀散金属的超常富集机制及成矿预测为核心，以扬子地块西缘稀散矿产资源聚集区为研究和示范基地，选择桂北—滇东南锡铟多金属矿集区、川滇黔铅锌锗矿集区和滇东—黔西铌-镓-稀土富集区中不同矿床类型（岩浆热液型、低温热液型、古表生风化-沉积型）为研究对象，重点开展铟、锗、镓等稀散金属资源超常富集机制研究和深部预测示范。通过铟、锗、镓等稀散金属成矿背景、过程、地球化学示踪、定位机制、综合找矿信息集成等方面的研究，揭示它们成矿的特殊条件，构建不同尺度的成矿-找矿模型，力争破解制约稀散矿产资源深部预测与评价的瓶颈问题。

本书可供地球化学、矿床学、成矿预测等学科的科研人员、教师、研究生及高等院校地学专业高年级学生参考。

审图号：GS 京（2024）1674 号

图书在版编目（CIP）数据

稀散金属超常富集理论与探测技术示范 / 温汉捷等著. --北京：科学出版社，2024.10

ISBN 978-7-03-075911-5

Ⅰ. ①稀… Ⅱ. ①温… Ⅲ. ①稀散金属—金属矿床—成矿预测 Ⅳ. ①P618.608

中国国家版本馆 CIP 数据核字（2023）第 118797 号

责任编辑：王 运 / 责任校对：何艳萍

责任印制：肖 兴 / 封面设计：无极书装

科学出版社出版

北京东黄城根北街 16 号

邮政编码：100717

http://www.sciencep.com

北京建宏印刷有限公司印刷

科学出版社发行 各地新华书店经销

*

2024 年 10 月第 一 版 开本：889×1194 1/16

2024 年 10 月第一次印刷 印张：29 3/4

字数：1 000 000

定价：398.00 元

（如有印装质量问题，我社负责调换）

前　言

稀散金属（包括镉、镓、铟、铊、锗、硒、碲、铼8个元素）在自然界的分布以“稀少”且“分散”为其主要特征。尽管稀散金属在现代工业、国防和尖端科技领域是不可缺少的支撑材料，对国民经济、国家安全和科技发展具有“四两拨千斤”的重要战略意义，但由于其特殊的地球化学性质和成矿的苛刻性，相比较其他金属资源，长期以来对稀散金属成矿机制的研究比较薄弱。

稀散金属的研究从19世纪末已经开始，但这一时期的工作主要关注元素的基本地球化学性质和矿物学的研究。直到20世纪50年代，随着稀散金属在工业科技发展中的逐步应用，地质学家们开始关注稀散金属在成矿过程中的地球化学行为，探索其成矿富集的可能机制。20世纪90年代，由涂光炽院士主持，多家单位（中国科学院地球化学研究所、中国科学院广州地球化学研究所、成都理工大学等）参与的国家自然科学基金重点项目“分散元素成矿机制研究”的实施，标志着稀散金属的研究进入了一个崭新的阶段，从之前的元素角度进行地球化学性质的研究全面转入作为一类重要的矿种进行成矿机制研究。这一阶段最核心的成果是突破了“稀散金属不能形成独立矿床”的传统观念，初步建立了稀散金属成矿理论体系，定义了稀散金属矿床的科学内涵。

本书的大部分作者当时作为研究生参与了涂光炽院士主持的国家自然科学基金重点项目“分散元素成矿机制研究”的研究工作，从1997年项目启动至今已从事稀散金属成矿机制研究27年。稀散金属研究属于矿床学研究的小领域，甚至是冷门学科，幸有涂先生作为战略科学家高瞻远瞩，他在晚年嘱咐我们，这些资源虽然“稀”和“少”，但对国家和科技发展甚为关键，希望我们能够坚持下去，保留一直从事稀散金属研究的团队，以便当国家需要的时候能够发挥作用。27年来，研究团队秉承先生的遗愿，不忘初心，始终将稀散金属成矿机制的研究作为工作的重点。研究工作也得到了国家自然科学基金委员会和科技部的大力支持。2009年，稀散元素成矿机制研究再次得到国家自然科学基金委员会的支持，由本书第一作者主持的国家自然科学基金重点项目“分散元素富集的地球化学过程及动力学背景——以扬子地块西缘为例”启动实施。2017年，由本书第一作者主持的国家重点研发计划项目“稀散矿产资源基地深部探测技术示范”启动。这些项目的实施，使得稀散金属的研究已从基础研究延伸到找矿预测应用研究，进一步拓展了稀散金属的学科发展。

全书主要以稀散金属的超常富集机制及成矿预测为核心，以扬子地块西缘稀散矿产资源聚集区为研究和示范基地，选择桂北—滇东南锡铟多金属矿集区、川滇黔铅锌锗矿集区和滇东—黔西铌-镓-稀土富集区中不同矿床类型（岩浆热液型、低温热液型、古表生风化-沉积型）为研究对象，重点开展铟、锗、镓等稀散金属资源超常富集机制研究和深部预测示范。通过铟、锗、镓等稀散金属成矿背景、过程、地球化学示踪、定位机制、综合找矿信息集成等方面的研究，揭示它们成矿的特殊条件，构建不同尺度的成矿-找矿模型，力争破解制约稀散矿产资源深部预测与评价的瓶颈问题。

全书共分8章，分别由以下同志执笔：第1章温汉捷；第2章温汉捷、周正兵、朱传威、杜胜江、罗重光、范裕、王大钊；第3章温汉捷、樊海峰、朱传威、张羽旭、周正兵、罗重光；第4章李红谊、张聿文、景建恩、李信富、燕永锋、杜胜江、温汉捷；第5章李晓峰、杨光树、徐净、王大鹏、李廷俊、叶勤富、徐林、罗重光；第6章陈懋弘、叶霖、周家喜、吴越、孔志刚、韦晨、李珍立、胡宇思、罗开；第7章温汉捷、杜胜江、罗重光；第8章燕永峰、娄德波、陈懋弘、张长青、杨光树、孙滨、贾福聚。

本书的相关研究工作主要是在科技部国家重点研发计划项目及国家自然科学基金面上和重点项目支持下完成的。在研究过程中得到中国科学院地球化学研究所、长安大学和兄弟单位中国科学院广州地球化学研究所、中国科学院地质与地球物理研究所、中国地质科学院、中国地质大学（北京）、中国地质大学

(武汉)、昆明理工大学等的大力支持，同时也得到了广西华锡集团股份有限公司、云南华联锌铟股份有限公司、贵州省地质矿产勘查开发局等企事业单位的大力协助。同时，我们也要特别感谢翟明国院士、毛景文院士、胡瑞忠院士、赵振华研究员、华仁民教授、孙晓明教授、吕志成研究员等专家对本书依托项目的长期跟踪指导，长安大学汤中立院士始终关心项目的进展并给予了积极中肯的指导意见。

因时间仓促，水平有限，本书在某些方面的研究还不够深入，认识也不尽全面，诚恳欢迎地学界同行批评指正。

目　录

第1章　绪　　论

稀散金属（包括 Cd、Ga、In、Tl、Ge、Se、Te、Re）是现代工业、国防和尖端科技领域不可缺少的支撑材料，对国民经济、国家安全和科技发展具有“四两拨千斤”的重要战略意义，因而被很多西方发达国家视为21世纪的战略物资加以资源保护和战略储备。因此，如何加快稀散矿产资源找矿突破、增强稀散金属作为“战略性”矿产资源的保障能力，已成为国际关注的焦点。国外政府机构、发达矿业大国、国际学术组织和科研机构相继出台了一系列针对稀散矿产资源的战略规划和研发计划，如2009年德国发布了《新兴技术对资源的需求》，预测和制定了到2030年未来新兴产业对稀散金属资源的需求和应对策略；2012年，美国地质调查局发布了《能源和矿产资源科学战略（2013—2023）》，报告重视对新兴能源和高技术型矿产的需求，把 Cd、Ga、Ge、In、Se、Te 等新兴产业所需的矿种作为研究重点，强调对这些矿种的资源分布、成矿条件、地质演变和矿床类型等方面的研究。我国国土资源部颁布的《找矿突破战略行动纲要（2011—2020 年）》提出了“以资源相对富集的地区为重点，开展稀土以及稀有、稀散矿产资源战略调查，争取发现新的独立矿床”，有力地推动了稀散矿产资源基础理论研究和找矿突破，为我国稀散矿产资源的综合开发利用提供了依据。“十三五”国家科技创新规划明确提出了“研究稀有金属、稀土元素及稀散元素构成的矿产资源保护性开发技术”，将稀散矿产资源的研究和利用上升到国家战略层面。

近十余年来，稀散金属成矿的研究得到不断重视，有关研究成果不断积累和逐步深化，逐渐形成一个专门的研究领域。这些成果和认识主要可概括为：①确立了稀散金属可以形成矿床的理论体系，突破了“稀散金属不能形成独立矿床”的传统观念，定义了稀散金属矿床的科学内涵（涂光炽和高振敏，2003）；②初步明确了稀散金属矿床的矿床类型和成矿专属性，大大提高了稀散金属的资源评价效率（胡瑞忠等，2014）；③对全球稀散矿产资源分布进行了初步评估，建立了稀散金属矿产地数据库和样品资料库，提出了重要找矿方向（Schwarz-Schampera and Herzig，2002；Schwarz-Schampera，2013；王登红等，2016a，2016b；Frenzel et al.，2016a，2016b）；④围绕稀散矿产资源成矿核心问题进行了初步研究，建立了若干稀散矿种（如 In、Ge 等）的成矿模式（Höll et al.，2007；Schwarz-Schampera，2013）；⑤新技术新方法（如稀散金属同位素）的运用加深了对稀散金属的超常富集机制的认识，对建立适合的成矿模型并指导找矿突破提供了重要支撑（Wen and Carignan，2011；Wen et al.，2016）。然而，尽管前期已取得了重要进展，但相对于其他矿种，对这些稀散金属矿产资源的研究、开发总体起步较晚，成矿规律认识与客观实际还有较大差距，成矿理论尚不完善，未建立起有效的成矿预测和勘查技术系统，极大制约了稀散矿产资源的找矿突破。

矿产资源的勘查已越来越依赖于成矿新理论的指导和找矿新技术新方法的应用，一方面，成矿理论的创新正在深刻地改变着找矿实践的工作模式（叶天竺等，2015）；另一方面，地球物理勘查技术、遥感技术、深穿透地球化学技术、地球化学填图和 GIS 技术等新技术新方法在深部矿产预测与评价中起着越来越重要的作用（谢学锦和王学求，2003；Cameron et al.，2004）。稀散矿产资源的形成往往具有特殊的地质背景与成矿过程，决定了稀散矿产资源具有特殊的成矿条件及控制因素，其勘查所需要的成矿理论、找矿模型和勘查技术并不完全等同于其他类型矿床，因此，通过专门的成矿作用和找矿预测研究，提炼稀散金属找矿的关键标志，建立有针对性的找矿模型，发展有效的集“矿床模型+地球化学异常+地球物理异常”为一体的深部综合勘查技术和方法将是提高稀散矿产资源深部预测评价水平和预测精度的重要途径，也是实现深部找矿突破的关键。

1.1　稀散金属矿产资源定义及主要用途

稀散金属，也被称为分散金属，是指在地壳中丰度很低，在岩石中极为分散，形成矿物并大量堆积的概率很低，成矿需要苛刻条件的 8 个元素：Cd、Ga、In、Tl、Ge、Se、Te、Re（涂光炽等，2004）。稀散金属是国民经济发展的重要基础材料，被称为电子金属、生命攸关金属，在高科技、新能源、新材料、现代航空、现代军事等领域具有广泛应用价值，而成为世界各大经济体争夺的战略资源（表 1-1）。

表 1-1　稀散金属主要用途

金属	主要用途
Cd	原子反应堆控制棒、光电池
Ga	薄层光电，集成电路，WLED（白光二极管）
In	显示器，薄层光电
Tl	γ 射线加速器、红外探测器、晶体滤波器
Ge	光纤、红外光学技术
Se	薄层光电、合金元素
Te	热成像与光电子材料
Re	高温合金与耐热涂层材料、Pt-Re 催化剂

例如，金属 In 具有延展性好、可塑性强、熔点低、沸点高、低电阻、抗腐蚀等优良特性，且具有较好的光渗透性和导电性，被广泛应用于航空航天、无线电和电子工业、医疗、国防、高新技术、能源等领域。生产 ITO（Indium Tin Oxide，氧化铟锡）靶材（用于生产液晶显示器和平板屏幕）是 In 的主要消费领域，占全球 In 消费量的 70%；其次是电子半导体领域，占全球消费量的 12%；焊料和合金领域占 12%；研究行业占 6%。In 也是制造新一代 Cu-In-Se 高效太阳能电池（CIS）的核心材料和制造下一代电脑芯片（In-Sb）的关键材料。从目前来看，尚不存在其他金属在上述领域可以替代 In（Werner et al.，2015，2017）。

Ge 是重要的半导体材料，在半导体、航空航天测控、核物理探测、光纤通信、红外光学、太阳能电池、化学催化剂、生物医学等领域都有广泛而重要的应用。美国地质调查局 2015 年数据显示的全球 Ge 终端用户所占比例如下：纤维光纤 30%，红外光纤 20%，聚合催化剂 20%，电子和太阳能器件 15%和其他（荧光粉、冶金和化疗）15%。总的来看，尽管 Ge 在光伏等较小用途存在可代替性，其最大用途在红外感光领域，具有较高的不可代替性。同时，在光纤、半导体、医药领域都具有较大发展潜力（Frenzel et al.，2014）。

Ga 是一种低熔点高沸点的稀散金属，有“电子工业脊梁”的美誉。Ga 的化合物是优质的半导体材料，被广泛应用到光电子工业和微波通信工业，用于制造微波通信与微波集成、红外光学与红外探测器件、集成电路、发光二极管等。例如我们在电脑上看到的红光和绿光就是由磷化镓二极管发出的。Ga 的消费领域包括半导体和光电材料、太阳能电池、合金、医疗器械、磁性材料等。目前，半导体行业金属 Ga 消费量约占总消费量的 80%～85%。随着 Ga 下游应用行业的快速发展，尤其是太阳能电池行业，未来金属 Ga 需求也将稳步增长（Frenzel et al.，2016a）。

Re 是一种稀有难熔金属，不仅具有良好的塑性、机械性和抗蠕变性能，还具有良好的耐磨损、抗腐蚀性能，对除氧气之外的大部分燃气能保持比较好的化学惰性。Re 及其合金被广泛应用到航空航天、电子工业、石油化工等领域。美国地质调查局 2013 年发布的数据显示，高温合金为 Re 最大的消费领域，约占 Re 总消费量的 80%，催化剂为 Re 的第二大消费领域（黄翀等，2014）。

1.2　全球稀散金属矿产资源分布和需求趋势

稀散金属的资源禀赋特征决定了资源储量有限性和地理上的不均衡性，虽然全球十分重视稀散金属矿产资源的勘查，但真正具有资源优势的国家和地区主要集中在中国、美国、澳大利亚、俄罗斯、中亚诸国和非洲等地。

In：In 在地壳中的含量为 0.1×10^{-6}。虽然确定有 5 种独立矿种如硫铟铜矿（$CuInS_2$）、硫铟铁矿（$FeInS_4$）、水铟矿（$In(OH)_3$）等，但这些矿物在自然界也很少见，In 主要呈类质同象存在于铁闪锌矿、赤铁矿、方铅矿以及其他多金属硫化物矿石中。此外锡矿石、黑钨矿、普通角闪石中也含有 In。全球探明的 In 储量约 76000 t，In 资源比较丰富的国家有中国、玻利维亚、秘鲁、美国、加拿大和俄罗斯，上述国家 In 储量占全球 In 储量的 70%（Werner et al.，2015，2017）。

Ge：Ge 在地壳中含量约 1.5×10^{-6}。Ge 具有亲石、亲硫、亲铁、亲有机的化学性质，很难独立成矿，一般以分散状态分布于其他元素组成的矿物中，成为多金属矿床的伴生成分，比如含硫化物的 Pb、Zn、Ag、Au 矿床以及某些特定的煤矿。全球 Ge 资源比较贫乏，已探明的 Ge 保有储量仅为 8600 t。金属 Ge 资源在全球分布非常集中，主要分布在中国、美国和俄罗斯，其中 Ge 资源分布最多的国家是美国，保有储量 3870 t，占全球储量的 45%，其次是中国，占全球的 38%（Frenzel et al.，2016b）。

Ga：Ga 在地壳中的含量为 15×10^{-6}。自然界中的 Ga 分布比较分散，多以伴生矿存在，主要赋存在铝土矿中，少量存在于锡矿、钨矿和铅锌矿中。根据美国地质调查局 2022 年发布的数据，全球铝土矿中 Ga 的储量超过 100 万 t，锌矿中还有一定储量的 Ga 资源。虽然铝土矿和锌矿中所含的 Ga 资源相对较多，但目前能从中开发回收的 Ga 资源量却很少（Frenzel et al.，2016b；Schulz et al.，2017）。

Te：Te 主要与黄铁矿、黄铜矿、闪锌矿等共生，含量仅 0.001%～0.1%；主要 Te 矿物有碲铅矿、碲铋矿、辉碲铋矿以及碲金矿、碲铜矿等。根据美国地质调查局（USGS）2022 年公布的数据，全球 Te 资源储量达 3.1 万 t，美国、秘鲁、加拿大、日本、俄罗斯 Te 资源相对丰富。

Se：Se 在地壳中的含量为 0.05×10^{-6}，通常极难形成工业富集。虽然目前已发现的 Se 矿物有百余种，但 Se 以独立矿物产出的量却很少，大多数 Se 都是作为铜矿加工过程中的副产品回收而来。根据美国地质调查局 2022 年发布的数据，全球 Se 资源储量约为 10 万 t，Se 资源相对丰富的国家有中国（2.6 万 t）、俄罗斯（2 万 t）、秘鲁（1.3 万 t）、美国（1.0 万 t），其他国家 Se 资源总量约为 3.1 万 t。

Re：全球 Re 资源量约为 2500 t，智利的 Re 资源量最为丰富，为 1300 t，其次为美国（400 t）、俄罗斯（310 t）、哈萨克斯坦（190 t）、亚美尼亚（95 t），世界其他国家 Re 资源储量的总和约为 205 t。

Cd：全球 Cd 储量总量为 500000 t，目前中国是各国当中 Cd 储量最为丰富的国家，以 92000 t Cd 储量占全球总量的 18.4%。其他蕴藏 Cd 资源较丰富的国家有秘鲁、墨西哥、印度、俄罗斯、美国等。

Tl：总体来看，因为 Tl 是有毒元素，安全阈值小，加之近年在应用上无重要的发展，所以未来总体供求基本平衡。除非能够在实际应用方面有重大突破，一般情况下，其消费需求不会有太大变化。同时，国家层面的需求变化，如美国，主要取决于科学研究和实际应用的需要变化。

总的来看，随着稀散金属应用的进一步扩展，全球对稀散金属的消费量日益增大，如图 1-1 所示。相比于 2000 年，随着需求的增加，现在 In、Ge、Ga 的全球产量都有几倍的增长。

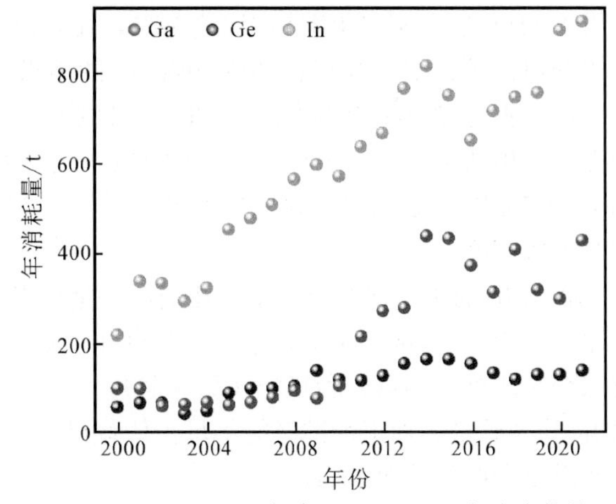

图 1-1 2000～2020 年度 In、Ge、Ga 全球消费量

1.3 我国稀散金属矿产资源分布和需求趋势

我国是稀散金属资源大国，特别是其中的关键性金属（如 In、Ge、Ga）的储量在全球具有重要的地位，如表 1-2 所示。

1.3.1 我国 In 资源分布和需求趋势

中国的 In 资源居世界首位，查明的资源量为 14000 余吨，In 资源分布明显具有区域富集特征，云南、广西及内蒙古总计占有全国 75%的 In 资源储量，其余如青海及广东等省也具有一定量的 In 资源。云南省查明资源储量 6135.4 t，占全国总量的 40%；广西储量位列其次，资源储量 3206.9 t，占全国总量的 21%；内蒙古资源储量 2192.8 t，占全国总量的 14%。

表 1-2 国内外“三稀”矿产资源分布统计表

金属	世界储量/万 t	中国储量/万 t	中国储量占比/%	世界产量/t	中国产量/t	中国产量占比/%
Cd	50	9.2	18	24000	10000	42
Ga	>100	29.5	>29.5	430	420	98
In	7.6	1.368	18	920	530	58
Tl	1.7	约 0.9	53	10	无数据	
Ge	0.86	0.3256	38	140	95	68
Se	10	2.6	26	3000	1100	37
Te	3.1	0.66	21	580	340	59
Re	0.25	无数据		59	2.5	4

注：主要据美国地质调查局（USGS）2021 年以来资料。

我国主要的 In 矿资源主要分布在华北板块北缘和扬子板块西缘，In 大多源于富 Sn 铅锌热液硫化物矿床及夕卡岩型 Sn 多金属矿床。主要的矿床包括：广西大厂 Sn 多金属矿床，云南都龙 Sn-In 多金属矿床，云南个旧 Sn-Cu 多金属矿床，内蒙古孟恩陶勒盖、大井 Sn 多金属矿床，广东金子窝、锯板坑 Pb-Zn 矿床，四川岔河等矿床。其中，大厂 Sn 多金属矿床、都龙 Sn-In 多金属矿床及个旧 Sn-Cu 多金属矿床皆位于滇东南—桂西 Sn 矿带内，3 个矿床矿化类型相近，构成了中国乃至世界上最重要的 In 超常富集成矿区域（林丰，2017）。

我国是世界上主要 In 消费国家之一，近十年 In 消费水平呈快速增长的趋势。在消费结构上面，2019 年用于 ITO 靶材领域的消费占比达 70%，且受到平板显示器行业的快速发展而有逐年增加的趋势，按照目前的增速，预计 ITO 靶材在 2050 年对 In 的需求将达到 402 t（周艳晶，2021）；其次为焊料、合金和半导体领域，占比 24%；铜铟镓硒（CIGS）薄膜太阳能电池领域占比已经达到 4%（张伟波等，2019），在全球提倡使用清洁能源的大形势下，太阳能光伏发电市场具有巨大的潜力。我国在 2035 年 CIGS 电池有望达到 4～5.5 GW 的建设量，这需要的精铟量约为 75～80 t（周艳晶，2021），会极大提高 In 的需求，加剧 In 的对外依存度。

我国 In 的生产现在形成了依托资源基地以及冶炼厂集中产出的趋势，现有 In 生产分布在湖南（株洲、湘潭、郴州）、云南（文山、个旧、蒙自和宣威）、广西（柳州、河池、来宾）、广东（韶关、深圳）、新疆（拉萨）、江苏（南京）和辽宁（葫芦岛）。我国 In 的生产存在的问题主要是我国主要加工的是原生 In，对精 In 等高质量深加工铟锭产能不足，依赖进口，因此需调整产业结构，不断进行科技创新是我国 In 产业发展需要考虑的重要方向。

1.3.2 我国 Ge 资源分布和需求趋势

我国的 Ge 资源储量仅次于美国，位居全球第二。现已探明 Ge 资源占世界 Ge 的总量约 41%，已探明 Ge 矿床产地约 35 处，保有储量 3500 t，远景储量约 9600 t。这些探明的 Ge 矿床分布在云南、内蒙古、贵州、广东、吉林、山西和广西等区域；其中云南省和内蒙古的 Ge 保有储量位列前两席，分别占据全国储量的 34%和 16%。

我国独立的 Ge 矿床主要包括云南临沧超大型 Ge 矿床（Ge 金属量 800 t）和内蒙古乌兰图嘎超大型 Ge 矿床（Ge 金属量 1600 t）。我国伴生 Ge 矿床主要包括云南会泽铅锌矿床（Ge 金属量 500～600 t）、罗平铅锌矿床，贵州赫章铅锌矿床（Ge 金属量 180 t），广东凡口铅锌矿床（Ge 金属量 428 t），湖南水口山铅锌矿床，湖南宁乡铁矿床，内蒙古五牧场区次火山热变质 Ge–煤矿床。我国 Ge 主要来源于褐煤（70%），其次为各类Pb-Zn硫化物矿床（25%），其他废料回收占5%（章明等，2003）。

中国对Ge的需求主要来自光纤-光学领域及红外光学仪器领域，并在新兴的光伏领域有很大的潜力。另外，Ge在红外、高质量光纤等领域都具有无可替代性；同时许多国家都已经将Ge作为战略资源加以储备，这将促使未来Ge的需求会十分巨大。

因为Ge生产企业都是从Pb、Zn冶炼过程中提取Ge，大约有30%来自回收部分，因此Ge的产量增长受Pb、Zn矿的生产规模及含Ge品位限制。Ge的下游市场的需求一直呈不断增长的趋势，并且光纤、太阳能电池及红外光学上对Ge的需求巨大，增长速度很快。

中国二氧化锗和锗锭的生产多依靠富Ge矿山建造冶炼厂进行生产，主要依托四个超大-大型Ge矿床，目前中国Ge的四大生产基地是：云南会泽铅锌矿（云南驰宏锌锗股份有限公司）及其附近冶炼厂、云南临沧超大型Ge矿床（云南会泽东兴集团实业有限公司，云南临沧鑫圆锗业股份有限公司）、广东凡口Pb、Zn矿床（中金岭南有色金属股份有限公司韶关冶炼厂及其周围冶炼厂）、内蒙古乌兰图嘎超大型Ge矿床（内蒙古锡林郭勒通力锗业有限责任公司）等（数据来源：方正研究所）。我国Ge产量占全球Ge产量的72%，目前我国Ge的年产量为100 t，其中约80%都是以四氯化锗和二氧化锗等粗原料的形式出口，精-深加工的Ge数量较少。所出口的四氯化锗和二氧化锗等的附加值低，成为其他国家战略储备资源或精-深加工的原料。因此需加强Ge富集成矿的规律总结、加强Ge资源的勘探力度以提高资源的利用率并进行资源储备，加快形成Ge生产-加工-制造应用的全产业链。

1.3.3 我国Ga资源分布和需求趋势

我国共探明Ga矿总数166个，在全国25个省（区、市）均有分布，资源储量约为29.5万t（根据报道，2005年我国科研人员在内蒙古准格尔发现了一个世界上独特的与煤伴生的超大型Ga矿床，据估算该矿床Ga的保有储量为85.7万t）。Ga资源储量较多的省级行政区有贵州、河南、广西、山西、云南、内蒙古等。从Ga资源分布类型来看，广西、贵州、河南、山西、吉林、山东等省区的Ga主要存在于铝土矿中，云南、黑龙江等省的Ga主要存在于Sn矿或煤矿中，湖南等省的Ga主要存在于闪锌矿中。

在Ga的消费中，GaAs和GaN形式的Ga占到了Ga消费的大多数，而70%的Ga被用于集成电路（包括模拟电路和数字电路）的制造，光电设备、产业设备、医疗设备以及其他一些较小需求量的研发则占据了其他30%的Ga消费。目前市场继续扩大对GaAs-和GaN-基产品的需求。GaAs的需求主要来自手机和其他高速无线通信设备。

由于GaN在大功率电源、高频率开关、高电压技术中的应用，以及GaN基产品长期以来已经被用于国防和军事应用、有线电视传播、商业无线电基础设施、电力电子和卫星市场，GaN的市场需求预计将以年增长率近29%的速度增长。而GaN的另一重要领域LED市场，由于技术进步对LED材料的需求变小，其需求增长慢于预期，但LED的主要需求仍然是普通照明技术。

目前不论对全球还是我国，在开发新能源的背景下，Ga对于用途日益扩展的新型光电薄膜显得尤为重要，特别是Cu-In-Ga-Se（CIGS）新型半导体类光电薄膜对于太阳能这一新型清洁能源技术的重要性。

我国Ga资源储量丰富，但Ga产品的生产技术基础薄弱，是全球主要的粗镓生产国。虽然国内初级Ga产品过剩，但需要大量进口Ga高端产品和制成品，如高端射频半导体器件、LED芯片等。我国的移动通信市场和LED产业市场都很大，但Ga化合物半导体材料行业，研究基础比较薄弱，发展也比较缓慢。为促进我国Ga行业的持续稳定发展，国家应加强对Ga资源的保护和管理，有意识地限制初级产品的生产，逐步发展回收产业，形成初级产业与回收产业并重的上游产业格局。同时Ga资源的需求主要依赖于下游高端产品和制成品的消耗，Ga价格的走势也主要由下游需求决定，且下游行业利润高，因此掌握GaAs等化合物半导体的发展动向是调整产品结构，获取较高的经济效益的必要条件，加大高纯镓回收技术及LED芯片技术的研究与开发，对促进国内半导体行业的发展具有重大意义。

第2章　稀散金属超常富集机制研究现状

2.1　稀散金属成矿机制研究历史

稀散金属主要以“稀”“伴”“细”的特征伴生于其他矿床，相应的独立矿床十分少见。目前对稀散金属的地球化学性质和行为的研究还较为薄弱，在元素超常富集机理的问题上仍存在较大争议。国际上关于稀散元素矿床的研究主要经历了两个阶段：

（1）19世纪末至20世纪60年代：这一阶段早期以维尔纳茨基贡献最大，1910年他将稀散元素概念引入到地球化学领域（中国大百科全书总编辑委员会《地质学》编辑委员会和中国大百科全书出版社编辑部，1993），研究了稀散元素的一些载体矿物和赋存的主要金属矿床，发现了稀散元素的某些区域分布规律（Goldschmidt，1954）；晚期在20世纪五六十年代，由于稀散元素的广泛应用，掀起了新一轮稀散元素地球化学研究的高潮。Shaw在1957年出版的《地球的物理化学》专著中较全面地阐述了In、Tl、Ga等元素在岩浆作用和沉积作用过程中的迁移富集规律（Shaw，1957）。Anderson（1953）和Mookherjee（1962）分别研究了In、Cd元素在碱性岩等岩石以及矿物中的分布特征。Sindeeva（1964）出版了《硒和碲的矿物学及矿床类型》，对Se和Te的矿物学、地球化学行为、矿床类型作了较详细的阐述。这一阶段以苏联科学院稀有元素矿物、地球化学研究所的工作最为系统，并出版了《Ga、Ge、Cd、In、Tl等稀散元素在热液矿床中的地球化学》这一经典著作（转引自涂光炽和高振敏，2003）。这些研究成果为以后的研究工作奠定了扎实的基础。

（2）第一阶段之后，很长一段时间内稀散元素的研究处于低潮。直至20世纪80年代末至90年代初，随着我国（以西南地区为主）云南临沧煤系地层中的超大型Ge矿床（张淑苓等，1988；庄汉平等，1998；胡瑞忠等，1996，1997；Hu et al.，1999；戚华文等，2003）、南华As-Tl矿床（张忠等，1998，1999；Zhang et al.，2000）、都龙Cd-Sn-Zn矿床（高振敏和李朝阳，1999；刘玉平等，2000a，2000b）、贵州牛角塘Zn-Cd矿床（叶霖和刘铁庚，1997，2001；叶霖等，2000；谷团和李朝阳，1998；刘铁庚和叶霖，2000）、滥木厂Hg-Tl矿床（张宝贵和张忠，1999）、四川大水沟Te矿床（曹志敏等，1995；陈毓川等，1996）、沐川Re-Mo矿床、拉尔玛Se金矿床（刘家军和郑明华，1992；刘家军等，1997；温汉捷和裘愉卓，1999；温汉捷等，2000；Wen and Qiu，2002；Liu et al.，2000a，2000b）、湖北渔塘坝Se矿床（宋成祖，1989；Yao et al.，2002；温汉捷等，2003，2007）以及美国犹他州阿佩克斯Ga-Ge矿床（Bernstein，1986）、玻利维亚帕卡哈卡Se矿床（Redwood，2003）、纳米比亚楚梅布Ge矿床（Bernstein，1985）等一批稀散元素独立矿床的发现，对矿床中伴生的稀散元素勘探和综合利用程度的提高，稀散元素成矿，特别是稀散元素独立成矿这一问题才逐渐引起人们的重视。越来越多的资料表明，在一定地质地球化学条件下，稀散元素不仅能发生富集而且能超常富集，并可以独立成矿。

1997年，由涂光炽院士主持，多家单位（中国科学院地球化学研究所、中国科学院广州地球化学研究所、成都理工大学等）参与的以国家自然科学基金重点项目“分散元素成矿机制研究”为代表的一系列研究项目的实施，标志着我国稀散元素成矿研究进入了一个崭新的阶段。2009年，稀散元素成矿机制研究再次得到国家自然科学基金委员会的支持，“分散元素富集的地球化学过程及动力学背景——以扬子地块西缘为例”国家自然科学基金重点项目启动实施。2012年，中国地质调查局计划项目“我国三稀资源战略调查研究”正式启动，该项目旨在摸清我国“三稀”资源家底，为国家经济发展提供科学依据，标志着稀散元素成矿机制研究已从基础研究上升为国家战略（王登红等，2013）。2017年，国家重点研发计划项目“稀散矿产资源基地深部探测技术示范”启动。本项目的总体目标为以扬子地块西缘若干稀散金属富集区为研究基地，通过稀散金属成矿背景、时空分布规律和超常富集机制研究，揭示其成矿特殊性和必然性；通过不同类型矿床关键控矿因素提炼，构建不同尺度稀散金属成矿信息有效提取技术体系，建立具有针对性的成矿-找矿模型；通过稀散金属成矿综合信息集成-预测-定位-工程验证，筛选形成 3000 m 以浅的集“矿床模型+地球化学异常+地球物理异常”于一体的综合探测技术体系，储备 5000 m 以深勘查前沿技术，标志着稀散元素研究已从基础研究转向找矿预测应用研究。

近 20 年来，“稀散元素地球化学和成矿机制”的研究得到不断重视，相关研究成果不断积累，超常富集机理的认识逐步深化，“稀散元素地球化学”也因此丰富而完善，逐渐形成一个专门的研究领域。这些成果和认识主要可概括为：

（1）突破了“稀散金属不能形成独立矿床”的传统观念，初步建立了稀散金属成矿理论体系，定义了稀散金属矿床的科学内涵（涂光炽和高振敏，2003）。

（2）初步明确了稀散金属矿床的矿床类型和成矿专属性，大大提高了稀散金属的资源评价效率。根据目前的研究，稀散元素成矿专属性可归纳如下：①Cd 主要富集在 Pb-Zn 矿床中，无论是哪种成因类型的 Pb-Zn 矿床，只要有大量闪锌矿存在，Cd 都能富集到一定规模（Schwartz，2000；付绍洪等，2004；Cook et al.，2009；Ye et al.，2012；Zhu et al.，2013）。②In 主要富集在锡石硫化物矿床和富 Sn 的 Pb-Zn 矿床中。尽管 In 不能成为独立矿床，但由于我国锡石硫化物矿床规模巨大，某些典型矿床中 In 的储量可达数千吨，如大厂、都龙、个旧、白牛厂等矿床（张乾等，2003；李晓峰等，2007，2010；Murao et al.，2008；Murakami and Ishihara，2013）。③Ga 主要富集在铝土矿床和中低温 Pb-Zn 矿床中。铝土矿床中 Ga 主要富集在一水铝石中。山西、贵州、河南、广西、山东、四川、云南、河北、陕西、湖北 10 个 Al 资源大省（区）的 310 个铝土矿床中都蕴藏着丰富的 Ga 资源（汤艳杰等，2002；刘平，2007；Gu et al.，2013）。许多中低温热液 Pb-Zn 矿床中都不同程度地富 Ga，但只有少数矿床如凡口、大宝山等 Ga 的富集程度才称得上超常富集（邓卫等，2002；崔毅琦等，2005）。④Ge 主要富集在中低温 Pb-Zn 矿床和煤层之中。川滇黔交界地区与岩浆活动无明显关系的 Pb-Zn 矿集区内，多数矿床都高度富 Ge，储量在百吨以上，如会泽 Pb-Zn 矿床（付绍洪等，2004；王乾等，2008；张羽旭等，2012）。与煤有关的 Ge 矿床规模巨大，是真正意义上的独立 Ge 矿床，如乌兰图嘎和临沧 Ge 矿（Qi et al.，2007a，2007b，2011；Dai et al.，2012a，2012b；代世峰等，2014）。⑤Re 主要富集在 Cu-Mo 矿床和砂岩型铀矿中。主要富 Re 的斑岩型矿床以安第斯造山带、特提斯造山带以及中亚造山带内的新生代矿床为代表（John et al.，2017）。砂岩型铜矿以哈萨克斯坦红层型铜矿和波兰铜页岩型最为典型；乌兹别克斯坦 Kyzylkum（克孜勒库姆）盆地内的 Sugraly（苏格拉利）砂岩型 U 矿床高度富 Re。⑥Tl 主要富集在低温的 As-Hg-Sb 矿床中，如贵州滥木厂 Hg-Tl 矿床，云南南华 As-Tl 矿床等（张忠等，1998；Zhang et al.，2000）。⑦Se 主要富集在黑色岩系中，如湖北渔塘坝 Se 矿床、四川拉尔玛 Se-Au 矿床和贵州遵义 Ni-Mo-Se 矿床，个别赋存在 Pb-Zn 矿床和砂岩型矿床中（温汉捷等，2003；Wen et al.，2006；王正其等，2006；Lehmann et al.，2007；Wen and Carignan，2011；Fan et al.，2011）。⑧Te 主要富集在与碱性岩浆活动有关的 Au 矿床中，构成 Te-Au 矿床（如东坪 Te-Au 矿床），也可形成独立 Te 矿床（如大水沟 Te 矿床；曹志敏等，1995；银剑钊等，1995；陈毓川等，1996）。

（3）对全球稀散矿产资源分布进行了初步评估，建立了稀散金属矿产地数据库和样品资料库，提出了重要找矿方向（Schwarz-Schampera and Herzig，2002；Schwarz-Schampera，2013；王登红等，2016a；Frenzel，2016）。

（4）围绕稀散矿产资源成矿核心问题进行了初步研究，建立了若干稀散矿种（如 In、Ge 等）的成矿模式（Höll et al.，2007）。

（5）新技术新方法（如稀散金属同位素）的运用加深了对稀散金属的超常富集机制的认识，为建立适合的成矿模型并指导找矿突破提供了重要支撑（Wen and Carignan，2011；Wen et al.，2014，2015，2016）。

可以发现，中国科学家对近 20 年来稀散元素成矿机制的研究做出了重要的贡献，这主要得益于稀散元素在我国的超常富集现象，为我国矿床学家提供了得天独厚的研究条件和具原始创新意义的研究机遇。从全球角度和目前的研究成果分析，稀散元素成矿属于我国特色的地质问题，深化研究必将极大推动成矿学理论的发展。

2.2 稀散金属超常富集的地球化学过程研究现状

稀散金属以难以富集为主要特征，很难形成独立矿床，这与其地球化学性质有密切的关系。相比稀有和稀土金属，稀散金属具有在地核中强烈富集、地幔和地壳中强烈亏损的特点（表 2-1）。因此，形成稀散元素的超常富集往往需要十分苛刻的条件和特殊的地球化学过程。

表 2-1　三稀金属在地球不同圈层的丰度　　（单位：10^{-6}）

地球圈层	稀散金属								稀有金属				稀土金属
	Cd	Ge	In	Te	Re	Se	Tl	Ga	Nb	Ta	Li	Be	REE
地核	17	310	0.5	0.52	0.005	40	0.12	20	0.1	0.06			
下地幔	0.05	1	0.01	0.001	0.0007	0.05	0.01	2	1	0.01	0.5	0.2	0.83
上地幔	0.08	1.1	0.06	0.001	0.0007	0.05	0.06	6.5	6	0.1	4.1	0.2	12.7
地壳	0.2	1.4	0.1	0.0006	0.0005	0.08	0.4	18	19	1.6	21	1.3	112

数据来源：黎彤和倪守斌，1990。

2.2.1 Re 的超常富集机制

铼（Rhenium，Re）是第 6 周期的过渡金属元素，是地球中含量最低的元素之一。原始地幔中的丰度为 0.28×10^{-9}（McDonough and Sun，1995），亏损地幔中的丰度为 0.12×10^{-9}（Sun et al.，2003），洋壳中的丰度为 0.96×10^{-9}（Li，2014），陆壳中的丰度为 2×10^{-9}（Sun et al.，2003）；MORB 的平均含量为 1×10^{-9}（Sun et al.，2003），海底火山玻璃含量约为 6×10^{-9}（Sun et al.，2003），海底黑色页岩的 Re 含量为 3×10^{-9}～1000×10^{-9}（van der Weijden et al.，2006；Poirier and Hillaire-Marcel，2011）。Re 最主要的地球化学性质为亲铁性，其次为亲铜性；Re 是一种氧化还原敏感元素，也是一种容易气化的元素。壳幔分异过程中，Re 具有中等不相容性，与 Yb 的配分行为较为相似。

Re 的独立矿物主要有铜铼矿（$CuReS_2$）、铼硫化物（ReS_2，Bernard and Dumortier，1986；Korzhinsky et al.，1994），及少量自然铼（Bobrov et al.，2008）。Re 可以伴生于硫化物和硅酸盐矿物中，如磁黄铁矿、镍黄铁矿、辉钼矿、石榴子石和硅铍钇矿，钼钨钙矿亦可含一定量的 Re。辉钼矿是 Re 最主要的载体矿物。

Re 主要伴生于斑岩型矿床之中，其次是砂岩型 Cu 矿床、层控型铜页岩和砂岩型铀矿床。斑岩矿床中的 Re 含量通常小于 0.5×10^{-6}，但因斑岩矿床的规模巨大，占据了全球 90%以上的 Re 资源量。主要富 Re 的斑岩型矿床以安第斯造山带、特提斯造山带以及中亚造山带内的新生代矿床为代表（John et al.，2017）。砂岩型铜矿以哈萨克斯坦红层型铜矿和波兰 Cu-Ag 页岩型最为典型，前者 Re 主要富集在辉铜矿-斑铜矿带，矿石 Re 品位超过 1×10^{-6}（John et al.，2017），而波兰 Cu-Ag 页岩中的 Re 赋存于细碎屑岩和白云岩化沉积岩中的浸染状 Cu-Fe 硫化物之中（Hitzman et al.，2005）；典型的砂岩型铀矿伴生 Re 资源的是乌兹别克斯坦的 Kyzylkum（克孜勒库姆）盆地内的 Sugraly（苏格拉利）矿床，矿石中 Re 含量最高可达 10×10^{-6}～15×10^{-6}，Re 主要以 ReS_2 及 ReO_2 形式存在（Seltmann et al.，2005）。根据目前的研究，Re 的主要富集机理包括以下几个方面。

1. 表生条件下氧化-还原作用对 Re 的富集过程

在表生氧化条件下，Re 可以快速被氧化为可溶态的 ReO_4^- 并随河流带入到海洋和湖泊之中（Helz and Dolor，2012）。可溶态的 ReO_4^- 在氧化性的海水中居留时间很长，但是当所处水体处于弱氧化性或者呈还原状态，即使水体中溶解的 H_2S 很低，也会将 ReO_4^- 还原形成 Re 的硫化物或者络合物而沉淀（Morford et al.，2012；Sheen et al.，2018），Helz 和 Dolor（2012）提出 ReO_4^- 经过硫醇化作用导致的 Fe-Mo-Re-S 共沉淀是

Re在富有机质岩系中富集的主要原因。这些作用促使海底黑色页岩通常具有较高含量的Re（含量最高可到$1000n\times10^{-6}$（$1<n<10$，下同），Morford et al.，2012；Dubin and Peucker-Ehrenbrink，2015；Sheen et al.，2018），Sheen等（2018）统计了全球1771件黑色页岩中Re的含量，发现不同地质历史时期黑色页岩中Re的含量变化与大气氧逸度条件的波动具有一致性。

Re在黑色岩系中富集的规律是层控型Cu页岩矿床富Re的重要原因。波兰上二叠统Kupferschiefer（含Cu页岩）黑色页岩中Re的含量为63.6×10^{-9}～1380×10^{-9}（Pašava et al.，2010），Cu页岩矿石中Re的含量为0.4×10^{-6}～1.1×10^{-6}（John et al.，2017）；德国Mansfeld-Sangerhausen（曼斯菲尔德·桑格豪森）矿床此类型矿石中Re平均含量为21×10^{-6}（John et al.，2017）。Kupferschiefer（含铜页岩）黑色页岩在沉积过程中初步富集了一定量的Re，在后期热液活动过程中，黑色页岩中的Re被再次活化并富集于硫化物之中（Xiong et al.，2006）。

2. 地幔物质的贡献

壳幔分异过程中，Re为中等不相容元素。如果地幔部分熔融过程中没有发生大量石榴子石和硫化物的残留，Re会在熔体中发生聚集（Hauri and Hart，1997；Shirey and Walker，1998）。芬兰Ekojoki（埃科乔基）Ni-Cu（-PGE）矿床和俄罗斯Sayan（萨彦）地区的Zhelos（泽洛斯）、Tokty-Oi超镁铁质岩体中都存在化学式为$(Cu, Fe, Mo, Os, Re)_5S_8$、$(Cu, Fe, Mo, Os, Re)_4S_7$、$(Cu, Fe, Mo, Re)S_2$的硫化物（Peltonen et al.，1995；Kolotilina et al.，2019），体现地幔部分熔融过程中Re可以发生一定程度的富集。

毛景文等（1999）以及Pašava等（2016）通过对比W-Sn矿床、斑岩型Cu-Au矿床、斑岩型Mo矿床、碳酸岩型Mo矿床辉钼矿中Re的含量，提出幔源物质加入的多少与辉钼矿中Re的含量具有正相关关系。Stein等（2001）及Berzina等（2005）认为地幔底侵交代，以及镁铁质、超镁铁质岩的加入会提高斑岩型矿床的Re含量；McFall等（2019）发现软流圈上涌交代下地壳对Muratdere（穆拉特代尔）斑岩Cu-Mo（Au-Re）矿床的Re高度富集成矿具有关键作用。Mathur等（2010）及Wang等（2016b）报道了不同类型矿床辉钼矿的Re含量和Mo同位素组成，发现辉钼矿Re含量与$\delta^{98/95}$Mo呈反相关关系，认为这表明地幔物质加入的多少控制着辉钼矿中Re含量高低。

3. 洋壳沉积物的再循环

Golden等（2013）统计了全球135个地区422件辉钼矿中Re的含量，发现辉钼矿Re含量随着成矿年龄变年轻具有逐渐升高的趋势，尤其是从300 Ma开始辉钼矿中的Re含量增幅更加明显，反映了陆壳风化带入的Re增多，对应大气氧含量升高的地质过程。与辉钼矿中Re含量逐渐升高的趋势相同，海底黑色页岩中Re含量随着沉积体系年龄减小而逐渐升高，反映地表环境逐渐更为氧化的状态（Sheen et al.，2018）。辉钼矿以及黑色岩系中Re含量相似的变化趋势可能表明俯冲洋壳可以将上覆黑色岩系带入到俯冲带中，黑色岩系中赋存的Re随着板片脱水交代进入上覆地幔楔，从而对产生的熔融体中Re的含量具有重要的影响。Tessalina等（2008）认为富有机质沉积物的太平洋板块俯冲促进了Kudryavy（库德拉维）火山的高Re喷出量。洋壳沉积物和地幔物质之间二者具体的耦合及元素富集机制还需要更深入的研究。

4. 岩浆演化对斑岩矿床Re含量的控制作用

岩浆和岩浆热液的氧逸度：Re主要以氯络合物的形式在热液流体中迁移（Xiong and Wood，2001；Xiong et al.，2006）。Berzina等（2005）发现富Re的斑岩矿床的云母和磷灰石通常具有较高的f_{Cl}和f_F，对应较高的氧逸度。在不考虑pH的前提下，在亚临界状态的热液流体只有在氧化性较强的时候才能运载大量的Re（Xiong et al.，2006）；还原性的（特别是含S的）成矿流体，携带Re的能力较弱，因此不利于富Re矿床的形成（Xiong and Wood，2001）。氧化性的含Re流体与还原性硫混合可能是Re矿形成的重要机制（Xiong and Wood，2001）。同一个矿床成矿流体氧逸度的变化在不同期次辉钼矿Re含量上面也有体现，例如Muratdere（穆拉特代尔）斑岩Cu-Mo（Au-Re）矿床、Cadia Quarry（卡地亚采石场）斑岩Au-Cu矿床、Sar Cheshmeh（萨尔切什梅黑）斑岩Cu-Mo矿床、沙坪沟斑岩Mo矿床晚阶段辉钼矿中的Re含量更高（Wilson et al.，2007；Aminzadeh et al.，2011；Ren et al.，2018；McFall et al.，2019），而 Boddington（博丁顿）斑岩 Cu-Au 矿床、El Teniente（厄尔特尼恩特）斑岩 Cu-Mo 矿床对应早阶段辉钼矿中更为富 Re（Stein et al.，2001；Spencer et al.，2015）。这些特征都与成矿流体氧逸度的演化具有紧密联系，流体的氧化性越强，对应沉淀下来的辉钼矿 Re 含量越高。

岩浆去气作用的影响：岩浆去气过程中，Re 容易进入气相，在岩浆氧逸度升高的条件下，其挥发性更强（Borisov and Jones，1999；Gannoun et al.，2015）。Piton de la Fournaise、Tolbachik、Erta Ale 以及 Kudryavy 火山喷气都具有相当高的 Re 含量（Taran et al.，1995；Zelenski et al.，2013；Gannoun et al.，2015），Kudryavy（库德亚维）火山喷气冷凝物中发现 ReS_2 矿物以及大量富 Re 的辉钼矿颗粒（Korzhinsky et al.，1994）；夏威夷火山海底喷出岩的洋岛玄武岩 Re 含量明显高于近地表喷出的玄武岩，体现岩浆去气过程中会发生 Re 的散失（Sun et al.，2003）。

不同类型斑岩矿床中 Re 含量的差异性：斑岩矿床 Mo 的品位与辉钼矿的 Re 含量呈反相关的关系，辉钼矿中 Re 含量最高的为斑岩型 Cu-Au 矿床，其次依次为斑岩型 Cu 矿床、斑岩型 Mo-Cu 矿床，最低的为斑岩型 W-Mo 矿床（Sinclair et al.，2009；Millensifer et al.，2014）。这与不同类型的矿床形成的构造环境（Cooke et al.，2005）、岩浆氧逸度（Berzina et al.，2005；Gannoun et al.，2015）、岩浆热液演化过程中物理化学条件（Candela and Holland，1986；Xiong et al.，2006）等因素的差异性有关，但具体的主要控制因素还需要进一步研究和揭示。

2.2.2 In 的超常富集机制

铟（Indium，In）位于第 5 周期第ⅢA 族。铟在地核、下地幔、上地幔、陆壳、洋壳中的丰度分别为 0.5×10^{-6}、0.01×10^{-6}、0.06×10^{-6}、0.05×10^{-6} 及 0.072×10^{-6}（Taylor and McLennan，1985）。自然界中以+1 价和+3 价 2 种价态为主，其中又以 In 的+3 价化合物更为稳定（刘英俊等，1984，Yi et al.，1995）。In 属于一种易气化的亲铜元素，已有研究表明 Kudryavyi（库德拉夫伊）和 Merapi（莫拉皮）火山喷气中富集 In、Zn、Pb、Cd、Cu 等元素（Wahrenberger et al.，2002），Kudryavyi（库德拉夫伊）火山作用形成的闪锌矿中 In 含量高达 14.9%（Kovalenker et al.，1993）；In 在地幔熔融过程中具有中度到高度不相容性，在岩浆结晶分异过程中，In 倾向于保留在熔体中。

In 的地球化学性质主要与 Sn、Cd 相近，其次为 Fe、Ga、Tl、Zn、Cu、Pb，因而主要富集在某些硫化物矿床里面的闪锌矿、黄铜矿之中。相应的矿物按照成分被定名为硫铟铜矿（$CuInS_2$）、硫铟铁矿（$FeIn_2S_4$）、硫铟银矿（AgInS）、硫铜铟锌矿［$(Cu,Fe)_2Zn(In,Sn)S_4$］、$ZnCdIn_2S_7$、$ZnCdIn_2S_5$ 等，这些矿物通常以微小的包裹体分布在闪锌矿、黄铜矿、黄锡矿以及锡石中。此外，自然界中还存在少量 In 的独立矿物：自然铟（In）、羟铟石［$In(OH)_3$］、大庙矿（PtIn）、伊逊矿（Pt_3In）等矿物。

Schwarz-Schampera 和 Herzig（2002）及 Werner 等（2017）对 In 矿床的成因类型进行了较为全面的总结，主要划分为多金属脉型、夕卡岩型、斑岩型 Cu 矿床、块状硫化物型（VMS）、浅成低温热液型、花岗岩型、砂页岩型 Cu 矿床以及喷流沉积型（SEDEX）等 8 类。夕卡岩型和块状硫化物矿床等与岩浆作用相关的矿床是 In 的主要赋存矿床类型，沉积喷流型矿床的 In 品位通常并不是特别高，但是因其规模一般巨大，具有较大的 In 金属量（徐净和李晓峰，2018）。In 矿床主要分布在大洋或大陆板块边缘以及造山带附近，与板块俯冲碰撞相关的岩浆作用具有紧密的联系（Schwarz-Schampera and Herzig，2002；徐净和李晓峰，2018）。当前已发现的 In 矿床主要分布在环太平洋带、阿尔卑斯造山带、古特提斯成矿带。太平洋板块西缘的 In 矿床主要为与板块俯冲作用相关的热液矿床，如日本 Toyaha（托亚哈）、Ashio（阿西奥）等矿床，福建紫金山高硫型 Au-Cu 矿床（王少怀等，2014）；太平洋板块东缘则以安第斯造山带内出现的大量斑岩型和浅成低温热液型矿床中 In 富集为代表，尤其是玻利维亚 Sn 矿带的矿床具有较高 In 含量（Werner et al.，2017）；阿尔卑斯造山带内的 In 矿床以葡萄牙 Neves Corvo（内维斯科尔沃）矿床、德国 Erzebirge（厄泽比尔日）矿床及俄罗斯 Gaiskoye（盖斯科耶）矿床（In 储量 9120 t）为代表（Seifert and Sandmann，2006；Sinclair et al.，2006；Valkama et al.，2016a，2016b）；古特提斯成矿域内的 In 矿床以我国广西大厂、云南都龙、云南个旧等超大型 In 矿床为代表，西藏班公湖怒江成矿带（如拉屋夕卡岩 Cu-Zn 矿床，赵元艺等，2010）及江南造山带西段（如贵州金堡、湖南七宝山等矿床，Zhou Z B et al.，2017；Liu，2017）都发现了大量 In 矿床，已探明的 In 储量超过全球总储量的 18%（Werner et al.，2017）。这些矿床都分布在江南古陆（江南造山带）西南缘，以及扬子地块、哀牢山褶皱系、华南褶皱系等三大构造单元交接部位（涂光炽等，2004）。徐净和李晓峰（2018）统计了全球 34 个典型 In 矿床的成矿时代和 In 储量，发现 In 矿化主要集中在泥盆纪、白垩纪和新近纪 3 个时期。

根据目前的研究，In 的超常富集机理主要包括以下 3 个方面。

1. In 的岩浆亲属性

In 矿床主要分布在大洋或大陆板块边缘以及造山带附近（Schwarz-Schampera and Herzig，2002；徐净和李晓峰，2018）；夕卡岩型和块状硫化物矿床等与岩浆作用相关的矿床是 In 的主要赋存矿床类型；Kudryavy（库德拉夫伊）和 Merapi（莫拉皮）火山喷气高度富 In 以及玻利维亚与火山活动相关的富 In-Sn 多金属矿床都体现出 In 与岩浆活动具有紧密联系（Sugaki et al.，1983）。在一些富 In 矿区，诸如内蒙古孟恩陶勒盖矿床、广西大厂矿床、阿根廷 Deseado Massif（德塞多地块）地区的 Pinguino 矿床、加拿大 Mount Pleasant（芒特普莱森特）矿床、芬兰 Sarvlaxviken（萨德拉克斯维肯）地区的含 In 多金属脉，都表现出与矿区附近的富 In 花岗岩有紧密的关系，源区金属含量和岩浆演化过程可能控制了 In 的超常富集（张乾等，2003；李晓峰等，2010；Shimizu and Morishita，2012；Valkama et al.，2016a，2016b）。

已有研究表明，岩体能否发生 In 矿化主要取决于以下 3 个因素：

（1）In 在地幔部分熔融过程中具有中度不相容性（Witt-Eickschen et al.，2009），地幔熔融程度控制着岩浆源区 In 的含量。Pavlova 等（2015）认为碱性-亚碱性镁铁质源区和花岗岩的共同作用，叠加多期次的矿化过程是形成高品位 In 矿床的重要前提条件。

（2）云母和角闪石在岩体中晶出的总量。In 在造岩矿物中的含量不高，主要含 In 的矿物为电气石（3000×10^{-9}～13000×10^{-9}，均值 7000×10^{-9}；Ivanov and Rozbianskaya，1961）、白云母（20×10^{-9}～4500×10^{-9}，均值 3000×10^{-9}；Shaw，1952）、黑云母（490×10^{-9}～1800×10^{-9}，均值 1100×10^{-9}；Ivanov，1963）、角闪石（$<20\times10^{-9}$～5800×10^{-9}，均值 3000×10^{-9}；Shaw，1952）。Gion 等（2018）通过高温高压实验测定了铁镁矿物（黑云母和角闪石）和长英质熔体之间 In 的分配系数。测得 $D_{\text{In}}^{\text{Bt/Melt}}=0.6$～16，发现 In 在黑云母和熔体之间的分配系数与云母八面体位置 Fe^{2+}的含量、Al 四面体含量以及 Ti 的含量成反比，In 以 Tschermak（切尔马克）替换方式与 Mg/Si 一起代替 Fe/Ti/Al，替代过程可以简化为

$$(Mg^{2+})^{VI}+(In^{3+})^{VI}+(Si^{4+})^{IV}=(Fe^{2+})^{VI}+(Ti^{4+})^{VI}+(Al^{3+})^{IV}$$

角闪石中 In 的含量相对较为稳定，$D_{\text{In}}^{\text{Amp/Melt}}=36$，熔体成分的变化对 In 进入角闪石晶格的量没有太大的影响。In 主要以 Tschermak（切尔马克）替换方式与 Al 一起代替 Si，替代过程可以简化为

$$2(In^{3+})^{VI}+(Al^{3+})^{IV}+(Al^{3+})^{VI}+(\square)^{VI}=4(R^{2+})^{VI}+(Si^{4+})^{IV}$$

以及 $(In^{3+})^{VI}+(Al^{3+})^{IV}=(R^{2+})^{VI}+(Si^{4+})^{IV}$（其中 R^{2+}表示 2 价金属阳离子，□表示空位）。

如果岩浆结晶过程中发生大量铁镁矿物晶出，会导致岩浆分异的热液中 In 含量降低，形成 In 矿床的潜力变小。尤其是角闪石在岩体中的含量越高，越不利于形成 In 矿床，由于 I 型花岗岩中通常具有较高含量的角闪石，因此 I 型花岗岩形成 In 矿床的潜力往往不如 A 型和 S 型花岗岩（Gion et al.，2019）。

（3）挥发分的影响。Simons 等（2017）对英格兰 Cornubian（科尔努比亚）岩体不同岩相分带内的微量元素和矿物学研究发现：F 和 P 可以促使 In 在岩浆分异演化的后期富集。

2. In 与 Sn 的关系

张乾等（2003）对我国数十个不同类型的 Pb-Zn 矿床中 In 含量进行调查，并对比了中国富 In 和贫 In 的 Pb-Zn 矿床，发现 In 主要富集在锡石硫化物型 Pb-Zn 锌矿床之中，提出 In 和 Sn 在成矿热液中为共同迁移的特征，在后续的矿化过程中进入不同的矿物相而发生分离（Zhang et al.，1998），这些特征都表现出 Sn 在 In 的富集中起到了决定性的作用。俄罗斯 Urals（乌拉尔）地区的块状锡石硫化物矿床中矿石的 In

品位为 10×10^{-6}～25×10^{-6}。富 Sn 硫化物矿石中锡石的 In 含量在 40×10^{-6}～485×10^{-6}之间，铁闪锌矿 In 含量为 100×10^{-6}～25000×10^{-6}，黄铜矿 In 含量可高达 1000×10^{-6}，黄锡矿中 In 含量可高达 60000×10^{-6}（Pavlova et al.，2015）。玻利维亚 Huari Huari 矿床中的黄锡矿表现出 In 与 Sn 呈反相关关系的特点，In 可能存在类质同象替代 Sn 和 Cu 的现象（Torró et al.，2019）。不同矿物之间 In 含量的差异性体现出 Sn 和 In 在沉淀过程中具有分异现象。

3. In 类质同象进入闪锌矿晶格的机制

In^{3+}的半径为 0.81 Å，与 Zn^{2+}（0.74 Å）、Cu^{2+}（0.72 Å）、Fe^{2+}（0.72 Å）、Cu^{+}（0.96 Å）、Sn^{4+}（0.71 Å）、Sn^{2+}（0.93 Å）的半径相似（刘英俊等，1984，转引自涂光炽等，2004）。因此，In 可以类质同象进入到闪锌矿、黄铜矿、黄锡矿等矿物中。闪锌矿是 In 最主要的赋存矿物，占据了全球总 In 资源量的 95%。

Cook 等（2009）对日本 Toyaha（拖亚哈）In 矿床中的闪锌矿进行 LA-ICP-MS 分析发现，In 进入闪锌矿的置换方式为 $Cu^{+}+In^{3+}\longleftrightarrow2Zn^{2+}$，在 XANES 测试中也得到了相似的认识（Cook et al.，2012）。Murakami 和 Ishihara（2013）对中国、玻利维亚、日本主要富 In 矿床中的闪锌矿进行了 fs-LA-ICP-MS 测试，发现 Huari Huari 及 Bolivar（玻利瓦尔）矿床中 In 进入闪锌矿的方式与 Cook 等（2009，2012）提出的 In 与 Cu 成对置换 Zn 相一致，但是认为 Akenobe（明野部）矿床、都龙矿床存在 $Ag^{+}+In^{3+}\longleftrightarrow2Zn^{2+}$的现象。Belissont 等（2014）对法国 Noailhac-Saint-Salvy（诺艾哈克-圣萨尔维）矿床富 Ge 闪锌矿的 LA-ICP-MS 测试发现 $Sn^{3+}+In^{3+}+\square\longleftrightarrow3Zn^{2+}$的替代机制（□为空位），Frenzel（2016）也提出了相似的替代机制。

不同矿床中，成矿流体富集的元素不尽一致、成矿流体的物理化学条件和成矿过程的差异性，会导致 In 以不同的方式替代进入闪锌矿之中。但是几乎目前所有发现的替代方式都发现 In^{3+}需要与 Cu^{+}、Sn^{3+}或者 Ag^{+}来共同替换闪锌矿中的 Zn，从另一个方面体现出多期次叠加作用在 In 富集中具有重要的作用。江南造山带西段的富 In 多金属脉中的闪锌矿的 In 富集与黄铜矿交代闪锌矿的过程具有很好的对应关系（Zhou et al.，2020），黄铜矿交代闪锌矿的接触部位及闪锌矿的裂隙边缘是 In 的主要富集区域，湖南香花岭闪锌矿也具有边部相对于核部更富集 In 的特征（Liu J P et al.，2017）。此外，闪锌矿中微量元素特征也控制着 In 替代进入闪锌矿的难易程度，Dill 等（2013）对阿根廷 San Roque（圣罗克）矿床的研究得出，闪锌矿的 In 含量与 Cd 的含量具有相关性，当闪锌矿 Cd 含量在 0.2%～0.6%时闪锌矿中富集 Cu 和 In，将这一现象称为“铟窗效应”（Indium window），这主要是因为晶体的结构和参数会从闪锌矿的六面体或者立方体向黄铜矿或者硫铟铜矿的四面体转变。闪锌矿中 In 含量还受到成矿流体温度的控制，Frenzel（2016）对大量闪锌矿的 In、Ga、Ge、Fe 和 Mn 含量与流体包裹体测得的温度进行拟合，认为这些元素的含量是温度的函数，可以用来反算成矿流体的温度信息。

2.2.3 Te 的超常富集机制

碲（Tellurium，Te）位于第 5 周期第ⅥA 族，与 S 的化学性质相似，地壳中的丰度仅为 3×10^{-9}（转自 Hu and Gao，2008）。Te 虽然属于稀散元素，但其在海底 Fe-Mn 结壳（Hein et al.，2003，2013）及与碱性岩有关的金矿床中能够超常富集，甚至形成独立的 Te 矿床（大水沟碲矿床，Mao et al.，2002b）。研究其富集机理可以为合理高效地寻找 Te 资源提供理论基础和科学依据。

1. 碱性岩中 Te 的富集机理

Te 易富集在碱性岩浆中已获得广泛共识，Te 的离子属于软碱系列，可以与软酸 Au 离子以共价键结合，由此形成大量赋存于碱性岩中的 Te-Au 矿床，如美国 Cripple Creek（克里普尔克里克）和 Golden Sunlight（金色阳光）Te-Au 矿床（Spry et al.，1997）、斐济 Emperor（黄帝城）Te-Au 矿床（Ahmad et al.，1987；Scherbarth and Spry，2006）、我国河北东坪（Wang D Z et al.，2019）和三道湾子 Te-Au 矿床（Zhai and Liu，2014）等。Te 的源区性质、流体中的运移过程及沉淀机制等对其富集起控制作用。

（1）源区性质：Te 相对于其他稀散元素（如 Cd、In 和 Se）较相容，在部分熔融过程中易富集在地幔中，加上富 Te 洋壳（Fe-Mn 结壳、页岩及浮游沉积物等；Cohen，1984）的俯冲循环作用，使地幔中的 Te 含量高于地壳。部分熔融过程中 Te 极易相容于铜硫化物中，分配系数可达 $3\times10^4\sim6\times10^4$（Yi et al.，2000）。因此在许多基性岩中 Te 与 Cu 含量呈强正相关性，随着硫化物含量增高，Te 含量相应增高，如四川丹巴和甘肃金川等富 Te 铜镍硫化物矿床（胡晓强等，2001；宋恕夏，1986）。这也是斑岩铜矿床中 Te 含量高的原因。

一般认为，碱性岩浆主要来自地幔，具有深源的微量元素和同位素组成特征（Ahmad et al.，1987；Harris et al.，2013；Müller et al.，2002；Richards and Kerrich，1993）。洋陆板块俯冲碰撞，使富 Te 洋壳和上地幔发生部分熔融，大量 Te 进入硫化物熔体，形成富 Te 岩浆，其不断结晶分异形成碱性岩浆，并上升侵位。需要指出的是碱性岩中并不富集 Te，Te 主要存在于随碱性岩浆共同侵位的富硫化物流体中，该流体可以不断汲取围岩中的成矿物质，最终沉淀成矿。

（2）流体运移过程：高温氧化流体中，Te 主要以 H_2TeO_3 和 $HTeO_3$ 形式存在，且 pH=8 时的溶解度是 pH=5 时的 2 倍（Grundler et al.，2013）；还原性流体中 Te 主要以 H_2Te^- 和 HTe^- 形式存在，溶解度很低。Brugger 等（2012）指出在富 S 富 CO_2 的流体中，Te 主要以 Te_2^{2-} 形式存在，而 Te 的氯络合物在极低 pH 条件下稳定，不是热液流体中的主要存在形式（Etschmann et al.，2016）。除在流体相中，Te 还与其他金属（Mo、Cu、Au）一样可以在气相中运移（Heinrich et al.，2004；Pokrovski et al.，2013；Williams-Jones and Heinrich，2005），从而大大加强了其运移能力。

碱性岩中通常含有大量磁铁矿（氧逸度较高），与钙碱性岩相比，其出溶的流体具有高氧逸度、pH 中等偏碱的特点（Smith et al.，2017）。该流体可以溶解迁移大量 Au 和 Te。此外，碱性岩岩浆具有高挥发性的特点（赵振华等，2002），其形成的富 SO_2、CO_2 和卤素的气相流体可携带大量 Te 向浅部运移，从而为矿床源源不断地输送成矿物质。

（3）流体中 Te 的沉淀机制：成矿流体运移过程中的降温、沸腾、流体混合、冷凝及与围岩发生水岩反应等会导致流体中 Te 的沉淀。

沸腾是一种常见的矿物沉淀机制，流体沸腾导致 α_{O_2}、α_{H_2S} 及 α_{H_2Te} 降低，从而使反应（2-1）和（2-2）向右进行，使 Te 和 Au 发生沉淀。但对于偏还原性流体，Te 以−2 价存在，沸腾作用则不会使 Te 发生明显沉淀。反应（2-3）到（2-5）向右进行需要流体中的硫减少，硫化物的沉淀或围岩的硫化作用可能是其触发机制（Zhai et al.，2018）。此外，气相与围岩接触时会发生冷凝作用，使 Te 聚集在冷凝液滴中，导致流体局部区域 Te 含量骤然增高并触发反应（2-1）到（2-5）向右进行。不同沉淀机制会导致不同的矿物生成顺序，反之，通过矿物组合特征可以推测流体中 Te 的存在形式。

$$8H_2TeO_3(aq)+4Au(HS)_2^-+4H^+ = 4AuTe_2(s)+4H_2S(aq)+10H_2O+7O_2(g) \tag{2-1}$$

$$4TeO_3^{2-}+2Au(HS)_2^-+8H^+ = 2AuTe_2(s)+2HS^-+5H_2O+7O_2(g) \tag{2-2}$$

$$4Te_2^{2-}+4Au(HS)_2^-+8H^++3O_2(g) = 4AuTe_2(s)+4HS^-+6H_2O \tag{2-3}$$

$$2H_2Te(aq)+Au(HS)_2^-+1.5O_2(g) = AuTe_2(s)+2HS^-+H^++1.5H_2O \tag{2-4}$$

$$4H_2Te(aq)+2Pb(HS)_2(aq)+O_2(g) = PbTe_2(s)+4H_2S(aq)+2H_2O \tag{2-5}$$

碱性岩的幔源性、高挥发性及所形成流体的高氧逸度、中等偏碱性等特点，为 Te 的活化、运移提供了良好的条件。Te 极易相容于含 Cu 硫化物中，因此在许多 Cu 矿床中含有丰富的 Te。Te 与 Au 易结合，并在运移及沉淀机制等方面具有一致性，从而形成大量 Te-Au 矿床。

2. 海底 Fe-Mn 结壳中 Te 的富集机理

Te 在海底 Fe-Mn 结壳中超常富集。Hein 等（2003）调查发现全球海洋 Fe-Mn 结壳中 Te 含量为 $3\times10^{-6}\sim205\times10^{-6}$，其中太平洋中的含量最高。Li 等（2005）和游国庆等（2014）调查太平洋不同海山上结壳样品，发现大多数样品中 Te 含量变化为 $13.4\times10^{-6}\sim115.8\times10^{-6}$，平均值为 50×10^{-6}。该值是海水中 Te 含量的 109 倍，大陆地壳的 5000 到 50000 倍。并且水成 Fe-Mn 结壳 Te 含量远高于热液成因的 Mn 结壳（$0.06\times10^{-6}\sim1\times10^{-6}$），开放大洋中的结壳要比大陆边缘的结壳更富集 Te。

Fe-Mn 结壳可以通过表面吸附作用捕获微量元素，带正电的物质吸附在带负电的 MnO_2 表面上，而中性和带负电的物质与略带正电的 FeOOH 结合，Ni、Cu、Se 和 REE 等微量元素均是通过该机制富集（Hein et al.，2003，2007，2013）。Te 在海水中以+4 和+6 价存在，Te(VI)的浓度是 Te(IV)的 2～3.5 倍，但 Te(IV)表现为更加稳定，形成该现象的原因是什么？是否是由于 Fe-Mn 结壳的选择性富集引起？Hein 等（2003）研究认为 Te(IV)的结合能力强于 Te(VI)，Te(IV)可以吸附在 FeOOH 表面，接着被氧化为 Te(VI)，并形成强力的共价键而避免 Te 的再溶解，由此导致海水中 Te(IV)的浓度较低。Kashiwabara 等（2014）则认为 Te(IV)不会在 FeOOH 表面氧化，而是在δ-MnO_2表面发生氧化，由于 Te(VI)与 Fe(III)具有相似的八面体构型，易于与水铁矿共沉积，从而使 Fe-Mn 结壳富 Te。δ-MnO_2的氧化作用和水铁矿的共沉积作用使海洋中 Te(IV)和 Te(VI)的比例保持稳定。游国庆等（2014）通过分析 Mo 在 Fe-Mn 结壳中的富集机制认为δ-MnO_2会形成一种具畸形八面体结构的内氛络合物，使海水中的阴离子附着在其表面形成不同结构状态的络合物。该过程可使海水中带负电的 Te 离子吸附在 MnO_2 表面达到富集作用。由此可见，与δ-MnO_2或 FeOOH 结合可能是 Te 富集在 Fe-Mn 结壳中的重要机制，但结合过程还存在争议，并且也未能很好解释海水中 Te(VI)含量高的原因。

除 Fe-Mn 结壳外，Te 也在次生蚀变矿物（Frost et al.，2009）及红层（Parnell et al.，2018a，2018b）中发生富集。Parnell 等（2018a）认为红层中 Te 的富集机制与 Fe-Mn 结壳具有一致性，Te(VI)进入水铁矿的晶格发生共沉淀，并且由于 Te(IV)不易聚集而发生迁移，利用沉积岩中 Te 的含量可以判断沉积环境的氧逸度。

2.2.4　Cd 的超常富集机制

镉（Cadmium，Cd）于 1817 年被德国人 Strohmeyer（施特罗迈尔）发现，在元素周期表上处于第 5 周期第ⅡB 族（Zn 副族）（涂光炽和高振敏，2003），常见化合价为+2 价。作为典型的稀散元素，Cd 在地球各地质端元中的含量极低（地壳 0.2×10^{-6}；大洋壳 0.19×10^{-6}；大陆壳 0.14×10^{-6}；原始地幔 0.04×10^{-6}）（Taylor and McLennan，1985；韩吟文和马振东，2003），但在特殊的地质条件下，Cd 可形成独立的单矿物（例如硫镉矿，CdS）或者含 Cd 矿物［例如 briartite（灰锗矿），$Cu_2(Cd, Fe)GeS_4$］。在地球化学性质上，Cd 具有亲硫和亲石性：①亲硫性，Zn 和 Cd 属于同一族且均为亲硫元素，二者具有相似的离子半径和相似的四面体共价半径及构造类型，因此，不同地质环境下，Cd 和 Zn 有着极为相似的地球化学行为，Cd 主要存在于富锌矿床中（涂光炽和高振敏，2003）；②亲石性，Cd 的亲石性主要表现为以类质同象形式进入 Ca 和 Mn 的氧化物内（涂光炽和高振敏，2003；Horner et al.，2011）。

根据美国地质调查局 2020 年的粗略估算，全球 Cd 资源超过 50 万 t，其中我国储量为 9.2 万 t，占比约 18%。全球 Cd 资源的分布与全球 Zn 资源分布规律基本一致，主要分布在澳大利亚、中国、秘鲁、墨西哥和美国等。我国 Cd 资源分布较广，已发现的大型含 Cd 铅锌矿床有数十个，主要分布在我国的内蒙古（如白音诺尔铅锌矿）、新疆（如火烧云）、云南（如金顶）和四川（如大梁子）等省区。在构造背景上，我国 Cd 资源主要分布在三江特提斯成矿带、川滇黔低温成矿域、南岭成矿带和大兴安岭成矿带等 Pb-Zn 成矿带。

在 Pb-Zn 矿床中，Cd 主要赋存在闪锌矿和闪锌矿氧化后的矿物中（如水锌矿、菱锌矿等），在特殊地质环境下，Cd 可以独立矿物的形式出现，如云南金顶铅锌矿菱锌矿中发现有微米级菱镉矿（$CdCO_3$）（Sobott et al.，1987），而贵州都匀牛角塘发现有硫镉矿（CdS）（叶霖和刘铁庚，2001）等。Cd 在矿物中的赋存形式主要以类质同象取代 Zn 的形式进入闪锌矿、含 Zn 矿物和 Ca 的矿物中（Cook et al.，2009）。作为最重要的载 Cd 矿物，闪锌矿是 Cd 地球化学行为研究的重点。Schwartz（2000）总结了全球 480 个不同类型铅锌矿床中 Cd 含量，发现其在不同类型矿床中呈现规律性变化，即成矿高温较高矿床具有相对较低的 Cd 含量［约 2000×10^{-6}；如 SEDEX 型（沉积喷流型）］，而低温矿床具有最高的 Cd 含量［约 6000×10^{-6}；MVT 型（密西西比河谷型）］，如贵州都匀牛角塘 Pb-Zn 锌矿床闪锌矿中 Cd 的含量可以达到 1.62%）（叶霖和刘铁庚，2001）。Wen 等（2016）通过对我国 9 个不同类型 Pb-Zn 矿床闪锌矿中 Cd 及其同位素的研究亦发现上述规律。

温汉捷等（2019）总结川滇黔 Pb-Zn 矿床中闪锌矿的微量元素发现，富 Fe 闪锌矿一般贫 Cd，而高 Cd 闪锌矿铁含量一般在约 1000×10^{-6}（如云南富乐）。对云南都龙 Sn 多金属矿床铁闪锌矿的微量元素测定发现，Cd（590×10^{-6}～1530×10^{-6}）和 Fe 含量（6%～31%）呈现较好的负相关关系。可见，在闪锌矿形成过程中，流体中高 Fe 含量会抑制 Cd 进入闪锌矿中。沉淀过程中，一般早期形成的黑色闪锌矿富集 Cd，而晚期形成的闪锌矿一般贫 Cd。该规律在云南富乐、四川天宝山等多数矿床中均有报道（Zhu C W et al.，2016，2017），但在云南会泽 Pb-Zn 矿床中少数浅色闪锌矿具有更高的 Cd 含量，这可能与闪锌矿发生重结晶等因素有关。

涂光炽（1994）根据含 Cd 矿床的元素组合，将这些矿床分为 5 类，包括铅锌型、锡石硫化物型、独立银型、硫铁矿型和铜多金属型。然而，除铅锌型外，这些不同类型的矿床均因伴生 Zn 而富 Cd，包括云南都龙（锡石硫化物型）和湖南七宝山（铜多金属型）含有大量铁闪锌矿，破山银矿（独立银型）伴生 Au、Pb 和 Zn，广东阳春黑石岗硫铁矿（硫铁矿型）亦富闪锌矿。从资源储量看，铅锌矿所伴生的 Cd 资源占总 Cd 资源的 90%。我国各主要 Pb-Zn 成矿带中 Cd 的富集规律如下（图 2-1）。

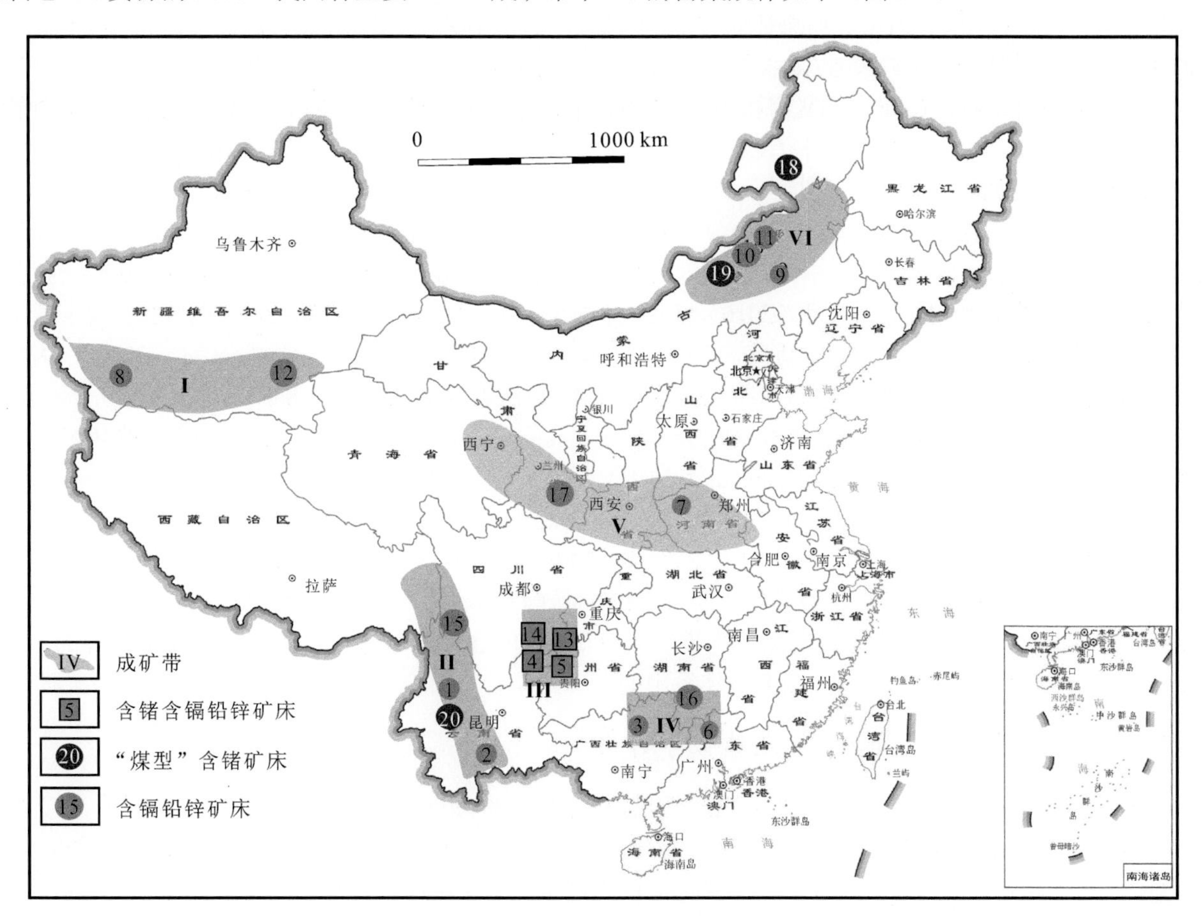

图 2-1　中国主要 Ge 和 Cd 资源分布图

Ⅰ. 西昆仑-阿尔金成矿带；Ⅱ. 三江特提斯成矿带；Ⅲ. 川滇黔低温成矿域；Ⅳ. 南岭成矿带；Ⅴ. 秦岭-大别成矿带；Ⅵ. 大兴安岭成矿带。矿床名称：1. 云南金顶；2. 云南都龙；3. 广西大厂；4. 云南会泽；5. 贵州猪拱塘；6. 广东凡口；7. 河南破山；8. 新疆火烧云；9. 内蒙古白音诺尔；10. 内蒙古维斯托克；11. 内蒙古拜仁达坝；12. 甘肃锡铁山；13. 四川天宝山；14. 四川乌斯河；15. 四川呷村；16. 湖南黄沙坪；17. 甘肃郭家沟；18. 伊敏煤矿；19. 乌兰图嘎煤矿；20. 临沧

三江特提斯成矿带：该区是我国最大的富 Cd 矿床（云南金顶 Pb-Zn 矿床）所在地，该矿床金属储量超过 2200 万 t，Cd 资源储量为约 17 万 t（薛春纪等，2002），是我国重要的 Cd 和 Pb-Zn 资源基地。另外，该成矿带亦分布有大量的和岩浆作用相关的大型多金属（Pb-Zn）矿床（如都龙锡多金属矿床和芦子园铅锌矿），亦是潜在的 Cd 资源，如都龙 Zn 金属储量为 500 万 t，Cd 金属储量估算为 5000 t（闪锌矿中 Cd 平均含量约 1000×10^{-6}）。

川滇黔低温成矿域：川滇黔低温成矿域 Pb-Zn 矿床亦强烈富集 Cd，该区 Pb-Zn 资源储量达 1147.74 万 t（张长青，2008）；近几年该区又陆续发现了多个大中型 Pb-Zn 矿床，包括贵州猪拱塘（Pb-Zn 金属储量 275.82 万 t）和五指山（Pb-Zn 金属储量 228 万 t）等，推测该区 Cd 的储量为约 12 万 t。

南岭成矿带：南岭成矿带的 Pb-Zn 矿床主要分为 2 类。一类与花岗岩作用有关，包括湖南黄沙坪、广西大厂等；另一类与岩浆作用无明显关系，包括广东凡口、广西北山等。预测该区 Cd 的储量可能为约 2 万 t（闪锌矿中 Cd 含量按照 1000×10^{-6} 估算）。

大兴安岭成矿带：相对于以上 3 个成矿带，该成矿带 Pb-Zn 资源相对较少，仅 618 万 t，代表性矿床如白音诺尔等。近些年该区又发现了拜仁达坝和维拉斯托等大型 Pb-Zn 矿床，它们 Zn 资源储量分别为 105 万 t 和 200 万 t，该区 Cd 的储量可能为约 900 t（闪锌矿中 Cd 含量按照 1000×10^{-6} 估算）。

除上述成矿带外，我国亦有其他 Pb-Zn 成矿带，如秦岭-大别 Pb-Zn 成矿带等，这些成矿带中产出较多大型和超大型 Pb-Zn 矿床，是我国重要的 Pb-Zn 和 Cd 资源，如新疆发现的火烧云超大型 Pb-Zn 矿床等。最近的研究发现，在长江中下游成矿带夕卡岩矿床中 Cd 和 Tl 也有较好的富集，如铜陵矿集区的新桥和冬瓜山矿床等（Xie et al.，2019）。但总体而言，碳酸盐岩层控 Pb-Zn 矿床中 Cd 含量最高，亦是工业 Cd 回收的主体；其他类型 Pb-Zn 矿床因 Cd 含量相对较低和回收成本等因素而没有或者很少作为资源进行利用。

在不同热液体系中，Cd 和 Zn 紧密相关，Cd 的超常富集行为主要与 Zn 的成矿相关。因此，作为最常见和最重要的 Zn 矿物，闪锌矿是研究 Cd 地球化学行为的主要对象。当然，在特殊地质环境下，Cd 可以形成独立的矿物，如在自然风化条件下，Cd 可以形成菱镉矿（如云南金顶 Pb-Zn 矿床；姜凯等，2014）。已有的研究表明，在不同热液体系的 Pb-Zn 矿床中，Cd 在闪锌矿中的含量在 0.1%～4%之间，如我国川滇黔地区会泽超大型 Pb-Zn 矿床闪锌矿中 Cd 含量为约 0.1%，而贵州大硐喇 Pb-Zn 矿床闪锌矿中 Cd 的最高含量可达 2.6%（朱传威，2014；Wen et al.，2016）。LA-ICP-MS 表明，罗马尼亚的 Baisoara（白沙拉）夕卡岩型矿床闪锌矿中 Cd 的含量可高达 13.2%，因此，Cd^{2+}进入闪锌矿主要通过替换 Zn^{2+}（Cook et al.，2009）。闪锌矿中因 Fe 含量的变化而表现出不同颜色，Belissont 等（2014）对法国 Noailhac-Saint-Salvy（诺艾哈克-圣萨尔维）Pb-Zn 矿床闪锌矿的不同颜色条带的原位质谱分析表明，浅色闪锌矿更富集 Cd。该结论与云南富乐铅锌矿床闪锌矿单矿物的化学分析结果一致（Zhu et al.，2017）。

不同类型矿床 Cd 的富集程度具有明显的差别。Schwartz（2000）总结了全球 480 个矿床中发表的与 Cd 相关的数据发现：喷流型具有最低的 Cd 含量（2400×10^{-6}）；密西西比河谷型具有最高的 Cd 含量（4850×10^{-6}）；热液脉型及其他类型具有中等的 Cd 含量（4370×10^{-6}）。由于 Pb-Zn 成矿的复杂性和闪锌矿自身独特的矿物学特征，目前的研究多止步于闪锌矿中 Cd 含量和赋存形式的研究，缺乏精细的 Cd 活化-迁移-富集过程研究。因此，Cd 在多数体系中的地球化学行为研究基本处于空白。

1. 高温（热液）体系下 Cd 的地球化学行为

在岩浆岩体系中，鄢明才等（1997）报道了我国东部地壳的元素丰度及岩石平均化学组成，发现在酸性岩至基性岩中（花岗岩-花岗闪长岩-闪长岩-辉长岩），Cd 含量平均值随着 SiO_2 降低而增高（0.06×10^{-6} 至 0.11×10^{-6}）并表现出极好的线性（R^2=0.994），而在超基性岩（橄榄岩）中 Cd 含量并不符合该规律（Cd 含量 0.05×10^{-6}）。浙江地区北漳岩体和小将岩体同时代（110 Ma）中-酸性岩，亦发现了该规律（R^2=0.6）。总体而言，基性岩中 Cd 含量相对最高，而花岗岩和超基性岩含量最低。遗憾的是，由于 Cd 在多数地质样品中含量极低导致 Cd 的精确测定较困难，因此，岩浆岩中 Cd 的赋存形式（矿物）和规律等还需要更深入研究。

在高温热液体系中，Metz 和 Trefry（2000）测定了全球 3 个热液区海底喷口热液（流体温度为 332～400 ℃）、玄武岩和相应硫化物中 Zn 和 Cd 含量，发现 Zn/Cd 值在这 3 个端元中相对稳定（600～1000），Zn 和 Cd 含量线性回归系数 R^2 为 0.90，因此，其认为在从玄武岩中萃取 Zn 和 Cd，经过热液迁移至最终沉淀形成硫化物的过程中几乎没有发生 Zn 和 Cd 的元素分异。

2. 中低温热液体系下 Cd 的地球化学行为

中低温热液体系下 Cd 的地球化学行为研究主要集中在我国川滇黔地区，该区因稀散元素富集种类多（包括 Cd、In、Se、Ga 和 Ge 等）、富集程度高而成为稀散元素研究的重要平台之一。对该区热液矿床的研究发现 Cd 在相对低温的 Pb-Zn 矿床中富集程度更高，而不同矿床闪锌矿中的 Fe 含量对 Cd 含量有着一定的抑制作用：云南富乐 Pb-Zn 矿床闪锌矿中 Fe 含量在 300×10^{-6}～1400×10^{-6}，而 Cd 含量极高（5000×10^{-6}～35000×10^{-6}）（Zhu et al.，2017）；云南会泽 Pb-Zn 矿床闪锌矿中 Fe 在 3.1%～5.7%，而 Cd 含量较低（909×10^{-6}～2440×10^{-6}）（朱传威，2014；王兆全，2017）；四川天宝山 Pb-Zn 矿床闪锌矿中 Fe 在 0.36%～1.35%，而 Cd 含量中等（1998×10^{-6}～4887×10^{-6}）（Zhu C W et al.，2016）。对云南会泽 Pb-Zn 矿床黑色-浅黄色晕状闪锌矿的原位面扫描（LA-ICP-MS）发现，深色闪锌矿比浅色闪锌矿明显富集 Fe 而相对贫 Cd，而浅色闪锌矿中明显富集 Cd 而相对贫 Fe。可见，无论是“宏观”（不同矿床之间）还是“微观”（单个矿物内部），闪锌矿中 Fe 的含量对矿床中 Cd 的富集程度可能有着重要的影响。Schwartz（2000）认为流体中还原硫的活性、pH、Zn/Cd 值以及流体温度影响着矿床中闪锌矿的 Cd 含量；Wen 等（2016）分析了我国 9 个典型热液矿床中闪锌矿的 Cd 及其同位素，基于热力学模型发现，流体的性质和 Cd 的源区是控制闪锌矿中 Cd 含量的最主要因素。Cd 稳定同位素的研究表明，川滇黔地区 Pb-Zn 矿床闪锌矿中 Cd 同位素组成与 Cd 含量之间呈现正相关关系（R^2=0.52），这些矿床包括会泽、富乐、杉树林和天宝山，说明该区矿床中 Cd 的来源很可能是混合成因；基于该区矿床和地质端元的地球化学特征对比（Zn/Cd 值和 Cd 同位素组成），认为该区特殊的地质背景（扬子地台边缘+峨眉山火山岩省）和地层特征（盖层+基底）是该区稀散元素超常富集的重要原因。

2.2.5　Ge 的超常富集机制

锗（Germanium，Ge）早在 1871 年被俄国人门捷列夫预言，1886 年德国化学家 Winkler（温克勒）成功分离出 Ge 元素，在元素周期表上处于第 4 周期第Ⅳ族（涂光炽和高振敏，2003），常见化合价为+2 价和+4 价。相比于 Cd，Ge 在地球各端元的含量高一个数量级：Ge 在原始地幔（1.1×10^{-6}～1.3×10^{-6}）、大洋地壳（1.4×10^{-6}～1.5×10^{-6}）、大陆地壳（1.4×10^{-6}～1.6×10^{-6}）中几乎均一，但在特殊的地质环境中，Ge 可以形成独立的矿物。锗具有亲硫、亲石及亲有机质的性质，其在自然界中的赋存状态复杂（Sarykin，1977；涂光炽和高振敏，2003；Bernstein，1985；Höll et al.，2007；Rakov，2015）；目前，工业 Ge 主要来自 Pb-Zn 矿床和富 Ge 煤矿等，如云南会泽超大型 Pb-Zn-Ge 矿床和云南临沧富 Ge 煤矿床。

Ge 在地壳中含量约 1.5×10^{-6}，很难独立成矿，一般以分散状态分布于其他元素组成的矿物中。含 Ge 矿床可分为“煤型”含 Ge 矿床（有些可成为独立矿床，如中国临沧锗矿、内蒙古乌兰图嘎锗矿）和“Pb-Zn 型”含 Ge 矿床，因此工业 Ge 主要来自 Pb-Zn 矿床和富 Ge 煤的副产品。全球已探明的 Ge 储量仅为 8600 t，主要分布在中国、美国和俄罗斯，其中美国保有储量 3870 t，占全球储量的 45%，其次是中国，占全球的 41%（Frenzel，2016）。美国含 Ge 矿床主要分布在阿拉斯加、田纳西州和华盛顿州，以赋存在 Pb-Zn 矿床中为主；我国含 Ge 矿床主要在内蒙古和云南，在 Pb-Zn 矿床和煤矿中均有赋存；俄罗斯含 Ge 矿床主要分布在远东和西伯利亚，以赋存在煤矿中为主（表 2-2）。

中国是 Ge 资源大国，“铅锌型”和“煤型”含 Ge 矿床均十分发育（图 2-1），目前已发现的 10 余个大型含 Ge 矿床，典型的“煤型”含 Ge 矿床主要分布在内蒙古和云南，包括内蒙古伊敏五牧场、内蒙古胜利乌兰图嘎和云南临沧；典型的“Pb-Zn 型”含 Ge 矿床主要分布在川滇黔低温成矿域，包括云南会泽和四川大梁子等。

1. “煤型”含 Ge 矿床

王婷灏等（2016）总结了我国大中型煤矿床中 Ge 的含量，发现除内蒙古和云南已报道的含 Ge 煤矿床外，其他煤矿床 Ge 含量均较低，仅比地壳平均值高 1～5 倍（1×10^{-6}～10×10^{-6}）；而已有的富 Ge 煤矿中，

Ge 主要富集在煤化程度较低的长焰煤和褐煤中（表 2-2）。庄汉平等（1998）对临沧富 Ge 煤矿的研究发现，Ge 主要富集在腐植体（占比 86%～89%）、轻质组分（3%～8%）和无机矿物（2%～10%）中，其在整个褐煤面扫描图中分布均匀（Wei Q et al.，2018）。Du 等（2009）对内蒙古胜利煤矿的研究显示，Ge 主要以有机质结合形式存在，部分以吸附形式少量存在于含 Si 矿物中。Dai 等（2014a）对煤灰中 Ge 的赋存状态研究发现，Ge 主要以氧化物形式存在（图 2-2）。

表 2-2　世界主要富 Ge 矿床分布及资源量

名称	位置	类型	资源量/t	参考文献
Various	俄罗斯远东地区	褐煤型	6000	Seredin and Finkelman，2008
Kas-Symsk	俄罗斯西伯利亚西部	褐煤型	6000	Yevdokimov et al.，2002
Red Dog	美国阿拉斯加	沉积岩容矿块状硫化物型	＞4000	Kelley et al.，2004
Tsumeb	纳米比亚奥塔维山脉	矿渣堆（密西西比河型）	500	Höll et al.，2007
American MVT	美国中西部	密西西比河型	450	Guberman，2013
Apex Mine	美国犹他州	铜锌铅硫化物矿床铁帽型	＞140	Dutrizac et al.，1986
Meat Cove	加拿大新斯科舍省	夕卡岩型	115	Chatterjee，1979
Austrian Pb-Zn	澳大利亚	多为密西西比河型	75	Cerny and Schroll，1995
Tres Marias	墨西哥奇瓦瓦州	密西西比河型	＞20	Saini-Eidukat et al.，2009
Khusib Springs	纳米比亚奥塔维山脉	密西西比河型	＞4	Melcher，2003
Wolyu mine	韩国	脉状银、金型	1.8	Melcher，2003
伊敏（五牧场）	中国内蒙古	长焰煤型	4000	Seredin and Finkelman，2008
胜利（乌兰图嘎）	中国内蒙古	褐煤型	2000	Du et al，2009
临沧	中国云南	褐煤型	＞1000	Hu et al.，2009；Qi et al.，2011）
凡口	中国广东	SEDEX	约 400	Zaw et al.，2007
猪拱塘	中国贵州	密西西比河型（?）	330	根据储量估算
会泽	中国云南		517	储量数据
五指山（纳雍枝）	中国贵州		150	根据储量估算
大梁子	中国四川		160	根据储量估算

注：由于川滇黔地区多数 Pb-Zn 矿床未公布 Ge 储量，本表储量基于报道的矿床 Zn 储量和川滇黔不同矿床闪锌矿 Ge 的平均值（100×10^{-6}）估算。

在垂向空间分布上，煤中 Ge 含量极不稳定，如云南临沧 Ge 含量为 12×10^{-6}～11470×10^{-6}，而乌兰图嘎煤中 Ge 含量为 118×10^{-6}～604×10^{-6}。Ge 可以在煤层的任何部位富集，但一般富集在煤层的底部和上部，而中部 Ge 含量较低；在平面空间上，Ge 主要富集在盆地的边缘，并与基底同生断裂关系密切（王婷灏等，2016）。在成矿时代上，这些富 Ge 煤矿床没有表现出特定的规律性，如内蒙古煤矿床均在侏罗至白垩纪，而云南富 Ge 矿床形成于新近纪。可见，富 Ge 煤矿与矿床所形成的特定时代没有关系，更多与矿床形成时或者形成后的特殊地质背景有关。云南临沧富 Ge 煤矿床是我国研究程度最高的煤矿床，对其成矿模式基本已达成共识（Hu et al.，2009；Qi et al.，2011）：循环热液萃取富 Ge 花岗岩中 Ge 及其他元素，经同生断裂等进入盆地并释放，因 Ge 的亲有机质性，Ge 被固定到有机质中，而 Si 和 Ca 等元素沉淀形成层状硅质岩和硅质灰岩。因研究相对薄弱，内蒙古乌兰图嘎和伊敏煤矿中 Ge 的富集机制和来源还不清楚，热液的侵入可能是重要的原因，但仍存在争议（王婷灏等，2016）。乌兰图嘎煤矿和伊敏煤矿附近均见大量火山岩的出露，其中胜利煤田西南存在大量海西期、晚侏罗世花岗岩和第四纪玄武岩，而尹敏盆地煤层之下亦有大量火山岩。尽管目前还没有确切的地质和地球化学证据支撑煤矿中 Ge 的岩浆岩来源，但是作为相对高 Ge 的地质端元，火山岩和富 Ge 煤矿的关系可能是确定煤中 Ge 来源的重要研究方向，亦可能是富 Ge 煤矿寻找的方向之一。

Ge 在煤中的赋存状态复杂，一般未见 Ge 的单矿物，煤中 Ge 的赋存形式一般认为和有机质相关（张琦等，2008），杜刚等（2003）对胜利煤矿的研究表明，Ge 倾向于和有机质结合形成 Ge 的络合物及有机化合物，部分呈现吸附状态，少量以类质同象状态替代 Si 而存在于含 Si 矿物中（图 2-2）。

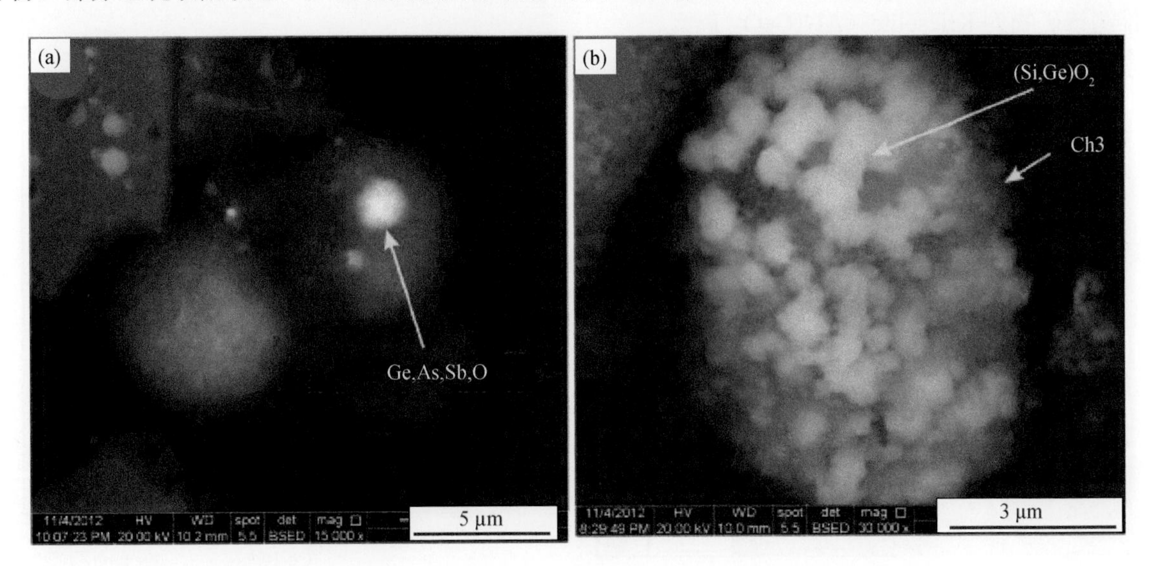

图 2-2　煤灰中 Ge 的赋存形式：乌兰图嘎 Ge 矿中的 Ge-As-Sb 氧化物（a）和临沧 Ge 矿中的$(Ge,Si)O_2$（b）（Dai et al.，2014b）

2. “Pb-Zn 型”含 Ge 矿床

相对于 Ge 在“煤型”含 Ge 矿床中的变化，“Pb-Zn 型”含 Ge 矿床中 Ge 含量稳定。已有的研究表明，“Pb-Zn 型”矿床中 Ge 的主要赋存矿物为闪锌矿，极少量以 Ge 的单矿物形式存在（温汉捷等，2019；Cugerone et al.，2020）（图 2-3）。在闪锌矿中，Ge 主要以+4 形式存在，其与 Cu 具有较好的相关性，因此，Ge 进入闪锌矿的机制很可能为 $3Zn^{2+} \longleftrightarrow Ge^{4+}+2Cu^{+}$（温汉捷等，2019；Belissont et al.，2016）。可见，原始成矿流体中是否富 Cu 可能是导致闪锌矿能否富锗的重要因素。除广东凡口矿床外，川滇黔低温成矿域是我国最重要的“Pb-Zn 型”含 Ge 资源基地，大型 Pb-Zn 矿床十余个，包括云南会泽和新近发现的贵州猪拱塘等，中小型 Pb-Zn 矿床（矿化点）超 200 个，Ge 资源量估算超过 2000 t。该区绝大多数矿床均不同程度富集 Ge，闪锌矿中 Ge 含量一般介于 $50\times10^{-6}\sim300\times10^{-6}$ 之间（温汉捷等，2019）。在地质背景上，这些矿床具有较明显的相似性：①均位于扬子地台西南缘，矿床产出位置主要受构造控制；②尽管赋矿地层时代不同（寒武系至二叠系），但岩性均为碳酸盐岩；③大多数矿床成矿时代可能在约 200 Ma；④矿石结构构造相似，主要为块状矿石，矿石品位高，经济矿物均为闪锌矿和方铅矿。遗憾的是，由于低温热液系统成矿的复杂性和技术手段限制等原因，该区 Pb-Zn 矿床成因还存在较大争议，如岩浆热液成因、沉积及沉积改造成因、深源流体贯入－蒸发岩层萃取－构造控制模式、MVT 矿床模式等，导致 Ge 的来源和迁移机制等还不清楚。

在 Pb-Zn 矿床中，部分学者基于电子探针分析，认为方铅矿是 Ge 的赋存矿物之一（付绍洪等，2004；周家喜等，2008；王乾，2008；王乾等，2009，2010a，2010b）；然而，化学分析研究表明，方铅矿中 Ge 和 Zn 之间呈现正相关性，而闪锌矿中 Ge 和 Pb 没有相关性，说明 Ge 主要赋存在闪锌矿中，方铅矿中的 Ge 主要来自方铅矿所包裹的微细闪锌矿（张羽旭等，2012）。Zhu C W（2017）通过详细的镜下和扫描电镜研究发现，方铅矿在微观尺度均包裹有微细的闪锌矿颗粒，其极可能是导致方铅矿中富 Ge 和 Cd 的原因。Belissont 等（2016）通过同步辐射等手段的研究表明，在闪锌矿中，Ge 主要以+4 价形式存在。最新闪锌矿中 LA-ICP-MS 及 Ge 形态的研究表明，Ge 主要以+4 价形式，通过和一价金属元素的结合从而以类质同象形式占据闪锌矿晶格中四面体+2 金属元素位置，例如 $3Zn^{2+} \longleftrightarrow Ge^{4+}+2Cu^{+}$（Belissont et al.，2014，2016）。笔者对云南会泽铅锌矿中闪锌矿的颜色环带 LA-ICP-MS 研究表明，Ge 和 Cu 在元素 Mapping 图上具有极好的正相关关系，证实 Ge^{4+}和 Cu^{+}一起替代 Zn^{2+}的类质同象过程；而 Ge 在不同颜色环带中没有明显的分布规律。总体而言，Ge 在 Pb-Zn 矿床中主要以类质同象替代 Zn 进入闪锌矿中，只有极少数矿床发现了少量 Ge 的单矿物，张伦尉等（2008）报道了云南会泽与闪锌矿共生的 Ge 的单矿物，根据其报道的化学成分，笔者推测该矿物为 Krieselite（$Al_2(GeO_4)F_2$）。

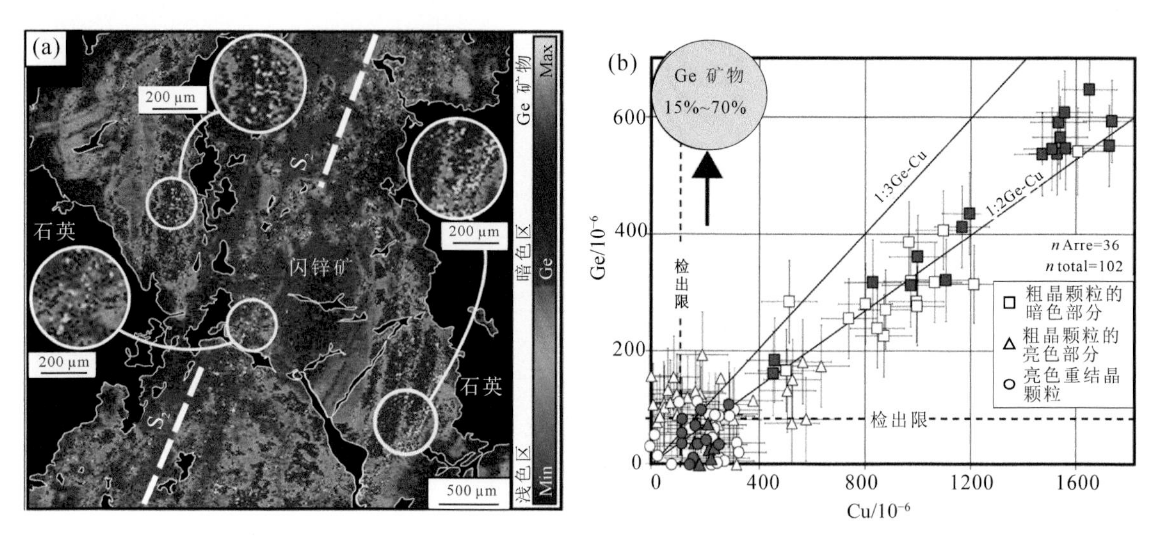

图 2-3 西欧 Arre 铅锌矿床闪锌矿：Ge 元素面扫描（a）及 Cu 和 Ge 含量相关性（b）(Cugerone et al., 2020)

尽管 Pb-Zn 矿床的研究成果较多，但涉及 Ge 的来源研究还比较少，已有的 Pb-Zn 矿中 Ge 的研究多关注于 Ge 赋存状态的研究。随着质谱技术的发展，高精度测试 Ge 的稳定同位素组成成为可能。Belissont 等（2014）对法国 Noailhac-Saint-Salvy（诺艾哈克-圣萨尔维）Pb-Zn 矿床的 Ge 同位素研究表明，相对于地幔，Pb-Zn 矿床中的硫化物强烈富集 Ge 的轻同位素，而在闪锌矿中 Ge 含量和$\delta^{74/70}$Ge 的值之间成正相关关系暗示了 Pb-Zn 矿床的成矿流体的混合源特征。不同成矿温度下，Ge 同位素变化与流体温度关系密切，其中$\delta^{74/70}$Ge 闪锌矿 140 ℃与$\delta^{74/70}$Ge 闪锌矿 80 ℃的差值可达 2.98‰（Belissont et al.，2016）。Meng 等（2015）对我国云南金顶、贵州杉树林和贵州天桥的 Ge 同位素研究表明，Ge 的轻同位素富集规律为黄铁矿＜闪锌矿＜方铅矿，而硫化物中 Ge 含量和 Ge 同位素之间没有相关性，可能是动力学分馏的结果。Rouxel 和 Luais（2017）对比了已发表的硫化物中的 Ge 同位素组成，认为几乎所有硫化物均富集 Ge 的轻同位素组成，没有显示出系统的 Ge 同位素差异，说明 Pb-Zn 矿床形成过程中可能经历了相似的地球化学过程，但何种机制导致硫化物中富集轻同位素还有待深入研究。云南富乐 Pb-Zn 矿床的 Ge 同位素研究发现，Ge 同位素和 Cd 同位素组成具有极好的线性相关性，暗示富乐 Pb-Zn 矿床的稀散元素可能经历了相似的地球化学过程。在川滇黔地区，由于碳酸盐地层中 Ge 极度亏损（约 10×10^{-9} 级别），在如此亏损的地层中形成如会泽超大型 Pb-Zn-Ge 矿床，其 Ge 的来源是否和赋矿地层相关、Ge 的富集机制是什么以及是否有其他 Ge 源等科学问题是该地区甚至稀散元素研究的重点和难点。

2.2.6 Ga 的超常富集机制

Ga 虽然是地壳丰度最高的稀散金属（15×10^{-6}），可独立矿物最少，仅在南非 Tsumeb（楚梅布）Pb-Zn 矿床中发现硫镓铜矿（$CuGaS_2$）和羟镓石（$Ga(OH)_3$）两种独立矿物（Kamona et al.，1999；Chetty and Frmmel，2000），绝大多数以伴生金属的形式存在。全球 Ga 储量约 23 万 t，中国就占了 80%左右，居世界之首（敦妍冉等，2019）。全世界 Ga 资源远景储量超过 100 万 t，绝大部分伴生在铝土矿床中，主要分布在非洲、大洋洲、南美洲、亚洲（Munson M C，1994）；还有部分与 Pb-Zn 矿床伴生，主要分布在美国、中国、加拿大、意大利、波兰、奥地利等，如美国的三州（Tri State）矿床、上密西西比（Upper Mississippi）矿床，中国的川滇黔地区铅锌矿床中。

中国 Ga 资源丰富，储量约 19 万 t，基础储量约 33 万 t，主要分布在内蒙古准格尔超大型煤矿（代世峰等，2006）、四川攀枝花式钒钛磁铁矿（罗泰义等，2007）以及广西、豫西和贵州的铝土矿床中。

Ga 广泛分布于各类岩石中，在某些矿床中形成工业富集，构成富 Ga 矿床。根据成矿作用，世界上富 Ga 矿床大致分为风化-沉积型矿床、热液型矿床、伟晶岩型矿床和岩浆型矿床（表 2-3）。在不同物化条件下的 Ga 矿化富集形式有所不同，还原条件下 Ga 呈 6 配位时的离子半径与硫化物矿床中的 Zn、Sn、Cu、Fe、Sb 等元素的离子半径接近，尤其与 Zn 类似，导致硫化物矿床中的闪锌矿成为 Ga 的主要富集载体；氧化条件下 Ga 地球化学性质与 Al 和 Fe 相似（尤其是 Al），具强亲石性，使得 Ga 广泛参与各类成矿作用。按照伴生的矿床不同，我国具有工业意义的富 Ga 矿床最主要包括铝土矿型伴生 Ga 矿床、Pb-Zn 矿型伴生 Ga 矿床、煤型伴生 Ga 矿床等 3 种类型，其各自矿化特征简述如下。

表 2-3　富 Ga 矿床基本成因类型及典型矿床

成矿作用	Ga 矿床类型	主要特征	典型矿床	工业意义
风化-沉积作用	铝土矿床	主要金属为 Al 和 Ga，含 Ga 矿物主要为一水铝石	阿肯色（Arkansaa）州铝土矿矿床、广西铝土矿、豫西铝土矿床、贵州铝土矿床	最重要
	煤矿床	煤中主要载 Ga 矿物是一水铝石和高岭石，在粉煤灰中主要是非晶质玻璃体和莫来石	内蒙古准格尔超大型 Ga 矿床	重要
	沉积铁矿床	主要含 Ga 矿物为氢氧化物	沉积变质含铁石英岩和沉积叠加型矿床	次要
热液作用	铅锌多金属硫化物矿床	主要载 Ga 矿物为闪锌矿	凡口铅锌矿床、桃林铅锌矿床、银山铅锌矿床、栖霞山铅锌矿床，红狗（Red Dog）铅锌矿矿床	最重要
	黄铁矿型铜矿床	主要含 Ga 矿物为闪锌矿、绿泥石	中国西北地区有分布	重要
	明矾石矿床	主要含 Ga 矿物为明矾石	主要在环太平洋带、印度洋带和地中海带产出，比如浙江平阳矾山矿床	次要
	密西西比河谷型（MVT）	主要金属元素 Pb、Zn、Cu、Ag、Ga、As 等	碳酸盐型铅锌矿矿床，位于碳酸盐岩层中	重要
伟晶岩作用	稀有金属交代的花岗伟晶岩矿床	主要含 Ga 矿物为锂辉石、锂云母、白云母、长石等	江西武功山钨矿附近的花岗伟晶岩	重要
	碱性伟晶岩矿床	主要含 Ga 矿物为霞石、黑云母、钠沸石、长石等	较少	次要
岩浆作用	钒钛磁铁矿矿床	主要含 Ga 矿物为钛磁铁矿	攀枝花式超大型钒钛磁铁矿矿床	重要
	碱性杂岩	主要含 Ga 矿物为霞石	较少	潜在来源
气成-热液作用	云英岩型矿床	主要含 Ga 矿物为云母	较少	潜在来源
	含铌钽矿化的碱质蚀变花岗岩	主要含 Ga 矿物为黑鳞云母、长石	云南腾冲大松坡	潜在来源

1. 铝土矿型伴生 Ga 矿床

铝土矿是 Ga 资源最主要的来源，Ga 含量一般为 50×10^{-6}～250×10^{-6}，比 Ga 克拉克值高 3～16 倍（涂光炽等，2004）。据统计，我国的铝土矿以沉积型铝土矿为主，堆积型次之，红土型最少，矿石类型以一水铝石为主的铝土矿中的 Ga 绝大多数都达到了工业品位，成矿时代集中在石炭纪和二叠纪，广泛分布在山西、贵州、广西等地。豫西铝土矿中的 Ga 含量为 50×10^{-6}～250×10^{-6}，含 Ga 矿物主要为一水硬铝石，其次为高岭石和含 Fe-Ti 矿物（汤艳杰等，2002）。而贵州铝土矿的 Ga 品位一般为 122×10^{-6}～127×10^{-6}，含矿岩系为一套以含铝土为主，兼含铁矿、硫铁矿耐火黏土和煤的组合（刘平，2001）。

关于铝土矿中的Ga来源，卢静文等（1997）认为华北铝土矿的Ga主要源于古陆上的铝硅酸盐岩石而并非来自下伏碳酸盐岩基底，与之相反，吴国炎（1997）认为Ga主要来自基底碳酸盐岩。刘平（2001）认为贵州铝土矿中的Ga主要来自古岛硅酸盐岩和基地碳酸盐岩中的泥质。在硅酸盐岩中，Hieronymus等（2001）认为Ga主要替代长石中的Al，而长石在表生红土化过程中易转变为高岭石，Ga与Al一起进入高岭石晶格，少部分进入三水铝石，随着风化过程的推移，Ga的性质几乎由高岭石和三水铝石的溶解度控制，风化溶液中Ga和Al一般以$Ga(OH)_3$和$Al(OH)_3$形式存在，当pH为3～7时，$Ga(OH)_3$比$Al(OH)_3$更易溶解，在红土化过程中，酸性介质中三水铝石和高岭石大量形成，铁大量流失，Ga和Al固定于残留的风化矿物中（Kopeykin，1984）。多数沉积铝土矿是红土风化壳搬运沉积形成，由于Ga比Al更易被淋滤，故上部的Ga会向下迁移，富集于下层蜂窝状、土状的矿石中，这可能是豫西铝土矿大部分Ga赋存在土状、蜂窝状矿石中的原因（汤艳杰等，2002）。

2. Pb-Zn矿型伴生Ga矿床

Pb-Zn矿床中的方铅矿、黄铁矿、磁黄铁矿等主要金属矿物含Ga一般非常低，而闪锌矿中较高，表明最主要的载Ga矿物应该是闪锌矿（涂光炽等，2004）。Pb-Zn矿床中Ga的富集较为复杂，并非所有Pb-Zn矿床都富Ga（Zhang，1987），与岩浆有关的Pb-Zn矿床含Ga很低。富Ga的Pb-Zn矿床多为热水沉积型及沉积改造型矿床，比如凡口、桃林矿床，矿石含Ga 30×10^{-6}～60×10^{-6}，闪锌矿含Ga大于100×10^{-6}。这类矿床一般具有较低成矿温度，物质来源比岩浆热液成因矿床更复杂。虽然Ga具有亲硫性，但其选择性地富集在某一成因类型Pb-Zn矿床的某几个矿床的现象表明Ga在Pb-Zn矿床中的富集还存在更复杂的控制因素。MVT型Pb-Zn矿床中Ga的含量变化较大，如川滇黔Pb-Zn矿集区中的富乐矿床，闪锌矿中Ga的含量变化于4.8×10^{-6}～358×10^{-6}，平均87×10^{-6}。

3. 煤型伴生Ga矿床

煤中的Ga含量一般为10×10^{-6}～30×10^{-6}，而代世峰等（2006）报道的内蒙古准格尔煤田中的Ga含量高达30×10^{-6}～70×10^{-6}（煤中Ga工业品位30×10^{-6}），成为近年新发现的超大型Ga矿床，同时认为一水铝石为主要载Ga矿物，Ga在勃姆石中含量约为900×10^{-6}，一水铝石是泥炭聚积期间盆地北部隆起的含矿层风化壳铝土矿的三水铝石胶体溶液被短距离带入泥炭沼泽中，在泥炭聚积阶段和成岩作用早期经压实作用脱水凝聚而形成。在部分变质程度较高的煤中（如内蒙古大青山煤田），Ga的载体为硬水铝石和高岭石。

综上所述，通过不同类型的富Ga矿床的Ga矿化富集特征研究，发现Ga一般倾向于只存在几种特定矿物中，铝土矿中Ga赋存于一水铝石中，Pb-Zn矿中主要富集于闪锌矿中，煤中Ga主要存在于一水铝石和硬水铝石中。因此，表明Ga的富集具有明显的成矿专属性和矿物专属性。

2.2.7　Tl的超常富集机制

Tl的地壳丰度很低（0.45×10^{-6}），一直以来主要作为伴生组分从铜矿床和铅锌硫化物矿床中作为综合利用对象而被回收。据美国地质调查局（USGS）2020年统计，包含在Pb-Zn矿床中的Tl资源量为1.7万t，主要产于加拿大、欧洲和美国。中国的Tl资源很丰富，约9000 t，主要分布在云南、贵州、安徽、广东、湖北、广西和辽宁等地（图2-4）。

由于对Tl成矿的研究相对比较薄弱，目前尚无公认的矿床类型分类，在本书中我们根据元素组合、赋存状态和成矿条件等差异，大致划分出两个具有工业意义的矿床类型，即低温热液型Tl矿床和块状硫化物型含Tl矿床。

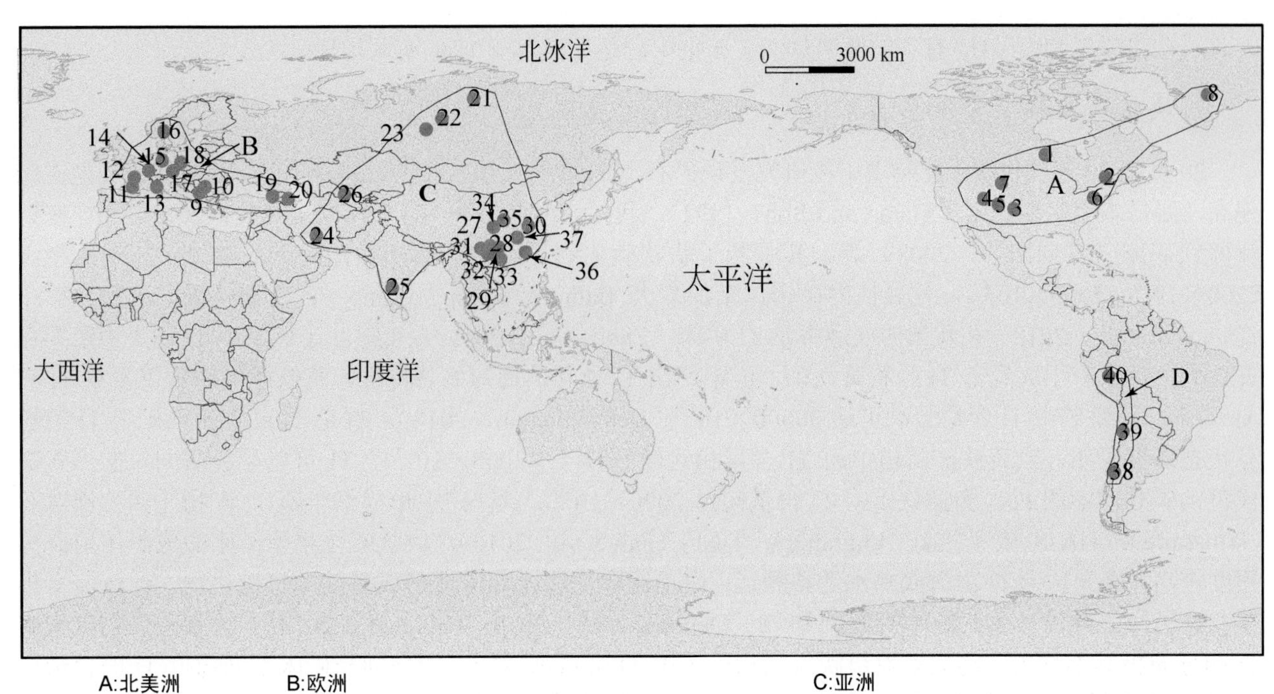

A:北美洲

1.Hemlo矿床
2.Poudrette矿床
3.Mercur矿床
4.Getechell矿床
5.Carlin矿床
6.Franklin矿床
7.Rambler矿床
8.Illimaussaq矿床

B:欧洲

9.Alsar矿床
10.Lojane矿床
11.Viges矿床
12.JasRoux矿床
13.Lengenbach矿床
14.Segen Gottes Mine矿床
15.Weintranbe矿床
16.Kalmar矿床
17.Ronaz矿床
18.Bukov矿床
19.Beshtau矿床
20.Verkhnyaya Kvaisall矿床

C:亚洲

21.Murun矿床
22.Norilsk矿床
23.Turzinsk矿床
24.Zarehehouran矿床
25.Rajpura-Dariba矿床
26.Zirabulaksk矿床
27.贵州滥木厂矿床
28.丫他矿床
29.戈塘矿床
30.安徽香泉矿床
31.云南金顶矿床
32.南华矿床
33.广西益兰矿床
34.陕西铜木沟矿床
35.铜家湾矿床
36.广西云浮矿床
37.江西城门山矿床

D:南美洲

38.Capillitas矿床
39.Tuminico矿床
40.Quiruvilca矿床

图 2-4　全球主要含铊矿床分布（据 Zhou et al.，2005；Fan et al.，2014；Dehnavi et al.，2018；叶霖和刘铁庚，2001 修编）

1. 低温热液型 Tl 矿床

这一类 Tl 矿床一般和 Au、As、Sb、Hg 等矿化关系密切，并形成典型的低温元素和低温矿物组合，如地中海-阿尔卑斯低温成矿域中出现的Sb-As-Tl、Sb-Pb/Zn-Tl和Sb-As-Hg等低温成矿元素组合（Jankovic，1993），北美卡林金矿带出现的 Au-As-Hg-Sb-Tl 低温成矿元素组合（Hofstra and Cline，2000）和中国滇黔地区 As-Sb-Hg-Tl 低温成矿元素组合（Zhou et al.，2005；Fan et al.，2014）。这类矿床最大的特点是能够形成 Tl 的独立矿床，以我国扬子板块西南缘产出的贵州滥木厂汞铊矿床和云南南华 As-Tl 矿床为典型。这两个独立 Tl 矿床中产出大量的 Tl 独立矿物，如贵州滥木厂 Hg-Tl 矿床中的红铊矿、斜硫砷汞铊矿、硫铁铊矿，南华 As-Tl 矿床中的硫砷铊铅矿、辉铁铊矿、硫砷铊矿和铊黄铁矿，并出现典型的低温矿物组合，如雄黄、雌黄、辉锑矿、黄铁矿等，矿石中 Tl 的含量极高（1%～10%），Tl 的超常富集主要出现在成矿热液演化较晚阶段。研究认为，Tl 矿化的形成温度一般为 150～200℃，为低温成矿；成矿流体以低盐度（一般小于 10%）和弱酸性为特征。这与实验模拟的结果一致，Bebie 等（1998）的模式实验证实 Tl 在低盐度酸性至微碱性流体中以二硫化物或 Tl 的氯化物的形式搬运；Sobott 等（1987）通过模拟实验提出温度下降和 pH 上升则是 Tl 矿物沉淀的主要机制。总体来看，这一类矿床中 Tl 的富集一般与低温热液成矿密切相关，其主要的成矿特点包括：①与岩浆岩没有直接关系；②成矿温度一般小于 200 ℃，为中-低温；③成矿流体具弱酸性、低盐度的特点；④成矿时代较晚，一般为燕山期；⑤成矿元素为典型的低温元素组合，一般为 Sb-As-Tl、Sb-Pb（Zn）-Tl 和 Sb-As-Hg-Tl 组合；⑥矿物组合主要为雄黄、雌黄、辉锑矿、黄铁矿等。

因此，在我国与 Sb-As-Hg 有关的低温热液矿床集中区是寻找 Tl 矿床的有利地段。

2. 块状硫化物型含 Tl 矿床

20 世纪 90 年代块状硫化物型矿床研究发现矿石中 Tl 含量（10×10^{-6}～200×10^{-6}）相对其他类型矿床偏高，如日本黑矿型矿床（Murao and Itoh，1992），我国云南金顶 Pb-Zn 矿床（姜凯等，2014）和广东云浮硫铁矿床（常向阳等，2008）等。其中若干块状硫化物矿床中矿石 Tl 含量更富集 2～3 个数量级（200×10^{-6}～5000×10^{-6}），代表性的矿床包括加拿大 Bathurst Mining Camp（巴瑟斯特采矿基地）矿床（Dehnavi et al.，2018）和我国的安徽香泉 Tl 矿床（Zhou et al.，2005）。上述 2 个矿床中 Tl 均集中赋存在黄铁矿中，以产出大量富 Tl 胶状黄铁矿，但不产出 Tl 独立矿物为显著特征，黄铁矿中通常仅富集 Tl 和 As 元素，黄铁矿中 Tl 含量最高可达 30000×10^{-6}（Dehnavi et al.，2018）。香泉 Tl 矿床黄铁矿中 Tl 的赋存状态研究表明，当黄铁矿结构中的 Tl 含量相对较低时（$<2000\times10^{-6}$），Tl 可以呈类质同象的形式取代黄铁矿晶体中的 Fe。当黄铁矿中 Tl 含量超过 2000×10^{-6}，黄铁矿中形成纳米级 Tl 矿物［如拉佛赛石（lafossaite）：$TlAsS_2$ 或罗兰石（lorandite）：TlCl］（Fan et al.，2014）。块状硫化物型矿床的成矿作用研究程度较高，研究认为 Tl 由海底热水迁移搬运，由于流体快速冷却沉淀形成黄铁矿等硫化物，Tl 沉淀富集在黄铁矿中，难以形成大颗粒独立 Tl 矿物（Dehnavi et al.，2018；Fan et al.，2014）。块状硫化物矿床中 Tl 的分布极其不均匀，绝大多数块状硫化物矿床中 Tl 含量都较低，即使同一矿床不同部位 Tl 的含量也相差 2～3 个数量级，造成这种成矿强度差异的因素仍不清楚，目前比较合理的解释是海底热水的脉动式成矿作用（Dehnavi et al.，2018）。块状硫化物矿床是世界上 Tl 的主要工业来源，如我国云南金顶矿床中矿石 Tl 平均含量 57×10^{-6}，估算 Tl 资源量 8167 t（姜凯等，2014），是我国报道 Tl 资源量最大的矿床，广东云浮硫铁矿床中矿石 Tl 含量为 40×10^{-6}～70×10^{-6}（常向阳等，2008），其中蕴含的 Tl 资源量也相当可观，估算超过 5000 t。

2.2.8　Se 的超常富集机制

硒（Se）是一种半金属元素，位于第 VIA 族。Se 在地核和地幔中的丰度分别为 40×10^{-6} 和 0.05×10^{-6}，在地壳中的丰度范围为 0.05×10^{-6}～0.09×10^{-6}（黎彤，1984；Greenwood and Earnshaw，1997；温汉捷，1999；温汉捷等，2019）。Se 在地核中相对更高的丰度体现出其亲铁性的地球化学性质；由于 Se^{2-} 与 S^{2-} 的离子半径相近（分别为 198 pm 和 184 pm），导致 Se 容易以替代 S 的方式进入矿物晶格，Se 在内生作用中的行为大多与 S 相似（温汉捷，1999），即具有亲硫性；此外，Se 具有容易气化的特征，在火山气体中以 SeO_2 及 H_2Se 的形式喷出，这也是 Se 从地球内部迁移到地表的主要方式之一。全球年度火山喷出的 Se 含量约为 100～1800 t（Mather et al.，2004；Rosca et al.，2022），基拉韦厄火山在 1983～1985 年期间喷发了约 10 t Se（Greenland and Aruscavage，1986），里巴利岛和夏威夷岛火山灰自然硫中 Se 可分别高达 18% 和 5.18%（Sindeeva，1964；Stillings，2017）。Se 是一种氧化还原敏感元素，在自然界中的主要价态为-2、0、+4、+6 价。富有机质的岩石往往具有较高的 Se 含量，湖北恩施 Se 富集带中石煤和碳质页岩中 Se 含量可达 38×10^{-6}（温汉捷，1999），国际上已有报道 Se 含量高达 1500×10^{-6} 的富有机质页岩（Stillings，2017）。

目前国际矿物学会批准的 Se 矿物有 144 种（https：//rruff.info/ima/［2023-07-14］）。根据矿物的化学组成，Se 矿物可以被分为 5 类：自然硒（Se）、氧化物（SeO_2）、硒化物、亚硒酸盐矿物和硒酸盐矿物（Krivovichev et al.，2020）。其中硒化物（包含硒硫盐矿物）、亚硒酸盐及硒酸盐矿物种类繁多，倾向于与 Bi、Cu、Pb、Hg、Ag 等亲 Cu 元素结合。全球已发现 Se 含量最高的硒化物是方硒钴矿（$CoSe_2$，Se 含量 70.23%；Stillings，2017）。主要的 Se 矿物产出地质环境包括：超基性岩浆作用结晶的硫化物、火山喷气、热液矿床以及富硒沉积层（黑色岩系、煤层、磷酸盐沉积），这些 Se 矿物在氧化作用下可以形成次生的自然 Se、亚硒酸盐、硒酸盐矿物。

除了 Se 独立矿物以外，Se 还可以类质同象的形式进入硫化物矿物晶格之中，不同成因的黄铁矿、方硫镍矿、辉钼矿、斑铜矿、黄铜矿、辉铜矿、闪锌矿以及方铅矿等硫化物均一定程度含 Se（Gregory et al.，

2015；Holwell et al.，2015；Stillings，2017；Martin et al.，2018；Belogub et al.，2020）。实质上，硫化物发生 Se 类质同象替代硫可呈现出连续的固溶体替代，达到完全替代即形成对应的硒化物（MeS→MeSe，Me 为 Fe、Zn、Cu、Hg 等亲硫元素）（Stillings，2017）。Simon 等（1997）通过对硒化物形成的热力学条件计算，提出在高氧逸度条件下 Se 和 S 发生解耦，促使体系具有高的 $f(Se_2)/f(S_2)$，易于形成硒化物；在相对低 $f(Se_2)/f(S_2)$的条件下只能形成 Ag 硒化物，Se 仍然主体以类质同象赋存于硫化物。

1. 主要 Se 矿床类型

Sindeeva（1964）和涂光炽等（2004）对 Se 矿床的分类方案较为一致，划为岩浆型、火山岩型、热液型和沉积型 4 种。Dill（2010）将含 Se 的矿床分为块状硫化物矿床、斑岩-浅成低温矿床和沉积矿床 3 种。Stillings（2017）将 Se 矿床分为 Cu-Ni 硫化物型、含硒化物的热液矿床以及沉积型 3 种。Simon 等（1997）对有硒化物矿物出现的矿床进行了分类，划分为远成热液脉状 Se 矿床、不整合面型 U 矿床、砂岩型 U 矿床以及 Au-Ag 浅成低温火山岩容矿型矿床。近年来，越来越多的研究发现火山块状硫化物矿床（Layton-Matthews et al.，2008；Maslennikov et al.，2009；Martin et al.，2018）、斑岩型-夕卡岩型矿床（谢桂青等，2020）以及黑色岩系（温汉捷等，2019）是最重要的富 Se 矿床类型。因此，基于涂光炽院士的划分方案，结合近年来的发现，富 Se 矿床从成因上可以划分为：岩浆型、火山块状硫化物型、热液型、表生沉积型 4 种大类，其中热液型可以分为岩浆热液型（斑岩型、夕卡岩型、浅成低温热液型）以及与岩浆作用无关的热液矿床（造山型金矿床、热液脉状矿床）两大类。

1）岩浆型 Se 矿床

此类 Se 矿床主要为岩浆型 Cu-Ni-PGE 硫化物矿床，与超基性-基性岩浆作用紧密联系，例如俄罗斯西伯利亚 Noril'sk（诺里尔斯克）矿床（Czamanske et al.，1992）、加拿大 Sudbury（萨德伯里）矿床（Dare et al.，2014）、巴西 Curaca Valley（库拉卡山谷）矿床（Maier and Barnes，1999）。已有报道 Noril'sk（诺里尔斯克）矿床矿石的 Se 含量最高可达 222×10^{-6}（Czamanske et al.，1992），Curaca Valley（库拉卡山谷）矿床的矿石 Se 含量最高可达 237×10^{-6}（Maier and Barnes，1999），显示出对硒较强的富集作用。我国金川矿床存在铂族金属的硒化物（Prichard et al.，2013；董宇等，2021）。

2）火山块状硫化物型 Se 矿床

火山块状硫化物型矿床（VMS）是重要的富 Se 矿床类型，矿石 Se 含量可高达 1000×10^{-6} 级别（Hannington，2014）。Se 主要替代 Cu 和铁硫化物中的 S，部分以硒化物的形式存在。加拿大 Yukon（育空）省 Finlayson Lake（芬利森湖）地区有多个富 Se 的 VMS 矿床，Wolverine（沃尔弗林）和 Kudz Ze Kayah（库兹泽卡亚）矿床的平均 Se 含量分别为 1100×10^{-6} 和 200×10^{-6}（Layton-Matthews et al.，2008，2013）；俄罗斯 Urals（乌拉尔）南部也有多个富 Se-Te 的 VMS 矿床，如 Yaman-Kasy（亚曼-凯西）矿床、Yubeleinoe（尤贝莱诺）矿床（Maslennikov et al.，2009；Vishnevsky et al.，2018）；Cyprus（塞浦路斯）地区的 VMS 矿床对 Se 也具有较高程度的富集（Martin et al.，2018）。

3）热液型 Se 矿床

岩浆热液型 Se 矿床主要包含斑岩型、夕卡岩型以及浅成低温热液型矿床，与中酸性岩浆作用相关。McFall 等（2021）指出后俯冲构造环境下形成的斑岩铜矿相较于俯冲环境形成的斑岩铜矿更富 Se 和 Te。富金斑岩-夕卡岩矿床是目前全球最重要的 Se 和 Te 来源（Stillings，2017；谢桂青等，2020）。USGS 在 2011 年的报告中标注乌兹别克斯坦 Almalyk（阿尔马雷克）斑岩 Cu-Au 矿集区有 1098 t Te 和 13228 t Se 资源量；九瑞和大冶矿集区多个氧化性夕卡岩铜金矿床对 Te、Pd、Se 发生富集（谢桂青等，2020）。

与岩浆热液型 Se 矿床相对应，许多与岩浆热液无关的矿床也可以发生 Se 富集。已有多个造山型 Au 矿床被报道矿化伴随硒化物和碲化物生成（Goldfarb et al.，2016），如乌兹别克斯坦 Kyzylkum（克孜勒库姆）地区 Muruntau（Muruntau）矿床（Drew et al.，1996）、俄罗斯 Transbaikalia（外贝加尔）北部 Sukhoi Log（苏霍伊洛格）矿床（Distler et al.，2004）、捷克 Jilove（吉洛夫）矿集区（刘家军等，2020）。其他与岩浆热液无直接联系的富 Se 矿床，与 Simon 等（1997）提到的“远成热液脉状 Se 矿床”相似。德国 Zorge-Lerbach（佐尔格-勒巴赫）矿床、英国 Hope'S Nose 矿床以及玻利维亚 Pacajake（帕卡加克）矿床属于此类型（Stillings，

2017)。一些浅成的脉状辉锑矿矿床往往也具有较高的 Se 含量，我国皖南锑矿带的辉锑矿 Se 含量较高（张德和王顺金，1994）。

4）表生沉积型 Se 矿

表生沉积型 Se 矿床主要可以分为：黑色岩系型、砂岩型铀和砂岩型铜矿床、磷酸盐型。

由于 Se 具有亲有机质性，并且生物活动中 Se 可以替代 S，导致黑色岩系往往具有较高的 Se 含量，已有报道富有机质页岩高达 1500×10^{-6} 的 Se 含量（Stillings，2017）。Se 主要赋存在黑色岩系之中的黄铁矿、黄铜矿、镍矿、铁矿等硫化物中。我国湖北渔塘坝矿床（温汉捷，1999；Wen et al.，2007）、华南沿着南华裂谷盆地广布的早寒武世富 Ni-Mo-Se-PGE 多金属层（Wen and Carignan，2011）、英国新元古代 Gwna（格瓦纳）群（Armstrong et al.，2018）以及石炭系鲍兰页岩组（Parnell et al.，2018a）都显示高倍富集 Se 的特征。部分煤层和古油藏也可以对 Se 发生富集（Dai et al.，2015；Parnell et al.，2015）。

砂岩型铀矿对 Se 形成一定程度的富集，例如我国伊犁盆地扎吉斯坦砂岩型铀矿床（王正其等，2006）、美国怀俄明州和科罗拉多州的砂岩型铀矿（Coleman and Delevaux，1957；Bullock and Parnell，2017）。

一些磷块岩沉积层对 Se 发生了富集。已有报道摩洛哥 Youssoufia（尤素菲亚）地区的磷酸盐沉积层 Se 含量为 44×10^{-6}，美国爱达荷州 Champ（冠军）矿床 Se 含量为 23×10^{-6}，秘鲁 Bayovar-Sechura（巴约瓦尔-塞丘拉）磷酸盐矿床矿石硒含量为 2.4×10^{-6}（Bech et al.，2010a，2010b）；我国贵州瓮安磷矿磷块岩的平均 Se 含量为 7.45×10^{-6}，最高含量为 68.86×10^{-6}（Long et al.，2020）。

此外，火山灰沉积也可以对 Se 进行富集，特别是大量火山灰堆积及火山附近沉积的斑脱岩等沉凝灰岩层，其 Se 含量往往较高。

2. Se 的主要富集机理

1）地幔熔融及岩浆分异过程 Se 的行为

硅酸盐熔体中，硫化物的 Se 分配系数范围为 345～1770（Peach et al.，1990；Barnes et al.，2008；Patten et al.，2013）。因此在原始地幔低程度部分熔融过程中倾向于被保留于残余在原始地幔的硫化物颗粒中，即熔体中相对贫 Se（Hattori et al.，2002）。相对应的是，俯冲作用改造后的次大陆岩石圈通常具有更高的硫化物含量，对 Cu、PGE 和 Se 等元素进行初步富集，为后俯冲作用形成的斑岩矿床提供更多的 Cu、PGE 和 Se 等元素（Richards，2009；McFall et al.，2021）。此外，深海沉积物中富集的 Se 可以通过洋壳俯冲带入到地幔之中（Yierpan et al.，2020），可以增加斑岩矿床或 VMS 矿床致矿岩浆源区 Se 含量，为成矿提供 Se。原始地幔高程度部分熔融会导致初始岩浆与原始地幔具有相当的 Se 含量。岩浆结晶分异过程中，如果熔体存在早期硫化物熔离作用或者发生去气作用，会导致 Se 在晚期熔体中发生贫化（Queffurus and Barnes，2015；Barnes and Mansur，2022；Rosca et al.，2022）。Holwell 等（2015）通过对 Skaergaard（斯凯尔加德）岩体的硫化物结构和微量元素研究，认为该岩体边部的硫化物对 Se、Te、PGE 和 Au 高度富集，可能是此时期的岩浆同化混染了早期硫化物。

2）Se 在不同热液体系的富集过程

Se 在板片俯冲和地幔部分熔融过程中的挥发性是它在岩浆热液系统（斑岩-浅成低温热液型、夕卡岩型、VMS 型）中发生富集的一个关键因素。不同构造环境的洋底玄武岩（岛弧、热点、洋中脊）显现出岩浆结晶分异过程不存在显著的 Se 去气作用（Yierpan et al.，2021）；然而，近地表的岩浆喷发通常具有强烈的 Se 去气作用，Se 在火山喷出物以及火山灰中相对于火山岩发生明显富集（Yierpan et al.，2021；Rosca et al.，2022）。Saunders 和 Brueseke（2012）在对美国西部浅成低温热液矿床 Se 和 Te 富集特征的研究中提出，由于 Se 相对于 Te 的挥发性更强，导致在 Laramide（拉拉米）造山事件中，Se 早于 Te 在板片脱水和去气过程被带入到上部地幔楔，后期的俯冲作用、板片窗等作用诱发这些富集地幔发生部分熔融，形成富 Se、Te 的岩浆，并呈现出 Se 和 Te 的分带性。日本岛弧产出多个富 Se 浅成低温热液矿床（Shimizu et al.，1998），印尼 Java（加瓦）西部的浅成低温热液矿床也具备 Se、Te 分带的特征（Yuningsih et al.，2011）。

VMS矿床中，Se可以源自岩浆去气作用、岩浆岩以及黑色页岩。大多数弧环境下的长英质岩体的Se含量为1×10^{-6}～2×10^{-6}（Kurzawa et al.，2019），岩浆结晶分异过程伴随的去气作用导致Se被带入到气相中，Se可能是最初以SeO_4的形式富集到气相中，但很快被还原为H_2Se（Layton-Matthews et al.，2008）。东太平洋海隆13°N带黑烟囱的块样和黄铜矿Se含量分别可高达1100×10^{-6}和2500×10^{-6}（Auclair et al.，1987），表明VMS矿床中形成富Se矿床的概率高。Huston等（1995）认为成矿流体的高H_2Se/H_2S值很可能受到岩浆流体注入的影响。Layton-Matthews等（2008）提出加拿大Yukon（育空）省Finlayson Lake（芬利森湖）地区的Kudz Ze Kayah（库兹泽卡亚）和Wolverine（沃尔佛森）矿床的Se主要源自同期的火山岩和海底黑色页岩。

VMS矿床的成矿流体偏还原和酸性，一方面，Se在流体中主要以气相形式（H_2Se）迁移，H_2Se的解离常数与pH和温度高度相关（Hannington，2014）；另一方面，Se替代进入硫化物晶格的（理想固态溶液）混合吉布斯自由能随着温度升高越来越负，促使硫化物晶格结构可以容纳更高浓度的Se（Maslennikov et al.，2009）。这表现为VMS矿床中Se含量与Cu含量以及温度的正相关性，Se在以Cu、Fe硫化物为主的高温带含量较高，主要以类质同象硫进入硫化物以及硒化物的形式。

由于Se的氧化还原敏感性，VMS矿床、斑岩-浅成低温热液型矿床等热液矿床的成矿流体氧逸度波动会显著影响Se的富集过程。热液体系高氧逸度会促进Se和S的解耦，有利于形成Se化物，发生Se超常富集（Simon et al.，1997）。岩浆演化到晚期形成的热液可以对Se进一步富集，晚期的氧化、酸性的热液萃取早期形成的中间硫化物固溶体（ISS）和硫化物之中的Se并主要以SeO_3^{2-}的形式迁移，在与碳酸盐反应后，热液的pH升高促使Se沉淀（Prichard et al.，2013）。

3）表生作用中Se的富集过程

Se在氧化或次氧化条件下主要呈硒酸盐（SeO_4^{2-}）、亚硒酸盐（SeO_3^{2-}）和有机态（org-Se^{2-}）的阴离子。SeO_4^{2-}主要分布在与空气大面积接触的地表水中，特别是碱性环境；SeO_3^{2-}主要分布在移动速率缓慢的水域（例如湖水）。相较于SeO_4^{2-}，SeO_3^{2-}被铁的氢氧化物、黏土矿物、有机质的吸附性更高。元素态Se（自然硒）在水中呈不可溶，Zhang等（2004）认为沉积物中大约有30%～60%的Se以自然硒的纳米球形颗粒形式存在，自然Se极易被再次氧化成SeO_4^{2-}或SeO_3^{2-}。

地下水的氧化淋滤-次生富集过程是表生沉积条件下Se富集的重要过程（温汉捷等，2007）。渔塘坝矿床的全部矿体均位于现代潜水面以上，具有从地表到潜水面之下，Se含量呈低（上部氧化带）一高（下部氧化带）一低（原生带）的分布模式（温汉捷等，2007）。此外，渔塘坝矿床的Se大约70%呈自然Se形式（Wen and Carignan，2011），且这些自然Se在干酪根中主要以超微包体被吸附（温汉捷等，2003）。当含Se^{4+}、Se^{6+}的流体向下渗滤的过程中，由于氧逸度降低以及碳质的强还原作用，使得高价态Se主要被还原成0价（自然Se），部分被还原成Se^{2-}呈硒化物或类质同象形式存在（温汉捷等，2007）。砂岩型铀矿对Se的富集模式与此类似，氧化性大气水萃取出砂岩层和硫化物的氧化还原敏感元素，在流体氧逸度降低或与还原性沉积层反应的条件下，导致硒化物（一般为白硒铁矿）和含硒硫化物沉淀（Howard，1977）。

Presser等（2004）提出海相沉积盆地中的富硒磷块岩和含P页岩层等沉积层与沉积所处较高的生物初级生产力相关。由于生物活动中硒可以替代硫形成含Se的氨基酸，通过此方式进入细菌、藻类、真菌和植物体内，生物的沉积埋藏使得Se被固定下来；后期的成岩过程会降低有机质含量，进一步提高Se的含量。生物碎屑累积以及成岩作用中形成的H_2S和H_2Se与还原性孔隙水中的金属离子结合，形成硫化物或Se化物（Layton-Matthews et al.，2008）。这是黑色岩系和磷块岩富集Se的主要模式。缺氧和滞留的海盆有利于生物体堆积且不被上升洋流所改造，更容易导致Se富集（姚林波和高振敏等，2000）。海底热液和岩浆活动可以提升Se在海洋中的含量，是富硒沉积层Se的主要来源（Wen and Carignan，2011；Long et al.，2020）。在海底热液活动上涌喷出海底时，部分热液中的Se可以直接以Se化物或者替代进入硫化物的形式沉淀到富有机质层内，此种情况往往形成极其富Se的沉积层，如华南南华裂谷盆地早寒武世Ni-Mo-Se-PGE层（Wen and Carignan，2011）。

2.3 非常规类型稀散金属矿床

近 20 年对稀散元素成矿作用的研究，不但证实稀散元素能够形成矿床，而且发现其具有很强的成矿专属性，这种专属性主要表现在不同的稀散元素通常在某一种类型的矿床中能够达到超常富集，甚至形成独立矿床。应该说，稀散元素成矿专属性的研究是“稀散元素成矿”研究的核心内容之一，它为正确认识稀散元素的成矿过程和超常富集机制，也为进一步合理高效地寻找稀散元素资源提供了理论基础和科学依据。然而，随着研究工作的不断深入，特别是一些与传统的成矿专属性认识不同的新类型稀散元素矿床的发现，为进一步突破“稀散元素成矿”理论，扩大稀散元素资源储量提供了可能性。这些重要的发现和进展主要包括：

（1）“黄铁矿型”富 Tl 矿床。Tl 矿化一般与 Au、As、Sb、Hg 等矿化关系密切，并组成低温成矿元素组合，如地中海-阿尔卑斯低温成矿域中出现的 Sb-As-Tl、Sb-Pb（Zn）-Tl 和 Sb-As-Hg 等低温成矿元素组合（Sobott et al.，1987；Jankovic，1993），中国西南地区和北美卡林金矿带出现的 Au-As-Hg-Sb-Tl 低温成矿元素组合（Hofstra and Cline，2000，范裕等，2005）。除以上发现的 Tl 矿床类型外，近年来一种新类型的富 Tl 矿床引起了科学家的注意，Tl 主要以类质同象形式替代 Fe 进入黄铁矿晶格中，有别于常规的与 Hg、As 等元素形成的伴生矿床，我们称之为“黄铁矿型”富 Tl 矿床，其中最具代表性的是云南金顶和安徽香泉“黄铁矿型”富 Tl 矿床。云南金顶以超大型铅锌矿床而闻名，资料和我们前期的工作显示，该矿床中 Tl 金属储量有 8166 t，黄铁矿中 Tl 含量平均可达 480×10^{-6}，如果按大型 Tl 矿床 500 t 金属来计算，金顶“黄铁矿型”富 Tl 矿床相当于 16 个大型 Tl 矿床（Xue et al.，2007；姜凯等，2014；Wen et al.，2015）。安徽香泉 Tl 矿床以 Tl 含量 0.01%为 Tl 矿石边界品位，可圈出 Tl 金属储量 459 t，Tl 主要以类质同象形式替代 Fe 进入黄铁矿晶格，其次以纳米级、次纳米级 Tl 矿物颗粒形式产出于黄铁矿中（范裕等，2007a，2007b；Zhou et al.，2008）。

（2）“辉锑矿型”富 Se 矿床。Se 可以以类质同象或独立矿物形式富集在各类地质体中，但真正形成超常富集的主要在与黑色岩系有关的矿床中，如华南下寒武统牛蹄塘组的 Ni-Mo 矿中 Se 的含量可达 0.2%（Mao et al.，2002a，2002b；Lehmann et al.，2007；Wen and Carignan，2011；Fan et al.，2011），湖北恩施渔塘坝 Se 矿床是我国沉积型独立 Se 矿床的典型例子，其中 Se 的含量一般为 0.01%～0.26%，最高可达 0.8%（Wen and Carignan，2011；Zhu et al.，2011）。近年来，我们发现华南 Sb 矿带中部分 Sb 矿床中存在 Se 的超常富集现象，如皖南 Sb 矿带的罗冲 Sb 矿床、金家冲 Sb 矿床 Se 的含量为 0.078%～1.172%，鄂南徐家山 Sb 矿中 Se 的含量为 0.08%～1.45%（俞惠隆，1987，1988；张德和王顺金，1994 和自测数据），右江盆地中的高龙 Sb-Au 矿床中辉锑矿的 Se 含量为 1200×10^{-6}，而晴隆 Sb 矿床中辉锑矿的 Se 含量为 520×10^{-6}（自测数据）。除 Se 外，辉锑矿中也含有较高的 Te（0.02%～0.12%；张德，1994），如金家冲 Sb 矿床中 Te 的含量可达 0.12%。保守地估算，仅鄂南地区中型 Sb 矿床中保有的 Se 资源量至少达到 535 t，晴隆 Sb 矿床的保有资源量大约为 140 t 金属量，远大于黑色页岩型 Se 矿床的资源量。长期以来，由于缺乏对辉锑矿中 Se 含量的系统评价，没有合理估算潜在的 Se 资源量，因此“辉锑矿型”Se 矿床一直被忽视，其富集机制、过程和背景更无从探讨。如果系统评价整个华南 Sb 矿带中辉锑矿的 Se 含量，并合理估算其潜在的资源储量，这类型的 Se 矿床将可能成为我国主要的 Se 矿资源。

（3）“富有机质型”富 Ga 矿床：Ga 一般赋存在铝土矿床和中低温 Pb-Zn 矿床中。近年来的研究发现，富有机质岩系是富 Ga 的另一类重要的地质体。秦勇等（2009）对山西、陕西、内蒙古三省区的 19 个首批煤炭国家规划矿区煤中 Ga 进行的资源调查表明，评价区内煤中镓资源总量为 102.85 万 t，其中以内蒙古准格尔最为典型，单个煤矿床（黑岱沟煤矿）飞灰中的 Ga 的平均含量为 92×10^{-6}，储量达到 4.9 万 t，是世界上罕见的超大型煤-镓矿床，属于新型的矿床类型（Dai et al.，2006，2012a；王文峰等，2011）。此外，在滇黔相邻地区大面积分布上二叠统宣威组底部碳质页岩中，Ga 含量 48×10^{-6}～110×10^{-6}，平均 70.5×10^{-6}，大于 Ga 矿边界品位（30×10^{-6}～50×10^{-6}，边界品位 30×10^{-6}），鉴于该区这一层位分布很广且十分稳定，具有广阔的成矿和找矿前景（易同生等，2007；张正伟等，2010）。

（4）“铁矿型”富 Ge（Ga、In）矿床：Ge 主要富集在中低温 Pb-Zn 矿床和煤矿床中。然而相关研究人员对国内外不同矿床中 Ge 资源调查发现，Fe 矿床可能是 Ge 资源寻找的另一个重要方向。Bernstein（1985）对不同矿物中 Ge 含量的研究后发现，在美国 Apex（埃培克斯）矿床中针铁矿中的 Ge 含量可高达 5310×10^{-6}（平均含量为 2770×10^{-6}），而赤铁矿中 Ge 含量高达 7000×10^{-6}。在我国也发现有该类型的矿床，如杨光明（1980）对湖南宁乡赤铁矿型 Ge 矿床的研究表明，Ge 在矿石中的平均含量为 120×10^{-6}，最高可达 240×10^{-6}，Ge 主要产在赤铁矿中；江苏省南头山赤铁矿型 Ge 矿床，Ge 平均含量在 100×10^{-6} 左右（王文彩，1988）；在江苏省浦口区万寿山铁矿床，可利用的铁矿石平均含 Ge 为 35×10^{-6}（涂光炽等，2004）。条带状含铁建造（BIF）型铁矿床中的 Ge 资源也引起了地质学家的重视，澳大利亚 Hamersley Range（哈默斯利山脉）Fe 矿床中 Ge 含量可达 38×10^{-6}（Davy，1983）；乌克兰 Kremenchuk-Krivoi Rog（克列缅丘克-克里沃伊罗格）Fe 矿床也具有相似的 Ge 含量（Sarykin，1977）。除 Ge 外，Fe 矿中也一般含有 Ga 和 In，如我们最近的研究发现，在贵州二叠系玄武岩顶部的风化壳型 Fe 矿中，均含有较高含量的 Ga（平均约 100×10^{-6}）和 In（20×10^{-6}～100×10^{-6}）。攀西地区钒钛磁铁矿工业储量中伴生的 Ga 为 34.8 万 t，潜在经济价值约 1782 亿～2227 亿美元（罗泰义等，2007）。然而，目前对铁矿床中 Ge 和其他稀散元素的成矿专属性、赋存状态、富集机制、物质来源等研究基本处于空白。

（5）“海底多金属结壳型”富 Te（Tl）矿床：除独立 Te 矿床外，Te 主要在与碱性岩浆活动有关的金矿床中才能形成超常富集。近年来，对结壳中 Te 元素地球化学特征及其富集机制的研究逐渐引起海洋地质学家们的高度重视（Hein et al，2003，2007，2013；Li et al.，2005；游国庆等，2014）。Hein 等（2003）调查了全球 Fe-Mn 结壳中的 Te 分布规律，在 Fe-Mn 结壳中 Te 的含量变化于 3×10^{-6}～205×10^{-6}，相对于地壳丰度达到了 5000～50000 倍的富集系数。游国庆等（2014）调查了 68 个太平洋结壳样品的 Te 含量，发现大多数结壳的 Te 变化于 13.4×10^{-6}～115.8×10^{-6}，平均 50×10^{-6}，远高于中国陆地上一般 Cu、Ni 矿石（Te 工业指标为 2×10^{-6}～6×10^{-6}）及 Cu、Pb、Zn 矿石（Te 工业指标为 10×10^{-6}）。除 Te 外，多金属结壳中其他稀散元素也有一定的富集，如 Tl，含量一般在 50×10^{-6}～200×10^{-6}。目前陆地上的 Te 储量约为 22000t（银剑钊等，1995），据估计，仅中太平洋海底 Fe-Mn 结壳中 Tl 的资源量是陆地储量的 1700 倍，Te 为 9 倍（Hein et al.，2013）。可见整个海洋的 Te 资源将远远高于目前陆地 Te 资源的总和，有可能是 Te 的重要来源。

根据以上的总结，这里我们提出将这些资源潜力巨大，已形成超常富集且具有独特成矿过程和背景的新类型稀散元素矿床定义为“非常规类型稀散元素矿床”，以区别于传统的对稀散元素成矿专属性的认识。可以看到，我们所定义的“非常规类型稀散元素矿床”具有以下几个鲜明和重要的特点：

（1）“非常规类型稀散元素矿床”往往具有巨大的资源潜力，一般资源量多超过传统的稀散元素矿床，往往形成大型-超大型矿床。如金顶 Pb-Zn 矿床中富含的“黄铁矿型”Tl 矿化，其一个矿床的资源量可占全球的一半左右（17000 t，USGS 报告），如富有机质岩系（煤、黑色页岩）中的 Ga 资源远高于传统的铝土矿和 Pb-Zn 矿床中的 Ga 资源，海底 Fe-Mn 结壳中 Te 资源完全颠覆了传统认识。

（2）“非常规类型稀散元素矿床”尚难以完全用传统的稀散元素成矿理论解释，其往往具有独特的成矿过程和背景。

（3）“非常规类型稀散元素矿床”的研究程度一般较低，之前的研究已有部分发现，但未引起足够重视，国内外对此类矿床的认识还很薄弱；然而通过对这些“非常规类型稀散元素矿床”的持续研究，其完全有可能成为稀散元素矿床的主要矿床/工业类型，从而成为区别于传统认识的新的更为重要的资源类型。

2.4　稀散金属成矿作用研究存在的科学问题和发展方向

随着应用范围的扩大和战略性新兴产业的发展，对稀散金属的需求将成指数级增长，这已经是目前的一个重要趋势。因此，如何保障稀散金属稳定可持续的供给是目前各主要工业国的关注重点。正如前面所述，“稀散金属难以富集”的内在特征决定了它们富集成矿需要特殊的成矿条件及控制因素，因此加强基础理论研究是寻找更多稀散金属矿床的必由途径。根据以上的分析，建议重点加强如下研究：

（1）确定主要的工业类型对确定稀散金属的找矿方向极其重要。因此，建议加强典型稀散金属矿床的研究，在此基础上，厘清具备工业意义的主要资源类型、评价其资源潜力。

（2）加强赋存状态的研究。稀散金属以“稀”“伴”“散”为特点，很难形成独立矿床，其赋存状态一直是研究的薄弱环节，制约了对稀散金属超常富集机制的认识和工业化利用。随着高精度、高空间分辨率的微区分析手段的不断出现，这一“瓶颈”问题有望得到解决。

（3）加强稀散金属超常富集机制的研究。例如 Cd、Ge、Tl、Ga 在铅锌矿床中均有富集，但富集的程度有很大不同。从目前的研究来看，一般中低温的 Pb-Zn 矿床易于形成超常富集，其机理和过程，目前仍不清楚。加强元素的内在地球化学性质的研究，如稀散元素成矿的专属性、元素共生分异、分配系数，物理化学条件与化学动力学机制等的研究应该是解决上述问题的关键所在。

（4）加强稀散金属超常富集的动力学机制研究。稀散元素具有在地核中强烈富集的特点，相对地在地幔和地壳中则显示强烈亏损的特点，因此，要形成稀散元素的超常富集往往需要十分苛刻的条件。如扬子地块西缘形成了世界级的稀散元素超常富集区，目前已发现的 In、Ge、Ga 储量分别占全球的 60%、21% 和 18%。此外，该区的 Se、Cd、Te、Tl 等稀散金属也均形成了超常富集，并形成众多大型、超大型的独立矿床或共伴生稀散金属矿床。初步的研究表明该区具有稀散元素超常富集物质基础和地球化学背景，稀散元素的超常富集主要与区域内出现的三大地质-成矿事件密切相关，包括早古生代黑色岩系成矿系统、晚古生代地幔柱成矿系统、中生代大面积低温成矿系统，是多期多阶段多种形式的地质事件耦合的结果，总体具有“大器晚成”的特点（胡瑞忠等，2014）。但为什么该区具有稀散金属高的地质背景，各种地质事件（作用）如何对稀散金属的富集起作用，为什么多种稀散元素在同一地区均形成超常富集，目前的研究还很薄弱。

（5）加强新类型稀散金属矿床的研究。由于对稀散金属的研究起步晚，总体研究还较薄弱，对稀散金属的成矿还没有完整的认识。如风化作用形成稀散金属的潜力、海底 Fe-Mn 结核中的稀散金属，之前的研究已有部分发现，但未引起足够重视；然而通过对这些潜在的新类型稀散金属矿床的持续研究，其完全有可能成为稀散金属的主要矿床和工业类型，从而成为区别于传统认识的、新的、更为重要的资源类型。

第 3 章　稀散金属同位素地球化学示踪体系

稀散金属通常具有“稀、伴、细”的特点，成矿元素往往含量较低并极为分散，使得对稀散金属“源—运—聚”成矿过程追踪极为困难。近年来，随着测试技术和理论体系的进一步发展，同位素示踪已从传统的同位素体系（如 C、H、O、N、S、Sr、Nd、Pb 等）拓展到非常规的同位素体系（包括 Re-Os、Cu、Fe、Zn、Cl、Li、Mo、Cd、Ge、Hg 等）。相对于传统同位素，非传统同位素体系在示踪成矿金属来源和演化方面具有独特的优势，已成为当前成矿学研究中的一个重要前沿领域。因此，利用稀散金属同位素来示踪稀散金属的地球化学演化已得到广泛的重视并加以实际应用。

3.1　Se 同位素地球化学

3.1.1　自然界 Se 同位素的储库特征及分馏机理

1. 自然界 Se 同位素的储库特征

1）整体地球的 Se 同位素组成

地外物质和火成岩的 Se 同位素组成尚缺乏系统评价。铁陨石（Se 含量约 23×10^{-6}，δ^{82}Se=0.11‰±0.34‰）（Rouxel et al.，2002）和球粒陨石（约 9.6×10^{-6}）是类地行星的组成部分，Se 含量高于地球各储库（大部分＜1×10^{-6}），表明地球的大部分 Se 被分配进入地核（Rose-Weston et al.，2009；König et al.，2012），地核形成后的天体撞击作用可能导致 Se 在地壳富集（Rose-Weston et al.，2009；Wang and Becker，2013）。上地壳的平均 Se 含量约为 60×10^{-9}，但 Se 同位素组成尚未被限定。根据玄武岩（0.36‰±0.13‰）和闪长岩（−0.33‰）的 Se 同位素组成，估计整体硅酸盐地球的 Se 同位素组成约为 0.01‰±0.49‰（图 3-1）。

2）火山、热液系统的 Se 同位素组成

火山、热液系统的 Se 同位素组成通常呈现较大的分布范围（图 3-1）。现代海底热液区硫化物的 δ^{82}Se 值约为-3.54‰～1.27‰（Rouxel et al.，2002，2004）。火山岩块状硫化物（VMS）矿床中 Se 含量变化范围较大，如加拿大 Yukong 地区，与酸性火山岩有关的古生代 VMS 矿床中 Se 的含量为 200×10^{-6}～5865×10^{-6}，δ^{82}Se 值为-6.80‰～0.87‰（Layton-Matthews et al.，2013）。华南 Sb 矿床中 Se 含量也呈现较宽的范围（0.09×10^{-6}～9365×10^{-6}），但 Se 同位素组成相对均一，δ^{82}Se 值为-1.11‰～-0.41‰，平均值为-0.83‰±0.20‰。Se 的原始地幔（PM）丰度（约 80×10^{-9}）是地球平均值的 1/45～1/35（McDonough and Sun，1995；Wang and Becker，2013；McDonough，2014；Palme and O’Neill，2014）。幔源熔体，如洋中脊玄武岩（MORB），可以提供有关软流圈地幔的 Se 同位素组成信息。Yierpan 等

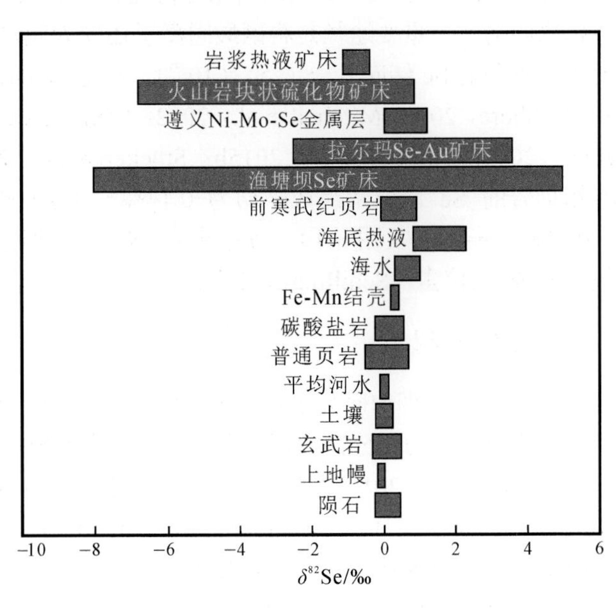

图 3-1　自然界不同储库 Se 同位素组成特征

（数据引自 Stüeken，2017）

（2019）评估了高度均匀的亏损地幔的 Se 同位素组成（δ^{82}Se=−0.10‰±0.08‰）（图 3-1），其平均值与球粒陨石相似，但低于各种地球动力学背景下玄武岩的δ^{82}Se 值，可能反映了地幔的内在不均一性和潜在的同位素差异。与其他中等挥发性元素相比，Se 更容易挥发，因此 Se 稳定同位素可能会在岩浆喷发时产生分馏。但前人的研究表明，在洋中脊和地幔柱相互作用过程中，海底洋中脊玄武岩的 Se 同位素组成并没有受到地幔柱熔融增强的影响。相对比，陆上或者水下<250 m 范围内的岩浆喷发会导致不同程度（约40%～90%）的 Se 脱气，并导致陆上熔体的δ^{82}Se 值更高（大约 0.44‰），而水下枕状玄武岩保留了未脱气的 Se 同位素特征（−0.15‰±0.05‰）。

3）土壤、河流

土壤的 Se 含量由风化基岩的成分决定（Malisa，2001）。当土壤的 Se 浓度接近平均地壳（高达 0.5×10^{-6}）时，表现出较小的 Se 同位素组成变化（±0.25‰）（Schilling et al.，2011）。随着 Se 含量的增加，Se 同位素组成范围逐渐变大，如中国湖北恩施富 Se、黄铁矿的黑色页岩风化导致土壤剖面呈现异常高的 Se 含量（高达 26000×10^{-6}）和>20‰的 Se 同位素分馏（Wen and Carignan，2011；Zhu et al.，2014）。另一方面，有机质和其他还原剂的丰度控制着土壤中 Se 同位素的行为，这些还原剂可以在土壤剖面更深处重新还原硒酸阴离子（Zhu et al.，2014）（Schilling et al.，2015），这将进一步影响植物对 Se 的吸收（Winkel et al.，2015）。土壤中的 Se 可能最终通过河流输入海洋。目前，现代河流中的 Se 浓度在 *n* nmol/L 范围内，但很大程度上受到人为活动的影响。目前，少数研究显示，河水中 Se(IV)的 Se 同位素组成为+0.5‰～+1‰，而Se(VI)的 Se 同位素组成为+1.8‰到+2.5‰（Clark and Johnson，2010）。尽管现代河流的 Se 同位素组成尚不确定，但海洋沉积物的质量平衡暗示全球河流的平均 Se 同位素组成可能接近平均大陆地壳（约 0±0.5‰，图 3-1）。

4）海洋沉积物

现代海水中 Se 的浓度仅为 1～2 nmol/L，氧化海水中 Se 主要以 Se(IV)和 Se(VI)形式存在，Fe 氧化物的吸附可能是氧化海水中 Se 的主要输出途径。由于浓度太低，海水中溶解 Se 的同位素组成迄今尚未直接测量。然而，依据 Mn-Fe 结核（$>0.5\times10^{-6}$）和海藻 Se 的数据暗示海水的 Se 同位素组成的下限可能为+0.3‰（图 3-1）（Rouxel et al.，2002；Mitchell et al.，2012）。考虑到吸附和同化过程中较小的 Se 同位素分馏，海水的 Se 同位素组成可能接近于+0.4‰。但前寒武纪的海水可能并非如此，因为海水中的 Se(VI)还原可能产生了大比例的 Se(IV)。

有机物沉降是 Se 从海水中输出到沉积物的主要途径，特别是在缺氧水柱中。除此之外，Se 进入海洋沉积物的另一个重要途径是将硒酸阴离子还原为元素态 Se 或无机硒化物。富含黄铁矿和有机质的页岩是地表最重要的 Se 储库之一（$>1\times10^{-6}$），也是 Se 同位素分析研究最广泛的地质对象（Johnson and Bullen，2004；Shore，2010；Mitchell et al.，2012；Wen and Carignan，2011；Wen et al.，2014；Pogge von Strandmann et al.，2015；Stüeken et al.，2015b；Stüeken et al.，2015c）。所有已发表的 Sturtian 冰期后的（<700Ma）海相页岩的 Se 同位素组成平均为−0.14‰～±0.61‰（*n*=356），而前寒武纪页岩的δ^{82}Se 值为+0.40‰～±0.51‰（*n*=247）（图 3-1）。前寒武纪条带状铁建造（BIF）含有相对较少的 Se（$<0.1\times10^{-6}$），并且较富集轻的 Se 同位素（Schilling et al.，2015）。

2. 分馏机理

Se 同位素分馏的研究主要集中在低温过程，特别是氧化还原反应参与的过程（表 3-1）。与 C、S 和 N 同位素相似，动力学分馏很可能在 Se 的生物地球化学循环中占主导地位。平衡过程理论上可以导致大的分馏（Li and Liu，2011），但大多数自然条件下平衡分馏可能难以实现，各种 Se 的形态经常以不平衡的方式共存（Cutter and Bruland，1984；Martens and Suarez，1997；Kulp and Pratt，2004）。最近的研究发现水溶液中 Se(VI)和 Se(IV)之间的动力学分馏基本可以忽略（<0.13‰）（Tan et al.，2020）。吸附过程可能是一个例外（Mitchell et al.，2013）。

1）氧化还原过程

非生物过程中，硒酸阴离子还原为 Se(0)过程中通常伴随着很大的同位素分馏，可达 23‰（$\delta\approx$

$\delta^{82/78}Se_{反应物-产物}$，表 3-1）。相反，在生物过程中（培养实验），硒酸阴离子还原产生的同位素分馏高达 14‰（Krouse and Thode，1962；Rees and Thode，1966；Rashid and Krouse，1985；Johnson et al.，1999；Herbel et al.，2000；Ellis et al.，2003；Johnson and Bullen，2003；Mitchell et al.，2013）。在自然环境中，由于微生物生理学和营养供应的差异，生物作用导致的同位素分馏可能小于实验室模拟结果（Ellis et al.，2003；Johnson，2004；Johnson and Bullen，2004）。比如，很少有海相页岩的分馏超过±2‰范围（Stüeken et al.，2015b）。相比之下，在 Se(0)还原为 Se(-II)和低价态 Se 的氧化过程中，在分析误差范围内几乎没有 Se 同位素分馏（均＜0.5‰，Johnson et al.，1999）。因此，当样品的 Se 同位素组成变化超过 1‰时，可以推测发生了生物或非生物参与的硒酸阴离子还原过程。

表 3-1　低温环境下的 Se 同位素分馏（引自 Stüeken，2017；Schilling et al.，2020；Xu W P et al.，2020）

地球化学过程	生物化学反应	$\delta^{82}Se$
还原过程	非生物还原 Se(VI)为 Se(IV)	5.6‰～11.8‰
	非生物还原 Se(IV)为 Se(0)	4.6‰～11.2‰
	生物还原 Se(VI)为 Se(IV)	0.2‰～5.1‰
	生物还原 Se(VI)为 Se(0)	-7.8‰～-6.1‰
	生物还原 Se(IV)为 Se(0)	-5.2‰～-4.1‰
	生物还原 Se(IV)为 Se(0)	1.1‰～8.6‰
	非生物和生物还原 Se(0)为 Se(-II)	＜0.5‰
氧化过程	非生物和生物氧化 Se(-II)为 Se(0)	＜0.5‰
	非生物和生物氧化 Se(0)为 Se(IV)	＜0.5‰
	非生物和生物氧化 Se(IV)为 Se(VI)	＜0.5‰
吸附过程	Fe-Mn 氧化物吸附 Se(IV)	0.58‰～0.82‰
	Fe-Mn 氧化物吸附 Se(VI)	＜0.7‰，平均 0.1‰
铝氧化物吸附	高岭土和蒙脱石吸附 Se(VI,IV)	＜0.15‰
挥发过程	Se(IV)/(VI)转化为 CH_3-Se(-II)	2‰～4‰
同化过程	Se(IV)/(VI)转化为 org.Se(-II)	＜0.6‰

2）生物利用

高等植物可能倾向于积累 Se 的重同位素，分馏可达 1.7‰～2.8‰（Schilling et al.，2015）。研究表明，Se 在被水生藻类吸收的过程中，同位素分馏通常小于 0.6‰（Clark and Johnson，2010）。更为重要的是，这种分馏并不会在现代海洋的光带中表现出来（Johnson，2004）。因此，海洋浮游植物可能会记录海水的 Se 同位素组成（Mitchell et al.，2012）。甲基化 Se 气体的挥发可能伴随着 2‰～4‰的 Se 同位素分馏（Schilling et al.，2011，2013），但鉴于这些气体在大气中的停留时间很短，这一过程在地质时间尺度上微不足道。

3）岩浆、热液、变质过程

关于火成岩过程，考虑到玄武岩、花岗岩和陨石之间 Se 同位素组成的微小差异，以及其他同位素系统在高温下有限的同位素质量分馏，推测 Se 同位素分馏可能＜1‰。出于同样的原因，预计变质作用对 Se 同位素分馏的影响很小。此外，片岩的 Se 含量通常与页岩的相似（Koljonen，1973），这表明在变质作用期间 Se 的损失很小。

3.1.2　Se 同位素分离及测试方法

1. 化学分离

Se 是典型的稀散元素，在地壳中含量很低，大部分岩石的含量小于 0.1×10^{-6}，在页岩中的含量变化较大，平均可达 1×10^{-6}，在煤中达 3×10^{-6}（涂光炽和高振敏，2003）。样品需要通过混合酸消解，并通过化学提纯才能满足 Se 同位素的测试要求。目前也有部分学者利用化学分步提取方法分离不同形态的 Se 进行同位素分析（Clark and Johnson，2010；Schilling et al.，2014；Stüeken et al.，2015c）。岩石样品的消解通常需要使用氢氟酸和硝酸溶解硅酸盐，并需要加入适量过氧化氢将所有 Se 氧化成硒酸阴离子。部分研究基于岩石中 Se 主要以硒酸盐的形式存在，因此建议避免使用氢氟酸消解样品（Clark and Johnson，2008；Mitchell et al.，2012）。但需要注意的是，整个消解过程都需要保持较低的温度（通常＜80 ℃）以避免造成 Se 的挥发损失，特别是在盐酸介质中（Rouxel et al.，2002；Johnson，2004；Layton-Matthews et al.，2006）。沉积岩中 Se 通常与难溶有机质络合，因此高氯酸被用来消解难溶有机质（Rouxel et al.，2002；Stüeken et al.，2013）。在使用高氯酸的情况下，即使温度高达 150 ℃也不会导致 Se 挥发损失（Stüeken et al.，2013）。消解过程中，新生成的不溶性氟化物颗粒可以通过离心或过滤去除（Rouxel et al.，2002；Stüeken et al.，2013）。目前，商用离子交换树脂难以有效地从强酸消解的基质中分离 Se。因此，研究人员通常使用巯基棉（TCF）来分离纯化 Se。巯基棉通常在实验室中利用商业棉球浸泡在冰醋酸、醋酸酐、巯基乙酸和硫酸的混合物中制备而成（Yu et al.，2002）。最近，有研究用纤维素粉代替了棉球（Elwaer and Hintelmann，2008b）。TCF 可以高效去除大多数基质元素，但不能完全去除 Ge 和 As，它们会在质谱仪测试中引起显著的同质异位素干扰（Stüeken et al.，2013）。Ge 可以通过氢化物发生器（Clark and Johnson，2010）或用王水处理样品有效去除（Stüeken et al.，2013）。

2. 仪器测试

20 世纪 60 年代，研究人员尝试利用气体同位素质谱测试 Se 稳定同位素组成，其中 Se 通过氟化气体（SeF_6）引入质谱，类似于 S 同位素测试方法（Krouse and Thode，1962；Rees and Thode，1966），这种方法通常需要较高的 Se 含量（＞10 mg）才能完成。随着技术的发展，90 年代，热电离质谱法（TIMS）被广泛使用，其灵敏度至少高出 10 倍，如$\delta^{80/76}$Se 的测试精度可达±0.2‰（Wachsmann and Heumann，1992；Johnson et al.，1999；Herbel et al.，2000），但 Se 的挥发性对于 TIMS 是巨大挑战，而且同样需要较高的 Se 含量才能满足高精度分析（500ng）。如今，Se 同位素主要利用多接收器电感耦合等离子体质谱（MC-ICP-MS）进行分析（Rouxel et al.，2002；Elwaer and Hintelmann，2008a；Zhu et al.，2008；Schilling and Wilcke，2011；Mitchell et al.，2012；Stüeken et al.，2013；Pogge von Strandmann et al.，2014）。MC-ICP-MS 可以大幅减少样品用量，但测试过程中等质量离子、离子团的干扰是一个明显的问题，如 Ar^+、Ge^+、AsH^+、SeH^+、NiO^+等的干扰都会产生同位素质量歧视效应。因此，研究者通过氢化物发生器将 Se 以气体形式引入质谱，该方法通过用 $NaBH_4$ 在线还原 H_2SeO_3 产生气态 H_2Se。该过程进一步提高了测试的灵敏度，在仪器条件理想的状态下，仅需要 10 ng Se 即可满足 Se 同位素高质量分析需求（Rouxel et al.，2002）。

测试过程中，仪器的质量偏差（Se 离子从源传输到检测器期间的同位素分馏）和漂移（不同时间由温度、真空质量等的缓慢变化导致的仪器质量偏差）主要通过双稀释剂法（DP）（Johnson et al.，1999；Zhu et al.，2008；Schilling and Wilcke，2011；Mitchell et al.，2012；Pogge von Strandmann et al.，2014）和样品-标准交叉法（SSB）（Rouxel et al.，2002；Layton-Matthews et al.，2006；Stüeken et al.，2013）来校正。双稀释剂法需要在样品制备的整个过程加入已知同位素比值的 2 种 Se 同位素稀释剂，主要优点是可以监测和校正整个样品制备和测试过程中产生的同位素分馏。而样品-标准匹配法要求分离纯化过程的回收率接近 100%。因此，对于地质样品，双稀释剂法通常比样品-标准交叉法具有更高的精度。

3. Se 同位素表示及测试标准

与传统的同位素相似，Se 同位素组成也采用δ值来表示。

$$\delta^{82}\text{Se}/‰=\frac{\left(\frac{^{82}\text{Se}}{^{78}\text{Se}}\right)_{\text{Sample}}-\left(\frac{^{82}\text{Se}}{^{78}\text{Se}}\right)_{\text{NIST3149}}}{\left(\frac{^{82}\text{Se}}{^{78}\text{Se}}\right)_{\text{NIST3149}}}\times 10^3 \tag{3-1}$$

早期有关 Se 同位素的国际标准并不统一，使得不同作者发表的数据难以进行对比。Carignan 和 Wen

（2007）最早利用 NIST SRM 3149 校准了一些较旧的参考标准，特别是 MERCK，其中$\delta^{82/78}Se_{NIST3149} \approx \delta^{82/78}Se_{MERCK}$+1.03‰，他们还推荐将 NIST SRM 3149 作为国际通用标准。另外，由于 Se 的同位素较多，不同的分析方法决定了用于报道数据的同位素比值的选择不同。早期研究主要报道$\delta^{80/76}$Se 的数据（Johnson et al.，1999；Herbel et al.，2000，2002；Clark and Johnson，2010），但最近的工作多使用$\delta^{82/78}$Se（Stüeken et al.，2013）或$\delta^{82/76}$Se 来报道数据（Rouxel et al.，2004；Mitchell et al.，2012；Layton-Matthews et al.，2013；Pogge von Strandmann et al.，2014；Schilling et al.，2015）。本章将统一使用$\delta^{82/78}$Se 来表示 Se 同位素组成。

为了保证分析的准确性，不同岩石类型的国际标准参考物质的 Se 同位素组成也陆续得到各个实验室的报道和验证，目前几乎可以确保所有地质样品的 Se 同位素准确分析（Rouxel et al.，2002；Layton-Matthews et al.，2006）。另外，随着大量有关沉积物的 Se 同位素研究工作的开展，最近的研究报道了始新世油页岩 USGS SGR-1 的参考值，其 Se 含量为 $3.51\times10^{-6}\pm0.26\times10^{-6}$（Savard et al.，2009）。$\delta^{82/78}$Se 的结果范围为-0.13‰～+0.40‰，在转换为 NIST SRM 3149 量化后，七项研究报道的平均值为 0.14‰±0.19‰（Rouxel et al.，2002；Layton-Matthews et al.，2006；Schilling et al.，2011，2014；Mitchell et al.，2012；Pogge von Strandmann et al.，2014；Stüeken et al.，2015b）。

3.1.3　Se 同位素在矿床中应用案例

据前所述，Se 属于典型的稀散元素，难以形成独立 Se 矿床（渔塘坝除外）。Se 通常以伴生元素的形式赋存在岩浆-热液硫化矿床和黑色页岩中，近年来前人对不同类型矿床的 Se 同位素进行了探索性研究。

1. 加拿大 Finlayson 湖区火山岩块状硫化物矿床

Layton-Matthews 等（2013）对加拿大 Finlayson 湖区火山岩块状硫化物矿床进行了系统的 Se 同位素分析，简述如下。

1）地质背景

加拿大 Finlayson 湖区的火山岩块状硫化物矿床（VHMS）和火山-沉积块状硫化物矿床（VSHMS）位于 Tanana Terrane 岩层（YTT）内（图 3-2），是一套变质沉积岩、火山岩和深成岩组合，是中古生代大陆弧岩浆作用的产物（Tempelman-Kluit，1979；Mortensen and Jilson，1985；Mortensen，1992）。Finlayson

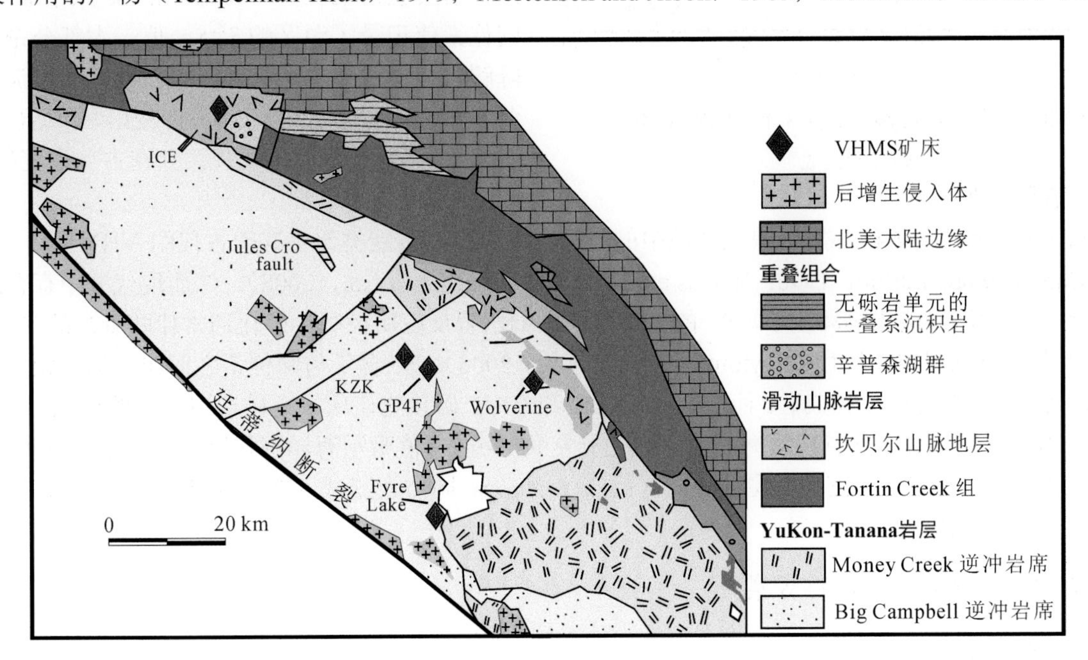

图 3-2　加拿大 Finlayson 湖区地质简图（据 Layton-Matthews et al.，2013）

湖区广泛发育泥盆纪—密西西比纪火山岩、侵入岩和沉积岩，长约 300 km，宽约 50 km，从北部的 Ross 河延伸到南部的 Watson 湖。Finlayson 湖区与古北美大陆边缘的元古宙和其他古生代地层并列，西南方向为 Tintina 断裂带，东北方向为 Finlayson 湖断裂带（Mortensen and Jilson，1985；Plint and Gordon，1996，1997；Tempelman-Kluit，1979）。YTT 的主体部分位于 Yukon 中西部的大部分地区，在 Tintina 断层上经历了晚白垩世右旋走滑运动后，与 Finlayson 湖区相连（Roddick，1967；Tempelman-Kluit，1976；Mortensen，1983，1992）。加拿大 Finlayson 湖区 3 个含-富 Se 矿床均产于中古生代（约 360～346 Ma）长英质火山岩中，分别贫 Se（GP4F VHMS 矿床；Se 平均值 7×10^{-6}）、中等富 Se（Kudz Ze Kayah-KZK VHMS 矿床；平均 Se 含量为 200×10^{-6}）和异常富 Se（Wolverine VSHMS 矿床；平均 Se 含量为 1100×10^{-6}），为研究海底热液过程对 Se 矿化的影响提供了一个天然的实验室。

2）结果与讨论

Layton-Matthews 等（2013）首次将 Se 同位素分析应用于古海底矿化系统研究，并将这些数据与 Pb 和 S 同位素数据结合使用，系统分析了 VHMS 和 VSHMS 系统中 Se 的来源和沉淀过程。VHMS 矿床中 Se 的富集是由岩浆热液直接贡献（Huston et al.，1995）。但是，来自 VHMS 矿床的块状硫化物样品在富含 Cu 的样品中 Se 含量最高仅约 1500×10^{-6}，而来自 VSHMS 的 Wolverine 矿床的样品 Se 含量最高可达 6000×10^{-6}。因此，Layton-Matthews 等（2008，2013）的研究表明，Wolverine 矿床中 Se 可能来源于下覆同时代的碳、泥质沉积岩，推测该储层中 ^{82}Se 高度亏损，而岩浆热液的贡献可能很小。Wolverine 矿床中 δ^{82}Se（−6.80‰～0.87‰）和 δ^{34}S（+2.0‰～+12.8‰）的范围较广，Se 含量较高（高达 5865×10^{-6}），而 KZK 矿床中 δ^{82}Se（−2.53‰～+0.33‰）和 δ^{34}S（9.8‰～13.0‰）的范围较窄，Se 含量较低（平均 200×10^{-6}）（图 3-3）。Wolverine 矿床和 KZK 矿床具有类似的硫化物沉积过程（即在海底沉积）。KZK 和 GP4F 矿床中的 Se 来源于挥发性出溶或岩浆岩的浸出，而 Wolverine 矿床需要额外的富轻 Se 同位素的来源（δ^{82}Se 约 −15‰）。Wolverine 矿床负的 δ^{82}Se 值在陆地样品中处于极轻端元，是浅成硫化物矿物中观察到的最轻值，但 δ^{82}Se 值仍处在同位素平衡分馏范围内。Se 同位素实验结果表明，Wolverine 矿床中最轻的 Se 同位素值记录了源区的 δ^{82}Se 值，大部分是由于热降解和化学降解的综合效应，以及从含碳泥质板岩源向热液流体（包括岩浆 Se，即浸出和/或岩浆热液）迁移过程中导致的 Se 损失，并在古海底沉积所致。

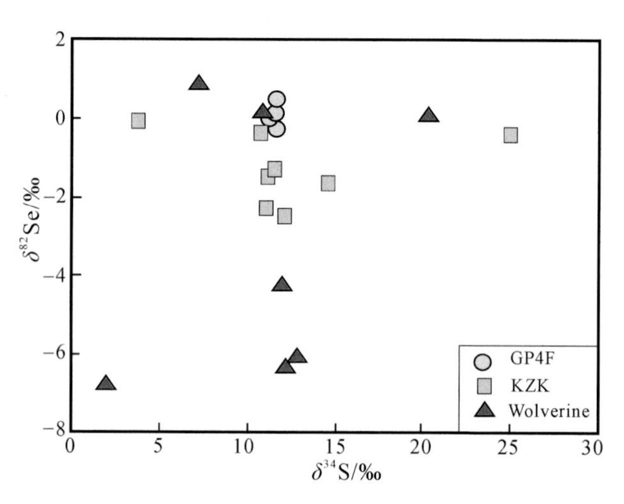

图 3-3 加拿大 Finlayson 湖区 3 个矿床的 Se 和 S 同位素组成

3）指示意义

Wolverine 矿床的成矿环境（缺氧盆地中的弧后海底火山）可能类似于其他古代的 VHMS 和 VSHMS 矿床（Campbell and Barton，1996；Relvas et al.，2001；Bradshaw et al.，2008）。然而现代并不存在这样类似的环境。现代海底硫化物环境中，Se 的富集被强烈的水岩反应所控制，矿化通常伴随着高的 Se/S 值，特别是富有机质沉积物参与时（Layton-Matthews et al.，2008）。Se 含量与同位素之间明显的正相关性暗示富 Se 的沉积地层参与硫化物成矿。而低 Se 的 KZK 和 GP4F 硫化物矿床缺乏碳质泥板岩的贡献，因此仅呈现很窄的 Se 同位素组成。尽管现代海底硫化物的异常负的 δ^{82}Se 值暗示海洋沉积物参与的主要背景（Rouxel et al.，2004），但将来有关沉积物覆盖热液区的硫化物的 Se 同位素测试可能将为 Wolverine 矿床异常负的 δ^{82}Se 值提供更加直接的证据。

2. 华南 Sb 矿床中 Se 的富集

1）地质背景

实验研究表明，辉锑矿中 Se 浓度可以从 0 连续变化到 51.94%，证实了 Se 可以随机替代 S（Liu J et al.，

2008）。在 Sb 矿床中，辉锑矿中 Se 含量也呈现很宽的范围。例如，安徽南部辉锑矿含 0.078%～1.172%的 Se，湖北徐家山辉锑矿含 0.64%的 Se。这意味着 Sb 矿床可能是重要的富 Se 地质储库。然而，辉锑矿中的 Se 来源至今仍不明确。华南 Sb 矿床主要分布在湘中－湘西矿集区（锡矿山等）、滇黔桂矿集区（晴隆、木利等）、秦岭矿集区（图 3-4）。本书选取 5 个 Sb 矿床（徐家山、晴隆、老厂、木利和高龙）为研究对象进行了 Se 同位素的初步研究，以期理解辉锑矿中 Se 的富集机制。研究的 5 个 Sb 矿床的主要地质地球化学特征见表 3-2。

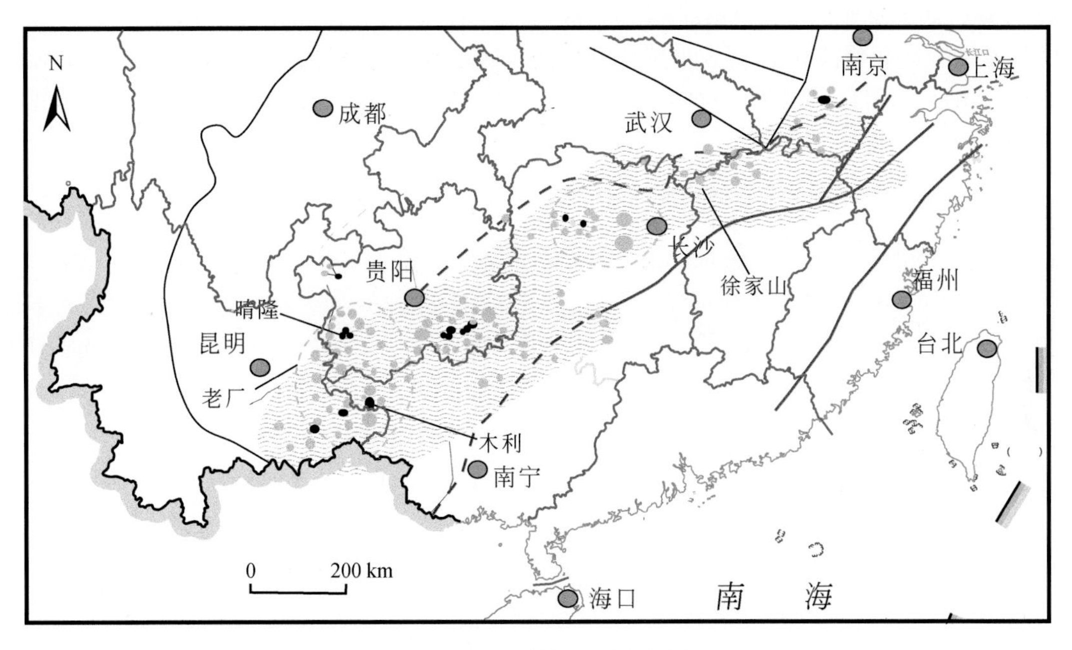

图 3-4　华南 Sb 矿床的分布图及采样 Sb 矿床位置（Yan et al.，2022）

表 3-2　华南 5 个 Sb 矿床的地质特征

矿床名称	主要成矿元素	赋矿地层	赋矿围岩	成矿年代/Ma	成矿温度/℃	成矿盐度/%	δ^{34}S 范围/‰
徐家山	Sb	陡山沱组	白云岩	晚二叠世	150～200	3～6	+11～+17
晴隆	Sb	大厂组	火山角砾岩	142～148	175～276	15～22	-5.0～+2.3
老厂	Sb	下二叠统茅口组	灰岩	燕山期	140～280	5～10	-6.7～+1.5
木利	Sb	下泥盆统坡脚组中段	厚层状燧石岩	378.2～417.4	220～320	12 左右	-26～+3.8
高龙	Sb-Au	石炭系	灰岩、砂岩	255±15	190～400	2.5～8.6	-14～-11

2）结果与讨论

5 个 Sb 矿床中辉锑矿的 Se 含量呈现较大的变化范围（图 3-5），26×10^{-6}～9265×10^{-6}。最低的 Se 含量发现在晴隆锑矿中（26×10^{-6}），最高的 Se 含量发现在徐家山 Sb 矿床，平均值为 6548×10^{-6}。14 个辉锑矿的 S 同位素组成也呈现较大的变化范围，δ^{34}S 介于-15.96‰～12.4‰。其中高龙 Sb-Au 矿床的δ^{34}S 最低（-15.96‰），而徐家山辉锑矿的δ^{34}S 最高（12.4‰），其他 3 个 Sb 矿床的δ^{34}S 比较均匀，介于-2.41‰～-1.10‰。与 S 同位素相比，所有辉锑矿的 Se 同位素组成比较均匀，δ^{82}Se 介于-1.11‰～-0.40‰，平均值为-0.83‰±0.20‰。

Se 在许多硫化物矿物中显示出与 S 相似的化学特征，并取代 S，尤其是在辉锑矿中（Liu J et al.，2008）。Se 和 S 同位素之间模糊的关系，暗示 Se 和 S 同位素的分馏机制存在差异或与 Se 和 S 来源不同有关。徐家山 Sb 矿床正的δ^{34}S 值通常暗示辉锑矿中的 S 可能来自沉积地层（沈能平等，2008），这也被用于解释加拿大 Finlayson 湖区的火山块状硫化物矿床中硫的来源（Layton-Matthews et al.，2013）。另外，Se 同位素与大范围的 Se 含量之间也没有任何相关性（图 3-5），表明在这些热液的沉淀过程中，没有发生显著的 Se 同位素分馏，水溶性 Se 以 H_2Se 形式运输，并以硒化物的形式直接沉淀，或沉淀在硫化物中。我们倾向于认为，徐家山辉锑矿中的 Se 可能来自具有均匀 Se 同位素组成的成矿流体。徐家山 Sb 矿床的成矿流体具有低温（150～200℃）、低盐度（3%～6%）和低密度（0.9～0.96 g/cm^3）的特征，这表明成矿流体可能是大气降水经过中元古界冷家溪组的再循环（沈能平等，2008）。现代和古代海底沉积物的有限数据显示，Se 同位素组成范围为-0.34‰～1.74‰，平均值为 0.4‰（Mitchell et al.，2012；Zhu et al.，2014）。Zhu 等（2014）发现，低温氧化风化可在残余组分中富集较轻的 Se 同位素（$\Delta^{82}Se_{流体-残留相}$=1.1‰～2.0‰）。相比之下，中高温蚀变会导致流体中 Se 含量降低并伴随着轻的 Se 同位素富集（$\Delta^{82}Se_{流体-残留相}$=-1.3‰～-0.7‰（Wen and Carignan，2011）。因此，我们可以推断，在中高温水岩反应过程中，Se 同位素分馏可能是恒定的$\Delta^{82}Se_{流体-残留相}$=-1.3‰～-0.7‰。

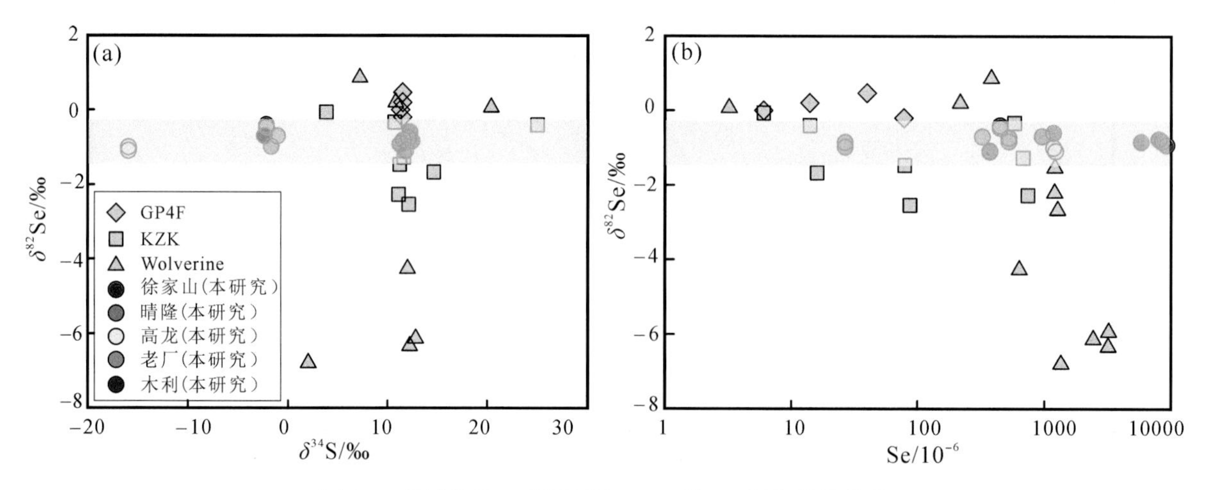

图 3-5　热液体系 Se 同位素与 Se 含量、S 同位素的关系

晴隆和老厂 Sb 矿床的 S 同位素组成没有显示出窄范围的岩浆特征。岩浆体系中，Se 倾向富集在硫化物中，在高温硫化物矿床中更为富集（Auclair et al，1987）。然而，与徐家山辉锑矿相比，这些辉锑矿的 Se 含量较低（图 3-5），Se 同位素组成也不同于整体地球和陆相火成岩的 Se 同位素组成（$\delta^{82}Se$=0），表明辉锑矿从热液沉淀过程中 Se 同位素的分馏可能接近 0.41‰～0.98‰。然而，Se 含量和同位素组成之间没有任何关系，表明硫化物沉淀期间没有或很少发生 Se 同位素动力学分馏。在晴隆 Sb 矿床成矿过程中，成矿流体与基岩之间存在强烈的水岩反应（Wang and Hu，2002）。晴隆辉锑矿和老厂辉锑矿中的$\delta^{82}Se$ 值类似于 Lucky strike 热液区域大多数硫化物的$\delta^{82}Se$ 值（Rouxel et al.，2004），也可能反映水-岩反应过程中恒定 Se 同位素分馏（$\Delta^{82}Se_{流体-残留相}$=-0.68‰～-0.98‰）。另外，峨眉山玄武岩和火山凝灰岩的 Se 含量高于地壳，可能是潜在的矿源层。右江盆地的成矿流体在沿断裂上升的过程中会从峨眉山玄武岩和火山凝灰岩中浸出 Se，导致成矿流体中 Se 的富集。

另外 2 个 Sb 矿床（木利和高龙）的$\delta^{34}S$ 值主要为负，范围很广（-26‰～+3.6‰），表明沉积地层中生物作用对 S 同位素分馏的贡献。最近的研究显示，高龙 Sb-Au 矿床的成矿流体可能来自高温（高达 400 ℃）和低盐度（2.5%～8.6%）的岩浆热液（Zhang et al.，2012）。热液会从沉积地层中淋滤 Au、Ag、Sb、Se、As 和 Hg，在此过程中 Se 同位素可能存在稳定分馏。

3）指示意义

所有辉锑矿中的 Se 同位素组成与 Se 含量之间缺乏相关性，表明在沉淀过程中，Se 同位素动力学分馏不存在或很小，可能直接以硒化物的形式存在，或在硫化物中替代 S。均匀的 Se 同位素和变化较大的 S 同位素组成表明 S 和 Se 同位素的分馏机制不同，这可能很大程度上取决于它们不同的来源。重要的是，均匀的 Se 同位素组成反映了在中高温水岩反应过程中可能存在恒定的 Se 同位素分馏（$\Delta^{82/76}Se_{流体-残留相}$=-1.3‰～-0.7‰）。均匀的 Se 同位素组成为徐家山 Sb 矿床的沉积蚀变成因模式和晴隆 Sb 矿床的火山沉积热液蚀变成因模式提供了直接证据。与其他 Sb 矿床相比，徐家山 Sb 矿床中的辉锑矿含 Se 量最高，这可能归因于下伏陡山沱组中 Se 的富集。综上，沉积地层可能是辉锑矿中 Se 的主要来源。水岩反应过程可能是成矿流体中 Se 富集的重要机制。

3. 黑色页岩型富 Se 建造

Wen 和 Carignan（2011）系统研究了中国 3 个典型黑色页岩型富 Se 矿床的 Se 同位素组成，并提出了黑色页岩中 3 种不同的 Se 富集模式。简述如下。

1）拉尔玛 Se-Au 矿床

拉尔玛 Se-Au 矿床位于四川—甘肃边界秦岭褶皱带白依沟背斜西部。矿床产于下寒武统太阳顶群（图 3-6），主要由碳质燧石和板岩（绿片岩相）组成，以富含有机质及 Au、Se、U、Cu、Mo、Sb 和 PGE（铂族元素）等金属元素为特点。该矿床为浅成低温热液型矿床，可分为 2 个成矿阶段：①早期阶段，在下寒武统黑色页岩形成过程中，燧石的发育与海底热液喷流密切相关，该过程将大量的金属（如 Au、Se、U、Mo）带入上覆和邻近的沉积物中；②后期阶段，由区域构造活动引起的热液活动使赋存在下寒武统岩层中的金属沿断裂带再次迁移。该矿床形成于中-低温（142～269 ℃）和低压（9～30 MPa）条件（Liu et al.，2000a，2000b）。根据 Au 含量，拉尔玛矿床可细分为围岩带、蚀变带和矿带。Se 主要富集于蚀变带和矿带。围岩和矿石中的 Se 含量差异很大，燧石和板岩中平均 Se 含量分别为 8.7×10^{-6} 和 3.1×10^{-6}，燧石型矿石和板岩型矿石中平均 Se 含量分别为 89×10^{-6} 和 55×10^{-6}（Wen et al.，2006）。矿石中存在大量的 Se 矿物和含 Se 矿物，如灰硒汞矿（HgSe）、硒铅矿（PbSe）、硒锑矿（Sb_2Se_3）等。

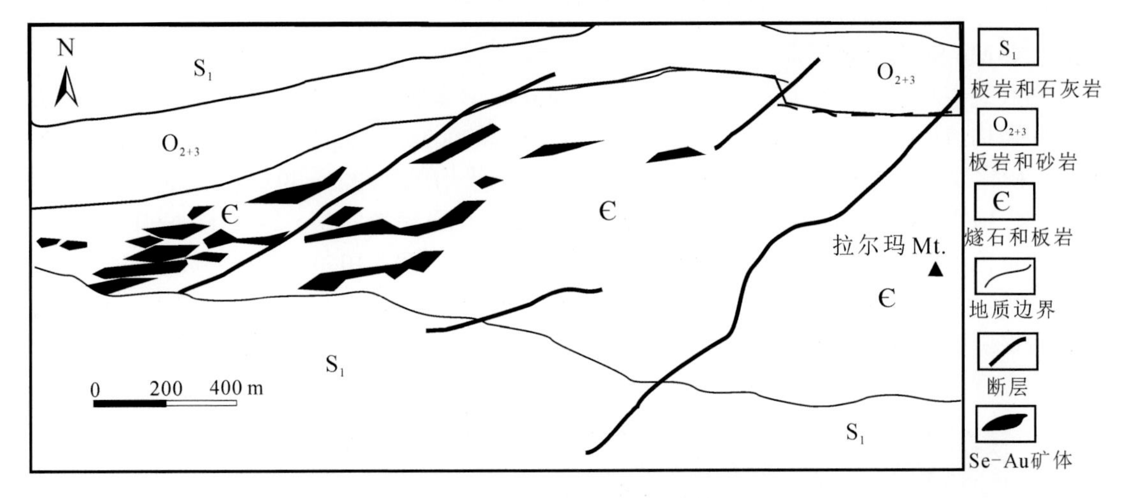

图 3-6　拉尔玛 Se-Au 矿床地质简图

拉尔玛 Se-Au 矿床中，Se 的含量从围岩到蚀变带再到矿石呈现系统性增加的趋势。Se 在干酪根中的含量非常高，尤其是在蚀变带，指示 Se 在有机基质中富集（Wen et al.，2006）。该矿床的δ^{82}Se 值介于 -2.53‰～3.60‰之间，平均为 0.2‰，矿带普遍富集重的 Se 同位素。整体来看，干酪根的δ^{82}Se 值（δ^{82}Se=0.13‰±0.33‰）低于硫化物的δ^{82}Se 值（δ^{82}Se=0.87‰±0.93‰）。变化较大的δ^{82}Se 值以及不同带之间δ^{82}Se 的系统性差异说明，Se 的来源不同或成矿金属再活化过程中存在 Se 同位素分馏。根据质量平衡估算，矿带中有机质携带的 Se 占比小于 10%，而硫化物携带的 Se 占比为 30%～90%。然而，矿带中硫化物的δ^{82}Se 值普遍低于全岩的δ^{82}Se 值，表明硫化物之外的 Se 组分富集重的 Se 同位素。由于有机质通常都亏损重的 Se 同位素，推测硒化物可能是有机质和硫化物之外的 Se 组分。

拉尔玛 Se-Au 矿床在黑色页岩沉积后受到了富 Au-Se 热液流体的蚀变，在蚀变带，Se 主要与有机质结合。溶解态 Se 首先被有机质还原，最终保存于干酪根，残余的 Se 随后和富金热液流体迁移并沉积形成矿脉，Se 可能形成硒化物沉淀或者通过类质同象的形式富集于硫化物中（Wen and Qiu，2002）。在这种渐进式的还原反应中，热液流体应该富集重的 Se 同位素。的确，高 Se 含量的样品具有更高的δ^{82}Se 值（图 3-7），指示热液演化过程中的 Se 同位素分馏可能是导致热液硫化物δ^{82}Se 值变化的主要因素。假设在拉尔玛 Se-Au 矿床形成时，中-低温条件下的 Se 还原过程同位素分馏很小，那么页岩中初始的 Se 同位素组成应该接近 0。随后，页岩中的 Se 被氧化性流体活化，并被页岩中的有机质逐步还原，导致残余的 Se 富集重的 Se 同位素，并和富 Au 流体迁移沉积形成矿脉（Wen and Carignan，2011）。

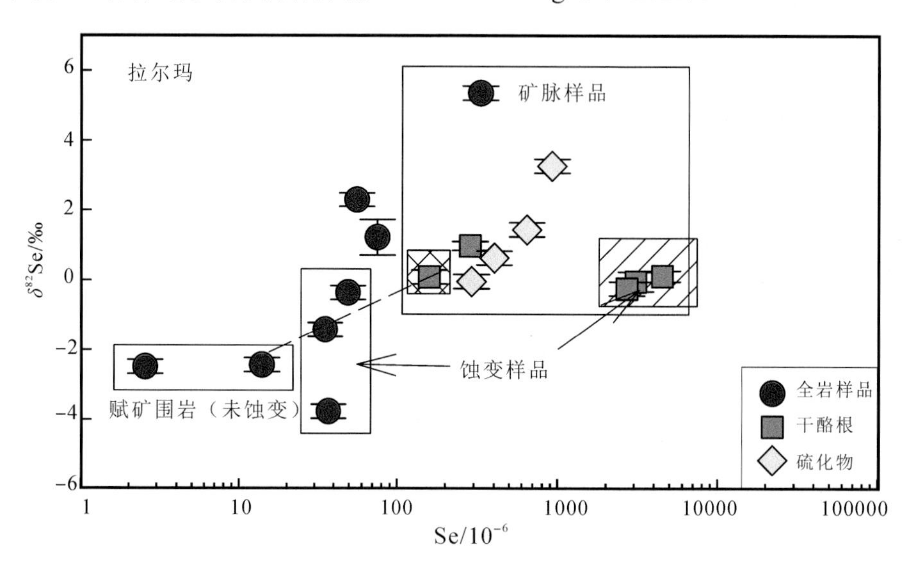

图 3-7 拉尔玛 Se-Au 矿床 Se 同位素组成与 Se 含量的关系

2）遵义 Ni-Mo-Se 多金属矿床

华南下寒武统牛蹄塘组黑色页岩中发育一套 Ni-Mo-Se 多金属硫化物层，沿北东向断裂带零星分布，可能受深大断裂构造控制（Steiner et al.，2001；Mao et al.，2002a；Jiang et al.，2006）。在遵义 Ni-Mo-Se 多金属矿区，硫化物层沿走向连续延伸几千米，东部矿区的平均厚度为 5～30 cm，西部矿区的平均厚度为 20～50 cm（图 3-8）。Mo、Ni、Se 的含量高，达到工业级，矿石储量为 Mo 24 万 t、Ni 15 万 t 和 Se 大约 8000 t。Se 在黑色页岩中的平均含量为 99×10^{-6}，矿石平均为 1900×10^{-6}。化学分步提取、电子探针和透射电镜分析显示，矿石中高达 72%的总 Se 与硫化物相有关，其中 MoSC（Kao et al.，2001；Orberger et al.，2007）和针硫镍矿中分别含有 0.65%和 0.35%的 Se，而黑色页岩中高达 71%的总 Se 与有机质有关（Fan et al.，2011）。

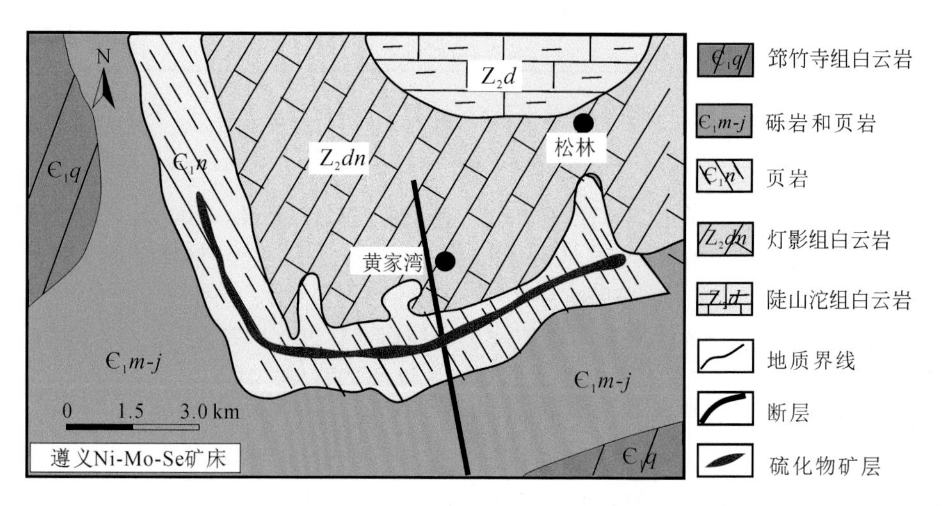

图 3-8 遵义 Ni-Mo-Se 多金属矿床地质简图

遵义 Ni-Mo-Se 多金属硫化物层中 Se 含量介于 1069×10^{-6}～2621×10^{-6}之间，平均为 1807×10^{-6}。围岩中的 Se 含量为 27×10^{-6}～419×10^{-6}。与全岩相比，干酪根组分并没有发生 Se 的明显富集。该矿床的δ^{82}Se

值变化有限，介于-1.07‰～1.60‰之间，平均值为 0.40‰，与 Se 含量没有明显的关系。此外，围岩（δ^{82}Se=0.13‰±0.87‰）和矿石层（δ^{82}Se=0.60‰±0.60‰）之间，以及干酪根组分（δ^{82}Se=0.7‰±1.5‰）和硫化物组分（δ^{82}Se=0.67‰±0.47‰）之间的 Se 同位素组成也没有系统的差异（图 3-9）。围岩的δ^{82}Se 值与 Hagiwara（2000）和 Herbel 等（2002）报道的海洋沉积物和沉积岩的 Se 同位素组成相似（平均为-0.2‰±1.33‰）。根据质量平衡估算，矿石中 75%～90%的 Se 赋存于硫化物中，大约 10%的 Se 可能和有机质有关，全岩的 Se 同位素组成主要受硫化物控制。然而，围岩中硫化物的 Se 含量占比不会超过 40%，全岩的同位素组成主要受有机质控制。

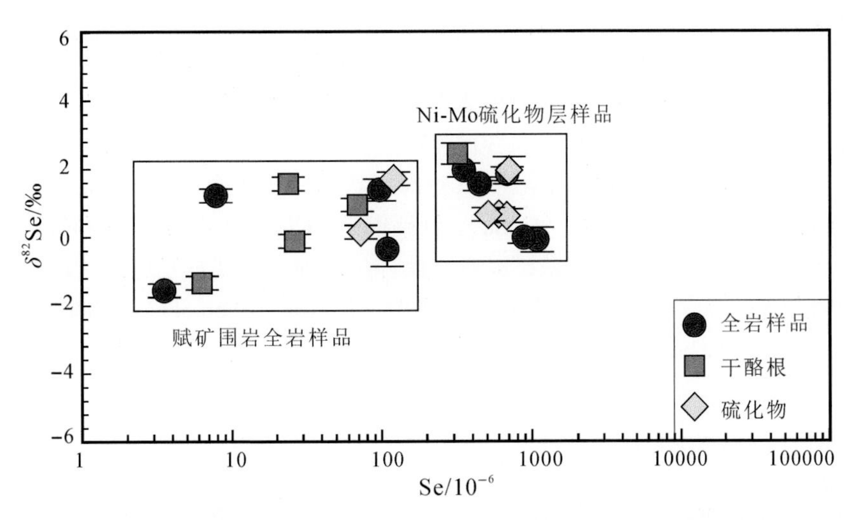

图 3-9 遵义 Ni-Mo-Se 多金属矿床 Se 同位素组成与 Se 含量的关系

非生物或细菌还原过程会产生显著的 Se 同位素分馏（Johnson，2004）。然而，遵义矿区的δ^{82}Se 值变化范围很小，且围岩和矿石具有相似的 Se 同位素组成，表明没有发生明显的 Se 氧化还原反应或者在缺氧环境下 Se 被全部还原。Cutter（1982）和 Baines 等（2001）研究表明，藻类或浮游生物对 Se 的吸收利用及随后的沉降是黑色页岩富集 Se 最有效的机制之一。浮游生物利用 Se 仅会导致很小同位素分馏（Δ^{82}Se=0.67‰～1.33‰），因此遵义黑色页岩的 Se 同位素组成也支持该富集模式。此外，该过程会导致 Se 与有机质密切相关，这普遍存在于遵义黑色页岩中。因此，浮游生物利用海水中的 Se 和随后的有机质沉降是遵义围岩富集 Se 的主要机制（图 3-10）。

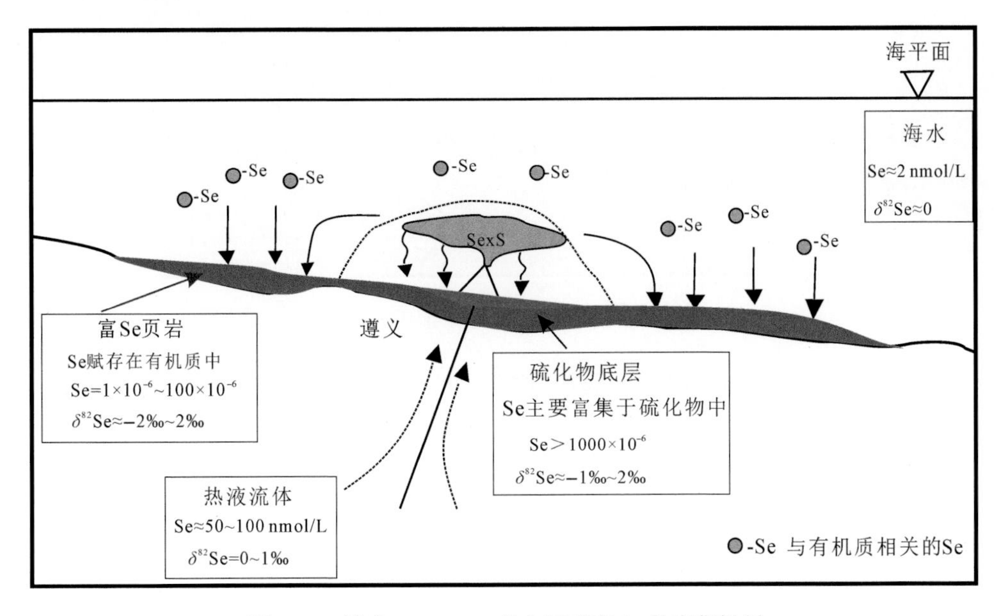

图 3-10 遵义 Ni-Mo-Se 多金属矿床 Se 的富集机制

然而，矿石中 Se 含量明显高于围岩，而且 Se 主要赋存于硫化物中，暗示不同的 Se 源和富集模式。Auclair 等（1987）发现热水系统可以提供大量的 Se。此外，Rouxel 等（2004）的研究表明，在大西洋中脊 Lucky Strike 热液区，早期热液硫化物的δ^{82}Se 值与整体地球或地幔的值非常接近（0 左右），这与遵义矿石中硫化物的δ^{82}Se 值非常类似。上述研究表明，热液过程中 Se 的沉淀不会导致溶液相和固相之间发生显著的同位素分馏，溶解态的 Se 可能以 H_2Se 的形式和热液中的 H_2S 一起迁移，然后以硒化物或者以类质同象的形式进入硫化物的方式沉淀。因此，遵义 Ni-Mo-Se 矿石中的 Se 可能来源于热液系统，但不能排除其他金属起源于海水的可能性（图 3-10）（Wen and Carignan，2011）。

3）渔塘坝 Se 矿床

渔塘坝 Se 矿床是迄今发现的唯一的独立 Se 矿床（涂光炽和高振敏，2003），位于湖北省恩施地区。矿体赋存于下二叠统茅口组的碳质燧石和碳质页岩之间（图 3-11），延伸达数千米。目前发现的 9 个矿体沿上述岩性界面分布，矿体主要呈透镜状，长 30～150 m，厚 0.7～5.2 m，深 14～35 m。矿石具有典型的同生沉积特征，通常具有隐晶质和生物成因结构，具有薄层状和块状构造。富矿区 Se 的平均含量高达 1.3%。矿石中存在 Se 的独立矿物，包括蓝硒铜矿（CuSe）、铁硒铜矿（$CuFeSe_2$）、单斜蓝硒铜矿（$CuSeO_3 \cdot 2H_2O$），并有少量 Se 以类质同象的形式存在于黄铁矿晶格。此外，透射电镜观察发现碳质燧石和页岩中的干酪根存在大量的纳米硒颗粒，证实了在富 Se 岩石中自然硒的广泛存在（Wen et al.，2006）。根据全岩和干酪根中 Se 含量的比例，估算约 66%的 Se 是以自然硒存在于干酪根中；其余的 Se 存在于硫化物晶格或者以硒化物的形式存在。

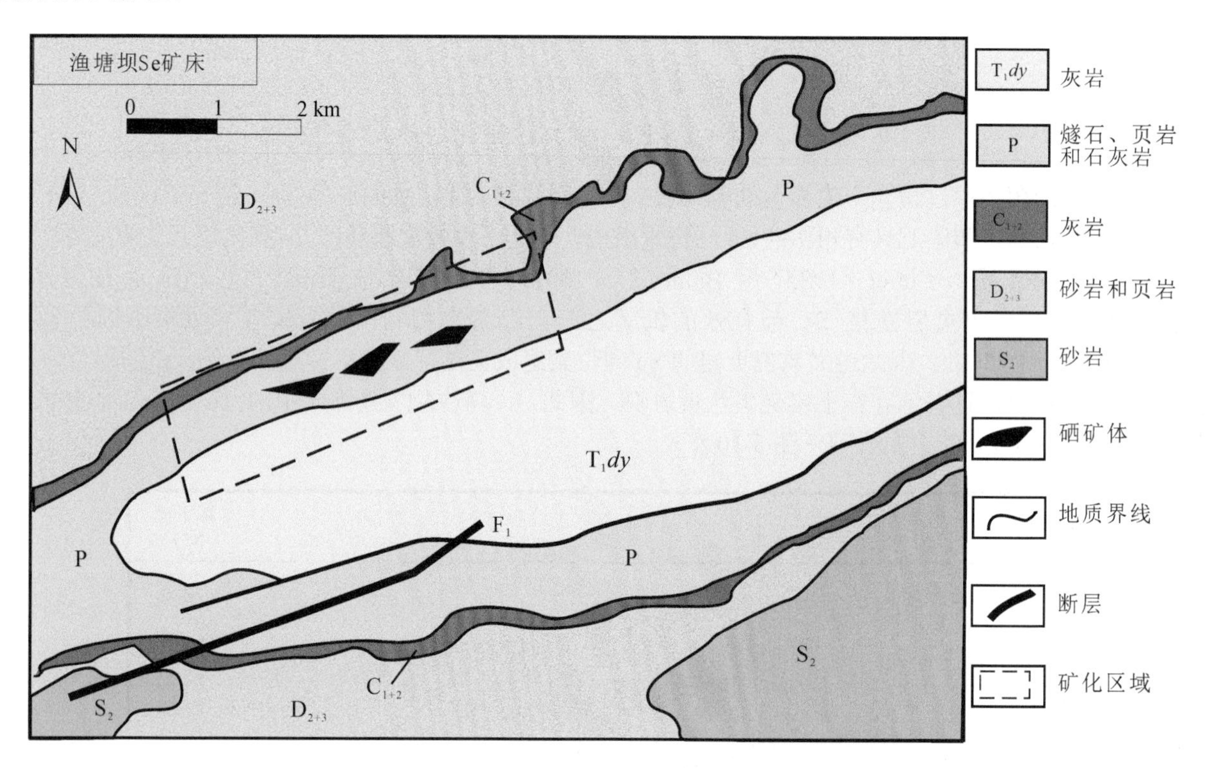

图 3-11　渔塘坝 Se 矿地质简图

矿石全岩的 Se 含量介于 1754×10^{-6}～3721×10^{-6}之间，平均为 3036×10^{-6}。矿石中干酪根组分的 Se 含量更高，介于 1289×10^{-6}～16610×10^{-6}之间，平均为 8921×10^{-6}。围岩的 Se 含量介于 28×10^{-6}～191×10^{-6}之间，且其中的干酪根组分同样具有比全岩更高的 Se 含量，介于 95×10^{-6}～1264×10^{-6}之间。通常，干酪根组分的 Se 含量显著高于全岩，表明 Se 主要赋存于固体有机质中。富 Se 样品的δ^{82}Se 值变化很大（−8.57‰～5.01‰）。围岩和矿石的 Se 同位素组成存在显著差异（图 3-12）。虽然围岩和矿石平均的 Se 同位素组成差别不大，分别为−2.62‰和−3.75‰，但矿石的 Se 同位素组成变化（12‰）是围岩变化（1.2‰）的 10 倍，表明矿化阶段发生了显著的 Se 同位素分馏。

渔塘坝 Se 矿床的形成机制存在很大争议，主要观点包括：①“氧化还原模型”：岩石或贫矿中的 Se 被地下水浸出和迁移，然后沉积在风化地壳下的地下水位上方或附近（Wen et al.，2006）；②Zhu 和 Zheng（2001）认为部分自然硒颗粒是煤燃烧的结果，或由构造活动引起的 Se 出溶。实验研究表明 Se 氧化物通过非生物或者细菌还原成元素态 Se 涉及显著的同位素分馏（Johnson，2004），这与沉积物中观察到的显著的同位素变化相符。然而，海水中的 Se 浓度非常低(约 2 mol/L)，意味着通过非生物或细菌还原在沉积物中积累如此高的 Se 含量是极其困难的（Cutter and Bruland，1984）。虽然藻类和浮游生物对 Se 的吸收利用是沉积物富集 Se 最为有效的机制之一（Baines et al.，2001），但在渔塘坝样品中，大范围的 Se 同位素变化（-8.57‰～5.01‰）并不支持该过程。因此，海水中高价态 Se 转化为元素态 Se 从而达到富集成矿的可能性较小。此外，由煤燃烧或构造驱动的 Se 出溶是由快速的氧化反应引起的，同样不太可能导致显著的同位素分馏（Johnson，2004）。

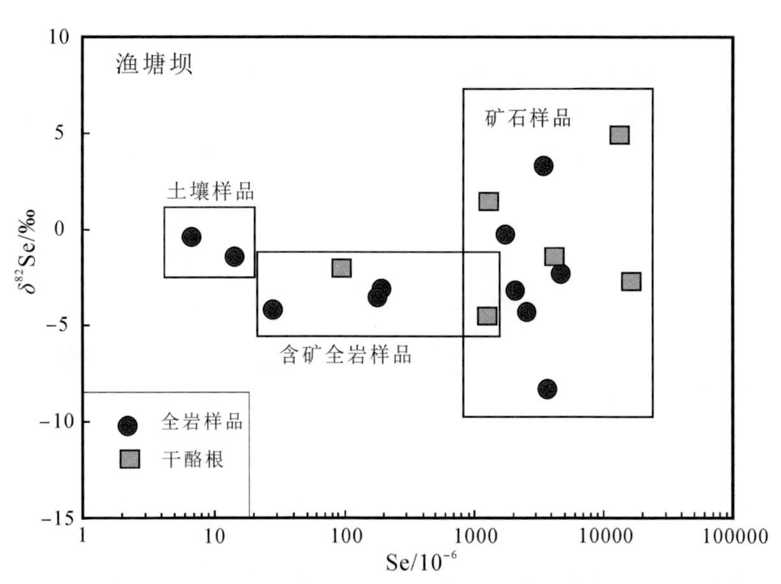

图 3-12　渔塘坝 Se 矿床 Se 同位素组成与 Se 含量的关系

渔塘坝 Se 矿床所有矿体均分布在实际地下水位上方或附近，Se 浓度从低（上部氧化带）到高（下部氧化带）再到低（原生带），规律性明显（王鸿发和李均权，1996）。矿化环境类似于 Se-H_2O 系统 Eh-pH 图中的“常规土壤条件”区域（Wen et al.，2006）。在该氧化还原条件下，岩石和矿石中的 Se^{2-}很容易被氧化为 0、+4 或+6 价。该过程不会导致显著的 Se 同位素分馏（Johnson，2004）。这种氧化环境不利于硫与干酪根的结合（Orr，1986），同样也不利于 Se 的富集。然而，当地下水向深部迁移遇到氧化还原电位降低的环境时，Se^{4+}和 Se^{6+}很可能被再次还原。该过程非生物还原可能占主导地位，并会导致明显的同位素分馏。而且，该同位素分馏效应可以通过反复的氧化态和元素态 Se 之间的氧化还原循环来叠加，以此扩大同位素组成的变化，这与在渔塘坝 Se 矿床中发现的巨大的 Se 同位素组成变化相符。因此，渔塘坝 Se 矿床的 Se 元素富集和同位素差异可能受控于表生蚀变过程中反复的氧化还原反应（Wen and Carignan，2011；Zhu J M et al.，2014）。

4）页岩型 Se 富集模式

众所周知，黑色页岩富含 Se。通常认为海水是可能的 Se 源，藻类和浮游生物对海水 Se 的生物积累和随后的沉降是海洋沉积物富集 Se 最有效的机制之一。然而，Wen 和 Carignan（2011）的研究表明，该过程能很好地解释大多数黑色页岩中常规的 Se 富集（从 $n\times10^{-6}$ 到 $10n\times10^{-6}$），但不能解释沉积物中 Se 的超常富集（$100n\times10^{-6}$ 甚至 $1000n\times10^{-6}$）。

由于 Se 的氧化率较低，表层水体中的 Se 含量非常低（即较高的 S/Se 值）。例如，海水的 S/Se 值大于 4×10^8（Measures and Burton，1980）。虽然在缺氧盆地形成的富含有机质的黑色页岩中可能发生 Se 富集（Stanton，1972；Howard，1977），但 Se 的含量通常在 $n\times10^{-6}$ 到 $10n\times10^{-6}$ 之间。然而，S/Se 值在原始地幔（3300；McDonough and Sun，1995）和洋中脊玄武岩（3000～6000；Hamlyn and Keays，1986；Peach et al.，1990）中要低得多，表明 Se 在高温体系中更容易富集。热液硫化物中 Se 的含量变化很大，但普遍较高。例如，在东太平洋海隆 13°N，矿床中部的高温矿物组合出现了异常高的 Se 含量（高达 2500×10^{-6}）（Auclair et al.，1987）。这表明热液更可能是海洋沉积物发生超常 Se 富集的 Se 源。遵义 Ni-Mo-Se 矿床异常高的 Se 含量可能就是受热液 Se 源控制的。

此外，二次热液蚀变（拉尔玛矿床）或表生蚀变（渔塘坝矿床）是黑色页岩中 Se 富集的关键因素。初始的黑色页岩富含 Se（在 $n\times10^{-6}$ 到 $10n\times10^{-6}$ 之间），并在二次热液蚀变或表生蚀变过程进行再分配富集，同时也会导致同位素分馏。例如，渔塘坝矿床全岩样品的δ^{82}Se 值从−8.57‰到 5.01‰不等，而拉尔玛矿床全岩样品的δ^{82}Se 值从−3.76‰到 5.35‰不等。Hagiwara（2000）也观察到了这种现象，新鲜（$0.77\times10^{-6}\pm3.49\times10^{-6}$）和蚀变黑色页岩（$716\times10^{-6}\pm1670\times10^{-6}$）样品平均的$\delta^{82}$Se 值分别为−0.20‰±0.67‰和2.65‰±2.60‰，表明二次蚀变的确会导致更大的同位素分馏和更强的Se富集(图3-13)。

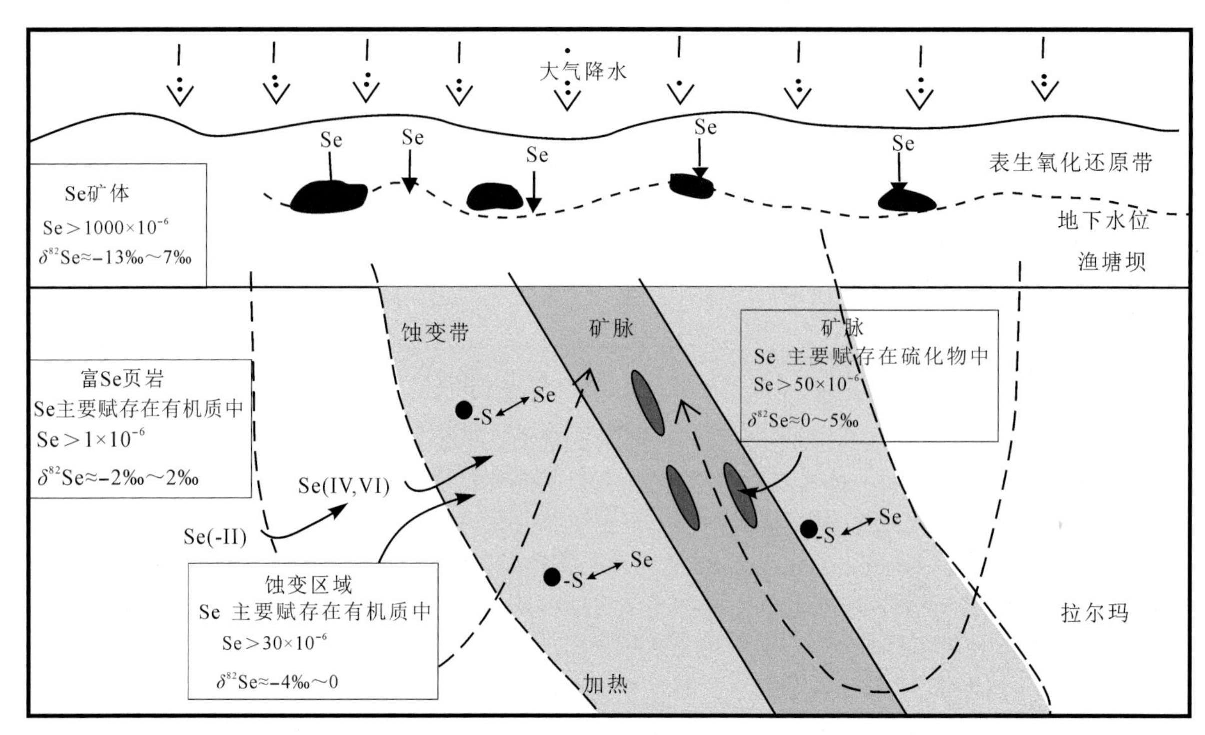

图 3-13　Se 的富集机制模式图

4. 深时海洋环境演化

一些研究调查了过去 30 亿年沉积岩中的 Se 同位素（Rouxel et al.，2004；Mitchell et al.，2012，2016；Layton-Matthews et al.，2013；Wen et al.，2014；Pogge von Strandmann et al.，2015；Stüeken et al.，2015a，2015b，2015c）（图 3-14）。按时间顺序排列的主要发现包括：

（1）在 27.5 亿年前后，海相页岩的 Se 含量从 0.2×10^{-6} 显著增加至 1.4×10^{-6}（Stüeken et al.，2015b；Mitchell et al.，2016），这种增加可能反映了大陆上轻度氧化风化的开始（Lalonde and Konhauser，2015），尽管不能完全排除火山活动增强的可能性。

（2）太古宙非海相沉积物呈现轻的 Se 同位素组成（δ^{82}Se 为−0.2‰±0.67‰），而海相沉积物呈现重的 Se 同位素组成（δ^{82}Se 为 0.37‰±0.27‰）（Stüeken et al.，2015b）。其中湖相沉积物呈现最轻的 Se 同位素组成（δ^{82}Se 为−1.9‰），可能是在湖泊沉积物或水柱中发生了硒酸阴离子的部分还原作用。因此，这进一步暗示硒酸阴离子已经在 27 亿年左右的湖泊中产生，支持当时微弱的氧化风化。这些湖泊和河流环境中，硒酸阴离子的部分还原导致输送到海洋的 Se 同位素组成变重。因此，太古宙河流输入的 Se 同位素可能大于 0，而且海洋溶解 Se 的同位素组成可能已经转向更正的值。

（3）25 亿年左右大气氧出现细弱的增加，并对应着 Se 含量和同位素组成的峰值（Stüeken et al.，2015a）。海相黑色页岩中 Se 的峰值与 Mo 含量和同位素的偏移几乎同时发生（Anbar et al.，2007），表明这 2 种元素可能具有共同的来源。诸多证据表明大陆氧化风化脉冲增强，导致 Mo、Se 和其他元素输入海洋的通量增加（Anbar et al.，2007；Reinhard et al.，2009；Kendall et al.，2015）。

（4）整个元古宙海洋 Se 同位素组成高于地壳平均值（Stüeken et al.，2015b；Mitchell et al.，2016）。元古宙海相页岩与新太古代的页岩的 Se 含量和同位素组成没有明显差异，因此 Se 同位素并没有直接记录 24 亿～23 亿年的“大氧化事件”（Lyons et al.，2014）。与太古宙相似，氧化风化过程中产生的硒酸阴离子部分还原可能导致河流输入海洋的 Se 通常富集重 Se 同位素。然而，中元古代大部分黑色页岩（Stüeken et al.，2015b）以及古元古代条带状铁建造（Schilling et al.，2015）呈现明显负的 Se 同位素组成，暗示表层海水中的确出现了大量的硒酸阴离子。

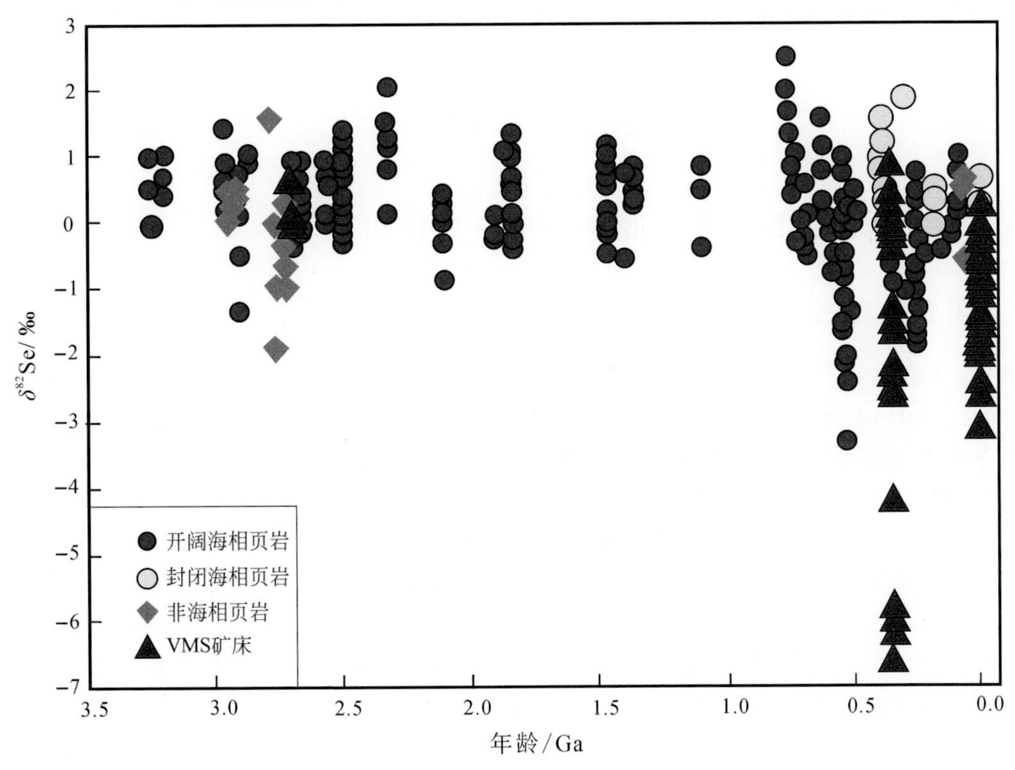

图 3-14　地质历史时期的 Se 同位素组成变化

（5）显生宙海相页岩δ^{82}Se 向负值的转变（Johnson and Bullen，2004；Rouxel et al.，2004；Mitchell et al.，2012；Layton-Matthews et al.，2013；Wen et al.，2014；Pogge von Strandmann et al.，2015；Stüeken et al.，2015b）。随着新元古代或古生代早期深海的氧化（Lyons et al.，2014），海水中硒酸阴离子可能变得更加稳定，甚至类似于现代海洋 Se 循环。局部缺氧水域和沉积物中的硒酸阴离子的部分还原，导致海相页岩中的 Se 同位素值更负。沉积黄铁矿颗粒的原位分析表明，前寒武纪-寒武纪边界附近的黄铁矿中 Se 含量增加（Large et al.，2014），进一步证实了更多硒酸阴离子被部分还原为无机硒化物的猜测。在海洋广泛氧化之前，黄铁矿中 Se 含量较低（Large et al.，2014），大多数 Se 可能以有机形式保存。此外，新元古代大气氧化事件可能增加了陆源的总 Se 通量。

（6）二叠纪—三叠纪生物灭绝和海洋缺氧事件期间 Se 同位素组成出现负偏移（Mitchell et al.，2012；Stüeken et al.，2015b）。黑色页岩中，绝大部分 Se 通过生物同化作用以有机形态存在，因此，Se 同位素组成的范围较窄（Stüeken et al.，2015c）。在二叠纪—三叠纪生物大灭绝的大背景下，生态系统崩溃将导致 Se 的生物同化作用减弱（Stüeken et al.，2015c）。随着宏体生物的灭绝，海洋中生物 Se 的需求和有机 Se 的输出可能会大幅下降。因此，硒酸阴离子在次氧水体中被部分还原将导致较大的负值出现。在海洋缺氧事件（OAE-2）过程，没有生产力崩溃的迹象，但火山活动提供的 Se 远远超过生物体对 Se 的需求（Mitchell et al.，2012）。因此，海洋中大部分的 Se(IV)和 Se(VI)可能通过异化还原过程转变为无机还原相。

3.1.4　结论和未来方向

已有的研究表明，Se 同位素可以作为一种有用的矿床、生物地球化学指标。然而，与其他同位素系统相比，它的解释可能更困难。这可能是由许多混杂因素造成的，包括 Se 循环的复杂性、局部效应与全球效应的模糊性、自然系统中相对较小的分馏以及地壳成分的不确定性。通过对更大范围的火成岩、变质岩和沉积岩进行有针对性的研究，将有利于澄清不同储库端元 Se 同位素的特征。而更多典型成矿系统的研究，也将为 Se 同位素示踪成矿过程提供基本理论基础。另外，关于 Se 循环的演化，仍有几个问题需要解决，例如前寒武纪大氧化事件之前 Se 源和汇的类型、大小及其形态等尚不清楚。总之，Se 同位素地球化学的研究仍然处于探索阶段，更多的工作还需要开展。

3.2　Cd 同位素地球化学

3.2.1　自然界 Cd 同位素的储库特征及分馏机理

1. Cd 及其同位素地球化学性质

自然界中，Cd 有 8 个稳定同位素 ^{106}Cd（1.25%）、^{108}Cd（0.89%）、^{110}Cd（12.5%）、^{111}Cd（12.8%）、^{112}Cd（24.1%）、^{113}Cd（12.2%）、^{114}Cd（28.7%）和 ^{116}Cd（7.49%）。不同地质端元 Cd 含量较低（地壳 0.20×10^{-6}；大洋壳 0.19×10^{-6}；大陆壳 0.14×10^{-6}；原始地幔 0.04×10^{-6}）。

在不同地质环境下，Cd 表现出亲硫性、亲石性和挥发性（涂光炽等，2004），这些地球化学特征主要表现在：①亲硫性，Cd 强烈富集在不同类型 Pb-Zn 矿床的闪锌矿中，其含量从 $100n\times10^{-6}$ 级别（如川滇黔地区杉树林 Pb-Zn 矿床）变化至（$10+n$）$\times10^{-6}$ 级别（如罗马里亚的 Baisoara 矿床，闪锌矿 Cd 含量达 13.2%；Cook et al.，2009），Cd 主要以类质同象替代锌的形式进入闪锌矿中；②亲石性，主要表现在 Cd 可以替代钙和锰进入到钙和锰的氧化物中（如碳酸钙；Horner et al.，2011）；③挥发性，Cd 是一个高度挥发性元素，其半凝聚温度为 430 K（压力 1 Pa）（Larimer，1973）。

在生物学上，Cd 在 Zn 缺乏的环境下替代 Zn 进入碳酸酐酶（*carbonic anhydrase*）中，被认为是一个微量的营养元素并具有一定的生物功效（Ripperger et al.，2007），现代海水中发现 Cd 含量和 P 含量具有明显的正相关关系（Boyle et al.，1976）。Lacan 等（2006）首次测定了太平洋东北部海水中的 Cd 同位素组成后发现，海平面以下 300 m 内海水中 Cd 同位素的变化受生物吸收 Cd 的控制，而 300～700 m 海水中 Cd 同位素的变化受生物吸收和海底热液共同作用的控制。虽然在某些特定的环境中 Cd 可作为营养元素，但是多数表生环境下，Cd 是一个剧毒元素，Cd 的暴露会导致生物的肾脏、骨骼等发生病变，导致严重的疾病。

基于 Cd 的地球化学性质，Cd 同位素应用较广泛，主要包括：①现代海洋环境示踪；②现代污染源示踪；③Pb-Zn 矿床中金属元素循环和来源示踪；④反演古环境；⑤地外样品的成因。

2. Cd 同位素分馏机理

已有研究表明，陨石形成过程中的蒸发/冷凝、海水中浮游植物的吸收、细菌作用、风化作用和矿物沉淀过程均能导致 Cd 同位素分馏。

1）地外样品

Cd 同位素研究的开展最初始于陨石样品，Rosman 和 De Laeter（1975）测定了 Brownfield H3 球粒陨石中 Cd 同位素组成发现，$\delta^{114/110}$Cd 值和$\delta^{112/110}$Cd 值在陨石样品中呈线性，未发现非质量分馏，而 Cd 的高度挥发性是 Cd 同位素在球粒陨石形成过程中产生分馏的原因。在陨石形成过程中，Cd 的轻同位素优先挥发，从而导致重同位素在球粒陨石得到富集。Wombacher 等（2003）测定了陨石样品中 Cd 同位素组成后发现，球粒陨石中 Cd 同位素分馏可达 22‰，认为导致陨石样品中如此大的 Cd 同位素分馏的原因与陨石形成过程中的蒸发和冷凝作用有关。Wombacher 等（2004）通过对 Cd 金属的蒸发实验表明，在 180 ℃条件下，液态金属 Cd 向真空中蒸发可产生非常大的 Cd 同位素的分馏（$\delta^{114/110}$Cd=50‰），且此过程是一个质量分馏。Wombacher 等（2008）通过对Ⅰ、Ⅱ、Ⅲ型碳质球粒陨石和 EH4 型顽火辉石球粒陨石的研究表明，它们的 Cd 同位素组成与固体硅酸盐地球（BSE）的 Cd 同位素组成相近（$\delta^{114/110}$Cd≈0），证明内太阳系来源于同一母体，而原始的挥发性元素在内太阳系形成阶段没有发生因蒸发和冷凝作用而导致的瑞利分馏。相反地，普通球粒陨石和一些顽火辉石型球粒陨石显示出较大的 Cd 同位素分馏，其$\delta^{114/110}$Cd 值介于-8‰～+16‰之间，而 R 型、Ⅲ、Ⅳ和Ⅴ型碳质球粒陨石具有更小的 Cd 同位素分馏效应。2 种不同的 Cd 同位素分馏效应说明，它们的母体陨石在一个开放的体系中发生了热变质，导致陨石形成过程中发生了二次挥发或者 Cd 的重新分配。Sands 等（2001）测试了 4 个月壤样品和 1 个月球玻璃样品中的 Cd 含量及同位素组成，发现月壤样品富集 Cd 的重同位素（$\delta^{114/110}$Cd 为-1.0‰～25.8‰），Cd 含量为 1×10^{-6}～112×10^{-6}。月球玻璃富集 Cd 的轻同位素（$\delta^{114/110}$Cd=5.2‰），具有非常高的 Cd 含量（300×10^{-6}）。Schediwy 等（2006）测试了 9 个月壤样品，其$\delta^{114/110}$Cd 为 16.8‰～20.4‰。月壤如此富集 Cd 的重同位素的原因与月壤中含有的微细陨石（富集 Cd 重同位素），以及月球因缺少大气导致月壤吸收了溅射的宇宙粒子有关（Cd 的中子捕获截面较大），而月壤玻璃中富集轻同位素可能与月球的火山喷发作用有关。同时，月球样品中亦未发现 Cd 的非质量分馏。

2）海洋及表生环境系统

Ripperger 等（2007）对大西洋、太平洋、南极等地 22 个海水样品中 Cd 同位素的研究发现，海水中 Cd 同位素显示出较大分馏效应（表层海水富集 Cd 的重同位素），$\delta^{114/110}$Cd 为-0.6‰～+3.8‰。同时，Cd 同位素组成及含量的变化说明，海水中浮游生物吸收游离 Cd 的过程属于封闭系统的动力学分馏，而表层海水中 Cd 的含量分布主要是受浮游生物吸收 Cd 导致的瑞利分馏所控制。Abouchami 等（2011）通过对不同纬度海水（从南半球 70°至南半球 40°）中 Cd 同位素进行测试，结果表明，Cd 同位素组成与 Cd 含量在威德尔环流和南冰洋洋流地区成负相关关系，海洋生物对海水中 Cd 的吸收是一个瑞利分馏过程，其分馏系数（α）分别为 1.0001 和 1.0002。Gault-Ringold 等（2012）对南半球海洋中 Cd 含量及同位素组成做了季节性的研究，其结果表明，Cd 同位素组成不随着季节的变化而变化。同时，海水中 Cd 的含量对 Cd 同位素组成的影响明显：当 Cd 在生物细胞表面的浓度大于细胞中 Cd 的浓度时，生物对 Cd 的吸收导致 Cd 同位素的动力学分馏；当 Cd 在生物细胞表面的浓度小于细胞中 Cd 的浓度时，Cd 同位素没有分馏。

表生风化过程亦能导致明显的 Cd 同位素分馏，Zhang Y X 等（2016）对云南金顶矿石的淋滤发现，淋滤液倾向富集 Cd 的重同位素，其$\Delta^{114/110}\text{Cd}_{淋滤液-残留}$=+0.36‰～+0.53‰；这个结果与 Zhu 等（2018b）对云南富乐 Pb-Zn 矿床闪锌矿及其氧化产物观察到的结果一致，闪锌矿氧化的最终产物相对于原始的闪锌矿偏轻同位素，通过拟合得出闪锌矿的次生矿物（如菱锌矿）相对于溶液的分馏系数为 $\alpha_{\text{sulfide-solution}}$=0.99967。

Cd 的超富集植物吸收 Cd 的过程亦能导致明显的 Cd 同位素分馏，相对于最终的营养液，植物体倾向于富集较轻的 Cd 同位素。蓖麻和龙葵植物体中$\Delta^{114/110}\text{Cd}_{\text{plant-solution}}$ 分别为-0.64‰～-0.29‰和-0.84‰～-0.31‰，植物各组织体间 Cd 同位素的分馏存在较明显的差异，2 种植物根部相对于营养液中 Cd 同位素的变化均显示了相似的富集较轻 Cd 同位素的趋势，蓖麻和龙葵根部相对于营养液 Cd 同位素的组成 $\Delta^{114/110}\text{Cd}_{\text{root-solution}}$ 分别为-0.70‰～-0.32‰和-0.97‰～-0.37‰，而 2 种植物地上部相对于根部均富集较重的 Cd 同位素，其蓖麻和龙葵中$\Delta^{114/110}\text{Cd}_{\text{shoot-root}}$ 分别为+0.15‰～+0.22‰和+0.13‰～+0.16‰，值得注意的是，龙葵叶片中 Cd 同位素较重于茎中，而蓖麻叶片中 Cd 同位素轻于茎中（Wei R F et al.，2016，2019）。

3）矿物沉淀及吸附 Cd 的理论和实验模拟

Horner 等（2011）模拟了海水中碳酸钙的沉淀过程发现，碳酸钙中的 Cd 同位素变化遵循瑞利分馏模型（分馏系数 $\alpha_{碳酸钙-海水}$=0.99955+0.00012），该分馏系数与温度、Mg 含量以及沉积速率关系不明显；同时，碳酸钙生长过程没有发现 Cd 同位素的分馏，因此，认为海成碳酸盐岩可能记录了古海水中的 Cd 同位素特征，可作为潜在的古环境示踪剂。Yang J L 等（2015）对热液体系下的 Cd 同位素分馏系数进行理论计算，发现 Cd 同位素分馏系数在不同温度下有较大差别，热液在 400 ℃下，$\Delta^{114/110}\text{Cd}_{\text{Cd(OH)Cl-CdHS}^+}$=0.352‰；热液在 150℃下，$\Delta^{114/110}\text{Cd}_{\text{Cd(OH)Cl-CdHS}^+}$=0.860‰，该结果与 Pb-Zn 矿床中 Cd 同位素分馏大小对应。然而，室温下 CdS 模拟实验发现，在纯水、海水和 2 倍盐度体系下，$\Delta^{114/110}\text{Cd}_{溶液-\text{CdS}}$ 分别为 0.52‰、0.32‰和 0.28‰（Guinoiseau et al.，2018），该结果可以解释现代海洋缺氧区（oxygen deficient zones，ODZ）Cd 同位素变化是由海水中 CdS 的沉淀导致。最近，作者及合作团队通过研究 Cd 在表生环境中常见铁氧化物（针铁矿、赤铁矿和水铁矿）表面吸附和与针铁矿共沉淀过程中 Cd 同位素分馏行为发现（Yan X R et al.，2021），在吸附过程中铁氧化物表面富集 Cd 轻同位素，符合平衡分馏模型；在针铁矿（-0.51‰±0.04‰）、赤铁矿

（−0.54‰±0.10‰）和水铁矿（−0.55‰±0.03‰）表面分馏量（$\Delta^{114/110}Cd_{solid\text{-}solution}$）相等，且不受外界条件如 Cd 初始浓度、离子强度和 pH 等影响。同步辐射 Cd K 边扩展 X 射线吸收精细结构光谱（EXAFS）分析表明，Cd 在矿物表面形成高度扭曲的$[CdO_6]$八面体，导致 Cd 轻同位素的富集。而在针铁矿结晶过程中 Cd 以同晶替代方式进入针铁矿晶格时，矿物富集 Cd 重同位素，分馏为 0.22‰±0.01‰。这与反应过程中水铁矿通过溶解–再结晶机制转化为针铁矿有关。本研究填补了地球关键带中活性矿物界面 Cd 同位素分馏因子的空白。Cd 轻同位素通过吸附富集到铁氧化物、锰氧化物和腐殖酸等活性组分中，这可以解释土壤和沉积物 Cd 同位素组成比水溶液更轻的现象。特别地，广泛分布在热带和亚热带土壤中的铁氧化物，显著影响 Cd 同位素分馏行为。该研究加深了对 Cd 环境地球化学行为的理解，亦指出在应用 Cd 同位素进行污染溯源和示踪时应充分考虑活性矿物界面 Cd 同位素分馏对自然和人为源 Cd 同位素特征的影响。

3.2.2　Cd 同位素分离及测试方法

1. 样品中 Cd 同位素分离和纯化方法

样品中 Cd 的化学分离和纯化是准确测定样品中 Cd 同位素组成的基础，其目的是剔除样品中 Cd 的同质异位素以及其他基质元素（表 3-3），并保证一定的 Cd 回收率。表 3-3 列出了 Cd 各同位素的相对丰度、同质异位素和可能的离子团干扰。要测定地质样品中的 Cd 同位素组成，需剔除样品中的 Pd、Sn、In、Zn、Ge 等元素。

表 3-3　Cd 同位素丰度及质谱分析过程中可能的同质异位素和离子团干扰

质量数	Cd 同位素及同质异位素相对丰度/%				主要离子团（$M^{40}Ar^+$）	
	Cd	Pd	Sn	In		
106	1.25	27.3				
108	0.89	26.5				
110	12.5	11.7			$^{70}Zn^{40}Ar^+$	$^{70}Ge^{40}Ar^+$
111	12.8				$^{71}Ga^{40}Ar^+$	
112	24.1		0.97		$^{72}Ge^{40}Ar^+$	
113	12.2			4.3		
114	28.7		0.65		$^{74}Ge^{40}Ar^+$	$^{74}Se^{40}Ar^+$
116	7.49		14.5			
117			7.68			$^{77}Se^{40}Ar^+$
118			24.23			

目前，固体样品的 Cd 同位素化学分离和纯化主要采用阴离子树脂法，其原理是利用 Cd 与 Cl^-形成络合离子（Rosman and De Laeter，1975），通过阴离子树脂与不同络合离子在不同浓度酸中的选择性（亲和力不同）达到分离 Cd 的目的。Rosman 和 De Laeter（1975）首次采用两步阴离子树脂法对闪锌矿和方铅矿中的 Cd 进行化学分离和纯化；Wombacher 等（2003）先用阴离子树脂去除样品中的基质元素，然后再用特效树脂去除可能形成离子团的元素；Cloquet 等（2005）利用阴离子树脂单柱法分离样品中的 Cd，其回收率大于 95%；Gao 等（2008）利用单柱法分离样品中的 Cd 和 Pb，其 Cd 回收率大于 90%；张羽旭等（2010）对前人的 Cd 同位素化学分离方法进行了改进，改进后的方法 Cd 回收率大于 98%，此方法得到了 Pallavicini 等（2014）的验证；Wei R F 等（2015）对比前人的方法分离植物样品中的 Cd 的效果，认为张羽旭等（2010）改进的方法适合植物样品中 Cd 同位素的分离，其 Cd 回收率在 96%左右。可见，对于固体地质样品中 Cd 同位素的化学分离，张羽旭等（2010）推荐的方法具有较强的适应性，其适合硫化物、土壤、水系沉积物、碳酸盐岩和植物样品中 Cd 的化学分离（Zhu C W et al.，2013；Wen et al.，2015；Wei R F et al.，2015）。需要指出的是，对于火成岩或者高 Sn 的污染样品，考虑到 Sn 相对 Cd 含量较高，尽管 Sn 剔除率大于 90%，但残留的 Sn 对 Cd 同位素测试仍有较大影响，目前有两套方法解决该类型样品：①在样品中加入双稀释剂后，通过张羽旭等（2013）推荐的方法进行 2 次或多次分离，但 Cd 的回收率随着分离次数增加而减少，如 2 次分离 Cd 回收率大于 80%，而 3 次分离 Cd 回收率约为 70%；②通过 TRU

特效树脂剔除样品中的Sn，样品在经过张羽旭等（2013）推荐的方法后，利用TRU特效树脂将Cd和Sn分离，其中Sn保留在特效树脂中（Peng et al.，2021）。

对于海水样品中Cd同位素的化学分离，Lacan等（2006）通过改进Cloquet等（2005）的方法，采用离子交换树脂双柱法分离和纯化Cd，其中Cd回收率可达86%；Ripperger等（2007）通过改进Wombacher等（2003）的方法，采用离子交换树脂三柱法分离和纯化Cd，结合双稀释剂法（稀释剂选用^{111}Cd-^{110}Cd），控制Cd化学分离和纯化过程以及质谱仪测试Cd同位素过程中造成的同位素分馏，Cd回收率大于90%；Schmitt等（2009）利用离子交换树脂双柱法，结合双稀释剂法（稀释剂选用^{106}Cd-^{108}Cd），控制Cd同位素在化学前处理以及质谱测量过程中造成的同位素分馏。另外，Gault-Ringold等（2012）和Yang S C等（2012）均采用Ripperger等（2007）推荐的方法对海水样品中的Cd进行化学分离和纯化。对于河水样品，Xue Z C等（2012）采用$Al(OH)_3$共沉淀法对低Cd样品进行预富集，通过改进Ripperger等（2007）的方法，结合双稀释剂法（稀释剂选用^{111}Cd-^{113}Cd），样品中Cd的回收率可达86%。由此可见，对于河水和海水样品中Cd的化学分离和纯化，Ripperger等（2007）推荐的方法是较优的选择。

对比固体样品和液体样品中Cd同位素的预处理方法可见，固体样品基本采用阴离子树脂单柱法，且Cd回收率高（均大于95%），满足Cd同位素的质谱测量。而液体样品基本采用交换树脂三柱法，且Cd的回收率较低（90%左右），较难控制预处理过程中造成的Cd同位素分馏。这与不同样品中Cd的含量有着密切关系。因此，液体样品在Cd同位素预处理过程中均需结合双稀释剂法，控制样品预处理过程中造成的Cd同位素分馏。

2. 样品中Cd同位素比值测定

早期Cd同位素的测量基本采用TIMS（樊海峰等，2009；Rosman and De Laeter，1975；Schediwy et al.，2006），测试对象主要为地外样品（分馏大），但其电离过程导致的分离效应常使分析结果失真，对样品的纯度要求较高，工作效率较低（Gao et al.，2014），且分析精度较差，较难满足地球样品（分馏小）对Cd同位素的测试精度要求。目前，研究者更多采用MC-ICP-MS测定样品中的Cd同位素组成，这与MC-ICP-MS的等离子体对Cd的极高离子化率有关（Cd具有较高的第一电离能）（Rehkämper et al.，2012）。然而，要获得高精度的Cd同位素组成数据，MC-ICP-MS需解决：①等离子对样品离子化过程中会生成潜在的离子团（表3-3），如Fe同位素测试过程中，^{56}Fe受到^{40}Ar^{16}O的干扰；②仪器产生的质量歧视。

一般地，减少离子团的干扰可以在MC-ICP-MS仪器上配置膜去溶系统、“碰撞池”系统等（Zhu et al.，2014；温汉捷等，2008），减少等离子体离子化样品过程中生成离子团。同时，调整仪器的分辨率也可减少离子团进入法拉第杯，进而减少离子团对目标元素的同位素干扰。对于校正仪器的质量歧视，一般采用3种方法：①样品-标准匹配法（sample- standard bracketing，SSB），其假定在一定的时间内，仪器对标准和样品造成的质量歧视相近或者相同，此方法操作简单，被多数研究者采用（Zhu C W et al.，2013；Cloquet et al.，2006；Wen et al.，2015；Cloquet et al.，2005；Wei R F et al.，2015）；②外标法，在样品中加入一定量的同位素比值已知的Ag内标，假定仪器对Ag同位素和Cd同位素的质量歧视相同，通过仪器的实测值和真实值反算仪器的分馏系数，进而根据分馏系数校正仪器实测的Cd同位素组成，达到校正仪器质量歧视的目的（Wombacher et al.，2003）；③双稀释剂法，在样品中加入一定量的同位素比值已知的Cd双稀释剂（如选用^{111}Cd-^{110}Cd），通过仪器实测的Cd同位素比值以及已知的Cd同位素，迭代计算样品中的Cd同位素组成，详细原理可参考Mo同位素双稀释剂法（李津等，2011），此方法能校正样品预处理和仪器测量过程中造成的Cd同位素分馏，同时能提高仪器测量过程中Cd的信号强度，但标定双稀释剂的周期长、过程复杂，主要应用于测定低含量样品中的Cd同位素组成。

Cd的国际同位素标准是统一国际Cd同位素测量工作的基准物质，也是国际上Cd同位素进行对比的依据。目前，国际上还没有统一的Cd同位素标准，文献中采用的Cd同位素标准主要为Cd的浓度标准，如NIST-3108，Nancy Spex、Spex、JMC-Cd、BAN-I020-Cd、Münster、JMC Cd Münster等，其中近些年NIST-3108采用较多。

目前，已有的文章目前均基于Abouchami等（2013）推荐的NIST-3108为Cd的同位素标准，其报道的不同 Cd 同位素标准之间的标定结果见表 3-4。Cd 同位素的组成一般采用 2 种表示方法：

$$\varepsilon^{114/110}\mathrm{Cd}/‱=(R_{样品}/R_{标准}-1)\times 10000$$

$$\delta^{114/110}\mathrm{Cd}/‰=(R_{样品}/R_{标准}-1)\times 1000$$

另外，亦有部分学者采用 εCd/amu（atom mass units，amu），即每原子质量的同位素分馏，其换算 $\varepsilon^{114/110}$Cd=4×εCd/amu。

表 3-4　不同实验室基于 NIST-3108 标准对其他二级 Cd 同位素标准的标定　（单位：‰）

实验室	BAMI012	JMC Cd Münster	Alfa Cd Zürich	JMC Cd Mainz	NIST SRM 3108
牛津大学（英国）	0			1.45±0.1	1.3±0.04
曼彻斯特大学（英国）	0			1.49±0.09	1.36±0.09
奥塔戈大学（新西兰）	0	1.24±0.08			1.36±0.09
英属哥伦比亚大学（加拿大）	0				
帝国理工学院（英国）伦敦大学（英国）	−1.24±0.07	0	0.05±0.05	0.26±0.04	0.1±0.02
英属哥伦比亚大学（加拿大）	−1.37±0.25	0			
牛津大学（英国）			0		0.0±0.08
曼彻斯特大学（英国）	−1.36±0.04	−0.04±0.1	0	0.13±0.05	−0.01±0.07
美因茨大学（德国）	−1.45±0.04	−0.22±0.02	−0.17±0.01	0	−0.14±0.02
波恩大学（德国）	−1.32±0.05	−0.08±0.05		0.14±0.04	0
帝国理工学院（英国）伦敦大学（英国）	−1.34±0.07	−0.1±0.02	−0.05±0.04	0.16±0.04	0
帝国理工学院（英国）伦敦大学（英国）	−1.34±0.06		−0.04±0.02		0
曼彻斯特大学（英国）	−1.35±0.08	−0.07±0.12	0.01±0.07	0.14±0.09	0
牛津大学（英国）	−1.30±0.04		0.0±0.08	0.15±0.11	0
奥塔戈大学（新西兰）	−1.36±0.14	−0.12±0.08			0
奥塔戈大学（新西兰）	−1.34±0.1				0
英属哥伦比亚大学（加拿大）	−1.1±0.15	−0.04±0.1			0
美因茨大学（德国）	−1.31±0.04	−0.07±0.02	−0.02±0.01	0.15±0.02	0
均值	−1.3	−0.09	−0.02	0.15	0
2*s*	0.04	0.04	0.05	0.02	

实验室	Münster Cd	JMC metal MPI	JMC Cd Bonn	OxCad(JMC)	PCIGr-1	NZ JMC Cd
牛津大学（英国）				0.49±0.09		
曼彻斯特大学（英国）						
奥塔戈大学（新西兰）	5.87±0.13					−0.26±0.11
英属哥伦比亚大学（加拿大）	5.76±0.09					
帝国理工学院（英国）伦敦大学（英国）	4.62±0.05					
英属哥伦比亚大学（加拿大）	4.50±0.03					
牛津大学（英国）						
曼彻斯特大学（英国）						
美因茨大学（德国）	4.36±0.02	−1.46±0.04				
波恩大学（德国）	4.46±0.04		0.13±0.03			
帝国理工学院（英国）伦敦大学（英国）	4.52±0.05					
帝国理工学院（英国）伦敦大学（英国）						
曼彻斯特大学（英国）						
牛津大学（英国）				−0.81±0.1		
奥塔戈大学（新西兰）	4.51±0.13					−1.62±0.11
奥塔戈大学（新西兰）						−1.63±0.06
英属哥伦比亚大学（加拿大）	4.55±0.18				0.04±0.16	
美因茨大学（德国）	4.51±0.02	−1.31±0.04				
均值	4.50					
2*s*	0.05					

注：数据引自 Abouchami 等（2013）。

3.2.3 Cd 同位素在矿床中应用案例

Cd 在多数闪锌矿中是除 Zn、S 和 Fe 之外含量最高的微量元素。由于 Cd 和 Zn 具有极为相似的地球化学行为，Zn/Cd 值和 Cd 同位素等在探讨 Pb-Zn 矿床成矿过程、金属物质来源和判别矿床成因等方面有着独特的优势。相比传统的同位素示踪技术（如 C、O、S 等），Cd 同位素在研究低温热液体系下 Pb-Zn 矿床中 Cd 的富集机制和成矿物质来源等方面具有以下优势：①稳定性，Cd 在自然界中主要表现为+2 价，其同位素分馏机制相对简单，已有的研究表明，Cd 同位素的分馏主要受蒸发和冷凝以及生物作用的控制，而在 Pb-Zn 矿床中，其分馏主要受矿物的沉淀作用控制；②直接性，在多数 Pb-Zn 矿床中，Cd 含量达到甚至超过 Cd 的工业品位（如川滇黔地区的 Pb-Zn 矿床），因此，其是一个成矿元素，能直接指示流体中金属元素的来源；③分散性，Cd 在各地质端元中的含量较低，仅在地壳中的部分岩石中含量较高（如黏土和页岩）（涂光炽等，2004），因此，成矿流体在运移过程中不易受到围岩的混染等作用导致 Cd 同位素的示踪“失灵”；④特殊性，Cd 是一个典型的分散元素，其同位素具有解决低温热液体系下 Pb-Zn 矿床中分散元素来源和富集机制等科学问题的巨大潜力。因此，无论是对 Pb-Zn 矿床中成矿元素的来源，还是对其分散元素的富集机制等的研究，Cd 同位素均是解决上述科学问题的重要手段和选择。

目前，Cd 同位素成功应用于不同类型 Pb-Zn 矿床中，包括密西西比河谷型（MVT）Pb-Zn 矿床，夕卡岩型 Pb-Zn 多金属矿床和塞浦路斯型 Cu-Au 矿床等，示踪这些热液体系的成矿过程、金属元素循环和物质来源等方面。

1. 川滇黔 Pb-Zn 矿床中 Cd 同位素示踪研究

1）川滇黔研究历史

川滇黔低温成矿域是我国重要的 Ag-Pb-Zn 多金属成矿区，在区域大地构造位置上隶属于扬子地台西南缘，而其所处的扬子地台是我国重要的多金属成矿区，其处在环太平洋构造域和特提斯构造域的复合部位，有着复杂和极其特殊的地质构造演化历史，是全球构造系统中的重要组成部分，因此，历来备受地质学家的重视（黄智龙等，2004a）。

据统计，川滇黔地区已经发现和探明 Pb-Zn 矿床和矿点共 212 个（其中大型 6 个，中小型 37 个），探明储量 1147.74 万 t，Pb-Zn 矿床分布广，呈带状密集产出，构成了我国著名的 Pb-Zn 成矿带，其也是我国乃至世界重要的低温成矿域（涂光炽等，2004）。该区 Pb-Zn 矿床早在 20 世纪五六十年代被认为是岩浆热液成因的（谢家荣，1963），然而，随着研究的深入，川滇黔地区 Pb-Zn 矿床的成因观点还存在很大争议，如 Zaw 等（2007）详细介绍了我国南方主要的矿床类型和矿床成因之间的联系，认为会泽应属于 MVT 型 Pb-Zn 矿床。但许典葵等（2009）认为尽管会泽 Pb-Zn 矿床总体具有 MVT 矿床的特征，但其 Pb-Zn 品位、矿物组合、单个矿体的规模、围岩蚀变、形成物理化学条件等特征均与 MVT 型 Pb-Zn 矿床存在一定差别，而将其定义为“麒麟厂式”Pb-Zn 矿床。概括起来这些矿床成因可分为 2 类：①Pb-Zn 矿床的形成与峨眉山玄武岩浆活动密切相关，主要观点有岩浆热液及复合成因（谢家荣，1963；薛步高，2006）、沉积-改造-后成（柳贺昌和林文达，1999）、深源流体贯入-蒸发岩层萃取-构造控制（韩润生等，2006）、均一化成矿流体灌入（黄智龙等，2004b；许典葵等，2009）；②成矿与岩浆活动无直接联系，主要观点有 MVT 矿床（张长青，2005；张长青等，2008；刘文周和徐新煌，1996；周朝宪，1998；王奖臻等，2001，2002），以及最近提出的非岩浆成因“扬子型”Pb-Zn 矿床（侯满堂等，2007）。总体而言，本区矿床的争论焦点主要集中在：矿床的成矿时代，成矿物质来源，岩浆岩和本区矿床成因之间的关系。

前人对川滇黔区内 Pb-Zn 矿床做了大量的研究，但成矿时代问题始终没有得到解决。谢家荣（1963）根据黔西滇东的所有 Pb-Zn 矿床都产在峨眉山玄武岩之下（至多产在其中）的特征，认为这些矿床可能是海西期形成的。张云湘等（1988）根据铅同位素模式年龄，认为区域内 Pb-Zn 矿床属于不同的成矿期，而主成矿期在海西晚期和燕山期。杨应选（1994）根据构造矿化及铅同位素模式年龄将区域内 Pb-Zn 矿床划分为海西期和印支—燕山期。而周朝宪（1998）提出云南会泽 Pb-Zn 矿床的形成极可能与印度板块和欧亚板块的拼合、碰撞造山作用有关，因此，会泽 Pb-Zn 矿床的成矿时代应晚于 150～160 Ma，为燕山期，甚至喜马拉雅期。张立生（1998）根据构造、矿石、围岩的关系认为成矿作用发生于晚二叠世。管士平和李忠雄（1999）根据铅同位素单阶段成矿模式计算出区内 Pb-Zn 矿床成矿时代应为 245 Ma，与峨眉山玄武岩年龄相近。黄智龙等（2004b）根据闪锌矿的 Rb-Sr 法测得会泽 Pb-Zn 矿床 1 号矿体、6 号矿体和 10 号矿体的等时线年龄分别为(226±1) Ma、(225±1) Ma 和(226±7) Ma。李文博等（2004a）根据方解石 Sm-Nd 法测得会泽 Pb-Zn 矿床 1 号和 6 号矿体等时线年龄分别为(225±38) Ma 和(226±15) Ma。张长青（2005）测得会泽 Pb-Zn 矿床黏土矿物的 K-Ar 年龄为(176.5±2.5) Ma。另外，张长青等（2008）还报道了四川大梁子大型 Pb-Zn 矿床闪锌矿的 Rb-Sr 等时线年龄为(366±7.7) Ma。蔺志永等（2010）报道了宁南跑马 Pb-Zn 矿床闪锌矿 Rb-Sr 等时线年龄为(200.1±4.0) Ma。由此可见，川滇黔 Pb-Zn 成矿域成矿时代还存在很大争议。

许多学者从地质、构造、岩浆、矿床地球化学等多方面研究了川滇黔 Pb-Zn 成矿区成矿物质和成矿流体来源。唐森宁（1984）和陈士杰（1986）认为本地区成矿物质主要来源于矿床所处的赋矿地层；郑传仑（1994）、钱建平（2001）则认为其来源于下伏地层及基底岩石；柳贺昌（1996）、胡耀国（1999）、柳贺昌和林文达（1999）、韩润生等（2001）、刘家铎等（2004）和黄智龙等（2004b）认为其成矿物质来源具有多源性，赋矿围岩和其下伏地层及基底岩石，以及基性岩浆活动均可为成矿提供部分成矿物质和成矿流体，而且岩浆活动还可为成矿提供热源；顾尚义（2006）则认为峨眉山玄武岩与本区矿床成因无关，只是空间分布的巧合。众多学者研究均表明，川滇黔地区 Pb-Zn 成矿域内多数矿床成矿流体中的 S 为各时代碳酸盐地层的硫酸盐（海相硫酸盐）的膏岩层热化学还原的产物，在还原过程中上覆和下伏页岩、碎屑岩和泥质岩地层中的有机质发挥了一定作用（金中国，2008；李晓彪，2010；周家喜等，2010ab），也有学者进一步认为这些有机质可能起到还原剂的作用（Zhou J X et al.，2010）。

岩浆岩与 Pb-Zn 成矿作用的关系主要集中在该区已出露的峨眉山玄武岩及辉绿岩与 Pb-Zn 成矿的关系上。目前，对该区 Pb-Zn 矿床的成矿作用是否有峨眉山玄武岩岩浆活动的参与还存在较大的争论。高振敏等（2004）和胡瑞忠等（2005）认为川滇黔多金属成矿域的低温热液矿床可能与峨眉山地幔柱的活动有间接关系。廖文（1984）认为峨眉山玄武岩为该区 Pb-Zn 矿床的形成提供成矿物质来源；张云湘等（1988）认为峨眉山玄武岩为该区 Pb-Zn 矿床的形成提供热动力作用；黄智龙等（2004a）认为云南会泽 Pb-Zn 矿床的成矿时代与峨眉山玄武岩成岩时代相近，因此，其认为峨眉山玄武岩具有提供成矿物质的潜力，峨眉山玄武岩岩浆活动过程中去气作用形成的流体可能参与了会泽超大型 Pb-Zn 矿床（以及川滇黔 Pb-Zn 成矿域内）的成矿作用。王林江（1994）和顾尚义（2006）认为峨眉山玄武岩与该区 Pb-Zn 矿床的成因无直接联系。有关辉绿岩与成矿的关系，欧锦秀（1996）认为二者之间具有成因联系；李晓彪（2010）也认为 Pb-Zn 成矿与辉绿岩关系密切；但因缺乏可靠的成岩、成矿年龄，二者之间的关系仍不明确；Xu Y K 等（2014）利用热力学模型模拟峨眉山玄武岩的冷却时间，认为其冷却的时间持续 100 Ma，因此，该地区的 Pb-Zn 矿床可能与峨眉山玄武岩放热有关。

2）云南会泽和云南富乐 Pb-Zn 矿床 Cd 同位素研究

笔者在详细地质调查基础上，对云南富乐 78 号矿体以及云南会泽 8 号和 10 号矿体进行了详细的样品采集，并在离云南会泽矿区 7.5 km 的地层剖面处采集了相应的碳酸盐岩和玄武岩剖面样品。云南富乐 Pb-Zn 矿床 78 号矿体剖面的采样位置见图 3-15，从矿体底部至上部，硫化物组合发生明显的变化，甚至出现明显的矿层界线，其中 SBFL-22 为条带状矿石，穿插条带状方解石和白云石；SBFL-23 为块状矿石，条带状方解石和白云石较少；SBFL-24 为块状矿石，无条带状矿石，且与 SBFL-23 之间有一层明显的“马牙石”（灰色方解石）；SBFL-25 为块状方铅矿矿石，夹少量闪锌矿；SBFL-26 为块状闪锌矿矿石，夹少量方铅矿；SBFL-27 为块状闪锌矿和方铅矿矿石，夹少量白云石和方解石；SBFL-28 为块状方解石和白云石，零星分布有块状闪锌矿。相对于富乐矿床，云南会泽矿床主要采集 8 号和 10 号矿体不同中段的硫化物。样品经过粉碎过筛（40～60 目）后，在双目镜下挑选不同颜色的闪锌矿和方铅矿样品。约 0.1 g 硫化物样品经过纯盐酸消解（110 ℃）后蒸干，加入 5 mL 2%（体积比）硝酸，取其中 1 mL 用作主微量元素测试；1 mL 用作 Cd 同位素分离及测试。碳酸盐岩样品及玄武岩样品则在准确获取 Cd 含量的基础上，通过加入 Cd 的双稀释剂（本实验室采用 ^{111}Cd-^{110}Cd），增强 Cd 同位素测试过程的信号和校正树脂分离过程中的 Cd 同位素分馏。样品的测试在中国科学院地球化学研究所完成。

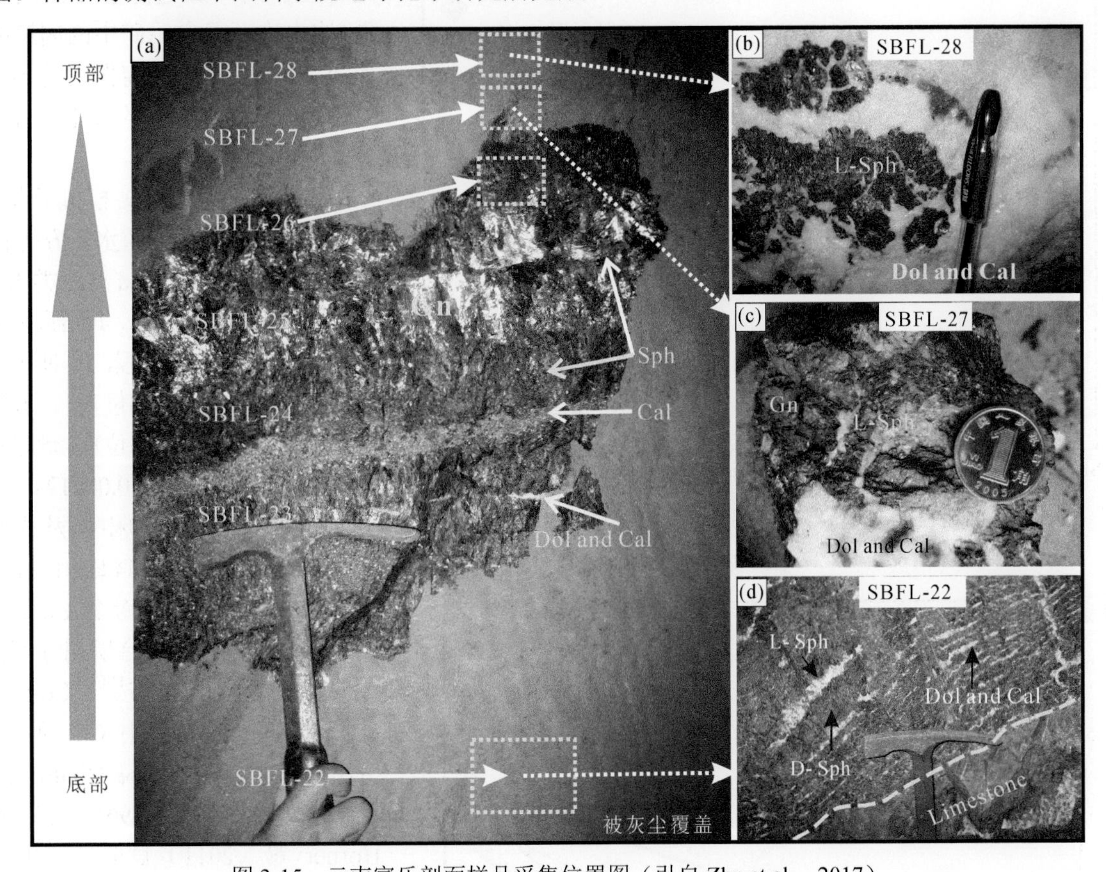

图 3-15　云南富乐剖面样品采集位置图（引自 Zhu et al.，2017）

Gn. 方铅矿；Sph. 闪锌矿；L-Sph. 浅色闪锌矿；D-Sph. 深色闪锌矿；Cal. 方解石；Dol. 白云石；Limestone. 石灰岩

从地球化学结果看，颜色似乎控制着闪锌矿中 Cd 的含量，颜色越深，闪锌矿中 Cd 含量越高，这在富乐和会泽 Pb-Zn 矿床中均有体现。Belissont 等（2014）对法国 Noailhac-Saint-Salvy Pb-Zn 矿床闪锌矿样品中不同颜色的区域进行了原位分析（采用 LA-ICP-MS），其结果表明，深棕色闪锌矿条带的 Cd 含量变化介于 1944×10^{-6} 和 5053×10^{-6} 之间（23 个点），平均值为 3535×10^{-6}；浅棕色闪锌矿条带的 Cd 含量变化介于 1058×10^{-6} 和 8047×10^{-6} 之间（41 个点），平均值为 2938×10^{-6}。可以看出，Cd 在不同颜色闪锌矿区域内的含量变化均较大，但总体而言，Cd 倾向于富集在深色闪锌矿中（虽然在浅色闪锌矿区域出现 Cd 含量的极高值），这与闪锌矿的化学分析的结果一致。方铅矿中不富集 Cd，Cd 含量一般低于 1×10^{-6}，甚至低于 LA-ICP-MS 的检测限，如云南火德红 Pb-Zn 矿床中方铅矿的 Cd 含量低于 0.01×10^{-6}（Hu et al.，2021）。本次挑选的富乐方铅矿中 Cd 含量为 $48\times10^{-6}\sim1136\times10^{-6}$，基于电子探针观察，方铅矿中包裹有微细的闪锌矿颗粒，是导致方铅矿中含 Cd 的最重要原因。

基于镜下及电子探针观察，黑色闪锌矿多分布在闪锌矿颗粒的中部，而浅色（红棕色）闪锌矿多分布在闪锌矿颗粒的边部，因此，黑色闪锌矿形成时间早于浅色闪锌矿。由于富乐 Pb-Zn 矿床中方铅矿与闪锌矿共生，且方铅矿和闪锌矿颗粒之间常见共生边结构（Zhu et al.，2017），因此，方铅矿中包裹的闪锌矿可能形成的时间早于方铅矿及其共生的闪锌矿。通过对富乐 Pb-Zn 矿床 78 号矿体详细的地质及镜下观察，可以确定矿体未发生倒转，矿体底部的闪锌矿比上部闪锌矿更早形成，而 SBFL-22 至 SBFL-28 样品中闪锌矿的特征基本代表了整个矿体从早期至晚期闪锌矿的变化特征。由图 3-16 可见，早期闪锌矿富集 Cd 的轻同位素，而晚期富集 Cd 的重同位素。而方铅矿中亦表现出此规律，由前面对方铅矿中 Cd 赋存形式的讨论可推测，方铅矿中 Cd 同位素的组成代表更早世代闪锌矿中的 Cd 同位素组成，这可以从电子探针的 BSE（backscatter electron image，背散射电子像）图片中观察到的闪锌矿与方铅矿的共边结构得到验证（Zhu et

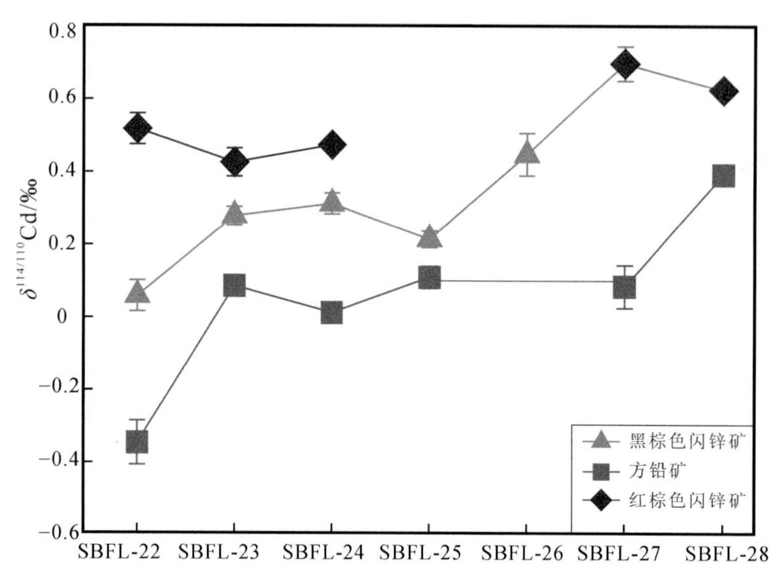

图 3-16　云南富乐 Pb-Zn 矿床不同颜色闪锌矿和方铅矿中 Cd 同位素组成（Wen et al.，2016）

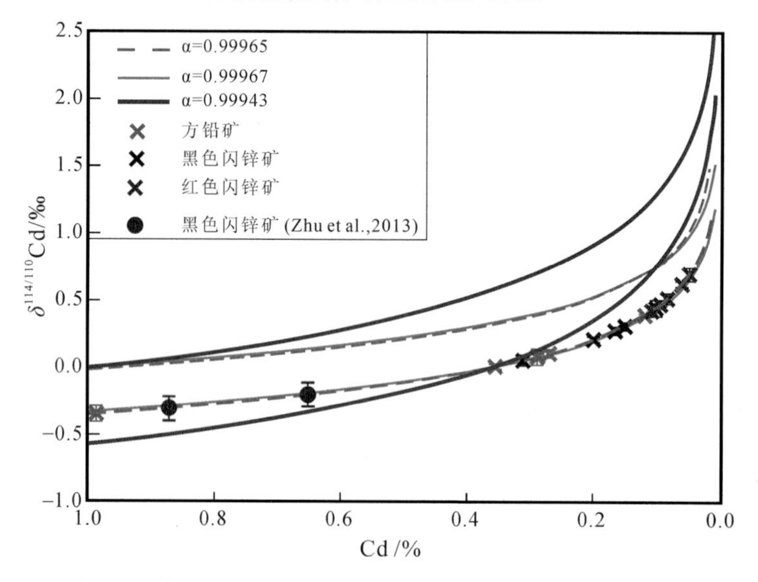

图 3-17　富乐矿床的瑞利分馏模型（相对于标准 Nancy Spex）

al.，2017）。同一矿石样品中，方铅矿比对应的闪锌矿更富集 Cd 的轻同位素，这也佐证了方铅矿中的闪锌矿更早形成。可见，矿物沉淀作用是导致硫化物中 Cd 同位素分馏的最重要原因，其分馏受瑞利分馏控制。

Horner 等（2011）模拟了人工海水中方解石沉淀过程对海水及方解石中 Cd 同位素组成的影响（Cd 可以类质同象取代 Ca 进入方解石中），其结果显示该过程是一个瑞利分馏过程，早期沉淀方解石相对富集 Cd 的轻同位素，而晚期方解石相对富集 Cd 的重同位素，此过程的分馏系数为 α=0.99955±0.00012。

在富乐 Pb-Zn 矿床中，从成矿早期至成矿晚期，早期闪锌矿相对富集 Cd 的轻同位素，晚期相对富集 Cd 的重同位素，其变化规律也符合瑞利分馏模型。我们假定原始流体的$\delta^{114/110}$Cd=0）。已知的最早形成的方铅矿中 Cd 同位素组成为$\delta^{114/110}Cd_{Spex}$=−0.35‰（SBFL-22），瑞利分馏系数 α=0.99965。通过对比 Horner 等（2011）试验计算出的瑞利分馏曲线及我们假定的分馏曲线（图 3-17）可见，所有样品基本处于试验曲线的范围内，且方铅矿、黑棕色闪锌矿和红棕色闪锌矿具有较好的先后顺序，其与地质观察的结果基本吻合，说明 Cd 同位素在矿物沉淀过程中遵循瑞利分馏模型。同时，2 个方铅矿之间缺少相应的样品（SBFL-22 至 SBFL-23，图 3-17），二者之间缺失 Cd 总量至少占整个矿体 Cd 总量的 50%，其可能有 2 个原因：①样品采样的连续性不够；②深部仍有未发现的矿体。考虑到样品已是连续采样，因此，深部仍有未发现的闪锌矿矿体，且其$\delta^{114/110}Cd_{Spex}$值可能介于−0.35‰至 0.09‰之间。

Metz 和 Trefry（2000）对大西洋中 2 个热液区 Juan de Fuca 和 TAG 的高温喷口流体及其对应的硫化物中 Zn 和 Cd 含量的测定发现，2 个热液区的喷口、流体以及玄武岩中 Zn 和 Cd 含量呈现正相关关系，即在 3 个端元中的 Zn/Cd 值相似（硫化物为 327～707），推测 Zn 和 Cd 在流体萃取、运移和沉淀过程中没有发生元素分异。通过对会泽矿区地层剖面的研究发现，地层中具有较低的 Zn/Cd 值（13～367，平均值为 78±91）和较大的 Cd 同位素组成变化（−0.25‰～0.79‰）；玄武岩具有较高的 Zn/Cd 值（756～900，平均值为 804±83）和均一的 Cd 同位素组成（−0.22‰～−0.13‰）。会泽闪锌矿具有相对均一的 Cd 同位素组成，其$\delta^{114/110}$Cd 值为−0.17‰～0.36‰（平均值 0.05‰±0.17‰）。通过前人发表的川滇黔地区的 Cd 同位素数据，包括天宝山（Zhu C W et al.，2016）、大梁子（Xu et al.，2019）、茂租（Xu et al.，2019）、金沙厂（Xu et al.，2019）、富乐（Zhu et al.，2017）、富胜（Xu et al.，2019）、杉树林（Zhu et al.，2013），发现该区域的 Pb-Zn 矿床闪锌矿中 Cd 同位素和 Cd 含量之间存在较好的线性关系（图 3-18），说明这些矿床是由两端元混合形成。

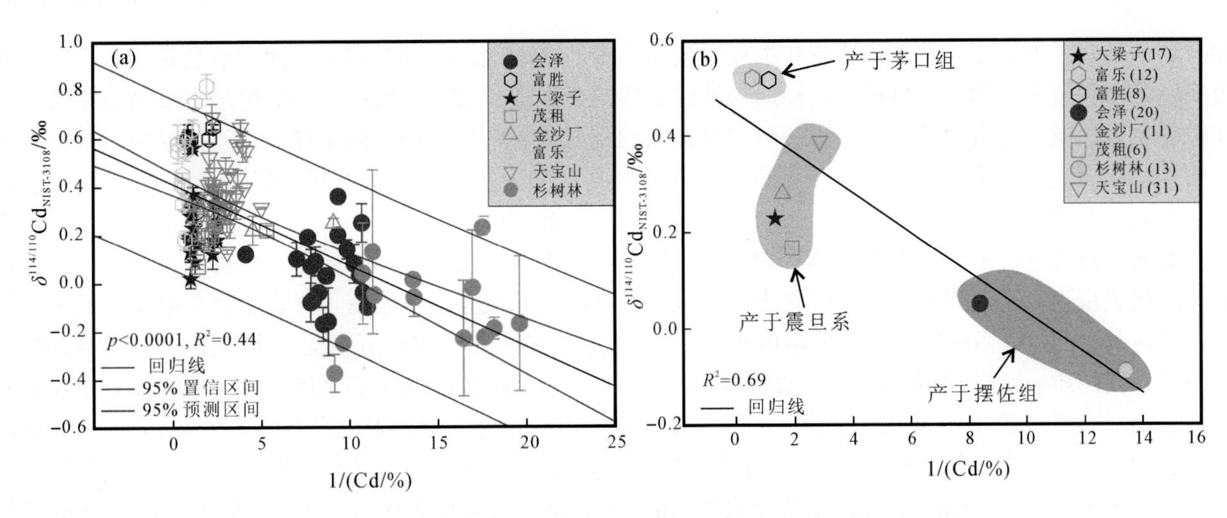

图 3-18　川滇黔不同矿床闪锌矿中 Cd 同位素及 Cd 含量之间的关系

（a）已发表的全部数据投点图；（b）不同矿床平均值投点图

将已发表的数据和地层及玄武岩的投点发现，会泽 Pb-Zn 矿床 Cd 同位素及 Zn/Cd 值落在地层和玄武岩的混合部位，而富乐等矿床完全落在地层范围内，认为该区域 Pb-Zn 矿床主要分为 2 个类型：地层型（Cd 主要来自地层，如云南富乐 Pb-Zn 矿床）和混合型（地层和岩浆岩的混合，如云南会泽 Pb-Zn 矿床）（图 3-19）。

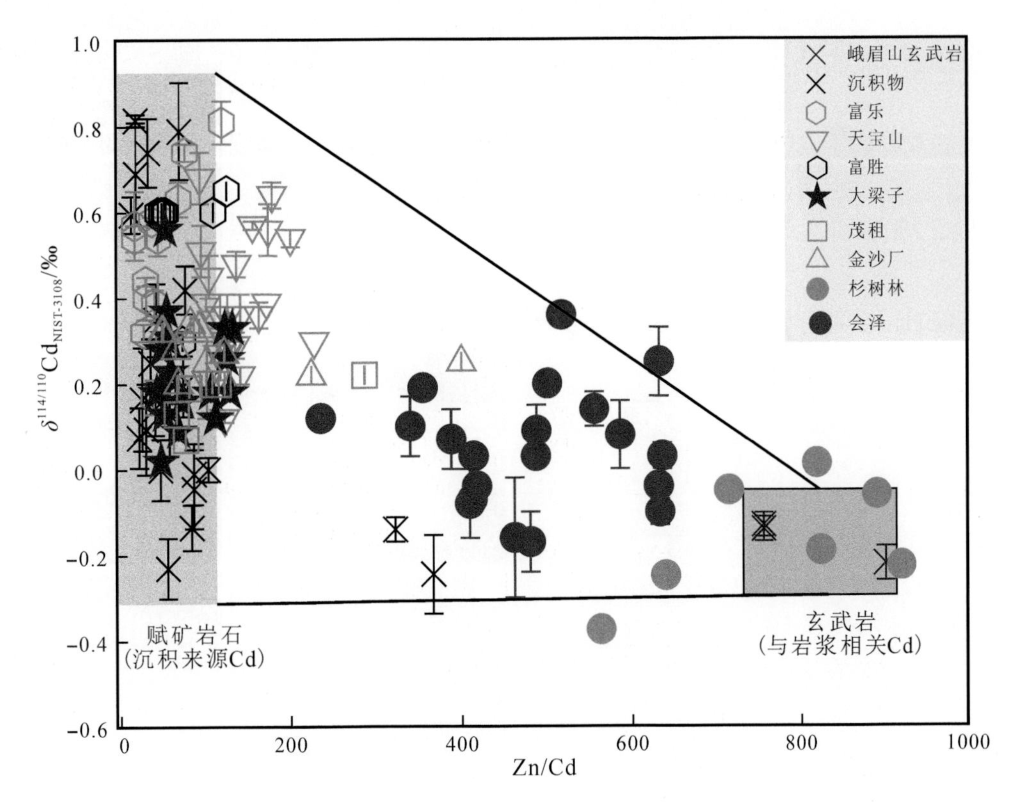

图 3-19　川滇黔不同矿床及地层和玄武岩中 Cd 同位素组成

2. 内蒙古小坝梁 Cu-Au 多金属矿床（VHMS，塞浦路斯型）研究

内蒙古小坝梁 Cu-Au 多金属矿床位于华北板块与西伯利亚板块缝合线——贺根山断裂北侧附近，在二连浩特—东乌珠穆沁旗一带。受西伯利亚板块、华北板块和古亚洲洋之间俯冲和碰撞造山作用的影响，研究区地质构造非常复杂，其中古生代火山-沉积岩分布广泛，而前寒武纪古陆块分布零星（聂凤军等，

2007a）。研究区处于环太平洋构造带和中亚巨型造山带的叠加地段，分布有多条深大断裂带，并产出了各类喷发熔岩和侵入岩体及金属矿床，构成该地区重要的金属成矿带。区域内出露的地层主要是古生代地层和中新生代地层，元古宙地层较少见。晚二叠世西伯利亚板块与华北板块的碰撞作用基本结束，因此，本区的地层单元大体分为两大部分，下部为古生代及其之前的变质侵入体和不同类型的海相火山-沉积岩，而上部为中新生代沉积岩和中酸性火山岩（据聂凤军等，2007b；段明，2009）。古元古界宝音图群是区内主要的元古宙地层，主要岩性为石英岩和云母片岩，局部夹有变质砂岩和碳质千枚岩等，主要产出在西拉木伦河断裂带附近，而锡林浩特一带较少。本区古生界缺失寒武系，仅出露了奥陶系至二叠系，其中二叠系在区内分布广泛，为该地区主体地层单元之一。中生界出露较少，仅在五岔沟一带可见，岩性为凝灰岩、安山岩、安山质-流纹质凝灰岩及凝灰熔岩夹页岩。内蒙古小坝梁 Cu-Au 多金属矿床矿体断续分布在东西长约 2 km，宽约 150 m 的狭长地带内，矿体主要赋存于火山角砾岩及其附近岩石中。原生 Cu 矿体顶板围岩一般为凝灰质泥岩、凝灰质角砾岩，底板围岩一般为凝灰质角砾岩及玄武质角砾岩。地表及浅部为氧化矿，氧化带深度 30～60 m，氧化矿主要是表生 Au 矿体，深部及隐伏矿体为原生 Cu-Au 矿体。本区矿石的矿物成分较简单，共见金属矿物与非金属矿物十几种。原生矿石中金属矿物主要为黄铁矿、黄铜矿，少量闪锌矿等（图 3-20），非金属矿物主要为石英、绿泥石和方解石等。氧化矿石中金属矿物主要有孔雀石、褐铁矿、赤铁矿等，非金属矿物主要为绿泥石、石英和方解石等。

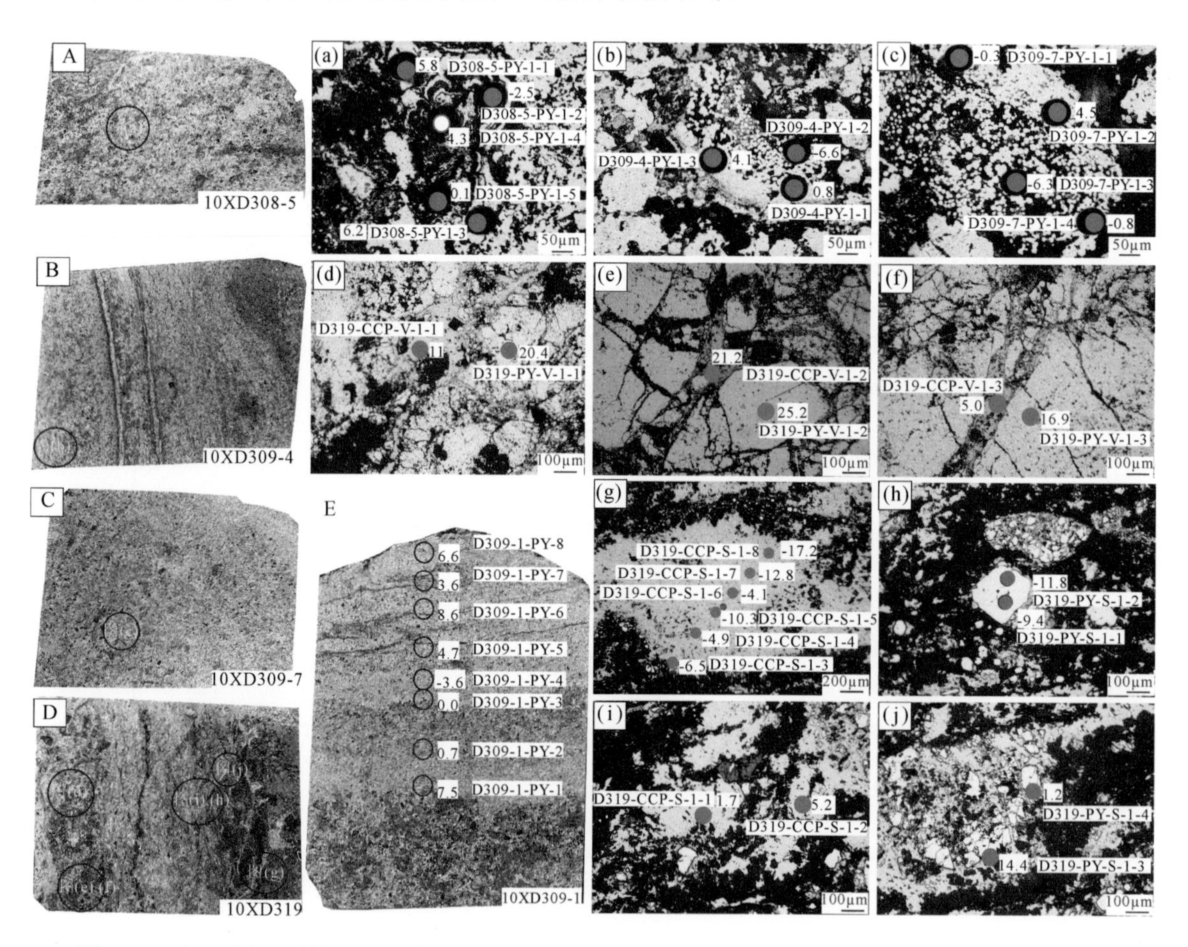

图 3-20　矿石照片及原位 S 同位素分析位置及 S 同位素组成，其中 PY 代表黄铁矿，CCP 代表黄铜矿

通过采集的典型层状和块状矿体进行微钻取样，分析了这些样品中的 Zn 和 Cd 同位素组成，并对部分硫化物样品进行了原位的 S 同位素分析。以上分析均在中国科学院地球化学研究所完成。通过对粉末样品和原位 S 同位素的分析发现，内蒙古小坝梁 Cu-Au 多金属矿床硫化物的 S 同位素组成呈现明显的单峰塔式分布（图 3-21），且具有极大的变化，δ^{34}S 从−21.2‰至+25.2‰（Yang et al.，2022），与西南印度洋现代海

底硫化物（天作热液区）中观察到的 S 同位素组成变化类似（$\delta^{34}S$ 为−23.8‰～14.1‰；Ding et al.，2021）。考虑到矿石中广泛分布的草莓状黄铁矿（图 3-20b、c），说明小坝梁矿床有生物 S 的参与，因此，偏轻的 S 同位素组成说明生物 S 在矿床形成过程中的重要作用。同时，绝大多数样品的 S 同位素组成落在岩浆 S 的范围内（平均值为 0.7‰；*N*=61），说明该矿床的 S 仍以岩浆 S 为主；而正的 S 同位素组成说明与海水中 S 的热还原作用有关。总体而言，小坝梁矿床的 S 同位素分布特征说明了该矿床 S 的主要来源，即生物 S、岩浆 S 和海水 S，不同端元之间的混合是导致 S 同位素呈现明显的单峰塔式分布的原因。

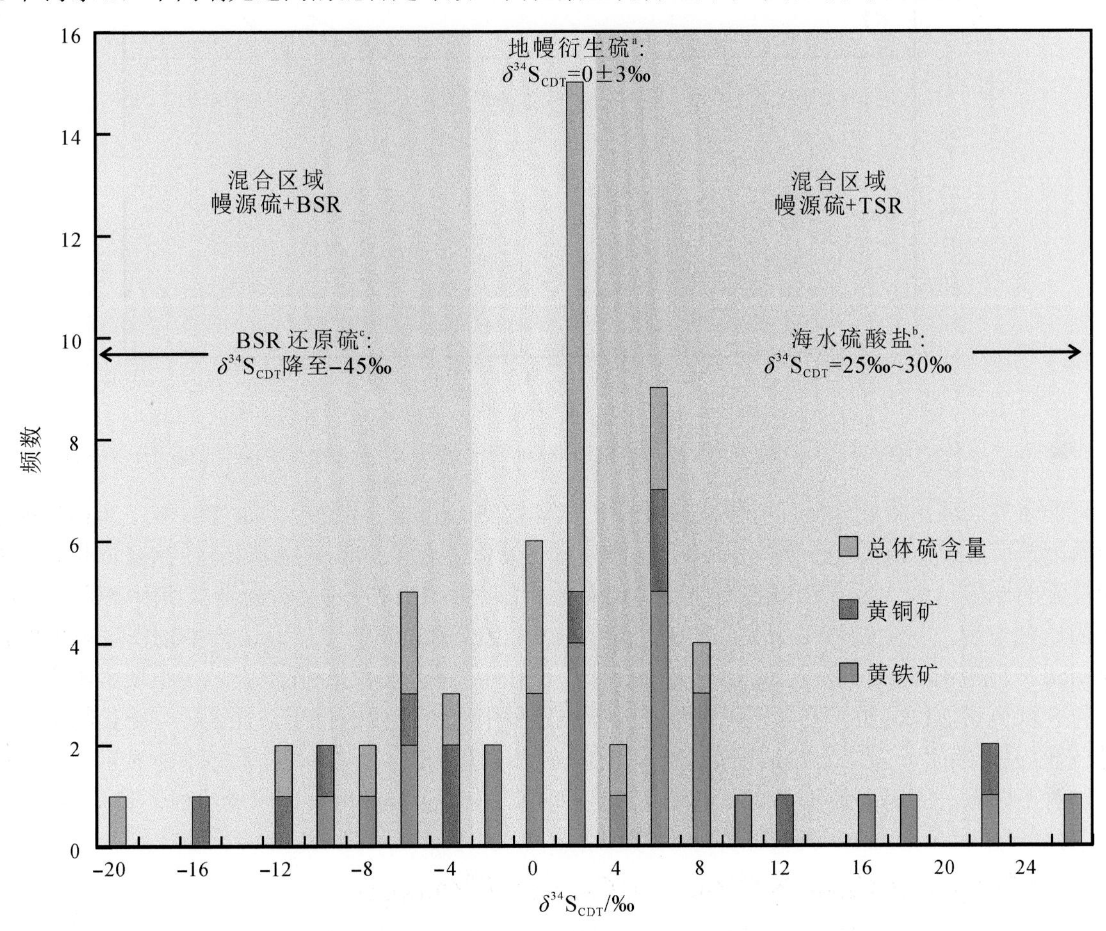

图 3-21 小坝梁矿床硫化物中 S 同位素组成（a：引自 Chaussidon et al.，1989；b：Bernasconi et al.，2017；c：Sim et al.，2011）

硫化物中均富集 Zn 的重同位素，其变化范围为 0.10‰～0.70‰，与东太平洋隆起（East Pacific Rise）区的现代海底硫化物几乎一致（0.02‰～0.60‰；John et al.，2008）。John 等（2008）认为海底硫化物中 Zn 同位素的分馏主要受矿物沉淀作用控制，其分馏大小主要与 Zn 在流体中的存在形式（主要为$[ZnCl_4]^{2-}$）有关（Schauble，2003；Fujii et al.，2011）。因此，小坝梁硫化物中的 Zn 同位素分馏可能与矿物沉淀过程中 Zn 的迁移形式有关。不同于 Zn 同位素，小坝梁矿床硫化物中强烈富集 Cd 的轻同位素（−0.74‰～−0.08‰），这种轻同位素的富集可能与矿物沉淀作用有关，亦可能与生物作用相关。Yang J L 等（2015）通过理论计算获得了不同温度下的 Cd 同位素分馏系数，其中热液在 400 ℃和 150 ℃下，$\Delta^{114/110}Cd_{CdS-溶液}$值为 0.35‰和 0.68‰。Guinoiseau 等（2018）通过实验模拟获得了室温下 CdS 沉淀过程中的 Cd 同位素分馏系数，其在纯水和海水盐度下$\Delta^{114/110}Cd_{CdS-溶液}$值为 0.28‰和 0.52‰。考虑到 Cd 同位素最低值出现在黄铜矿为主的矿石样品中，而这种矿物组合一般是高温环境下的产物（大于 300 ℃），因此，根据分馏系数可以算出矿物沉淀过程中分馏曲线。由于小坝梁矿床是火山岩容矿型硫化物矿床，而目前获得的火山岩样品的 Cd 同位素组成为 0.02‰。通过前人对硫化物沉淀过程中的 Cd 同位素分馏系数的对比（图 3-22）可知，矿物沉淀过程不太可能导致如此轻的 Cd 同位素组成（−0.74‰）。

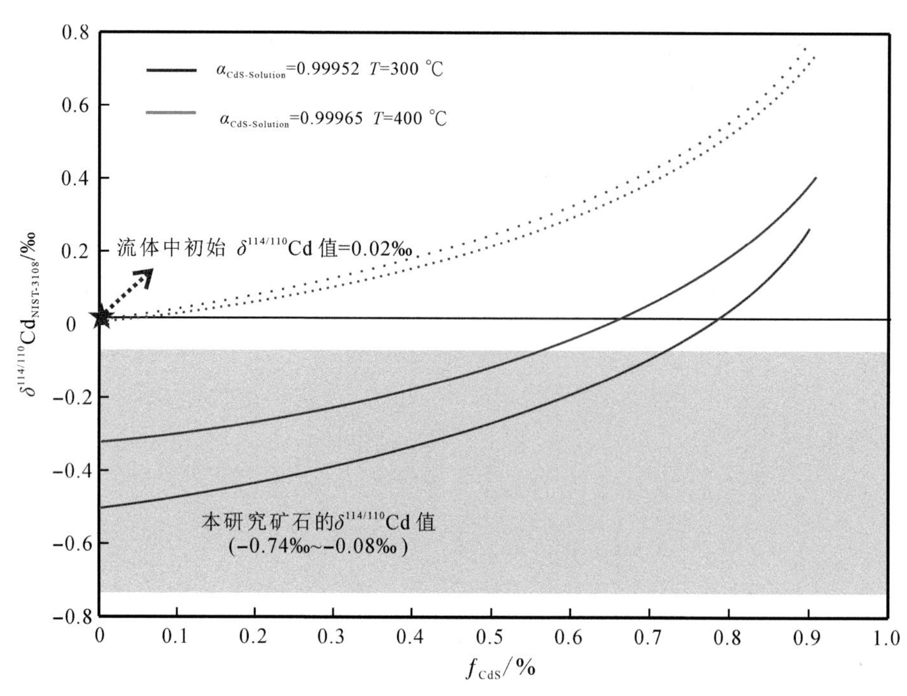

图 3-22　瑞利分馏模型下不同温度下流体及硫化物中 Cd 同位素组成（f_{CdS} 表示流体中 CdS 的沉淀占比）

已有的研究表明，生物作用能导致生成的成矿流体富集 Cd 的轻同位素，如 Zhu 等（2013）报道了贵州牛角塘闪锌矿（最负值为-0.59‰）和云南金顶矿石（最负值为-0.50‰）中富集轻的 Cd 同位素，并认为富轻同位素的原因与这 2 个矿床报道有生物作用有关；Li 等（2019）通过对云南金顶闪锌矿中 Zn 和 Cd 同位素的研究发现，与生物作用相关的矿石富集 Cd 和 Zn 的轻同位素，并认为生物作用产生的羟化物（carboxylate）能吸附 Cd 的重同位素，进而导致成矿流体中富集 Cd 的轻同位素。在小坝梁矿床，基于镜下观察和 S 同位素原位分析，生物作用在该矿床形成过程中有着重要的作用，其是导致硫化物中富集轻的 Cd 同位素原因。然而，为什么 Cd 同位素能显示生物作用的信号，而 Zn 同位素却不能显示生物作用的信号？通过对不同矿石的简单加权平均，可以大致估算出矿石中的 Zn 和 Cd 同位素组成，其 Zn 同位素估算公式见下：

$$\delta^{66}Zn_{\sum Zn-ores}=(C_{sample\text{-}1}\times\delta^{66}Zn_{sample\text{-}1}+C_{sample\text{-}2}\times\delta^{66}Zn_{sample\text{-}2}+\cdots+C_{sample\text{-}n}\times\delta^{66}Zn_{sample\text{-}n})/(C_{sample\text{-}1}+C_{sample\text{-}2}+\cdots+C_{sample\text{-}n}) \quad (3\text{-}2)$$

其中 $C_{sample\text{-}1}$ 为样品 1 中的 Zn 含量，$\delta^{66}Zn_{sample\text{-}1}$ 为样品 1 中的 Zn 同位素组成。计算后得出，矿石中的 Zn 同位素组成为 0.33‰，这与洋中脊玄武岩（MORB）的 Zn 同位素组成一致（0.28‰±0.03‰；Wang Z Z et al., 2017）。考虑到小坝梁的底部岩石主要为玄武质火山岩，其 Zn 主要来自下部围岩。不同于 Zn 同位素，矿石中加权平均后的 Cd 同位素组成为-0.33‰，完全不同于玄武岩中的 Cd 同位素组成（0.02‰±0.03‰；Schmitt et al.，2009；Liu M S et al.，2020），说明有其他 Cd 源的加入。综合原位 S 同位素、矿石结构构造和不同端元中的 Zn 和 Cd 同位素组成，我们提出了小坝梁矿床的成矿模式图（Yang et al.，2022），具体见图 3-23。

第 1 阶段为草莓状黄铁矿阶段：海水中的硫经过生物作用还原，形成富轻 S 同位素的离子并与铁离子结合，形成自形和草莓状黄铁矿。第 2 阶段为黄铜矿-黄铁矿阶段：生物作用导致流体富集硫、Zn 和 Cd 的轻同位素并随着同岩浆断裂（synvolcanic faults）作用下渗形成流体Ⅰ；在热源作用下（可能因底部岩浆房或者构造作用导致），海水和岩浆岩发生水岩反应，形成流体Ⅱ。2 股流体混合后沿断层上移并伴随硫化物的沉淀，同时，矿液上涌导致海水温度的升高，导致海底生物作用减弱并消失。由于玄武岩中超低的 Cd 含量，流体Ⅰ能改变流体Ⅱ中 Cd 同位素组成，但玄武岩中相对高的 Zn 含量，导致流体Ⅰ几乎不能改变流体Ⅱ中 Zn 同位素组成，进而导致硫化物中 Zn 和 Cd 同位素特征的“解耦”。第 3 阶段为脉状黄铜矿阶段：随着热液系统的放热作用，海水中的硫酸盐发生热还原并进入到循环系统并与富 Cu 的流体混合，在硫化物的构造裂隙中沉淀，最终形成了小坝梁 Cu-Au 矿床。

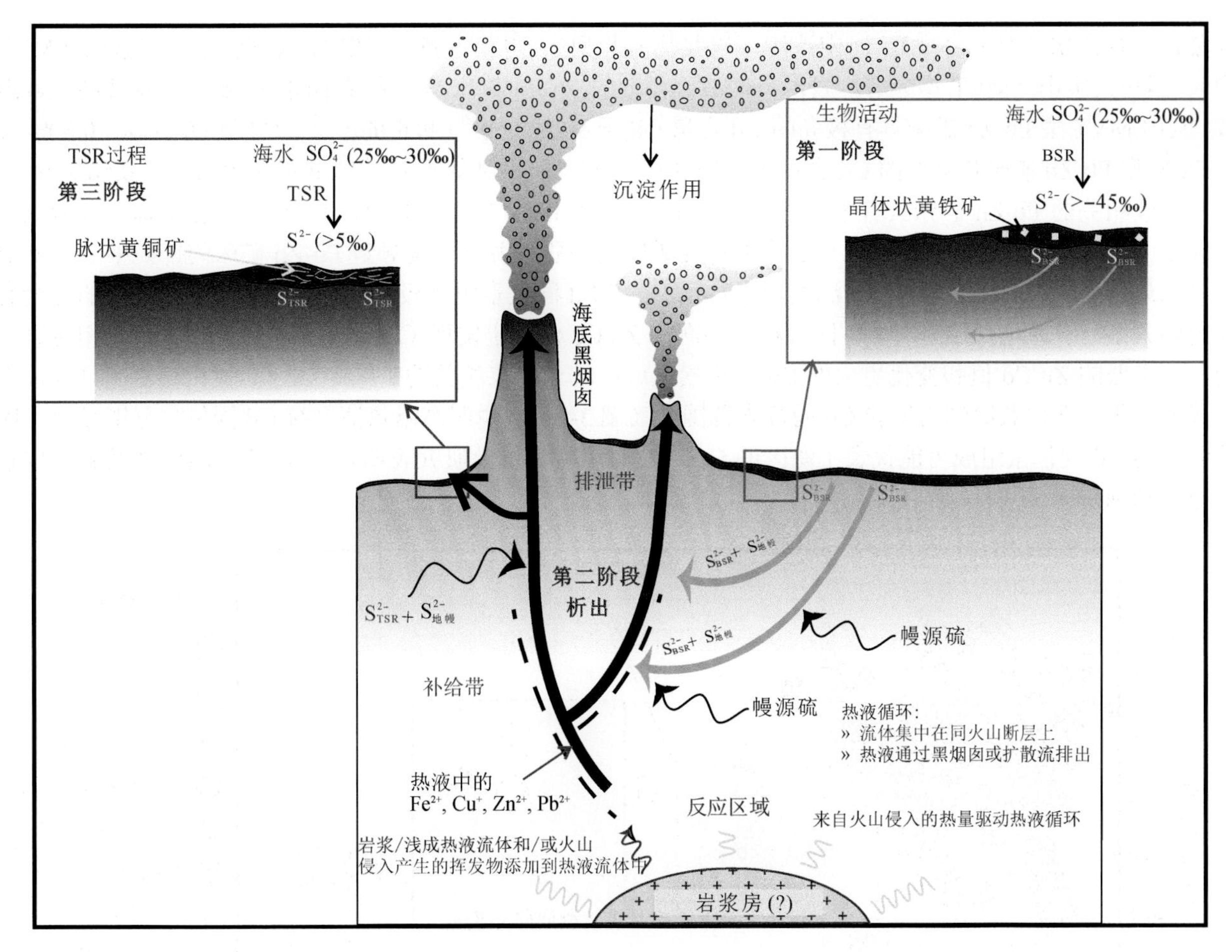

图 3-23　小坝梁矿床的成矿模式图

3. 不同类型热液系统中 Cd 同位素特征及其意义

Schwartz（2000）统计了全球 480 个矿床闪锌矿中的 Cd 含量，发现不同类型 Pb-Zn 矿床中的 Cd 含量存在一定的差别：与海相火山有关的（volcanic-associated exhalative；共统计 87 个矿床）和沉积岩容矿有关的（sediment-hosted exhalative；共统计 19 个矿床）喷流沉积型矿床具有较低的 Cd 含量，平均值分别为 2360×10^{-6} 和 2560×10^{-6}；碳酸盐岩容矿型脉状矿床（部分可划分到 MVT 型矿床中）具有最高的 Cd 含量，其为 7260×10^{-6}；而 MVT 型具有中等的 Cd 含量，为 4850×10^{-6}；夕卡岩型和低碳酸盐岩容矿型脉状矿床具有中等的 Cd 含量，分别为 3540×10^{-6} 和 4100×10^{-6}。尽管不同文献对矿床类型划分存在一定差别，但整体而言，碳酸盐岩容矿型矿床具有最高的 Cd 含量；与花岗岩相关的矿床具有中等的 Cd 含量；与海相火山（多为基性和超基性岩）相关的矿床具有最低的 Cd 含量。Schwartz（2000）认为成矿流体的 4 个特性是决定闪锌矿中 Cd 含量的重要原因：①成矿流体中还原硫的活性越高（如喷流型矿床；exhalative deposits），闪锌矿中 Cd 含量越低，而还原硫的活性低的矿床（如 MVT 型），闪锌矿中 Cd 含量高；②流体酸度越高会降低 HS^-的活性导致闪锌矿中 Cd 含量升高；③流体温度越高，所形成的闪锌矿中 Cd 含量越高；④流体 Zn/Cd 值越高，闪锌矿中 Cd 含量越高。笔者最近对闪锌矿的合成发现，流体中的 Zn/Cd 值是控制闪锌矿中 Cd 含量的最重要原因，未发现温度等对闪锌矿中的 Cd 含量有影响。

由于闪锌矿是 Pb-Zn 矿床中最重要的含 Cd 硫化物（黄铁矿和方铅矿等不含 Cd 或极微量的 Cd）且闪锌矿中多含有其他硫化物，较难获得完全纯净的闪锌矿样品，因此，不同类型矿床闪锌矿中 Cd 的绝对含量的直接对比存在局限。考虑到 Cd 在 Pb-Zn 矿床中的赋存矿物，对比不同类型矿床闪锌矿中的 Zn/Cd 值更有意义。Wen 等（2016）对我国不同 Pb-Zn 矿床类型（MVT 型、SEDEX 型和岩浆热液型等）共 9 个矿床闪锌矿中 Cd 及其同位素进行测定和总结，这些矿床包括贵州大硐喇（MVT 型）、四川呷村（VMS 型）、内蒙古白音诺尔（夕卡岩型）、河南沙沟（岩浆热液脉型）、内蒙古狼山（SEDEX 型）、云南富乐（MVT 型）、四川天宝山（MVT 型）等，发现不同成因类型的 Pb-Zn 矿床具有明显不同的 Cd 含量及其同位素组成，其中 MVT 型 Pb-Zn 矿床具有极高的 Cd 含量（高于 5000×10^{-6}）和正的 $\delta^{114/110}$Cd 值（0.11‰～0.80‰）；SEDEX 型 Pb-Zn 矿床具有低的 Cd 含量（100×10^{-6} 左右）和相对负的 $\delta^{114/110}$Cd 值（−0.28‰～0.56‰）；与岩浆热液相关的 Pb-Zn 矿床具有中等的 Cd 含量（1500×10^{-6} 左右）和较小的 Cd 同位素分馏（−0.04‰～0.26‰）（图 3-24）。结合最近的工作认为 Pb-Zn 矿床的物质来源差异是导致 Pb-Zn 矿床闪锌矿中 Zn/Cd 值差异的最重要原因，理由如下：①沉积岩中 Cd 含量和 Cd 同位素组成极不稳定，这与沉积岩形成的环境有着密切关系，但通过对云南会泽矿区沉积岩剖面的 Zn/Cd 值测定发现（Zhu et al.，2021），沉积岩相对岩浆岩具有更低的 Zn/Cd 值和变化更大的 Cd 同位素组成；②和岩浆相关的矿床中 Zn/Cd 值相对更高且同位素组成相对集中在已获取的岩浆岩 Cd 同位素范围内（图 3-24），说明高温热液系统 Cd 同位素分馏较小且闪锌矿中的 Cd 同位素组成可能代表了源区的 Cd 同位素组成。以上研究表明，Pb-Zn 矿床中 Cd 及其同位素可作为判别矿床成因和示踪 Pb-Zn 矿床物质来源的重要指标。

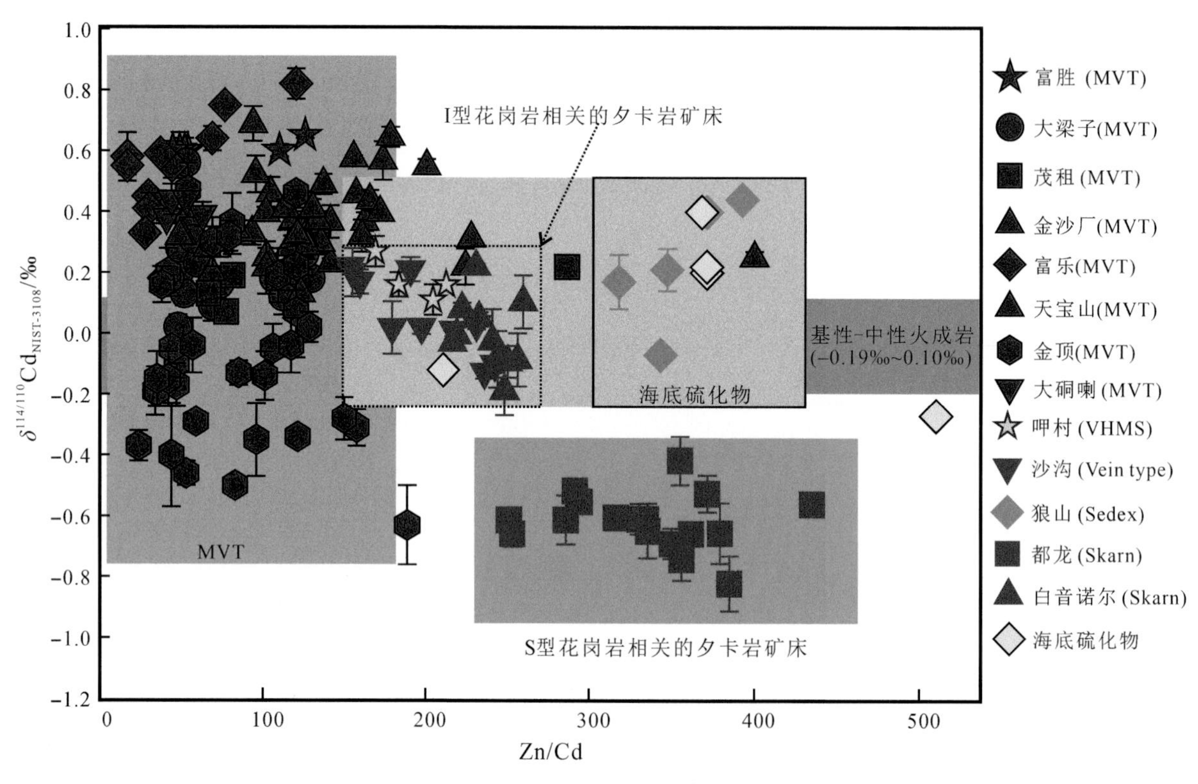

图 3-24　不同类型矿床中 Zn/Cd 值和 Cd 同位素组成（统计数据见 Zhu et al.，2021）

3.2.4　Cd 同位素在矿床学研究中存在的问题和展望

作为新兴的同位素示踪体系，尽管 Cd 同位素在矿床学中的研究取得了一定的认识，但理论性的研究仍相对缺乏，导致 Cd 同位素在矿床学研究中仍存在较大局限，亟待同行的交流和共同努力，争取尽快将 Cd 同位素发展成为矿床学研究的新工具和新手段。总结起来，Cd 同位素在矿床学研究中亟待解决的科学问题包括：①水岩反应过程中 Cd 及其同位素地球化学行为，如水岩反应过程中 Zn 和 Cd 的分配规律及 Cd 同位素变化如何？②闪锌矿沉淀过程中 Zn 和 Cd 的分配规律及 Cd 同位素的分馏系数？③Cd 同位素原位分析技术的开发和应用。了解“源”—“运”—“聚”过程中 Cd 及其同位素的地球化学行为，才能更好地将 Cd 同位素应用到成矿过程和物质来源的示踪。

3.3　Ge 同位素地球化学

3.3.1　自然界 Ge 同位素的储库特征及分馏机理

Ge 共有 5 个同位素，分别为 ^{70}Ge、^{72}Ge、^{73}Ge、^{74}Ge 和 ^{76}Ge，它们的丰度分别为 21.2%、27.7%、7.7%、35.9%、7.5%（Green et al.，1986；Rosman and Taylor，1998；Chang et al.，1999）。Ge 同位素的分馏研究最早可追溯到 20 世纪 60 年代，Brown 和 Krouse（1964）研究了化学反应过程中 Ge 同位素不同化合物之间的分馏。由于测试精度的原因，此后 30 年期间 Ge 同位素研究极少。Xue 等（1997）利用四级杆质谱仪测定了 Canyon Diabolo 铁陨石氧化边中 Ge 同位素变化，但该技术测定 Ge 同位素比值误差仍较大（约 0.3‰；1σ）。随着质谱技术和分离提纯技术的发展，此后获得的 Ge 同位素数据均采用 TIMS 或 MC-ICP-MS 完成，其能准确获得地外及地球样品中 Ge 同位素丰度之间的微细变化且误差较小，如 Rouxel 等（2006）通过对标准的重复测试（84 次）获得$\delta^{74/70}$Ge 的误差在 0.14‰（2SD），这为 Ge 同位素应用于地质学研究提供了坚实基础。已有的研究表明，Ge 同位素的分馏主要与矿物沉淀、无机吸附、生物以及蒸发冷凝等作用有关。Li 等（2009）通过理论计算获得了硅酸盐矿物（如石英、钾长石、橄榄石和钠长石）和含水锗类型（aqueous Ge species）之间的简化配分函数比（reduced partition function ratio），并发现简化配分函数比与 Ge－O 键长度之间呈现负相关关系，并认为平衡条件下，有橄榄石的流体应该比固体更富集 Ge 的重同位素，而有钠长石、钾长石和石英的流体比固体更富集轻同位素。这结论可解释：①蛇纹石为什么比基性和超基性岩具有更重的 Ge 同位素组成（Luais，2012）；②造岩矿物（如石英-长石）和流体之间的 Ge 同位素分配机制可能导致流体更富集轻同位素。同时，Li 等（2009）计算了具有类似闪锌矿结构的含 Ge 硫化物与流体之间的分馏系数，其$\Delta^{74/70}\mathrm{Ge}_{\mathrm{fluid\text{-}sulfide}}$（25 ℃）为 11.5‰～12.2‰［Ge(Ⅱ)］和 11.4‰［Ge(Ⅳ)］，说明硫化物相对母液更富集 Ge 的轻同位素。Li 和 Liu（2010）采用理论计算来模拟了 Ge 被吸附进入铁的氧化物的过程，其可造成 1.7‰的 Ge 同位素分馏（轻同位素优先吸附在铁的氧化表面）。由于针铁矿是风化过程的主要产物，因此，Ge 及其同位素可以用来反演大陆风化作用（Galy et al.，2002）。此外，Rouxel 等（2006）发现同一海域的蛋白石之间 Ge 同位素分馏可达 0.6‰，有力地证明生物作用会导致 Ge 的同位素分馏，而这也得到了理论计算的佐证。由于 Ge 和 Si 具有相似的地球化学性质，地热温泉流体中 Si 的沉淀也会导致 Ge 的动力学分馏（Siebert et al.，2006）。在岩浆成因的铁陨石中，Ge 含量的变化较大（36×10^{-6}～189×10^{-6}），但 Ge 同位素的组成相对均一（2.09‰±0.22‰）。而对于非岩浆成因的 IAB 型铁陨石，蒸发或者冷凝作用会导致其 Ge 同位素的分馏，结晶分异、部分熔融过程均不会导致 Ge 的同位素分馏（Luais，2007）。另外，Luais（2012）通过对硅酸盐标样及铁陨石中 Ge 同位素的研究发现，硅酸盐熔体的聚合、高温高压下的扩散和同位素交换等作用均会导致 Ge 同位素分馏，而其原因可能与地球深部的氧逸度、Ge 的配位数等有关。Pokrovsky 等（2014）通过模拟针铁矿吸附和共沉淀锗的过程，获得了该过程中 Ge 同位素分馏系数，在不考虑 pH、针铁矿表明 Ge 的吸附量或时间的情况下，$\Delta^{74/70}\mathrm{Ge}_{溶液-固体}$=1.7‰±0.1‰；如果针铁矿中 Ge/Fe 值发生变化，Ge 同位素分馏系数亦改变，这与 GeO_4 的扭曲四面体和 Ge—O—Fe 键在水溶液和针铁矿表面差异有关；相对于吸附过程，共沉淀过程会导致 Ge 的轻同位素更强烈富集在针铁矿中，这与 Ge—O 键长和配位数在针铁矿中比在水溶液更长和更多有关。Guillermic 等（2017）研究了海水和深海海绵中的 Ge 同位素组成，并获得了海绵吸收 Ge 过程中的分馏系数$\Delta^{74/70}\mathrm{Ge}_{海绵-海水}$为−0.87‰±0.37‰。El Korh 等（2017）利用 Ge 同位素示踪俯冲带的物质循环，并认为俯冲沉积物可能是导致 Ge 元素和同位素在云母片岩中不均一的主要原因。和 Cd 同位素行为类似（Zhang Y X et al.，2016；Zhu et al.，2018b），Qi 等（2019）研究了海南文昌的玄武岩风化剖面，认为风化过程会导致 Ge 的轻同位素富集在风化残留物中，导致 Ge 的重同位素富集进入水体中，这可能解释了现代河流和海洋富集 Ge 的重同位素的原因。同时，Qi 等（2019）估算了风化过程中的 Ge 同位素的平衡分馏系数，其$\Delta^{74/70}\mathrm{Ge}_{\mathrm{solid\text{-}dissolved}}$为−1.38‰±0.28‰。Florin 等（2020）

研究了普通球粒陨石中的 Ge 同位素组成，发现 Ge 同位素与$\Delta^{17}O$ 等参数之间存在明显的正相关关系，并认为 Ge 同位素可以示踪陨石增生过程中的氧化过程。

3.3.2 Ge 同位素分离及测试方法

样品的化学前处理是非传统同位素测试的基础，其目的是剔除样品中目标元素的同质异位素以及其他基质元素，同时，保证目标元素的回收率（一般要求目标元素的回收率在 95%以上）。表 3-5 列出了 Ge 的各同位素在地壳中的相对丰度、同质异位素和可能的离子团的干扰。由表 3-5 可见，要测定样品中的 Ge 同位素组成，需剔除样品中的 Se、Zn、Fe、Ni 等元素。

表 3-5 Ge 同位素丰度及质谱分析过程中可能的同质异位素和离子团干扰

质量数	Ge 同位素与同质异位素丰度/%			离子团
	Ge	Se	Zn	
70	20.55		0.62	$^{54}Fe^{16}O$ 等
72	27.37			$^{56}Fe^{16}O$ 等
73	7.67			$^{56}Fe^{16}O^{1}H$ 等
74	36.74	0.87		$^{57}Fe^{16}O^{1}H$，$^{58}Ni^{16}O$ 等
76	7.67	9.02		$^{60}Ni^{16}O$ 等

1. 样品的消解

由于 Ge 和卤族元素易生成挥发性气体（Chapman et al.，1949），样品溶解过程中需尽量避免卤族酸的使用，特别是严禁 HCl 和 $HClO_3$ 的使用（GeCl 沸点仅 83 ℃）。同时，样品的整个溶解过程中，样品的加热温度一般都应低于 70 ℃。对于 Si 含量高的样品，Siebert 等（2006）利用碱熔法和 HF 溶解法消解硅藻土标样发现，2 种方法溶解的样品对 Ge 同位素的组成无明显影响。在氢氟酸介质中，甘露醇可以抑制 B 的挥发（Ishikawa and Nakamura，1990），因此，Luais（2012）认为在硝酸和氢氟酸介质中甘露醇亦可抑制 GeF_4 的挥发，其用大陆玄武岩标样设计了相应的条件实验以研究 HF 在硅酸盐标样溶解过程对 Ge 含量的影响，实验结果表明，在一定温度下（一般低于 300 ℃），氢氟酸的使用不会生成 GeF_4 而导致 Ge 的丢失（Kwasnik，1963），从而不会对样品溶解过程中 Ge 的含量产生影响。对于煤矿样品，Qi 等（2011）对比了 2 种不同的消解方法，一种是利用纯硝酸溶解，而另一种将样品在马弗炉中灰化（600 ℃，24 h），2 种方法测得的 Ge 含量基本一致，说明灰化不会导致 Ge 的丢失。

2. 样品的化学分离和提纯

Hirata（1997）利用 CCl_4 法提取锗石和陨石样品中的 Ge。样品经过亚沸硝酸溶解后，利用亚沸盐酸和 CCl_4 将样品中的 Ge 萃取，样品经过滤后，利用去离子水解吸 CCl_4 中的 Ge。此方法中，样品中 Ge 的回收率可以达 95%以上。然而，由于 $GeCl_4$ 的沸点较低（83 ℃），提取 Ge 的过程不仅操作复杂且其中不可避免地有 Ge 的挥发，因此，此方法基本不被采用。目前，Ge 同位素的化学纯化方法基本均采用阴离子交换树脂单柱法（Xue et al.，1997；Qi et al.，2011；Green et al.，1986）和阴阳离子交换树脂双柱法（Luais，2012；Rouxel et al.，2006），其中阴离子交换树脂基本均采用美国 Bio-rad 公司的 AG1-X8 型树脂，阳离子树脂亦采用美国 Bio-rad 公司 AG50W-X8 型树脂。不同地质样品中 Ge 及基质元素的含量差别较大，因此，Escoube 等（2012）和 Luais（2012）推荐，不同的地质样品需采用不同的化学纯化方法。一般而言，陨石和硫化物样品仅用阴离子交换树脂单柱法即可满足 Ge 同位素的预处理要求，而硅酸盐样品则需采用阴阳离子交换树脂双柱法，其原因主要是 Ge 在硅酸盐样品中含量较低（约 1×10^{-6}）。低 Ge 的硅酸盐样品必须增加样品的称样量从而满足 Ge 同位素测试的总量要求，但这导致硅酸盐样品在溶解后，大量的基质元素（如 Ti、Fe、K、Al 等）残留在待分离的样品中。同时，为了尽量减少硅酸盐样品经阴离子交换树脂处理后基质元素的含量，一般会降低阴离子交换树脂洗脱酸的浓度，但是会导致阴离子无法有效地将 Ge、Fe、Zn、Ti 等分离，因此，需采用阳离子树脂进一步分离和纯化 Ge（Rouxel et al.，2006；Luais，2012）。而对于硫化物样品，朱传威等（2014a，2014b）详细考察了闪锌矿中 Ge 同位素的化学纯化方法，其条件实验表明，阴离子交换树脂单柱法无法完全剔除闪锌矿样品中的 Zn 等元素，因此，需采用阴阳离子交换树脂双柱法作为闪锌矿样品中 Ge 同位素的化学分离和纯化方法。由于 Rouxel 等（2006）报道的方法对大多数地质样品有效，本书以该文章中的方法为例，详细介绍 Ge 的化学分离和提纯（表 3-6）。

（1）样品经过溶解后用 1 mol/L 氢氟酸定容，取 1.8 mL AG1-X8 树脂装入树脂柱，用 1 mol/L 氢氟酸清洗树脂柱，然后用 1.4 mol/L 硝酸和去离子水清洗（目的是去除树脂中可能残留的 Ge），再用 1 mol/L 氢氟酸清洗树脂柱并上样。需要指出的是，Ge 在 1 mol/L 氢氟酸中以$(GeF_6)^{2-}$形式存在。

（2）上样后用 5 mL 1 mol/L 的氢氟酸和 2 mL 去离子水分别清洗树脂柱来去除基质，后用 6 mL 1.4 mol/L 硝酸清洗并收集 Ge，此步骤主要去除 Fe、Si 和 Zn，但仍残留有 As、Al 和 Ti 等。

（3）经 AG1-X8 树脂分离后的样品需再次蒸干，定容至 0.14 mol/L 硝酸，然后用 2 mL AG50-X8 树脂进行再次分离，并用 3 mL 0.14 mol/L 硝酸洗脱树脂并收集 Ge，该步骤主要剔除 Al、Ti 和残留的 Zn。

表 3-6　Ge 化学分离和提纯方法（单位：mL）

实验流程	Rouxel et al.，2006	朱传威等，2014b	备注
阴离子树脂	1.8	1.8	
1.4 mol/L 硝酸	—	10	洗涤
超纯水	—	4	洗涤
1 mol/L 氢氟酸	—	10	平衡
引入样品量	—	2	
1 mol/L 氢氟酸	5	5	洗涤
超纯水	2	2	洗涤
1.4 mol/L 硝酸	6	10	收集
阳离子树脂	2	2	
0.14 mol/L 硝酸	—	10	平衡
样品	1.5	2	收集
0.14 mol/L 硝酸	3	4	收集

注：“—”表示文献中未给出具体洗脱体积。

由于 Ge 是一个可氢化的元素，如果采用氢化物发生器（hydride generation，HG）联用 MC-ICP-MS，多数样品仅需要到第 2 步即可完成 Ge 的纯化（即不需要阳离子树脂的再次提纯）。因为 As、Al、Ti 和残留的 Zn 等不会发生氢化反应，因此，这些元素不会随着 Ge 的氢化物进入质谱仪。对于海水样品的纯化，一般采用吸附等手段将 Ge 从海水中沉淀下来，如 Guillermic 等（2017）利用铁的氢氧化物将 Ge 从海水中沉淀并利用树脂进行分离达到提纯 Ge 的目的。然而，该沉淀方法 Ge 的回收率较低（约 70%），因此，Guillermic 等（2017）推荐沉淀前样品中加入 Ge 的双稀释剂，校正该过程的 Ge 同位素分馏。

3. Ge 同位素质谱测定

Reynolds（1953）利用气源质谱仪测定样品中的 Ge 同位素组成，其精度为 1%，而 TIMS 测定的精度为 0.2%～0.5%（Shima，1963），Green 等（1986）将其测试精度提高到 0.1%。至 20 世纪 90 年代，在 Ge 的人工试剂和地球矿物样品中均未发现较明显 Ge 的同位素分馏，说明 Ge 同位素的分馏应该小于 0.1%。由于 TIMS 在测定 Ge 同位素的过程中造成的质量歧视较难校正，因此，一般采用 MC-ICP-MS 测定，其能提供稳定的 Ge 离子束（ion beams），且多接收技术（multiple ion collection technique）能有效地提高 Ge 同位素的精度（Hirata，1997）。Galy 等（2002）利用 MC-ICP-MS 测定 Ge 浓度标样中的同位素组成，在 8 个月期间获得的外部精度为 0.12‰（2SD）；Rouxel 等（2006）利用 MC-ICP-MS 测得样品中 Ge 仅为 15 ng 的情况下获得的长期外部精度优于 0.2‰（2SD）；Luais（2007）利用 MC-ICP-MS 测得样品外部精度为 0.06‰（amu）；Escoube 等（2012）利用 MC-ICP-MS 测得各类 Ge 标样，其精度均在 0.1‰（2SD）左右。以上工作表明，大部分地质样品中的 Ge 同位素组成的测定基本均可实现。

一般地，测试 Ge 同位素的 MC-ICP-MS 一般都会配备“在线氢化物发生器”或“膜去溶系统”或“碰撞池”，具体的设备配置和 MC-ICP-MS 的仪器型号等因素有关系。其中，“在线氢化物发生器”不仅可以增加仪器的灵敏度（原理同 Se 同位素，见温汉捷等，2008），还可以减少基质元素和同质异位素对 Ge 的干扰（Rouxel et al.，2006），其对 Ge 的氢化效率可达 100%（Escoube et al.，2012）。“膜去溶系统”不仅提高仪器的灵敏度，还可以极大地减少 H_2O 的加入，进而减少 $^{54}Fe^{16}O$ 等含氧、含氢离子团的生成（表 3-5）。“碰撞池”则可以大大减少氩的分子离子对测试的干扰（温汉捷等，2008）。

目前，仪器造成的质量歧视一般采用 3 种方法校正：①标准-样品匹配法（sample-standard bracketing，SSB），其原理是通过将样品与标样配制成相近浓度的溶液，假定仪器在某时间段内对标样和样品中 Ge 的质量歧视相近或者相同从而校正仪器对 Ge 的质量歧视；②外标法，其原理是通过在样品中加入一定量的同位素比值已知的 Ga 内标（^{71}Ga 和 ^{69}Ga），由于 Ge 和 Ga 的同位素具有相近的质量且 Ga 同位素对 Ge 同位素无干扰，通过 Ga 同位素的实测比值和真实比值反算仪器的分馏系数，进而通过分馏系数校正仪器实测的 Ge 同位素比值达到对 Ge 同位素质量歧视校正的目的（Hirata，1997；Luais，2012）；③双稀释剂法，其原理和外标法相似，通过在样品中加入一定量的同位素比值已知的 Ge 同位素双稀释剂（一般选用 ^{73}Ge 和 ^{70}Ge；Guillermic et al.，2017），经过仪器实测的同位素比值以及已知的同位素比值进而通过迭代法计算出样品中的 Ge 同位素，详细原理及计算方法可参考 Mo 同位素的双稀释剂测定技术（李津等，2011）。

Ge 的国际同位素标准是统一国际 Ge 同位素测量工作的基准物质，是保证国际上 Ge 同位素数据进行对比的依据。因此，在 Ge 同位素的测试过程中，一个关键的工作是确定 Ge 同位素的标准。目前国际上还没有统一的 Ge 同位素标准，文献中所采用的 Ge 同位素标准有 Aristar、JMC、Spex、Aldrich 和 NIST SRM 3120a，其中 NIST SRM 3120a 采用较多并可能成为一个潜在的同位素标准，但其同位素标定工作仍相对较少。

由于目前没有统一的 Ge 同位素国际标样，我们采用 Escoube 等（2012）推荐的 NIST SRM 3120a 标准溶液作为同位素参考标准（本章所有引用数据均已换算成 NIST SRM 3120a 标准）。Ge 的同位素组成采用 δ 值表示：

$$\delta^{74/70}\mathrm{Ge}/‰=\left({}^{74/70}\mathrm{Ge}_{\text{样品}}/{}^{74/70}\mathrm{Ge}_{\text{标准}}-1\right)\times 1000$$

表 3-7 为不同 Ge 同位素标准的标定结果，由伍兹霍尔海洋研究所（WHOI）、法国海洋开发研究院（IFREMER）、法国岩石学和地球化学研究中心（CRPG）和法国波城生物无机分析化学实验室（LCABIE）等实验室的联合标定，采用的进样系统为旋流雾室法和氢化物发生器法，质量歧视校正方法包括 SSB 法、Ga 同位素外标法和双稀释剂法。

表 3-7 不同 Ge 同位素标准之间的换算 （单位：‰）

实验室标准	$\delta^{74/70}$Ge	2SD	$\delta^{73/70}$Ge	2SD	$\delta^{72/70}$Ge	2SD
NIST SRM 3120a	0	0	0	0	0	0
Aristar	−0.64	0.18	−0.54	0.18	−0.38	0.26
JMC	−0.32	0.1	−0.23	0.12	−0.16	0.07
Spex	−0.71	0.21	−0.56	0.15	−0.37	0.16
Aldrich	−2.01	0.23	−1.54	0.17	−1.03	0.12

数据来源：Escoube et al.，2012。

3.3.3 Ge 同位素在 Pb-Zn 矿床中的应用

目前 Ge 同位素在 Pb-Zn 矿床中的研究较少，仅有 3 篇文献的相关报道。Belissont 等（2014）在结合原位微量和原位 S 同位素基础上对法国 Noailhac-Saint-Salvy 矿床 7 个闪锌矿进行了 Ge 同位素测定，发现闪锌矿中 $\delta^{74/70}$Ge 值由−2.07‰±0.37‰变化至+0.91‰±0.16‰（2SD），且观察到闪锌矿中 $\delta^{74/70}$Ge 值与 Ge 含量之间存在正相关关系，其认为该关系很可能与矿床形成时流体为脉冲流体（pulsed renewed fluids），而闪锌矿在每一波流体中沉淀受瑞利分馏控制有关，但不排除流体形成和运移过程中 Ge 同位素变化导致观察到该正相关关系。Meng 等（2015）在建立 Ge 同位素方法基础上，报道了云南金顶 Pb-Zn 矿床、贵州杉树林 Pb-Zn 矿床和贵州天桥 Pb-Zn 矿床中不同硫化物（包括闪锌矿、黄铁矿和方铅矿）中 Ge 同位素，通过对比不同矿物中的 $\delta^{74/70}$Ge 值，认为硫化物之间存在 Ge 同位素分馏，且同一手标本上 $\delta^{74/70}$Ge 值由小到大变化规律依次为黄铁矿＞闪锌矿＞方铅矿。然而，Rouxel 和 Luais（2017）认为这个结论可能需要更进一步的确认，因为同一类型硫化物中 Ge 同位素变化较大，导致硫化物之间的分布规律不明显。由于在 Pb-Zn 矿床中闪锌矿是最重要的载 Ge 矿物，且非闪锌矿硫化物经常包裹闪锌矿的微细包体，因此，研究非闪锌矿硫化物中 Ge 同位素需要挑选足够纯净的样品，且需要有其他证据支撑，排除闪锌矿包体的可能性。最近，笔者对云南富乐 Pb-Zn 矿床中 Ge 同位素进行了测定（Liu T T et al.，2020），发现极负的 Ge 同位素组成（最低至-6.57‰）。本书以富乐 Pb-Zn 矿床为例，对 Cd 和 Ge 同位素进行了对比，基于闪锌矿沉淀的分馏系数，讨论富乐矿床可能的 Ge 来源。

1. 富乐 Pb-Zn 矿床地质背景及样品采集

富乐 Pb-Zn 矿床所在的川滇黔低温成矿域是我国重要的 Zn、Pb、Ag 等金属资源生产基地之一，域内分布有大型 Pb-Zn 矿床 10 个，中小型矿床及矿点近 400 个（黄智龙等，2004a；Hu et al.，2017a；崔银亮等，2018）。这些矿床大多超常富集分散元素（如 Ge、Cd、Se、Ga 等），因此，该成矿域也是我国乃至世界重要的分散元素富集区（涂光炽和高振敏，2003）。在成矿构造背景上，这些矿床处于扬子陆块西南缘，多数分布在安宁河断裂、师宗－弥勒断裂和垭都－紫云断裂所限区域内。富乐 Pb-Zn 矿床位于云南省曲靖市的东南。在区域地质上，富乐 Pb-Zn 矿床位于扬子地块西南缘；在大地构造位置上，该区域处于冈瓦纳古陆与劳亚大陆的过渡地带（刘家铎等，2004），北邻松潘－甘孜地块、南邻华南褶皱带，西邻西南三江褶皱带。富乐 Pb-Zn 矿床的赋矿地层为茅口组（本书采用茅口组，但部分学者命名为阳新组，如崔银亮等，2018）。矿区内出露地层及主要岩性由老至新为：石炭系，主要为马平组，岩性主要为一套含白云质生物碎屑灰岩和细晶灰岩，白云岩少量，局部夹石英砂岩；二叠系，由下至上为梁山组、茅口组、峨眉山玄武岩和宣威组，其中梁山组主要由灰岩、页岩和石英细砂岩组成，阳新组为灰岩与白云岩互层，而宣威组主要为煤系地层，是区域内重要的含煤建造；三叠系，主要由飞仙关组和嘉陵江组组成，其中飞仙关组岩性主要为砂岩、泥质灰岩、粉砂岩和页岩，而嘉陵江组由碎屑岩和中厚层状灰岩组成；第四系主要为砂质黏土，零星分布于沟谷等处。

富乐 Pb-Zn 矿床矿体均隐伏地表以下 150～200 m 左右，由 20 多个矿体组成，总体呈北西－南东向展布，矿区范围约 3000 m 长，约 1500 m 宽（司荣军，2005）。矿体大多为单层，部分具有两层结构，矿体具舒缓波状弯曲和膨胀收缩现象，形态上呈现透镜状、似层状、脉状，沿层或层间裂隙平缓产出。矿体产状与地层产状基本一致，总体呈南东向倾斜，倾角大致为 10°，但矿体的尖灭与膨胀没有一定的规律。矿体厚度变化很大，贫富不均，储量规模大的矿体一般厚度较大，品位较高，储量规模小的矿体较薄、较贫。因此，矿体规模大小不一，大的矿体主要呈似层状产于矿床的中心位置，规模较小的矿体主要呈透镜状“卫星式”分布于大矿体的外侧。无论规模大小，矿体的平面特征均不规则。

研究样品主要来自 78 号矿体，其是富乐 Pb-Zn 矿床最大的矿体。本研究采集的样品主要来自矿柱，标高 1445 m。从矿体底部至上部，矿石的矿物组合以及矿石中闪锌矿的颜色发生规律性的变化，具体表现在：①矿体底部富深色闪锌矿，而在上部则富集浅色闪锌矿；②矿体底部至上部，按照不同的矿物组合特征划层，其可划分为 7 层（见表 3-8，本书仅研究了块状矿石）。按照以上规律，从矿体底部至上部依次采集样品，分别为 SBFL-22、SBFL-23、SBFL-24、SBFL-25、SBFL-26、SBFL-27 和 SBFL-28（表 3-8）。本书分析了 SBFL-22 至 SBFL-26 五个样品，而 SBFL-17 和 SBFL-18 两个样品来自 1406（标高）中段。样品经清洗后，用不锈钢罐体粉碎至 40～60 目，去离子水清洗后，在双目镜下挑选不同颜色的纯闪锌矿。由于 Ge 主要赋存在闪锌矿中，而方铅矿等矿物中经常含有微细的闪锌矿等矿物（Zhu et al.，2017），因此，本研究主要测试了不同颜色闪锌矿中 Ge 同位素组成。

样品经分选后用去离子水清洗，烘干后用玛瑙研磨粉碎至 200 目以下。样品的溶解、Ge 的分离纯化及质谱测定详细见朱传威等（2014b），其中 Ge 含量及化学分离在中国科学院地球化学研究所矿床地球化学国家重点实验完成，Ge 同位素测试在南京大学内生金属矿床成矿机制研究国家重点实验室的 MC-ICP-MS（Neptune）上完成。

表 3-8 富乐 Pb-Zn 矿床 78 号矿体底部至上部矿石矿物特征

样品号	矿物组合	矿石特征	颜色
SBFL-22	黑棕色闪锌矿和红棕色闪锌矿，方铅矿少量，白云石呈细脉状穿插闪锌矿	块状矿石	黑棕色
SBFL-23	黑棕色闪锌矿和红棕色闪锌矿，方铅矿少量，呈斑状产在闪锌矿中	块状矿石	黑棕色
SBFL-24	黑棕色闪锌矿和红棕色闪锌矿，方铅矿少量，呈条带状产在闪锌矿中	块状矿石	黑棕色
SBFL-25	主要为方铅矿，闪锌矿少量	块状矿石	黑棕色
SBFL-26	黑棕色闪锌矿和红棕色闪锌矿，方铅矿少量	块状矿石	黑棕色
SBFL-27	黑棕色闪锌矿和红棕色闪锌矿，方铅矿少量，闪锌矿被白云石包裹	斑点状矿石	红棕色
SBFL-28	红棕色闪锌矿，方铅矿少量，自形-半自形闪锌矿被白云石包裹	斑点状矿石	红棕色

2. 数据结果

Ge 含量及其同位素测试结果见表 3-9。平行样品（SBFL-26）显示出较好的重现性，说明样品的处理和样品的 Ge 同位素测试均可靠。同时，图 3-25 为所测试样品与平衡分馏和动力学分馏理论的质量分馏曲线（TMFL）的关系，其中，平衡分馏的 TMFL 曲线上均有$\delta^{73/70}Ge=(1/m_{73}-1/m_{70})/(1/m_{74}-1/m_{70})\times\delta^{74/70}Ge\approx0.760645\times\delta^{74/70}Ge$，而动力学分馏的 TMFL 曲线上均有$\delta^{73/70}Ge=\ln(m_{73}-m_{70})/\ln(m_{74}-m_{70})\approx0.79273\times\delta^{74/70}Ge$（据 Young et al.，2002）。由图可以看出，所有样品（含标准偏差）均落入平衡分馏和动力学分馏的 TMFL 曲线上，而拟合直线的斜率为 0.7639，相关系数为 0.9929，说明本次所测得的 Ge 同位素数据是可靠的。

表 3-9 富乐 Pb-Zn 矿床闪锌矿中 Ge 同位素组成与 Ge 含量

样品编号	颜色	Ge 同位素组成/‰								Ge/10^{-6}	Cd*/10^{-6}
		$\delta^{74}Ge$	2SD	$\delta^{73}Ge$	2SD	$\delta^{74}Ge_{NIST3120a}$	$\delta^{114}Cd^{*}$	2SD*	$\delta^{34}S^{*}$		
SBFL-17	黑色	−2.77	0.14	−2.14	0.07	−2.45				130.9	
SBFL-17	红棕色	−2.18	0.37	−1.69	0.11	−1.86				139.8	
SBFL-18	黑色	1.29	0.27	0.98	0.11	1.61				120.2	
SBFL-18	红棕色	0.83	0.26	0.57	0.06	1.15				60.9	
SBFL-22	黑色	−2.83	0.21	−2.3	0.09	−2.51	0.06	0.04	14.8	131.7	14714
SBFL-22	红棕色	−0.91	0.1	−0.76	0.11	−0.59	0.52	0.04	14	141.5	9083
SBFL-23	黑色	−5.69	0.06	−4.57	0.04	−5.37	0.28	0.03	13.8	124.6	15046
SBFL-23	红棕色	−2.61	0.35	−2	0.21	−2.29	0.43	0.04	14	139.8	13735
SBFL-24	黑色	−3.54	0.18	−2.75	0.05	−3.22	0.33	0.01	12.8	95.2	18479
SBFL-24	红棕色	−3.26	0.3	−2.55	0.07	−2.94	0.47	0.01	12.3	85.5	16783
SBFL-25	黑色	−6.25	0.17	−4.77	0.1	−5.93	0.21	0.02	13.4	96.1	18645
SBFL-26#	黑色	−3.63	0.04	−2.37	0.39	−3.31	0.46	0.08	11.7	69.5	34981
SBFL-26#	黑色	−3.67	0.04	−2.88	0.13	−3.35	0.43	0.03		70.4	34757
JMC 标准		0.04	0.23	0.02	0.16						

注：#为一组平行样品；*数据引自 Zhu et al.，2017。

富乐矿床中，Ge 在闪锌矿中的含量变化较小，从 60×10^{-6} 到 141.5×10^{-6}，而 Ge 同位素的变化较大，$\delta^{74/70}Ge$ 值从−5.93‰变化至 1.61‰，比已经报道的 Pb-Zn 矿床（−4.94‰～2.07‰；Meng et al.，2015）和海底硫化物（−4.00‰～−2.98‰；Escoube et al.，2012）低。

3. 讨论

1）Ge 赋存形式

Ge 具有亲硫、亲石及亲有机质性等，在自然界中的赋存状态复杂（涂光炽和高振敏，2003；Bernstein，1985；Höll et al.，2007；Rakov，2015）。

在 Pb-Zn 矿床中，部分学者基于电子探针分析，认为方铅矿是 Ge 的赋存矿物之一（周家喜等，2008；王乾等，2008，2009，2010a，2010b）。然而，化学分析研究表明，方铅矿中 Ge 和 Zn 之间呈现正相关性，而闪锌矿中 Ge 和 Pb 没有相关性，说明 Ge 主要赋存在闪锌矿中，方铅矿中的 Ge 主要来自方铅矿所包裹的微细闪锌矿（张羽旭等，2012）。Zhu 等（2017）通过详细的镜下和扫描电镜研究发现，方铅矿在微观尺度均包裹有微细的闪锌矿颗粒，其极可能是导致方铅矿中含有部分分散元素的原因（如 Cd）。闪锌矿中 Ge 的赋存状态研究表明，Ge 主要以+4 价形式，通过和+1 价金属元素的结合从而以类质同象形式占据闪锌矿晶格中四面体+2 价体金属元素位置，例如 $3Zn^{2+} \longleftrightarrow Ge^{4+} + 2Cu^{+}$（Belissont et al.，2014，2016）。

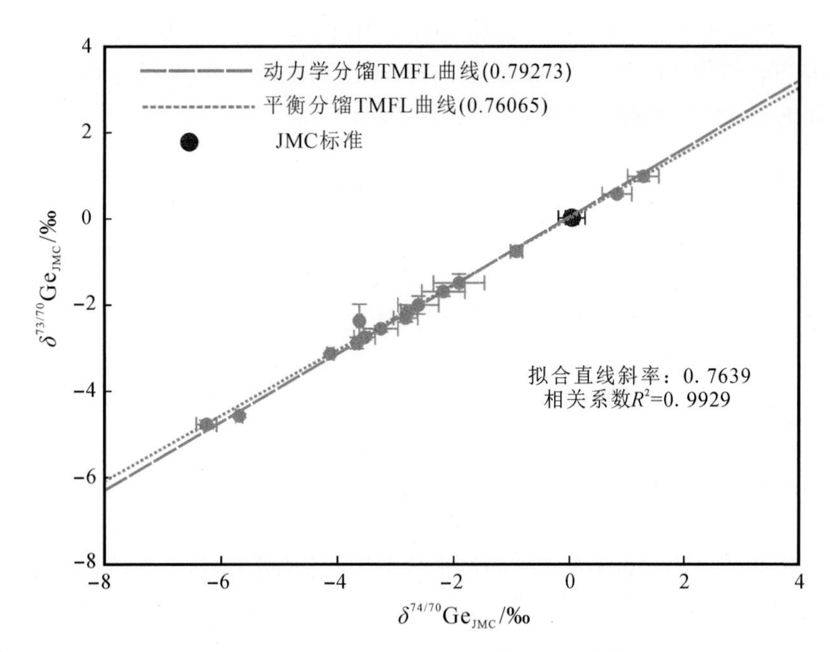

图 3-25　富乐 Pb-Zn 矿床闪锌矿中 $\delta^{74/70}$Ge 和 $\delta^{73/70}$Ge 关系图

在富乐 Pb-Zn 矿床中，我们发现 Ge 和 Cd 含量之间有负相关关系。由于 Ge 和 Cd 均主要以类质同象取代 Zn 的形式进入闪锌矿床中，当 Cd 含量较高时，Ge 能取代的 Zn 相对减少进而导致 Ge 含量降低。因此，在闪锌矿形成过程中，Cd 和 Ge 可能是以竞争关系取代闪锌矿中 Zn 的晶格位置。由于 Cd 可以直接取代 Zn（Cook et al.，2009；Ye et al.，2011），而 Ge 需要和其他元素（例如 Cu）配合取代 Zn 的晶格位置（Belissont et al.，2016；李云刚和朱传威，2020），Cd 进入闪锌矿相对容易，导致 Ge 进入闪锌矿受到“压制”［图 3-26（a）］。由于金属元素进入闪锌矿晶格是一个复杂的过程，其受各种物理和化学条件的制约（Wen et al.，2016）。

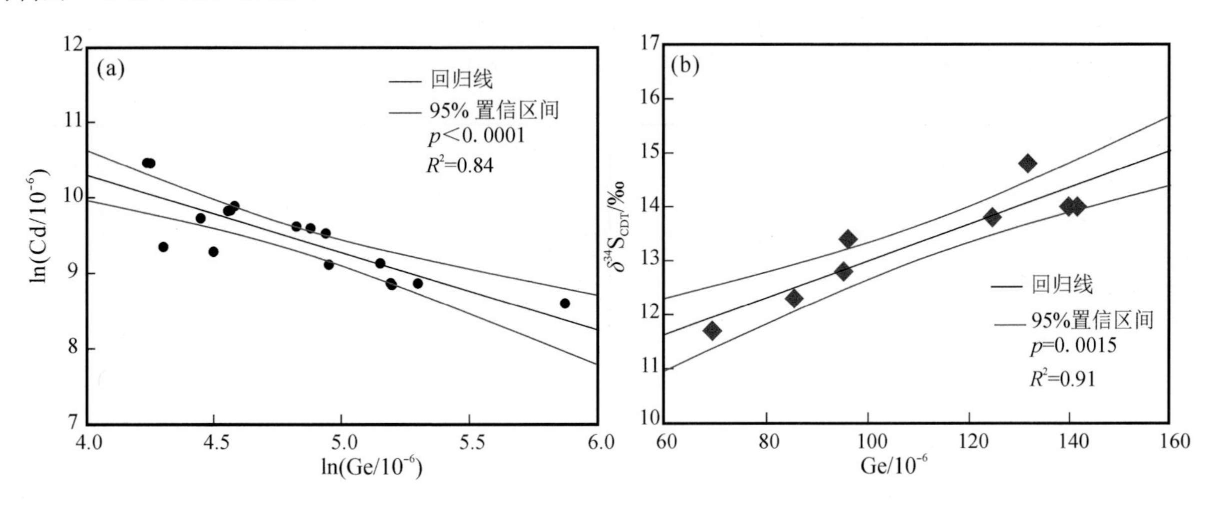

图 3-26　闪锌矿中 Ge 含量与 Cd 含量（a）以及 S 同位素组成之间的关系（b），其中图（a）的部分数据引自张羽旭等（2012）

Pb-Zn 矿床中 Ge 亦可以独立 Ge 矿物的形式存在，如张伦尉等（2008）在会泽 Pb-Zn 矿床中发现了与闪锌矿和黄铁矿共生的 Ge 的单矿物。在富乐矿床中尚未报道 Ge 的单矿物，但即使有，以独立矿物形式存在的 Ge 相对类质同象的 Ge 也可以忽略。

2）闪锌矿颜色与 Ge 含量及 S 同位素之间的关系

闪锌矿的原位分析表明，深色闪锌矿具有相对较高的 Ge 含量，其在深棕色闪锌矿条带的 Ge 含量变化介于 59×10^{-6}～2576×10^{-6} 之间；浅棕色闪锌矿条带的 Ge 含量变化介于 0×10^{-6}（低于仪器检测限）和 1801×10^{-6} 之间（Belissont et al.，2014）。这说明，Ge 含量在微小空间内的分布可能是不均匀的，其可能是导致富乐矿床中不同颜色闪锌矿中的总 Ge 含量之间没有规律性的变化的原因。有意思的是，我们发现 Ge 含量和 $\delta^{34}S_{CDT}$ 之间呈现正相关关系，R^2 为 0.91、p 为 0.0015［图 3-26（b）］，说明它们之间是显著相关。Zhou J X（2018a）研究了富乐矿床不同硫化物中 S 同位素组成特征，发现硫化物之间的 S 同位素是平衡的。在 S 同位素达到平衡的条件下，矿物中的 S 同位素组成和温度密切相关。因此，该线性关系说明 Ge 含量和温度可能有着密切关系，这与最近的研究结果一致（Belissont et al.，2016）。

3）Ge、Cd 同位素之间的关系

通过对比已报道的 Ge 同位素数据，我们发现富乐矿床的闪锌矿相对川滇黔地区其他 Pb-Zn 矿床更富集 Ge 的轻同位素（$\delta^{74/70}$Ge 为−5.93‰～1.61‰），其中杉树林 Pb-Zn 矿床 $\delta^{74/70}$Ge 为−1.71‰～2.07‰，天桥为−3.18‰～0.54‰（Meng et al.，2015）。Li 等（2009）计算了 Ge 在不同离子团结合下的分馏系数，认为 Ge-S 基团更容易富集 Ge 的轻同位素，其是导致硫化物中富集轻同位素的重要原因。Meng 等（2015）发现不同矿物之间存在同位素分馏，其 Ge 的轻同位素富集顺序为黄铁矿—闪锌矿—方铅矿。然而，如前所述，闪锌矿中 Ge 的平均含量是方铅矿等矿物的几十倍，甚至几百倍（张羽旭等，2012）。Zhu 等（2017）对方铅矿中 Cd 同位素的研究发现，方铅矿中 Cd 含量变化极大，但方铅矿中 Cd 含量和 Zn 含量有着明显的正相关关系，这个关系是由于 Cd 主要赋存在闪锌矿中，方铅矿包裹闪锌矿的微细包体所致，因此认为同一块手标本中方铅矿和闪锌矿的 Cd 同位素分馏代表不同期次闪锌矿的 Cd 同位素分馏。综上所述，我们认为矿物之间的 Ge 分馏是否存在，需要判断非闪锌矿矿物中 Ge 和 Zn 的相关性，确定方铅矿中的 Ge 不是（或者不是主要）来自方铅矿所包裹的闪锌矿微细颗粒。Belissont 等（2014）研究了法国 Noailhac-Saint-Salvy 矿床，发现闪锌矿中的 Ge 含量和 Ge 同位素组成之间具有较好的正相关关系，并认为瑞利分馏是导致 Ge 同位素组成变化的原因。通过对富乐 Pb-Zn 矿床不同闪锌矿的研究发现，Ge 的轻同位素更倾向富集在红棕色闪锌矿中，这和 Cd 同位素类似（图 3-27），说明早期闪锌矿相对富集 Ge 的轻同位素，晚期闪锌矿相对富集 Ge 的重同位素，暗示 Ge 同位素分馏可能受瑞利分馏控制。通过对比 Ge 和 Cd 同位素发现（图 3-28），除 SBFL-22 黑色闪锌矿样品外，其他样品均落在回归线附近，R^2 为 0.89，说明 2 个同位素之间是显著相关的，均受瑞利分馏控制（Zhu et al.，2017）。

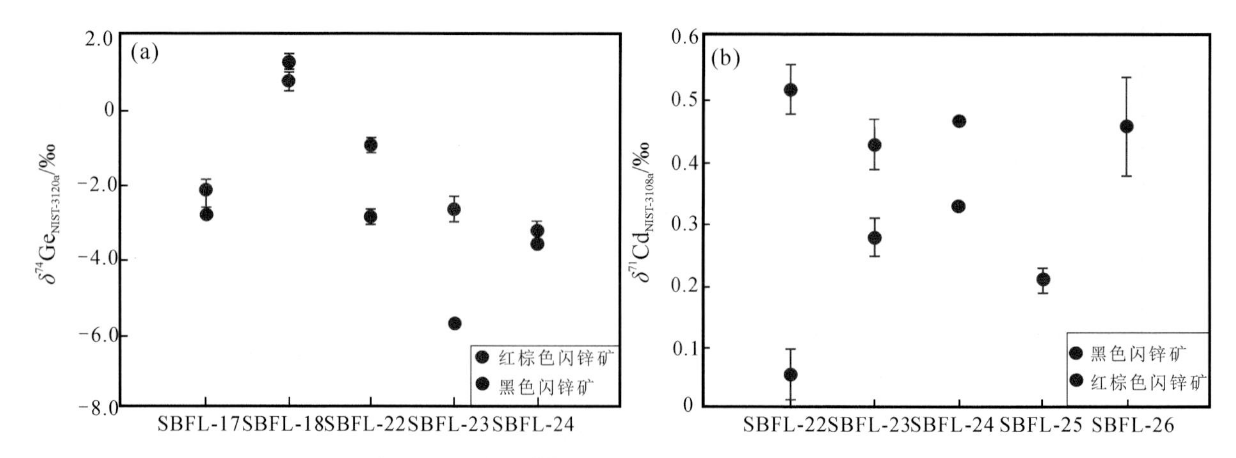

图 3-27 早期至晚期闪锌矿中 Ge 及 Cd 同位素组成

4）Ge 同位素对来源的限定

前人对海底热液系统流体中 Ge 同位素的研究表明，高温和低温流体的 Ge 同位素组成$\delta^{74/70}$Ge 分别为 1.5‰±0.4‰和 3.5‰±0.5‰（Baronas et al.，2017），比固体硅酸盐地球（BSE）值更高（0.58‰±0.18‰；Escoube et al.，2012）。然而，海底硫化物的 Ge 同位素组成为-4.71‰～-3.60‰，说明海底热液系统中$\Delta^{74/70}Ge_{硫化物\text{-}流体}$可达-5.6‰±0.6‰（Escoube et al.，2015），而这与 Ge-S 基团强烈富集轻的 Ge 同位素有关（Li et al.，2009）。在川滇黔地区，最重要的地质端元主要由 3 部分组成，即峨眉山玄武岩、基底和碳酸盐岩为主的地层。尽管我们没有测试碳酸盐岩中的 Ge 同位素组成，但前人研究表明，碳酸盐岩形成过程中具有极小的 Ge 同位素分馏，因此，海水中 Ge 同位素组成可代表碳酸盐岩中 Ge 同位素组成。目前，现代海洋海水中 Ge 同位素组成相对稳定，其$\delta^{74/70}$Ge 值为 3.03‰±0.28‰（Guillermic et al.，2017；Baronas et al.，2017）。富乐闪锌矿中$\delta^{74/70}$Ge 平均值为-3.3‰±0.22‰，考虑到流体和硫化物之间的 Ge 同位素分馏，估算原始流体的 Ge 同位素组成在约 2.3‰。假定流体萃取 Ge 的过程无同位素分馏，那么原始成矿流体的 Ge 同位素值更接近碳酸盐岩地层，说明碳酸盐岩更可能是富乐矿床 Ge 的来源（Liu T T et al.，2020）。需要指出的是，以上解释是基于已有的研究成果给出的最合理解释，但仍存在以下问题：①闪锌矿中 Ge 同位素组成变化较大，简单平均值可能并不代表硫化物中 Ge 同位素的平均组成；②流体萃取 Ge 的过程是否存在 Ge 同位素的分馏，仍需进一步研究；③闪锌矿和流体之间的分馏值可能是变化的，因为成矿流体温度在整个矿床形成过程中不可能恒定不变；④川滇黔碳酸盐岩地层形成时代从寒武纪至二叠纪，其 Ge 同位素组成是否稳定仍需进一步研究（图 3-29）。

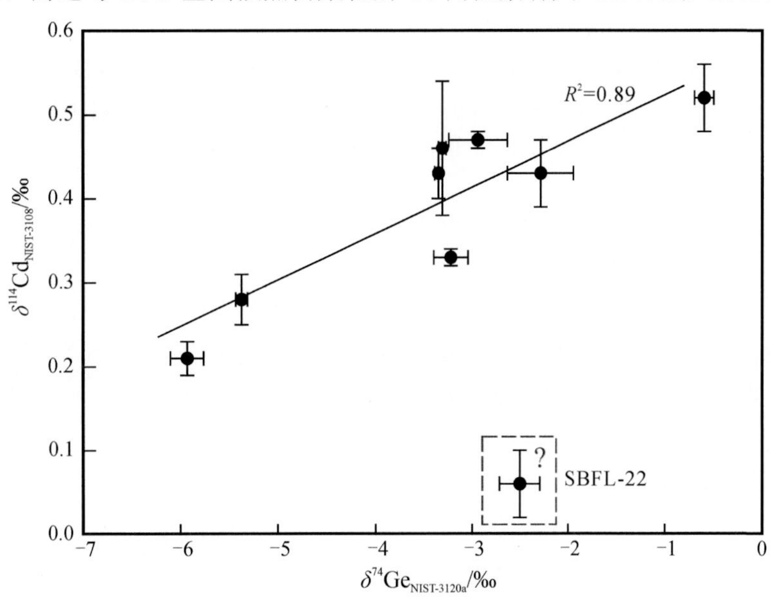

图 3-28 同一手标本上闪锌矿中 Cd 和 Ge 同位素组成

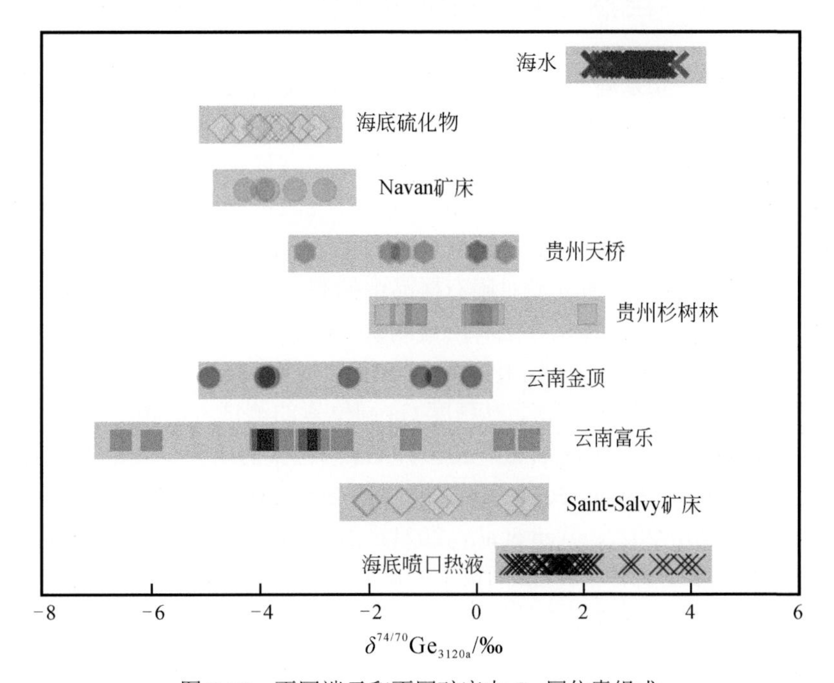

图 3-29 不同端元和不同矿床中 Ge 同位素组成

蓝色为固体硅酸盐地球值（$\delta^{74/70}$Ge=0.59‰±0.18‰；Escoube et al.，2012）；数据来源：Baronas et al.，2017；Guillermic et al.，2017；Escoube et al.，2012；Escoube et al.，2015；Meng et al.，2015；Belissont et al.，2014；Luais et al.，2012

4. 结论

本研究详细调查了富乐 Pb-Zn 矿床中的 Ge 含量及其同位素组成，结合前期工作，我们发现闪锌矿中 Ge 含量和 Cd 含量之间呈现负相关关系，其原因是 Cd 更容易进入闪锌矿晶格，从而“压制” Ge 进入闪锌矿中。同时，我们发现 Ge 含量与 S 同位素之间关系密切。由于 S 同位素主要受平衡分馏控制，其值与温度关系密切。因此，闪锌矿中的 Ge 含量可能与闪锌矿结晶时的温度关系密切。

通过对比同一手标本上不同颜色的闪锌矿发现，深色闪锌矿比浅色闪锌矿更富集 Ge 的轻同位素，该规律和 Cd 同位素类似，且 Ge 同位素和 Cd 同位素之间具有极好的线性，暗示它们的同位素分馏机制可能相同。虽然前人调查了川滇黔地区不同矿床相同矿石中的不同硫化物，发现 Ge 的轻同位素优先富集顺序为黄铁矿、闪锌矿和方铅矿中，但是在 Pb-Zn 矿床中 Ge 主要赋存于闪锌矿中，其他矿物（如方铅矿）很难获得纯的单矿物而不含有闪锌矿的微细颗粒，因此，我们认为不同硫化物之间的 Ge 同位素分馏可能是由含有不同期次闪锌矿导致的。基于不同端元中 Ge 同位素组成和成矿流体与硫化物之间的分馏大小，初步推断，碳酸盐岩地层可能是富乐矿床最重要的 Ge 源。

3.3.4　Ge 同位素在矿床学研究中存在的问题和展望

和 Cd 同位素类似，Ge 同位素在矿床中的应用仍很局限，这与 Ge 同位素机理性研究缺乏有着密切关系。以下方面可能是 Ge 同位素应用在矿床中需要研究的重点，主要包括：①流体萃取 Ge 过程中 Ge 及其同位素分配规律如何？②硫化物形成过程中 Ge 同位素分馏大小多少？是否能进行闪锌矿合成的模拟？③矿床形成过程中硫化物强烈富集 Ge 的轻同位素，那么 Ge 的重同位素在矿床形成过程中或之后去了哪里？

3.4　Ga 同位素地球化学

3.4.1　自然界 Ga 同位素的储库特征及分馏机理

Ga 位于元素周期表第 4 周期第ⅢA 族中，原子序数为 31，原子量为 69.72，有 2 个稳定同位素（^{71}Ga 和 ^{69}Ga），其同位素丰度分别为 39.9%（^{71}Ga）和 60.1%（^{69}Ga）。Ga 是典型的稀有分散金属之一，它在地壳中的丰度约为 15×10^{-6}，通常不单独成矿，具有亲石、亲硫、亲铁等多重属性，与 Ga 成矿有关的主要有表生风化-沉积体系、热液成矿体系等，富 Ga 矿床主要有铝土矿床、Pb-Zn 矿床、少数煤矿床和铁矿床等（刘英俊，1965，1982；涂光炽和高振敏，2003）。

很早以前就有研究者对陨石样品中的 Ga 同位素进行了研究（Inghram et al.，1948；De Laeter，1972），但鉴于当时的分离纯化方法和质谱测试仪器不够先进，所得数据的精度不高，在一定程度上限制了 Ga 同位素的应用。随着多接收电感耦合等离子体质谱仪（MC-ICP-MS）和热电离质谱仪（TIMS）等高精度质谱仪的飞速发展，近年来，高精度 Ga 同位素的测试方法相继建立（Yuan et al.，2016；Zhang T et al.，2016；Kato et al.，2017；Feng et al.，2019），Ga 同位素的研究也相继开展起来（Yuan W et al.，2016，2018；Zhang T et al.，2016；Payne，2016；Kato and Moynier，2017a，2017b；Kato et al.，2017；Feng et al.，2019；Wimpenny et al.，2020，2022；Wen et al.，2021；Zhang et al.，2021）。由于高精度 Ga 同位素的测试方法最近 6 年内才开发出来，总体上，Ga 同位素的研究还处于起步阶段，相关的地球化学示踪体系也还处于探索过程中。

Ga 同位素组成用 δ 值来表示，表示方法如下：

$$\delta^{71/69}\mathrm{Ga}/‰=[(^{71}\mathrm{Ga}/^{69}\mathrm{Ga})_{样品}/(^{71}\mathrm{Ga}/^{69}\mathrm{Ga})_{标准}-1]\times1000$$

文献中使用的 Ga 同位素标准主要有 NIST-994 Ga 同位素标准和 IPGP Ga 同位素标准，在本书中，已换算成以 NIST-994 Ga 为同位素标准的 $\delta^{71/69}$Ga 值。若无特别说明，本书 $\delta^{71/69}$Ga 值均以 NIST-994 Ga 为同位素标准。

Ga 同位素的研究还处于起步阶段，相关文献资料较少，其中有关 Ga 同位素分馏机制的文献更少，相关研究也更加薄弱。从这些文献资料（Inghram et al.，1948；De Laeter，1972；Yuan W et al.，2016，2018；Zhang T et al.，2016；Payne，2016；Kato and Moynier，2017a，2017b；Kato et al.，2017；Feng et al.，2019；Wimpenny et al.，2020，2022；Wen et al.，2021；Zhang et al.，2021）来看，首先，不同地质体之间存在较

大的 Ga 同位素分馏（图3-30）。例如，月海玄武岩的 $\delta^{71/69}$Ga 变化于+1.09‰～+1.83‰；月球镁质岩套的 $\delta^{71/69}$Ga 变化于+1.16‰～+1.75‰；碳质球粒陨石的 $\delta^{71/69}$Ga 变化于+0.83‰～+1.28‰；普通球粒陨石的 $\delta^{71/69}$Ga 变化于+0.14‰～+1.13‰；硅酸盐地球的 $\delta^{71/69}$Ga 为+1.26‰±0.06‰；花岗岩的 $\delta^{71/69}$Ga 变化于+1.28‰～+1.29‰；科马提岩的 $\delta^{71/69}$Ga 为+1.28‰；洋中脊玄武岩的 $\delta^{71/69}$Ga 变化于+1.20‰～+1.23‰；洋岛玄武岩的 $\delta^{71/69}$Ga 变化于+1.22‰～+1.31‰；海洋沉积物的 $\delta^{71/69}$Ga 变化于+1.28‰～+1.47‰；硫化物的 $\delta^{71/69}$Ga 变化于+0.93‰～+2.58‰；黏土矿物（主要为高岭石）的 $\delta^{71/69}$Ga 变化于+1.03‰～+1.44‰；铝土矿（主要为一水铝石）的 $\delta^{71/69}$Ga 变化于+0.65‰～+1.10‰。总体来说，就地球、行星尺度而言，与硅酸盐地球相比，月球样品相对富集重 Ga 同位素而球粒陨石相对富集轻 Ga 同位素。就地球内部而言，洋中脊玄武岩、洋岛玄武岩、科马提岩、花岗岩的 Ga 同位素组成较均一，大致代表了硅酸盐地球的 Ga 同位素组成；海洋沉积物比硅酸盐地球相对富集重 Ga 同位素；而铝土矿比硅酸盐地球相对富集轻 Ga 同位素；硫化物是目前已发现的 Ga 同位素分馏最大的地质体。

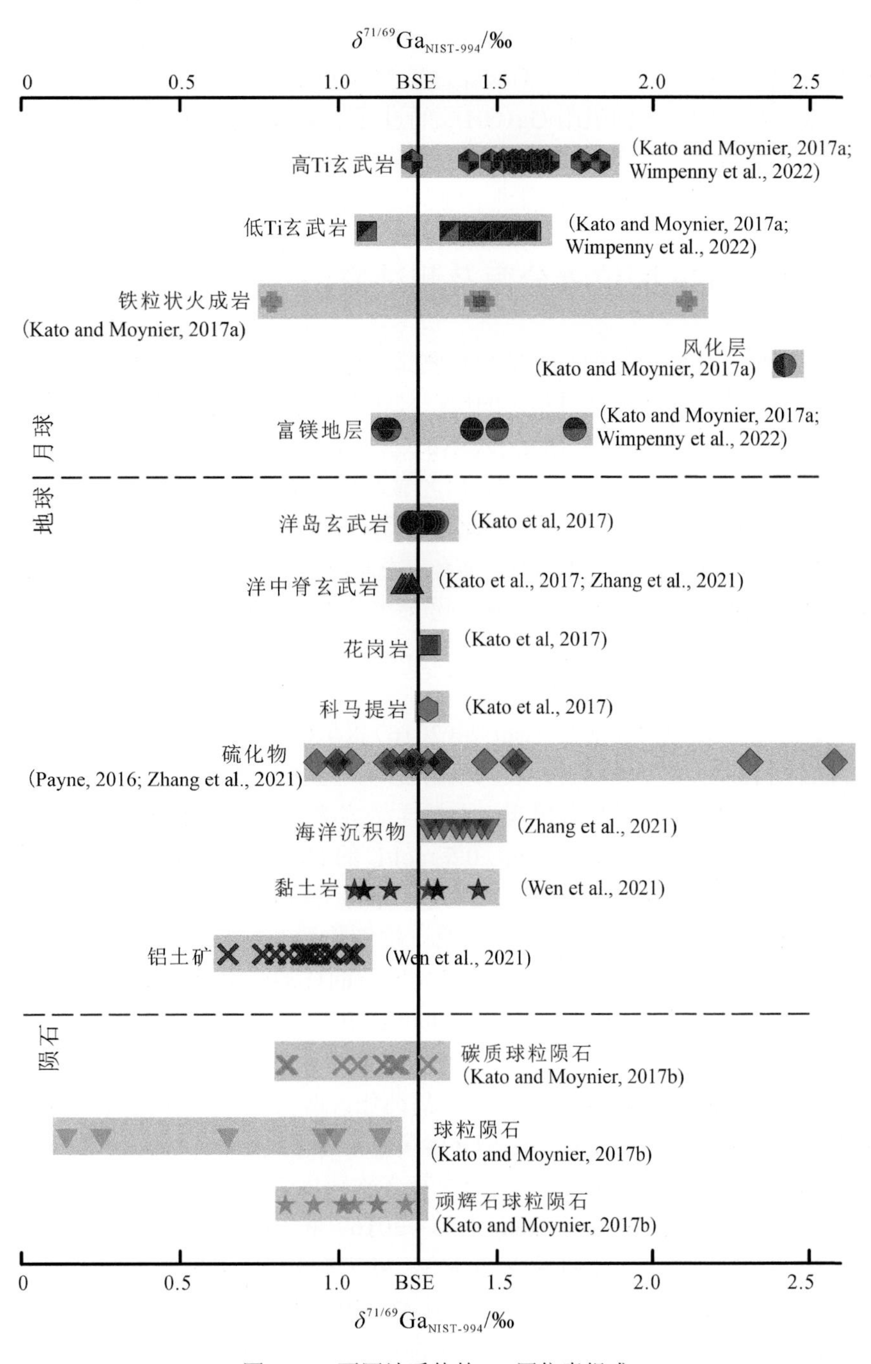

图3-30 不同地质体的 Ga 同位素组成

其次，一些地质过程会产生明显的 Ga 同位素分馏。比如：①蒸发和冷凝过程会产生 Ga 同位素分馏，Kato 和 Moynier（2017a）研究发现月球亚铁斜长岩的 Ga 同位素组成不均一，这可能指示蒸发和冷凝作用引起的 Ga 同位素在月球表面的再次分配；Wimpenny 等（2020）基于实验计算出蒸发过程中 Ga 同位素分馏系数（α）为 0.99891±0.00024。②热液硫化物的沉淀过程会产生 Ga 同位素分馏，Payne（2016）发现新西兰 Taupo 火山带的地热田中硫化物、软泥和卤水的 $\delta^{71/69}$Ga 变化于+0.11‰～+2.65‰，存在较大的同位素分馏，且硫化物相对富集重 Ga 同位素；Zhang 等（2021）报道西南印度洋海底热液硫化物的 $\delta^{71/69}$Ga 变化于+0.93‰～+1.57‰，推测硫化物中 Ga 同位素分馏可能与硫化物形成过程有关（如快速沉淀、不同期次硫化物的混合等）。③吸附过程会产生 Ga 同位素分馏，Yuan W 等（2018）通过吸附实验研究发现 Ga 在吸附到方解石和针铁矿表面的过程中会产生明显的 Ga 同位素分馏，固体相相对富集轻 Ga 同位素，而溶液相相对富集重 Ga 同位素，$\Delta^{71/69}Ga_{solid\text{-}solution}$ 变化可达−1.27‰（对方解石）和−0.89‰（对针铁矿）；并认为这种分馏可能是固体表面吸附 $Ga(OH)_4^-$ 的过程中 Ga 配位和 Ga-O 键长的变化引起的。④表生风化过程会产生 Ga 同位素分馏，Wen 等（2021）报道黔中修文小山坝铝土矿床中铝土矿物比黏土矿物相对富集轻 Ga 同位素，分馏可达 0.7‰，并推测表生风化过程中不同阶段的产物可能存在较大的 Ga 同位素分馏。

3.4.2 Ga 同位素分离及测试方法

与其他非传统稳定同位素的分析测试相似，Ga 同位素比值的测试主要来自两方面的挑战，即地质样品的分离纯化和质谱测试过程中的质量歧视效应校正。地质样品中干扰 Ga 同位素比值测试的主要有：Ba（$^{138}Ba^{++}$）、Ce（$^{138}Ce^{++}$和 $^{142}Ce^{++}$）、Nd（$^{142}Nd^{++}$）、La（$^{138}La^{++}$）、$^{54}Fe^{17}O^+$、$^{55}Mn^{16}O^+$等及其他基质元素，其中以 Ba 和 Ce 的干扰最为强烈，研究显示样品需满足 Ba/Ga＜10^{-5}、Ce/Ga＜10^{-3}时，Ba 和 Ce 的干扰才可以忽略（Kato et al.，2017）。因此在进行 Ga 同位素分析之前，都必须对样品中的 Ga 进行分离和提纯，以达到：①最大限度地回收 Ga，避免在化学分离过程中可能存在的质量分馏效应，同时也对样品（特别是超低含量样品）进行 Ga 的富集；②最大限度地去除可能对测量过程中产生同位素干扰的元素。目前有 2 种方法可分离和提纯地质样品中的 Ga，分别是离子交换树脂双柱法（Yuan W et al.，2016）和三柱法（Zhang T et al.，2016；Kato et al.，2017）。

离子交换树脂双柱法是 Yuan 等（2016）报道的一种分离和提纯地质样品中 Ga 的方法。首先，将 1.8 mL AG1-X4 树脂（200～400 目）装入吸附柱中，分别用 10 mL 水和 10 mL 0.1 mol/L HCl 洗涤树脂，然后用 10 mL 6 mol/L 的 HCl 平衡树脂，再把样品溶液倒入吸附柱中使其被树脂吸附，用 10 mL 6 mol/L 的 HCl 洗涤去除杂质元素，最后用 5 mL 0.5 mol/L 的 HCl 洗提收集 Ga 溶液。这种 Ga 洗脱液仍然含有大量的 Fe 和 Mo，需进行二次纯化。在二次纯化中，先将 1.4 mL Ln-spec 树脂（50～100 μm）装入吸附柱中，用 10 mL 0.5 mol/L 的 HCl 平衡树脂，然后把第 1 次纯化后的样品溶液倒入吸附柱中，并同时开始收集样品，再用 6 mL 1 mol/L 的 HCl 洗涤树脂，将流经树脂的样品溶液和洗涤液收集在一起即为纯化后的样品。然后，Ln-spec 树脂分别经 0.25 mol/L HAc+3 mol/L HCl，0.1 mol/L HCl，4 mol/L HCl 洗涤后可重复使用。操作步骤见表 3-10。在该方法中，第 2 次纯化的主要目的是去除样品中的 Fe 和 Mo，通过将 Fe 和 Mo 吸附在 Ln-spec 树脂中，而 Ga 不被吸附，从而达到分离纯化。据笔者的使用经验，Ln-spec 树脂吸附 Fe 和 Mo 的能力是有限的，而对大多数地质样品而言，Fe 含量高而 Ga 含量低，因此，对 Fe 含量特别高的样品（比如大多数矿床地球化学方面的地质样品）往往需采取多次纯化或增大 Ln-spec 树脂的量才能达到分离纯化的目的。

离子交换树脂三柱法：Zhang T 等（2016）和 Kato 等（2017）分别报道了采用三柱法分离和提纯地质样品中 Ga 的方法（表 3-11 和表 3-12），虽然都采用三步树脂分离方法，但操作步骤上却存在一些差异，比如，Zhang T 等（2016）的第 1 步用 AGMP-1M 阴离子树脂，第 2、3 步都用 AG50W-X8 阳离子树脂；而 Kato 等（2017）的第 1 步和第 3 步都用 AGMP-1M 阴离子树脂，第 2 步用 AG50W-X12 阳离子树脂；此外，树脂的体积和洗液中酸的浓度也存在差异。Zhang T 等（2016）的方法通过第 3 次过柱来进一步去除 Fe，而 Kato 等（2017）则通过在第 2 次过柱中增大阳离子树脂的用量去除 Fe，同时通过第 3 次过柱的阴离子树脂来进一步去除 Ba。另外，在 Zhang T 等（2016）和 Kato 等（2017）的方法中存在洗涤基质和收集目标元素（Ga）使用同一浓度试剂的步骤，如表 3-11 中第 2 和第 3 次过离子交换柱使用的 2.1 mol/L HCl+0.03% H_2O_2 试剂，表 3-12 中第 1 次过离子交换柱使用的 0.4 mol/L HCl 试剂和第 2 次过离子交换柱使用的 3 mol/L HCl 试剂。使用这 2 个方法时，可能需留意树脂体积、树脂的不同批次或厂家等因素对基质元素的去除率或 Ga 的回收率方面的潜在影响；在收集目标元素和去除干扰元素这 2 种目的不同的操作步骤中，如果使用同一浓度试剂，树脂的体积与单位体积的吸附能力在一定程度上决定了该试剂的用量，虽然方法开发者也会留有一定的缓冲量，但如若这 2 个因素与文献建议的差异较大，则存在干扰元素去除不彻底或目标元素回收率不高的潜在风险。

表 3-10　Yuan 等（2016）报道的分离方法（双柱法）

交换柱	试剂	用量/ mL	备注
第 1 次离子交换柱	AG1-X4 树脂	1.8	
	H_2O	10	洗涤
	0.1 mol/L HCl	10	洗涤
	6 mol/L HCl	10	平衡
	Sample （6 mol/L HCl）	1	样品溶液引入
	6 mol/L HCl	10	去基质
	0.5 mol/L HCl	5	收集 Ga（Fe 和 Mo）
第 2 次离子交换柱	Ln-spec 树脂	1.4	
	0.5 mol/L HCl	10	平衡
	Sample（0.5 mol/L HCl）	5	样品溶液引入
	1 mol/L HCl	6	收集 Ga
	0.25 mol/L 草酸+ 3 mol/L HCl	20	洗涤（去除 Mo、Fe）
	0.1 mol/L HCl	20	洗涤
	4 mol/L HCl	20	洗涤（去除 Fe）

表 3-11　Zhang T 等（2016）报道的分离方法（三柱法）

交换柱	试剂	用量/ mL	备注
第 1 次离子交换柱	AG MP-1M 树脂	1.5	
	2 mol/L HNO_3	10+10	洗涤
	2 mol/L HCl	10	洗涤
	H_2O	3	洗涤
	7 mol/L HCl + 0.03% H_2O_2	3	平衡
	样品（7 mol/L HCl + 0.03% H_2O_2）	1	样品溶液引入
	7 mol/L HCl + 0.03% H_2O_2	14	去基质
	2 mol/L HCl + 0.03% H_2O_2	4	收集 Ga （Fe 和 Ge）
第 2 次离子交换柱	AG50W-X8 树脂	1.5	
	6 mol/L HCl	10+10	洗涤
	H_2O	10	洗涤
	2.1 mol/L HCl + 0.03% H_2O_2	3	平衡
	样品（2.1 mol/L HCl + 0.03% H_2O_2）	1	样品溶液引入
	2.1 mol/L HCl + 0.03% H_2O_2	2.8	去基质（Ge、Fe）
	2.1 mol/L HCl + 0.03% H_2O_2	5	收集 Ga
第 3 次离子交换柱	AG50W-X8 树脂	1.5	
	6 mol/L HCl	10+10	洗涤
	H_2O	10	洗涤
	2.1 mol/L HCl + 0.03% H_2O_2	3	平衡
	样品（2.1 mol/L HCl + 0.03% H_2O_2）	1	样品溶液引入
	2.1 mol/L HCl + 0.03% H_2O_2	2.8	去基质（Ge、Fe）
	2.1 mol/L HCl + 0.03% H_2O_2	5	收集 Ga

表 3-12 Kato 等（2017）报道的分离方法（三柱法）

交换柱	试剂	用量/ mL	备注
第 1 次离子交换柱	AG MP-1M 树脂	20	
	H_2O	250	洗涤
	0.5 mol/L HNO_3	250	洗涤
	H_2O	250	洗涤
	0.5 mol/L HNO_3	250	洗涤
	H_2O	250	洗涤
	6 mol/L HCl	20	平衡
	样品（6 mol/L HCl）	1	样品溶液引入
	6 mol/L HCl	20+20	去基质
	0.4 mol/L HCl	10	去基质
	0.4 mol/L HCl	20	收集 Ga（Ga 和 Fe）
第 2 次离子交换柱	AG50W-X12 树脂	7	
	6 mol/L HCl	12	洗涤
	3 mol/L HCl	12	平衡
	样品（3 mol/L HCl）	1	样品溶液引入
	3 mol/L HCl	8	去基质
	3 mol/L HCl	12	收集 Ga
第 3 次离子交换柱	AG MP-1M 树脂	<1	
	H_2O	4	洗涤
	0.5 mol/L HNO_3	4	洗涤
	H_2O	4	洗涤
	0.5 mol/L HNO_3	4	洗涤
	H_2O	4	洗涤
	6 mol/L HCl	2	平衡
	样品（6 mol/L HCl）	0.5	样品溶液引入
	6 mol/L HCl	4+4	去基质
	0.4 mol/L HCl	4+4	收集 Ga

Ga 同位素比值的分析主要使用多接收电感耦合等离子体质谱仪（MC-ICP-MS），由于 Ga 只有 2 个稳定同位素（^{71}Ga 和 ^{69}Ga），无法使用双稀释剂法来校正质量歧视效应（需至少拥有 4 个稳定同位素才可使用双稀释剂法）。目前国内外的实验室大都采用“sample-standard bracketing”法（标准-样品匹配法）与“内标法”的组合方法来校正仪器的质量歧视效应（具体操作：在样品和标准溶液中都加入 Cu 或 Zn 同位素标准后再用“sample-standard bracketing”法来测试，用 Cu 或 Zn 同位素标准来校正仪器的质量歧视效应），这种方法能获得很好的测试精度（Yuan W et al.，2016；Zhang T et al.，2016；Kato et al.，2017；Feng et al.，2019）。此外，在干扰 Ga 同位素比值测试的元素中，以 Ba 和 Ce 的干扰最为强烈，研究显示样品需满足 Ba/Ga$<10^{-5}$、Ce/Ga$<10^{-3}$时，其产生的干扰才可以忽略（Kato et al.，2017），因此在仪器分析过程中需对样品中 Ba 和 Ce 的含量进行监测。然而，在 MC-ICP-MS 分析 Ga 同位素比值的过程中，由于 Ba 的电离电位较低，电离时产生的双电荷离子团（$^{138}Ba^{++}$）对 ^{69}Ga 的干扰非常强烈，很多样品往往无法满足 Ba/Ga$<10^{-5}$的要求，Kato 等（2017）建议当样品中的 Ba/Ga 介于 10^{-5} 与 2×10^{-2} 之间时，可通过监测样品溶液中 $^{137}Ba^{++}$（质量数 68.5）的信号强度来校正 $^{138}Ba^{++}$对 ^{69}Ga 的干扰。

3.4.3 Ga 同位素在矿床中应用案例

富 Ga 矿床主要有铝土矿床、Pb-Zn 矿床、少数煤矿床和铁矿床等，有关这些矿床的 Ga 同位素研究还很薄弱，目前为止，只对富 Ga 铝土矿床、Pb-Zn 矿床和现代海底热液硫化物的 Ga 同位素进行过初步研究。

1. 铝土矿床中 Ga 同位素研究

闻静（2020）和 Wen 等（2021）对黔中修文小山坝铝土矿床的 Ga 同位素进行了初步的研究，发现黏土岩（主要矿物为高岭石）的$\delta^{71/69}$Ga 变化于+1.03‰～+1.44‰（平均+1.21‰），铝土矿（主要矿物为一水硬铝石）的$\delta^{71/69}$Ga 变化于+0.65‰～+1.10‰（平均+0.90‰），以一水硬铝石和高岭石为主要矿物的其他样品的$\delta^{71/69}$Ga 值介于黏土岩和铝土矿之间（平均+1.05‰），该地区娄山关群白云岩的$\delta^{71/69}$Ga 值变化于+0.97‰～+1.07‰（平均+1.01‰），黏土岩比铝土矿相对富集重 Ga 同位素（图 3-31）。此外，2 个剖面（分别位于五龙寺矿段和九架炉矿段）均显示$\delta^{71/69}$Ga 从上到下有逐渐减小的趋势（图 3-32）。

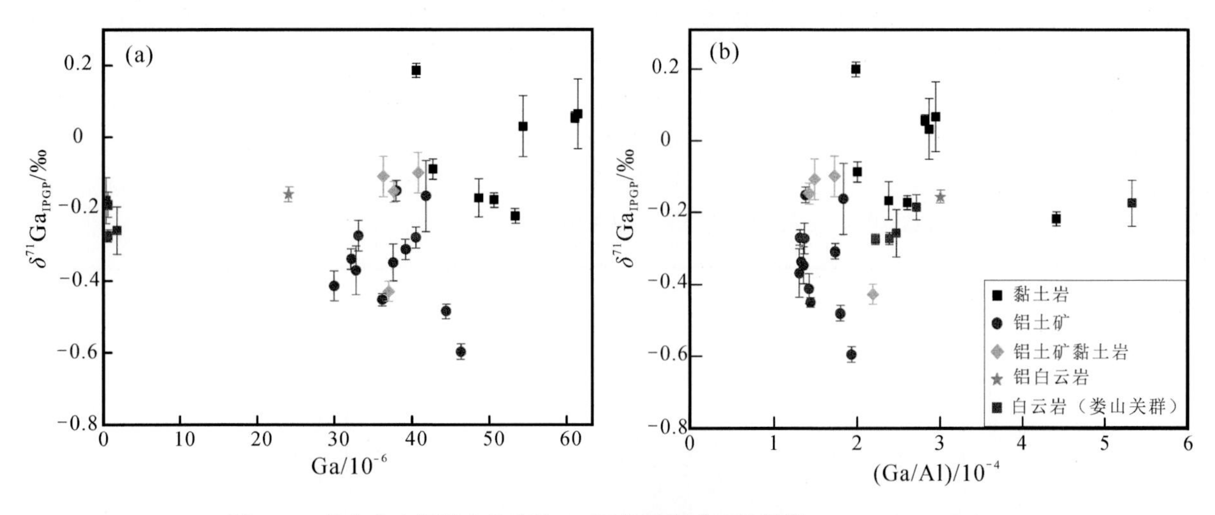

图 3-31　修文小山坝铝土矿床的 Ga 同位素组成（数据据 Wen et al.，2021）

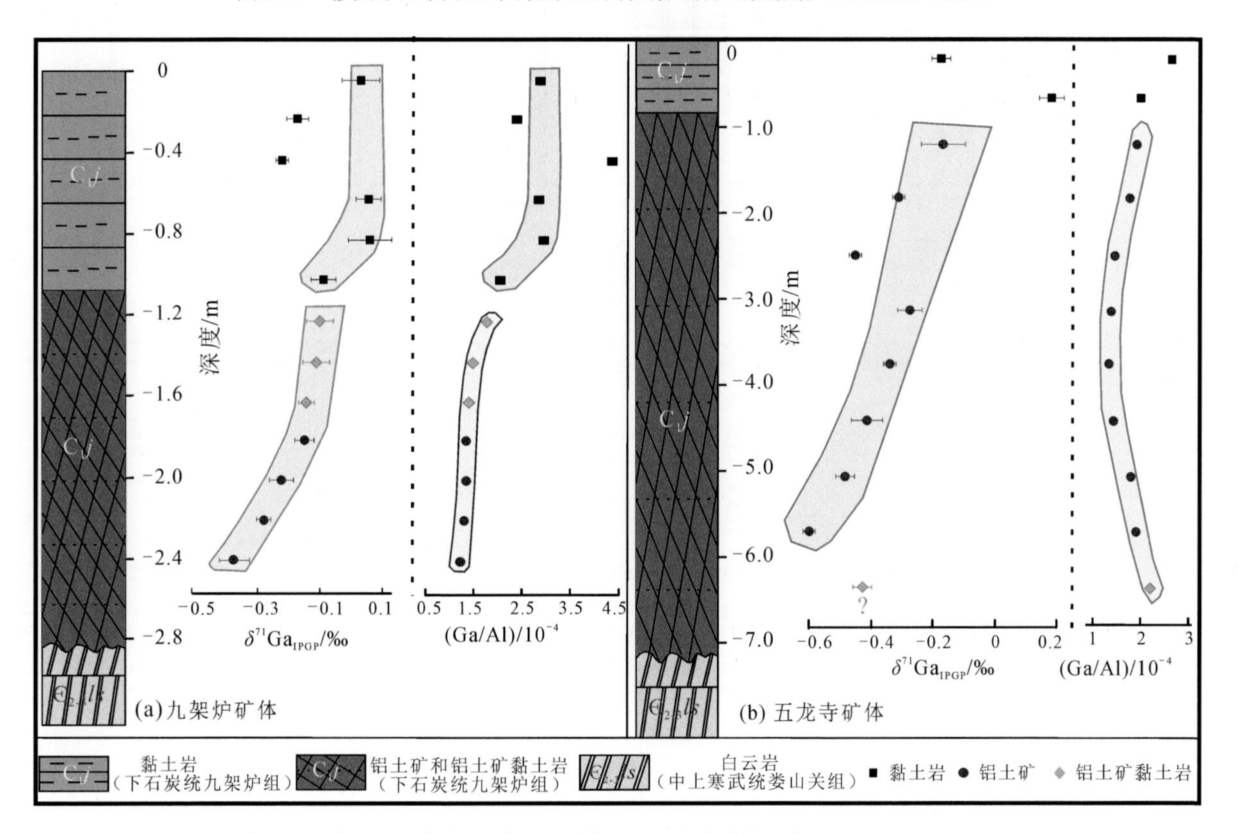

图 3-32　修文小山坝铝土矿床剖面上 Ga 同位素分馏（据 Wen et al.，2021）

此外，据白云岩和黏土岩的淋滤实验结果（闻静，2020；Wen et al.，2021），活泼元素（Na、K、Mg、Ca、Zn 等）倾向富集于淋滤液中，Ga 与 Al 倾向富集于残留相中；但是，也有极少部分 Ga 和 Al 会进入淋滤液并被淋滤迁移（图 3-33）。在 1 件白云岩和 2 件黏土岩的淋滤实验过程中，淋滤开始前，淋滤液的 pH 都为 3 左右，但淋滤结束后溶液的 pH 变化范围较大（其中 2 件样品始终保持在中性到弱碱性，而另 1 件样品则从中性逐渐变为酸性并最终与淋滤前溶液的 pH 相同），淋滤液中 Ga、Al 等元素的含量也不同。这说明从被淋滤的样品中流出的溶液 pH（而不是流入溶液的 pH）更能反映环境的酸碱性与元素的迁移规律之间的对应关系。当淋滤结束后溶液为中性到弱碱性时，淋滤液中 Ga 含量变化于 0.12×10^{-6}～0.28×10^{-6}，Ga/Al 值变化于 143×10^{-4}～439×10^{-4}（被淋滤样品 Ga 含量分别为 1.89×10^{-6}、53.4×10^{-6}，Ga/Al 分别为 2.49×10^{-4}、4.41×10^{-4}）；当淋滤结束后溶液为酸性时，淋滤液中 Ga 含量变化于 0.09×10^{-6}～0.43×10^{-6}，Ga/Al 值变化于 0.06×10^{-4}～0.07×10^{-4}（被淋滤样品 Ga 含量为 61.1×10^{-6}，Ga/Al 值为 2.83×10^{-4}）。虽然 3 个淋滤实验中淋滤液的 Ga 含量变化不大，但 Ga/Al 值却相差约 4 个数量级。在表生风化淋滤迁移中，相对而言，中性到弱碱性环境时，淋滤液中 Ga/Al 值比被淋滤的固体样品高约 2 个数量级，Ga 比 Al 更易于被淋滤迁移［图 3-34 中（a）和（b）］，弱酸性环境时，淋滤液中 Ga/Al 值比被淋滤的固体样品低约 2 个数量级，Al 比 Ga 更易于被淋滤迁移［图 3-34（c）］。

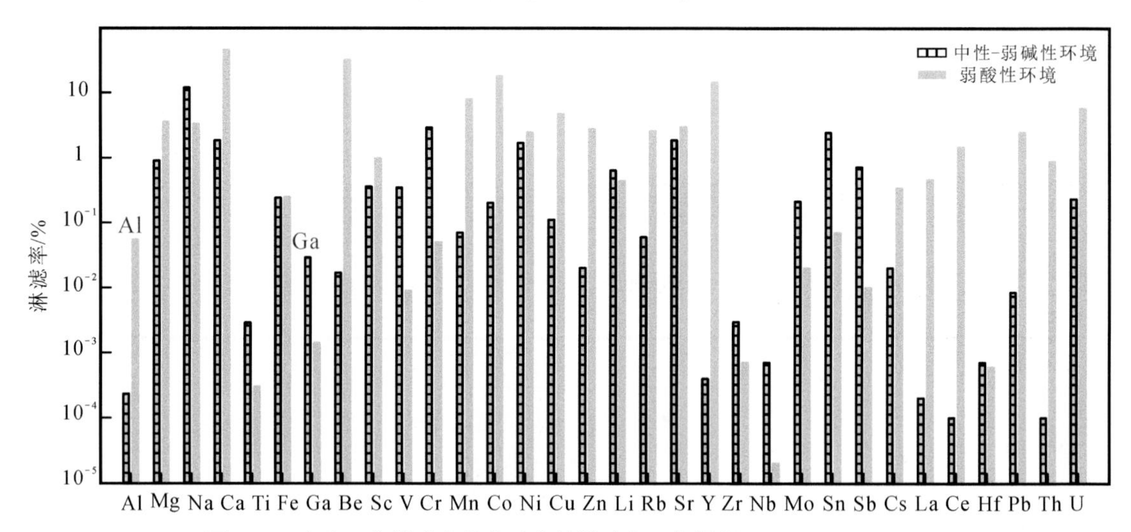

图 3-33　表生风化淋滤实验中元素的淋滤率（数据据 Wen et al.，2021）

淋滤率=淋滤液中元素的总量÷被淋滤的样品中该元素的总量×100%，淋滤时间：70 d

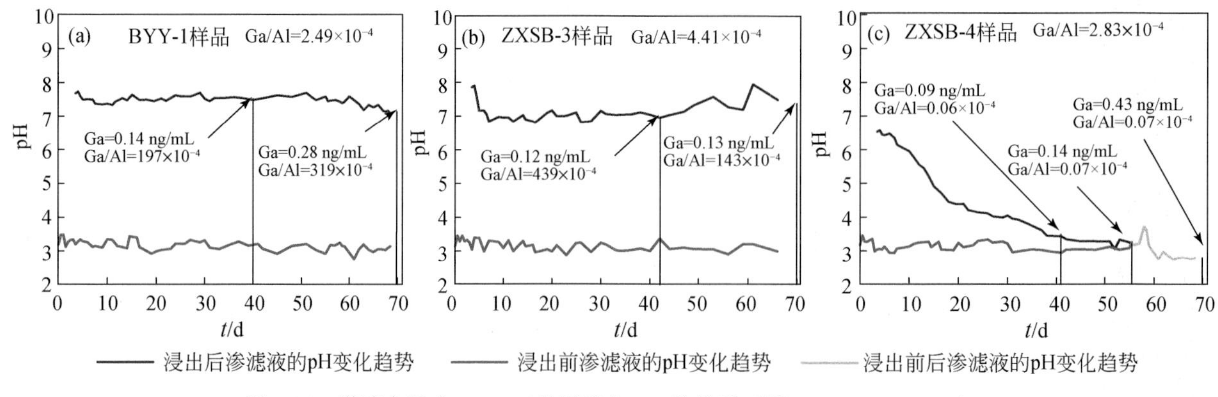

图 3-34　淋滤实验中 Ga、Al 的迁移与 pH 的关系（据 Wen et al.，2021）

小山坝铝土矿中 2 个剖面（五龙寺剖面和九架炉剖面）均显示 $\delta^{71/69}$Ga 从上到下逐渐减小的变化趋势，Ga/Al 值表现为先逐渐减小后逐渐增大的变化趋势。初始的成矿物质被搬运到岩溶洼地沉积的过程中，一方面会经历雨水从上到下的淋滤（位于底部的沉积时间较早，淋滤时间相对较长），另一方面在海侵过程中会经历海水从下到上的淋滤（梅冥相，1991；刘平，2001；陈群等，2019）。无论是雨水从上到下的淋滤还是海水从下到上的淋滤，底部比上部都经历了相对较长时间的淋滤。小山坝铝土矿可能沉积于中性到弱碱性环境（刘平和廖友常，2014；Ling et al.，2015，2018），根据淋滤实验结果，在此环境下，Ga 比 Al 更易于被淋滤迁移。结合剖面上样品 Ga/Al 值的变化规律、淋滤实验结果，Wen 等（2021）认为“淋滤强度”的差异和淋滤液中 Ga 在底部发生再沉淀作用是导致剖面上样品的 Ga/Al 值从上到下表现为先逐渐减小后逐渐增大的原因，淋滤作用和再沉淀作用也是导致剖面下部的样品比上部的样品相对富集轻 Ga 同位素的主要原因。

2. Pb-Zn 矿床和海底热液硫化物的 Ga 同位素研究

闻静（2020）对四川乌斯河 Pb-Zn 矿床的 Ga 同位素进行了初步的研究，发现闪锌矿的$\delta^{71/69}$Ga 变化于+1.67‰～+2.86‰，平均为+2.00‰，分馏达 1.2‰，且闪锌矿颜色深浅对$\delta^{71/69}$Ga 值的变化范围没有明显影响；围岩（碳酸盐岩）的$\delta^{71/69}$Ga 值与玄武岩相近，与围岩相比，闪锌矿相对富集重 Ga 同位素。

Zhang Y X 等（2021）对西南印度洋脊玉皇和断桥两处热液区硫化物的 Ga 同位素进行了研究，玉皇热液区的 8 件硫化物的$\delta^{71/69}$Ga 和 Ga 含量分别变化于+0.99‰～+1.57‰（平均+1.25‰），2.29×10^{-6}～46.0×10^{-6}，断桥热液区的 5 件硫化物的$\delta^{71/69}$Ga 和 Ga 含量分别变化于+0.93‰～+1.55‰（平均+1.19‰）和 1.71×10^{-6}～29.5×10^{-6}，6 件洋中脊玄武岩样品的$\delta^{71/69}$Ga 变化于+1.20‰～+1.23‰（平均+1.22‰），3 件钙质沉积物的$\delta^{71/69}$Ga 变化于+1.39‰～+1.45‰（平均+1.42‰）。钙质沉积物和玄武岩样品的 Ga 同位素组成都比较均一，而 2 个热液区的硫化物的 Ga 同位素分馏较大（分别达到 0.58‰和 0.62‰），而且 2 个热液区的硫化物的$\delta^{71/69}$Ga 的变化范围也高度一致。

西南印度洋洋中脊玄武岩的$\delta^{71/69}$Ga 变化范围非常小，与 2 件玄武岩标准样品（BCR-2 和 BHVO-2）的$\delta^{71/69}$Ga 值在误差范围内一致，同时也与 Kato 等（2017）报道的洋中脊玄武岩的 Ga 同位素组成一致。Zhang 等（2021）据此推测认为高温地质过程可能没有或者只有极小的 Ga 同位素分馏。

玉皇和断桥 2 个热液区硫化物的$\delta^{71/69}$Ga 变化范围几乎完全一致，且$\delta^{71/69}$Ga 的平均值与洋中脊玄武岩的 Ga 同位素组成在误差范围内一致（图 3-35），暗示 2 个热区硫化物中的 Ga 可能具有相同的物质来源。硫化物中 Ga 的潜在来源有海水、沉积物、岩浆岩，而研究区为 sediment-free（无沉积物）洋中脊，沉积物在研究区极其少量，这种热液区通常认为沉积物不对硫化物有金属物质的贡献，海水中的 Ga 含量变化于 2～56 pmol/kg（Orians and Bruland，1988；Shiller，1998；Shiller and Bairamadgi，2006；McAlister and Orians，2015），玄武岩中的 Ga 含量大约是海水的 4×10^{6}～1×10^{8} 倍。此外，据推算海水的$\delta^{71/69}$Ga 远大于硫化物，因此海水不太可能是硫化物 Ga 的主要来源。综合硫化物、洋中脊玄武岩的 Ga 同位素组成，Zhang 等（2021）认为玉皇和断桥 2 个热液区硫化物中 Ga 主要来源于洋中脊玄武岩的淋滤，硫化物中 Ga 同位素分馏可能与硫化物形成过程中的快速沉淀以及不同期次的混合有关。

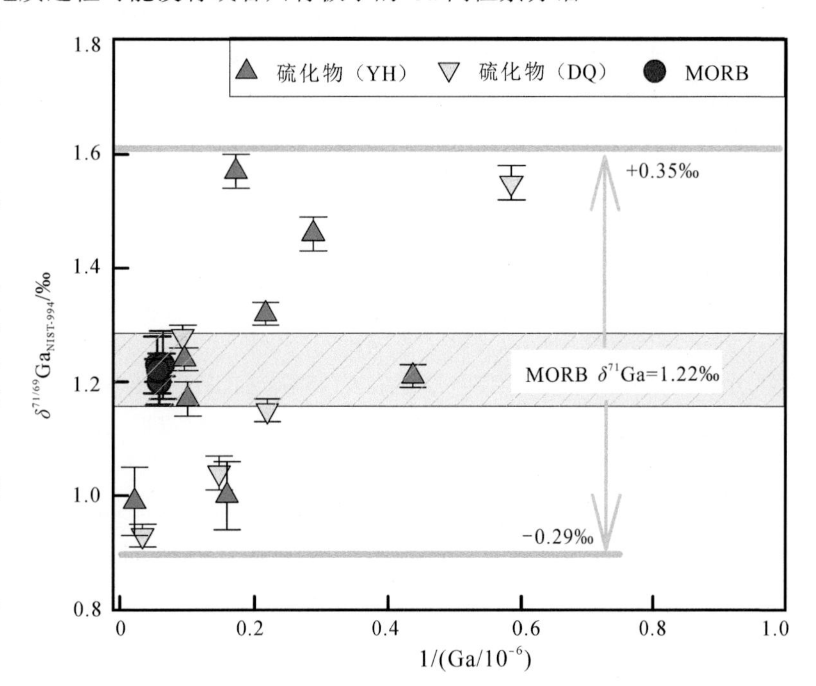

图 3-35　西南印度洋洋中脊玄武岩以及玉皇、断桥热液区硫化物的$\delta^{71/69}$Ga-1/Ga 图解（据 Zhang et al.，2021）

3.5 Tl同位素地球化学

3.5.1 自然界中Tl同位素储库特征及分馏机理

1. 自然界中Tl同位素储库特征

1）原始地幔

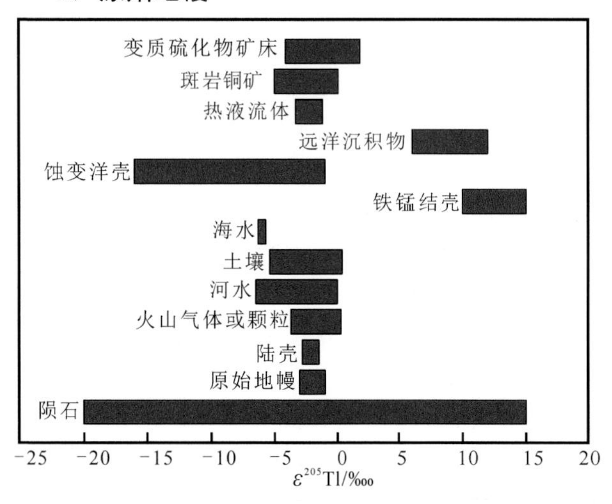

图3-36 自然界中Tl同位素储库特征

原始地幔中Tl的浓度约为3.5×10^{-9}（McDonough and Sun，1995），而亏损地幔中的浓度为0.38×10^{-9}（Salters and Stracke，2004）。由于Tl的浓度非常低，对地幔中Tl同位素组成的测试存在挑战。来自德国Eifel火山区域的方辉橄榄岩的Tl同位素组成为ε^{205}Tl=−2.0‱±0.8‱，浓度为1.05×10^{-9}（Nielsen et al.，2015）。该浓度略高于已发表的亏损地幔中Tl的估计值（Salters and Stracke，2004），但考虑到潜在的金块效应，尚不清楚该浓度是否一定代表上地幔。全球洋中脊玄武岩（MORB）和洋岛玄武岩（OIB）均匀的Tl同位素组成（$\varepsilon^{205}Tl_{MORB}$=−2‱±1‱），可能暗示地幔具有均匀的Tl同位素组成（图3-36）（Brett et al.，2021；Nielsen et al.，2006a）。因此，目前未受地壳成分影响的上地幔中，可能不存在Tl同位素组成差异。考虑这些熔岩的熔融程度并不相同，有限的ε^{205}Tl变化范围表明地幔部分熔融并没有产生可以识别的Tl同位素分馏。然而，由于地幔熔融过程中存在一些轻元素的稳定同位素分馏（Craddock et al.，2013；Williams et al.，2004），需要对MORB和橄榄岩进行更加系统的Tl同位素分析来验证地幔的Tl同位素组成是否均匀。

2）大陆地壳

考虑到大陆地壳整体组成的演化，有必要进一步考虑火成作用对Tl稳定同位素分馏的影响。但Tl同位素之间的相对质量差异很小，加上火成岩体系中Tl的氧化还原反应很少或不存在，因此在岩浆作用过程中Tl同位素分馏作用可以忽略。多项研究发现，以黄土为代表的平均上地壳的Tl同位素组成与MORB难以区分，两者均表现为ε^{205}Tl=−2.0‱±0.5‱（Nielsen et al.，2005，2006a，2006c，2007）。大陆地壳Tl同位素组成的均一性得到了青藏高原超钾质岩脉（ε^{205}Tl=−2.3‱±0.5‱）数据的支持（Williams et al.，2001）。Nielsen等（2016）测定了来自阿留申岛弧的一系列共生玄武岩的ε^{205}Tl值，发现结晶分异过程中，Tl的浓度与K_2O含量表现出明显的正相关性。尽管熔岩的ε^{205}Tl范围为−2.3‱～+0.7‱，但Tl同位素组成与Tl含量变化无关，暗示俯冲带输入的影响。总之，目前几乎没有证据表明部分熔融或结晶分异过程存在明显的Tl同位素分馏，因此大陆地壳可能呈现均匀的Tl同位素组成（图3-36）。

3）火山气体

Tl在火山气体和颗粒中显著富集（Gauthier and Le Cloarec，1998；Baker et al.，2009）。因此，火山喷出的气体可能为地表环境提供大量Tl，估计流入海洋的通量约为370 Mg/a（Rehkämper et al.，2004；Baker et al.，2009）。Baker等（2009）研究了火山系统排气过程中Tl同位素的行为，发现了显著的同位素变化。脱气过程中伴随着重要的动力学同位素分馏，其中轻同位素在蒸发过程中在气相中富集。即使Tl的2种同位素之间的相对质量差很小，但仍然存在较大的动力学分馏（$\alpha_{液体-气体}$=1.0049，约49ε）。这个量级的同位素差异远远超过了目前地球上观测到的Tl稳定同位素变化范围。然而，与气相中富含轻同位素的预期相反，Baker等（2009）发现火山喷出物没有呈现^{203}Tl或^{205}Tl的系统富集，尽管单个样品之间的同位素差异很大。来自 6 个独立火山的 34 个气体和颗粒样品的 Tl 同位素组成仍然比较一致，平均值为 $\varepsilon^{205}Tl=-1.7‱\pm2.0‱$（图 3-36）。这与火成岩的平均值难以区分，表明整个脱气过程并不会显著改变脱气熔岩的 Tl 同位素组成。

4）风化产物和河流

风化过程中的稳定同位素分馏通常通过测量河流中溶解相和颗粒相的同位素组成差异来识别。许多动力学和平衡分馏过程都可能会影响河流的稳定同位素组成，因此风化过程中的同位素分馏很难预测。一般而言，Tl 易溶于水溶液，在风化过程中容易被迁移。然而，风化过程中 Tl 倾向于富集在富钾矿物和锰氧化物中（Heinrichs et al.，1980），暗示 Tl 通过河流进入海洋的搬运效率可能较低。Nielsen 等（2005）测量了一些主要河流中溶解的和颗粒悬浮物质的 Tl 同位素组成，发现河流溶解 Tl 的平均值为 $\varepsilon^{205}Tl=-2.5‱\pm1.0‱$（Nielsen et al.，2005），颗粒悬浮物质的平均值为 $\varepsilon^{205}Tl=-2.0‱\pm0.5‱$。尽管河流 Tl 同位素组成存在明显的差异（图 3-36），但这些差异主要与流域岩性的变化有关，但包括世界上最大的亚马孙河在内的大多数河流显示出 $\varepsilon^{205}Tl$ 值与平均大陆地壳相似。

5）海水、Fe-Mn 结壳

在海洋中，Tl 是一种保守的、低含量的微量元素，平均溶解浓度为(13±1) pg/g（Flegal and Patterson，1985；Schedlbauer and Heumann，2000；Rehkämper et al.，2004）。基于对海洋输入和输出的 Tl 通量评价，Rehkämper 等（2004）认为目前海洋 Tl 处于稳定状态，Tl 的停留时间约为 2 万年。由于 Tl 的海洋停留时间比海洋混合时间长 1 个数量级以上，且行为保守，因此，现代海水呈现均匀的 Tl 同位素组成。对北极、大西洋和太平洋海水的分析证实了这一预测（Rehkämper et al.，2002；Nielsen et al.，2004，2006c）。最近覆盖大西洋 40°S 的 GEOTRACES GA10 剖面的约 50 个海水样品同样呈现均匀的 Tl 同位素组成，总体平均值为 $\varepsilon^{205}Tl=-6.0‱\pm0.3‱$（Owens et al.，2017）。因此，这些分析再次证实现代全球海水具有均匀的 Tl 同位素组成（图 3-36）。而全球海水的均匀的 Tl 同位素组成主要是由海洋内部 Fe-Mn 氧化物的沉淀比例所控制。目前的研究发现现代海洋中 Fe-Mn 结壳具有均匀的重的 Tl 同位素组成（图 3-36）。

2. Tl 同位素分馏机制

总的来说，地球物质 Tl 同位素组成变化范围相当有限，只有少数自然样品与 MORB 和大陆地壳值有显著偏差（Nielsen et al.，2005，2006a，2006c，2007）。然而，地球上自然样品 Tl 同位素组成的整体范围超过了 35 个 $\varepsilon^{205}Tl$ 单位（Rehkämper et al.，2002，2004；Nielsen et al.，2006c；Coggon et al.，2014）。这种差异远超出基于经典稳定同位素分馏理论的预测范围，对理解导致 Tl 同位素分馏的基本过程非常重要。

引起 Tl 同位素分馏的过程有 2 种主要机制，一种是动力学分馏，另一种是在化学交换反应中起作用的平衡分馏。原则上，动力学分馏能够产生较大的 Tl 同位素分馏（如火山脱气），现有研究表明，在火山喷气、陨石和交代地幔（金云母）记录了这种过程（Nielsen et al.，2006a；Baker et al.，2009，2010a；Fitzpayne et al.，2020）。然而，在海水和 Fe-Mn 氧化物之间观察到的较大的 Tl 同位素分馏更有可能反映了 Tl 同位素的平衡分馏效应（Rehkämper et al.，2002；Nielsen et al.，2006c）。

Schauble（2007）发现较大的 Tl 同位素平衡分馏效应，可能主要由所谓的核场位移同位素分馏机制引起。因此，核场位移同位素分馏也属于平衡同位素分馏机制，其分馏程度与同位素的质量大致相关，对于重元素来说影响更为明显（Knyazev and Myasoedov，2001；Schauble，2007）。对 Tl 同位素分馏的模拟计算显示，溶解在水溶液中的 Tl^{+} 和 Tl^{3+} 之间的平衡系统将具有规律性的质量依赖性和核场位移同位素效应，同位素的分馏方向基本一致（Schauble，2007）。当这 2 个机制结合起来时，可以重现在地球上观测到的 Tl 同位素变化的近似幅度（Schauble，2007）。这些计算结果与观测的 Fe-Mn 结壳和低温蚀变玄武岩的 Tl 同位素组成密切相关，因为它们分别代表了迄今为止发现的最重和最轻的 Tl 同位素储库（图 3-36）。Tl 同位素平衡分馏主要涉及 Tl 不同价态（Tl^{+}，Tl^{3+}）的化学交换反应（Schauble，2007）。

前人进行了大量实验，以理解 Tl 被吸附到 Fe-Mn 氢氧化物-氧化物结壳（图 3-37）和其他 Fe-Mn 沉积物过程中 Tl 同位素分馏机制（Peacock and Moon，2012；Nielsen et al.，2013）。这些 Fe-Mn 沉积物中的大部分 Tl 与 MnO_2 矿物有关（Koschinsky and Hein，2003；Peacock and Moon，2012），因此，Tl 同位素分

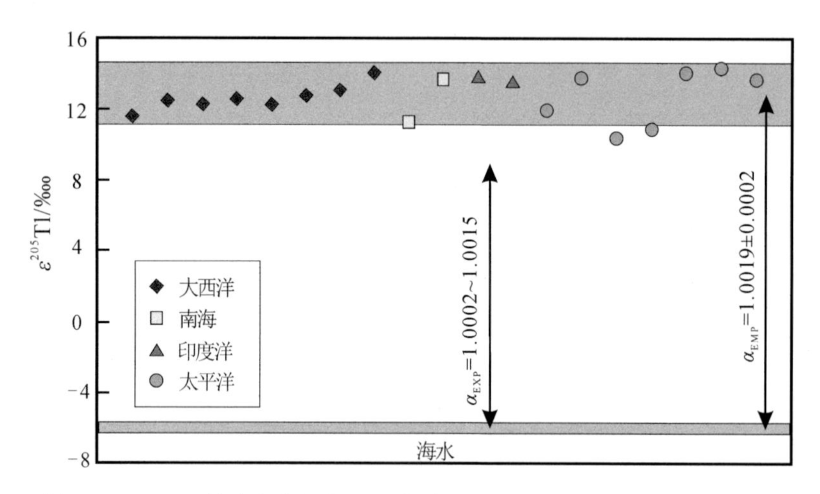

图 3-37 Fe-Mn 结壳和海水的 Tl 同位素组成（引自 Nielsen et al.，2017）

馏很可能发生在吸附阶段并与锰氧化物密切相关，特别是 MnO_2 相（六方水钠锰矿）能够将吸附后的 Tl^+氧化为 Tl^{3+}（Bidoglio et al.，1993；Peacock and Moon，2012）。而 Tl 被吸附到较低电位的其他结构 MnO_2 氧化矿物时则没有引起显著的同位素分馏（Nielsen et al.，2013）。一系列实验表明，吸附到水钠锰矿中的 Tl 系统性地富集重的 Tl 同位素 ^{205}Tl（Nielsen et al.，2013），这与 Fe-Mn 结壳和海水的 Tl 同位素组成差异一致（Rehkämper et al.，2002；Owens et al.，2017）。然而，实验测得的 MnO_2 相六方水钠锰矿与海水之间的 Tl 同位素分馏系数变化范围较大，而且通常低于现代 Fe-Mn 结壳与海水之间 Tl 同位素组成差异（图 3-37）。总之，实际观测、理论和实验模拟提供了锰氧化物吸附过程中 Tl 同位素分馏机制的相对一致性（Rehkämper et al.，2002；Schauble，2007；Nielsen et al.，2013）。然而，目前尚不清楚在锰氧化物吸附过程中，Tl 同位素分馏系数的变化与温度、pH、离子强度及其他参数之间的具体联系。

目前，人们对低温蚀变洋壳中的 Tl 同位素分馏效应知之甚少。在这种环境下，洋壳循环的海水的 Tl 同位素组成显示，洋壳蚀变存在较小的 Tl 同位素分馏 α=0.9985（Coggon et al.，2014；Nielsen et al.，2006c）。如果是一个平衡反应，则很可能涉及 Tl 的氧化还原反应，但 Tl^{3+}参与的过程通常会产生大的平衡同位素分馏。因此，洋壳蚀变过程中的 Tl 同位素分馏可能属于动力学同位素分馏（Schauble，2007）。综上所述，在海洋环境中观察到的大部分 Tl 同位素变化很可能是由传统质量和核场位移同位素平衡分馏过程的共同作用所致。自然样品中观察到的较大的平衡同位素分馏大多与氧化还原过程密不可分。

3.5.2 Tl 同位素分离及测试方法

1. 化学分离

获得高质量稳定同位素比值的先决条件是将目标元素从样品基质中完全分离以及 100%的回收率。Rehkämper 和 Halliday（1999）最早开发了从样品基质中分离 Tl 的化学流程，用来对地质样品进行 Tl 同位素分析。这项技术在之后被一些研究人员进行了细微的修改（Nielsen et al.，2004，2007；Baker et al.，2009），但方法的主要流程保持不变。图 3-38 中概述了详细的化学流程，可以将 Tl 有效地从地质样品基质中分离出来。Tl 同位素化学分离技术的基本原理是：将 Tl^{3+}在酸性溶液中与卤素阴离子（Cl^-或 Br^-）形成稳定的配合物，从而非常强烈地吸附在阴离子交换树脂上，最后达到高效分离。相反，Tl^+不会形成阴离子络合物，因而不会吸附在阴离子交换树脂上。因此，在完全消解的盐酸介质样品中加入少量饱和溴水，此过程将确保所有 Tl 处于 Tl^{3+}状态，随后将强烈地吸附在阴离子交换树脂上。在添加溴水的期间，如果只有部分 Tl 被氧化，将导致 Tl 损失并可能导致 Tl 同位素分馏。然而，该程序通常导致样品 Tl 的 100%回收（Prytulak et al.，2013），表明所有 Tl 被溴水完全氧化。只要存在 Br_2，样品基质可以在各种酸性介质中洗脱。最后，通过用还原溶液将 Tl 转化为低价态（Tl^+），将 Tl 从树脂中洗脱。所用的还原溶液通常为 0.1 mol/L 盐酸，其中溶解了 5%（重量比）的 SO_2 气体。

2. 仪器分析

MC-ICP-MS 的出现促进了高精度 Tl 同位素比值测试的发展。与 TIMS 测试的主要区别在于能够对测

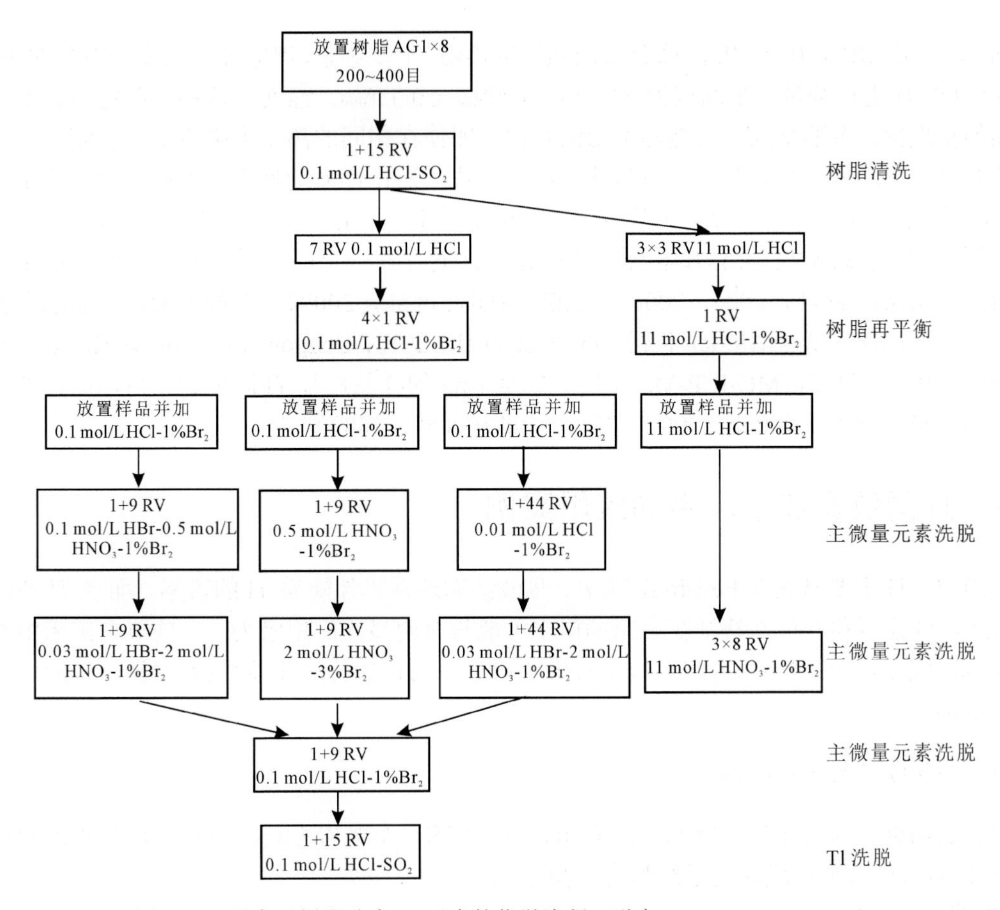

图 3-38　阴离子树脂分离 Tl 元素的化学流程（引自 Nielsen et al.，2017）

试期间发生的仪器同位素分馏进行更好的校正。不同的同位素体系在电离挥发过程中同位素分馏与时间和质量数密切相关，因此，无法使用双同位素系统来校正 TIMS 测试过程中的仪器质量歧视效应。因此，通过 TIMS 精确测试稳定同位素比值最好使用双稀释剂方法校正（Rudge et al.，2009）。然而，只有含有 4 种或 4 种以上同位素的元素才能使用同位素双稀释剂方法（Rudge et al.，2009），这也是早期利用 TIMS 测试 Tl 同位素产生相对较大不确定性的主要原因。MC-ICP-MS 的巨大优势在于，当测量 Tl 同位素（或任何双同位素系统）时，即使仪器质量分辨的总体幅度远大于 TIMS，但在测试过程中可以对其进行独立监测，因此双同位素体系可以更精确地应用于校正。由于样品作为溶液引入质谱仪，因此可以进行质量偏差校正。在该溶液中混合一种已知同位素比值的单独元素，假设 2 种元素产生的质量偏差成比例，可以非常准确地确定 Tl 同位素比值（Rehkämper and Halliday，1999；Nielsen et al.，2004）。对于 Tl 同位素测试而言，Pb 作为外部标准与传统的样品-标准匹配技术（SSB）相结合，可以有效校正仪器质量偏差，因而具有非常好的测试稳定性。

与所有其他稳定同位素体系一样，Tl 同位素组成通常也是相对一个标准来表示。但 Tl 同位素比值的表示与大多数稳定同位素系统使用δ符号略有不同。造成这种差异的原因是，Tl 同位素系统最初是作为一种宇宙化学放射成因同位素系统开发的，通常使用 ε 符号表示（以万分之一为变化单位）。因此，为了便于宇宙化学数据和陆地数据之间的比较，保留了原来的表示方法。

$$\varepsilon^{205}\text{Tl}/‱=\frac{\left(\frac{^{205}\text{Tl}}{^{203}\text{Tl}}\right)_{\text{Sample}}-\left(\frac{^{205}\text{Tl}}{^{203}\text{Tl}}\right)_{\text{NIST997}}}{\left(\frac{^{205}\text{Tl}}{^{203}\text{Tl}}\right)_{\text{NIST997}}}\times 10^{4}$$

3. 测试不确定性和标准

与 MC-ICP-MS 测试大多数稳定同位素一样，纯的标准溶液的不确定性最小。Tl 最常用的二级标准最初是从 Aldrich 购买的用于 ICP-MS 浓度分析的纯标准溶液。十多年来，该标准已在多个不同的 MC-ICP-MS 上相对 NIST 997 Tl 进行测量，平均值为 ε^{205}Tl= −0.79‱±0.35‱。然而，这种不确定性并不一定代表实际测试样品的重现性，主要是因为与纯标准溶液相比，即使在相同的离子束强度下进行测量，少量样品基质也会导致测量精度降低。基质效应难以量化，而且取决于测试样品的性质。然而，通过使用已知同位素组成的 Tl 混合样品来测试基质效应的实验表明，残留基质不会导致系统的 Tl 同位素偏移（Nielsen et al.，2004）。较早的研究发现测试样品浓度和测试不确定性之间存在一定的关系，如高浓度的样品测试通常获得较小的偏差（Nielsen et al.，2004，2006b，2007；Baker et al.，2009）。但最近的研究显示真实样品和参考物质的外部重现性仅略低于 Aldrich 标准（Prytulak et al.，2013；Coggon et al.，2014；Kersten et al.，2014；Nielsen et al.，2015）。目前，MC-ICP-MS 可以对低至 1 ng 的样品进行 Tl 同位素分析，而且外部精度优于 ±1ε（Nielsen et al.，2004，2006b，2007，2015；Baker et al.，2009）。

3.5.3 Tl 同位素在矿床中的应用案例

现代海洋中，Tl 主要富集在 Fe-Mn 结壳中。热液活动通常也伴随着 Tl 的富集，而且 Tl 通常富集在硫化物中，因此，Tl 元素和同位素特征在矿床勘探中可能具有明显的应用潜力。一些典型矿床中不同矿物之间的 Tl 同位素分馏因子的大小和方向提供了有用的信息，为将独特的 Tl 同位素“指纹”应用在矿床勘探中提供理论基础。

1. 智利北部的斑岩 Cu 矿床

Baker 等（2010b）研究了位于智利北部 Collahuasi 组的一个斑岩 Cu 矿床的 Tl 同位素地球化学，初步讨论了 Tl 同位素对斑岩铜矿成因的示踪潜力。简述如下。

1）地质背景

Collahuasi 区位于智利北部，距离玻利维亚边境以西 5～10 km。Collahuasi 地区主要发育 3 套沉积地层，发育 Domeyko 和 Loa 两个主要断裂。Domeyko 断层以西，白垩系 Cerro Empexa 组的大陆火山岩和砂质岩覆盖在侏罗系 Quehita 组的海相沉积岩上。这些岩石不整合地覆盖着二叠—三叠系 Collahuasi 组。Collahuasi 组覆盖在 Arequipa-Antofalla 克拉通的变质岩和侵入岩之上。Loa 断层以东地区以中新世—上新世的安山岩层火山链为特征（Clark et al.，1998；Moore and Masterman，2002）。

Collahuasi 组由溢流岩、火山碎屑岩、凝灰岩、伴生斑岩侵入体和少量沉积物组成。整个 Collahuasi 组地层可分为上、中、下 3 个单元（Vergara and Thomas，1984）。下段和上段主要由流纹岩和英安岩组成，而中段主要为安山岩和溢流玄武岩。Collahuasi 组内发育世界级斑岩 Cu 矿床，包括 Quebrada Blanc、Ujina 矿床（图 3-39）。Collahuasi 组喷出岩和侵入岩发育在 2 个时代：约 300 Ma、约 244 Ma（Masterman et al.，2004；Munizaga et al.，2008）。Rosario 矿床位于 Collahuasi 和 Rosario 的 2 个大型长石-石英-黑云母斑岩侵入体内部和外围。该矿床具有浸染斑岩型 Cu-Mo 矿化和高 S 型 Cu-Ag 硫化物矿脉（Masterman et al.，2004；Masterman et al.，2005）。成矿年龄约为(34.4±0.3)～(32.6±0.3) Ma（Berger and York，1981；Harrison et al.，1985；Masterman et al.，2004）。Ujina Cu-Mo 矿床位于 Rosari 以东约 8 km 处，主要由 Ujina 斑岩（长石-石英-黑云母二长岩）赋矿（Masterman et al.，2004；Masterman et al.，2005）。该斑岩位于 Collahuasi 组下部的安山岩中。成矿年龄约为(35.2±0.3) Ma（Masterman et al.，2005）。

2）结果和讨论

Collahuasi 组 Tl 同位素组成为 ε^{205}Tl=−5.1‱～+0.1‱，平均值为 ε^{205}Tl=−2.0‱±1.0‱。蚀变大陆火成岩的 ε^{205}Tl 平均值与黄土样品的 Tl 同位素平均值相同（ε^{205}Tl=−2.1‱±0.3‱）（Nielsen et al.，2005）。在 Collahuasi 组岩石中观察到的 Tl 同位素组成差异显著，但小于陆地其他储库的 Tl 同位素变化范围。Collahuasi 组火成岩大多在 300～400 ℃左右的温度下发生了蚀变（Masterman et al.，2005），这样的高温过程通常不会产生较大的 Tl 同位素分馏。因此，影响 Collahuasi 组岩石 Tl 同位素分馏的过程可能主要与火成岩形成和热液蚀变过程相关。

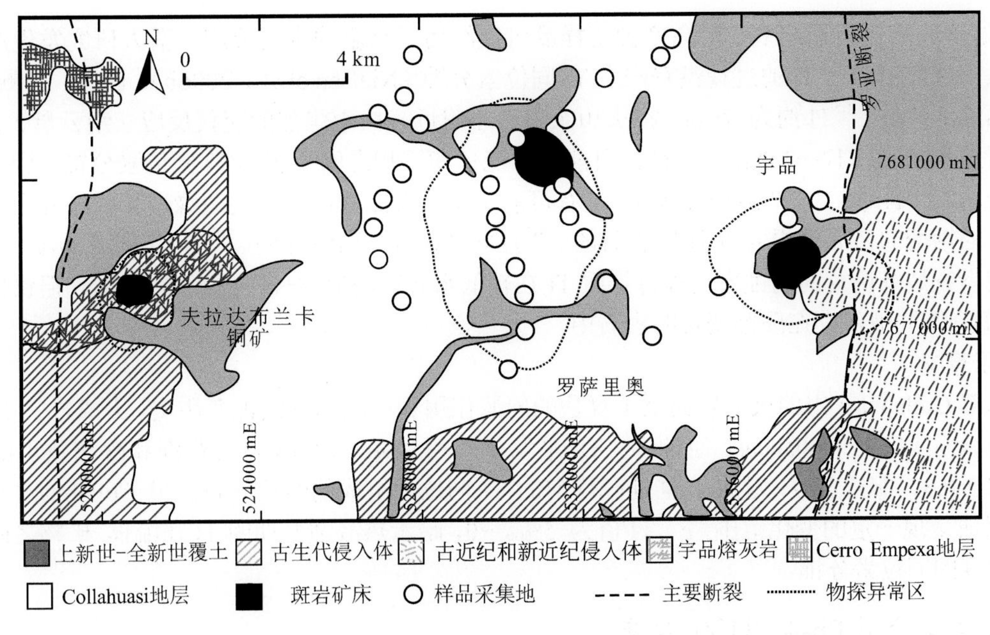

图 3-39　Collahuasi 地区地质简图及 Quebrada Blanc、Ujina 矿床的位置

没有显著蚀变的英安岩(Na_2O>4.5%)表现出显著的 Tl 同位素组成变化，ε^{205}Tl 值介于−3.5‰和−0.5‰之间（图 3-40），可能暗示了火成过程的 Tl 同位素分馏或岩浆源区成分的差异。在岩浆系统中，Tl 的挥发性明显高于钾（Hinkley et al.，1994），Tl 的显著脱气导致 Tl/K 值降低，伴随着增加的 ε^{205}Tl 值。然而，样品中未观察到这种关系（图 3-40），因此，岩浆演化过程中挥发性 Tl 脱气不可能造成明显的 Tl 同位素变化（Baker et al.，2009）。更可能的是，Tl 同位素的变化是从具有不同组分的岩浆源区继承而来。在这 2 种情况下，Tl 同位素可以继承岩浆特征，无论是地幔柱还是在熔岩侵位期间岩浆通常包含了来自深海沉积物的贡献（Nielsen et al.，2006a，2007）。因此，Collahuasi 组 Tl 同位素变化可能反映了来自海洋沉积物或蚀变洋壳的混染。

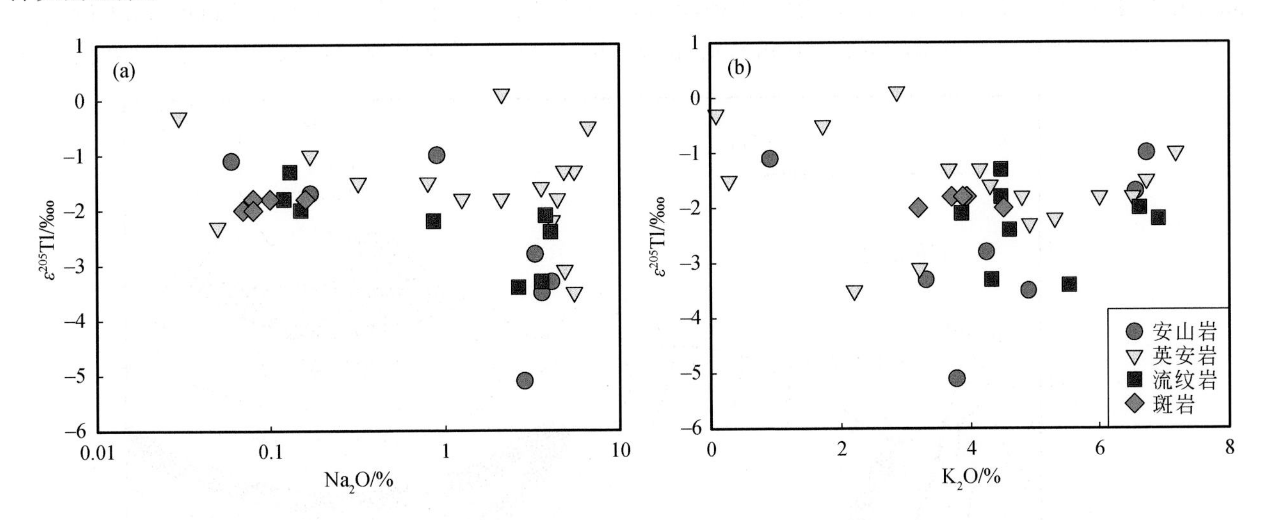

图 3-40　Tl 同位素组成与 Na_2O、K_2O 的相关性（引自 Baker et al.，2010b）

Collahuasi 样品的 Tl 含量在热液蚀变期间发生了重新分配，同样的过程也可能在很大程度上控制 Tl 同位素组成的变化。一方面，不同火成岩的 Tl 同位素组成没有系统性差异。另一方面，所有 ε^{205}Tl≤−2.8‰的富含 ^{203}Tl 的 Collahuasi 岩石以弱蚀变为特征，而强烈蚀变的绢云母和泥质岩石的 ε^{205}Tl 值均大于−2.3‰（图 3-40）。然而，ε^{205}Tl 与 Na_2O、K_2O 含量没有明显的相关性，表明 Tl 同位素组成不能直接用于示踪斑岩 Cu 系统中矿化或热液蚀变的程度。5 个斑岩样品的 Tl 同位素组成几乎相同，平均值为 ε^{205}Tl=−1.9‰

±0.1‰。这些来自热液系统中心的高度蚀变样品可能经历了高温的水岩反应。前人研究发现海底热液系统中流体从玄武岩中浸出 Tl 的过程没有产生 Tl 同位素分馏（Nielsen et al.，2006b）。因此，推测 Collahuasi 组的原始热液流体的 ε^{205}Tl 约为−2‰。在火山杂岩核心附近，由于强烈的交代反应（绢云母、泥质钾质）产生的岩石通常以 ε^{205}Tl＞−2.0‰为特征，可能暗示流体和矿物之间微弱的 Tl 同位素分馏。因此，弱蚀变原岩的较低的 ε^{205}Tl 值（−2.7‰±1.1‰）更有可能是从热液流体由中心向边缘迁移的过程中继承而来。总之，强烈的蚀变通常导致绢云母/泥质岩石的 ε^{205}Tl＞−2.0‰，而流体的 ε^{205}Tl 小于−2.0‰。当此类演化流体在热液系统边缘诱发的弱蚀变过程将导致 Tl 在较低水岩比的流体-矿物中重新分配，但仅仅伴随较小的 Tl 同位素分馏并被保存在弱蚀变带的岩石中。

3）指示意义

智利北部 Collahuasi 组的火成岩记录了复杂的岩浆作用和广泛的热液蚀变历史。火成岩中 Tl 含量主要由热液流体反应控制。Collahuasi 组的 ε^{205}Tl 平均值（−2.0‰±1.0‰）与亚洲和欧洲黄土的平均结果（ε^{205}Tl=−2.1±0.3）非常一致，也与大陆地壳均匀的 Tl 同位素组成的结论一致。但 Collahuasi 组火成岩的 Tl 同位素组成呈现一定的变化范围，ε^{205}Tl 值为−5‰～0，暗示热液蚀变期间 Tl 在流体-矿物之间的重新分配和一定程度的同位素分馏。

2. 瑞士南部变质 Pb-As-Tl-Zn 矿床

Lengenbach（伦根巴赫）变质 Pb-As-Tl-Zn 矿床以其丰富的稀有含 Tl 矿物而闻名。由于矿石矿物中 Tl 的浓度较高，因此可以对单个矿物相进行 Tl 同位素分析，从而评价由硫化物熔体/矿物分配引起的潜在同位素分馏。Hettmann 等（2014）研究了 Lengenbach 变质 Pb-As-Tl-Zn 矿床中不同硫化物熔体之间 Tl 同位素组成，简述如下。

1）地质背景

Lengenbach 变质 Pb-As-Tl-Zn 矿床位于瑞士南部阿尔卑斯山脉的 Penninic 单元（Hofmann and Knill，1996）。矿体赋存在 Binn 山谷的变质三叠纪白云岩中（图 3-41）。在靠近 Binn 山谷的 Steinental 地区，变质程度为绿片岩相到角闪岩相，变质年龄为约 28 Ma（Frey et al.，1974；Vance and O'Nions，1992；Hofmann and Knill，1996）。矿化的三叠纪白云岩位于 Monte Leone 推覆花岗片麻岩基底和上覆 Bündnerschiefer 组之间（图 3-41）。矿化带靠近结晶基底（Hofmann and Knill，1996）。主矿化带呈层状产出，包含厚层的黄铁

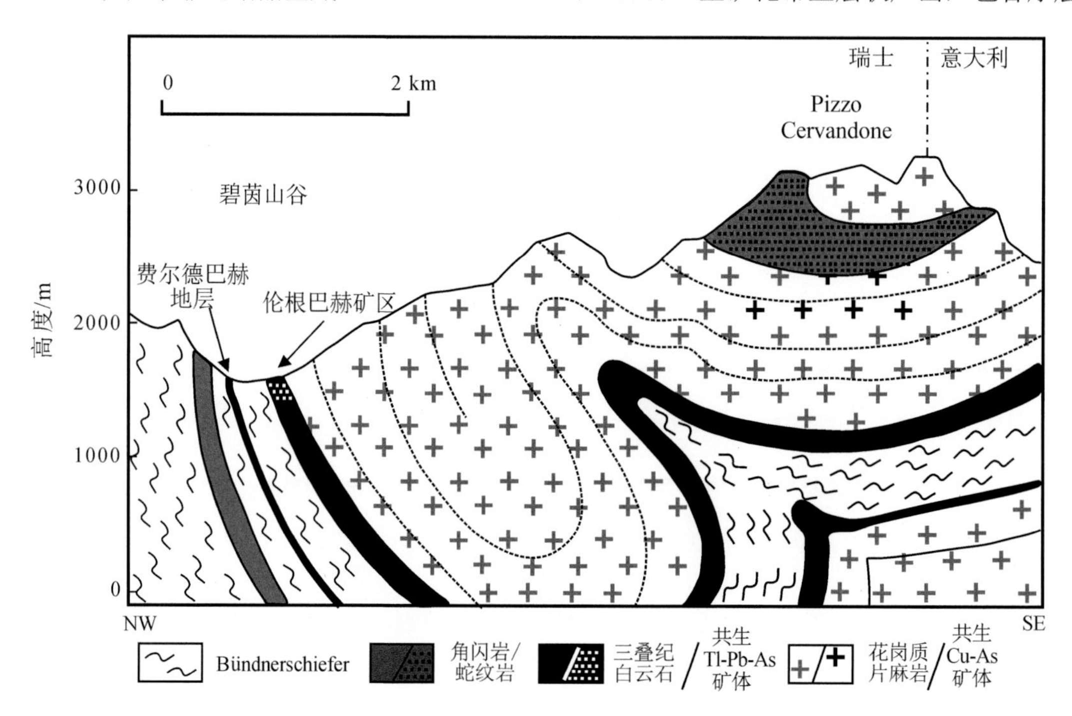

图 3-41　Lengenbach 矿区简化地质图

矿层、微层闪锌矿和方铅矿，及少量的硫酸盐。矿层可细分为还原带（富含 As(III)）和中间氧化还原带。富 As(III)带由黄铁矿、重晶石、闪锌矿、褐硫砷铅矿、脆硫砷铅矿、雌黄、雄黄和其他富 As 硫酸盐组成。在该带中，石英中含有富 Pb-Tl 硫化物的熔体包裹体，同时伴生有褐硫砷铅矿、脆硫砷铅矿、雄黄和铁矿石的细脉。中间氧化还原带主要产出黄铁矿、重晶石、方铅矿、闪锌矿、锑硫砷铅矿和其他贫 As 硫酸盐。

Binn 山谷地区 Pizzo Cervandone 矿床可能为 Lengenbach 矿床提供了金属来源。在 Pizzo Cervandone 矿床中，基底正片麻岩具有 Cu-As 矿化，包含硫化物矿物（黝铜矿）和亚砷酸盐矿物（Guastoni et al.，2006）。黝铜矿部分转变为碳酸铜，并与少量黄铁矿、黄铜矿和辉钼矿一起出现。砷酸盐和亚砷酸盐的出现可能与正片麻岩中砷铜矿重新活化相关。赋存于 Muschelkalk 白云岩中的 Wiesloch 密西西比河谷型 Pb-Zn 矿床形成于上莱茵地堑伸展过程中，温度约为 150 ℃（Pfaff et al.，2010）。矿物由方解石、白云石、重晶石、闪锌矿、方铅矿、黄铁矿和少量硫酸盐（硫砷铊铅矿）组成。

2）结果与讨论

3 个矿床的 Tl 同位素组成为 ε^{205}Tl= –4.1‰～+1.9‰。在 Lengenbach 矿床，锑硫砷铅矿的同位素组成最轻，ε^{205}Tl= –4.1‰～–1.5‰。脆硫砷铅矿的 ε^{205}Tl 为–2.2‰。其他硫酸盐具有较高的值，ε^{205}Tl=+0.6‰～+1.9‰，而硫化物熔体的 ε^{205}Tl= –0.3‰。Pizzo Cervandone 矿床的 Cu-As 矿化的亚砷酸盐样品（ε^{205}Tl= –2.0‰）的 Tl 同位素组成落在黝铜矿范围内（ε^{205}Tl= –3.0‰～0.1‰）。Wiesloch 矿床的样品显示出较小的同位素变化，ε^{205}Tl= –1.4‰～–2.7‰。

Wiesloch 矿床硫化物的 Tl 同位素组成与 Lengenbach 矿床相似（表 3-13）。然而，有限的数据无法判断是否存在外部元素输入。Lengenbach 矿床大部分矿物的 ε^{205}Tl 值高于平均地壳值（表 3-13）。唯一已知含有非常重的 Tl 同位素组成的储库是海洋 Fe-Mn（Fe-Mn）氧化物（Rehkämper et al.，2002，2004；Nielsen et al.，2009）。尽管在碳酸盐台地上此类结核并不普遍，但海底氧化物（Fe-Mn 结核）也可能为 Lengenbach 矿床提供了物质基础。此外，Fe-Mn 氧化物通常高度富集 Tl 元素（Rehkämper et al.，2002，2004），因此能够对 Lengenbach 矿床的 Tl 元素丰度具有重要贡献。前人研究显示海洋 Fe-Mn 氧化物可以主导岩浆系统的 Tl 含量丰度（Nielsen et al.，2006a）。另外，这种海底氧化物还含有大量的 As、Cu。因此，Lengenbach 矿化的母岩可能被富 Tl、Cu、As 的海底流体蚀变。而 Tl 的唯一其他来源可能是围岩中的含钾矿物（云母或钾长石）。Pizzo Cervandone 矿床的 ε^{205}Tl 值位于先前确定的斑岩 Cu 矿床范围内（Baker et al.，2010a）（表 3-13）。这支持了 Pizzo Cervandone 矿床为岩浆成因的解释。

表 3-13　Lengenbach、Pizzo Cervandone 和 Wiesloch 矿床的 Tl 同位素组成（Hettmann et al.，2014）

样品	采样点	矿物	ε^{205}Tl/‰	±2SD/‰
Bin 1	Lengenbach 矿床采矿场	碲硫砷铅矿	−4.1	0.5
Bin 2	Lengenbach 矿床采矿场	黝铜矿	1.1	0.5
Bin 3	Lengenbach 矿床采矿场	碲硫砷铅矿	−1.5	0.5
Bin 4	Lengenbach 矿床采矿场	细硫砷铅矿	0.6	0.5
Bin 5	Lengenbach 矿床采矿场	黝铜矿	1	0.5
Bin 6	Lengenbach 矿床采矿场	伊甸哈特石	1.9	0.5
Bin 7	Pizzo Cervandone 矿床	黝铜矿	0.1	0.7
Bin 8	Pizzo Cervandone 矿床	黝铜矿	−3	0.6
Bin 9	Lengenbach 矿床采矿场	脆硫砷铅矿	−2.2	0.5
Bin 10	Pizzo Cervandone 矿床	砷铍硅钙石	−2	0.5
Bin 11	Lengenbach 矿床采矿场	雌黄	1.1	0.5
Bin 12	Lengenbach 矿床采矿场	脆硫砷铅矿	−0.5	0.5
Bin 13	Lengenbach 矿床采矿场	熔融包裹体	−0.3	0.5
BG 186	Wiesloch 矿床	方铅矿	−1.4	0.5
BW114	Wiesloch 矿床	闪锌矿	−2.7	0.5

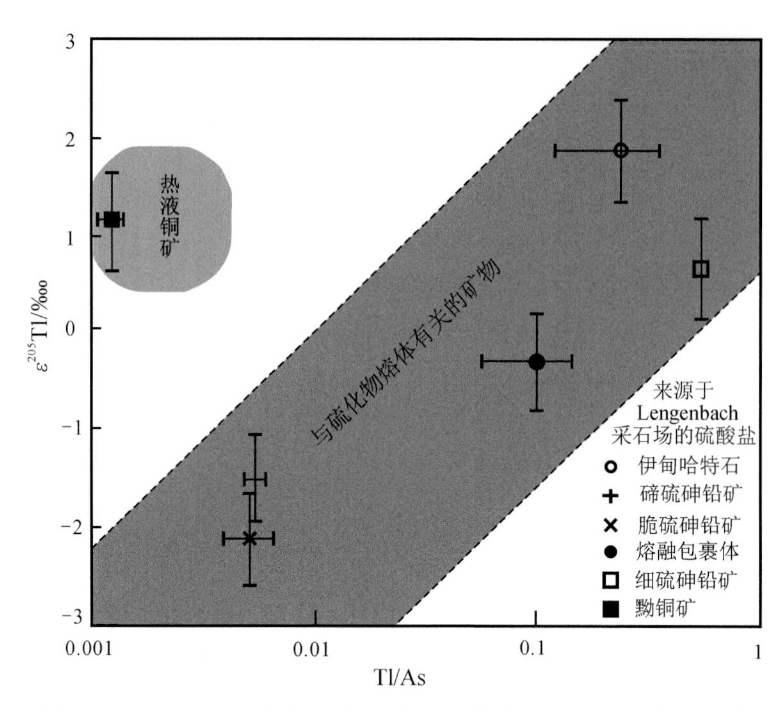

图 3-42　Lengenbach 矿床中不同矿物 Tl 同位素组成与 Tl/As 值的关系

Lengenbach 矿床中 ε^{205}Tl 范围很大，可以通过熔融、结晶分异过程中的同位素分馏以及不同来源解释。结晶分异过程中，Tl、As 倾向富集在剩余的熔体中（Tomkins et al.，2007）。在 Lengenbach 矿床的结晶序列中同样发现后期的富 As 的褐硫砷铅矿取代了早期的贫 As 的锑硫砷铅矿。这一过程将导致 Tl/As 值与 ε^{205}Tl 呈现良好的正相关关系（图 3-42），暗示结晶分异过程中较轻的 Tl 同位素优先进入固相，而较重的同位素残留在硫化物熔体中。另外，硫化物熔体和流体之间的分馏更有可能。Tl 在含盐流体中以氯化物络合物的形式运移（Xiong，2007），而在熔体中可能是以离子形式迁移。假设固体、硫化物熔体和相关的流体之间的同位素分馏达到平衡，同位素分馏可以被认为是整体流体（即熔体加水流体）和固体之间的分馏，该模型要求硫化物富集更多的轻同位素，从而导致整体流体同位素组成更重。Lengenbach 矿床中的黝铜矿不遵循 Tl/As 和 ε^{205}Tl 协同变化的趋势（图 3-42）。Tl/As 值显示，它们可能在矿床形成的早期发生结晶。然而，Lengenbach 矿床中高的 ε^{205}Tl 值表明其结晶非常晚。黝铜矿在 ε^{205}Tl 与 Tl/As 图中位置可能反映了黝铜矿结晶发生在硫化物熔体凝固之后，而热液活动在较低温度下持续存在，或者可能暗示确实有多种金属来源对矿床的形成有贡献。

3）指示意义

研究表明，硫化物熔体的结晶会引起明显的 Tl 同位素分馏。因此，高温矿床的 Tl 同位素分析可用于重建硫化物熔体形成及变质过程中微量元素分异富集。变质硫化物熔体的结晶产物形成了世界级的矿床，对类似矿床实例进行同位素研究可能会进一步解密它们的形成和相关的过程。

3. Tl 同位素在海洋环境中的研究

海洋 Fe-Mn 结壳通常生长在很少或没有规律的碎屑沉积的硬底，例如在洋流阻止颗粒重力沉降的海山上（Hein et al.，2000）。它们直接从周围的水体中沉淀，其生长速度为 n mm/Ma（Segl et al.，1984，1989；Eisenhauer et al.，1992）。这意味着厚度超过 10 cm 的结壳可以提供整个新生代（约 65 Ma）的连续海水记录。前人对 Fe-Mn 结壳进行了广泛的研究，来反演深海中各种元素及同位素组成的变化。根据元素的海洋存留时间，同位素的变化主要反映了海洋环流或海洋源或汇通量的变化（Burton et al.，1997；Van de Flierdt et al.，2004）。

全球 Fe-Mn 结壳均匀的 Tl 同位素组成（图 3-43），意味着海水和 Fe-Mn 结壳之间存在恒定的 Tl 同位素平衡分馏。Fe-Mn 结壳的 Tl 同位素组成随时间变化可能反映了海水与 Fe-Mn 结壳之间同位素分馏系数的变化或海水中 Tl 同位素组成的变化。而海水 Tl 同位素组成变化可能更加合理（Rehkämper et al.，2004；Nielsen et al.，2009）。

不同 Fe-Mn 结壳的 Tl 同位素组成存在系统性变化（Rehkämper et al.，2004；Nielsen et al.，2009）。如：新生代早期 Fe-Mn 结壳呈现变化最大的 Tl 同位素组成（Rehkämper et al.，2004）。但是，由于结壳中的低密度采样和年龄的不确定性，无法对 Tl 同位素变化的具体时间进行精确的限定。此外，Tl 元素的海洋输入或输出通量的变化，可能导致 Fe-Mn 结壳记录了海水中 Tl 同位素组成的变化（Rehkämper et al.，2004）。对于 Fe-Mn 结壳高分辨率时间序列的 Tl 同位素分析，解决了在约 55 Ma 到约 45 Ma 之间发生的 Tl 同位素组

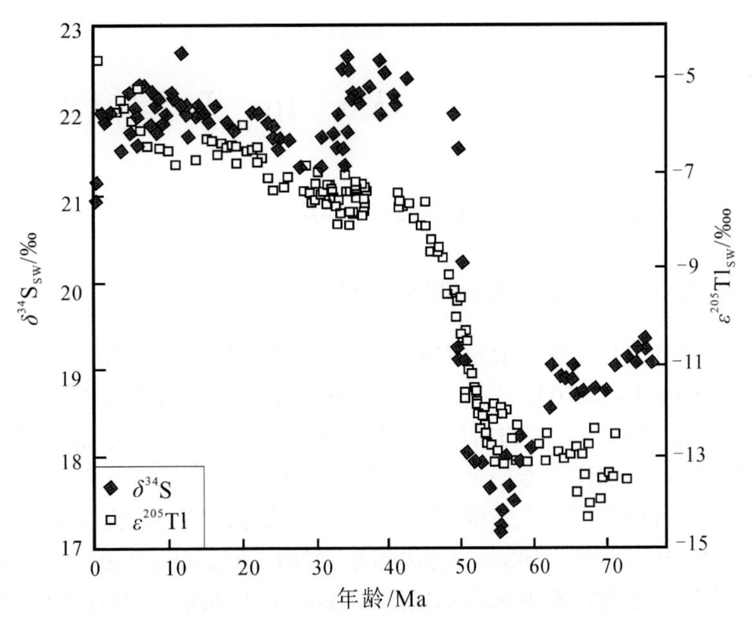

图 3-43　过去 75 Ma 海水的 S 和 Tl 同位素组成（引自 Nielsen et al.，2017）

成的单向的巨大变化（图 3-43）（Nielsen et al.，2009）。基于对海洋中 Tl 输入和输出通量及其各自的同位素组成的进一步认识，海水 ε^{205}Tl 值的巨大变化似乎更加合理地反映了早始新世远洋沉积物中自生 Mn 氧化物沉淀比例逐渐减少（Nielsen et al.，2009）。

控制全球海洋中 Mn 氧化物沉淀比例发生变化的潜在机制难以评估。然而，共变 Tl 同位素曲线与海水 S 同位素的组成（图 3-43），可能暗示相同的机制驱使了这 2 种稳定同位素体系的演化趋势。Baker 等（2009）推测古新世（约 65～55 Ma）的高 Mn 氧化物沉淀率可能与海洋中富含 Fe 和 Mn 的火山灰颗粒的沉积增加有关。这些火山活动也可以解释当时海水相对较低的δ^{34}S 值。因此，约 55～45 Ma 之间海洋 Tl 和 S 同位素组成的变化可能与火山活动减弱有关（Wallmann，2001）。另外，Mn 氧化物沉淀是由生物利用和有机碳埋藏所控制（Baker et al.，2009）。较高的有机碳埋藏速率会导致 Mn 氧化物沉淀比例降低。同时，有机碳埋藏的增加会导致更高的沉积黄铁矿埋藏比例，并从海水中吸收同位素轻的硫（Berner，1984）。综上所述，初步的古海洋学研究结果表明，可以利用 Tl 同位素作为海洋 Mn 源或 Mn 氧化物沉淀比例变化的地球化学参数。

近年来，已有部分研究利用 Tl 同位素组成变化尝试恢复古代海洋中 Mn 氧化物沉淀比例的变化，并由此进一步反演古海水氧化还原状态的演变规律（Fan et al.，2020；Li et al.，2021；Ostrander et al.，2017，2021）。如：我们分析了华南陡山沱组顶部缺氧和硫化的黑色页岩的 Tl 同位素组成。发现在 Shuram 早期 Tl 同位素组成 ε^{205}Tl 呈现从−3‱到−8‱的降低趋势，内陆架和外陆架黑色页岩的 Tl 同位素组成（−7.8‱～−5.1‱）接近甚至略低于现代海水，暗示这一时期 Mn 氧化物的沉淀埋藏接近于现代海洋，进一步指示当时存在大规模的海洋氧化事件。在 Shuram 晚期，缺氧和硫化环境沉积的黑色页岩记录了接近于现代河流的 Tl 同位素组成（ε^{205}Tl≈−2.5‱～0.4‱），暗示当时的氧化事件为短暂的幕式氧化（Fan et al.，2020）。

3.5.4　存在的问题和未来方向

有关 Tl 同位素的研究使我们对 Tl 的地球化学行为有了比较深入的认识。然而，在诸多方面仍存在问题。目前有关矿床中 Tl 同位素的研究显示不同矿物中 ε^{205}Tl 存在显著且可分辨的差异，就单个矿物的同位素特征以及不同 pH、氧逸度和温度条件下流体/矿物分配的潜在影响而言，显然还有很多需要探索的地方。而且，Tl 同位素体系示踪矿床成因仍需要更多令人信服的证据。

另外，实验研究表明 Tl 吸附到 Mn 氧化物中显然是造成富含 Mn 氧化物的海洋沉积物中记录的重同位素组成的主要控制机制（Nielsen et al.，2013；Peacock and Moon，2012）。然而，同位素分馏的幅度与温度、氧化还原电位和离子强度等参数变化之间的联系目前尚不清楚。自然界和模拟实验系统中锰氧化物沉淀和低温洋壳蚀变过程中 Tl 同位素分馏机制需要更加深入的研究。这不仅有助于完善重元素同位素分馏的物理化学过程，而且将使我们能够更好地利用 Tl 同位素体系来量化低温热液流体的通量（Nielsen et al.，2006c），并有助于阐明短时期内观察到的海洋环境中的 Tl 同位素变化的原因（Baker et al.，2009；Nielsen et al.，2009）。未来利用 Tl 同位素建立海洋环境演变规律和反演俯冲带循环可能成为研究的焦点。

3.6 In、Te 同位素地球化学

3.6.1 In 同位素地球化学

1. In 同位素分离和测试方法

铟（In）的原子量为114.8，在自然界稳定存在的有2个同位素，分别为^{113}In（4.3%）、^{115}In（95.7%）（Yang et al.，2010）。^{115}In 可经过 β 衰变成 ^{115}Sn，衰变常数为 $1.39\times10^{-15}\ a^{-1}$（Yi et al.，1995）。相较于 Cd、Se、Ga 等稀散元素的同位素已具备较为成熟的分离和测试方法，In 同位素在地学领域中的应用尚处于起步阶段，目前没有专门针对地质样品的 In 同位素数据报道。为了准确测定标准物质以及地质样品的 In 含量，学者们开展了大量的实验来进行 In 的分离纯化，探索出一些可行的分离流程（如：蔡水洪和苏元复，2000；杜乃林等，1989；Terashima，2001；Marinho et al.，2011）。按照实验流程，分离纯化方案主要可以分为以下2类：萃取和反萃取法（Clark and Viets，1981；Ebarvia et al.，1988；蔡水洪和苏元复，2000；杜乃林等，1989；Terashima，2001）；离子交换树脂分离法（Kirchenbaur et al.，2018；Yi et al.，1998，2000；Marinho et al.，2011；吴文启等，2007；Wang Z C et al.，2015，2016）。

萃取和反萃取法：主要是根据 In 的卤化物在有机溶剂中有较高的溶解度，采用萃取和反萃取的办法把 In 分离出来。已有研究表明，使用碘作为卤化剂来络合，在三辛基甲基铵（Toma）-甲基异丁基酮（MIBK）溶液中进行提取具有很好的萃取效果（Clark and Viets，1981；Ebarvia et al.，1988；Terashima，2001）。Terashima（2001）报道了97%～103%的 In 回收率。目前相对较为成熟的提取流程见表3-14。该方法的缺点是需要使用较多有机试剂，操作烦琐且要求严格；对于 In 的提取，不同批次的实验可能存在离散度大的情况，实验室间的结果偏差大；萃取的溶液不同程度地仍然含有包括干扰元素在内的其他金属离子，因此需要多次萃取-反萃取，增大了实验过程的本底，制约含量及同位素的准确测试。

离子交换树脂分离法：苯乙烯和丙烯酸结构的强碱性阴离子交换树脂，特别是那些含有氮杂环基的有机组分对于 In 等元素的分离十分有效，当前的 In 分离方法大部分使用此类树脂。例如：Amberlite IR-400AR（Carlo Erba）型、Amberlite IRA 420（Carlo Erba）型、Dowex 1（Dow Chemicals）型以及 Amberjet 4200 CI（Rohm & Hass）型（Marinho et al.，2011）。Marinho 等（2011）对使用过的 Pt/Al_2O_3 和 $PtSnIn/Al_2O_3$ 催化剂中的 Pt、Sn、In 进行了顺序提取，可获得超过99%的 In 回收率。这个流程所处理的样品的高 Al 含量近似于地质样品的化学组成，但缺失 Na、K、Mg、Si、S 等主量元素，以及其他 Cu、Zn 等金属元素，在实际地质样品的分离中应进行相应的调整。但是在这个流程中，发现乙二胺四乙酸（$C_{10}H_{16}N_2O_8$，EDTA）对于 In 有很好的螯合能力，对 In 的洗脱十分有效；此外，抗坏血酸可以把 Sn^{4+} 还原为 Sn^{2+}，并将 Sn 从树脂中洗脱出来，从而将 Sn 与 In 分离，这对 In 同位素测试中排除 ^{115}Sn 对 ^{115}In 的同质异位数干扰十分关键，在对地质样品的洗脱程序设定中可以借鉴这些发现。然而，相对而言这个纯化流程是比较烦琐且复杂的，其中也需要引入大量有机质进行洗脱（表3-15）。

Yi 等（1998）采用强酸性阳离子树脂和强碱性阴离子树脂双柱法进行了 In 的纯化，阳离子树脂为 Bio-Rad AG1 X8（100～200目），阴离子树脂为 Bio-Rad AG 50w-x8（200～400目），用量分别为0.4 mL 和0.5 mL。阳离子树脂中，样品处于6 mol/L 盐酸介质，利用6 mol/L 的 HCl 进行洗脱 In；阴离子树脂中，样品处于0.5 mol/L 的盐酸介质，用0.5 mol/L 的 HCl 进行洗脱收集 In。Yi 等（1998）利用此方法对6种地质标准物质的 In 进行分离，得到的回收率不到30%，远低于同位素测试要求。Kirchenbaur 等（2018）基于 Yi 等（1998）的方法进行了优化，依然采用阳离子树脂 Bio-Rad AG1 X8（100～200目）和阴离子树脂 Bio-Rad AG 50w-x8（200～400目）双柱法进行分离，但不同之处在于，他们在阳离子树脂流程中，样品处于氢溴酸介质，其他步骤与 Yi 等（1998）报道的方法相当。Kirchenbaur 等（2018）采用他们优化后的流程对16种地质标准物质的 In 进行了分离，得到的回收率有了进一步的提升，在31%～85%范围内。但

表 3-14　萃取法提取 In 的主要操作流程

主要流程步骤	试剂及操作
① 称样	0.01~1.0 g
② 消解	2 mL 15.7 mol/L HNO_3，6 mL 12 mol/L HCl，在 120 ℃保持 60 min； 8 mL 27 mol/L HF，150 ℃； 蒸干； 4 mL 6 mol/L HCl，在 120 ℃保持 60 min
③ 离心	取上清液
④ 卤化物络合	0.5 mL 氨基磺酸，2 mL 2%~8%（*m/v*）抗坏血酸维生素 C 介质的 KI，去离子水定容至 10 mL，摇匀
⑤ 萃取	1 mL TOMA-MIBK 溶液，摇匀后静置分层，取上层有机质相溶液

表 3-15　离子交换树脂法提取 In 的主要操作流程

主要流程步骤	试剂及操作
① 消解	消解； 4 mL 1 mol/L HCl 定容
② 离心	取上清液
③ 装柱	约 2 mL 强碱性阴离子交换树脂
④ 上样	步骤三②所取上清液
⑤ 淋洗	NH_4OH（1~6 mol/L）； HCl（1~6 mol/L）； HNO_3（1~6 mol/L）； H_2SO_4（1~6 mol/L）； $(N_2H_5)_2SO_4$（1%于 1 mol/L HCl 介质）； 硫脲（1%于 1 mol/L HCl 介质）
⑥ 调节 pH	树脂用 $NaHCO_3/Na_2CO_3$ 缓冲液（pH 9）平衡 1 h
⑦ 接 Pt	$Na_2S_2O_3$（0.5~1 mol/L，预先用 6 mol/L NaOH 将 pH 调节至 9）
⑧ 调节 pH	去离子水冲洗树脂至中性
⑨ 接 Sn	抗坏血酸（0.1 mol/L）
⑩ 调节 pH	去离子水冲洗树脂至中性
⑪ 接 In	EDTA（0.1 mol/L）

是对于同位素测试而言，31%～85%的回收率仍然不满足 In 同位素的高精度测试。但是反映出这种双柱法结合起来的 In 分离纯化方法的重复性相对较好，需要进一步优化流程，提升 In 的回收率。

In 同位素的测试：由于 In 只有 ^{113}In（4.3%）和 ^{115}In（95.7%）2 个稳定存在的同位素，在同位素测试中需要对这 2 个同位素进行准确测定。在同质异位数方面，^{113}In 和 ^{115}In 分别会受到 ^{113}Cd 和 ^{115}Sn 的干扰，因此在纯化过程要尽量保证 Cd 和 Sn 已经去除干净，测试过程中也需要同步检测 ^{111}Cd 和 $^{117}Sn/^{118}Sn$。通过 SSB 法(standard-sample bracketing)进行仪器的质量歧视效应校正，目前可采用 Merck ICP solution（Lot #HCO85993）作为校正参考标准，其 $^{113}In/^{115}In$ 值为 0.044823（Berglund and Wieser，2011）；同时，如果是利用 Nu Plasma 型等可满足较宽同位素质量测试范围的多接收质谱仪测试，可以考虑于标准和样品中添加钯内标，进一步提升测试的精度和准确度。以 Neptune plus 型 MC-ICP-MS 为例，其测试的杯子结构如表 3-16 所示。

表 3-16　Neptune plus 型 MC-ICP-MS 测试 In 同位素的杯子结构（Kirchenbaur et al.，2018）

法拉第杯	放大器	质量数	同位素	丰度/%	同质异位数	丰度/%
L4	$10^{12}Ω$	110	^{110}Cd	12.49	^{110}Pd	11.72
L3	$10^{12}Ω$	111	^{111}Cd	12.80		
L2	$10^{11}Ω$	112	^{112}Cd	24.13	^{112}Sn	0.97
L1	$10^{11}Ω$	113	^{113}In	4.29	^{113}Cd	12.22
C	$10^{11}Ω$	115	^{115}In	95.71	^{115}Sn	0.34
H1	$10^{11}Ω$	116	^{116}Sn	14.54	^{116}Cd	7.49
H2	$10^{11}Ω$	117	^{117}Sn	7.68		
H3	$10^{11}Ω$	118	^{118}Sn	24.22		

2. In 同位素在矿床学的潜在应用分析

In 在地球各储库中均极为分散，在地核、下地幔、上地幔、陆壳、洋壳中的丰度分别为 $0.5×10^{-6}$、$0.01×10^{-6}$、$0.06×10^{-6}$、$0.05×10^{-6}$ 及 $0.072×10^{-6}$（Taylor and McLennan，1985；温汉捷等，2019）。In 主要伴生于富 Sn、Zn 的硫化物矿床。相对分散且主要以伴生状态产出，导致目前对 In 的地球化学性质和成矿作用研究还较为薄弱，在 In 超常富集机理的问题上仍存在较大争议。In 同位素在解决 In 超常富集机理上面最具前景的应用方向如下。

1）揭示岩浆源区及演化过程对 In 富集的控制作用

In 具有中到高度不相容性，在地幔熔融过程中，倾向于富集在熔体中（温汉捷等，2019）。造岩矿物中，云母和角闪石相对而言具有较高的 In 含量（白云母：20×10^{-9}～4500×10^{-9}，均值 3000×10^{-9}，Shaw，1952；黑云母：490×10^{-9}～1800×10^{-9}，均值 1100×10^{-9}，Ivanov，1963；角闪石：$<20\times10^{-9}$～5800×10^{-9}，均值 3000×10^{-9}，Shaw，1952）。Gion 等（2019）提出，角闪石在岩体中的含量越高，该岩体形成 In 矿床的可能性越低。一般而言，I 型花岗岩中通常具有较高含量的角闪石，因此 I 型花岗岩形成 In 矿床的潜力往往不如 A 型和 S 型花岗岩。然而，如果 I 型花岗岩的角闪石结晶分异不强，也有可能形成 In 矿床，例如形成 Climax 型 Mo 矿床的岩体具有一定的 In 成矿潜力（Gion et al.，2018，2019）。可见，In 在花岗质岩浆演化过程中有一定的趋势性，但在这个过程中的地球化学行为仍然较为模糊。对 In 同位素在岩浆演化过程中分馏行为的约束，有望解决 In 富集与岩浆作用之间的关系。

2）确定 In 和 Sn 在热液中的共演化和解耦机理

In 在热液中主要通过与氯络合进行迁移，主要的络合物为 $InCl_2^+$、$InCl_3$、$InClOH^+$（Seward et al.，2000；Wood and Samson，2006；Gaskov and Gushchina，2020）。张乾等（2003）对我国数十个 Fe-Mn 矿床、Cu 矿床及 Pb-Zn 硫化物矿床 In 含量进行调查，富 In 矿床几乎无一例外地皆属于锡石硫化物矿床，并认为在成矿热液中，In 和 Sn 具有共同迁移的特点，只有当 Sn 存在时，In 才能大量进入流体形成含 In 的成矿流体。但是，目前的研究手段仍很难限定 Sn 是如何促进 In 的富集。通过对热液演化过程中 In-Sn 同位素分布的系统测定，建立成矿过程中的一些关键物理化学条件和演化模式，约束对 In 和 Sn 的共演化和解耦机理及控制因素。

3）揭示"In 窗效应"等 In 超常富集过程的机理

Dill 等（2013）在对浅成低温热液型 San Roque 矿床 In 成矿特征研究时发现，闪锌矿 In 含量显著提升时恰好对应 0.2%～0.6%的 Cd 含量，因此提出了"In 窗效应"。这种现象并不是 San Roque 矿床的个例，Toyoha 矿床的闪锌矿 In 的含量大幅升高时的 Cd 含量在 0.4%～0.7%区间（Shimizu and Morishita，2012）；香花岭 Sn 矿床的闪锌矿 Cd 含量在 0.35%～0.45%时，其中 In 的含量明显增加（Liu J P et al.，2017）。闪锌矿在 In 窗效应过程中，In 和 Cd 的含量具有特征性变化。对 In 窗效应下闪锌矿中 In 同位素分馏特征的揭示，有助于理解热液演化过程中什么样的物理化学条件促使了这种高效的替代机制。

4）硫化物 In-Sn 同位素定年

^{115}In 可经过 β 衰变成 ^{115}Sn，衰变常数为 $1.39\times10^{-15}a^{-1}$（Yi et al.，1995），因此可以尝试对硫化物开展 In-Sn 同位素定年工作。尽管半衰期较长，但 ^{115}In 的同位素丰度是 95.71%，而衰变子体 ^{115}Sn 的同位素丰度为 0.34%，相对有利于得出较好的模式年龄。对高 In/Sn 值且形成年代较老的硫化物具有很好的适用前景。因为其衰变系数低，其初始的 Sn 同位素组成可以根据共生的低 In 矿物来进行限定，高 In/Sn 矿物相可以得到相应的模式年龄，无须构造等时线年龄（Yi et al.，1995）。通过对 In、Sn 同位素高精度分析方法的建立，直接对矿化阶段的硫化物进行年龄限定，在硫化物 In-Sn 同位素上面的应用将是一个十分重要的应用方向。这可以解决很多硫化物矿床缺乏适宜定年矿物而难以精确约束矿化时限的科学难题。

3.6.2 Te 同位素地球化学

1. 碲（Te）地球化学性质

碲（Tellurium，Te）最早于 1783 年被弗朗茨·约瑟夫·穆勒·冯·赖兴斯坦（Franz Joseph Müller von Reichenstein）发现，在十多年后由马丁·海因里希·克拉普罗斯（Martin Heinrich Klaproth）完全公开，他以拉丁语中的"地球"一词命名新元素（Tellus）（Klaproth，1798；Emsley，2011；Missen et al.，2020）。近年来，Te 因新的工业用途而受到重视应用，包括碲化镉（CdTe）太阳能电池板（如 Reese et al.，2018）、

热电装置（Lin et al.，2016）、电池（He et al.，2017）和类似纳米材料的 CdTe 量子点（Mahdavi and Rahimi，2018）。需要指出的是，日本福岛核事故导致严重的 ^{132}Te 放射性污染，这为用放射性同位素研究 Te 在环境中的运移等生物地球化学机制提供了可能（如 Tagami et al.，2013；Gil-Díaz，2019）。

Te 位于第 5 周期ⅥA 族（氧亚族），与 S 有着相似的地球化学性质，但显示出某些金属的性质。Te 在整个地球中的丰度值为 300×10^{-9}（McLennan，1993），地壳中的丰度为 1×10^{-9}（刘英俊等，1984），地幔中为 8×10^{-9}（Richards，2003），地核中为 885×10^{-9}（Richards，2003）。在上地壳中为 3×10^{-9}（Li and Schoonmaker，2003），其在上地壳中的含量低于 Au，是地壳中含量最低的金属元素。可见，Te 是典型的稀散元素，但在现代海洋 Fe-Mn 结核及与碱性岩有关的 Au 矿床中能够富集，甚至形成独立矿床（如四川大水沟独立 Te 矿床）（Mao et al.，2002b；涂光炽等，2004）。自然界有超过 180 种含 Te 矿物，使其成为矿物学中异常多样的元素。相对 Te 在地球的丰度，其形成的矿物种类最多（Christy，2015；Pasero，2020）。Te 的矿物类型可分为原生和次生，其中原生矿物 Te 主要以−2 价或者 0 价形式存在，如碲金矿（$AuTe_2$）、针碲金银矿（$AgAuTe_4$）和自然碲等；次生矿物主要指 Te 以 4 价（主要为亚碲酸盐矿物，如碲铜矿，$CuTe^{4+}O_3\cdot2H_2O$）或者 6 价（如独居石，$Cu_6[Te^{6+}O_4(OH)_2](OH)_7Cl$）（Mills et al.，2014；Missen et al.，2019）。原生 Te 矿物一般在地壳深部缺氧环境下的流体或者硅酸盐熔体之中形成，而次生矿物主要是通过在表生环境下氧化原生矿物形成（Zhang and Spry，1994；Ciobanu et al.，2006；Christy et al.，2016）。

目前，Te 富集相关的矿床主要是与碱性岩浆相关，Te 的离子属于软碱系列，可以与软酸 Au 离子以共价键结合，由此形成大量赋存于碱性岩中的 Te-Au 矿床，如美国 Cripple Creek 和 Golden Sunlight Te-Au 矿床（Spry et al.，1997）、斐济 Emperor Te-Au 矿床（Ahmad et al.，1987；Scherbarth and Spry，2006）、我国河北东坪（Wang D Z et al.，2019）和三道湾子 Te-Au 矿床（Zhai and Liu，2014）等。同时，Te 亦可富集在现代海洋的 Fe-Mn 结核中，其含量可达 81.4×10^{-6}（Fu and Wen，2020）。关于 Te 在碱性岩相关矿床中的富集，温汉捷等（2019）进行了很好的总结：碱性岩浆岩并不富集 Te，但 Te 主要存在随碱性岩浆共同侵位的富硫化物流体中，该流体可以不断汲取围岩中的成矿物质，最终沉淀成矿；碱性岩的幔源性、高挥发性及所形成流体的高氧逸度、中等偏碱性等特点，为 Te 的活化、运移提供了良好的条件；Te 极易相容于含 Cu 硫化物中，因此在许多 Cu 矿床中含有丰富的 Te；Te 与 Au 易结合，并在运移及沉淀机制等方面具有一致性，从而形成大量 Te-Au 矿床。对于 Te 在 Fe-Mn 结核中的富集，Li 等（2005）和游国庆等（2014）对太平洋不同区域的样品测试发现，水成 Fe-Mn 结核中 Te 含量高于热液成因的样品，且开放大洋中的结壳比大陆边缘的结壳更富集 Te。Fe-Mn 结壳富集 Te 的机制与其带正电的物质吸附在带负电的 MnO_2 表面上，而中性和带负电的物质与略带正电的 FeOOH 结合，导致各种金属微量元素得到富集（Hein et al.，2003，2013）。

2. Te 同位素分馏机理

自然界中，Te 存在 8 个稳定同位素，分别是 ^{120}Te（0.09%）、^{122}Te（2.55%）、^{123}Te（0.89%）、^{124}Te（4.74%）、^{125}Te（7.07%）、^{126}Te（18.84%）、^{128}Te（31.74%）和 ^{130}Te（34.08%）。基于 Te 同位素的丰度，目前 Te 同位素组成的标注主要用 $\delta^{130/125}Te$ 或者 $\delta^{128/126}Te$ 来表示。尽管标识不同，在采用共同 Te 同位素标准的情况下，这些标识之间可通过每一个原子量分馏值（atom mass unit）完成换算。Moynier 等（2008）利用有机溶剂萃取盐酸中的 Te，发现该过程能导致明显的 Te 同位素非质量分馏，并认为是核场位移理论导致。目前，在陨石和地球样品中均未见报道 Te 的非质量分馏效应。Fornadel 等（2017）测定了不同热液体系中含 Te 矿物的 Te 同位素组成，发现还原类型的 Te 矿物（reduced species）（主要指 Te 以−2 价或 0 价存在矿物中）（$\delta^{130/125}Te$=−1.54‰～0.44‰）和氧化类型的 Te 矿物（oxidized species；$\delta^{130/125}Te$=−1.58‰～0.54‰）之间没有明显 Te 同位素组成差异，说明氧化过程造成的 Te 同位素分馏很小或者没有分馏。但是，如果移除极端值，氧化类型的矿物相对富集 Te 的轻同位素，说明该过程会导致氧化物优先富集 Te 的轻同位素。通过对比不同矿床，未发现流体温度和相分离与 Te 同位素分馏大小的直接关系；但总体而言，和岩浆相关的矿床 Te 同位素分馏比有水岩反应或岩石淋滤过程参与的矿床（如 VMS）分馏小。Fornadel 等（2019）对浅层热液和造山型 Au 矿床中 Te 同位素的研究发现，Te 同位素在斐济 Emperor Au-Te 矿床中呈现带状分布规律，即样品的 Te 同位素组成与样品和 Tavua caldera 水平距离之间呈现反比，说明 Te 同位素受瑞利分馏控制。Te 是一个挥发性元素（半凝聚温度为约 700 K；Wood et al.，2019），在不同氧化还原环境下呈现不同的地球化学性质，因此，Te 及其同位素分馏对星云和母体过程敏感。因此，蒸发和冷凝过程都能导致明显的 Te 同位素分馏。Hellmann 等（2021）对 EL 球粒陨石的研究认为，Te 同位素的蒸发过程受瑞利分馏控制。

3. Te 同位素化学分离和测试

从已有的文献看，对地球和地外样品的溶解未见特殊的处理方式。需要指出的是，Fehr 等（2004）对碳质球粒陨石的溶解前，需将样品在高压灰化炉（10 MPa；200 ℃；3 h）中进行灰化；而样品溶解主要利用王水和氢氟酸等完成。从已有文献看，不同文献采用的蒸干温度不同，如 Hellmann 等（2021）利用硝酸+氢氟酸消解样品（无盐酸），蒸干温度为 120 ℃；Fornadel 等（2014）利用王水对含 Te 单矿物和自然 Te 进行溶解，但蒸干温度为 80 ℃。考虑到 Te 和 Se 具有相似的地球化学性质，样品溶解过程中可能需要考虑酸类型和温度对可能的 Te 丢失的影响，但 Fornadel 等（2014）对国际 Te 标样的处理未见明显的 Te 丢失。需要指出的是，已有的多数文献均采用双稀释剂测试 Te 同位素组成，该方法可以校正样品溶解和分离过程中部分 Te 的丢失导致的同位素分馏。

目前 Te 的分离主要采用 2 种方法：①树脂分离法（如 Fehr et al.，2004；Fornadel et al.，2014），绝大多数文献采用该方法；②巯基棉（thiol cotton fiber，TCF）分离法（如 Fukami et al.，2022）。基于树脂分离采用的普遍性，本书在 Fehr 等（2004）的基础上详细介绍树脂分离法（表 3-17）。Fehr 等（2004）首先利用 AG1-X8 树脂分离样品 2 次，2 次选用的酸的基质不同，分别命名为“HF-method”和“HCl-method”，作者没有给出用 2 种不同方法的原因。基于 Wang X Y 等（2017）给出的 AG1-X8 树脂在氢氟酸介质下的淋洗曲线，该方法可以剔除 Cd、Tl 和 Bi 等元素；而盐酸介质可以剔除绝大多数基质元素，这与 Fornadel 等（2014）给出的“HCl-method”淋洗曲线类似，该方法可能主要剔除金、银等大多数基质元素。该方法对 Sn 的剔除效果较差，且 ^{120}Sn、^{122}Sn 和 ^{124}Sn 是 ^{120}Te、^{122}Te 和 ^{124}Te 的同质异位素，所以必须剔除 Sn 以减少干扰。而 Tru 树脂对 Sn 剔除效果极好，常用于分离 Sn 和 Cd（Peng et al.，2021）；经过表 3-17 的 Tru 树脂分离后，Te 被首先淋洗下来，而 Sn 留在树脂上，进而达到分离的效果。

表 3-17　树脂分离法提纯 Te 步骤

树脂类型及体积	酸类型	体积/mL	备注
2 mL AG1-X8	“HF-method”		
	1 mol/L 硝酸	10	清洗树脂
	5 mol/L 氢氟酸	10	清洗树脂
2 mL AG1-X8	5 mol/L 氢氟酸	6	上样
	5 mol/L 氢氟酸	13.5	清洗基质
	15 mol/L 氢氟酸	6	清洗基质
	6 mol/L 盐酸	12	清洗基质
	1 mol/L 硝酸	10	收集（Sn 和 Te）
2 mL AG1-X8	“HCl-method”		
	1 mol/L 硝酸	10	清洗树脂
	2 mol/L 盐酸	10	清洗树脂
	2 mol/L 盐酸	15	上样
	2 mol/L 盐酸	10	清洗基质
	12 mol/L 盐酸	4	清洗基质
	5 mol/L 氢氟酸	4	清洗基质
	1 mol/L 硝酸	10	收集（Sn 和 Te）
200 μL Eichron Tru 特效树脂	特效 Tru 树脂		
	0.5 mol/L 盐酸	10	清洗树脂
	0.5 mol/L 盐酸	1	上样
	0.5 mol/L 盐酸	5	收集 Te

最近，Fukami 等（2022）利用巯基棉法分离和提纯样品中的 Te 和 Se，具体步骤如下：溶解好的样品在 65 ℃条件下蒸干，然后再溶解到 9 mL 3 mol/L 盐酸中；样品通过流过聚丙烯材质的巯基棉柱（约 0.14 g），后分别用 2 mL 3 mol/L 盐酸和 2 mL 去离子水清洗；然后将巯基棉转移至特氟龙溶样杯中并用 1 mL 7 mol/L 硝酸封闭溶解（100 ℃，30 min）；冷却后离心，用枪头取出上清液，后将样品稀释并溶解在 0.5 mol/L 硝酸中，处理好的溶液可以直接上质谱仪测试 Te 和 Se 同位素。该方法的背景极低，其中 Te 为 19 pg/g，而 Se 有 56 pg/g。

目前，Te 同位素的测试样品基本均加入 Te 的稀释剂，如加入 ^{123}Te-^{125}Te（Hellmann et al.，2020），而 Fehr 等（2018）采用的是 ^{125}Te-^{128}Te 作为双稀释剂组合。目前测试 Te 同位素基本采用 MC-ICP-MS，美国热电公司的 Neptune 和英国 Nu Instruments 公司的 Nu plasma 均可完成 Te 同位素的测试。由于 Neptune 法拉第杯数量限制，且不同作者采用的稀释剂不一样，因此，法拉第杯子接收的同位素上存在一定的差异。以 Fehr 等（2018）为例，其监测了 125（^{125}Te）、126（^{126}Te、126Xe）、128（^{128}Te、128Xe）、129（^{129}Xe），130（^{130}Te、^{130}Xe、^{130}Ba）和 135（^{135}Ba），其中 Xe 的同位素测试可以利用跳峰测试完成。由于 Nu Plasma 配置有更多的法拉第杯，一些作者还监测了 Sn 对 Te 同位素的干扰（如 Fornadel et al.，2017）。选择何种仪器，需结合双稀释剂的种类、样品经过纯化后存在的可能基质元素等综合考虑和选择。Fornadel 等（2014）利用 Nu Plasma 测定 Te 同位素组成，其中干法（利用膜去溶进样；进样速度为 100 μL/min）获得的误差为 0.20‰（$\delta^{130/125}Te$；2SD），而湿法（溶液进样）获得的误差为 0.10‰（进样速度为 200 μL/min），其中进样浓度为 100×10^{-9}；Fehr 等（2018）获得的 Te 同位素标样的长期精度为 0.061‰（$\delta^{130/125}Te$；2SD），其进样系统采用膜去溶（Aridus），进样速率为 20 μL/min 或 50 μL/min，进样浓度为 15×10^{-9}～30×10^{-9}；Hellmann 等（2020）亦采用膜去溶进样，但进样浓度为约 100×10^{-9}，获得的长期精度为 0.023‰（$\delta^{128/126}Te$）。

第4章　扬子板块西缘稀散金属超常富集的地球物理和地球化学背景

扬子板块西缘 In、Ge、Ga 等稀散金属均有超常富集现象，构成了全球罕见的稀散金属矿集区（Hu and Zhou，2012；Hu et al.，2017a）（图 4-1），成为研究稀散金属成矿地球化学背景理想的天然实验室，具有鲜明的特色：①资源储量大，矿种繁多，构成了全球最重要的稀散矿产资源聚集区之一，除 In、Ge、Ga 超常富集外，Se、Cd、Te、Tl 等稀散金属也呈现出超常富集现象；②稀散金属矿床广泛发育，形成众多大型-超大型的独立矿床或共伴生稀散金属矿床，如广西大厂 Sn 多金属矿床、云南都龙 Sn-Zn-In 矿床、云南会泽 Pb-Zn-Ge 矿床、贵州务正道富 Ga 铝土矿床、四川石棉大水沟 Te 矿等（银剑钊等，1995；张佩华等，2000；李晓峰等，2007，2010；李进文等，2013；皮桥辉等，2016；叶霖等，2018；徐净和李晓峰，2018）；

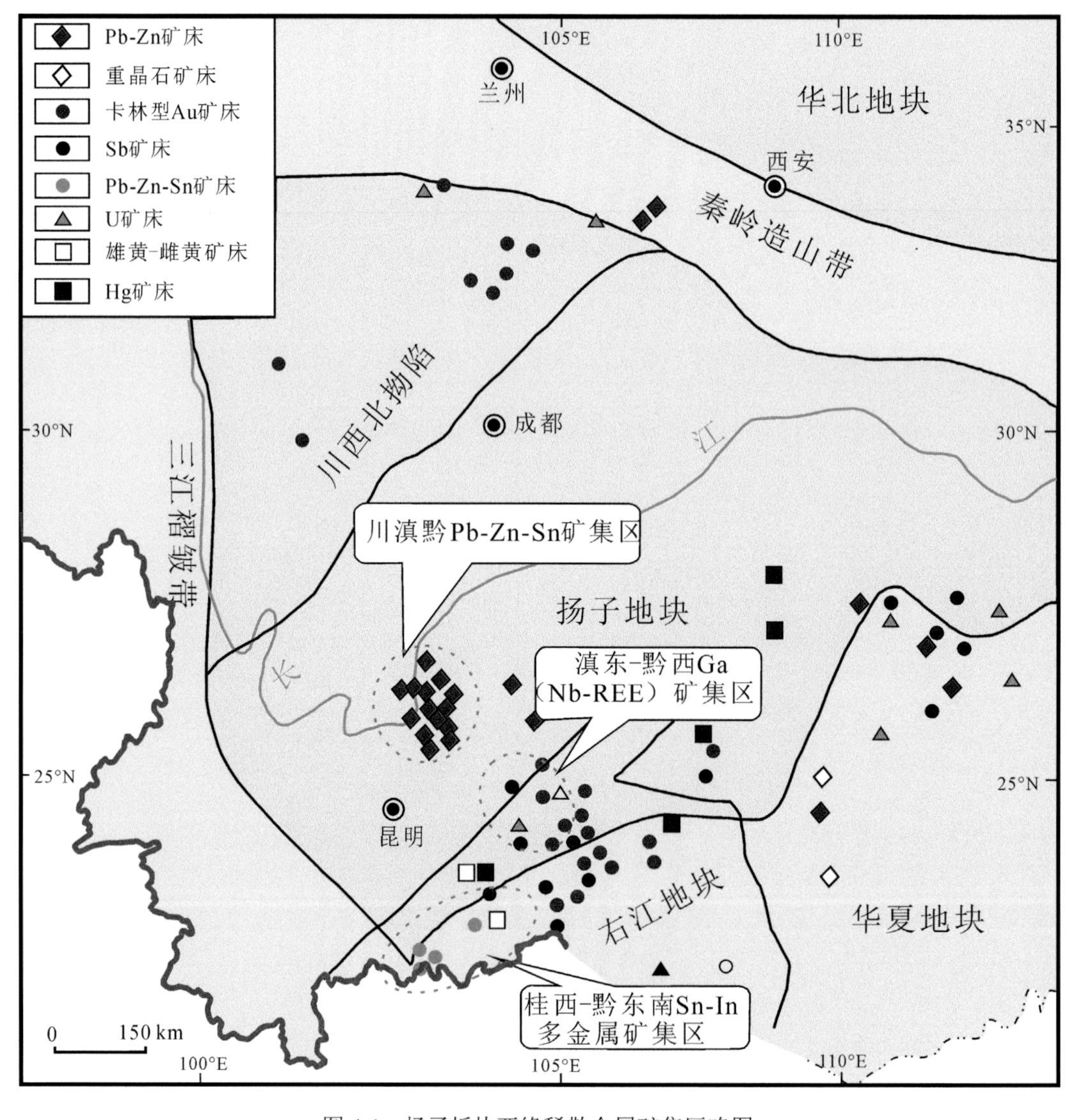

图 4-1　扬子板块西缘稀散金属矿集区略图

③矿床类型多样，成矿作用迥异，涵盖了稀散金属主要的矿床类型，如岩浆热液型、低温热液型、古表生风化-沉积型、有机吸附型等（Orris and Grauch，2002；Li and Schoonmaker，2003；Kanazawa and Kamitani，2006；Sanematsu et al.，2009；Dai et al.，2010）。

然而，目前对稀散金属超常富集的成矿背景认识还比较薄弱，稀散元素地球化学超常富集与稀散金属矿床的耦合关系还未厘定，极大地制约了稀散矿产资源的找矿突破。为了解决以上科学问题，分别从扬子地块典型地质单元的地质物理和地球化学背景进行研究，以期获得制约稀散金属超常富集的动力学和地球化学背景。

4.1　扬子板块西缘稀散金属超常富集的地球物理背景

4.1.1　南盘江盆地

南盘江盆地（又称右江盆地）处于中国西南部滇黔桂金三角地区，大地构造位置上位于扬子地块南缘与印支板块东北缘的结合部位，是扬子地块西缘稀散金属富集的重要地质区块。南盘江盆地示意图如图 4-2。

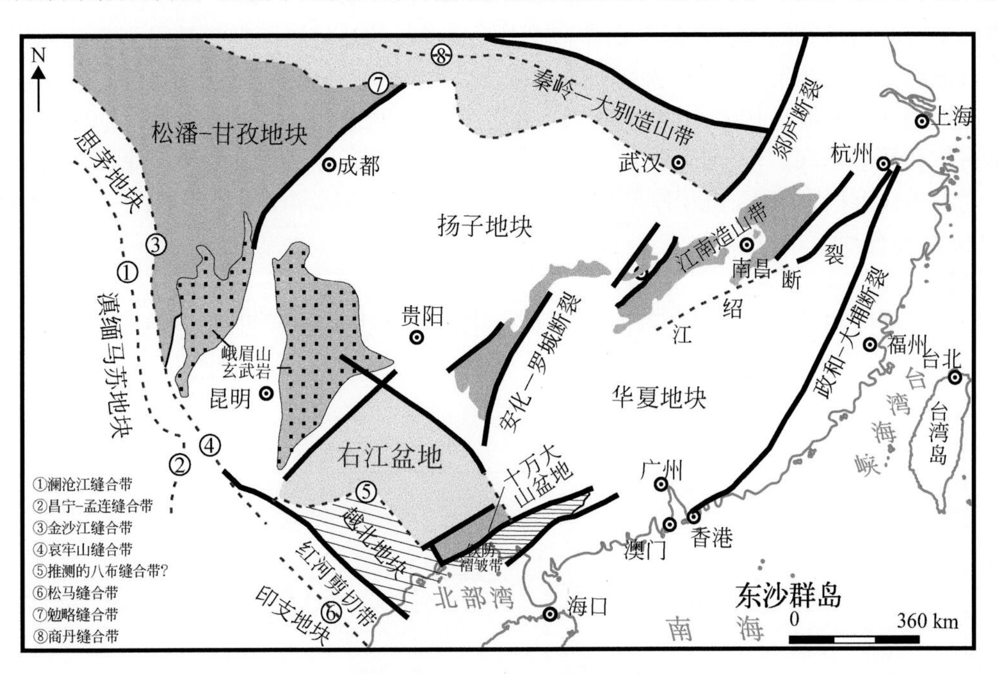

图 4-2　右江盆地及邻区大地构造图（据郭佳，2019）

南盘江盆地是在华南加里东造山带夷平的基础上裂陷形成的大陆边缘裂谷盆地，该盆地的形成和演化与哀牢山—红河古特提斯分支洋的演化息息相关（杜远生等，2013）。泥盆纪早期，由于印支板块、华南板块、华北板块和塔里木板块从冈瓦纳大陆北缘裂解，古特提斯分支洋金沙江—哀牢山—红河—Songma 断裂带开始演化，控制了右江盆地的构造和沉积格局（Duan et al.，2018；张国伟等，2013）。

1. 南盘江盆地地层

1）区域盖层

南盘江盆地自加里东运动之后，盆地开始进入拉伸张裂阶段，形成台盆交错的沉积构造格局。在新元古代结晶基底之上，盆地内部形成 2 种不同的沉积序列（表 4-1）：一种是浅海相碳酸盐台地沉积序列，主要为中厚层条带状灰岩、块状灰岩、角砾状白云质灰岩及燧石灰岩等；另一种是深水盆地沉积序列，发育深水钙泥碳质沉积岩及火山碎屑岩，主要为深水碳酸盐岩、硅质岩和泥岩等（表 4-1）。早三叠世，在台盆构造格局的基础上沿台地边缘发育了一套被动大陆边缘沉积，主要为灰岩、砾岩组成的碳酸盐岩相沉积台地。中三叠世受印支运动的影响，盆地结束海相沉积开始接受陆相沉积，在碳酸盐岩之上沉积陆源碎屑岩，主要是一些块状砂岩、钙质砂岩、粉砂岩和黏土岩等。晚三叠世发育陆相磨拉石沉积盆地；印支运动末期至燕山运动期间，盆地内部发生强烈的构造变形，强烈的剥蚀导致该时期没有相应的地层沉积记录（曾允孚等，1995）。

表 4-1　右江盆地海西—印支期沉积地层（据曾允孚等，1995）

<table>
<tr><th colspan="2">地层</th><th>主要岩石类型</th><th>主要沉积体系</th></tr>
<tr><td rowspan="2">三叠系</td><td>中统</td><td>碎屑岩、火山碎屑岩、泥质岩</td><td>深水-次深水盆地体系、陆棚体系</td></tr>
<tr><td>下统</td><td>碎屑岩、碳酸盐岩、火山碎屑岩</td><td>碳酸盐台地，次深水台盆及深水盆地体系，陆棚体系</td></tr>
<tr><td rowspan="2">二叠系</td><td>上统</td><td>碳酸盐岩、火山碎屑岩、硅质岩、碎屑岩</td><td>碳酸盐台地体系，次深水盆地体系，滨岸-潮坪含煤体系，冲积扇体系</td></tr>
<tr><td>下统</td><td rowspan="2">碳酸盐岩</td><td rowspan="2">碳酸盐台地体系，次深水台盆及深水盆地体系</td></tr>
<tr><td rowspan="2">石炭系</td><td>中、上统</td></tr>
<tr><td>下统</td><td rowspan="2">碳酸盐岩、硅质岩、泥质岩</td><td rowspan="2">碳酸盐台地体系，次深水台盆及深水盆地体系</td></tr>
<tr><td rowspan="2">泥盆系</td><td>中、上统</td></tr>
<tr><td>下统</td><td>碎屑岩、泥质岩、碳酸盐岩</td><td>滨岸-陆棚体系，碳酸盐台地体系，次深水台盆及深水盆地体系</td></tr>
</table>

2）基底

根据中国南方海相油气勘探项目部在凭祥、威水等地进行的油气资源勘探结果和广西柳州爆破组观测的两条深反射地震剖面的结果（NE40°柳州—全州剖面、NW130°柳州—容县杨村剖面），南盘江盆地存在多层次的基底地层（周永峰，1993）。基于重力、磁法和深反射地震等综合地球物理勘探的研究成果，大致可分为早古生代褶皱基底、中-新元古代浅变质基底和太古宙—古元古代结晶基底，浅层早古生代褶皱基底主要由晚古生代沉积物组成，沉积厚度和变形构造受断裂的控制存在明显差异，底界面埋深约 4～7 km（周永峰，1993；孙德梅等，1994）。

3）地层结构

基于重力探测剖面和地震接收函数剖面（图 4-3、图 4-4）、华南大尺度地震接收函数、广西深反射地

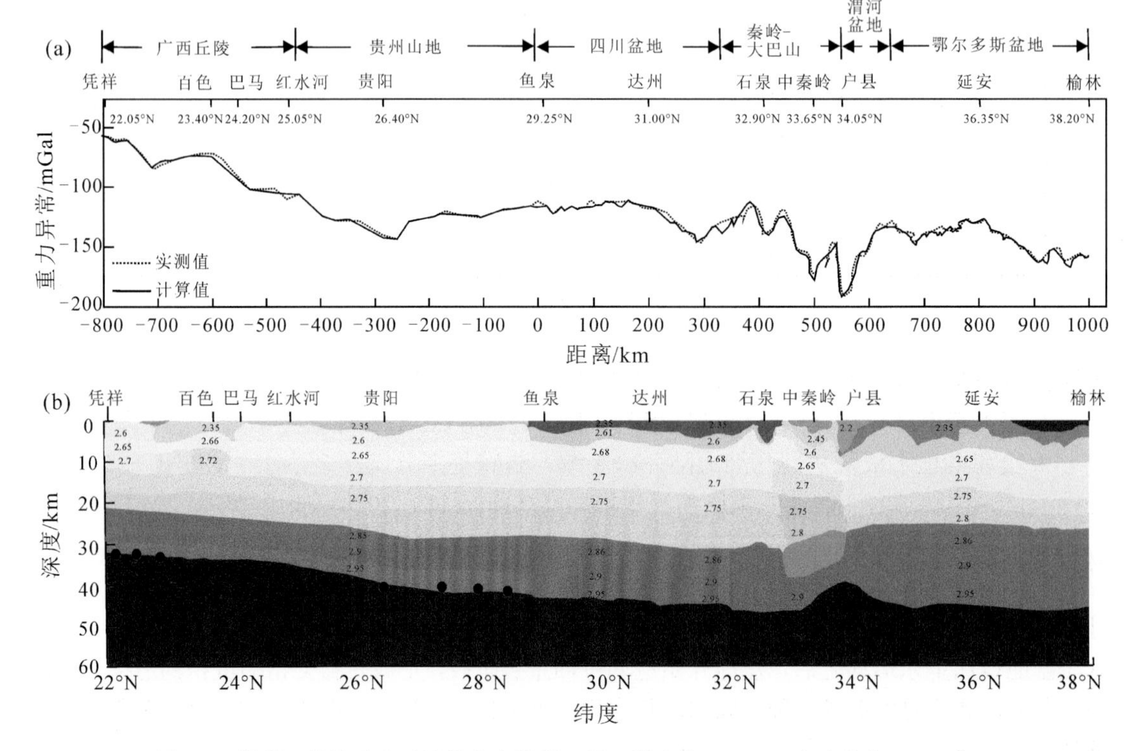

图 4-3　凭祥—榆林重力反演的密度模型（据王谦身等，2016；密度单位：g/cm³）

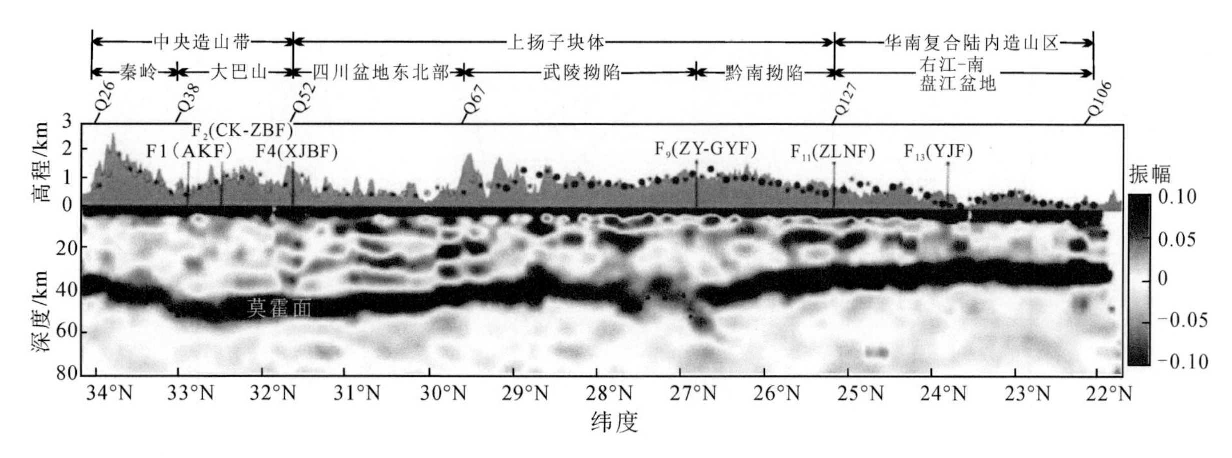

图 4-4　凭祥—榆林地震接收函数反演的莫霍面深度（据马学英，2017）

震剖面和柳州平均波速、密度模型（图 4-5）的研究成果（周永峰等，1993；孙德梅等，1994；黄启勋，2015；王谦身等，2016，2017），对南盘江盆地的地层结构进行如下划分：

（1）地壳表层为沉积岩盖层，主要由上古生界（三叠系）海相沉积岩构成，纵波速度约 5.66～5.72 km/s，岩石密度约 2.59～2.62 g/cm^3，底界埋深约 4～7 km。

（2）上地壳：底界埋深约 10～15 km，主要为沉积岩盖层及中生代—新元古代的浅变质岩层，沉积岩盖层的平均纵波速度约 5.8 km/s，平均密度约 2.65 g/cm^3；浅变质岩层的平均纵波速度约 6.1 km/s，平均密度约 2.75 g/cm^3。

（3）中地壳：厚度约 10 km，可能为太古宇—古元古界的变质岩或花岗岩，平均纵波速度约 6.30 km/s，平均密度约 2.8 g/cm^3。

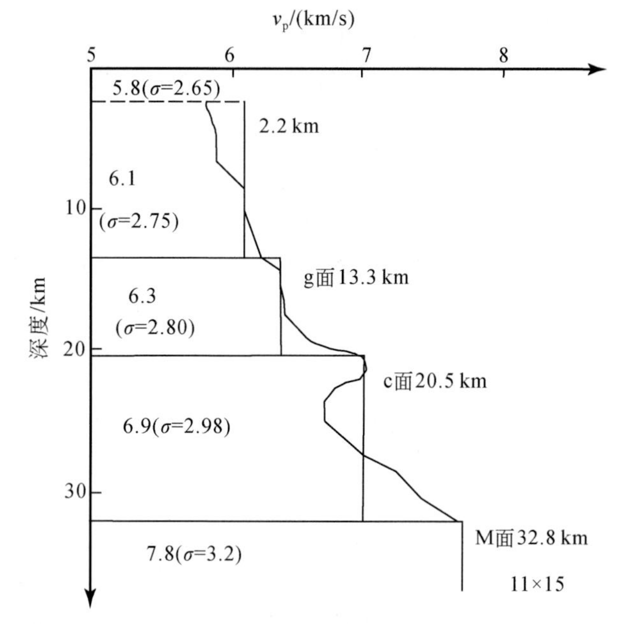

图 4-5　柳州平均纵波速度和密度模型（据黄启勋，2015）

（4）下地壳：厚度约 10～15 km，可能为深变质的中基性、中酸性麻粒岩、玄武岩和闪长岩，平均纵波速度约 6.9 km/s，平均密度约 2.9 g/cm^3。

（5）莫霍面深度约 31～42 km，上地幔主要为超基性岩，平均纵波速度约 7.8～8.15 km/s，平均密度约 3.2～3.35 g/cm^3。

2. 地质构造

1）断裂构造

南盘江盆地属于晚古生代形成的华南大陆边缘裂谷盆地，印支—燕山期又受到多期次的改造作用，北东、北西、东西向断裂构造十分发育（图 4-6），共同控制着盆地的沉积体系、岩浆活动及成矿作用（广西壮族自治区地质矿产局，1985）。本书采用的北东向大地电磁测深剖面穿过南盘江盆地北西向断裂带，下面仅对研究区几个比较重要的北西向断裂做简单介绍。

（1）富宁—广南断裂带：该断裂形成于早泥盆世时期，走向北西，断层面主要倾向南西，倾角约 45°～60°，由富宁经越南谅山方向进入北部湾。沿主控断裂发育 2～3 条平行断裂组成宽约 5～12 km 的裂陷带，沿断裂带有多期火山活动，以中基性岩浆岩为主；断裂为岩浆活动和成矿流体的运移提供了通道（皮桥辉等，2016）。

（2）右江断裂带：右江断裂是南盘江盆地内部的一条断裂，走向北西，倾角较陡，多为 60°～80°，断裂

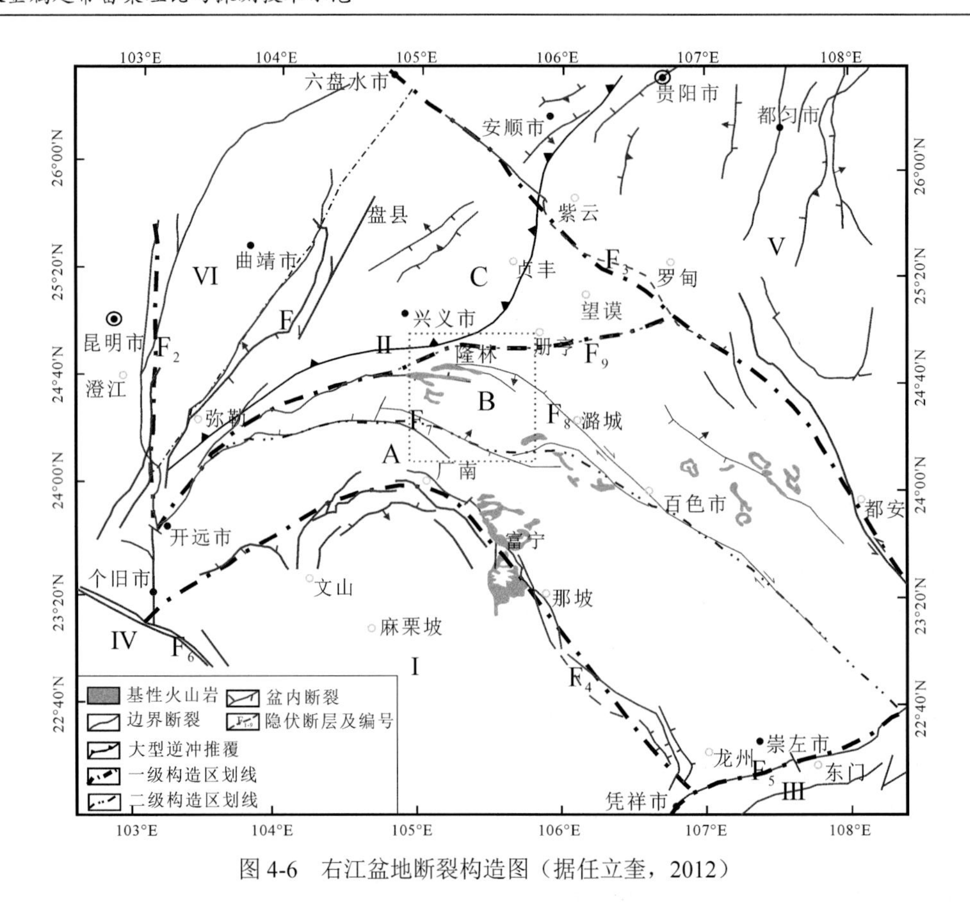

图 4-6　右江盆地断裂构造图（据任立奎，2012）

自西北隆林—田林—百色—南宁，全长约 360 km。百色—南宁段沿主控断裂发育 3～5 条近乎平行主干断裂的次级断裂，组成 5～10 km 宽的裂陷带。沿断裂带发育一系列线状分布的古近系—新近系走滑伸展盆地。

（3）巴马—田林隐伏断裂：断裂带在西段走向近东西向，倾向近南倾；东段走向北西，倾向北东，倾角 53°～85°。自马山县乔利—巴马—田林北，最后交于右江断裂带，长约 160 km，多具逆冲性质。该断裂于晚泥盆世开始伸展拉张，石炭纪拉张作用较弱，二叠纪强烈拉张伸展，早、中三叠世时期仍具有拉张裂陷作用。

（4）紫云—罗甸—南丹—河池—垭都断裂：断裂走向北西，倾向北东，北起水城，经紫云—罗甸—南丹—河池—都安—两江到横县附近，总长约 400 km，具逆冲断层性质，为桂中拗陷和南盘江盆地的分界。断裂走向整体呈北西-南东向，两侧构造变形特点各异，北东侧以近北东或南北向构造为主，南西侧则以北西西向构造为主。该断裂自北西－南东向可分 3 段，北段为南丹断裂带，中段为都安断裂带，南段为两江断裂带；沿主控断裂，在裂陷带附近一系列北西和北东向的次级断裂，裂陷宽度可达 30 km。根据区域上沿断裂带分布有奥陶纪海相基性火山岩及加里东期花岗斑岩等特征，判断该断裂在加里东期就已经存在，为基底断裂带进一步活动的产物（郜兆典，2002）。晚古生代早期，伴随古特提斯洋打开进一步活动，控制了晚古生代断陷盆地的生成和发展；印支构造期产生逆冲推覆构造；燕山期形成北西向的褶皱、逆冲断裂，并在台地边缘对印支期构造进行了强烈的改造（郜兆典，2002；唐香丽，2016）。

2）褶皱

南盘江盆地广泛发育褶皱构造，按地质年代可划分为加里东期褶皱、海西期褶皱、印支期褶皱和燕山期褶皱，以印支期褶皱最为发育。加里东期表现为一系列近东西向的紧密线状复式基底褶皱；印支期褶皱是叠加在加里东基底褶皱之上发育的近东西向褶皱，全区被挤压、冲断、抬升和剥蚀；燕山期受北东—南西向的挤压作用，形成北西向的褶皱和逆冲断裂（唐香丽，2016）。

3. 岩浆岩

尽管南盘江盆地内部岩浆岩出露较少，南盘江盆地从晚古生代至中生代经历了多期次的岩浆活动。以东吴运动和印支运动为界，任立奎（2012）将该地区的岩浆活动分为泥盆纪—早二叠世、晚二叠世—三叠纪、侏罗纪—白垩纪 3 个阶段。泥盆纪岩浆岩属于活动陆缘造山环境，反映了大陆边缘裂谷向大洋过渡的特征；石炭纪—晚二叠世属于板内稳定环境，反映当时的伸展程度减弱，具有由伸展大陆边缘向陆内伸展裂谷演化的趋势；印支期基性岩属于岛弧与活动大陆边缘环境，并且该时期的岩浆活动主要集中于盆地南部地区，反映了该时期右江盆地南侧古特提洋的俯冲与聚敛作用；燕山期沿深大断裂带零星发育岩浆活动，推断该时期可能为陆内造山环境（任立奎，2012）。

南盘江盆地进行了大量的岩石地球化学测年工作，发现盆地内存在多期岩浆活动，先后形成中二叠世（269～265 Ma）、晚二叠世—早三叠世（258～248 Ma）、晚三叠世（215 Ma）、燕山期（115～85 Ma）岩浆岩，未发现很古老的岩浆活动（夏文静等，2018；梁婷等，2007）。印支运动导致了中二叠世到晚三叠世的岩浆活动，为卡林型金矿床的形成提供了热源和成矿物质（皮桥辉等，2016；Wang D Z et al.，2019）；燕山期受北东—南西向的挤压褶皱作用，致使南盘江盆地发生大规模的岩浆活动和成矿作用，如大厂 Sn 多金属矿、个旧 Sn 多金属矿等。

4. 地质演化历史

根据前人研究结果，对南盘江的演化历史做了以下梳理：

（1）前震旦纪时期，华南板块由扬子板块、华夏板块以及南华洋组成，并未形成统一的古华南陆壳和稳定的克拉通（张国伟等，2013）。

（2）晋宁运动期间（约 850～800 Ma），扬子板块与华夏板块南界沿绍兴—江山—玉山—南昌—万载—文家市一线，北界沿绍兴—江山—广丰—新余—萍乡—衡阳—祁东—永州—线拼合形成新元古代中晚期江南造山带，标志着华南大陆统一基底的形成（郭令智等，1980；舒良树，2012；Wang D H et al.，2004；Wang Y J et al.，2013）。萍乡以西，由于地表缺少关键地质标志而使该拼合带是否西延以及西延边界至今难以确定。董云鹏等（2002）根据师宗—弥勒断裂带的地球化学特征认为，萍乡—桂林—南丹—兴义—师宗—弥勒带可能为华南新元古代拼合带的一个边界；王砚耕等（1995）根据重力异常认为师宗—弥勒断裂带两侧具有不同地壳结构，佐证了董云鹏等的研究结果。任立奎（2012）通过区域构造和深部构造的研究，认为华夏与扬子板块新元古代拼合带的北边界线应为大新—忻城—三江隐伏断裂带。

（3）奥陶纪期间，因华夏板块北西的俯冲逐渐缩小，华夏陆块与扬子陆块拼贴在一起，南盘江盆地浅层基底形成；同时，扬子与华夏板块的碰撞，为统一的华南大陆加里东期产生变形和造山提供了动力学条件，形成了该区域北东向的区域构造线（任立奎，2012）。

（4）早泥盆世晚期，华南大陆开始进入伸展拉张环境，在拉应力作用下，逐渐开始形成一系列次级小盆地。根据晚古生代以来地壳活动、沉积相、火山活动等特点，将泥盆纪—中三叠世期间华南西缘的沉积盆地总体划分为 7 个次级盆地：扬子西缘盆地、扬子北缘盆地、上扬子盆地、扬子南缘盆地、滇黔桂盆地、湘桂盆地和钦州盆地，南盘江盆地由此形成（赵自强和丁启秀，1996）。

（5）晚古生代早期（泥盆纪），随着古特提斯分支洋金沙江—红河—马江洋盆的形成，扬子板块西南边缘开始裂陷，华南板块开始进入活化阶段，南盘江盆地及周围区域开始大面积发生伸展裂陷作用（陈国达等，2001；杜远生等，2009）。北西向的广南—富宁断裂、右江断裂和紫云—南丹—都安断裂在早泥盆世晚期开始进行活动，在浅水相沉积的基础上形成北西向的次级深水盆地；随后，北东向的南盘江断裂、罗甸、钦州断裂也开始不断地扩展，由于两组断裂的剪切作用，盆地外貌趋于菱形，内部形成台地—海槽相间的大陆边缘裂谷格局（郑荣才和张锦泉，1989；杜远生等，2009）。

（6）晚石炭世—早二叠世时期，深水次级盆地被充填而逐渐缩小，浅水相沉积面积不断扩大，盆地面貌产生了显著的变化。

（7）中二叠世—晚三叠世（印支末期），印支板块北东向的俯冲导致本区发生强烈挤压、褶皱与隆升，结束了本区海相沉积历史。活动强度受距离的影响，由南向北逐渐变弱。

（8）燕山期，南盘江盆地受到北东—南西向的挤压作用，形成北西向的褶皱和逆冲断裂，对盆地边缘和内部进行了强烈的改造（唐香丽，2016）。以上研究，大致厘清了南盘江盆地的演化历史，为接下来的研究奠定了基础。

近年来，随着华南大尺度的深部地球物理的研究，逐渐揭示了华南大陆的深部构造特征。郭良辉等基于重、磁数据的综合分析认为沿石台—九江—大庸—同仁—河池—百色线存在明显的高重力异常和低磁异常带，推断其可能为江南造山带向西延伸的证据，代表新元古代扬子和华夏地块的一条拼合边界（Guo and Gao，2018）。为获得更精确的研究结果，郭良辉等通过地震接收函数和重力数据的联合反演获得了华南大陆更准确的地壳厚度和泊松比，联合反演的地壳厚度比传统的接收函数小 1.0～2.5 km，地壳泊松比比传统的接收函数小 0.02～0.08；研究认为在石台—九江—益阳—吉首—百色和绍兴—江山—萍乡—永州—贵港—北海之间的低地壳泊松比值带可能代表了新元古代华南地区扬子与华夏板块之间可能的缝合带（Guo et al.，2019），这与 He 等（2013）的研究结果是一致的。因此，华南新元古代扬子和华夏板块拼合为南盘江盆地基底的形成提供了动力学条件和物质基础。

4.1.2 丹池成矿带

1. 区域成矿地质背景

丹池成矿带为一北西向的线形褶皱断裂构造带，位于江南古陆西缘，右江盆地的北东侧，属于古特提斯构造域和太平洋构造域的复合部位，此处西临青藏高原东南部，东接扬子克拉通、华南地块西缘，处于不同的构造单元之间，地质背景复杂特殊，断裂构造发育，矿产资源丰富，如图 4-7 所示。

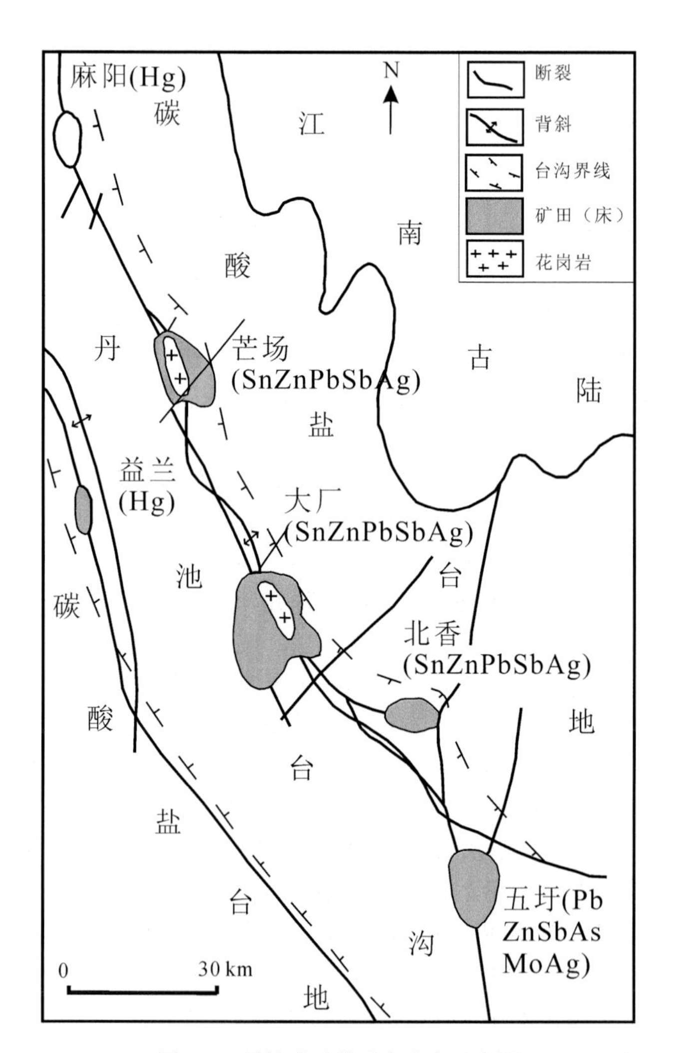

图 4-7 丹池成矿带矿产分布示意图

2. 区域地层

丹池成矿带为一北西向的线形褶皱断裂构造带，位于江南古陆西缘，此处西临青藏高原东南部，东接扬子克拉通、华南地块西缘，地形构造复杂，地层结构多样。其主要是泥盆纪时期海相盆地，台沟相沉积。丹池成矿带内探明的最老的地层是元古宇四堡群（陈毓川等，1993），而矿带内出露的地层有泥盆系、石炭系、二叠系、三叠系和第四系（表 4-2），为一套碎屑岩-硅质岩-碳酸盐岩建造（魏宏炼等，2017），沉积厚度达 4300～7800 m，而丹池成矿带内的主要赋矿地层层位是泥盆系，目前开采的工业矿床主要赋存在上泥盆统柳江组（D_3l）、五指山组（D_3w）以及中泥盆统那标组（D_2n）的礁灰岩中，且几乎所有工业矿体均赋存于近大厂背斜轴部平缓东翼，仅少量几个中小型矿体赋存于大厂背斜倒转西翼。

丹池成矿带内已知的锡多金属矿床均赋存于泥盆系中。泥盆系厚度大、相变大、韵律发育，并富含碳质和生物化石，显示了半封闭的海盆沉积（杨晓坤，2010）。

表 4-2　南丹—河池地区地层表（据陈毓川等，1993）

系	统	组	代号	厚度/m	主要岩性
第四系			Q	0～50	残、坡积物
三叠系	中统	百蓬组	T_2b	2023	碎屑岩、泥岩夹火山岩及碳酸盐岩，属陆源碎屑浊积岩
	下统	罗楼群	T_1ll		
二叠系	上统	雍里组	P_2y	378～458	灰黑色燧石灰岩、碳质页岩、中薄层硅质岩
	下统	茅口组	P_1m		浅灰色灰岩、燧石灰岩
		栖霞组	P_1q		下部为砂岩、泥岩、碳质页岩，中上部为中薄层状灰黑色燧石灰岩、泥灰岩等
石炭系	上统	马平组	C_3m	1391	灰岩、白云质灰岩，系陆棚浅海环境沉积
	中统	黄龙组	C_2h		
		大埔组	C_2d		
	下统	巴定组	C_1bd		以碎屑岩为主，为滨海沉积环境
泥盆系	上统	同车江组	D_3t	340～370	为一套浅海相陆源细碎屑沉积，部分地区在其底部见有海底火山碎屑沉积
		五指山组	D_3w	66～127	扁豆灰岩及条带灰岩
		柳江组	D_3l	5～174	灰黑色硅质岩
	中统	罗富组	D_2l	206～519	黑色泥岩、泥灰岩、粉砂岩，顶部为硅质泥岩
		那标组	D_2n	563～>1791	黑色泥岩、泥灰岩、粉砂岩，局部发育有礁灰岩
	下统	塘丁组	D_1t	240～>894	深灰-黑色泥岩、泥灰岩
		益兰组	D_1y	20～35	灰-灰黑色泥质灰岩、泥岩、粉砂质泥岩
		那高岭组	D_1n	412	浅灰-深灰色石英砂岩、泥质粉砂岩
		莲花山组	D_1l	>287	浅灰色夹紫灰色石英砂岩、杂砂岩及砾岩

3. 区域构造

丹池大背斜和丹池大断裂组成的丹池褶断带，主要构造为呈北西—南东走向的紧密线形褶皱，背斜轴部逆冲断层发育。强烈的构造运动主要发生在印支—燕山期，根据不同特征，丹池矿带可主要分为 2 种类型：一类是北西向、北东向的强烈褶皱、断裂系统；另一类是东西向、南北向的基底断裂和板块运动。两者的叠加形成今天的复杂的构造面貌。丹池成矿带为一北西向的线形褶皱断裂构造带，本区基底构造属北西—南东向芒场—大厂—保平基底断陷，由于受基底构造的影响，丹池成矿带内断裂及褶皱构造极为发育，成矿带内有大量纵横交错的断裂构造，总的构造方向为北西—南东向，也发育南北向和北东向的构造，东西向的构造较少。其组合特征是：从南至北走向由北西逐渐转向北北西，再转向北西，总体呈似反“S”形，呈 2 个弧形分别稍向西和东突出。中部具有向北北西散开，向南东逐渐收拢的趋势。

4. 岩浆岩

丹池成矿带内岩浆活动频繁，以花岗岩类岩体分布最广。区内出露于地表的岩浆岩主要为丹池主背斜轴部龙箱盖花岗岩岩床及大厂背斜的近南北向的花岗斑岩脉和闪长玢岩脉。龙箱盖花岗岩在深部为北北西向隐伏带状岩基（甘尕莲等，2017）。

丹池成矿带内主要有燕山中晚期的花岗岩浆活动，主要分布在龙箱盖、芒场等地，其中大厂、芒场 2 个隆起部位有黑云母花岗岩侵入，黑云母花岗岩属壳源含锡花岗岩，另有花岗斑岩、闪长玢岩、伟晶岩和云煌岩，呈岩墙或岩脉产出。岩浆岩地表露头呈岩墙、岩脉、岩枝及岩床产出，属浅成-超浅成岩浆岩，主要岩石类型有黑云母花岗岩、斑状黑云母花岗岩、花岗斑岩、（石英）闪长玢岩、白岗岩和辉绿玢岩等。其中与成矿关系较密切的属斑状和等粒黑云母花岗岩；测年资料表明，区内岩浆岩形成时代均属于燕山晚期。花岗岩类的岩石化学特征：属钙碱性岩石；铝含量高，属铝过饱和系列；暗色矿物含量不高；电气石、萤石分布广泛。按花岗岩国际分类标准，大厂矿田的各类花岗岩属碱性长石花岗岩类，而芒场矿田的部分花岗岩则属石英花岗岩类（陈毓川等，1993）。

由于岩浆侵入及成矿热液活动，本区发生了广泛的围岩蚀变，主要蚀变类型有夕卡岩化、大理岩化、硅化、黄铁矿化、碳酸盐化等，在不同时期、不同围岩下，各矿化阶段的热液形成不同的蚀变矿物（部兆典，2002）。

其中，硅化、碳酸盐化与矿化关系较密切，且二者常同时出现。围岩蚀变和矿化是找矿的直接标志，硅化、碳酸盐化等是区内的近矿围岩蚀变，有硅化和少量的锌多金属矿化就预示了矿体存在的可能。

大厂的花岗斑岩墙和闪长玢岩墙是沿南北向断裂侵位形成的，多倾向北西，倾角 75°～80°，常为平移断层或张性滑移断层。表 4-3 给出了大厂锡-多金属矿区主要地层的岩石物性特征。

表 4-3　大厂矿田区域岩石物性资料统计表

岩层		样品数	密度/(g/cm³)	磁化率/(4π×10^{-6}SI)	剩磁/(10^{-3}A/m)
地层	T	48	2.42	9	<1
	P	126	2.69	3	2
	C_3	64	2.69	2	2
	C_2	35	2.69	2	1
	C_1	79	2.7	5	5
	D_3w	260	2.74	5	2
	D_3l	44	2.71	2	4
	D_2l	113	2.72	2	2
	D_2n	146	2.7	2	2
	D_1	610	2.76	18	5
岩浆岩	γ_5^2	237	2.62	5	4

4.1.3　地球物理反演解译

利用 Parker-Oldenburg 公式，对大厂 Sn-In 多金属矿区及邻区重磁异常进行界面深度反演，给出区域莫霍面深度及其变化情况，反演结晶基底，圈定目标赋矿层位古生界（泥盆系）顶面的大致深度及起伏状况，为后续深部找矿提供参考。图 4-8 是反演流程图。

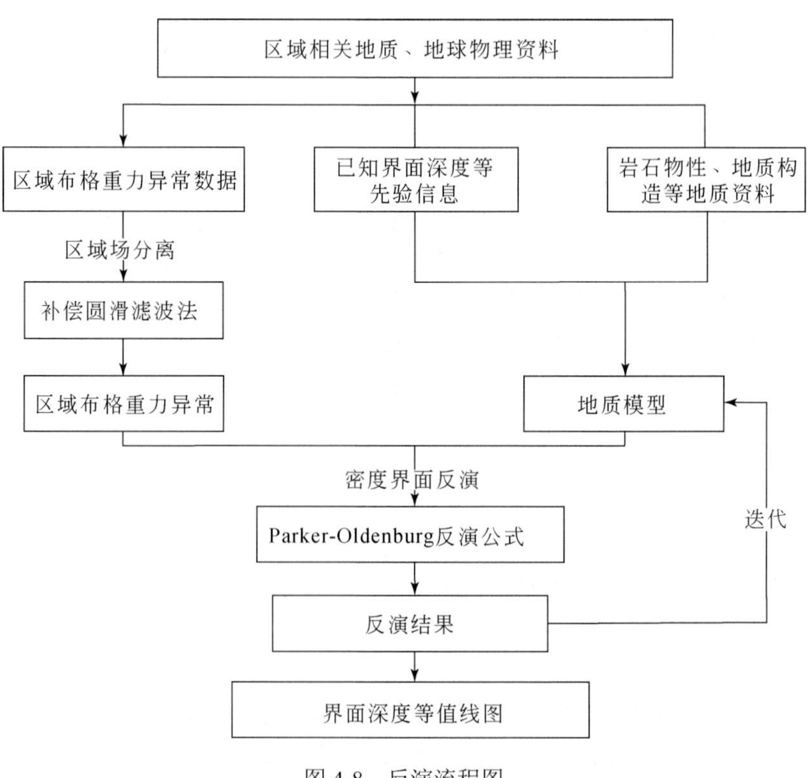

图 4-8　反演流程图

1. 重力和磁法

数据主要分为 2 部分：重力数据和磁力数据。分别对数据进行求导、延拓、滤波、深度分离等处理，并利用布格重力异常数据进行界面反演，对矿区的地质构造特征有一个较全面的分析和认识。

重力数据的覆盖范围大致为：经度 101°E～109°E，纬度 22.5°N～29.5°N。重力数据包含 3 部分：第 1 部分是地表高程数据（图 4-9），来自 ETOPO1 全球 1′×1′的地形数据；第 2 部分是 2′×2′的自由空气重力异常网格数据（图 4-10），该数据融合了 EGM2008 重力模型数据、卫星跟踪数据、卫星测高数据和地面重力数据等；第 3 部分是 2′×2′的

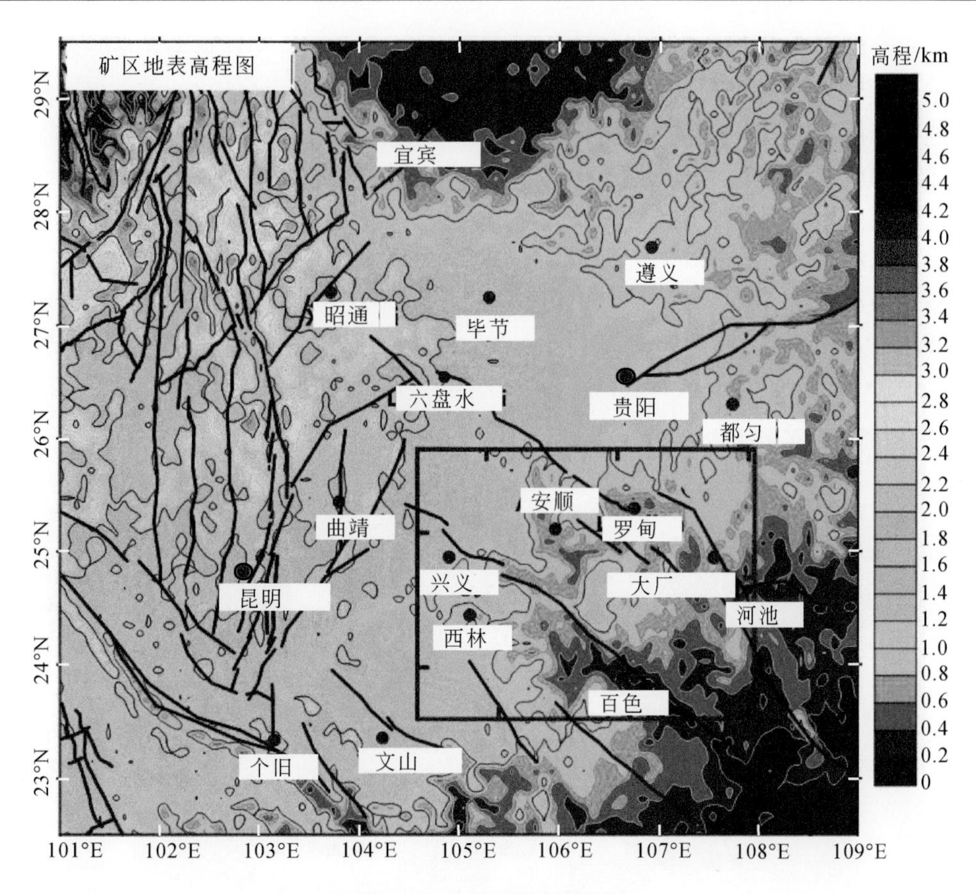

图 4-9　研究区地表高程图

图中黑色线条代表主要断裂分布；红色矩形框标示了研究区所在位置，其面积为：330 km×300 km，经度：104.5°E～108°E；纬度：23.5°N～26°N

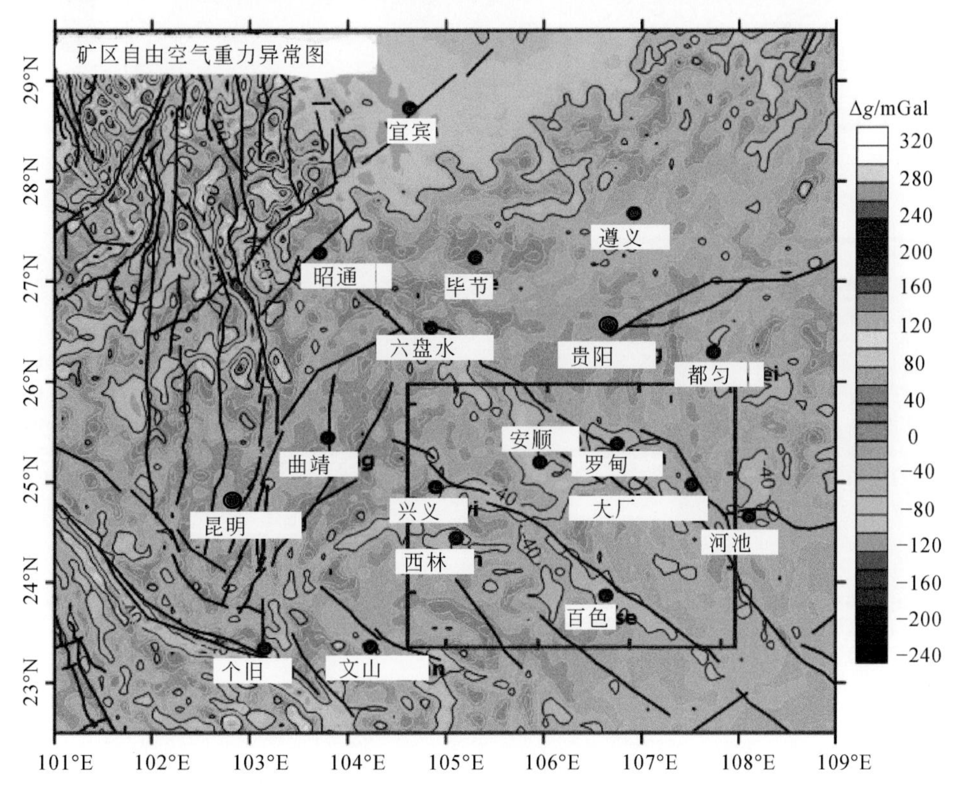

图 4-10　研究区自由空气重力异常

布格重力异常数据（图 4-11），该数据由自由空气异常数据（图 4-10）经地形改正后获得。其中地形改正计算过程是基于 ETOPO1 全球地形数据（即图 4-10 所示的地形数据）的地形改正。采用渐稀疏网格化算法对各点周围的地形按照与数据点距离 L 的远近逐次划分为近场（$L \leqslant 50$ km，地形网格间距采用 2 km）、中场（50 km$<L \leqslant 170$ km，地形网格间距采用 4 km）、远场（170 km$<L \leqslant 300$ km 地形网格间距采用 8 km），依次计算数据点周围地形起伏所产生的重力异常，并根据数据点对应的高程计算出布格改正数据，然后对自由空气异常进行地形改正和布格改正，从而得到布格异常数据。

区域航磁数据的范围是：经度 103°E～108°E，纬度 23.3°N～26.3°N。取矿区地磁场的磁倾角 I 为 38.21°，磁偏角 D 为−1.92°，区域磁力异常如图 4-12 所示。

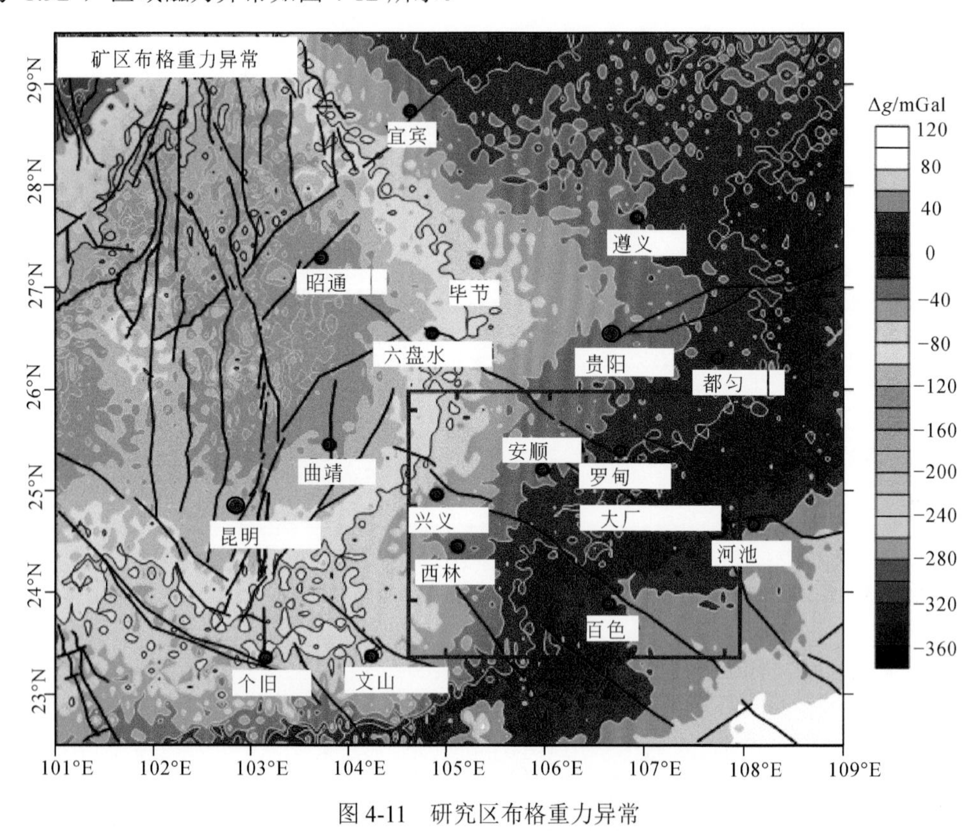

图 4-11　研究区布格重力异常

图 4-12　研究区磁力异常

对数据进行坐标转换，由经纬度转换得到大地坐标，给出矿区的布格重力异常图，如图 4-13 所示。该区布格重力异常分布，总体是东高西低，东正西负，从东南缘向西北部逐渐减小，其变化范围在-360～+100 mGal，其中研究区域的重力变化范围是-100～+60 mGal，差值达 160 mGal。

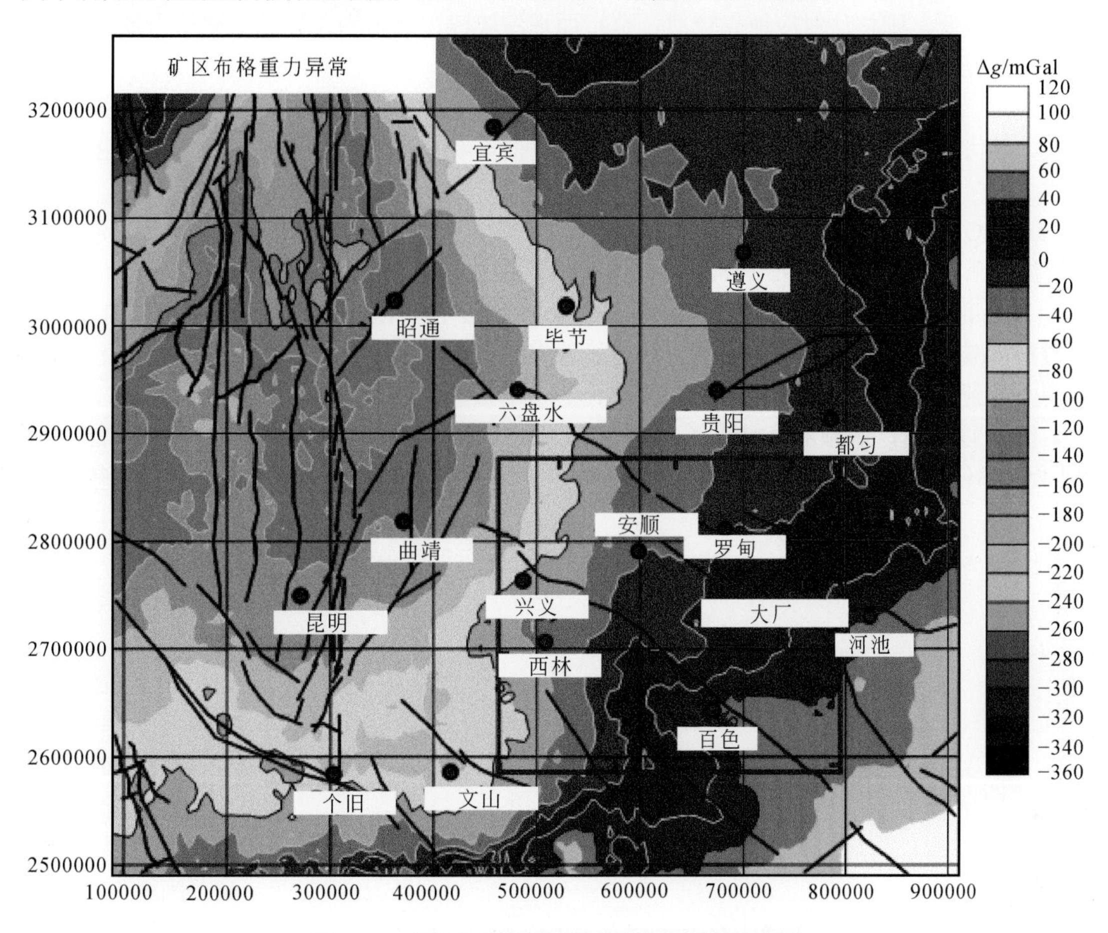

图 4-13　基于大地坐标系的研究区布格重力异常

图 4-14 是该区布格重力异常的 3D 显示，其布格重力异常东正西负分布特征非常直观明显；图 4-13 和图 4-14 所示的布格重力异常，扣除了地表地形质量的影响，反映的主要是地表以下的质量变化信息。主要特征是西负东正，呈北西—南东向逐渐增大的重力异常。负异常值说明该地区地下密度偏低，反之正异常值对应地下密度偏高。地下质量分布包含地壳内密度异常体的分布，也包含了密度差异界面的起伏。一般认为主要

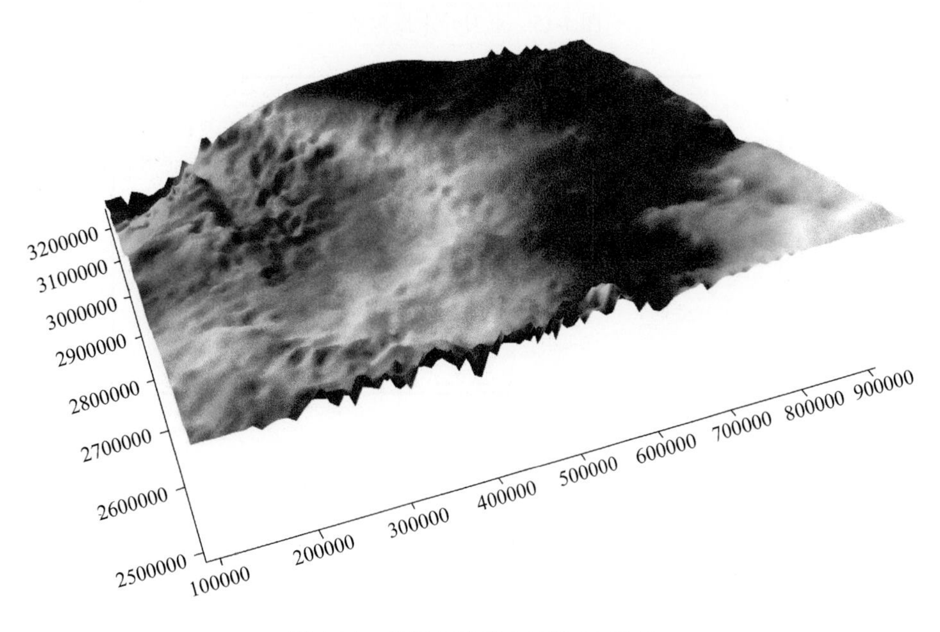

图 4-14　矿区布格重力异常 3D 显示

是壳幔密度跳变分界面——莫霍面的起伏影响占主导地位。从主要分布特征来看，布格异常由研究区东南缘到西北部从正到负的变化信息体现了地壳厚度由薄变厚的变化趋势。西侧的川滇地区属于青藏高原东南缘，地表海拔较高（图 4-9），推断其地壳厚度较厚，有较深的地壳根，故显示为负异常布格重力场特征；而东侧地表海拔较低，则估计对应地壳较薄，莫霍面埋深较浅，显示为正异常布格重力场特征。

1）重力异常反演莫霍面深度

一般认为壳、幔密度跳变分界面——莫霍面的起伏对重力异常的影响占主导地位，所以反演、研究莫霍面的深度、起伏形态对已知重力异常的分析和解释有很重要的意义，且对寻找深部矿体也有着十分重要的作用。

利用 Parker-Oldenburg 公式对重力异常进行莫霍面深度反演，将原始数据（大概 820 km×780 km）进行补偿圆滑滤波后，扩边成 92×92（1800 km×1800 km）的网格化文件，界面密度差取 0.4 g/cm^3（Shen et al.，2016），取界面深度为 40 km，收敛标准为 0.02 km（即 2 次反演深度均方根误差控制在 20 m 以内）。将原始重力异常减去原始重力异常的均值后得到新的重力异常，利用 FFT（快速傅里叶变化）对新重力异常进行转换，得到新重力异常的振幅谱，如图 4-15 所示。

由图 4-15 可以看出，低频部分幅值（A）大，有用信息主要在低频，当点数达到 20 左右时，幅值几乎为 0，此时所含部分主要是高频噪声，可以通过滤波器去掉，所以余弦低通滤波器的 ks 取值为基频 k 乘以点数 s 即：ks=(1/1800 km)×20≈0.0111 km^{-1}（$k=1/\lambda$，为基频，λ为波长，单位为 km），而 kw 的经验取值为 0.75 ks，经过微调发现，当余弦低通滤波器截止频率 kw=0.004 km^{-1}, ks=0.01 km^{-1} 时，计算能稳定收敛，且能将反演误差控制在可接受范围以内。

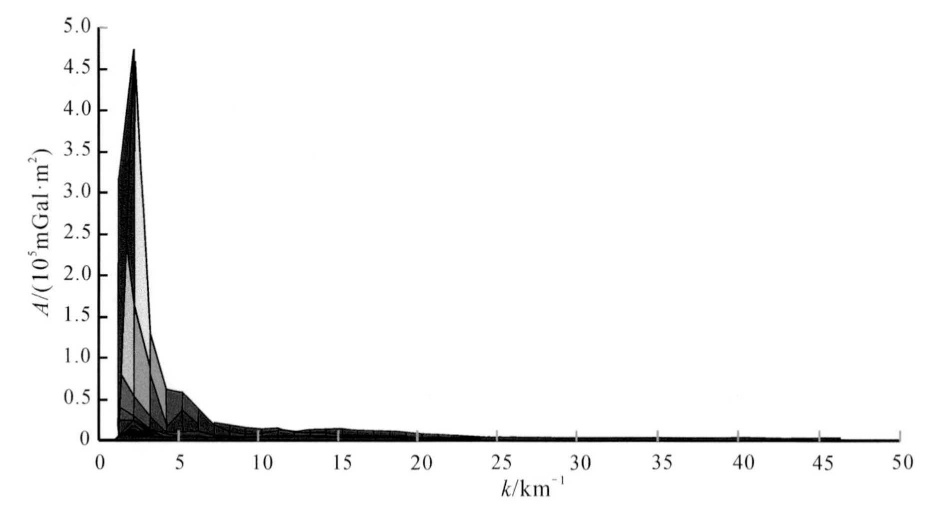

图 4-15 重力异常振幅谱

利用 Parker-Oldenburg 公式进行反演计算，首先假定界面深度 $h(x)$为零，计算出莫霍面深度，然后利用此计算结果迭代反演下一个深度，每 2 个深度计算一次均方根误差，直到误差小于给定标准值，或者迭代次数达到预设最大值，反演计算结束。迭代计算与误差曲线如图 4-16 所示。

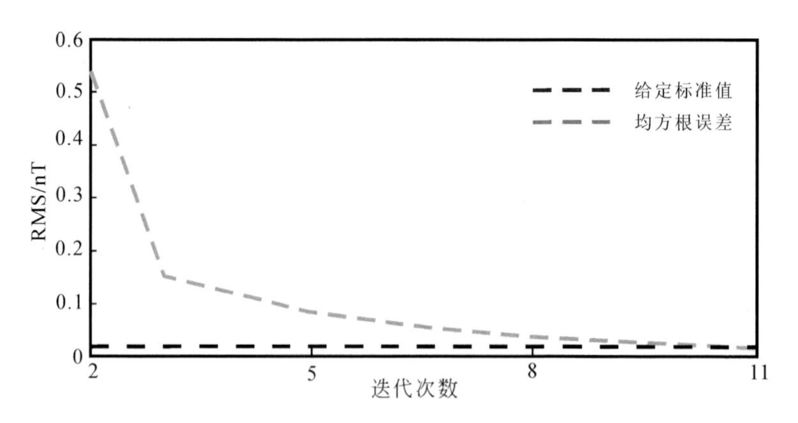

图 4-16 迭代次数与均方根误差曲线

本次莫霍面反演计算 11 次，最后的反演结果与上一次的均方根误差为 0.0194，小于预设标准值 0.02，反演结束。下面给出莫霍面反演计算的结果。

图 4-17 为布格重力异常反演的莫霍面深度等值线图，由图可知，整个数据范围的莫霍面反演深度范围为 28～62 km，东南缘莫霍面埋深浅，西北部深。沿北西—南东向的梯级带长约 1130 km，抬升达 34 km，线性梯度达 0.03 左右。而主要研究区域的埋深变化范围在 33～44 km，抬升 10 km，其变化规律与整个数

据范围变化规律一致。如前文所述，布格重力异常由研究区东南缘到西北部从正到负，体现了地壳厚度由薄变厚的变化趋势。对应反演结果，东南缘海拔低，地壳薄，莫霍面埋深较浅（最浅深度为 28 km），而西北部川滇地区属青藏高原东南缘，海拔高，地壳变厚，莫霍面埋深较深（最大深度为 62 km 左右），此反演结果很好地对应了布格重力异常的分布，说明了反演结果的合理性。

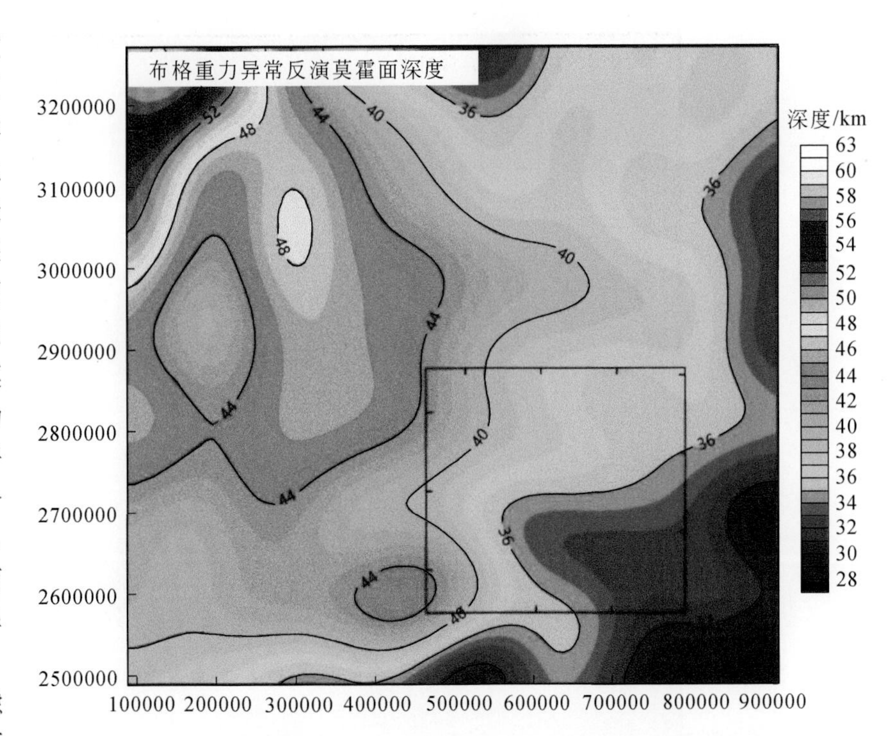

图 4-17　布格重力异常反演莫霍面深度等值线图

下面给出由反演的莫霍面正演得到的异常与区域观测异常的对比结果：

图 4-18 分别为补偿圆滑滤波后的观测布格异常和莫霍面正演布格异常，由这两幅图可以看出，正演异常变化趋势、变化范围、异常分布和补偿圆滑滤波后的观测异常等值线图几乎完全一致，反映了莫霍面的起伏状态，说明了正、反演计算的准确性。

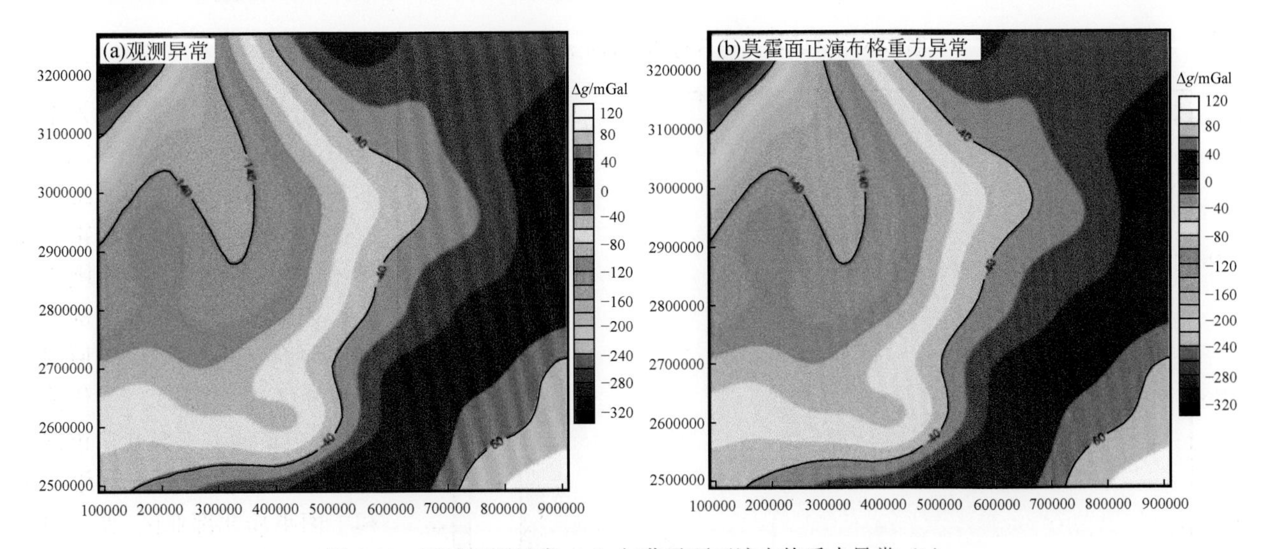

图 4-18　区域观测异常（a）与莫霍面正演布格重力异常（b）

图 4-19 给出了观测异常和莫霍面正演异常的差值等值线图，可以看出，在数据范围中间位置，误差稳定在−0.5 mGal 左右，数据边缘位置的最大误差为+2.3 mGal 和−4.5 mGal，整个数据范围内观测异常与正演异常的误差仅 1.55%（极大、极小误差差值 6.8 mGal）左右，由图可知，位于数据区域内东南部的研究区域的误差则更小。简要分析数据边缘出现较大误差的原因，可能是由于反演前后数据扩边与裁剪造成的畸变，应属“系统误差”范围。

据郝天珧等（2014）发表的《中国海陆 1∶500 万莫霍面深度图及其所反映的地质内涵》一文，得到中国海陆 1∶500 万莫霍面深度分布（图 4-20）。

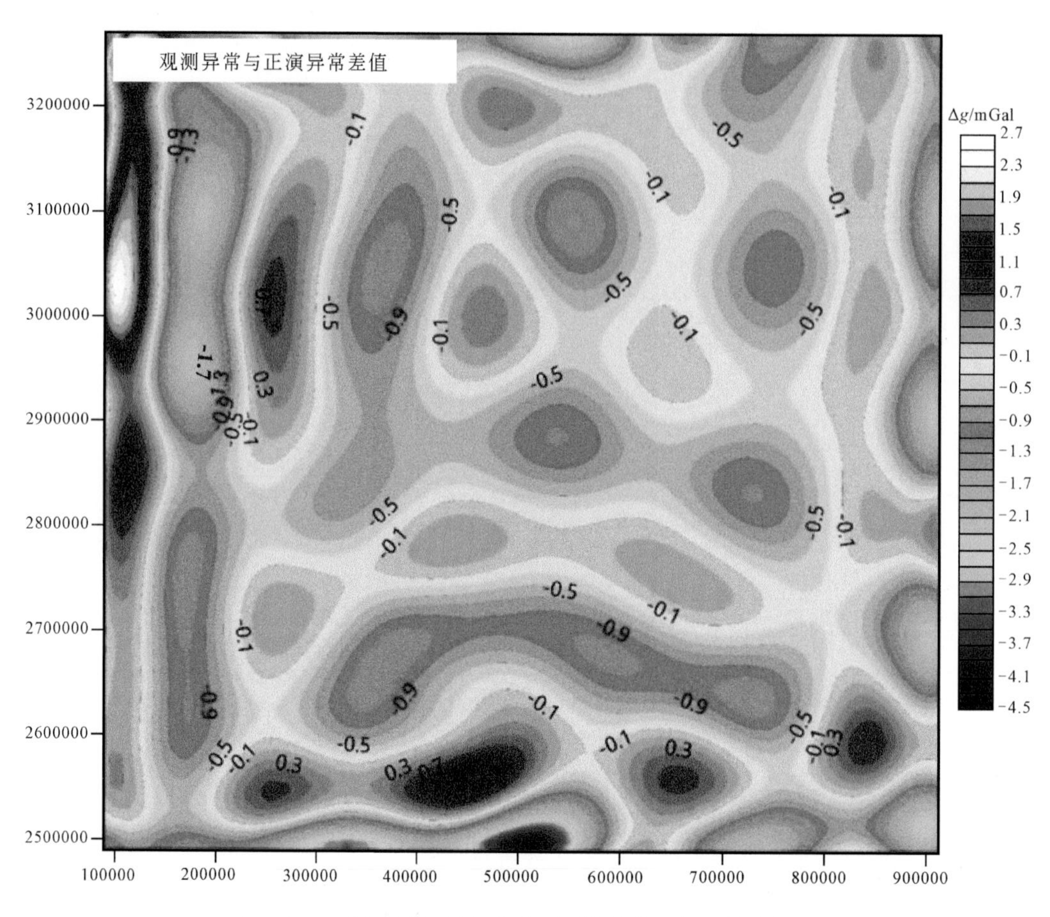

图 4-19　区域观测异常与莫霍面正演异常的差值等值线图

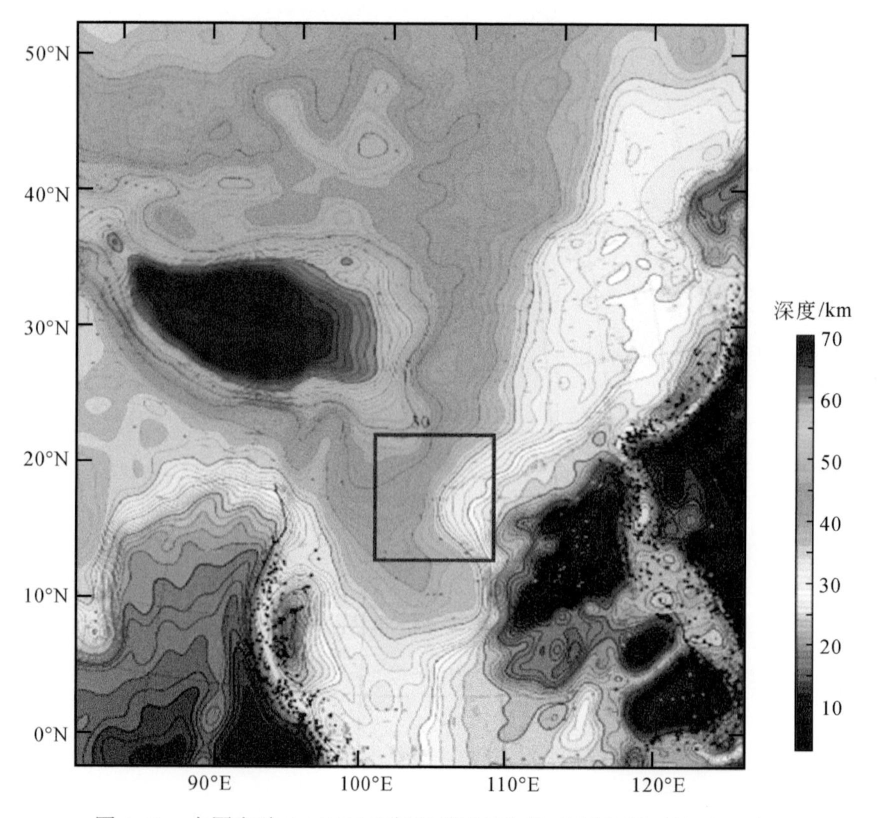

图 4-20　中国海陆 1∶500 万莫霍面深度分布（据郝天珧等，2014）

图 4-20 中红色方框为本章数据覆盖区域，对比图 4-17 反演的莫霍面深度图，2 个结果匹配很好，根据郝天珧对莫霍面深度的分区，本研究数据范围横跨 3 个分区，分别是：西北部 I 型增厚型地壳区，属青藏高原周边增厚亚区，莫霍面深度变化范围在 50～60 km；中部 II 型正常型地壳区，属四川盆地及周边亚区和中南半岛北部亚区，莫霍面深度变化范围在 37～47 km 左右；东南缘III型减薄型地壳区，属华南及沿海亚区，莫霍面深度变化范围在 25～38 km。

综上所述，本研究反演的大厂 Sn-In 多金属矿区及邻区莫霍面深度与前人研究结果基本吻合，最大深度误差不超过 2 km，体现了反演结果的精确性。

2）重力异常反演结晶基底深度

利用重力异常反演结晶基底深度，准确定位矿区赋矿层位的埋深和起伏形态，对后续锁定靶区、深部找矿具有十分重要的意义。

已有地质资料显示，该区域的结晶基底埋深在 4300～7800 m 左右，对重力异常做 0～10 km 的深度异常分离，去除深部异常的影响，得到 10 km 以浅的布格重力异常分布，如图 4-21 所示。

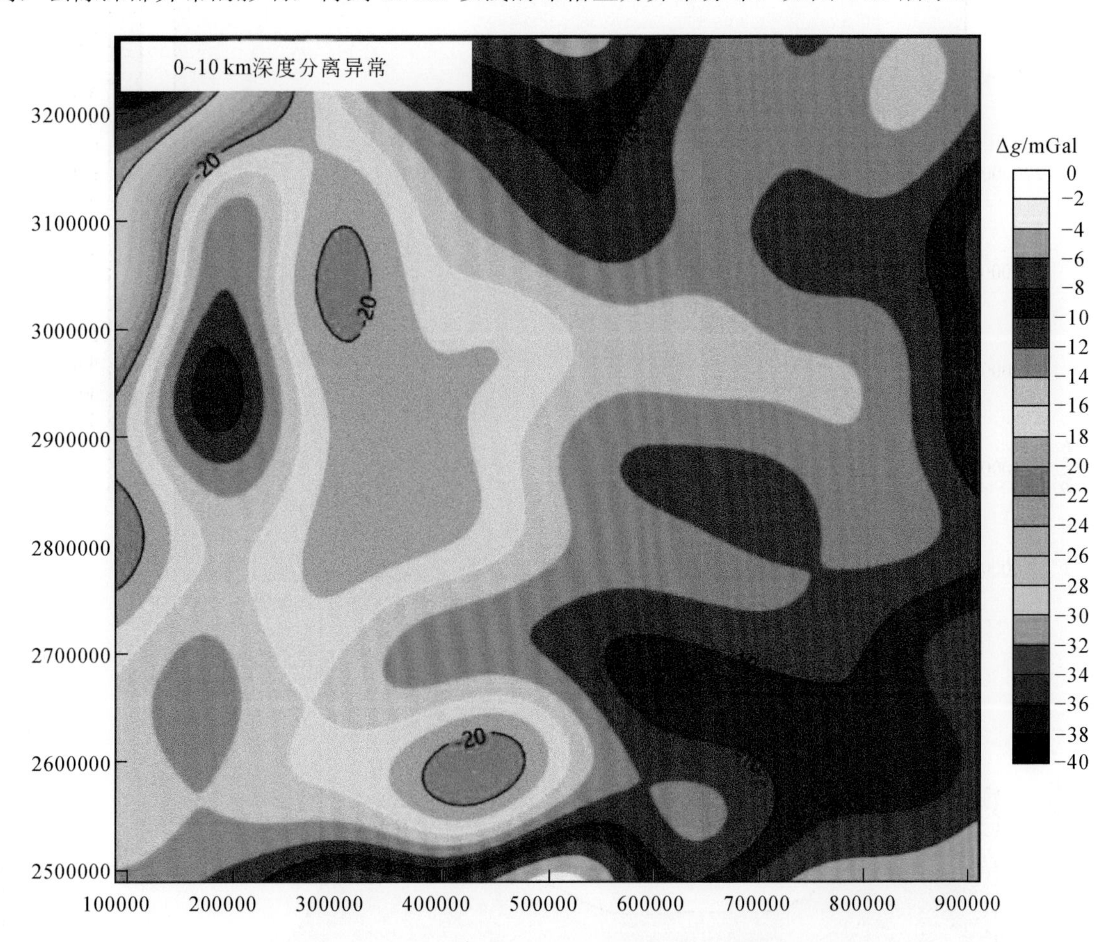

图 4-21　研究区域 10 km 以浅的布格重力异常深度分离结果

从图 4-21 可以看出，10 km 以浅的布格异常整体仍呈一个南东—北西的梯级分带，西北部和南部出现局部低异常，但数值变化范围大大减小，等值线稀疏，研究区域的异常值变化在-10～-6 mGal 左右，总体负异常的特征反映出区内大面积的低密度中酸性花岗岩分布。由图 4-21 可知，大厂所在位置为重力低异常，而其东西两侧均有较高重力异常出现，呈“两高夹一低”的分布形态，由此可以推断，其基底形态应该是“两隆夹一拗”的特征。

利用 10 km 以浅的重力布格异常反演结晶基底深度、起伏形态。反演计算取平均观测面深度 5 km，密度差 0.25 g/cm^3（孙德梅等，1994；符平礼，2011），收敛标准 0.0001 km（即两次反演深度均方根误差控制在 10 cm 以内），kw=0.006 km^{-1}，ks=0.008 km^{-1}，计算得到如图 4-22 所示反演结果。

依照反演结果来看，研究区结晶基底的深度在 4.3～5.2 km 左右，沿南东—北西向缓慢加深，基底比较平坦。如图 4-22 两条黑色线段所示，大厂所在位置处于拗陷地段，其东西两侧为隆起部位（图 4-23）。

反演结果主要反映了古生界的埋深情况，因为大厂矿区的主要赋矿层位是古生界的泥盆系和二叠系，所以定位古生界，对后续找矿具有积极意义。

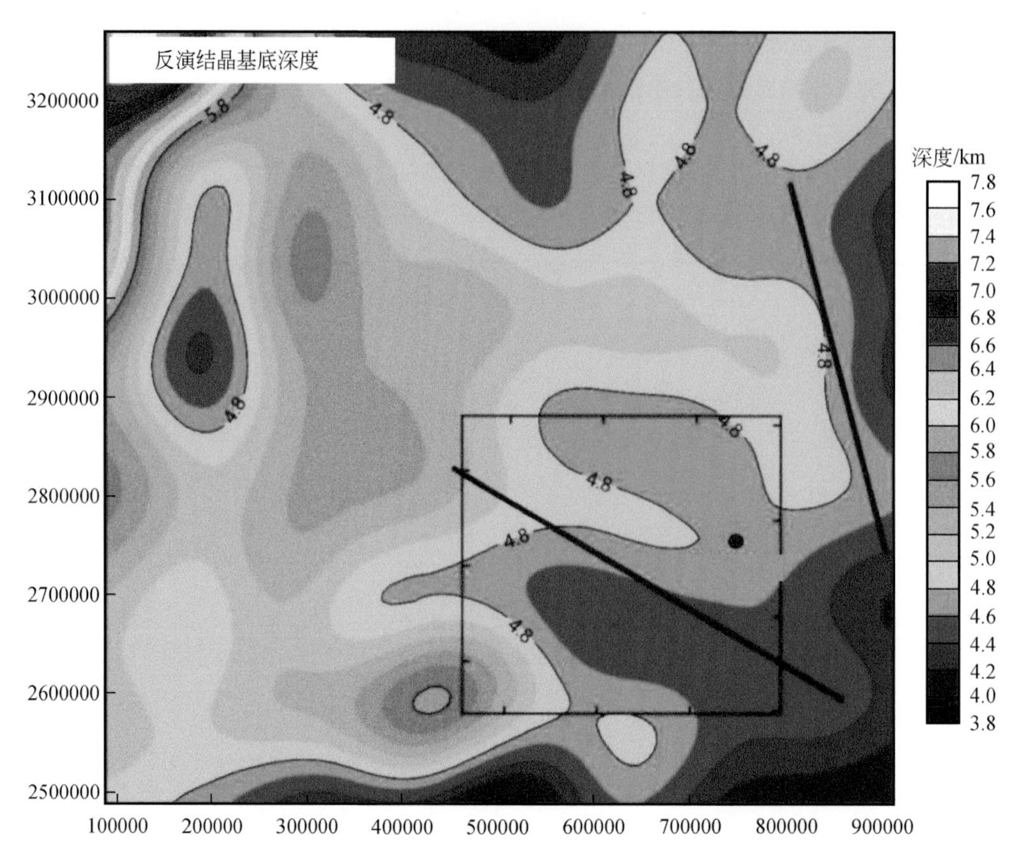

图 4-22　结晶基底深度反演等值线图（红色方框标示研究区所在位置）

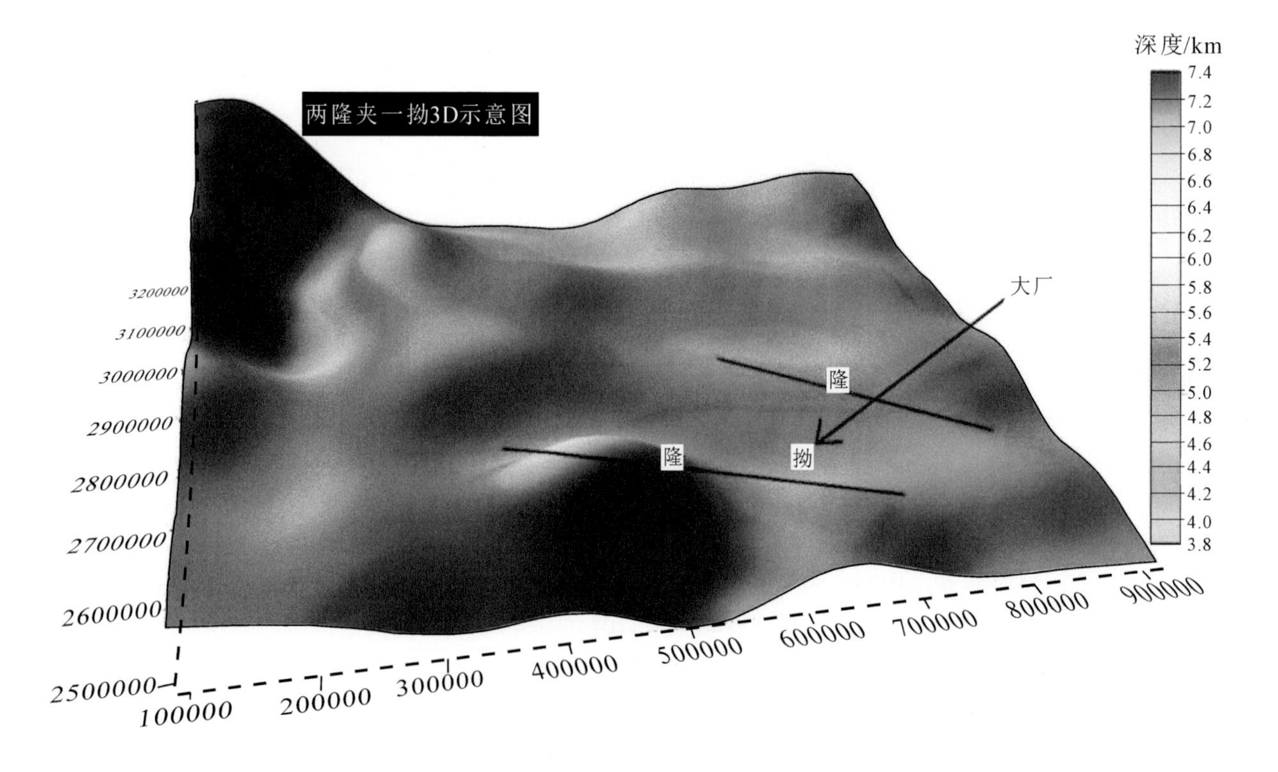

图 4-23　大厂矿区“两隆夹一拗”3D 示意图

结合图 4-21 和图 4-24 可以看出，正演异常和观测异常基本一致，两者差值介于−0.75～+0.65 mGal 之间，整个数据范围内观测异常与正演异常的误差仅 3.33%，且中间研究区域的误差基本稳定在−0.05～+0.05 mGal

之间，误差小于 0.24%，而边缘位置出现较大误差，分析原因可能与正反演前后数据扩边和还原裁剪有关，整体结果能够说明反演计算的精确性。

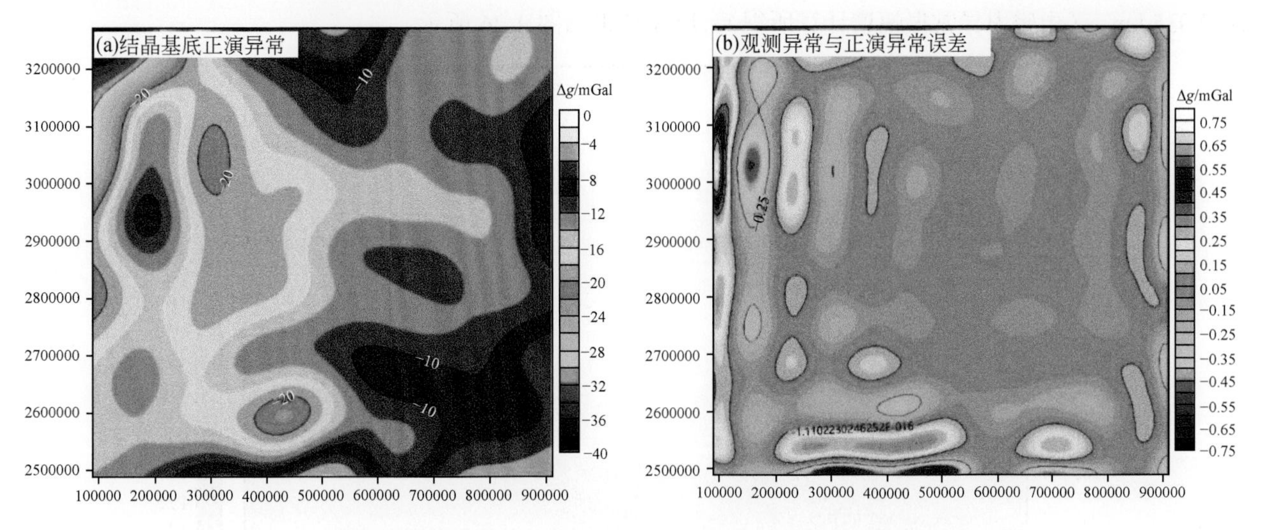

图 4-24　结晶基底正演异常（a）和观测异常与该正演异常误差等值线图（b）

孙德梅等（1994）研究指出，广西大厂矿区其前泥盆系褶皱基底埋深最浅在 3～5 km，最深可达 8～10 km，而蔡周荣等（2015）研究指出，上扬子区古生界的总体埋深介于 1～6 km 之间，本研究的基底反演结果为 3～6 km 之间，与前人的研究结论吻合，较好说明了反演的准确性。

3）磁力异常反演结晶基底深度

将磁异常化极处理后，如果引起本区重、磁异常的异常源具有同源性，可将其视为伪重力异常，同样利用 Parker-Oldenburg 公式可进行界面深度反演，对照重力反演结果综合分析，对矿区地质、物性等有更进一步的认识和理解。

在反演之前，需要对磁异常数据进行化极（磁倾角 I 为 38.21°，磁偏角 D 为-1.92°），并取垂直分量，通过 0～10 km 深度分离，得到浅部的磁异常，补偿圆滑滤波后，如图 4-25 所示。

从图 4-25 可以看出，10 km 以浅的磁异常分布变化很平缓，变化范围在-40～+35 nT 左右，大面积区域几乎没有磁异常，这与本区内低弱磁性岩体有关，而有磁异常变化的位置很可能是花岗岩与围岩接触的蚀变带。

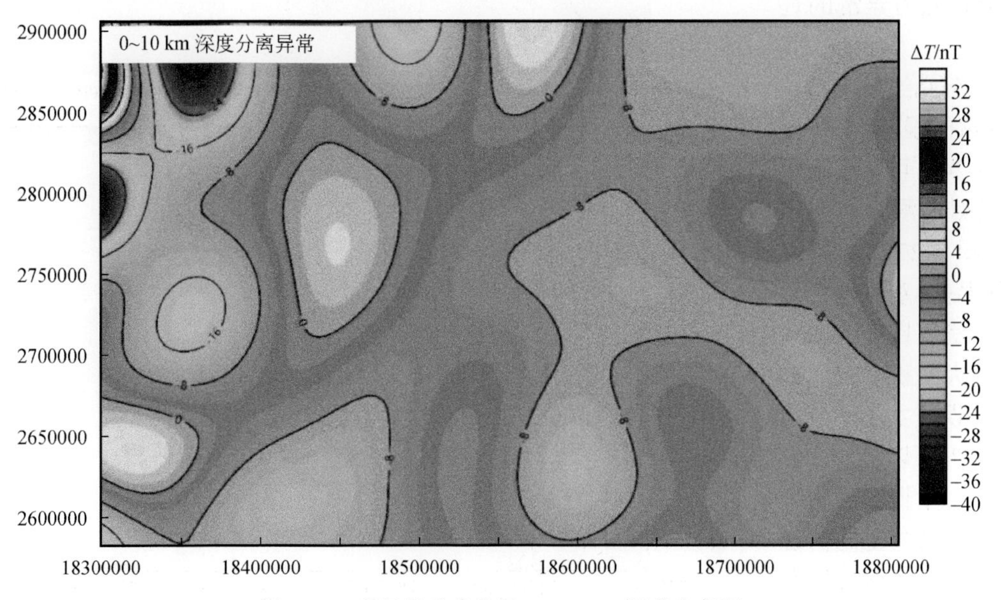

图 4-25　磁异常垂直分量 0～10 km 深度分离图

利用 10 km 以浅的磁异常反演结晶基底深度、起伏形态。反演计算取平均观测面深度 5 km，磁化强度 3.75×10^{-3}A/m，收敛标准 0.0001 km（即两次反演深度均方根误差控制在 10 cm 以内），低通滤波器 kw=0.027 km^{-1}，ks=0.035 km^{-1}（由磁力异常振幅谱计算所得），反演结果如图 4-26 所示。

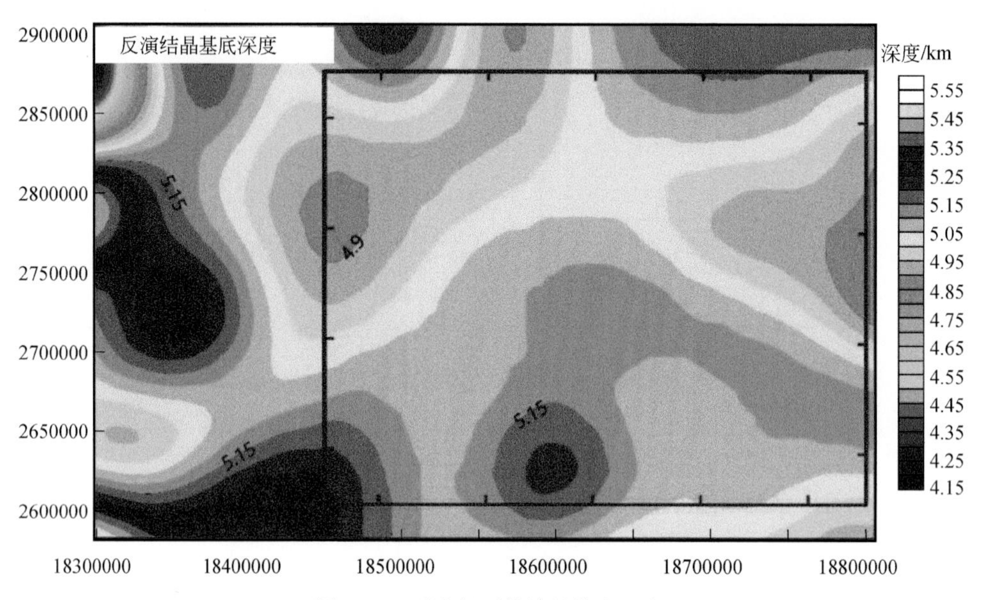

图 4-26　反演得到的结晶基底深度

由图 4-26 可知，反演界面深度变化范围在 4.15～5.6 km 之间，其中研究区域的变化范围大概是 4.9～5.2 km，结晶基底界面平整，与重力异常反演深度（4.6～5.6 km）基本吻合，说明了反演计算结果的准确性，也说明了中深部结晶基底界面是引起本区中深部重力异常和磁力异常的直接原因。

图 4-27 分别给出正演异常与观测异常的误差。对比图 4-27 与图 4-24，可以看出正演异常与观测预测分布非常相似，结合图 4-27 观测异常与正演异常误差，观测异常与正演异常误差范围在−1.8～+1.6 nT，且大面积区域的误差几乎为零，误差主要在西北缘，由图 4-27 可以看出，磁异常在西北缘有非常明显的正负异常跳变（数据范围内磁异常的极大值与极小值均在这里），对计算准确性提出了

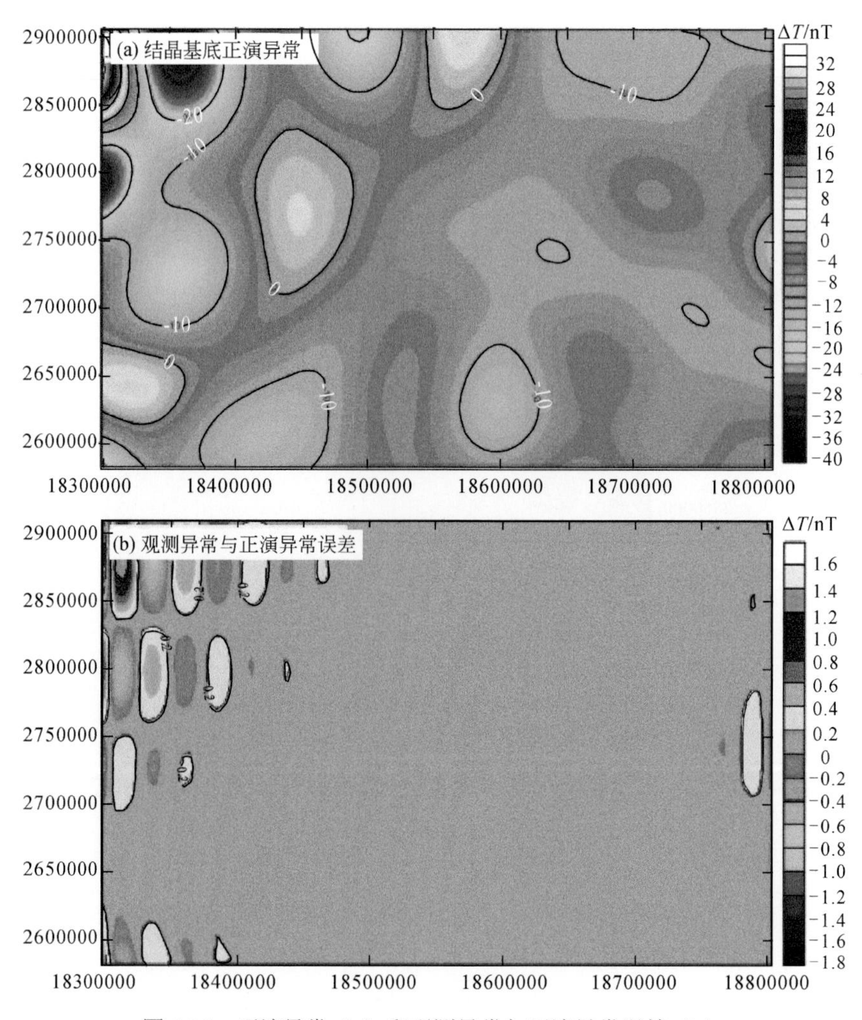

图 4-27　正演异常（a）和观测异常与正演异常误差（b）

较大挑战，且在数据边缘位置，正反演前后数据扩边、裁剪都会引起一定的误差，该两项处理应该是产生误差的主要原因。而在红色方框的主要研究范围内，几乎没有误差产生，整体结果说明了计算的精确性。

对比重、磁异常反演的结晶基底，结合图 4-22 和图 4-26 可知，数据范围内反演的结晶基底总体趋势沿南东—北西向缓慢加深，基底比较平坦；由重力异常反演得到的大厂矿区的基底深度变化范围在 4.3～5.2 km 左右，而磁异常的反演结果是 4.9～5.2 km，两者基本吻合。

图 4-28 给出重磁异常基底反演深度等值线叠合图，可以看出，在研究区域内（红色方框标示）重力的反演基底深度变化趋势是由南东向北西基底埋深逐渐增大，与莫霍面变化趋势相同；而磁异常反演得到基底变化趋势正好相反，基底在南东部埋深深，而北西缘埋深浅。分析原因可能是：①在研究区域的东南部，即大厂矿区所在位置，重磁异常特征为重力低对应磁力高，由于局部的重力低和磁力高分别对反演计算造成不同的影响，故得到的结果差异较大（最大误差也不超过 0.7 km），反观西北缘的深度等值线，两者的结果几乎完全一致；②重磁异常反演的基底深度本身就存在一定的差异，一般的磁性基底都要比重力反演深度深（符合东南缘的反演结果），还有磁异常化极没有采用变倾角算法，且忽略区域剩磁所造成的磁化方向的差异，用这个化极结果计算得到的反演深度也存在误差。

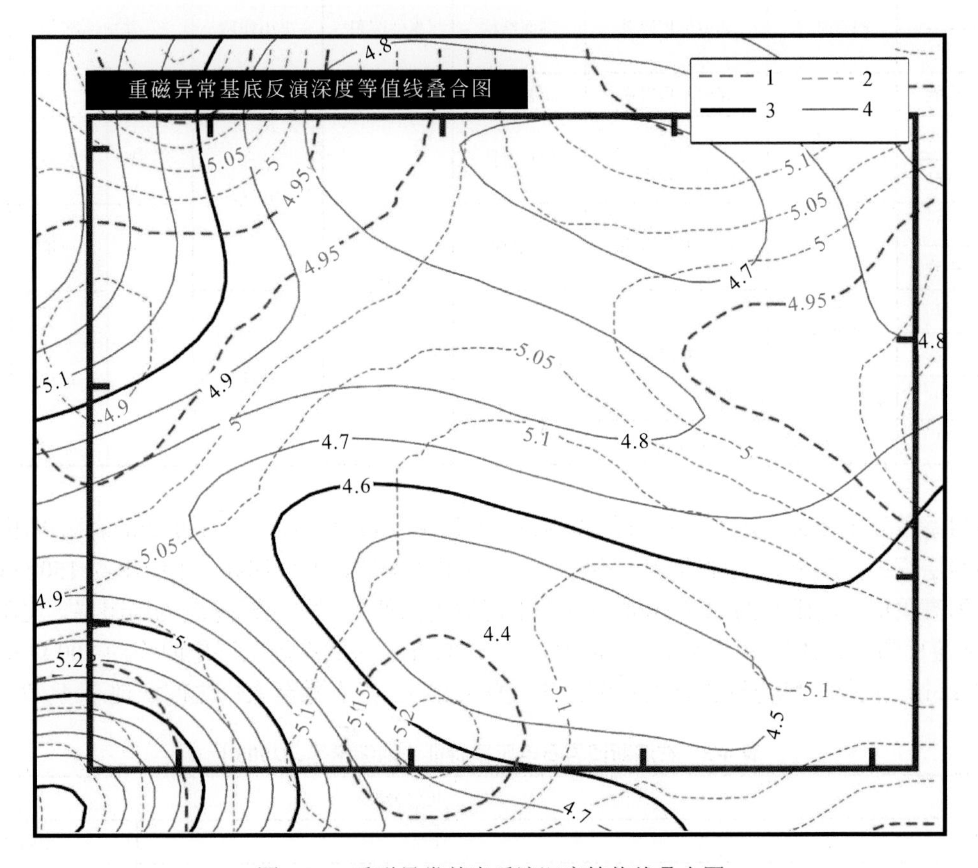

图 4-28　重磁异常基底反演深度等值线叠合图

红色方框为研究区域；1-磁异常反演深度主要等值线；2-磁异常反演深度辅助等值线；3-重力异常反演深度主要等值线；4-重力异常反演深度辅助等值线

矿区的主要赋矿层位是古生界的泥盆系，锡多金属矿主要受燕山晚期的花岗岩控制，目前开采的浅层矿床多根据出露的岩枝岩脉定位，矿床多位于花岗岩体的钟状突起边缘的围岩蚀变带中（孙德梅等，1994），这些岩枝岩脉往往对应隐伏岩体的顶部位置，所以在浅层矿床的下面，存在第二找矿空间的可能（范森葵等，2009）。

2. 大地电磁法

1）南盘江盆地电性结构

（1）纵向层圈结构分析

①浅层电阻率分布与沉积盖层

南盘江盆地南临古特提斯分支洋，东以钦防海槽和紫云—垭都断裂为界，属于华南板块西南边缘裂谷盆地。海西期，哀牢山—红河走滑断裂带的拉张、剪切作用引起右江盆地拉伸变薄，造成盆地内部形成一系列北西向分布的地堑式裂谷盆地，也导致沿北西向断裂分布的基性岩浆喷溢活动；到了印支期，由于印支板块的俯冲挤压作用，引起北东向的地壳开裂，并伴随大量玄武岩岩浆作用，2 次强烈的构造作用，控制了盆地的构造格局。晚石炭世—晚二叠世，深水次级盆地逐渐充填萎缩—消失，接受了巨厚的海相沉积，沉积特征和物性特征见表 4-4。

表 4-4　右江盆地沉积特征及构造演化简表（曾允孚等，1995）

<table>
<tr><th colspan="2">地质年代</th><th rowspan="2">构造阶段</th><th rowspan="2">典型沉积岩系</th><th rowspan="2">剖面结构</th><th rowspan="2">事件沉积</th><th rowspan="2">火山作用</th><th colspan="2" rowspan="2">盆地性质</th><th rowspan="2">应力状态</th></tr>
<tr><th>纪</th><th>世</th></tr>
<tr><td rowspan="2">三叠纪</td><td>中晚</td><td rowspan="3">印支期</td><td>碎屑浊积岩系</td><td>超补偿性</td><td rowspan="10">生物礁滑塌层</td><td rowspan="5">基性中酸性</td><td rowspan="3">弧后盆地</td><td>拗陷</td><td rowspan="3">北东向挤压
北西向挤压</td></tr>
<tr><td>早</td><td rowspan="2">火山碎屑浊积岩系</td><td rowspan="2">欠补偿性</td><td rowspan="2">裂谷</td></tr>
<tr><td rowspan="2">二叠纪</td><td>晚</td></tr>
<tr><td>早</td><td rowspan="7">海西期</td><td rowspan="2">钙屑浊积岩系</td><td rowspan="2">补偿性</td><td rowspan="7">大陆边缘裂谷</td><td rowspan="2">充填</td><td rowspan="7">北东—南西向拉张</td></tr>
<tr><td rowspan="2">石炭纪</td><td>中晚</td></tr>
<tr><td>早</td><td rowspan="4">硅质岩系</td><td rowspan="4">欠补偿性</td><td rowspan="5">基性</td><td rowspan="5">拉张</td></tr>
<tr><td rowspan="3">泥盆纪</td><td>晚</td></tr>
<tr><td>中</td></tr>
<tr><td>早</td><td>碎屑岩系</td><td></td></tr>
</table>

浅层电阻率差异主要体现沉积层组分的差异。徐新学等（2008）统计了右江断凹的岩石电阻率（表 4-5），不同时代的地层存在较明显的电性差异，三叠系上部电阻率偏低，下部偏高，电阻率约 150～350 Ω·m；二叠至石炭系为高阻层，电阻率约 500～600 Ω·m；下泥盆统为低阻层，上泥盆统为高阻层，电阻率约 100～600 Ω·m；下覆奥陶系整体呈低阻特征，电阻率小于 50 Ω·m；寒武系高阻层电阻率约 500 Ω·m；元古宇低阻层小于 50 Ω·m。根据大地电磁数据的反演结果（图 4-29），沿者桑至大厂之间，地下 4～7 km 深度存在

表 4-5　右江断凹岩石电阻率特征（徐新学等，2008）

<table>
<tr><th rowspan="3">地层</th><th colspan="5">电性分层</th></tr>
<tr><th colspan="2">主层</th><th colspan="2">亚层</th><th>电阻率/(Ω·m)</th></tr>
<tr></tr>
<tr><td rowspan="2">T</td><td rowspan="2">ρ_1</td><td rowspan="2">中阻层</td><td>$\rho_{1\text{-}1}$</td><td>上部稳定偏低中阻层</td><td rowspan="2">150～350</td></tr>
<tr><td>$\rho_{1\text{-}2}$</td><td>下部不稳定偏高阻层</td></tr>
<tr><td rowspan="2">C-P</td><td rowspan="2">ρ_2</td><td rowspan="2">高阻层</td><td>$\rho_{2\text{-}1}$</td><td>顶部不稳定偏低阻层</td><td rowspan="2">500～600</td></tr>
<tr><td>$\rho_{2\text{-}2}$</td><td>稳定高阻标志层</td></tr>
<tr><td rowspan="2">D</td><td rowspan="2">ρ_3</td><td rowspan="2">中阻层</td><td>$\rho_{3\text{-}1}$</td><td>上部偏高组层</td><td rowspan="2">100～600</td></tr>
<tr><td>$\rho_{3\text{-}2}$</td><td>中下偏低阻层</td></tr>
<tr><td rowspan="3">AnD</td><td rowspan="3">ρ_4</td><td rowspan="3">低阻层</td><td>$\rho_{4\text{-}1}$</td><td>奥陶系低阻层</td><td><50</td></tr>
<tr><td>$\rho_{4\text{-}2}$</td><td>寒武系高阻层</td><td>500</td></tr>
<tr><td>$\rho_{4\text{-}3}$</td><td>元古宇低阻层</td><td><50</td></tr>
</table>

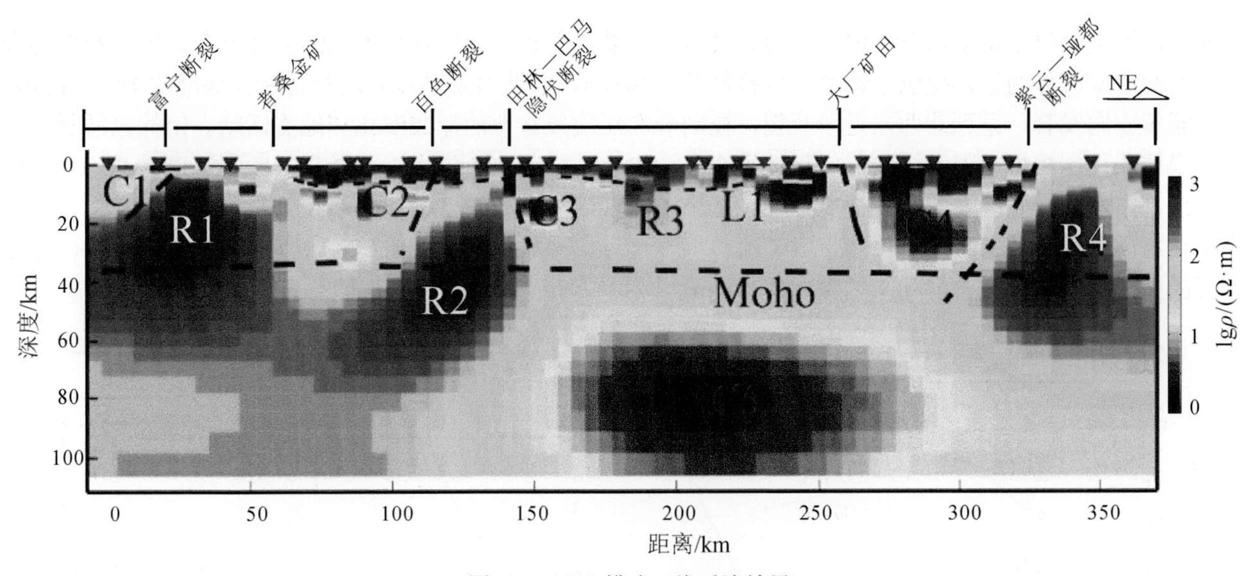

图 4-29　TM 模式二维反演结果

R 为高阻体；C 为低阻体；Moho 为莫霍面（依据 Guo et al.，2019）

明显的高阻层，根据王谦身等（2017）凭祥—贵阳段重力勘探的研究结果（图 4-30），在 0～7 km 深度存在 2 个明显的密度层，埋深与电性高阻层几乎一致。右江盆地以三叠纪盆地相浊积岩、三叠纪台地相碳酸盐岩和晚古生代碳酸盐岩为主，沿大地电磁剖面方向，以三叠纪盆地相浊积岩和晚古生代碳酸盐岩为主，故推测高阻盖层为三叠纪以及二叠纪的沉积盖层。二叠系下方低阻体以及大厂矿区的浅层低阻体仅零星分布，推测主要是泥盆系低阻沉积地层。根据中石化集团公司物探研究院地质研究中心的地震勘探剖面和大地电磁测深剖面的探测结果，右江盆地内部存在明显的逆冲推覆构造（图 4-31，徐新学等，2008）。沿测线方向高阻层厚度有所不同，表明了逆冲推覆构造引起晚古生代沉积地层的推覆和拉张，导致盆地内部地层的不均匀沉陷。

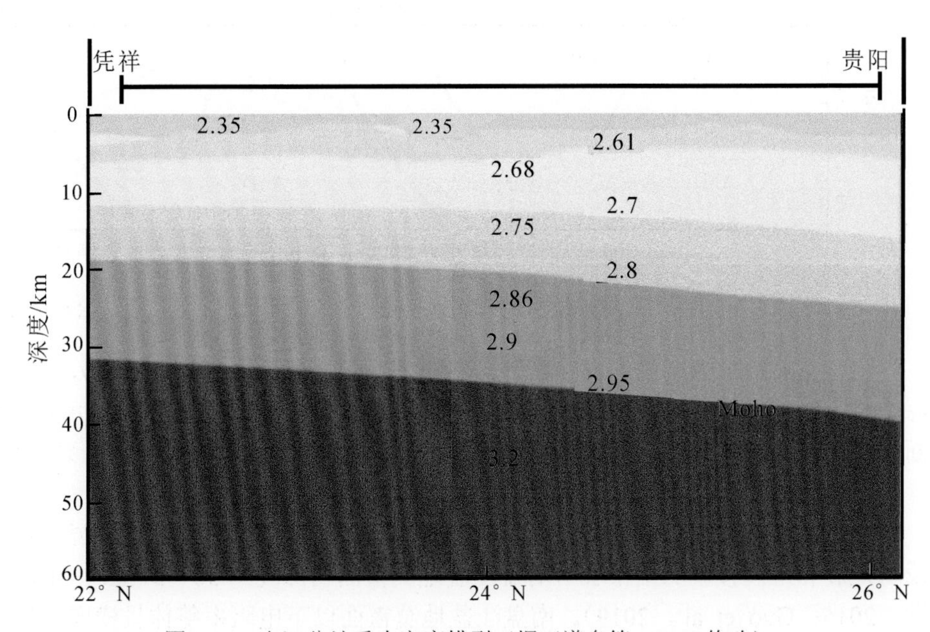

图 4-30　右江盆地重力密度模型（据王谦身等，2017 修改）

②地壳电阻率分布与断裂构造

研究区浅层的电阻率分布较为复杂，根据大地电磁反演结果，右江盆地地壳由一系列规模不等的高阻块体和低阻条带组成，电阻率剖面整体呈现浅部纵向分层、深部横向分块的特点（图 4-29）。自南西—北东向，剖面存在 4 条明显的低阻带（C1，C2，C3，C4），电阻率在 10～100 Ω·m 之间，低阻条带依次为富宁断裂（C1）、百色断裂（C2）、田林—巴马隐伏断层（C3）和紫云—垭都断裂带（C4）的电性反映。

桂西地区，大量发育北西裂陷带和次生裂陷盆地，本节根据电阻率模型对富宁断裂、右江断裂、田林—巴马隐伏断裂和紫云—垭都断裂的深部地质结构进行讨论。关于断裂带的深度，目前暂无详细的地质资料公开，电性结果显示富宁断裂（F1）深度约 20 km；沿富宁断裂附近发育大量的卡林型金矿床，断裂为岩浆活动和成矿流体的运移提供了通道（皮桥辉等，2016）。电性结果显示右江断裂断裂深度约 15～20 km，沿该断裂方向发育一系列北西向走滑断裂，控制着右江次级盆地的形成演化和地震活动。田林巴马断裂是一条隐伏断层，根据电阻率模型，低阻体埋深约 20 km，推测该断裂为壳内断裂，断裂深度约 20 km。紫云—垭都走滑断裂倾向南西，断裂下方存在 2 个不连续的低阻异常，推测该断裂是超壳断裂，断裂几乎切穿了莫霍面；沿断裂岩浆上涌并携带成矿流体向上运移，形成了大型成矿带。根据詹艳等（2012）在龙滩库区的探测结果，紫云—罗甸断裂深度约 20 km，反映了断裂活动呈现由南向北逐渐减弱的特点。

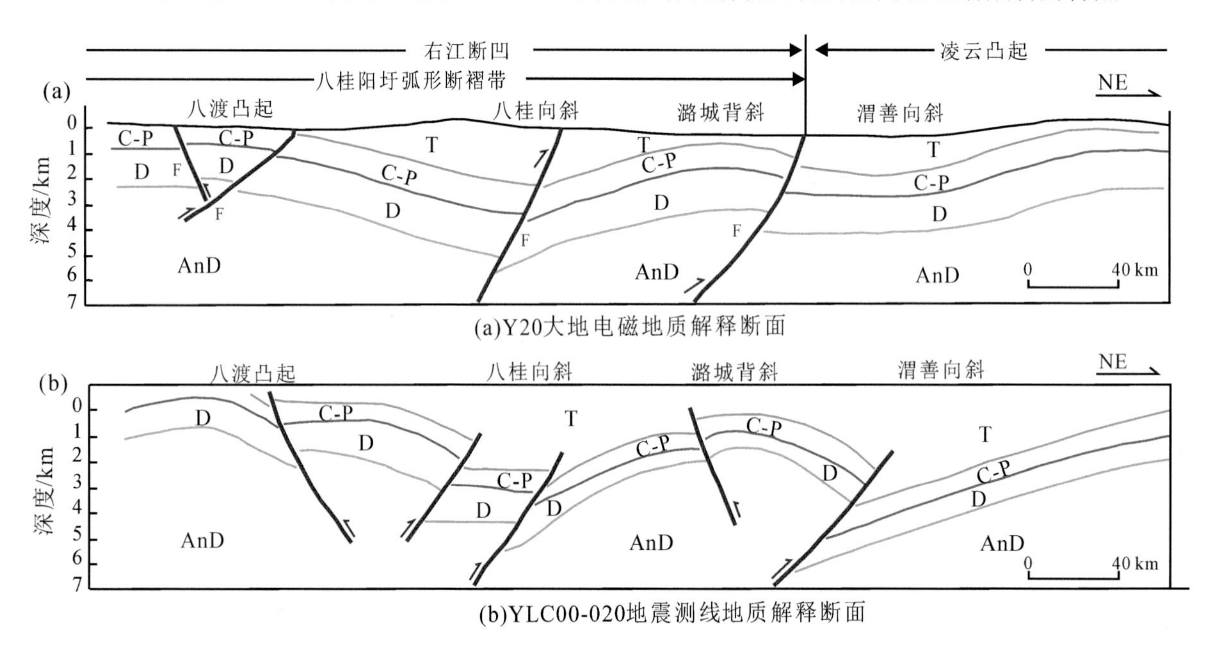

图 4-31　右江盆地内部大地电磁与地震测线地质解释断面（徐新学等，2008）

南盘江盆地北西向的广南—富宁、右江和紫云—垭都断裂（图 4-29，C1、C2、C4）是海西期哀牢山海槽扩张过程中华南大陆西南缘沿开远—平塘断裂带向南西走滑导致地壳被拉伸变薄发生破裂的产物，各断裂的形成和拉张强度具有南早而强、北晚而弱的特征，北侧断裂具深断裂性质（郑荣才和张锦泉，1989）。

③地幔电阻率结构及深部背景

莫霍面是指地壳和上地幔的分界面，两者存在明显的密度和速度差异，但并无明显的电阻率差异。深反射地震和地震接收的结果表明南盘江盆地莫霍面的深度约 30～37 km，由南向北莫霍面逐渐增厚（黄启勋，2015；Guo et al.，2019）。南盘江盆地莫霍面以下电阻率整体呈横向分块特征。剖面以田林—巴马隐伏断层和紫云—垭都断裂为界分为 3 部分：田林—巴马隐伏断层以西，上地幔整体呈高阻特征（R1、R2），电阻率约 300～1000 Ω·m；紫罗走滑断裂以东，上地幔整体呈现局部高阻特征（R4），高阻体电阻率约 300～1000 Ω·m；两者之间，地幔呈低阻特征（C5），高导体顶界埋深约 60 km。田林以西地壳和上地幔地层整体呈现高阻特征，推测高阻体为扬子板块古老的结晶基底，结合地震资料和重磁资料，南盘江盆地的结晶基底由古元古界—太古宇的变质岩或花岗岩、深变质的中基性、中酸性麻粒岩、玄武岩和超基性岩组成，故推测高阻块体 R1、R2、R3 主要为扬子板块古老的结晶基底。紫云—垭都断裂带以东为雪峰山隆起构造区，上地幔整体呈现高阻特征（R4），推测高阻块体 R4 主要为雪峰山隆起抬升的江南古陆古老的结晶基底。对于上地幔的低阻体（C5）本小节不做详细论述，将在下一小节讨论。

（2）低阻体成因的探讨

①上地壳低阻体

上层地壳中的高阻体（＞1000Ω·m）通常是低温状态下干燥、低孔隙率的沉积岩。在地壳中观察到 4 组低阻条带（C1、C2、C3、C4），被认为是右江盆地主要的北西向断层带的电性反映。诸如缝合线和断层之类的地质构造，由于存在流体、石墨膜、硫化物或蛇纹石等物质，即使在构造活动停止很长时间后，缝合带和古代断层带也通常形成低电阻率的线性区域（Jones et al.，1989）。南盘江盆地沿断裂带发育的金属矿床均有 S 元素的参与（如者桑金矿、大厂锡多金属矿），表明地下存在硫化物；此外，卡林型金矿和大厂锡多金属的成矿作用中均有含水性流体的参与，因此，南盘江盆地上地壳低阻体可能归因于断裂带内的含盐流体以及硫化物。

②中下地壳高导体

MT（大地电磁测深法）研究在全球范围内观察到许多中下地壳高导体，这些高导体通常被解释为石墨膜、硫化物等，含水性流体或部分熔融（Selway，2014）。例如，共和盆地地下 25～35 km 深度内存在一个巨大的中下地壳高导体，被认为是花岗岩的局部熔融。我们模型中存在深度 20～30 km 的不连续中下地壳高导体 C3、C4（图 4-29）。根据桂西北地区古近系—新近系煤层测井发现桂西北地区地温异常一般为 25～40 ℃/km，高者达 48～58 ℃/km，属于高温异常区（黄启勋，2015）；此外，华南地区捕虏体测得地下 20～30 km 深度范围内温度约 600～800 ℃（Xu et al.，2019）。在此深度范围内，温度范围为 600～800 ℃，破坏了石墨和硫化物，也排除了含水性流体的影响，因此，本课题认为中下地壳高导体是地壳物质的局部熔融。

③岩石圈地幔

高导体 C5 位于地下 60 km，根据地温梯度和捕虏体温度估计该深度温度约 800～1200 ℃。石墨膜在超过 730 ℃的高温下不稳定，可以排除石墨的影响。由于地幔的氧逸度高于铁橄榄石-磁铁矿-石英缓冲液，并且超出了大多数硫化物的稳定性范围，也可以排除硫化物的解释（Frost and McCammon，2008）。因此，上地幔高导体很可能是地幔物质的水合作用和部分熔融。在武夷山中部以下 70 km 深度处，含水量高达 0.1%，熔融度高达 1%，这表明地幔存在岩石圈水化和部分熔融（Xu et al.，2019）。

郭佳（2019）对南盘江盆地燕山期花岗岩进行岩石地球化学研究，认为新特提斯板块晚白垩世期间的俯冲后撤导致华南西南部地区软流圈上涌并诱发岩石圈地幔的局部熔融，幔源岩浆底侵作用产生足够的热量使上层地壳发生局部熔融。根据以上研究，本研究对上地幔高导体的解释是地幔物质的局部熔融。

（3）南盘江盆地的演化

华南大陆位于欧亚板块、太平洋板块、印度板块汇合处，由新元古代 2 个前寒武纪子块碰撞拼合形成，西南缘通过红河走滑断裂带与印支地块相连。加里东运动使得扬子和华夏陆块拼合形成华南大陆，南盘江盆地是在华南加里东造山带夷平的基础上裂陷形成的大陆边缘裂谷盆地。晚古生代早期（泥盆纪），伴随着古特提斯分支洋金沙江—红河—马江洋盆的形成，华南板块开始进入活化阶段，在拉张应力作用下，右江盆地及周围区域开始大面积发生伸展裂陷，逐渐开始形成一系列次级小盆地，盆地内部及边缘一系列北西向的断裂带（紫云—南丹—都安断裂、右江断裂和广南—富宁断裂）开始进行活动，形成北西向的次级深水盆地；随后，北东向的南盘江断裂、罗甸断裂、钦州断裂也开始不断扩展，由于两组断裂的剪切作用，盆地的菱形外貌趋于稳定（陈国达等，2001；郑荣才和张锦泉，1989；杜远生等，2009）。晚石炭世—早二叠世时期，深水次级盆地逐渐被充填而逐渐缩小，浅水相沉积面积不断扩大，盆地面貌产生了显著变化。

夏文静等（2018）对右江盆地东南部八渡辉绿岩进行了锆石 U-Pb 同位素测年，获得 $^{206}Pb/^{238}U$ 平均加权年龄为(269.3±4.2) Ma；八布蛇绿岩中斜长角闪岩的锆石 U-Pb 年龄为(272±8) Ma（张斌辉等，2013）；Thanh 等（2014）对越南北部 Cao Bang 玄武岩进行了 Rb-Sr 全岩等时线测年，结果为(263±15) Ma；王新雨等（2017）对老挝境内的 Nuna A 型花岗岩锆石 U-Pb 测年结果为(258.7±1.9) Ma。对于老挝境内的 Nuna A 型花岗岩和八渡辉绿岩进行岩石地球化学分析表明其均处于地壳伸展减薄的构造背景（王新雨等，2017；夏文静等，2018）。Nuna 花岩体东侧的长山构造带内发育大量与扬子板块俯冲于印支地块有关的 I 型花岗岩、岛弧型火山岩，年龄约 256～234 Ma，与 Nuna A 型花岗岩 259～251 Ma 的年龄基本一致，并且认为该阶段 I 型花岗岩形成于华南板块俯冲于印支板块的岛弧环境（Liu et al.，2012；Wang X Q et al.，2016）。以上研究表明 Nuna A 型花岗岩形成于古特提斯洋盆闭合的构造背景（即 Song Ma 洋壳俯冲于印支地块之下的构造环境），而 A 型花岗岩侵入印支地块并没有影响到印支地块内部的伸展环境的事实表明 A 型花岗岩生成于板片回撤的弧后伸展环境。

以上研究表明在早-中二叠世（278～263 Ma）时期印支板块和华南板块之间存在一古特提斯分支洋盆，南盘江盆地可能是该古特提斯分支洋的大洋岩石圈向北俯冲消减形成的一个陆缘弧后盆地，其初始伸展受控于该分支洋盆俯冲消减形成的陆缘弧-弧后伸展构造体制（夏文静等，2018；Thanh et al.，2014）。花岗岩形成于华南地块俯冲于印支地块之下俯冲板片回撤引起的弧后伸展环境，弧后伸展导致越北、老挝、华南西南缘等地的岩石圈变薄，软流圈上涌产生的热异常引发下地壳的部分熔融和岩浆上涌（图 4-32，据王新雨等，2017）。

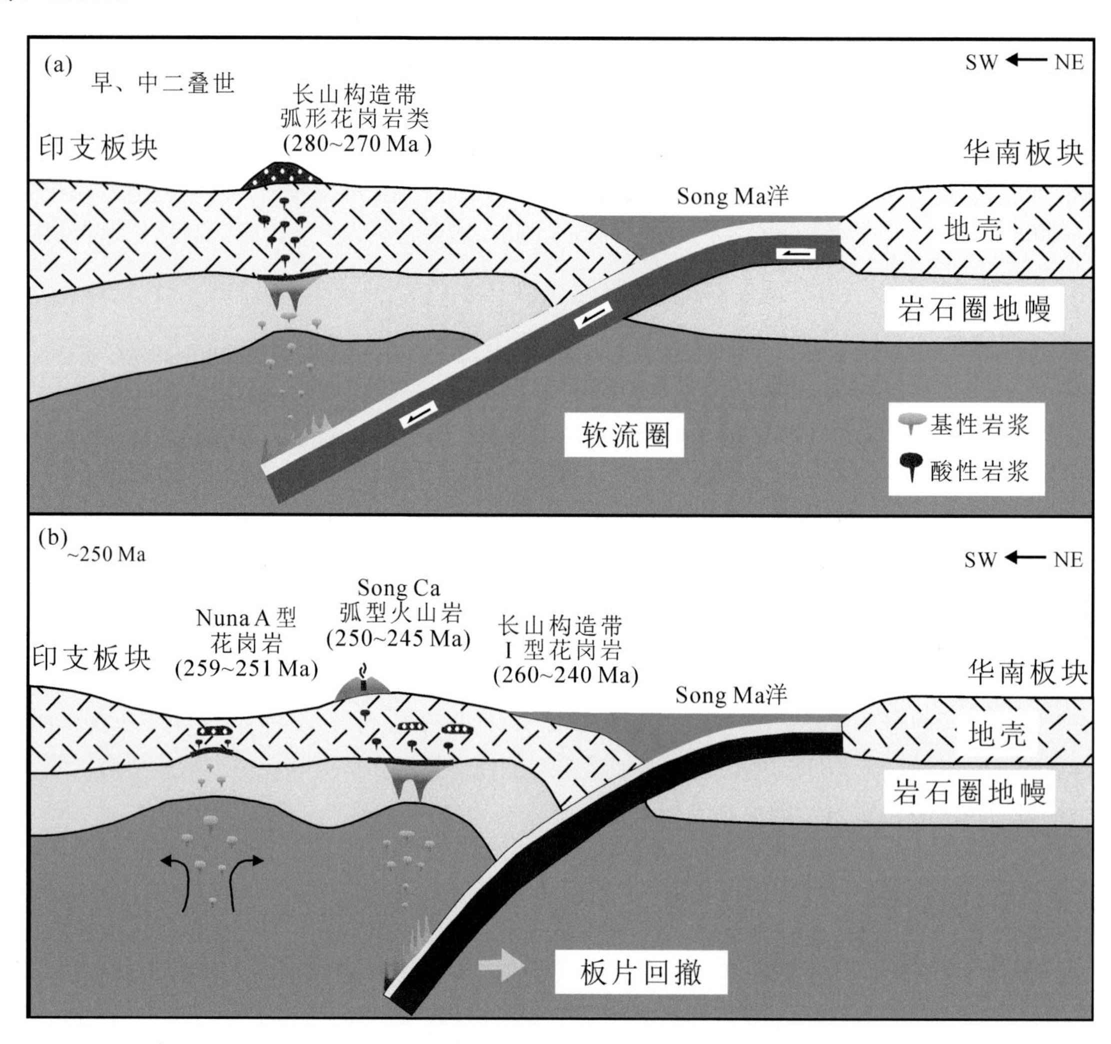

图 4-32 华南西南缘二叠纪形成构造演化模式图（王新雨等，2017）

晚二叠世—晚三叠世（印支末期），由于印支板块的俯冲导致南盘江盆地发生强烈挤压褶皱与隆升等造山运动，结束了本区海相沉积历史，活动强度受距离的影响，由南向北逐渐变弱［图 4-32（b）］。

随着古特提斯洋盆的关闭，印支运动产生的碰撞与挤压作用使扬子板块边缘地区产生了递进式的深部基底面滑脱以及浅层多层次盖层滑脱相结合的板内构造变形，改造了扬子中、古生代盆地，使扬子板块边缘中生代地层发生由强到弱（衰减式）的变形改造，在板内形成了一系列逆冲推覆构造（丁道桂等，2007）。南盘江盆地边缘文山—麻栗坡地区，受越北地块北北东方向的推覆作用，中泥盆统碳酸盐岩地层沿董度断裂掩覆在中-上三叠统复理石地层上方（丁道桂等，2007）。古特提斯洋在中三叠世末向北俯冲与碰撞关闭而产生的印支—早燕山运动是南盘江盆地晚古生代构造变形的主要地球动力学来源。根据地表北西向构造形迹的改变（丁道桂等，2007）和勘探地震获得的逆冲推覆构造（图 4-33；丁道桂等，2010；杨文心等，2018）也得到了类似的认识。

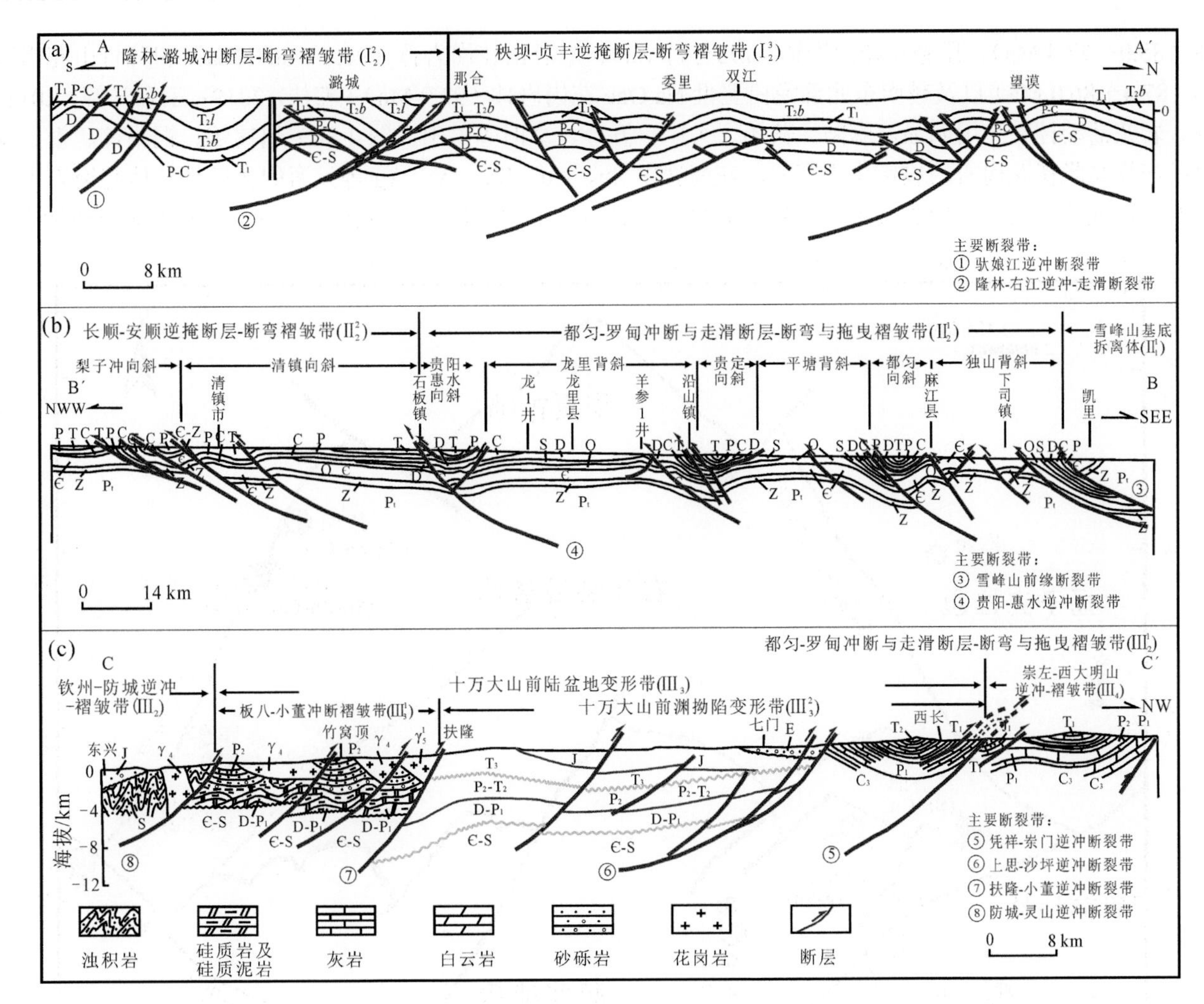

图 4-33 南盘江盆地逆冲构造图（丁道桂等，2010）

燕山期，南盘江盆地受到北东—南西向的挤压作用，形成北西向褶皱和逆冲断裂，对盆地边缘和内部进行了强烈的改造（唐香丽，2016）。由于华南西南地区（桂西、滇东南等地）恰好处于特提斯构造域与太平洋构造域的交汇部位，早期学者主要考虑太平洋构造域的影响，认为古太平洋板块在 135 Ma 之后沿着欧亚大陆边缘北东向的快速走滑作用导致华南大陆岩石圈在燕山期构造变形和大规模的成矿作用（毛景文等，2008；Mao et al.，2013；Cheng et al.，2016）。值得注意的是，滇东南和桂西地区距离太平洋俯冲带的距离超过了 2000 km，即使平板俯冲（<1500 km）也不能影响到如此远的距离，更何况太平洋板块在晚白垩世处于俯冲后撤的状态。近年来，不少学者认为华南板块西南缘在燕山期主要受特提斯构造域的影响，认为新特提斯板块的俯冲后撤是华南西南缘晚燕山期构造变形和大规模成矿的动力条件（王新雨等，2017；Metcalfe，2013；Chen et al.，2018）。

南盘江盆地及其周缘地区（包括越南东北部、滇东南以及桂西等地）100～80 Ma 的岩浆作用及成矿作用的相似性表明它们是在相似的地球动力学背景中形成的。结合前人工作，本研究认为新特提斯板块在晚白垩世的俯冲后撤导致华南西南部地区软流圈上涌并诱发岩石圈地幔局部熔融，幔源岩浆底侵产生足够的热使上覆地壳发生部分熔融生成新的长英质地壳。华南板块西南缘地壳泊松比低于扬子板块和华夏板块，值为 0.22～0.26，泊松比小于 0.26 意味着地壳内含有高含量的长英质矿物和低含量的镁铁质矿物，意味着南盘江盆地地壳以高含量的长英质矿物为主，以平面分布的硅质花岗岩和浅层火山岩为主（Guo et al.，2019）。

（4）南盘江盆地燕山期成矿作用

南盘江盆地燕山期岩浆作用强烈，除了大厂矿田笼箱盖花岗岩体外，在盆地边缘还分布有个旧花岗岩体（85.0～77.4 Ma）、昆仑关花岗岩体（(93±1) Ma）、老君山花岗岩体（90.1～86.0 Ma）和薄竹山花岗岩体（87.4～86.0 Ma）以及越南东北部晚白垩世 Na Oac 花岗岩体（93.9 Ma）（郭佳，2019；王东升等，2011）等。岩浆活动控矿作用明显，麻阳、芒场、大厂、五圩、个旧等矿田（图 4-34）钨锡铋、铜铅锌、银、锑等矿产均与隐伏花岗岩的成矿作用有关。花岗岩中 Sn、Cu、Sb、W、Ag 等元素的含量是其他花岗岩平均值的数倍或数十倍，花岗岩既可以提供成矿物质，又可以提供热源，可以作为缩小找矿靶区的宏观标志。

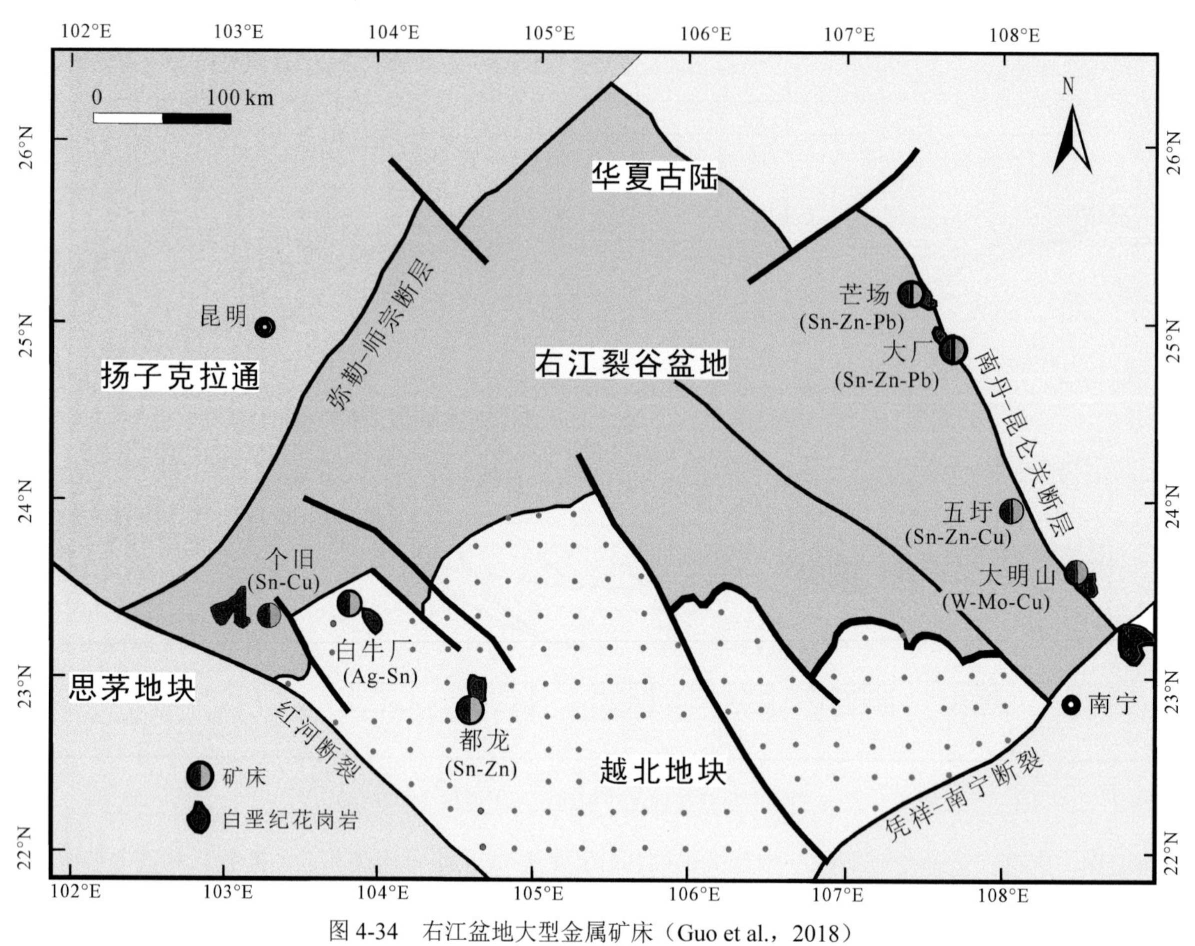

图 4-34　右江盆地大型金属矿床（Guo et al.，2018）

南盘江盆地及其周缘地区（包括越南东北部、滇东南以及桂西等地）80～100 Ma 成矿作用的相似性，表明区内晚白垩世成矿作用是在相似的地球动力学背景中形成的。根据大地电磁数据的反演结果（图 4-29），南盘江盆地存在一系列北西向低阻条带和深部幔源低阻体，推测晚燕山期，由于新特提斯板块的俯冲后撤，形成 80～100 Ma 的岩浆作用和热活化作用。本研究认为新特提斯板块在晚白垩世的俯冲后撤导致华南西南部地区软流圈上涌并诱发岩石圈地幔部分熔融，幔源岩浆底侵地壳产生足够的热使上覆成熟地壳发生部分熔融，壳源的长英质岩浆（夹杂少量地幔物质）经历不同程度的结晶分异作用，最终位于地壳浅部形成笼箱盖花岗岩体、昆仑关花岗岩体、个旧花岗岩体、老君山花岗岩体及薄竹山花岗岩体出露，并与围岩产生成矿作用。

2）大厂矿田电性结构和成矿作用

（1）电性结构特征

AMT 剖面自西向东存在 3 个高导体（C1、C2、C3）和 2 个高阻块体（R1、R2）（图 4-35）。高阻异常体 R1，形态呈脊状隆起（L1），其深部电阻率可能高达 2000 Ω·m 以上，与围岩存在明显的电性差异。根据大厂矿田的 1∶20 万和 1∶5 万重力研究发现笼箱盖岩体顶部沿丹池断裂、铜坑—灰乐横断裂、大厂断裂均呈脊状隆起；此外，根据大厂矿田岩石物性测试和钻探资料，花岗岩呈高阻特征（范森奎，2011），由此推断高阻异常体 R1 可能为隐伏的笼箱盖花岗岩体，其顶板埋深约 1500～2000 m。高阻体 R2 形态呈不规则块状，埋深西浅东深，电阻率值在 1000 Ω·m 以上，地层以中泥盆统生物礁灰岩为主，推测高阻体 R2 主要是致密的生物礁灰岩。

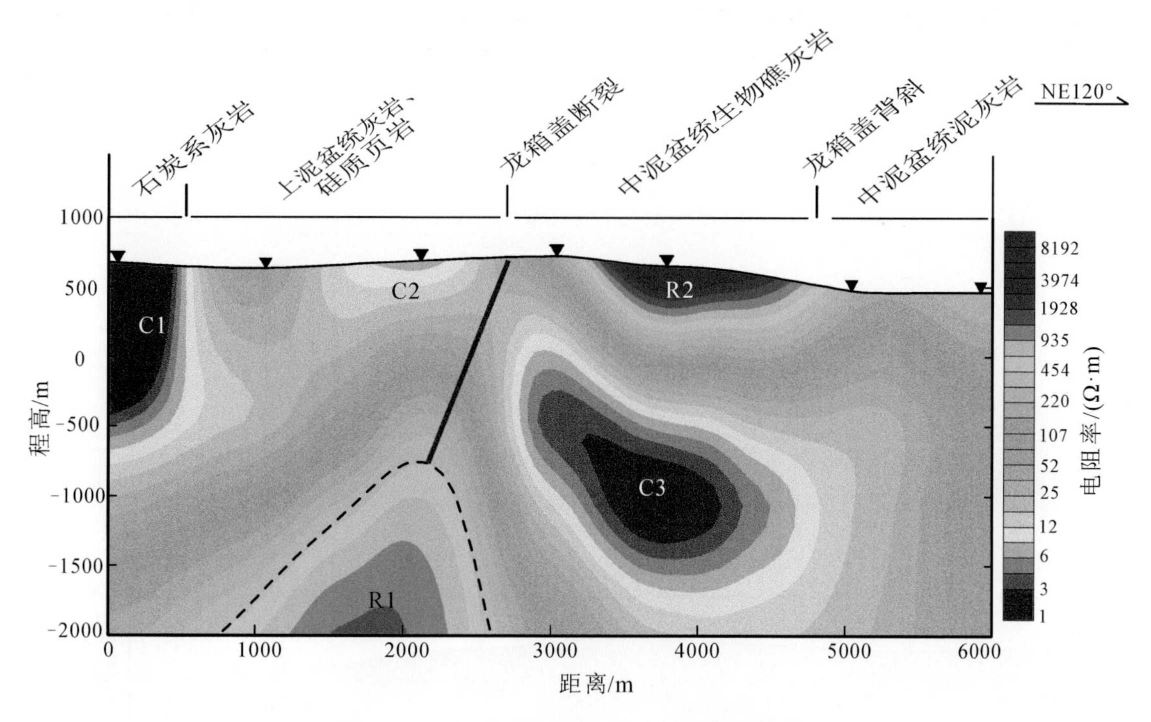

图 4-35　大厂矿区 TE+TM 模式二维电阻率模型

大厂矿田隐伏矿体一般是多金属矿体，呈低阻（高导）特征，高导体是寻找隐伏矿床的重点区域。结合地质构造和岩石的物性特征，对高导体的成因进行了讨论。高导体 C1 位于丹池背斜残留的石炭系灰岩地层，因地层剥蚀严重，灰岩裂隙和节理极为发育，推断低阻体 C1 可能是破碎的石炭系灰岩沉积层。高导体 C2 出露于上泥盆统灰岩和硅质页岩地层中，紧邻笼箱盖断裂，推断高导体 C2 可能是由于上泥盆统沉积层遭到破坏形成的局部破碎带。高导体 C3 埋深较大，位于拉么 Zn-Cu 矿床和茶山 Sn-W 矿床之间，与深部脊状隆起的花岗岩相互伴生，推测其可能是深部隐伏矿床。

整个矿田内矿体同属于一个岩浆活动成矿系统，各类夕卡岩型矿床围绕岩笼箱盖花岗岩体中心成环状分布，花岗岩体向外依次为 Zn-Cu 矿床（局部叠加有晚期的 W-Sb 矿化）、Sn 多金属矿床、Pb-Zn-Ag 矿床和 Hg-Sb 矿床，各环之间有着明显的叠加和渐变现象（范森奎等，2009）。据统计，一般夕卡岩型 Zn-Cu 矿体距离花岗岩体约 0～200 m，Zn 矿体约 200～600 m，Sb-W 矿约 500～2000 m，锡石硫化物型矿床约 600～2000 m，Pb-Zn-Ag 矿约 800～3000 m（范森奎等，2009）。接触交代型 Zn-Cu 矿床，位于大厂矿田笼箱盖隐伏岩浆房的顶部及其周边，这类矿床成矿作用主要集中出现在岩浆房高位突出的顶界面凹凸部位及其内外接触带范围。根据本研究所获得的电阻率模型，高导体 C3 位于大厂矿田笼箱盖隐伏岩浆房的顶部，距离笼箱盖花岗岩体约 500 m，属于夕卡岩型 Zn-Cu 矿床控制带范围，推测隐伏矿体 C3 主要为夕卡岩型 Zn-Cu 矿床，可能叠加有晚期 Sb-W 矿床。

（2）大厂矿田成矿作用的讨论

深部岩浆热液的来源一直是大厂矿田研究的热点问题。根据大地电磁数据的反演结果（图 4-29），紫云—垭都断裂带下方存在条带状低阻体，低阻体从中地壳延伸至下地壳底部；另外，在上地幔也存在巨大的低阻体。根据上一节的讨论，中下地壳及上地幔高导体主要是地下局部熔融体，电性结果表明紫云—垭都断裂带为超壳断裂，断裂构造为中下地壳及少量上地幔的岩浆热液和深部热源向上运移提供了通道。

本书认为新特提斯板块在晚白垩世的俯冲后撤导致华南西部地区软流圈上涌并诱发岩石圈地幔部分熔融，随着伸展作用的增强，地幔深处的岩浆侵入到中上地壳地层中，携带大量热源使上覆成熟地壳发生部分熔融（郭佳，2019）。深部岩浆热液、热源和成矿流体沿断裂构造向上运移到地壳浅部参与成矿作用。

结合前人（蔡明海等，2004）的研究和本次的电性研究成果，提出了电阻率模型约束下的大厂 Sn 多金属矿成矿模式（图 4-36），从泥盆纪开始紫云—垭都走滑断裂开始拉张，区域性控矿断裂形成；印支—燕山期在北西、北东向褶皱作用和挤压作用下，层间不断错动和张开，形成了一个规模较大而又破碎的层间裂隙带构造，为特大型网脉型似层状矿体提供了良好的容矿空间；燕山期，中酸性岩浆侵入（深、浅源流体混合）到泥盆系中，成矿流体与岩浆热液分异，与围岩产生成矿作用。

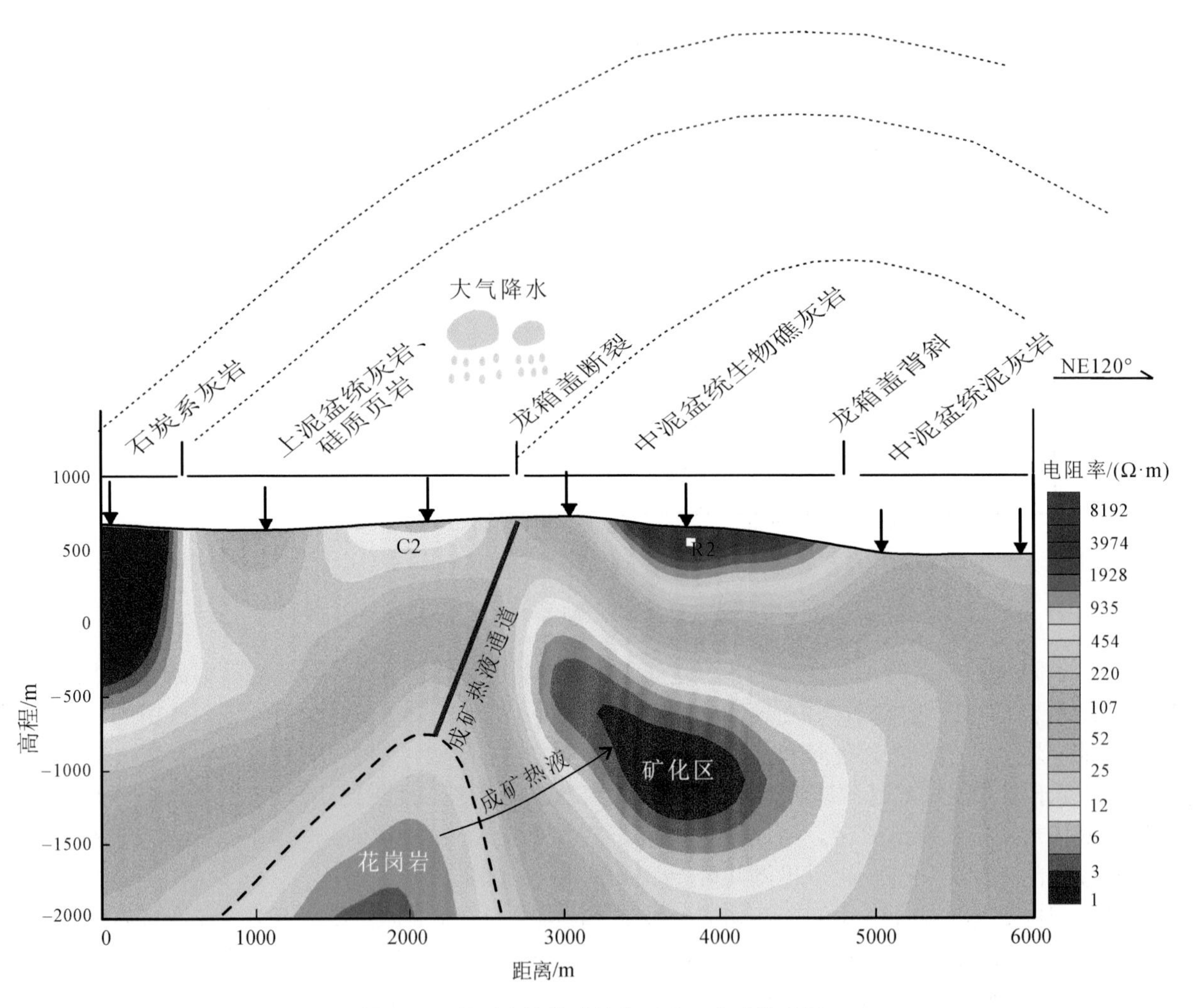

图 4-36 基于电性模型的大厂矿田成矿模式图

4.2 扬子板块西缘稀散金属超常富集的地球化学背景

贵州地区是扬子板块西缘的重要组成部分，具有典型扬子板块特征，且从前寒武纪基底到新生代地层均有出露，是揭示扬子西缘稀散金属超常富集的地球化学背景的最好“窗口”。本书把贵州作为重点研究区，系统建立并解剖了“超级地球化学大剖面”，厚约达 12000 m，包括古老的新元古代（基底）→古生代→中生代的地层，其中新元古界样品由基底（青白口系 Q*b*）和上覆的南华系（N*h*）及震旦系（Z）样品构成；古生界样品由奥陶系（O）、志留系（S）、泥盆系（D）、石炭系（C）、二叠系（P）样品组成；中生界样品本次主要采集到三叠系（P）样品。本研究通过对该大剖面的稀散元素含量及变化规律解剖，从而揭示扬子西缘稀散元素超常富集的地球化学背景（图 4-37）。

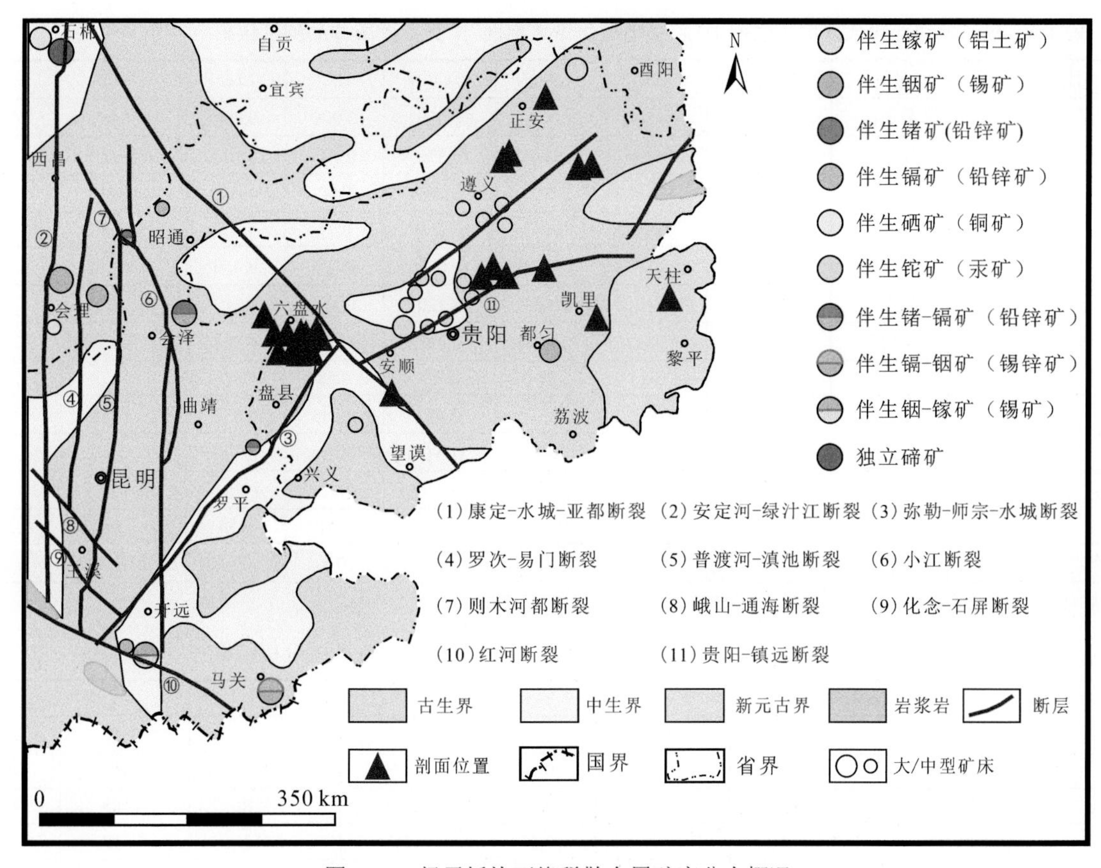

图 4-37　扬子板块西缘稀散金属矿床分布概况

4.2.1　稀散元素分布特征

1. 地层（界）稀散元素特征

将贵州地区不同地层单元（界）的稀散元素与地壳丰度相比（表 4-6），发现 Ga、Ge 和 In 均值低于地壳丰度，Te 和 Re 平均含量高于地壳丰度，而 Se 在元古宇—中生界剖面的地层中明显富集，中生界 Cd 值低于地壳丰度，古生界和元古宇的 Cd 高于地壳丰度，古生界的 Tl 值稍高于地壳丰度，其余的均比地壳丰度低（图 4-38），元素变化系数也存在较大不同（表 4-6）。

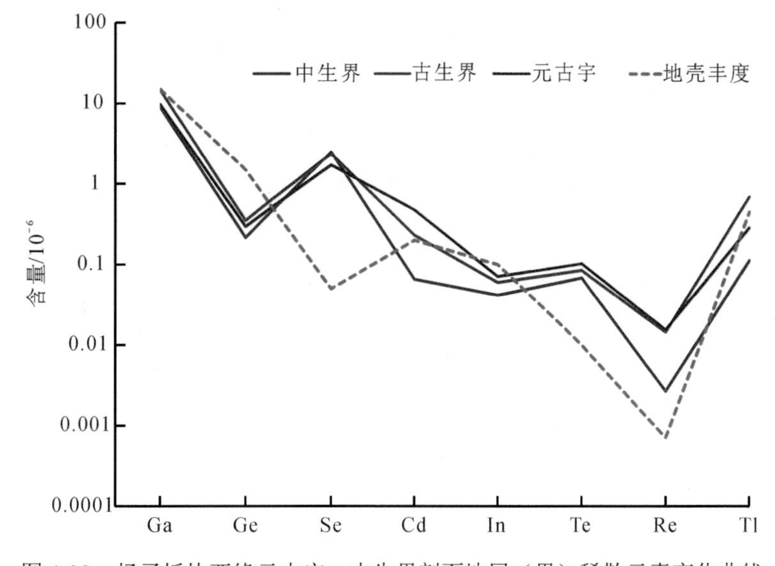

图 4-38　扬子板块西缘元古宇—中生界剖面地层（界）稀散元素变化曲线

2. 地层（系）稀散元素测试结果

以系为地层单元，对稀散元素含量进行了整理，主要包括基底（前青白口系）和盖层不同系的地层中稀散元素的平均含量，同时，为了更好地反映出二叠系稀散元素含量情况，本研究也把二叠系峨眉山玄武岩组（$P_{2\text{-}3}em$）和二叠系宣威组（P_3x）作为单独分析单元列出，具体含量见表 4-7。

表 4-6　扬子地块西缘代表区（贵州）“超级地球化学大剖面”（界）地层样品测试结果　（单位：10^{-6}）

地层		统计	Ga	Ge	Se	Cd	In	Te	Re	Tl
中生界	（Mz）	最小值	0.120	0.050	1.000	0.020	0.005	0.050	0.002	0.020
		最大值	29.000	0.470	6.000	1.370	0.101	0.100	0.009	0.520
		平均值	9.063	0.216	2.475	0.065	0.042	0.068	0.003	0.112
		K	1.03	0.50	0.58	1.77	0.75	0.22	0.55	0.81
古生界	（Pz）	最小值	0.050	0.050	1.000	0.020	0.005	0.050	0.002	0.020
		最大值	133.000	1.340	54.000	8.120	0.314	0.310	0.223	6.740
		平均值	14.619	0.350	2.364	0.231	0.060	0.084	0.014	0.692
		K	0.79	0.63	2.06	2.90	0.58	0.47	1.77	1.00
元古宇	（Pt）	最小值	0.110	0.060	0.031	0.020	0.005	0.050	0.002	0.020
		最大值	34.200	0.530	3.000	16.900	0.299	0.320	0.202	0.710
		平均值	9.710	0.295	1.710	0.476	0.071	0.103	0.015	0.285
		K	1.13	0.61	0.40	4.91	0.51	0.58	2.06	0.74
地壳丰度		平均值	15	1.5	0.05	0.2	0.1	0.01	7.10×10^{-4}	0.45

注：*K* 为元素变化系数，*K*=标准差/平均值；地壳丰度为引用数据（刘英俊等，1984）。

表 4-7　扬子板块西缘“超级地球化学大剖面”地层（系）样品测试分析结果　（单位：10^{-6}）

地层	Ga		Ge		Se		Cd	
	含量	误差	含量	误差	含量	误差	含量	误差
T	9.063	9.377	0.216	0.107	2.475	1.446	0.065	0.116
$P_{3}x$	35.964	4.371	0.245	0.156	3.091	1.578	0.488	0.878
$P_{2\text{-}3}em$	29.038	2.049	0.356	0.069	5.250	0.463	0.110	0.028
P	14.319	22.001	0.225	0.208	2.600	2.090	0.332	0.581
C	2.127	5.378	0.099	0.041	1.214	0.426	0.313	0.235
D	17.002	8.441	0.261	0.125	1.000	0.000	0.061	0.049
S	18.484	8.046	0.523	0.295	1.185	0.396	0.127	0.203
O	16.664	4.944	0.495	0.128	3.375	1.847	1.465	2.272
Є	14.379	9.282	0.355	0.154	4.933	10.693	0.235	0.817
Z	1.296	3.433	0.327	0.094	1.188	0.544	0.083	0.117
N*h*	22.592	5.825	0.192	0.048	2.057	0.447	0.919	3.440
Q*b*	16.682	5.039	0.256	0.123	1.000	0.000	0.159	0.195
基底	16.500	2.693	1.280	0.350	0.044	0.011	0.063	0.009

地层	In		Te		Re		Tl	
	含量	误差	含量	误差	含量	误差	含量	误差
T	0.042	0.031	0.068	0.015	0.003	0.001	0.112	0.091
$P_{3}x$	0.151	0.021	0.057	0.008	0.011	0.013	0.130	0.055
$P_{2\text{-}3}em$	0.104	0.006	0.074	0.014	0.002	0.001	0.106	0.053
P	0.095	0.078	0.069	0.021	0.006	0.008	0.187	0.280
C	0.040	0.031	0.059	0.014	0.010	0.008	0.206	0.215
D	0.068	0.019	0.099	0.035	0.002	0.001	0.692	0.306
S	0.060	0.026	0.069	0.024	0.003	0.002	0.789	0.364
O	0.053	0.016	0.162	0.065	0.027	0.028	1.522	0.880
Є	0.054	0.028	0.079	0.047	0.027	0.036	0.728	0.868
Z	0.039	0.063	0.050	0.000	0.026	0.042	0.135	0.144
N*h*	0.080	0.020	0.110	0.062	0.005	0.003	0.485	0.112
Q*b*	0.074	0.015	0.083	0.038	0.002	0.000	0.290	0.147
基底	0.000	0.000	0.000	0.000	0.000	0.000	0.423	0.111

3. 稀散元素富集特征

1）Ga 富集特征

Ga 在新元古界基底地层中（8.5×10^{-6}～29.1×10^{-6}，均值 16.6×10^{-6}）与大陆地壳的丰度相当，新元古界大塘坡组黏土岩中 Ga 略微富集（0.19×10^{-6}～34.2×10^{-6}，均值 22.6×10^{-6}）；陡山沱组除底部粉砂岩、砂岩层中 Ga 的含量与地壳丰度相当以外，上部磷块岩以及白云石的 Ga 含量普遍较低，含量为 0.1×10^{-6}～22.9×10^{-6}（均值 0.8×10^{-6}）。

上古生界中 Ga 主要富集在下寒武统牛蹄塘组碳质泥页岩（14.1×10^{-6}～24.5×10^{-6}，均值 19.3×10^{-6}）、明心寺组粉砂岩-泥质白云岩（12.3×10^{-6}～28.4×10^{-6}，均值 23.1×10^{-6}）、志留系—奥陶系的韩家店组泥质粉砂岩（0.11×10^{-6}～29.1×10^{-6}，均值 18.2×10^{-6}）以及龙马溪组—新滩组（9.2×10^{-6}～25.2×10^{-6}，均值 19.1×10^{-6}）；下古生界 Ga 含量变化较大，在大竹园组及宣威组中富集程度较高，大竹园组铝土矿层或富铝岩系中 Ga 的含量为 29.1×10^{-6}～133.0×10^{-6}（均值 66.3×10^{-6}），宣威组中 Ga 的含量为 28.0×10^{-6}～43.2×10^{-6}（均值 36.0×10^{-6}）。

中生界以出露三叠系为主，其中，下三叠统飞仙关组粉砂岩-泥岩层的 Ga 含量为 4.7×10^{-6}～29.0×10^{-6}（均值 21.6×10^{-6}），嘉陵江组的 Ga 含量为 0.9×10^{-6}～23.6×10^{-6}（均值 7.3×10^{-6}），中三叠统关岭组的 Ga 含量为 0.2×10^{-6}～15.6×10^{-6}（均值 3.2×10^{-6}），上三叠统杨柳井组 Ga 含量为 0.2×10^{-6}～2.6×10^{-6}（均值 0.7×10^{-6}），改茶组 Ga 含量为 0.1×10^{-6}～2.0×10^{-6}（均值 0.6×10^{-6}）。

2）Ge 富集特征

Ge 在新元古界基底地层中的含量为 0.08×10^{-6}～1.80×10^{-6}（均值 0.48×10^{-6}）。其中四堡时期的地层 Ge 含量为 0.96×10^{-6}～1.80×10^{-6}（均值 1.28×10^{-6}），上部双溪坞群地层中的 Ge 含量（1.80×10^{-6}）略微高于地壳丰度；清水江组中 Ge 含量为 0.08×10^{-6}～0.53×10^{-6}（均值 0.26×10^{-6}）。几乎所有基底之上的盖层中 Ge 的含量都低于其在地壳中的平均丰度，而志留系韩家店组底部泥质粉砂岩以及石牛栏组顶部富有机质灰岩中 Ge 相对较为富集，含量为 0.14×10^{-6}～1.34×10^{-6}（均值为 0.96×10^{-6}），但仍然低于其在地壳中的平均含量。Ge 在大竹园组（0.41×10^{-6}～0.91×10^{-6}，均值 0.64×10^{-6}）、峨眉山玄武岩（0.23×10^{-6}～0.47×10^{-6}，均值 0.36×10^{-6}）以及宣威组（0.05×10^{-6}～0.49×10^{-6}，均值 0.24×10^{-6}）中相对富集。从峨眉山玄武岩到上覆地层，Ge 含量逐渐降低，可能暗示玄武岩层是 Ge 富集的主要原因。

3）Se 富集特征

扬子西缘具有 Se 高背景值的主要地层为下寒武统和二叠系，在下寒武统牛蹄塘组中超常富集（1.00×10^{-6}～54.00×10^{-6}，均值 6.23×10^{-6}），对比地壳丰度（0.05×10^{-6}），平均富集系数达到 125 倍；二叠系大竹园组的铝土质黏土岩中 Se 富集系数达 115 倍。这些具有 Se 超常富集地球化学背景的岩性主要为黑色泥页岩、硅质岩及黏土岩。这些特征与西秦岭拉尔玛下寒武统含 Se 建造背景值（5.47×10^{-6}）类似（涂光炽和高振敏，2003）。

4）Cd 富集特征

Cd 在基底地层中的总体含量极低，几乎无异常。Cd 在南华系南沱组、下寒武统金顶山组、明心寺组、牛蹄塘组地层中均有富集，尤其是在南沱组的石英杂砂岩和牛塘组黑色页岩分别富集高达 12.10×10^{-6} 和 8.12×10^{-6}。上奥陶统五峰组碳质泥页岩中也有一定程度的富集，含量为 0.05×10^{-6}～5.91×10^{-6}（均值 1.95×10^{-6}），最高者位于黑色粉砂质碳质泥岩中。下二叠统大竹园组铝土质黏土岩中 Cd 的含量偶见异常，含量为 0.12×10^{-6}～4.14×10^{-6}，均值为 2.14×10^{-6}。上三叠统宣威组碎屑岩 Cd 含量为 0.03×10^{-6}～2.98×10^{-6}，均值 0.49×10^{-6}。中生界的下三叠统飞仙关组 Cd 也略微富集，含量为 0.02×10^{-6}～1.37×10^{-6}，均值 0.08×10^{-6}。

可见，富 Cd 的层位主要集中在黏土岩系（南沱组、金顶山组、明心寺组、牛蹄塘组）以及与火山/岩浆作用关系紧密的层位（大竹园组、宣威组）。在黑色岩系中的略微富集可能与 Cd 具有亲硫性和亲石性有关，黑色岩系中往往含有大量硫化物，Cd 可进入硫化物中。

5）In 富集特征

In 在新元古界基底地层中的含量为 0.06×10^{-6}～0.12×10^{-6}（均值 0.08×10^{-6}），略低于上地壳丰度（0.1

$\times10^{-6}$；Taylor and McLennan，1985）。盖层之上，In 含量大多低于上地壳中 In 的含量，但在部分层位出现局部富集：大塘坡组黏土岩中 In 含量为 $0.05\times10^{-6}\sim0.16\times10^{-6}$（均值 0.09×10^{-6}），较为富集 In 的层位靠近大塘坡组的下段。南沱组含砾砂岩中 In 含量最高也可达 0.10×10^{-6}，与正常大陆地壳的丰度一致。陡山沱组下段粉砂岩中 In 的含量为 $0.01\times10^{-6}\sim0.08\times10^{-6}$（均值 0.03×10^{-6}），向上到灯影组顶部细晶白云岩中，In 含量为 $0.01\times10^{-6}\sim0.23\times10^{-6}$（均值 0.07×10^{-6}），局部地段发生了 In 的弱富集。牛蹄塘组 In 含量为 $0.01\times10^{-6}\sim0.09\times10^{-6}$（均值 0.06×10^{-6}）。下寒武统金顶山组 In 含量为 $0.01\times10^{-6}\sim0.14\times10^{-6}$（均值 0.05×10^{-6}），发生 In 富集的层位在藻屑灰岩之上向黏土岩过渡的岩性中，可能对应当时构造活动加强，岩浆活动的信号在岩层中得以保存（Zhou Z B et al.，2017）。大竹园组富 Al 岩系中 In 含量为 $0.11\times10^{-6}\sim0.31\times10^{-6}$（均值 0.22×10^{-6}），对 In 具有一定程度的富集。峨眉山玄武岩层中 In 的含量为 $0.09\times10^{-6}\sim0.11\times10^{-6}$（均值 0.1×10^{-6}），与 In 在地壳中的丰度相当，局部岩性对 In 略微富集。

In 的富集与岩浆作用联系紧密（Seifert and Sandmann，2006），与 In 的不相容性及易挥发的地球化学性质相关，易在后期热液中富集以 $InCl_4^-$ 及 $InClOH^+$ 的方式迁移（Seward et al.，2000）。已有研究表明 Kudryavyi 和 Merapi 火山喷气中富集 In、Zn、Pb、Cd、Cu 等元素（Wahrenberger et al.，2002），Kudryavyi 火山作用形成的闪锌矿中 In 高达 14.9%（Kovalenker et al.，1993）。上扬子板块富 In 层位几乎都对应构造活动强烈的时期，如广西运动以及东吴运动，构造活动强烈时期的岩浆作用为这些层位带来了 In 的富集（Zhou Z B et al.，2017）。

6）Te 富集特征

Te 在基底地层中的含量不高，局部地段 Te 发生弱富集。Te 在大塘坡组底部黑色页岩-黏土岩中的含量较高（$0.007\times10^{-6}\sim0.200\times10^{-6}$，均值 0.140×10^{-6}），在牛蹄塘组黑色页岩中也具有一定程度的富集（$0.05\times10^{-6}\sim0.17\times10^{-6}$，均值 0.08×10^{-6}）。下奥陶统宝塔组及五峰组中，Te 的含量为 $0.09\times10^{-6}\sim0.31\times10^{-6}$（均值 0.16×10^{-6}），上奥陶统龙马溪组及新滩组底部 Te 的含量为 $0.05\times10^{-6}\sim0.15\times10^{-6}$（均值 0.09×10^{-6}），也发生了 Te 略微的富集。泥盆系火烘组黏土岩中 Te 的含量为 $0.05\times10^{-6}\sim0.23\times10^{-6}$（均值 0.10×10^{-6}），也具有 Te 的略微富集。大竹园组富 Al 岩系中 Te 的含量为 $0.06\times10^{-6}\sim0.13\times10^{-6}$（均值为 0.10×10^{-6}），对 Te 有一定程度的富集。峨眉山玄武岩层中 Te 的含量为 $0.06\times10^{-6}\sim0.09\times10^{-6}$（均值 0.07×10^{-6}），宣威组粉砂岩层中 Te 的含量为（$0.05\times10^{-6}\sim0.07\times10^{-6}$，均值 0.06×10^{-6}）。可见，富 Te 的层位集中于黑色岩系以及与火山/岩浆作用关系紧密的层位。在黑色岩系中的略微富集与 Te 容易被铁锰氧化物吸附或者 Te 可以进入水铁矿晶格有关（Etschmann et al.，2016）；而在与火山活动或者岩浆作用相关的层位中的富集与 Te 的亲铜性相关。

7）Re 富集特征

Re 在基底地层中的含量极低，而在震旦系灯影组白云岩和下寒武统牛蹄塘组黑色泥岩中发生富集（$0.002\times10^{-6}\sim0.223\times10^{-6}$，均值 0.034×10^{-6}）。上奥陶统五峰组黑色碳质泥页岩中 Re 有一定程度富集（$0.03\times10^{-6}\sim0.083\times10^{-6}$，均值 0.026×10^{-6}）。下二叠统大竹园组铝土质黏土岩、中二叠统梁山组石英砂岩和栖霞组灰岩的 Re 也有一定程度的富集（$0.002\times10^{-6}\sim0.004\times10^{-6}$，均值为 0.003×10^{-6}）。

8）Tl 富集特征

Tl 在基底地层中的含量（$0.06\times10^{-6}\sim0.65\times10^{-6}$，均值 0.32×10^{-6}）略低于地壳丰度 0.45×10^{-6}（刘英俊等，1984）。下寒武统牛蹄塘组灰黑色粉砂岩、黑色泥岩中普遍都富集 Tl（$0.12\times10^{-6}\sim6.74\times10^{-6}$，均值 3.10×10^{-6}）。中-上奥陶统宝塔组和上奥陶统五峰组也有一定富集（$0.31\times10^{-6}\sim2.94\times10^{-6}$，均值为 1.46×10^{-6}）。奥陶系龙马溪组、新滩组、石牛栏组、韩家店组略有富集（$0.05\times10^{-6}\sim1.47\times10^{-6}$，均值 0.877×10^{-6}）。

4.2.2　稀散元素地球化学背景与矿床耦合关系

1. 稀散元素超常富集与成矿

通过系统分析元古宇—中生界剖面基底和盖层的稀散元素含量特征，结合典型稀散元素矿床及其赋矿层位，发现青白口系之上的盖层总体均普遍富集稀散元素，而基底地层（除 Ge 外）的稀散元素背景总体不高。

因此，初步推断扬子板块西缘分布的大部分稀散元素矿床的成矿物质可能主要来源于盖层，少量来源于基底，矿床成因与盖层关系可能更为密切，少量的稀散元素矿床的形成可能与基底有关（图 4-39，表 4-8）。

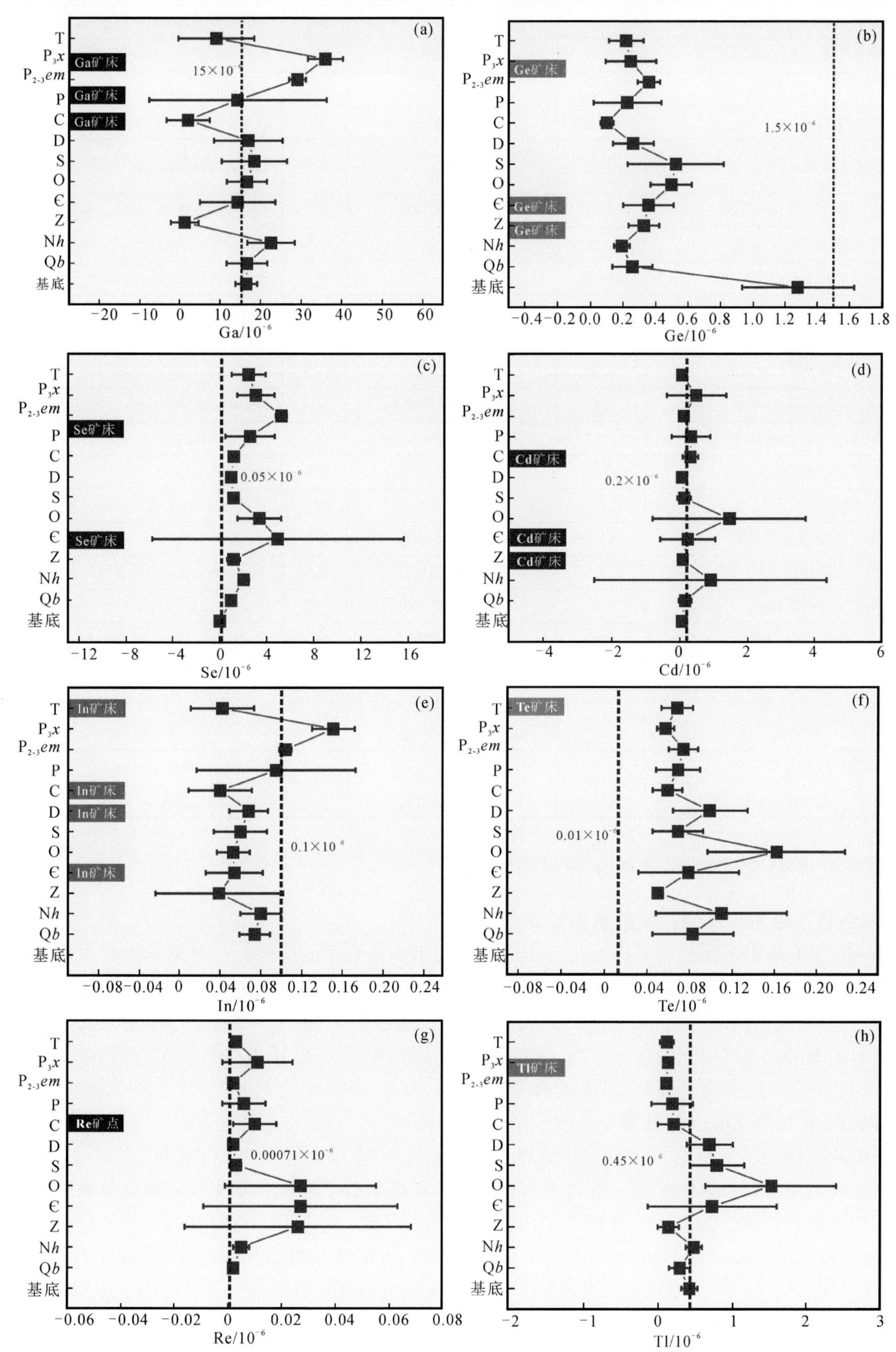

图 4-39　扬子板块西缘代表区（贵州）元古宇—中生界剖面稀散元素含量变化曲线及典型稀散元素矿床（点）分布

表 4-8 典型稀散元素矿床及赋矿层位统计

稀散元素典型矿床实例		规模	赋矿层位	类型	资料来源
Ga	贵州清镇猫场铝土矿床	大型	石炭系九架炉组	伴生	程鹏林等，2004；申小梦等，2016
	贵州遵义务川大竹园铝土矿床	大型	二叠系大竹园组	伴生	翁申富和赵爽，2010；翁申富等，2013
	贵州务川瓦厂坪铝土矿床	大型	二叠系大竹园组	伴生	金中国等，2011
Ge	云南临沧 Ge 矿床	超大型	新近系	独立	戚华文等，2003；刘德亮等，2015
	四川会东大梁子 Pb-Zn 矿床	大型	震旦系灯影组—寒武系筇竹寺组	伴生	寇林林等，2015
Se	川甘交界拉尔玛 Au 矿床	大型	寒武系太阳顶群	伴生	温汉捷和裘愉卓，1999；Wen and Qiu，2002
	湖北恩施渔塘坝 Se 矿床	中型	中二叠统茅口组	伴生	樊海峰等，2009
Cd	云南兰坪金顶 Pb-Zn 矿床	超大型	白垩系—古近系	伴生	唐永永等，2011；王安建等，2009
	四川会东大梁子 Pb-Zn 矿床	超大型	震旦系灯影组—寒武系筇竹寺组	伴生	寇林林等，2015
	云南马关都龙 Sn-Zn 矿床	大型	中寒武统田蓬组	伴生	李进文等，2013；叶霖等，2018
	贵州都匀牛角塘 Cd-锌矿床	大型	上震旦统和寒武系	伴生	谷团和李朝阳，1998；刘铁庚等，2004
	四川会理天宝山 Pb-Zn 矿床	大型	上震旦统灯影组云岩	伴生	王瑞等，2012
	四川呷村银 Pb-Zn 多金属矿床	大型	上三叠统呷村组	伴生	朱维光等，2001
In	云南个旧 Sn 多金属矿床	超大型	三叠系个旧组	伴生	张欢等，2003；张宝林等，2015
	广西大厂 Sn 多金属矿床	超大型	泥盆系和石炭系	伴生	皮桥辉等，2015
	云南马关都龙 Sn-Zn 矿床	超大型	中寒武统田蓬组	伴生	李进文等，2013；叶霖等，2018
	云南中甸红山铜矿床	中型	上三叠统矿床夕卡岩	伴生	俎波等，2011
Te	四川石棉大水沟 Te 矿床	大型	中下三叠统	独立	银剑钊等，1995；张佩华等，2000
Tl	云南兰坪金顶 Pb-Zn 矿床	超大型	白垩系—古近系	伴生	王安建等，2009；唐永永等，2011
	贵州滥木厂独立 Tl 矿床	大型	上二叠统龙潭组—下三叠统夜郎组	独立	张忠等，1999；张杰等，2007
	云南南华独立 Tl 矿床	中型	侏罗系	独立	张忠等，1999
	四川呷村银 Pb-Zn 多金属矿床	中型	上三叠统呷村组	伴生	朱维光等，2001

2. 稀散元素超常富集与矿床分布耦合关系

1）黑色岩系与 Se、Re 和 Te 的富集背景

Se 和 Te 主要集中于黑色岩系以及与火山或岩浆作用关系紧密的层位，同时黑色岩系中常发育 Ni-Mo 层，Se 和 Te 的富集可能与 Ni-Mo 层有关。邓克勇等（2007）报道的贵州赫章五里坪 Pb-Zn 矿中 Re 平均为 6×10^{-6}，本研究测得最高达 11.5×10^{-6}，均已超工业品位（2×10^{-6}）。尽管这一结果大致与遵义下寒武统牛蹄塘组的 Ni-Mo 矿中 Re 的含量相当（10×10^{-6}），但其 Mo 与 Re 比值（约 400）远远低于牛蹄塘组对应比值（约 5000），显示其 Re 超常富集的潜力。

2）Pb-Zn 矿床与 Zn、Cd 背景

扬子板块西缘的川滇黔地区分布的大量 Pb-Zn 矿床（四川会东大梁子 Pb-Zn 矿床、云南马关都龙 Sn-Zn 矿床、贵州都匀牛角塘 Cd-Zn 矿床、会理天宝山 Pb-Zn 矿床）赋矿层位主要集中在震旦系和寒武系（李进文等，2013；寇林林等，2015；叶霖等，2018），且常伴生 Cd。基于不同类型 Pb-Zn 矿床具有显著不同的 Cd 地球化学特征（Wen et al.，2016），其中，MVT 型 Pb-Zn 矿床具有高和变化较大的 Cd 含量及低 Zn/Cd 值；SEDEX 型 Pb-Zn 矿床具有低和变化较大的 Cd 含量及高 Zn/Cd 值；与岩浆（火山）作用有关的 Pb-Zn 矿床具有中等但集中的 Cd 含量及中等的 Zn/Cd 值（Wen et al.，2016）。结合 Pb-Zn 矿床赋矿层位、岩性与 Zn/Cd 值关系，发现细碎屑岩为主的层位一般有较高的 Zn/Cd 值，碳酸盐岩为主的层位 Zn/Cd 值较低，更值得注意的是 Zn/Cd＜200 的 Pb-Zn 矿床类型一般为 MVT 型。从 Zn 与 Cd 变化曲线可以看出（图 4-40），

Cd 往往随着 Zn 的增减而增减，二者具有相似的变化趋势，即在成矿过程中，Zn、Cd 几乎都是同比例带入带出，共同迁移，表明 Cd 和 Zn 具有相似的地球化学行为，因此，Cd 的地球化学特征（如 Cd 同位素特征）可以很好地指示成矿物质 Zn 的来源。另外，本研究发现，奥陶系（O）中的 Cd 异常高，对应的 Zn 含量也较高（图 4-40），这是以前未引起重视的重要信息。

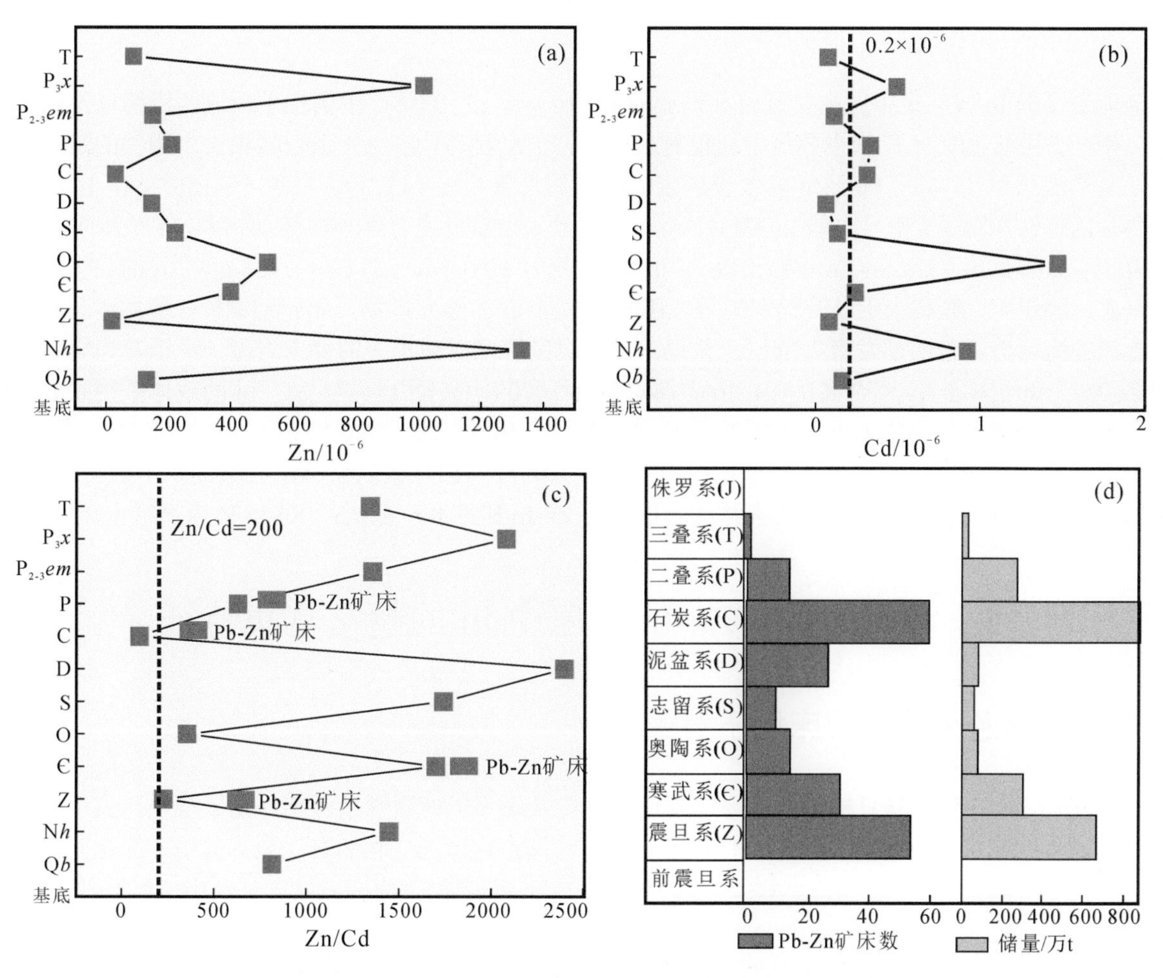

图 4-40　扬子板块西缘元古宇—中生界剖面 Zn-Cd 变化曲线

3）铝土矿与 Ga 地球化学背景

Ga 主要存在于产铝土矿的层位（二叠系和石炭系），Ga 的富集与铝土矿关系密切，且在宣威组（P_3x）出现超常富集，这与我们最近在滇东－黔西地区测试的宣威组底部富含 Nb-Ga-稀土元素结果相符。张正伟等（2010）也报道了黔西地区宣威组存在富 Ga 矿化层，且层位厚度稳定，在峨眉山玄武岩喷发结束后存在一个相对稳定的沉积盆地，具有很好的找矿前景。通过我们对前期工作的梳理，发现 Nb 和 Ga、稀土元素均有富集，Ga 平均含量为 51×10^{-6}，超过工业品位 20×10^{-6}。In 与 Ga 同属于 IIIA 族，二者在元古宇—中生界剖面元素变化曲线中显示相似的变化趋势，均是在与火山作用密切相关的层位（P_3x）中最为富集，这可能暗示了 In 与 Ga 在表生风化过程中一起运移，但这一推测还需后期深入的研究。

4）富 Ge 铅锌矿与 Ge 地球化学背景

扬子板块西缘 Ge 矿床主要的代表有云南临沧独立 Ge 矿床（超大型）（戚华文等，2003；刘德亮等，2015）和四川会东大梁子富 Ge 铅锌矿（大型）（寇林林等，2015）。四川会东大梁子铅锌矿赋矿层位为震旦系灯影组—寒武系筇竹寺组（表 4-8），但从超级大剖面中可看出震旦系—寒武系中 Ge 背景值不高，且基底相对于盖层较富集 Ge，暗示铅锌矿中的 Ge 很可能来自基底或者与深部作用有关。

第 5 章 扬子板块西缘 In 的超常富集机制

全球主要的 In 成矿集中区主要有玻利维亚的 Potosí 成矿带、日本、中国扬子板块西南缘以及欧洲的海西造山带。玻利维亚的 In 矿床主要与中新世有关的岩浆活动相关，伴生一系列陆相火山相关的浅成低温热液型以及热液脉型 Sn-Ag±Pb±Zn 多金属矿床，In 金属总量超过 14373 t，品位 5～1867 g/t，In 的载体矿物主要是闪锌矿和黝锡矿。日本的 In 矿床主要与古新世—中新世的岩浆热液活动相关，形成大量的浅成低温热液型多金属矿床（Cu-Sn-Zn±Ag±Pb），In 金属总量约 7766 t，品位 49～138 g/t，In 的载体矿物主要是闪锌矿、黝锡矿、锌黄锡矿以及黝铜矿等，还发育大量 In 的独立矿物，如硫铟铜矿、樱井矿、硫铟银矿等。欧洲的海西造山带西部发育大量与泥盆纪—早石炭世岩浆活动相关的夕卡岩型、产于花岗岩中的热液脉型 Zn-Cu±Sn±W±Ag 多金属矿床，In 金属总量约 1470 t，品位 25～71 g/t，In 的载体矿物主要是闪锌矿，可见硫铟铜矿。我国作为世界上主要的 In 资源基地，In 金属量超过 18775 t，In 品位 117～1570 g/t，主要聚集于扬子板块西南缘的右江盆地边缘，形成一系列与晚白垩世岩浆活动相关的夕卡岩型 Zn-Sn-Cu 多金属矿床。本章主要对扬子板块西南缘的云南都龙 Zn-In 矿床和广西大厂 Sn-In 矿床进行重点研究。

5.1 云南都龙 Zn-In 矿床中 In 的超常富集特征

5.1.1 都龙 Zn-In 矿床地质背景

都龙 Zn-In 矿床位于华夏板块西南缘，大地构造背景属于华南褶皱系西端与扬子地块、哀牢山褶皱系等三大构造单元交接部位（图 5-1），西邻特提斯—喜马拉雅构造域，北邻右江裂谷盆地，属越北古陆边缘

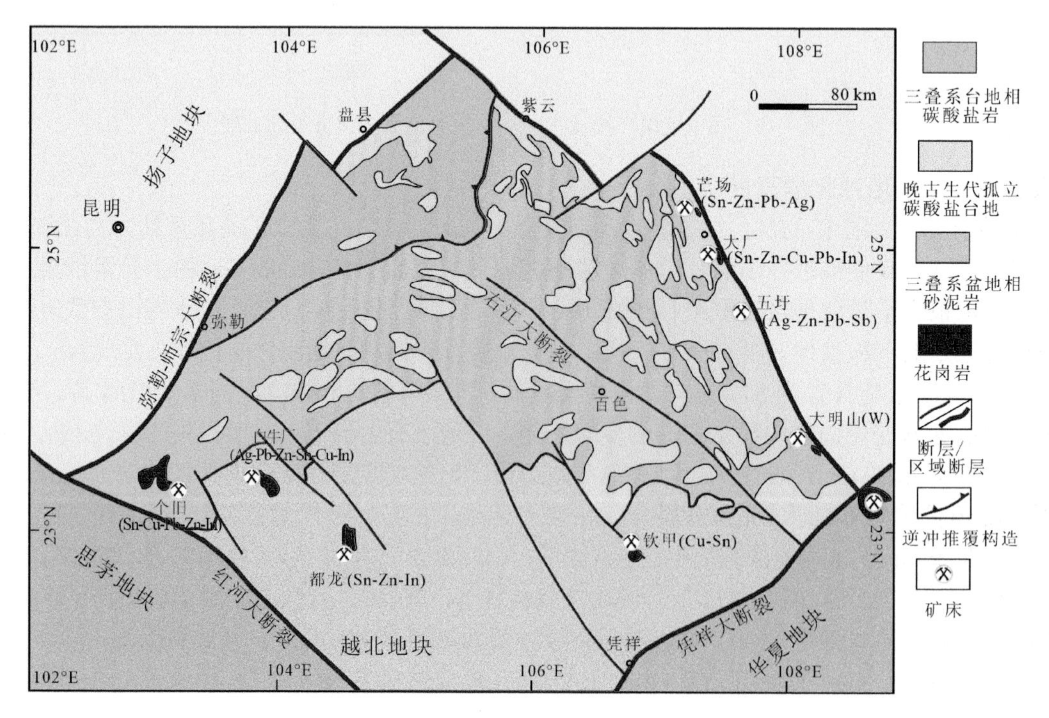

图 5-1 滇东南地质简图及典型矿床分布图（据 Cheng and Hu，2013；Wang et al.，2005 修改）

拗陷带（张世涛等，1998）。区域出露地层以前寒武系猛硐岩群片岩、片麻岩为主。区域发育的马关—都龙大断裂和文山—麻栗坡大断裂是老君山成矿区最重要的控矿构造，都龙 Zn-Sn 多金属矿床就分布在两大断裂构成的三角形区域。区域岩浆活动强烈，个旧、大厂、白牛厂和都龙作为南岭西段四大 Sn 多金属矿床分别伴随着个旧岩体、龙箱盖岩体、薄竹山岩体和老君山岩体，岩体时代均为燕山晚期。老君山花岗岩体外围发育多个矿床，各种矿产星罗棋布，主要有都龙超大型 Sn-Zn 多金属矿床、南秧田大型钨矿床、新寨大型锡矿床和大丫口祖母绿矿床等（图 5-2）。

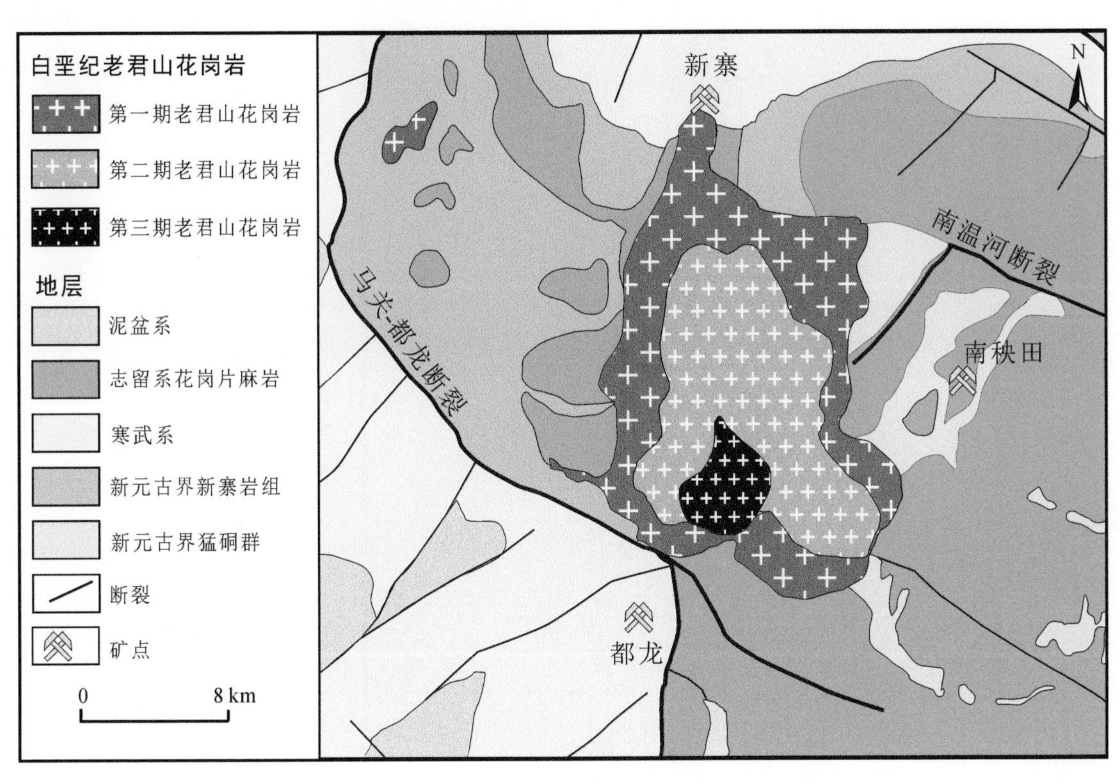

图 5-2　云南老君山地区区域地质简图（据刘玉平等，2006 修改）

矿区主要出露地层为下寒武统新寨岩组（ϵ_1x），由上而下分为 2 个岩性段ϵ_1x^2和ϵ_1x^1，第 2 岩性段为云母片岩夹钙质大理岩组合；而第 1 岩性段是矿区 Sn、Zn、Cu 工业矿体最主要的赋存层位，其岩性复杂，由石英云母片岩、大理岩、夕卡岩、变粒岩及少量片麻岩组成，根据岩性特征又可划分上、下亚段（ϵ_1x^{1-2}和ϵ_1x^{1-1}）（图 5-3）。ϵ_1x^{1-2}亚段为灰至浅灰色薄至中厚层状细晶白云质、泥质大理岩、夹石英云母片岩，及似层状夕卡岩扁豆体，是 Sn、Zn 工业矿体赋存层位，与下亚段ϵ_1x^{1-1}为层间断层（F_1）接触，厚度 90～190 m。ϵ_1x^{1-1}亚段浅部为灰绿色石英云母片岩、夹少量薄层夕卡岩透镜体，向深部过渡为灰白色中厚层状细至粗晶方解石大理岩夹片岩，在大理岩与片岩接触部位，形成厚大似层状夕卡岩地质体，富厚 Sn-Zn 矿体赋存于夕卡岩中，与下伏南温河花岗岩为断层（F_0）接触，厚度 110～330 m。矿区西侧出露中寒武统田蓬组地层（ϵ_2t），岩性为一套灰色、浅灰色中-厚层块状白云岩夹少量灰质白云岩及碎屑岩夹层。该组地层底部以大套中-厚层状灰质白云岩、白云岩夹千枚岩，与下伏新寨岩组呈整合接触。新元古界猛硐岩群（Pt_3m）：零星出露于都龙矿区东部，呈残留体的形式产于加里东期混合花岗岩中，变形较强，局部具有与混合片麻岩一致的片麻理产状。总体为一套变粒岩、片麻岩和石英片岩组合，主要岩性为黑云斜长片麻岩、角闪斜长片麻岩、变粒岩夹二云片岩和斜长角闪岩，其中角闪斜长片麻岩和石英角闪斜长片麻岩分别测得 SHRIMP 锆石 U-Pb 年龄为(783±21) Ma 和(761±12) Ma/(829±10) Ma（郭利果，2006；刘玉平等，2006），暗示存在新元古代岩浆活动。

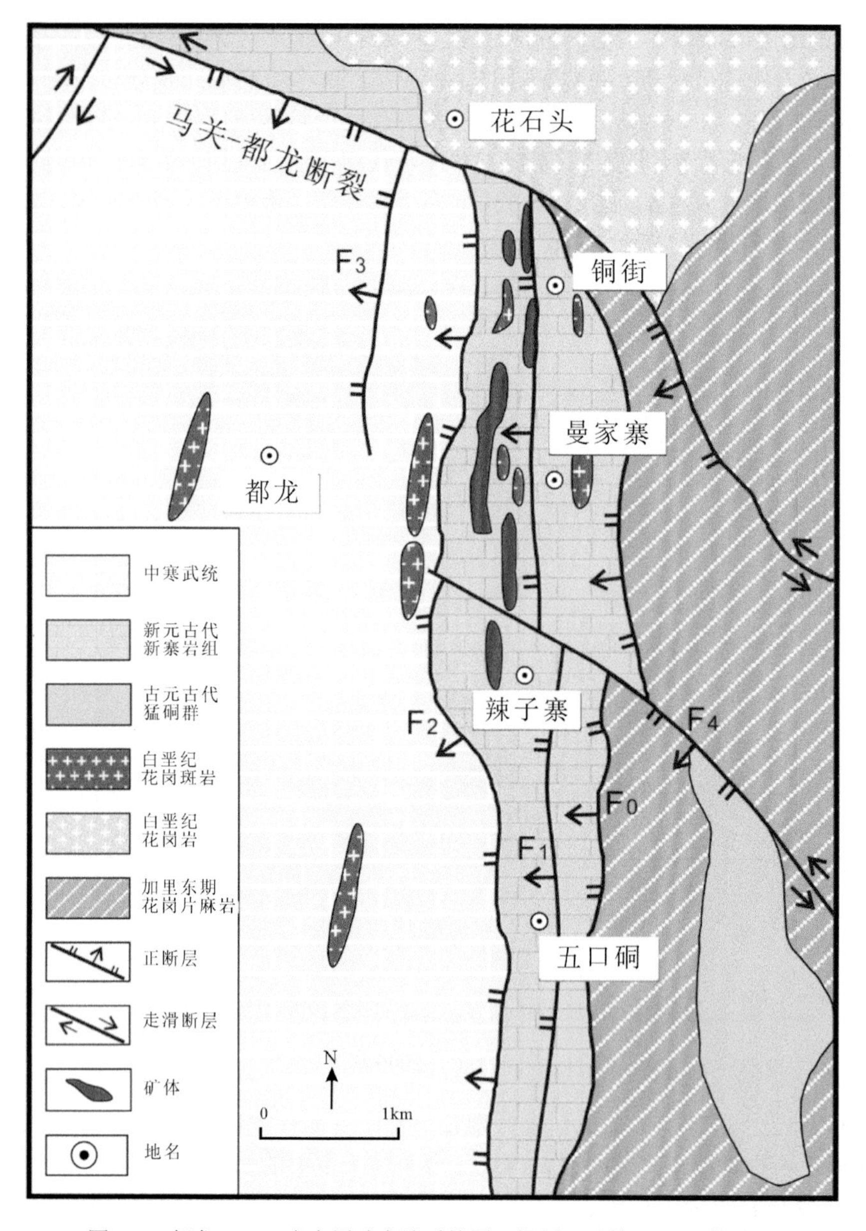

图 5-3 都龙 Sn-Zn 多金属矿床地质简图（据刘玉平等，2007 修改）

矿区内平行于地层走向的纵向断层十分发育，成组出现，一般错距不大，以层间错动为主，具多期次活动，可分为马关—都龙断裂、一组南北向断裂（F_0、F_1、F_2），以及一条晚期正断层（F_3）（图 5-3）。其中 F_0 及 F_1 断层规模较大，是矿区最主要的 2 条控矿构造，其次为 F_2 断裂，而 F_3 断裂为破矿构造。F_0 断层：分布于矿区北部和东部，是马关都龙断裂的南段，向南延伸于越南境内。断层构造破碎带或构造角砾岩宽达数米至十余米，沿断层线出现挤压断面，矿区南部田房一带，尚保留十分明显的断层三角面，断层带破碎物质随断层上下盘地层岩性而异，多为云母石英片岩、大理岩碎屑角砾及后期长英岩脉侵入。矿区东部 F_0 走向 N5°E～N10°W，向西倾，倾角 40°～55°，断层在 99 号勘探线附近，走向转为 N35°W。沿断裂带或邻近断层面附近地层，断续分布有花岗斑岩脉或长英岩脉，岩脉具云英岩化或较强锡矿化，表明 F_0 断层切割较深、规模较大，有多期继承活动特点，是岩浆热液、矿液的通道。F_1 断层：纵贯矿区南北，全长 8 km，断层上盘为 ϵ_1x^{1-2} 大理岩，下盘为 ϵ_1x^{1-1} 片岩，是矿区在挤压应力作用下，两种不同物理性质岩石产生的层间断层，向深部延伸，标志很不明显。F_1 断层产状变化较大，经坑道和钻孔揭露，断层产状受上盘大理岩地质体形态制约，断层走向 NNE—SN—NNW，地表呈弧形弯曲出露，向西倾斜，一般倾角 15°～30°，局部可达 75°，断层向北延长至铜街丫口，归并于 F_0 断裂，向南经辣子寨延至南当厂而消失。F_2 断层：断层走向均为南北，向西倾斜，倾角为 60°～70°，断层带为花岗斑岩脉填充，岩脉厚数米至数十米，推测断层切割较深，与隐伏岩体有直接联系。断层北段，两断层内花岗斑岩脉相互贯通，构成形态复杂的网状岩脉，沿断层带铅锌矿化比较普遍。F_3 南北向横断裂：区内比较发育，一般倾角较陡，错断南北向纵断层及相关断层，水平错距 10 余米至 200 余米。

区域内大面积出露加里东期南温河和燕山晚期老君山 S 型花岗岩，其中，燕山晚期老君山花岗岩为复式岩体，其主体出露于矿区北侧，南北长约 14 km，东西宽约 9 km，面积约 134 km^2，并向南倾伏于矿区深部，根据该岩体的产状、岩石结构构造特征及同位素年龄差异可以划分为 2 期：第 1 期（γ_b^{3a}）为中-粗粒二云二长花岗岩，呈岩基产出，分布于复式岩体边缘；第 2 期（γ_b^{3a}）为中细粒二云母花岗岩，呈岩株侵入第一期岩体中；第 3 期为花岗斑岩、石英斑岩等脉岩。

5.1.2　都龙矿床矿体特征

1. 矿体特征

矿体分布于老君山花岗岩体南部外接触带新元古界新寨岩组地层中，矿化带沿背斜-断裂构造带呈南北向分布，长约 4.4 km，与岩体接触带水平距离为 200～450 m，垂向上与深部岩体相距 0～800 m，在正接触带部位矿化不发育。矿化带内含多层规模不一、产状形态不同的似层状、扁豆状、脉状矿体，矿体呈带状分布，有 400 多条，绝大多数集中于新寨岩地层中部。矿体走向长几十米至二百余米，最长 2432 m，厚几十厘米至数米，最大厚 69.28 m，矿体倾向延深几十米至百余米，最大延深 394 m（图 5-4）。

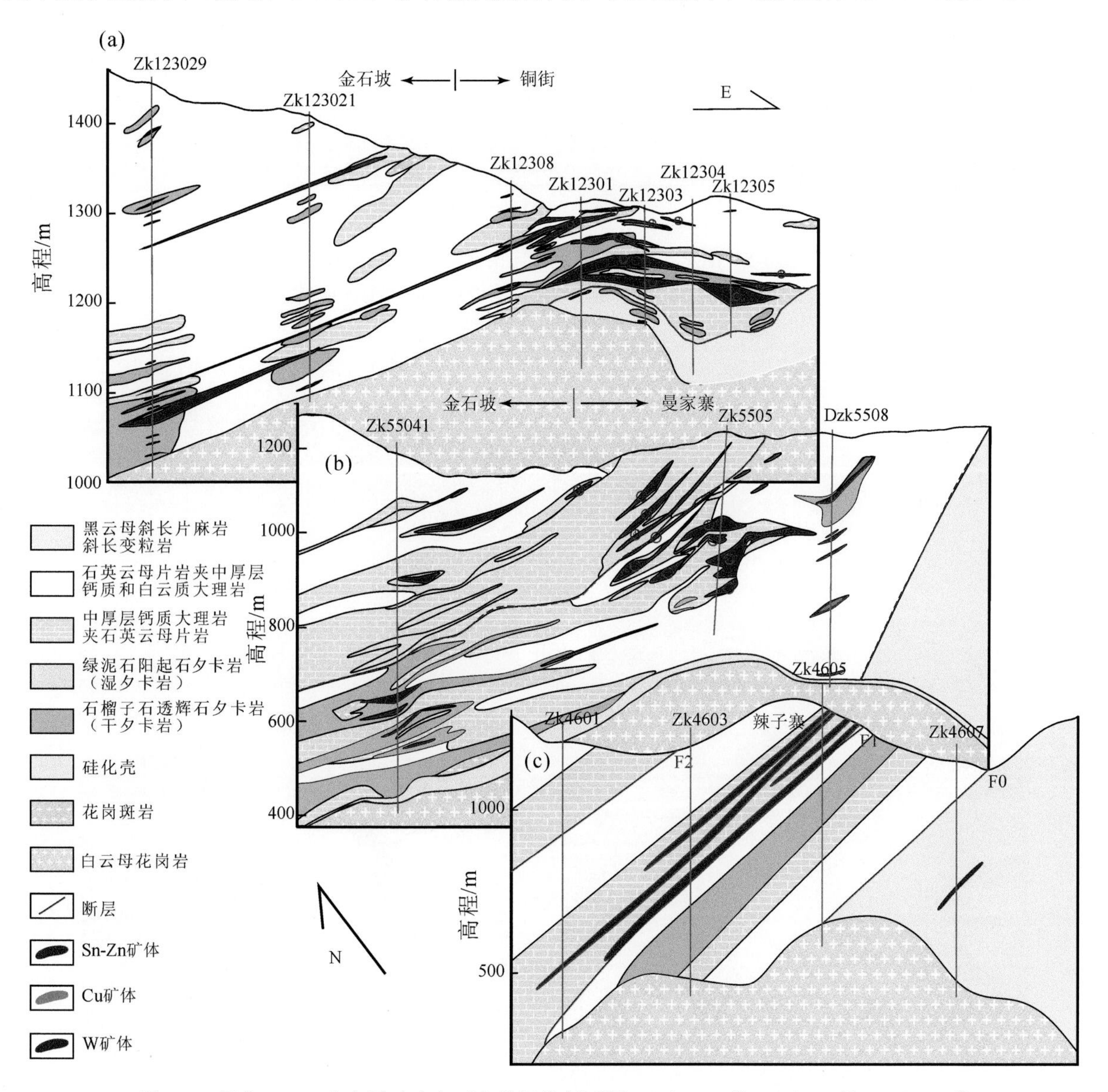

图 5-4　都龙 Sn-Zn 多金属矿床东西向勘探线剖面图：（a）123 线；（b）55 线；（c）46 线

含矿岩系位于绿片岩相下部，下伏角闪岩相带片麻岩之上，是大理岩、夕卡岩和片岩的复合岩性段。Sn-Zn 矿体主要赋存在夕卡岩层中。老君山岩体入侵，在接触带附近成矿热液选择性交代形成厚大夕卡岩多层矿体。含矿夕卡岩分布稀疏不均，多层矿体大致平行，呈叠瓦状交替成群成带分布，在有利构造部位的背斜轴部易形成富厚矿体。Sn-Zn 矿体主要呈层状、似层状产出，局部为脉状，矿体与围岩产状基本一致（图 5-5），平面上呈南北向带状分布，东西向宽度较窄，南北向延伸较长，可见夕卡岩与围岩大理岩的接触关系［图 5-6（b）、（c）］。

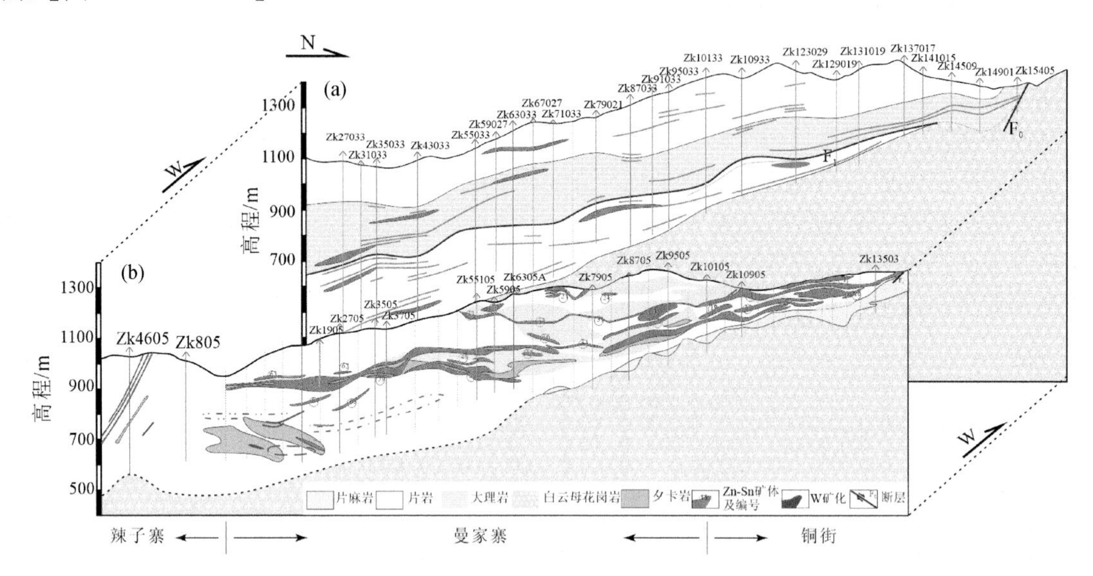

图 5-5　都龙 Sn-Zn 多金属矿床南北向勘探线剖面图

（a）金石坡 I 号纵剖面；（b）辣子寨—曼家寨—铜街III号纵剖面

图 5-6　都龙 Sn-Zn 多金属矿床野外地质现象照片

（a）都龙矿床矿体与围岩（大理岩和石英云母片岩）产状一致，呈层状、似层状产出；（b）大理岩与夕卡岩接触处发生弱夕卡岩化；（c）夕卡岩与大理岩的直接接触关系

2. 蚀变与矿化特征

夕卡岩化是都龙矿床最主要的围岩蚀变，也是与成矿关系最密切的蚀变。夕卡岩矿物以石榴子石、辉石、阳起石和绿泥石为主，还包括少量的绿帘石、符山石等。石榴子石夕卡岩主要分布在铜街—曼家寨矿段的底部，以及西侧的金石坡矿段，和铜矿化、磁铁矿矿化关系密切，闪锌矿-锡石为主的锌锡矿化在石榴子石夕卡岩中少见。辉石多与石榴子石共生形成辉石-石榴子石夕卡岩［图 5-7(a)～(c)］，大量的辉石被后阶段的阳起石交代形成辉石-阳起石夕卡岩，该夕卡岩与 Sn-Zn 矿化密切［图 5-7(d)、(e)］。矿区可见少量的绿帘石夕卡岩，多为交代石榴子石夕卡岩形成，矿化少见，多被后期无矿石英脉穿插［图 5-7(f)］。绿泥石化在矿区普遍发育［图 5-7(g)］，呈鳞片状、细脉状或放射状交代早阶段夕卡岩矿物，与绿帘石叠加在夕卡岩化之上。绿泥石含量增高，甚至达到 40%～80%，形成绿泥石化夕卡岩。

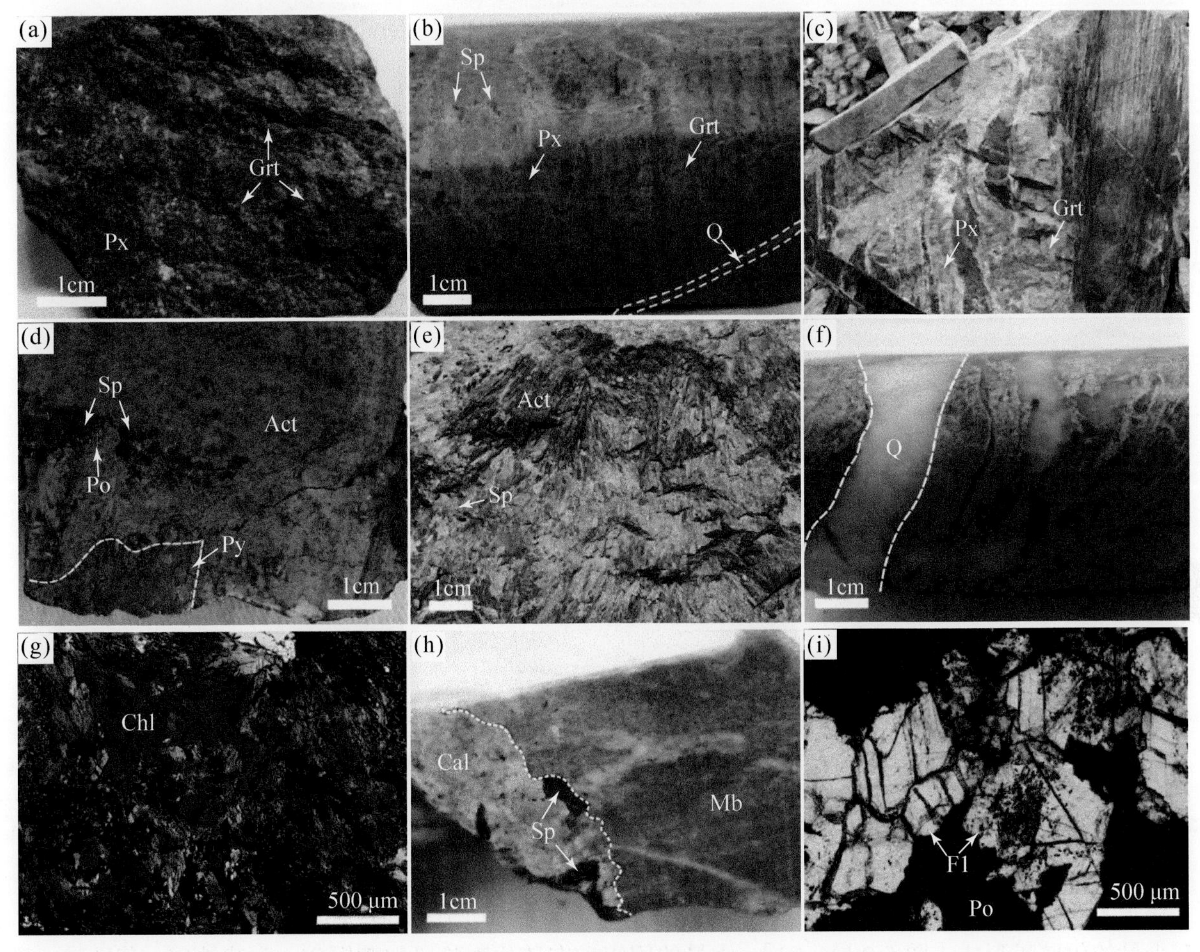

图 5-7　都龙 Sn-Zn 多金属矿床代表性围岩蚀变

(a) 红棕色石榴子石-墨绿色辉石夕卡岩；(b) 红棕色石榴子石-浅绿色辉石夕卡岩，石英呈细脉穿插，少量闪锌矿充填于粒间间隙；(c) 石榴子石-辉石夕卡岩和围岩（云母片岩）接触面，且夕卡岩中可见有未交代完全的团块状围岩；(d) 放射状阳起石夕卡岩被后期黄铁矿以及少量闪锌矿和磁黄铁矿沿裂隙充填；(e) 晚阶段闪锌矿叠加在放射状阳起石夕卡岩上；(f) 大量晚期不规则石英脉穿插绿帘石夕卡岩，可见少量的红色石榴子石残余；(g) 大量墨绿色绿泥石；(h) 闪锌矿±热液方解石脉穿插大理岩；(i) 萤石与磁黄铁矿共生。矿物缩写：Q. 石英；Fl. 萤石；Mb. 大理岩；Grt. 石榴子石；Px. 辉石；Act. 阳起石；Chl. 绿泥石；Sp. 闪锌矿；Po. 磁黄铁矿；Py. 黄铁矿

都龙矿床的矿化主要为 Sn-Zn 矿化，矿石类型主要为夕卡岩型锡石硫化物矿石［图 5-8(a)、(c)］和萤石-方解石脉型硫化物矿石［图 5-8(d)、(e)］，其矿物组合和化学成分比较复杂，主要由硅酸盐矿物、金属硫化物及磁性氧化铁组成，具多金属矿化特点。矿石按照 Sn、Zn 在矿区的空间分布特征，可分成 Sn-Zn 矿石，仅含 Sn 的矿石和仅含 Zn 的矿石 3 种类别，其中，Sn-Zn 矿石分布最为广泛。磁黄铁矿-闪锌矿-锡石±黄铜矿、闪锌矿-黄铜矿±黄铁矿、纯闪锌矿矿石是矿区内主要的 Sn-Zn 矿石类型［图 5-8(g)～(i)］。此外，还发育少量黄铜矿-石英脉［图 5-8(f)］。

矿石中主要金属矿物有：闪锌矿、锡石、磁黄铁矿、磁铁矿和黄铜矿，其次为黄铁矿、白钨矿、方铅矿、辉钼矿、毒砂和黝锡矿等。非金属矿物主要为夕卡岩型矿物，如钙铁辉石、透辉石、绿泥石、阳起石、石榴子石、透闪石、绿帘石、白云母、金云母、石英、萤石、白云石、方解石等。

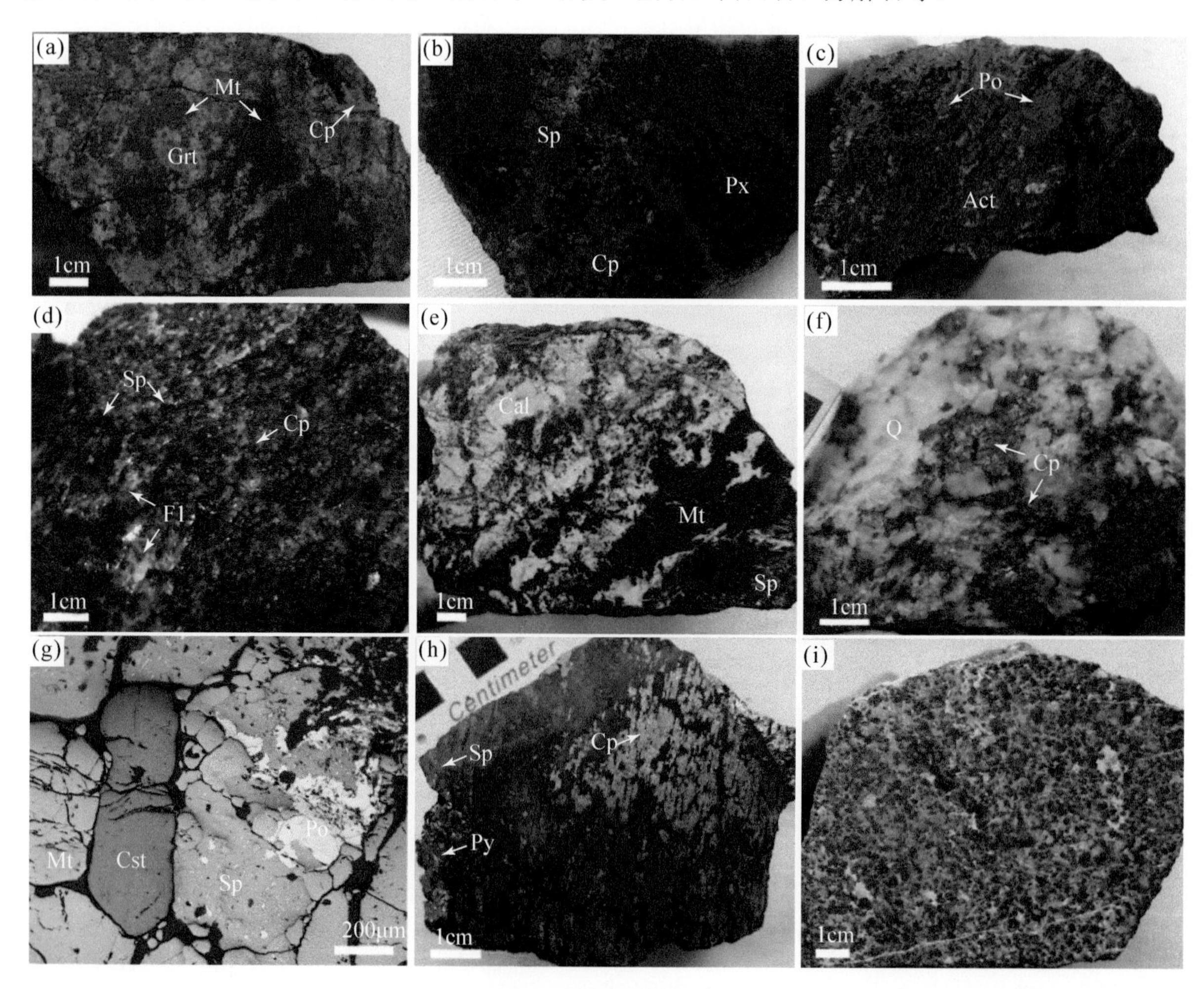

图 5-8　都龙 Sn-Zn 多金属矿床矿化类型

（a）石榴子石夕卡岩，晚期磁铁矿和黄铜矿沿裂隙以及石榴子石粒间间隙填充；（b）辉石夕卡岩被后期闪锌矿-黄铜矿脉穿插；（c）灰绿色阳起石遭受后期磁黄铁矿化；（d）粒状萤石与黄铜矿、闪锌矿密切共生；（e）磁铁矿+闪锌矿+热液方解石脉；（f）含黄铜矿的石英脉；（g）锡石与磁黄铁矿、闪锌矿共生；（h）阳起石夕卡岩中的黄铁矿、黄铜矿、闪锌矿矿化；（i）粒状闪锌矿与萤石共生。矿物缩写：Q. 石英；Fl. 萤石；Cal. 方解石；Grt. 石榴子石；Px. 辉石；Act. 阳起石；Cst. 锡石；Cp. 黄铜矿；Sp. 闪锌矿；Po. 磁黄铁矿；Py. 黄铁矿；Mt. 磁铁矿

锡石主要呈自形的短柱状、粒状以及楔形与磁黄铁矿共生［图 5-9(a)、(b)］，且交代阳起石夕卡岩，并伴有少量的闪锌矿形成［图 5-9(b)、(c)］。大量的闪锌矿在硫化物阶段与黄铜矿、磁黄铁矿、黄铁矿、毒砂等形成，闪锌矿可分为 3 种类型，包括含有少量的形成于出溶的黄铜矿中的星状、不规则状闪锌矿［图 5-9(d)］，同时含有大量黄铜+磁黄铁矿的闪锌矿［图 5-9(e)］以及仅含有大量细粒黄铜矿（病毒结构）的闪锌矿［图 5-9(f)］。可见闪锌矿被晚阶段的细脉状黄铜矿、方铅矿等穿插［图 5-9(g)～(i)］。在含磁铁矿的石榴子石夕卡岩中［图 5-8(a)］，磁铁矿明显分布于石榴子石的粒间间隙或呈细脉状切割自形的石榴子石，暗示其形成晚于石榴子石。磁铁矿被晚阶段的锡石、方铅矿、闪锌矿、黄铜矿等交代作用明显［图 5-9(j)、(k)］。白钨矿主要呈粒状或不连续的细脉状穿插石榴子石夕卡岩，可见白钨矿被毒砂、黄铜矿、闪锌矿等矿物交代的现象［图 5-9(l)］。

矿石结构常见的为自形-半自形晶结构，如锡石、磁黄铁矿、毒砂、黄铁矿等。锡石的他形或柱状晶体、半体双晶和具核心环带构造的三重晶，组成环带状、放射状、星散状的聚集体。此外，不同矿物在生长过程中常形成变胶状-胶状结构、变斑晶结构、交代细脉或补块结构、乳浊状结构等。

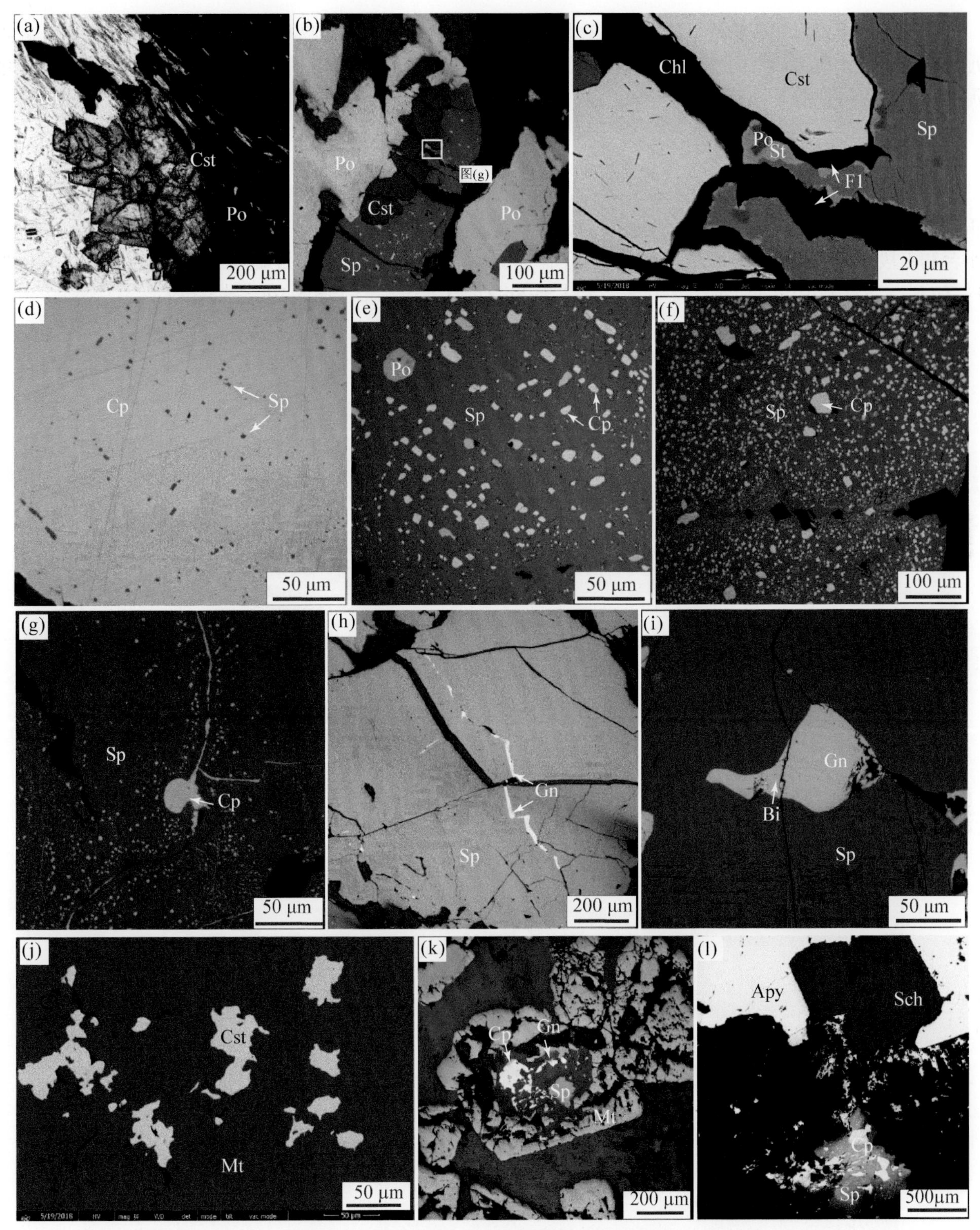

图 5-9　都龙 Sn-Zn 多金属矿床矿石岩相学特征

(a) 阳起石夕卡岩，裂隙被后期锡石和磁黄铁矿充填；(b) 磁黄铁矿和锡石密切共生，闪锌矿被少量黄铜矿交代；(c) 闪锌矿边缘被黄锡矿和萤石、绿泥石交代（背散射照片），伴有少量闪锌矿；(d) 黄铜矿中出溶少量细粒闪锌矿；(e) 闪锌矿中出溶大量黄铜矿和磁黄铁矿；(f) 闪锌矿中出溶大量黄铜矿，亦可见沿闪锌矿裂隙交代形成的细粒不规则黄铜矿；(g) 闪锌矿被后期不规则细粒以及细脉状黄铜矿交代；(h) 方铅矿沿裂隙交代闪锌矿；(i) 方铅矿充填闪锌矿裂隙，且含有少量自然铋；(j) 不规则状锡石交代磁铁矿；(k) 自形磁铁矿遭受后期硫化物（黄铜矿、方铅矿和闪锌矿）交代；(l) 单颗粒白钨矿被毒砂交代，其中闪锌矿遭受大量黄铜矿交代。矿物缩写：Fl. 萤石；Chl. 绿泥石；Cst. 锡石；Cp. 黄铜矿；Sp. 闪锌矿；Po. 磁黄铁矿；Mt. 磁铁矿；Sch. 白钨矿；Gn. 方铅矿；St. 黄锡矿；Apy. 毒砂；Bi. 自然铋矿石构造主要为块状构造，局部具层纹状、条带状、浸染状，硫化物浸染交代于夕卡岩矿物中，矿体顶部断续有砾状构造，铁闪锌矿、磁黄铁矿呈大小不一扁平圆滑砾状体，长轴平行层面，矿砾边部具有绿泥石、绢云母等变质矿物。

3. 空间分带特征

野外工作期间，在充分收集地质资料的基础上，对不同层位夕卡岩矿体进行了地质特征观察和记录，识别矿物组成、结构构造特征等，同时还对铜街—曼家寨矿段不同平台（下段 940 m 平台、中段 1040 m 平台和上段 1140 m 平台）出露的矿体进行了详细的地质编录和系统的样品采集，划分出下段紧靠岩体的 Fe-Zn 矿化带，到中段 Zn-Fe-Sn 矿化带，到上段 Sn-Zn±Cu 矿化带（图 5-10～图 5-13）。

图 5-10　铜街—曼家寨矿段全景图

图 5-11　铜街—曼家寨矿段 13 号矿体 940 m 平台图

图 5-12　铜街—曼家寨矿段 13 号矿体 1040 m 平台图

Sk. 夕卡岩；Chl. 绿泥石化；Zn. 锌矿体；Po. 磁黄铁矿

图 5-13　铜街—曼家寨矿段 24 号矿体 1140 m 平台图

下段 Fe-Zn 矿化带：该类矿化紧靠深部花岗岩体，主要分布在铜街—曼家寨矿段底部。矿化类型较为单一，主要产出大量块状和脉状磁铁矿，以及发育少量粒状闪锌矿。图 5-11 是铜街—曼家寨矿段 13 号矿体 940 m 平台照片，Fe 矿化主要呈脉状位于大理岩中，夕卡岩矿物不发育，可见磁铁矿与围岩大理岩的接触界线，闪锌矿+热液方解石脉侵入大理岩中，块状磁铁矿与浸染状磁铁矿接触带以及富磁铁矿的热液不规则地侵入到大理岩中。

中段 Fe-Zn-Sn 矿化带：该类矿化位于花岗岩体与围岩外接触带较近位置，主要分布在铜街—曼家寨矿段的中部。图 5-12 是铜街—曼家寨矿段 13 号矿体 1040 m 平台照片，矿化类型复杂，主要呈脉状穿插夕卡岩，形成致密块状矿石，如块状磁黄铁矿-闪锌矿矿石、块状磁铁矿-闪锌矿-锡石矿石、块状磁黄铁矿矿石。金属矿物主要有磁黄铁矿、闪锌矿、锡石以及少量黄铜矿。该矿化带发育以辉石和石榴子石为主的蚀变矿物，部分被退化蚀变矿物阳起石所交代。

上段 Sn-Zn±Cu 矿化带：该类矿化位于花岗岩体与围岩外接触带较远位置，主要分布在铜街—曼家寨矿段的上部。图 5-13 是铜街—曼家寨矿段 24 号矿体 1140 m 平台照片，夕卡岩及矿体顺层产出在围岩大理岩和石英云母片岩中，也可见矿体与围岩地层不整合接触磁铁矿基本消失，Sn-Zn 矿化明显增多，且矿化主要与阳起石和绿泥石共生的蚀变相关，金属矿物主要有闪锌矿、锡石、黄铁矿和黄铜矿等。

4. 成矿阶段

根据野外地质特征，结合矿物共生组合、结构以及显微岩相学观察，可将都龙的蚀变矿化阶段划分为：I-石榴子石-辉石阶段、II-阳起石-绿泥石阶段、III-磁铁矿-锡石阶段、IV-锡石-磁黄铁矿-闪锌矿阶段、V-闪锌矿-黄铜矿阶段。

（1）石榴子石-辉石阶段是最早的蚀变阶段，主要形成以石榴子石、辉石为代表的无水硅酸盐矿物［图 5-14(a)、(b)］，亦是夕卡岩的基本组成也是最重要和最典型的标志矿物。也可见到少量的符山石，这些矿物多分布在铜街—曼家寨矿体的底部。石榴子石较自形，多与辉石共生，镜下振荡环带明显。部分石榴子石受到后期交代作用明显，形成绿泥石。辉石多呈短柱状、粒状以及部分晶形较好呈长柱状、放射状分布，多受到后期强烈的阳起石交代蚀变。

（2）阳起石-绿泥石阶段主要生成阳起石、绿泥石等退化蚀变矿物，可见少量的绿帘石［图 5-14(c)、(d)］。这些矿物多为充填交代早期夕卡岩矿物形成，其中阳起石夕卡岩是都龙矿床主要的赋矿岩石，其中磁黄铁矿-闪锌矿±锡石、磁黄铁矿-闪锌矿-黄铜矿、黄铜矿-闪锌矿±黄铁矿，以及闪锌矿等不同的矿石矿物组合均有在阳起石夕卡岩中赋存。该阶段还发育少量磁铁矿和白钨矿，磁铁矿多呈致密块状产出，交代早期夕卡岩矿物。少量的锡石已经开始在该阶段形成。

（3）磁铁矿-锡石阶段的主要矿物为磁铁矿和锡石，生成少量白钨矿［图 5-14(e)、(f)］。在含磁铁矿的石榴子石夕卡岩中［图 5-14(a)］，磁铁矿明显分布于石榴子石的粒间间隙或呈细脉状切割自形的石榴子石，表明其形成晚于石榴子石。

（4）锡石-磁黄铁矿-闪锌矿阶段主要形成磁黄铁矿+锡石的金属矿物组合以及少量的闪锌矿、黄铜矿。磁铁矿与阳起石、石英、萤石等形成致密块状矿石［图 5-14(g)、(h)］，锡石主要呈自形粒状散布在块状磁黄铁矿矿石中［图 5-14(h)］。

（5）闪锌矿-黄铜矿阶段是 Zn、Cu 矿化的主要阶段，主要生成大量的闪锌矿、黄铜矿，以及少量的磁黄铁矿、黄铁矿和方铅矿［图 5-14(j)～(l)］，可见闪锌矿-黄铜矿组合呈脉状穿切早阶段形成的辉石夕卡岩［图 5-14(i)］。闪锌矿的主要类型有热液方解石或萤石中的粒状闪锌矿［图 5-14(k)、(l)］、呈脉状穿切夕卡岩矿物［图 5-14(i)］的闪锌矿-黄铜矿组合和呈块状的闪锌矿-磁黄铁矿-黄铜矿组合［图 5-14(f)］。各阶段矿物生成顺序见表 5-1。

5.1.3 都龙矿床夕卡岩矿物学和矿物化学特征

1. 石榴子石

石榴子石是早期石榴子石-辉石阶段中常见的硅酸盐矿物，也是夕卡岩型矿床中重要的矿物。野外手

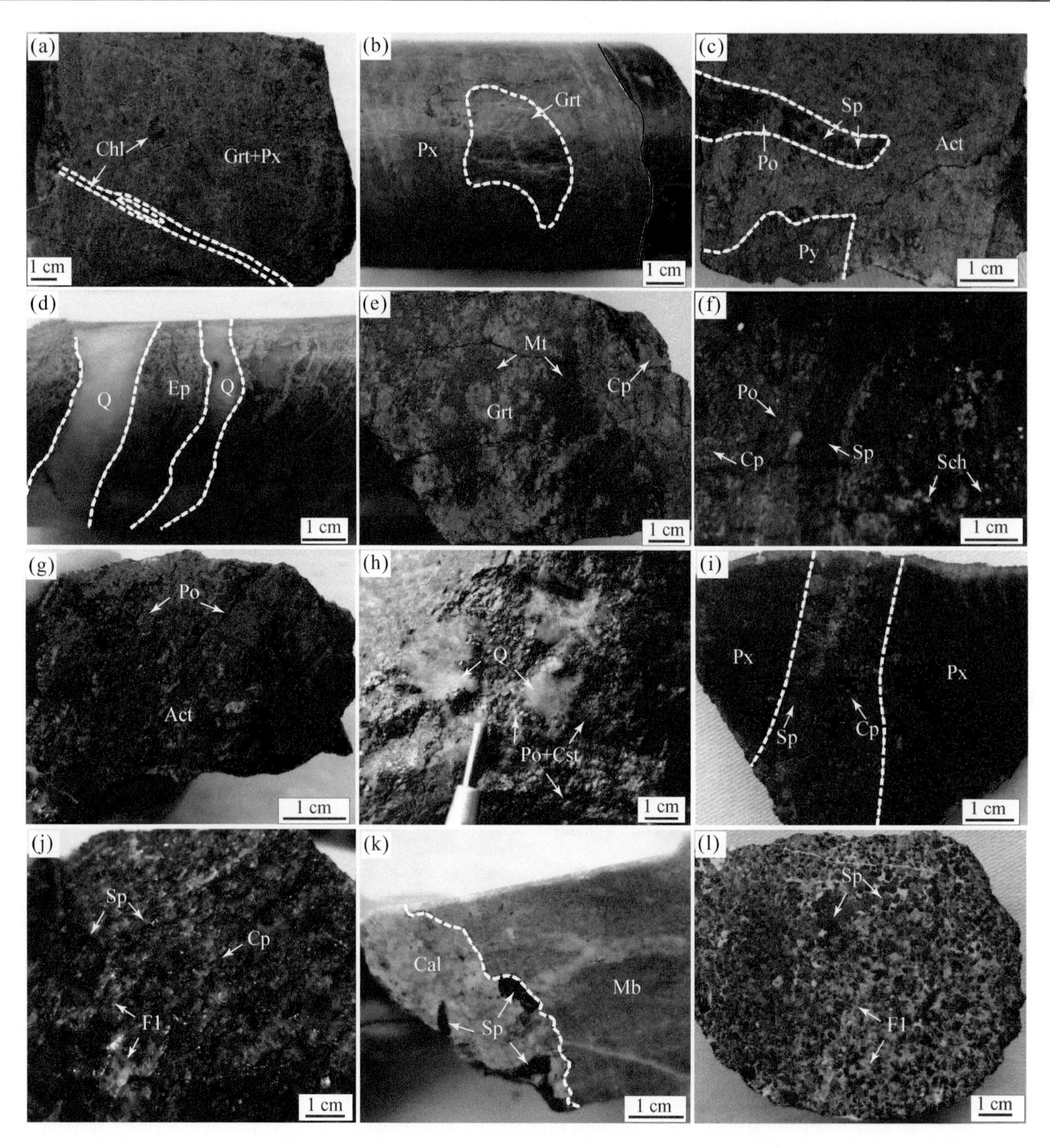

图 5-14 都龙 Sn-Zn 多金属矿床代表性夕卡岩和矿石特征

(a) 石榴子石-辉石夕卡岩，遭受后期绿泥石蚀变；(b) 辉石夕卡岩中团斑状石榴子石；可见石榴子石-辉石夕卡岩与围岩较为截然的接触关系；(c) 放射状阳起石夕卡岩被后期黄铁矿以及少量闪锌矿和磁黄铁矿沿裂隙充填；(d) 大量晚期不规则石英脉穿插绿帘石夕卡岩；(e) 石榴子石夕卡岩，晚期磁铁矿和黄铜矿沿裂隙和石榴子石粒间间隙填充；(f) 围岩云母片岩被白钨矿和硫化物交代形成块状矿石；(g) 阳起石夕卡岩被后期磁黄铁矿充填；(h) 磁黄铁矿±锡石块状矿石；(i) 辉石夕卡岩被后期闪锌矿-黄铜矿脉穿插；(j) 萤石与黄铜矿、闪锌矿密切共生；(k) 闪锌矿±热液方解石脉穿插大理岩；(l) 粒状闪锌矿与萤石共生。矿物缩写：Q. 石英；Cal. 方解石；Fl. 萤石；Mb. 大理岩；Grt. 石榴子石；Px. 辉石；Act. 阳起石；Chl. 绿泥石；Ep. 绿帘石；Po. 磁黄铁矿；Py. 黄铁矿；Sp. 闪锌矿；Cp. 黄铜矿；Cst. 锡石；Mt. 磁铁矿

标本中石榴子石的产出形态和颜色多样，多为棕色、红棕色、灰褐色等，主要以粒状、脉状或粒状集合体产出，结晶程度较好，常与辉石［图 5-15(c)］、绿泥石等硅酸盐矿物以及磁铁矿、闪锌矿等金属矿物产出，也可独立形成石榴子石夕卡岩。

石榴子石多呈自形，也可见呈四角三八面体等分布，大小多在 0.3～2 mm 之间。单偏光下常呈浅褐色，蚀变较弱，晶形发育较好，环带结构明显［图 5-15(a)、(b)］，具正极高突起，裂隙较为发育。正交偏光下具有一级灰至一级白干涉色，糙面显著，并被后期的硫化物交代充填［图 5-15(b)］，局部遭受后期绿泥石蚀变［图 5-15(d)］。

表 5-1 都龙 Sn-Zn 多金属矿床矿物生成顺序表

生成矿物	矿化阶段				
	石榴子石-辉石阶段	阳起石-绿泥石阶段	磁铁矿-锡石阶段	锡石-磁黄铁矿-闪锌矿阶段	闪锌矿-黄铜矿阶段
石榴子石	▬▬▬				
辉石	▬▬▬				
符山石	———				
阳起石		▬▬▬			
绿泥石		▬▬▬			
绿帘石		———			
透闪石		———			
石英				———	———
方解石				———	———
萤石				———	———
榍石	———				
磷灰石	———				
磁铁矿		———	▬▬▬		
白钨矿		———	———		
锡石			▬▬▬	▬▬▬	
磁黄铁矿				▬▬▬	▬
黄铁矿				———	—
毒砂				———	
黄铜矿				▬	▬▬▬
闪锌矿				▬▬▬	▬▬▬
方铅矿					———

注：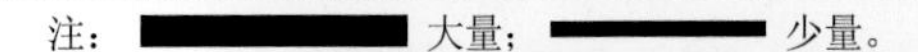 大量；——— 少量。

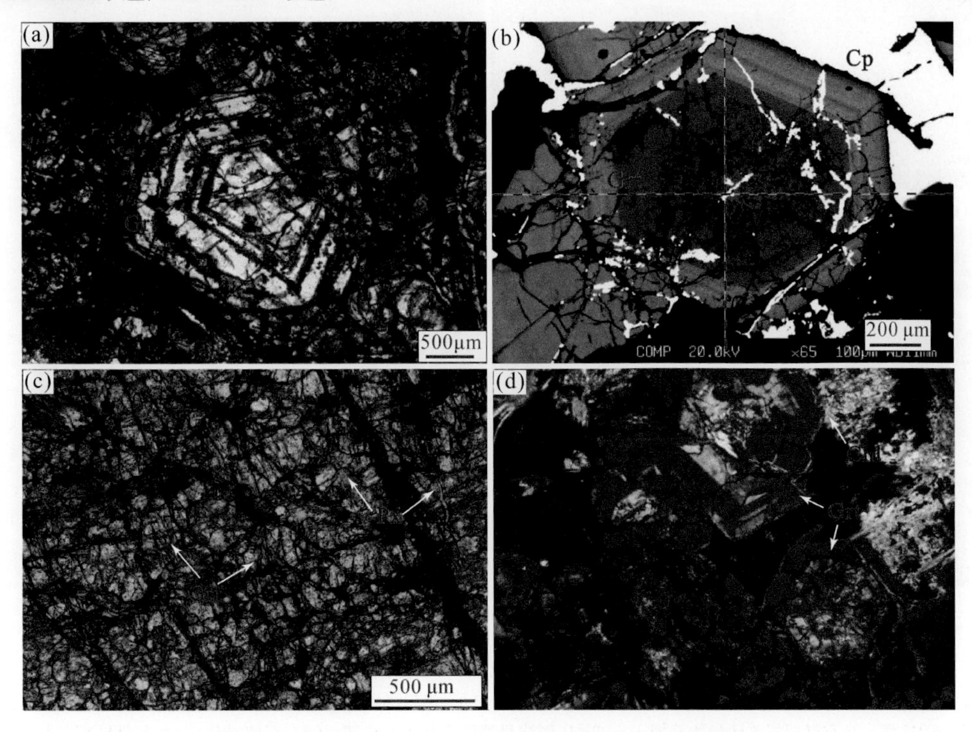

图 5-15 都龙 Sn-Zn 多金属矿床石榴子石岩相学特征

(a) 自形环带状石榴子石（单偏光）；(b) 环带状石榴子石，遭受后期硫化物沿裂隙充填（扫描电镜）；(c) 石榴子石-辉石共生结构，发育许多裂隙；(d) 石榴子石显示振荡环带，部分遭受后期绿泥石蚀变，石榴子石晶间被闪锌矿充填。矿物缩写：Grt. 石榴子石；Px. 辉石；Cp. 黄铜矿根据手标本和镜下矿物的光学特征将该矿床的石榴子石分为早（Grt I）、中（Grt II）、晚（Grt III）3个世代（图 5-16）。Grt I 主要为钙铁榴石系列，多呈自形-半自形粒状结构，粒径多数集中在 0.2～2 mm 之间［图 5-16(a)～(c)］，振荡环带发育，呈破碎状被金属硫化物充填［图 5-16(b)］。Grt II 主要为钙铁-钙铝榴石系列，显示微弱振荡环带或围绕第 I 世代石榴子石的边部进行交代生长［图 5-16(c)］，表面粗糙，发育较多裂隙，可见石榴子石与辉石、符山石等矿物共生［图 5-16(d)、(e)］。Grt III 主要为钙铝榴石系列，多呈半自形-他形结构，呈细粒状产出，粒径较小，一般在 0.02～0.05mm［图 5-16(f)］。

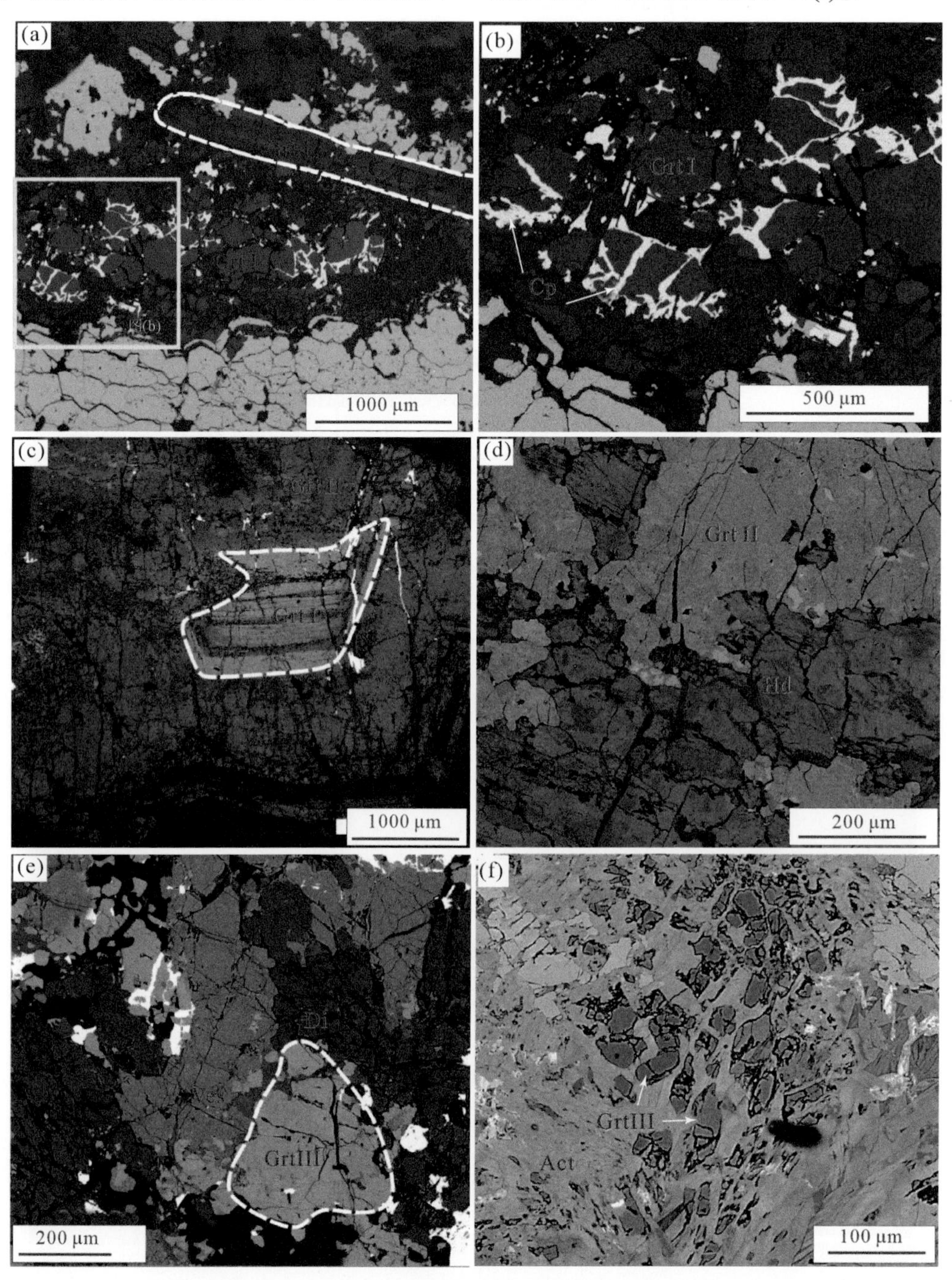

图 5-16　都龙 Sn-Zn 多金属矿床石榴子石世代特征

（a）呈自形-半自形粒状结构和具有振荡环带的石榴子石 Grt I；（b）自形-半自形粒状结构的石榴子石被晚阶段的黄铜矿填充；（c）Grt I 呈被交代残余的核部，具有微弱振荡环带的石榴子石 Grt II 围绕早阶段石榴子石边部；（d）石榴子石 Grt II 和钙铁辉石共生；（e）石榴子石 Grt II 和透辉石、符山石共生；（f）遭受阳起石化的细粒状石榴子石 Grt III。矿物缩写：Grt. 石榴子石；Di. 透辉石；Hd. 钙铁辉石；Act. 阳起石；Ves. 符山石；Cp. 黄铜矿电子探针分析结果显示，都龙矿床石榴子石总体 SiO_2 含量为 34.92% ～ 37.92%（平均值为 36.72%），CaO 含量为 32.23%～34.66%（平均值为 33.46%），Al_2O_3 含量为 0.11%～14.09%（平均值为 6.64%），Fe_2O_3 含量为 8.95% ～ 30.12%（平均值为 20.69%），FeO 含量为 0.04%～2.76%（平均值为 0.73%），TiO_2、MgO、Na_2O 含量均较低。

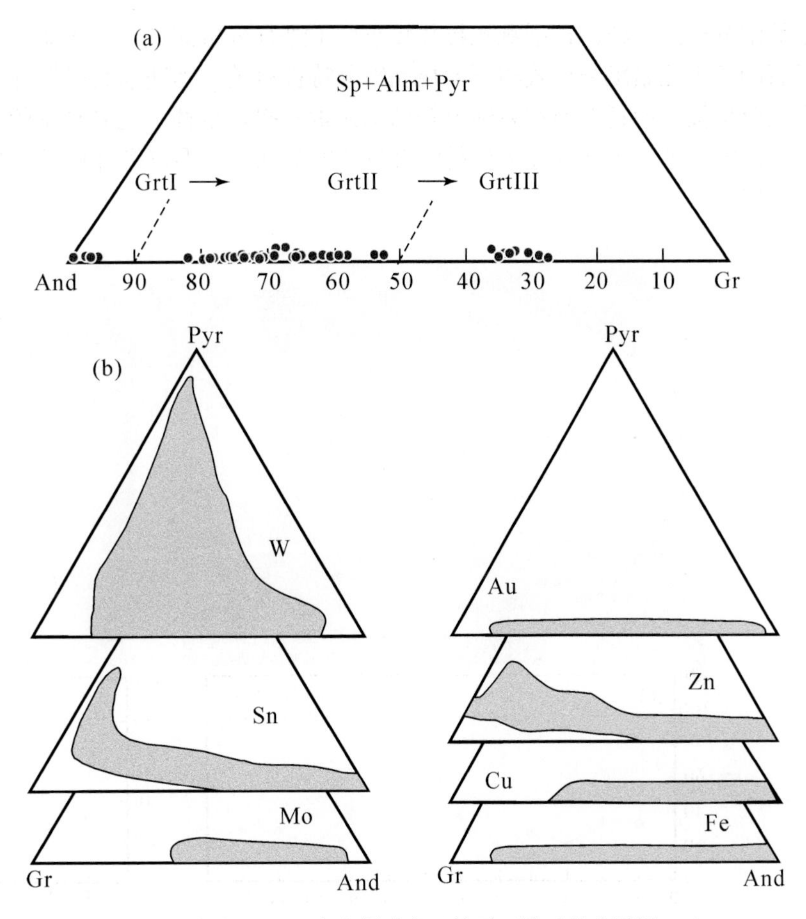

图 5-17　都龙 Sn-Zn 多金属矿床石榴子石端元组分图解（a）与世界其他夕卡岩型矿床（b）对比

And. 钙铁榴石；Gr. 钙铝榴石；Sp. 锰铝榴石；Alm. 铁铝榴石；Pyr. 镁铝榴石

通过电子探针测试数据可知，都龙矿床石榴子石的钙铁榴石（And）端元组分变化范围为 29.47%～99.37%，钙铝榴石（Gr）端元组分变化范围为 0.57%～70.53%，含有少量的锰铝榴石、铁铝榴石、镁铝榴石（0.59%～2.45%），即以钙铁榴石（And）和钙铝榴石（Gr）为主（图 5-17），属于钙铁榴石-钙铝榴石固溶体系列（And 29.47%～99.37%，Gr 0.57% ～ 70.53%， Sp+Alm+Pyr 0.59%～2.45%），钙铁榴石与钙铝榴石含量呈明显的线性负相关性，结合电子探针数据可将其表示为：

$Ca_{(2.79\sim3.01)}Mg_{(0\sim0.09)}Mn_{(0.02\sim0.07)}Fe^{2+}_{(0\sim0.19)}Fe^{3+}_{(0.54\sim1.95)}Al_{(0.01\sim1.33)}Cr_{(0\sim0.07)}Ti_{(0\sim0.07)}Si_{(2.97\sim3.06)}O_{12}$。

其中 Grt I 的钙铁榴石端元组分为 95.81%～99.37%，钙铝榴石端元组分为 0.57%～4.19%，Grt II 的钙铁榴石端元组分在 51.64%～82.53%之间，钙铝榴石端元组分在 17.47%～48.18%之间，Grt III 的钙铁榴石端元组分为 29.47%～35.682%，钙铝榴石端元组分为 61.08%～70.53%，石榴子石具有从早阶段以钙铁组分为主（And 95%～99%）向晚阶段钙铝组分变化（And 30%～80%，Gr 20%～50%），到最晚阶段为细粒钙铝榴石（And 30%～40%，Gr 60%～70%）变化的特征。都龙矿床石榴子石的组分变化特征表明其形成于非完全封闭的平衡条件，且形成过程中，热液流体的氧化还原环境和酸碱度可能发生明显的变化。前人研究指出成矿流体氧逸度的降低有利于钙铝榴石的形成（Jamtveit and Hervig，1994）。端元组分图解见图 5-17，且组分分布范围与世界主要类型夕卡岩型矿床中的石榴子石（Meinert，2005）相比，具有 Fe-Zn 矿化的特征。

石榴子石的环带在早期比较发育，对于夕卡岩中环带发育较好的石榴子石颗粒沿切面进行了电子探针分析，显示出钙铁榴石和钙铝榴石含量呈负相关变化，而且这种成分的变化与石榴子石中 Fe_2O_3 和 Al_2O_3 含量具有相反的变化特征相对应（图 5-18）。

石榴子石样品 LA-ICP-MS 微量元素分析显示，石榴子石稀土元素总量总体较低（$\Sigma REE=3.02\times10^{-6}\sim107.10\times10^{-6}$），LREE/HREE 值范围为 0～155.42，$(La/Yb)_N=0.01\sim2294.12$。其中不同类型的石榴子石具有不一致的稀土配分模式（图 5-19），Grt I 型显示轻稀土元素富集、重稀土元素亏损的特征，稀土配分模式为右倾型，具有明显的正 Eu 异常，而 Grt II 型具有重稀土元素富集、轻稀土元素亏损的特征，稀土配分模式为左倾型，显示弱的 Eu 负异常或无 Eu 异常，也发现个别 Grt II 型的轻重稀土分异不明显，显示出平坦型的配分模式。Grt III 型颗粒粒径较小，未进行分析测试。前人研究（Jamtveit et al.，1993）发现，石榴子石的稀土元素配分模式与不同端元组分特征有关，钙铁榴石呈轻稀土元素富集、重稀土元素亏损的右倾型配分特征，而钙铝榴石表现出轻稀土元素亏损、重稀土元素富集的左倾型配分特征。Smith 等（2004）指出可能是外界流体的加入使得混合流体的氧逸度、温度等环境发生变化，影响石榴子石中的稀土元素配分模式。

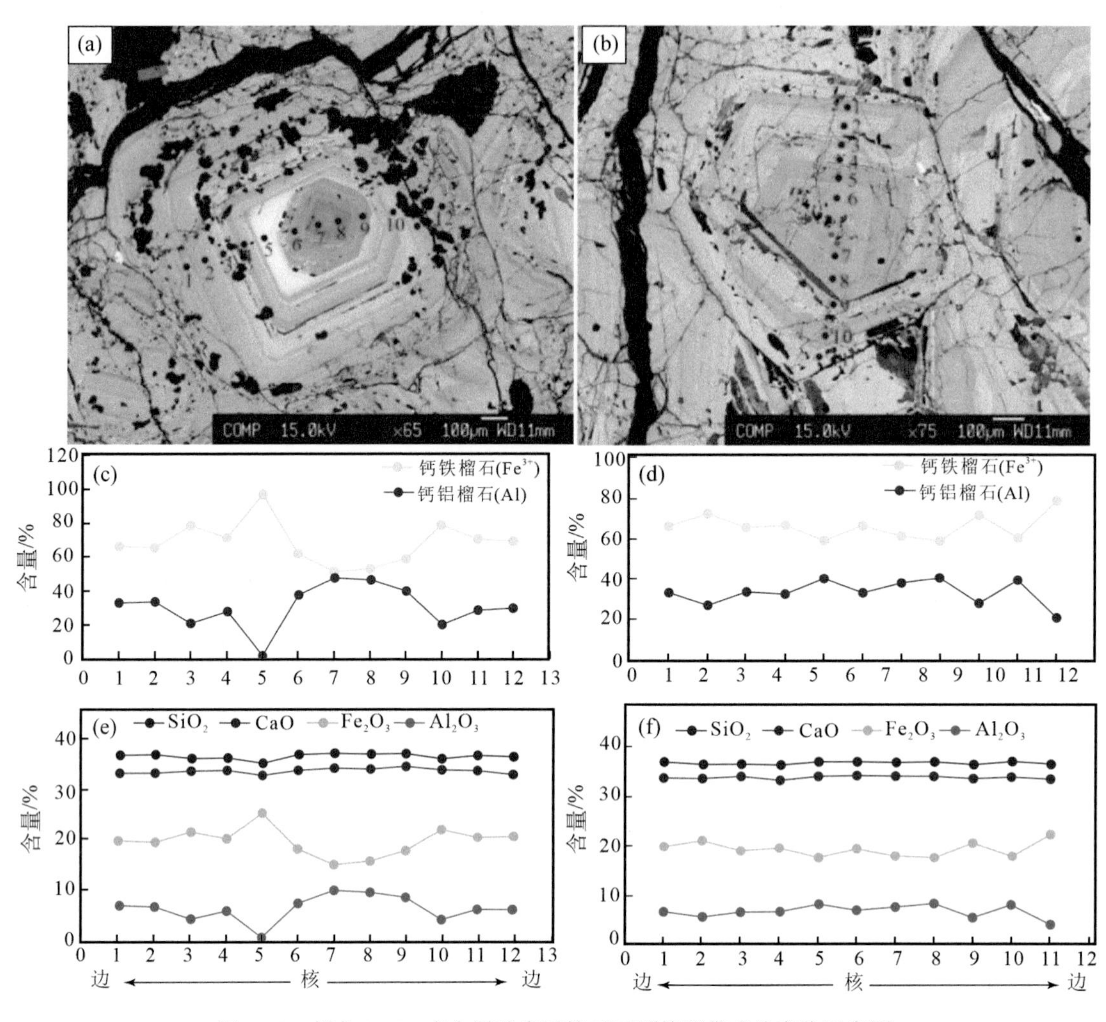

图 5-18　都龙 Sn-Zn 多金属矿床石榴子石颗粒环带成分变化示意图

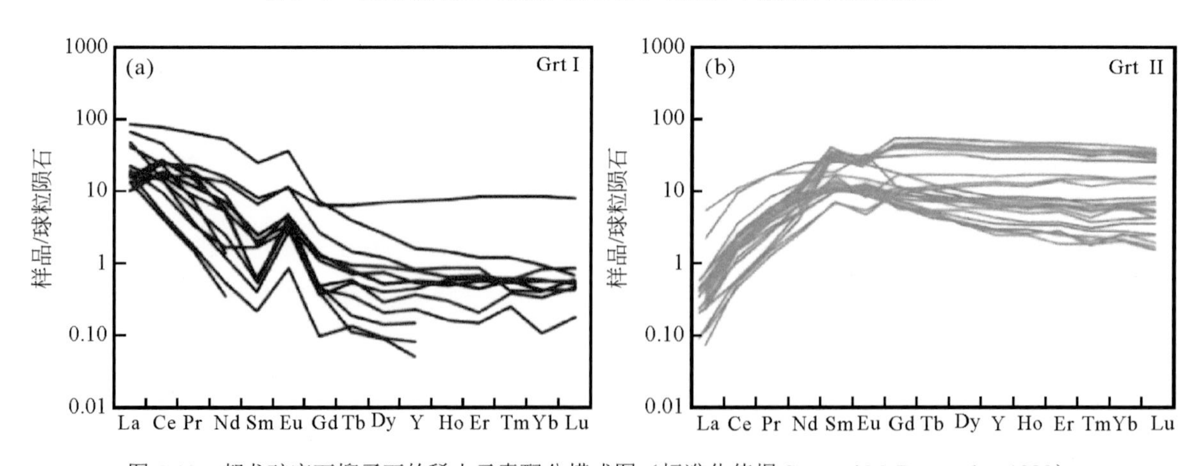

图 5-19　都龙矿床石榴子石的稀土元素配分模式图（标准化值据 Sun and McDonough，1989）

LA-ICP-MS 结果表明石榴子石中含有较高的成矿元素 In 和 Sn，含量分别在 1.6×10^{-6}～264×10^{-6}（均值为 48×10^{-6}，n=49，n 为分析点数，下同）和 436×10^{-6}～15240×10^{-6}（均值为 3522×10^{-6}，n=49）之间；但是不同类型的石榴子石中成矿元素 In、Sn 含量差异较大。其中 Grt Ⅰ的 In 含量在 62×10^{-6}～264×10^{-6}之间（均值为 159×10^{-6}，n=10），Sn 含量为 2790×10^{-6}～13100×10^{-6}（均值为 7441×10^{-6}，n=10）；Grt Ⅱ的 In 和 Sn 含量相对较低，分别在 1.6×10^{-6}～81×10^{-6}（均值为 20×10^{-6}，n=39）和 436×10^{-6}～4740×10^{-6}（均值为 2517×10^{-6}，n=39）之间。从早阶段石榴子石（And 95%～99%）向晚阶段石榴子石（Gr 20%～50%）中成矿元素 In 和 Sn 含量显示逐步减少的趋势［图 5-20（a）］。

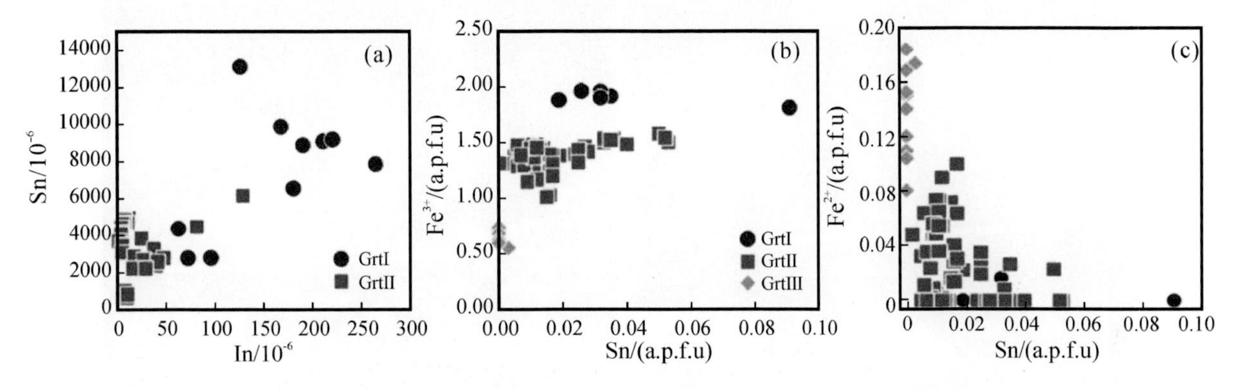

图 5-20　都龙 Sn-Zn 多金属矿床不同类型石榴子石元素含量二元图解

（a）In-Sn 含量图解；（b）Sn-Fe^{3+}摩尔含量图解；（c）Sn-Fe^{2+}摩尔含量图解

2. 辉石

辉石是石榴子石-辉石阶段夕卡岩的主要组成矿物之一，常与石榴子石、符山石共生［图 5-21(a)、(b)］。手标本中辉石呈绿色、暗绿色，少量为浅绿色，多呈短柱状或放射柱状生长。单偏光下主要为无色-淡绿色，正高突起，具有近乎 90°的辉石式解理，正交偏光下可达二级蓝绿干涉色［图 5-21(a)］，可见简单双晶发育。扫描电镜下观察到辉石内部成分不均一［图 5-21(c)、(d)］，核部透辉石端元组分约 60%（Di 约 60%，Hd 约 40%），向外生长透辉石组分逐渐降低，端元组分 Di 和 Hd 各约 50%。副矿物如榍石、磷灰石等较为发育，早阶段透辉石核部可能被交代形成榍石［图 5-21(e)］。大量的阳起石显示由早阶段钙铁辉石被交代形成［图 5-21(f)］。

辉石电子探针分析结果计算得出的端元组分图解如图 5-22 所示。都龙矿床辉石（电子探针分析数据，不包含能谱数据）属于典型的透辉石-钙铁辉石固溶体系列，透辉石端元组分变化范围为 25.98%～57.65%，钙铁辉石为 40.37%～68.52%，锰钙辉石变化范围为 1.98%～5.82%，这与世界上典型的夕卡岩型锡矿床的辉石具有相似的特征。根据计算的主要阳离子系数，结合电子探针数据可将辉石的化学式写为：

$$Na_{(0\sim0.02)}Ca_{(0.91\sim1)}Mg_{(0.27\sim0.59)}Fe^{2+}_{(0.34\sim0.7)}Fe^{3+}_{(0\sim0.16)}Al_{(0\sim0.08)}Si_{(1.96\sim2)}O_6。$$

都龙矿床辉石属于透辉石-钙铁辉石类质同象系列，端元组分特征与世界范围内主要夕卡岩型矿床中辉石相比（Meinert，2005），对 Sn 和 Zn 矿化的指示较为明显。辉石 Mn/Fe 值变化范围为 0.04～0.09（平均值为 0.07），Mg/Fe 值范围为 0.23～0.83（平均值为 0.39），较低的 Mn/Fe 和 Mg/Fe 值特征指示都龙矿床可能为 Sn 多金属矿床。

辉石样品 LA-ICP-MS 微量元素分析结果中，辉石稀土元素总量总体较低（ΣREE=0～34.53×10^{-6}），LREE/HREE 值范围为 0～107.17，$(La/Yb)_N$=0.01～16.13。稀土配分模式图解（图 5-23）显示透辉石和钙铁辉石具有不一致的稀土组成，透辉石呈轻稀土元素亏损、重稀土元素相对富集的特征，具有明显的负 Eu 异常。钙铁辉石轻、重稀土分异不明显，中稀土元素相对亏损。

LA-ICP-MS 结果表明辉石中成矿元素 In 和 Sn 含量较低，含量分别在 0.0×10^{-6}～5.5×10^{-6}（均值为 1.3×10^{-6}，n=40）和 7.6×10^{-6}～477×10^{-6}（均值为 116×10^{-6}，n=40）之间，其中 In 平均为地壳丰度（0.007×10^{-6}）的数百倍至数千倍，Sn 平均为地壳丰度（2×10^{-6}）的数百倍。对发育有透辉石、钙铁辉石和符山石的样

品进行 LA-ICP-MS 面扫描分析（图 5-24），结果显示辉石较为富集 Fe、Mn、Mg、Sc、V，而 Al、As、Bi、U、Th、Ce、Sm、Ti、Y、Tb、Ho、W、Sn 在辉石中的含量比较低。其中，透辉石相较钙铁辉石更为富集 Fe、Mn、V。辉石中成矿元素相对地壳丰度含量较高，但远低于石榴子石中 In 和锡的含量，In^{3+}和 Sn^{4+}与 Fe^{3+}的离子半径相似，表明其更倾向于赋存在石榴子石中。

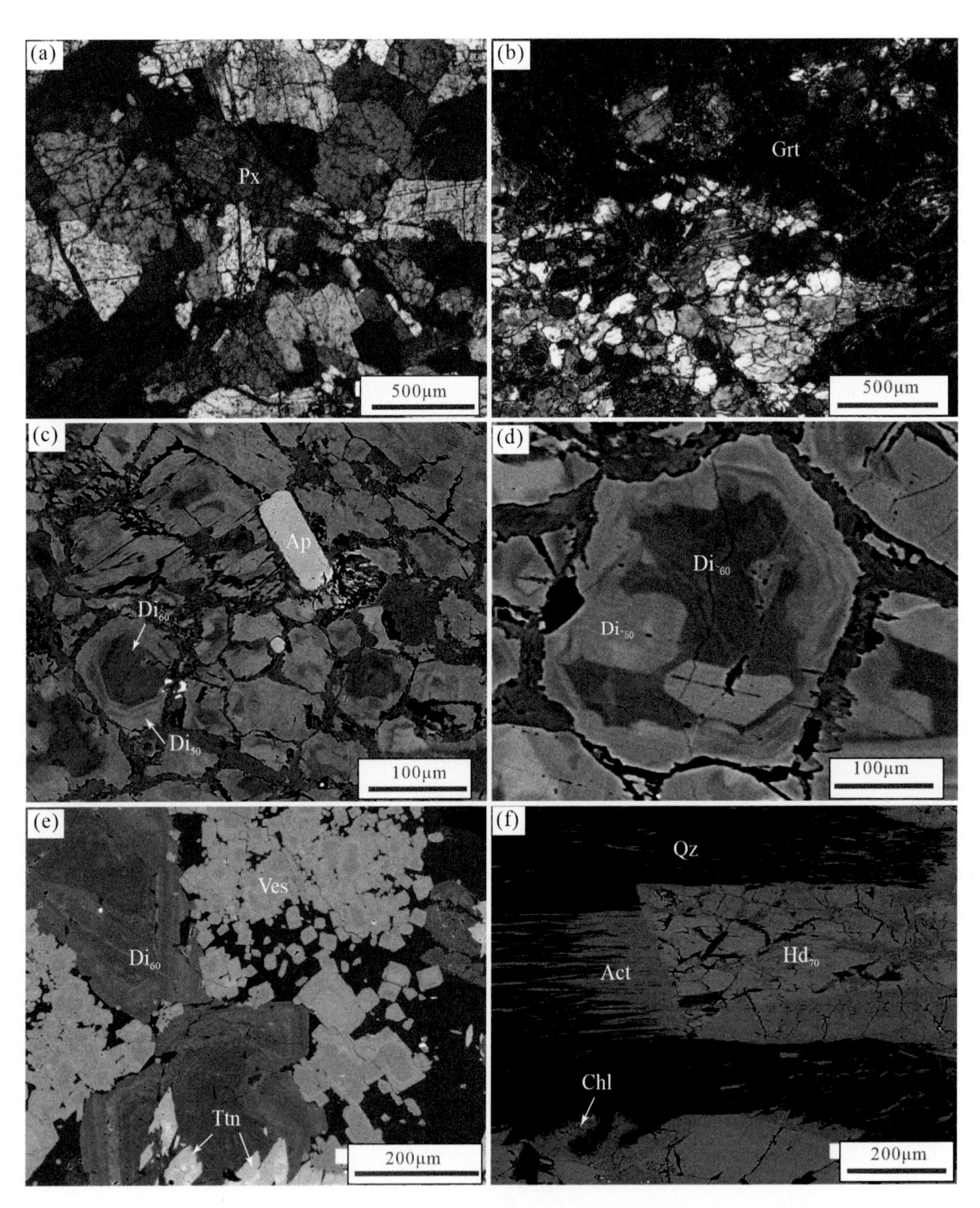

图 5-21　都龙 Sn-Zn 多金属矿床辉石镜下特征

（a）短柱状辉石集合体；（b）辉石和石榴子石共生；（c）粒状分布的透辉石，显示核部透辉石向边部钙铁辉石变化；（d）辉石核部和边部化学组分不均一；（e）透辉石和符山石共生；（f）大量的阳起石显示由钙铁辉石被交代形成。矿物缩写：Px. 辉石；Hd. 钙铁辉石；Di. 透辉石；Act. 阳起石；Ves. 符山石；Ap. 磷灰石；Ttn. 榍石；Chl. 绿泥石；Qz. 石英

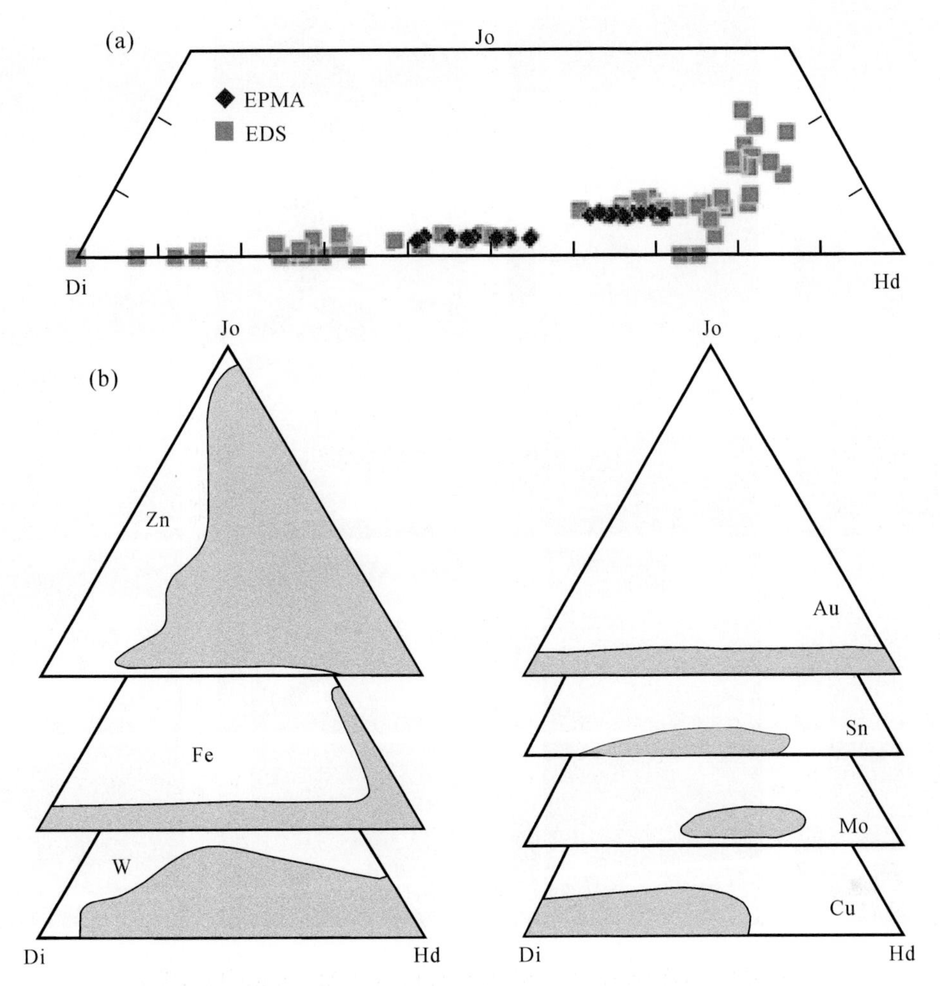

图 5-22　都龙 Sn-Zn 多金属矿床辉石端元组分图解（a）与世界其他夕卡岩型矿床（b）对比

Di. 透辉石；Hd. 钙铁辉石；Jo. 锰钙辉石；EPMA. 电子探针数据；EDS. 能谱数据

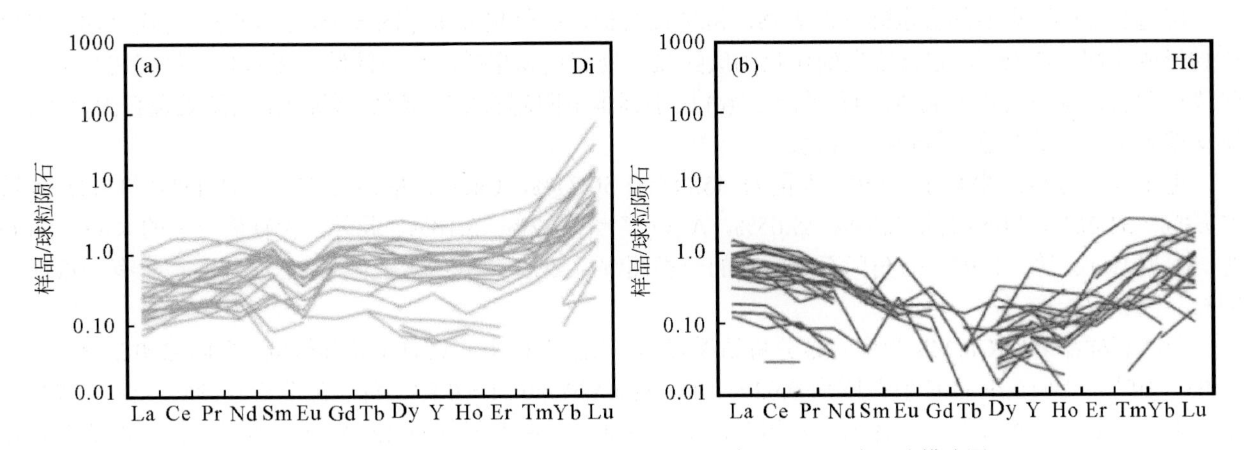

图 5-23　都龙 Sn-Zn 多金属矿床透辉石和钙铁辉石稀土元素配分模式图

标准化值据 Sun and McDonough，1989；Di. 透辉石；Hd. 钙铁辉石

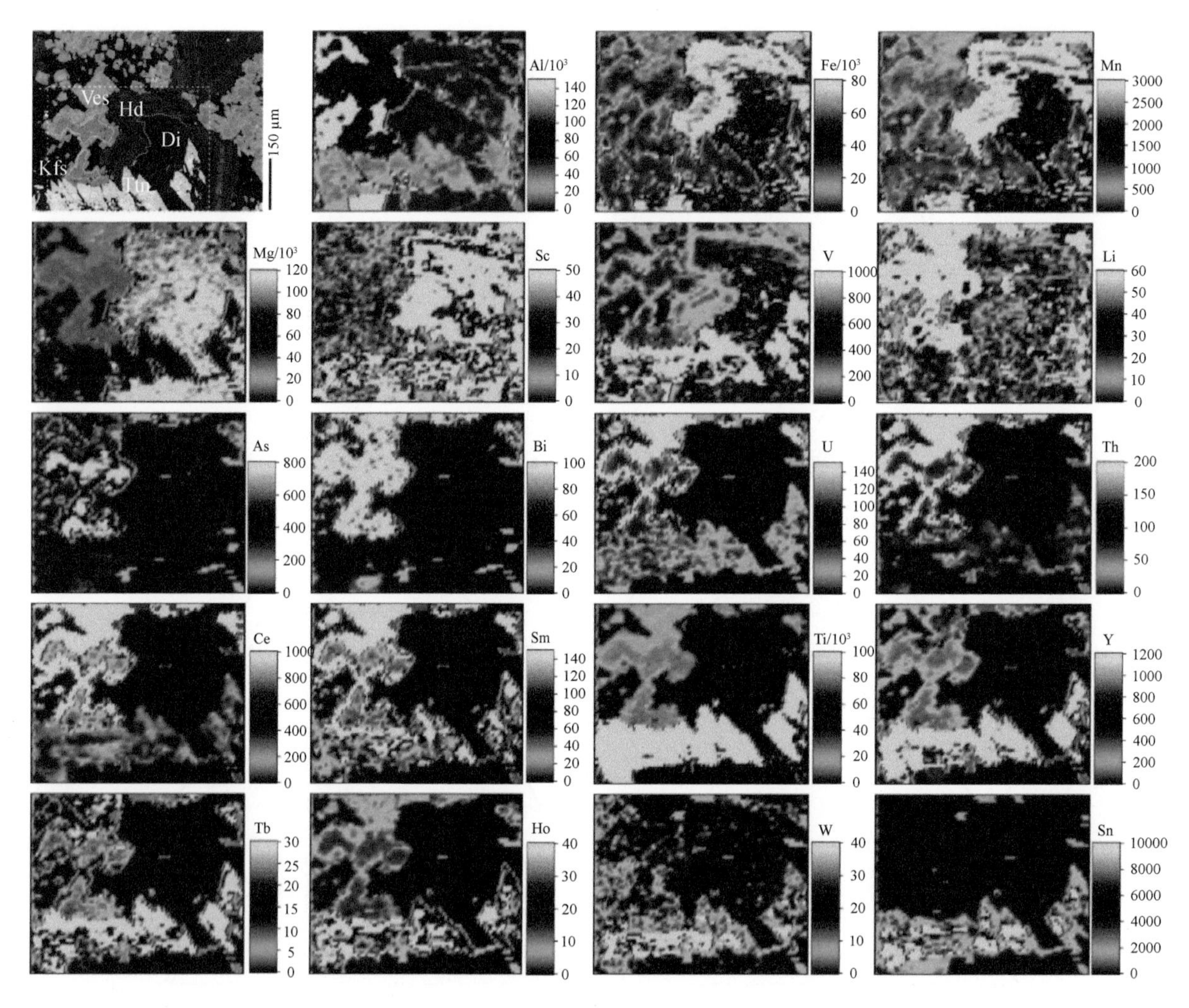

图 5-24　都龙 Sn-Zn 多金属矿床辉石 LA-ICP-MS 元素面扫描图像

颜色图例的计量单位为$\times10^{-6}$。Di. 透辉石；Hd. 钙铁辉石；Ves. 符山石；Ttn. 榍石；Kfs. 钾长石

3. 阳起石

阳起石是矿区重要的含水硅酸盐矿物，常呈长柱状、放射状分布［图 5-25(a)、(b)］，交代早期夕卡岩矿物形成［图 5-25(c)］，也被晚期硫化物和碳酸盐矿物交代和穿插，与闪锌矿、锡石等矿物密切共生，早阶段透辉石核部被交代形成透闪石［图 5-25(e)］。手标本下阳起石呈灰绿色-墨绿色，裂隙处发育闪锌矿化，正交偏光下多为黄棕色-浅蓝绿干涉色。

电子探针分析结果显示，SiO_2 含量为 45.68%～50.77%，CaO 含量为 9.97%～11.45%，TFeO 含量 27.63%～31.66%，MgO 含量 2.09%～5.65%，Al_2O_3 含量 1.37%～5.10%，此外，含有极少量的 K_2O、Na_2O 等。根据 Leake 等（1997）对角闪石族矿物的分类图解可知，本区角闪石主要为铁阳起石，含有少量铁角闪石（图 5-26）。

阳起石样品 LA-ICP-MS 微量元素分析结果表明，阳起石稀土元素总量总体较低（ΣREE=0.28×10^{-6}～15.93×10^{-6}），LREE/HREE 值范围为 0.03～1.06，$(La/Yb)_N$=0.01～0.93。稀土配分模式图解（图 5-27）显示阳起石轻稀土元素亏损、重稀土元素相对富集的特征，具有明显的负 Eu 异常，透闪石轻、重稀土元素分异不明显，中稀土元素相对富集，具有明显的正 Eu 异常。

LA-ICP-MS 结果表明阳起石中成矿元素 In 含量较低，含量分别在 0.02×10^{-6}～3.3×10^{-6}（均值为 0.5×10^{-6}，n=20），Sn 含量相对较高，范围为 7.6×10^{-6}～477×10^{-6}（均值为 63.1×10^{-6}，n=20）。

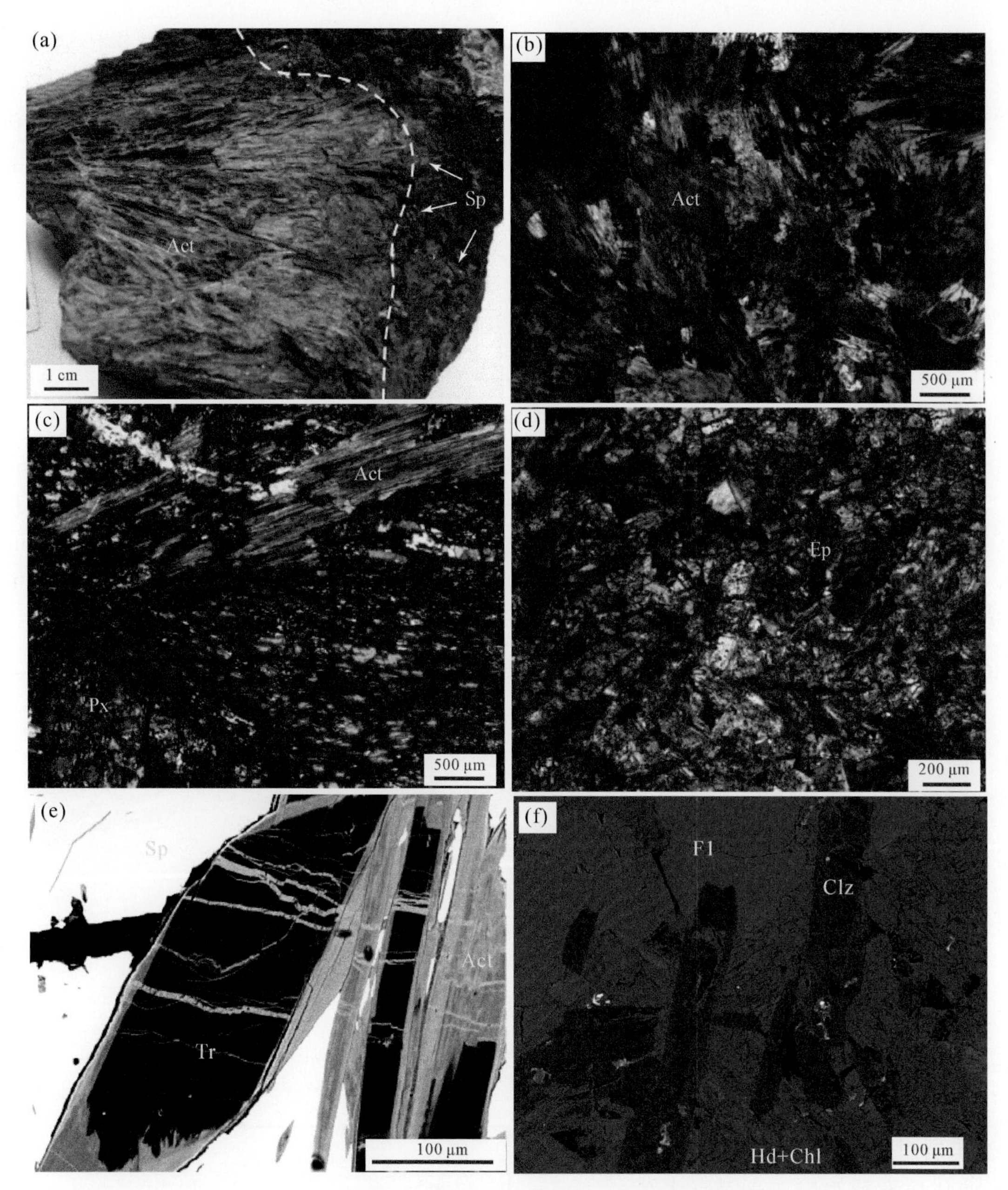

图 5-25　都龙 Sn-Zn 多金属矿床含水夕卡岩矿物特征

（a）晚阶段闪锌矿叠加在放射状阳起石夕卡岩上；（b）放射状阳起石，交代早期夕卡岩矿物形成；（c）辉石后期被交代形成阳起石；（d）粒状绿帘石，干涉色鲜艳；（e）早阶段透辉石核部被交代形成透闪石；（f）斜黝帘石被更晚阶段绿泥石交代。矿物缩写：Fl. 萤石；Px. 辉石；Hd. 钙铁辉石；Act. 阳起石；Tr. 透闪石；Ep. 绿帘石；Clz. 斜黝帘石；Chl. 绿泥石；Sp. 闪锌矿

4. 绿帘石

绿帘石是阳起石-绿泥石阶段的产物，也是区内重要的含水夕卡岩矿物，多为交代蚀变石榴子石和辉石形成。在野外产出较为集中，手标本中绿帘石呈黄绿-翠绿色，多呈粒状集合体形式产出，局部形成绿帘石夕卡岩。单偏光下绿帘石呈强黄色，半自形-自形粒状或柱状，正高突起，正交偏光下呈现出颜色鲜艳的干涉色［图 5-25(d)］，可见后期石英呈脉状充填。少量斜黝帘石被更晚阶段绿泥石所交代［图 5-25(f)］。

电子探针分析结果表明：SiO_2 含量变化范围为 37.25%～38.47%，Al_2O_3 含量变化范围为 22.29%～25.67%，CaO 含量变化范围为 22.10%～25.58%，TFeO 含量变化范围为 7.77%～12.15%，还含有极少量的 MnO、MgO 等，Fe/(Fe+Al) 值为 0.17～0.28，反映该帘石为绿帘石-斜黝帘石的连续类质同象系列，且成分更偏向于斜黝帘石。

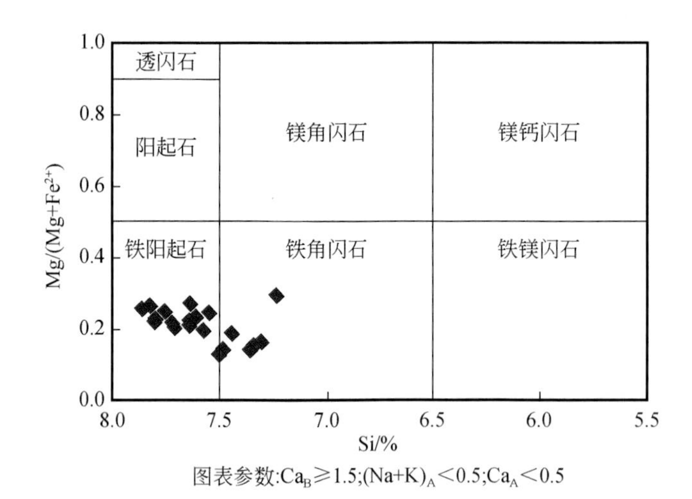

图 5-26　都龙 Sn-Zn 多金属矿床角闪石分类图解

（底图据 Leake et al.，1997）

LA-ICP-MS 微量元素分析结果表明，斜黝帘石稀土元素总量较高（$\sum$REE=28×10^{-6}～2580×10^{-6}），LREE/HREE 值范围为 0.2～20，$(La/Yb)_N$=0.1～60.3。稀土配分模式图解（图 5-28）显示轻、重稀土元素分异较小的特征，具有明显的正 Eu 异常。

绿帘石中成矿元素 In 含量较低，含量分别在 1.3×10^{-6}～4.0×10^{-6}（均值为 2.2×10^{-6}，n=14），Sn 含量高，范围为 8570×10^{-6}～14730×10^{-6}（均值为 11249×10^{-6}，n=14）。绿帘石主要形成于退化蚀变阶段，交代前期夕卡岩矿物（石榴子石、辉石），Sn 含量高表明热液流体中的 Sn 进入矿物晶格且参与了绿帘石矿物的形成。值得指出的是，In 在绿帘石中的含量较低（$<5\times10^{-6}$），与 Sn 的含量形成了鲜明的对比，暗示在该阶段，成矿元素 In 和 Sn 出现了选择性富集特征。

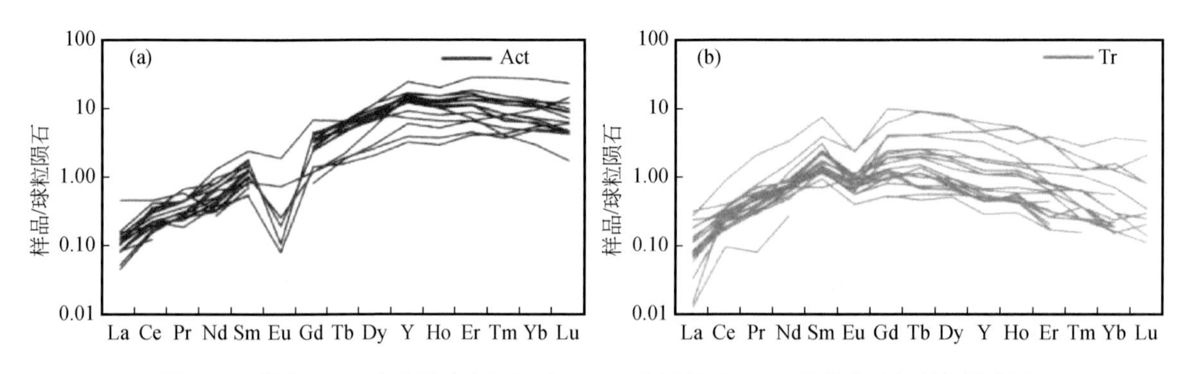

图 5-27　都龙 Sn-Zn 多金属矿床阳起石（Act）和透闪石（Tr）的稀土元素配分模式图

（标准化值据 Sun and McDonough，1989）

5. 小结

1）夕卡岩对形成环境的指示意义

岩浆演化后期开始出现高温气水溶液，沿着岩体与围岩接触带的裂隙系统渗透，与碳酸盐岩发生交代作用的过程中形成石榴子石、辉石和少量符山石等无水硅酸盐矿物，一般不伴有硫化物的沉淀。研究表明，它们是在高温的超临界条件下形成的，并且温度梯度和压力梯度是促使热液运移的动力（梁祥济，1994）。实验研究发现钙铁榴石形成于相对氧化的环境中，且钙铁榴石的形成比钙铝榴石的形成有着更高的氧逸度（赵斌等，1983；Sato，1980；Lu et al.，2003），因此流体的氧逸度可以由石榴子石中 Fe^{3+}含量的高低来指示。都龙矿床石榴子石结晶早期以钙铁组分为主

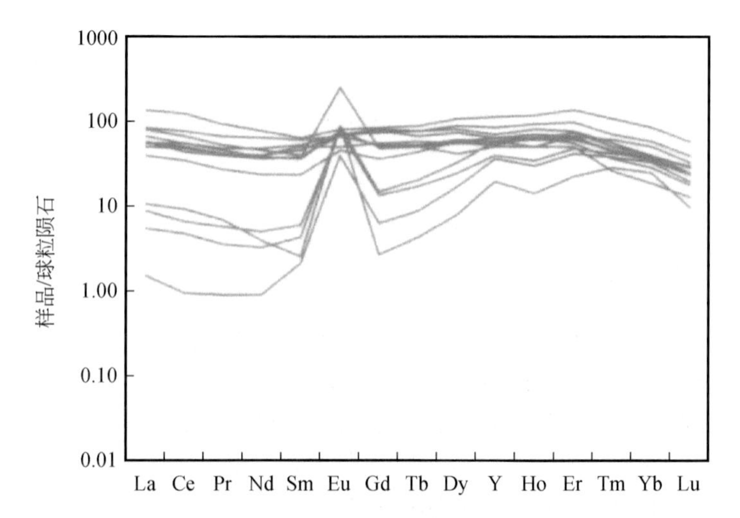

图 5-28　都龙 Sn-Zn 多金属矿床斜黝帘石稀土元素配分模式图

（标准化值据 Sun and McDonough，1989）

（Grt I，And 95%～99%），流体氧逸度较高，随着钙铁榴石的不断结晶，石榴子石向钙铝组分变化（Grt II，Gr 20%～50%），流体氧逸度逐渐降低，大量 Fe^{3+}被消耗之后，到晚期钙铝榴石（Grt III，Gr 60%～70%）组分逐渐增加，表明其形成环境的氧逸度低于早期石榴子石-辉石阶段的石榴子石，即晚期石榴子石-辉石阶段流体的氧逸度低于早期石榴子石-辉石阶段流体的氧逸度。早期辉石显示核部富透辉石组分，向晚期边部钙铁辉石组分变化［图 5-21(b)］，且晚期富钙铁组分辉石被交代形成大量阳起石［图 5-21(d)］。因此，作为石榴子石-辉石阶段的主体矿物，石榴子石与辉石端元组分的协同变化暗示成矿流体在早阶段由氧化环境逐步向相对还原环境变化的特征（Gustafson，1974；Gamble，1982；Kwak，1994）。杨光树等（2019）在对都龙矿床石榴子石-辉石矿物组合的研究中估算得到干夕卡岩阶段形成温度为 400～510 ℃，氧逸度大致范围为 $\lg f(O_2)=-26\sim-20$，显示出高温和高氧逸度流体特征。

随着流体的演化，温度逐渐降低，水解作用逐渐增强，形成一系列含水硅酸盐矿物（阳起石、绿帘石和绿泥石等）。鲍谈（2014）在晚期夕卡岩阶段测得萤石中流体包裹体的温度变化范围为 376～419 ℃（平均 398 ℃），盐度为 7.7%～11.0%NaCleqv.（集中于 8.0%～9.5%NaCleqv.），我们测得的绿帘石中流体包裹体均一温度为 365～375 ℃、盐度为 3.1%～5.9%NaCleqv.，显示中-高温和低-中等盐度流体特征。矿区湿夕卡岩矿物广泛发育，可见斜黝帘石产出，表明阳起石-绿泥石阶段的流体具有相对还原的环境。

综上所述，都龙矿床成矿流体从老君山花岗质岩浆中出溶，经过石榴子石-辉石阶段、阳起石-绿泥石阶段、氧化物阶段和硫化物阶段，流体温度逐渐降低，盐度从阳起石-绿泥石阶段到氧化物阶段升高，之后又逐渐降低。早期石榴子石-辉石阶段为高氧逸度环境，钙铁榴石-透辉石组合向钙铝榴石-钙铁辉石矿物组合转变暗示氧化还原环境逐步向相对还原状态转变；阳起石主要为铁阳起石、绿帘石主要为斜黝帘石的组合暗示在含水夕卡岩阶段的环境显示相对还原环境。

2）夕卡岩矿物特征对 In、Sn 矿化的指示

石榴子石的化学成分通式为 $X_3Y_2[SiO_4]_3$，其中 X 为占据八面体配位的二价阳离子（Ca^{2+}、Mg^{2+}、Mn^{2+}或者 Fe^{2+}等），Y 为占据八面体配位的 3 价阳离子（Fe^{3+}、Al^{3+}或者 Cr^{3+}等）（Menzer，1926）。前人研究表明石榴子石 REE 配分模式与其端元组分有关，Gaspar 等（2008）指出当石榴子石的稀土替换机制为钇铝榴石型（YAG 型）时，钙铝榴石 REE 配分型式受其晶体化学结构制约表现出 HREE 富集、LREE 亏损的左倾型特征，而钙铁榴石 REE 配分型式受到固溶体端元组分间的表面吸附作用影响，表现出 LREE 富集、HREE 亏损的右倾型特征，影响程度可能与端元组分所占的比例有关（Gaspar et al.，2008；Jamtveit and Hervig，1994）。相比而言，高 Y 型“Menzerite”石榴子石具有与 YAG 型石榴子石完全相反的稀土配分模式（Ismail et al.，2014）。此外，石榴子石中的 Eu 异常在不同的研究中也常常受到不同因素的影响，如成矿流体的盐度的变化、氧逸度、CO_2 浓度、温度、pH 以及挥发分（OH^-、CO_3^{2-}、Cl^-或 F^-）的影响（Gaspar et al.，2008；Xu J et al.，2016；Zhai et al.，2014；Smith et al.，2004）。Xu J 等（2020）利用地球化学模拟论证了西藏加多捕勒夕卡岩铁铜矿床中不同类型的石榴子石的稀土配分模式与流体中的 Ca 含量、pH、X_{CO_2}以及氧逸度等之间的相互关系。

都龙矿床早阶段钙铁榴石显示 LREE 富集而 HREE 亏损的右倾型分配模型，晚阶段石榴子石显示 HREE 富集、LREE 亏损的左倾型特征（图 5-19），这种稀土配分特征与典型的 YAG 型石榴子石一致，表明此时石榴子石中 REE 的分配可能主要受到晶体化学结构以及热力学性质（例如 H_{mixing}）的制约（Gaspar et al.，2008）。

近年来，随着 LA-ICP-MS 原位微区分析技术的广泛使用（Cook et al.，2016），夕卡岩石榴子石中的其他微量元素，尤其是与成矿相关的指示元素（如 W、Sn、As、Mo、U 等）被广泛报道，并显示其在约束夕卡岩流体矿化过程与指导勘探找矿方面具有重要的意义（Park et al.，2017；Zahedi et al.，2014；Xu J et al.，2016）。LA-ICP-MS 微量元素分析结果显示都龙矿床中元素 In 和 Sn 在夕卡岩矿物中的分布主要集中在石榴子石中，其含量分别为 $1.6\times10^{-6}\sim264\times10^{-6}$（均值为 48×10^{-6}）和 $436\times10^{-6}\sim15240\times10^{-6}$（均值为 3522×10^{-6}），且早阶段钙铁榴石的 Grt I（And 95%～99%）含有最高的 In（均值为 159×10^{-6}）和 Sn 含量（均值为 7441×10^{-6}），面扫描图像（图 5-29）也显示 In 和 Sn 主要富集在早阶段钙铁榴石中，且分布相对较为均匀，这些结果表明岩浆演化到该阶段的成矿流体中富含 In 和 Sn 等元素，由于没有载 In 的硫化物生成，In 和 Sn 大量进入到这些无水夕卡岩矿物中。

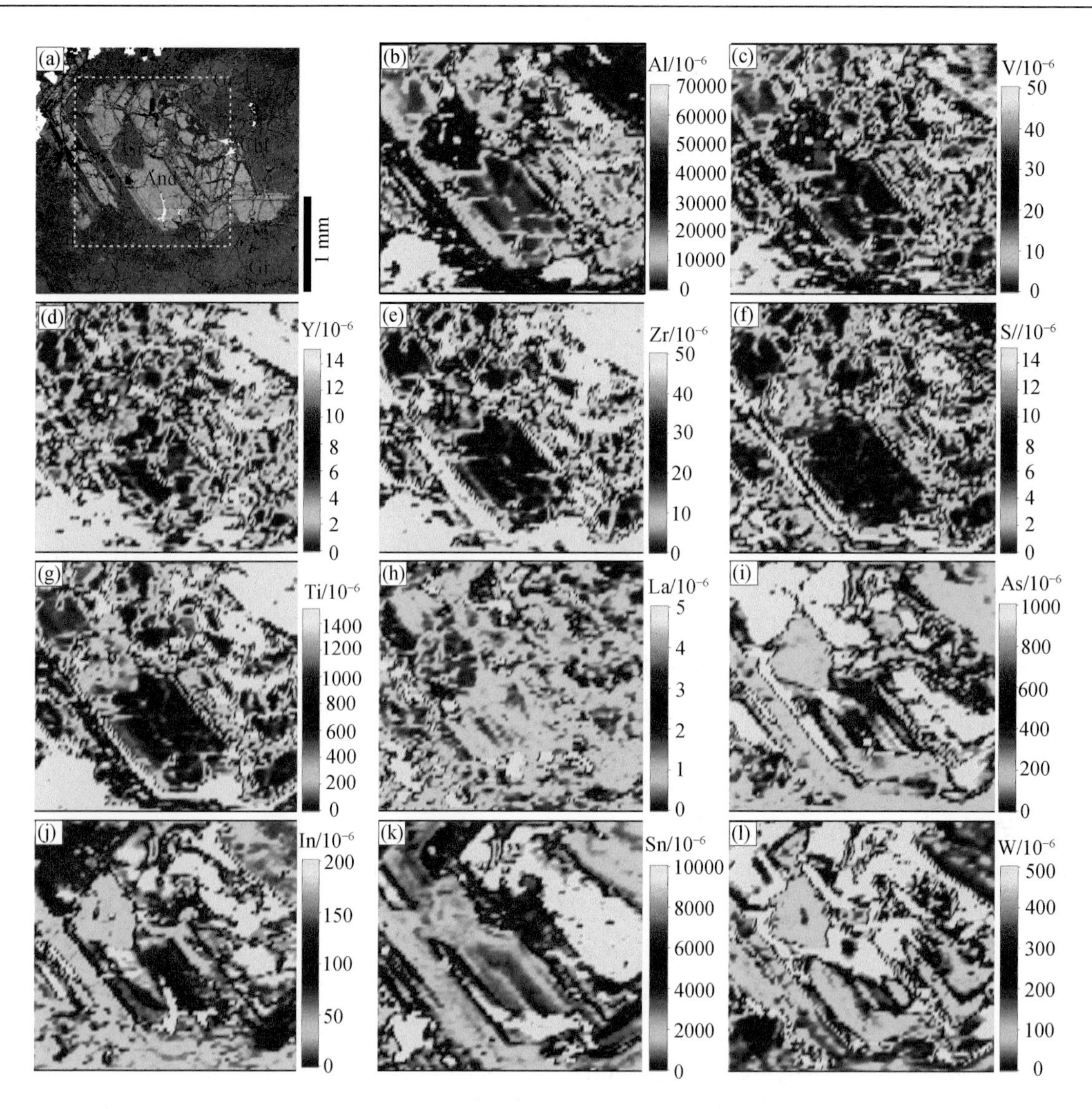

图 5-29　都龙 Sn-Zn 多金属矿床钙铁-钙铝榴石 LA-ICP-MS 元素面扫描图像

And. 钙铁榴石；Gr. 钙铝榴石；Chl. 绿泥石；Cp. 黄铜矿；Mt. 磁铁矿

此外，元素 W 和 As 也显示与 In、Sn 一致的变化趋势，均相对富集在钙铁榴石中，而不是钙铝榴石中（图 5-29）。先前的研究表明，As 可能以 As^{5+}的形式置换石榴子石晶格中四面体位置的 Si（Charnock et al.，2007）；W 则主要以 W^{6+}的形式置换晶格中的 Fe^{3+}（Dhivya et al.，2013）。石榴子石中元素 In 的置换机制未见报道，In 主要的化合价为+3 价；结合 In、W 与钙铁榴石的正相关性，推测 In 可能主要以 In^{3+}的形式置换 Fe^{3+}。Sn 具有变价，主要有+2 价和+4 价。前人研究表明 Sn 主要是以 Sn^{4+}替代八面体配位的 Fe^{3+}进入石榴子石晶格（Mciver et al.，1975），主要为 $Sn^{4+}+Fe^{2+}=2Fe^{3+}$；也可能有的替代方式会导致八面体位置的阳离子不足，二价阳离子过多（Nekrasov，1971），如 $3Sn^{4+}+\square$（空位）$=4Fe^{3+}$；或一些二价阳离子进入八面体配位中（Chen et al.，1992），如 $Sn^{4+}+Mg^{2+}=2Fe^{3+}$。石榴子石不同端元组分与 Sn 含量之间的正相关关系表明 Sn 可能是以 Sn^{4+}替代 Fe^{3+}进入石榴子石晶格中［图 5-20(b)、(c)］。

石榴子石中 In 与 Sn 含量的正相关关系（图 5-30）表明两者的同时、同源性，暗示在夕卡岩蚀变早阶段的流体中富含 In 和 Sn，该阶段 In 和 Sn 选择性相对富集在钙铁榴石中，而非钙铝榴石或其他夕卡岩矿物，如辉石、阳起石、符山石等（图 5-31）。晚阶段石榴子石中的 In 含量降低，可能与钙铝榴石矿物晶体化学性质或该阶段其他富 In 矿物的形成有关。因此，不同世代石榴子石中 In 与 Sn 的差异性特征可以直接且有效地约束成矿流体在夕卡岩作用中的蚀变与矿化过程。

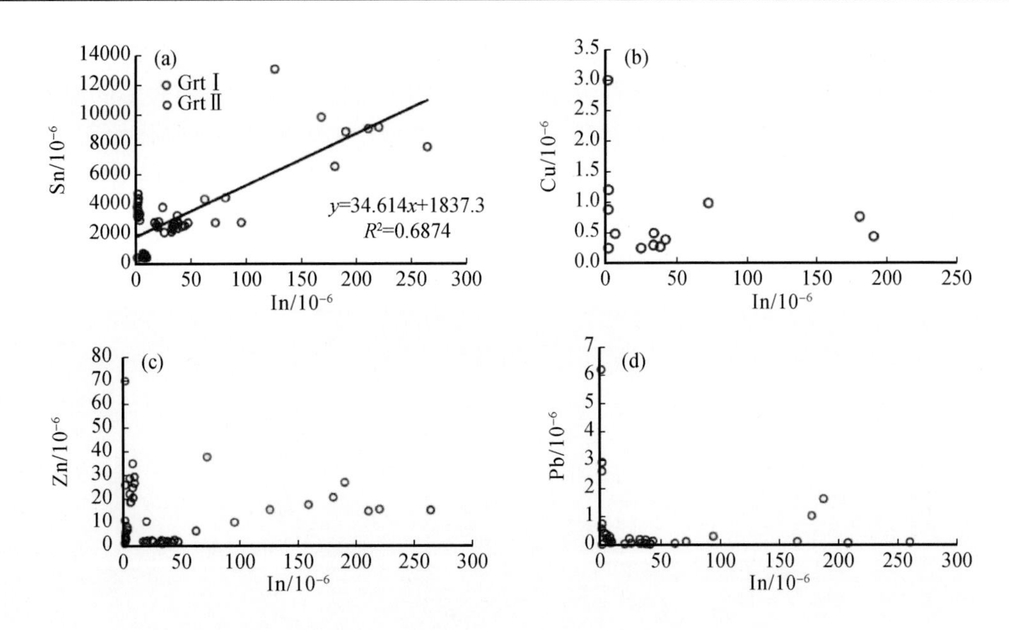

图 5-30　都龙矿床石榴子石中 In 与 Sn、Cu、Zn 和 Pb 的关系

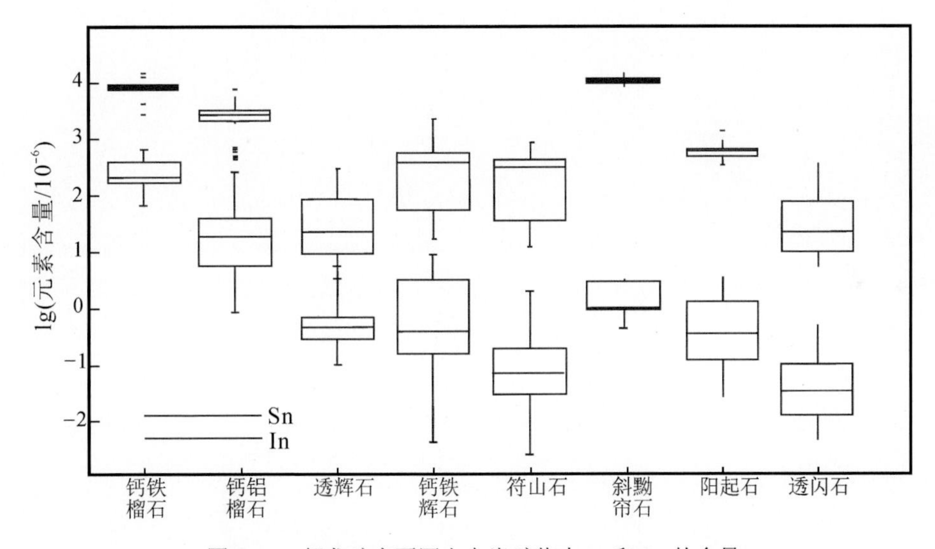

图 5-31　都龙矿床不同夕卡岩矿物中 In 和 Sn 的含量

5.1.4　都龙矿床 In 矿化特征

1. 矿相学特征

都龙矿床的矿化主要为 Sn-Zn 矿化，形成金属矿物主要为闪锌矿、锡石，可见少量的黄锡矿等。此外，金属矿物还包括黄铜矿、黄铁矿、磁黄铁矿、磁铁矿、白钨矿、方铅矿、辉钼矿、白铁矿、毒砂、自然铋等。作为矿区的主要矿石矿物闪锌矿可赋存在不同的矿石类型中（图 5-32），包括：含磁铁矿-黄铜矿的石榴子石夕卡岩中［图 5-32(a)］，含少量黄铜矿的辉石-符山石夕卡岩中［图 5-32(b)］，这 2 类夕卡岩类型主要为干夕卡岩，其中闪锌矿的含量相对较少；大量的闪锌矿赋存在块状辉石±阳起石夕卡岩中［图 5-32(c)］与阳起石±辉石夕卡岩中［图 5-32(d)］，这 2 类夕卡岩构成矿区主要的含闪锌矿矿石；少量的闪锌矿可呈自形-半自形颗粒赋存在热液萤石-方解石-绿泥石中［图 5-32(e)］；少量的闪锌矿还赋存于黑云母片岩中，与稠密浸染状-块状磁黄铁矿，少量的黄铜矿共生［图 5-32(f)］。

此外，在曼家寨露天采矿坑底部发现了大量的块状磁铁矿矿石以及以稠密浸染状形式赋存在大理岩中的磁铁矿矿石，这类磁铁矿矿石可能代表了与大理岩接触带的矿石特征，其中含有较多的浸染状闪锌矿［图5-32(g)、(h)］。进一步，从矿相学上都龙闪锌矿可分为4种类型，其矿相学特征具体如下：

第1类闪锌矿（Sp Ⅰ）主要产在黑云母片岩赋存的块状磁黄铁矿矿石中，其中黄铜矿和闪锌矿含量相对较少。该类闪锌矿主要呈椭圆状和不规则状以出溶形式封闭在磁黄铁矿中（Sp Ⅰa，图5-33），少量呈格架状、十字状与星状出溶于黄铜矿中（Sp Ⅰb，图5-33）。

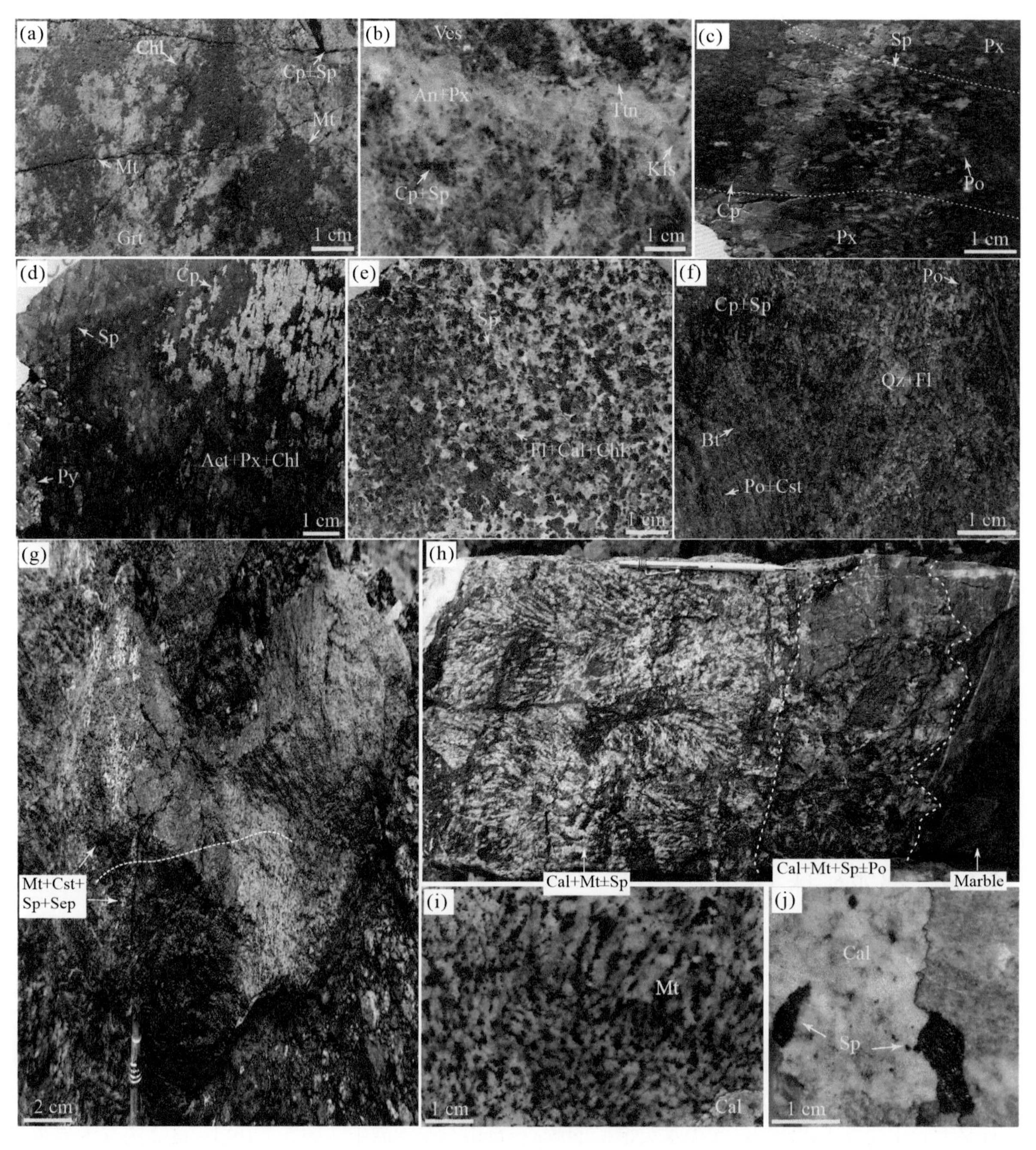

图5-32 都龙矿床中闪锌矿赋存的矿石类型

矿物缩写：Qz. 石英；Cal. 方解石；Fl. 萤石； Marble. 大理岩；Grt. 石榴子石；Px. 辉石；Chl. 绿泥石；Cp. 黄铜矿；Py. 黄铁矿；Sp. 闪锌矿；Po. 磁黄铁矿；Mt. 磁铁矿；Ves. 符山石；Ttn. 榍石；Kfs. 钾长石；An. 钙长石；Act. 阳起石；Cst. 锡石；Bt. 黑云母；Sep. 蛇纹石

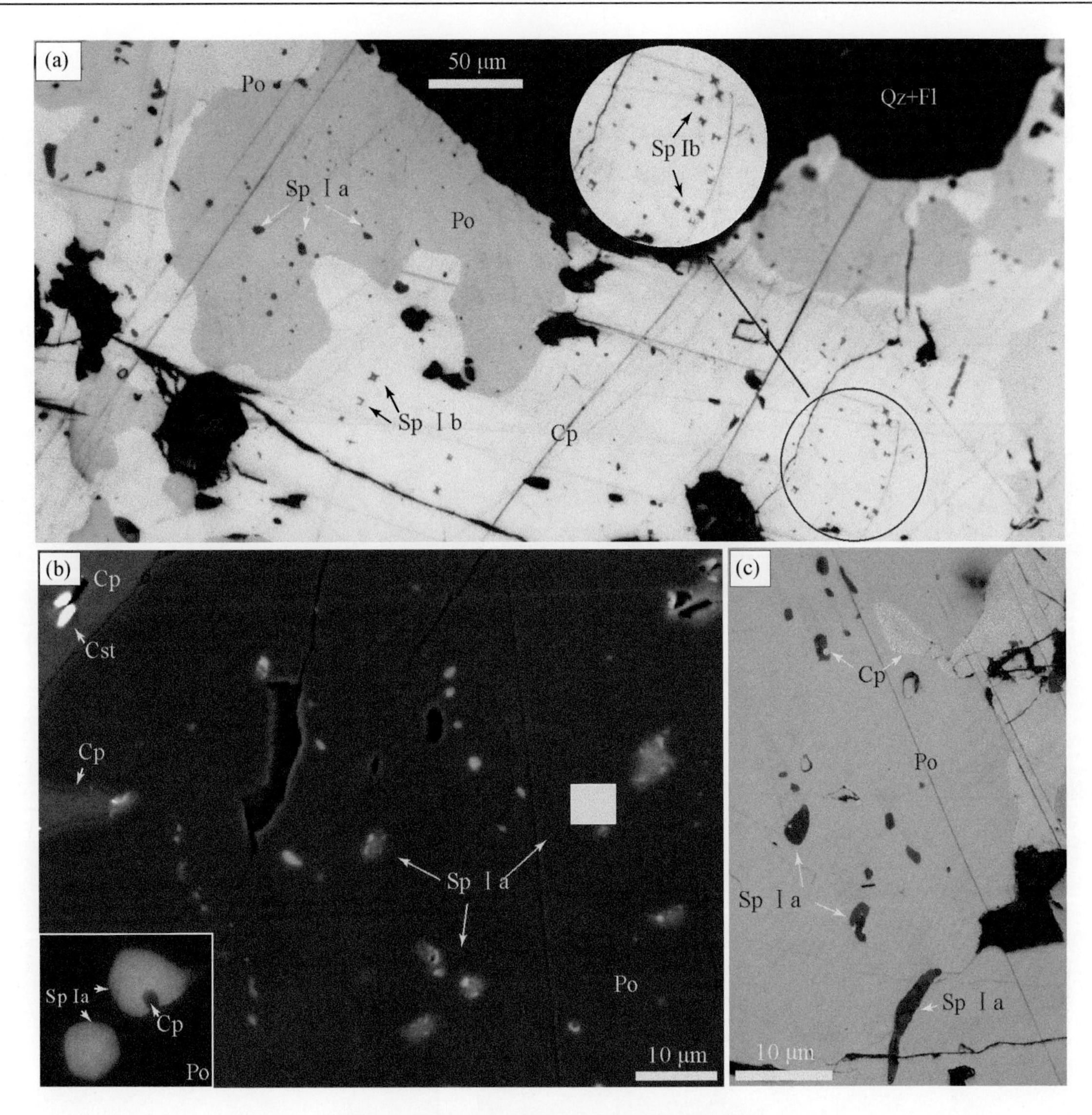

图 5-33　都龙矿床第 1 类闪锌矿岩相学特征

矿物缩写：Qz. 石英；Fl. 萤石；Cp. 黄铜矿；Sp. 闪锌矿；Po. 磁黄铁矿；Cst. 锡石

第 2 类闪锌矿（Sp II）按照赋存围岩的差异可以细分为 2 个次类，但是这 2 个次类闪锌矿从结构上没有明显的差异。一类分布在黑云母片岩赋矿的块状磁黄铁矿矿石中，与磁黄铁矿、锡石等矿物共生[图 5-34(a)、(b)]，其中闪锌矿中含大量的尖角状的细粒磁黄铁矿［图 5-34(b)]；值得注意的是，锡石可能受到交代作用而显示细粒［图 5-34(a)]；该类闪锌矿局部可见被稍晚阶段的黄锡矿交代［图 5-34(c)]。另一类闪锌矿主要呈浸染状分布在含磁铁矿-锡石的大理岩中，同样闪锌矿中含有大量的细粒尖角状磁黄铁矿[图 5-34(d)]，局部显示闪锌矿呈细脉状穿插锡石以及包裹磁铁矿，暗示闪锌矿可能略晚于铁锡氧化物［图 5-34(d)]；少量的锡石呈细粒尖角状交代了早阶段磁铁矿，暗示流体的水岩反应较为强烈，可能存在溶解-再沉淀的现象［图 5-34(e)]；此外，最为典型的现象为早阶段高温时大量的锡石显微包裹物沿磁铁矿{111}解理面出溶［图 5-34(f)]。

第 3 类闪锌矿（Sp III）主要赋存在各种类型的夕卡岩中，且显示由于干夕卡岩与湿夕卡岩赋矿围岩差异而具有不同特征，因此具体细分为 3 个次类：第 1 次类主要分布在以辉石（钙铁辉石）为主的夕卡岩矿石中，该类矿石中除了闪锌矿外，含有较多的磁黄铁矿和少量的黄铜矿［图 5-35(a)]；闪锌矿中含有大量的颗粒状、尖角状等黄铜矿和磁黄铁矿包裹物，类似于之前报道的病毒状结构。目前，关于该类结构的成因仍然存在争议，包括出溶成因、交代成因以及共同沉淀成因。在这些“病毒状”颗粒中可见磁黄铁矿进一步被白铁矿、黄铜矿以及铁的氧化物（磁铁矿或磁铁矿）二次交代［图 5-35(b)］，如同在大颗粒磁黄铁矿中广泛被见到的交代现象［磁黄铁矿被黄铜矿、黄铁矿、白铁矿、磁铁矿或赤铁矿交代，图 5-35(c)］。在该类矿石中，脉石矿物的交代现象同样强烈，可以绿帘石被次生榍石交代，以及钙铁辉石被晚阶段铁绿泥石交代［图 5-35(d)］。第 2 次类闪锌矿主要分布在以湿夕卡岩铁阳起石为主的夕卡岩矿石中，该类矿石的磁黄铁矿含量相对减少，黄铁矿含量增加，大部分出现的矿石矿物为黄铜矿和闪锌矿［图 5-35(e)］。闪锌矿同样含大量的圆形、椭圆颗粒的黄铜矿的包裹物，其中大部分显示中间的颗粒粗大，到闪锌矿边缘的颗粒变小的变化特征［图 5-35(f)］。晚阶段大量的绿泥石穿插黄铜矿和闪锌矿［图 5-35(g)］。第 3 次类闪锌矿主要分布在钙铁-钙铝榴石、符山石、透辉石为主的夕卡岩中，金属矿物出现大量黄铜矿［图 5-35(h)］，几乎不含磁黄铁矿。闪锌矿中出现大量的细粒黄铜矿包裹物，但是显示与前一类相反的黄铜矿包裹物特征，

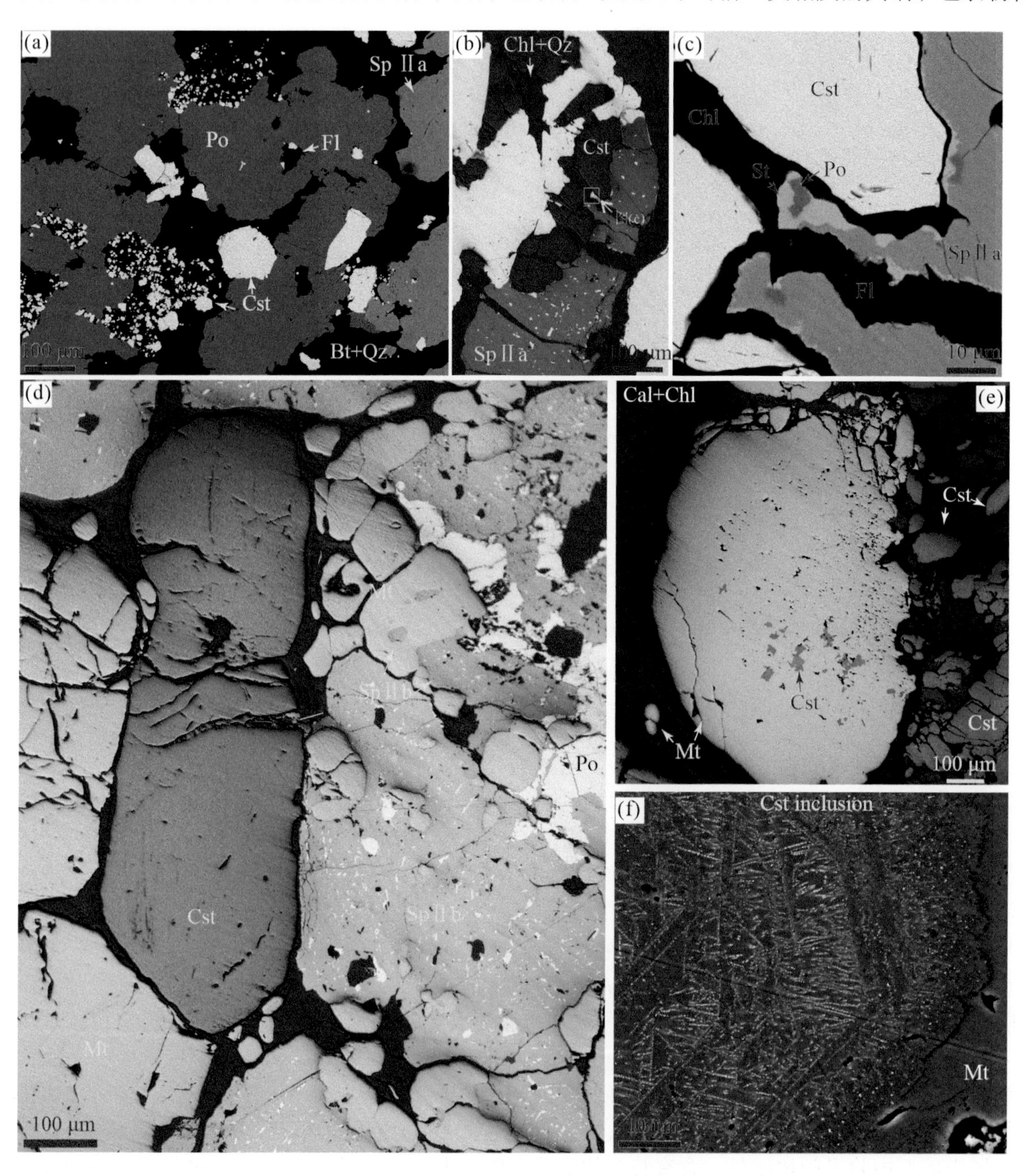

图 5-34 都龙矿床第 2 类闪锌矿岩相学特征

矿物缩写：Qz. 石英；Cal. 方解石；Fl. 萤石；Chl. 绿泥石；Sp. 闪锌矿；Po. 磁黄铁矿；Mt. 磁铁矿；Cst. 锡石；Bt. 黑云母

即中间为细粒，边缘为粗粒［图 5-35(j)］。少量的晚阶段黄铜矿呈裂隙脉状穿插闪锌矿。可能由于该阶段的高温特征，可见少量的 Co 矿化出现［图 5-35(k)］。相较于脉石矿物如符山石和透辉石，硫化物的形成应该晚于干夕卡岩矿物［图 5-35(l)］。

第 4 类闪锌矿（Sp IV）为相对干净的闪锌矿，该类闪锌矿分布在纯块状的颗粒状热液萤石-方解石-绿泥石夕卡岩中，或少量分布在大理岩中的磁铁矿中。该闪锌矿可见被晚阶段细脉状方铅矿穿插［图 5-35（m）］。

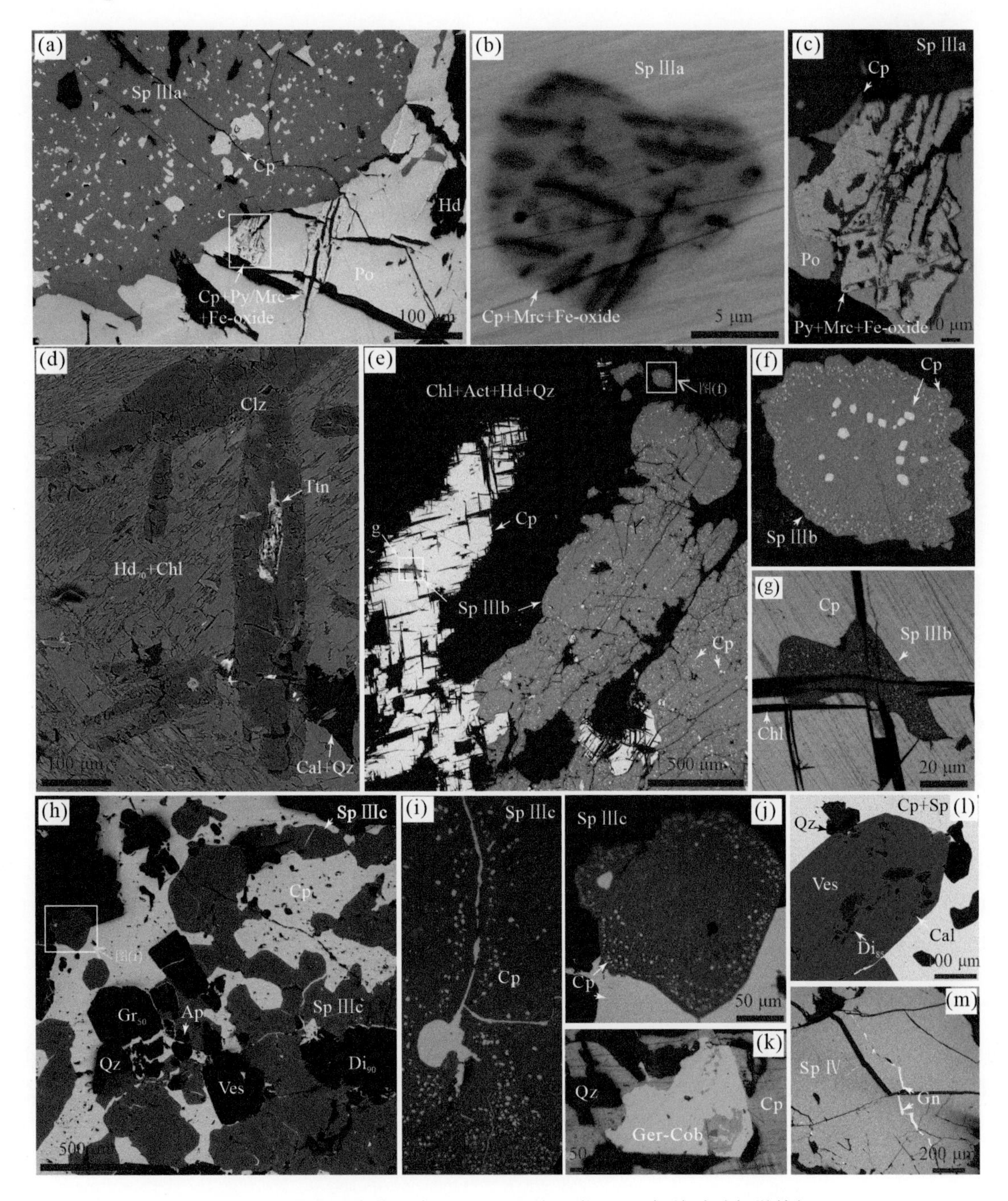

图 5-35　都龙矿床第 3 类（a～l）和第 4 类（m）闪锌矿矿相学特征

矿物缩写：Qz. 石英；Cal. 方解石；Gr. 钙铝榴石；Hd. 钙铁辉石；Di. 透辉石；Chl. 绿泥石；Cp. 黄铜矿；Py. 黄铁矿；Sp. 闪锌矿；Po. 磁黄铁矿；Gn. 方铅矿；Ves. 符山石；Clz. 斜黝帘石；Act. 阳起石；Mrc. 白铁矿；Ap. 磷灰石；Fe-oxide. 铁氧化物

2. 主量元素特征

对都龙 Sn-Zn 多金属矿床的硫化物（金属矿物）进行了详细的电子探针（EPMA）定量分析与面扫描分析。EPMA 结果显示，闪锌矿是都龙矿床最主要的含 In 矿物（In 0.00%～14.75%），In 含量高于其他矿物，如黄铜矿（0.00%～0.03%）、黄铁矿（0.00%）、白铁矿（0.00%）、磁黄铁矿（0.00%）、方铅矿（0.00%）、黄锡矿（0.02%～0.06%）、锡石（0.14%～0.21%），表明 In 在闪锌矿中具有优先富集作用（图 5-36）。

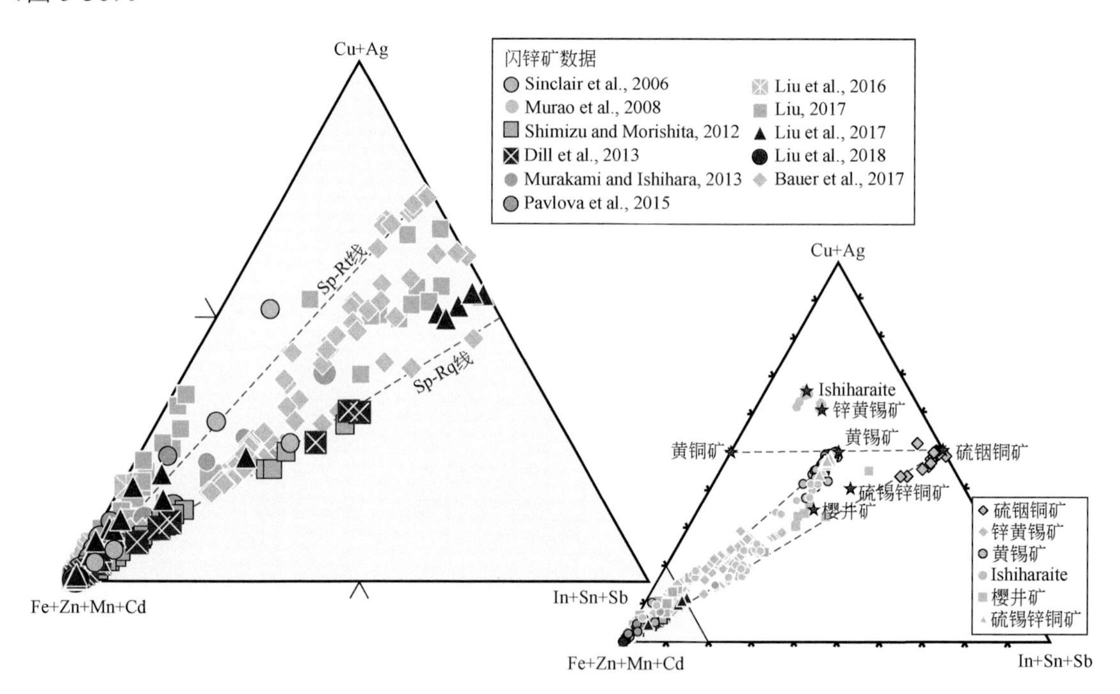

图 5-36 都龙闪锌矿 Fe+Zn+Mn+Cd-Cu+Ag-In+Sn+Sb 图解（左图为右图阴影部分放大）

图中的演化线分别为闪锌矿-硫铟铜矿以及闪锌矿-黝锡矿（黄锡矿）固溶体分离演化线；闪锌矿的数据来源见图中文献；黝锡矿数据引自 Liu et al.，2018；Pavlova et al.，2015；Murao et al.，2008；锌黝锡矿数据引自 Shimizu and Kato，1991；Liu et al.，2016；In 的独立矿物数据来源如下：硫铟铜矿（Kato and Shinohara，1968；Bauer et al.，2019；Dill et al.，2013；Murao et al.，2008；Moura et al.，2007；Shimizu and Kato，1991；Liu et al.，2016）、Ishiharaite（Márquez-Zavalía et al.，2015）、樱井矿（Shimizu et al.，1986；Dill et al.，2013）以及硫锡锌铜矿（Kissin and De Owqens，1989）

根据显微矿相学，都龙 4 类闪锌矿的 In 含量具体如下：Sp I-磁黄铁矿中细粒不规则状闪锌矿（0.20%～14%）以及黄铜矿中星状出溶的细粒闪锌矿（0.01%～0.05%）；Sp II-含细粒黄铜矿和磁黄铁矿的闪锌矿（<0.01%）；Sp III-仅含细粒黄铜矿的闪锌矿（<0.01%）以及 Sp IV-干净的闪锌矿（In=0.05%）。

3. 微量元素特征

为了更加准确地得到闪锌矿与其他金属矿物中的 In 的含量与分布特征，本研究利用 LA-ICP-MS 对第 2 类、第 3 类和第 4 类大颗粒闪锌矿与磁黄铁矿、黄铁矿、磁铁矿以及锡石等进行了系统的微量元素分析，结果表明：闪锌矿是主要的载 In 矿物（In 高达 4500×10^{-6}），远远高于其他矿物，如黄铜矿（In$<1399\times10^{-6}$）、黄铁矿（$<3520\times10^{-6}$）、磁黄铁矿（$<2.3\times10^{-6}$）、磁铁矿（$<2.6\times10^{-6}$）以及锡石（$<48\times10^{-6}$），表明 In 在闪锌矿中优先富集。

LA-ICP-MS 面扫描更加直观地展示了在不同类型的矿石中，与闪锌矿共生的黄铜矿、黄铁矿、磁黄铁矿与锡石、磁铁矿等之间元素配分关系。例如，在黑云母片岩为赋矿围岩的闪锌矿（Sp IIa）中，闪锌矿是绝对主要的 In 的赋存载体，而磁黄铁矿相对富集 Co 和 Ni（图 5-37）；同理在其他类型的闪锌矿中，闪锌矿的 In 含量亦远远高于其他金属矿物（图 5-38、图 5-39），值得注意的是，相对于世界上其他各地的闪锌矿（如日本、玻利维亚）等，都龙闪锌矿的成分相对均一，无论是微量元素还是主量元素，均无明显的环带特征（图 5-40），暗示都龙可能不存在多期多阶段热液流体的叠加成矿作用。

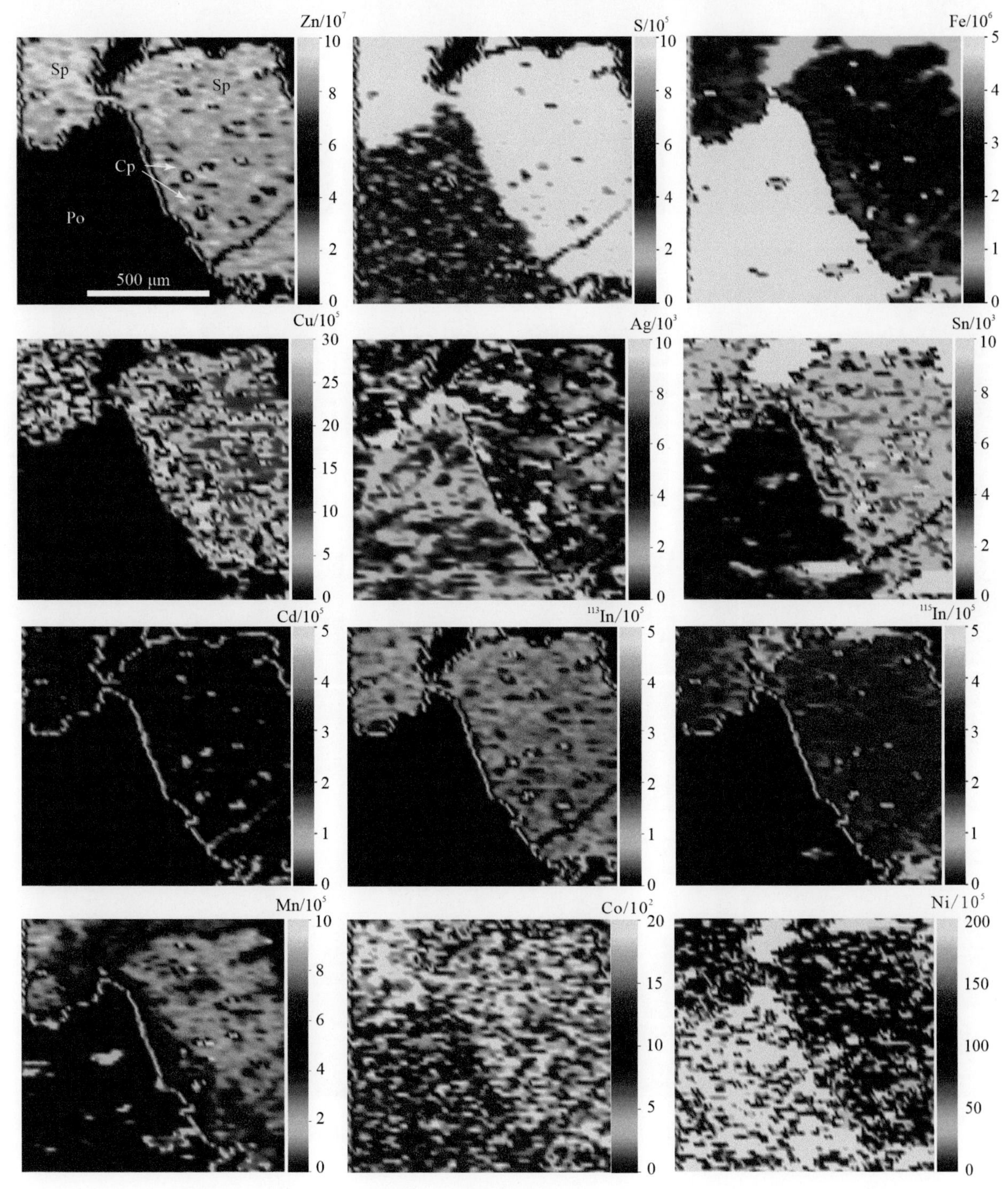

图 5-37　都龙闪锌矿（Sp IIa）-磁黄铁矿（Po）共生矿物 LA-ICP-MS 面扫描

矿物缩写：Cp. 黄铜矿

因此，综合上述对于闪锌矿的分类，归纳得到图 5-41。该图总结了都龙闪锌矿根据不同的赋矿围岩、不同的矿物组合与结构特征，以及不同的微量元素含量尤其是 In 的含量，区分出的不同类型，但是由于缺乏明显的切割关系，闪锌矿的时间演化没有充足的证据显示不同世代尤其是期和阶段之间的关系。结合 LA-ICP-MS 分析，都龙矿床各类闪锌矿均不存在环带和分带特征，表明可能不存在多期次含矿热液的叠加作用。

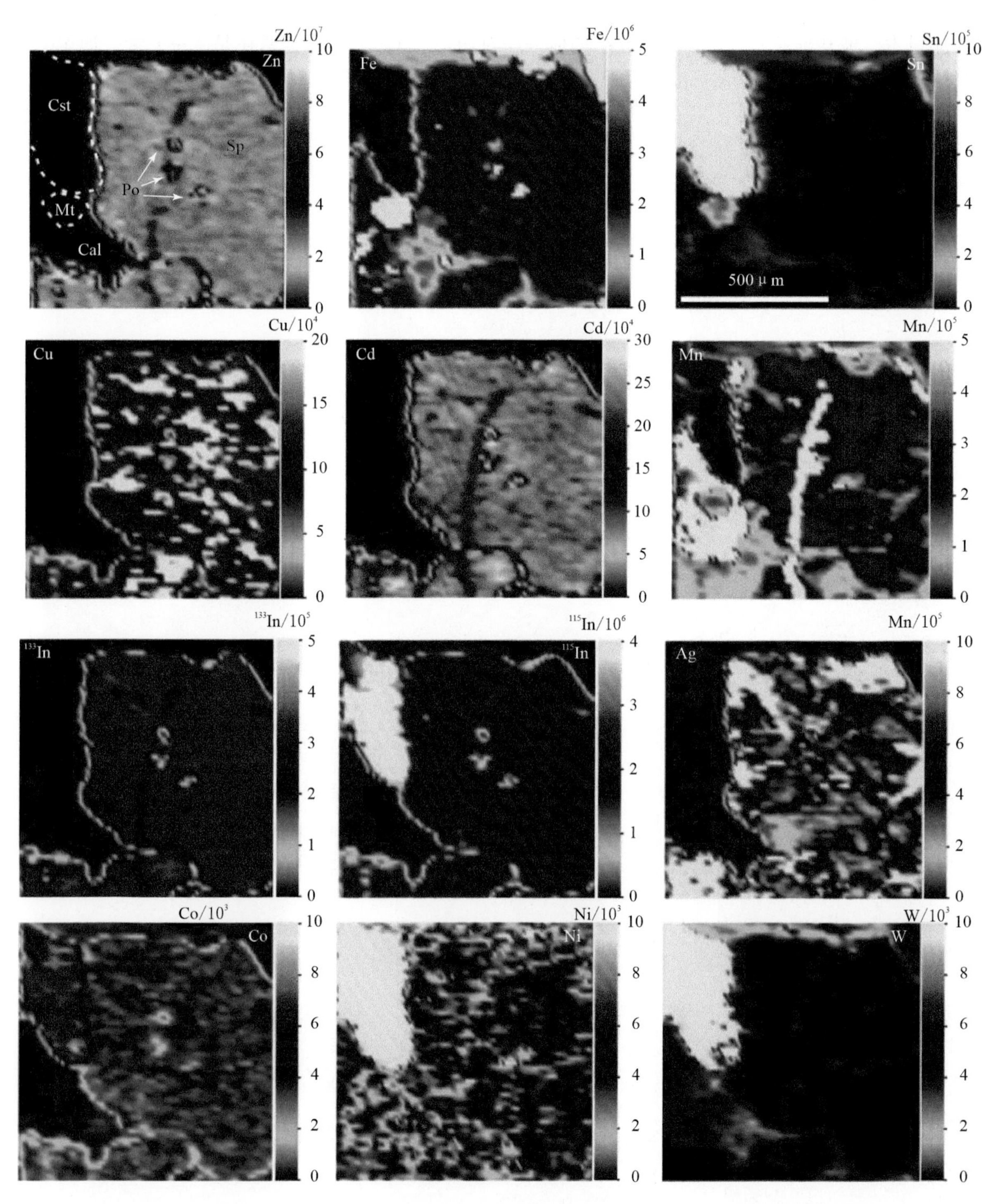

图 5-38　都龙闪锌矿（Sp IIb）-磁铁矿（Mt）-锡石（Cst）矿物组合间 LA-ICP-MS 面扫描

矿物缩写：Cal. 方解石；Po. 磁黄铁矿

LA-ICP-MS 对都龙闪锌矿单点原位微区分析结果（图 5-42）显示，Cu 与 In 含量显示较好的正相关关系（Cu∶In=1∶1）[图 5-42(a)]，暗示都龙闪锌矿与世界上其他的闪锌矿一样，In 的置换机制为 $Cu^{+}+In^{3+}=Zn^{2+}$，这是 In 进入闪锌矿最常见也是最重要的机理（如 Cook et al.，2009，2012）。Ag 与 Sn 显示一定的正相关性，结合 Ag 与 In+Sn 的正相关关系［图 5-42(d)、(e)］，暗示在都龙矿床中，部分闪锌矿中的 In 可能以 $Ag^{+}+Sn^{2+}+In^{3+}=3Zn^{2+}$的机制富集，表明 Ag 和 Sn 对 In 富集的重要性。此外，In 与 Mn 显示负相关关系，而 In 与 Cd 显示一定的正相关关系［图 5-42(b)、(c)］，有别于 Dill 等（2013）提出的“铟窗”效应。

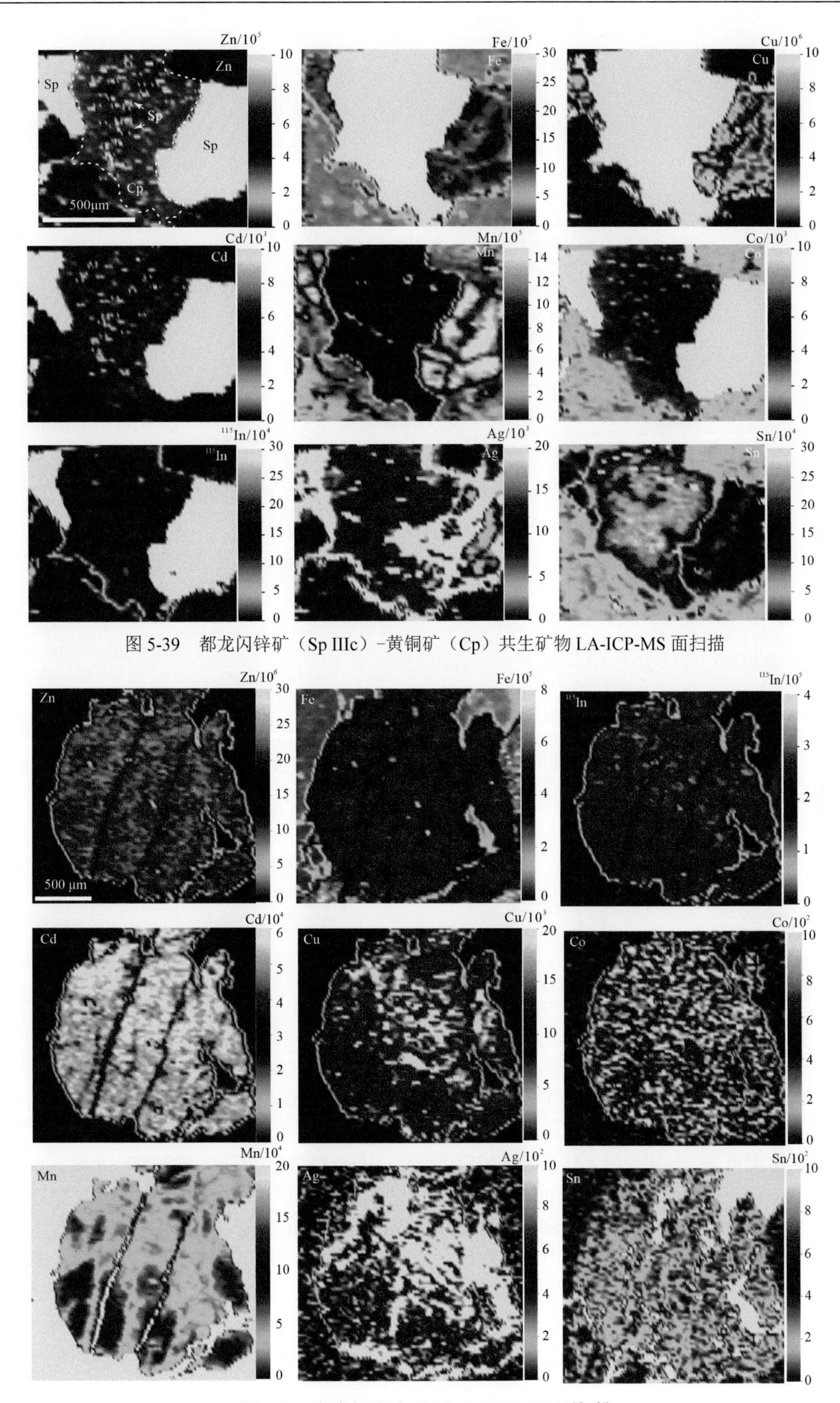

图 5-39　都龙闪锌矿（Sp IIIc）-黄铜矿（Cp）共生矿物 LA-ICP-MS 面扫描

图 5-40　都龙闪锌矿（IV）LA-ICP-MS 面扫描

闪锌矿类型	结构关系与晶体形状	矿物地球化学
闪锌矿 I a	Po+Cp中伴随Cp的气泡状出溶 颗粒大小＜10 μm 备注：EPMA数据为Po基质的混合物	 In=0.2%~14.75%
闪锌矿 I b	Cp中星星状或不规则状出溶 颗粒大小(2~5 μm) 备注：EPMA数据为Cp基质的混合物	In=0.01%~0.09%
闪锌矿 II a	片岩中矿石(FL+Qz+Chl+Cal) 共生矿物有Po+Cp+Cst 包含有Cp±Po	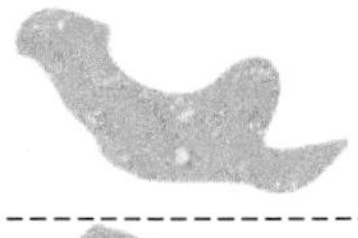 In=1108×10^{-6}~4572×10^{-6} Ag=1×10^{-6}~275×10^{-6} Sn=1×10^{-6}~41×10^{-6} Co=2×10^{-6}~102×10^{-6}
闪锌矿 II b	大理岩中矿石(Cal+Chl+Qz) 共生矿物有Mt+Cst±Py 包含有Cp±Po	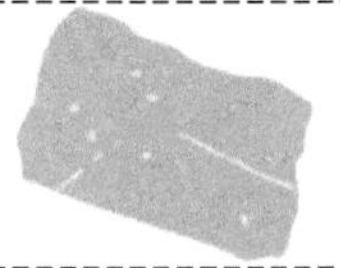 In=411×10^{-6}~1116×10^{-6} Co=1×10^{-6}~5×10^{-6}
闪锌矿 III a	夕卡岩中矿石(Hd+Act+Cal) 伴生有Cp+Po	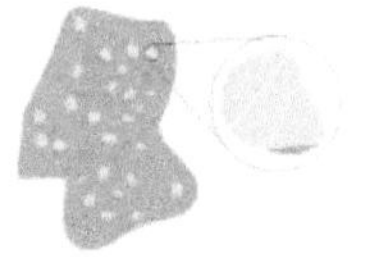 In=30×10^{-6}~69×10^{-6} Co=19×10^{-6}~54×10^{-6}
闪锌矿 III b	夕卡岩中矿物(Hd+Act+Cal) Cp包裹体中心颗粒大(5~10 μm) 比边缘颗粒大	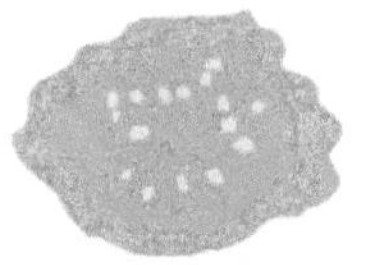 In=13×10^{-6}~40×10^{-6} Co=20×10^{-6}~65×10^{-6}
闪锌矿 III c	夕卡岩中矿物(And+Gr+Di+Ves±Act) Cp包裹体中心颗粒大(＜5 μm) 与边部相同	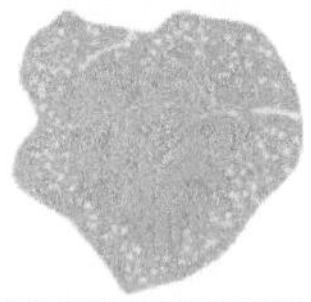 In=145×10^{-6}~408×10^{-6} Co=113×10^{-6}~289×10^{-6}
闪锌矿 IV	夕卡岩中矿石(Hd+Act/Chl+Qz+Cal) 存在Cp、Po、Py、Gn, 原生Bi在微裂隙或裂纹中代替Sp	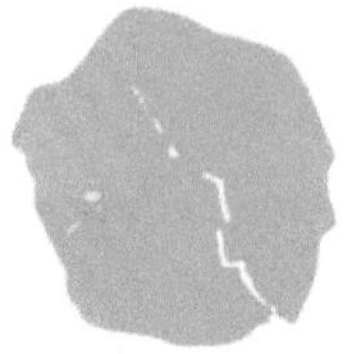 In=9×10^{-6}~229×10^{-6} Co=120×10^{-6}~209×10^{-6}

图 5-41　都龙闪锌矿类型与对应的微量元素特征

值得注意的是，闪锌矿中的 In 与 Co 的含量显示随着高程的降低而升高［图 5-42(g)、(h)］，即都龙矿区的采坑深部的闪锌矿中含有更加富集的 In 和 Co，这样的趋势尤其在夕卡岩型矿石中更为突出。In 和 Co 的元素性质表明其具有高温元素的特征，闪锌矿中 In 和 Co 的变化，结合其夕卡岩矿石中的矿物组合特征，暗示矿区深部的温度更高，一定程度上代表了成矿流体（In）从矿区底部（南部）向顶部（北部）运移的特征。

此外，在矿床不同部位，矿物组合的差异，也会造成 In 在闪锌矿中含量的变化，比如：①大理岩中赋存的磁铁矿-闪锌矿矿石，In 不能进入磁铁矿，所以，闪锌矿中的 In 含量较高；②（黑云母）片岩为原岩赋存的磁黄铁矿-闪锌矿±黄铜矿矿石中，大面积是磁黄铁矿，In 不能进入磁黄铁矿，所以，闪锌矿相对来说也是该类矿石中的主要载体，因此它里面的闪锌矿的 In 含量也相对较高；③矿区广泛存在的夕卡岩赋矿的闪锌矿-黄铜矿-磁黄铁矿±黄铁矿矿石，这类矿石中闪锌矿是主要的金属矿物，相对来说，In 在该类闪锌矿中的含量稍低，是因为 In 被大量的闪锌矿分散了。因此，局部环境造成矿物组合差异也会对闪锌矿中 In 的富集产生重要影响。

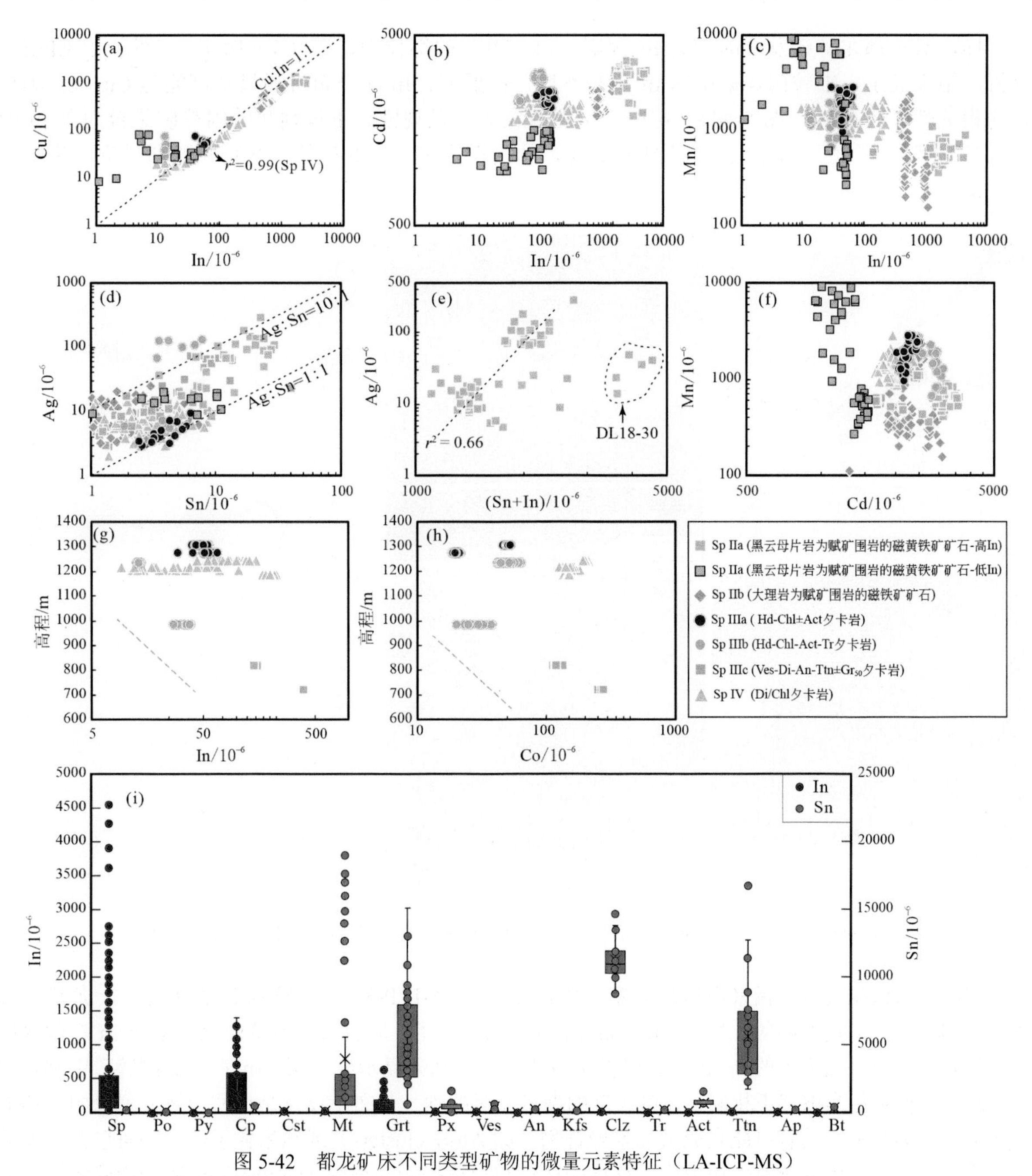

图 5-42 都龙矿床不同类型矿物的微量元素特征（LA-ICP-MS）

Sp. 闪锌矿；Po. 磁黄铁矿；Py. 黄铁矿；Cp. 黄铜矿；Cst. 锡石；Mt. 磁铁矿；Grt. 石榴子石；Px. 辉石；Ves. 符山石；An. 钙长石；Kfs. 钾长石；Clz. 菱沸石；Tr. 透闪石；Act. 阳起石；Ttn. 榍石；Ap. 磷灰石；Bt. 黑云母

5.1.5 都龙矿床铟赋存状态

Bauer 等（2019）根据电子探针检测德国 Erzgebirge 西部 Hämmerlein 夕卡岩多金属矿床中晚阶段闪锌矿的 In 含量高达 24.73%，提出是晚阶段富 In 流体以离子交换的形式（$Cu^{+}+In^{3+}\leftrightarrow 2Zn^{2+}$）交代早阶段贫 In 闪锌矿形成；但在文章中指出由于显微尺度的问题，不排除亦可能是由于次显微-纳米尺度的出溶物（如硫铟铜矿）引起高 In。因此，针对该问题该课题组继续利用原子探针实验（APT）对高 In 部分的闪锌矿进行了纳米尺度观察，结果显示这些组成高 In 闪锌矿部分的 In、Cu、Fe 不是以固溶体（离子交换形式赋存于闪锌矿晶格）和纳米颗粒的形式存在于闪锌矿中，而是以纳米尺度的黄铜矿、硫铟铜矿独立相出溶于闪锌矿（Krause et al.，2019）。

同样，对在都龙矿床发现的最高 In 含量（14.47%）的细粒闪锌矿（5～10 μm）进行了 EPMA 扫面分析，结果显示，细粒闪锌矿中的 In 分布不均一；然而，In 的分布特征显示可能与 Cu、Sn 等具有一定的相关性（图 5-43、图 5-44）。这些产于磁黄铁矿中呈规则、不规则状的闪锌矿是否为含 In 的闪锌矿（晶格替换），还是为 In 的其他独立矿物，如硫铟铜矿、樱井矿等，我们需要通过进一步的研究工作来证实。

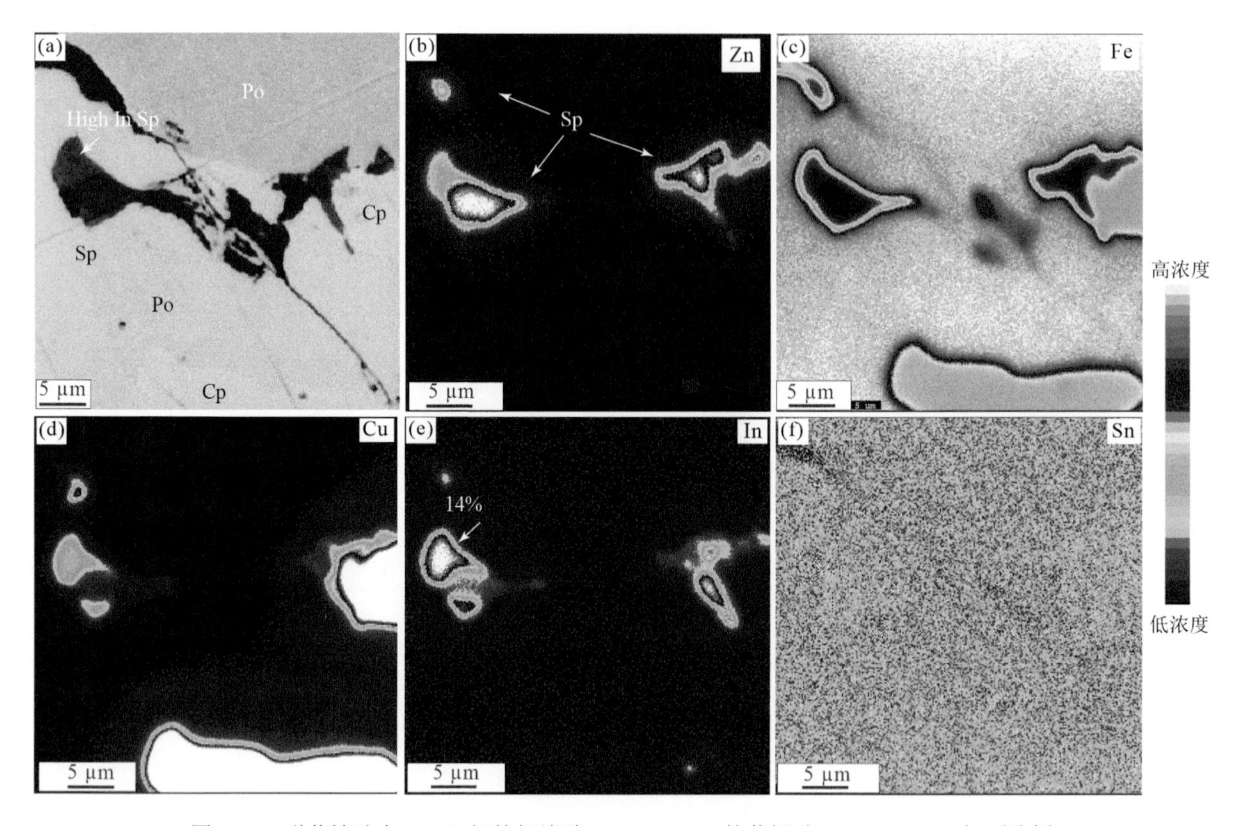

图 5-43　磁黄铁矿中（Po）细粒闪锌矿（Sp Type I）的黄铜矿（Cp）EPMA 扫面分析

当前，仅从微观尺度（指采用扫描电镜、电子探针与 LA-ICP-MS）了解到 In 在闪锌矿，尤其是高 In 闪锌矿中的赋存状态是不够的。最近 Filimonova 等（2019）用实验合成的方法研究了金和 In 在闪锌矿中的赋存状态，并与自然界中的高 In 闪锌矿做了对比分析，结果显示金、铜、In 在合成闪锌矿中都是均一分布，但是结构和化学态却不相同，显微尺度的微量元素的均一分布不仅仅是这些微量元素以固溶体的形式存在于矿物晶格中，其有可能是微量元素聚合物（如 Au_2S clusters）或纳米粒子，这些可以由最初的固溶体在冷却过程中发生的分解作用形成。这样的认识与上述提到的德国 Hämmerlein 矿床中硫铟铜矿的纳米出溶作用相似（Krause et al.，2019）。因此，我们借助透射电镜从纳米尺度来进一步揭示高 In 闪锌矿的形成机理。

采用高分辨率扫描电镜(SEM)对磁黄铁矿中的高 In 闪锌矿系统地进行矿相学特征观察分析(图 5-45～图 5-50)，闪锌矿颗粒（5～10 μm）内部显示 In 的不均匀分布，高 In 闪锌矿多聚集在普通闪锌矿与磁黄铁矿接触边缘；此外还有少量的自形的闪锌矿颗粒，其中 In 分布显示均匀状态。闪锌矿中还包含了其他矿物包裹体，如锡石、黄铜矿以及自然铋等。

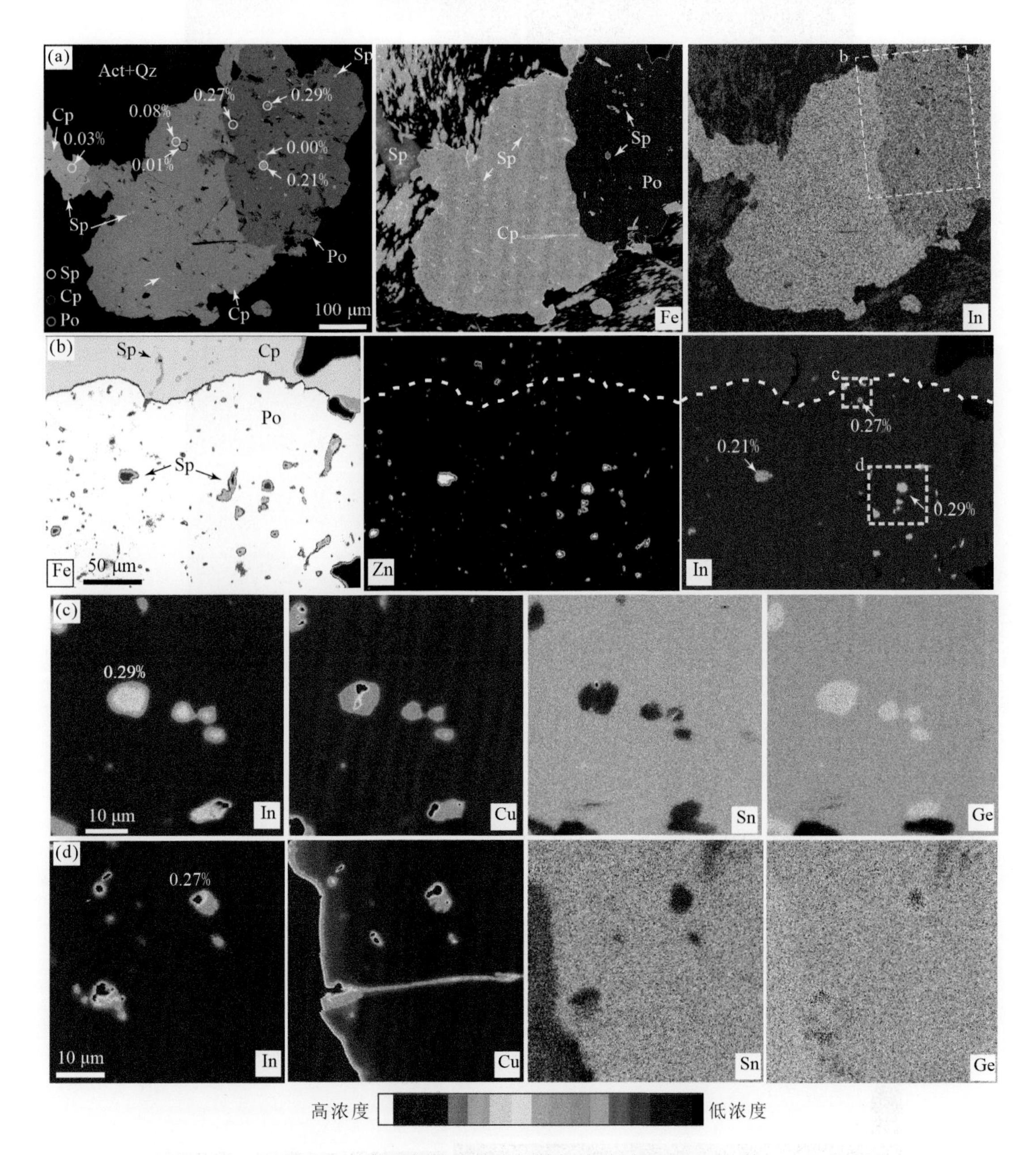

图 5-44　粗晶闪锌矿和含细粒闪锌矿（Sp Type I）的黄铜矿（Cp）-磁黄铁矿（Po）EPMA 扫面分析

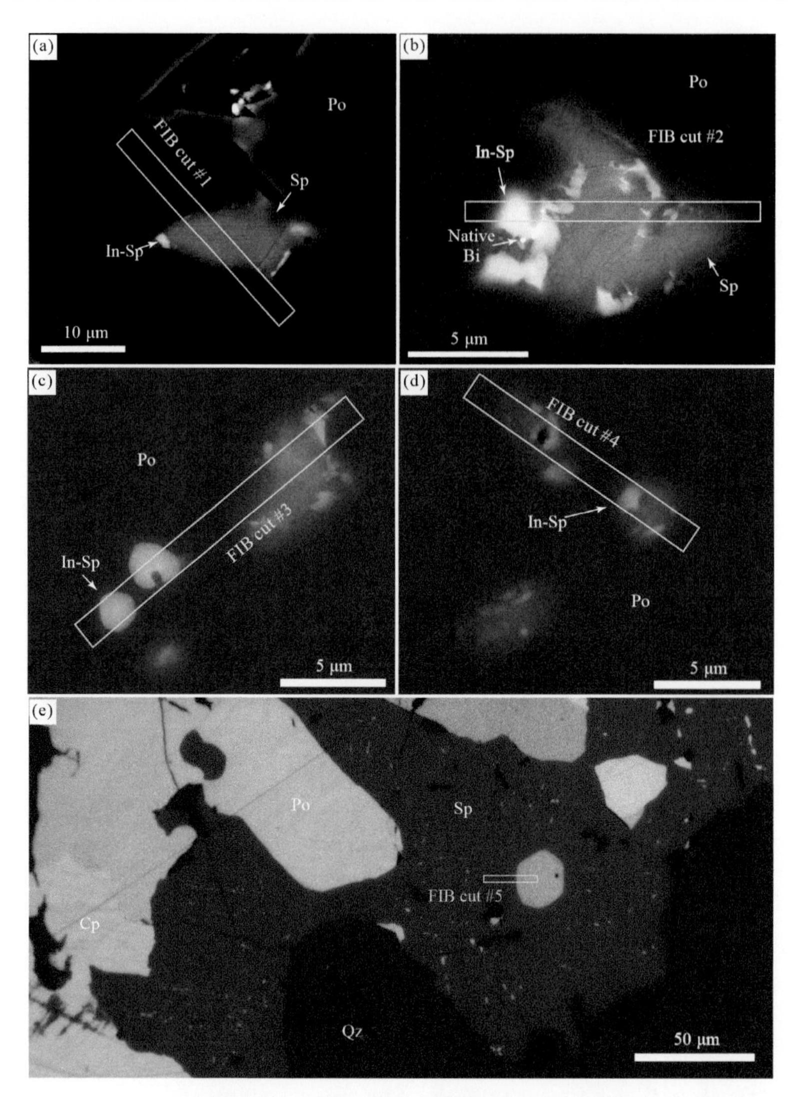

图 5-45　磁黄铁矿（Po）中高 In 闪锌矿（In-Sp）的矿相学特征（a～c 为 BSE 图像；e 为反射光图像）。图中黄色方框代表聚焦离子束（FIB）精确切割部位

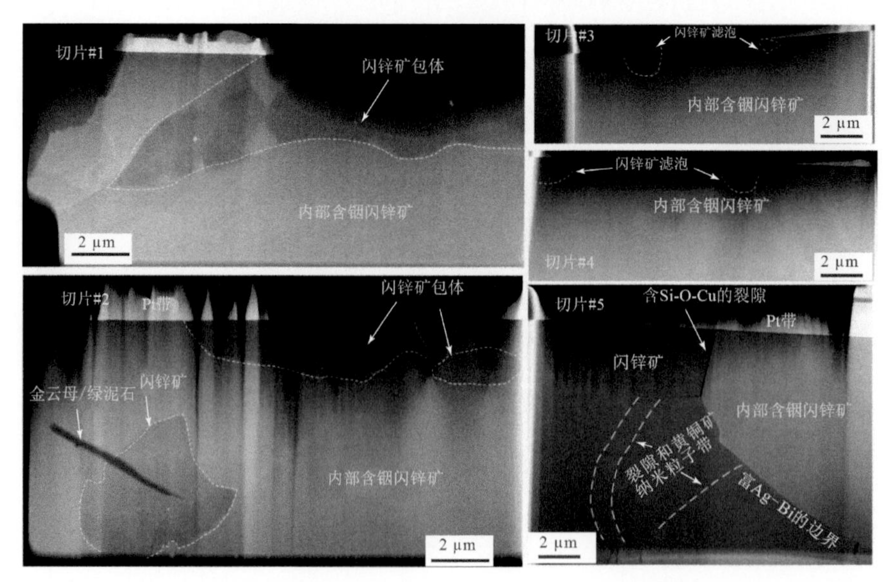

图 5-46　采用聚焦离子束（FIB）获得的薄片的二次电子图像（SE）显示磁黄铁矿内部含 In 闪锌矿（In-Sp）

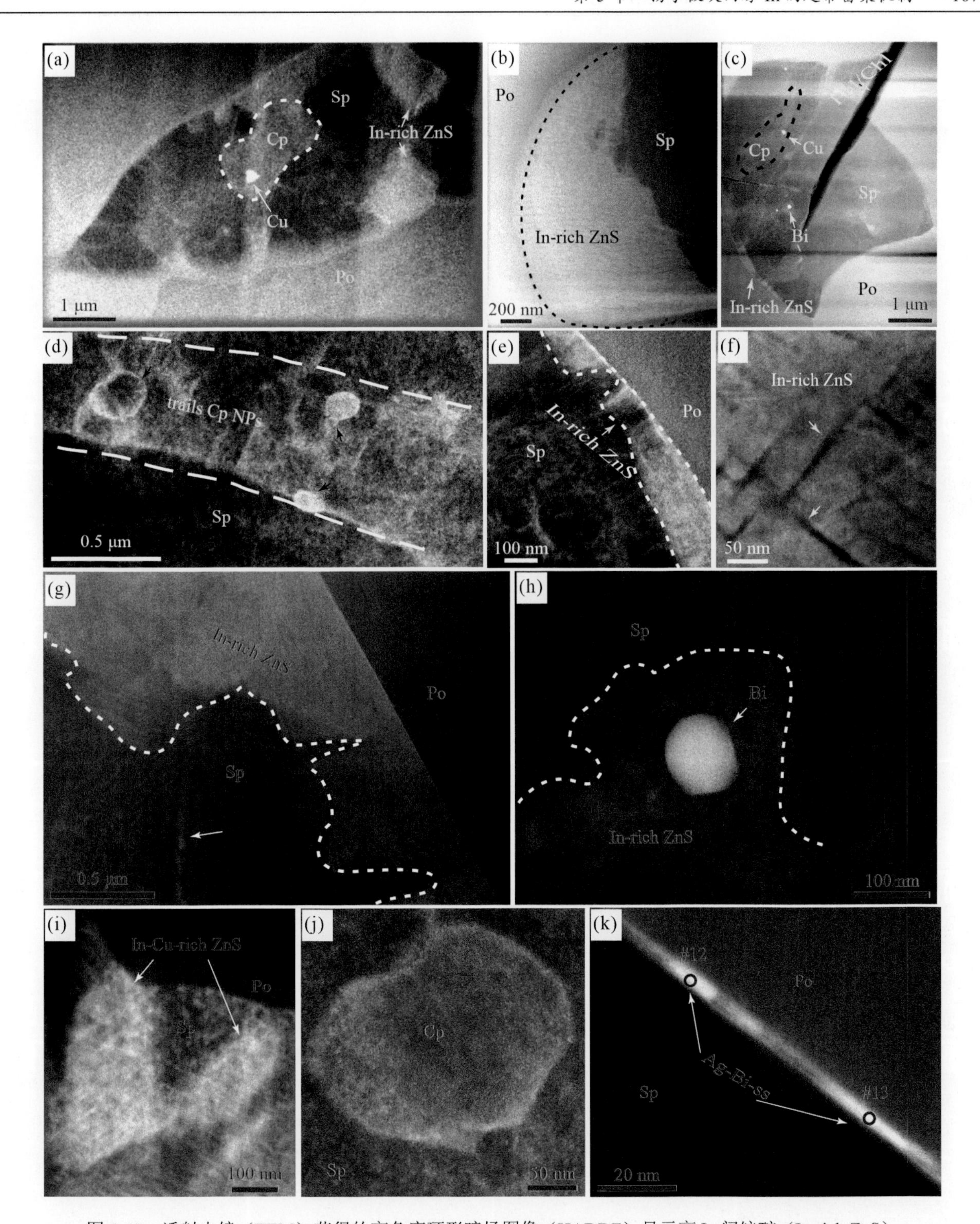

图5-47　透射电镜（TEM）获得的高角度环形暗场图像（HADDF）显示高In闪锌矿（In-rich ZnS）在纳米尺度的形态与形貌特征

(a) 普通闪锌矿（Sp）、黄铜矿（Cp）与高In闪锌矿（In-rich ZnS）封闭在磁黄铁矿中（Po）；(b) 高In闪锌矿与磁黄铁矿显示平滑的边界，与普通闪锌矿显示平滑到不规则边界；(c) 黄铜矿、自然铜、自然铋等与高In闪锌矿聚集在普通闪锌矿中，可见被晚阶段硅酸盐矿物（金云母/绿泥石）穿插；(d) 黄铜矿纳米粒子分布在闪锌矿中，该现象对应于显微尺度的黄铜矿出溶特征；(e) 含In闪锌矿分布在闪锌矿与磁黄铁矿接触处；(f) 普通闪锌矿呈网状、格架状分布在高In闪锌矿中；(g) 高In闪锌矿显示与磁黄铁矿边界平直，与普通闪锌矿呈不规则边界；(h) 高In闪锌矿围绕自然铋纳米粒子分布；(i) In与铜富集的闪锌矿显示一定的晶型特征；(j) 黄铜矿纳米粒子；(k) Ag-Bi硫盐矿物分布在普通闪锌矿与磁黄铁矿边界

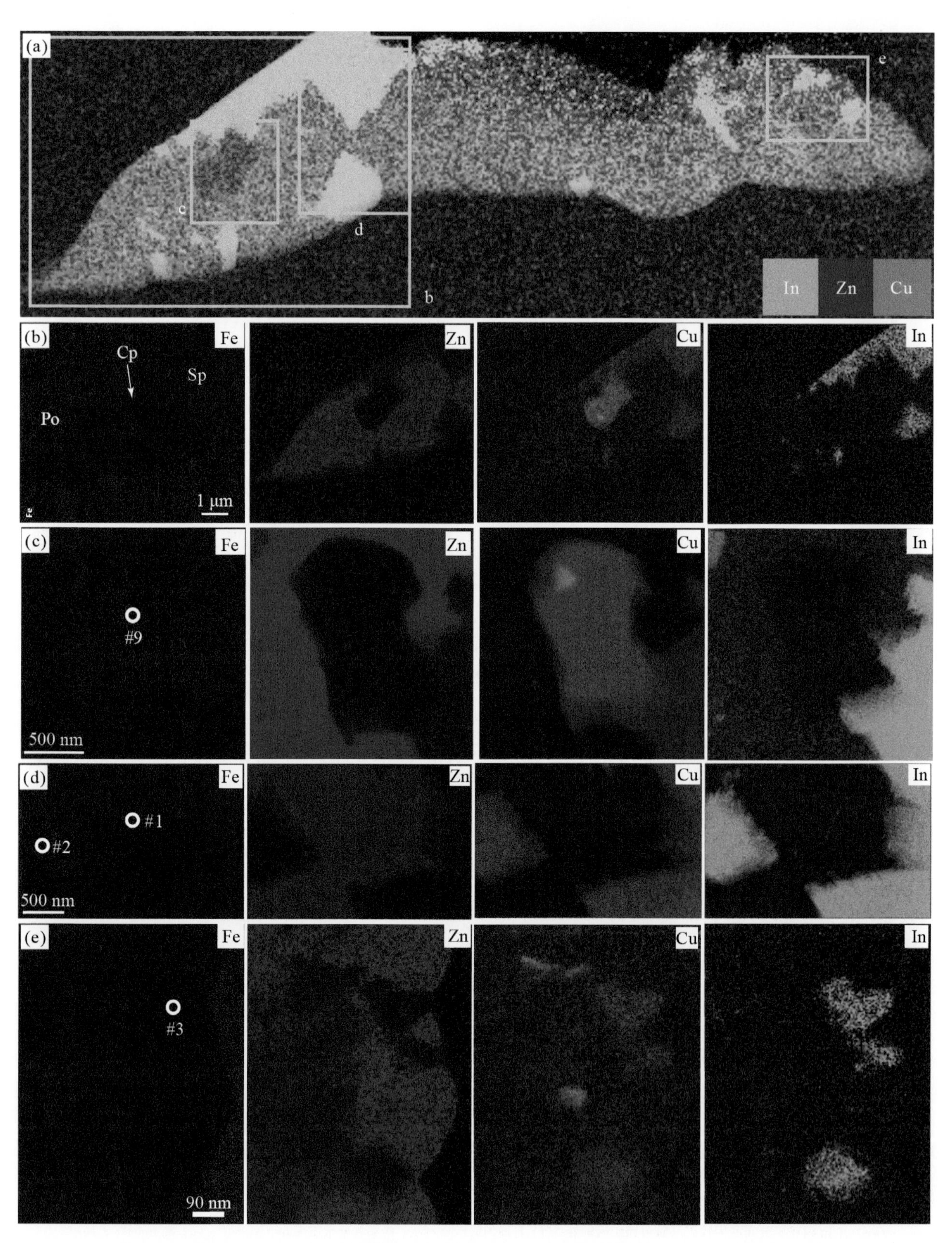

图 5-48　透射电镜（TEM）获得的高分辨率能谱（EDS）面扫描显示 In、Cu、Fe 等分布特征

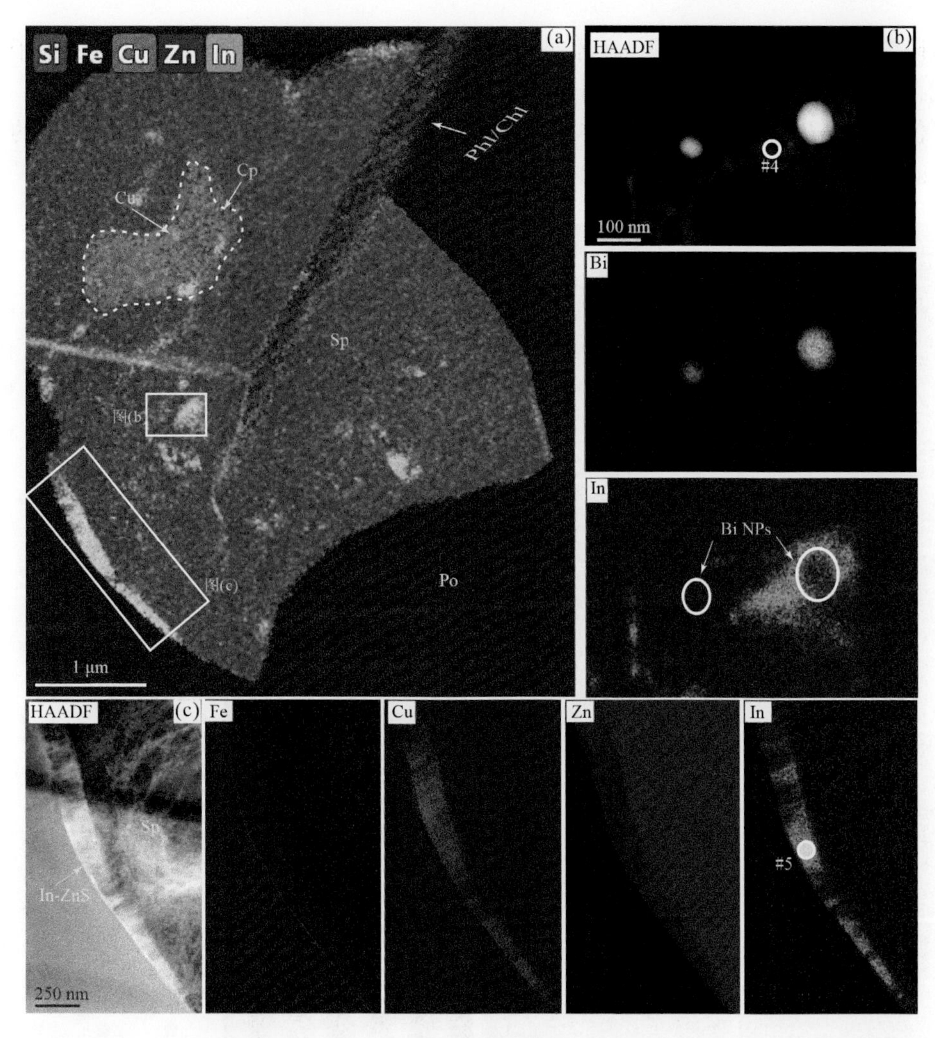

图 5-49　透射电镜（TEM）获得 EDS 面扫描图像显示 In、Cu、Fe、Zn 等分布特征

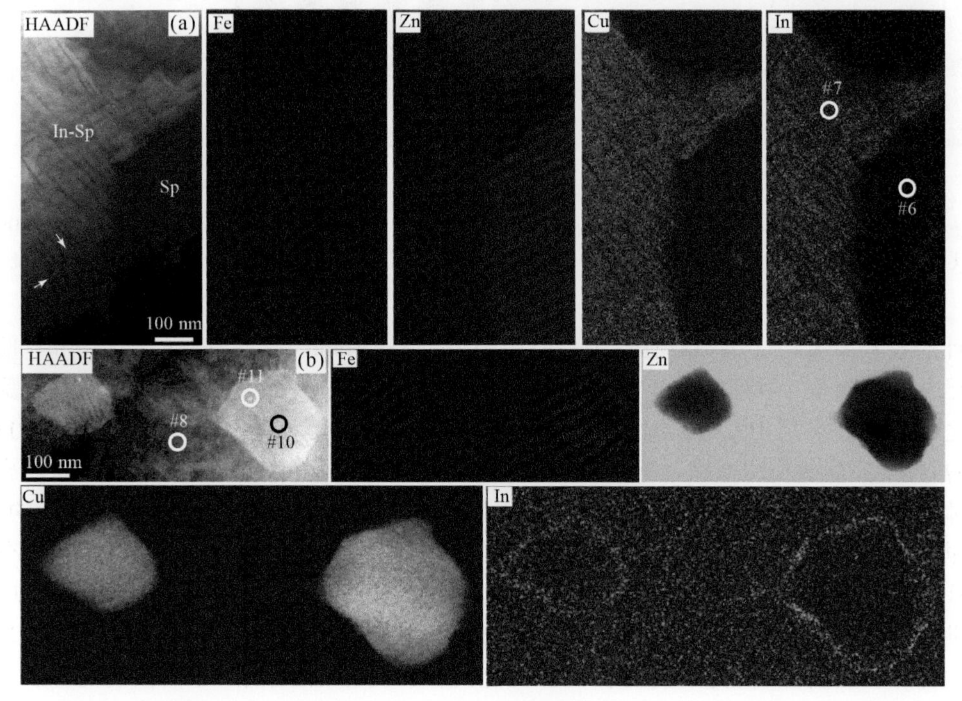

图 5-50　透射电镜（TEM）获得 EDS 面扫描图像显示 In、Cu、Fe、Zn 等分布特征

透射电镜研究显示，这些高 In 闪锌矿不是硫铟铜矿的纳米颗粒，亦不是 In 的纳米粒子，而是以离子交换的形式赋存在闪锌矿的晶体结构中（图 5-51）。In 沿着{111}方向在闪锌矿中超常富集，并引起了轻微的晶格缺陷（位移）以及少量的空位（图 5-52）；这或许在纳米尺度印证了研究者们提出的出现空位的置换机制（Belissont et al.，2014；Frenzel，2016）。

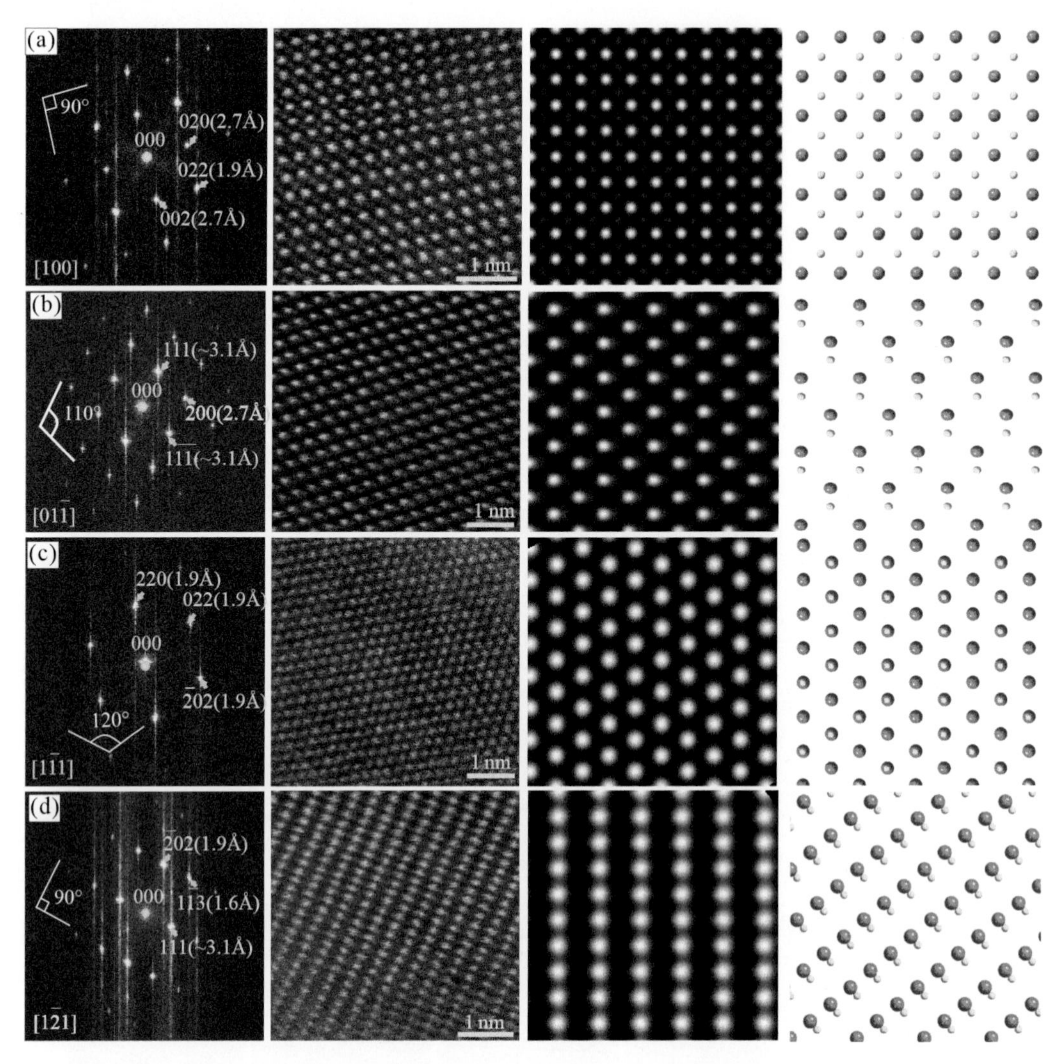

图 5-51　高分辨率透射电镜 HRTEM 结果显示高 In 闪锌矿中 In 的均匀分布特征

从左至右依次为：选区电子衍射（FFT）显示不同晶向的闪锌矿（不同晶带轴），对应的闪锌矿原子图像（HADDF），模拟的闪锌矿原子图像，以及模拟的闪锌矿结构示意图（橙色代表 In/Zn/Fe 原子；黄色代表 S 原子）。图片为高角度环形暗场扫描透射电镜获得的高分辨率原子图像，原子序数越高，图像中的原子相对越亮

电子探针的成分揭示 In 主要赋存在立方晶系的闪锌矿中，Bauer 等（2019）与徐净和李晓峰（2018）总结了当前已发表的含 In 闪锌矿数据，发现 In 的富集总是在闪锌矿-硫铟铜矿以及闪锌矿-黝锡矿固溶体分离演化线之间。Dill 等（2013）提出的“铟窗”效应亦认为当闪锌矿中 Cd 含量在 0.2%～0.6%之间时，有利于 In 的富集，亦能促使四方晶系的硫铟铜矿形成。这些结果表明随着闪锌矿中的 In 的含量的增加，闪锌矿的晶体结构能够发生变化，由立方晶系向四方晶系的黝锡矿或硫铟铜矿转变，致使 In 的进一步浓集。这样的认识早在 Wagner 等（2000）的合成实验中已经被定量揭示，即闪锌矿中的 $CuInS_2$ 组分摩尔分数在 80%时，是闪锌矿向硫铟铜矿相转换临界点。此外，Ciobanu 等（2011）研究了日本 Toyoha 矿床中高 In 闪锌矿中 In 的赋存状态。该闪锌矿在显微尺度显示明显的 In、Fe、Cu、Sn 等振荡环带，在纳米尺度同样也显示环带和闪锌矿双晶发育；研究结果显示了 In 可能具有二次富集的作用，早阶段的闪锌矿主要呈立方晶系，稍晚阶段的闪锌矿更加富集 In，且向六方晶系（纤锌矿）转变。

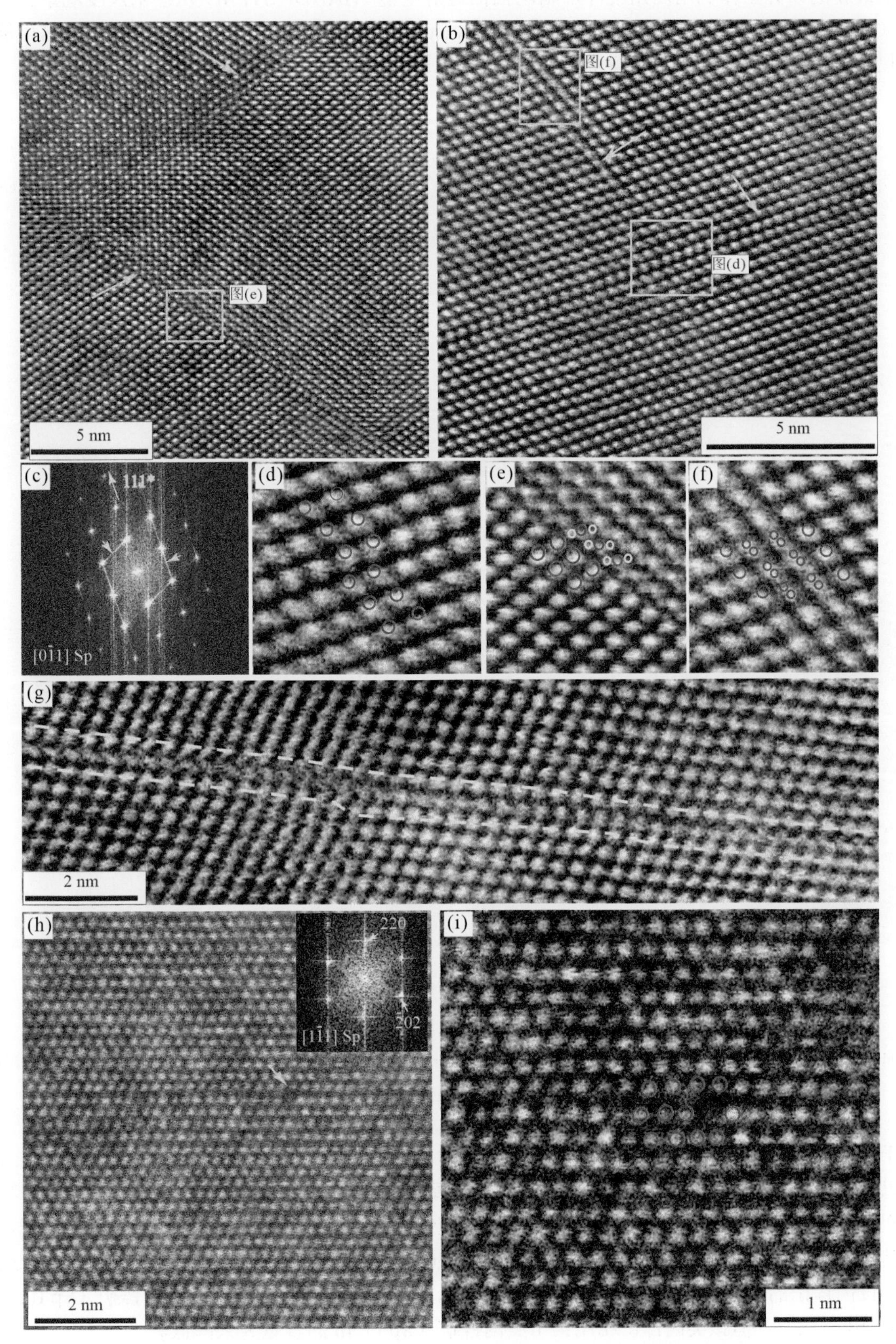

图 5-52　高分辨率透射电镜 HRTEM 结果（HAADF 原子图像）显示高 In 闪锌矿中存在局部的晶格缺陷

（a）～（f）晶格位错；（g）面型晶格缺陷，以及（h）、（i）晶格空位。图片为高角度环形暗场扫描透射电镜获得的高分辨率原子图像，原子序数越高，图像中的原子相对越亮；由于 In 随机取代闪锌矿中的 Zn，故难以标注本次最新的研究工作利用高角度环形暗场扫描透射电镜（HAADF STEM）从纳米尺度观察到了这一相变结果（图 5-53），虽然电子探针与能谱的结果显示 $CuInS_2$ 组分摩尔分数并没有达到 80%，这可能是因为在纳米尺度下，EDS 并不能够精确地获得 In 的精确含量。

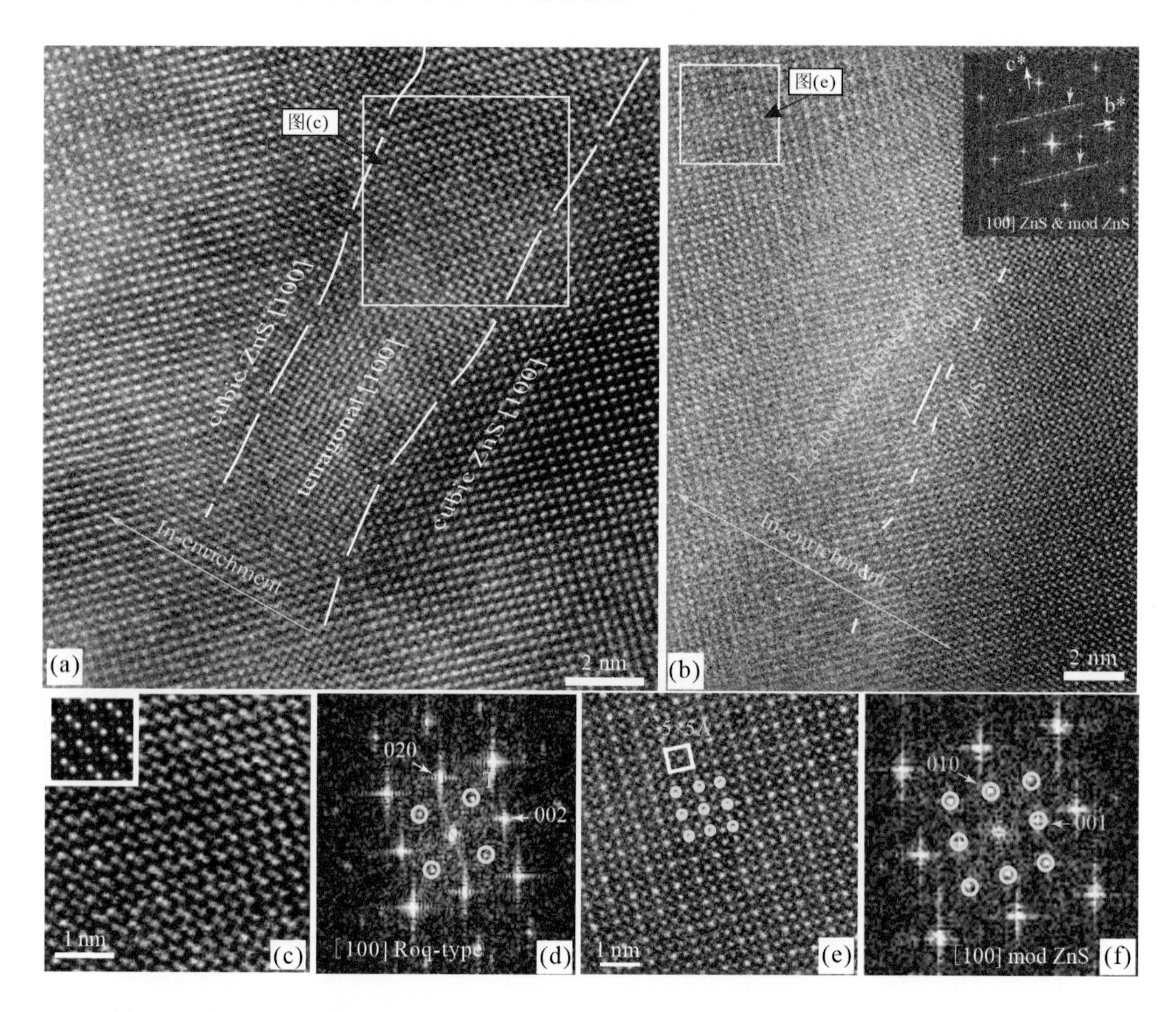

图 5-53　高分辨率透射电镜 HRTEM 结果（HAADF 原子图像）显示高 In 闪锌矿中存在局部有闪锌矿（立方晶系）向硫铟铜矿（四方晶系）转变的现象

cubic. 立方晶系；Tetragonal. 四方晶系；Roq-type. 硫铟铜矿型；In-enrichment. 铟富集；1/2a metal ordering ZnS. ZnS 1/2a 金属排序；[100] mod ZnS. [100]晶轴视角下的闪锌矿晶体结构

基于上述，都龙闪锌矿具有如下的演化特征：早阶段高温流体形成磁黄铁矿，因为 In 不能进入磁黄铁矿，所以全部汇聚在这细颗粒的闪锌矿里，由于相分离/不混溶作用形成了形态相对规则的富 In 和相对贫 In 闪锌矿，且在两者之间可见 In 的固态扩散作用［图 5-54（a）］。含 In 流体的进一步扩散、渗滤，形成了相态极其不规则且多产于闪锌矿与磁黄铁矿边界的高 In 闪锌矿［图 5-54（b）］。随后大量的水岩反应，以及不同部位闪锌矿的形成，使流体中的 In 进一步分散，形成都龙多种类型的含 In 闪锌矿（Sp II、III、IV）［图 5-54（b）～(d］)，但该类闪锌矿相比第 1 类闪锌矿（Sp I）In 的含量大大降低。

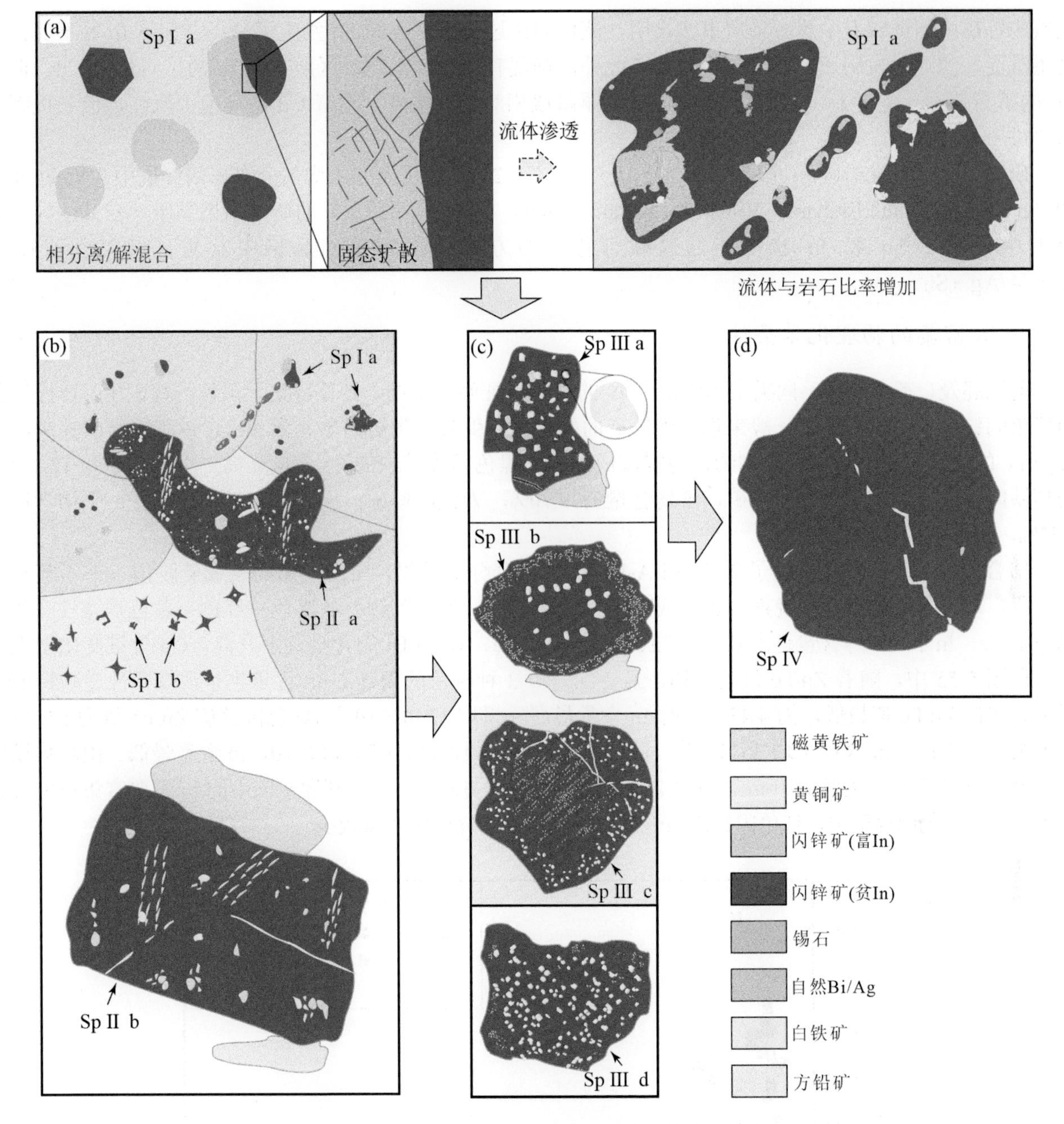

图 5-54　都龙 Sn-Zn 多金属矿床闪锌矿的演化模式

5.1.6　都龙矿床 In 富集机制与物理化学条件

1. In 的来源与富集机制

滇东南和桂北地区富 In 矿床中的 In 可能源自成矿花岗岩体（李晓峰等，2010；皮桥辉等，2015；叶霖等，2016）。前已述及，高分异岩浆作用对 In 的富集具有重要作用，特别是 F 和 P 可以促使 In 在后期富集（Murakami and Ishihara，2013）。老君山花岗岩浆富 Sn、F 等，非常有利于 In 大量进入成矿热液系统，并在 In 的迁移过程中起着重要作用。王大鹏等（2019）对老君山花岗岩的 LA-ICP-MS 研究结果表明，老君山花岗岩浆演化过程中，In 可能主要与 Sn 一起迁移，并在花岗岩侵入时大量进入岩浆期后热液，形成富 In 成矿流体；本书前期研究发现钙铁榴石中 Zn、Sn、In 等元素含量明显高于钙铝榴石，且 In 含量明显与 Sn 成正相关，与 Zn 相关性差，也说明在早期夕卡岩阶段，In 仍然与 Sn 共同迁移。但大量 In 主要富集在铁闪锌矿中而非锡石中这一地质事实表明，流体演化过程中，In 与 Sn 发生了分离，大量 In 并不随锡石发生沉淀，但这种机制还需要进一步研究。此外，据现有数据，都龙矿区所有富 In 的矿石都富 Cd，但富 Cd 的矿石却不一定富 In。这表明 In 可能易在早阶段相对较高温度下较富 Cd 的环境中沉淀，但其机制仍需要进一步研究。

研究表明，都龙矿区 In 主要以（Cu，Ag）$^{+}$+In^{3+}↔$2Zn^{2+}$的置换方式均匀分布在闪锌矿中（Ye et al.，2011；Murakami and Ishihara，2013；Xu J et al.，2020）。Xu J 等（2020）的研究结果显示，在某些闪锌矿亚型中，Ag、Sn 和 In 也可能通过联合置换的方式进入闪锌矿晶格中富集，其替代机制为 $3Zn^{2+}$↔Ag^{+}+Sn^{2+}+In^{3+}。

2. In 富集的物理化学条件

前已述及，都龙矿区不同类型闪锌矿中 In 的富集特征明显不同，显著富集于黑色闪锌矿中，在棕红色和黄色闪锌矿中含量较低。一般来说，闪锌矿的颜色主要受其中类质同象元素 Fe 含量和包体的控制，而其中 Fe 的含量主要受形成温度制约，与温度成正比。黑色闪锌矿中的 Fe 含量最高，平均含量为 12.17%，为高铁闪锌矿；其次为红色闪锌矿，平均含量为 9.70%，为铁闪锌矿；而黄色闪锌矿中的 Fe 平均含量为 4.65%，为一般闪锌矿。

结合闪锌矿镜下特征、电子探针和 LA-ICP-MS 成分分析结果，在该矿床的主成矿阶段——石英硫化物阶段，从该阶段的早期到晚期，随着成矿温度逐渐降低，闪锌矿颜色从黑色→红色→黄色规律性变化，成分中 Fe、In 和 Cu 等含量逐渐减少，Zn、Mn、Ge、Se、Te 和 Bi 的含量逐渐升高，Cd 含量变化无规律性。在图 5-55 中，随着 Zn/Fe 值的增加，黑、红、黄 3 种颜色的闪锌矿 In 含量也呈现规律性递减特征。黑色闪锌矿 Zn/Fe 值最低，为 4.43，同时 In 含量最高，平均 1240×10^{-6}。红色闪锌矿 Zn/Fe 值为 5～33，高于黑色闪锌矿，In 含量平均 25×10^{-6}。黄色闪锌矿具有最高的 Zn/Fe 值＞10，In 含量最低。由趋势线方程和 R^2 值可以看出，闪锌矿中 In 含量与 Zn/Fe 值呈负相关关系。可见，都龙矿床中的 In 主要富集在主成矿阶段形成的黑色闪锌矿中，红色闪锌矿与晚期形成的黄色闪锌矿中含量较少。

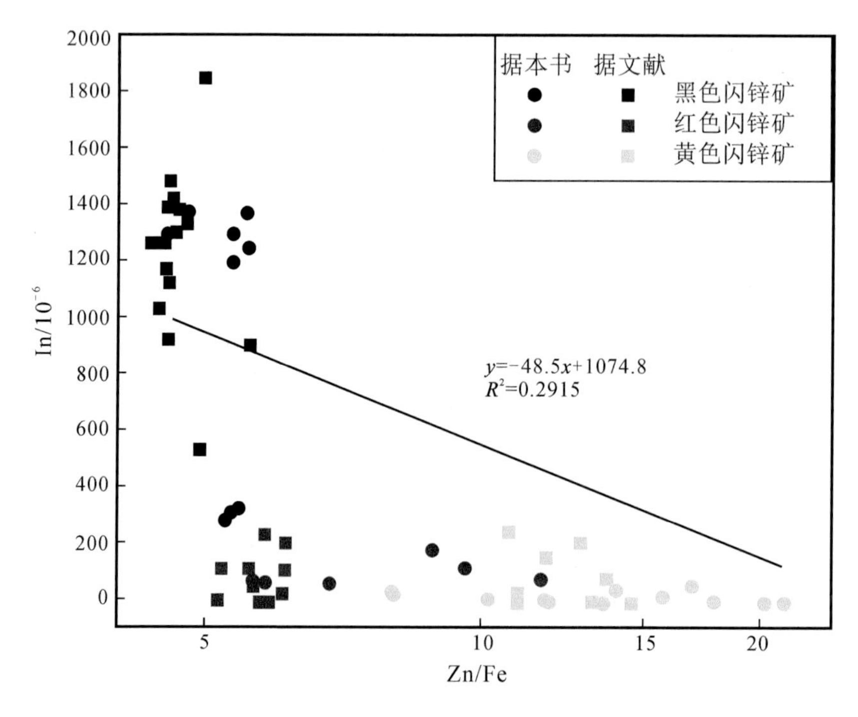

图 5-55　都龙 Sn-Zn 多金属矿床不同颜色闪锌矿 In-Zn/Fe 图解（部分数据据李丕优等，2018）

研究表明，闪锌矿的 Zn/Fe 值明显与热液温度成反比，含黄铜矿固溶体分离结构的闪锌矿形成成矿温度一般不低于 280 ℃。当 Zn/Fe＞100 时，成矿热液温度小于 150 ℃，为低温热液环境；当 10≤Zn/Fe≤100 时，成矿热液温度在 150～250 ℃，为中温热液环境；当 Zn/Fe＜10 时，成矿热液温度大于 250 ℃，为中-高温热液环境。都龙矿区内黑色闪锌矿、红色闪锌矿 Zn/Fe＜10，判断其成矿温度大于 250 ℃，为中-高温热液环境，其中黑色闪锌矿 Zn/Fe 值为 4.43，红色闪锌矿 Zn/Fe 值为 5.33，故黑色闪锌矿成矿温度稍高于红色闪锌矿。黄色闪锌矿 Zn/Fe 主要集中在 10～20 之间，表明其成矿温度为 150～250 ℃。

闪锌矿中 FeS 含量也可用来估计成矿温度范围，而 3 种颜色的闪锌矿中 FeS 含量具有明显差异，黑色闪锌矿中 FeS 含量范围为 18%～24%，平均值为 21.7%；红色闪锌矿中 FeS 含量范围为 13%～20%，平均值为 17.5%；黄色闪锌矿中 FeS 含量范围为 5%～11%，平均值为 8.1%。从图 5-56 中可见，黑色闪锌矿形成温度最高，＞264 ℃，红色闪锌矿形成温度范围 248～275 ℃左右，黄色闪锌矿形成温度最低，形成温度范围为 187～248 ℃。

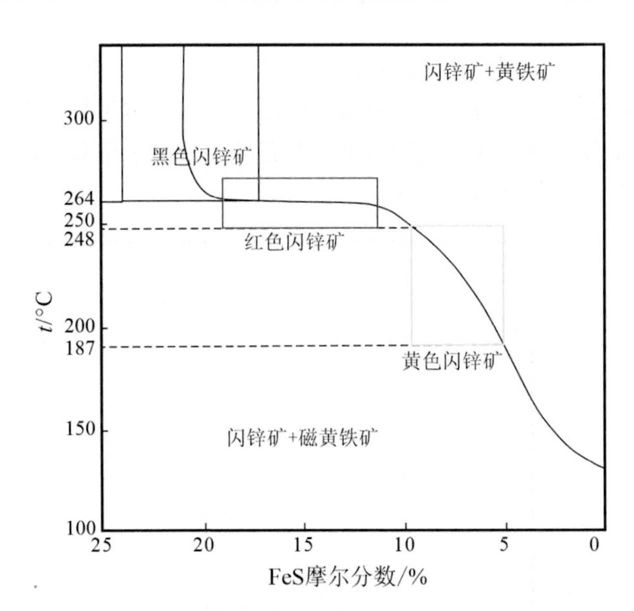

图 5-56　都龙 Sn-Zn 多金属矿床不同颜色闪锌矿 FeS 含量与温度变化

综上所述，都龙 Sn 多金属矿床中，黑色闪锌矿形成温度＞264 ℃；红色闪锌矿形成温度在 264 ℃左右；黄色闪锌矿形成温度范围为 187～248 ℃。

5.2　广西大厂 Sn 多金属矿床中 In 的超常富集特征

大厂 Sn 多金属矿床矿田属于丹池成矿带最重要的矿田之一，大地构造位置上处于江南古陆西南缘和右江盆地北东侧的接触带上。该区域经历了复杂的构造演化历史，造就了有利的成矿地质背景。海西期古特提斯洋的拉张，使得基底发生断裂形成了丹池裂陷盆地并控制盆地内的同沉积作用。广西运动的发生使得区域地层隆起，上升成为陆地，接受沉积作用，在早泥盆世时期形成了一套滨海岸砂岩建造和陆缘碎屑岩建造。印支期，印支板块开始向欧亚板块进行碰撞挤压，区内形成了北西向的线性褶皱和断裂，奠定丹池成矿带的基本构造格局。燕山期地壳开始发生伸展拉张，将原有的断裂和褶皱进行叠加和改造，诱发了深部岩浆沿着断裂（南北，北西或北东）侵入（陈毓川等，1993；徐明等，2012）。

区域上主要出露地层包括泥盆系、石炭系、二叠系、三叠系和第四系，地层厚度为 4325～7851 m。泥盆纪地层分布广泛，主要为砂岩、粉砂岩、泥岩、硅质岩、碎屑岩及碳酸盐岩，是区域内大多数 Sn 多金属矿床的主要赋存层位。基底地层并未出露，被晚古生代地层覆盖。矿田内主要构造为北西、北东向褶皱和断裂。丹池复式背斜是区内主要的褶皱，总体轴向 330°，长近百千米，宽约 4～9 km，核部出露中泥盆统。断裂主要为北西、北东和南北向高角度断层。其中北西向断裂是主要的控矿断裂，约束着区内各矿床的分布。

大厂矿田内岩浆活动强烈，主要为燕山期运动引发的中酸性岩浆侵入，主要以隐伏岩体的形式侵入断裂和褶皱交汇部位，多表现为岩墙、岩枝、岩床和岩株等。大厂笼箱盖隐伏岩体为研究区主要中酸性代表岩体，出露于大厂矿田中部笼箱盖地区，主要为黑云母花岗岩。岩体侵入中-上泥盆统之中。地表出露面积小，约 0.5 km^2，主要为岩枝和岩床产出的小岩体。据地球物理资料和钻孔验证，岩体向下延伸为巨大岩基，与围岩产状一致，控制面积达 21 km^2。岩体走向为南北向，延伸到铜坑—巴里一带。已有钻孔资料揭露，龙箱盖花岗岩体延伸至铜坑矿体之下。定年研究显示该岩体为多期侵入形成，岩浆活动开始于 102～103.8 Ma，复式岩体主要侵入于 93.86～95.68 Ma，岩浆在 85.1～91 Ma 再次活动（梁婷等，2011）。

5.2.1　大厂矿田矿床地质特征

大厂矿集区位于江南古陆与右江盆地的过渡地带、北西向丹池（南丹—河池）褶皱断裂带的中段，从北往南有 5 个矿田（床）分布。出露地层有上古生界及下、中三叠统。构造线以北西向断裂褶断为主。岩浆岩出露有燕山晚期花岗岩类，在芒场、大厂 2 个背斜凸起处出露晚中生代花岗岩体，北香、五圩和益兰矿区有隐伏花岗岩（图 5-57）。

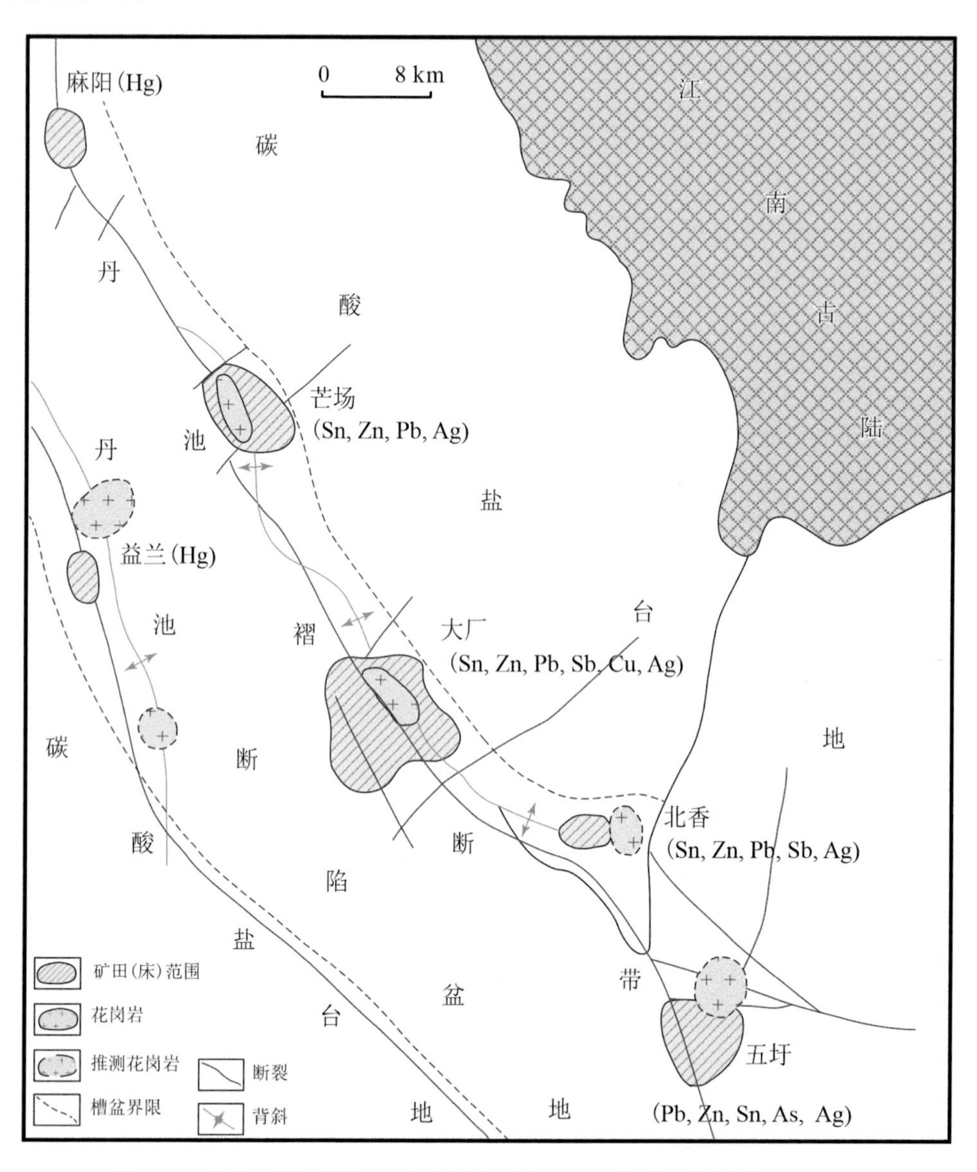

图 5-57　南丹—河池矿带 Sn 多金属矿床分布示意图（据范森葵等，2009）

1. 大厂矿田

大厂矿田内 Sn 多金属矿床围绕燕山晚期重熔型花岗岩体——龙箱盖岩体形成了良好的矿化分带（图 5-58）。平面上，自龙箱盖岩体向外大致可分为 3 个矿化带：中带（龙箱盖—拉么—茶山）Zn-Cu-W-Sb 成矿带、东带（大福楼—茅坪冲—亢马）Sn 多金属成矿带和西带（铜坑—长坡—巴里—龙头山）Sn 多金属成矿带。垂向上，矿体的产出形态自上而下呈裂隙脉状—细（网）脉状—似层状变化，矿石矿物组合上则表现为上部为锡石-铁闪锌矿、硫酸盐类组合和锡石-方解石、黄铁矿组合，中部为锡石-黄铁矿、毒砂组合和锡石-铁闪锌矿、脆硫锑铅矿组合，下部主要为锡石-磁黄铁矿、铁闪锌矿、毒砂组合（分布在灰岩及钙质结核中）和锡石-石英、黄铁矿、铁闪锌矿、毒砂组合（分布在硅质岩和硅质条带灰岩中），且矿物中 Fe、As 的含量随深度增加而增加，Sn、Pb、Ag 含量变化则与 Fe 相反。

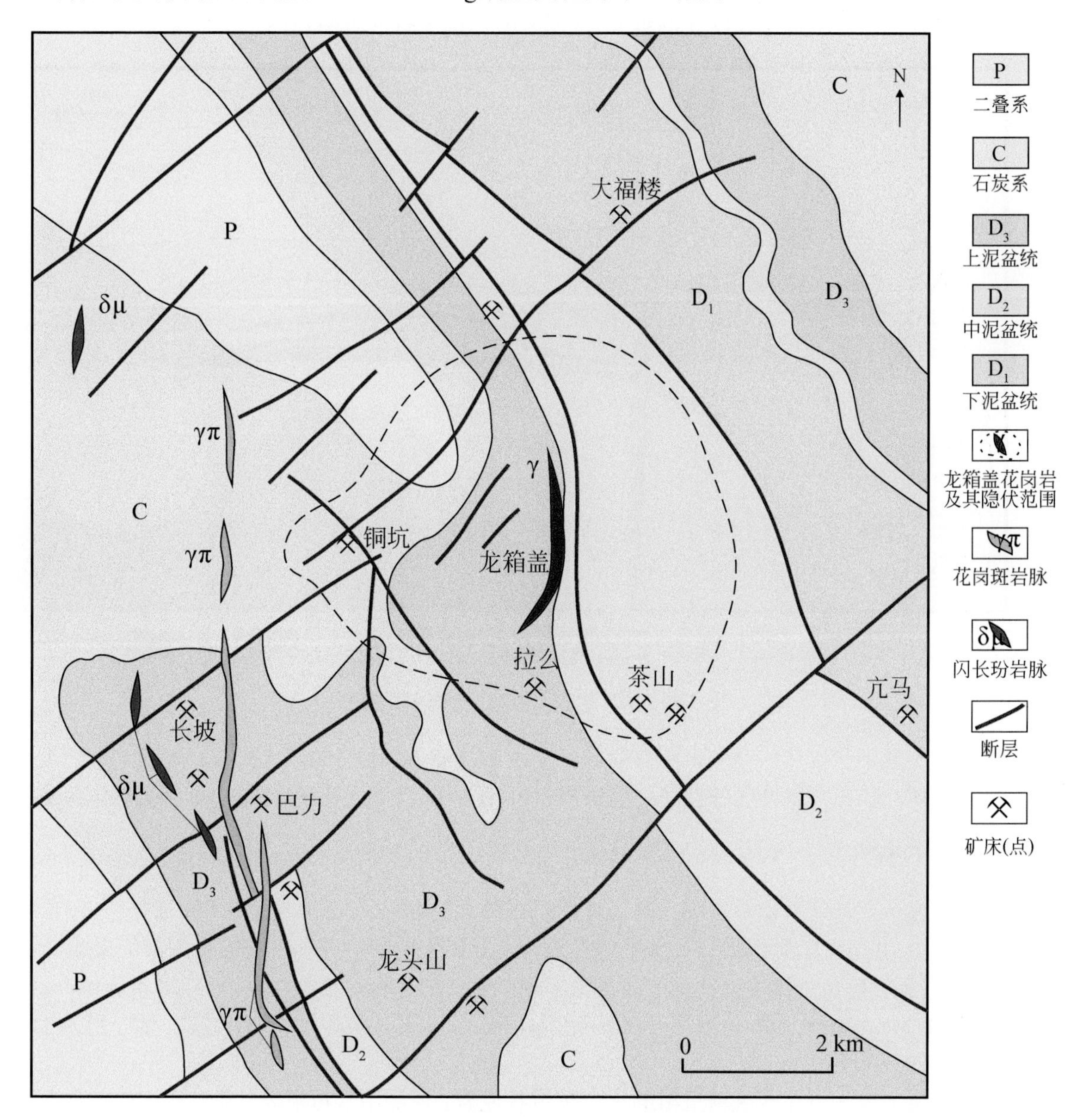

图 5-58　大厂矿田地质简图（据范森葵等，2009）

矿体产出标高在 900 m 以上或-150 m 以下，矿体的围岩主要是泥盆系，特别是下-中泥盆统的礁灰岩，上泥盆统的硅质岩，条带状泥质灰岩，扁豆状灰岩。不同的矿化分带矿体类型多种多样，主要有以下 5 种：

（1）似层状矿体：长坡等矿床在硅质岩、条带状泥质灰岩，扁豆状灰岩的层间破碎带，层间滑动带中产出似层状矿体 40 多个，分布于距离岩体 1 km 至数千米的范围内，比较重要的为 16、75、79、80、91、92、96 号等矿体。79、91、92 号矿体长 325～1130 m，厚 25～79 m。似层状矿体中还有很多裂隙脉，有的是细矿脉充填层间裂隙成矿。层状矿体及硅质岩被作为热水沉积成矿的证据（韩发和哈钦森，1989a，1989b，1990；陈骏等，1989；罗德宣等，1993；张起钻，1999）。

（2）脉状矿体：脉状矿体分布广泛，大福楼、亢马、灰乐、茶山等都以脉状矿体为主，产在各种岩石中，全矿田 200 多条，单脉长 50～500 m，厚 0.1～3.4 m，延深 150～500 m（如 1、10 号等）。

（3）夕卡岩型矿体：以拉么矿床最为典型，主要产于花岗岩与灰岩接触带外带，以 Cu-Zn 为主，茶山矿区的脉状矿体也存在夕卡岩化。94、95 和 96 号矿体在巴力矿区下部以 Sn 多金属为主，往北东至长坡—铜坑矿区下部和北东部黑水沟—大树脚矿区过渡为锌铜矿体，在北东部与拉么夕卡岩型锌铜矿床相邻，3 个矿体自上而下平行分布，垂直相距 70～130 m，埋深 600～800 m（图 5-59）。虽然矿体顺层产出，但都存在明显的蚀变并产于夕卡岩化带内（范森葵等，2010），诸多特征表明它们不是典型的热水沉积矿体。

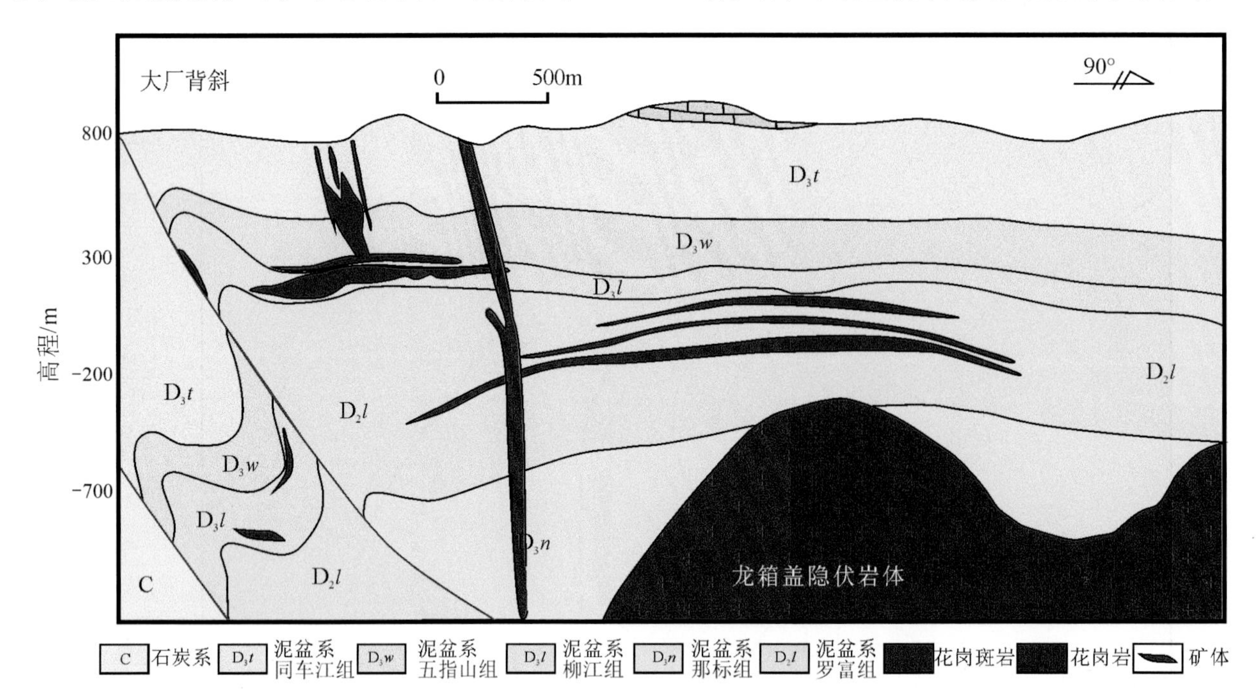

图 5-59　大厂矿区主要顺层矿体剖面简图

（4）囊状、不规则状矿体：礁灰岩中有囊状、不规则状矿体（如 100、105 号矿体）。

（5）鞍状矿体：产在背斜轴虚脱空间中的矿体。91 号、92 号似层状矿体的褶皱地段多出现这种矿体。

2. 箭猪坡矿床

箭猪坡矿床位于五圩背斜褶皱中部，是五圩矿田内最大的 Pb-Zn-Sb 多金属矿床，矿区内分布有 70 余条脉体，主矿体由 10 条主矿脉组成，其余矿脉多为与主脉伴生的细小矿脉，它们在深部汇聚成一条主脉。经过 30 多年的开采，矿山资源接近枯竭，随着深部找矿工作的进行，至今已发现 80 多条脉体，累计探明矿石总量超过 11 Mt。Pb+Zn+Sb 的平均品位大于 5%，Ag 金属量为 684 t，Cd、Ga 含量分别为 3420 t 和 186 t（张健等，2018）。

矿区出露地层主要为下泥盆统塘丁组的黑色条带状泥岩、薄层绢云母泥岩、粉砂质泥岩、泥质粉砂岩，根据岩性可分为 4 段（刘伟等，2015），其中塘丁组第二段（D_1t^2）是矿区内的主要含矿层段，以黑色条带泥岩及粉砂质泥岩为主（图 5-60）。由于箭猪坡矿床产出位置特殊，矿床内的褶皱主要为五圩复式背斜，其南北长 20 km、宽 9 km，轴向呈反“S”形弯曲，为不对称短轴复式背斜（章程，2000）。两翼地层产状变化大，东翼舒缓，倾角小于 50°，西翼陡倾，倾角最大可达 85°，同时次级褶皱发育。区内发育有北北西和北北东两组断裂，前者是主要控矿构造，后者多出现于矿床西部。

箭猪坡矿床的矿体主要为充填于北北西向断裂及破碎带中的脉状矿体（图 5-60），矿脉常成群出现、平行展布，沿走向和倾向厚度变化大，常见尖灭再现、尖灭侧现现象。但也有一些层状或似层状矿体（如 300 号勘探线的 310 斜井底部），多分布于矿床东部（万庆等，2016）。矿体与围岩界线十分清晰，围岩蚀变不发育，与矿化有关的蚀变主要有碳酸盐化、硅化、绢云母化、黄铁矿化，矿化西部较东部发育。主要金属矿物为黄铁矿、闪锌矿、方铅矿、脆硫锑铅矿、辉锑矿，脉石矿物主要为石英、方解石、含锰方解石、含锰白云石、菱锰矿等。矿石结构主要有自形-半自形粒状、他形粒状、交代、环带和花岗变晶结构。矿石构造主要为致密块状、脉状、条带状、网脉状、角砾状、晶洞和浸染状构造。

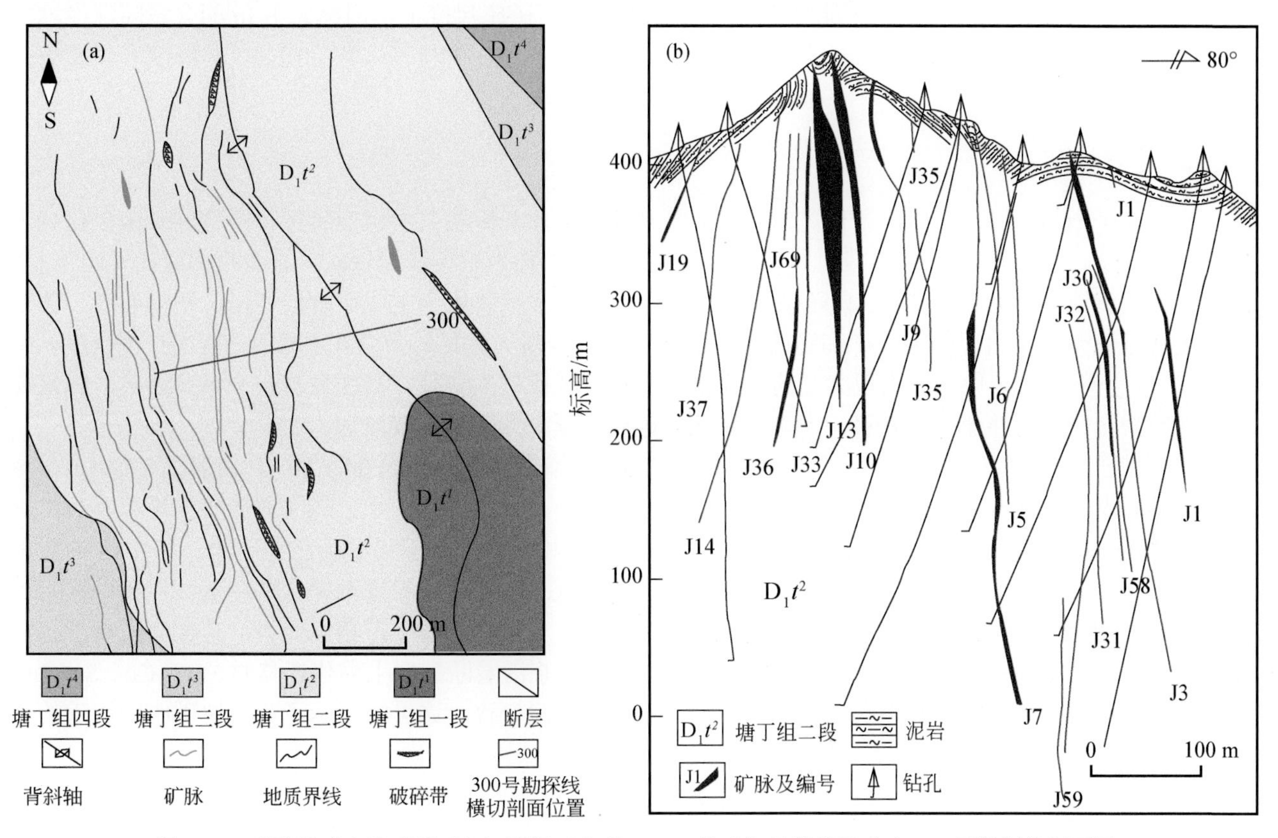

图 5-60　箐猪坡矿床地质图［（a）图据王东明，2012 修改］及箐猪坡矿床 300 号勘探线剖面图［（b）图据常江等，2016 修改］

5.2.2　大厂矿田 In 富集规律

1. 大厂矿田

大厂矿田富 In 矿体主要分布于大厂背斜的北东翼、大厂断裂上盘，由 91 号、92 号层状矿体和 75 号、77 号、79 号层面矿脉以及众多的穿层裂隙矿脉所组成（梁婷等，2009）。主要矿物组成有锡石、磁黄铁矿、黄铁矿、毒砂、铁闪锌矿和硫盐矿物等，脉石矿物主要有石英、方解石等。脉状矿体（包括层面脉）与层状矿体的矿物组成基本相同。In 主要赋存在铁闪锌矿中，少量赋存在黄铜矿、锡石中。根据野外观察和室内矿相学研究，根据矿物形成先后顺序及矿石结构、构造，成矿阶段可分为 3 个阶段：①石英-毒砂阶段，主要形成石英-毒砂-锡石和黄铁矿组合。石英形成柱状晶体，毒砂呈自形晶，常包有围岩残粒，后被磁黄铁矿交代呈骸晶。锡石与石英密切共生，颗粒细小，集合体多呈团块状，常被后期硫化物包裹或交代。②磁黄铁矿-黄铜矿-闪锌矿阶段，本阶段为富 In 矿体形成最重要的阶段，此阶段形成大量的闪锌矿、磁黄铁矿、黄铜矿及少量白铁矿、黝锡矿、黝铜矿、银黝铜矿、硫盐等。③方铅矿-方解石阶段，此阶段成矿温度低，只形成较低温的方铅矿、硫锑铅矿、方解石、自然铋等，多沿上一阶段磁黄铁矿、闪锌矿粒隙或间隙充填交代。蔡明海等（2005）对铜坑矿区成矿流体做专门研究，指出 3 个成矿阶段的均一温度分别为：270～365 ℃、210～240 ℃和 140～190 ℃，In 成矿作用可能与燕山晚期花岗岩演化有密切联系，是富 In 流体强烈的流体沸腾作用或后期大气降水加入发生不混溶作用的结果。

大厂矿田中的 In 主要赋存在富 Fe、Mn 的铁闪锌矿中，In、Cd 含量相对较高，Ga 含量较低，不同矿床（体）的闪锌矿 Fe、Mn、Cd 等元素含量相对稳定，而 In、Sn 等元素含量变化较大。矿物尺度上，绝大部分样品 In 在闪锌矿中分布均匀，以类质同象形式赋存；极少数样品中的 In 含量显著增高，而且分布很不均匀，并出现 In 高含量点，可能是富 In 的纳米级包体。矿床尺度上，闪锌矿中 In 的含量随深度增加而降低，变化规律与亲岩浆元素 Cu、Sn 关系较为密切；而 Cd、Fe 含量基本较为稳定，与深度和位置无关（皮桥辉等，2015）。

2. 箭猪坡矿床

箭猪坡矿床与大厂矿田成矿条件类似，根据野外地质现象和矿物共生组合特征，箭猪坡矿床矿化分为 3 个成矿阶段：①石英-黄铁矿阶段，早期成矿阶段，主要矿物为石英和黄铁矿，含少量闪锌矿，自形-半自形粒状的黄铁矿常见碎裂结构；②石英-硫盐-硫化物阶段，该阶段为主成矿阶段，沿脉壁为石英、黄铁矿，逐渐过渡为大量出现的闪锌矿和脆硫锑铅矿，同时有少量方铅矿、辉锑矿和碳酸盐矿物；③石英-闪锌矿-碳酸盐-辉锑矿阶段，以出现大量的含铁锰碳酸盐、辉锑矿为特征，其次发育有少量黄铁矿、脆硫锑铅矿等硫盐、叶蜡石并伴生高岭石，常见于南北向破碎带中，为成矿最晚阶段。

箭猪坡矿床闪锌矿中富集 In，亏损 Ga。In 含量的变化范围为 $0\sim983.04\times10^{-6}$，均值为 $295\times10^{-6}\sim686\times10^{-6}$，其含量明显高于夕卡岩矿床（如云南核桃坪与鲁子园）、MVT 型矿床（如贵州牛角塘及云南勐兴），略高于 SEDEX 型、VMS 型矿床，与岩浆热液型矿床相似，但低于锡石硫化物矿床。尽管 In 的含量在矿床不同中段变化很大，即随着相应的深度增加，In、Cu、Sn 的含量有逐渐减少的趋势，但在手标本尺度上的 In 含量变化与 Cu、Sn 在空间上分布一致。由于 In、Cu、Sn 属于不相容元素，其相应的离子容易使其配位位置发生畸变，而在残留的岩浆中富集，当深部岩浆沿着断裂向上演化迁移时，In、Cu、Sn 会在浅部富集，这与该矿床闪锌矿中的 In、Cu、Sn 空间分布规律一致，这可能暗示了箭猪坡矿床闪锌矿的形成和深部岩浆热液有关。

5.2.3　大厂成矿物质来源

1. 铅同位素约束

铅同位素是研究成矿物质来源的有效手段，不少学者都利用铅同位素组成研究大厂矿集区铅的来源，得出的主要结论是岩浆-地层-基底/地壳-地幔都有铅的贡献。梁婷等（2008）认为大厂 Sn 多金属矿床的铅来源于岩浆作用有关的壳源铅，但也有上地壳及壳幔混合来源的铅参与。成永生和胡瑞忠（2012）认为大福楼矿床的铅既有地幔来源也包含上地壳成分或来自上地壳，矿床的矿石铅并非全部由花岗岩浆所提供。徐明等（2012）汇集了 2002 年以前不同学者获得的铅同位素数据，笔者将这批数据投入 Zartman 和 Doe（1981）的铅演化模式（图 5-61），从图 5-61 及原数据可以看出以下几个问题：①地层中的黄铁矿本身的成因不清楚。②岩浆岩 4 个样品，既有全岩也有长石斑晶，其中闪长玢岩与成矿是否有关不是十分清楚。③地幔铅参与成矿的方式、时机以及为什么没有均一化等问题都难以解释。笔者验证发现，不少矿床早期测定的铅同位素组成，尤其将一个矿床不同学者不同时间不同条件下测定的铅同位素组成放到一起应用时往往会带来一些困惑或误判。

本研究重新分析了大厂矿田大部分矿区样品的铅同位素组成，图 5-62 包括了 49 个样品的铅同位素组成分析结果。可以看出，花岗岩长石具有非常均一的铅同位素组成，分布范围狭小。围岩地层的铅同位素组成明显高于矿石的铅同位素组成。层状矿石与脉状矿石具有相同的铅同位素组成，二者几乎没有差别，大部分矿石样品分布于岩浆岩长石范围内，部分样品的铅同位素比值略高于长石。根据长石、矿石、灰岩的铅同位素在图中的分布关系，矿石铅高于长石铅可能的原因是成矿流体与围岩发生交代-蚀变过程中有围岩铅加入。条带状矿石中硅质岩条带的铅同位素组成与长石、矿石几乎相同。脉状矿石中只有 1 个样品的 $^{208}Pb/^{204}Pb$ 值为 38.178，明显低于其他样品，原因不明。

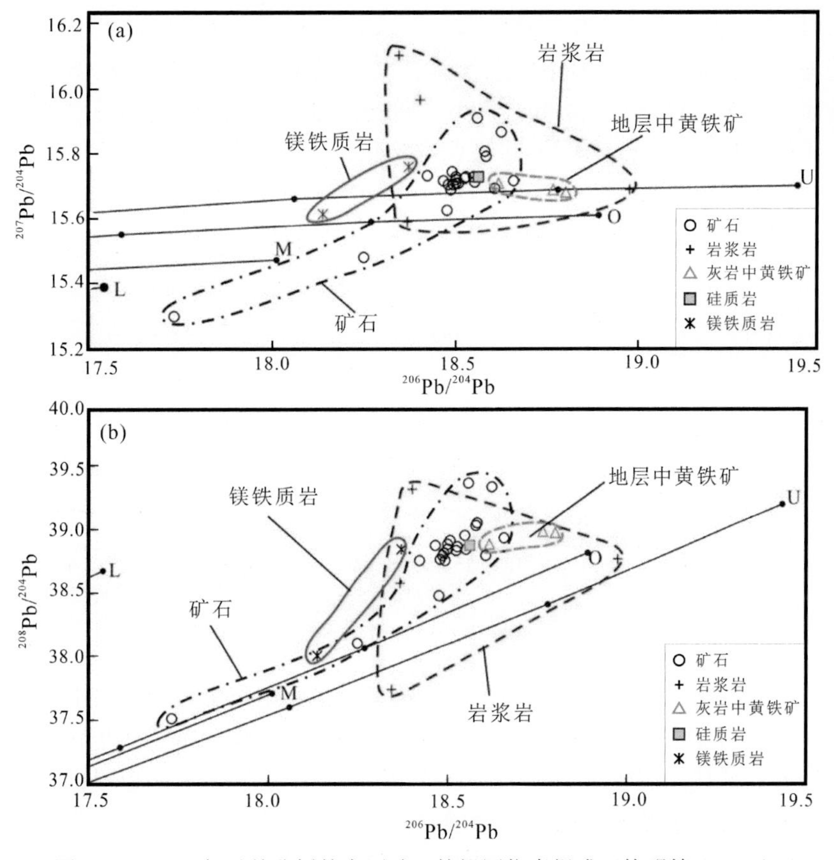

图 5-61　2002 年以前分析的大厂矿田的铅同位素组成（徐明等，2012）

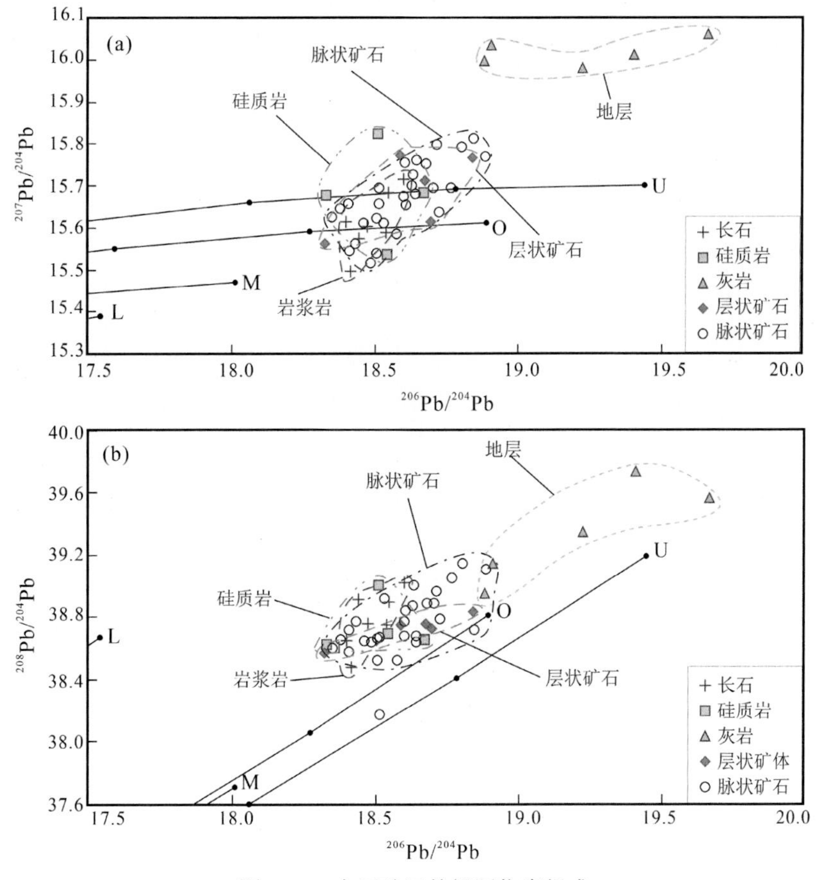

图 5-62　大厂矿田的铅同位素组成

图 5-63 更清楚地显示了各个矿床和各种岩-矿石 $^{206}Pb/^{204}Pb$、$^{207}Pb/^{204}Pb$、$^{208}Pb/^{204}Pb$ 值的变化范围。可能由于样品数的差异，不同矿床的 3 组铅同位素比值略有不同，但变化范围基本一致。长石的 $^{206}Pb/^{204}Pb$ 值下限与矿床及硅质岩完全一致，上限略低，$^{207}Pb/^{204}Pb$ 值略低于矿床及硅质岩，$^{208}Pb/^{204}Pb$ 值覆盖了矿床及硅质岩。显然，矿床、硅质岩、长石的铅同位素组成基本上处于相同的变化范围内，而泥盆系灰岩的 3 组铅同位素比值除 $^{208}Pb/^{204}Pb$ 值与矿床、硅质岩及长石略有重叠外，其他 2 组比值截然分开。

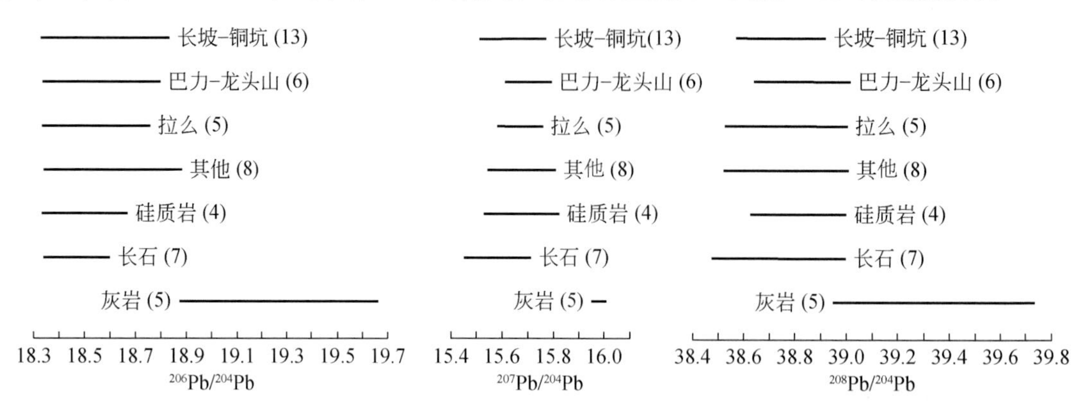

图 5-63 大厂矿田的铅同位素变化范围

通过上述对比，笔者认为，大厂矿田的铅主要来源于岩浆作用，条带状矿石中的硅质岩可能受矿化的影响使得与矿石和长石具有相同的铅同位素组成，泥盆系和石炭系中分布的层状硅质岩并不像条带状矿石中的硅质岩，没有明显的矿化，偶尔可见少量的细粒黄铁矿。地层围岩可能也提供了少量铅，提供铅的方式可能主要是通过围岩蚀变，使蚀变带内的部分围岩铅进入成矿流体。

当然，大厂矿田的成矿元素复杂多样，从理论上来说，仅用铅同位素组成还无法肯定其成矿元素也来自岩浆作用，Sn、Zn、In、Sb、Cu 的同位素体系要么尚未建立，要么不具备示踪作用。但就本次铅同位素组成研究的结果可以认为，该矿田的形成与龙箱盖花岗岩（大部分隐伏于地下）的形成与演化有关。

2. 硫同位素约束

大厂矿田硫同位素数据表明，除龙头山 100 号矿体外，$\delta^{34}S$ 值分别为：磁黄铁矿 -7.9‰～2.8‰，平均 -1.5‰，黄铁矿 -8.2‰～3.7‰，平均-2.5‰，闪锌矿-9.4‰～2.5‰，平均-3.3‰，毒砂 -0.2‰～0.7‰，平均为 0.3‰，脆硫锑铅矿 -5.5‰～1.1‰，平均为-2.5‰，辉锑矿为 2.5‰、辉锑锡铅矿的-3.1‰（Ding et al.，2021；陈毓川等，1993；韩发等，1997；秦德先等，2002；唐龙飞等，2014；Cheng et al.，2014a），频率直方图显示出明显的“塔式”分布（图 5-64）。龙头山 100 号矿体中硫化物的 $\delta^{34}S$ 值为 7.3‰～12.5‰（Han et al.，1997；梁婷等，2008）。

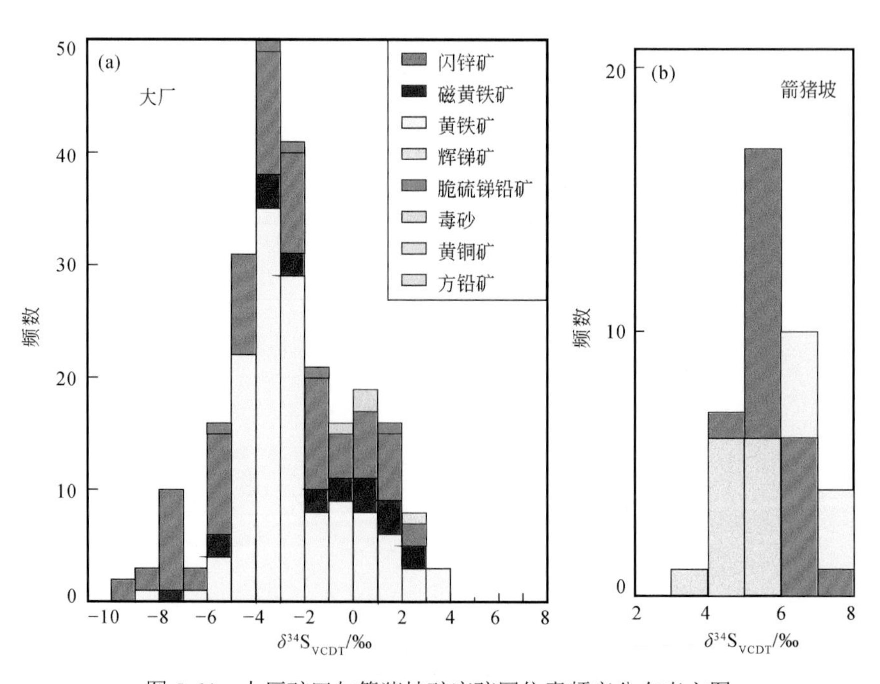

图 5-64 大厂矿田与箭猪坡矿床硫同位素频率分布直方图

箭猪坡矿床中闪锌矿、黄铁矿和辉锑矿的硫同位素组成分别为 4.97‰～7.36‰、5.61‰～8.00‰、5.92‰～5.99‰，平均值分别为 5.90‰、7.05‰、4.97‰，均具有较窄的变化范围。主成矿阶段中黄铁矿、闪锌矿和辉锑矿的$\delta^{34}S_{VCDT}$值均为正值，其变化范围为 5.92‰～8.00‰，具有 5.00‰～6.00‰的峰值范围（图 5-65）。硫化物间的硫同位素值的均一性，显示硫的来源是稳定的；频率直方图显示出明显的“塔式”分布（图 5-64），且$\delta^{34}S$ 黄铁矿＞$\delta^{34}S$ 闪锌矿＞$\delta^{34}S$ 辉锑矿，暗示硫同位素在这些矿物组合中已达到平衡（郑永飞和陈江峰，2000；张宏飞和高山，2012）。

根据 Ohmoto（1972）的研究，成矿热液体系中的硫同位素组成与体系中源区物质的硫同位素组成、成矿时的温度、氧逸度、酸碱度、离子强度、结晶矿物的类型和相对数量等密切相关，故不能用某一种硫化物的$\delta^{34}S_{VCDT}$值示踪成矿物质的来源。考虑到大厂矿田和箭猪坡矿床的矿石矿物多为硫化物组合，缺乏硫酸盐矿物，其流体包裹体含有大量还原性气体和有机质如甲烷、沥青等，说明流体呈强还原性，故可用硫化物$\delta^{34}S$ 值代表总硫$\delta^{34}S\Sigma_{S\text{-fluids}}$值，进而对成矿流体中硫来源进行限定，据此判断箭猪坡矿床与大厂矿田中的硫为均一的岩浆硫（图 5-65），与深部隐伏的花岗岩密切相关，但不排除有少量地层硫的加入。

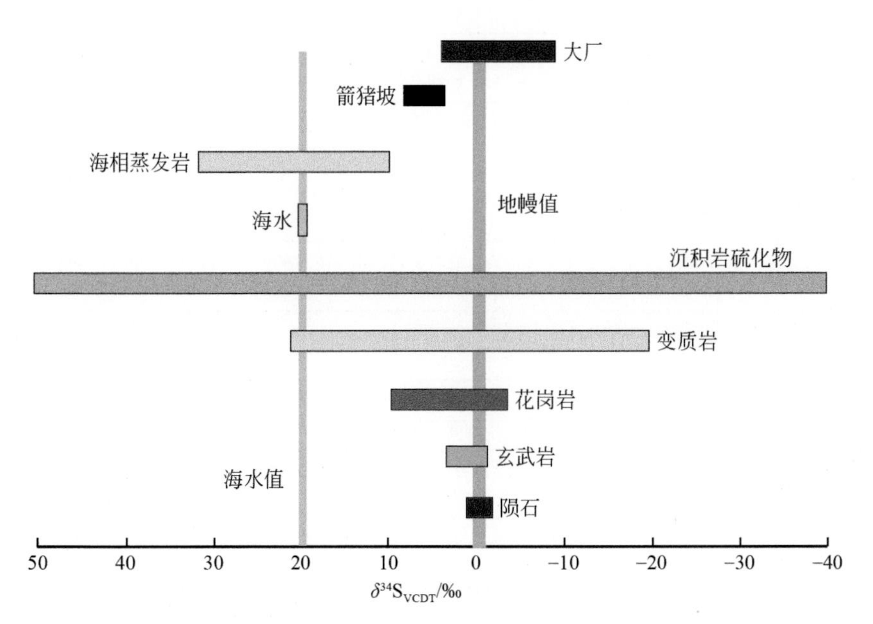

图 5-65　箭猪坡矿床硫同位素值与不同地质端元比较

5.2.4　流体包裹体锂和氯同位素限定流体来源

1. 分析样品性质和分析方法

本次研究系统采集铜坑矿体和高峰矿体中的各种类型的岩石以及矿石样品，旨在通过研究流体包裹体中的非传统同位素组成约束和限定矿床成矿热液的起源以及演化。铜坑矿体的样品从矿体上部 455 m 标高至 355 m 标高中段，包括脉状矿体、似层状矿体和层状矿体。高峰矿体样品按照从−110 m 标高至−250 m 标高分别采集，包括特富矿体矿石矿物和少量脉石矿物。表 5-2 列出了样品的基本信息，图 5-66 示出了部分代表性样品。由于矿区内多条岩脉（花岗斑岩、石英闪长玢岩等）切穿矿体，与矿床的形成具有明显的时间和空间的差异。龙箱盖岩体作为与矿床形成同时期的岩体，很可能为成矿提供物质来源和流体来源。因此，开展了该岩体的相关取样工作。

将样品粉碎后过筛，在双目镜下挑选 20～40 目的矿石矿物（如铁闪锌矿、黄铁矿、雌黄铁矿、石英、方解石）。硫化物和方解石使用超纯水清洗。石英样品使用 2% HNO_3 浸泡过夜并使用超声波震荡，消除表面可能存在的方解石等矿物或者其他杂质。清洗后的硫化物矿物使用烘箱在＜40 ℃下烘干，石英样品在＜60 ℃下烘干。所有的样品称取一定量于研磨样品的玛瑙杯中，加入 15 mL 超纯水。将杯子封紧后，固定于球磨仪上。采用高转速将样品研磨至＜200 目，释放赋存在热液矿物之中流体包裹体。将得到的流体包裹体淋滤液分为两份：1 份用于测试各元素含量，另外 1 份用于同位素分析。

表 5-2　铜坑和高峰矿体样品信息

矿体	标高/m	样品编号	样品	矿物组合	描述
铜坑	355	TK-355-203-1	铁闪锌矿	铁闪锌矿+黄铁矿+磁黄铁矿	脉状矿体，赋存在同车江组灰岩中
铜坑	355	TK-355-203-8	石英	铁闪锌矿+黄铁矿+石英	脉状矿体，主要产于北东向断裂中，石英样品表面发育明显擦痕；铁闪锌矿和黄铁矿穿插在石英中，表明石英可能是早期形成
铜坑	355	TK-355-2051-3	铁闪锌矿	铁闪锌矿+黄铁矿+方解石	大脉状矿体，赋存在同车江组条带状灰岩中，产状95°∠51°
铜坑	355	TK-355-203-7	石英，黄铁矿	黄铁矿+铁闪锌矿+石英	92 号层状矿体，赋存在柳江组黑色硅质岩中；黄铁矿和石英紧密共生
铜坑	386	TK-386-205-3	铁闪锌矿	铁闪锌矿+脆硫锑铅矿+黄铁矿	92 号层状矿体，赋存在柳江组灰黑色硅质岩中。热液交代硅质岩中的钙质部分
铜坑	386	TK-386-2032-15	石英	黄铁矿+铁闪锌矿+石英	92 号层状矿体中顺层石英脉，含有细小矿石脉穿插石英脉
铜坑	386	TK-386-2052-16	黄铁矿	黄铁矿+铁闪锌矿	脉状矿体，赋存在同车江组灰岩中。灰岩发生明显的黄铁矿化
铜坑	386	TK-386-2052-18	黄铁矿	黄铁矿+铁闪锌矿+方解石	92 号层状矿体，赋存在柳江组灰黑色硅质岩中
铜坑	386	TK-386-2050-8	铁闪锌矿	黄铁矿+铁闪锌矿+脆硫锑铅矿+方解石	92 号层状矿体，赋存在柳江组灰黑色硅质岩中；热液交代硅质岩中的钙质部分
铜坑	386	TK-386-2032-13	方解石	方解石+铁闪锌矿	92 号层状矿体中顺层方解石脉，柳江组灰黑色硅质岩中
铜坑	386	TK-386-205-2-1	方解石	方解石	92 号层状矿体中顺层方解石脉，柳江组灰黑色硅质岩中
铜坑	386	TK-386-205-2-2	方解石	方解石	92 号层状矿体中顺层方解石脉，柳江组灰黑色硅质岩中
铜坑	386	TK-386-205-9	铁闪锌矿，方解石	铁闪锌矿+黄铁矿+方解石	92 号层状矿体，赋存在柳江组灰黑色硅质岩中。热液交代硅质岩中的钙质部分
铜坑	386	TK-386-2032-10	铁闪锌矿	铁闪锌矿	脉状矿体，赋存在五指山组小扁豆灰岩中
铜坑	405	TK-405-8	石英	石英+黄铁矿	囊状石英赋存在五指山组灰岩中；石英中含有黄铁矿、方铅矿等硫化物脉，硫化物脉可能晚于石英
铜坑	455	TK-455-19-2	黄铁矿，磁黄铁矿	磁黄铁矿+黄铁矿+铁闪锌矿+脆硫锑铅矿	脉状矿石样品，脉宽 20 cm
铜坑	455	TK-455-19-5	铁闪锌矿	铁闪锌矿+黄铁矿+磁黄铁矿+脆硫锑铅矿+石英	脉状矿体，赋存在罗富组泥灰岩中
铜坑	455	TK-455-4	方解石	铁闪锌矿+方解石	那标组和罗富组交界处的方解石脉。方解石晶形发育良好，很可能是成矿后方解石脉
高峰	−110	GF-110-54-7	方解石	方解石	断层充填方解石脉，方解石脉中可见灰黑色围岩角砾。断层附近未见矿化
高峰	−145	GF-145-54-8	方解石	铁闪锌矿+脆硫锑铅矿+磁黄铁矿+方解石	方解石晶洞，厚度为 0.5～3 cm，含有细小硫化物矿脉；主要为铁闪锌矿、脆硫锑铅矿和磁黄铁矿
高峰	−151	GF-151-52-1	铁闪锌矿	铁闪锌矿+磁黄铁矿+脆硫锑铅矿+黄铜矿	
高峰	−161	GF-161-56-6	铁闪锌矿	铁闪锌矿+脆硫锑铅矿+磁黄铁矿	
高峰	−177	GF-177-50-2	铁闪锌矿	铁闪锌矿+脆硫锑铅矿+磁黄铁矿	
高峰	−250	GF-250-50-1	铁闪锌矿	铁闪锌矿+磁黄铁矿+黄铜矿	

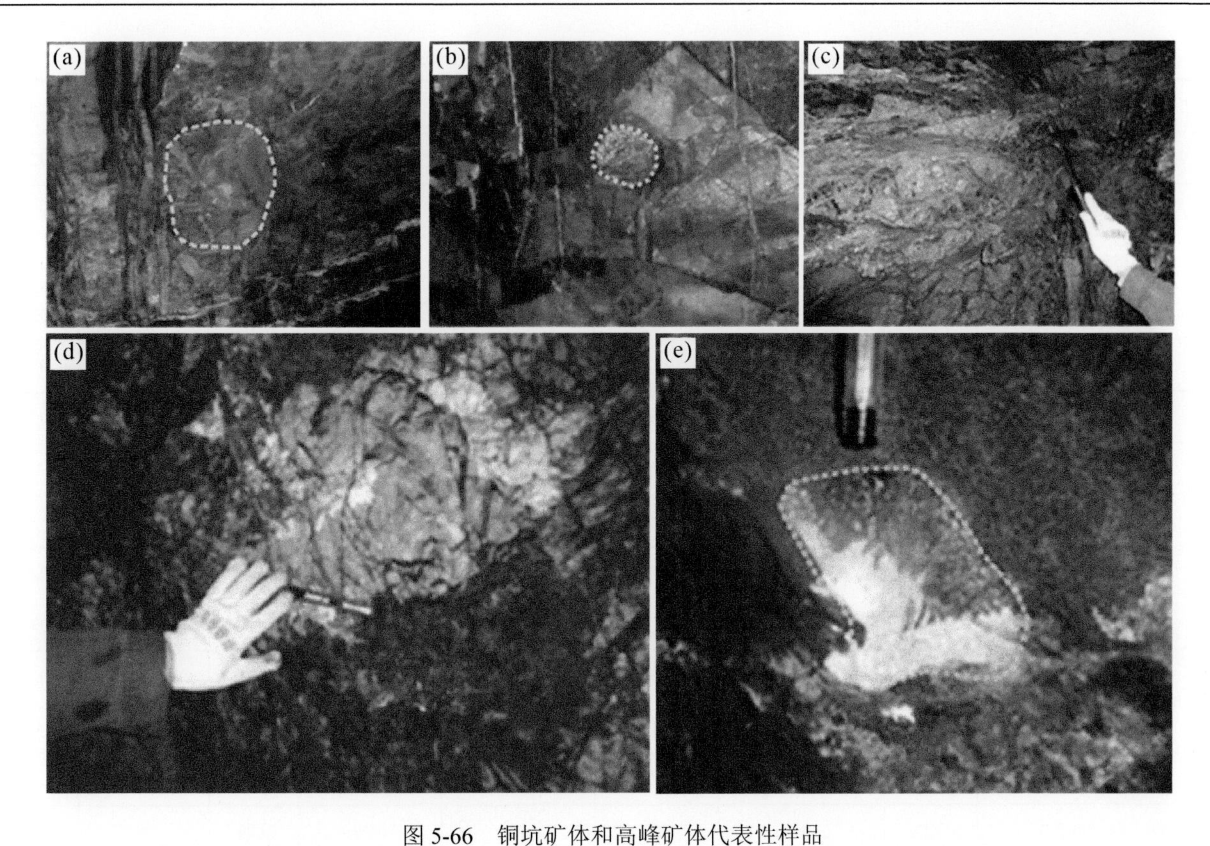

图 5-66　铜坑矿体和高峰矿体代表性样品

（a）柳江组硅质岩中的钙质结核；（b）钙质结核发生明显的黄铁矿化；（c）铁闪锌矿和黄铁矿脉（92 号层状矿体）；（d）囊状石英（细小硫化物脉穿插在石英中）；（e）高峰矿体中部分矿石穿插在礁灰岩中

流体包裹体淋滤液主要分析主量阴离子（F^-，Cl^-，NO_3^-，SO_4^{2-}），主量阳离子（Ca^{2+}，Mg^{2+}，K^+，Na^+），微量阴离子（Br^-）和微量阳离子（如 Li^+，Rb^+，Ba^{2+}）。元素分析均在中国科学院地球化学研究所环境国家重点实验室进行，分别采用 IC（阴离子），ICP-OES（主量阳离子），以及 ICP-MS（微量元素）进行分析。所有元素浓度的不确定性小于 10%（2SD）。样品的 Cl 稳定同位素和 Li 稳定同位素的前处理方法见本书第 2 和第 3 章描述，主要在中国科学院地球化学研究所矿床地球化学国家重点实验室进行。Cl 和 Li 同位素测试工作分别在中国科学院青海盐湖研究所和中国科学院地球化学研究所矿床地球化学国家重点实验室中开展。

2. 流体包裹体成分和同位素 Li、Cl 同位素组成

铜坑矿体：F^-和 NO_3^- 在样品溶液中含量较低，大部分＜0.5 mg/L。Cl^-和 SO_4^{2-} 作为样品溶液中的主导阴离子，前者一般小于＜50 mg/L，集中在 1～10 mg/L 之间，而后者主要在硫化物样品淋滤液中含量高，可达到 200 mg/L。方解石和石英样品中 SO_4^{2-} 含量明显低于硫化物样品。所有样品溶液中的 Br 含量均低于 100 μg/L。Cl/Br 值大部分低于 650，只有极个别样品达到 1000。硫化物矿物和脉石矿物（方解石和石英）之间的 Cl/Br 值没有明显的差异。相同手标本中共生的样品的 Cl/Br 值之间没有明显的差异。主量阳离子元素显示出 Ca 为主导的特征，部分样品中 K、Mg、Na 含量高于 Ca。除去方解石样品，其他样品中的 Ca 含量在 5～100 mg/L 之间。K、Mg 和 Na 的含量大部分＜10 mg/L。微量元素 Li 和 Sr 含量较高，其次为 Rb 和 Ba。Cs 含量最低，一般＜5 μg/L。386 m 标高的样品 Cs 含量明显高于其他样品，可达到 100 μg/L。硫化物矿物淋滤液中的 δ^7Li 值变化范围为−2.87‰～+4.50‰（n=10），相对变化范围比较宽。TK-355-203-7 样品中石英淋滤液中 δ^7Li 值（+2.96‰）明显高于共存的硫化物矿物（−0.01‰）。脉石矿物石英和方解石淋滤液中的 δ^{37}Cl 值在+0.28‰～+5.14‰（n=4），高于硫化物矿物中的−0.11‰～+1.94‰（n=6）。分析结果见表 5-3。

表 5-3 铜坑和高峰矿体流体包裹体淋滤液组分和同位素组成

样品编号	矿体	矿物	质量/g	定容/mL	δ^{37}Cl/‰	2σ	δ^{7}Li/‰	2σ
TK-355-203-1	铜坑	铁闪锌矿	2.72	15	−0.11	0.53	−0.01	0.24
TK-355-8	铜坑	石英	5.12	15	2.26	0.15	—	—
TK-355-2051-3	铜坑	铁闪锌矿	3.88	15	−0.06	—	4.50	0.47
TK-355-203-7	铜坑	石英	0.83	15	—	—	2.96	0.38
TK-355-203-7	铜坑	黄铁矿	2.16	15	—	—	−0.01	0.01
TK 386 205 3	铜坑	铁闪锌矿	5.57	15	—	—	2.87	0.25
TK-386-205-3	铜坑	铁闪锌矿	8.28	15	1.54	0.03	—	—
TK-386-2032-15	铜坑	石英	9.26	15	—	—	—	—
TK-386-2052-16	铜坑	黄铁矿	3.88	15	—	—	0.93	0.39
TK-386-2052-18	铜坑	黄铁矿	3.75	15	—	—	−0.54	0.43
TK-386-2050-8	铜坑	黄铁矿	1.66	15	—	—	4.11	0.05
TK-386-2032-13	铜坑	方解石	8.12	15	0.89	0.04	—	—
TK-386-205-2-1	铜坑	方解石	8.22	15	0.87	0.11	—	—
TK-386-205-2-2	铜坑	方解石	8.58	15	0.28	0.04	—	—
TK-386-205-9	铜坑	黄铁矿	5.11	15	—	—	—	—
TK-386-205-9	铜坑	方解石	5.31	15	5.14	0.03	—	—
TK-386-2032-10	铜坑	铁闪锌矿	2.56	15	1.94	0.03	1.45	0.07
TK-405-8	铜坑	石英	9.40	15	1.75	0.16	—	—
TK-455-19-2	铜坑	磁黄铁矿	3.70	15	—	—	3.73	0.26
TK-455-19-2	铜坑	黄铁矿	5.78	15	—	—	—	—
TK-455-19-2F	铜坑	磁黄铁矿	1.70	15	—	—	—	—
TK-455-19-5	铜坑	铁闪锌矿	5.48	15	2.23	0.49	5−99	0.26
TK-455-4	铜坑	方解石	8.33	15	—	—	—	—
GF-110-54-7	高峰	方解石	4.40	15	—	—	—	—
GF-145-54-8	高峰	方解石	9.30	15	—	—	—	—
GF-151-52-1	高峰	铁闪锌矿	5.90	15	2.24	0.03	2.97	0.42
GF-161-56-6	高峰	铁闪锌矿	2.82	15	2.80	0.06	2.58	0.20
GF-177-50-2	高峰	铁闪锌矿	2.77	15	—	—	1.91	0.24
GF-177-50-2	高峰	铁闪锌矿	8.10	15	—	—	—	—
GF-180-3	高峰	铁闪锌矿	2.65	15	1.40	0.15	5.15	0.16
GF-250-50-1	高峰	铁闪锌矿	4.07	15	—	—	2.05	0.07

续表

样品编号	矿体	F^-/(mg/L)	Cl^-/(mg/L)	NO_3^-/(mg/L)	SO_4^{2-}/(mg/L)	Br/(μg/L)	Cl/Br
TK-355-203-1	铜坑	0.43	1.72	0.13	11.11	9.82	393
TK-355-8	铜坑	0.02	16.09	0.32	0.41	47.36	764
TK-355-2051-3	铜坑	0.03	9.48	0.24	4.98	38.86	549
TK-355-203-7	铜坑	0.32	0.58	0.23	4.22	10.40	124
TK-355-203-7	铜坑	0.22	5.50	0.15	126.17	24.48	50
TK-386-205-3	铜坑	0.43	8.28	0.18	0.90	29.09	640
TK-386-205-3	铜坑	0.47	14.28	<0.01	1.61	44.90	715
TK-386-2032-15	铜坑	0.21	7.44	0.07	0.71	36.39	460
TK-386-2052-16	铜坑	0.35	4.67	0.17	46.96	25.37	449
TK-386-2052-18	铜坑	0.14	7.27	0.15	38.54	30.13	543
TK-386-2050-8	铜坑	1.58	0.78	0.09	32.53	6.07	288
TK-386-2032-13	铜坑	0.03	55.11	0.04	0.35	109.26	1094
TK-386-205-2-1	铜坑	0.04	20.50	0.08	1.29	64.98	710
TK-386-205-2-2	铜坑	0.08	40.62	<0.01	29.54	177.45	515
TK-386-205-9	铜坑	0.19	1.30	<0.01	64.93	12.87	227
TK-386-205-9	铜坑	0.02	2.32	<0.01	0.38	20.32	256
TK-386-2032-10	铜坑	0.13	1.67	0.16	1.90	9.06	415
TK-405-8	铜坑	0.35	25.70	<0.01	0.66	102.17	566
TK-455-19-2	铜坑	0.66	1.19	0.06	60.17	7.79	344
TK-455-19-2	铜坑	2.50	3.13	<0.01	259.11	383.05	18
TK-455-19-2F	铜坑	0.11	0.19	n.a.	57.60	0.48	885.83
TK-455-19-5	铜坑	5.64	5.39	0.22	116.37	17.98	424.76
TK-455-4	铜坑	0.26	0.11	0.11	0.30	1.19	217.51
GF-110-54-7	高峰	0.03	0.13	n.a.	0.26	1.24	244.09
GF-145-54-8	高峰	0.04	0.24	n.a.	0.04	1.75	314.26
GF-151-52-1	高峰	2.17	7.11	0.17	84.40	32.69	489.73
GF-161-56-6	高峰	1.24	2.05	0.15	11.87	15.37	344.46
GF-177-50-2	高峰	1.31	2.40	0.14	1.69	15.32	405.12
GF-177-50-2	高峰	1.81	7.33	0.10	9.28	30.73	535.679
GF-180-3	高峰	1.58	4.28	0.04	7.40	18.18	530.37
GF-250-50-1	高峰	2.76	10.07	0.21	187.21	44.19	512.86

注：“—”代表未测；“n.a.”代表低于检出限。下同。

续表

样品编号	矿体	主量元素/(mg/L)				微量元素/(μg/L)				
		Ca	K	Mg	Na	Li	Rb	Sr	Ba	Cs
TK-355-203-1	铜坑	25.30	7.00	1.84	1.85	40.28	22.01	25.44	9.27	<0.1
TK-355-8	铜坑	5.22	2.81	0.07	5.85	181.47	17.26	70.22	72.00	50.14
TK-355-2051-3	铜坑	28.76	1.65	2.37	2.59	56.36	20.63	54.42	295.33	<0.1
TK-355-203-7	铜坑	5.64	1.38	0.33	1.56	15.46	7.65	19.73	15.59	<0.1
TK-355-203-7	铜坑	9.05	2.05	0.93	2.04	57.89	19.37	56.03	20.40	<0.1
TK-386-205-3	铜坑	11.22	1.53	0.35	2.30	83.83	15.56	24.04	31.09	<0.1
TK-386-205-3	铜坑	22.28	1.55	0.39	5.51	161.19	37.02	49.80	15.30	82.90
TK-386-2032-15	铜坑	30.92	0.46	7.99	1.58	125.38	2.56	41.08	2.59	2.98
TK-386-2052-16	铜坑	44.75	0.93	4.60	2.94	42.61	6.32	80.83	85.685	<0.1
TK-386-2052-18	铜坑	104.73	2.61	0.86	2.66	82.43	21.24	190.66	37.70	<0.1
TK-386-2050-8	铜坑	60.37	1.88	4.60	1.64	14.42	11.26	81.57	5.01	<0.1
TK-386-2032-13	铜坑	47.27	2.77	12.32	2.83	207.19	30.49	1466.34	40.52	120.34
TK-386-205-2-1	铜坑	27.41	2.22	6.73	1.54	58.13	35.18	736.37	3.77	121.38
TK-386-205-2-2	铜坑	40.45	5.17	9.94	5.97	156.08	31.45	1031.56	12.22	102.00
TK-386-205-9	铜坑	41.80	0.36	0.73	2.04	12.14	3.09	55.32	99.98	5.40
TK-386-205-9	铜坑	15.70	0.57	1.94	0.48	5.36	12.88	68.80	5.99	63.66
TK-386-2032-10	铜坑	27.62	1.05	1.67	1.29	16.17	5.74	17.87	2.64	<0.1
TK-405-8	铜坑	35.33	0.92	2.90	4.06	185.22	12.55	42.27	5.52	12.35
TK-455-19-2	铜坑	47.13	1.39	2.01	1.83	20.69	10.10	167.23	5.70	<0.1
TK-455-19-2	铜坑	16.37	1.29	2.55	2.64	7.84	7.00	43.05	4.79	5.16
TK-455-19-2F	铜坑	10.73	0.14	0.17	0.56	0.27	0.22	8.36	0.19	4.35
TK-455-19-5	铜坑	22.40	1.44	1.61	2.27	43.84	14.23	31.90	20.93	<0.1
TK-455-4	铜坑	28.78	0.07	4.23	<0.1	0.42	1.88	94.56	4.36	4.46
GF-110-54-7	高峰	12.59	5.94	4.54	2.29	0.69	0.83	94.37	4.40	0.42
GF-145-54-8	高峰	18.91	<0.1	1.62	<0.1	0.34	0.51	97.40	1.53	0.22
GF-151-52-1	高峰	5.664	7.22	5.62	2.80	119.25	45.683	22.42	70.08	<0.1
GF-161-56-6	高峰	2.27	2.30	2.51	1.72	35.78	14.85	11.12	14.99	<0.1
GF-177-50-2	高峰	47.13	1.39	2.01	1.83	63.00	8.43	20.31	9.88	<0.1
GF-177-50-2	高峰	18.89	5.91	6.81	5.44	121.72	40.29	30.98	35.56	1.21
GF-180-3	高峰	45.681	1.14	0.88	2.94	55.39	19.16	8.87	4.30	<0.1
GF-250-50-1	高峰	19.40	24.88	15.65	2.79	261.33	126.80	37.84	105.49	<0.1

铜坑矿体 2 个铁闪锌矿的 Li 含量和δ^7Li 值分别为 0.71 μg/g 和+0.03‰，0.36 μg/g 和−1.08‰。其中 1 个石英样品中含有最高的 Li 含量和最重的 Li 同位素组成，4.44 μg/g 和+10.46‰；另外 1 个石英样品中含有 0.53 μg/g Li 和+7.96‰ δ^7Li 值。磁黄铁矿的 Li 含量为 0.70 μg/g，δ^7Li 值为−5‰～65‰。黄铁矿中的 Li 含量在 0.15～0.33 μg/g 之间，δ^7Li 值为−2.29‰～+1.03‰。硫化物矿物中的 Li 含量较低，Li 同位素组成比较均一。

高峰矿体：NO_3^- 含量低于 0.3 mg/L。SO_4^{2-} 含量变化范围大，为 0.04～187.21 mg/L。Cl^-含量在 0.13～10.07 mg/L。F^-含量在 0.03～2.76 mg/L 之间。所有样品溶液中的 Br 含量均低于 50 μg/L。Cl/Br 值比较均一，在 244～536 之间。Ca 含量在 2～47 mg/L 之间，Mg、K 和 Na 含量大部分低于 5 mg/L。样品溶液以 Ca 为主导，显示出 Ca 大于 Mg、K 和 Na 的特征。δ^7Li 值在+1.91‰～+5.15‰之间（n=5），相对于铜坑矿体而言比较均一。δ^{37}Cl 值为+1.14‰～+2.80‰之间（n=3）。分析结果见表 5-3。

高峰矿体中 3 个铁闪锌矿的 Li 含量为 0.77～10.41 μg/g，明显高于铜坑矿体硫化物矿物。同时，铁闪锌矿的δ^7Li 值处于−0.17‰～0.55‰之间。龙箱盖岩体中黑云母花岗岩 Li 含量为322 μg/g，δ^7Li 值为−0.21‰。所有的分析结果见表 5-4。

表 5-4　铜坑和高峰矿体 Li 含量和δ^7Li 值对比

样品编号	矿体	矿物	δ^7Li/‰	2SD	Li/(μg/g)
TK-355-8	铜坑	石英	10.46	0.10	4.44
TK-405-8	铜坑	石英	7.96	0.20	0.53
TK-455-19-5	铜坑	铁闪锌矿	0.03	0.36	0.71
TK-355-203-1	铜坑	铁闪锌矿	−1.08	0.31	0.36
TK-455-19-2	铜坑	磁黄铁矿	−5.65	0.19	0.70
TK-355-203-7	铜坑	黄铁矿	0.63	0.27	0.31
TK-386-2052-16	铜坑	黄铁矿	1.03	0.43	0.15
TK-355-203-1	铜坑	黄铁矿	−2.29	0.15	0.33
GF-177-50-2	高峰	铁闪锌矿	−0.17	0.32	5.687
GF-161-56-6	高峰	铁闪锌矿	−0.55	0.58	0.77
GF-250-50-1	高峰	铁闪锌矿	−0.44	0.05	10.41
LXG	龙箱盖岩体	全岩	−0.21	0.23	322.00

3. 元素含量指示流体来源

高峰矿体的 K/Na 值在 0.39～8.93 之间，大部分样品＞1，显示了流体包裹体中富集 K 特征。同时，成矿晚期形成的方解石流体包裹体中的 K/Na 值为 1.00～1.72，与铁闪锌矿的 K/Na 值（大部分在 0.39～2.58 之间）没有明显的差异。这显示了流体在成矿作用过程之中没有明显的 K 和 Na 元素的流失，对应于矿区内没有发现明显的钾长石化或者钠长石化等围岩蚀变。Li/Na 值在 0.0003～0.0938 之间。铁闪锌矿流体包裹体淋滤液的 Li/Na 值变化范围为 0.0208～0.0938，高于方解石变化范围（0.0003～0.0034）。

铜坑矿体脉石矿物石英样品淋滤液测试的 K/Na 值和 Li/Na 值变化范围为 0.23～0.87 和 0.0086～0.07935，方解石淋滤液（与高峰矿体中的方解石相似）为 0.17～1.44 和 0.00418～0.03935。脉石矿物中的 K/Na 值与硫化物矿物之中的比值相似——铁闪锌矿（0.63～0.82）、黄铁矿（0.18～1.15）和磁黄铁矿（0.25～0.76），显示了成矿热液中的 K/Na 值均一且在成矿演化的不同期次没有明显的变化。铁闪锌矿 Li/Na 值为 0.01257～0.01933，磁黄铁矿为 0.00048～0.01132，前两者略微低于黄铁矿（0.00297～0.03103）。成矿前期脉石矿物和成矿期的矿石矿物流体包裹体 Li/Na 值高于方解石的规律，暗示成矿过程之中成矿流体中 Li 主要集中在早期。而且，铜坑矿区 92 号层状矿体中 K/Na 值和 Li/Na 值变化范围分别为 0.29～1.44 和 0.00596～0.0733，这与其他脉状矿体（上部脉和下部脉）（0.23～0.82 和 0.00048～0.04563）之间没有明显的差异。铜坑矿区的 K/Na 值明显低于高峰矿体（0.39～8.93）。铜坑矿区主矿体底部的夕卡岩锌铜矿体附近发生了明显的夕卡岩化，形成了黑云母、电气石等富钾矿物，可能导致了成矿流体中部分 K 的流失。

图 5-67 显示铜坑和高峰矿体流体淋滤液的Li/Na值和K/Na值与典型的岩浆热液之间具有明显的相似性，表明了成矿流体是富 Li、K 的岩浆热液。这对应于笼箱盖岩体是富 Li、K 的过铝质岩体。测试数据显示笼箱盖黑云母花岗岩含 Li 为 322 μg/g。梁婷等（2008）报道了黑云母花岗岩富集碱金属元素，其 K_2O+Na_2O 的含量为 7.15%～8.49%，平均为7.98%，高于中国黑云母花岗岩平均值 7.23%。同时，该岩体中 CaO 和 MgO 含量低，分别为 0.66%～1.18%和 0.16%～0.45%。然而，表 5-3 显示了流体包裹体淋滤液中 Ca、Mg 的含量较高，显示出 Ca>Mg 的特征。由于铜坑和高峰矿体赋矿围岩大多为碳酸盐岩，成矿流体在演化过程中可能同化了围岩导致了成矿热液中含有较高的 Ca 和 Mg。

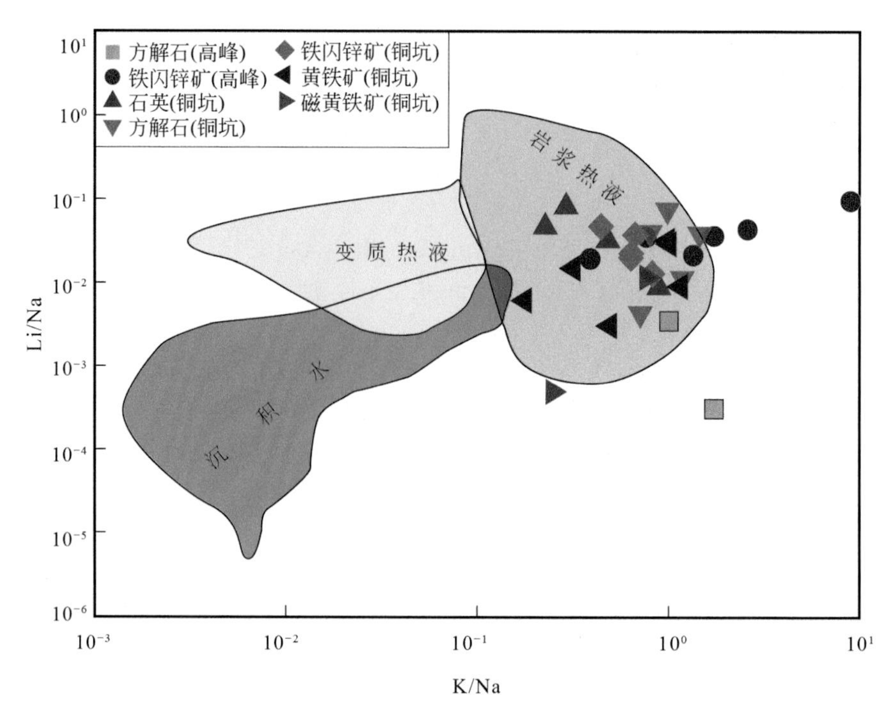

图 5-67 铜坑和高峰矿体流体淋滤液中微量元素含量比值

（底图源于 Heijlen et al.，2008）

4. Li 同位素指示成矿热液来源

由于 Li 同位素的分馏明显和 Li 的流体迁移性强，流体包裹体的 Li 同位素组成逐渐用来判断成矿流体的来源以及研究水岩反应过程（Chan et al.，2002；Millot et al.，2004；Yang J L et al.，2015；Richard et al.，2018）。92 号矿体的形成原因有两种推论：①海底喷流热液成矿；②岩浆热液作用，与上部脉状矿体成因相同。假如其成矿流体主要源于海底热液，那么赋存在铁闪锌矿、黄铁矿和脉石石英等代表成矿期的热液矿物之中的流体包裹体应很大程度上继承于海底热液，保留了海底热液的 Li 同位素组成。目前，研究人员已经对现代大洋海底喷流热液的 Li 同位素组成进行了大量的研究，比如东太平洋洋中脊喷流系统中（EPR11°N～13°N 和 EPR21°N）热液δ^7Li 值为+6.8‰～+10.9‰（Chan et al.，1993），胡安·德富卡海岭北部热液δ^7Li 值为+7.2‰～+8.9‰（Foustoukos et al.，2004），大洋超深钻中瓜伊马斯盆地高温热液喷流流体的δ^7Li 值为约+10‰（Chan et al.，1994）。上述的热液中δ^7Li 值变化范围显著地低于大厂铜坑 92 号层状矿体中流体包裹体的δ^7Li 值（−2.87‰～+4.11‰），表明层状矿体中的成矿流体来源并非为海底喷流热液。

假定大厂矿区的 Sn 多金属矿床的成矿流体主要起源于笼箱盖岩体演化形成的岩浆热液，那么流体淋滤液中的δ^7Li 值应该在当前的岩浆热液δ^7Li 值变化范围内且相似于笼箱盖岩体的组成特征。大厂铜坑和高峰矿体中的δ^7Li 值分别为−2.8‰～+4.5‰和−0.01‰～+5.15‰，基本落在岩浆热液范围（−4‰～+4‰），且与黑云母花岗岩一致（笼箱盖）（−0.21‰）。同时，92 号层状矿体中的δ^7Li 值与顶部和底部脉状矿体没有差异（图 5-68）。流体淋滤液的 Li 同位素组成特征强烈地指示了成矿流体起源于岩浆热液的信号。

目前为止，熔体和流体的高温平衡 Li 同位素分馏没有实验数据支撑（Marschall et al.，2007）。Teng 等（2007）模拟计算表明流体出溶过程的 Li 同位素组成特征。同时，Li 等（2018）测试的岩体和相关热液矿物的δ^7Li 值相似，暗示岩浆热液与岩体之间的 Li 同位素组成可能具有相似性。大部分成矿流体的 Li 同位素组成（−2.8‰～0.0‰）与笼箱盖岩体保持一致，表明了岩浆热液从熔体中演化出溶过程不会导致同位素分馏。

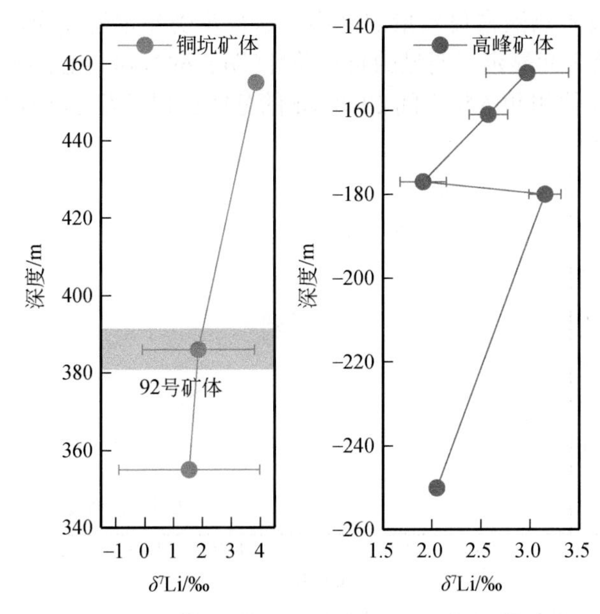

图5-68　铜坑和高峰矿体不同深度成矿流体δ^7Li值

然而，脉石矿物石英流体淋滤液（+2.96‰）和部分矿石矿物流体淋滤液（+1‰～+4‰），尤其是高峰矿体（−0.01‰～+5.15‰），δ^7Li值轻微地高于黑云母花岗岩。Lynton等（2005）研究了石英和流体中Li同位素的分馏问题，表明^{7}Li倾向于进入矿物相中（500 ℃，$\alpha_{石英-流体}$=1.010～1.012。Yang等2018年通过测试石英和其流体包裹体Li同位素组成，建立了石英和流体之间与温度相关的平衡分馏关系-$\Delta\delta^7$Li$_{石英-流体}$=−8.9382×（1000/T）+22.22（R^2=0.98；175～340 ℃）。铜坑矿体的2个石英颗粒的δ^7Li值分别为10.46‰和7.96‰，明显高于石英淋滤液，显示了在石英和流体的分馏过程中，δ^7Li更加倾向于进入矿物相。根据分馏关系计算出流体包裹体的温度分别为340 ℃和245 ℃，在流体包裹体测温范围内（赵海等，2018）。因此，热液石英在形成过程之中可能导致^{6}Li跟随其一起从成矿热液中析出，而保存在石英中的残余流体包裹体则更多地与石英在地质历史时期进行同位素分馏过程，导致其流体包裹体的δ^7Li更高。表5-3显示了硫化物矿物中的δ^7Li值为−5.65‰～+1.03‰，轻微地低于流体包裹体淋滤液，符合Li同位素的平衡配位理论：Li在大部分矿物（除石英等占据2或者4次配位）中一般占据6次或者8次配位数，高于其在流体中的4次配位数。据同位素配位理论，流体之中的同位素组成重于平衡的矿物相。而且，在Wunder等（2006）研究中，锂辉石-流体体系分馏表明^{7}Li倾向于进入流体体系，$\Delta\delta^7$Li$_{矿物-流体}$=−4.61×（1000/T）+2.48；R^2=0.86，2 GPa，而且与温度之间的相关性良好。硫化物的大量沉淀也可能导致残余流体包裹体中具有更重的Li同位素组成。根据Wunder等（2006）给出的温度之间的相关性，将矿物与流体之间的分馏系数带入公式，计算出的硫化物与流体之间的平衡分馏温度可达1000 ℃以上，显然与流体包裹体测试温度不符合。这反映了硫化物和流体之间的分馏并非为平衡分馏的结果。同时，硫化物矿物中的Li含量较低（大部分＜1 μg/g），硫化物的析出很难影响到成矿热液的δ^7Li值。

大厂铜坑矿区的脉状矿体大部分均发育在北西向断裂的碳酸盐岩（如条带状灰岩、大扁豆灰岩、小扁豆灰岩和泥灰岩）中。同时，92号层状矿体赋存的柳江组硅质岩中发现了明显的钙质结核矿化蚀变现象（图5-66）。另外，高峰特富矿体更是赋存在礁灰岩体中。岩浆热液流体在上涌或者迁移过程之中可能蚀变同化区域上的碳酸盐地层。而且，S同位素组成特征也显示灰岩中的硫酸盐参与了成矿作用过程（梁婷等，2008）。这些具有重Li同位素组成特征的流体淋滤液的矿石样品均对应了矿体周围的碳酸盐岩发生明显的矿化蚀变过程。同时，碳酸盐岩具有较高的Li含量：五指山组扁豆灰岩，62 μg/g；那标组礁灰岩，7.9 μg/g。因此，成矿热液在金属元素析出过程之中可能混入了碳酸盐岩的组分，导致成矿流体之中的δ^7Li值上升。

5. Cl稳定同位素组成与Cl/Br值

流体包裹体中的Cl稳定同位素组成和Cl/Br值是示踪矿床中盐分来源的重要工具（Banks et al.，2002）。铜坑矿体流体淋滤液的Cl/Br值为18～1000，大部分比值低于649（海水）。高峰矿体中的Cl/Br值为244～530，比较均一。总体上，两个矿体的Cl/Br值明显低于典型的岩浆热液（500～1000）。δ^{37}Cl值为−0.11‰～+5.14‰，大部分值在+1‰～+2.5‰，与海水（0）有着显著的差异。目前岩浆热液的δ^{37}Cl值还没有统一的界定。大多数研究人员认为δ^{37}Cl＜−1.6‰的成矿热液很可能与岩浆热液相关，而蒸发海水或者海水来源的δ^{37}Cl值在0左右。然而，我们的数据显示出了极其偏正的Cl稳定同位素组成，这不同于限定的岩浆热液或者海水储库。储库研究表明黑云母等富Cl的岩石样品中具有极正的δ^{37}Cl值（0～3‰）。笼箱盖岩体黑云母花岗岩含有大量的挥发分元素（如Cl、B、F），可能为成矿作用提供重要的挥发分搬运成矿金属（如Sn、Zn、Pb、Fe）。

由于卤素的亲流体性和在流体之中的高溶解度，成矿热液富集大量的卤族元素很难受到水岩反应作用，导致热液之中卤素比值发生改变。δ^{37}Cl 值和 Cl/Br 值之间显示了明显的负相关性（图 5-69），这与 Lüders 等（2002）描述的趋势一致。气液相分离的过程会导致流体相和气相之间 Cl 和 Br 的分馏过程以及 Cl 同位素的分馏。Lüders 等（2002）认为虽然低的 Cl/Br 值可以通过成矿流体中混入有机 Br 或者流体在搬运过程之中发生了石盐的结晶而产生。然而，Br 的加入无法导致流体之中δ^{37}Cl 值与之协变，而且石盐结晶过程之中的 Cl 同位素分馏实验表明结晶过程导致的分馏程度<0.5‰。Cl/Br 值和δ^{37}Cl 值的协变现象可能是流体产生气液相分馏所致，气相的逃逸导致残余成矿溶液之中的 Cl/Br 值降低且δ^{37}Cl 值明显升高。这种线性相关性对应于大厂铜坑和高峰矿体的脉石矿物石英流体包裹体中发现大量的含子晶包裹体和气液两相包裹体，表明成矿作用可能是由流体相分离过程引起的。

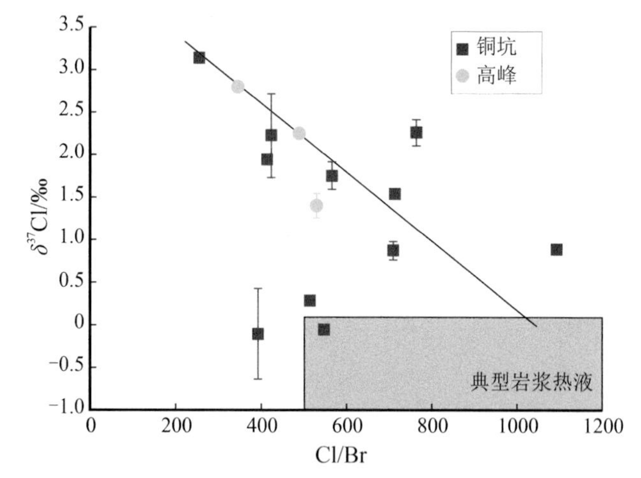

图 5-69　铜坑和高峰矿体δ^{37}Cl 值和 Cl/Br 值图

6. 结论

（1）大厂铜坑矿区层状矿体和脉状矿体的流体包裹体淋滤液δ^7Li 值变化范围一致，没有明显的差别。同时，元素含量特征也十分相似。这表明铜坑矿区 2 种矿体的成因具有一致性。

（2）铜坑和高峰矿体中淋滤液δ^7Li 值和元素特征具有明显的相似性显示出 2 个矿体相同的成矿热液来源。δ^7Li 值和元素特征均落在典型的岩浆热液范围内且与笼箱盖黑云母花岗岩相似性极高，表明了成矿流体来源主要来源于岩浆热液，而非海底喷流热液（铜坑 92 号矿体）。部分样品中δ^7Li 值偏高可能是受到了碳酸盐地层的混染所致。

（3）δ^{37}Cl 值和 Cl/Br 值与典型的岩浆热液有着明显的差异，而两者之间的相关性指示这种差异来源于成矿热液在演化过程之中发生了明显的气液相分离过程。

第 6 章 扬子板块西缘 Ge 的超常富集机制

作为一种稀散金属元素，Ge 是众多高新科技领域的重要原材料，在半导体、航空航天测控、核物理探测、光纤通信、红外光学、太阳能电池、化学催化剂、生物医学等领域都具有广泛且重要的应用，在国民经济建设中具有重要地位，属于国家重要的战略资源，许多国家将其进行严格控制、管理和储备（涂光炽和高振敏，2003；Höll et al.，2007；Cook et al.，2015；Schulz et al.，2017）。“川滇黔 Pb-Zn 矿集区”不仅是我国西南大面积低温成矿域的重要组成部分，也是我国重要的 Pb、Zn、Ag 及多种分散元素生产基地之一（涂光炽和高振敏，2003；Hu and Zhou，2012；Zhang et al.，2015；Zhou J X et al.，2018b），在 17 万 km^2 范围内分布 400 余个规模不等的 Pb-Zn 矿床（点），包括 1 处超大型 Pb-Zn 矿床（会泽）和 10 处大型 Pb-Zn 矿床（富乐、茂租、毛坪、天宝山、大梁子、小石房、赤普、乐红、麻栗坪、纳雍枝）（黄智龙等，2004a，2004b；张长青，2008；金中国，2008；吴越，2013；Zhang et al.，2015）。Ge 是该区 Pb-Zn 矿床中重要伴生有益资源，经济价值巨大，仅云南会泽 Pb-Zn 矿床中 Ge 储量就超过 386 t（薛步高，2004），Pb-Zn 矿石中 Ge 品位一般在 0.52×10^{-6}～256×10^{-6}（平均 62.1×10^{-6}）之间（韩润生等，2012），已成为我国最大的 Ge 生产基地（杜明，1995；刘峰，2005；张茂富等，2016），与云南茂租（136 t）、富乐（129 t）、毛坪（17 t）构成滇东北重要 Ge 资源基地（薛步高，2004）。近年来，我们的初步研究表明，“川滇黔 Pb-Zn 矿集区”几乎所有 Pb-Zn 矿床均不同程度富集 Ge，可作为我国 Ge 资源战略储备基地（叶霖等，2019）。

6.1 全球低温热液型富 Ge Pb-Zn 矿床的时空分布

6.1.1 富 Ge 矿床的时空分布和矿床类型

科学界关于 Ge 的研究起步较晚，因此与 Ge 有关的文献较为匮乏。一些学者根据大陆地壳演化过程中 Ge 含量的变化情况，提出 Ge 的成矿作用可能很大程度上与热液贱金属矿床（Zn、Pb 和 Cu）的地质演化吻合（Bernstein，1985；Höll et al.，2007）。此外，Ge 的富集可能与“大气圈的演化”和“光合作用的出现”等具有密切的联系，在 23 亿～24 亿年前，具有产氧功能的蓝藻细菌把海洋中 Fe^{2+}氧化成 Fe^{3+}，形成 Fe^{3+}的氢氧化物易吸附一定量的 Ge，使其赋存于条带状铁建造中；元古宙产纤维素真核生物的出现以及纤维素被转化为木质素和腐殖酸能够使碳质岩石（如褐煤、煤和黑色煤页岩）具有吸附 Ge 的能力；太古宙时期，生物圈的演化、富 Ge 有机质和白云岩向灰岩转化使 Ge 的地球化学特征发生变化。细菌还原硫酸盐的需求、有机物促使硫化物的形成和 Ge 的释放使古生代以富有机质的沉积岩为赋矿围岩（如页岩）的低温硫化物矿床中 Ge 轻微富集。总体而言，从时间上看，地壳（主要是含 Ge 贱金属矿床）的地质演化、大气对 Ge 在地球历史上的成矿作用有一定的影响，全球大部分富 Ge 矿床形成于显生宙。

Ge 矿资源在全球分布相对较集中，主要分布在美国、中国和俄罗斯，其资源储量分别约为 3870 t、3500 t 和 860 t，分别占全球储量的 45%、41%和 10%，其总和约占全球总储量的 96%。中国供给了世界 60%的 Ge 产品，是全球最大的 Ge 生产国和出口国（European Commission，2010，2014）。已有的研究表明，Ge 相对富集在诸如伟晶岩、低温硫化物、铁的氧化物和氢氧化物等不同矿物组合以及煤中，一般不能形成具有工业开采价值的独立矿床，但可富集于不同类型矿床的不同成矿阶段（Bernstein，1985；Pokrovski and Schott，1998）。尽管煤（煤灰）是 Ge 的重要来源之一，但是 Zn、Cu 贱金属的副产品才是全球 Ge 的主要来源（Moskalyk，2004，Höll et al.，2007；Cook et al.，2015）。事实上，受研究程度的限制，全球富 Ge 矿床的分布并无规律可言（图 6-1），在北美、欧洲和中国相对较多，富 Ge 的贱金属矿床类型也相当复杂，独立矿床少见。主要矿床类型如下。

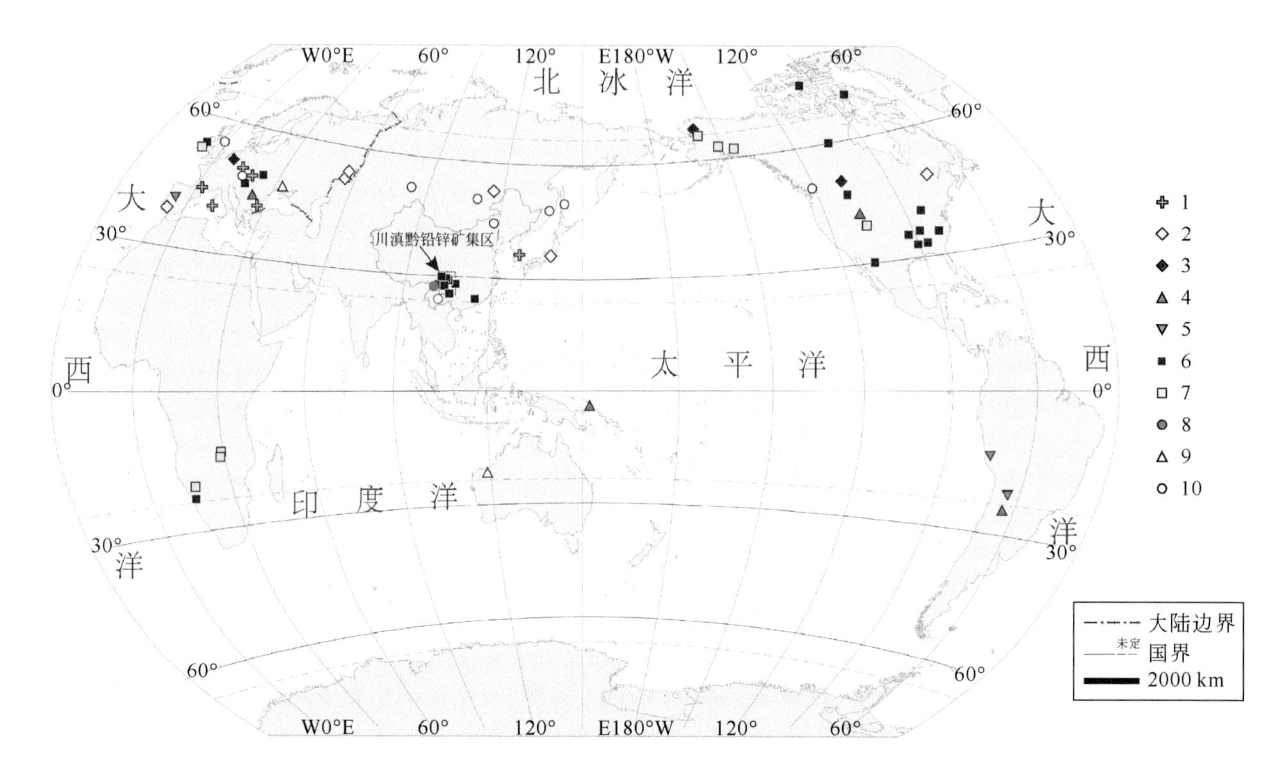

图 6-1　全球富 Ge 矿床的分布图（据 Höll et al.，2007 修改）

1. 脉状 Ag-Pb-Zn（-Cu）矿床；2. 火山岩型块状硫化物（VMS）Cu-Zn-Pb（-Ba）矿床；3. SEDEX 型 Zn-Pb-Cu（-Ba）矿床；4. 斑岩-浅成热液型脉状-网脉状 Cu-Mo-Au 矿床；5. 斑岩-浅成热液型脉状-网脉状 Sn-Ag 矿床；6. 赋存于碳酸盐岩中贱金属硫化物矿床（包括爱尔兰型、阿尔卑斯型和密西西比河谷型矿床）；7. 赋存于碳酸盐岩中的多金属硫化物矿床（基普什型矿床）；8. 砂岩型 Pb-Zn 矿床；9. 铁氧化物矿床；10. 煤和褐煤矿床

1. 脉状 Ag-Pb-Zn 矿床

该类矿床可形成于不同构造背景，赋矿围岩复杂多样，包括沉积岩、岩浆岩和变质岩等，一般为后生成因，矿体通常受构造控制，多为开放空间充填形成而非交代成因，一些矿床与岩浆侵入体或变质过程有关（Frenzel et al.，2014）。德国萨克森州 Freiberg Ag-Pb-Zn（-Cu）多金属矿床不仅是首次发现 Ge 独立矿物（Argyrodite）和提炼出金属 Ge 的矿床（Winkle，1886），而且是全球罕见的 Ge 独立矿床，矿床中 Ge 高度富集（Baumann，1994；Baumann et al.，1999），锌矿体中 Ge 约 1×10^{-6}～3×10^{-6}，晚期形成的富银的锌矿体中 Ge 更为富集，Ge 可达 100×10^{-6}，其中，Ge 主要以硫银锗矿（Ag_8GeS_6，1.8%～6.9% Ge）形式产出，其次为以类质同象形式赋存的葡萄状闪锌矿（Moskalyk，2004）。值得一提的是，法国 Noailhac-Saint-Salvy Zn-Ge-Ag-Pb-Cd 矿床是欧洲最为重要的 Ge 资源产地，仅截止到 1994 年，已从平均 Ge 为 750×10^{-6} 的 547300 t 锌矿石中提取出大约 500 t Ge（Cassard et al.，1996），该矿床锌矿体呈脉状赋存于寒武系黑色片岩中，长约 10 km，厚 25 m，矿床存在多阶段的成矿作用，包括夕卡岩化到低温热液成矿过程，主成矿期闪锌矿异常富集 Ge，Ge 可高达 2500×10^{-6}，并有明显的元素分带（Barbanson and Geldron，1983）。此外，其他含 Ge 矿床包括德国 Harz Mountains 和 Pribram 矿集区（Möller and Dulski，1993）、意大利撒丁岛 Pb-Zn-Ba 矿床（Boni et al.，1996）、希腊 Kirki Ag-Pb-Zn 矿床（Skarpelis，1995）等，虽然其中闪锌矿 Ge 含量变化较大，但其仍为主要的载 Ge 矿物。而产于白垩系沉积岩和火山岩地层中的韩国 Wolyu 多金属脉状矿床，则在成矿晚期出现较多硫银锗矿（Yun et al.，1993）。

2. 喷流沉积型块状硫化物矿床

根据容矿岩石类型等，该类型可分为 VMS 和 SEDEX 型两大亚类。其中，VMS 型矿床赋存于不同时代不同构造背景的海相火山岩中，从太古宙火山岩地层到现代海底热液活动系统均有分布，这些矿床为热液流体和下覆火山岩和海相沉积岩相互作用产物，多为同生或早期成岩成因（Large et al.，2001）。VMS 型矿床在全球具有巨大的资源储量，为世界提供主要的 Zn、Pb、Cu、Ag 和 Au 资源，但其 Ge 的含量相对较低，Ge 均值远低于 100×10^{-6}，如太古宙的 Abitibi 型矿床中 Ge 含量较低，并没有大量 Ge 存在，而部分 Ge 含量相对较高的矿床常将 Ge 作为主要的副产品回收（Höll et al.，2007），如加拿大魁北克 Bousquet 2 Mine 铜锌矿体 Ge 高达 85×10^{-6}，Ge 主要以硫铜锗矿和硫锡铁铜矿形式存在（Tourigny et al.，1993）；日本的 Kuroko 型 Cu-Zn-Pb-Ba 矿床中，闪锌矿中 Ge 可达 370×10^{-6}，并发现少量的硫铜锗矿和富 Ge 斑铜矿（Shakanai 矿床）及硫锡砷铜矿（Ezuri Kuroko 型矿床）（Shikazono，2003）；西班牙和葡萄牙伊比利亚半岛的西南部 Iberian 黄铁矿带及葡萄牙 Neves-Corvo 多金属矿床中闪锌矿 Ge 为 10×10^{-6}～60×10^{-6}（Oliveira et al.，1997）；俄罗斯乌拉尔山脉 Gaiskoye 和 Bakr Tau VMS Cu-Zn 矿床的闪锌矿和富斑铜矿的矿体中 Ge 为 25×10^{-6}；俄罗斯 Gorevskoe Pb-Zn 矿床和 Ozernoe 大型 Zn-Pb 矿床中 Ge 作为 Zn 主要的副产品（Avdonin and Sergeeva，1999）。中国尚未有该类型矿床中富集 Ge 的实例，如云南澜沧老厂 Pb-Zn 矿床闪锌矿中 Ge 多低于 15×10^{-6}（叶霖等，2012），综合利用价值较低。

以沉积岩为容矿围岩的 SEDEX 型矿床产于被动大陆边缘或内陆裂谷的盆地沉积岩中（Sangster，1990，2002；Goodfellow and Peter，1996），自太古宙到现代，全球形成了众多 SEDEX 型 Pb-Zn 矿床，成矿高峰期以元古宙（如澳大利亚 Broken Hill 和加拿大 Sullivan）和古生代（如德国 Meggen and Rammelsberg；澳大利亚 Graz）为主。该类型矿床中仅含少量 Ge，Ge 一般低于 50×10^{-6}（Höll et al.，2007），个别矿床中异常富集 Ge，如美国阿拉斯加的 Red Dog Zn-Pb-Ag 矿床是全球 Zn 产量最高的矿区（金属资源量可达 140.6 Mt，Zn 和 Pb 平均品位分别为 16.6%和 4.6%），也是美国最重要的 Ge 生产基地，Ge 主要赋存于闪锌矿中，已开采的 29 Mt 锌矿石中 Ge 平均为 60×10^{-6}（Kelley et al.，2004），该矿床形成经历了多个阶段，包括早期沉淀、热液重结晶、交代和 Brookian 造山运动使其遭受后期改造（Kelley et al.，2004），闪锌矿中 Ge 含量变化较大，Ge 为 1.5×10^{-6}～426×10^{-6}，均值 145×10^{-6}，Ge 相对富集于晚阶段形成的闪锌矿中（Höll et al.，2007）。

3. 斑岩-浅成热液型矿床

已有的研究表明，一些富 Ge 的斑岩型矿床中 Ge 多分布于斑岩系统边缘带的矿体中，包括岩浆热液晚期的浅成低温热液脉状、网脉状和角砾状矿体，Ge 赋存形式多为 Ge 独立矿物或以类质同象形式产于 Cu、Sn、Zn 硫化物中（Höll et al.，2007）。如：塞尔维亚闪长质岩浆成矿带的 Bor 矿床，Ge 以显微独立矿物的形式存在，包括锗硫钒砷铜矿、灰锗矿和富 Ge 的等轴硫砷铜矿等（Ciobanu et al.，2002；Cook et al.，2002）；保加利亚 Chelopech 高硫型浅成低温热液 Cu-Au 矿床中发现灰锗矿、硫锗铜矿、锗硫钒砷铜矿和富 Ge 的等轴硫砷铜矿（Bonev et al.，2002）；巴布亚新几内亚利希尔岛的 Landolam 矿床热液角砾中的黄铜矿中 Ge 可高达 550×10^{-6}，晚期的硅酸盐-黄铁矿脉中黝铜矿中 Ge 为 120×10^{-6}（Müller et al.，2002）；阿根廷的 Capillitas Diatreme 地区斑岩和浅成低温热液矿床，Ge 主要分布于斑岩成矿系统远源的细脉-低硫型浅成低温热液矿体中，Ge 主要以硫银锗矿形式产出（Paar et al.，2004；Paar and Putz，2005）。此外，对于斑岩型脉状-网脉状 Sn-Ag 矿床而言，Ge 多富集于 A 型或 S 型的石英安山岩-流纹英安岩有关的网脉和细脉中，如：玻利维亚 Potosi、Chocoya-Animas、Tatatsi-Portugalete Ag-Sn 矿床和该区的其他 Ag-Zn-Pb-Sn 矿床中均发现有硫银锗矿、富 Ag 锡矿物，并作为伴生组分得以回收（Moh，1976；Bernstein，1985）；玻利维亚 Porco Ag-Zn-Pb-Sn 矿床细脉状矿石中出现大量硫银锗矿等 Ge 矿物，其富集与晚期高品位的 Ag 成矿作用有关的方铅矿关系密切，Ge 可高达 2000×10^{-6}（Paar and Putz，2005）；秘鲁 Sayapullo 富 Sn 多金属矿床中 Ge 高达 310×10^{-6}，Ga 可达 855×10^{-6}（Soler，1987）；西班牙 Barquilla 脉状矿床在富 Sn、Ge、Cd、Cu 和 Fe 的硫化物和硫酸盐中发现 Barquillite［$Cu_2(Cd,Fe)GeS_4$］（Pascua et al.，1997）。从上述斑岩型矿床富集 Ge 的实例可以看出，Ge 多富集于该类成矿系统成矿晚阶段，属于中低温条件下的产物。

4. 以碳酸盐岩为容矿围岩的硫化物矿床

该类矿床产于稳定碳酸盐台地(白云石或灰岩及少量页岩),在全球分布广泛,是全球大部分重要 Pb-Zn 矿床的主要类型,其成矿作用与岩浆活动无成因联系,后生成矿特征明显,成矿时代可从古生代延续到新生代(涂光炽和高振敏,2003;Leach et al.,2001a,2001b,2005;Höll et al.,2007)。其矿石结构多为块状、网脉状或浸染状,矿体一般为层状-透镜状,矿物组成相对简单,矿石矿物以闪锌矿为主,其次为方铅矿,脉石矿物含萤石、重晶石、白云石、方解石和少量石英。成矿流体以低温(100~150 ℃)、高盐度(10%~30% NaCleqv.)为特征,来源于蒸发海水或蒸发岩有关盆地卤水,成矿多与大规模盆地流体迁移有关,流体混合是金属成矿元素富集沉淀的主要机制,成矿作用多发生于造山带前陆盆地、前陆褶皱冲断带或伸展背景下。该类型矿床具体可分为以下亚类:

(1)爱尔兰型矿床(Irish-type deposits),该类矿床闪锌矿中通常含有 $n\times10\times10^{-6}$~100×10^{-6} 的 Ge(Wilkinson et al.,2005a),如 Lisheen 矿床中,闪锌矿、方铅矿和黝铜矿中 Ge 分别在 400×10^{-6}~900×10^{-6}、200×10^{-6}~1300×10^{-6} 和 200×10^{-6}~1000×10^{-6} 之间,Ge 含量高的样品中 Ag 和 Cu 也相对富集(Andrew,1993;Wilkinson et al.,2005a),其成矿物质(Cu、As、Ni、和 Ge)很可能来源于下覆热液蚀变的 Old Red 砂岩,中温(240 ℃)成矿流体淋滤基底岩石中成矿物质形成富金属的流体,并与浅部富含 H_2S 高盐度(25% NaCl eqv.)流体混合是该矿床主要的金属沉淀成矿机制(Wilkinson et al.,2005b)。

(2)阿尔卑斯型矿床(Alpine-type deposits),起源于阿尔卑斯山脉 4 个大型 Pb-Zn 矿床(奥地利 Bleiberg、斯洛文尼亚 Mežica 以及意大利 Cave de Predil 和 Salafossa),其地质特征与爱尔兰型矿床较相似,绝大多数矿床的 S 为细菌还原硫酸盐的产物($\delta^{34}S<0$)。该类型矿床成矿与阿尔卑斯造山作用有关,矿床中矿石矿物组成简单,以闪锌矿和方铅矿为主。其中,Bleiberg 矿床 Ge 在 160×10^{-6}~550×10^{-6} 之间,晚期葡萄状闪锌矿明显富集 Ge,其 Ge 可达 1500×10^{-6},晚期其他重结晶闪锌矿明显亏损 Ge;斯洛文尼亚 Mežica 矿床成矿早、晚阶段的细粒闪锌矿 Ge 含量较高(Ge 约为 200×10^{-6});意大利 Cave de Predil 矿床中成矿晚阶段的葡萄状闪锌矿明显富集 Ge(Ge 约 500×10^{-6})(Möller and Dulski,1993)。上述矿床中(Ge+Tl+As)与(Cd+Sb+Ga)呈明显负相关,Pb 同位素研究表明 Ge、As 和 Tl 为上地壳来源(Kuhlemann et al.,2001)。

(3)基普什型矿床(Kipushi-type deposits),与盆地卤水和高温(250~450 ℃)造山流体循环具有密切的成因联系,近端为氧化还原边界(如还原碳酸盐岩和氧化碎屑沉积岩),同时出现能够提供卤水与硫源的蒸发岩地层,其矿体多呈块状、管道状、板状赋存于大陆裂谷边缘台地和沉积岩序列的白云岩、灰岩或变质混合岩中(Trueman,1998),矿床中常伴生 Ge、Ga、Ag、In、As、Sn、Co、Ni、Sb、Mo、Re、V、W 和 Au 等多种有益元素(Melcher,2003;Melcher et al.,2003;Melcher and Buchholz,2013),并出现具有高硫逸度的矿物组合,包括闪锌矿、黄铜矿、方铅矿、斑铜矿、辉铜矿、黝铜矿、砷黝铜矿和硫砷铜矿等。虽然该类矿床闪锌矿相对较富集 Ge(一般 Ge 低于 100×10^{-6}),但并非 Ge 主要载体矿物,其中 Ge 主要以独立矿物形式产出,如含 S 锗酸盐、硫铜锗矿、灰锗矿、锗石、硫银锗矿和 Germanosulvanite,且锌黄锡矿、硫砷铜矿、黝铜矿和砷黝铜矿中也含有较高 Ge(Melcher,2003;Kampunzu et al.,2009)。矿床实例包括非洲 Cu 成矿带上的纳米比亚 Tsumeb、刚果 Kipushi 和赞比亚 Kabwe 多金属硫化物矿床(Kamona et al.,1999;Heijlen et al.,2008)、美国犹他州 Apex 矿床(Bernstein,1986)、美国阿拉斯加 Kennecott、Ruby Creek、Omar 和芬兰 Gortdrum(Trueman,1998;Kamona et al.,1999;Chetty and Frimmel,2000;Melcher et al.,2003)等矿床。值得重视的是,该类型矿床表生氧化带常形成 Ge 的次生富集,如纳米比亚 Tsumeb 矿床在大气降水的作用下,含 S 锗酸盐(如灰锗矿和硫铜锗矿)形成次生富 Ge 氧化物(如 Ge 磁铁矿、Otjisumeite 和铅铁锗矿)、富 Ge 氢氧化物(羟锗铁矿、羟锗锰矿)、富 Ge 的氢氧硫酸盐矿物(水锗铅矾、费水锗铅矾和水锗钙矾)以及其他一些富 Ge 的次生矿物(Intiomale and Oosterbosch,1974;Melcher,2003),而 Apex 矿床在表生带中形成大量针铁矿,其 Ge 含量可高达 5310×10^{-6},一些赤铁矿中 Ge 可达 7000×10^{-6}(Bernstein,1986)。

(4)密西西比河谷型(MVT)矿床。该类型矿床是世界上 Pb-Zn 矿床最重要的矿床类型,其矿床数和储量分别占超巨型 Pb-Zn 矿床数量和储量的 24%和 23%(戴自希,2005)。统计结果表明,MVT 矿床主要形成在显生宙石炭纪—早三叠世和白垩纪—新近纪2个时期，与地球演化史上全球尺度的板块汇聚时间密切相关（Leach et al.，2005），一般产于碳酸盐台地的前陆盆地或前陆冲断带，矿床中S多为海相热还原硫酸盐的产物（Sangster，1990；Leach et al.，2001a，2001b）。全球绝大多数MVT矿床相对贫Ge，然而，由于其Zn矿石储量较大，Ge的总量也相对较高，因而成为Ge的主要来源（Höll et al.，2007；Cook et al.，2015；Frenzel et al.，2016a）。已有的研究表明，MVT矿床中闪锌矿（包括纤锌矿）是Ge的主要载体矿物，部分矿床中Ge与一些微量元素（如Ga、Cu和Ag等）具有明显的相关性（Belissont et al.，2014，2016；Cook et al.，2015）。全球MVT型Pb-Zn矿床富Ge实例包括：①美国典型的MVT矿集区（Höll et al.，2007），如阿拉斯加北部、Tristate和密苏里中部矿集区中浅色的闪锌矿相对富集Ge（可达$n\times100\times10^{-6}$）、Ga和Cu（Viets et al.，1992），田纳西州Elmwood- Gordonsville Zn-Pb矿集区的锌矿石中Ge平均为400×10^{-6}（Misra et al.，1996）；由于美国华盛顿州Pend Oreille矿床中含有大量的锌矿石，因此被认为是除Red Rog矿集区之外，美国第二重要的Ge资源产地；②加拿大Polaris、Pine Point和Nanisivik矿集区晚期闪锌矿中Ge可达400×10^{-6}（Leach et al.，2001a，2001b）；③波兰上西里西亚矿集区MVT Pb-Zn矿床闪锌矿中Ge通常在50×10^{-6}～100×10^{-6}之间，且Ge与Pb、Tl和As存在明显的相关性（Höll et al.，2007）。此外，“川滇黔Pb-Zn矿集区”是我国重要的Pb、Zn成矿区（涂光炽和高振敏，2003；Hu and Zhou，2012；Zhang et al.，2015），尽管对其矿床成因尚存争议，但近年来越来越多的研究表明，该区Pb-Zn矿床属于MVT型矿床范畴。值得一提的是，Ge是“川滇黔Pb-Zn矿集区”重要的伴生元素之一（叶霖等，2019），因此，该区也是我国Ge资源重要基地之一。

5. 砂岩型Pb-Zn矿床

以砂岩为赋矿围岩的Zn-Pb（-Ba）（-F）矿床矿石矿物以闪锌矿为主，其次为方铅矿和黄铁矿，同时含有大量的天青石和重晶石，该类矿床相对贫Ge，Ge含量通常为10×10^{-6}左右（Höll et al.，2007）。我国金顶Pb-Zn矿床规模可达到超大型（Xue et al.，2007；Ye et al.，2010），但其闪锌矿中Ge含量相对较低，仅在1.88×10^{-6}～78.36×10^{-6}之间，平均为11.63×10^{-6}（n=30）（Ye et al.，2011），综合利用价值相对较低。

6. 铁氧化物矿床

由于Ge地球化学性质的亲氧性，Ge可在铁氧化物中相对富集。已有的研究表明，一般高温热液交代型矿床（夕卡岩型矿床）和鲕状铁矿床（如法国洛林盆地）中Ge含量通常较低（$<10\times10^{-6}$，Vakrushev and Semenov，1969），而太古宙—古元古代Algoma型和古元古代Superior型条带状铁建造中则相对富集Ge（Sarykin，1977），如澳大利亚哈默斯雷山脉地区的矿床中Ge含量可达38×10^{-6}（Davy，1983），乌克兰Kremenchuk-Krivoi Rog矿床中赤铁矿和磁铁矿中Ge分别为27×10^{-6}和43×10^{-6}（Sarykin，1977），德国Lahn-Dill型条带状铁建造赤铁矿和磁铁矿中Ge平均分别为8×10^{-6}（最高达20×10^{-6}）和40×10^{-6}（最高可达100×10^{-6}）（Lange，1957；Schrön，1968；Höll et al.，2007）。

7. 煤和褐煤矿床

煤及褐煤矿床中通常含少量Ge（约1×10^{-6}），但燃烧后，其灰尘中Ge可富集约10倍（Bernstein，1985）。由于Ge在有机物中富集方式以化学吸附为主，并可形成简单相对稳定的有机化合物（如Ge与褐煤、腐殖酸），在褐煤化/成煤过程中可形成更加稳定的螯合物或高度浓缩的芳香族有机Ge的化合物（Höll et al.，2007；Rosenberg，2009），因此，在一些特殊地质条件下形成的煤矿床出现Ge异常富集。如俄罗斯Novikovskoye矿床中煤和厚层煤泥岩中Ge分别达到276×10^{-6}和348×10^{-6}（Kats et al.，1998），而俄罗斯Shkotovskoye矿床中煤灰尘中Ge则可达1043×10^{-6}（Tselikova，2001）。我国作为世界上主要的Ge生产国，煤和褐煤矿床是Ge的重要来源之一，其中云南临沧Ge煤矿床中Ge储量为1112 t，内蒙古乌兰图嘎Ge煤矿床中Ge储量超过1600 t（Höll et al.，2007；Qi et al.，2011）。此外，前人（胡瑞忠等，1997；涂光炽和高振敏，2003；Höll et al.，2007）发现Ge在煤中的分布具有以下规律：①煤中Ge含量与煤岩成分有密切的关系，镜煤是Ge的最大载体，Ge在不同煤岩组分中含量变化为镜煤＞亮煤＞暗煤＞丝煤；②Ge

常富集于煤层顶部和底部，仅在煤层很薄时，整个煤层才富集 Ge；③在同一煤层中，一般薄煤层比厚煤层含 Ge 量高，随着煤层厚度的增加 Ge 含量减少；④煤中 Ge 的含量与灰分成反比，而与挥发分成正比。

尽管各类型矿床中都或多或少地含有 Ge，但目前来看，工业 Ge 主要来自 Pb-Zn 矿床和富 Ge 煤矿等，而被称为“Pb-Zn 型”含 Ge 矿床和“煤型”含 Ge 矿床。

如前所述，Ge 是地壳中分散元素之一，难以形成独立矿床，除富 Ge 煤矿外，Pb-Zn 矿床是全球 Ge 主要来源（胡瑞忠等，2000）。从 Ge 的地球化学性质和富 Ge 矿床地质特征来看，Ge 多在低温成矿阶段出现超常富集，特别是 MVT 型矿床是全球最重要的 Pb-Zn 矿床类型，尽管其中 Ge 含量并非最高，但由于其矿床规模巨大，因而成为全球 Ge 资源最重要的来源之一（Höll et al.，2007；Cook et al.，2015；Frenzel et al.，2016a）。我国 Ge 资源较为丰富，目前尚未发现独立 Ge 矿床，除富 Ge 煤矿外，Ge 在众多 Pb-Zn 矿床中均富集不同含量 Ge。已有的数据表明，我国目前并未发现脉状 Ag-Pb-Zn、喷流沉积型块状硫化物、斑岩型和铁氧化物等类型矿床中 Ge 富集实例，而砂岩型 Pb-Zn 矿床中 Ge 含量也较低（如金顶，Ye et al.，2011），因此上述矿床类型中形成具有工业意义的伴生 Ge 资源尚待更深入的研究。

值得重视的是，“川滇黔 Pb-Zn 矿集区”不仅是中国西南大面积低温成矿域的重要组成部分，也是我国重要的 Pb、Zn、Ag 及多种分散元素生产基地之一（涂光炽和高振敏，2003；Hu and Zhou，2012；Zhang et al.，2015；Zhou J X et al.，2018a，2018b），在 17 万 km^2 范围内分布 400 余个规模不等的 Pb-Zn 矿床（点），包括 1 处超大型 Pb-Zn 矿床（会泽）和 10 处大型 Pb-Zn 矿床（富乐、茂租、毛坪、天宝山、大梁子、小石房、赤普、乐红、麻栗坪、纳雍枝）（黄智龙等，2004a，2004b；张长青，2008；金中国，2008；吴越，2013；Zhang et al.，2015）。尽管该区 Pb-Zn 矿床成因尚存一定争议（柳贺昌，1995；黄智龙等，2004a，2004b；Zhang et al.，2015；Zhou J X et al.，2018a），但越来越多的研究表明，该区 Pb-Zn 矿床属于 MVT 型矿床范畴（Han et al.，2007；张长青，2005，2008；金中国，2008；吴越，2013；Zhang et al.，2015；叶霖等，2016a，2016b；Yuan B et al.，2018）。Ge 是该区 Pb-Zn 矿床中重要伴生有益资源，经济价值巨大，仅云南会泽 Pb-Zn 矿床（驰宏锌锗公司主要矿山）中 Ge 储量就超过 386 t（薛步高，2004），Pb-Zn 矿石中 Ge 品位一般在 0.52×10^{-6}～256×10^{-6}（平均 62.1×10^{-6}）（韩润生等，2012），其闪锌矿中 Ge 在 0.17×10^{-6}～477×10^{-6}（平均 71.7×10^{-6}），已成为我国最大的 Ge 生产基地（杜明，1995；刘峰，2005；张茂富等，2016），与云南茂租（136 t）、富乐（129 t）、毛坪（17 t）构成滇东北重要 Ge 资源基地（薛步高，2004）。近年来，我们的初步研究表明，“川滇黔 Pb-Zn 矿集区”几乎所有 Pb-Zn 矿床均不同程度富集 Ge，闪锌矿是其主要载体矿物，如云南富乐 Pb-Zn 矿床、云南毛坪 Pb-Zn 矿床、四川天宝山 Pb-Zn 矿床、云南麻栗坪 Pb-Zn 矿床，其闪锌矿中 Ge 分别在 0.54×10^{-6}～632×10^{-6}（平均 191×10^{-6}，李珍立等，2016）、0.18×10^{-6}～652×10^{-6}（平均 46.2×10^{-6}，课题组数据，未发表）和 0.52×10^{-6}～206×10^{-6}（平均 29.6×10^{-6}，叶霖等，2016b）、0.35×10^{-6}～231×10^{-6}（胡宇思等，2019），而四川大梁子 Pb-Zn 矿床闪锌矿中 Ge 最高可达 1000×10^{-6}（Yuan B et al.，2018），乌斯河、茂租、松梁等矿床闪锌矿 Ge 含量多介于 $n\times10^{-6}$～$n\times10^{2}\times10^{-6}$之间（课题组数据，未发表）。此外，黔西北是“川滇黔 Pb-Zn 矿集区”的重要组成部分（黄智龙等，2004a，2004b），也是贵州省最重要的 Pb-Zn 资源基地（陈国勇等，2008；金中国，2008），课题组的初步研究表明，该区纳雍枝 Pb-Zn 矿床闪锌矿中 Ge 在 73.4×10^{-6}～336×10^{-6}（平均 173×10^{-6}），Ga 也在其中富集（33.9×10^{-6}～75.9×10^{-6}，平均 52.5×10^{-6}）（Wei et al.，2019），天桥 Pb-Zn 矿床闪锌矿也同样富集 Ge 和 Ga，Ge、Ga 分别为 60.3×10^{-6}～201×10^{-6}（平均 111×10^{-6}）和 16.0×10^{-6}～48.7×10^{-6}（平均 28.3×10^{-6}）（李珍立等，2016），亮岩、猫榨厂、五里坪和板板桥 Pb-Zn 矿床闪锌矿中 Ge 均值分别为 104×10^{-6}、183×10^{-6}、185×10^{-6}和 106×10^{-6}。可见，上述各矿床中 Ge 多已达到伴生工业品位要求（10×10^{-6}，《矿产资源综合利用手册》编委会，2000），Ge 超常富集是“川滇黔 Pb-Zn 矿集区”内 Pb-Zn 矿床共有特征，可作为我国 Ge 资源战略储备基地。

6.1.2　Ge 的主要载体矿物

由于 Ge 的半径（离子半径 39 pm，共价半径 121 pm）与 Si（离子半径 26 pm，共价半径 116 pm）较为相似，因此自然界中大多数 Ge（Ge^{4+}）通过类质同象替换硅（Si^{4+}）富集于硅酸盐矿物中（可达 1×10^{-6} 级）。自然界中形成的 Ge 独立矿物较为有限，已报道的仅 26 种，最常见的为硫化物（如硫银锗矿，7% Ge；灰锗矿，14%～18% Ge；锗石，6%～10% Ge；硫铜锗矿，4%～8% Ge；等等）和氢氧化物（如羟锗铁矿，32% Ge），其他的 Ge 矿物较少见或仅出现在某些特殊矿床中，这些 Ge 矿物形成于特殊的地质背景条件下，仅在几个矿床中发现。硫铜锗矿可形成连续的固溶体系列，$Cu_{10}(Zn_{1-x},Cu_x)(Ge_{2-x},As_x)_2Fe_4S_{16}$，通过 $Zn^{2+}+Ge^{4+}\leftrightarrow Cu^{+}+As^{5+}$ 形成从 Zn 到 As 端元的渐变系列（Bernstein，1986；Bernstein et al.，1989），属于假等轴状闪锌矿构型的衍生物。灰锗矿（$Cu_2(Fe,Zn)GeS_4$）和锗石（$Cu_{13}Fe_2Ge_2S_{16}$）同样具有类闪锌矿结构（Imbert et al.，1973；Tettenhorst and Corbato，1984）。由于这些富 Ge 矿物只在特定的地质背景下的一些矿床中产出，除少数矿床中具有经济价值外（如德国 Freiberg；Moskalyk，2004），多数仅有矿物学意义。

目前，全球具有经济价值的含 Ge 矿物以闪锌矿为主（Höll et al.，2007）。闪锌矿特殊的晶体结构使其能够容纳大量微量元素，最为常见为 Fe、Cd、Ga、Ge 和 In（Moskalyk，2004；Alfantazi and Moskalyk，2003，Höll et al.，2007；Cook et al.，2009，2012；Ye et al.，2011）。目前所发现闪锌矿中 Ge 含量最高的可达 3000×10^{-6} 以上（Bernstein，1985）。此外，立方硫化锌型结构的富铜硫化物也含有一定量的 Ge，可能以 Ge^{4+} 赋存于其四面体中。然而，在一些含/富 Cu 硫化物（如斑铜矿、黄铜矿）和含 Ge 矿物（硫铜锗矿、锗石）的矿床中，Ge 主要富集在 Cu 硫化物或 Ge 独立矿物内，闪锌矿则不再是主要的载 Ge 矿物（Höll et al.，2007），如罗马尼亚 Sasca Montană 夕卡岩 Cu-Au 矿床、Radka 和 Chelopech 高-中硫型浅成低温热液 Cu-Au 矿床相对富 Ge（均值分别为 31×10^{-6}、20×10^{-6} 和 6×10^{-6}），其他类型矿床的斑铜矿、辉铜矿和蓝辉铜矿中 Ge 含量通常低于 1×10^{-6} 级（Cook et al.，2011a），而葡萄牙 Barrigão 脉状 Cu 矿中黄铜矿中 Ge 含量可高达 0.19%（Reiser et al.，2011）。除上述矿物外，已有的研究发现存在许多其他可以含少量 Ge 的硫化物，在少数矿床中揭露出一些异常富集 Ge 的硫化物矿物，如一些斑岩型矿床中铜蓝（Arsenijević，1958）、硫锡矿（Moh，1976）、四方硫砷铜矿（Terziyev，1966）、辉锑锡铅矿（Moh，1976）、硫锡铅矿（Moh，1976）、硫砷锡铜矿（Vlassov，1964）、黄铜矿（Vlassov，1964）、硫钒铜矿（Vlassov，1964）、斑铜矿（Arsenijević，1958）、砷黝铜矿（Karamyan，1958）、黄锡矿（Moh，1976）和脉状 Ag-Pb-Zn（-Cu）矿床中黝铜矿（Schroll and Azer，1959）及高硫矿化中硫砷铜矿（Vlassov，1964）等。此外，热液型矿床氧化带中锰氧化物和氢氧化物（Voskresenskaya，1975）、条带状磁铁矿型和拉恩-迪尔型（BIF 和 Lahn-Dill 型）矿床中磁铁矿（Lange，1957；Sarykin，1977）、斑岩型 Sn-Ag 矿床中锡石与水锡石（Moh，1977；Bernstein，1985）、Apex 矿山氧化带中针铁矿与赤铁矿（Bernstein，1985）中也有发现 Ge 异常富集的现象，但只出现在个别特殊矿床中，不具普遍性。

6.2　川滇黔低温热液型富 Ge Pb-Zn 矿床地质背景与成矿时代

“川滇黔 Pb-Zn 矿集区”位于扬子地块西南缘，攀西裂谷东侧，为 N－S 向小江断裂带、NW 向垭都－紫云断裂带和 NE 向弥勒－师宗断裂带所限的构造复合部位，其北侧与秦岭褶皱带、松潘甘孜褶皱带以及四川盆地相接，西南邻近三江造山带，东南紧靠华南褶皱系和右江盆地（即南盘江盆地）（图 6-2）。

6.2.1　地质背景

1. 区域地层

区域地层由前寒武系基底地层和晚震旦世以来的沉积盖层组成（吴越，2013），两者之间呈角度不整合接触。其中，基底地层曾被认为由结晶基底和褶皱基底构成，但“结晶基底”康定群的性质仍有待于进一步研究，而褶皱基底主要由中元古代的盐边群、会理群和昆阳群等海相火山岩及沉积岩组成。

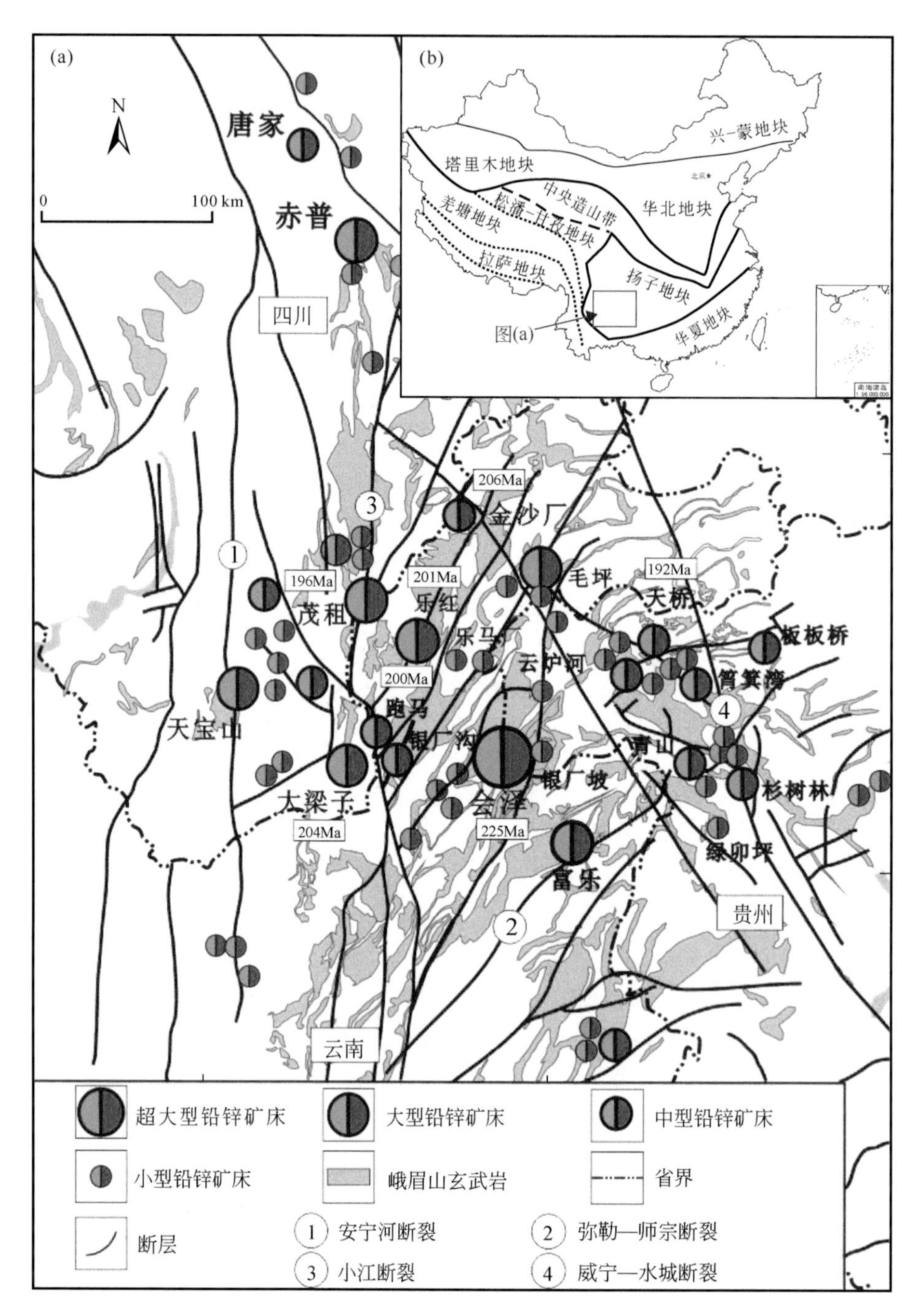

图 6-2　川滇黔富 Ge Pb-Zn 矿集区地质简图（据黄智龙等，2004a）

该矿集区沉积盖层包括前中生代的台地边缘海相盖层与中生代以来的陆相盖层。新元古代晋宁运动后，区内沉积了一系列不同岩性特征的沉积岩系，包括：下震旦统的一套陆相火山岩-粗碎屑岩沉积；上震旦统陡山沱组发育大面积海相沉积岩系，为台地盖层雏形，形成了稳定的碳酸盐台地，沉积了巨厚（含藻）白云岩地层；寒武系为碎屑岩与碳酸盐岩互层的沉积建造，中下部以黑色页岩为主，上部则以巨厚碳酸盐岩为主，层序较完整，但各地发育程度不一。奥陶纪—石炭纪期间，由于康滇地区地壳隆升，缺失相应的沉积地层，在康滇隆起的两侧主要发育碎屑岩沉积，这一浅海相碎屑岩-碳酸盐岩沉积层序一直延续到上二叠统；上二叠统上部，受峨眉山玄武岩喷发的影响，区域范围内覆盖了大面积的玄武岩，玄武岩以深灰、灰绿致密块状、斑状、杏仁状玄武岩和斜斑玄武岩为主，夹玄武质角砾凝灰岩、火山角砾岩和集块岩等（张长青，2008）。晚三叠世，随着古特提斯洋的关闭，印支板块和华南板块碰撞，研究区东南部转入前陆盆地发展阶段，川滇黔地区北东部龙门山前陆盆地和龙门山逆冲带形成，并持续至早白垩世。始新世时，印度板块向欧洲大陆的俯冲碰撞，导致龙门山造山带进一步隆升（王奖臻等，2002）。受中生代以来构造运动的影响，该区进入陆相沉积发展阶段，并形成以砂岩、砾岩为主的陆相沉积盖层。区内主要沉积盖层岩性和在不同地段的发育情况分述如下（张长青，2008）：

震旦系在扬子地块西南缘分布较广。其下震旦统由基性-酸性火山岩、长石粗砂岩、砾岩、砂质凝灰岩和粉砂岩组成，厚约 1000～2000 m。灯影组下部为灰、深灰色厚层状白云岩，局部夹硅质条带；中部为葡萄状、花边状白云岩；上部为硅质条带白云岩夹薄层粉砂岩，厚约 1000 m。川滇黔地区大量 Pb-Zn 矿床即赋存于该地层中，如茂租、金沙厂、大梁子和天宝山等 Pb-Zn 矿床等。

寒武系在扬子地块西南缘分布较广，层序较完整，但发育程度各地不一。在四川盐源、盐边和云南华坪等地仅发育下统中下部地层；云南石屏地区缺失筇竹寺组地层；四川米易、甘洛、汉源等地缺失中统陡坡寺组以上地层，而滇东地区缺失上统地层。近年发现的麻栗坪富 Ge 铅锌矿床即赋存于寒武系中。

奥陶系分布较广泛。滇中地区岩性为灰绿色页岩、薄层砂岩及紫色和杂色砂页岩，而川西峨眉地区则为灰绿色砂页岩、杂色砂泥岩、灰色页岩和砂质白云岩等，川南地区多为灰岩、泥灰岩、页岩和白云岩等。

志留系在该区主要为一套浅海相-滨海相碎屑岩和碳酸盐岩沉积。

泥盆系分布于川西南—滇中和盐源、丽江等地区。其中，上泥盆统以滇东曲靖一带发育最完全，中泥盆统由石英砂岩、钙质砂岩、页岩、灰岩、白云质灰岩、白云岩等构成，下泥盆统在川西南-滇东和滇中均较发育。

石炭系在扬子地块西南缘分布广泛。其中摆佐组为一套碳酸盐岩沉积，岩性以灰岩、鲕状灰岩、白云质灰岩及白云岩为主，是川滇黔地区重要赋矿层位之一，如会泽富 Ge 铅锌矿床等。

二叠系下统包括梁山组、栖霞组和茅口组，主要为一套碳酸盐岩沉积，岩性为生物碎屑微晶灰岩、竹叶状灰岩、泥质粉砂岩、泥岩、白云质灰岩和白云岩，其厚度约 300～1000 m。二叠系上统为峨眉山玄武岩，以深灰、灰绿致密块状、斑状、杏仁状玄武岩和斜斑玄武岩为主，夹玄武质角砾凝灰岩、火山角砾岩和集块岩等，厚约 1000～2000 m。富乐富 Ge 铅锌矿床即位于梁山组的白云岩中。

侏罗纪时期本区沉积作用主要发生于内陆拗陷盆地和断陷盆地内。昭觉—会理地区侏罗系主要由红色碎屑岩、泥岩等河流相和湖泊相沉积物组成，其北部岩石粒度较粗，东南部较细。该组地层中下部以河流相沉积为主，极少见洪积扇粗碎屑沉积物，而中上部湖泊相沉积增多，出现较多的杂色泥页岩及淡水泥灰岩。

白垩系及新生界在川滇黔地区发育较局限，多为河湖相砂岩、泥岩夹砾岩，砂泥岩夹碳酸盐岩等。

2. 构造

川滇黔地区基底构造为 E－W 走向，由一系列褶皱和断裂组成（吴越，2013），并可划分出两大 E－W 向隆起带：德昌－金阳以南隆起带和会理－会东以南隆起带。盖层构造以深大断裂和逆冲-褶皱构造为主，其中深大断裂按展布方式又可划分为：①N－S 向断裂带，区域自西向东依次发育有近 N－S 向的安宁河断裂带、罗次－易门断裂带、普渡河－滇池断裂、甘洛－小江断裂等深大断裂；②NW 向紫云－垭都深大断裂带；③NE 向弥勒－师宗深断裂带。这些深大断裂带具有形成较早、多期活动的特征，如 N－S 向小江断裂带最早可能形成于新元古代末期，在二叠纪时为张裂断裂，是峨眉山玄武岩喷发的通道，中生代经历了强烈的挤压收缩作用（张长青，2008）。川滇黔地区 Pb-Zn 矿床集中分布于 N－S 向安宁河深断裂带、NW 向紫云－垭都深断裂带和 NE 向弥勒－师宗深断裂带所围成的三角区内，这些沟通基底、多期活动的深大断裂带不仅控制着区内赋矿碳酸盐地层的分布，而且还可能是重要的导矿通道，属于本区重要控矿构造。

3.岩浆岩

川滇黔地区岩浆活动较为频繁。元古宙至中生代，有基性、超基性、酸性和碱性岩浆活动（张长青，2008）。区内侵入岩主要沿安宁河断裂和甘洛－小江断裂呈带状展布，安宁河断裂从南到北有晋宁期和澄江期花岗岩、海西期层状基性-超基性岩和印支期碱性、酸性花岗岩出露，其中澄江期以中酸性夹基性火山岩、火山碎屑岩为主。此外，该区印支期以发育大面积的峨眉山玄武岩为特征，主要沿甘洛－小江等深大断裂带产出（张长青，2008）。晚二叠世，强烈的拉张作用导致峨眉山玄武岩沿区内的深大断裂（如小江断裂等）喷发，形成了大范围分布的二叠纪玄武岩，其主要为峨眉山玄武岩及其同源的侵入岩，以及玄武质火山碎屑岩类，该玄武岩平行不整合于下二叠统灰岩之上。已有的研究（柳贺昌，1995；张云湘等，1988；黄智龙等，2004a，2004b）表明，本区峨眉山玄武岩的展布范围与 Pb-Zn 矿床的水平分布基本重合，Pb-Zn 矿的垂向分布则受前者的限制，峨眉山玄武岩等厚度线图与铅锌矿间保持明显的关系。可见，Pb-Zn 矿床与峨眉山玄武岩空间关系密切是不争的事实，但峨眉山玄武岩能否提供 Pb-Zn 成矿作用的成矿物质和热源存在较大争议（柳贺昌，1995；张云湘等，1988；刘家铎等，2003；黄智龙等，2004a；顾尚义，2006；陈大和刘义，2012）。

4. 区域富 Ge 铅锌矿床的赋矿层位和岩性

“川滇黔 Pb-Zn 矿集区”是我国西南大面积低温成矿域的重要组成部分，也是我国重要的 Pb、Zn、Ag 及多种分散元素生产基地之一（涂光炽和高振敏，2003；黄智龙等，2011；Hu et al.，2013；Zhou J X et al.，2013a；Zhang et al.，2015），在总面积约 17 万 km^2 的大三角形区域内，400 多个大、中、小型 Pb-Zn 矿床、矿点和矿化点成群成带分布（柳贺昌和林文达，1999）。该区 Pb-Zn 矿床产出具有“多层分布，集中产出”的特征（黄智龙等，2004a，2004b；张长青，2008；吴越，2013；图 6-3）。Pb-Zn 矿床（点）在震旦系到三叠系中均有分布，且二叠纪峨眉山玄武岩和三叠系中也已发现 Pb-Zn 矿（化）点（表 6-1），暗示川滇黔地区至少有 1 期 Pb-Zn 成矿作用发生在二叠纪以后。这些 Pb-Zn 矿床集中分布在碳酸盐岩地层中，主要容矿地层岩性为白云岩或白云质灰岩，大-中型 Pb-Zn 矿床基本赋存其中，岩性控矿特征明显。尽管区内 Pb-Zn 矿床（点）在震旦系到古生界，乃至中生界中均有产出，但仅少数的几个层位为 Pb-Zn 矿化主要赋矿地层，包括：震旦系灯影组白云岩、下寒武统麦地坪组白云岩、石炭系摆佐组白云岩和二叠系梁山组白云岩，统计表明，上述地层赋存着区内约 62%的 Pb-Zn 矿床和 70%的 Pb-Zn 资源储量（图 6-3），如大梁子 Pb-Zn 矿床、赤普 Pb-Zn 矿床、金沙厂 Pb-Zn 矿床、跑马 Pb-Zn 矿床、乐红 Pb-Zn 矿床等众多大-中型 Pb-Zn 矿床产出在前二者之中，石炭系赋存着区内唯一的超大型 Pb-Zn 矿床（会泽 Pb-Zn 矿床）。

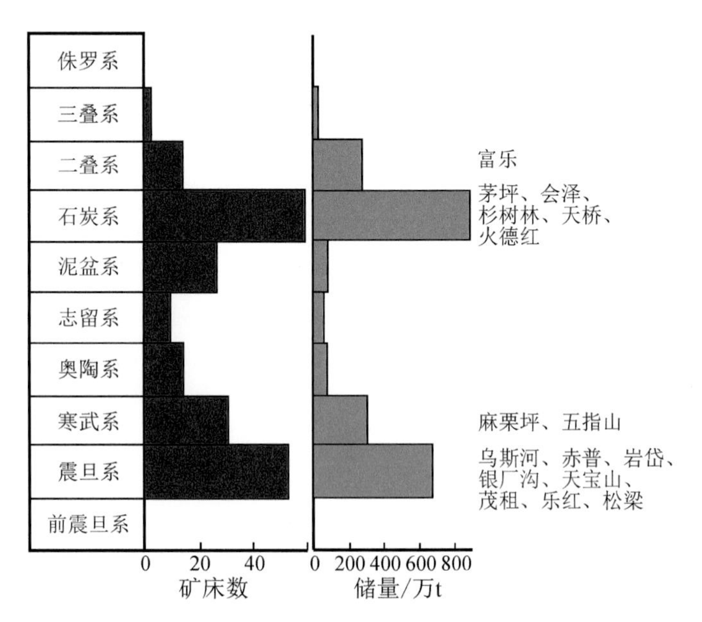

图 6-3　川滇黔地区不同赋矿地层 Pb-Zn 矿床及规模
（据吴越，2013 修改）

表 6-1　“川滇黔 Pb-Zn 矿集区”Pb-Zn 矿床（点）赋矿层位一览表（据韩润生等，2012 修改）

赋矿地层与岩性	大型	中型	小型	矿点	矿化点	代表性矿床
三叠系泥灰岩、灰岩					3	仅为矿点
峨眉山玄武岩					1	仅为矿点
二叠系白云质灰岩	1		3	9	8	富乐
石炭系中粗晶白云岩	2	3	13	39	12	会泽、毛坪
上泥盆统中粗晶白云岩	1	1	7	20	30	昭通
志留系灰岩夹砂泥岩		1	5	3	5	寨子坪
奥陶系白云岩		2	2	9	26	布拖
下寒武统—上震旦统白云岩	3	8	18	54	96	大梁子、天宝山、金沙厂、茂租、五指山

6.2.2　富 Ge Pb-Zn 矿床的成矿时代

富 Ge Pb-Zn 矿床的矿物组合较简单，一般包括闪锌矿、方铅矿、黄铁矿、方解石和白云石等矿物。前人对闪锌矿中微量元素含量和赋存状态的研究发现，Rb 和 Sr 可以进入闪锌矿晶格，闪锌矿可以通过 Rb-Sr 等时线法获得矿物形成年龄。此外，Pb-Zn 矿床的年龄也可通过方解石 Sm-Nd 和 U-Pb 定年技术获得。

川滇黔矿集区 Pb-Zn 矿床已有的定年结果主要来自闪锌矿 Rb-Sr 等时线法，也有少量来自方解石 Sm-Nd 法。黄智龙等（2004a）测得会泽 Pb-Zn 矿床 1、6、10 号矿体中闪锌矿的 Rb-Sr 等时线年龄分别为（225.9±1.1）Ma、(224.8±1.2）Ma 和（226±6.9）Ma，1、6 号矿体中方解石的 Sm-Nd 等时线年龄分别为（225±38）Ma 和（226±15）Ma。张长青等（2005a）测得会泽 Pb-Zn 矿床热液蚀变黏土矿物伊利石的 K-Ar 年龄为（176.5±2.5）Ma。张长青等（2008）报道了川滇黔矿集区四川大梁子 Pb-Zn 矿床中闪锌矿的 Rb-Sr 等时线年龄为（366.3±7.7）Ma，Liu 等（2018）测得大梁子 Pb-Zn 矿床中闪锌矿的 Rb-Sr 等时线年龄为（345.2±3.6）Ma，蔺志永等（2010）报道了四川宁南跑马 Pb-Zn 矿床闪锌矿的 Rb-Sr 等时线年龄为（200.1±4.0）Ma。Liu 等（2015）测得富乐 Pb-Zn 矿床闪锌矿和方铅矿的 Re-Os 等时线年龄为（20.4±3.2）Ma。根据对川滇黔 Pb-Zn 矿集区已有的年代学资料统计得出，最老的年龄是大梁子 Pb-Zn 矿床闪锌矿 Rb-Sr 等时线年龄（366.3±7.7）Ma，最年轻的年龄是富乐 Pb-Zn 矿床硫化物矿物 Re-Os 等时线年龄（20.4±3.2）Ma。

本课题组在前几年也尝试采用闪锌矿 Rb-Sr 定年和方解石 Sm-Nd 测年方法对部分矿床进行了成矿时代的研究，其中在大梁子和天宝山 Pb-Zn 矿床获得闪锌矿 Rb-Sr 等时线年龄分别为（330.2±4.0）Ma 和 352～360 Ma。天桥 Pb-Zn 矿床硫化物矿物 Rb-Sr 等时线年龄为（191.9±6.9）Ma（Zhou et al.，2013a）。茂租 Pb-Zn 矿床方解石 Sm-Nd 等时线年龄为（196±13）Ma（Zhou et al.，2013b）。金沙厂 Pb-Zn 矿床闪锌矿 Rb-Sr 等时线年龄为（206.8±3.7）Ma（Zhou J X et al.，2015）。

表 6-2 为川滇黔 Pb-Zn 矿集区 Pb-Zn 矿床成矿年龄统计结果。很明显，表中以下 4 种年龄数据可能不具成矿时代意义：①赤普 Pb-Zn 矿床的年龄是沥青的 Re-Os 定年结果，由于分析用的沥青与成矿的关系并不十分清楚，加之年龄变化范围大（292.0±9.7）Ma～（165.7±9.9）Ma，该定年结果可能不能较好反映成矿年龄。②大梁子 Pb-Zn 矿床用闪锌矿 Rb-Sr 等时线法定年，不同的作者分别得到了（366.3±7.7）Ma、(345.2±3.6）Ma 和（330.2±4.0）Ma 的结果，与该矿床用方解石 Sm-Nd 法获得的年龄（(204.4±1.2）Ma）存在系统性差别。该矿床闪锌矿的 Rb-Sr 年龄与区域上绝大多数矿床不同，而该矿床方解石的 Sm-Nd 年龄却与其他矿床基本一致。因此，这些闪锌矿约 330～360 Ma 的实测年龄可能不是成矿年龄。本次研究发现，该矿床的闪锌矿中含大量微细碳酸盐矿物包裹体，其 Sr 含量较高，据此推测这些闪锌矿较大的 Rb-Sr 年龄，可能是同位素组成分析时未完全去除碳酸盐矿物包裹体混染的结果。天宝山 Pb-Zn 矿床闪锌矿较大的 Rb-Sr 年龄（352～364 Ma）可能也与此有关。③不同作者用闪锌矿 Rb-Sr 法和方解石 Sm-Nd 法对会泽 Pb-Zn 矿床进行的大量定年结果，在误差范围内基本一致，但与该矿床用蚀变矿物伊利石 K-Ar 法定年的结果很不相同。这种差别可能是由挑选出纯净伊利石的高难度和/或 K-Ar 定年方法本身的局限所造成。因此，该矿床伊利石的 K-Ar 年龄可能不是成矿年龄。④富乐 Pb-Zn 矿床的矿床和地质特征与该区其他矿床基本一致，但其闪锌矿和方铅矿的 Re-Os 年龄仅（20.4±3.2）Ma，与其他矿床大不相同，可能是由超低 Re、Os 含量硫化物矿物 Re-Os 定年方法本身还不完善造成。综上所述，去除以上可能不太可靠的年龄数据可以发现，川滇黔 Pb-Zn 矿集区 Pb-Zn 大规模成矿的时间，应集中在印支期（230～200 Ma），相当于印支期。

表 6-2　川滇黔富 Ge Pb-Zn 矿集区典型矿床成矿年龄统计结果

矿床名称	测年方法	测年矿物	测年结果/Ma	资料来源	评价
会泽	Rb-Sr 法	闪锌矿	225.9±1.1	李文博等，2004a	同种方法测年结果范围很宽：226～193 Ma
			224.8±1.2		
			226.0±6.9		
			196.3±1.8	张长青等，2014	
会泽	Sm-Nd 法	方解石	225±38	李文博等，2004b；Li et al.，2007	同种方法测年结果相似
			226±15		
			227±14	刘峰，2005；王登红等，2010	
	Re-Os	黄铁矿	32.0±3.6	周家喜，2011	与其他方法测年结果不同
	K-Ar	伊利石	176.5±2.5	张长青，2005	与其他方法测年结果不同
跑马	Rb-Sr 法	闪锌矿	200.1±4	蔺志永等，2010	
金沙厂	Rb-Sr 法	闪锌矿	199.5±4.5	毛景文等，2012	同种方法测年结果相似
			206.8±3.7	Zhou J X et al.，2015	
	Sm-Nd 法	萤石	201.1±6.2	Zhou J X et al.，2013b	与 Rb-Sr 法结果相似
乐红	Rb-Sr 法	闪锌矿	200.9±8.3	张云新等，2014	
天桥	Rb-Sr 法	闪锌矿	191.9±6.9	Zhou J X et al.，2013a，2018	
茂租	Sm-Nd 法	方解石	196±13	Zhou J X et al.，2013b	
大梁子	Rb-Sr 法	闪锌矿	366.3±7.7	张长青等，2008	两种不同方法测年结果悬殊
	Sm-Nd 法	方解石	204.4±1.2	毛景文等，2012；吴越，2013	
赤普	Re-Os	沥青	165.7±9.9	吴越，2013	与其他方法测年结果都不同
天宝山	Rb-Sr 法	闪锌矿	362.2±1.2	张长青等，2014；武昱东未发表数据	同种方法测年结果范围很宽：411～223 Ma
五星长	Rb-Sr 法	闪锌矿	223.9±3.3		
杉树林	Rb-Sr 法	闪锌矿	227.5±2.1		
唐家	Rb-Sr 法	闪锌矿	229.1±4.7		
团宝山	Rb-Sr 法	闪锌矿	230.3±3.3		
宝贝凼	Rb-Sr 法	闪锌矿	231.9±3.4		
乌斯河	Rb-Sr 法	闪锌矿	411±10	Xiong et al.，2018；Li et al.，2007	
毛坪	Rb-Sr 法	闪锌矿	321.7±10	沈战武等，2016	
	Rb-Sr 法	闪锌矿	202.5±8.5	Yang et al.，2019	
富乐	Re-Os 法	闪锌矿和方铅矿	34.7±4.4	刘莹莹，2014；Liu et al.，2015	相同方法测年结果相差较大
			20.4±3.2		
云炉河坝	Rb-Sr 法	闪锌矿	206.2±4.9	Tang et al.，2019	
老鹰箐	Rb-Sr 法	闪锌矿	209.8±5.2	Gong et al.，2021	
噜噜	Rb-Sr 法	闪锌矿	202.8±1.4	王文元等，2017	

6.3　川滇黔典型低温热液型富 Ge Pb-Zn 矿床地质特征

6.3.1　四川天宝山 Pb-Zn 矿床

天宝山矿区大地构造位置处于扬子地台西南缘、攀西裂谷东部，分布在小江－甘洛断裂带和箐河－程海断裂带之间的安宁河断裂带附近，夹持于安宁河主干断裂和益门断裂（F_1）之间的 N－S 向断块中。矿区出露地层相对简单，由下至上依次为：古元古界会理群天宝山组（Pt*tb*）碎屑岩、上震旦统灯影组（Z_2d）

白云岩、中寒武统西王庙组砂岩（ϵ_2x）、上三叠统白果湾组（T_3bg）陆相砂页岩和第四系（Q）残坡积物（图 6-4）。其中，灯影组（Z_2d）地层可分为 3 段，上段地层在矿区及外围均缺失；而中段地层在矿区广泛分布，以结晶白云岩为主，其次为条带状硅质白云岩、白云质砂岩、紫红色页岩、碧玉岩等，产核形石和叠层石等藻类化石，是本矿床主要赋矿围岩，其地层走向近 E－W 向，倾向变化较大，倾角较缓（20°～30°），厚度超过 1000 m；下段地层主要为灰白至深灰色厚层白云岩夹白云质灰岩，产藻类化石。矿区内构造复杂，以断裂构造为主，主要断层包括 F_1 和 F_2 等，其中 F_1 断层走向 NNW，与天宝山向斜轴走向近垂直，倾向 SW，属于益门断裂的分支断裂，也是天宝山矿床的导矿和容矿构造，而 F_2 断层为近东西向延伸的张扭性隐伏角砾破碎带。此外，在区域性 N－S 向边界断裂之间，还分布小规模 NE、NW、近 E－W 向断裂构造及产状平缓的层间剥离构造。矿区最大褶皱构造为天宝山向斜，其轴向 NEE，为一北翼稍陡的宽缓不对称小型复式向斜，长度超过 2 km，向斜核部为寒武系西王庙组砂岩，两翼为灯影组白云岩。

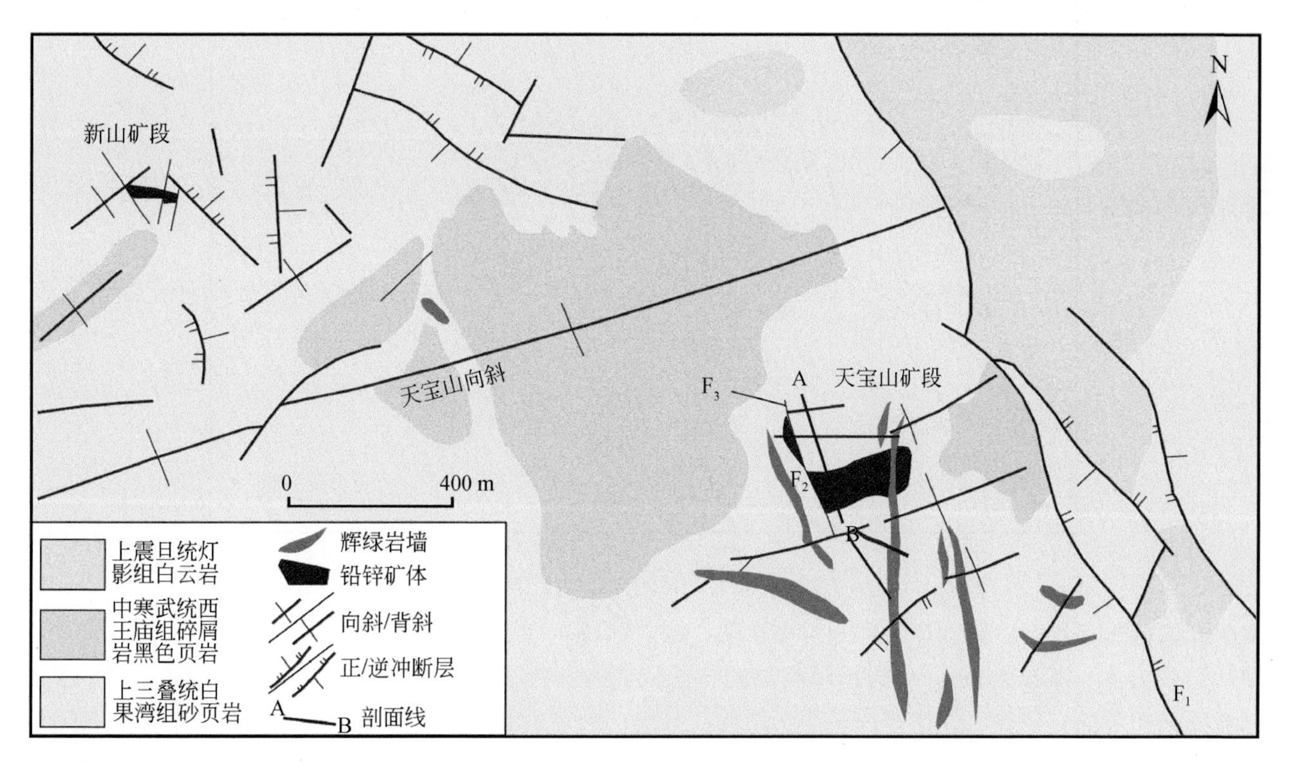

图 6-4　天宝山矿区地质简图（据王小春，1992 和 Zhou et al.，2013b 修改）

区域岩浆岩为晋宁期花岗岩和晚二叠世峨眉山玄武岩及基性岩脉（张长青，2008）。其中，矿区内基性岩脉发育，一般沿 N－S 向和 NW 向侵入，岩性以辉绿岩为主，其次为煌斑岩和橄榄辉绿岩等（王小春，1992），该类岩石目前并无同位素年代学数据，由于常见其切穿矿体和地层现象，且无矿化，表明其与 Pb-Zn 成矿作用无关，形成晚于 Pb-Zn 矿化。

该区矿体赋存于上震旦统灯影组深灰色白云岩中，其形态和产状相似，呈与地层层理斜交的脉状或筒柱状产出，边部多为锯齿状，向下往往出现简单分支并逐渐尖灭。平面上矿区自东向西分为天宝山和新山 2 个矿段，共计 3 个矿体（图 6-4），以天宝山矿段矿体规模最大，其东西向长约 285 m，垂向上延深超过 400 m，达到大型矿床规模，该矿段矿体被晚期 F_3 断层切割破坏，在平面上形成顺时针方向的平错位移。其中，F_3 断层东侧矿体（II 号矿体）出露面积最大，平面形态近似于四边形，而 F_3 断层西侧矿体（I 号矿体）面积较小，分叉并趋于尖灭，平面形态似一个三角形，总体走向为近东西向。矿体在倾斜方向上产状变化较大，如 II 号矿体在第 4 中段以上倾向 NW，第 4～6 中段近于直立，第 6 中段以下转为倾向 SE（图 6-5）。

Pb-Zn 矿化主要充填于断层白云岩角砾间隙，呈脉状或网脉状产出［图 6-6（a）、（b）］，矿石中矿物组成简单，金属硫化物以闪锌矿为主，其次为方铅矿和黄铁矿，含少量黄铜矿及微量深红银矿、银黝

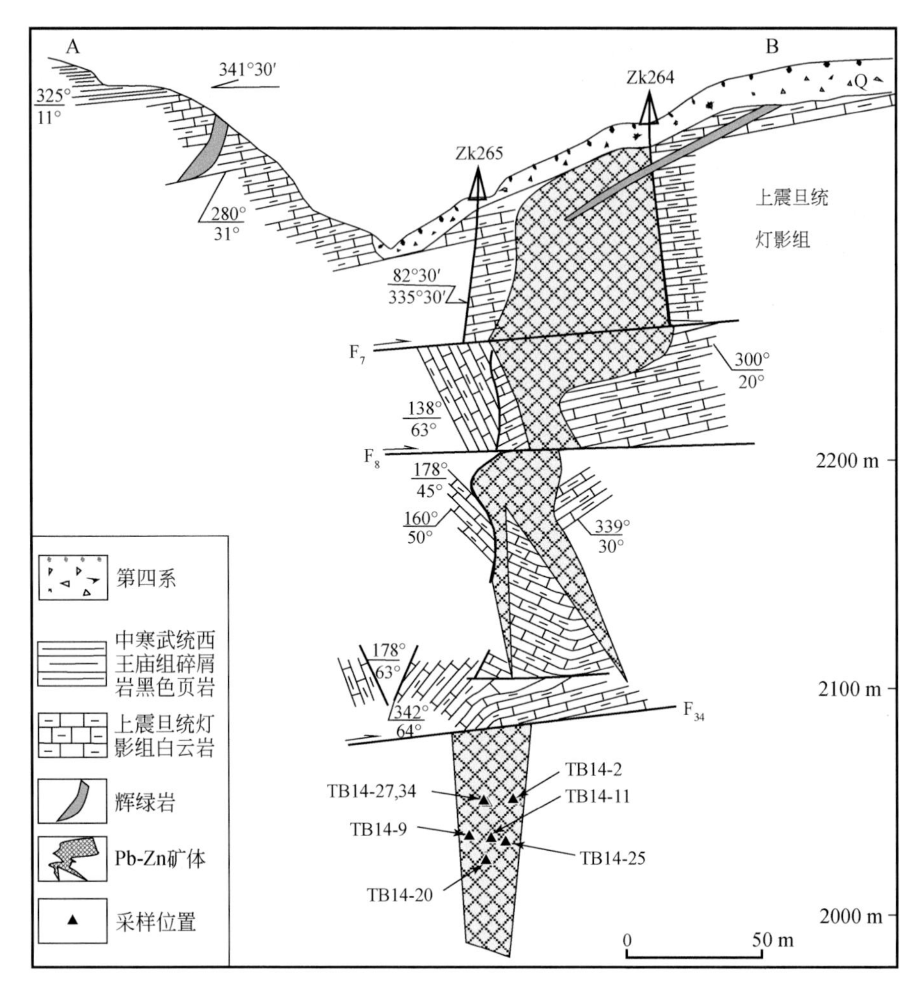

图 6-5　天宝山 Pb-Zn 矿床剖面图及采样位置（据 Zhou et al.，2013b 修改）

铜矿和毒砂等，次生矿物有菱锌矿和白铅矿等。脉石矿物主要为白云石、方解石和石英等。矿石结构以交代结构为主，其次为他形-半自形粒状结构、脉状或网脉状交代结构、黄铜矿“病毒”结构等，矿石构造包括角砾状、块状、脉状和浸染状构造等。其中，闪锌矿多为他形粒状，颜色以棕色为主，与方解石共生，呈脉状产出［图 6-6(c)～(h)］，边缘常被他形方铅矿交代［图 6-6(c)、(d)、(g)］，部分闪锌矿呈星点状分布于白云石颗粒间隙［图 6-6（i)］，少量闪锌矿与黄铜矿共生，其中黄铜矿呈乳滴状产于闪锌矿中，形成闪锌矿的黄铜矿“病毒”结构［图 6-6(j)］。方铅矿多呈他形充填于闪锌矿间隙［图 6-6(e)、(h)］，或与晚期黄铁矿共生呈细脉穿插于闪锌矿中［图 6-6（f)］，少量方铅矿呈星点状分布于白云石间隙［图 6-6(i)］，方铅矿交代闪锌矿现象普遍，表明其形成略晚于闪锌矿。矿床中存在两期黄铁矿，其中，早期黄铁矿（Py1）多呈他形粒状被闪锌矿和方铅矿包裹［图 6-6(c)、(e)、(g)、(h)、(k)，或呈星点状分布于围岩中［图 6-6(d)、(i)］，其颗粒相对较大（多大于 5 μm），孤立分布；而晚期黄铁矿（Py2）则非常细小（多小于 2 μm），以集合体形式呈细脉穿插于闪锌矿或围岩中［图 2-6(f)、(k)］。由上可见，本矿床中硫化物生成顺序为：早期黄铁矿（Py1）→闪锌矿（黄铜矿）→方铅矿→晚期黄铁矿（Py2）。

该矿床围岩蚀变较弱，主要表现为方解石化、弱硅化、白云石化和黄铁矿化等。目前该矿床已探明 Pb+Zn 储量约 260 万 t（Cromie et al.，1996；Wang et al.，2000；Wang and Zhu，2010），其中 Zn 和 Pb 的品位分别在 7.76%～10.09%和 1.28%～1.50%之间，且 Zn＞Pb，Zn/（Zn+Pb）值为 0.87（王小春，1992）。

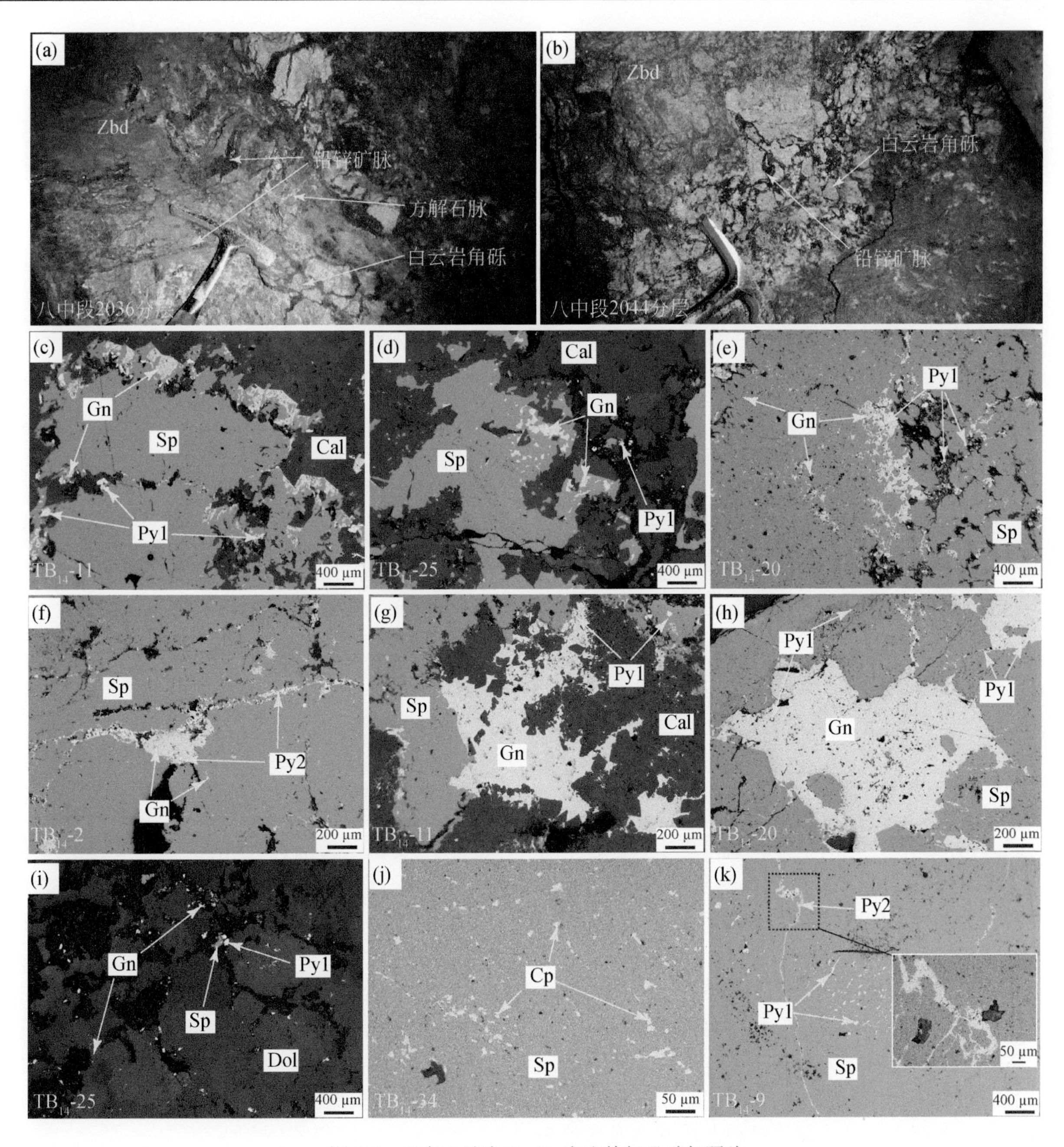

图 6-6　天宝山矿床 Pb-Zn 产出特征及矿相照片

Sp-闪锌矿；Gn-方铅矿；Py1-早期黄铁矿；Py2-晚期黄铁矿；Cp-黄铜矿；Cal-方解石

（a）充填于断层白云岩角砾间隙的 Pb-Zn 矿体（8 中段 2036 分层）；（b）充填于断层白云岩角砾间隙的 Pb-Zn 矿体（8 中段 2044 分层）；（c）闪锌矿-方铅矿-方解石脉，其中，方铅矿呈他形交代闪锌矿边缘；（d）方解石脉中他形闪锌矿被方铅矿交代，白云石间隙中分布星点状早期黄铁矿（Py1）；（e）他形闪锌矿间隙中充填的方铅矿和早期他形黄铁矿（Py1）；（f）闪锌矿裂隙中的方铅矿和晚期黄铁矿（Py2）细脉；（g）闪锌矿-方铅矿-方解石脉，其中闪锌矿边缘被方铅矿交代，闪锌矿和方铅矿包裹早期他形黄铁矿（Py1）颗粒；（h）闪锌矿被他形方铅矿交代，闪锌矿与方铅矿包裹早期黄铁矿（Py1）；（i）白云石间隙中星点状他形闪锌矿、方铅矿和早期黄铁矿（Py1）；（j）闪锌矿中乳滴状黄铜矿，“黄铜矿”病毒结构；（k）闪锌矿中晚期黄铁矿（Py2）细脉，其中闪锌矿包裹早期他形黄铁矿（Py1）

6.3.2　四川大梁子 Pb-Zn 矿床

大梁子富 Ge Pb-Zn 矿体产于 NWW 向延伸、倾向 S、倾角 84°～87°的 F_{15} 和 NWW 向延伸、倾向 N、倾角 65°的 F_1 所构成的构造带内（图 6-7）。赋矿地层主要为震旦系灯影组的白云岩、含磷白云岩，次为下寒武统钙质粉砂岩、碳质页岩和薄层泥灰岩。矿体受 NW 向次级断裂和裂隙控制，断裂带旁侧裂隙发育的地段和断裂交汇、拐弯部位矿体厚大、矿石品位高，由断裂带向外，矿化逐渐减弱，直至变为无矿的围岩。

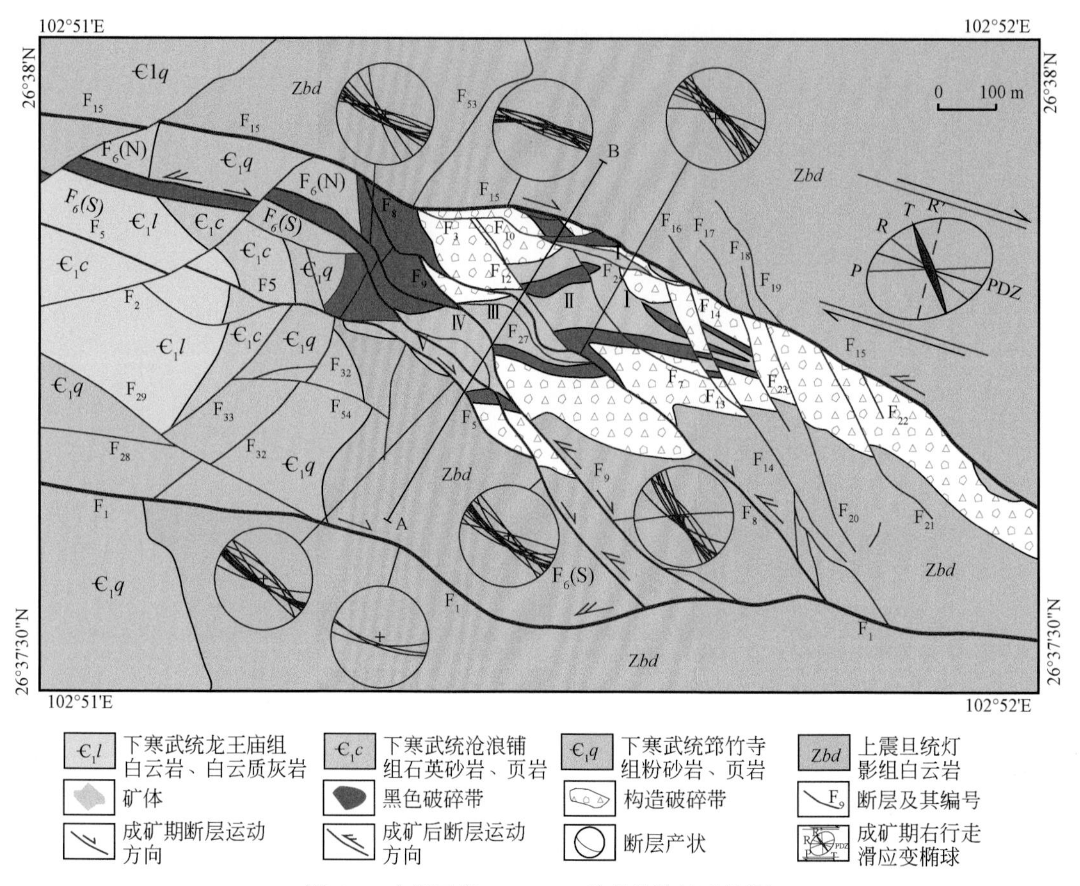

图 6-7　大梁子富 Ge Pb-Zn 矿床构造地质简图

矿区内出露的地层有上震旦统灯影组（*Zbd*），下寒武统筇竹寺组（ϵ_1q）、沧浪铺组（ϵ_1c）和龙王庙组（ϵ_1l），此外，还有第四系的残坡积层（Q）。岩层呈单斜构造产出，倾向变化范围为 290°～320°，倾角变化范围为 35°～45°。主要赋矿围岩是上震旦统灯影组（*Zbd*）的白云岩，其次为下寒武统筇竹寺组（ϵ_1q）粉砂岩、页岩。上震旦统灯影组厚 928 m，下部富含藻类化石细晶白云岩、硅质白云岩；中部为细晶硅质白云岩，局部夹钙质页岩、粉砂岩，含石英脉及重晶石脉；上部富含磷质条带及燧石条带硅质白云岩、细晶白云岩。下寒武统筇竹寺组地层岩性分为上下两层：上层厚 206 m，上部为鲕状赤铁矿和细粒含铁长石石英砂岩，中部为黑色页岩、砂质页岩，下部为砂岩、砂质页岩、钙质细粒砂岩及石英长石砂岩互层；下层厚 143 m，下部为中厚层状细粒钙质砂岩、粉砂岩夹页岩；中部为薄-中厚层含海绿石砂岩、石英碎屑砂岩；上部为灰黑色厚层细粒灰质砂岩及碳质页岩。

大梁子富 Ge 铅锌矿床位于横切大桥向斜东翼 SE 段的由 F_1 和 F_{15} 走滑断层所围限的东西向构造带内。经野外实地调查并结合前人研究资料分析，矿区内构造以断裂为主，发育大小断层 100 余条，按照断裂的走向可将矿区内的断裂分为 NWW 向、NW 向和 NE 向 3 组；其中 NWW 向和 NW 向断裂为主控矿构造，NWW 向断层为“边界”断层，深部延伸较深（图 6-8），NW 向断层为控制富矿体及“黑色破碎带”的断层，是 NWW 向断层的次级断裂，NE 向断层多为破矿断裂。

矿体大致呈东西向展布，总体呈筒状向下延伸。自北向南，依次出现Ⅰ、Ⅱ、Ⅲ、Ⅳ、Ⅴ号矿段，上部的Ⅰ～Ⅴ矿段间隔较远，具有明显的不连续性，1944～2004 m 各矿段的连续性变好。延深深度以 II 号、III 号矿段的延深最大，大梁子筒状矿体总体倾向 NE，局部反倾，倾角较陡，一般均大于 75°。平面上，表现为被几条较大的 NW 向断裂分割成 4 个三角形断块。即由 F_8 和 F_{15} 构成的东宽西窄的三角形断块，此断块陷落幅度较大；由 F_8 和 F_9 构成的 SE 宽、NW 窄的三角形断块，此断块陷落幅度最小，较南北 2 个断块相对上升；由 F_6 和 F_9 构成的 SE 窄、NW 宽的三角形断块，此断块陷落幅度较 F_8 和 F_9 组成的断块大；由 F_6 和 F_1 构成的东窄西宽的三角形断块，此断块陷落幅度较 F_6 和 F_9 组成的断块小。矿区内已发现的主要

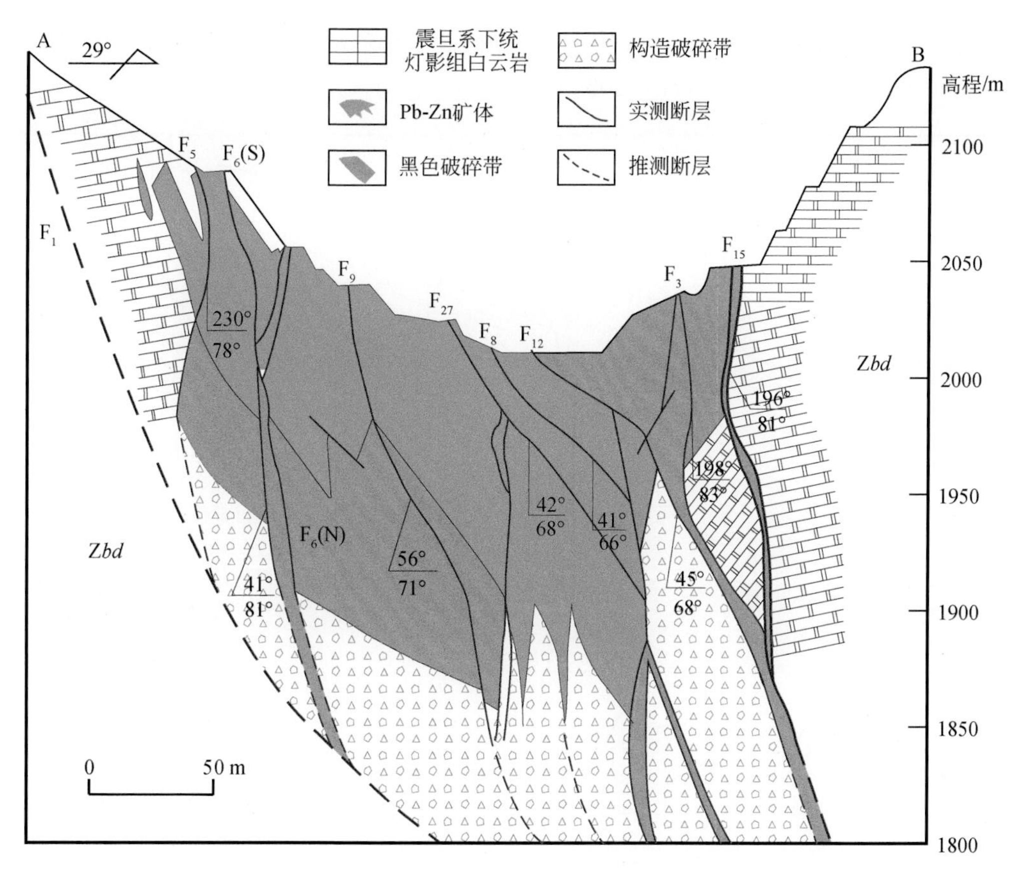

图 6-8　大梁子富 Ge Pb-Zn 矿床 A-B 剖面图

矿体均赋存在 F_5 断层和 F_{15} 断层之间的 4 个三角形断块呈锐角相交的地段。Ⅰ号矿段为矿区最北端矿段，受 F_{15} 和 F_{25} 断层所构成的断块控制。矿体厚度 1.0～16.0 m，平均厚 7.7 m，为区内最薄矿段。赋矿围岩为“黑色破碎带”和上震旦统灯影组第 5 段的白云岩，矿石主要为角砾状矿石，次为细脉浸染状矿石。沿倾向，以 2004 m 中段为厚大中心，往上下两端厚度逐渐变薄。Ⅱ号矿段受 F_{25} 和 F_8 断层所构成的断块控制，其间有 F_7、F_{10} 和 F_{12} 等断裂切错，其东端被 F_{13} 切错。矿体厚度 1.0～89.5 m，平均厚 39.4 m。含矿岩性为上震旦统灯影组第 4～6 段的白云岩和“黑色破碎带”，以角砾岩型矿石为主，其次为细脉状和块状矿石。沿倾向，厚度以 2064 m 中段最大，往上下两端则逐渐变薄。Ⅲ号矿段位于矿床中部，受 F_8 和 F_9 断层所构成的断块控制。矿体厚度 1.2～74.3 m，平均厚 26.7 m。含矿岩性为上震旦统灯影组第 5～6 段的白云岩和“黑色破碎带”，矿石构造类型主要为角砾状和细脉浸染状，其次为块状矿。沿倾向，厚度以 1944 m 中段最大，往上下两端则逐渐变薄。Ⅳ号矿段位于矿床中部的南西侧，受 F_9 和 F_6(S)断层所构成的断块控制，厚 1.2～57.5 m，平均厚 20.6 m。含矿岩性为上震旦统灯影组第 4～8 段的白云岩和“黑色破碎带”，矿石的构造类型主要为块状和角砾状，其次为团块状和细脉浸染状矿石。沿倾向，矿段以 2064 m 和 2004 m 中段的厚度和品位达到最大，向上下两端逐渐变薄变贫。Ⅴ号矿段位于矿床西南侧，受 F_6(S)和 F_5 断层所构成的断块控制。厚 0.4～118.3 m，平均厚 26.5 m。含矿岩性为上震旦统灯影组第 5～8 段的白云岩，其中，还有少量的下寒武统筇竹寺组的钙质砂岩、钙质粉砂岩和钙质页岩，矿石的构造类型以细脉状、细脉浸染状为主，其次为“黑色破碎带”矿石。沿倾向，厚度以 2064 m 中段最大，往上下两端则逐渐减小。F_5 断层与 F_1 断层之间，因地质工作程度较低，暂未发现大的矿体。

6.3.3　云南会泽 Pb-Zn-Ge 矿床

云南会泽富 Ge Pb-Zn 矿床位于扬子地块西南缘“川滇黔 Pb-Zn 矿集区”中南部，小江深断裂带和昭通—曲靖隐伏深断裂带间的 NE 向构造带、N－S 向构造带及 NW 向构造带的构造复合部位，矿区范围北起龙王庙，南至车家坪，西起麒麟厂逆断层，东至银厂坡逆断层（牛栏江），面积约为 10 km^2（图 6-9），是该矿集区内最大规模 Pb-Zn 矿床（Han et al.，2007）。

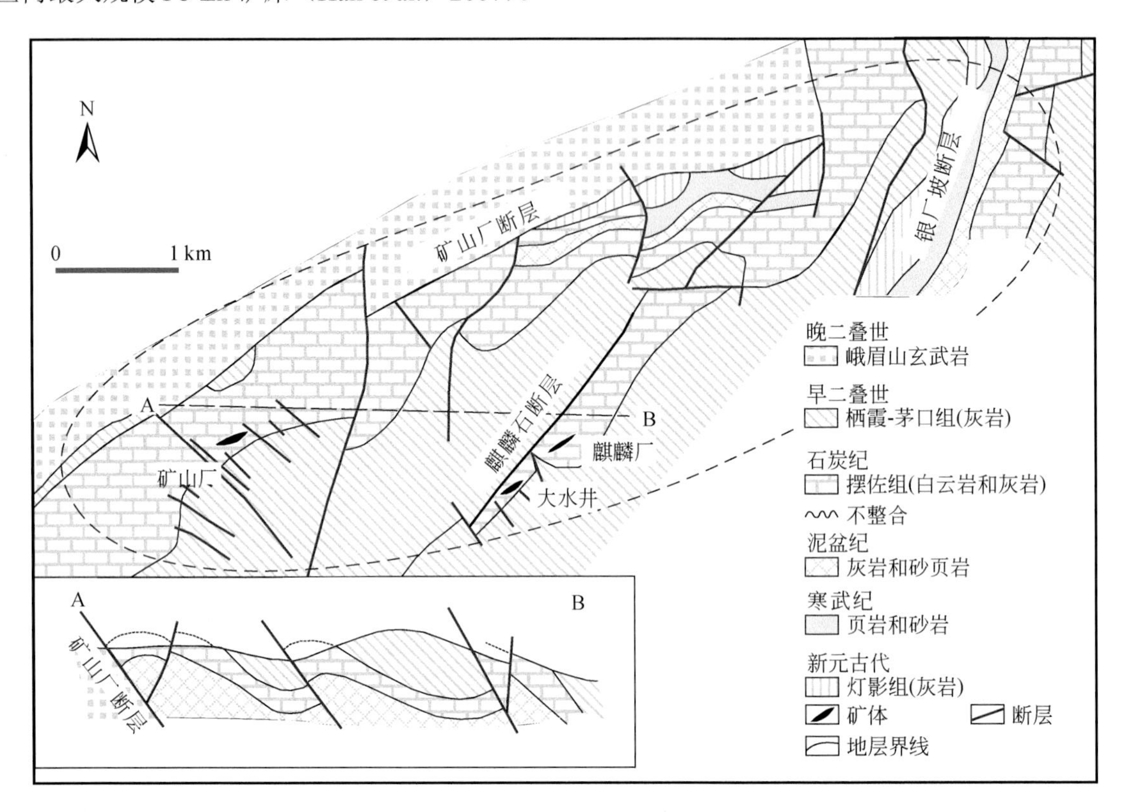

图 6-9 云南会泽 Pb-Zn 矿床矿区地质简图及剖面图（据 Han et al.，2007 和 Ye et al.，2011 修改）

矿区出露的地层为震旦系灯影组至二叠系峨眉山玄武岩组，其中上古生界地层发育完整，下古生界地层中寒武系仅出露下统筇竹寺组，缺失奥陶系、志留系和下泥盆统。其中，下寒武统筇竹寺组以页岩为主，中泥盆统海口组粉砂岩和页岩互层，中二叠统梁山组上部泥岩、砂岩互层，下部砂岩夹页岩，其余时代地层均为碳酸盐岩。石炭系下统摆佐组是矿区最主要的赋矿地层，该地层分为沉积型白云岩和蚀变型白云岩，沉积型白云岩为灰白色，经热液蚀变后的白云岩呈米黄色或肉红色，该组地层厚在 40～60 m 之间，与下伏下石炭统大塘组灰岩和上覆中石炭统威宁组灰岩均呈整合接触。

会泽 Pb-Zn 矿区内主要发育 NE 向、NW 向和近 N－S 向的 3 组断裂构造，断裂有多期活动特点。其中，NE 向断裂构成了矿区的构造格架，矿山厂、麟麟厂、银厂坡 3 条逆断层由 NW 向 SSE 依次展布，呈向北收敛的趋势，形成叠瓦状构造（图 6-9），为矿区内的一级断裂，总体以压性为主，分别控制着矿山厂、麒麟厂和银厂坡 3 个相对独立的 Pb-Zn 矿床。上述 3 条主要断层中热液蚀变现象普遍（刘成，2013），包括褐铁矿化、方解石化、硅化、绿泥石化、绿帘石化等，但断裂内无明显的矿化，暗示其可能主要作为流体运移的通道，属于导矿构造。矿区在 NW-SE 向主压应力强烈作用之下，地层发生褶皱并倾斜，随着褶皱作用持续活动，原连续弯曲的地层发生了脆性破裂，由此形成了矿区内各个地层层间及层内的一系列 NE 向次级断裂，本矿床的主要 Pb-Zn 矿体基本产于这类断裂中，因此，这些 NE 向的层间、层内断裂破碎带属于矿区主要容矿构造（图 6-10）；矿区内 NE 向张性断层常为方解石所充填，据统计，目前已发现 40 余条此类断裂，其间距不等，为一组在矿山厂逆断层和麒麟厂逆断层上盘配套的羽状平移横断裂，断面呈波状起伏，产状陡倾，具有明显的滑面和 2 组不同方向的擦痕（张茂富等，2016），断裂带内含有很多大小混杂堆积物，而且可见构造透镜体，显示多期活动的特征，前人研究表明，矿区内由浅到深该组断裂分布密度呈从大到小递变，规模则相反，断裂带内虽未发现矿体，但断裂构造岩热液蚀变、矿化现象特征明显，Pb+Zn 含量可达 0.15%。此外，NW 断裂常与 NE 向次级层间及层内断裂连通，两者交汇处矿体显著膨大，反映该构造不仅是成矿通道，而且也是容矿构造；矿区内 N－S 向断裂以东头断层为主，长约 15 km，往近N－S向延伸，整体与地层线斜交，断面呈舒缓波状，沿断层线分布有角砾破碎带，热液蚀变现象较弱，未见矿化，推测其为成矿后断裂，与矿床的形成无直接的成因联系。可见，会泽矿区NE向构造带是矿区最主要的控矿构造，麒麟厂和矿山厂两大矿区内的一级断裂可能是区域成矿热液主要通道，而通过与之连通的NW向张性断裂传送至次一级的NE向层间及层内断裂破碎带，由于物理化学条件等的变化，在有利岩性的层间和层内断裂破碎带内，Pb、Zn等金属元素沉淀，形成Pb-Zn多金属矿体（刘成，2013；张茂富等，2016）。

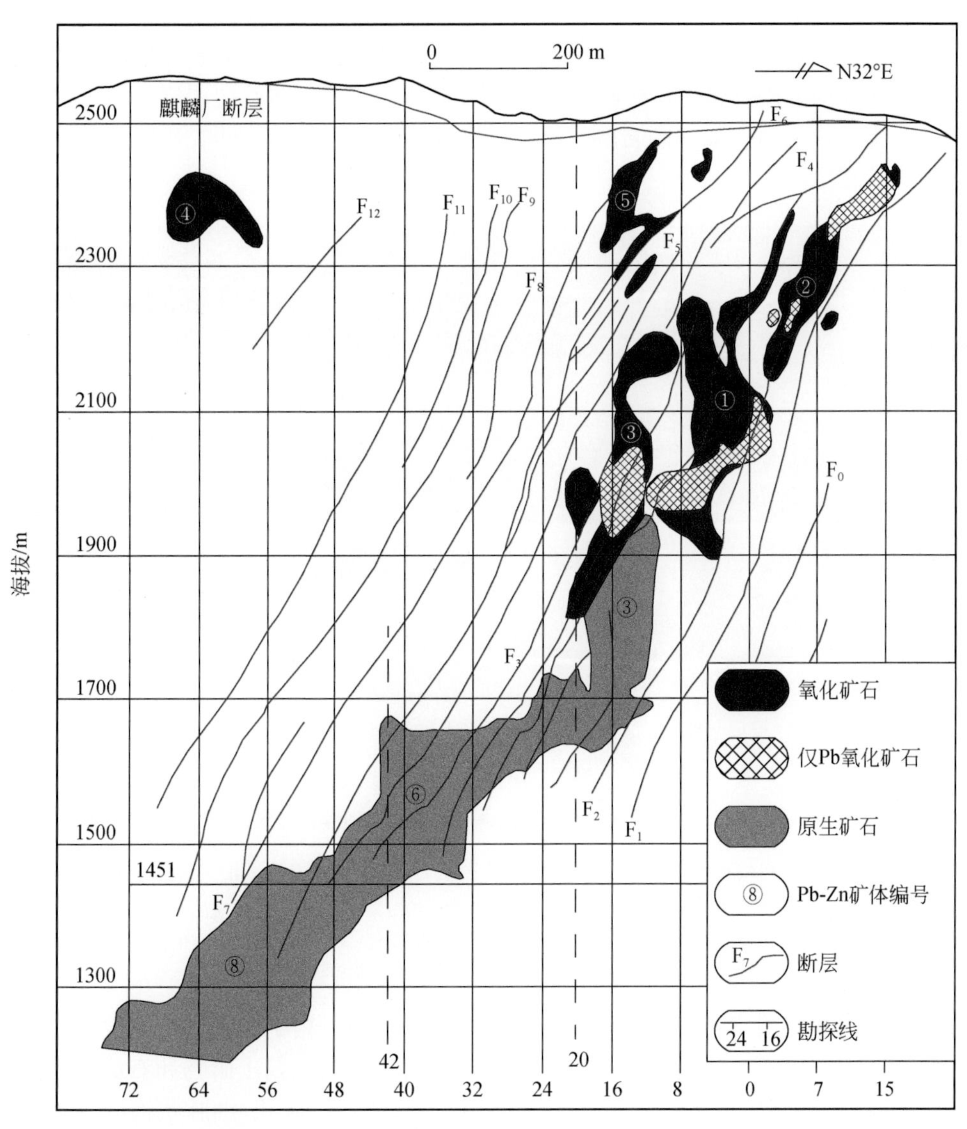

图6-10　云南会泽Pb-Zn矿床麒麟厂矿段矿体纵投影剖面图（据韩润生等，2012和Oyebamiji et al.，2020修改）

区内出露有大面积的峨眉山玄武岩，主要分布在矿山厂断裂西北部和矿区西南部及外围地区，其岩性为灰绿-绿黑色致密块状玄武岩、杏仁状玄武岩及少量气孔状玄武岩，其中杏仁状构造多为气孔被碳酸盐矿物充填形成，局部绿泥石化发育。

会泽Pb-Zn矿床位于滇东北拗陷盆地南部NE向矿山厂－金牛厂断裂带北段，由相距3 km矿山厂和麒麟厂两个相对独立的矿段组成，Pb-Zn矿体沿矿区内麒麟厂断裂与矿山厂断裂呈NE向展布。矿山厂矿段位于矿山厂断裂、F_5断裂与东头断裂所围限的范围内，麒麟厂矿段位于麒麟厂断裂上盘，前者共探获规模大小不等Pb-Zn矿体260余个，矿体走向延长1720 m，倾斜延伸1650 m，已探获Pb+Zn金属量1327.0 kt，Pb+Zn平均品位22.85%，而后者共发现77个Pb-Zn矿体，矿体走向延长1975 m，倾斜延伸大于1000 m，探获Pb+Zn金属量1460 kt，Pb+Zn平均品位达25%。

Pb-Zn 矿体呈似层状、透镜体状、囊状、脉状、网脉状赋存于下石炭统摆佐组中-粗晶白云岩中，少数赋存于上泥盆统宰格组上部，矿体走向为 NE 20°～30°，倾向 SE，倾角 50°～70°，总体与地层产状相当，基本沿 NE 向层间（内）断裂或破碎带展布，沿其走向和倾向，矿体均呈现尖灭再现、膨大收缩的变化规律，整体形态呈不规则状，在纵投影图上显示为对钩形状。矿山厂矿段从浅部至深部，矿石呈现氧化矿→混合矿→硫化矿变化，以氧化矿石为主；而麒麟厂矿段自上而下总体呈氧化矿→硫化矿变化，以硫化矿为主。总体而言，本矿床 Pb-Zn 矿体赋矿层位相对稳定，明显受石炭系摆佐组地层控制，层控特征明显，其矿化类型可分为 2 类：一类为矿体与围岩界线明显的充填成矿，矿体沿层间（内）断裂带产出，矿体与围岩边界平整，仅在围岩裂隙内可见少量矿化［图 6-11(b)］；另一类为交代成矿作用，矿体与围岩界线不明显，矿化发生于层间（内）破碎带中，矿体中可见白云岩交代残余，向两边围岩（白云岩）呈渐变过渡关系，离矿体越近，交代作用越明显，围岩颜色越浅［图 6-11(a)］。虽然这两类矿化方式不同，但后生成矿特征十分明显（张茂富等，2016）。

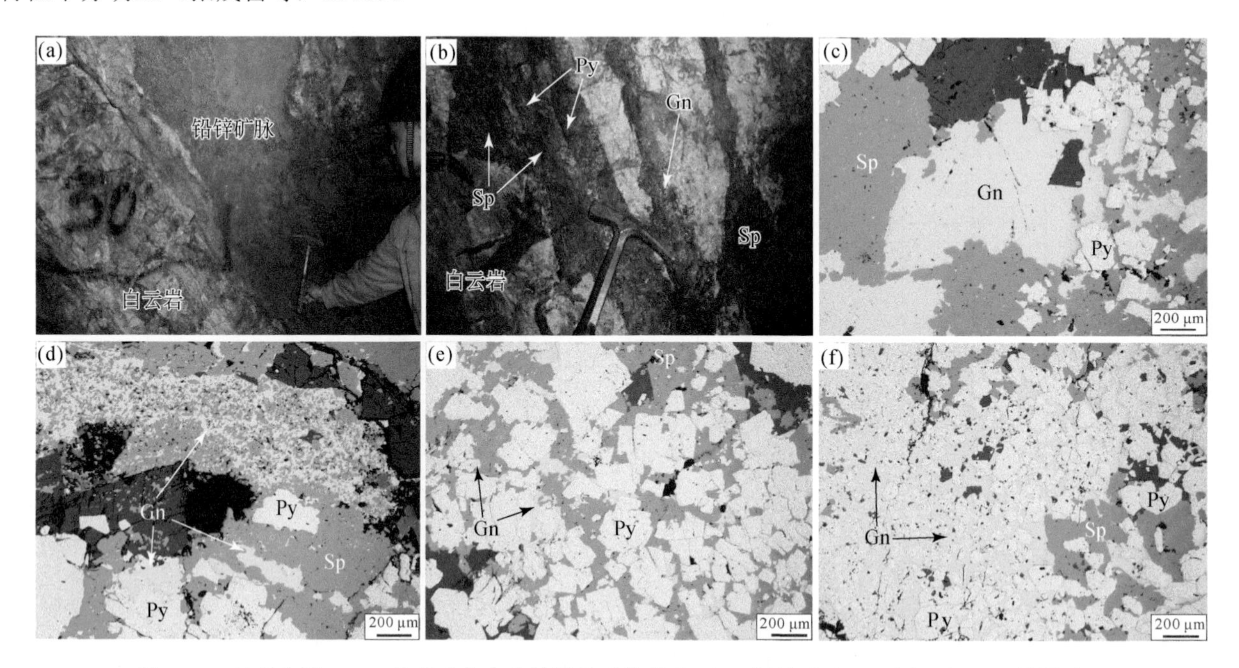

图 6-11 云南会泽 Pb-Zn 矿床矿体产出特征及矿物组合（Sp. 闪锌矿；Gn. 方铅矿；Py. 黄铁矿）

（a）与围岩逐渐过渡的 Pb-Zn 矿体，两者产状基本一致；（b）石炭系摆佐组白云岩层间裂隙中充填的 Pb-Zn 矿脉；（c）方铅矿交代黄铁矿和闪锌矿；（d）被闪锌矿交代残余的他形黄铁矿，闪锌矿被方铅矿充填交代；（e）闪锌矿包裹交代黄铁矿，之后被方铅矿交代；（f）沿黄铁矿间隙充填的他形方铅矿

该矿床原生矿石矿物组成则相对简单，矿石矿物以闪锌矿、方铅矿和黄铁矿为主，含少量的黄铜矿、脆硫锑铅矿、黝铜矿等，脉石矿物主要为方解石，其次白云石，偶见黏土矿物和石英。其矿石构造复杂，包括块状构造、层状-似层状构造、细脉浸染状构造、浸染状构造、脉状-细脉状构造、条带状构造和团斑状等，常见的结构包括粒状结构、解理结构、环带结构、压溶结构、包含结构、乳滴状结构、溶蚀结构及各种交代结构等。矿床围岩蚀变相对简单，主要发育碳酸盐化、黄铁矿化和黏土化，其中，碳酸盐化最为重要，包括方解石化和白云岩化。

6.3.4 云南富乐 Pb-Zn-Ge 矿床

富乐 Pb-Zn 矿床位于扬子地台西南缘的川滇黔多金属成矿带 SE 部（图 6-12b），矿床产于弥勒－师宗区域断裂 NE 侧次级断裂区域。区域构造以 NE 和 N－S 向为主。区域内主要出露的地层有中-新元古界昆阳群、泥盆系、石炭系、二叠系、三叠系及第四系。中-新元古界昆阳群（Pt_2k）为区域的褶皱结晶基底，仅在研究区西南部出露，岩性主要为粉砂质泥岩和层纹状粉砂质泥岩。矿区内发育的地层由老到新依次为上石炭统马平组（C_3m）、中二叠统阳新组（P_2y）、二叠系峨眉山玄武岩（$P_2\beta$）、上二叠统宣威组（P_3x）、下三叠统永宁镇组（T_1y）、中三叠统关岭组（T_2gl），此外，还有部分第四系［图 6-12(a)］。上石炭统马平组（C_3m）岩性主要为浅灰色厚层至块状灰岩，上部偶夹粗晶白云岩；中二叠统阳新组（P_2y）灰-深灰色灰岩和白云岩互层，上部灰岩中燧石条带和结核顺层产出，是矿区铅锌主要赋矿地层；二叠系峨眉山玄武岩（$P_2\beta$）以气孔状和杏仁状玄武岩为主，还有部分火山角砾岩，与下伏阳新组不整合接触［图 6-12(c)］；上二叠统宣威组（P_3x），底部为玄武质胶结砾岩，向上为灰色泥页岩夹粉砂岩；下三叠统永宁镇组（T_1y）以浅灰色泥质灰岩及灰岩为主；中三叠统关岭组（T_2gl）以杂色砂岩、泥岩、白云岩为主；第四系浮土沉积物（Q）主要出露于地表及沟谷河流地带，为残坡积及冲洪积物，呈红色、黄色等碎屑、黏土、砂土。矿区内主要分布的地层是二叠系峨眉山玄武岩、中二叠统阳新组及下三叠统的碳酸盐岩。其中，中二叠统阳新组（P_2y）是富乐矿区内的含矿地层，阳新组顶界之下 50～100 m 为矿化空间，岩性为灰色-深灰色中-厚层状细晶白云岩、灰质白云岩、灰岩及生物碎屑灰岩，上部燧石条带和结核顺层产出，白云石化和方解石化常见。

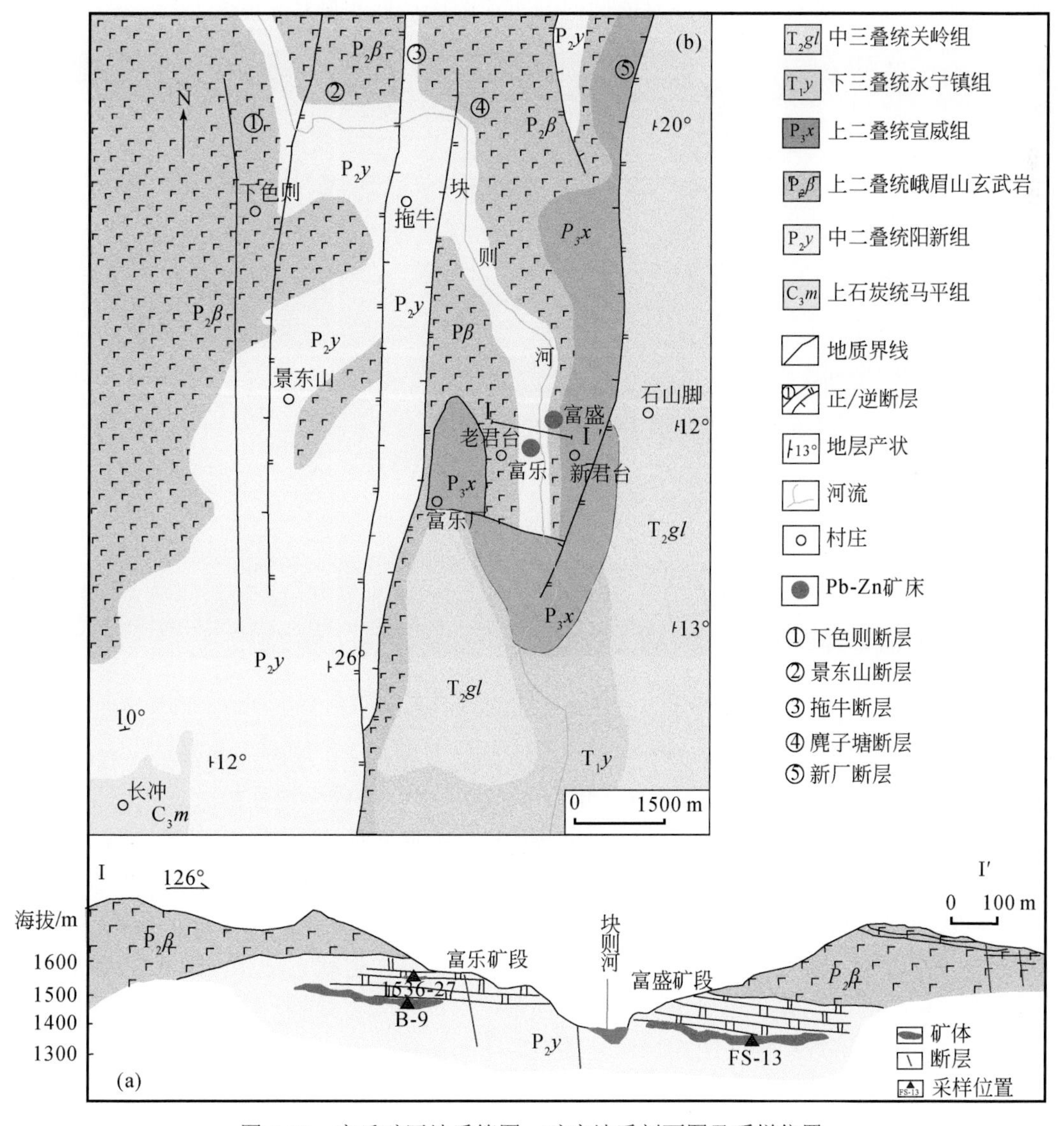

图 6-12　富乐矿区地质简图、矿床地质剖面图及采样位置

（柳贺昌和林文达，1999；云南省有色地质局三一七队，2010）

矿区构造格架以北 NE 向和近 N－S 向展布的褶皱和断裂为主，且以背斜和断裂小角度斜交为特征，构造性质一般多属平缓开阔褶皱及以 N－S 向的逆断层为主，其中近 N－S 和 NE 向断裂对区域内锌铅矿的

形成、分布、富集起着十分重要的控制作用，且地层产状受构造控制，产状平缓。

该矿床由富乐（老君台矿段）和富盛（新君台矿段）2 个矿段组成［图 6-12(a)、(b)］，两个矿段仅一河之隔，被近 N－S 向块则河断裂错开，富乐矿段矿体产出位置高于富盛矿段，目前已发现 20 余个矿体，隐伏深度 150～200 m，赋矿标高范围为 1350～1536 m，呈 NW－SE 展布（长约 3 km），规模大的矿体位于矿床中心位置，规模小的矿体呈“卫星”式分布于矿床外侧。目前，该矿床已探明 Pb+Zn 金属储量大于 1 Mt，其 Pb+Zn 品位大于 25%（吕豫辉等，2015），且其中 Cd 等伴生元素也达到大型矿床规模（司荣军等，2006，2011，2013），是川滇黔地区富集 Ge、Cd 等稀散元素矿床中的典型代表（司荣军，2005；吕豫辉等，2015；梁峰等，2016；Zhu C W et al.，2016；念红良等，2016；Zhou Z B et al.，2018；Li et al.，2018；李珍立等，2018）。

Pb-Zn 矿体多呈似层状、透镜状、囊状、脉状赋存于中二叠统阳新组白云岩与灰岩互层中（图 6-13），沿层间裂隙（破碎带）及断裂缓倾斜顺层产出，其产状受地层的产状控制，整体向 SE 倾。此外，野外调查发现，矿体常与断层相伴产出，有些地方可见近直立断层切穿大溶洞，溶洞内充填大量氧化矿石，偶见孔雀石，溶洞周围发育大量角砾岩，在部分纵向断裂带及两侧形成角砾化矿体。

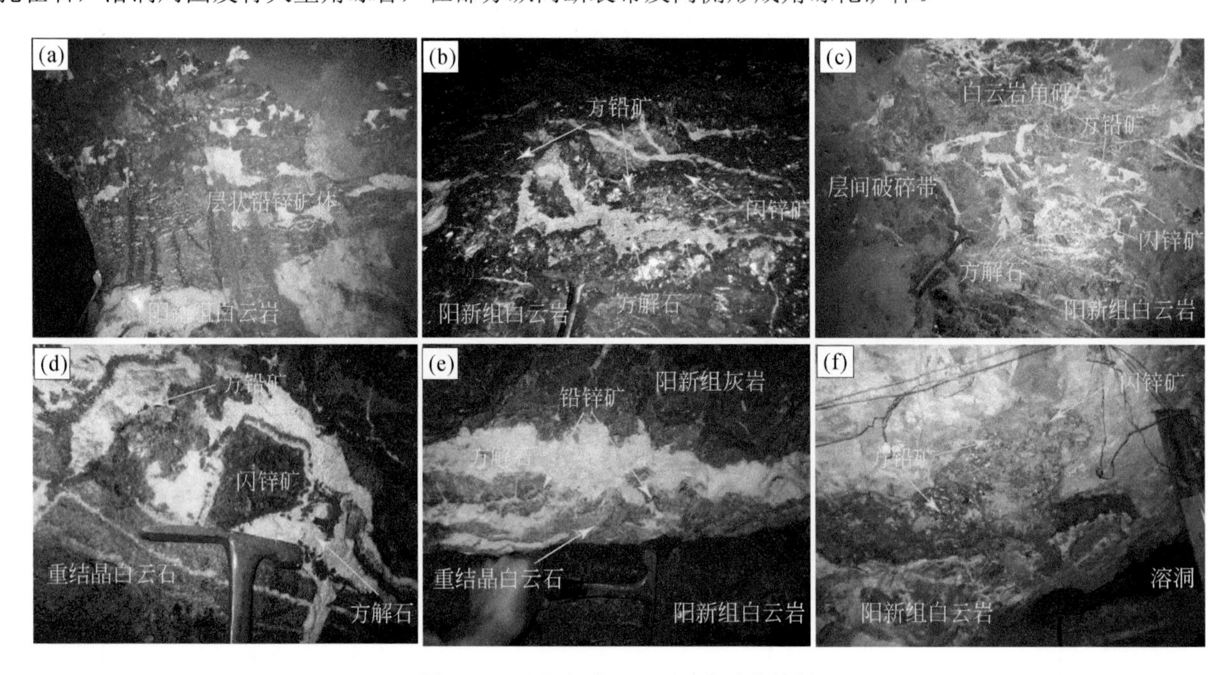

图 6-13　云南富乐 Pb-Zn 矿床矿体特征

矿床中矿石矿物以闪锌矿和方铅矿为主，含少量黄铁矿及微量 Cu 矿物（黄铜矿、辉铜矿、砷黝铜矿等），其脉石矿物以方解石为主，次为白云石，并含少量水锌矿、铅钒、褐铁矿等氧化物，局部含孔雀石。矿石构造主要为致密块状构造、角砾状构造、浸染状构造、网脉状构造、环状构造，尚见皮壳、粉末状构造及多孔晶洞状构造。主要矿石结构是粒状结构［图 6-14(a)、(b)、(e)、(f)］，表现为主要金属矿物呈自形、半自形、他形粒状出现，其次为交代残余结构，即黄铁矿交代闪锌矿［图 6-14(d)］，闪锌矿交代白云石、黄铁矿，石英交代白云石，常保留后者的骸晶。此外，异极矿呈放射状、环状，形成放射状结构；白云石晶粒外围出现菱锌矿环圈，菱锌矿边缘出现异极矿环带，形成环带状结构；闪锌矿常被溶蚀呈他形粒状、港湾状、不规则状，形成溶蚀结构（图 6-14c）。根据矿床和矿体特征、矿石结构构造、各种矿脉相互关系和矿物共生组合，将矿床成矿过程划分为成岩期、热液成矿期和表生期，其中热液成矿期可进一步划分为硫化物-碳酸盐矿物（白云石和方解石）和碳酸盐矿物（方解石和白云石）2 个阶段。硫化物-碳酸盐矿物（白云石和方解石）阶段，主要形成闪锌矿-白云石/方解石和闪锌矿-方铅矿-白云石/方解石 2 种主要矿石组合。

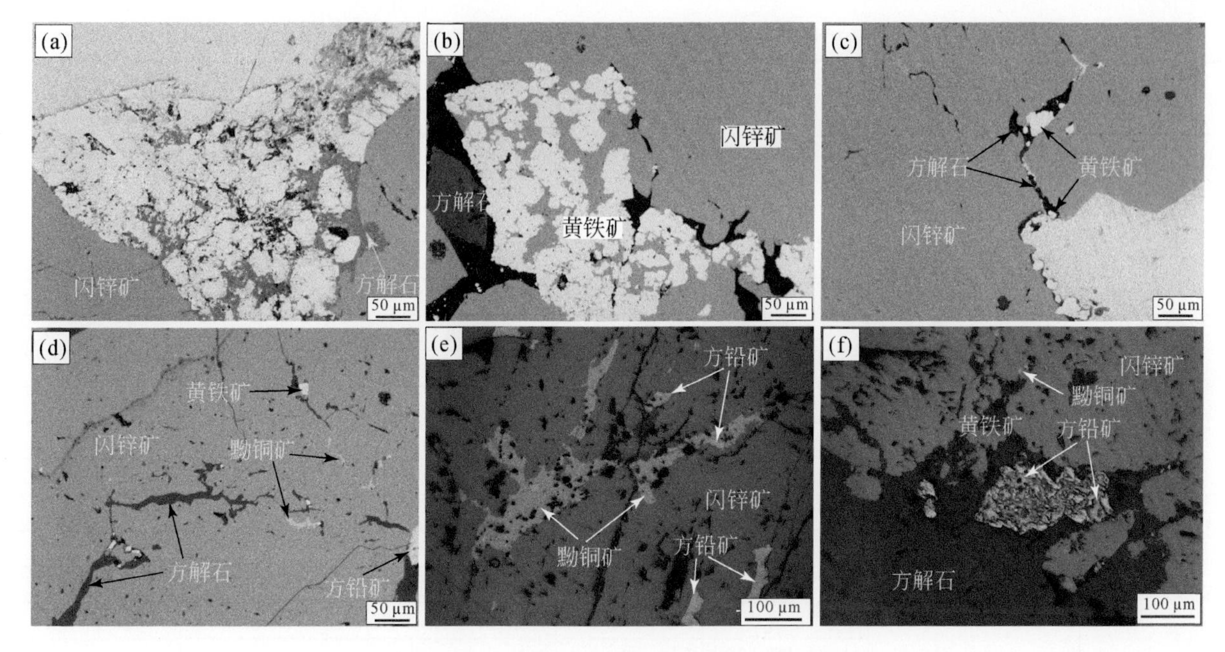

图 6-14　云南富乐 Pb-Zn 矿床矿物结构特征

矿床中围岩蚀变主要有白云石化、方解石化，局部有重结晶作用及褪色现象。白云石化最为普遍，蚀变范围大，分布于含矿带及其外围数米至数十米，其中白云石多呈晶粒状交代围岩，使原岩（灰色灰岩或灰黑色白云质灰岩）镁质增高、颜色变浅、经重结晶，变为灰白色、乳白色或浅灰色粗晶白云岩，或呈斑点状粗晶次生白云岩及白云岩化灰岩，常见的是白云石呈斑团状，脉状分布在矿体内或矿体的顶、底板附近，部分地段呈似层状，透镜状产出，为区内最有效的找寻 Pb-Zn 矿床的标志。此外，Pb-Zn 矿化强度与白云石化基本成正比（正相关关系）。方解石化：方解石多系白色或乳白色，呈脉状充填在围岩裂隙中，并溶蚀交代围岩，多分布于含矿带内，常与 Pb-Zn 矿化共生。

6.4　Ge 的超常富集机理

“川滇黔 Pb-Zn 矿集区”内 Pb-Zn 资源丰富，是我国重要 Pb-Zn 资源基地，该区 Pb-Zn 矿床中均伴生 Ge，具有巨大的潜在经济价值。但是，对 Ge 的超常富集成矿作用研究还十分薄弱，多数研究尚停留在简单的赋存形式和分布规律方面，Ge 在这类 Pb-Zn 矿床中富集的关键控制因素及其机制依然不清，其超常富集规律的认识与地质勘探的难以深入，严重制约了该区众多矿山中 Ge 资源的综合利用。因此，开展“川滇黔 Pb-Zn 矿集区”Ge 超常富集机理研究十分重要，其研究成果不仅可以补充和完善 Ge 地球化学行为的科学内容，提供认识该区 Pb-Zn 成矿作用的重要地球化学信息，更重要的是为地质勘探的深入和综合利用该区 Ge 资源提供科学依据，从而为建立我国 Ge 资源战略储备基地提供实际地质地球化学支撑。

6.4.1　主要载 Ge 矿物特征

矿集区内 Pb-Zn 矿床中矿物组成相对较简单，矿石矿物以闪锌矿为主，其次为方铅矿和黄铁矿，少数矿床中含有一些黄铜矿和黝铜矿（如天宝山和富乐等矿床）。目前，除在会泽矿床曾发现极少的待定名 Ge 铝氧化物（张伦尉等，2008）外，该区目前尚未有 Ge 独立矿物的报道，可见独立矿物并非该区 Pb-Zn 矿床中 Ge 的主要产出形式。课题组对研究区不同赋矿地层 Pb-Zn 矿床中主要金属矿物开展原位 LA-ICP-MS 测试，结果（表 6-3 和图 6-15）表明，闪锌矿是其中 Ge 的主要载体矿物，黄铜矿和黄铁矿中含微量 Ge，而方铅矿中并不含 Ge。

表 6-3　"川滇黔矿集区"不同赋矿地层 Pb-Zn 矿床中主要矿石矿物中 Ge 含量

矿床	赋矿地层	统计	矿物中 Ge 含量/10^{-6}			
			闪锌矿	方铅矿	黄铁矿	黄铜矿
天宝山	Z	最小值	0.52	<0.14	8.93	4.09
		最大值	205	0.29	53.7	39.40
		均值	29.5		19.1	18.40
		标准偏差	45.0		15.8	8.18
		点数	57	31	8	40
茂租	Z	最小值	0.30	<DL	<DL	—
		最大值	342			—
		均值	71.8			—
		标准偏差	81.5			—
		点数	72	32	17	—
乐红	Z	最小值	0.42	<0.14	9.17	
		最大值	536	0.26	66.5	
		均值	140		12.9	
		标准偏差	143		10.2	
		点数	47	24	30	
麻栗坪	Є	最小值	0.34	<0.13	1.13	—
		最大值	275	0.23	63.3	—
		均值	39.5		4.92	—
		标准偏差	60. 8		10.2	—
		点数	56	24	43	—
火德红	D	最小值	0.86	<0.14	1.09	—
		最大值	662	0.26	20.7	—
		均值	168		3.15	—
		标准偏差	143		3.93	—
		点数	78	15	91	—
毛坪	D-C	最小值	0.37	<0.14	0.78	—
		最大值	652	0.40	1.22	—
		均值	47.1		1.02	—
		标准偏差	106		0.13	—
		点数	49	22	29	—
会泽	C	最小值	0.32	<0.11	0.78	—
		最大值	512	0.30	3.55	—
		均值	61.6		1.12	—
		标准偏差	228		0.40	—
		点数	75	32	46	—
天桥	C	最小值	0.45	—	—	—
		最大值	217	—	—	—
		均值	86.0	—	—	—
		标准偏差	66.7	—	—	—
		点数	26	—	—	—
富乐	P	最小值	0.38	<0.15	0.80	—
		最大值	769	1.19	347	—
		均值	181		47.0	—
		标准偏差	194		85.7	—
		点数	191	48	50	—

注："—"代表未测；"<DL"代表低于检出限。

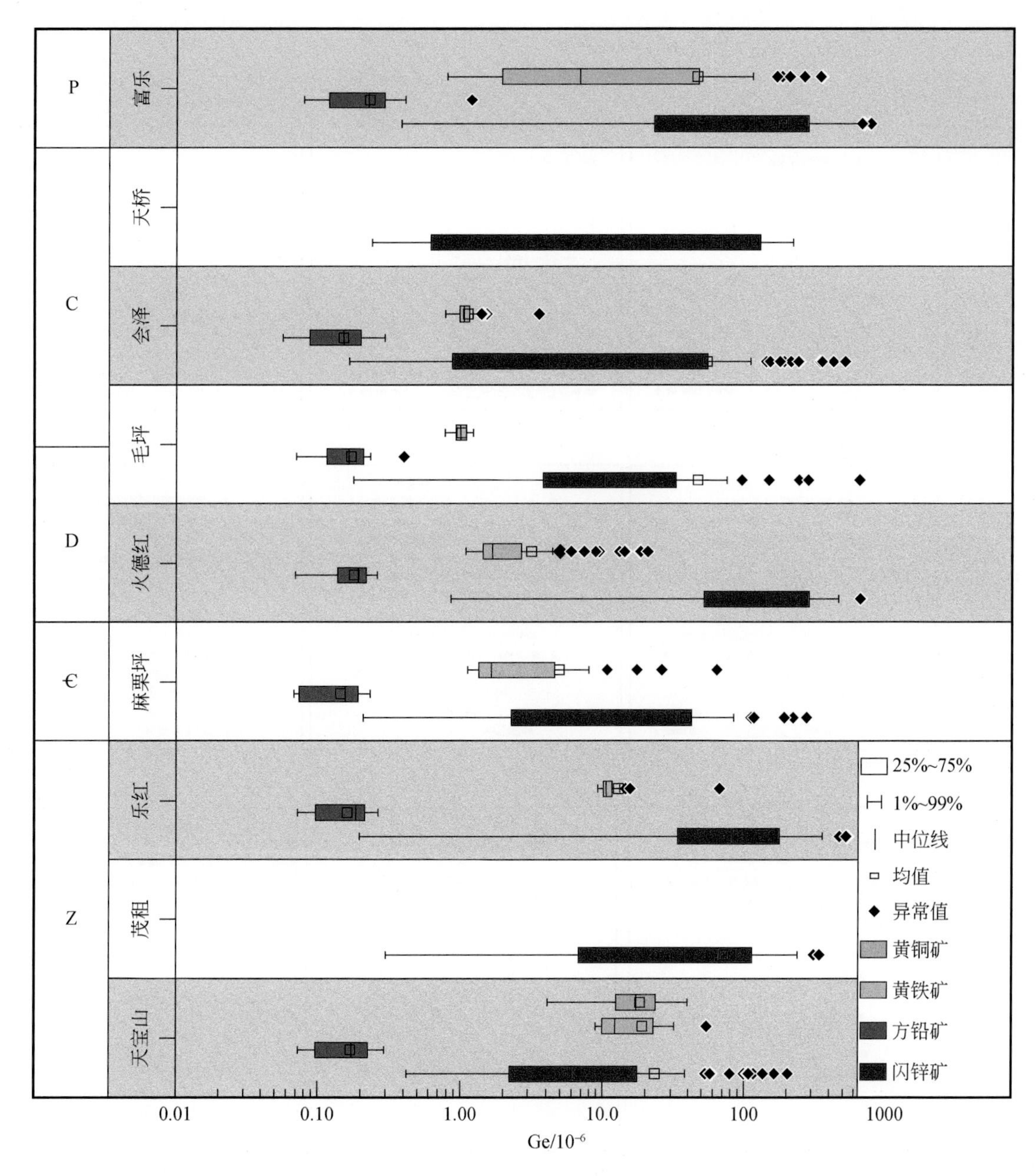

图 6-15　“川滇黔矿集区”不同赋矿地层 Pb-Zn 矿床中主要矿石矿物中 Ge 含量对比图

1. 天宝山富 Ge Pb-Zn 矿床

天宝山富 Ge Pb-Zn 矿床的闪锌矿以棕色为主，本研究分析了 2 号矿体不同标高 7 个闪锌矿样品，共计 57 个测点，平均每个样品约 8 个测点。结果表明，闪锌矿以富集 Cd、Ge，贫 Fe、Mn、In、Sn、Co 为特征（图 6-16），其中 Fe 含量远低于 10%，不属于铁闪锌矿，此外，Ge、Co、Mn、Cu、Ag 等含量在闪锌矿中分布不均匀，即使是同一颗粒也是如此（图 6-17）。闪锌矿的 Fe 含量（7251×10^{-6}～30675×10^{-6}，均值为 16309×10^{-6}）和 Cd 含量（2915×10^{-6}～28278×10^{-6}，均值为 7245×10^{-6}）相对最高，两者呈弱负相关关系，从深部向上，其中 Fe 含量有降低趋势，而 Cd 含量有增加趋势［图 6-18(a)］，如 2036 m→2044 m→2064 m，Fe 含量为 15092×10^{-6}～19808×10^{-6}（均值 16797×10^{-6}，n=8）→12348×10^{-6}～30675×10^{-6}（均值 17611×10^{-6}，n=24）→7251×10^{-6}～21674×10^{-6}（均值为 14904×10^{-6}，n=25），Cd 含量为 2963～8543×10^{-6}（均值 4300×10^{-6}，n=8）→2915×10^{-6}～28278×10^{-6}（均值为 6281×10^{-6}，n=24）→3325×10^{-6}～15757×10^{-6}（均值为 9112×10^{-6}，n=25）。

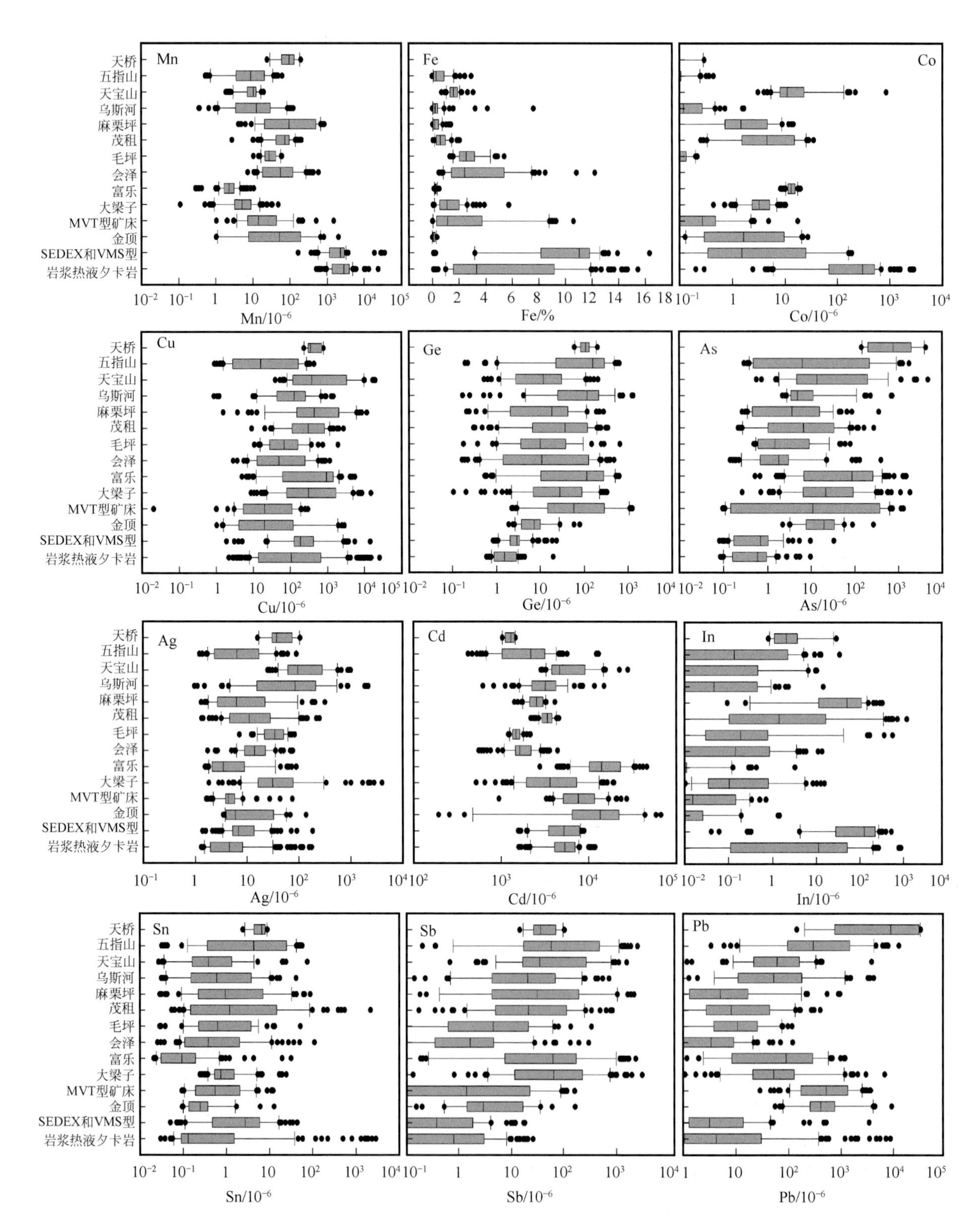

图 6-16　“川滇黔 Pb-Zn 矿集区”闪锌矿与不同类型矿床闪锌矿微量元素对比图

（其他类型矿床数据来源于 Cook et al.，2009；Ye et al.，2011；叶霖等，2012，2016b）

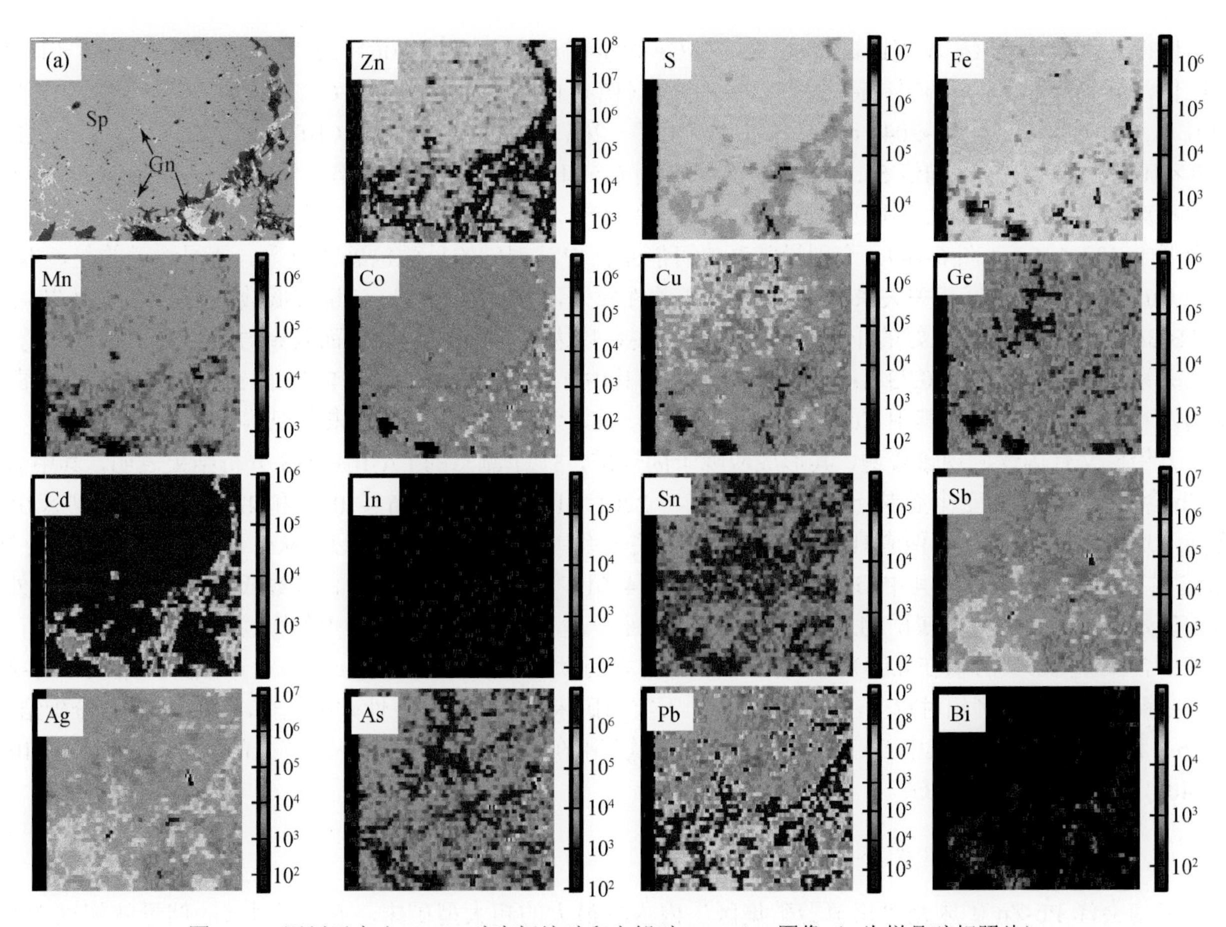

图6-17　四川天宝山Pb-Zn矿床闪锌矿和方铅矿Mapping图像（a为样品矿相照片）

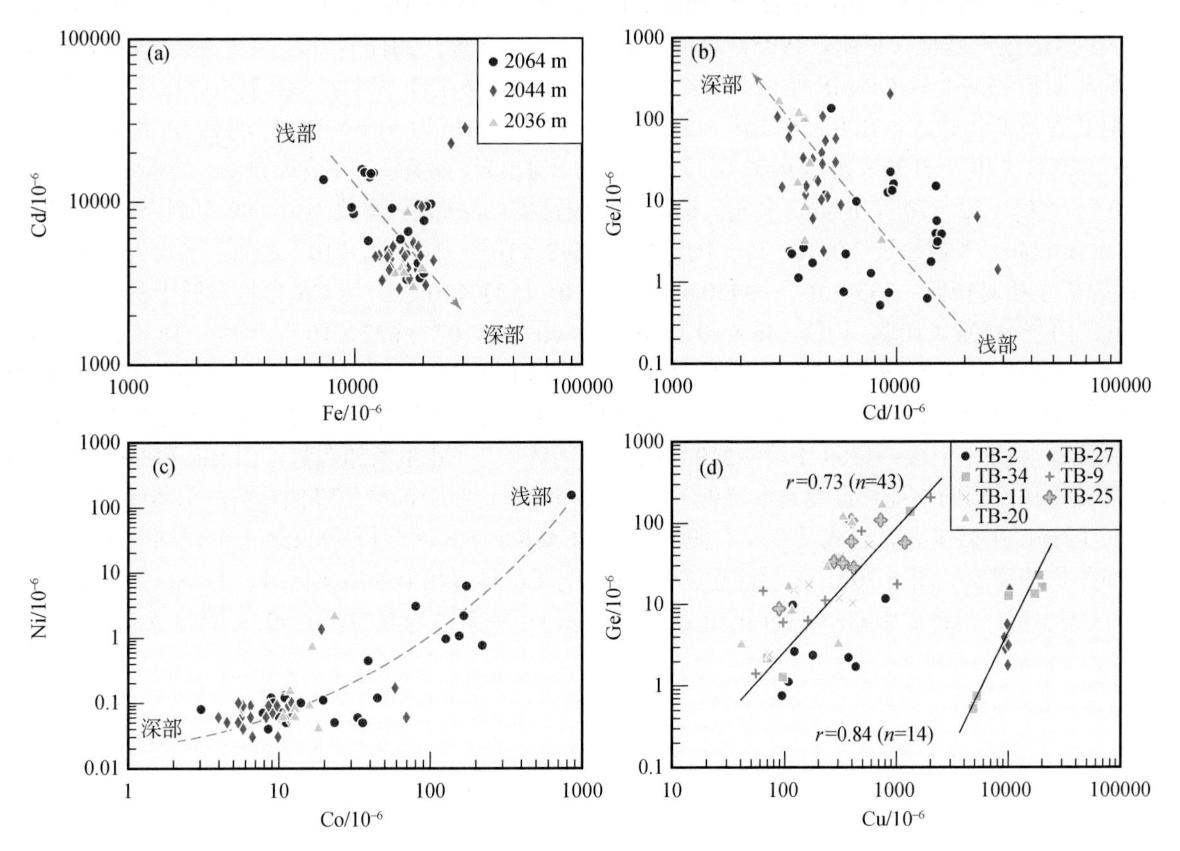

图6-18　天宝山Pb-Zn矿床闪锌矿Fe-Cd（a）、Cd-Ge（b）、Co-Ni（c）和Cu-Ge（d）关系图

值得注意的是，该矿床闪锌矿富集 Ge，其 Ge 含量在 0.52×10^{-6}～206×10^{-6}之间，均值为 29.5×10^{-6}。从矿体浅部到深部，闪锌矿中 Ge 含量有增加趋势（图 6-18b），如 2064 m（Ge：0.52×10^{-6}～138×10^{-6}，均值 11.1×10^{-6}，n=25）→2044 m（Ge：1.43×10^{-6}～206×10^{-6}，均值 40.0×10^{-6}，n=24）→2036 m（Ge：3.20×10^{-6}～166×10^{-6}，均值 55.7×10^{-6}，n=8），而 Co 和 Ni 有逐渐降低趋势［图 6-18（c）］。此外，闪锌矿中相对富集 Cu，但变化范围较宽，其含量范围在 40.6×10^{-6}～20042×10^{-6}之间，均值为 2903×10^{-6}，多数低于 400×10^{-6}（图 6-16），个别异常高值可能是其中黄铜矿的显微包裹体所致。值得注意的是，本矿床中 Cu 和 Ge 具有较好相关关系，尽管整体上相关性较差，但除去 3 个 Cu 含量较低数据外，2 个样品 TB-27 和 TB-34 的 Cu 和 Ge 呈很好的正相关关系，其相关系数达到 0.84（n=14），而其余数据点也具有较好的正相关关系，其相关系数为 0.73（n=43）（图 6-18）。其中 2 个样品 TB-27 和 TB-34 闪锌矿中黄铜矿“病毒”结构发育，这可能是造成其中 Cu 含量偏高的原因，而其余样品中显微镜下未发现铜矿物。

方铅矿交代闪锌矿现象普遍，其形成应晚于闪锌矿，31 个测点的 LA-ICP-MS 分析结果表明，其中 Ag 和 Sb 含量相对最高，变化范围分别在 460×10^{-6}～2201×10^{-6}（均值 1166×10^{-6}）和 425×10^{-6}～2159×10^{-6}之间（均值 1120×10^{-6}），两者具有非常好的正相关关系（相关系数为 0.998），从矿体深部到浅部，Ag 和 Sb 含量有逐渐降低趋势。其中 Ge 含量范围在＜0.14×10^{-6}～0.29×10^{-6}之间，多数低于 0.20×10^{-6}。此外，黄铁矿是该矿床中主要金属矿物之一，但其结晶细小，适合 LA-ICP-MS 打点的颗粒不多，有限的分析表明其中含微量 Ge，其含量在 8.93×10^{-6}～53.7×10^{-6}之间，均值为 15.8×10^{-6}（n=8）。“川滇黔矿集区”Pb-Zn 矿床中铜成规模的实例相对较少，除大梁子外，天宝山矿床也是这类代表性矿床之一，黄铜矿原位分析结果（表 6-3 和图 6-16）表明，其中 Ge 含量相对较高，含量范围在 4.09×10^{-6}～39.4×10^{-6}之间，均值为 18.40×10^{-6}（n=40），表明其中含微量 Ge。

2. 会泽富 Ge Pb-Zn 矿床

云南会泽 Pb-Zn 矿床是“川滇黔矿集区”内规模最大的超大型矿床，其中伴生 Ge 储量就超过 386 t（薛步高，2004），Pb-Zn 矿石中 Ge 品位一般在 0.52×10^{-6}～256×10^{-6}之间（韩润生等，2012），已成为我国最大的 Ge 生产基地（杜明，1995；刘峰，2005；张茂富等，2016）。该矿床矿物组成相对简单，对其中主要矿石矿物的 LA-ICP-MS 原位分析结果（表 6-3 和图 6-15）表明，该矿床中 Ge 主要富集于闪锌矿中，但其含量变化较大，在 0.32×10^{-6}～512×10^{-6}之间，均值为 61.6×10^{-6}（n=99），其中方铅矿基本不含 Ge（＜0.11×10^{-6}～0.30×10^{-6}，n=32），其含量多低于检出限，而黄铁矿中含微量 Ge，含量在 0.78×10^{-6}～3.55×10^{-6}（均值 1.12×10^{-6}，n=46）之间。该矿床中闪锌矿以深棕色-黑色为主，99 个测点分析结果表明，其中 Fe 含量较高，多数超过 2.00%，其变化范围在 4648×10^{-6}～144248×10^{-6}之间，平均为 34739×10^{-6}。Cd 在闪锌矿中相对较低（335×10^{-6}～4430×10^{-6}，均值 1573×10^{-6}），其 Co 含量多低于检出限，含少量 Ni（1.43×10^{-6}～1134×10^{-6}，均值 146×10^{-6}）和 Mn（6.19×10^{-6}～622×10^{-6}，均值 118×10^{-6}）。此外，该类矿物中 Cu 明显高于 Ag，两者含量范围分别在 0.32×10^{-6}～512×10^{-6}（均值 146×10^{-6}）和 1.47×10^{-6}～90.2×10^{-6}（均值 15.5×10^{-6}），In 含量极低，多低于检出限。对比不同中段闪锌矿微量元素组成（图 6-19），从深部到浅部（1261 中段→1369 中段→2100 中段），闪锌矿中 Cd 呈增加趋势，而 Mn 和 Fe 呈降低趋势，暗示成矿流体从深部向上迁移温度逐渐降低，Ge、Cu 和 Ag 均在中部呈现降低趋势，总体而言，深部相对富集 Ge。闪锌矿中微量元素组成具有较大变化范围，LA-ICP-MS 面分析（Mapping）在同一颗粒闪锌矿也存在分布不均的现象（图 6-20）。值得注意的是，Ge 与 Cu 具有相似的富集区域，与 Ag 关系不大，而与 Cd 富集区域相反。闪锌矿中 Ge 与 Cu 正相关关系较好，相关系数为 0.77（n=99），而与 Ag 的相关性较差（图 6-21）。

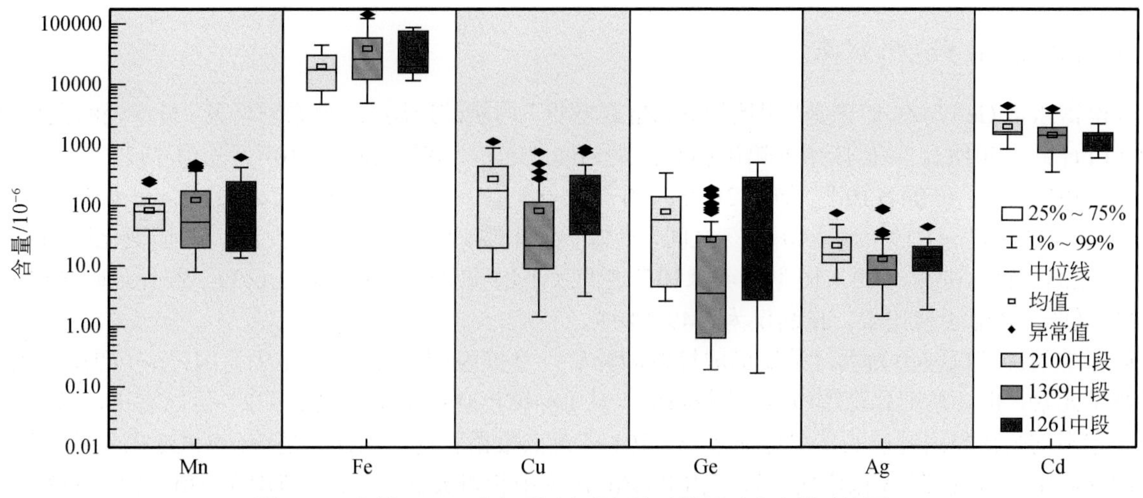

图 6-19 会泽 Pb-Zn 矿床不同中段闪锌矿微量元素含量对比图

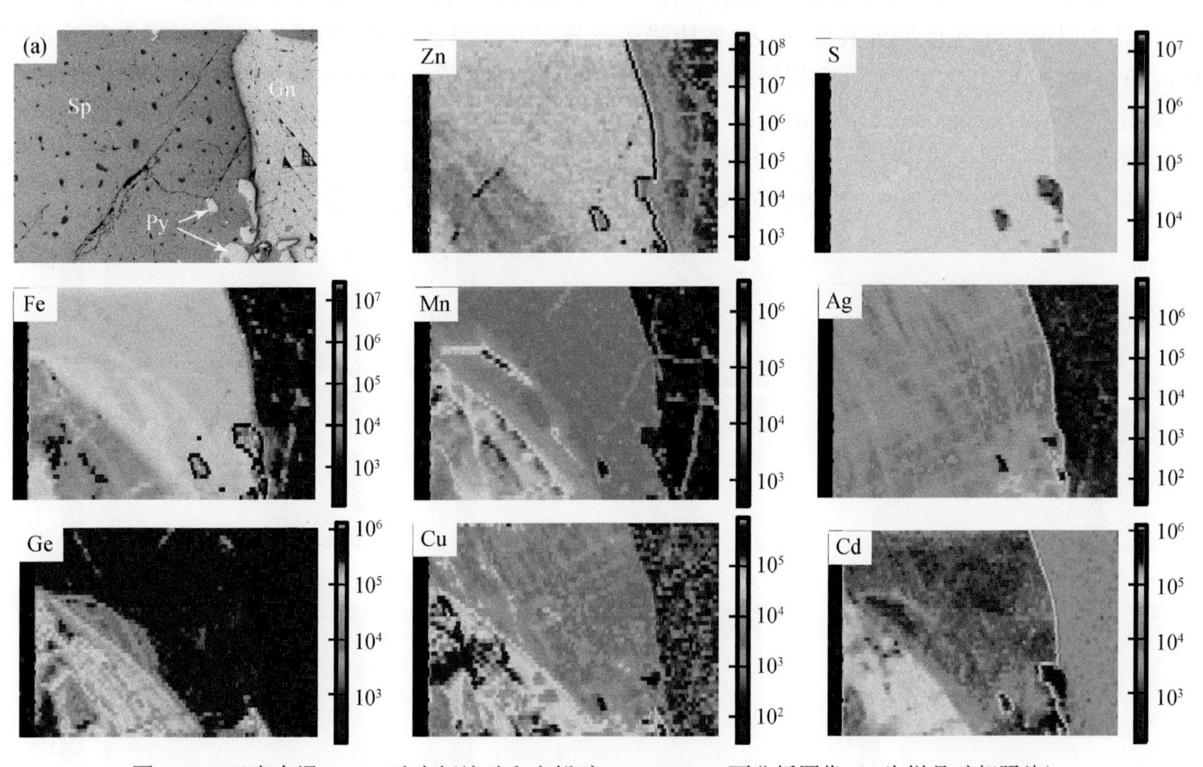

图 6-20 云南会泽 Pb-Zn 矿床闪锌矿和方铅矿 LA-ICP-MS 面分析图像（a 为样品矿相照片）

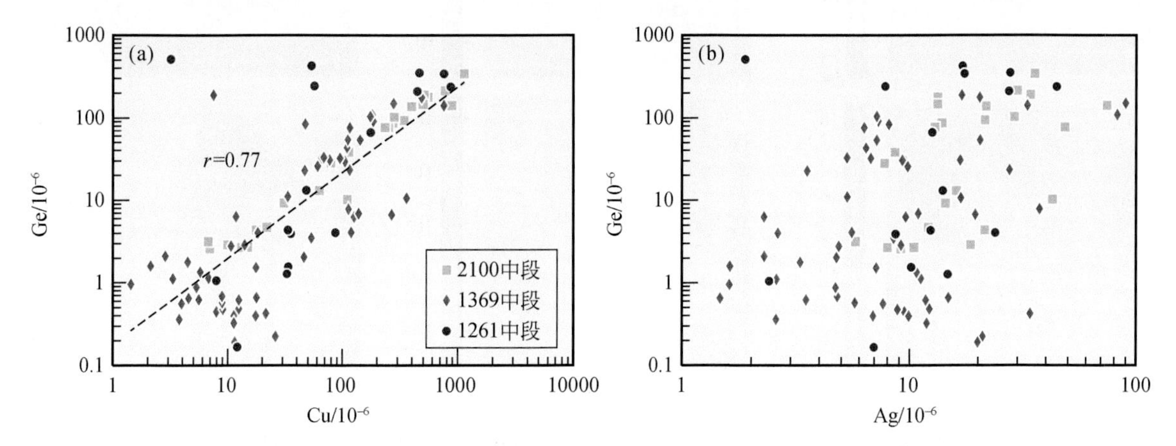

图 6-21 云南会泽 Pb-Zn 矿床闪锌矿 Cu-Ge（a）和 Ag-Ge（b）关系图

3. 富乐富 Ge Pb-Zn 矿床

云南富乐富 Ge Pb-Zn 矿床是“川滇黔 Pb-Zn 矿集区”内赋矿地层（二叠系阳新组）最年轻的大型 Pb-Zn 矿床（Li et al.，2018）。该矿床中方铅矿相对富集 Sb（$25.01\times10^{-6}\sim1827\times10^{-6}$，均值 187×10^{-6}，n=48）和 Tl（$3.46\times10^{-6}\sim47.04\times10^{-6}$，均值 20.75×10^{-6}，n=48），局部富集 Ag 和 Cd，且贫 Ge 和 Bi，其中 Ge 含量在<$0.15\times10^{-6}\sim1.19\times10^{-6}$（$n$=48）之间，多低于检出限。而黄铁矿中含少量 Ge，但变化范围非常宽，50 个测点的变化范围在 $0.80\times10^{-6}\sim347\times10^{-6}$ 之间（平均 47.00×10^{-6}）（表 6-3）。此外，矿区白云石中 Ge 含量极低，多低于检出限，最高仅为 0.49×10^{-6}。

矿床中闪锌矿以浅色为主，早期形成棕色闪锌矿，常被晚期浅黄色（-无色）闪锌矿包裹，其中含有丰富微量元素，但含量变化范围较宽（图 6-16）。从 LA-ICP-MS 面扫描（图 6-22）可以看出，微量元素在其中分布不均是该类闪锌矿的重要特征之一。191 个测点数据表明，闪锌矿是该矿床 Ge 的主要载体矿物。该类闪锌矿中 Fe 含量在“川滇黔矿集区”内 Pb-Zn 矿床中相对最低，其变化范围在 $930\times10^{-6}\sim5370\times10^{-6}$ 之间，以富集 Cd 为特征，Cd 含量在 $1257\times10^{-6}\sim46662\times10^{-6}$ 之间（均值 11932×10^{-6}）。闪锌矿中 Ge 含量相对“川滇黔矿集区”内其他 Pb-Zn 矿床最为富集，其含量在 $0.38\times10^{-6}\sim769\times10^{-6}$ 之间，平均为 181×10^{-6}，其中 Cu 也存在较大变化范围（$1.70\times10^{-6}\sim5650\times10^{-6}$，均值 852×10^{-6}），Cu 和 Ge 具有非常好的正相关关系，其相关系数高达 0.924，而与 Ag 无相关关系（图 6-23）。此外，早期形成棕色闪锌矿中相对富集 Fe，而晚期形成浅黄色闪锌矿相对富集 Cd，但 Ge、Cu 和 Ag 从早期到晚期并没有明显变化规律，尽管在图 6-22 中，Ge 主要分布于闪锌矿颗粒外带，但在其他颗粒打点过程中，课题组也发现一些闪锌矿

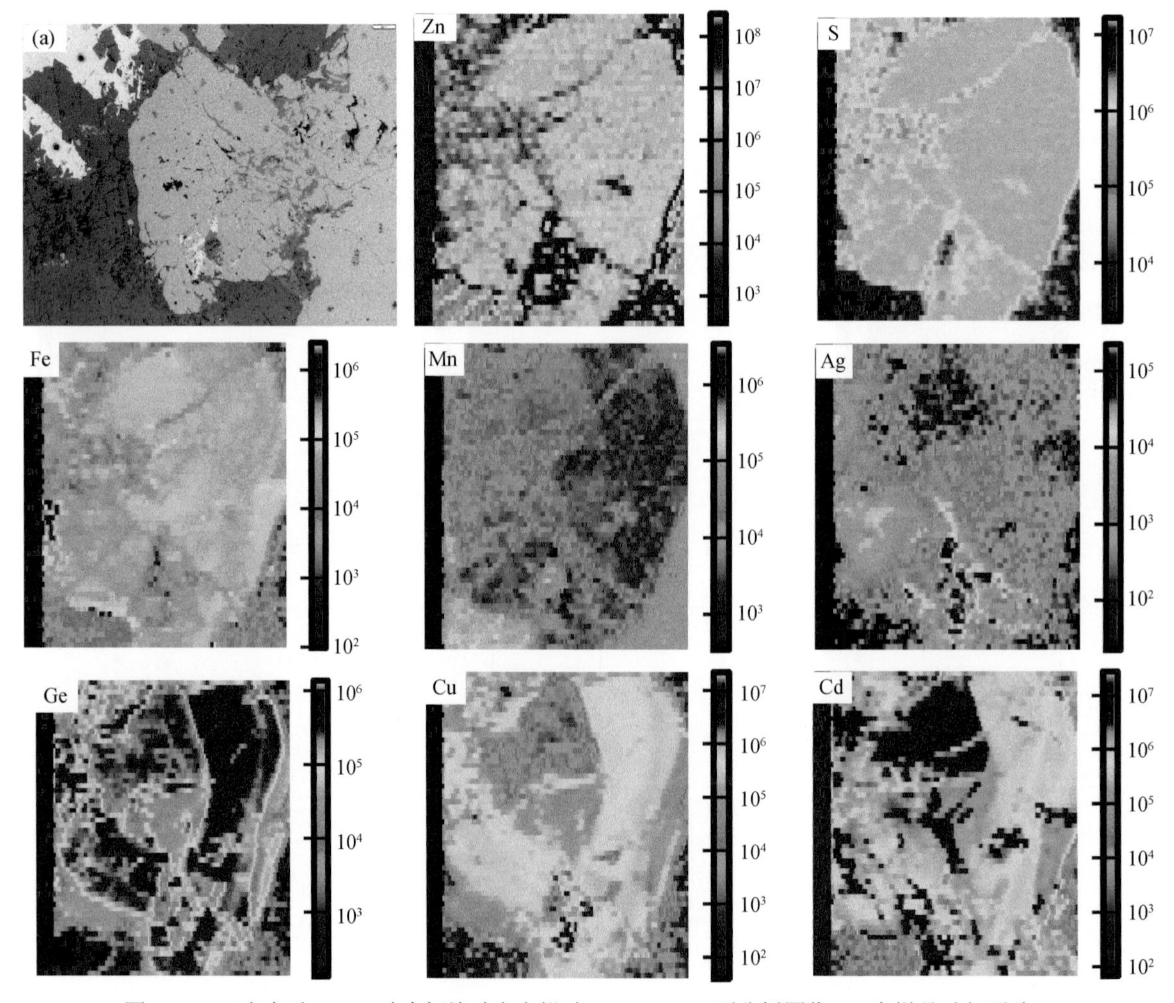

图 6-22　云南富乐 Pb-Zn 矿床闪锌矿和方铅矿 LA-ICP-MS 面分析图像（a 为样品矿相照片）

颗粒内核相对富集 Ge，而外带相对亏损 Ge 的现象。该矿床 Pb-Zn 矿体主要呈层状产出，具有多层矿体，对比矿区不同中段闪锌矿微量元素（图 6-24）可以看出，从矿区深部到浅部，闪锌矿中 Cd、Ag 和 Cu 呈增加趋势，而 Mn、Fe 和 Ge 变化关系不大。

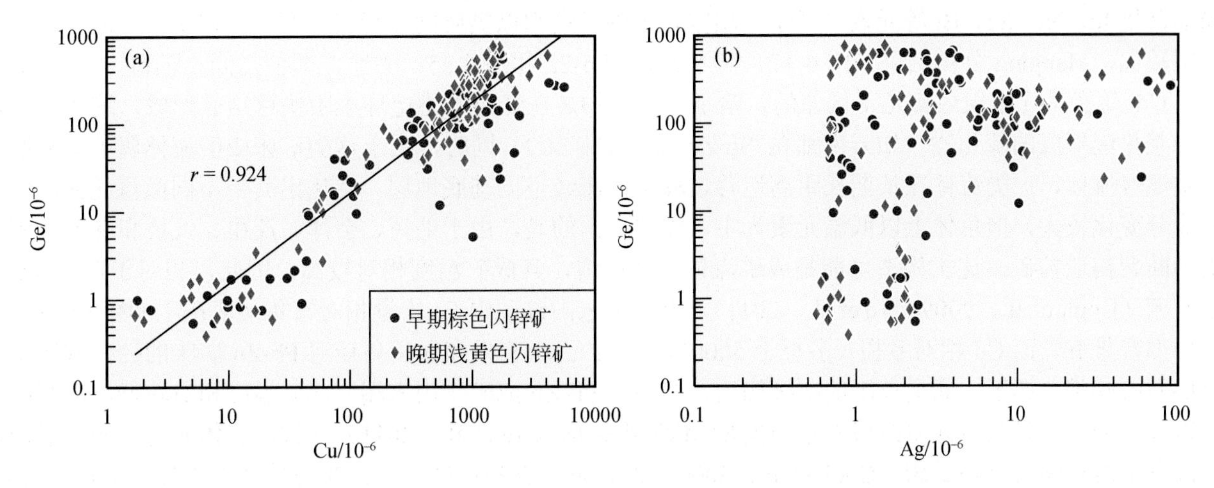

图 6-23　云南富乐 Pb-Zn 矿床闪锌矿 Cu-Ge（a）和 Ag-Ge（b）关系图

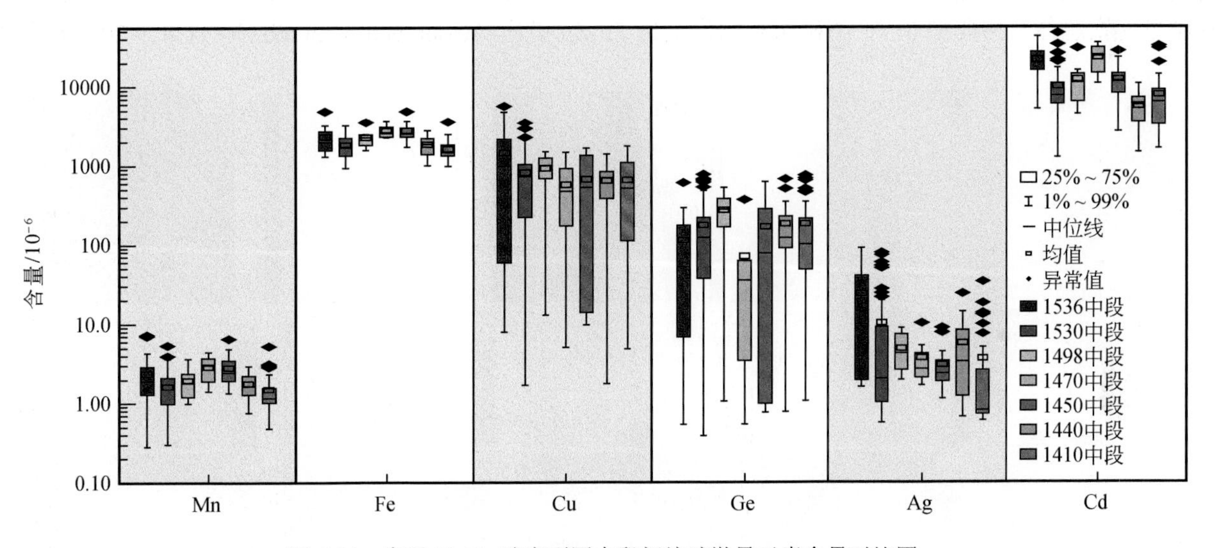

图 6-24　富乐 Pb-Zn 矿床不同中段闪锌矿微量元素含量对比图

4. 其他含 Ge Pb-Zn 矿床

对“川滇黔 Pb-Zn 矿集区”其他赋矿地层 Pb-Zn 矿床的研究结果（表 6-3）表明，闪锌矿均具有较高的 Ge 含量，但变化范围较宽，是矿床中 Ge 的主要载体矿物，黄铁矿含微量 Ge，而方铅矿中不含 Ge。其中茂租、乐红、麻栗坪、火德红、毛坪和天桥矿床闪锌矿中 Ge 含量分别在 0.30×10^{-6}～342×10^{-6}（均值 71.8×10^{-6}，n=72）、0.42×10^{-6}～536×10^{-6}（均值 140×10^{-6}，n=47）、0.34×10^{-6}～275×10^{-6}（均值 39.5×10^{-6}，n=56）、0.86×10^{-6}～662×10^{-6}（均值 168×10^{-6}，n=78）、0.37×10^{-6}～652×10^{-6}（均值 47.1×10^{-6}，n=49）和 0.45×10^{-6}～217×10^{-6}（均值 86.0×10^{-6}，n=26），茂租、乐红、麻栗坪、火德红和毛坪矿床方铅矿中 Ge 含量分别为＜DL（n=32）、＜0.14×10^{-6}～0.26×10^{-6}（n=24）、＜0.13×10^{-6}～0.23×10^{-6}（n=24）、＜0.14×10^{-6}～0.26×10^{-6}（n=15）和＜0.14×10^{-6}～0.40×10^{-6}（n=22），而黄铁矿中 Ge 分别为＜DL（n=17）、9.17×10^{-6}～66.5×10^{-6}（均值 12.9，n=30）、1.13×10^{-6}～63.3×10^{-6}（均值 4.92，n=43）、1.09×10^{-6}～20.7×10^{-6}（均值 3.15，n=91）和 0.78×10^{-6}～1.22×10^{-6}（均值 1.02，n=29）之间。

5. “川滇黔矿集区”富 Ge Pb-Zn 矿床闪锌矿微量元素特征

该区 Pb-Zn 矿床中闪锌矿以相对富集 Fe、Cd、Ge、Cu、Ag，贫 Mn、Co、Sn、Tl 为特征（图 6-16），局部富集 In，Ni、Se、Bi 等元素多低于检出限，这些元素均以类质同象形式赋存于闪锌矿中，但含量变化范围较大，Mapping 分析结果（图 6-17、图 6-20、图 6-22 和图 6-25）表明，即使是同一颗粒，其中 Ge、Cu、Cd 等微量元素组成都是不均匀的，暗示该类矿物是在低温不稳定环境中快速结晶形成，这明显有别于岩浆热液形成的硫化物（如云南都龙 Sn-Zn 多金属矿床）。同时，由于这类矿床成矿流体属于多来源的低温混合流体，这类流体在长期长距离运移过程中，流经不同基底地层，活化出其中不同微量元素，致使其成分变化较大，但总体上以低温元素为主。需要指出的是，由于毛坪、会泽、茂租、天桥和麻栗坪矿床均为断裂构造控矿，这类构造可能是成矿流体主要通道，其成矿温度相对较高，因此，相对于典型 MVT 型矿床（Cook et al.，2009；Ye et al.，2011），上述矿床闪锌矿中 Fe 含量相对富集（多在 1.00%～5.00%），且局部富集 In，而 Cd 相对亏损（多小于 5000×10^{-6}）；云南富乐和四川乌斯河 Pb-Zn 矿床的控矿构造主要为层间破碎带，属于主通道外围的次级构造，相当于 Pb-Zn 成矿作用末端，成矿温度相对较低，故其闪锌矿以浅色为主，且微量元素组成基本与典型 MVT 型矿床（Ye et al.，2011）一致。总体而言，相对于岩浆热液夕卡岩和喷流沉积矿床（Cook et al.，2009；Ye et al.，2011；叶霖等，2012），“川滇黔 Pb-Zn 矿集区”内闪锌矿微量元素相对富集 As、Cd、Ge、Ag、Sb、Cu 和 Pb 等元素，而亏损 Mn、In、Fe、Co 等元素，其微量元素总体上与典型 MVT 型矿床和云南金顶 Pb-Zn 矿床（Cook et al.，2009；Ye et al.，2011）类似。

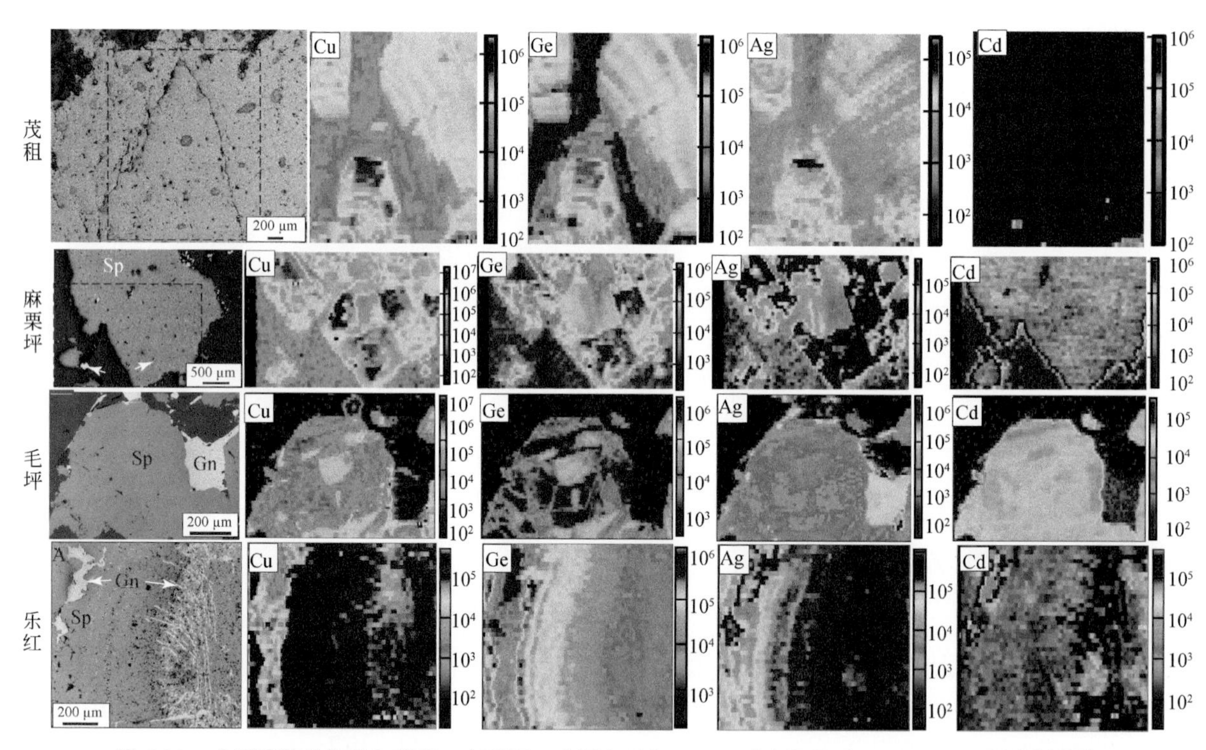

图 6-25　“川滇黔矿集区”茂租、麻栗坪、毛坪和乐红 Pb-Zn 矿床闪锌矿 LA-ICP-MS 面分析图像

6.4.2　Ge 的赋存状态

如前所述，“川滇黔矿集区”内 Pb-Zn 矿床仅会泽发现过极少的待定名 Ge 铝氧化物（张伦尉等，2008），目前尚未有其他相关报道，表明独立矿物并非该区 Ge 主要产出形式。不同矿物 LA-ICP-MS 原位分析结果（表 6-3）表明，闪锌矿是该区 Pb-Zn 矿床中 Ge 的主要载体矿物，黄铜矿和黄铁矿中含微量 Ge，而方铅矿中基本不富集 Ge。

1. 闪锌矿中 Ge 赋存形式

如前所述，该区闪锌矿中 Ge 富集程度较高，但变化范围较宽，即使是同一颗粒，其中 Ge 含量可相差 2～3 个数量级，但是，在 LA-ICP-MS 时间剥蚀曲线图（图 6-26）中，Ge、Fe、Mn、Cd、Cu、Sb、Ag 等

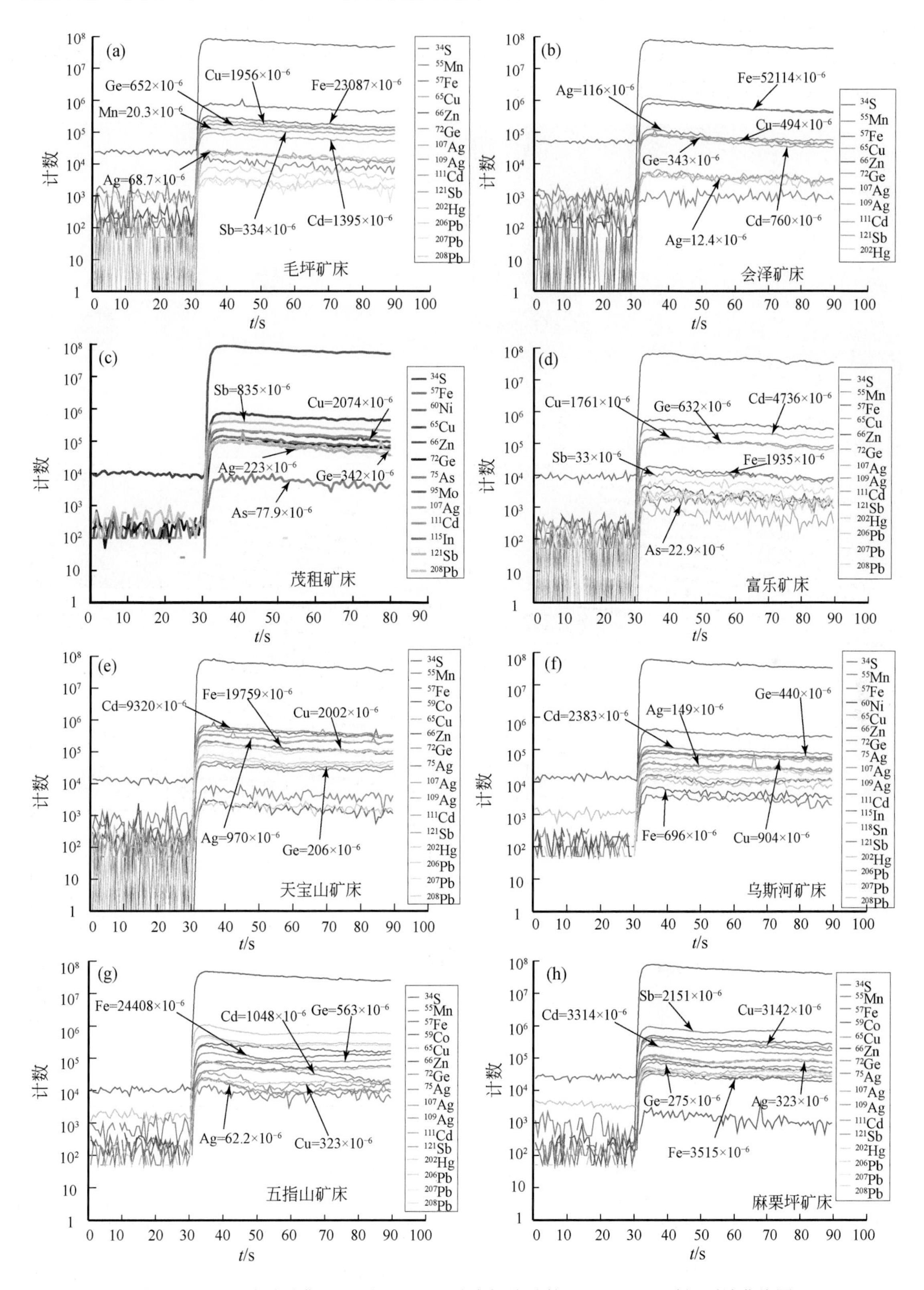

图 6-26　“川滇黔矿集区”不同 Pb-Zn 矿床闪锌矿的 LA-ICP-MS 时间剥蚀曲线图

元素均呈平滑曲线，暗示这些元素以类质同象进入闪锌矿晶格。在闪锌矿中常发现方铅矿显微包体，如乐红（Wei et al.，2019）、麻栗坪（胡宇思等，2019）、茂租（Li et al.，2020）、毛坪（Wei et al.，2021）等矿床，多数 LA-ICP-MS 时间剥蚀曲线图中 Pb 呈不规则曲线，表明其中 Pb 以方铅矿等显微包体形式赋存于闪锌矿中。此外，透射电镜对“川滇黔矿集区”贵州五指山 Pb-Zn 矿床闪锌矿的显微分析结果（图 6-27）表明，无论高 Ge 还是低 Ge 的闪锌矿（20×10^{-6}～800×10^{-6}）［图 6-27(a)、(b)］样品中，均未见亚微米级的富 Ge 包裹体［图 6-27(c)～(f)］，仅在流体包裹体的内壁上检测到一定量的 Ge 信号。因此，我们有理由认为该区 Ge 主要以类质同象进入闪锌矿的晶格。

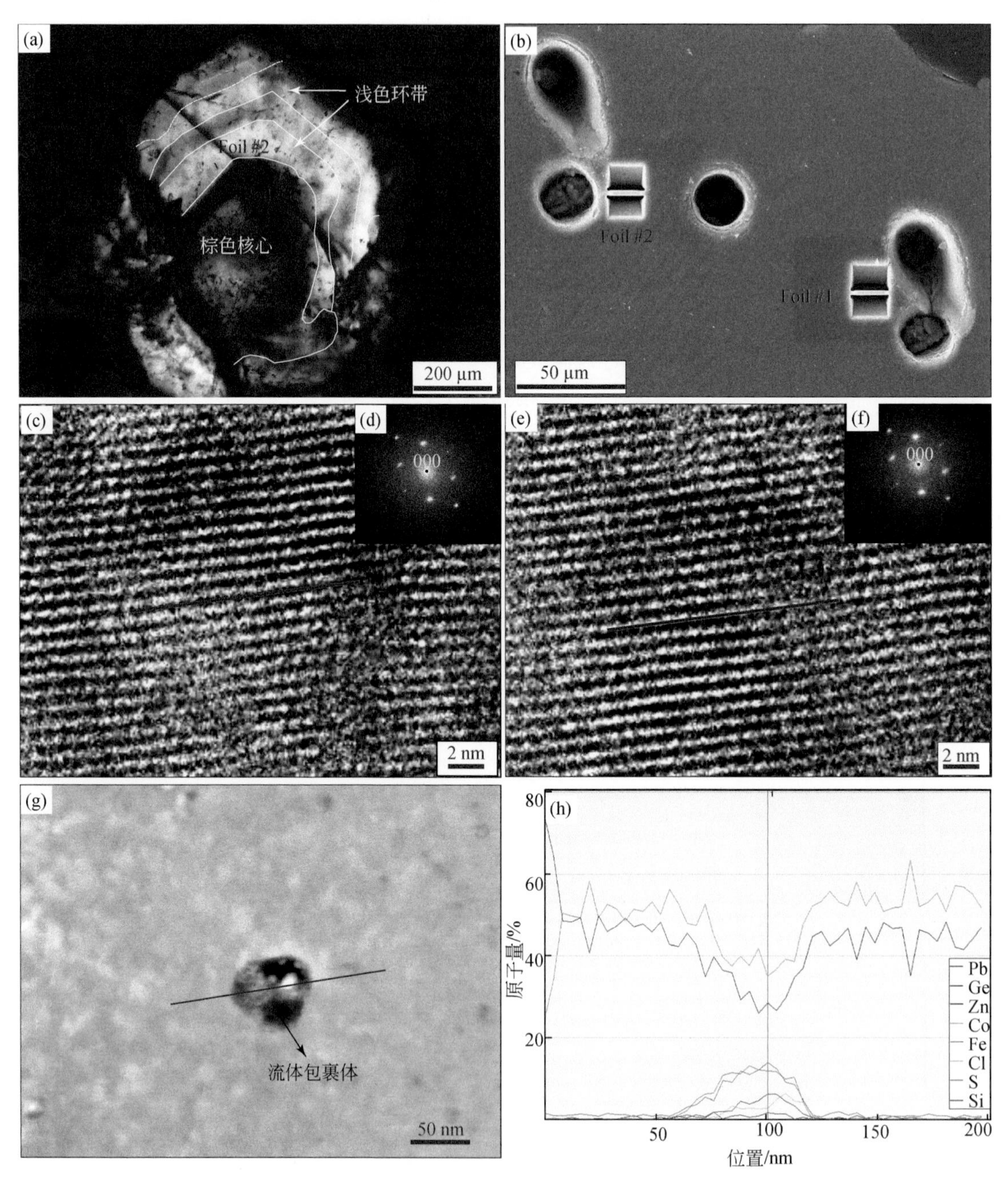

图 6-27 黔西北五指山 Pb-Zn 矿床闪锌矿透射电镜研究结果图

（a）黔西北五指山 Pb-Zn 矿床环带状闪锌矿；（b）富 Ge 闪锌矿的取样位置；（c）高 Ge 闪锌矿的高分辨率透射电镜图像及对应的傅里叶变换图像（d）；（e）低 Ge 闪锌矿的高分辨透射电镜图像及对应的傅里叶变换图像（f）；（g）高 Ge 样品中流体包裹体图像及对应的线扫描图谱（h）

目前关于 Ge 在闪锌矿中赋存价态以及替代机制尚存在较大争议，包括：①复杂耦合替代 $2Cu^{+}+Cu^{2+}+Ge^{4+}\leftrightarrow4Zn^{2+}$（Johan，1988）；②直接替代 Zn^{2+}（$Ge^{2+}\leftrightarrow Zn^{2+}$）（Cook et al.，2009；Ye et al.，2011）；③Ge^{4+}和

Ag^+成对替代 Zn（$3Zn^{2+}\leftrightarrow Ge^{4+}+2Ag^+$）（Belissont et al., 2014）；④Ge^{4+}取代（Zn^{2+}，Fe^{2+}）结构中的空位来补偿电荷平衡（Cook et al., 2015）；⑤简单耦合替代 $3Zn^{2+}\leftrightarrow Ge^{4+}+2Cu^+$，形成较强的 Ge-Cu 正相关关系，或当 Ge 与单价元素不相关时，通过产生晶格空位，如 $2Zn^{2+}\leftrightarrow Ge^{4+}+\square$（空位）（Belissont et al., 2016）；等等。从元素 Mapping 图可以看出，“川滇黔矿集区”内多数 Pb-Zn 矿床闪锌矿中 Ge 与 Cu 具有相似富集区域，而与 Ag 富集区差异明显，且 Ge 与 Ag 相关性较差，而 Ge 与 Cu 呈现较好正相关关系[图 6-18（d）、图 6-22、图 6-23 和图 6-28]。如前所述，排除黄铜矿等 Cu 矿物显微包裹体的影响，天宝山、会泽和富乐矿床中闪锌矿 Ge 与 Cu 相关系数分别为 0.73（n=43）、0.77（n=99）和 0.924（n=191），而天桥、茂租、毛坪和麻栗坪矿床闪锌矿 Ge 与 Cu 相关系数分别为 0.964（n=26）、0.76（n=68）、0.832（n=49）和 0.75（n=50），此外，乐红矿床闪锌矿 Ge 与 Cu 相关系数可以达到 0.945（n=47），且几乎所有点均落在$(Cu/Ge)_{摩尔比}$=2∶1 线上，暗示 Ge 与 Cu 可能以 1∶2 的比例耦合替代闪锌矿中 Zn。

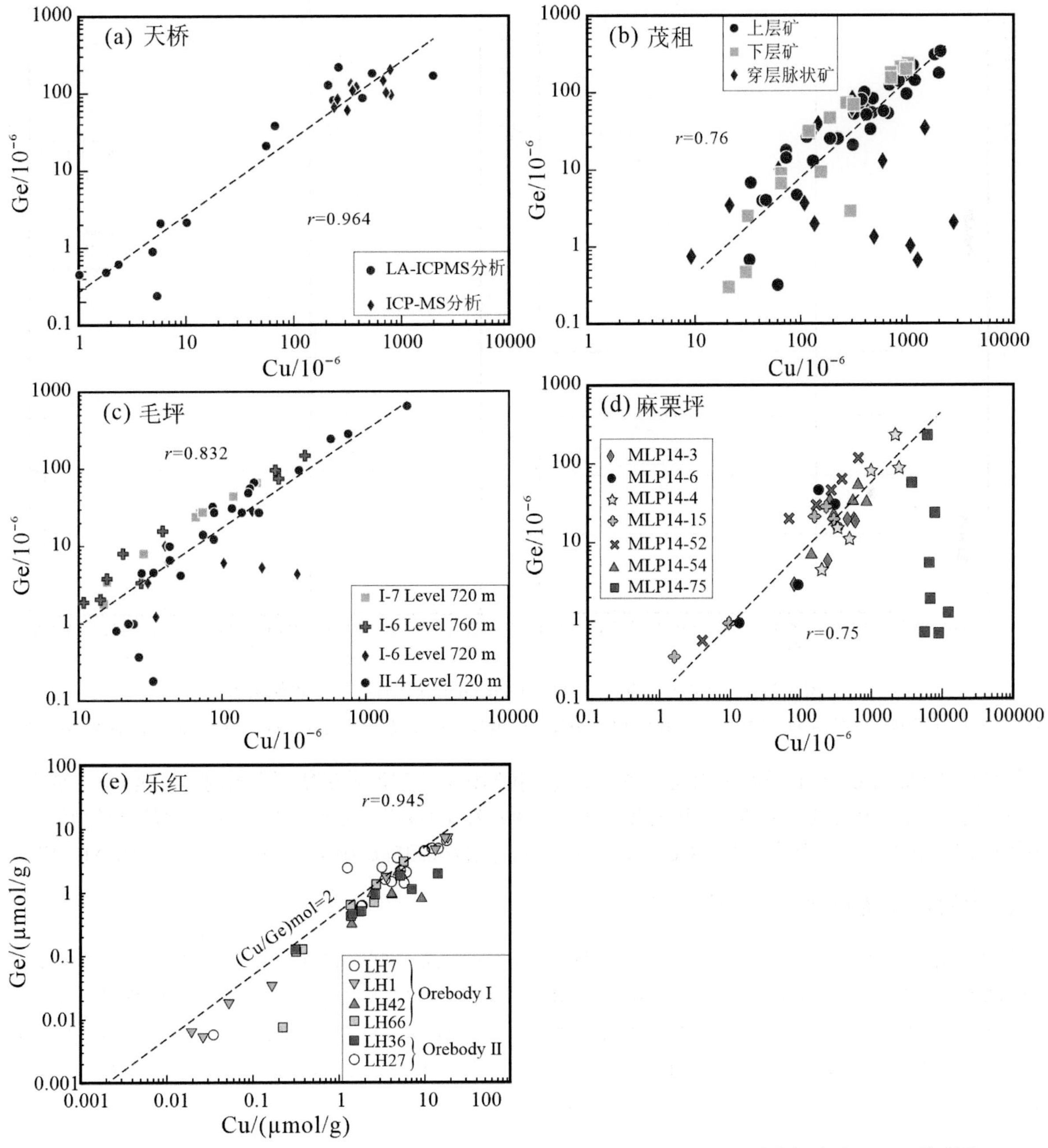

图 6-28　天桥（a）、茂租（b）、毛坪（c）、麻栗坪（d）和乐红（e）Pb-Zn 矿床闪锌矿 Ge-Cu 关系图

事实上，关于 Ge 以何种机制替代 Zn 进入闪锌矿晶格尚存在较大争议（Cook et al.，2009；Ye et al.，2011；Belissont et al.，2014；叶霖等，2016b；Bonnet et al.，2016；Wei et al.，2019），主要原因是 Ge 和 Cu 价态难以确定，致使 Ge 与 Cu 以何种耦合替代方式置换闪锌矿中 Zn 并无实际依据。本书采用同步辐射 XANES 证实了研究区代表性 Pb-Zn 矿床（包括富乐和五指山）中 Cu 是以+1 价形式进入闪锌矿晶格中（图 6-29），这为闪锌矿中 Cu 与 Ge 耦合替代方式提供了重要依据。

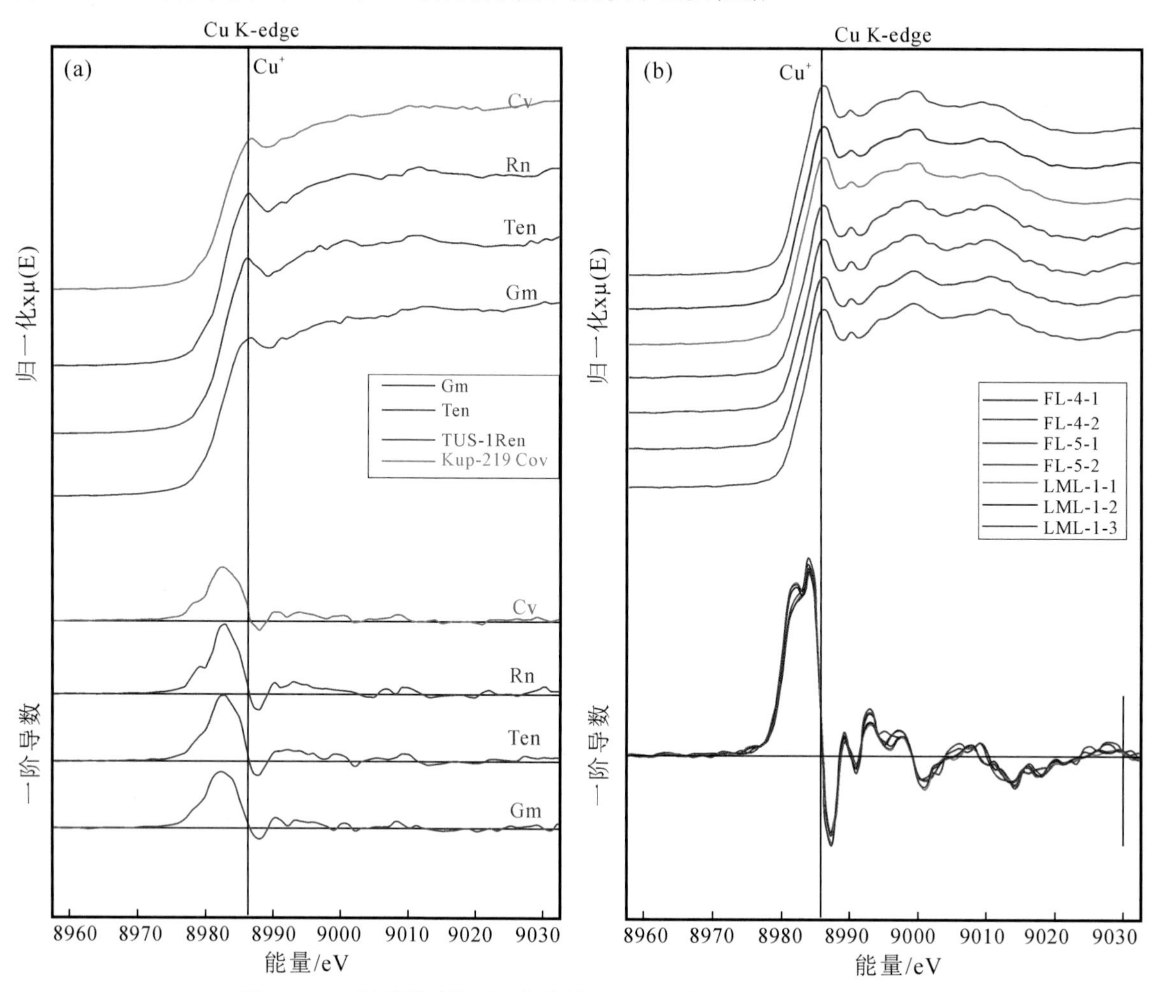

图 6-29　“川滇黔矿集区”代表性 Pb-Zn 矿床闪锌矿同步辐射图谱

（a）斑铜矿、硫铜锗矿、黝铜矿和锗石样品中 Cu 的 XANES 图谱；（b）滇东北富乐、黔西北五指山富 Ge 闪锌矿样品中 Cu 的 XANES 图谱

结合前述 Ge 与 Cu 具有较好正相关关系等事实，我们认为“川滇黔矿集区”内闪锌矿是 Ge 主要载体矿物，Ge 呈类质同象形式赋存于其中，其主要替代方式为：$2Cu^{+}+Ge^{4+}\leftrightarrow 3Zn^{2+}$。需要指出的是该类型矿床闪锌矿中微量元素组成复杂，少数矿床中 Ge 可能存在其他方式替代闪锌矿中 Zn，如火德红和杉树林矿床等。

2. 黄铜矿和黄铁矿中 Ge 赋存形式

本书对天宝山矿床研究过程中发现其中黄铜矿含有一定 Ge，其含量在 4.09×10^{-6}～39.4×10^{-6}，均值为 18.40×10^{-6}（n=40）。虽然前人（Vlassov，1964）曾发现一些矿床中黄铜矿富集 Ge 的现象，但该矿床中黄铜矿与闪锌矿共生关系密切，两者互相包裹现象普遍（图 6-30），分析结果可以看出黄铜矿中 Zn 与 Ge 呈正相关关系，且其中 Cd 与 Zn 具有更好的正相关关系，其相关系数可以达到 0.91（n=40），表明黄铜矿中 Ge 主要富集在其所包裹的闪锌矿显微包体中。

图 6-30　天宝山矿床 Cu 矿化特征及黄铜矿 Ge-Zn 和 Cd-Zn 关系图

如前所述，“川滇黔矿集区”Pb-Zn 矿床中黄铁矿含少量 Ge，其含量大多低于 2.00×10^{-6}，如会泽、毛坪、火德红和麻栗坪等矿床。部分矿床中黄铁矿相对富集 Ge，如富乐和天宝山，但研究发现，该区黄铁矿形成多晚于闪锌矿，闪锌矿被黄铁矿交代现象普遍，黄铁矿中常残留少量闪锌矿等显微矿物。对富乐矿床的分析结果表明，黄铁矿中 Zn 与 Ge 呈较好正相关关系，相关系数可达 0.72，表明其中 Ge 的富集主要受闪锌矿显微包裹体的影响。

6.4.3　Ge 的超常富集机理

1. 成矿流体物理化学条件

本次工作重点对云南富乐富 Ge Pb-Zn 矿床及其周边矿点进行了研究。

研究结果表明，闪锌矿中包裹体众多，成群分布，多呈四边形或椭圆形，大小在 2～8 μm 之间，包括富气相包裹体、富液相包裹体、含子矿物的多相包裹体和气液包裹体 4 种类型（图 6-31），拉曼研究显示其成分主要为 H_2O+NaCl。从显微测温结果（表 6-4）可以看出，富乐矿床成矿流体成矿温度主要分布在 120～160 ℃和 180～210 ℃的 2 个区间，而周边矿点成矿流体温度主要分布在 120～160 ℃和 200～220 ℃；富乐矿床成矿流体盐度分布在 2 个区间 4%～10%和 16%～22%，而周围矿化点盐度分布在 0.2%～6%和 18%～24%区间（图 6-32），尽管温度差别不大，但盐度差别较明显，暗示可能有 2 种成矿流体混合，中低温低盐度和中低温较高盐度流体的混合可能是该矿床 Pb-Zn 富集成矿的主要机制。已有的研究表明，MVT 型 Pb-Zn 矿床的成矿温度范围一般为 50～250 ℃（Leach et al.，2005），盐度在 15%～20%区间，而“川滇黔 Pb-Zn 矿集区”Pb-Zn 矿床中平均温度集中在 150～250 ℃，盐度集中 8%～16.9%（张长青，2008；李波，2010）。上述分析表明，富乐地区 Pb-Zn 矿床（富乐及矿点）与川滇黔地区 Pb-Zn 矿床流体包裹体均一温度和盐度分布范围大体一致（图 6-33），其成矿流体属于中低温中高盐度流体。此外，课题组 S 同位素地质温度计计算结果（Li et al.，2020a）显示，团斑状（FL-15）、块状（FL-18）和条带状（FL-65）样品中硫化物的平衡温度逐渐降低，分别为 129～356 ℃（平均 247 ℃）、112～214 ℃（平均 165 ℃）和 77～172 ℃（平均 116 ℃），总体上，硫化物的形成温度集中在 110～200 ℃，与闪锌矿包裹体均一温度基本一致，表明该矿床属于中低温矿床。

表 6-4　富乐矿床和周围矿点闪锌矿包裹体显微测温结果

类型		样号	矿床/矿点	层位/m	矿物颜色	均一温度/℃				盐度/%			
						最小	最大	平均	*n*	最小	最大	平均	*n*
富乐矿床		B-8	富乐	1536	浅黄色	111.3	181.2	142.3	19	15.6	20.5	18.4	20
		FL14-44	富乐	1450	红褐色	127.5	207.4	170.7	20	3.9	9.5	5.9	20
		FLE-2	富乐	1450	红褐色	127.2	231.9	176.3	19	2.2	9.9	5.3	18
		1450-2	富乐	1450	红褐色	121.6	176.1	142.2	26	4.0	22.0	12.8	23
矿化点	北↓南	SSZ-06	上色则		黄褐色	150.7	173.0	138.4	13	1.2	23.2	19.1	7
		TL-08	拖留（牛）		棕褐色	106.0	215.0	138.6	20	2.1	24.7	15.6	25
		SLF-02	上鲁法		红褐色	113.9	159.5	142.9	19	0.2	21.5	8.0	14

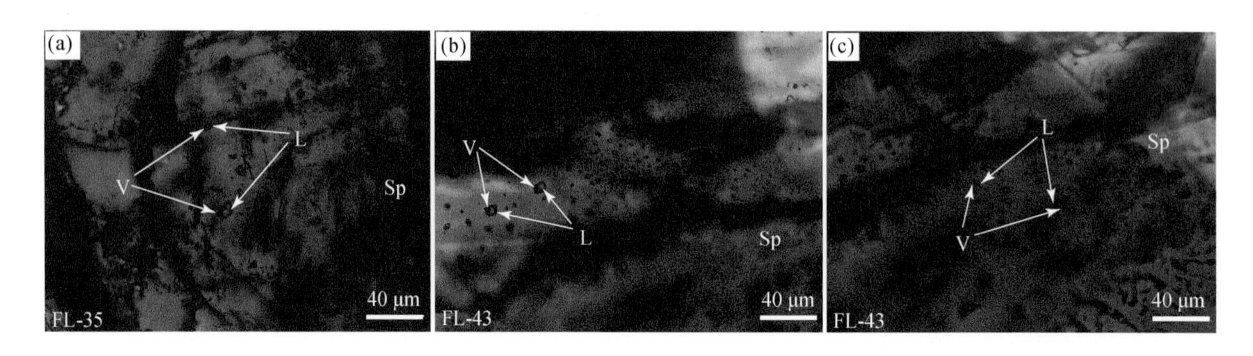

图 6-31　云南富乐 Pb-Zn 矿床闪锌矿中包裹体镜下照片

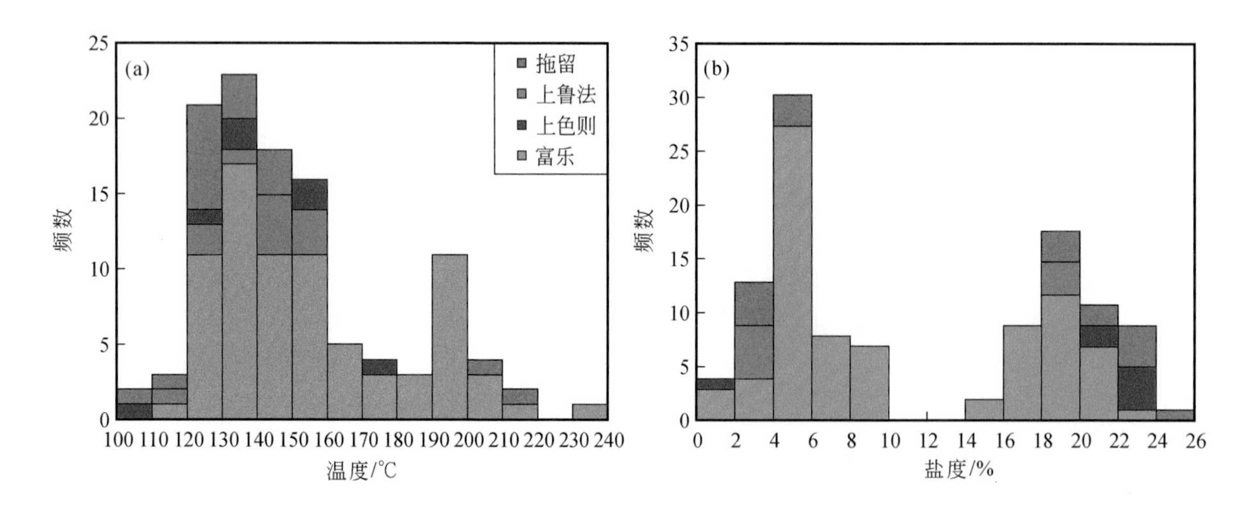

图 6-32　云南富乐 Pb-Zn 矿床和周围矿点闪锌矿中包裹体均一温度和盐度直方图

（a）富乐地区闪锌矿包裹体温度直方图；（b）富乐地区闪锌矿包裹体盐度直方图

闪锌矿中微量元素组成特征与成矿温度关系密切，已有的研究表明，高温条件下所形成的闪锌矿相对富集 Fe、Mn、In、Se 和 Te 等元素，并以较高 In/Ga 值为特征，而低温条件下形成的闪锌矿则相对富集 Cd、Ga 和 Ge 等元素，以较低 In/Ge 值为特征（蔡劲宏等，1996；韩照信，1994；刘英俊等，1984）。天宝山矿床中的闪锌矿以富集 Cd（$2915\times10^{-6}\sim28278\times10^{-6}$）、Ge（$0.52\times10^{-6}\sim206\times10^{-6}$），贫 In（低于检出限）、Mn（$1.92\times10^{-6}\sim20.1\times10^{-6}$）、Se（多低于检出限）、Te（多低于检出限）为特征，其中 Fe 含量在

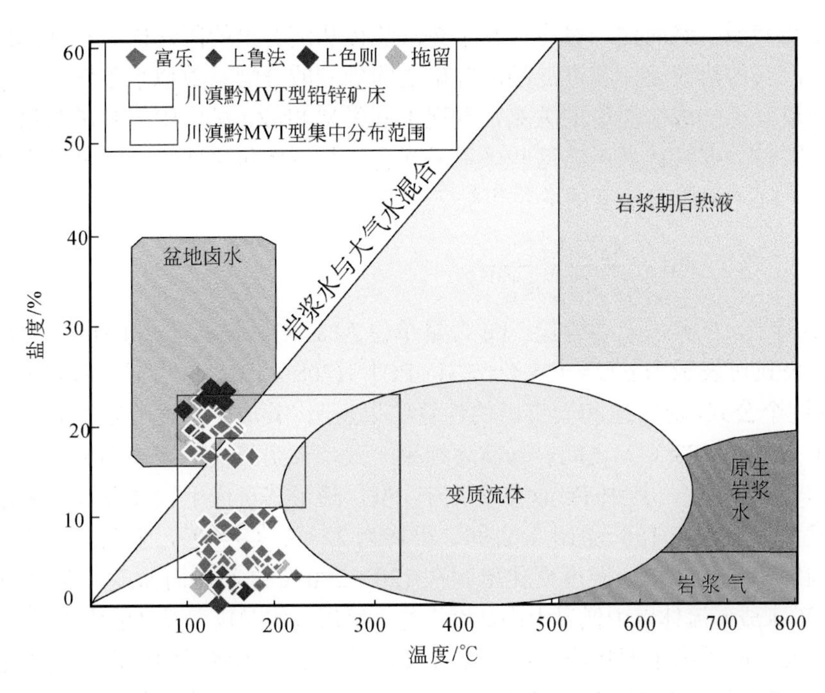

图 6-33　富乐矿床与周围矿点包裹体温度-盐度特征图（底图据吴越，2013 修改）

$7251\times10^{-6}\sim30675\times10^{-6}$，远低于高温形成的铁闪锌矿，其微量元素含量特征接近典型 MVT 型矿床值（如贵州牛角塘 Pb-Zn 矿床，其成矿温度低于 150 ℃，Ye et al.，2012）。该矿床闪锌矿中 In/Ge 值（0.00001～15.38，均值为 0.68，n=57）明显低于高温热液矿床（如芙蓉锡矿田狗头岭矿区中闪锌矿 In/Ge 值为 2091～16923，蔡劲宏等，1996）和中高温矿床（如澜沧老厂 Pb-Zn 多金属矿床中闪锌矿 In/Ge 值为 11～1689，n=38，叶霖等，2012）。此外，该矿床分布较多 Cu 矿物，在不同温度等温线图（图 6-34）中，该矿床黝铜矿投影点分别落在 160 ℃和 170 ℃等温线以外，表明其形成温度属于中低温。上述研究结果表明，该矿床成矿温度应以低温为主，这与前人包裹体测温结果 120～220 ℃，主要集中在 120～160 ℃和 180～210 ℃（余冲等，2015；喻磊，2014）一致。

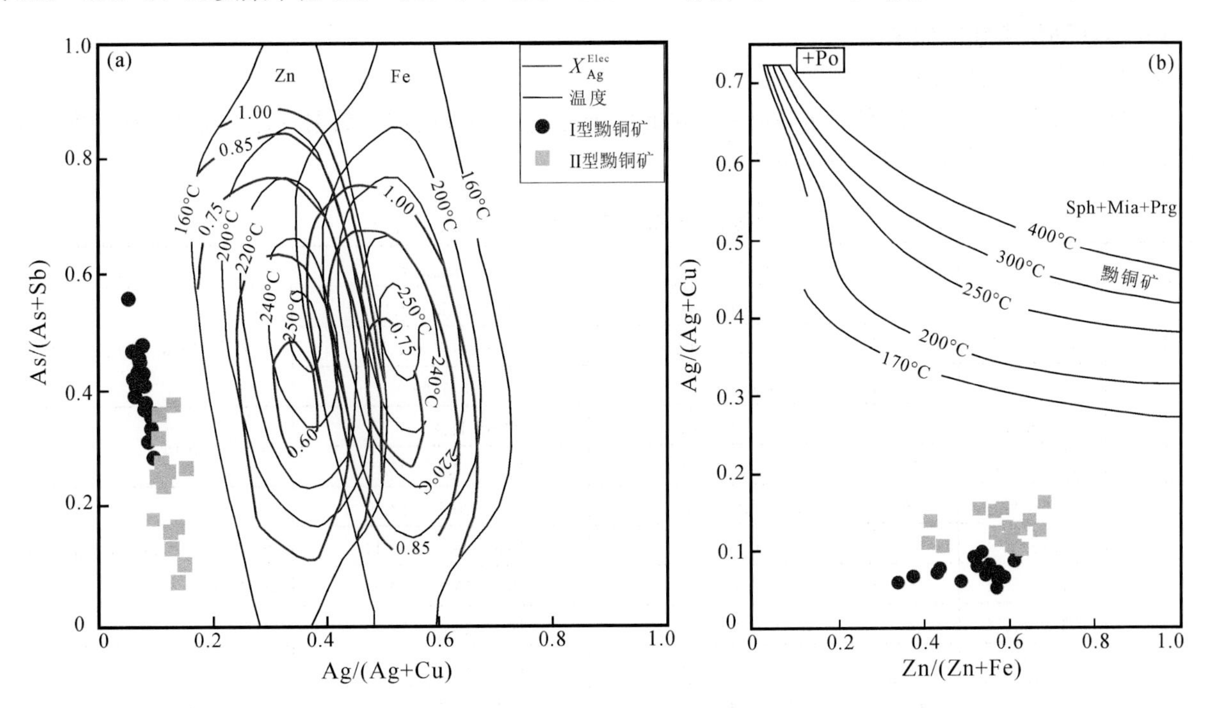

图 6-34　富乐矿床黝铜矿的 Ag/(Ag+Cu)-As/(As+Sb)（a）和 Ag/(Ag+Cu)-Zn/(Zn+Fe)（b）图解

（a）底图源自 Sack 和 Ebel（2006）（Zn 和 Fe 分别表示富 Zn 和富 Fe 黝铜矿）；（b）底图源自 Sack 等（2005）

Po. 磁黄铁矿；Sph. 闪锌矿；Mia. 云霞正长石；Prg. 韭角闪石

已有研究表明，闪锌矿微量元素含量与其形成温度有密切的关系（Oftedal，1941；Warren and Thompson，1945；Möller，1987；Frenzel et al.，2016a）。Oftedal（1941）、Warren 和 Thompson（1945）发现高温矿床中闪锌矿的 Fe、In 和 Mn 含量较高，Ga 和 Ge 含量低，但低温矿床中闪锌矿则具有高含量的 Ga 和 Ge，低含量的 Fe、In 和 Mn。这一认识仅仅根据地质准则，没有任何测温数据和统计分析。Möller（1987）提出闪锌矿中 Ga/Ge 值可作为有效的地质温度计，然而这一温度计基于热液流体和沉淀出的闪锌矿具有共同的 Ga/Ge 值，但在不同物理化学条件下，获得热液流体和沉淀的闪锌矿之间独立的分配系数似乎不切实际。Frenzel（2016）进一步研究闪锌矿微量元素与成矿温度的关系，发现不同类型 Pb-Zn 矿床中闪锌矿微量元素 Fe、Ga、In 和 Mn 含量明显不同，同时数据统计显示出这些微量元素含量与流体包裹体均一温度具有明显的相关性（R^2=0.82，$p<2\times10^{-16}$）。PC1 和微量元素的关系可被表示为

$$\mathrm{PC1}^{*}=\ln\left(\frac{C_{\mathrm{Ga}}^{0.22}\cdot C_{\mathrm{Ge}}^{0.22}}{C_{\mathrm{Fe}}^{0.37}\cdot C_{\mathrm{Mn}}^{0.20}\cdot C_{\mathrm{In}}^{0.11}}\right)$$

$\mathrm{PC1}^{*}$表示闪锌矿微量成分变化的主要因子，C 表示元素含量。Fe 含量单位为%，Ga、Ge、In 和 Mn 含量的单位为 10^{-6}，$\mathrm{PC1}^{*}$与均一温度的经验公式可表示为 t/℃=−(55.4±7.3)·$\mathrm{PC1}^{*}$+(208±10)，由此可以估算出不同类型 Pb-Zn 矿床的成矿温度。根据这个公式，对富乐和天宝山的计算结果表明，其成矿温度分别在 80.9～219 ℃（均值 132 ℃）和 115～227 ℃（均值 173 ℃）之间，与前述结果一致，表明其成矿流体为中低温流体。会泽矿床闪锌矿颜色较深，以棕-黑色为主，其中 Fe 含量多大于 3%，暗示其形成于较高温度，利用该公式计算出该矿床闪锌矿形成温度变化范围在 150～310 ℃之间，平均为 228 ℃（n=99），表明其形成于中（高）温环境。事实上，该矿床闪锌矿包裹体均一温度变化范围在 120～280 ℃之间，而盐度在 3.2%～22.8%（张燕等，2017），同样表明该矿床成矿流体以中低温中高盐度为主，经历过相对较高温度的成矿过程。

综上所述，“川滇黔矿集区”内 Pb-Zn 矿床主要形成于中低温环境，其成矿流体属于中低温中高盐度流体，与典型 MVT 型矿床（温度 50～250 ℃，盐度 15%～20%，Leach et al.，2005）较为相似，流体混合作用可能是该类矿床铅锌等金属物质沉淀的主要机制。

2. 成矿物质来源

1）C-O 同位素地球化学

① C-O 同位素组成特征

对大梁子、天宝山、会泽和富乐等典型 Pb-Zn 矿床已发表 C-O 同位素数据进行了统计，结合本次工作成果，揭示碳氧同位素组成特征（表 6-5）。

表 6-5 典型 Pb-Zn 矿床 C-O 同位素统计结果

矿床	样品	样数	$\delta^{13}C_{PDB}$/‰	$\delta^{18}O_{SMOW}$/‰	文献
天宝山	方解石	29	−6.5～3.4（−2.0）	7.8～20.2（15.4）	王健等，2018；王海等，2021
	新鲜白云岩	21	−4.8～2.5（−0.2）	13.5～24.7（20.3）	
	蚀变白云岩	1	−1.8（−1.8）	16.6（16.6）	
大梁子	方解石	6	−3.5～1.4（−1.2）	11.6～18.1（14.9）	袁波等，2014
	新鲜白云岩	7	1.3～3.2 （+2.0）	17.4～22.6 （21.1）	
会泽	方解石	156	−3.7～2.5 （−2.4）	13.9～26.5 （18.3）	李文博等，2006；Huang et al.，2010；韩润生等，2012
	白云石	15	−4.1～0.7 （−0.7）	15.8～23.8 （20.4）	
	新鲜白云岩	15	−2.2～0.9 （−0.1）	19.3～23.2 （22.0）	
	蚀变白云岩	2	−1.5～−0.8 （−1.2）	19.2～20.5 （19.9）	
富乐	方解石	14	−2.0～3.0 （1.9）	13.1～19.9 （17.5）	司荣军，2005；Zhou J X et al.，2018a
	白云石	15	−0.3～4.0 （2.7）	16.6～21.9 （18.6）	
	新鲜白云岩	3	3.0～4.1 （3.7）	19.2～19.6 （19.4）	
	蚀变白云岩	3	−0.6～3.6 （1.3）	16.5～21.7 （18.4）	

大梁子矿床 7 件新鲜白云岩的 $\delta^{13}C_{PDB}$ 和 $\delta^{18}O_{SMOW}$ 值分别为 1.3‰～3.2‰（均值 2.0‰）和 17.4‰～22.6‰（均值 21.1‰）；6 件热液方解石的 $\delta^{13}C_{PDB}$ 和 $\delta^{18}O_{SMOW}$ 值分别为−3.5‰～1.4‰（均值−1.2‰）和 11.6‰～18.1‰（均值 14.9‰）。

天宝山矿床 21 件新鲜白云岩的 $\delta^{13}C_{PDB}$ 和 $\delta^{18}O_{SMOW}$ 值分别为-4.8‰～2.5‰和 13.5‰～24.7‰，均值分别为-0.2‰和 20.3‰；1 件蚀变白云岩的 $\delta^{13}C_{PDB}$ 和 $\delta^{18}O_{SMOW}$ 值分别为-1.8‰和 16.6‰；29 件热液方解石的 $\delta^{13}C_{PDB}$ 和 $\delta^{18}O_{SMOW}$ 值分别为-6.5‰～3.4‰和 7.8‰～20.2‰，均值为-2.0‰和 15.4‰。

会泽 Pb-Zn 矿床 15 件热液白云石的 $\delta^{13}C_{PDB}$ 和 $\delta^{18}O_{SMOW}$ 值分别为-4.1‰～0.7‰和 15.8‰～23.8‰，均值分别为-0.7‰和 20.4‰；156 件热液方解石的 $\delta^{13}C_{PDB}$ 和 $\delta^{18}O_{SMOW}$ 值分别为-3.7‰～2.5‰和 13.9‰～26.5‰，均值分别为-2.4‰和 18.3‰；15 件新鲜白云岩样品的 $\delta^{13}C_{PDB}$ 和 $\delta^{18}O_{SMOW}$ 值分别为-2.2‰～0.9‰和 19.3‰～23.2‰，均值分别为-0.1‰和 22.0‰；2 件蚀变白云岩样品的 $\delta^{13}C_{PDB}$ 和 $\delta^{18}O_{SMOW}$ 值分别为-1.5‰～0.8‰和 19.2‰～20.5‰，均值分别为-1.2‰和 19.9‰。

富乐 Pb-Zn 矿床蚀变白云岩的 $\delta^{13}C_{PDB}$ 和 $\delta^{18}O_{SMOW}$ 值分别为-0.6‰～3.6‰和 16.5‰～21.7‰，均值分别为 1.3‰和 18.4‰；新鲜白云岩的 $\delta^{13}C_{PDB}$ 和 $\delta^{18}O_{SMOW}$ 值分别为 3.0‰～4.1‰和 19.2‰～19.6‰，均值分别为 3.7‰和 19.4‰；热液方解石的 $\delta^{13}C_{PDB}$ 和 $\delta^{18}O_{SMOW}$ 值分别为-2.0‰～3.0‰和 13.1‰～19.9‰，均值分别为 1.9‰和 17.5‰；热液白云石的 $\delta^{13}C_{PDB}$ 和 $\delta^{18}O_{SMOW}$ 值分别为-0.3‰～4.0‰和 16.6‰～21.9‰，均值分别为 2.7‰和 18.6‰。

②对成矿物质来源的指示

热液碳酸盐矿物是 MVT 矿床中最主要的脉石矿物，其形成贯穿整个 MVT 矿床成矿过程。热液碳酸盐矿物蕴含丰富的成矿信息，表现为成矿前提供物质、空间等条件，成矿期维持稳定的硫化物沉淀环境，成矿后充填在矿体以及毗邻区域包含的空隙、裂隙等空间内，对矿体起到保护作用等，是重要的找矿标志矿物（Corbella et al.，2004；Zhou J X et al.，2018b）。热液方解石、白云石 C-O 同位素，可提供成矿物质来源与演化等方面的重要信息，是研究 MVT 矿床成矿过程行之有效的方法之一（周家喜等，2012）。

目前，关于典型 Pb-Zn 矿床成矿流体中的 C、O 来源仍有争议。一些研究认为会泽超大型 Pb-Zn 矿床成矿流体中 CO_2 既有幔源，又有壳源，模拟研究表明与以 CO_2 和 H_2O 为主的岩浆去气作用有关（黄智龙等，2004a；Huang et al.，2010）。天桥矿床的 C、O 同位素组成特征是地幔去气、碳酸盐岩溶解以及沉积有机质脱羟基共同作用的结果（周家喜等，2012），而成矿年代学研究表明（Zhou J X et al.，2013a，2015），本区 Pb-Zn 成矿作用主要发生于晚三叠世—早侏罗世（190～245 Ma），该年龄与峨眉山玄武岩年龄（260 Ma）相差较大，表明地幔去气（CO_2 等）作用对峨眉山大火成岩省边缘地区的 Pb-Zn 矿床形成影响不大。崔银亮等（2018）和 Zhou J X 等（2018a）则认为富乐等矿床方解石 C 主要来自围岩碳酸盐岩，而 O 同位素很可能是受流体与围岩间水/岩相互作用导致的碳酸盐岩溶解作用的影响。

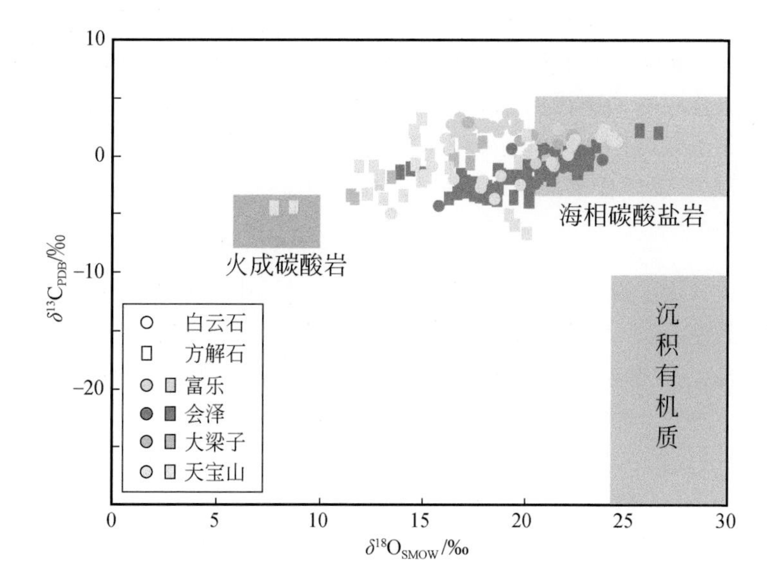

图 6-35　典型矿床热液碳酸盐矿物 C-O 同位素组成

数据引自黄智龙，2004c；李文博等，2006；Huang et al.，2010；Zhou J X et al.，2018a；袁波等，2014；王健等，2018

如图 6-35 所示，典型矿床热液碳酸盐矿物比原生碳酸岩和沉积有机物更富 ^{13}C，$\delta^{13}C_{PDB}$ 值与海相碳酸盐岩相似，说明原生碳酸岩和有机质对流体中的碳贡献较小，流体中的碳很可能来自碳酸盐岩地层。另外，大多数样品 $\delta^{18}O_{SMOW}$ 值也显著高于原生碳酸岩（-6.0‰～10.0‰；Taylor et al.，1967），低于海相碳酸盐岩（$\delta^{18}O_{SMOW}$= 20.0‰～30.0‰；Veizer and Hoefs，1976）和沉积有机质（24.0‰～35.0‰；Demény et al.，1998），大部分值落入海相碳酸盐岩一侧。因此，笔者认为成矿流体中的 C、O 主要由围岩碳酸盐岩的溶解作用产生。成矿流体与围岩白云岩或灰岩围岩发生强烈的水/岩交换反应，不断溶蚀围岩，进一步增大孔隙度，为后期金属矿物沉淀提供空间（Zhou J X et al.，2018b；Luo et al.，2019）。与此同时，围岩碳酸盐矿物对酸性流体 pH 进行缓冲，为硫化物沉淀提供良好的物理化学条件。天宝山、大梁子、会泽和富乐的热液碳酸盐矿物均具有宽泛的 C-O 同位素组成，说明其形成均经历了复杂的水岩反应过程。会泽 Pb-Zn 矿床中的方解石具有较高的 $\delta^{13}C$ 和 $\delta^{18}O$ 值，暗示较强的碳酸盐岩围岩蚀变作用，与地质事实吻合。会泽矿床具有显著的蚀变特征，从矿体到围岩发育矿石、矿化带和不同程度白云石化蚀变灰岩带。

2）S 同位素

① S 同位素组成特征

天宝山矿床 215 个硫化物样品/测点的 $\delta^{34}S$ 值范围为−0.4‰～22.1‰，均值为 3.9‰；大梁子矿床 107 个硫化物样品/测点的 $\delta^{34}S$ 值范围为 6.7‰～20.8‰，均值为 13.8‰；会泽矿床 302 个硫化物样品/测点的 $\delta^{34}S$ 值范围为 4.8‰～23.5‰，均值为 13.1‰；富乐 Pb-Zn 矿床 109 个硫化物样品/测点的 $\delta^{34}S$ 值范围为 7.9‰～23.1‰，均值为 13.9‰（表 6-6）。

表 6-6 扬子地块西缘典型 Pb-Zn 矿床闪锌矿、方铅矿 S 同位素统计结果

矿床名称	样数	$\delta^{34}S$/‰	文献
天宝山	215	−0.4～22.1（3.9）	孙海瑞等，2016；Zhu C W et al.，2016；Tang et al.，2019
大梁子	107	6.7～20.8（13.8）	Kong et al.，2018；Zhu et al.，2020
会泽	302	4.8～23.5（13.1）	李文博等，2006；韩润生，2013；任顺利，2018
富乐	109	7.9～23.1（13.9）	崔银亮等，2018；Zhou J X et al.，2018a；任涛等，2019

②对 S 来源的指示

热液矿床中 S 的来源可以分为 3 类：一是地幔 S，接近于陨石的硫，其 $\delta^{34}S$ 值接近 0，且变化范围小；二是地壳 S，在沉积、变质和岩浆作用过程中，地壳物质的硫同位素发生了很大的变化，各类地壳岩石的硫同位素组成变化很大，海水或海相硫酸盐的硫以富 ^{34}S 为特征，生物成因硫则以贫 ^{34}S 富 ^{32}S 为特征；三是混合 S，地幔来源的岩浆在上升侵位过程中混染了地壳物质，各种硫源的同位素相混合（张长青，2008）。

MVT 矿床的硫源具有显著的壳源特征（Leach et al.，2005）。扬子地块周缘 MVTPb-Zn 矿床与碳酸盐台地广泛发育的蒸发岩序列有关。扬子地块西缘层控 Pb-Zn 矿床（如茂租 Pb-Zn 矿床）以及北缘 Pb-Zn 矿床（如马元 Pb-Zn 矿床）均赋存于蒸发岩序列的硅化碳酸盐岩和层状角砾岩中。上震旦统观音崖组、灯影组、下寒武统龙王庙组、中寒武统西王庙组、中志留统等沉积岩地层中发育多个膏盐层。蒸发岩残留特征，如硅化石膏，斑状、鸟眼状以及斑马线构造等广泛发育（Leach and Song，2019；Luo et al.，2022）。然而，由于蒸发岩矿物容易遭受溶解散失或成岩蚀变，MVT 矿床与海水蒸发岩的密切联系往往被忽视（Leach，2014）。膏盐碳酸盐化的简单化学式如下：

$$CaSO_4+CH_4 = H_2S+CaCO_3+H_2O$$

典型矿床天宝山、大梁子、会泽、富乐中含 S 矿物主要为闪锌矿、方铅矿和黄铁矿，硫酸盐矿物罕见可忽略不计，所以硫化物 $\delta^{34}S$ 值可近似代表热液流体的总硫值（Ohmoto，1972）。会泽矿床矿石硫化物的 $\delta^{34}S_{CDT}$ 值为 4.8‰～24.5‰，平均 13.1‰，大致代表总 S 同位素组成。矿区外围石炭系膏盐层中石膏的 $\delta^{34}S_{CDT}$ 为 12.9‰～17.1‰，平均 13.6‰，与石炭系碳酸盐岩中微量硫酸盐的 $\delta^{34}S_{CDT}$ 值几乎完全一致（任顺利等，2018）。富乐和大梁子 Pb-Zn 矿床的 $\delta^{34}S_{CDT}$ 变化范围相对较窄，远高于岩浆来源的硫同位素值（任涛等，2019）。如表 6-6 所示，典型 Pb-Zn 矿床硫化物具有显著的重硫特征，$\delta^{34}S$ 值多为 9.0‰～18.0‰，与赋矿地层中海水硫酸盐的高 $\delta^{34}S$ 值接近，与幔源硫（约 0）明显不同（图 6-36 和图 6-37），暗示 S 主要来源于海相硫酸盐。

硫酸盐还原主要包括 2 种机制：热化学还原模式和细菌还原模式（Ohmoto，1986a）。显微测温表明富乐闪锌矿中流体包裹体均一温度约为 200 ℃，超过了细菌的存活温度（Jorgensen et al.，1992）。此外细菌硫酸盐还原作用（BSR）将造成约 40%～60%甚至更大的 S 同位素分馏（相对于硫酸盐；Ohmoto，

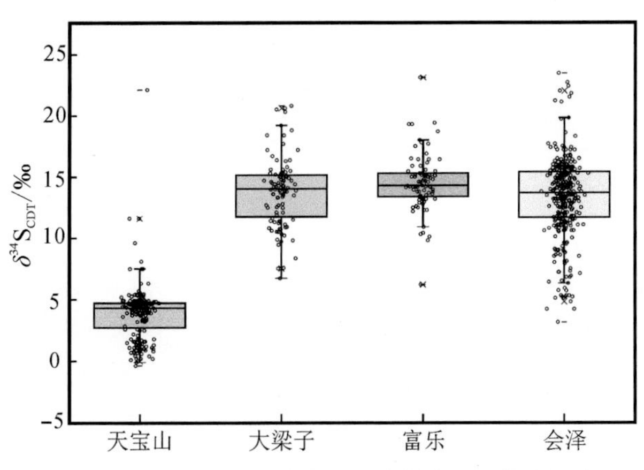

图 6-36　典型 Pb-Zn 矿床矿石硫化物 S 同位素组成（数据来源见表 6-5）

1986），与该矿床硫酸盐和硫化物 δ^{34}S 值比较接近的事实不符。因此，典型 Pb-Zn 矿床富 ^{34}S 特征暗示还原 S 由海水蒸发岩通过热化学硫酸盐还原作用（TSR）产生（灯影组硫酸盐 δ^{34}S=30.4‰～35.3‰；Kong et al.，2018）。海水蒸发岩是上震旦统—中二叠统碳酸盐岩序列中典型 Pb-Zn 矿床的重要硫源（Xiong et al.，2018；张长青，2008）。硫酸盐还原反应产生 H_2S 的化学式例如（Machel et al.，1995；Leach et al.，2005；Yuan et al.，2015）：

$$SO_4^{2-}+2C = S^{2-}+2CO_2$$

$$SO_4^{2-}+2H^++CH_4 = CO_2+H_2S+2H_2O$$

$$SO_4^{2-}+2CH_2O = H_2S+2HCO_3^-$$

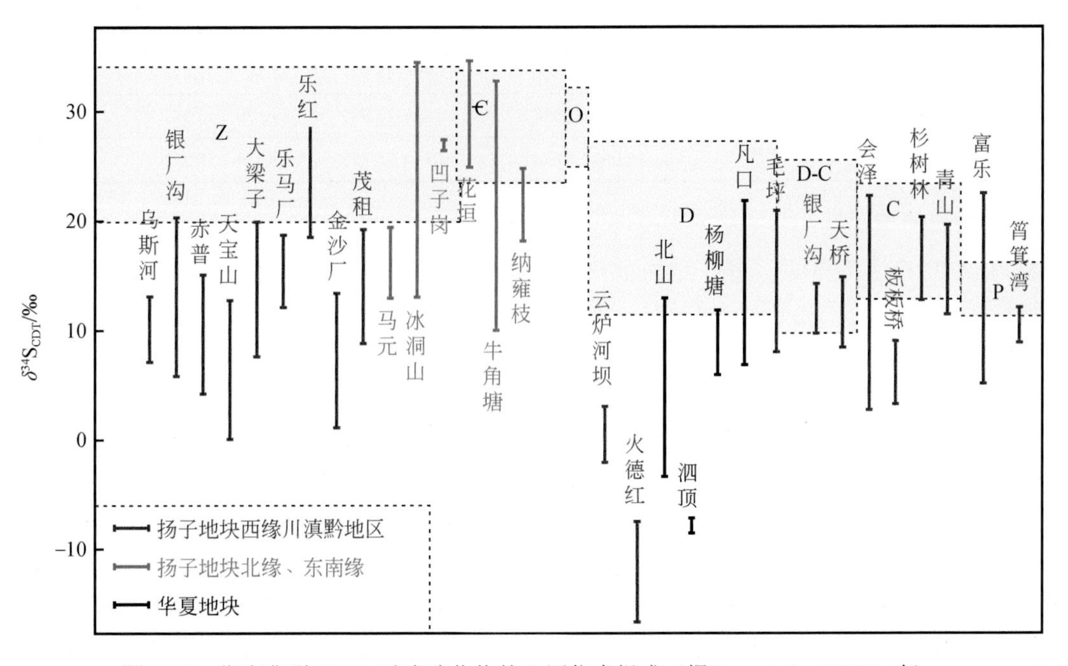

图 6-37　华南典型 Pb-Zn 矿床硫化物的 S 同位素组成（据 Luo et al.，2022b 改）

天宝山 Pb-Zn 矿床硫化物的 $\delta^{34}S_{CDT}$ 值介于−0.4‰～22.2‰（王乾，2013），低于会泽、大梁子的硫同位素组成，暗示天宝山 Pb-Zn 矿床的硫不完全来源于上震旦统灯影组膏岩层。如果有少量地幔硫的加入，天宝山 Pb-Zn 矿床的 $\delta^{34}S_{CDT}$ 值则完全可能达到上述的变化范围。然而，天宝山 Pb-Zn 矿床的形成与川滇黔地区主要岩浆活动事件均非同期，岩浆直接提供大量 S 源的可能性不大，除非天宝山矿床深边部还存在隐伏晚印支期岩浆作用，但目前没有足够的证据支持。相反，已有研究表明硫酸盐岩的热化学还原作用所产生的 H_2S 及其形成的硫化物，其 δ^{34}S 值较硫酸盐岩的 δ^{34}S 值可低达约 20‰（Ohmoto，1972），细菌硫酸盐还原作用产生更加显著的硫同位素分馏。因此，天宝山矿床的还原 S 可能来自膏盐 TSR 和 BSR 成因还原 S 的混合。此外，天宝山矿区灯影组中发育石膏、石盐假晶和鸟眼状白云岩（王小春，1992），也进一步支持该结论。

3. 金属来源

1）Pb 同位素约束

① Pb 同位素组成

天宝山矿床 64 个黄铜矿和方铅矿样品/测点的 $^{206}Pb/^{204}Pb$=18.431～18.484，$^{207}Pb/^{204}Pb$=15.715～15.767，$^{208}Pb/^{204}Pb$=38.774～38.931；会泽矿床 50 个方铅矿样品/测点的 $^{206}Pb/^{204}Pb$=18.486～18.526，$^{207}Pb/^{204}Pb$=15.738～15.806，$^{208}Pb/^{204}Pb$=38.914～39.076；富乐矿床 48 个方铅矿样品/测点的 $^{206}Pb/^{204}Pb$=18.572～18.349，$^{207}Pb/^{204}Pb$=15.711～15.728，$^{208}Pb/^{204}Pb$=38.592～38.727（表 6-7）。

表 6-7　扬子地块典型 Pb-Zn 矿床 Pb 同位素统计结果

矿床名称	样数/测点	样品	$^{206}Pb/^{204}Pb$	$^{207}Pb/^{204}Pb$	$^{208}Pb/^{204}Pb$	文献
富乐	48	方铅矿	18.572～18.349	15.711～15.728	38.592～38.727	Zhou Z B et al.，2018
会泽	50	方铅矿	18.486～18.526	15.738～15.806	38.914～39.076	Bao et al.，2017
天宝山	64	黄铜矿、方铅矿	18.431～18.484	15.715～15.767	38.774～38.931	Tang et al.，2019
峨眉山玄武岩	8	地层	18.175～18.855	15.528～15.662	38.380～39.928	黄智龙等，2004a
栖霞-茅口组	2	地层	18.189～18.759	15.609～16.522	38.493～38.542	
摆佐组	6	地层	18.120～18.673	15.500～16.091	38.360～39.685	
宰格组	3	地层	18.245～18.842	15.681～16.457	38.715～39.562	
灯影组	10	地层	18.198～18.517	15.699～15.987	38.547～39.271	
昆阳群	27	地层	17.781～20.993	15.582～15.985	37.178～40.483	
会理群	6	地层	18.094～18.615	15.630～15.827	38.274～38.932	

② 对成矿物质的指示

胡瑞忠等（2020）系统论述了扬子地块前寒武纪基底岩石对中生代大面积低温成矿的控制作用。华南大面积低温成矿域具有显著的元素分区特征，例如，在扬子板块西缘形成大规模的 Pb-Zn 矿集区，在右江盆地形成 Au、As、Sb、Hg 等矿床，在湘中盆地则主要形成 Sb、Au 等矿床（胡瑞忠等，2016）。前寒武纪基底主要通过为低温成矿提供成矿金属元素，在宏观上控制了区域上的大面积低温成矿，而其组成的空间不均一性则控制了不同矿床组合的地理分区。即便是在扬子板块西缘，伴生有用元素组合也存在分区现象：Ga-Ge-Ag（川西南成矿区）、Ag-Cd-Ga-Ge（滇东北成矿区）和 Ag-Cd-As-Sb（黔西北成矿区）（罗开等，2021），构成了富集多种稀散元素（包括 Cd、In、Se、Ga 和 Ge 等）的特色 Pb-Zn 成矿系统（温汉捷等，2019；叶霖等，2019）。

通过对扬子地块西缘 Pb-Zn 矿床金属来源示踪，前人提出了 3 种可能来源：二叠系峨眉山玄武岩、古生界沉积岩围岩以及元古宇下伏基底浅变质岩。大部分矿床的金属来源于基底、围岩，或基底与围岩的混合（黄智龙等，2004a；李文博等，2006；周家喜等，2010a，2012；金中国等，2016；Zhou J X et al.，2014；Zhou Z B et al.，2017）。因碳酸盐岩围岩和峨眉山玄武岩的 Pb、Zn 丰度普遍较低（$<200\times10^{-6}$），且矿集区矿石铅的同位素组成明显不同于峨眉山玄武岩，认为峨眉山玄武岩无法为成矿提供金属（吴越，2013）。扬子地块西缘中新元古代会理群、昆阳群、梵净山群、冷家溪群和四堡群等中低级绿片岩相地层广泛出露，年代学研究显示其形成于 830 Ma 以前，原岩是一套火山-碎屑岩系和中酸性侵入岩，其中 As、B、Sb、Pd、Mo、Ag、U、Pt、Pb、Zn、W 和 Cu 等成矿元素局部不同程度富集。基底地层单元 Pb、Zn 丰度统计表明，会理群基底岩石中 Pb、Zn 丰度为 $n\times100\times10^{-6}$，部分甚至高达约 2500×10^{-6}（胡耀国，1999），明显高于赋矿沉积岩围岩，暗示基底岩石作为金属来源的重要潜力。尽管如此，扬子板块西缘基底地层（除 Ge），稀散元素背景总体不高，反观早寒武世黑色岩系成矿系统和广泛分布的峨眉山玄武岩层一般有较高的稀散元素背景，可能是重要的矿源，Se 或 Cd 或 Ga 的赋矿层位与高地球化学背景层位对应关系较好。因此，Pb-Zn 是否与稀散金属来自同一源区，仍有待深入研究。

扬子地块西缘单个 Pb-Zn 矿床的 Pb 同位素组成较为均一，但不同矿床之间差别比较大（Luo et al., 2020）。矿床 Pb 同位素组成与矿床的空间位置密切相关。Pb 同位素比值从矿集区西部（例如纳雍枝、乌斯河、麻栗坪和银厂沟）到矿集区中部泥盆系—石炭系（会泽），矿集区 NE 部二叠系中的 Pb-Zn 矿床（如猫榨厂、亮岩）放射性铅呈逐渐增加的趋势。Pb 同位素在地理位置上的变化，进一步暗示矿集区尺度上基底物质组成的不均一性。如图 6-38，典型矿床 Pb 同位素值落在基底地层和赋矿围岩的中间区域，暗示成矿物质来自基底，但不排除赋矿围岩为成矿提供一部分铅。

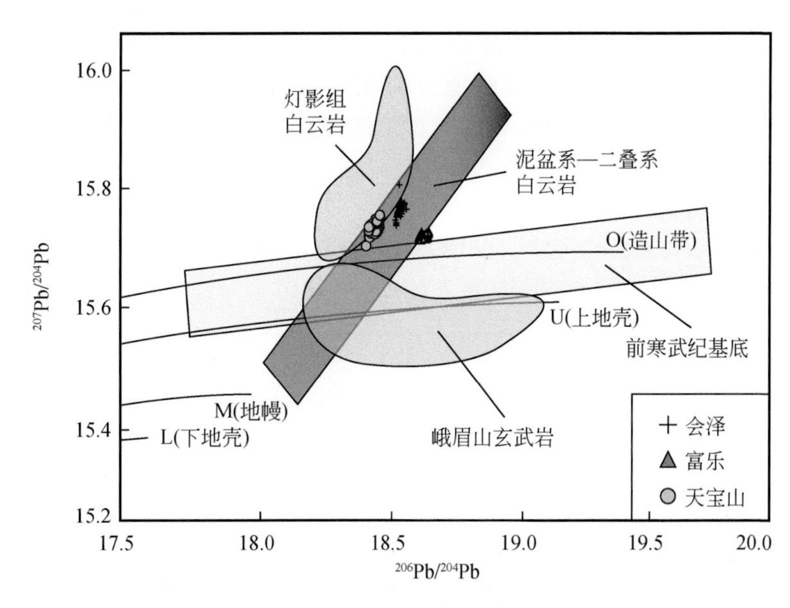

图 6-38　典型 Pb-Zn 矿床原位 Pb 同位素组成与地层单元及华南低温矿床对比

数据来源见表 6-7，地层单元（基底、盖层、峨眉山玄武岩）Pb 同位素数据底图引自黄智龙等，2004a

2）Sr 同位素约束

① Sr 同位素组成

本次工作搜集了大梁子、会泽和天宝山 Pb-Zn 矿床硫化物和不同地质体的 Sr 同位素比值（表 6-8）。

表 6-8　大梁子、会泽和天宝山地区硫化物、不同时代地层及上地幔 Sr 同位素组成

矿床	对象	样数	$^{87}Sr/^{86}Sr$	$^{87}Sr/^{86}Sr$ 均值	参考文献
大梁子	闪锌矿	10	0.70714～0.71459	0.71195	张长青，2008
	灯影组白云岩	5	0.70799～0.70863	0.70835	王海等，2018
	热液方解石	4	0.70795～0.70922	0.70885	李文博等，2006
会泽	方解石	15	0.71647～0.71716	0.71675	
	闪锌矿	7	0.71104～0.71856	0.71441	王健等，2018
天宝山	灯影组白云岩	11	0.70773～0.71026	0.70877	王海等，2021
	方解石	4	0.71021～0.71169	0.71083	
栖霞-茅口组碳酸盐岩		3	0.707256～0.707980	0.707562	邓海琳等，1999
梁山组砂页岩		1	0.716309	0.716309	Deng et al.，2000；Zhou et al.，2013c；Kong et al.，2018
马平组碳酸盐岩		2	0.709909～0.709951	0.70993	
摆佐组碳酸盐岩		5	0.708680～0.710063	0.709437	胡耀国，1999
宰格组碳酸盐岩		2	0.708221～0.708831	0.708735	
海口组砂页岩		1	0.709229	0.709229	Zhou J X et al.，2015；Kong et al.，2018
灯影组碳酸盐岩		2	0.708256～0.709214	0.708735	
峨眉山玄武岩		85	0.703932～0.707818	0.705769	黄智龙等，2004a
基底地层（昆阳群、会理群）		5	0.7243～0.7288	0.7268	柳贺昌和林文达，1999
上地幔			0.7020～0.7060	0.704	Faure，1977

图 6-39 为大梁子、会泽和天宝山 Pb-Zn 矿床硫化物和各时代地层全岩 $^{87}Sr/^{86}Sr$ 值对比。数据显示，大梁子矿区 10 件闪锌矿的 $^{87}Sr/^{86}Sr$ 范围为 0.707137～0.714588（均值为 0.711951；张长青等，2008）。5 件灯影组白云岩的 $^{87}Sr/^{86}Sr$ 范围为 0.70799～0.70863（均值为 0.70835；王海等，2018）。4 件热液方解石的 $^{87}Sr/^{86}Sr$ 范围为 0.70795～0.70922（均值为 0.70885；王海等，2018）。会泽矿区 15 件方解石的 $^{87}Sr/^{86}Sr$ 范围为 0.716382～0.717164（均值为 0.716886；李文博等，2006）。天宝山矿区 7 件闪锌矿的 $^{87}Sr/^{86}Sr$ 范围为 0.71099～0.71856（均值为 0.71381；王健等，2018）。11 件灯影组白云岩的 $^{87}Sr/^{86}Sr$ 范围为 0.70773～0.71026（均值为 0.70873；王海等，2021）。4 件热液方解石的 $^{87}Sr/^{86}Sr$ 范围为 0.71014～0.71169（均值为 0.71083；王海等，2021）。

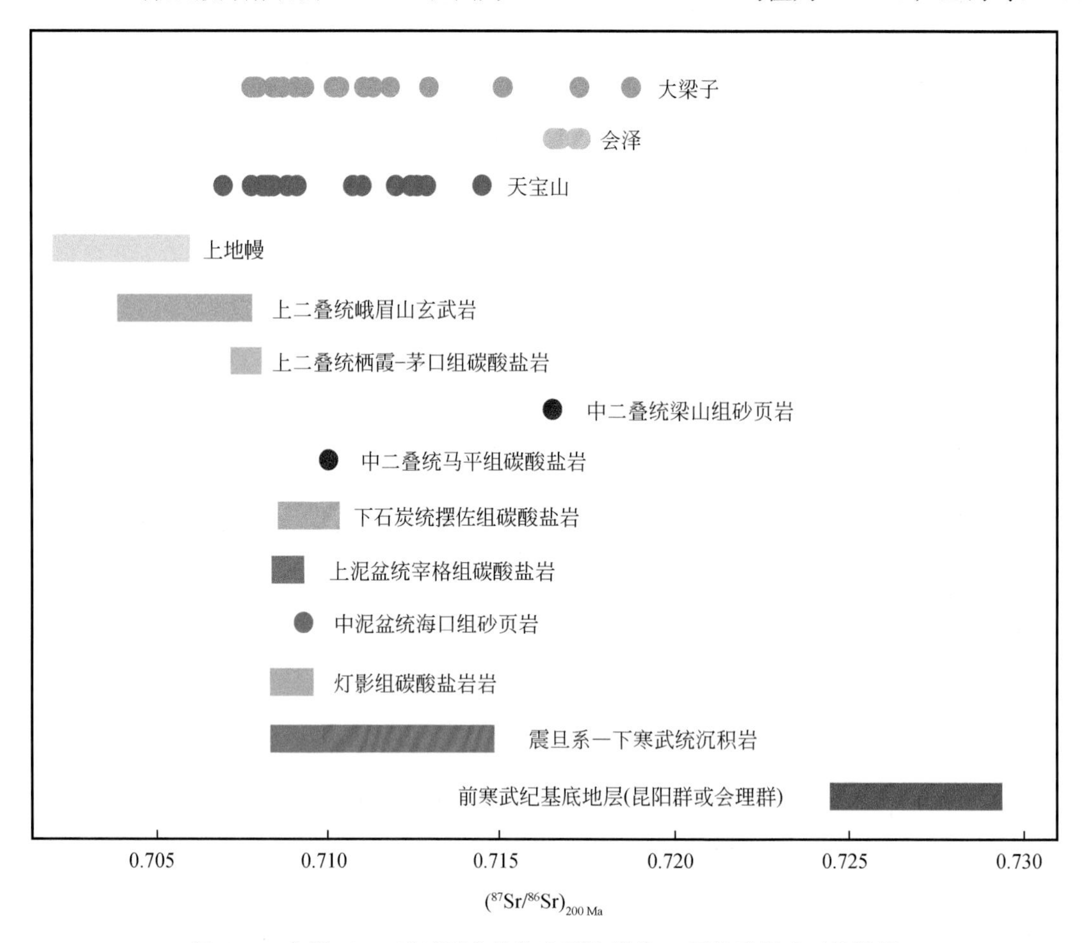

图 6-39　典型 Pb-Zn 矿床硫化物和主要地质体 Sr 同位素组成对比图解

② 对成矿物质的指示

大梁子矿床的闪锌矿、热液方解石灯影组和白云岩围岩的 $^{87}Sr/^{86}Sr$ 的均值均高于天宝山矿床，说明大梁子的金属源区相对于天宝山更富集放射性成因 Sr。大梁子、会泽和天宝山矿区的 $^{87}Sr/^{86}Sr$ 值均高于地幔（0.7020～0.7060；Faure，1977）和峨眉山玄武岩（0.703932～0.707818；黄智龙等，2004a），具高放射性成因 Sr 特点，暗示成矿物质来源于相对富放射性成因 Sr 的源区或成矿流体曾流经富放射性成因 Sr 的地质体，排除了由地幔和峨眉山玄武岩提供大量物质的可能性。$^{87}Sr/^{86}Sr$ 值高于灯影组白云岩的 $^{87}Sr/^{86}Sr$ 值（0.70799～0.70863），低于震旦系到下寒武统沉积岩的 $^{87}Sr/^{86}Sr$ 值（0.7083～0.7148）和基底地层（昆阳群或会理群）$^{87}Sr/^{86}Sr$ 值（0.7243～0.7288），说明本区的成矿物质可能来自震旦系到下寒武统沉积岩或基底地层。

天宝山 Pb-Zn 矿区的 $^{87}Sr/^{86}Sr$ 值均高于峨眉山玄武岩 $^{87}Sr/^{86}Sr$ 值（0.7039～0.7078）和灯影组白云岩 $^{87}Sr/^{86}Sr$ 值（0.70773～0.71026），低于基底岩（昆阳群和会理群）$^{87}Sr/^{86}Sr$ 值（0.7243～0.7288），表明成矿流体可能流经富放射成因 ^{87}Sr 的基底地层并发生水岩反应。因此，天宝山 Pb-Zn 矿床成矿物质可能来源或流经基底岩石（昆阳群和会理群）。会泽 Pb-Zn 矿区 $^{87}Sr/^{86}Sr$ 值也明显高于碳酸盐地层栖霞-茅口组 $^{87}Sr/^{86}Sr$ 值（0.707256～0.707980）、宰格组 $^{87}Sr/^{86}Sr$ 值（0.708221～0.708831）和摆佐组 $^{87}Sr/^{86}Sr$ 值（0.708680～

0.710063），表明成矿流体可能流经或起源于具有高 Sr 同位素比值的下伏页岩、碎屑岩和泥质岩，从而导致矿区硫化物具有比碳酸盐岩围岩地层更高的 Sr 同位素比值。因此，大梁子 Pb-Zn 矿床中的 Sr 可能主要源自震旦系到下寒武统沉积岩或基底地层，天宝山 Pb-Zn 矿床的 Sr 可能来源或流经基底岩石，而会泽矿床成矿流体可能流经或起源于具有高放射性成因 Sr 的下伏页岩、碎屑岩和泥质岩。

3）Zn 同位素约束

① Zn 同位素组成

本次搜集整理了天宝山 Pb-Zn 矿床 35 个 Zn 同位素数据（表 6-9），其 δ^{66}Zn 范围为 0.14‰～0.73‰（何承真等，2016；Xu C et al.，2020；Zhu et al.，2020），均值为 0.36‰；大梁子 Pb-Zn 矿床中闪锌矿锌的同位素数据 36 个，δ^{66}Zn 范围为−0.21‰～0.22‰（Xu C et al.，2020；Zhu et al.，2020），均值为 0.01%；会泽 Pb-Zn 矿床中闪锌矿的 Zn 同位素数据 30 个，δ^{66}Zn 范围为−0.03‰～0.42‰（吴越，2013；Zhang et al.，2022），均值为 0.22‰。区域内各时代碳酸盐岩 δ^{66}Zn 范围为−0.24‰～0.41‰（Zhou J X et al.，2014；Zhang et al.，2019；何承真等，2016），峨眉山玄武岩 δ^{66}Zn 范围为 0.30‰～0.44‰（Zhou J X et al.，2014），基底 δ^{66}Zn 范围为 0.10‰～0.62‰（Zhang et al.，2019；何承真等，2016）。

表 6-9　扬子地块西缘典型 Pb-Zn 矿床 Zn 同位素组成统计

矿床/岩石	样品数	δ^{66}Zn/‰	数据来源
天宝山	35	0.14～0.73	何承真等，2016；Xu C et al.，2020
大梁子	36	−0.21～0.22	Zhu et al.，2020
会泽	30	0.03～0.42	吴越，2013
震旦系—二叠系碳酸盐岩	17	−0.24～0.41	Zhou et al.，2014；Zhang et al.，2019
峨眉山玄武岩	3	0.30～0.44	Zhou et al.，2014
前寒武纪基底岩石	6	0.10～0.62	Zhang et al.，2019

② 对成矿物质的指示

天宝山，大梁子与会泽 Pb-Zn 矿床 Zn 同位素组成较为接近，与碳酸盐岩，峨眉山玄武岩以及基底的 Zn 同位素组成类似（图 6-40），暗示 3 个矿床可能有相似的锌源。区域内各时代碳酸盐岩的 δ^{66}Zn 范围明显低于现代海洋碳酸盐沉积物的 δ^{66}Zn 值，可能是热液淋滤的结果，酸性流体可能淋滤白云岩并萃取其中的锌（何承真等，2016）。天宝山 Pb-Zn 矿床中锌的主要来源为震旦系至下二叠统沉积岩，可能有少量基底以及幔源锌的加入（何承真等，2016；Xu C et al.，2020）。大梁子的 Zn 同位素组成比峨眉山玄武岩和元古宇褶皱基底轻，锌主要来自震旦系至下二叠统沉积岩（Xu C et al.，2020）。会泽 Pb-Zn 矿床的 Zn 同位素组成具有明显的时空变化规律。从深部到浅部，从矿化早期到晚期，硫化物逐渐富含较重的 Zn 同位素，表明成矿流体来源于深部，向浅部运移（Zhang et al.，2022）。

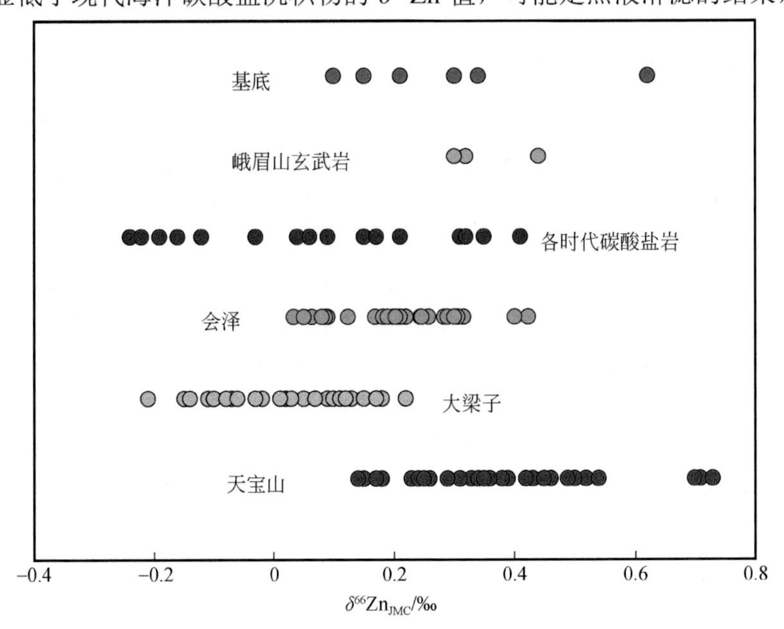

图 6-40　典型 Pb-Zn 矿床 Zn 同位素组成与地层单元对比

综上所述，扬子地块西缘典型 Pb-Zn 矿床成矿流体具“多来源混合”特征，其中围岩碳酸盐岩为成矿流体提供了主要的 C 来源，地层中膏岩海相硫酸盐岩为成矿流体提供了主要的 S 来源。前寒武纪基底岩石显著富集成矿金属元素，结合 Pb、Sr、Zn 同位素地球化学特征，显示成矿金属元素主要来自前寒武纪基底，不排除围岩的少部分贡献。

6.4.4 矿床成因

川滇黔富 Ge Pb-Zn 矿床具有以下地质特征：

（1）后生成因特征明显，并未发现同生沉积证据，岩性变化界面、层间滑脱面（破碎带）和断层构造是这类 Pb-Zn 矿床的主要赋矿空间。

野外考察表明，“川滇黔 Pb-Zn 矿集区”内 Pb-Zn 矿床基本有 2 种产出形式，包括层状（似层状）和脉状。其中层状、似层状 Pb-Zn 矿床，其矿体与围岩产状基本一致［如图 6-41(a)、(c)］，如乌斯河、赤普、底舒、乌依、白卡、东坪、茂租等矿床，事实上，这些层状矿脉之间都是通过一些穿层矿脉相联系的［图 6-41(b)、(d)］，沿矿脉走向均可以发现这一现象。仔细对比可以看出，这些层状（似层状）矿体赋矿位置多位于岩性变化界面，或层间滑动（破碎）部位［图 6-41(d)］，显然这类矿床并非同生沉积成因，其后生热液充填特征明显。

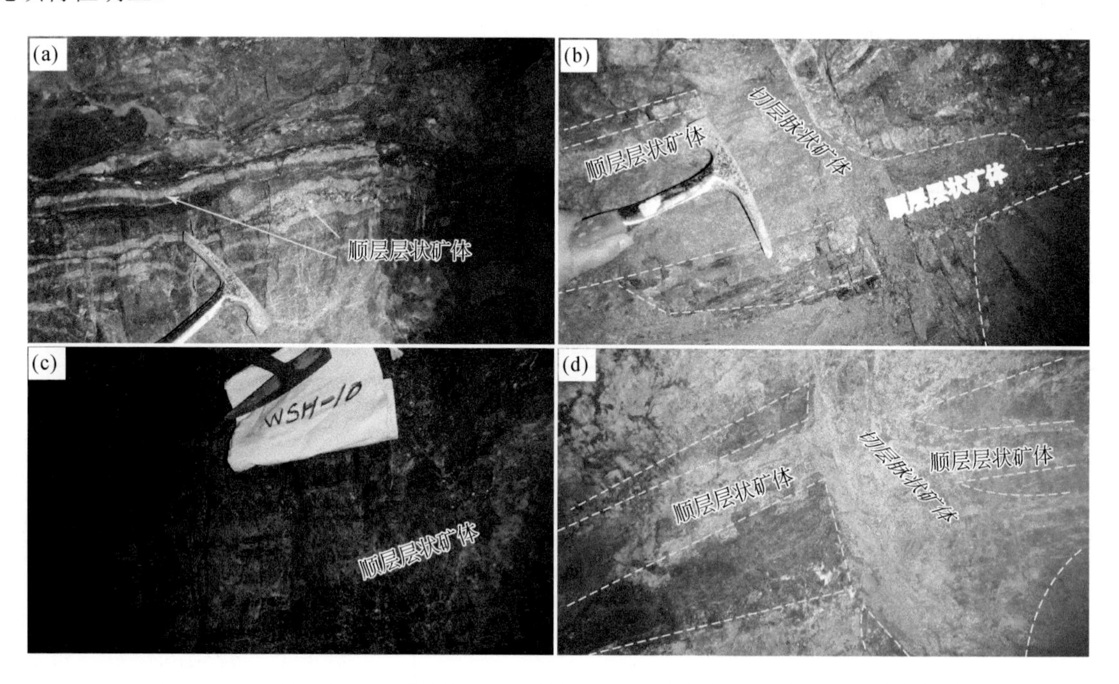

图 6-41 “川滇黔 Pb-Zn 矿集区”内层状 Pb-Zn 矿体与切层脉状 Pb-Zn 矿体关系

（a）顺层层状 Pb-Zn 矿体（云南茂租 Pb-Zn 矿床 1400 平巷）；（b）顺层层状 Pb-Zn 矿体与切层脉状 Pb-Zn 矿体（云南茂租 Pb-Zn 矿床 1400 平巷）；（c）顺层层状 Pb-Zn 矿体（四川乌斯河 Pb-Zn 矿床）；（d）顺层层状 Pb-Zn 矿体与切层脉状 Pb-Zn 矿体（四川乌斯河 Pb-Zn 矿床）

该区脉状 Pb-Zn 矿床包括天宝山、松梁、茅坪、乐红、麻栗坪、会泽等矿床，这些矿床后期热液成矿活动特征明显，一些矿床中矿体主要呈脉状或细脉状充填于构造角砾间隙，如天宝山矿床［图 6-42(a)］和松梁矿床［图 6-42(b)］等。乐红矿床明显受 NW 向 F_1、F_2 和 F_3 控制［图 6-42(c)］，断层破碎带即是容矿空间；而茅坪 Pb-Zn 矿床矿体则受 NE 向断层控制，矿体与地层呈断层接触，Pb-Zn 矿体多呈脉状产出，常穿插于黄铁矿矿石中［图 6-42(f)］，明显晚于黄铁矿。即使一些典型层状矿床中，在层状矿体上下部位也比较容易发现一些热液活动的痕迹，其中 Pb-Zn 矿体与方解石呈（细）脉状穿插于地层岩石中，如茂租矿床［图 6-42(e)］。

可见，川滇黔地区 Pb-Zn 矿床后生成因特征明显，并未发现同生沉积证据，岩性变化界面、层间滑脱面（破碎带）和断层构造是这类 Pb-Zn 矿床的主要赋矿空间。

（2）部分矿床有机质与 Pb-Zn 成矿作用密切，古油藏卤水提供 Pb、Zn 等金属元素能力有限，可能为 Pb-Zn 成矿作用提供了部分硫源或还原剂。

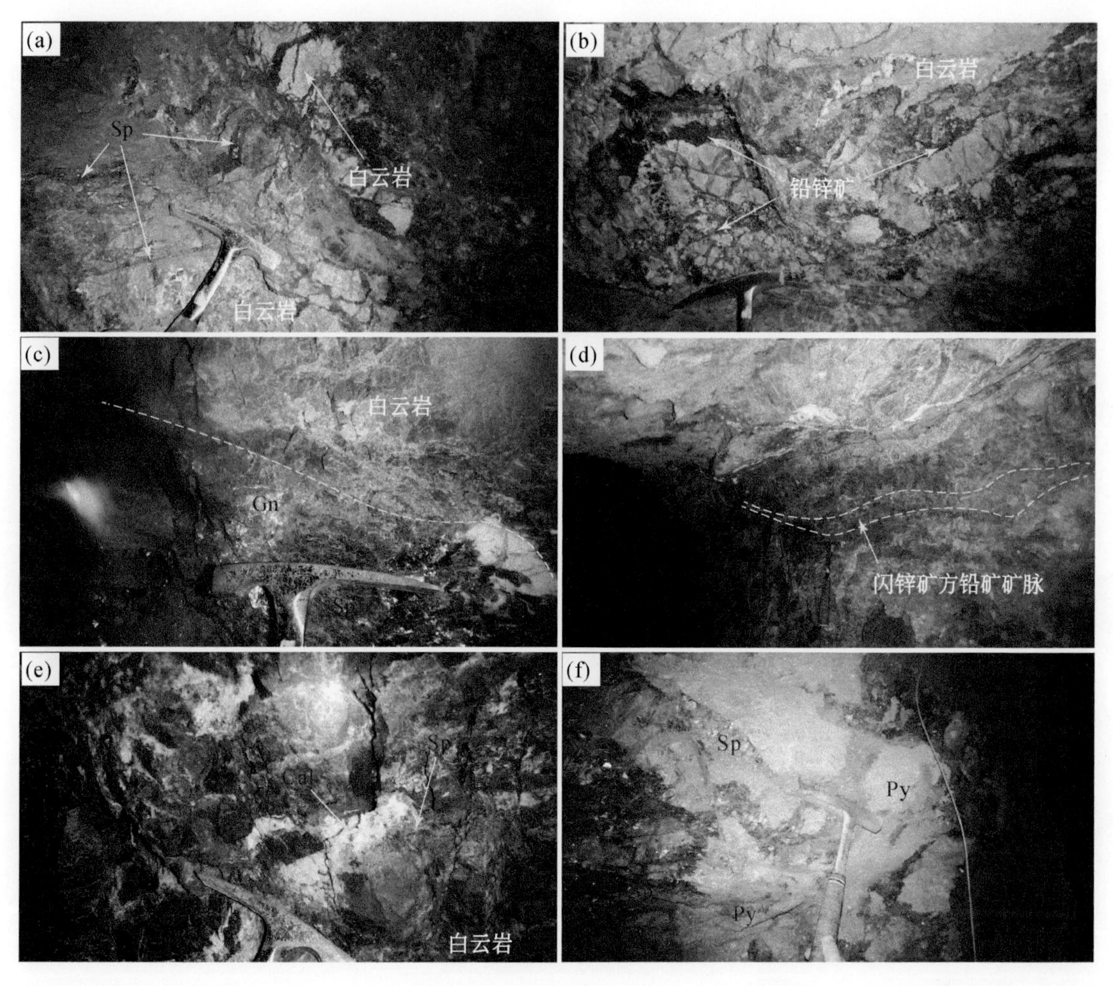

图 6-42　“川滇黔 Pb-Zn 矿集区”Pb-Zn 矿体产出特征

(a) 沿构造角砾间隙充填的 Pb-Zn 矿（天宝山矿床）；(b) 沿构造角砾间隙充填的 Pb-Zn 矿（松梁矿床）；(c) 断层中充填的 Pb-Zn 矿体（乐红矿床）；(d) 层间岩性界面中的 Pb-Zn 矿体（岩岱矿床）；(e) 呈脉状产出的 Pb-Zn 矿体（茂租矿床）；(f) 穿插于黄铁矿中的 Pb-Zn 矿脉（茅坪矿床）。Sp. 闪锌矿；Gn. 方铅矿；Py. 黄铁矿

野外及室内研究表明，“川滇黔 Pb-Zn 矿集区”不少 Pb-Zn 矿床都富含有机质，这些有机质与 Pb-Zn 矿化关系极其密切，如：四川乌斯河 Pb-Zn 矿床中发育大量沥青，并与闪锌矿密切共生，常填充于闪锌矿和白云石间隙，或包裹方铅矿［图 6-43(a)～(c)］，与 Pb-Zn 矿共生石英包裹体中存在较多 CH_4 成分等；云南金沙厂 Pb-Zn 矿床下寒武统梅树村组中黑矿矿体上下盘白云岩不仅发生了褪色蚀变，其中白云岩空洞中发育大量细小的沥青［图 6-43(d)、(e)］；四川赤普 Pb-Zn 矿床大量沥青与闪锌矿共生，充填于重结晶白云石间隙［图 6-43(f)］；四川天宝山 Pb-Zn 矿床中赋矿围岩上盘也发育大量有机质［图 6-43(g)］；云南巧家茂租 Pb-Zn 矿床赋矿围岩中也存在少量沥青，与 Pb-Zn 矿共生的萤石中发现大量的有机包裹体与富液相气液包裹体共生［图 6-43(h)、(i)］。已有的研究表明，典型 MVT 型矿床中常出现大量有机质（如沥青）与 Pb-Zn 矿共生的现象，有机质在 MVT 型 Pb-Zn 矿床成矿作用过程中起到了极其重要的作用（Leach et al., 2005），上述 Pb-Zn 矿床中有机质与 Pb-Zn 矿化密切，表明这些矿床与典型 MVT 型矿床在地质特征上是相似的，有别于 SEDEX 型 Pb-Zn 矿床。

此外，乌斯河 Pb-Zn 矿床中沥青中相对较富集 Pb、Zn 和 Ge，并含少量 Cu、V、Ni 和 As（表 6-10），其 Pb、Zn 和 Ge 的元素含量分别为 10.4×10^{-6}～163×10^{-6}（均值 47.1×10^{-6}）、1.26×10^{-6}～1980×10^{-6}（均值 199×10^{-6}）和 0.11×10^{-6}～8.40×10^{-6}（均值 1.57×10^{-6}），而 Cu 的元素含量为 0.51×10^{-6}～43.0×10^{-6}（均值=4.42×10^{-6}），V、Ni 和 As 的元素含量分别为 120×10^{-6}～293×10^{-6}（均值 235×10^{-6}）、9.89×10^{-6}～133×10^{-6}（均值 95.6×10^{-6}）和 6.63×10^{-6}～73.9×10^{-6}（均值 17.5×10^{-6}）。尽管 Pb、Zn、Cu 等成矿物质

在乌斯河矿床沥青中相对富集，但这些元素含量变化范围较宽（图 6-44），仅个别样品含量较高，故其平均值偏高，这可能为沥青中包含的方铅矿、闪锌矿等显微包裹体所致，除 V 和 Ni 外，从多数样品 Pb、Zn、Cu 等成矿元素含量非常低（<20×10^{-6}）等特征来看，油气所携带的金属成矿元素有限，无法提供形成中-大型矿床规模所需的大量 Pb、Zn 等成矿物质。值得重视的是，我们使用扫描电镜研究的结果表明，四川乌斯河 Pb-Zn 矿床中沥青中 S 含量较高（表 6-10），在 4.11%～6.06%之间，均值 4.82%（n=9），暗示古油气藏卤水中可能富含还原 S，可能在乌斯河矿床 Pb-Zn 成矿过程中提供了部分硫源或还原剂（韦晨等，2020），这与前人对 MVT 型 Pb-Zn 矿床中有机质的研究一致（ Machel，2001；Wallace et al.，2002；Huston et al.，2006；Anderson，2008）。

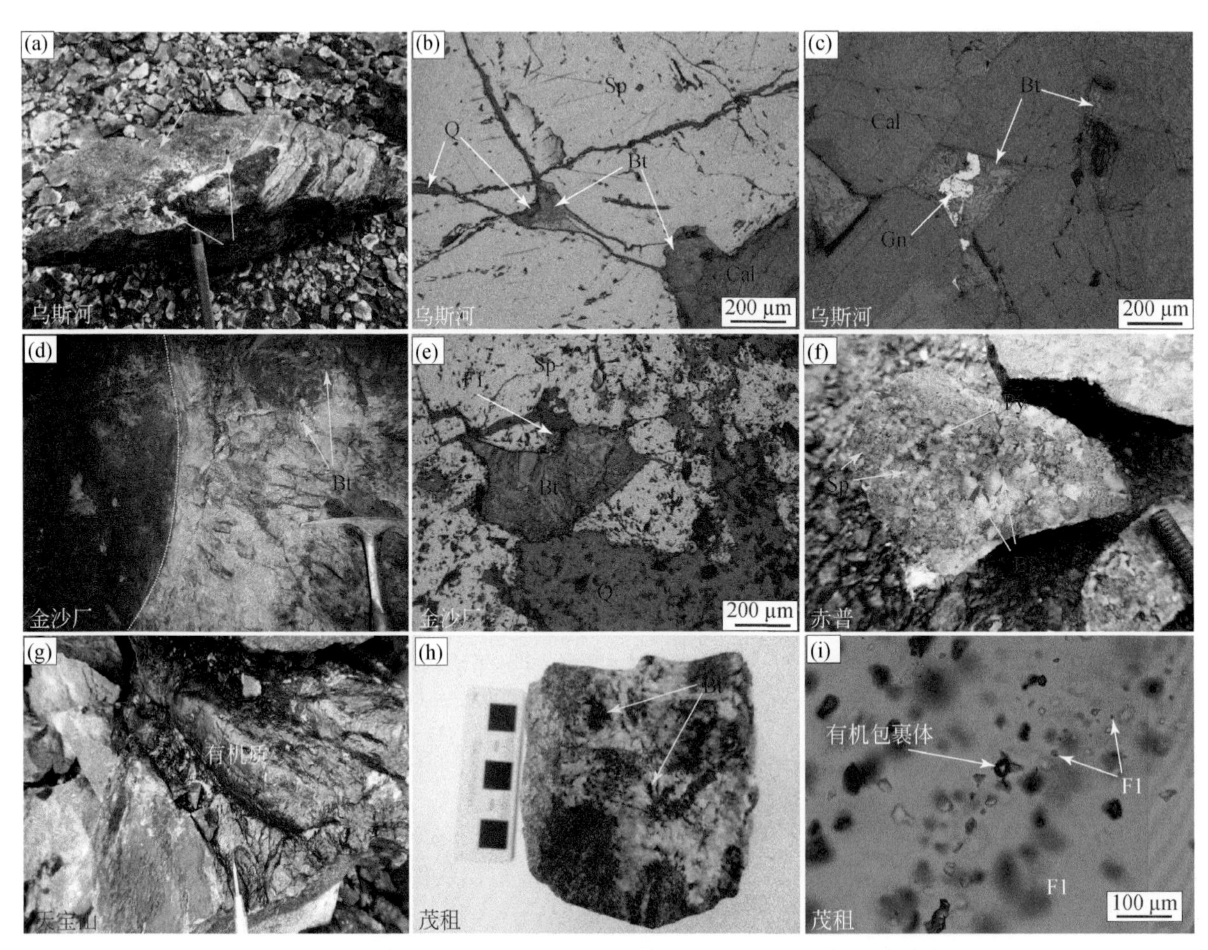

图 6-43　“川滇黔矿集区”Pb-Zn 矿床中有机质

（a）与沥青共生闪锌矿（乌斯河矿床）；（b）闪锌矿间隙充填的沥青与石英脉（乌斯河矿床，反射光）；（c）与沥青共生方铅矿（乌斯河矿床，反射光）；（d）Pb-Zn 矿体边缘沥青（金沙厂矿床）；（e）与闪锌矿共生沥青（金沙厂矿床）；（f）与沥青共生闪锌矿和黄铁矿（赤普矿床）；（g）赋矿白云岩层间有机质（天宝山矿床）；（h）含矿方解石脉中沥青（茂租矿床）；（i）萤石中有机包裹体（茂租矿床，透射光）。Bt. 沥青；Sp. 闪锌矿；Gn. 方铅矿；Py. 黄铁矿；Fl. 萤石

表 6-10　乌斯河 Pb-Zn 矿床中沥青化学成分分析结果（n=9）

含量	N/%	C/%	H/%	S/%	C/N	H/C
均值	0.50	83.83	2.02	4.82	167.29	0.02
最小值	0.44	75.82	1.84	4.11	146.65	0.02
最大值	0.59	86.58	2.24	6.06	191.05	0.03
标准偏差	0.05	4.32	0.12	0.62	12.85	0.00

（3）峨眉山玄武岩与矿集区内 Pb-Zn 成矿作用无关，可能是 Pb-Zn 成矿流体的“阻挡层”，在成矿过程中可能提供了少量 Cu、Ni 等成矿物质。

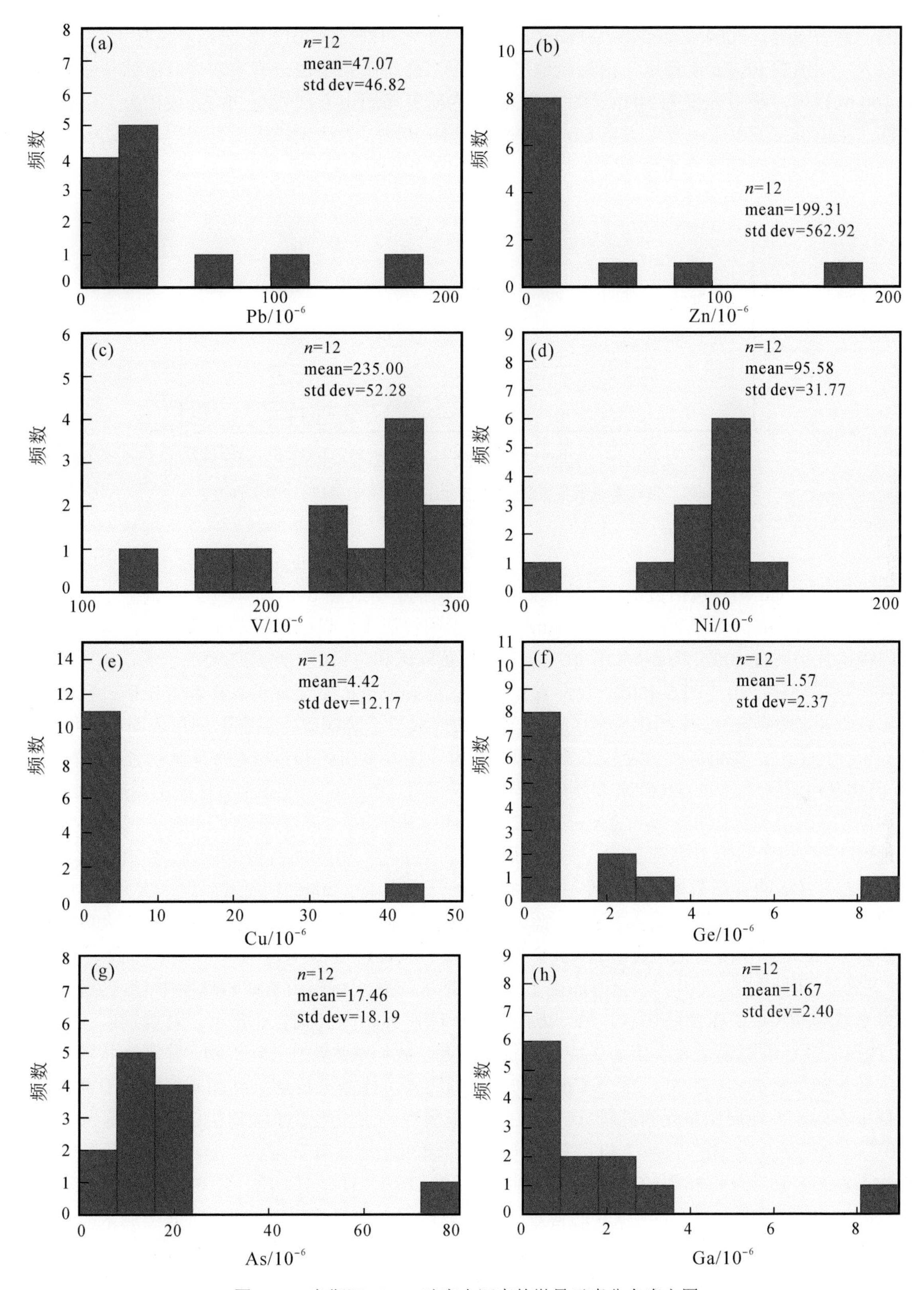

图 6-44　乌斯河 Pb-Zn 矿床中沥青的微量元素分布直方图

本区 Pb-Zn 矿床与峨眉山玄武岩空间关系密切已是不争的事实（柳贺昌，1995；张云湘等，1988；黄智龙等，2004a），已有的研究表明，本区峨眉山玄武岩的展布范围与 Pb-Zn 矿床的水平分布基本重合，矿体的垂向分布则受前者的限制，峨眉山玄武岩等厚度线图与 Pb-Zn 矿体间保持明显的关系，但峨眉山玄武岩能否为 Pb-Zn 成矿作用提供成矿物质和热源却存在较大争议（柳贺昌，1995；张云湘等，1988；刘家铎等，2003；黄智龙等，2004a，2004b；顾尚义，2006；陈大和刘义，2012）。云南省富乐大型 Pb-Zn 矿床赋矿层位为“川滇黔 Pb-Zn 矿集区”内最新地层——下二叠统阳新组白云岩夹灰岩，矿体与峨眉山玄武岩垂距在 160 m 以内，最近处仅为 50 m（图 6-45），这为研究峨眉山玄武岩与 Pb-Zn 成矿关系提供了有利的地质条件。课题组在该矿床中发现大量 Cu 矿物和少量 Ni 矿物，为认识峨眉山玄武岩与 Pb-Zn 成矿关系提供了相关地质地球化学证据（李珍立等，2018；Li et al.，2018）。

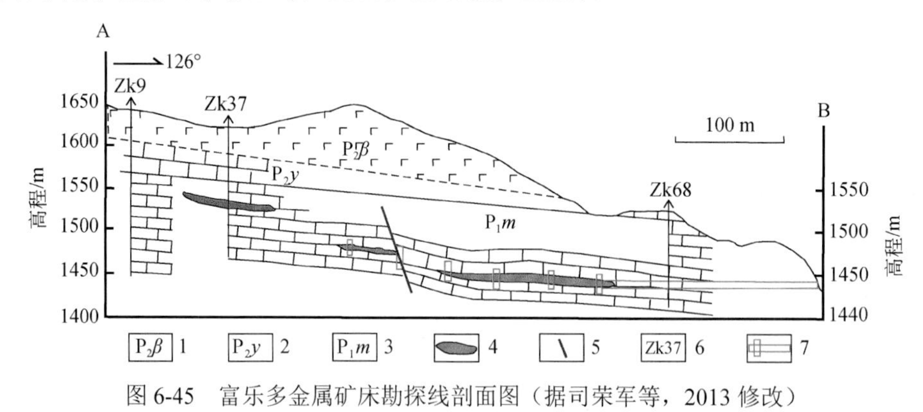

图 6-45　富乐多金属矿床勘探线剖面图（据司荣军等，2013 修改）

1. 峨眉山玄武岩；2. 二叠系阳新组白云岩与灰岩互层；3. 二叠系茅口组含燧石条带灰岩；4. Pb-Zn 矿体；5. 断层；6. 钻孔及编号；7. 坑探工程和采样位置

矿床中发现的 Cu 矿物包括黄铜矿、黝铜矿及锌砷黝铜矿等（图 6-46），其中，黄铜矿主要有 2 种存在形式：①乳滴状黄铜矿，呈乳滴状（2～20 μm）分布于闪锌矿中，以固溶体的形式存在，这些乳滴状的黄铜矿与闪锌矿几乎同时形成［图 6-46(a)、(b)］；②交代黄铁矿和方铅矿，形成明显晚于黄铁矿和方铅矿，一般与黄铁矿颗粒相伴产出［图 6-46(d)、(e)、(g)、(h)］。锌砷黝铜矿常交代黄铁矿和方铅矿，在闪锌矿中呈脉状产出，偶见被黝铜矿包围［图 6-46（c）］，表明其形成早于黝铜矿；黝铜矿的形成明显晚于 Pb-Zn 矿物［图 6-46(d)～(e)］，黝铜矿主要交代方铅矿和黄铁矿［图 6-46(d)～(e)］，也有呈脉状分布于闪锌矿中。

Cu 矿物在川滇黔地区 Pb-Zn 矿床中分布较少（张长青等，2005b），仅在部分矿床中发现有 Cu 矿物，如毛坪（周高明和李本禄，2005；Wei A Y et al.，2015）和贵州天桥（张长青等，2005b）等 Pb-Zn 矿床。从川滇黔地区不同岩石的 Cu 含量而言，二叠纪峨眉山玄武岩地层中 Cu 的背景值较高，如滇东北二叠纪峨眉山玄武岩地层中 Cu 的岩石微量元素丰度达到 165×10^{-6}（张长青，2008），而富乐地区玄武岩中 Cu 的微量元素均值达到 292×10^{-6}（课题组未发表）。此外，在川滇黔地区峨眉山玄武岩中 Cu 矿化大量出现（张良钜等，2015），据统计川滇黔地区玄武岩 Cu 矿床及矿化点共计超过 134 处（四川川南 76 处、云南 18 处、贵州 40 多处）（王晓刚等，2010）。一方面由于川滇黔地区二叠纪峨眉山玄武岩地层中 Cu 的背景值高，且大量发育玄武岩型 Cu 矿床及矿化点，另一方面富乐矿床矿体距离玄武岩非常近，且黄铜矿（除乳滴状黄铜矿）、黝铜矿及锌砷黝铜矿表现出后生成矿特征。因此，我们认为后生 Cu 矿物（除乳滴状黄铜矿）的成矿物质主要来源于玄武岩。此外，部分 Cu 的物质来源还有可能是来自褶皱结晶基底的昆阳群。根据前人对昆阳群中不同岩性地层微量元素的统计，黑山组、落雪组、因民组及小溜口组的 Cu 含量为 7.4×10^{-6}～208×10^{-6}（均值 61.07×10^{-6}，n=6）（叶霖，2004），而滇东北地区震旦纪到二叠纪地层岩石中 Cu 元素丰度分别为：Z 35×10^{-6}、Є 26×10^{-6}、O 20×10^{-6}、S 27×10^{-6}、D 20×10^{-6}、C 14×10^{-6}、P 45×10^{-6}（张长青，2008），相对而言，昆阳群中 Cu 的背景值较其他地层高。富乐矿床中少量 Cu 可能来源于昆阳群结晶基底，随着 Pb-Zn 成矿流体沿着构造通道运移至赋矿层位并沉淀，形成与成矿流体同源的乳滴状黄铜矿。

本课题组首次在富乐矿床中发现了方硫镍矿等 Ni 矿物，包括方硫镍矿、硫镍矿和针镍矿等（图 6-47）。这类矿物呈团斑状不均匀地分布于矿床最主要的矿化样式——闪锌矿-方铅矿-方解石脉中，与 Pb-Zn 矿化属于同一成矿阶段产物。该类矿物在 MVT 型矿床中比较少见，但国外一些典型 MVT 型矿床中也曾发现，如 Pine Point 矿床、Tri-State 矿床（Hagni，1983）和 Upper Mississippi Valley 矿床（Heyl et al.，1959）等 Pb-Zn 矿床（Leach et al.，2005）。矿床中方硫镍矿呈他形分布于方解石中，矿物颗粒较大（100 μm×100 μm～300 μm×600 μm），边缘多为弧形，常被闪锌矿、黝铜矿和砷黝铜矿交代，见有方铅矿呈细小颗粒充填于其中裂隙

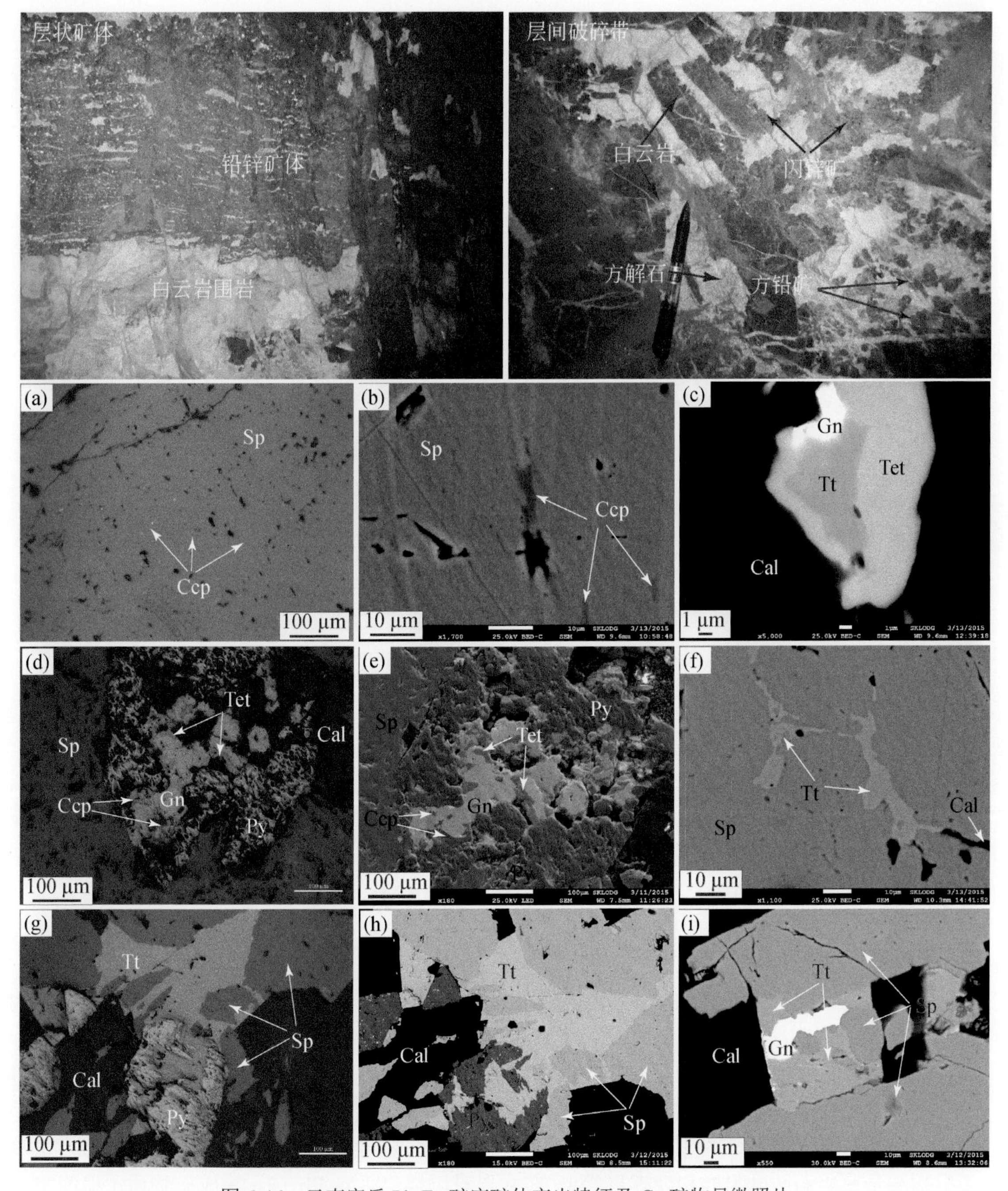

图 6-46　云南富乐 Pb-Zn 矿床矿体产出特征及 Cu 矿物显微照片

（a）闪锌矿中乳滴状黄铜矿（反射光）；（b）闪锌矿中乳滴状黄铜矿（SEM 图）；（c）交代方铅矿的黝铜矿和锌砷黝铜矿，锌砷黝铜矿早于黝铜矿（SEM 图）；（d）交代黄铁矿、方铅矿的黄铜矿、黝铜矿以及氧化的孔雀石（反射光）；（e）交代黄铁矿、方铅矿的黄铜矿和黝铜矿（SEM 图）；（f）闪锌矿中的脉状锌砷黝铜矿（SEM 图）；（g）交代方铅矿的黝铜矿（反射光）；（h）交代黄铁矿的锌砷黝铜矿（SEM 图）；（i）交代方铅矿和闪锌矿的锌砷黝铜矿（SEM 图）。Sp. 闪锌矿；Gn. 方铅矿；Tet. 黝铜矿；Tt. 砷黝铜矿；Cal. 方解石；Py. 黄铁矿；Ccp. 黄铜矿

[图 6-47（b）、（c）]；硫镍矿呈立方体（或长方体）包裹于方硫镍矿中，粒径相对较均匀，在 10 μm ×10 μm～30 μm×50 μm 之间；针镍矿多呈他形树枝状充填于方硫镍矿中裂隙。从显微鉴定结果可以看出，富乐矿床中 Ni 矿物形成略早于 Pb-Zn 成矿，由于其分布的局限性，暗示成矿流体中 Ni 含量并不高，仅局部富集。

综上所述，本研究认为上覆的峨眉山玄武岩层可能为富乐 Pb-Zn 矿床成矿流体的阻挡层，当中低温的 Pb-Zn 成矿流体经流体通道运移到峨眉山玄武岩层附近时，受玄武岩阻挡，使得成矿流体向下回流，随着成矿流体不断与玄武岩的水岩作用，玄武岩层底部中部分 Cu、Ni 等成矿物质活化并析出，玄武岩层中的部分 Cu、Ni 等成矿物质析出，并随着成矿流体到有利位置沉淀形成各种硫化物矿。因此，上述铜、镍矿物多分布于 Pb-Zn 硫化物矿物边缘，或沿着裂隙孔洞充填，表现出后生成矿特征。该认识也得到以下地质地球化学证据的支持：

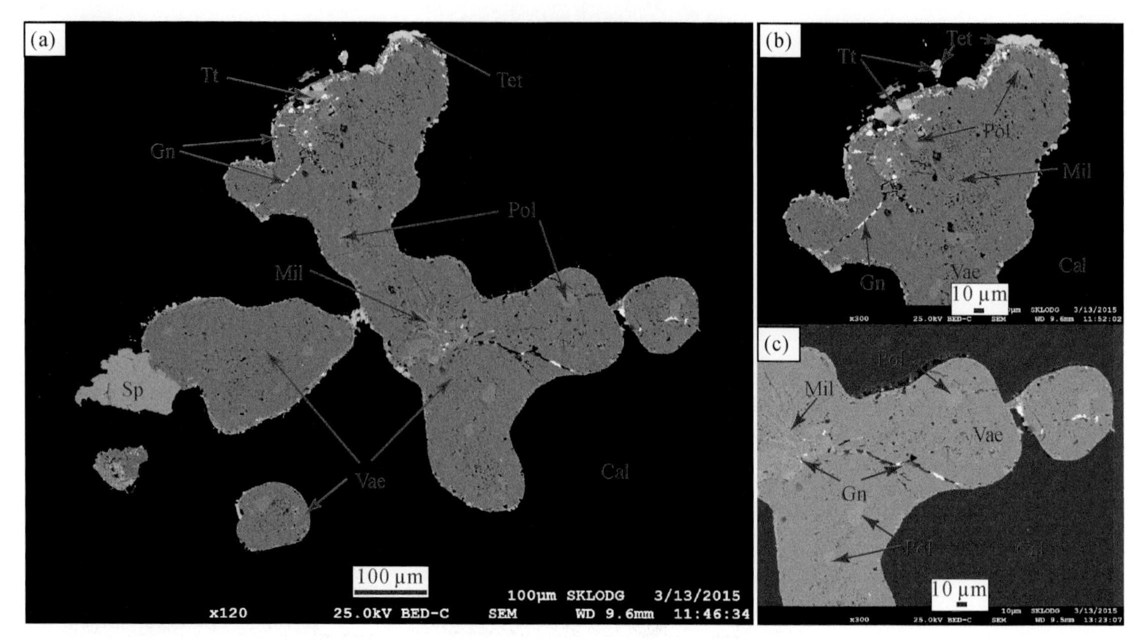

图 6-47　云南富乐矿床中 Ni 矿物 SEM 照片

Sp. 闪锌矿；Gn. 方铅矿；Tet. 黝铜矿；Tt. 砷黝铜矿；Vae. 方硫镍矿；Pol. 硫镍矿；Mil. 针镍矿；Cal. 方解石

（1）“川滇黔 Pb-Zn 矿集区”Pb-Zn 成矿时代大概在 200 Ma 左右，均晚于峨眉山玄武岩（260 Ma 左右，Zhou et al.，2002a，2002b；Ali et al.，2004；Sun et al.，2010），如茂租 Pb-Zn 矿床（196 Ma，Zhou et al.，2013b）、金沙厂 Pb-Zn 矿床（202.8～199.5 Ma，毛景文等，2012；白俊豪等，2013）、乐红 Pb-Zn 矿床（200.9 Ma，毛景文等，2012）、会泽 Pb-Zn 矿床（226～225 Ma，黄智龙等，2004b；Li et al.，2007）、跑马 Pb-Zn 矿床（200.1 Ma，蔺志永等，2010）、大梁子 Pb-Zn 矿床（204.4 Ma，吴越，2013）、赤普 Pb-Zn 矿床（165.7 Ma，吴越，2013）和天桥 Pb-Zn 矿床（191.9 Ma，Zhou et al.，2013c）等，表明本区峨眉山玄武岩活动与 Pb-Zn 成矿作用无直接成因联系。

（2）已有的研究表明“川滇黔 Pb-Zn 矿集区”成矿流体中 S 来源于海水硫酸盐的还原，主要由赋矿地层中的膏盐提供（王华云，1993；柳贺昌和林文达，1999；黄智龙等，2004b；Li et al.，2006，2007；金中国，2008；张长青，2008；Zhou et al.，2010，2013b，2014；张准等，2011；肖宪国等，2012），但关于 Pb 和 Zn 等成矿物质来源却存在较大争议。尽管一些学者认为碳酸盐地层和玄武岩是主要的矿源层（王华云，1993；郑传仑，1994；柳贺昌和林文达，1999），但越来越多的研究表明，本区成矿物质主要来源于区域前寒纪褶皱基底岩石（昆阳群和会理群等），玄武岩难以提供大量 Pb、Zn 等成矿物质（周朝宪，1998；李连举等，1999；金中国，2008；Li et al.，2007；周家喜等，2010a，2010b；Zhou et al.，2013a，2013b，2013c，2014）。我们对闪锌矿流体包裹体显微测温结果表明，富乐矿床成矿流体成矿温度主要分布在 180～210 ℃和 120～160 ℃的 2 个区间，盐度也分布在 9%～10%和 4%～7%的 2 个区间，属于中-低温中-低盐度流体，虽然峨眉山玄武岩中 Pb 和 Zn 等有较高丰度（柳贺昌和林文达，1999），但在中低温条件下，这类流体很难从其中大规模活化出 Pb 和 Zn 等成矿物质，此外，矿区峨眉山玄武岩也未曾出现大规模蚀变，暗示其中 Pb、Zn 等成矿物质可能主要来源于基底地层（昆阳群）。相反，这类成矿流体在成矿早阶段属于中温流体，上侵至峨眉山玄武岩附近，通过水岩相互作用，可以析出少量 Cu 和 Ni，形成局部富集，并形成各自独立硫化物。本研究发现方硫镍矿、硫镍矿和针镍矿等与闪锌矿和方铅矿产于相同的矿脉，为同一成矿阶段的产物，但 Ni 矿物稀少，分布不均，且形成略早于闪锌矿和方铅矿，可能正是这一作用过程的产物，虽然目前不能完全排除其来源于基底地层（昆阳群）的可能性，但 Ni 和 Cu 在中低温条件下长距离迁移的可能性是比较小的。

（3）“川滇黔 Pb-Zn 矿集区” Pb-Zn 矿床（点）分布基本与峨眉山玄武岩重合，其容矿层的垂向分布，除第四系松散层中砂铅锌矿新于峨眉山玄武岩外，几乎所有矿床和矿化点均被限定在峨眉山玄武岩之下的地层中（柳贺昌，1995），充分体现了峨眉山玄武岩对区内 Pb-Zn 成矿作用空间上控制作用，暗示峨眉山玄武岩可能是 Pb-Zn 成矿流体的阻挡层。

如前所述，该区 Pb-Zn 矿床中闪锌矿以相对富集 Fe、Cd、Ge、Cu、Ag，贫 Mn、Co、Sn、Tl 为特征（图 6-16），局部富集 In，而 Ni、Se、Bi 等元素多低于检出限，这些元素均以类质同象形式赋存于闪锌矿中，但含量变化范围较大，Mapping 分析结果表明，即使是同一颗粒，其中 Ge、Cu、Cd 等微量元素组成都是不均匀的，暗示该类矿物是在低温不稳定环境中快速结晶形成，这明显有别于岩浆热液形成的硫化物（如云南都龙 Sn-Zn 多金属矿床）。同时，由于这类矿床成矿流体属于多来源的低温混合流体，这类流体在长期长距离运移过程中，流经不同基底地层，活化出其中不同微量元素，致使其成分变化较大，但总体上以低温元素为主。需要指出的是，由于毛坪、会泽、茂租、天桥和麻栗坪矿床均为断裂构造控矿，这类构造可能是成矿流体主要通道，其成矿温度相对较高，因此，相对于典型 MVT 型矿床（Ye et al.，2011），上述矿床闪锌矿中 Fe 含量相对富集（多为 1.00%～5.00%），且局部富集 In，而 Cd 相对亏损（多小于 5000×10^{-6}）。而云南富乐和四川乌斯河 Pb-Zn 矿床其控矿构造主要为层间破碎带，属于主通道外围的次级构造，相当于 Pb-Zn 成矿作用末端，成矿温度相对较低，故其闪锌矿以浅色为主，且微量元素组成基本与 MVT 型矿床（Ye et al.，2011）一致。此外，相对于岩浆热液夕卡岩和喷流沉积矿床（Cook et al.，2009；Ye et al.，2011；叶霖等，2012；George et al.，2015，2016），“川滇黔 Pb-Zn 矿集区”内闪锌矿微量元素相对富集 Cd、Ge、Cu、As、Sb 等低温元素和亏损 Mn、Fe、Co、In 等高温元素，其微量元素特征总体上与典型 MVT 型矿床（Cook et al.，2009；Ye et al.，2011；George et al.，2016）类似。在闪锌矿 Mn-Fe、Mn-In/Ge、Co/Ni-In/Ge 和 Fe/Cd-In/Ge 等关系图中，研究区 Pb-Zn 矿床样品多投影于 MVT 区域，远离喷流沉积和岩浆热液夕卡岩型矿床区域（图 6-48）。此外，虽然目前关于方铅矿 LA-ICP-MS 微量元素研究文献非常少，

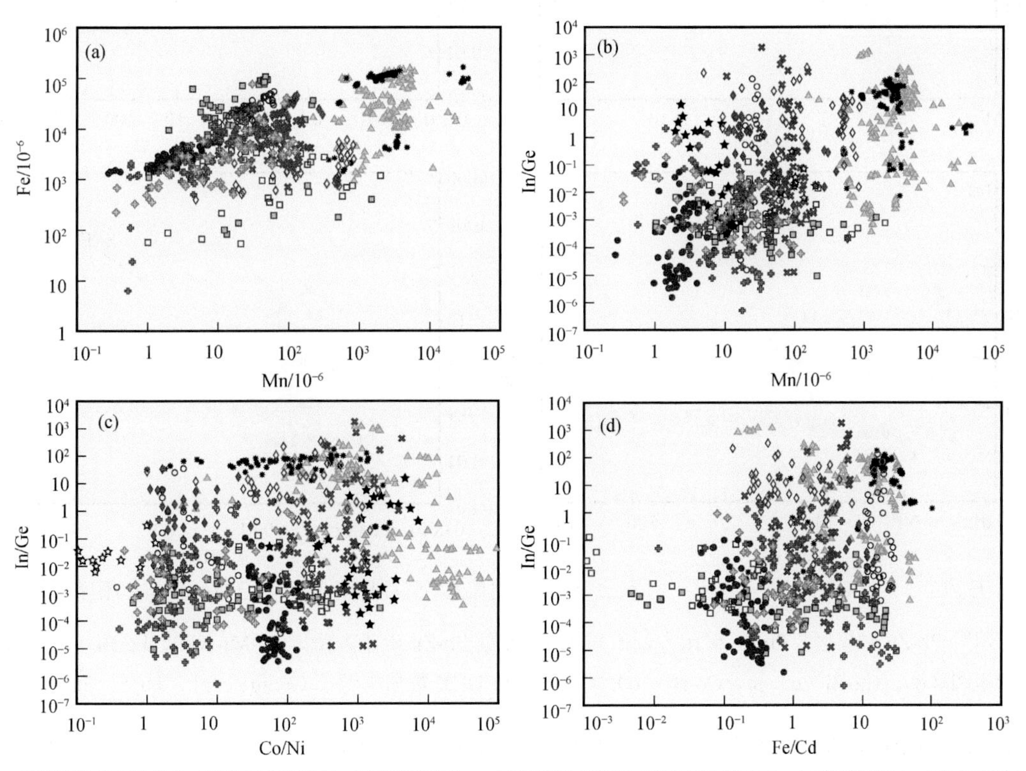

图 6-48　研究区不同类型 Pb-Zn 矿床闪锌矿的 Mn-Fe（a）、Mn-In/Ge（b）、Co/Ni-In/Ge（c）和 Fe/Cd-In/Ge（d）关系图（其他类型矿床数据来源于 Cook et al.，2009；Ye et al.，2011；叶霖等，2012）

仅有的研究以喷流沉积型矿床为主，其次为浅成低温热液和斑岩型等（George et al.，2015，2016），缺少 MVT 型 Pb-Zn 矿床方铅矿 LA-ICP-MS 微量元素数据。如前所述，该区 Pb-Zn 矿床中方铅矿以富集 Ag 和 Sb 为特征，含微量 Cd 和 Tl，其 Bi 含量非常低，远低于喷流沉积型矿床中方铅矿（其中 Bi 多大于 100×10^{-6}，高者超过 1000×10^{-6}，George et al.，2015，2016），在方铅矿 Fe-Mn、Fe-Bi、Mn-Bi 和 Ag-Bi 等关系图（图 6-49）中，这些矿床方铅矿投影点也远离喷流沉积型矿床区域，暗示其并非喷流沉积成因。

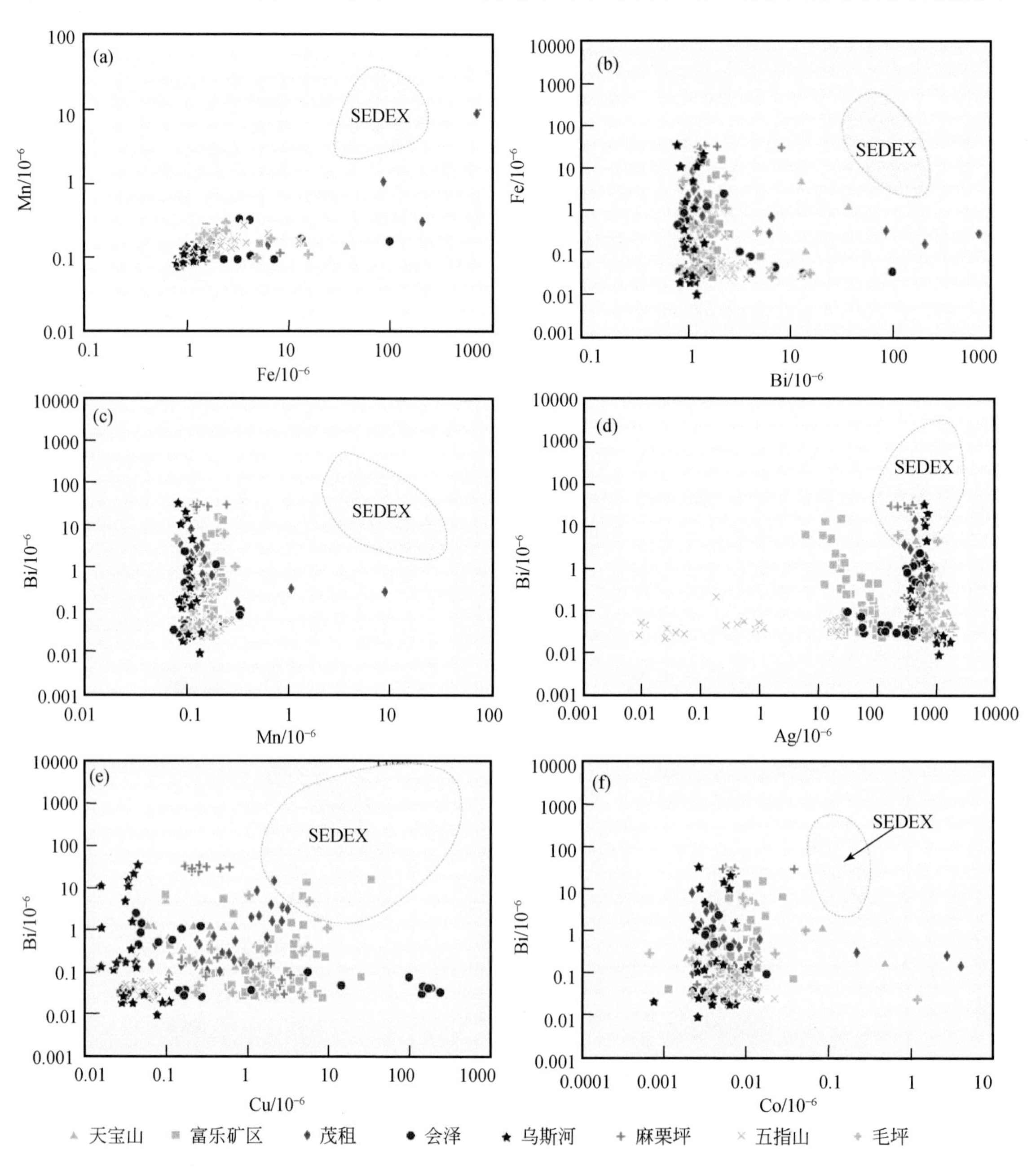

图 6-49　“川滇黔 Pb-Zn 矿集区”Pb-Zn 矿床方铅矿和 SEDEX 型 Pb-Zn 矿床方铅矿 Fe-Mn（a）、Fe-Bi（b）、Mn-Bi（c）、Ag-Bi（d）、Cu-Bi（e）和、Co-Bi（f）关系图（SEDEX 数据来源于 George et al.，2015，2016）

综上所述，“川滇黔 Pb-Zn 矿集区”内 Pb-Zn 矿床成矿地质特征、赋矿围岩及其蚀变、矿物组成及其结构、后生成矿特征明显、成矿温度较低等与典型 MVT 型 Pb-Zn 矿床（Leach et al.，2005）地质地球化学特征具有较大相似性，因此，我们认为该区 Pb-Zn 矿床属于 MVT 型矿床成因类型范畴。

综合前人和课题组研究成果，我们初步构建了该区 Pb-Zn-Ge 的成矿模式如图 6-50。印支期强烈的造山作用在其周缘形成了一系列前陆盆地，在靠近盆地边缘盖层地层中发育变形强烈的“逆冲推覆构造”或

“冲断-褶皱构造带”，并促使盆地流体向边缘迁移，在长距离和长期的迁移过程中，不仅将元古宙结晶基底地层中 Zn、Pb、（Cu）等成矿物质活化，也将岩浆碎屑岩中硅酸盐矿物中 Ge 等稀散元素活化，以 Cl 和 F 的络合物形式搬运，形成富含 Zn、Pb、Ge、（Cu）的盆地卤水。该类富含金属成矿物质的中低温流体沿逆冲推覆构造向上迁移过程中，遇到磷矿层、碳质页岩、峨眉山玄武岩等阻挡回流，在推覆构造及其次级层间破碎带形成大规模白云石化。其间，造山作用致使震旦系—三叠系碳酸盐岩地层中层间水也向这些构造带运移，在迁移过程中，各地层中海相硫酸盐经 TRS 作用，形成富含还原硫的地层水。盆地卤水和富含还原硫的地层水 2 类流体在断层层间破碎带混合，Zn、Pb、Ge、（Cu）等成矿物质沉淀富集成矿。区内古油气藏在印支期造山作用下也被破坏，形成油田卤水向盆地边缘迁移，该类流体也为矿床形成提供了部分还原硫。

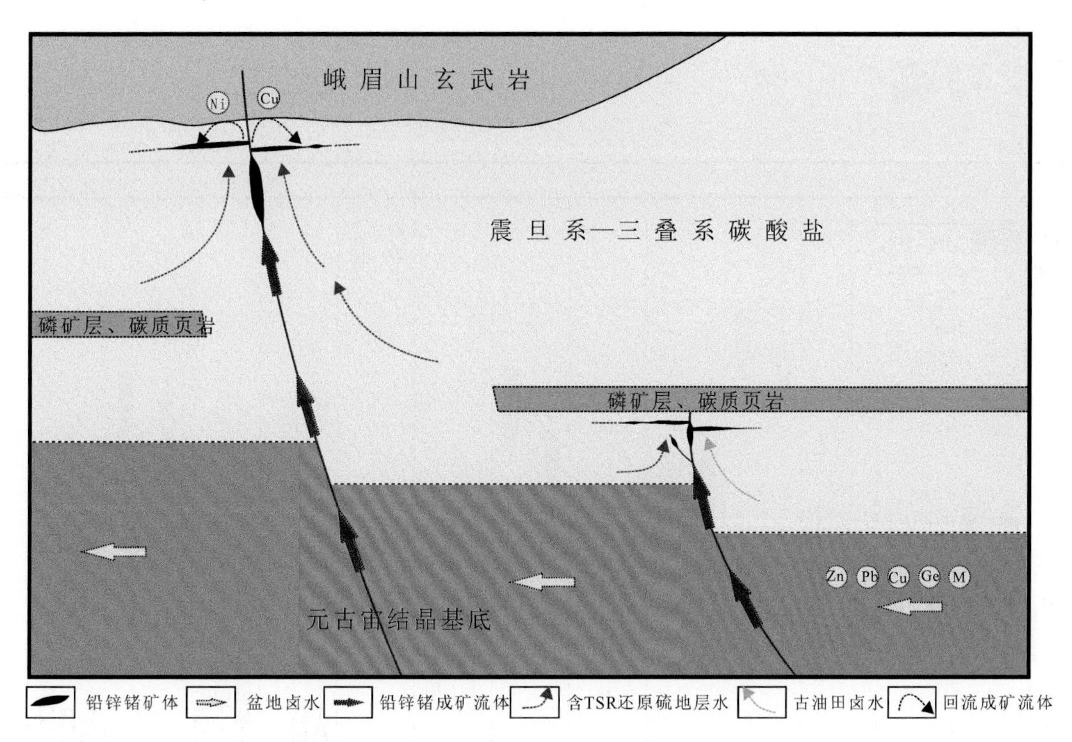

图 6-50　川滇黔地区 Ge、Zn、Pb 富集成矿示意图

需要指出的是，研究区各矿床成矿流体中 Ge 的丰度可能相对较低，故难以形成独立矿物，主要以类质同象形式赋存于闪锌矿中，其替代机制以 $2Cu^{2+}+Ge^{2+}\leftrightarrow 3Zn^{2+}$为主。这表明成矿流体中 Cu 含量的高低可能是该区 Pb-Zn 矿床闪锌矿对 Ge 形成富集的关键控制因素。成矿流体中 Cu 的富集，有利于 Ge 与其耦合替代，从而进入闪锌矿晶格并富集成矿。此外，矿床尺度上，仅天宝山（叶霖等，2016b）和乐红（Wei et al.，2019）矿床从浅部到深部，闪锌矿中 Ge 有增加趋势，其他矿床，如会泽（图 6-19）、麻栗坪和毛坪等矿床（图 6-28）不同空间位置闪锌矿中 Ge 富集并无规律可循。特别是富乐矿床不同三维空间矿石分析结果表明，3 个中段不同位置 Pb-Zn 矿石中 Ge 无明显变化规律，其中闪锌矿 LA-ICP-MS 分析结果也是如此（图 6-51）。此外，我们的研究表明，不同赋矿地层 Pb-Zn 矿床闪锌矿 Ge 富集特征差异不明显（图 6-15），相对而言，层状矿体（如富乐、火德红等矿床）较穿层脉状矿体（如会泽、乐红、毛坪等矿床）中闪锌矿更富集 Ge，表明岩性并非影响 Ge 超常富集的主要因素，而温度也可能是其关键控制因素之一，Ge 相对富集在成矿温度较低的 Pb-Zn 矿床中。

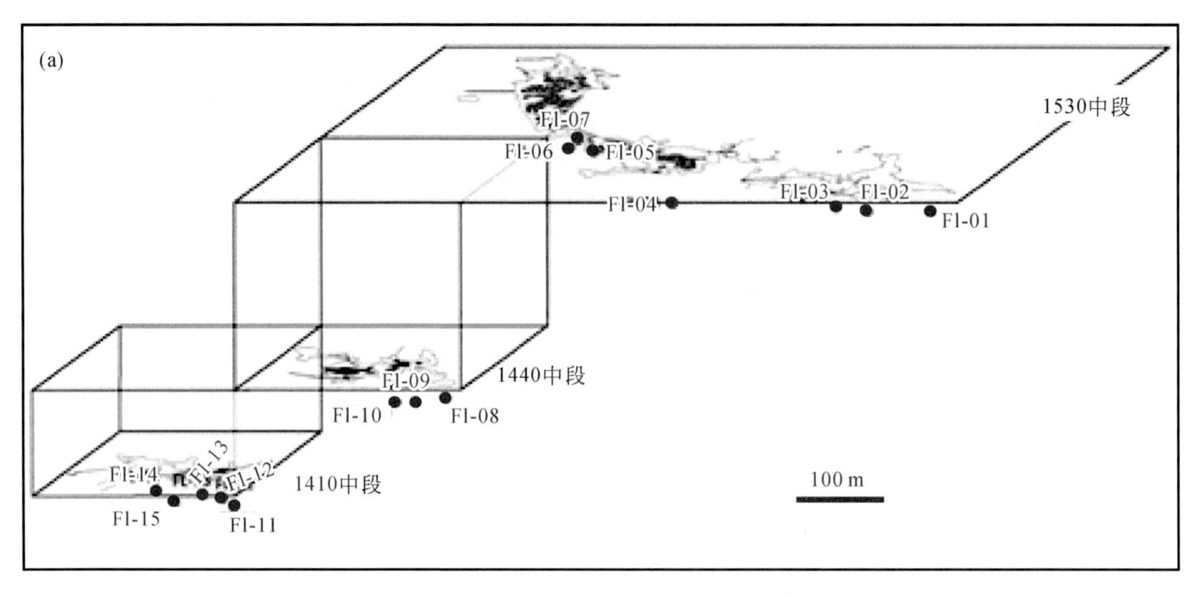

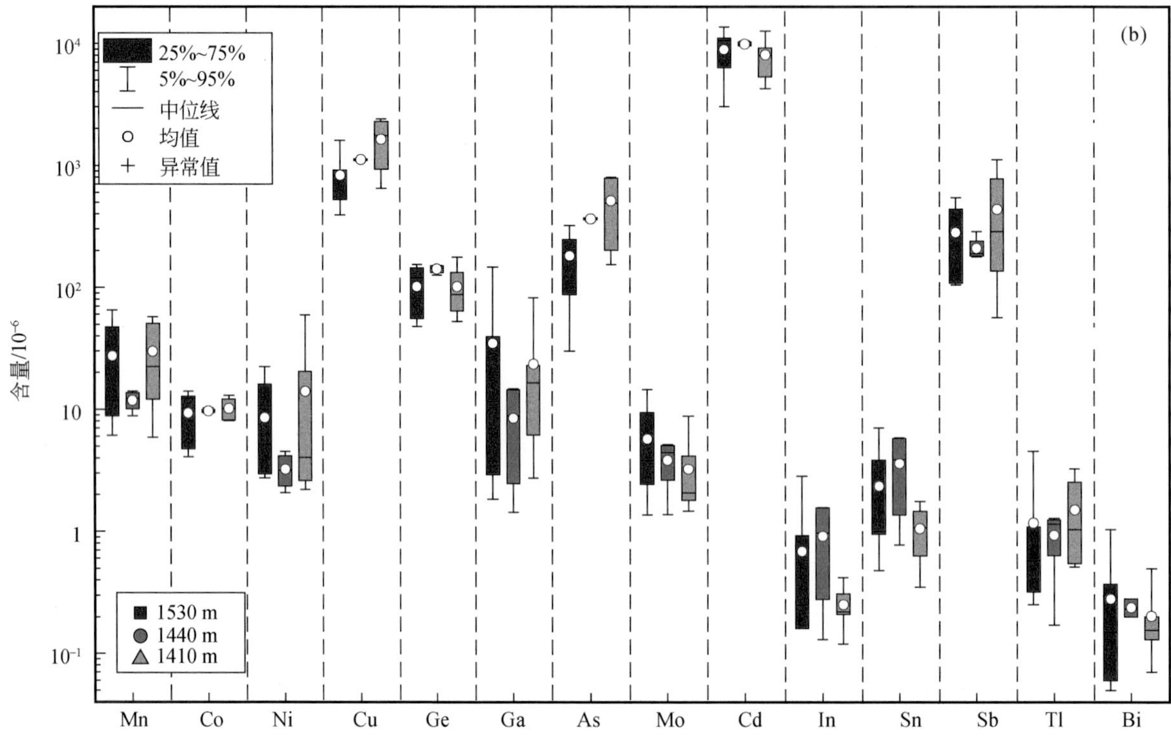

图 6-51 云南富乐矿床不同三维空间位置闪锌矿微量元素对比

第 7 章　扬子板块西缘玄武岩古风化壳型 Nb-Ga-REE 元素富集机制

近年来，在扬子板块西缘的滇黔地区，发现峨眉山玄武岩顶部与二叠系宣威组底部不整合面上的古风化壳普遍富含 Nb、REE、Ga 等金属，兼具稀有-稀土-稀散金属共存的特点。这一套富含 Nb、REE、Ga 等三稀金属的古风化壳，具有分布面积广、延伸稳定、厚度较大的特点（Yang et al.，2008；Dai et al.，2010；Zhang Y X et al.，2016），其中 Nb 平均含量为 220×10^{-6} 左右（Nb_2O_5），已超过风化壳型 Nb（Ta）矿床的工业品位（160×10^{-6}～200×10^{-6}，DZ/T 0202—2002《稀有金属矿产地质勘查规范》），有的甚至超常富集至 1000×10^{-6}；稀土含量也较高，其中轻稀土（LREE）含量约 850×10^{-6}～5500×10^{-6}，达到了风化壳型稀土矿床的工业品位（800×10^{-6}～1500×10^{-6}）；Ga 平均含量约 50×10^{-6}，也超过了铝土矿中 Ga 的工业品位（20×10^{-6}）。

可见，这种玄武岩古风化壳型 Nb-Ga-REE 多金属矿床具有重要的资源意义，有望成为新类型矿床，成为我国 Nb-Ga-REE 等三稀金属资源的重要补充。因此，加强扬子板块西缘滇黔地区的玄武岩古风化壳型 Nb-Ga-REE 多金属矿床的成矿机制和成矿模式研究具有重要的科学意义和显著的经济价值（张正伟等，2010；Dai et al.，2010，2013，2014a；Seredin et al.，2013）。

7.1　玄武岩古风化壳型 Nb-Ga-REE 多金属矿床研究现状

7.1.1　空间展布研究现状

我国西南地区上二叠统（特别是宣威组和龙潭组）底部是一个比较特殊的层位，此层位下界与峨眉山玄武岩组或茅口组呈不整合接触关系（王尚彦和殷鸿福，2001），不同研究表明此不整合面的古风化壳富含 Nb、REE、Zr、Ga 等多种稀有金属元素，形成了稀有-稀土-稀散元素共生富集的矿化点或矿床，如四川昭觉、美姑地区的 Nb-Ta 矿化点、滇黔地区的 Nb-Ga-REE 多金属富集层、贵州西部风化壳型稀土矿床等（Yang et al.，2008；Dai et al.，2010；Zhang Z W et al.，2016）。

宣威组是晚二叠世吴家坪期的陆相沉积单元，厚度约 100～300 m（Zhang et al.，2010），广泛分布于滇黔和川南地区，并且在滇黔相邻区（本专著的重点研究区），宣威组随峨眉山玄武岩共同展布［图 7-1(a)、(b)］。宣威组上覆为紫色厚层砂岩的三叠系飞仙关组，二者的岩相古地理截然不同，且二者的假整合接触为 *p-t* 地质环境转变的重要界面（南君亚等，1998）；宣威组下伏为峨眉山玄武岩组，是峨眉山大火成岩省的岩浆活动产物（Xu et al.，2010），在研究区属于陆相溢流玄武岩（林建英，1985）。宣威组底部广泛发育的 Nb-Ga-REE 多金属富集层（Dai et al.，2010，2013；Seredin et al.，2013）与底部峨眉山玄武岩组主要存在 2 种接触关系：与凝灰岩接触，与玄武岩接触［图 7-1(c)］。那么，富集层与底部的玄武岩、凝灰岩之间存在什么样的内在联系？目前还存在较大争议。

7.1.2　元素富集机制研究现状

关于宣威组底部这套 Nb-Ga-REE 多金属富集层的富集机制，前人开展过部分研究，且主要集中在富集元素的赋存状态。

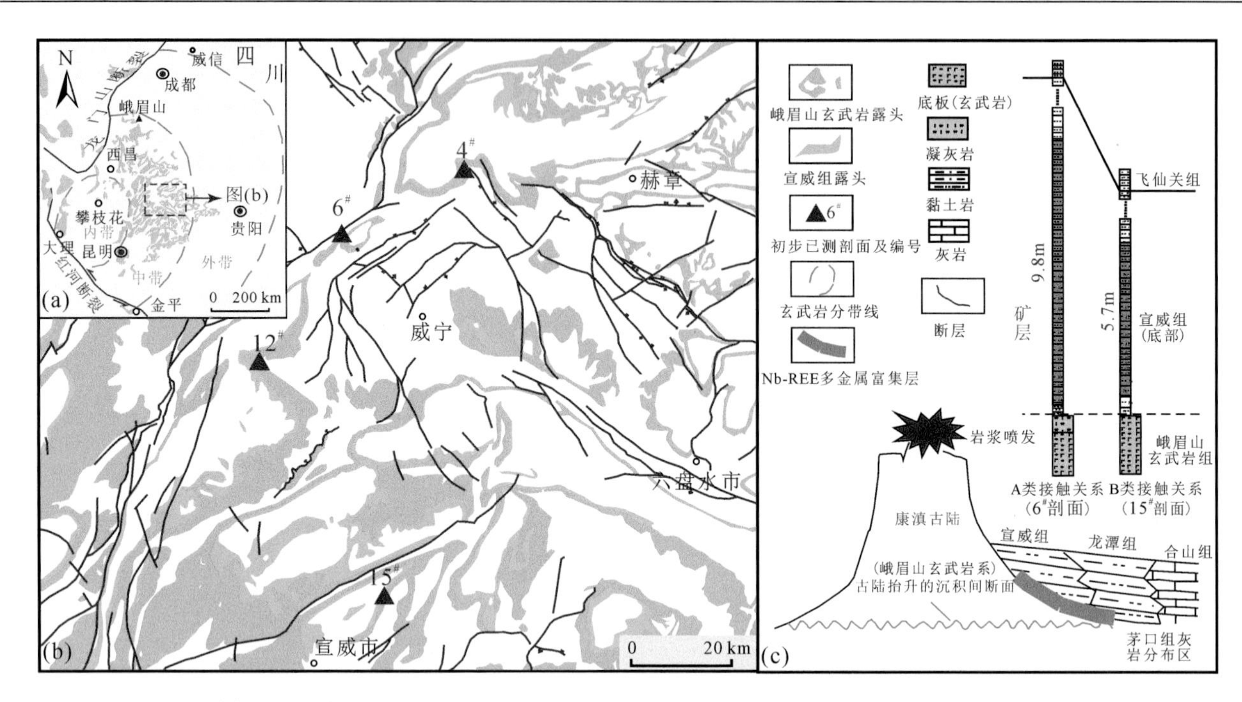

图 7-1 研究区二叠系宣威组和底部峨眉山玄武岩空间展布（a、b）及 Nb-Ga-REE 多金属矿化富集层与底部岩石的接触关系（c）（修改自 He et al.，2007；Xu et al.，2008；赵利信，2016；杜胜江等，2019a，2021）

1. Nb 赋存状态和富集机制

前人认为滇东地区宣威组中的 Nb 矿化现象主要与火山碎屑有关（Dai et al.，2010），Nb 矿化样品的高 Nb/Ta、高 Zr/Hf 值，可能反映了原始物质来源于碱性火山灰（Zhou et al.，2000；Dai et al.，2014a）。而关于 Nb、Zr 的赋存状态，由于在扫描电镜下含 Nb、Ti 的氧化物和锆石都不常见，Dai 等（2010）推测 Nb 和 Zr 可能以离子吸附态被黏土矿物吸附。

赵利信（2016）认为滇东北煤系地层宣威组底部 Nb 矿床中含 Ti 氧化物的原始矿物可能为含 Ti 磁铁矿，含 Ti 磁铁矿受热液活动影响释放出 Ti，Ti 在热液流体引导下沿磁铁矿的裂隙沉淀重新组合形成锐钛矿和钛铁矿（Zhang et al.，2014）。原始的含 Nb-Ga-REE 矿物（烧绿石），可能已经被完全分解，在扫描电镜下检测到含 Ti 氧化物中有 Nb，由于 Ti 和 Nb 的离子半径比较接近，推测 Nb 可能置换 Ti 进入锐钛矿和钛铁矿的晶格中（赵利信，2016）。结合我们近期初步研究发现多金属富集层中发育大量锐钛矿，少量可能以 Nb 独立矿物形式存在，表明锐钛矿很可能是富集层中主要的载 Nb 矿物。

近期有研究报道，富集层底部的峨眉山高 Ti 玄武岩，主要的含 Ti 矿物除了钛铁矿、磁铁矿外（郝艳丽等，2004），还有一类重要的高 Ti 贡献者——榍石，并称为“榍石型玄武岩”（侯明才等，2011）。而榍石往往具有富 Nb、富 REE 的特点（Tropper et al.，2002；Vuorinen and Hålenius，2005），那么玄武岩中的这些含 Ti 矿物（尤其是榍石）与多金属富集层中的含 Nb 矿物到底存在什么样的成因联系，目前尚不清楚，缺乏专门的研究。

2. Ga 赋存状态和富集机制

通常认为，Ga 是煤和铝土矿中伴生的有益元素（刘长龄和覃志安，1991；唐修义等，2004）。最近，代世峰等（2006）发现准格尔煤田 Ga 矿床类型，认为煤型 Ga 矿床中的 Ga 主要赋存在勃姆石和磷锶铝石中（Dai et al.，2012a；赵利信，2016）。铝土矿受到风化作用后含三水铝石的胶体溶液搬运至含煤盆地凝聚沉淀形成勃姆石，因此，富 Ga 勃姆石主要来源于盆地边缘的含铝质风化壳（赵利信，2016）。鲁方康等（2009）研究了黔北铝土矿 Ga 含量特征与赋存状态，认为铝土矿中的 Ga 可能以 Al 类质同象形式相对富集于 Al 矿物（主要为一水铝石）中。

此外，Dai 等（2010）和赵利信（2016）在滇东和重庆地区的含煤地层宣威组底部发现有 Ga 强烈富集的现象，但在显微镜和 X 射线下却没有发现常见的含 Ga 独立矿物，初步推测 Ga 元素可能是以离子吸附态赋存于黏土矿物之中（Dai et al.，2010；周义平，1999）。

综上所述，外生或表生铝土质富 Ga 矿床中的 Ga 可能多以类质同象置换或吸附形式存在于黏土矿物微粒中。以上只是初步的认识，由于缺乏系统研究，导致研究区宣威组底部的 Ga 赋存机制尚不清晰。

3. REE 赋存状态和富集机制

代世峰等（2014）认为煤系地层宣威组中多金属富集层里的 REE 赋存状态主要有以下几种：①同生阶段来自沉积源区的碎屑矿物或来自火山碎屑矿物（如独居石或磷钇矿）或以类质同象形式存在于陆源碎屑矿物或火山碎屑矿物中（如锆石或磷灰石）（Seredin and Dai，2012）；②成岩或后生阶段的自生矿物，主要有含 REE 的磷酸盐矿物、碳酸盐矿物，如水磷镧石、氟碳铈矿等（Seredin and Dai，2012）；③赋存在煤系地层的有机质中；④有部分可能以离子吸附态存在。

Zhang Z W 等（2016）在研究贵州西部宣威组底部富 REE 的黏土岩时，认为 REE 在黏土岩中的赋存状态很可能是离子吸附。后来，He 等（2018）在研究黔西北宣威组底部多金属富集层中的 REE 赋存状态时，也没有发现有独立矿物，认为该地区 REE 主要是以离子吸附态形式存在。

以上对 Nb-Ga-REE 多金属富集层的 REE 赋存状态的认识不尽一致，这可能还需要更为微观的研究手段来进一步厘定。

7.1.3　成矿物质来源研究现状及存在问题

一个关键的现象是，尽管在宣威组底部的古风化壳 Nb-Ga-REE 多金属富集层普遍具有较高的背景，但富集程度仍有较大的差异。这种富集程度的差异一方面与成矿过程（古风化-沉积作用）可能有密切的联系，另一方面，其风化作用的物质来源可能是控制富集程度的另一个关键因素。那么，这套 Nb-Ga-REE 多金属富集层的物质来源是什么？围绕这一科学问题，前人尝试从不同的角度开展了部分研究工作，获得以下几种认识：①来自康滇古陆（Xu et al.，2008；Zhong et al.，2011；Deconinck et al.，2014）；②来自峨眉山大火成岩省顶部的酸性岩（He et al.，2007；Xu et al.，2010；Shellnutt，2014）；③来自火山灰-热液流体混合作用（Dai et al.，2010，2012b，2013）。

基于上述，尽管前人从不同的角度对 Nb-Ga-REE 多金属矿床的元素富集机制及其赋存层位宣威组的物质来源开展了较为系统的研究，但是目前尚存在较大争议，因此还需要开展大量的研究工作来进一步揭示 Nb-Ga-REE 多金属富集层的物质来源及成矿元素富集机制的主控因素。根据近期的研究，取得了重要发现：这套玄武岩普遍富含榍石，且榍石中富含 Nb、REE（尤其是 Ce）及 Zr 等多种稀有金属，进一步推测榍石可能是控制玄武岩高 Nb 高稀土的主要原因，对探究 Nb、REE 等金属的富集和迁移具有重要的启示作用。

7.2　扬子板块西缘研究区地质背景

7.2.1　构造背景

华南地区在元古宙时期存在扬子板块、华夏板块及中间的边缘海和岛弧带（洋壳），但元古宙晚期，发生了华夏板块向扬子地块斜向俯冲，导致华夏板块、扬子板块之间发生多期洋壳消减和碰撞造山，进而形成了原始的华南板块（刘宝珺等，1993；刘本培和全秋琦，1996）。然而，华夏板块和扬子板块并未完全焊接在一起，早古生代时期，华夏和扬子板块之间的洋壳暴露，并再次成为海洋环境，加里东运动促使这 2 个板块发生碰撞，华南裂谷发生了褶皱断裂以及岩浆侵入，其主体上升，于是华南板块得以形成，并跨入板内活动时期。晚古生代时期，华南板块变为了统一的克拉通环境。在加里东运动影响小的地区，泥盆系和志留系为连续深水沉积，该种沉积有的地方延续至中生代三叠纪初（何登发等，1996）。

本书以宣威－威宁地区作为研究重点，研究地区在中新元古代和古生代时，大地构造位置处于上扬子板块西缘。二叠纪时，从盆地类型来看，研究地区主要属于扬子克拉通盆地（何登发等，1996；刘本培和全秋琦，1996）。上扬子板块晚二叠世同沉积期地质构造活动受板块边缘活动的控制，东南部受华南加里东山系构造活动影响也较大，晚二叠世研究区处于板块的西部，南北向和东西向构造活动强烈，同时遭受周边构造活动的影响产生了北东向和北西向的剪切构造作用。早二叠世后期的东吴运动促使上扬子盆地整体抬升为陆，海水大规模退去，形成了隆起剥蚀区，早二叠世末，随着古特提斯洋扩张，地幔物质的上涌，加速了上扬子盆地的地裂作用，在上扬子盆地的西部和南部形成了康滇裂谷带和紫云、南盘江、右江等裂隙槽系统，沿着断裂发生了大规模的岩浆喷溢，形成了体积巨大的峨眉山玄武岩组。在上扬子板块西部，分布有一长期隆起的南北向构造体（称“康滇古陆”）。中二叠世晚期至晚二叠世早期，随着古特提斯洋扩张，康滇古陆及其两侧地幔物质上涌，地壳进一步隆起、张裂，沿古断裂形成川滇陆内张裂带，导致大规模玄武岩岩浆喷发，形成了巨厚的玄武岩。在茅口组灰岩顶部风化夷平面上玄武岩自西向东逐渐减薄至尖灭，构成了由西向东的缓斜坡，奠定了研究区晚二叠世含煤岩系的沉积基底（邵龙义等，1998，2013；李聪聪等，2013），在整个晚二叠世，上扬子板块一直处于西高东低的古地理格局。由于康滇古陆一直是上扬子克拉通盆地内部沉积的主要陆源碎屑供给区，那么陆源物质不断从西部向东部搬运沉积，从而形成了西部陆相、东部海相的沉积相变化规律，研究区在晚二叠世时期的构造背景见图 7-2，上扬子盆地为研究区的 Nb-Ga-REE 多金属富集成矿提供了天然有利的沉积环境。

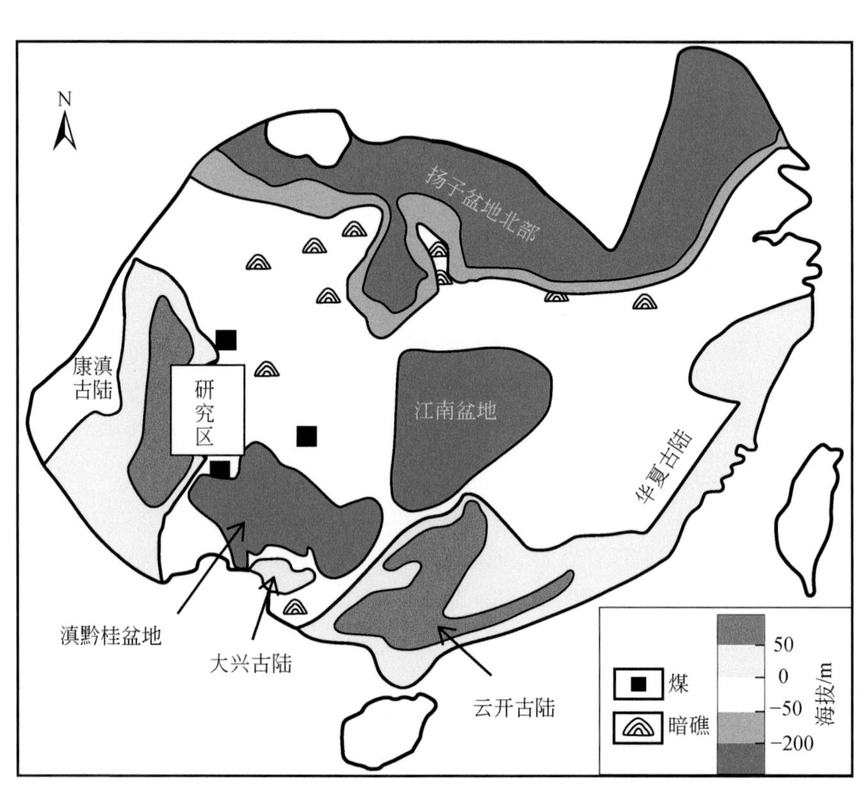

图 7-2　宣威—威宁地区及周缘晚古生代长兴期古构造格局
（据 Gulley et al.，2018 修编）

7.2.2　地层单元及赋矿层位

本研究主要介绍发育在宣威—威宁地区晚二叠世时期的地层及上部三叠系盖层，自下而上依次为“峨眉山玄武岩组”（底部层）→“宣威组/部分龙潭组”（赋矿层）→“飞仙关组”（盖层），而研究的 Nb-Ga-REE 多金属矿床主要赋存在宣威组底部。在大量野外工作及前人资料调研基础上，对研究区内的赋矿层位宣威组及其下伏地层和上覆盖层进行梳理。

1. 底部层

研究区 Nb-Ga-REE 多金属矿化层的下伏地层主要为峨眉山玄武岩组，极少部分为茅口组灰岩，当出现茅口灰岩时宣威组一般就相变为了龙潭组。区内峨眉山玄武岩广泛分布，自西向东具有逐渐减薄的趋势，以陆相溢流玄武岩（林建英，1985）、凝灰岩为主。峨眉山玄武岩组与上覆的煤系地层一般呈假整合接触，而茅口组主要为一套富含生物化石和碎屑的厚层-块状生物碎屑灰岩。作为煤系地层的基底，茅口组灰岩主要分布在研究区东部，与上覆含煤岩系呈假整合接触。

2. 赋矿层

1）晚二叠世沉积相与岩相古地理格局

研究区在晚二叠世时期自西向东发育了从陆相→海陆过渡相→海相的沉积相，大致的分区范围见图 7-3，对应的岩性古地理格架见图 7-4。

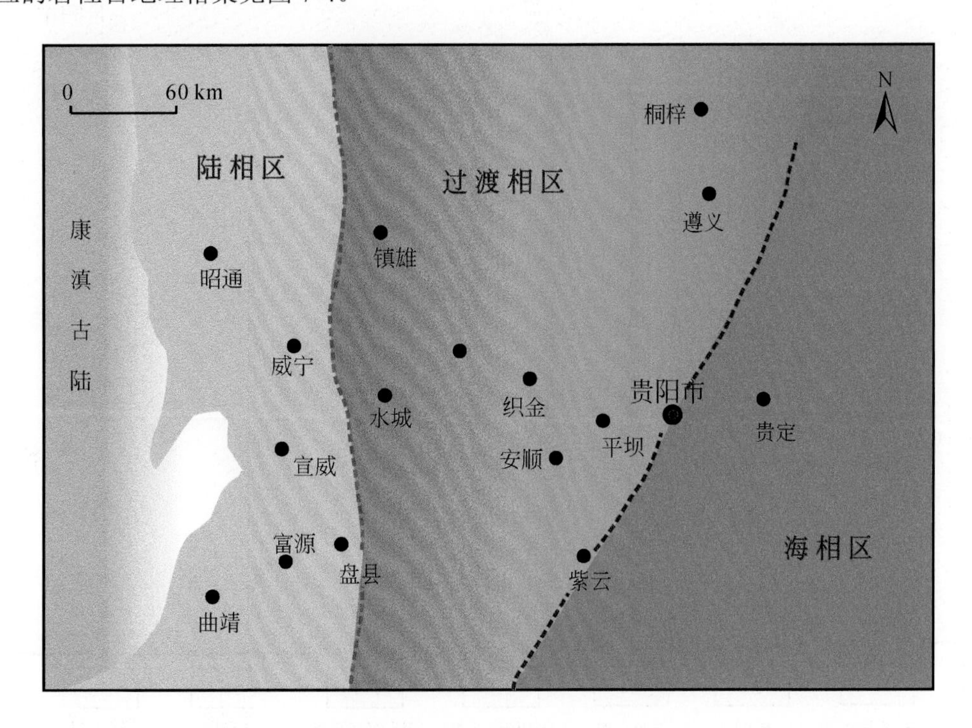

图 7-3　研究区晚二叠世地层分区及沉积环境格架（据赵利信，2016 修编）

（1）陆相区：岩石地层单元为宣威组，为本研究主要层位，Nb-Ga-REE 多金属矿床产于宣威组底部。宣威组主要分布于滇东的宣威、富源和黔西威宁、赫章地区，宣威组基本都为陆相地区，局部夹有半咸水沉积甚至有短暂的海侵。宣威组岩性主要为灰、灰绿色夹暗紫色泥岩、砂质泥岩、粉砂岩及细砂岩，偶夹含砾砂岩，砂岩中含有较多玄武质岩屑，含煤层或煤线，滇东一带，岩性较粗，以粉砂岩、细砂岩为主（中国煤田地质总局，1996；贵州省地质调查院，2017）。

（2）海陆过渡相区：岩石地层单元主要有龙潭组，属吴家坪阶，主要分布在贵州西部地区，由一套灰色砂泥岩、煤层和极少量灰岩构成，产腕足类、双壳类动物化石和植物化石，自西向东海相沉积特征逐渐增加。

（3）海相区：岩石地层单元主要有吴家坪组/合山组，主要分布在贵州东部地区，尤其是在贵阳—紫云一线以东地区广泛发育。岩性以灰岩为主，偶夹碎屑岩，含丰富的海象化石。

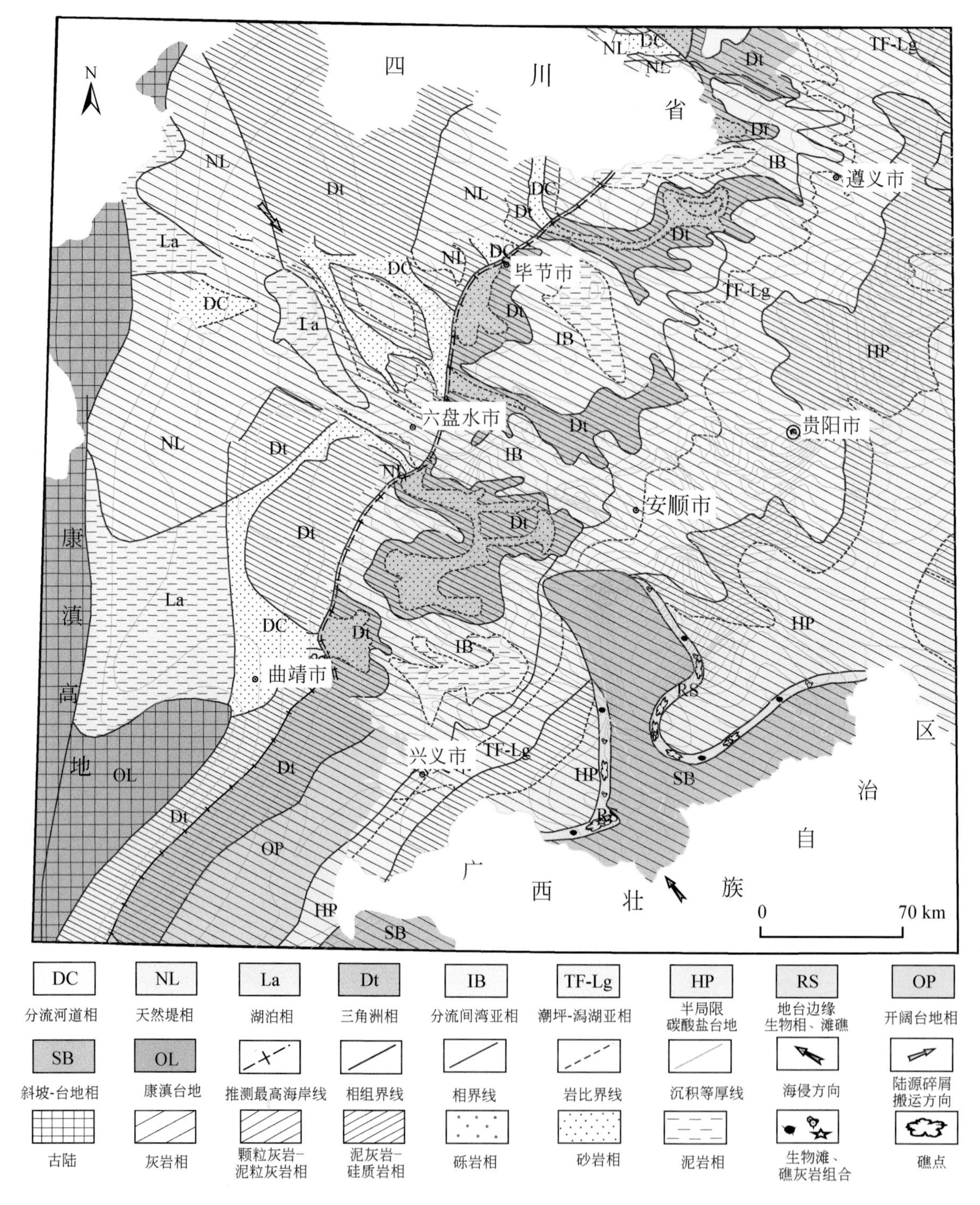

图 7-4 研究区晚二叠世时期岩相古地理（据贵州省地质调查院，2017；云南地质矿产局，1990 修编）

2）赋矿地层单元

（1）宣威组：是研究区最主要的赋矿层位（图 7-5）。宣威组是位于峨眉山玄武岩组之上、下三叠统飞仙关组之下的一套由泥页岩、砂岩、粉砂质泥岩及不同厚度煤层（或煤线）组成的地层单元，该地层中富含大羽羊齿植物群化石（王尚彦和殷鸿福，2001）。宣威组在西南地区厚度变化较大，一般为 100～300 m 不等（中国煤田地质总局，1996），底部广泛发育有一套古风化壳，该风化壳常具有 Nb、REE、Zr、Ga 等多金属矿化特征，为本研究的重点研究对象。

（2）龙潭组：属于陆相发育的宣威组相对应的相变地层（图 7-5）。龙潭组为一套海陆交互相地层，由砂岩、粉砂岩、泥岩、煤组成，夹有少量灰岩，厚度一般为 30～350 m 不等，为西南地区主要的含煤地层之一，且产出大量的双壳类、有孔虫等生物化石（中国煤田地质总局，1996），有的地区龙潭组底部偶见 Nb-Ga-REE 矿化现象。

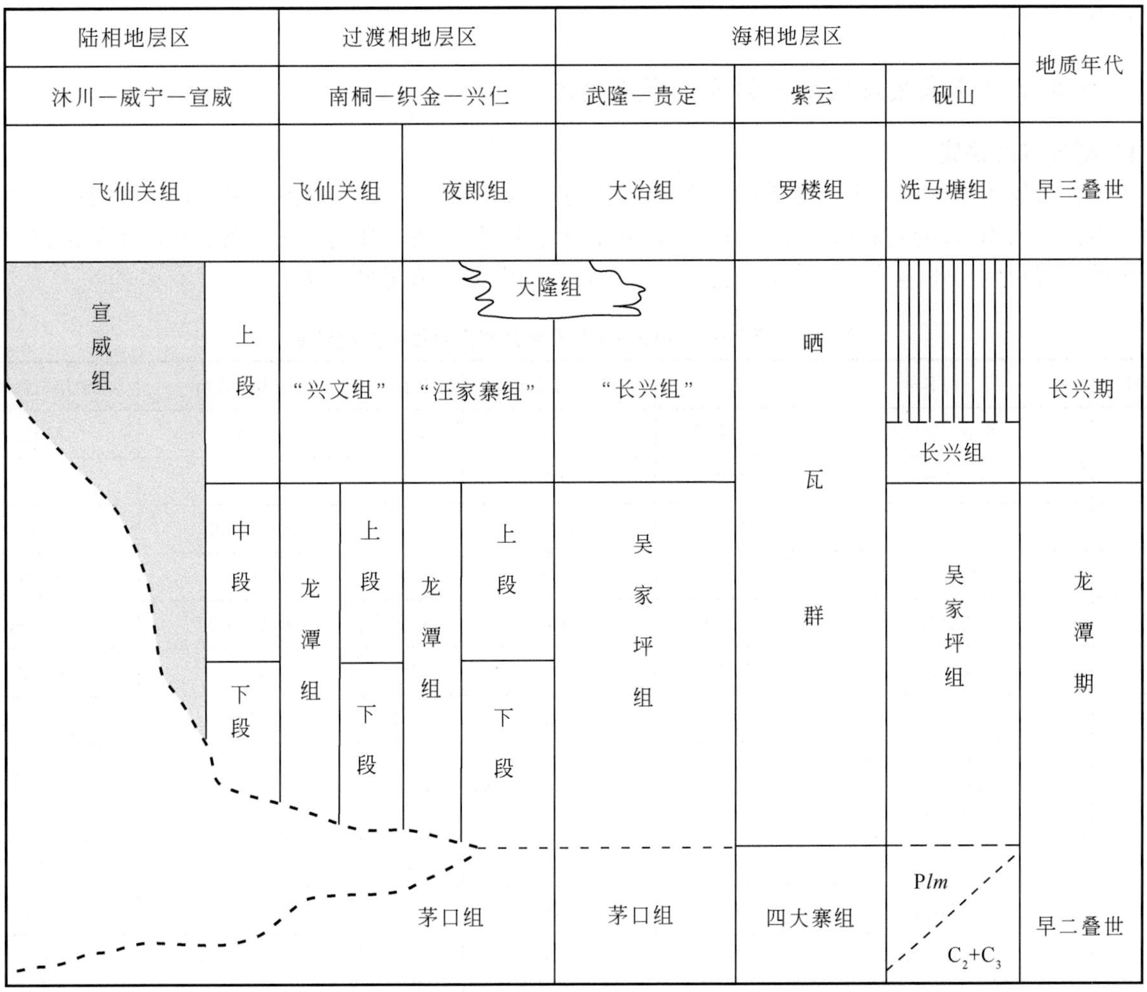

陆相地层区		过渡相地层区		海相地层区			地质年代
沐川—威宁—宣威		南桐—织金—兴仁		武隆—贵定	紫云	砚山	
飞仙关组		飞仙关组	夜郎组	大冶组	罗楼组	洗马塘组	早三叠世
宣威组	上段	“兴文组”	大隆组 “汪家寨组”	“长兴组”	晒瓦群	长兴组	长兴期
	中段 下段	龙潭组（上段、下段）	龙潭组（上段、下段）	吴家坪组		吴家坪组	龙潭期
			茅口组	茅口组	四大寨组	Plm C_2+C_3	早二叠世

图 7-5　中国西南地区中二叠世—早三叠世地层发育特征（据 Hornibrook and Longstaffe，1996；赵利信，2016 修编）

3. 盖层

研究区与宣威组整合的上覆地层（盖层）是三叠系，前人大量研究表明，二叠系—三叠系的划分界线位于宣威组（或相变地层）的顶部（Peng et al.，2005，2006；Peng and Shi，2009；Yin et al.，2007；Yu et al.，2007，2008；王尚彦和殷鸿福，2001）。岩性特征上，二叠系顶部以一套深灰色、灰色陆源碎屑岩、硅质岩、少量的煤层或煤线为特征，富含古生物化石。而三叠系底部，则变为灰绿色、紫红色陆源碎屑岩、泥岩等，明显缺少煤层沉积，这标志着早三叠世便进入了“煤沉积间断”期，这套盖层在研究区以飞仙关组为主。从古生物特征上，以蜓类、有孔虫、菊石及大羽羊齿植物群的结束为二叠系顶界，而以双壳类的出现标志三叠系底界的开始（中国煤田地质总局，1996）。

7.3　Nb-Ga-REE 多金属矿床的岩石学特征

7.3.1　赋矿层样品

1. 赋矿层样品采集及区域剖面空间展布特征

1）野外样品采集

本研究布置了野外 3 条主干地质调查路线，对重点区域及宣威组露头好的地带开展了详细的精细剖面测量，累计完成 16 条剖面测量工作（图 7-6），其中样品采集 14 条，观测剖面 2 条。样品采集位置主要位于滇东的宣威市到贵州毕节市的威宁—赫章一带，野外剖面测量情况见表 7-1。

表 7-1　研究区 Nb-Ga-REE 多金属矿床剖面测量统计表

编号	剖面名称	层位	剖面厚度/m	属性	矿化层厚度/m	矿层顶底板
1#	毕节市撒拉溪	龙潭组	20.0	实测	3.6	见顶底
2#	赫章野马川	龙潭组	61.7	实测	11.0	见顶底
3#	赫章古达	龙潭组	14.8	实测	未见矿化层	未见顶底
4#	赫章县双坪	宣威组	111.4	实测	4.5	见顶底
5#	威宁小海	宣威组	9.0	实测	未见矿化层	未见顶底
6#	威宁秀水	宣威组	77.3	实测	11.3	见顶底
7#	威宁黑石镇马家坪子	宣威组	36.4	实测	11.8	见底未见顶
8#	威宁黑石镇张氏沟	宣威组	132.5	实测	14.1	见顶底
9#	威宁哲觉镇麻乍	宣威组	未测	观测	未测	未测
10#	威宁哲觉曹家老房子	宣威组	7.2	实测	7.2	见顶底
11#	哲觉剪角冲	宣威组	未测	观测	未测	未测
12#	会泽者海	宣威组	20.8	实测	11.8	见底未见顶
13#	会泽大井镇牛栏江	宣威组	14.5	实测	5.7	见顶底
14#	宣威龙潭乡	宣威组	7.7	实测	6.6	见底未见顶
15#	宣威市龙场花椒冲	宣威组	27.1	实测	2.3	见顶底
16#	宣威市格宜镇	宣威组	41.8	实测	1.8	见顶底

通过以上宣威组剖面的精细测量，系统采集了底部层、赋矿层及盖层的代表性样品以及测量了剖面总厚度和矿化层厚度，其中 1#剖面（毕节市撒拉溪）厚 20.0 m，矿化层厚度 3.6 m；2#剖面（赫章野马川）厚 61.7 m，矿化层厚度 11.0 m；3#剖面（赫章古达）厚 14.8 m，未见矿化层；剖面（赫章县双坪岔河）厚 111.4 m，矿化层厚度 4.5 m；5#剖面（威宁小海）厚 9.0 m，未见矿化层；6#剖面（威宁秀水）厚 77.3 m，矿化层厚度 11.3 m；7#剖面（威宁黑石镇马家坪子）厚 36.4 m，矿化层厚度 11.8 m；8#剖面（威宁黑石镇张氏沟）厚 132.5 m，矿化层厚度 14.1 m；10#剖面（威宁哲觉曹家老房子）厚 7.2 m，矿化层厚度 7.2 m；12#剖面（会泽者海）厚 20.8 m，矿化层厚度 11.8 m；13#剖面（会泽大井镇牛栏江）厚 14.5 m，矿化层厚度 5.7 m；14#剖面（宣威龙潭乡）厚 7.7 m，矿化层厚度 6.6 m；15#剖面（宣威市龙场花椒冲）厚 27.1 m，矿化层厚度 2.3 m；16#剖面（宣威市格宜镇）厚 41.8 m，矿化层厚度 1.8 m。

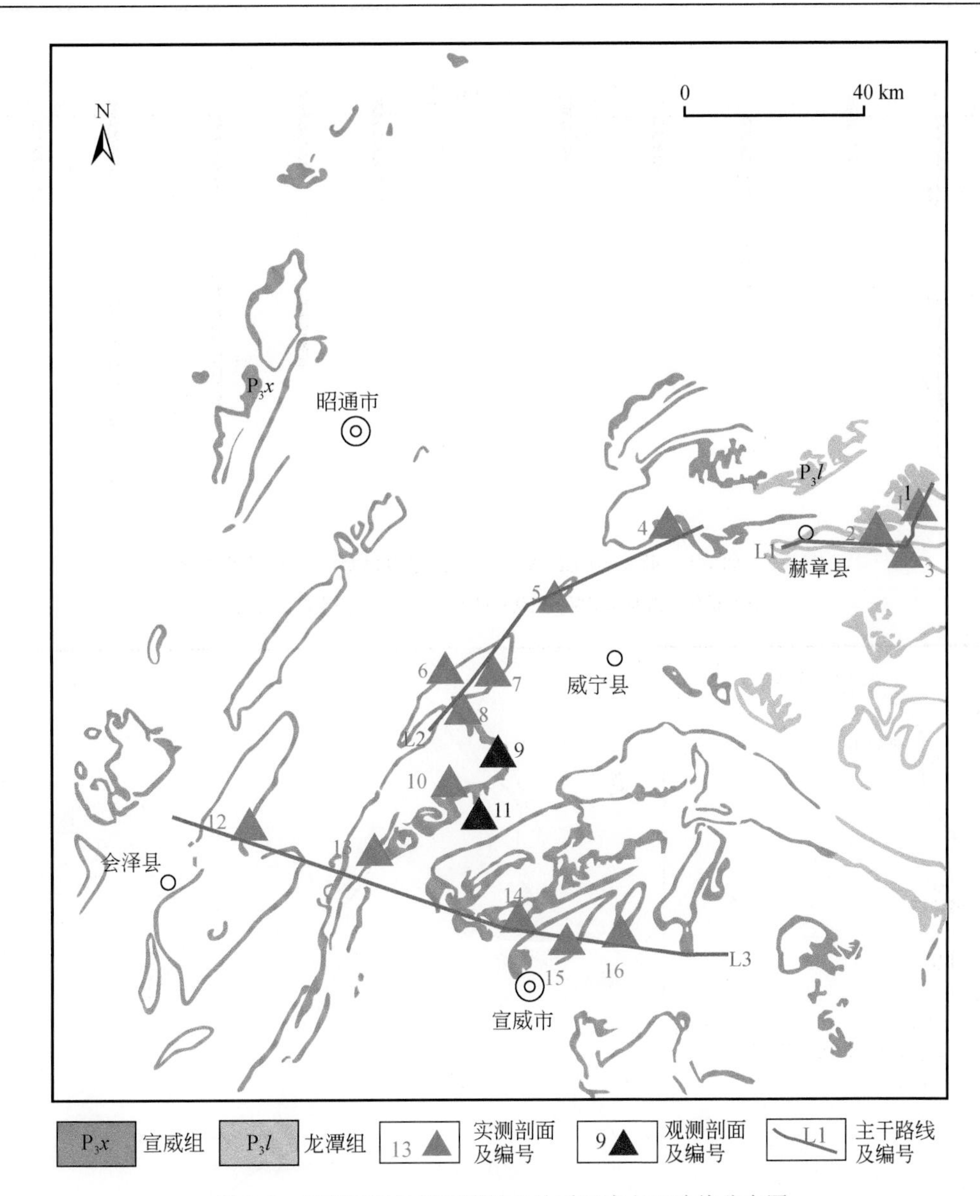

图 7-6　研究区野外剖面测量及地质调查主干路线分布图

2）区域剖面空间展布特征

基于以上大量精细剖面测量和系统样品测试分析结果，结合 DZ/T 0202—2002《稀有金属矿产地质勘查规范》（风化壳型 Nb 矿床的最低工业品位 Nb_2O_5 为 160×10^{-6}），圈定出各剖面的矿化层，并系统总结出以下矿化层区域空间展布规律：

（1）由西向东剖面（$12^{\#}$～$16^{\#}$），矿化层厚度逐渐变薄（11.8 m→1.8 m），且这种变化趋势很明显[图 7-7(a)]，可能指示了矿化层沉积中心应该在会泽者海附近及以西区域，为下一步找矿提供了方向。

（2）由北向南剖面（$4^{\#}$～$13^{\#}$），矿层变化趋势为薄→厚→薄［图 7-7(b)］，最厚处位于威宁黑石张氏沟，可见 2 个矿化层，总厚 14.1 m，最薄矿层位于南北两端，即赫章双坪 4.5 m 和会泽牛栏江大井 5.7 m。因此，初步推断威宁秀水—威宁黑石张氏沟一带可能为另一矿化沉积中心，同时可作为下一步的勘探工作重点区。

2. 赋矿层样品岩石学特征

研究区 Nb-Ga-REE 多金属矿层样品区域上主要分布在扬子板块西缘的峨眉山大火成岩省的中带［图 7-8(a)］，且研究区自北向南均有剖面采样点［图 7-8(b)］，具有一定代表性，也能为解剖 Nb-Ga-REE 多

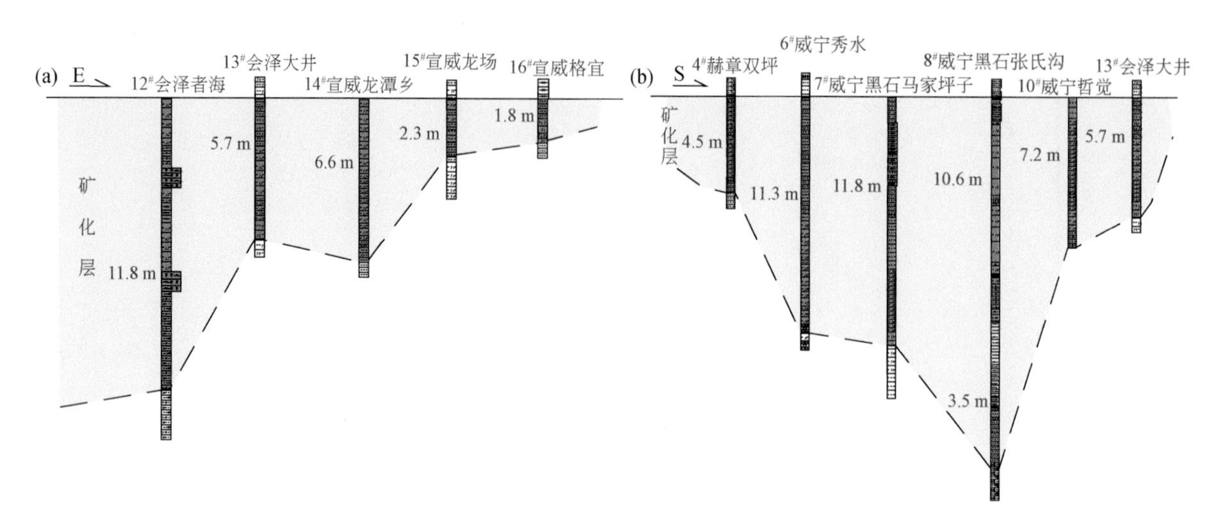

图 7-7　研究区 Nb-Ga-REE 多金属矿化厚度区域变化规律剖面图

（a）矿化层由西向东厚度变化；（b）矿化层由北向南厚度变化

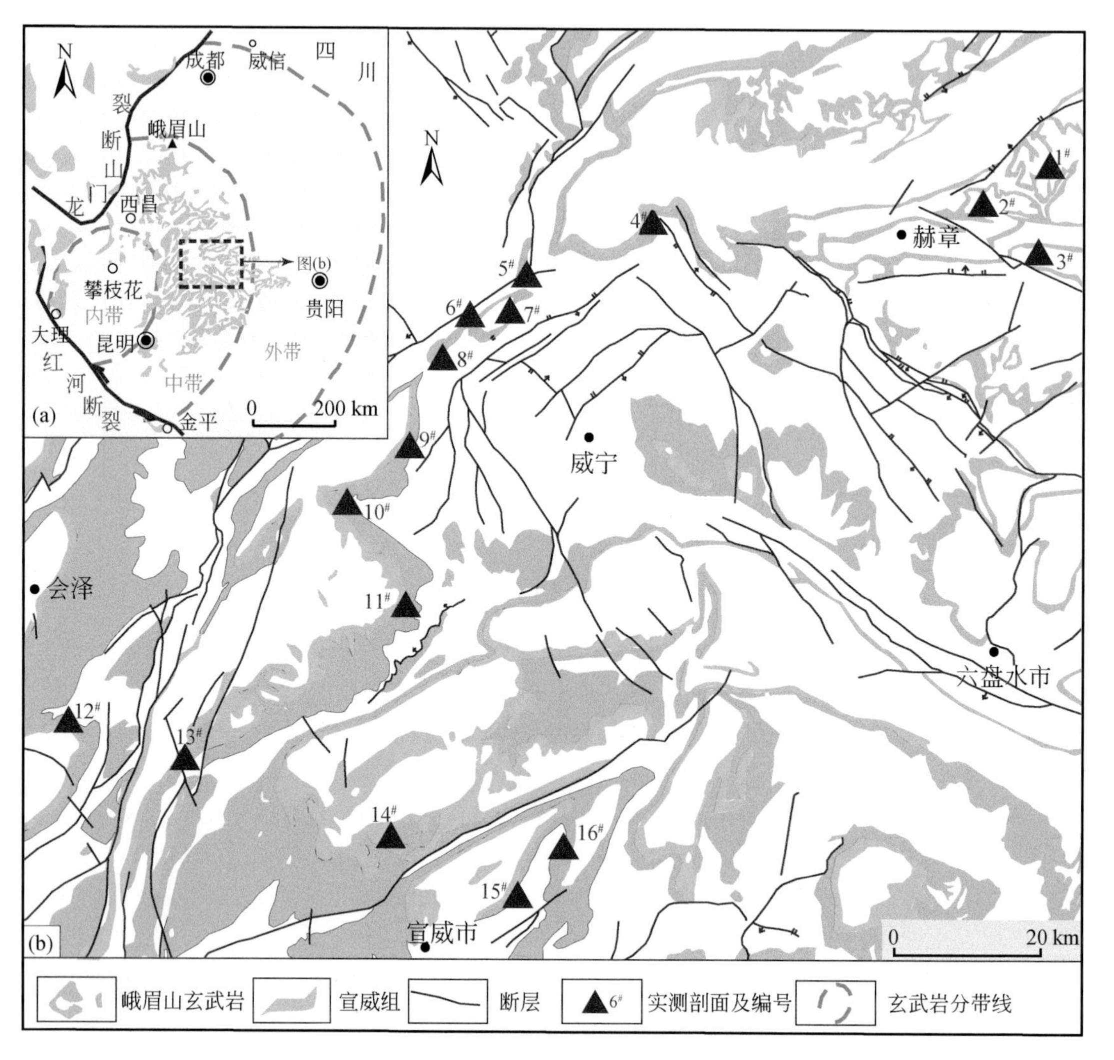

图 7-8　研究区 Nb-Ga-REE 多金属矿床赋矿层样品采集剖面分布图

（据 He et al.，2007；赵利信，2016；杜胜江等，2019a）

金属矿化层空间厚度变化特征提供宝贵的野外第一手资料。主要采自二叠系宣威组，少量采自二叠系龙潭组（即宣威组相变地层）。样品岩性以泥岩、黏土岩为主，含少量的粉砂岩、砂岩和煤。本研究为了方便研究宣威组底部古风化壳中的 Nb-REE 矿床的矿化层和非矿化围岩的关系，在系统野外地质调查基础上，结合地球化学分析结果和 DZ/T 0202—2002《稀有金属矿产地质勘查规范》（风化壳型 Nb 矿床的最低工业品位 Nb_2O_5 为 160×10^{-6}），确定以 Nb_2O_5 含量 160×10^{-6} 为 Nb-REE 矿床中矿与非矿划分标准，即大于 160×10^{-6} 者为“矿化样”，小于 160×10^{-6} 者为“非矿化样”。

图 7-9　研究区 Nb-Ga-REE 多金属矿床标准剖面层序（威宁黑石张氏沟剖面）

结合剖面空间位置，从测量的 16 条剖面中挑选出 10 条具有 Nb 矿化的剖面开展详细研究，即 4#、6#、7#、8#、10#、13#剖面为研究区东西向的代表剖面；12#、13#、14#、15#、16#剖面为研究区南北向的代表剖面。1#～3#为龙潭组剖面，是宣威组对比研究剖面。根据风化壳型 Nb 矿的最低工业品位 Nb_2O_5 160×10^{-6} 将黏土岩划分为矿化样与非矿化样。

从野外标准剖面宏观特征来看，自下而上标准层序依次为峨眉山玄武岩组（底部层）→宣威组（赋矿层）→飞仙关组（盖层），空间结构见图 7-9。在手标本肉眼观察的尺度上，大多数的矿化样品的结构、构造及外观都和正常沉积的沉积岩比较类似。大部分矿化样都是灰色、浅灰色含铝土质硬质黏土岩、泥岩及部分的黑色含碳质泥岩，具有泥质结构［图 7-10(a1)、(a2)、(b1)和(b2)］，高品位的 Nb

图 7-10　研究区 Nb-Ga-REE 多金属矿床的矿化样品宏观特征

（a1）4#剖面 CH18-09-1；（a2）8#剖面 HSZ18-10H1；（b1）8#剖面 HSZ18-09H2；（b2）7#剖面 HSM18-10H2；（c）12#剖面 ZHB18-03H1

矿化样品一般质地较硬，手感细腻柔滑。另外，某些紫红色凝灰质碎屑岩样品也发生了 Nb 矿化，且可观察到火山碎屑结构［图 7-10(c)］。非矿化样主要为泥岩、粉砂质黏土岩和砂岩［图 7-11(a)、(b)］，这类非矿化样品的结构、构造与矿化样相比，最大的区别为非矿化样的砂质含量较高，较粗糙［图 7-11(c)、(d)］。野外发现了一般 Nb 矿化样和非矿化样之间呈突变接触关系，少数情况下，二者之间没有明显界线。

图 7-11　研究区 Nb-Ga-REE 多金属矿床的非矿化样品宏观特征

7.3.2　底部层样品

1. 底部层样品采集

在大量调研与峨眉山玄武岩组有关的区域地质资料基础上，对玄武岩开展了野外地质调查，对重点区域及玄武岩露头好的地带进行了剖面测量，累计完成 6 条剖面测量工作，采集样品时，每个剖面均以“强风化玄武岩、半风化玄武岩、新鲜玄武岩”为主线进行采集，同时部分剖面也采集有凝灰岩样品。采样位置主要位于滇东的宣威市到贵州毕节市的威宁—赫章一带，野外剖面测量情况见表 7-2。

表 7-2　研究区 Nb-Ga-REE 多金属矿床底部玄武岩样品采集统计

剖面编号	剖面位置	层位	样品类型
2#	赫章野马川	峨眉山玄武岩组	强风化玄武岩、半风化玄武岩、新鲜玄武岩
4#	赫章县双坪	峨眉山玄武岩组	强风化玄武岩、半风化玄武岩、新鲜玄武岩
8#	威宁黑石镇张氏沟	峨眉山玄武岩组	强风化玄武岩、半风化玄武岩、新鲜玄武岩
14#	宣威龙潭乡三间地	峨眉山玄武岩组	强风化玄武岩、半风化玄武岩、新鲜玄武岩
15#	宣威市龙场花椒冲	峨眉山玄武岩组	强风化玄武岩、半风化玄武岩、新鲜玄武岩
16#	宣威市格宜镇	峨眉山玄武岩组	强风化玄武岩、半风化玄武岩、新鲜玄武岩

2. 底部层样品岩石学特征

本研究采集的玄武岩样品区域上主要分布在扬子板块西缘的峨眉山大火成岩省的中带[图 7-12(a)]，采自 Nb-Ga-REE 多金属矿层底部的峨眉山玄武岩组［图 7-12(b)］，采样位置主要位于云南与贵州相邻地区［图 7-12(a)］，涵盖了贵州毕节到宣威一带，具有很好的代表性。

根据不同风化程度，一个标准的玄武岩剖面具有明显的分层特征，以贵州威宁黑石张氏沟剖面为例，底部层的玄武岩出露厚度巨大，宏观上，自下而上依次可划分出新鲜玄武岩（下部）→半风化玄武岩（中部）→强风化玄武岩（上部），分层结构详见图 7-13(a)。采集样品包括强风化［图 7-13(b)］、半风化［图 7-13(c)］、新鲜玄武岩［图 7-13(d)］及少量凝灰岩，详细情况见表 7-3。

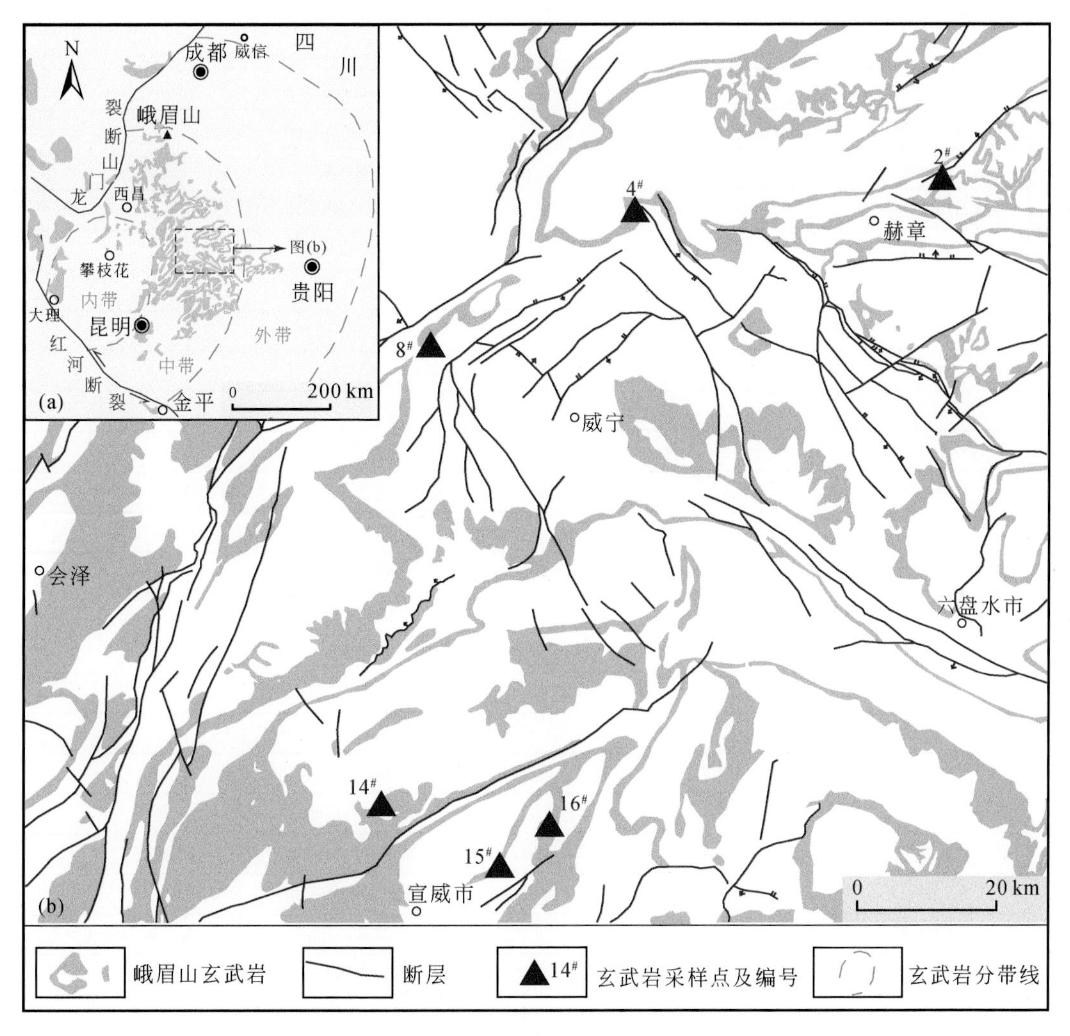

图 7-12　研究区峨眉山玄武岩样品采集点分布图（底图引自杜胜江等，2019a）

表 7-3　研究区玄武岩样品岩石学特征

剖面号	样品号	主要岩性特征
2#	HZY1DY	新鲜玄武岩，黑色、灰绿色块状玄武岩，质地硬
	HZY1	新鲜玄武岩，黑色、灰绿色块状玄武岩，质地硬，含有杏仁弱风化
	HZY2	半风化玄武岩，黑色、黑灰色致密块状玄武岩，质地较硬，含大量杏仁
	HZY3	强风化玄武岩，黑灰色、灰黄色玄武岩，疏松多孔，偶见白色杏仁

续表

剖面号	样品号	主要岩性特征
4#	CH1DY	新鲜玄武岩，灰绿色块状硬质玄武岩
	CH1-1	新鲜玄武岩，灰绿、深灰色块状硬质玄武岩
	CH1-2	新鲜玄武岩，灰绿色、灰黑色块状硬质玄武岩
	CH2-1	半风化玄武岩，灰黑色玄武岩
	CH2-2	半风化玄武岩，灰绿色、褐色玄武岩，见少量杏仁
	CH3-1	强风化玄武岩，块状构造
	CH3-2	强风化玄武岩，呈土状
	CH18-02	凝灰岩
	CH18-03	凝灰岩
	CH19-02H1	灰绿色凝灰岩
	CH19-02H2	灰色、浅紫色凝灰岩
	CH19-03H1	紫红色凝灰岩
	CH19-03H3	紫红色、灰色凝灰岩
8#	HSZ1DY	新鲜灰绿色玄武岩
	HSZ1	新鲜灰绿色玄武岩
	HSZ2	灰褐色中等风化玄武岩
	HSZ3	灰黄色强风化玄武岩
	HSZ18-03H1	凝灰岩
	HSZ18-03H2	凝灰岩
14#	LTS1DY	新鲜玄武岩，灰绿色块状玄武岩，含大量结核
	LTS1-1	新鲜玄武岩，灰绿色块状玄武岩，含大量结核，结核总体较大
	LTS1-2	新鲜玄武岩，灰绿色块状玄武岩，含结核
	LTS1-3	新鲜玄武岩，灰绿色气孔状玄武岩
	LTS1-4	新鲜玄武岩，灰绿色块状玄武岩，含方解石杏仁体
	LTS2-1	半风化玄武岩，灰黄色杏仁状玄武岩
	LTS2-2	半风化玄武岩，灰黄色豆粒状玄武岩
	LTS3	强风化玄武岩，灰黄色玄武岩，质地疏松
15#	LCH1DY	新鲜玄武岩，深灰色、灰黑色块状硬质玄武岩，含有斑晶
	LCH1-1	新鲜玄武岩，深灰色、灰黑色块状硬质玄武岩，含有斑晶
	LCH1-2	新鲜玄武岩，深灰色块状硬质玄武岩，含有斑晶
	LCH1-3	新鲜玄武岩，深灰色块状硬质玄武岩，斑状、杏仁状，杏仁体为石英
	LCH1-4	新鲜玄武岩，深灰色块状硬质玄武岩
	LCH2-1～2	半风化玄武岩，灰黑色玄武岩，质地较疏松
	LCH3	玄武岩中结核
	LCH4-1～3	强风化玄武岩，土黄色、灰黄色玄武岩，含铁质风化后呈褐色，疏松多孔
	LCH5	紫红色凝灰岩，铁质含量较高，质地较硬
16#	GYL1DY-1	灰黑色玄武岩
	GYL1DY-2	新鲜玄武岩，灰绿色斑状玄武岩，总体斑晶较均匀
	GYL1-1～2	新鲜玄武岩，深绿色斑状玄武岩
	GYL2-1～2	半风化玄武岩，灰黑色玄武岩，较疏松
	GYL3DY	强风化玄武岩，土黄色玄武岩，质地疏松，离矿层近
	GYL3	强风化玄武岩，离矿层近

图 7-13　研究区底部玄武岩和凝灰岩空间展布特征及露头

7.4 Nb-Ga-REE 多金属矿床的矿物学特征

7.4.1 矿物组分特征

本研究为了理清矿层与下伏地层和上覆盖层矿物组分之间的关系，系统开展了矿物学研究，依次对Nb-Ga-REE 多金属矿床的底部峨眉山玄武岩组、赋矿层宣威组、盖层飞仙关组岩石样品进行了岩矿鉴定和详细的 X 射线衍射（XRD）分析。以下根据地层（含矿层）顺序，自下而上依次阐述每个层位的矿物组分特征。

1. 峨眉山玄武岩组矿物组分（底部层）

1）玄武岩矿物组分特征

宣威—威宁地区广泛分布于峨眉山玄武岩，空间上，玄武岩位于 Nb-Ga-REE 多金属矿层的底部，根据详细野外调查，玄武岩常常遭受了不同程度的风化，依据风化程度的强弱，自下而上依次可分为新鲜玄武岩、半风化玄武岩和强风化玄武岩（图 7-14）。本研究选取了贵州黑石张氏沟剖面、双坪岔河剖面、古达剖面、赫章野马川，云南格宜李家湾剖面、龙场花椒冲剖面等 6 个代表性剖面底部层不同风化程度的玄武岩开展了系统的矿物组分研究，具体结果见表 7-4。

新鲜玄武岩：通过详细 XRD 分析［图 7-14(a)］，结果显示张氏沟剖面新鲜玄武岩（HSZ1DY）矿物组分主要有石英、斜绿泥石、钠长石等，还含有少量榍石和磁铁矿，双坪岔河剖面新鲜玄武岩（CH1DY）矿物组分主要有普通辉石、拉长石、斜绿泥石、石英等，还含有少量榍石和磁铁矿，格宜李家湾剖面新鲜玄武岩（GYL1DY 和 GYL18-01H1）矿物组分主要有方解石、钠长石、石英等，还含有少量斜绿泥石和榍石，龙场花椒冲剖面新鲜玄武岩（LCH18-01H1）矿物组分主要有普通辉石、斜绿泥石、钠长石等，还含有少量榍石。通过以上分析，发现研究区玄武岩与常规标准玄武岩矿物组成不太一致，研究区所谓的“新鲜玄武岩”只是相对的，其实也遭受过少量的风化作用，原辉石类矿物风化蚀变为斜绿泥石类矿物，而石英存在可能是 2 个因素所致，第一可能是岩浆体系成因后期捕虏了硅质成分，第二可能是气孔状玄武岩经过后期表生地质作用，气孔中充填了石英变成硅质杏仁状玄武岩。本次研究还发现一个极其重要的现象，研究区新鲜玄武岩中普遍含有榍石，比如在贵州黑石张氏沟剖面底部玄武岩［图 7-15(a)和(b)］和云南龙潭三间地剖面底部玄武岩［图 7-15(c)和(d)］的显微照片中均可看到榍石，这与前人认识（榍石一般不产于基性玄武岩）存在很大不同。

表 7-4 研究区底部层的玄武岩矿物组成 XRD 分析结果统计表

底部层	样品号	剖面及编号	矿物组成	区域
新鲜玄武岩	HSZ1DY	黑石张氏沟（8#）	石英、斜绿泥石、钠长石、榍石、磁铁矿	贵州
	CH1DY	双坪岔河（4#）	拉长石、斜绿泥石、石英、榍石、磁铁矿、普通辉石	贵州
	GYL1DY	格宜李家湾（16#）	方解石、石英、钠长石、斜绿泥石、榍石	云南
	GYL18-01H1	格宜李家湾（16#）	方解石、钠长石、榍石、蒙脱石、石英	云南
	LCH18-01H1	龙场花椒冲（15#）	斜绿泥石、钠长石、榍石、普通辉石	云南
半风化玄武岩	HSZ2	黑石张氏沟（8#）	赤铁矿、氟磷灰石、石英、榍石、正长石、斜绿泥石	贵州
	CH2-1	双坪岔河（4#）	拉长石、斜绿泥石、石英、榍石、赤铁矿、普通辉石、赤铁矿	贵州
	HZY18-01H1	赫章野马川（2#）	斜绿泥石、钠长石、石英、榍石、赤铁矿、磁铁矿、透辉石	贵州
强风化玄武岩	HSZ3	黑石张氏沟（8#）	石英、榍石、磁铁矿、白云母、钠长石、赤铁矿	贵州

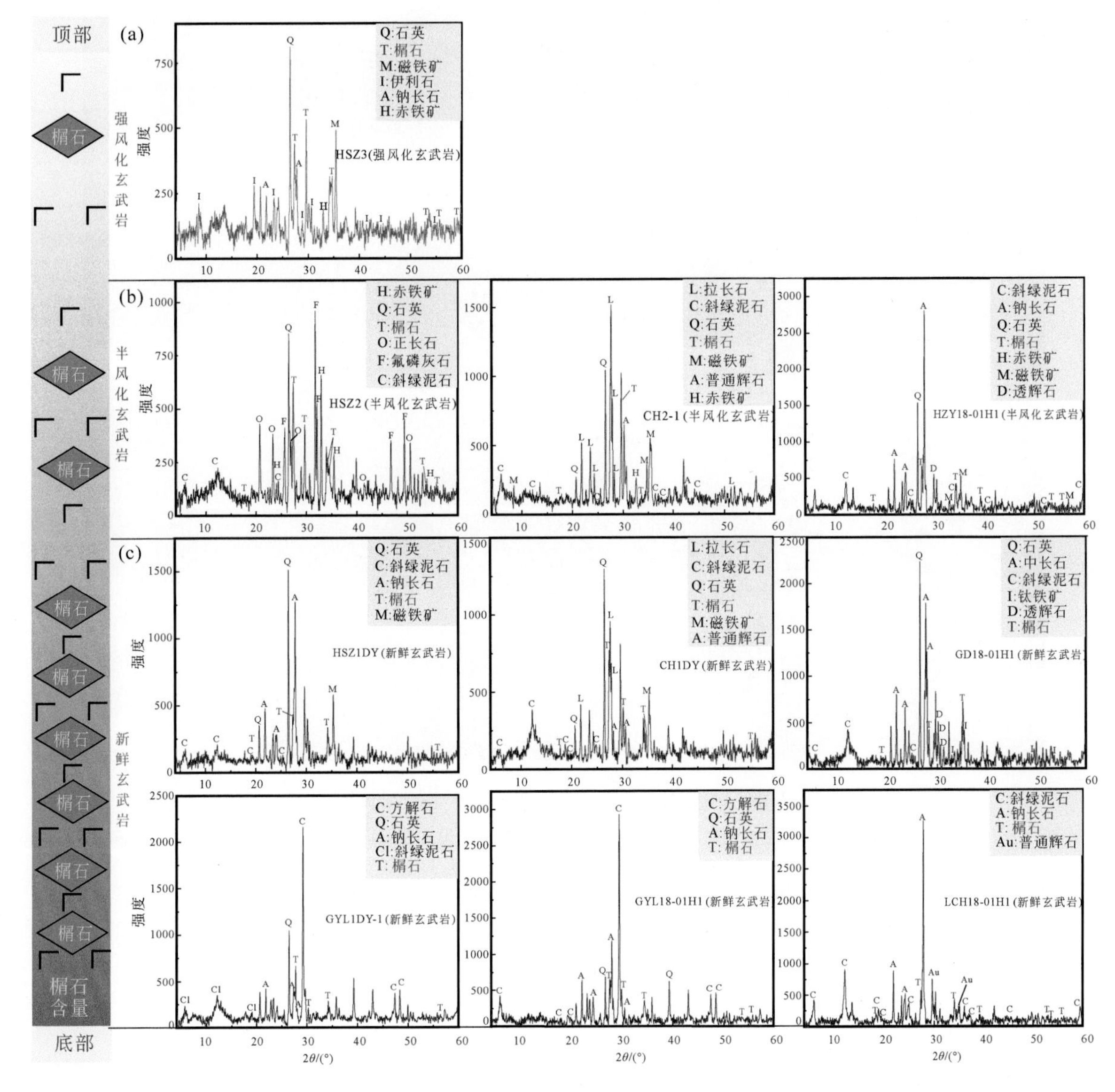

图 7-14　研究区不同风化程度玄武岩的矿物组分特征

半风化玄武岩：XRD 分析结果显示［图 7-14(b)］，在挑选出的 6 个代表性剖面（即贵州黑石张氏沟剖面、双坪岔河剖面、古达剖面，云南格宜李家湾剖面、龙场花椒冲剖面）中，只有 3 个剖面的半风化玄武岩中含有榍石［图 7-14(b)］。张氏沟剖面半风化玄武岩（HSZ2）矿物组分主要有赤铁矿、氟磷灰石、石英等，还含有少量榍石、正长石及斜绿泥石，双坪岔河剖面半风化玄武岩（CH2-1）矿物组分主要有拉长石、斜绿泥石、石英等，还含有少量榍石、磁铁矿、普通辉石、赤铁矿，赫章野马川剖面半风化玄武岩（HZY18-01H1）矿物组分主要有斜绿泥石、钠长石、石英等，还含有少量榍石、赤铁矿、磁铁矿及透辉石。除以上 3 个剖面外，在半风化玄武岩中没有发现有榍石，推测这 3 件半风化玄武岩样品中的榍石可能是原生新鲜玄武岩风化不彻底残留下来的。

强风化玄武岩：XRD 分析结果显示［图 7-14(c)］，在挑选出的 6 个代表性剖面（即贵州黑石张氏沟剖面、双坪岔河剖面、古达剖面，云南格宜李家湾剖面、龙场花椒冲剖面）中，只有在张氏沟这 1 个剖面的强风化玄武岩中发现榍石［图 7-14(c)］。张氏沟剖面强风化玄武岩（HSZ3）矿物组分主要有石英、磁铁矿、赤铁矿等，还含有少量榍石和白云母。除以上张氏沟剖面外，在半风化玄武岩中没有发现有榍石，推测张氏沟强风化玄武岩样品中的榍石可能是由于原生新鲜玄武岩局部未遭受到强烈风化作用而保留下来的榍石矿物。

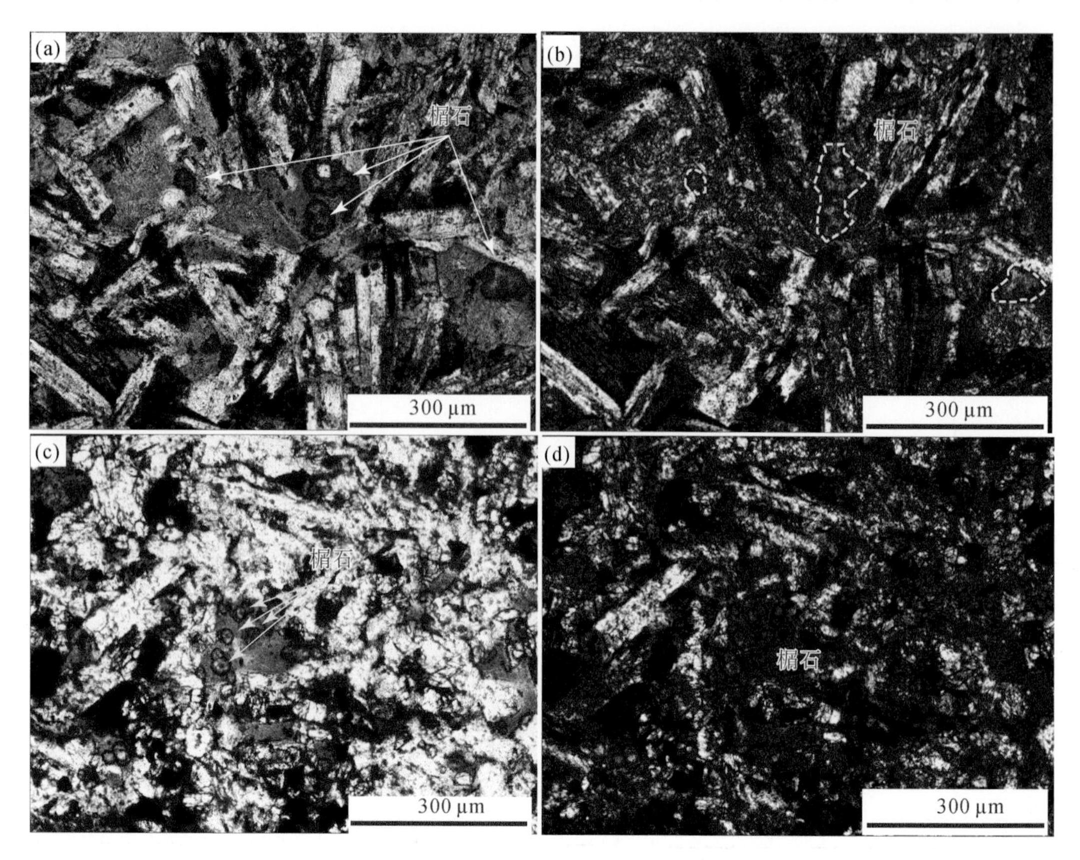

图 7-15　研究区新鲜玄武岩中榍石岩矿鉴定显微照片

（a）和（b）为贵州黑石张氏沟剖面底部玄武岩单偏光和正交偏光照片；（c）和（d）为云南龙潭三间地剖面底部玄武岩单偏光和正交偏光照片

综上所述，新鲜玄武岩→半风化玄武岩→强风化玄武岩矿物组分变化特征，以及“榍石主要赋存于原生新鲜玄武岩之中，在半风化玄武岩中很少，强风化玄武岩中更极少见”的地质现象，表明研究区的榍石很可能是新鲜玄武岩中的原生榍石，而不是经后期表生风化作用而形成的，这才导致了在风化程度强的玄武岩中几乎不含有榍石的现象。

2）凝灰岩矿物组分特征

研究区除广泛分布峨眉山玄武岩外，在有的区域还存在凝灰岩，空间上，凝灰岩一般位于玄武岩之上和Nb-Ga-REE 多金属层之下的结合部位。根据野外调查详细情况，本研究选取了贵州黑石张氏沟剖面、双坪岔河剖面，云南龙场花椒冲剖面等 3 个代表性剖面开展了系统的凝灰岩矿物组分研究，具体结果见表 7-5。

表 7-5　研究区底部层的凝灰岩矿物组成 XRD 分析结果统计表

底部层	剖面及编号	样品号	矿物组成	备注
凝灰岩	黑石张氏沟（8#）	HSZ18-03H1	赤铁矿、锐钛矿、高岭石、磁铁矿、白云母	无榍石
		HSZ18-03H2	高岭石、赤铁矿、锐钛矿、白云母	无榍石
		HSZ19-03H1	赤铁矿、高岭石、锐钛矿	无榍石
	龙场花椒冲（15#）	LCH5	赤铁矿、高岭石、锐钛矿、蒙脱石	无榍石
	双坪岔河（4#）	CH19-02H1	赤铁矿、石英、白云母	无榍石
		CH19-03H1	赤铁矿、高岭石、锐钛矿	无榍石

通过详细 XRD 分析（图 7-16），张氏沟剖面 3 件凝灰岩样品（HSZ18-03H1、HSZ18-03H2、HSZ19-03H1）的分析结果表明主要的矿物组分有赤铁矿、高岭石、锐钛矿等，还含有少量龙场花椒冲剖面凝灰岩样品（LCH5），主要的矿物组分有赤铁矿、高岭石、锐钛矿等，还含有少量蒙脱石；双坪岔河剖面 2 件凝灰岩样品（CH19-02H1 和 CH19-03H1）分析结果显示，主要含有赤铁矿、石英、锐钛矿，还含有少量云母等。

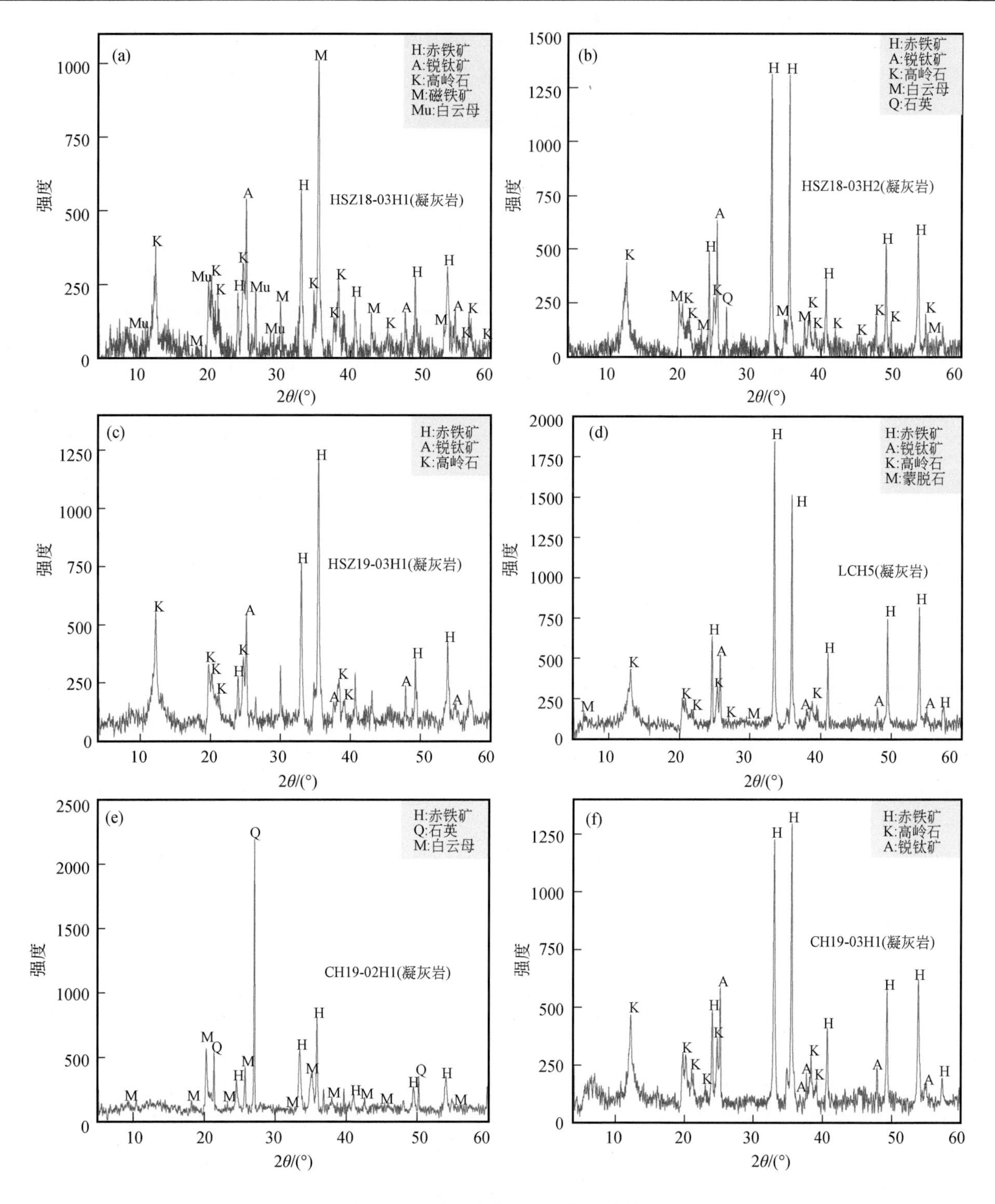

图 7-16　研究区凝灰岩的矿物组分特征

2. 宣威组矿物组分（赋矿层）

1）矿化样的矿物组分特征

基于 DZ/T 0202—2002《稀有金属矿产地质勘查规范》中的风化壳型 Nb 矿床的最低工业品位为 Nb_2O_5 160×10^{-6}，结合研究区宣威组黏土岩矿化层的 Nb 含量分布特征，把 Nb 矿化的黏土岩分为 3 个类型，即 Nb_2O_5 含量 160×10^{-6}～200×10^{-6} 的黏土岩样品定名为“低品位矿化样”，200×10^{-6}～500×10^{-6} 的黏土岩样品定名为“中品位矿化样”，大于 500×10^{-6} 的黏土岩样品定名为“高品位矿化样”。为了系统阐述不同品位的矿化黏土岩矿物组分特征，本研究选取了研究区具有代表性的 3 个宣威组精细剖面（贵州黑石张氏沟剖面、双坪岔河剖面和云南龙潭三间地剖面）进行解剖，具体 XRD 结果见表 7-6。

表 7-6 研究区赋矿层的矿化样的矿物组成 XRD 分析结果统计表

矿化样品类型	样品号	剖面及编号	矿物组成	区域
高品位矿化样	HSZ18-09H2	黑石张氏沟（8#）	高岭石、锐钛矿、磁铁矿、石英等	贵州
	HSZ18-11H2	黑石张氏沟（8#）	高岭石、锐钛矿、白铁矿等	贵州
	HSZ18-11H3	黑石张氏沟（8#）	高岭石、锐钛矿、磁铁矿等	贵州
	CH19-09H1	双坪岔河（4#）	锐钛矿、高岭石、赤铁矿、白云母等	贵州
	LTS18-02H1	龙潭三间地（14#）	高岭石、石英等	云南
	LTS18-03H1	龙潭三间地（14#）	高岭石、石英等	云南
中品位矿化样	HSZ18-05H1	黑石张氏沟（8#）	高岭石、锐钛矿、白云母等	贵州
	HSZ18-08H1	黑石张氏沟（8#）	高岭石、锐钛矿等	贵州
	HSZ18-13H2	黑石张氏沟（8#）	高岭石、锐钛矿、斜绿泥石等	贵州
	CH19-09H2	双坪岔河（4#）	高岭石、勃姆石、锐钛矿等	贵州
低品位矿化样	HSZ18-16H1	黑石张氏沟（8#）	锐钛矿、石英、白云母、高岭石等	贵州
	CH19-16H2	双坪岔河（4#）	高岭石、石英、锐钛矿、赤铁矿等	贵州

（1）高品位矿化样。挑选贵州黑石张氏沟剖面的 3 件高品位矿化样、贵州双坪岔河剖面的 1 件高品位矿化样、云南龙潭三间地剖面的 2 件高品位矿化样品开展了研究，XRD 粉晶衍射图谱显示（图 7-17），张氏沟剖面的高品位矿化样（HSZ18-09H2：Nb_2O_5=890×10^{-6}、HSZ18-11H2：Nb_2O_5=831×10^{-6}、HSZ18-11H3：Nb_2O_5=948×10^{-6}）的矿物组分主要有锐钛矿、高岭石，还含有部分的石英、磁铁矿及白铁矿；双坪岔河剖面的高品位矿化样（CH19-09H1：Nb_2O_5=1161×10^{-6}）的矿物组分主要有锐钛矿、高岭石、赤铁矿，还含有少量白云母；龙潭三间地剖面的高品位矿化样（LTS18-02H1：Nb_2O_5=890×10^{-6}，LTS18-03H1：Nb_2O_5=997×10^{-6}）的矿物组分主要有锐钛矿、高岭石，其次为石英。以上矿物组分特征显示，高品位矿化样品除高岭石外，普遍富含锐钛矿这种含 Ti 矿物。

（2）中品位矿化样。本研究选取了贵州黑石张氏沟剖面和双坪岔河剖面进行解剖（图 7-18），结果显示张氏沟剖面中品位矿化样（HSZ18-05H1：Nb_2O_5=316×10^{-6}，HSZ18-08H1：Nb_2O_5=240×10^{-6}，HSZ18-13H2：Nb_2O_5=223×10^{-6}）的矿物组分主要有高岭石、锐钛矿，还含有部分斜绿泥石和白云母；双坪岔河剖面的中品位矿化样（CH19-09H2：Nb_2O_5=472×10^{-6}）的矿物组分主要有高岭石，还含有勃姆石和锐钛矿。以上矿物组分特征显示，中品位矿化样品除高岭石外，普遍富含锐钛矿这种含 Ti 矿物。

（3）低品位矿化样。选取了贵州黑石张氏沟剖面和双坪岔河剖面的低品位矿化黏土岩开展了 XRD 研究（图 7-19），结果显示张氏沟剖面低品位矿化样（HSZ18-16H1：Nb_2O_5=160×10^{-6}）的矿物组分有锐钛矿、石英、高岭石、白云母等；双坪岔河剖面的低品位矿化样（CH19-16H2：Nb_2O_5=162×10^{-6}）的矿物组分主要有高岭石、锐钛矿，还含有石英、赤铁矿。以上矿物组分特征显示，低品位矿化样品中也普遍富含重要的含 Ti 矿物——锐钛矿。

综上所述，从高品位矿化样到低品位矿化样，普遍富含重要的含 Ti 矿物——锐钛矿，它可能在 Nb 矿化中起着某种重要的作用，结合本研究后期的电子探针、扫描电镜等微区矿物学研究成果，确定了锐钛矿为这套 Nb-Ga-REE 多金属富集层的主要载 Nb 矿物。

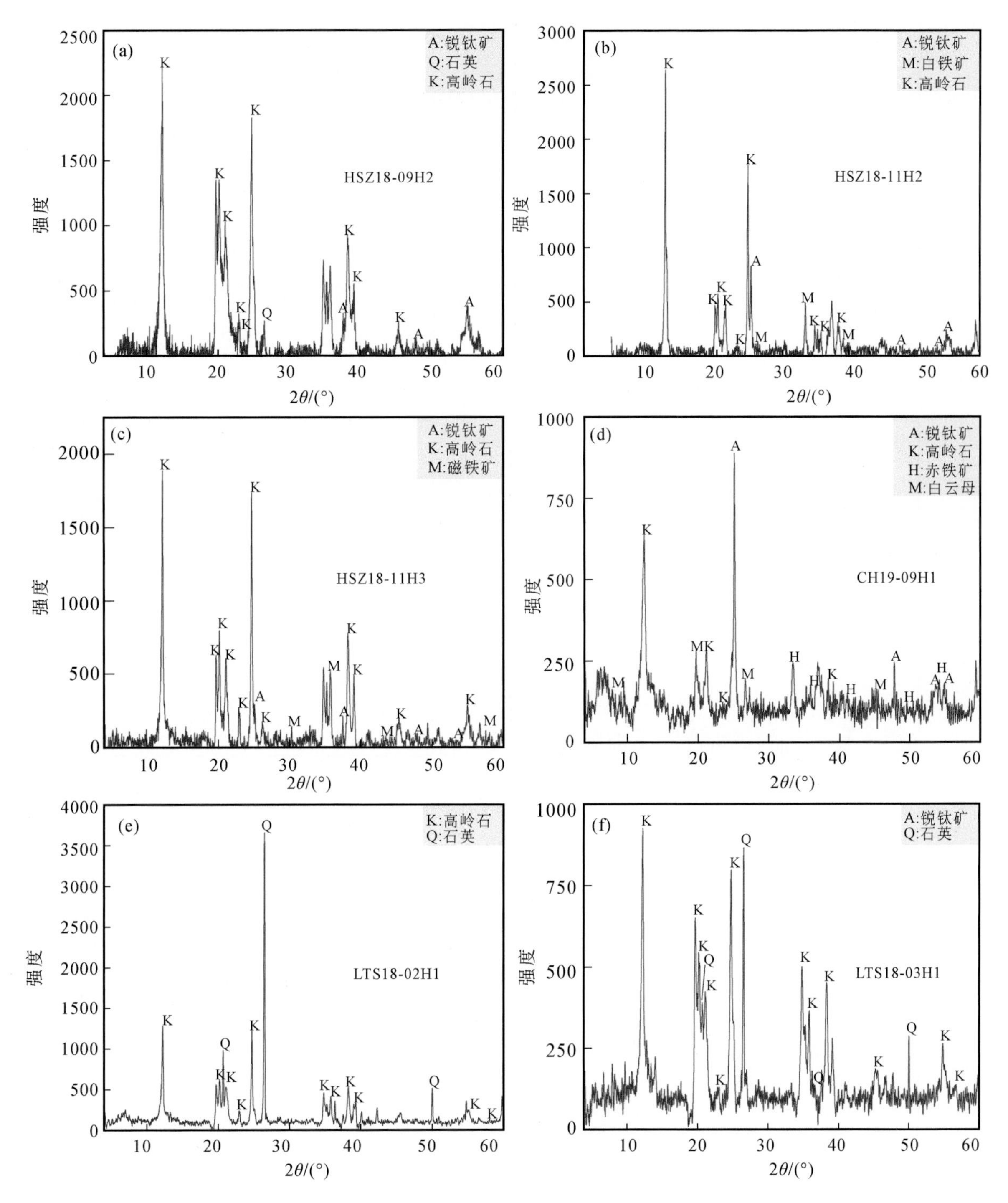

图 7-17　研究区高品位矿化样矿物组分特征

2）非矿化样的矿物组分特征

为了研究非矿化黏土岩的矿物组分特征，选取了贵州黑石张氏沟剖面、双坪岔河剖面和云南的龙潭三间地剖面的非矿化黏土岩开展了 XRD 研究（图 7-20），具体分析结果见表 7-7，显示张氏沟剖面非矿化样（HSZ18-04H1）的矿物组分主要有高岭石、锐钛矿，还含有石英、赤铁矿、白云母等；双坪岔河剖面的非矿化样（CH19-08H1）的矿物组分主要有锐钛矿和高岭石；龙潭三间地剖面的非矿化样（LTS18-01H1）的矿物组分主要为石英、锐钛矿、高岭石，还含有白云母和蒙脱石。以上矿物组分特征显示，非矿化黏土岩中也普遍含有锐钛矿，可能是由于锐钛矿的数量偏少或者锐钛矿中富集 Nb 的程度较低，导致 Nb 含量达不到最低工业品位。

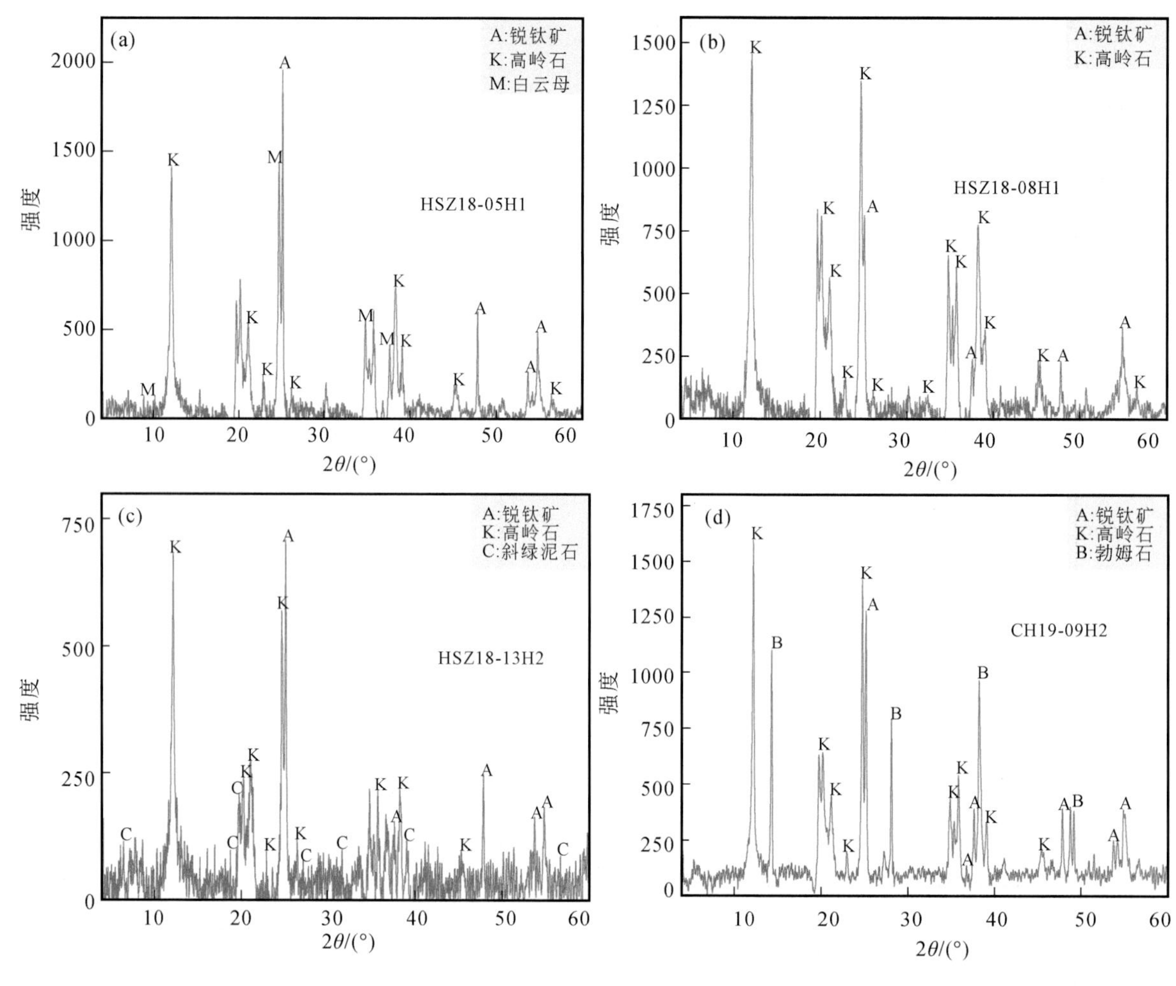

图 7-18　研究区中品位矿化样矿物组分特征

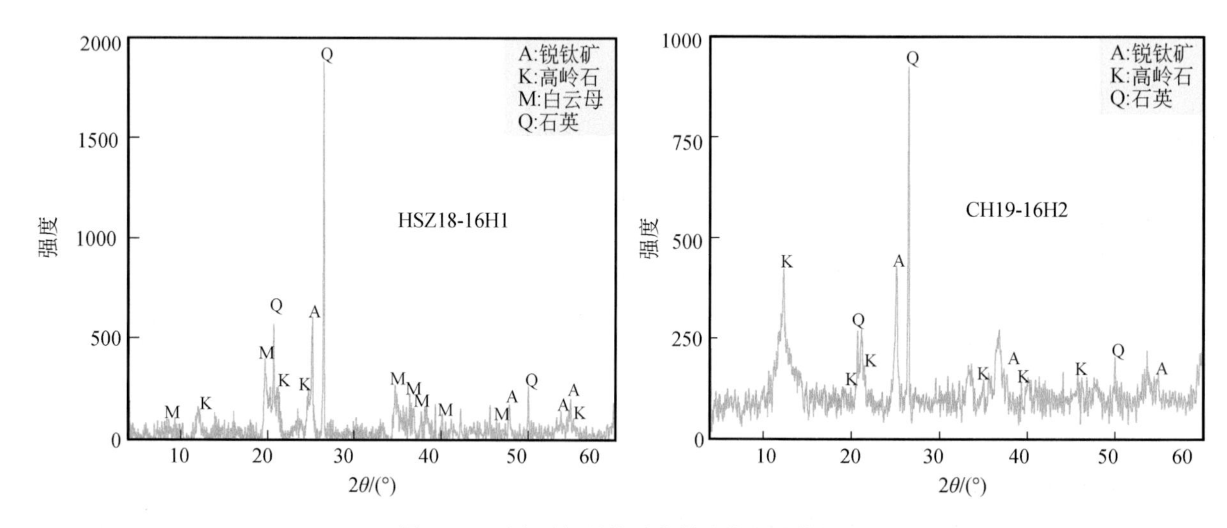

图 7-19　研究区低品位矿化样矿物组分特征

表 7-7　研究区赋矿层的非矿化样的矿物组成 XRD 分析结果统计表

赋矿层	样品号	剖面及编号	矿物组成	区域
非矿化样	HSZ18-04H1	黑石张氏沟（8#）	高岭石、锐钛矿、石英、赤铁矿、白云母等	贵州
	CH19-08H1	双坪岔河（4#）	锐钛矿、高岭石等	贵州
	LTS18-01H1	龙潭三间地（14#）	石英、锐钛矿、高岭石、白云母、蒙脱石等	云南

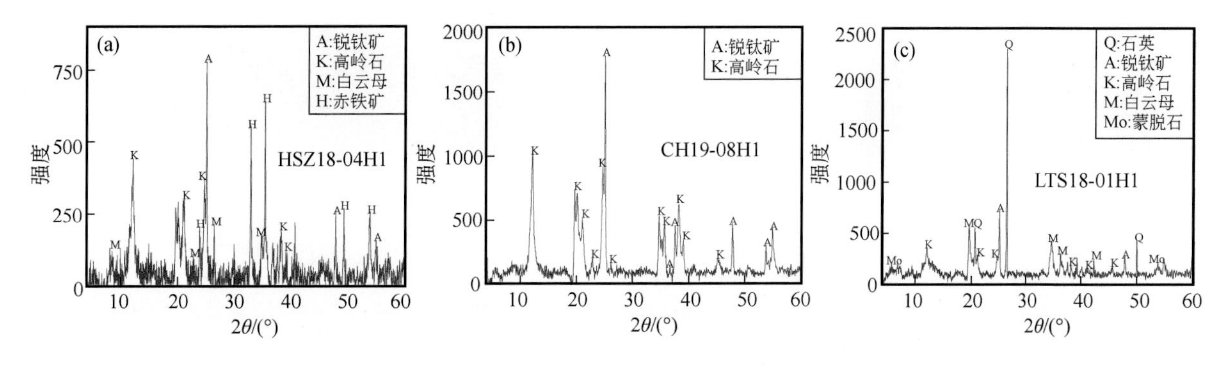

图 7-20　研究区非矿化宣威组黏土岩矿物组分特征

3. 飞仙关组矿物组分（盖层）

三叠系飞仙关组作为二叠系宣威组 Nb-Ga-REE 多金属矿化层的盖层，其岩性主要为灰绿色薄层-中层状泥质粉砂岩，本研究选取代表性剖面张氏沟剖面的盖层样品（HSZ18-T1f32H1）开展 XRD 分析，结果显示矿物组分主要有石英、高岭石，还含有锐钛矿、钠长石（图 7-21）。石英含量比较高，与野外观察到的砂质含量较重是互相吻合的，同时，与宣威组黏土岩相比，不仅砂质含量明显增多，粒径也明显变大，这宏观上反映了二叠系宣威组和三叠系飞仙关组的沉积环境发生了较大的变化。

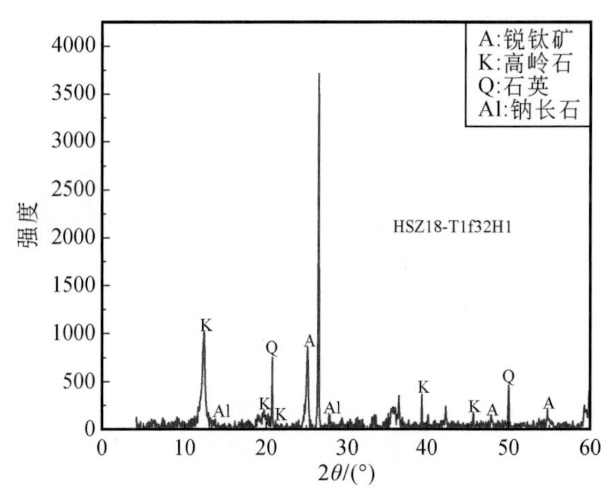

图 7-21　研究区飞仙关组泥质粉砂岩矿物组分特征

7.4.2　矿物含量特征

1. 底部层矿物含量特征

1）玄武岩矿物含量

①新鲜玄武岩：从 XRD 半定量测试数据（图 7-22，表 7-8）可以看出，研究区的新鲜玄武岩中长石含量较高，其中钠长石约 38%～62%，拉长石约 59%；辉石主要为普通辉石（6%左右）和透辉石（8%左右）；含少量斜绿泥石和石英，前者含量在 9%左右，后者约 7%～11%；值得注意的是榍石含量较高，为 8%～10%；同时，含 3%～4%的磁铁矿；在宣威地区的 16#格宜李家湾剖面底部新鲜玄武岩中含 29%的方解石。

②半风化玄武岩：半风化玄武岩的矿物含量特征（图 7-23，表 7-8），显示矿物种类较新鲜玄武岩的增多，以长石类矿物为主，钠长石+拉长石约 58%～59%，正长石 24%左右；斜绿泥石含量约 8%～20%；石英含量较新鲜玄武岩的增多，约 5%～19%；张氏沟 8#剖面的半风化玄武岩中见氟磷灰石，含量约 34%；半风化玄武岩中开始出现高岭石和锐钛矿，其中高岭石含量约 15%、锐钛矿约 4%，榍石含量约 8%～10%，也含 3%～4%的磁铁矿。

③强风化玄武岩：与新鲜和半风化玄武岩相比，强风化玄武岩的矿物种类增多（图 7-24，表 7-8），暗示有的矿物可能是后期风化蚀变形成。主要矿物为钠长石，含量为 37%～79%；透辉石含量约 10%；石英含量有所增加，为 15%～17%；斜绿泥石含量为 10%左右；含 2%～4%的磁铁矿和 2%的赤铁矿；在 8#张氏沟剖面底部强风化玄武岩中见 30%左右的白云母；除含 6%左右的高岭石和 1%的锐钛矿外，还含有 1%的钛铁矿，这与新鲜和半风化玄武岩特征差别较大；同时，也含有 10%左右的榍石。

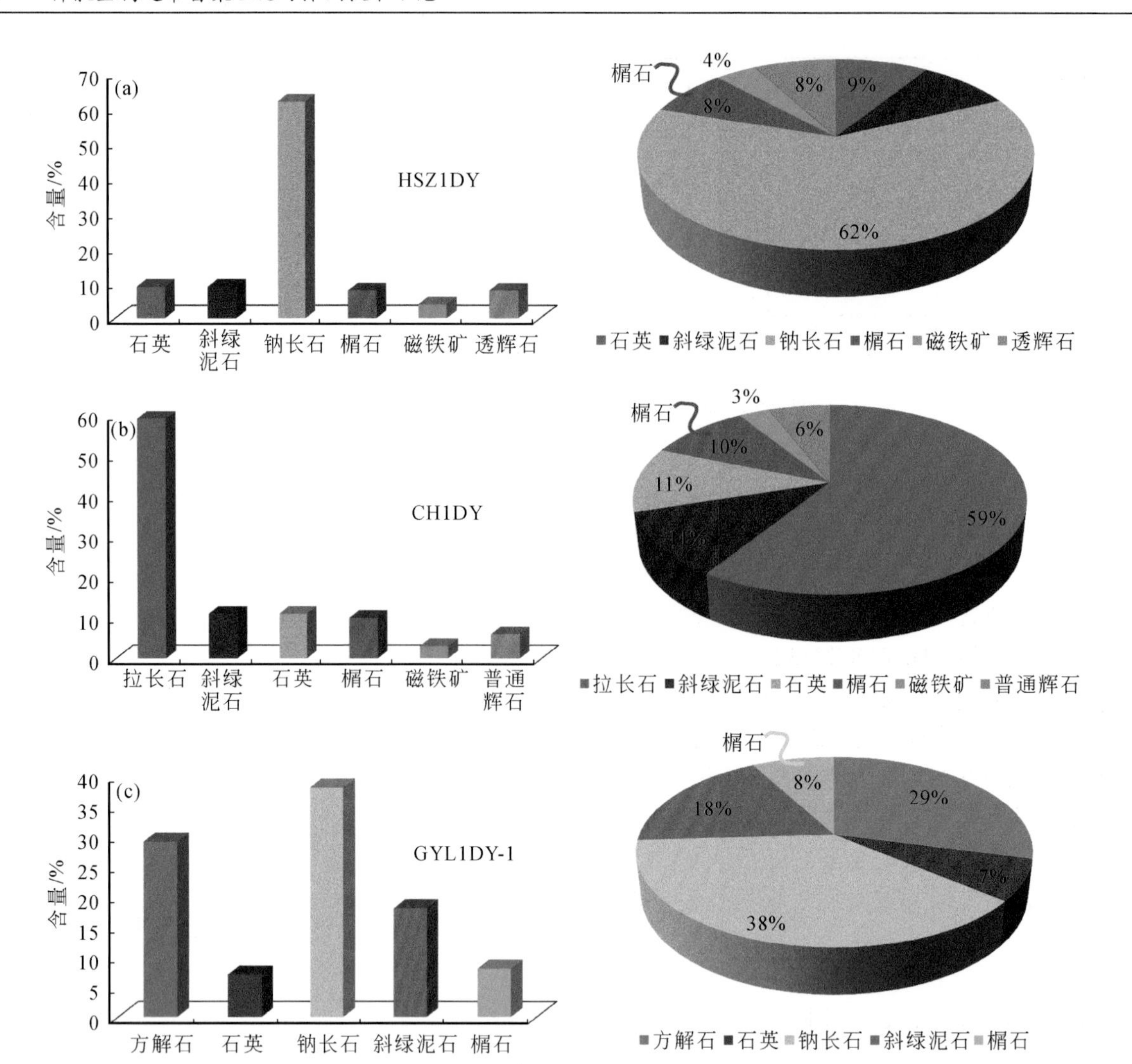

图 7-22 研究区新鲜玄武岩矿物含量特征

表 7-8 研究区玄武岩矿物组成及含量 （单位：%）

岩性	新鲜玄武岩			半风化玄武岩			强风化玄武岩		
样品号	HSZ1DY	CH1DY	GYL1DY-1	HSZ2	CH2-1	HZY2	HSZ3	CH3-1	HZY3
剖面号	8#	4#	16#	8#	4#	2#	8#	4#	2#
普通辉石	—	6	—	—	9	—	—	—	—
透辉石	8	—	—	—	—	—	—	10	—
钠长石	62	—	38	—	—	58	37	79	76
拉长石	—	59	—	—	59	—	—	—	—
正长石	—	—	—	24	—	—	—	—	—
斜绿泥石	9	11	18	20	8	—	—	10	—
榍石	8	10	8	8	10	—	10	—	—
磁铁矿	4	3	—	—	3	4	4	—	2
石英	9	11	7	11	5	19	17	—	15
方解石	—	—	29	—	—	—	—	—	—
赤铁矿	—	—	—	3	2	—	2	—	—
氟磷灰石	—	—	—	34	—	—	—	—	—
白云母	—	—	—	—	4	—	30	—	—
高岭石	—	—	—	—	—	15	—	—	6
锐钛矿	—	—	—	—	—	4	—	—	1
钛铁矿	—	—	—	—	—	—	—	1	—

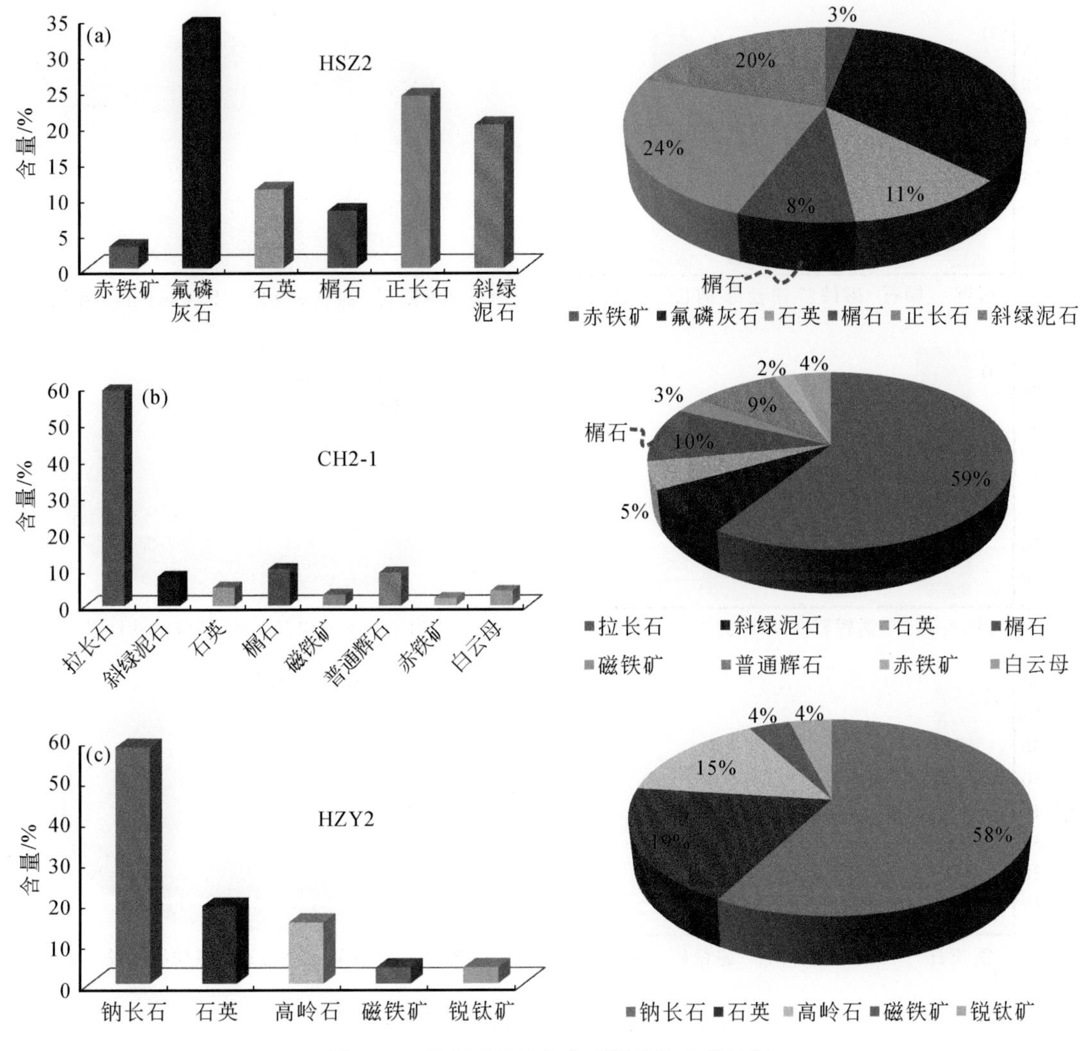

图 7-23　研究区半风化玄武岩矿物含量特征

综上所述，研究区的玄武岩中，普遍富含榍石，只是从新鲜玄武岩→半风化玄武岩→强风化玄武岩，含量有逐渐减少的趋势，初步表明，榍石以产于玄武岩中的原生榍石为主。随着风化程度的加强，硅质含量增加，石英增多，这可能主要是由气孔状玄武岩在后期风化过程中充填硅质而导致的，与野外观察到的硅质杏仁玄武岩特征相吻合。

2）凝灰岩矿物含量

研究区凝灰岩矿物成分变化较大（图 7-25，表 7-9），显示赤铁矿含量位于 9%～43%之间，一般为 40%左右；高岭石含量均较高，为 40%～45%；普遍含有锐钛矿，含量为 9%～17%；在 4#剖面的 CH19-02H1 凝灰岩样品中见白云母，且含量高达 81%，同时含 10%左右的石英。在宣威地区的 14#龙潭三间地剖面中间有 8%左右的蒙脱石。

2. 赋矿层矿物含量特征

1）矿化样矿物含量

①高品位矿化样：研究区高品位矿化样矿物含量特征（图 7-26，表 7-10）显示，黏土矿物以高岭石为主，含量 53%～88%；锐钛矿含量为 13%左右；在 4#岔河剖面的高品位矿化样中见 28%的云母和 6%的磁铁矿；石英主要集中在 14#三间地剖面，含量为 12%～37%。

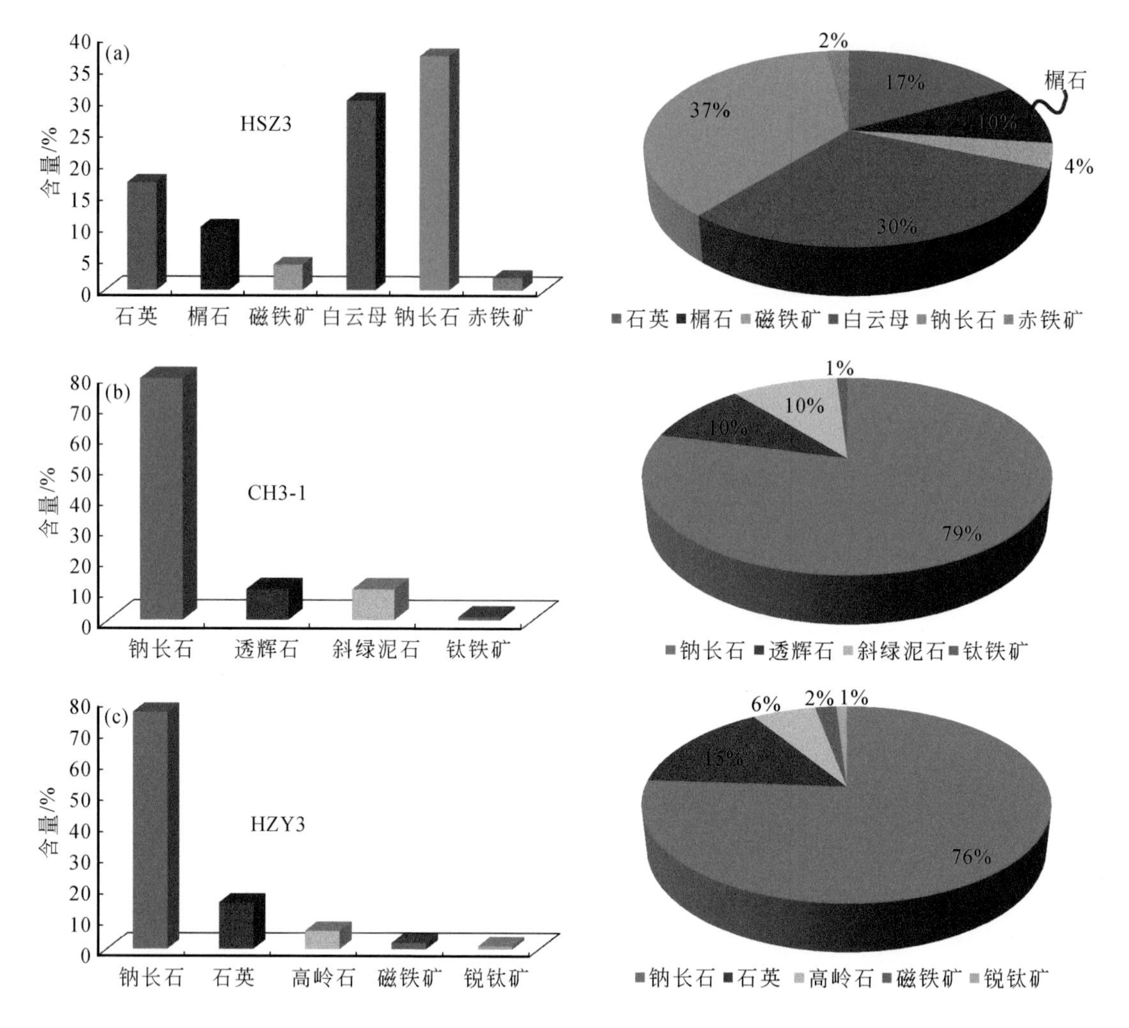

图 7-24　研究区强风化玄武岩矿物含量特征

表 7-9　研究区凝灰岩矿物组成及含量　　（单位：%）

剖面号	样品号	赤铁矿	高岭石	锐钛矿	白云母	石英	蒙脱石	其他
8#	HSZ19-03H1	35	41	17	—	—	—	7
4#	CH19-02H1	9	—	—	81	10	—	—
4#	CH19-03H1	42	45	13	—	—	—	—
14#	LCH5	43	40	9	—	—	8	—

②中品位矿化样：与高品位矿化样相比，中品位矿化样主要矿物成分也是高岭石（图 7-27，表 7-10），含量约 32%～88%；最明显的特征是出现了勃姆石，含量约 23%～30%；在 14#三间地剖面中间有 6%的蒙脱石、4%的磁铁矿及 2%的石英。

③低品位矿化样：与高品位和中品位的矿化样相比，低品位矿化样的主要黏土矿物成分也是高岭石（图 7-28，表 7-10），约 53%；其次为石英，含量约 22%，硅质含量较高；针铁矿含量约 16%；同时含有 9%左右的赤铁矿。

2）非矿化样矿物含量

研究区非矿化样矿物含量特征（图 7-29，表 7-11）显示也是以高岭石为主，含量变化较大，位于 11%～83%之间；普遍含锐钛矿，含量为 6%～17%；在 4#岔河剖面非矿化黏土岩中间有 5%～12%的蒙脱石，在 14#三间地剖面见约 1%的蒙脱石；石英含量也较高，为 5%～65%；在 4#岔河剖面非矿化样中还见约 14%的斜绿泥石。8#张氏沟剖面非矿化样成分复杂、颗粒细小，有的矿物识别不出，归为“其他矿物”。

综上所述，从矿化样和非矿化样的矿物组分含量特征，可看出研究区赋矿层主要黏土矿物为高岭石，值得注意的是普遍含有锐钛矿，且矿化样中锐钛矿含量总体略多于非矿化样中，表明锐钛矿可能是主要的赋 Nb 矿物，其含量的多少与矿化的强弱具有一定联系，以上现象在电子探针面上工作中得以验证。

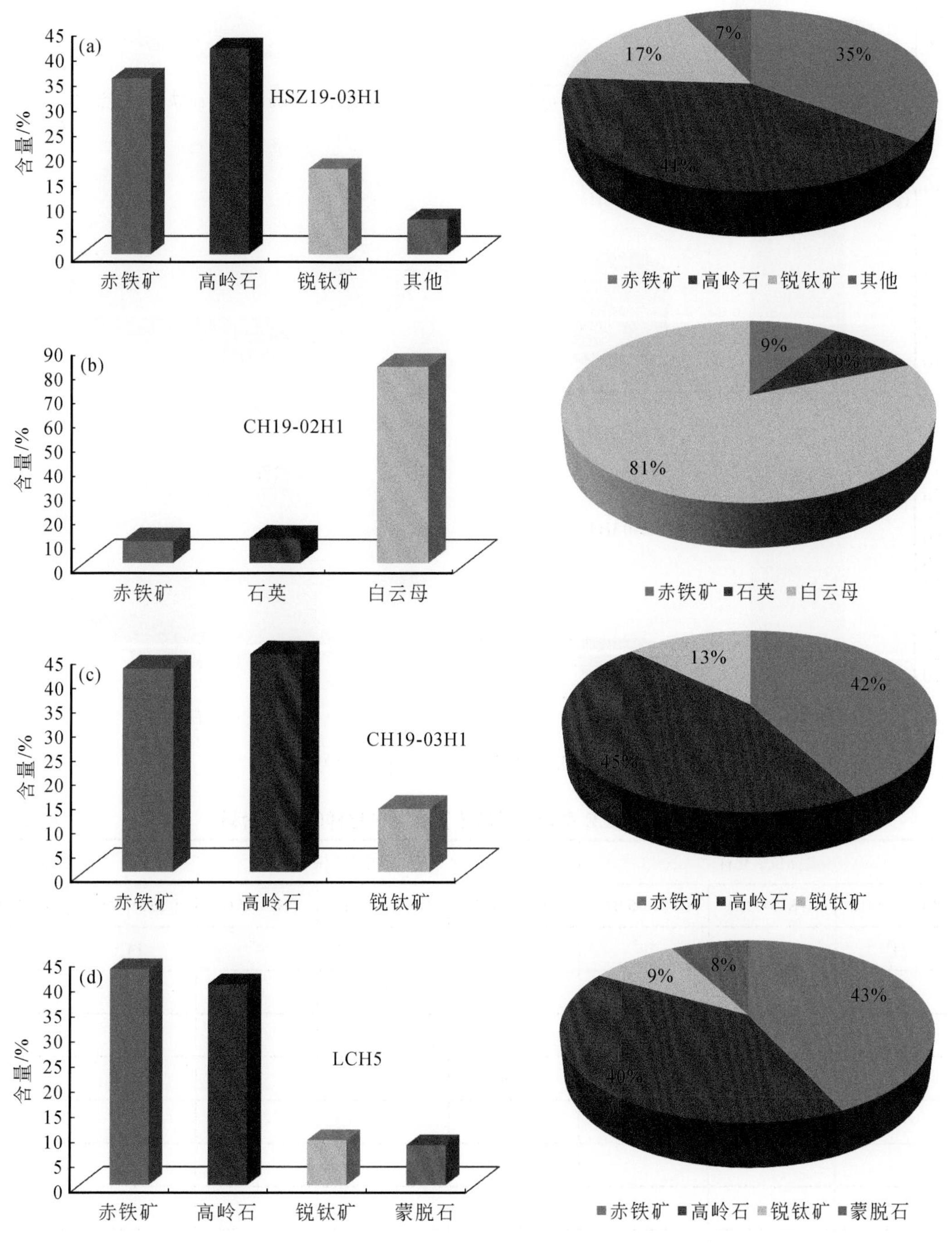

图 7-25　研究区凝灰岩矿物含量特征

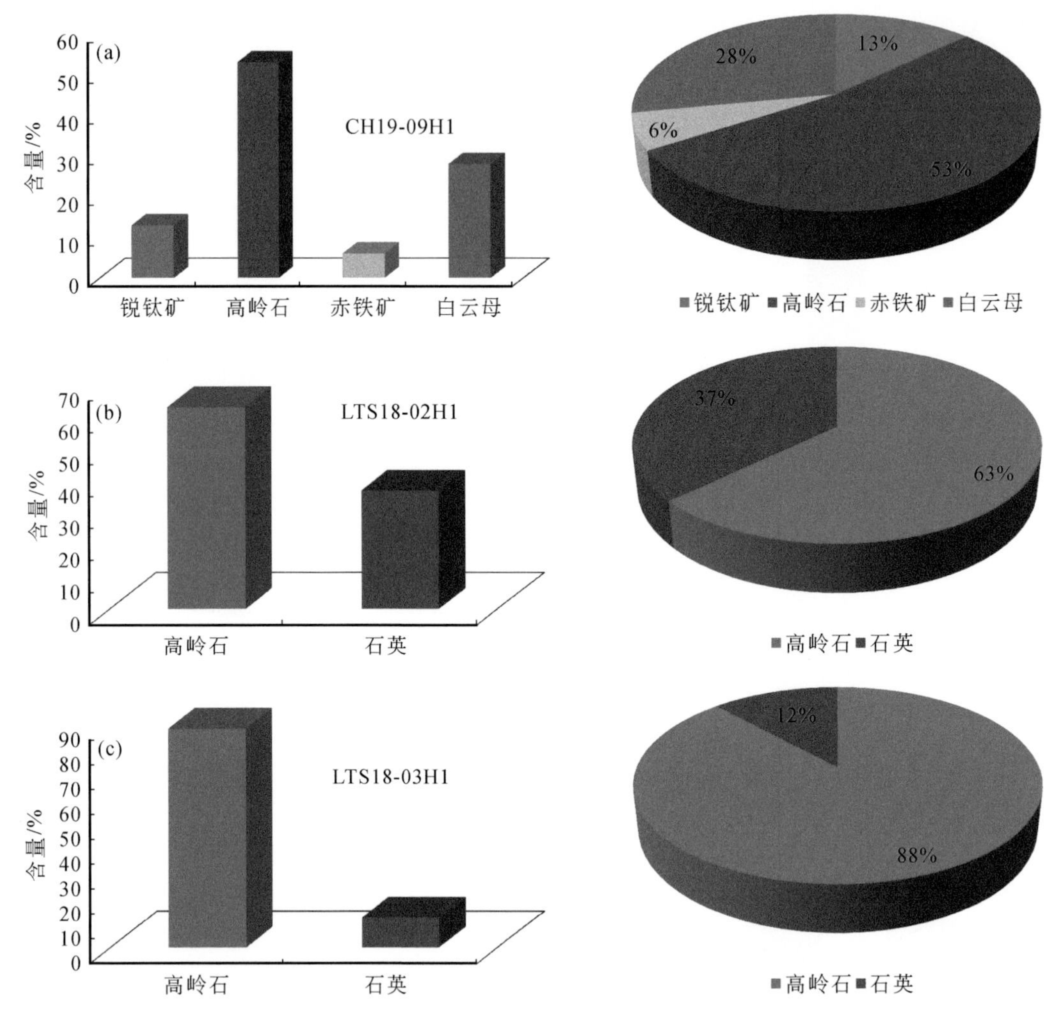

图 7-26　研究区高品位矿化样矿物含量特征

表 7-10　研究区 Nb-Ga-REE 多金属矿床不同程度矿化样的矿物含量　　（单位：%）

矿化程度	高品位矿化样			中品位矿化样				低品位矿化样
样品号	CH19-09H1	LTS18-02H1	LTS18-03H1	HSZ18-10H1	HSZ18-13H1	CH19-09H2	LTS18-04H1	CH19-16H2
剖面号	4#	14#	14#	8#	4#	4#	14#	4#
高岭石	53	63	88	32	50	63	88	53
锐钛矿	13			6	5	14		16
勃姆石				30		23		
蒙脱石							6	
磁铁矿								
赤铁矿	6						4	9
石英		37	12				2	22
白云母	28							
其他				32	45			

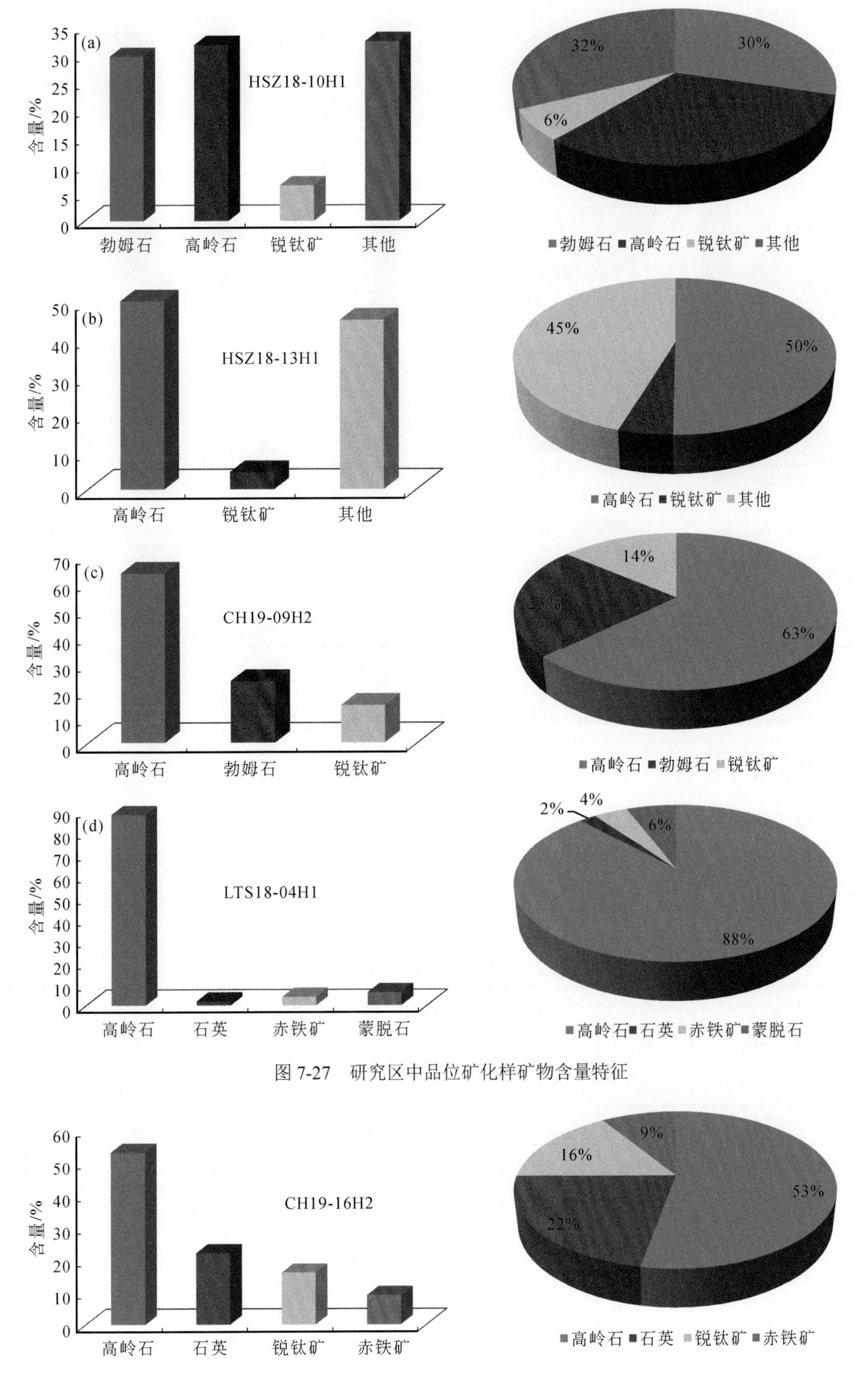

图 7-27　研究区中品位矿化样矿物含量特征

图 7-28　研究区低品位矿化样矿物含量特征

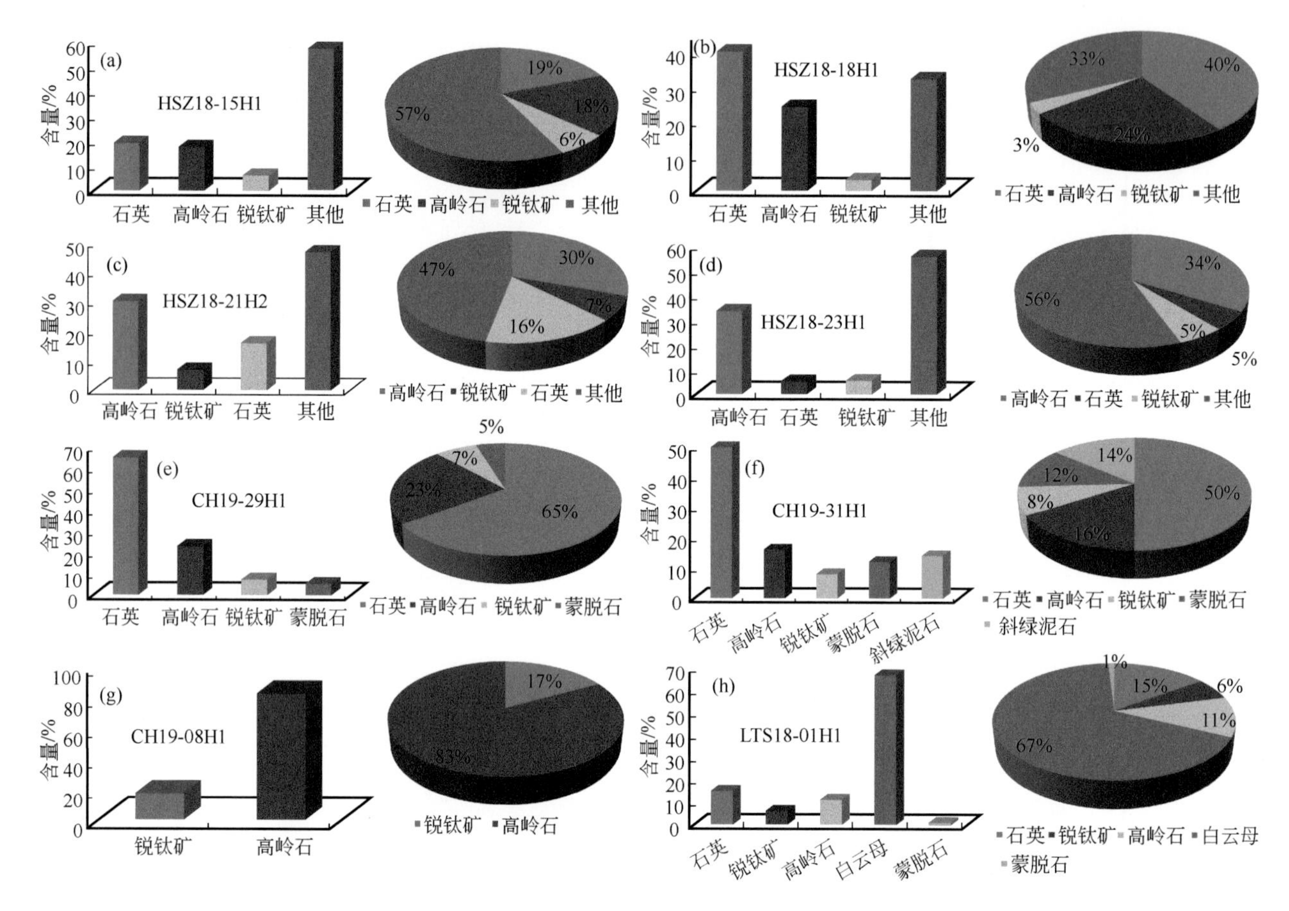

图 7-29 研究区宣威组非矿化样矿物含量特征

3. 盖层矿物含量特征

本研究将赋矿层的上覆地层称为“盖层”，在研究区主要是三叠系飞仙关组。从盖层矿物含量特征（图 7-30，表 7-11）可看出，主要矿物为高岭石和石英，其中高岭石含量约 41%、石英含量约 22%；其次为钠长石和锐钛矿，钠长石含量约 6%，锐钛矿约 5%，相比下伏宣威组中的矿化和非矿化黏土岩，锐钛矿含量明显减少。

表 7-11 研究区非矿化样和盖层的矿物含量 （单位：%）

属性	样品号	高岭石	锐钛矿	蒙脱石	石英	斜绿泥石	白云母	钠长石	其他
非矿化样	HSZ18-15H1	18	6	—	19	—	—	—	57
	HSZ18-18H1	24	3	—	40	—	—	—	33
	HSZ18-21H2	30	7	—	16	—	—	—	47
	HSZ18-23H1	34	5	—	5	—	—	—	56
	CH19-29H1	23	7	5	65	—	—	—	—
	CH19-31H1	16	8	12	50	14	—	—	—
	CH19-08H1	83	17	—	—	—	—	—	—
	LTS18-01H1	11	6	1	15	—	67	—	—
盖层	HSZ18-T1f32H1	41	5	—	22	—	—	6	26

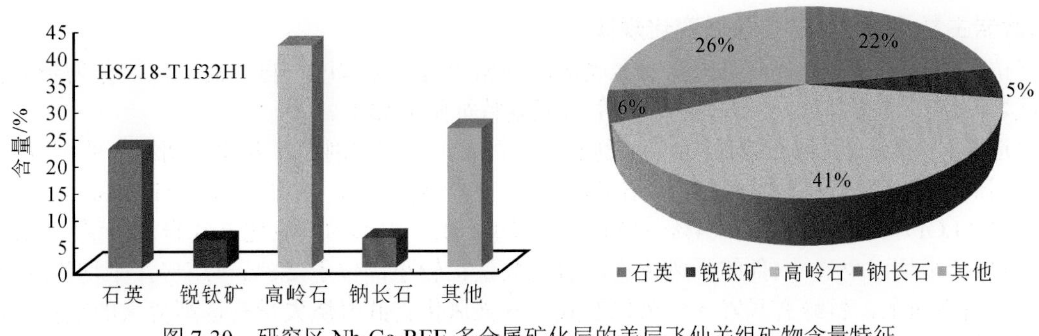

图 7-30　研究区 Nb-Ga-REE 多金属矿化层的盖层飞仙关组矿物含量特征

7.5　Nb-Ga-REE 多金属矿床的地球化学特征

7.5.1　主量元素地球化学特征

1. 底部层主量元素特征

研究区 Nb-Ga-REE 多金属矿床的底部层主要包括 2 套岩性，其一是位于最底部的玄武岩，其二是位于玄武岩之上的凝灰岩层，为了详细阐述底部层主量元素特征，本研究分别对下部玄武岩和上部凝灰岩进行主量元素测试，结果见表 7-12。

表 7-12　研究区 Nb-Ga-REE 多金属矿床底部层主量元素含量　（单位：%）

底部层	岩性	样品编号	SiO_2	TiO_2	Al_2O_3	Fe_2O_3	MnO	MgO	CaO	Na_2O	K_2O	P_2O_5	LOI	Al_2O_3/TiO_2	CIA
凝灰岩层	凝灰岩	HSZ18-03H1	32.5	6.0	24.1	26.5	0.1	0.2	0.3	0.1	0.2	0.2	9.5	3.99	98.1
	凝灰岩	HSZ18-03H2	29.9	5.4	22.2	31.3	0.1	0.2	0.5	0.1	0.1	0.5	9.1	4.15	98.5
	凝灰岩	HSZ19-03H2	29.9	5.5	23.4	30.9	0.1	0.2	0.3	0.0	0.1	0.3	9.5	4.28	99.3
	凝灰岩	CH19-02H1	45.6	4.2	19.5	19.6	0.1	1.0	0.4	0.1	4.0	0.1	5.6	4.64	80.6
	凝灰岩	CH19-02H2	43.1	4.6	20.3	21.2	0.1	1.0	0.2	0.1	4.2	0.1	5.6	4.42	80.6
玄武岩层	强风化玄武岩	HSZ3	50.5	4.2	16.6	14.8	0.7	0.7	4.9	2.5	0.4	0.6	4.3	3.99	66.0
	强风化玄武岩	CH3-1	48.5	4.0	13.6	14.7	0.2	4.5	5.4	4.4	1.7	0.5	2.8	3.37	45.7
	强风化玄武岩	CH3-2	43.7	3.5	14.1	18.6	0.2	4.8	3.3	0.1	4.3	0.1	7.9	4.08	74.3
	强风化玄武岩	LTS3	46.1	3.4	13.7	16.3	0.3	4.3	6.9	3.1	1.2	0.5	4.1	4.05	54.4
	半风化玄武岩	HSZ2	46.5	4.4	17.4	18.6	0.7	1.1	2.9	2.1	0.3	0.6	5.6	3.99	70.3
	半风化玄武岩	CH2-1	49.1	4.4	12.7	15.4	0.2	4.1	8.0	2.4	1.3	0.5	2.3	2.88	57.8
	半风化玄武岩	CH2-2	47.8	4.4	12.4	15.5	0.2	4.3	8.1	2.0	1.4	0.5	4.0	2.83	60.1
	半风化玄武岩	LTS2-1	45.7	3.9	13.3	16.6	0.2	5.1	6.8	3.9	0.9	0.5	3.4	3.44	49.0
	新鲜玄武岩	HSZ1DY	47.4	3.3	13.6	16.2	0.3	4.8	9.7	2.6	0.5	0.5	1.7	4.11	60.1
	新鲜玄武岩	HSZ18-01H1	47.3	3.5	14.2	14.4	0.4	3.7	9.7	2.5	0.5	0.5	3.3	4.09	61.8
	新鲜玄武岩	CH1DY	47.8	4.3	12.8	16.0	0.2	4.4	8.9	2.2	0.8	0.5	2.8	2.94	60.8
	新鲜玄武岩	CH1-1	47.6	4.3	12.7	15.7	0.2	4.4	8.9	2.2	0.8	0.5	2.7	2.92	60.9
	新鲜玄武岩	CH1-2	48.1	4.0	13.2	15.7	0.2	5.0	8.8	2.5	1.1	0.4	1.9	3.28	58.5
	新鲜玄武岩	LTS1DY	47.0	3.0	13.1	15.3	0.2	5.0	9.7	2.6	1.1	0.4	2.1	4.32	57.7
	新鲜玄武岩	LTS1-1	46.9	3.1	13.4	15.7	0.2	5.3	9.5	2.7	0.9	0.4	2.4	4.28	57.5
玄武岩层	新鲜玄武岩	LTS1-2	47.5	3.0	13.2	14.8	0.2	5.2	8.6	3.1	1.4	0.4	2.2	4.35	53.4
	新鲜玄武岩	LTS1-3	52.2	2.9	13.0	20.2	0.2	0.6	2.6	6.7	0.2	0.4	1.4	4.46	45.1
	新鲜玄武岩	LTS1-4	30.9	2.4	8.8	11.3	0.2	1.9	22.7	3.9	0.2	0.3	17.6	3.67	40.4

注：①LOI 为烧失量。②风化蚀变指数（CIA）$=Al_2O_3/(Al_2O_3+CaO^*+Na_2O+K_2O)\times100$，$CaO^*$代表硅酸盐相中的 CaO 摩尔数；当全岩 CaO/Na_2O 分子比>1 和<1 时，分别由 Na_2O 和 CaO 代替 CaO^*（McLennan，1993；Shao and Yang，2012）。

1）玄武岩主量元素氧化物含量及变化规律

玄武岩位于 Nb-Ga-REE 多金属矿床的最底部，根据相对风化程度，自上而下依次分为新鲜玄武岩、半风化玄武岩、强风化玄武岩，3 类玄武岩的主量元素特征阐述如下。

本研究选取了 8#剖面（黑石张氏沟）、4#剖面（双坪岔河）、14#剖面（龙潭三间地）的新鲜玄武岩-半风化玄武岩-强风化玄武岩开展系统研究，结果显示钛含量普遍较高，为典型的高 Ti 玄武岩。下部的新鲜玄武岩烧失量（LOI）变化较大，为 1.4%～17.6%，平均 3.8%；中部的半风化玄武岩烧失量变化范围较小，在 2.3%～5.6%，平均 3.8%；上部的强风化玄武岩烧失量也较小，位于 2.8%～7.9%，平均为 4.8%。由此可见，垂向上自下而上，新鲜玄武岩→半风化玄武岩→强风化玄武岩烧失量有逐渐变大的趋势，这可能是随着风化程度的加深，原气孔状玄武岩在后期地质作用中充填了部分方解石，变为方解石杏仁，而方解石可以在高温下分解，可以贡献一部分烧失量。从表中数据可知，玄武岩样品的 SiO_2、Al_2O_3、Fe_2O_3、CaO 是相对含量较高的主量元素，而 Na_2O、MgO、P_2O_5、K_2O 和 MnO 则含量相对较低，如果与上地壳的主量元素含量相比（Fe_2O_3 约 5%、TiO_2 约 0.6%、Al_2O_3 约 16.5%）（McLennan，2001；Rollison，2000），所有样品的 Fe_2O_3 和 TiO_2 相对较高，而 Al_2O_3 含量相对较低，这些含量的变化可能与玄武岩风化作用密不可分。

SiO_2 是所有玄武岩样品中含量最高的主量元素氧化物（表 7-12），新鲜玄武岩的 SiO_2 含量在 30.9%～52.2%之间，平均 46.3%，这其中 8#剖面的 SiO_2 含量在 47.3%～47.4%之间，4#剖面的 SiO_2 含量在 47.6%～48.1%之间，14#剖面的 SiO_2 含量变化相对较大些，位于 30.9%～52.2%之间；半风化玄武岩的 SiO_2 含量在 45.7%～49.1%之间，平均 47.3%，这其中 8#剖面的 SiO_2 含量 46.5%，4#剖面的 SiO_2 含量在 47.8%～49.1%之间，14#剖面的 SiO_2 含量 45.7%；强风化玄武岩的 SiO_2 含量在 43.7%～50.5%之间，平均 47.2%，这其中 8#剖面的 SiO_2 含量最高，高达 50.5%，4#剖面的 SiO_2 含量在 43.7%～48.5%之间，14#剖面的 SiO_2 含量 46.1%。由于研究样品中的 Si 除主要来源于玄武岩中硅酸盐矿物（如辉石、长石类矿物）外，还有很少一部分可能来源于气孔构造中充填的石英，所以从新鲜玄武岩→半风化玄武岩→强风化玄武岩，风化程度越强，充填后期石英的机会就越多，导致半风化和强风化玄武岩 SiO_2 含量均比新鲜玄武岩的高。

TiO_2 含量普遍较高（表 7-12），新鲜玄武岩的 TiO_2 含量在 2.4%～4.3%之间，平均 3.4%，这其中 8#剖面的 TiO_2 含量在 3.3%～3.5%之间，4#剖面的 TiO_2 含量更高些，位于 4.0%～4.3%之间，14#剖面的 TiO_2 含量变化相对较大些，位于 2.4%～3.1%之间；半风化玄武岩的 TiO_2 含量在 3.9%～4.4%之间，平均 4.3%，这其中 8#剖面的 TiO_2 含量为 4.4%，4#剖面的 TiO_2 含量也为 4.4%，14#剖面的 TiO_2 含量为 3.9%；强风化玄武岩的 TiO_2 含量在 3.4%～4.2%之间，平均 3.8%，这其中 8#剖面的 TiO_2 含量最高，高达 4.2%，4#剖面的 TiO_2 含量在 3.5%～4.0%之间，14#剖面的 TiO_2 含量为 3.4%。根据徐义刚等（Xu et al.，2001；徐义刚和钟孙霖，2001）系统研究发现峨眉山玄武岩的岩浆分异指数（Mg#）、重稀土分异指数（Sm/Yb，指示岩浆起源深度）、岩浆源区或岩石圈混染程度指标（ε_{Nd}）均与 TiO_2 含量呈很好的相关关系，故提出利用 TiO_2 和 Ti/Y 来划分为高 Ti 和低 Ti 玄武岩，同时，系统的同位素地球化学研究表明，高 Ti 和低 Ti 玄武岩不可能是同一原始岩浆的结晶分异作用的产物，而是来自不同的源区，且具有不同的熔融机制（Xu et al.，2001）。近年来，一些学者将 TiO_2＞2.5%以及 Ti/Y＞500 作为划分高 Ti 和低 Ti 玄武岩界线标准（Shellnutt et al.，2011），基于研究区的玄武岩中 TiO_2 绝大多数超过 2.5%（只有一件样品为 2.4%），且 Ti/Y 均大于 500，表明研究区分布的为典型高 Ti 玄武岩，与中国其他地方的峨眉山玄武岩存在较大区别，这很有可能是挖掘研究区普遍发育 Nb-Ga-REE 多金属矿化的关键及源头。

Al_2O_3 的含量总体比较集中（表 7-12），新鲜玄武岩的 Al_2O_3 含量在 8.8%～14.2%之间，平均 12.8%，这其中 8#剖面的 Al_2O_3 含量在 13.6%～14.2%之间，4#剖面的 Al_2O_3 含量在 12.7%～13.2%之间，14#剖面的 Al_2O_3 含量变化相对较大些，位于 8.8%～13.4%之间；半风化玄武岩的 Al_2O_3 含量在 12.4%～17.4%之间，平均 13.9%，这其中 8#剖面的 Al_2O_3 含量为 17.4%，4#剖面的 Al_2O_3 含量在 12.4%～12.7%之间，14#剖面的 Al_2O_3 含量为 13.3%；强风化玄武岩的 Al_2O_3 含量在 13.6%～16.6%之间，平均 14.5%，这其中 8#剖面的 Al_2O_3 含量为 16.6%，4#剖面的 Al_2O_3 含量在 13.6%～14.1%之间，14#剖面的 Al_2O_3 含量为 13.7%。由以上数据可知，Al_2O_3 的含量变化范围较窄，Al 主要来源于含 Al 的硅酸盐矿物，这与全岩 XRD 分析结果是吻合的，即玄武岩中含有大量长石，Al 也有部分经风化作用形成的斜绿泥石贡献的。Al_2O_3/TiO_2 也是风化地质作用研究中常用的一个重要参数，所有玄武岩的 Al_2O_3/TiO_2 值均远小于 7，普遍在 3%～4%。

Fe_2O_3 是玄武岩研究样品中含量较高的一个主量元素氧化物（表 7-12），新鲜玄武岩的 Fe_2O_3 含量在 11.3%～20.2%之间，平均 15.5%，这其中 8#剖面的 Fe_2O_3 含量在 14.4%～16.2%之间，4#剖面的 Fe_2O_3 含量在 15.7%～16.0%之间，14#剖面的 Fe_2O_3 含量变化相对较大些，位于 11.3%～20.2%之间；半风化玄武岩的 Fe_2O_3 含量在 15.4%～18.6%之间，平均 16.5%，这其中 8#剖面的 Fe_2O_3 含量为 18.6%，4#剖面的 Fe_2O_3 含量在 15.4%～15.5%之间，14#剖面的 Fe_2O_3 含量为 16.6%；强风化玄武岩的 Fe_2O_3 含量在 14.7%～18.6%之间，平均 16.1%，这其中 8#剖面的 Fe_2O_3 含量为 14.8%，4#剖面的 Fe_2O_3 含量在 14.7%～18.6%之间，14#剖面的 Fe_2O_3 含量为 16.3%。以上数据，表明总体上新鲜玄武岩比风化玄武岩的 Fe 含量要低一些，值得注意的是风化玄武岩样品在宏观岩石学观察中可看到有较大赤铁矿的存在，这些磨圆度较好、顺层理发育的赤铁矿可能指示其陆源碎屑成因，此现象与赵利信（2016）报道的成果相符。

MgO 在玄武岩研究样品中的含量一般都低于 6%（表 7-12），新鲜玄武岩的 MgO 含量在 0.6%～5.3%之间，平均 4.0%，这其中 8#剖面的 MgO 含量在 3.7%～4.8%之间，4#剖面的 MgO 含量在 4.4%～5.0%之间，14#剖面的 MgO 含量变化相对较大些，位于 0.6%～5.3%之间；半风化玄武岩的 MgO 含量在 1.1%～5.1%之间，平均 3.7%，这其中 8#剖面的 MgO 含量为 1.1%，4#剖面的 MgO 含量在 4.1%～4.3%之间，14#剖面的 MgO 含量为 5.1%；强风化玄武岩的 MgO 含量在 0.7%～4.8%之间，平均 3.6%，这其中 8#剖面的 MgO 含量为 0.7%，4#剖面的 MgO 含量在 4.5%～4.8%之间，14#剖面的 MgO 含量为 4.3%。总体上，新鲜玄武岩中的 Mg 含量要比风化玄武岩的要高些，且在本次研究中 MgO 可能主要赋存在含镁的硅酸盐相矿物之中，比如辉石和斜绿泥石等，这与 XRD 分析结果一致的。

CaO 的含量不太有规律性（表 7-12），新鲜玄武岩的 CaO 含量在 2.6%～22.7%之间，平均 9.9%，这其中 8#剖面的 CaO 含量为 9.7%，4#剖面的 CaO 含量在 8.8%～8.9%之间，14#剖面的 CaO 含量变化相对较大些，位于 2.6%～22.7%之间；半风化玄武岩的 CaO 含量在 2.9%～8.1%之间，平均 6.4%，这其中 8#剖面的 CaO 含量为 2.9%，4#剖面的 CaO 含量在 8.0%～8.1%之间，14#剖面的 CaO 含量为 6.8%；强风化玄武岩的 CaO 含量在 3.3%～6.9%之间，平均 5.1%，这其中 8#剖面的 CaO 含量为 4.9%，4#剖面的 CaO 含量在 3.3%～5.4%之间，14#剖面的 CaO 含量为 6.9%。总体上，新鲜玄武岩中的 Ca 含量要比风化玄武岩中的高。研究样品中的 Ca 主要赋存于两类矿物，一类是含钙的原硅酸盐矿物，另一类为气孔仁状玄武岩充填的方解石杏仁，这在 XRD 分析也显示有方解石存在。

Na_2O、MnO、K_2O 和 P_2O_5 的含量在绝大多数玄武岩样品中的含量均较低，除 Na_2O 含量大于 2%外，MnO、K_2O 和 P_2O_5 均小于 2%（表 7-12）。新鲜玄武岩的 Na_2O 含量为 2.2%～6.7%（均值 3.1%）、MnO 含量为 0.2%～0.4%（均值 0.2%）、K_2O 含量为 0.2%～1.1%（均值 0.7%）、P_2O_5 含量为 0.3%～0.5%（均值 0.4%）；半风化玄武岩的 Na_2O 含量为 2.0%～3.9%（均值 2.6%）、MnO 含量为 0.2%～0.7%（均值 0.3%）、K_2O 含量为 0.3%～1.4%（均值 1.0%）、P_2O_5 含量为 0.5%～0.6%（均值 0.5%）；强玄武岩的 Na_2O 含量为 0.1%～4.4%（均值 2.5%）、MnO 含量为 0.2%～0.7%（均值 0.3%）、K_2O 含量为 0.4%～4.3%（均值 1.9%）、P_2O_5 含量为 0.1%～0.6%（均值 0.4%）。总体上，从新鲜玄武岩到风化玄武岩，Na_2O 含量逐渐降低，MnO 逐渐升高，K_2O 逐渐升高，P_2O_5 变化不大。

Wedepohl（1969）估计了上地壳矿物的体积分数（近似值）：21%的石英、41%的斜长石和 21%的钾长石。在上地壳化学风化过程中，Ca、Na 和 K 元素逐渐从长石中析出，导致在风化过程中，氧化铝与碱金属的比值增高。据此，Nesbitt 和 Young（1982）利用地球化学的方法在研究古元古代 Huronian 超群泥质岩（lutites）过程中，首次提出 CIA（chemical index of alteration，化学蚀变指数）的概念，并用来判断物源区的风化程度，一般 CIA 值越大，说明风化程度越高。Fedo 等（1995）总结得出：CIA=50～60，反映了弱的风化程度；CIA=60～80，反映了中等风化程度；CIA=80～100，反映了强烈风化程度。因此，从玄武岩样品计算结果（表 7-12）看，新鲜玄武岩 CIA 值介于 40.4～61.8 之间，平均 55.6；半风化玄武岩的 CIA 值在 49.0～70.3 之间，平均 59.3；强风化玄武岩 CIA 值在 45.7～74.3 之间，平均 60.1，从以上数据可看出，总体上玄武岩遭受了很弱的风化作用，且从新鲜玄武岩→半风化玄武岩→强风化玄武岩，CIA 值是逐渐增大的，这与野外观察到的风化程度逐渐变高是相符的，说明本研究根据风化程度划分玄武岩的分类是合理的。

2）凝灰岩主量元素氧化物含量及变化规律

凝灰岩空间位置处于 Nb-Ga-REE 多金属矿化层之下、玄武岩之上，研究区多数为紫红色凝灰岩，有的遭受不同程度的风化。本研究选取了 8#剖面（黑石张氏沟）和 4#剖面（双坪岔河）的凝灰岩系统开展主量元素研究，测试结果见表 7-12。研究样品的烧失量（LOI）均为 10%左右，变化范围不大，如 8#剖面凝灰岩样品的烧失量在 9.1%～9.5%之间；4#剖面凝灰岩样品的烧失量为 5.6%。8#剖面相比 4#剖面，烧失量较高可能是因为 8#剖面的样品遭受了较强的风化作用，形成的黏土矿物较多，这与野外宏观观察到张氏沟剖面下部的凝灰岩遭受较强的风化作用是一致的。从表中数据可知，所有样品中的 SiO_2、TiO_2、Al_2O_3 和 Fe_2O_3 是相对含量较高的主量元素氧化物，而 MnO、MgO、CaO、Na_2O、K_2O 和 P_2O_5 相对含量较低。如果以上地壳主量元素相比（Fe_2O_3≈5%、TiO_2≈0.6%、Al_2O_3≈16.5%）（McLennan，2001；Rollison，2000），所有样品的 Al_2O_3、Fe_2O_3、TiO_2 相对较高。

SiO_2 是几乎所有样品中含量最高的主量元素氧化物（表 7-12），8#剖面凝灰岩的 SiO_2 含量在 29.9%～32.5%之间，平均 30.8%；4#剖面凝灰岩的 SiO_2 含量普遍要高于 8#剖面的，在 43.1%～45.6%之间，平均 44.4%。研究样品中 Si 主要在石英和黏土矿物中，结合 XRD 分析结果，凝灰岩中含有大量高岭石类黏土矿物，在 4#剖面 CH19-02H1 中发现含有大量石英矿物，所以该样品的 SiO_2 含量最高，达 45.6%，主量元素测试结果与 XRD 分析结果是相符的。

TiO_2 含量普遍都较高（表 7-12），8#剖面凝灰岩的 TiO_2 含量在 5.4%～6.0%之间，平均 5.6%；4#剖面凝灰岩的 TiO_2 含量在 4.2%～4.6%之间，平均 4.4%。以上数据显示，4#剖面凝灰岩的 TiO_2 普遍低于 8#剖面的，但总体都比较高，凝灰岩高 TiO_2 含量可能是由于普遍含有锐钛矿，且 TiO_2 含量变化分布大致与 XRD 鉴定的锐钛矿含量分布一致。

Al_2O_3 的含量总体比较集中（表 7-12），8#剖面凝灰岩的 Al_2O_3 含量在 22.2%～24.1%之间，平均 23.2%；4#剖面凝灰岩的 Al_2O_3 含量在 19.5%～20.3%之间，平均 19.9%。由以上数据可知，Al_2O_3 的含量变化范围较窄，Al 主要存在于含 Al 的黏土矿物中，这与全岩 XRD 鉴定结果（含大量高岭石）是一致的。值得注意的是，所有凝灰岩的 Al_2O_3/TiO_2 值均远小于 7，普遍 4%左右。

Fe_2O_3 是凝灰岩研究样品中含量较高的一个主量元素氧化物（表 7-12），8#剖面凝灰岩的 Fe_2O_3 含量在 26.5%～31.3%之间，平均 29.6%；4#剖面凝灰岩的 Fe_2O_3 含量在 19.6%～21.2%之间，平均 20.4%。结合 XRD 鉴定结果，推测 Fe 在研究样品中主要赋存在铁的矿物中，主要为赤铁矿，还有部分赋存在磁铁矿中。

MnO、MgO、CaO、Na_2O、K_2O 和 P_2O_5 的含量在绝大多数凝灰岩样品中的含量较低，除 K_2O 之外，均小于 1%。8#剖面的凝灰岩 MnO 含量为 0.1%、MgO 含量为 0.2%、CaO 含量在 0.3%～0.5%之间、Na_2O 含量为 0.1%、K_2O 含量为 0.1%～0.2%、P_2O_5 含量在 0.2%～0.5%之间；4#剖面的凝灰岩 MnO 含量为 0.1%、MgO 含量为 1%、CaO 含量在 0.2%～0.4%之间、Na_2O 含量为 0.1%、K_2O 含量为 4.0%～4.2%、P_2O_5 含量为 0.1%。4#双坪岔河剖面的 K_2O 远比 8#张氏沟剖面的高，表明岔河一带的凝灰岩要比张氏沟一带的更富集高岭石、云母类矿物。

CIA 值计算结果（表 7-12），显示总体凝灰岩的 CIA 值远大于玄武岩的，且 8#剖面的 CIA 值（98.1～99.3）比 4#剖面的 CIA 值（80.6）高，表明 8#剖面的凝灰岩风化程度要比 4#剖面的强，这与野外观察到的宏观地质现象一致。

2. 赋矿层主量元素特征

1）矿化样的主量元素特征

研究区矿化样主要赋存在二叠系宣威组的下部，底部与峨眉山玄武岩组的玄武岩和凝灰岩接触。为了详细阐述 Nb-Ga-REE 多金属矿化层的主量元素特征，本研究结合野外地质调查情况，最终选取了 8#剖面（贵州黑石张氏沟）、4#剖面（贵州双坪岔河）以及 14#剖面（云南宣威龙潭三间地）3 个典型剖面为重点研究对象，依据风化壳型 Nb（Ta）矿床的工业品位（Nb_2O_5 为 160×10^{-6}～200×10^{-6}，DZ/T 0202—2002《稀有金属矿产地质勘查规范》），大致将矿化样分为高品位矿化样（大于 500×10^{-6}）、中品位矿化样（200×10^{-6}～500×10^{-6}）、低品位矿化样（160×10^{-6}～200×10^{-6}）。

矿化样样品的主量元素数据见表 7-13，研究样品的烧失量大多数在 10%左右，变化范围不大，高品位矿化样的烧失量在 11.3%～13.9%之间，平均 12.5%；中品位矿化样的烧失量在 10.2%～26.3%之间，平均 15.1%；低品位矿化样的烧失量在 11.1%～11.2%之间，平均 11.1%。某些相对较高的烧失量可能是由于样品中含有较高的黏土含量，比如样品 HSZ18-11H1 的烧失量高达 26.3%，含有大量高岭石，另一个原因含有部分碳质。总体上，高品位、中品位、低品位矿化样的烧失量是比较接近的。

表 7-13　研究区矿化样主量元素含量　（单位：%）

品位等级	样品编号	SiO_2	TiO_2	Al_2O_3	Fe_2O_3	MnO	MgO	CaO	Na_2O	K_2O	P_2O_5	LOI	Al_2O_3/TiO_2	CIA
高品位	HSZ18-09H2	44.4	1.3	37.1	2.0	0.0	0.1	0.1	0.1	0.0	0.1	13.9	28.95	99.2
	HSZ18-11H2	35.4	0.9	32.9	16.2	0.1	0.7	0.0	0.1	0.1	0.2	12.5	37.33	99.2
	HSZ18-11H3	41.6	0.9	35.4	6.6	0.1	0.2	0.0	0.1	0.1	0.3	13.7	39.81	99.1
	CH19-09H1	26.3	7.7	26.1	25.0	0.2	1.2	0.1	0.1	0.3	0.0	11.3	3.37	97.8
	LTS18-02H1	46.0	1.0	27.9	10.7	0.0	0.1	0.0	0.0	0.4	0.2	12.0	26.79	98.3
	LTS18-02B1	45.1	1.0	27.7	11.8	0.0	0.1	0.0	0.0	0.4	0.3	12.1	27.16	98.3
	LTS18-03B1	46.6	1.2	33.3	3.8	0.0	0.3	0.0	0.0	1.3	0.1	12.0	28.71	95.8
	LTS18-04H1	43.3	1.2	33.1	7.9	0.0	0.1	0.1	0.0	0.4	0.1	12.8	28.25	98.4
	平均	41.1	1.9	31.7	10.5	0.1	0.4	0.1	0.1	0.4	0.1	12.5	27.55	98.3
中品位	HSZ18-05H1	41.9	6.9	35.3	1.2	0.0	0.2	0.1	0.1	0.0	0.4	13.2	5.09	99.1
	HSZ18-06H1	29.4	1.8	25.5	30.4	0.1	1.5	0.0	0.1	0.0	0.0	10.2	14.26	99.2
	HSZ18-08H1	43.8	2.9	36.5	1.9	0.0	0.1	0.2	0.1	0.1	0.3	13.5	12.68	99.3
	HSZ18-10H1	24.1	5.3	52.5	2.9	0.0	0.2	0.1	0.1	0.0	0.3	13.7	9.89	99.4
	HSZ18-11H1	36.8	1.7	31.5	2.2	0.0	0.1	0.0	0.1	0.1	0.1	26.3	18.76	99.3
	HSZ18-12H1	32.2	3.2	29.9	18.6	0.1	0.6	0.1	0.1	0.2	0.2	14.1	9.39	98.6
	HSZ18-13H1	37.0	4.3	32.0	6.3	0.0	0.2	0.1	0.1	0.3	0.2	18.3	7.39	98.6
	HSZ18-13H2	31.6	4.3	26.6	20.4	0.1	0.7	0.2	0.1	0.2	0.5	14.6	6.16	98.3
	CH19-09H2	34.9	8.2	40.0	2.1	0.0	0.2	0.0	0.1	0.2	0.1	13.3	4.87	98.7
	LTS18-05H1	44.4	0.9	37.4	1.6	0.0	0.1	0.1	0.0	0.1	0.2	14.1	41.58	99.2
	平均	35.6	4.0	34.7	8.8	0.0	0.4	0.1	0.1	0.1	0.2	15.1	13.0	99.0
低品位	HSZ18-16H1	43.1	4.4	25.5	13.1	0.1	0.8	0.2	0.1	0.8	0.1	11.1	5.80	95.9
	CH19-16H2	26.1	5.4	16.9	38.2	0.2	1.1	0.0	0.0	0.1	0.1	11.2	3.14	99.0
	平均	34.6	4.9	21.2	25.6	0.1	0.9	0.1	0.0	0.5	0.1	11.1	4.47	97.5

从表中数据可知，所有矿化样的 SiO_2、TiO_2、Al_2O_3 和 Fe_2O_3 是相对含量较高的主量元素氧化物，而 MnO、MgO、CaO、Na_2O、K_2O 和 P_2O_5 相对含量较低。如果与上地壳主量元素（TiO_2≈0.6%、Al_2O_3≈16.5%、Fe_2O_3≈5.0%）（McLennan，2001；Rollison，2000）相比，所有样品的 TiO_2、Al_2O 和 Fe_2O_3 相对较高。

SiO_2 是所有矿化样品中含量最高的主量元素氧化物（表 7-13），高品位矿化样的 SiO_2 含量在 26.3%～46.6%之间，平均 41.1%，这其中 8#剖面的 SiO_2 含量在 35.4%～44.4%之间，4#剖面的 SiO_2 含量为 26.3%，14#剖面的 SiO_2 含量位于 43.3%～46.6%之间；中品位矿化样的 SiO_2 含量在 24.1%～44.4%之间，平均 35.6%，这其中 8#剖面的 SiO_2 含量在 24.1%～43.8%之间，4#剖面的 SiO_2 含量为 34.9%，14#剖面的 SiO_2 含量 44.4%；

低品位矿化样的 SiO_2 含量在 26.1%～43.1%之间，平均 34.6%，这其中 8#剖面的 SiO_2 含量为 43.1%，4#剖面的 SiO_2 含量为 26.1%。研究样品中 Si 主要在石英和黏土矿物中，据 XRD 鉴定结果，主要的黏土矿物为高岭石，同时普遍含有石英。

TiO_2 含量变化较大（表 7-13），高 Ti 和低 Ti 的矿化样都存在。高品位矿化样的 TiO_2 含量在 0.9%～7.7%之间，平均 1.9%，这其中 8#剖面的 TiO_2 含量在 0.9%～1.34%之间，4#剖面的 TiO_2 含量最高（7.7%），为典型的高 Ti 高 Nb 矿化样，14#剖面的 TiO_2 含量位于 1.0%～1.2%之间；中品位矿化样的 TiO_2 含量在 0.9%～8.2%之间，平均 4.0%，这其中 8#剖面的 TiO_2 含量在 1.7%～6.9%之间，4#剖面的 TiO_2 含量为 8.2%，14#剖面的 TiO_2 含量为 0.9%；低品位矿化样的 TiO_2 含量在 4.4%～5.4%之间，平均 4.9%，这其中 8#剖面的 TiO_2 含量为 4.4%，4#剖面的 TiO_2 含量为 5.4%。结合 XRD 定性和半定量分析结果，高品位、中品位、低品位矿化样中普遍含有大量锐钛矿，推断 Ti 主要存在于锐钛矿中，而 Nb 矿化均与 Ti 关系密切，因此表明锐钛矿应该是研究区的主要赋 Nb 矿物。

Al_2O_3 的含量总体比较集中于 30%左右（表 7-13），高品位矿化样的 Al_2O_3 含量在 26.1%～37.1%之间，平均 31.7%，这其中 8#剖面的 Al_2O_3 含量在 32.9%～37.1%之间，4#剖面的 Al_2O_3 含量为 26.1%，14#剖面的 Al_2O_3 含量位于 27.7%～33.3%之间；中品位矿化样的 Al_2O_3 含量在 25.5%～52.5%之间，平均 34.7%，这其中 8#剖面的 Al_2O_3 含量在 25.5%～52.5%之间，4#剖面的 Al_2O_3 含量为 40.0%，14#剖面的 Al_2O_3 含量为 37.4%；低品位矿化样的 Al_2O_3 含量在 16.9%～25.5%之间，平均 21.2%，这其中 8#剖面的 Al_2O_3 含量为 25.5%，4#剖面的 Al_2O_3 含量为 16.9%。由以上数据可知，Al_2O_3 的含量变化范围较窄，且高品位和中品位矿化样的 Al_2O_3 含量要比低品位的稍高一些，Al 在研究样品中主要存在于黏土矿物中。值得注意的是，绝大多数矿化样品的 Al_2O_3/TiO_2 值大于 7，具有品位越高 Al_2O_3/TiO_2 值越大的规律。

Fe_2O_3 是矿化样品中含量较高的一个主量元素氧化物（表 7-13），高品位矿化样的 Fe_2O_3 含量在 2.0%～25.0%之间，平均 10.5%，这其中 8#剖面的 Fe_2O_3 含量在 2.0%～16.2%之间，4#剖面的 Fe_2O_3 含量为 25.0%，14#剖面的 Fe_2O_3 含量位于 3.8%～11.8%之间；中品位矿化样的 Fe_2O_3 含量在 1.2%～30.4%之间，平均 8.8%，这其中 8#剖面的 Fe_2O_3 含量在 1.2%～30.4%之间，4#剖面的 Fe_2O_3 含量为 2.1%，14#剖面的 Fe_2O_3 含量 1.6%；低品位矿化样的 Fe_2O_3 含量在 13.1%～38.2%之间，平均 25.6%，这其中 8#剖面的 Fe_2O_3 含量为 13.1%，4#剖面的 Fe_2O_3 含量为 38.2%。以上数据显示，总体上矿化样均含有一定量的 Fe，同时在部分矿化样品中可观察到有磨圆度较好、顺层理发育的赤铁矿的存在，可能指示其陆源碎屑成因。

MnO、MgO、CaO、Na_2O、K_2O 和 P_2O_5 在绝大多数矿化样品中的含量较低（小于 1%），高品位矿化样的 MnO 含量为 0.1%～0.2%，MgO 含量为 0.1%～1.2%，CaO 含量为 0.1%，Na_2O 含量为 0.1%，K_2O 含量为 0.1%～1.3%，P_2O_5 含量在 0.1%～0.3%之间；中品位矿化样的 MnO 含量为 0.1%，MgO 含量为 0.1%～1.5%，CaO 含量在 0.1%～0.2%之间，Na_2O 含量为 0.1%，K_2O 含量为 0.1%～0.3%，P_2O_5 含量为 0.1%～0.5%；低品位矿化样的 MnO 含量为 0.1%～0.2%，MgO 含量为 0.8%～1.1%，CaO 含量为 0.2%，Na_2O 含量为 0.1%，K_2O 含量为 0.1%～0.8%，P_2O_5 含量为 0.1%。

CIA 值计算结果（表 7-13）显示，总体矿化样的 CIA 值都比较大，高品位矿化样的 CIA 值为 95.8～99.2，中品位矿化样的 CIA 值为 98.3～99.4，低品位矿化样的 CIA 值为 95.9～99.0，具有品位越高，CIA 值越大的变化规律。

2）非矿化样的主量元素特征

为了系统研究非矿化样的主量元素含量特征，本研究选取了 8#剖面（黑石张氏沟）、4#剖面（双坪岔河）以及 14#（龙潭三间地）剖面的非矿化样开展了详细研究，测试结果见表 7-14。研究样品的烧失量（LOI）均在 10%左右，变化范围不大，如 8#剖面非矿化样的烧失量在 7.4%～13.7%之间，平均 11.3%；4#剖面非矿化样的烧失量在 5.9%～14.3%，平均 10.5%；14#剖面非矿化样的烧失量为 10.1%。总体上，8#剖面烧失量相比 4#和 14#剖面高些，这可能是因为 8#剖面的样品遭受了较强的风化作用，形成的黏土矿物较多。从表中数据可知，所有样品中的 SiO_2、TiO_2、Al_2O_3 和 Fe_2O_3 是相对含量较高的主量元素氧化物，而 MnO、MgO、CaO、Na_2O、K_2O 和 P_2O_5 相对含量较低。如果以上地壳主量元素相比，（TiO_2≈0.6%、Al_2O_3≈16.5%、Fe_2O≈5%）（McLennan，2001；Rollison，2000），绝大多数样品的 TiO_2、Al_2O_3、Fe_2O_3 相对较高。

表 7-14　研究区非矿化样主量元素含量　（单位：%）

剖面号	样品编号	SiO_2	TiO_2	Al_2O_3	Fe_2O_3	MnO	MgO	CaO	Na_2O	K_2O	P_2O_5	LOI	Al_2O_3/TiO_2	CIA
8#	HSZ18-02H1	36.8	5.6	22.2	24.1	0.1	0.6	0.4	0.1	1.4	0.3	8.1	4.00	92.8
	HSZ18-04H1	30.9	5.6	24.7	25.3	0.1	0.4	0.2	0.1	0.1	0.2	11.8	4.38	98.9
	HSZ18-07H1	26.9	1.3	13.8	33.5	0.5	0.8	5.4	0.1	0.1	4.8	12.1	10.31	97.8
	HSZ18-09H1	39.0	4.3	34.7	7.2	0.0	0.3	0.1	0.1	0.0	0.2	13.1	8.17	99.1
	HSZ18-14H1	34.7	5.2	25.4	17.6	0.1	0.7	0.3	0.1	0.5	0.5	13.7	4.86	97.3
	HSZ18-15H1	38.6	3.4	20.3	22.4	0.1	1.1	0.3	0.1	0.4	0.5	12.4	5.91	97.0
	HSZ18-17H1	41.5	5.4	25.0	13.8	0.1	0.8	0.4	0.1	0.6	0.3	12.1	4.60	96.8
	HSZ18-18H1	51.1	3.1	17.4	15.6	0.1	0.9	0.4	0.1	0.5	0.4	9.7	5.63	96.0
	HSZ18-18H2	42.5	4.5	22.6	14.4	0.0	1.0	0.5	0.1	0.5	0.1	13.7	5.05	96.9
	HSZ18-19H1	22.1	3.8	16.6	43.7	0.4	1.8	0.2	0.1	0.0	0.1	10.4	4.34	98.7
	HSZ18-19H2	33.7	4.6	24.4	22.8	0.3	0.6	0.2	0.1	0.3	0.2	12.3	5.27	97.6
	HSZ18-20H1	39.0	3.9	19.1	21.0	0.2	1.4	0.7	0.1	0.4	0.4	13.5	4.90	96.6
	HSZ18-21H1	20.8	1.8	9.9	44.9	1.2	1.2	4.8	0.1	0.0	4.0	10.3	5.40	97.5
	HSZ18-21H2	49.0	5.4	27.6	2.6	0.0	0.6	0.4	0.1	0.5	0.1	12.8	5.10	97.4
	HSZ18-22H1	42.8	3.6	18.4	20.9	0.1	1.4	0.4	0.1	0.5	0.3	11.1	5.09	96.1
	HSZ18-23H1	40.6	4.5	28.3	13.1	0.1	0.4	0.3	0.1	0.3	0.1	12.3	6.36	98.3
	HSZ18-24H1	25.2	4.2	15.6	40.6	0.4	1.7	0.5	0.1	0.0	0.1	10.7	3.76	98.6
	HSZ18-25H1	23.5	3.3	18.9	42.8	0.2	3.0	0.2	0.1	0.0	0.1	7.4	5.80	98.7
	HSZ18-26H1	25.9	4.1	17.6	38.5	0.2	1.3	0.2	0.1	0.1	0.1	11.2	4.27	98.2
	HSZ18-27H1	43.1	3.8	17.8	20.6	0.1	1.6	1.2	0.1	0.5	0.6	10.0	4.68	95.3
	HSZ18-27H2	29.1	3.9	21.2	22.0	0.2	1.2	6.0	0.1	0.2	4.4	11.4	5.50	98.0
	HSZ18-T1f32H1	43.4	3.7	18.5	20.3	0.1	2.3	1.2	0.5	0.6	0.5	8.1	4.95	89.5
4#	CH19-02H3	33.9	5.7	27.1	20.7	0.1	0.4	0.1	0.1	0.7	0.5	10.6	4.78	96.2
	CH19-03H1	29.9	5.4	24.4	30.5	0.0	0.2	0.1	0.1	0.2	0.3	9.3	4.52	98.3
	CH19-03H2	31.1	5.2	25.1	28.5	0.0	0.2	0.2	0.1	0.2	0.3	9.4	4.82	98.4
	CH19-03H3	31.4	5.5	25.7	27.2	0.0	0.1	0.1	0.0	0.2	0.2	9.9	4.71	98.7
	CH19-05H1	29.2	5.1	24.1	31.6	0.0	0.1	0.1	0.1	0.3	0.4	9.2	4.72	97.6
	CH19-05H2	31.9	5.6	26.3	25.0	0.0	0.1	0.1	0.1	0.2	0.2	10.1	4.70	98.2
	CH19-06H1	31.5	6.1	27.9	20.6	0.1	0.2	0.1	0.1	0.1	0.1	12.6	4.58	98.8
	CH19-06H2	34.9	7.1	30.0	13.4	0.1	0.1	0.1	0.1	0.1	0.1	13.2	4.23	99.0
	CH19-08H1	41.0	8.7	34.1	2.3	0.0	0.2	0.1	0.1	0.1	0.1	12.8	3.90	98.8
	CH19-08H2	41.2	7.7	34.4	3.0	0.0	0.2	0.1	0.1	0.2	0.1	12.8	4.46	98.7
	CH19-09H3	43.9	2.2	37.6	1.3	0.0	0.1	0.0	0.1	0.5	0.0	14.1	16.78	97.8
	CH19-11H1	30.0	4.2	25.5	23.5	0.1	0.7	0.1	0.1	0.7	0.7	14.3	6.13	96.4
	CH19-11H2	36.5	4.0	19.8	25.4	0.2	0.9	0.1	0.1	0.6	0.4	11.8	5.00	96.3
	CH19-11H3	34.2	4.0	18.5	29.8	0.2	1.2	0.0	0.0	0.3	0.4	11.2	4.62	97.9
	CH19-16H1	44.9	3.4	16.3	22.6	0.2	0.7	0.1	0.1	0.5	0.5	10.5	4.87	95.9
	CH19-26H1	41.1	5.8	33.7	4.6	0.0	0.2	0.1	0.1	0.3	0.3	13.0	5.85	98.5
	CH19-29H1	44.1	3.9	16.4	22.8	0.0	0.6	0.1	0.0	0.3	0.3	11.1	4.22	97.5
	CH19-29H2	20.8	2.5	13.4	49.4	0.1	0.8	0.0	0.0	0.1	0.3	12.3	5.28	99.1
	CH19-29H3	29.2	1.7	9.5	45.9	0.3	0.4	0.0	0.0	0.2	1.1	11.3	5.55	97.7

续表

剖面号	样品编号	SiO_2	TiO_2	Al_2O_3	Fe_2O_3	MnO	MgO	CaO	Na_2O	K_2O	P_2O_5	LOI	Al_2O_3/TiO_2	CIA
4#	CH19-30H1	42.3	4.7	18.4	21.1	0.2	0.9	0.1	0.1	0.5	0.4	11.1	3.91	96.4
	CH19-30H2	49.2	5.3	24.8	7.4	0.0	0.8	0.0	0.1	2.4	0.1	9.3	4.65	89.6
	CH19-30H3	43.3	4.3	18.3	20.3	0.1	1.0	0.0	0.1	0.7	0.4	10.8	4.22	95.1
	CH19-31H1	42.2	4.8	18.7	20.6	0.2	1.0	0.0	0.1	0.6	0.4	11.3	3.94	95.9
	CH19-31H2	50.7	3.4	15.7	18.3	0.3	0.9	0.0	0.0	0.9	0.4	9.3	4.58	93.7
	CH19-33H1	46.0	3.4	22.8	12.8	0.1	1.2	0.0	0.1	4.5	0.3	8.5	6.76	82.0
	CH19-33H2	50.3	3.6	14.9	17.4	0.2	3.4	0.1	0.1	1.6	0.3	8.0	4.15	88.5
	CH19-34H1	45.5	3.5	15.6	15.5	0.2	6.0	2.4	1.2	1.9	0.4	7.7	4.51	72.1
	CH19-34H2	48.6	3.4	14.8	13.9	0.1	5.9	2.4	1.4	1.9	0.4	7.1	4.40	68.8
	CH19-34H3	52.1	3.0	12.5	13.2	0.1	7.6	1.8	1.7	0.6	0.4	6.7	4.22	66.3
	CH19-34H4	50.3	2.8	14.6	13.9	0.1	7.4	1.2	2.1	1.8	0.4	5.9	5.29	65.7
14#	LTS18-01H1	45.1	4.8	24.6	11.6	0.5	0.5	0.1	0.0	1.8	0.3	10.1	5.17	92.1

SiO_2是几乎所有样品中含量最高的主量元素氧化物（表 7-14），8#剖面非矿化样的SiO_2含量在 20.8%～51.1%之间，平均 35.5%；4#剖面非矿化样的SiO_2含量在 20.8%～52.1%之间，平均 39.4%；14#剖面非矿化样的SiO_2含量为 45.1%。研究样品中 Si 主要在石英和黏土矿物中，结合 XRD 分析结果，非矿化样中含有大量高岭石和石英，所以非矿化样的 Si 主要存在于高岭石和石英中。

TiO_2含量变化较大（表 7-14），8#剖面非矿化样的TiO_2含量在 1.3%～5.6%之间，平均 4.0%；4#剖面非矿化样的TiO_2含量在 1.7%～8.7%之间，平均 4.5%；14#剖面非矿化样的TiO_2含量为 4.8%。结合 XRD 定性和半定量分析结果，非矿化样中的 Ti 应该存在于锐钛矿中，这类锐钛矿由于富集 Nb 的程度不足以达到最低工业品位，故为非矿化型锐钛矿。

Al_2O_3的含量总体比较集中于 20%左右（表 7-14），8#剖面非矿化样的Al_2O_3含量在 9.9%～34.7%之间，平均 20.9%；4#剖面非矿化样的Al_2O_3含量在 9.5%～37.6%之间，平均 22.0%；14#剖面非矿化样的Al_2O_3含量为 24.6%。根据 XRD 鉴定结果，推测 Al 在研究样品中主要存在于高岭石和云母类矿物之中。值得注意的是，绝大多数非矿化样的Al_2O_3/TiO_2值小于 7，这与矿化样差别比较大，例如 8#剖面非矿化样的平均Al_2O_3/TiO_2值为 5.38，4#剖面非矿化样的平均Al_2O_3/TiO_2值为 5.14，14#剖面非矿化样的Al_2O_3/TiO_2值为 5.17。

Fe_2O_3是非矿化样中含量较高的一个主量元素氧化物（表 7-14），8#剖面非矿化样的Fe_2O_3含量变化较大，在 2.6%～44.9%之间，平均 24.0%；4#剖面非矿化样的Fe_2O_3含量在 1.3%～49.4%之间，平均 20.1%；14#剖面非矿化样的Fe_2O_3含量为 11.6%。以上数据显示，总体上非矿化样的铁含量变化大，说明非矿化样中不同位置的含铁矿物含量差别较大，同时在部分样品中存在磨圆度较好、顺层理发育的赤铁矿，可能指示其陆源碎屑成因。

MnO、MgO、CaO、Na_2O、K_2O和P_2O_5在绝大多数非矿化样中的含量较低（小于 1%），8#剖面非矿化样的 MnO 含量为 0.1%～1.2%，MgO 含量为 0.3%～3.0%，CaO 含量为 0.1%～6.0%，Na_2O含量为 0.1%～0.5%，K_2O含量为 0.1%～1.4%，P_2O_5含量在 0.1%～4.8%之间；4#剖面非矿化样的 MnO 含量为 0.1%～0.3%，MgO 含量为 0.1%～7.6%，CaO 含量在 0.1%～2.4%之间，Na_2O含量为 0.1%～2.1%，K_2O含量为 0.1%～4.5%，P_2O_5含量为 0.1%～1.1%；14#剖面非矿化样的 MnO 含量为 0.5%，MgO 含量为 0.5%，CaO 含量为 0.1%，K_2O含量为 1.8%，P_2O_5含量为 0.3%。

CIA 值计算结果（表 7-14），显示总体非矿化样的 CIA 值较大，8#剖面非矿化样的 CIA 值为 89.5～99.1，4#剖面非矿化样的 CIA 值为 65.7～99.1，14#剖面非矿化样的 CIA 值为 92.1，总体上，CIA 值位于 80～100 之间，表明研究区非矿化样经历了强烈风化地质作用。

3. 剖面垂向主量元素变化规律

为了更直观地认识主量元素、Al_2O_3/TiO_2值和化学蚀变指数（CIA 值）在垂向剖面的变化规律，本研究以8#剖面（黑石张氏沟）和4#剖面（双坪岔河）为重点解剖对象，详细制作了主量元素、Al_2O_3/TiO_2值和 CIA 值随剖面深度的变化曲线图（图 7-31、图 7-32），虽然 MnO、MgO、Na_2O、K_2O、P_2O_5在所有样品中含量普遍较低，但本研究也增加了它们含量随剖面深度的变化曲线。

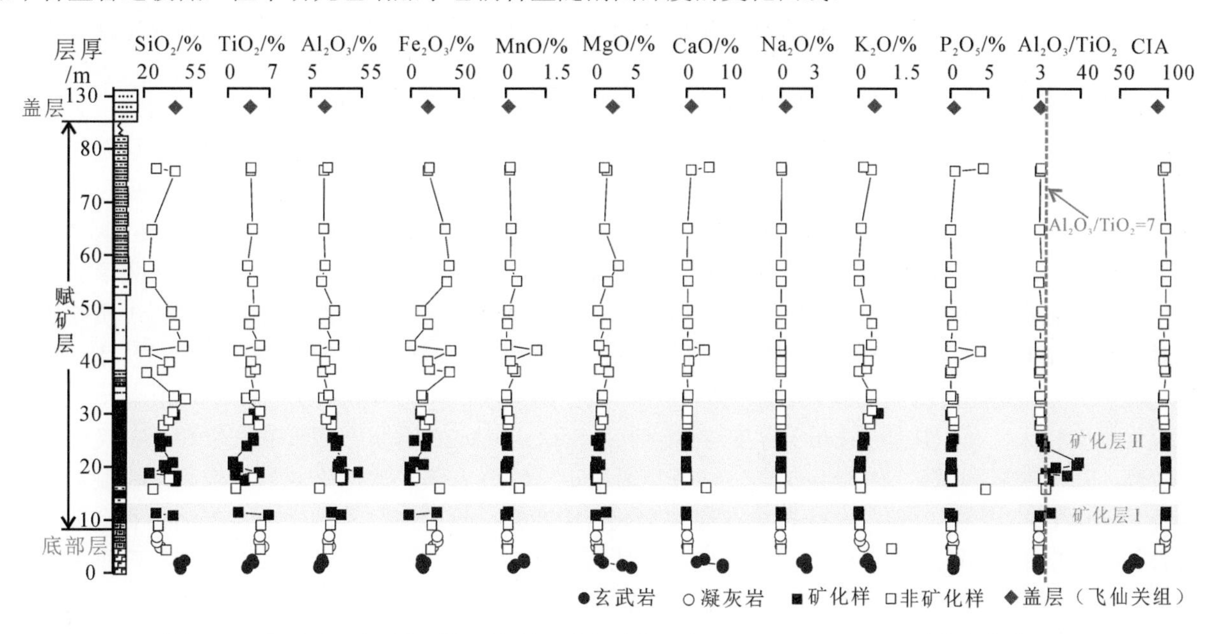

图 7-31　贵州黑石张氏沟8#剖面主量元素氧化物（含Al_2O_3/TiO_2和CIA）垂向变化曲线

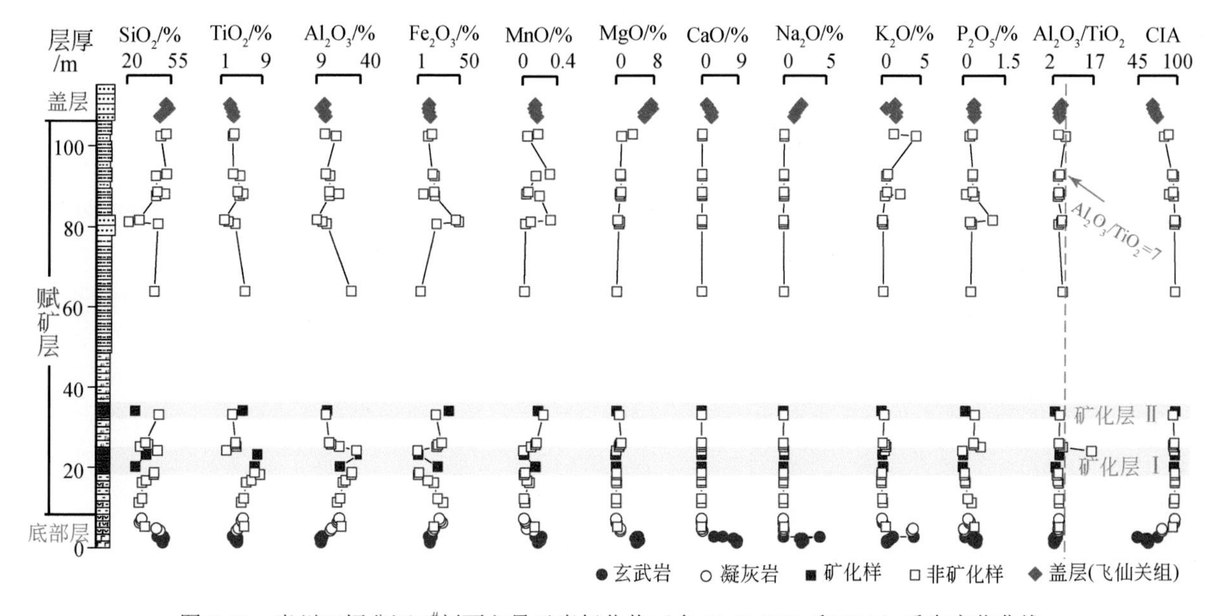

图 7-32　贵州双坪岔河4#剖面主量元素氧化物（含Al_2O_3/TiO_2和CIA）垂向变化曲线

8#剖面：由图 7-31 可以看出，8#剖面在矿化层 I 附近，矿化样相对于非矿化样，具有较高含量的SiO_2，而在矿化层Ⅱ区域内，从下部矿化样到非矿化样，SiO_2具有逐渐增大又变小的趋势。底部层自下而上SiO_2逐渐减少，这是由于最底部新鲜玄武岩中硅酸盐矿物含量较高，盖层三叠系飞仙关组的SiO_2含量增高，由于砂质含量明显增加，野外宏观岩性变为粉砂岩类；TiO_2含量垂向上大致与SiO_2相反，在矿化层 I 出现TiO_2特高现象，且TiO_2主要存在于锐钛矿中，说明锐钛矿应该是该类矿床的主要载 Nb 矿物；Al_2O_3随深度变化的曲线浮动范围较小，在 2 个矿化层的中部略见增加；Fe_2O_3 虽然在矿化样中的含量稍低于非矿化样，但从矿化层 I 到矿化层 II 的过渡段，出现一个 Fe_2O_3 急剧增加的非矿化样品，可能是由赤铁矿和磁铁矿发育导致的；MnO、MgO、CaO、Na_2O、K_2O 和 P_2O_5 含量较低，变化幅度一般不是很大，随深度变化趋势不明显，但在部分样品中出现含量突增现象，例如在深度 40 m 左右有一个样品（HZS18-21H1）出现 MnO、CaO、P_2O_5 同时突增，且该样品含有一定量的 REE，因此可能指示某种富含稀土的磷酸盐矿物的存在；Al_2O_3/TiO_2 值从“底部层→赋矿层→盖层”具有“小→大→小”的变化规律，且除矿化层大于 7 外，其余样品均小于 7；CIA 值从“底部层→赋矿层→盖层”总体具有逐渐增加的趋势，说明风化程度越来越强，且矿化层处于强烈风化的范围。

4#剖面：从 4#双坪岔河剖面垂向主量元素变化曲线（图 7-32）可以看出，在矿化层 I 附近，矿化样与非矿化样的 SiO_2 含量差不多，而在矿化层 II 区域内，矿化样的 SiO_2 含量略低于非矿化样，这可能是由非矿化样中砂质含量较重导致的；TiO_2 含量垂向上，在中下部，TiO_2 变化曲线与 SiO_2 大致相反，在矿化层中 TiO_2 相对较高，这可能也指示了含 Ti 矿物为主要的赋 Nb 矿石矿物，与电子探针分析结果（赋 Nb 矿物主要为锐钛矿）相符；Al_2O_3 随深度变化的曲线浮动较明显，从底部层→赋矿层→盖层具有先增加后减少的变化趋势，且在矿化层附近，Al_2O_3 含量总体较高，这与野外宏观矿化岩性主要为灰色铝土质硬质黏土岩是对应的；Fe_2O_3 含量在矿化样和非矿化样中差别不大，而从底部玄武岩到其上覆的凝灰岩，Fe_2O_3 含量逐渐增加，这可能是野外看到的凝灰岩常为紫红色、褐色的原因；MnO 垂向上在中下部变化幅度较小，而上部变化幅度较大，在矿化层中 MnO 含量总体较小且较稳定；MgO 含量在底部玄武岩和顶部飞仙关组砂岩中较高，在凝灰岩和赋矿层中 MgO 含量很低且很稳定；CaO 含量在底部玄武岩中较高，在凝灰岩、赋矿层及盖层中 CaO 含量较低；Na_2O 含量在底部玄武岩中较高，这可能与玄武岩中含有钠长石有关，而在凝灰岩、赋矿层中 Na_2O 较低；K_2O 含量在底部玄武岩和凝灰岩中较高，这可能与含有钾长石有关，而盖层中 K_2O 明显降低；P_2O_5 随深度变化的曲线浮动范围较小，只在上部的一个非矿化样中出现稍高的 P_2O_5 样品；Al_2O_3/TiO_2 值从“底部层→赋矿层→盖层”具有“小→大→小”的变化规律，该剖面大部分样品的 Al_2O_3/TiO_2 值小于 7；CIA 值从“底部层→赋矿层→盖层”，总体呈现出“小→大→小”的分布规律，说明赋矿层的原岩风化程度强，而底部层和盖层的原岩风化程度相对较低。

7.5.2 主量元素与矿物组分关系

矿物是元素的主要载体，尤其是主量元素，所以主量元素的变化规律常常也能和矿物变化规律相互验证。例如，研究区矿化样的 TiO_2 含量较非矿化样的稍高，对应的锐钛矿含量也比非矿化样的高一些。基于 XRD 粉晶衍射能定性鉴定出比较常见的矿物，半定量结果只能做辅助参考，本研究利用全岩的主量元素进行了系统的 CIPW 标准矿物理论计算，对那些含量较高的主量元素氧化物和计算出的矿物之间的关系进行了探讨。

CIPW 标准矿物计算法是一种重要的岩石化学计算法，也是当今应用得最为广泛的一种方法（刘宝良，2001），CIPW 标准矿物计算主要是根据岩石的化学分析结果计算出岩石中对应的矿物组成，该方法是由美国的 3 位岩石学家 W. Cross、J. Iddings、L. Pirsson 和 1 位地球化学家 H. Washington 共同创立的，为了纪念他们的巨大贡献就以他们姓名的首字母组合 CIPW 代表该计算方法，后经不断完善和改进，成为一种通过模拟矿物成分和相对数量来为岩石正确命名提供依据的方法（刘宝良，2001）。然而，从本质上说，CIPW 仍是一种化学计算，理想配比的“标准矿物”并不等于岩浆岩的实际矿物，标准矿物组分与岩石实际矿物组分之间存在差别是比较正常的（叶瑛，1987）。“标准矿物”可以理解为反映岩石化学成分特征的参数，它的实用价值是在不同类型岩浆岩之间建立了统一的比较标准，从这一意义来看，“标准矿物”与实际矿物之间的差别是可以理解的，但在实际的应用过程中，要求二者尽可能一致，当出现差别时，要紧密结合野外宏观岩性特征综合定论。

由于 CIPW 法应用简便，无人为因素干扰，加之经过世界各国岩石学家多年的应用已获得大量岩类（均为岩浆岩）CIPW 标准矿物数据，从而在岩浆岩分类命名上可进行对比研究。结合研究区涉及的岩性主要有底部层的岩浆岩（玄武岩+凝灰岩）、赋矿层（矿化黏土岩+非矿化黏土岩）及盖层（飞仙关组粉砂岩），因此，本研究重点开展了底部层中的玄武岩和凝灰岩的 CIPW 标准矿物计算，对赋矿层和盖层的沉积岩未进行计算。

1. 玄武岩 CIPW 标准矿物计算

根据研究区新鲜玄武岩、半风化玄武岩、强风化玄武岩的主量元素分析数据，利用 CIPW 标准矿物计算方法，获得 3 类玄武岩的理论矿物组分及含量（表 7-15）。

表 7-15　研究区玄武岩基于 CIPW 标准矿物计算结果　　（单位：%）

岩性	样号	石英	刚玉	正长石	钠长石	钙长石	白榴石	霞石	硅灰石	透辉石	紫苏辉石	橄榄石	柯石英	磁铁矿	钛铁矿	赤铁矿	金红石	磷灰石
新鲜玄武岩	HSZ1DY	4	0	3	19	21	0	0	0	15	11	0	0	21	6	0	0	1
	HSZ18-01H1	6	0	3	19	24	0	0	0	14	8	0	0	19	6	0	0	1
	CH1DY	8	0	4	17	20	0	0	0	13	9	0	0	21	7	0	0	1
	CH1-1	8	0	4	17	20	0	0	0	13	9	0	0	20	7	0	0	1
	CH1-2	5	0	6	19	19	0	0	0	14	10	0	0	20	7	0	0	1
	LTS1DY	2	0	6	20	19	0	0	0	18	10	0	0	20	5	0	0	1
	LTS1-1	2	0	5	20	19	0	0	0	17	11	0	0	20	5	0	0	1
	LTS1-2	1	0	7	23	17	0	0	0	16	11	0	0	19	5	0	0	1
	LTS1-3	3	0	1	48	4	0	0	0	4	9	0	0	25	5	0	0	1
	LTS1-4	0	0	0	0	7	1	19	4	22	0	0	23	18	5	0	0	1
	平均	4	0	4	20	17	0	2	0	15	9	0	2	20	6	0	0	1
半风化玄武岩	HSZ2	20	9	2	16	9	0	0	0	0	11	0	0	24	7	0	0	1
	CH2-1	8	0	7	18	18	0	0	0	12	9	0	0	20	8	0	0	1
	CH2-2	8	0	7	16	19	0	0	0	12	9	0	0	20	7	0	0	1
	LTS2-1	0	0	5	30	14	0	0	0	11	8	4	0	22	7	0	0	1
	平均	9	2	5	20	15	0	0	0	9	9	1	0	22	7	0	0	1
强风化玄武岩	HSZ3	20	4	2	19	19	0	0	0	0	8	0	0	20	7	0	0	1
	CH3-1	0	0	9	33	11	0	0	0	8	10	1	0	19	7	0	0	1
	CH3-2	8	3	23	1	14	0	0	0	0	20	0	0	25	6	0	0	0
	LTS3	2	0	6	24	18	0	0	0	8	13	0	0	21	6	0	0	1
	平均	7	2	10	19	16	0	0	0	4	13	0	0	21	6	0	0	1
凝灰岩	HSZ18-03H1	22	21	1	1	0	0	0	0	0	11	0	0	34	10	0	0	0
	HSZ18-03H2	18	19	0	1	0	0	0	0	0	15	0	0	38	9	0	0	1
	HSZ19-03H2	18	20	0	0	0	0	0	0	0	14	0	0	38	9	0	0	0
	CH19-02H1	21	13	21	1	1	0	0	0	0	11	0	0	25	7	0	0	0
	CH19-02H2	18	13	22	1	1	0	0	0	0	11	0	0	27	8	0	0	0
	平均	19	17	9	1	0	0	0	0	0	12	0	0	32	8	0	0	0

1）新鲜玄武岩

新鲜玄武岩计算结果显示，长石类矿物含量较高，包括正长石（含量 0～7%，均值 4%）、钠长石（含量 0～48%，均值 20%）、钙长石（含量 4%～24%，均值 17%）；透辉石含量在 4%～18%，平均值为 15%；磁铁矿也较高，含量在 18%～25%；紫苏辉石含量在 0～11%，平均值为 9%；钛铁矿含量在 5%～7%，平均值为 6%；石英含量在 0～8%之间，平均为 4%，与 XRD 半定量分析结果（约 10%在误差范围内是一致的；副矿物磷灰石含量稳定，均为 1%左右；另，龙潭三间地剖面的 LTS1-4 样品较为特殊，还含有 1%的白榴石、19%的霞石、4%硅灰石、23%的柯石英，这些矿物组分可能指示该样品经历过局部的变质作用。

基于以上 CIPW 计算结果，结合 XRD 半定量分析数据、野外宏观岩性特征、显微岩矿鉴定情况，综合推断研究区新鲜玄武岩的矿物成分主要为长石（钠长石为主）、辉石（透辉石、紫苏辉石），还含有一定量的榍石、磷灰石，由于遭受弱的风化作用，故含有斜绿泥石、石英等。

2）半风化玄武岩

半风化玄武岩计算结果显示，主要为长石、辉石、磁铁矿，其次为钛铁矿、石英，还含少量的橄榄石和磷灰石。长石类矿物主要包括钠长石（含量 16%～30%，均值 20%）、钙长石（含量 9%～19%，均值 15%）、正长石（含量 2%～7%，均值 5%）；辉石主要有紫苏辉石（8%～11%，平均 9%）、透辉石（0～12%，平均 9%）；磁铁矿含量在 20%～24%，平均 22%；钛铁矿含量在 7%～8%，平均 7%；石英含量 0～20%，平均 9%；橄榄石含量在 0～4%，平均 1%；磷灰石含量稳定，均为 1%；另，在张氏沟剖面的 HSZ2 样品中显示有 9%刚玉，这需要进一步研究。

基于以上 CIPW 计算结果，结合 XRD 半定量分析数据、野外宏观岩性特征、显微岩矿鉴定情况，综合推断研究区半风化玄武岩的矿物成分主要为长石（钠长石为主）、辉石（紫苏辉石、透辉石），其次为磁铁矿、赤铁矿，还含有一定量的橄榄石、磷灰石（XRD 鉴定为氟磷灰石），少量样品中可见榍石，由于遭受中等的风化作用，故含有斜绿泥石、石英等。

3）强风化玄武岩

强风化玄武岩计算结果显示，主要为长石、辉石、磁铁矿，其次为钛铁矿、石英，还含少量刚玉和磷灰石。长石主要包括钠长石（含量 1%～33%，均值 19%）、钙长石（含量 11%～19%，均值 16%）、正长石（含量 2%～23%，均值 10%）；辉石主要有紫苏辉石（8%～20%，平均 13%）、透辉石（0～8%，平均 4%）；磁铁矿含量在 19%～25%，平均 21%；钛铁矿含量在 6%～7%，平均 6%；石英含量 0～20%，平均 7%；刚玉含量在 3%～4%，平均 2%；磷灰石含量为 0～1%，平均 1%。

基于以上 CIPW 计算结果，结合 XRD 半定量分析数据、野外宏观岩性特征、显微岩矿鉴定情况，综合推断研究区强风化玄武岩的矿物成分主要为长石（钠长石为主）、辉石（紫苏辉石、透辉石），其次为磁铁矿、钛铁矿，还含有一定量磷灰石，极个别样品中可见少量榍石，由于遭受强烈风化作用，故含有斜绿泥石、石英、高岭石等。

2. 凝灰岩 CIPW 标准矿物计算

利用研究区凝灰岩主量元素数据计算出的矿物结果（表 7-15），显示主要为磁铁矿（含量 25%～38%，均值 32%）、石英（含量 18%～22%，均值 19%）、刚玉（含量 132%～21%，均值 17%）、紫苏辉石（11%～15%，均值 12%），其次为长石类（正长石 0～22%，平均 9%；钠长石 0～1%，平均 1%），钛铁矿含量也不低，在 7%～10%之间，平均 8%；个别样品还含少量磷灰石。

基于以上 CIPW 计算结果，结合 XRD 半定量分析数据、野外宏观岩性特征、显微岩矿鉴定情况，综合推断研究区凝灰岩的矿物成分主要为磁铁矿、赤铁矿、石英及钛铁矿，还含有部分的锐钛矿和高岭石。

7.5.3 微量元素地球化学特征

根据 DZ/T 0202—2002《稀有金属矿产地质勘查规范》，本研究采用 $Nb_2O_5=160\times10^{-6}$ 作为矿化样和非矿化样的分界线，与主量元素相比，微量元素在矿化样和非矿化样中存在更为明显的分异现象，尤其是在不同的属性层（底部层、赋矿层）。从分析结果来看，底部层均较富集 Nb、Zr、Hf、Ta、Th、U、Ga，且凝灰岩更较富集 V、Cr、Co、Ni 等（表 7-16、图 7-33、图 7-34）；赋矿层的矿化样高度富集高场强元素（如 Nb、Ta、REE、Zr、Hf、Th、U 和 Ga 等），而非矿化样一般较富集 Sc、V、Cr、Co、Ni 和 Cu 等（表 7-17、表 7-18）。

表 7-16　研究区底部玄武岩和凝灰岩微量元素测试结果　（单位：10^{-6}）

剖面	岩性	样品编号	Nb	Zr	Hf	Ta	Th	U	Ga	Sc	V	Cr	Co	Ni	Zr/Nb
8#	新鲜玄武岩	HSZ18-01H1	28.6	238	6.4	2.0	4.49	0.99	24.6	27.1	438	51	74.2	62.7	8
	新鲜玄武岩	HSZ1DY	29.5	239	5.8	1.69	4.16	0.98	23.2	28.6	437	41	48.9	55.9	8
	新鲜玄武岩	HSZ1	29.2	238	5.6	1.66	3.97	0.85	23.2	29.7	411	41	50.3	57.9	8
	半风化玄武岩	HSZ2	37.4	298	7.4	2.00	5.32	1.24	29.5	35.0	532	52	94.8	76.4	8
	强风化玄武岩	HSZ3	35.9	280	7.0	2.00	5.02	1.10	29.2	35.1	534	52	108.5	82.1	8
	凝灰岩	HSZ18-03H1	52.1	425	11.1	3.4	7.85	1.19	39.7	40.2	620	89	28.6	63.4	8
	凝灰岩	HSZ19-03H1	47.5	383	9.9	2.85	6.97	0.97	36.0	41.5	639	54	13.9	40.0	8
	凝灰岩	HSZ18-03H2	49.3	394	10.4	3.1	7.15	1.39	34.1	41.9	578	63	28.2	42.9	8
	凝灰岩	HSZ19-03H2	45.1	374	9.3	2.81	6.67	0.80	35.7	42.5	559	64	30.5	42.2	8
	凝灰岩	HSZ19-03H3	46.0	372	9.6	2.92	6.82	0.88	33.8	42.0	561	61	17.9	38.0	8
4#	新鲜玄武岩	CH-18-01	23.8	169	4.5	1.7	3.42	0.86	21.0	26.3	419	86	130.5	125.0	7
	新鲜玄武岩	CH1DY	40.6	343	9.4	2.51	7.66	1.85	25.9	23.5	394	36	42.0	52.9	8
	新鲜玄武岩	CH1-1	41.6	353	9.6	2.54	7.97	1.88	26.4	24.3	400	40	43.0	60.1	8
	新鲜玄武岩	CH1-2	30.7	329	8.4	1.96	6.28	1.52	25.3	25.4	422	69	40.1	69.5	11
	半风化玄武岩	CH2-1	41.8	391	10.2	2.66	8.11	2.00	26.1	23.5	399	31	39.4	56.9	9
	半风化玄武岩	CH2-2	39.5	368	9.5	2.32	7.75	1.91	23.4	22.4	378	27	38.9	55.3	9
	强风化玄武岩	CH3-1	35.0	325	8.6	2.11	7.46	1.79	27.3	23.1	405	49	41.3	56.5	9
	强风化玄武岩	CH3-2	39.7	349	10.0	2.44	9.31	6.31	25.6	20.9	317	31	36.2	48.5	9
	凝灰岩	CH-18-02	27.0	193	5.2	1.9	3.72	1.20	25.6	31.7	324	179	111.0	113.0	7
	凝灰岩	CH19-02H1	28.7	182.0	5.0	1.50	4.22	0.90	30.0	30.2	313	72	117.5	246	6
	凝灰岩	CH19-02H2	31.6	211	5.6	1.46	4.75	1.06	29.4	32.8	314	110	73.8	164.0	7
	凝灰岩	CH-18-03	28.2	204	5.5	2.0	4.00	1.21	27.4	36.6	428	252	138.0	147.5	7
	凝灰岩	CH19-03H1	42.1	268	7.4	2.72	6.45	1.78	37.1	52.0	415	120	22.4	60.4	6
	凝灰岩	CH19-03H2	40.4	250	6.9	2.54	5.84	1.11	38.3	35.0	412	130	17.3	57.4	6
	凝灰岩	CH19-03H3	43.5	284	7.7	2.98	6.89	1.30	37.8	35.9	407	130	16.7	54.0	7
14#	新鲜玄武岩	LTS1DY	28.3	232	6.1	1.69	4.51	1.00	22.9	31.5	384	41	45.4	63.1	8
	新鲜玄武岩	LTS1-1	28.2	244	6.2	1.77	4.45	1.01	23.0	31.6	388	41	45.3	62.5	9
	新鲜玄武岩	LTS1-2	28.4	244	6.2	1.79	4.52	1.03	22.4	31.8	390	41	44.3	61.8	9
	新鲜玄武岩	LTS1-3	27.7	224	5.9	1.76	4.31	0.76	14.4	20.4	432	31	20.2	37.4	8
	新鲜玄武岩	LTS1-4	24.0	197.5	5.2	1.54	3.67	0.64	15.3	16.1	263	19	31.4	42.8	8
	半风化玄武岩	LTS2-1	35.9	310	8.5	2.14	5.71	1.28	24.8	26.0	419	34	45.7	62.3	9
	强风化玄武岩	LTS3	26.5	205	5.4	1.50	3.70	0.98	22.5	29.4	401	76	45.7	65.5	8

1. 底部层微量元素特征

本研究挑选了 2 种类型的底部层进行分析，第 1 类是下部为玄武岩、上部为凝灰岩的剖面（以 8#和 4#为代表），第 2 类是只分布有玄武岩、未见凝灰岩（以 14#剖面为代表）。

第 1 类“玄武岩+凝灰岩型”底部层（8#和 4#）的垂向变化特征见图 7-33、图 7-34，可以看出，总体玄武岩和凝灰岩的高场强元素背景值均较高，从底部新鲜玄武岩→半风化玄武岩→强风化玄武岩→凝灰岩，Nb、Zr、Hf、Ta、Ga 具有逐渐增加的趋势，而 Th、U 变化不大，Cr、Co、Ni 具有由小逐渐增大，再减小的变化特征。

第 2 类“玄武岩型”底部层（14#）的垂向变化特征见图 7-35，显示从底部新鲜玄武岩→半风化玄武岩→强风化玄武岩，随着风化程度加强，Nb、Zr、Hf、Ta、Th、U、Ga 具有逐渐增大后又减少的变化规律，而 Sc、V、Cr、Co、Ni 具有逐渐减少后又增大的趋势。

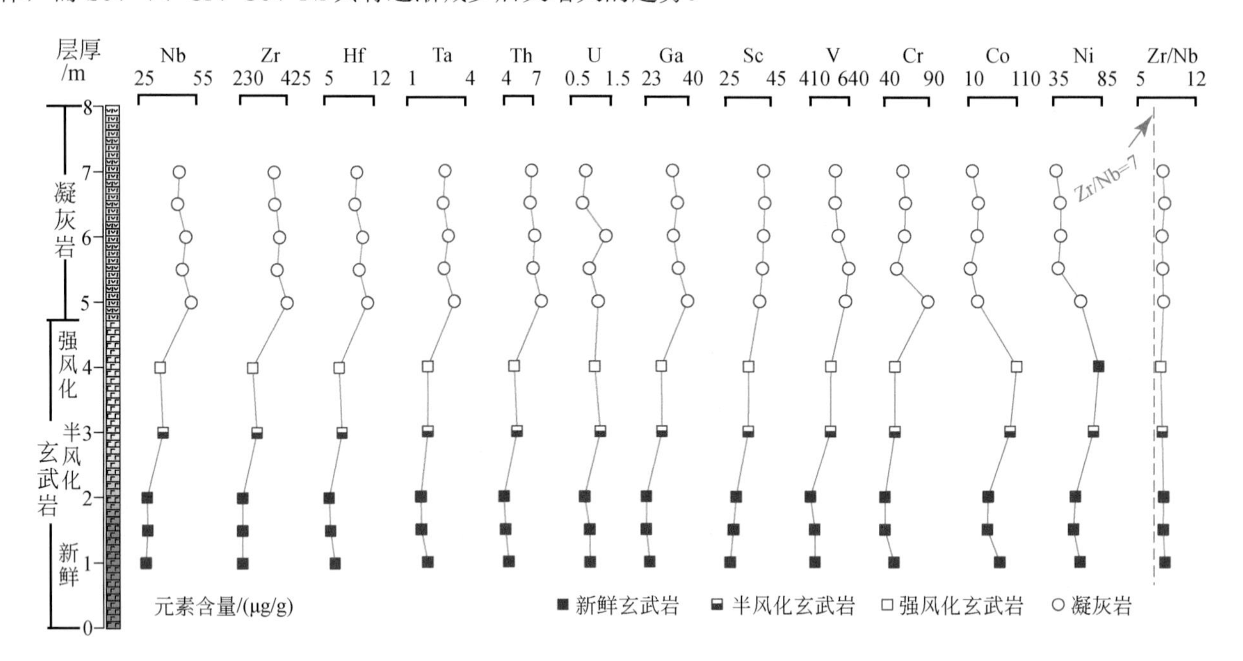

图 7-33　研究区 8#剖面底部玄武岩和凝灰岩中指定微量元素含量随深度变化曲线

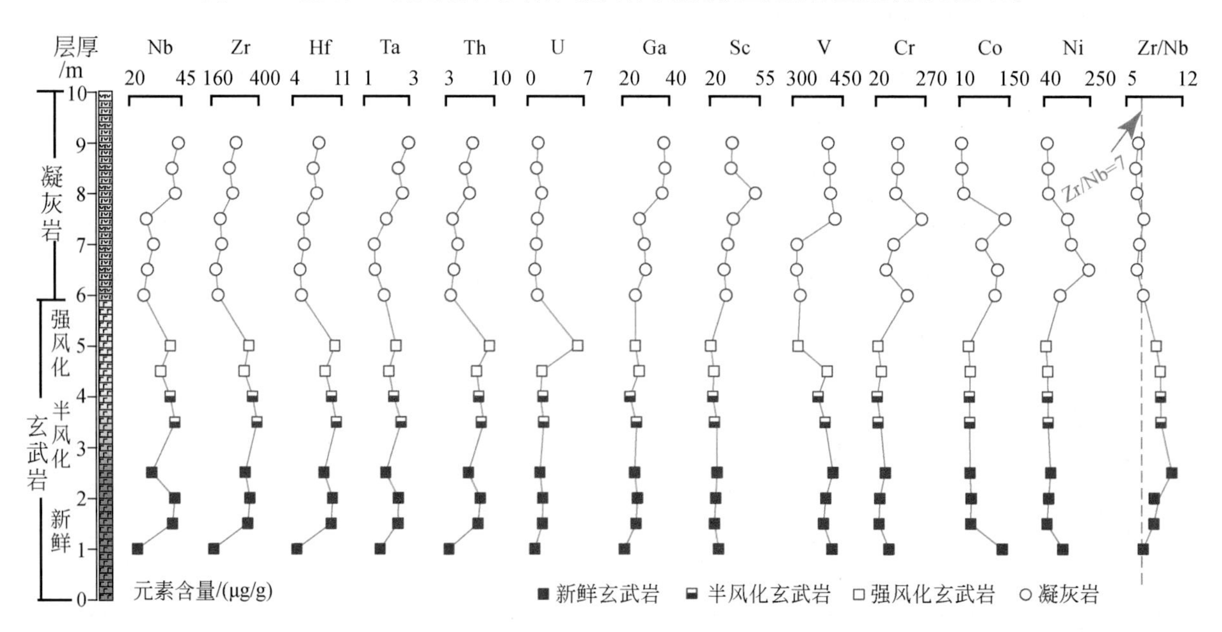

图 7-34　研究区 4#剖面底部玄武岩和凝灰岩中指定微量元素含量随深度变化曲线

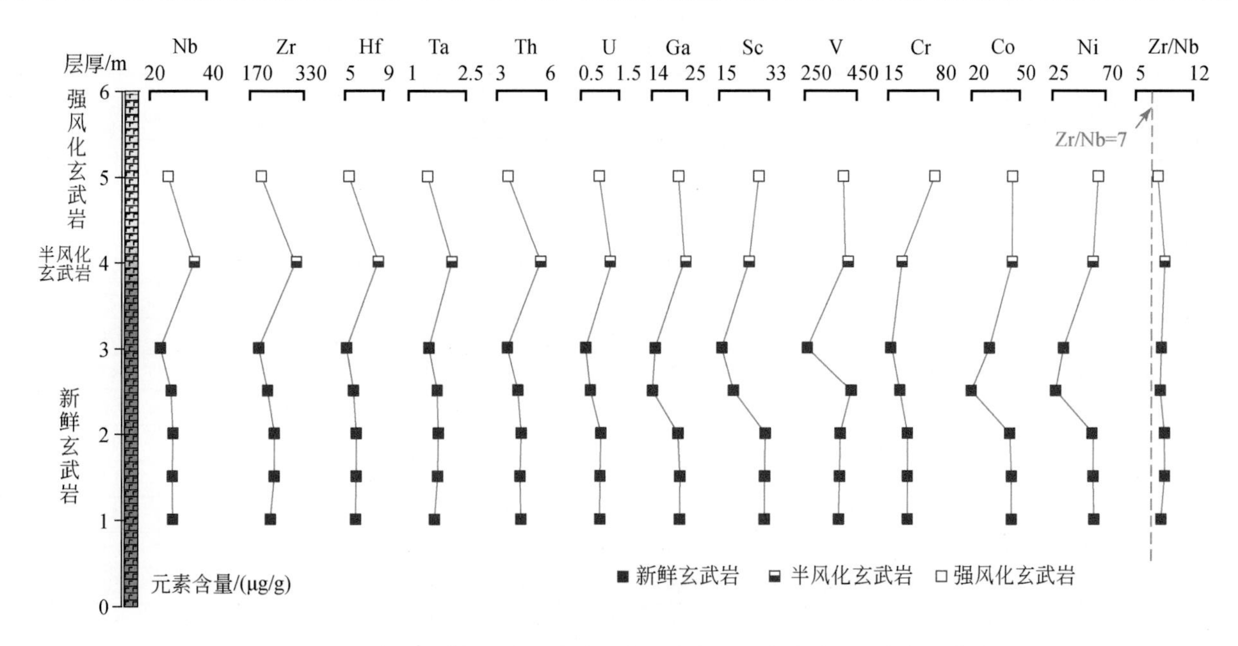

图 7-35　研究区 14#剖面底部玄武岩中指定微量元素含量随深度变化曲线

2. 赋矿层微量元素含量及其随深度变化规律

从研究区的样品微量元素测试结果（表 7-17 和表 7-18）来看，无论是南北向剖面群（4#、6#、7#、8#、10#）还是东西向剖面群（12#、13#、14#、15#、16#），矿化样中的 Nb、Ta、Ga、Zr、Hf、Th 和 U 等稀有金属含量都远远高于非矿化样的，常常为非矿化样的数倍乃至数十倍；而非矿化样中的 Sc、V、Cr、Co 和 Ni 含量常常为矿化样的数倍至数十倍。与上地壳微量元素丰度值相比（Taylor and McLennan，1985），本研究中的非矿化样也十分富集稀有金属元素（表 7-17、表 7-18），以 6#威宁秀水剖面为例，其非矿化样的 Zr 含量为 354×10^{-6}～674×10^{-6}，均高于上地壳的 Zr 平均含量（190×10^{-6}），矿化样中 Zr 含量更高，达 745×10^{-6}～3100×10^{-6}。

基于非矿化样和矿化样中的微量元素差别巨大，本研究没有对各剖面所有样品的平均值进行研究，结合野外剖面分布特点，我们分别以区域南北向剖面群（4#、6#、7#、8#、10#）和区域东西向剖面群（12#、13#、14#、15#、16#）为研究单元系统开展矿化样和非矿化样的微量元素地球化学特征研究。

1）南北向 Nb-Ga-REE 矿化剖面群微量元素特征

南北向剖面群中，除威宁黑石张氏沟 8#剖面具有 2 个矿化层外（顶底出露完整），其余 4#、6#、7#、10# 均见一个矿化层。通过系统分析南北向剖面群所有样品的微量元素结果（表 7-17），可知 Nb 在矿化样中含量为 112.0×10^{-6}～663.0×10^{-6}，均值为 286.1×10^{-6}；Ta 在矿化样中含量为 7.1×10^{-6}～48.2×10^{-6}，平均为 19.3×10^{-6}；Zr 在矿化样中含量为 745.0×10^{-6}～4880.0×10^{-6}，均值为 2123.9×10^{-6}；Hf 在矿化样中含量为 17.5×10^{-6}～126.5×10^{-6}，平均为 55.1×10^{-6}；Ga 在矿化样中含量为 42.4×10^{-6}～133.5×10^{-6}，均值为 68.7×10^{-6}；Th 在矿化样中含量为 17.7×10^{-6}～130.0×10^{-6}，平均为 56.4×10^{-6}；U 在矿化样中含量为 4.4×10^{-6}～37.9×10^{-6}，均值为 13.1×10^{-6}。而在非矿化样中，这几种元素的含量和均值分别为：Nb 23.8×10^{-6}～106.5×10^{-6}，均值 64.1×10^{-6}；Ta 1.6×10^{-6}～7.1×10^{-6}，均值 4.3×10^{-6}，Zr 169.0×10^{-6}～840.0×10^{-6}，均值 471.2×10^{-6}；Hf 4.5×10^{-6}～18.2×10^{-6}，均值 12.1×10^{-6}；Ga 16.6×10^{-6}～70.2×10^{-6}，均值 38.0×10^{-6}；Th 3.4×10^{-6}～23.8×10^{-6}，均值 12.1×10^{-6}；U 0.9×10^{-6}～12.7×10^{-6}，均值 3.3×10^{-6}。Sc 在非矿化样中含量为 14.3×10^{-6}～55.5×10^{-6}，均值为 30.3×10^{-6}；V 在非矿化样中含量变化范围为 164.0×10^{-6}～1020.0×10^{-6}，平均为 451.7×10^{-6}；Cr 在非矿化样中含量为 32.0×10^{-6}～602.0×10^{-6}，均值为 177.5×10^{-6}；Co 在非矿化样中含量变化范围为 12.4×10^{-6}～268×10^{-6}，平均为 62.3×10^{-6}；Ni 在非矿化样中含量为 39.0×10^{-6}～182.0×10^{-6}，均值为 94.5×10^{-6}。然而，这几种微量元素在矿化样中含量分别为：

表 7-17　研究区南北向剖面微量元素测试结果（黑体代表矿化样）　（单位：10^{-6}）

剖面	样品编号	Nb	Zr	Hf	Ta	Th	U	Ga	Sc	V	Cr	Co	Ni	Zr/Nb
4#	CH-18-04	41.4	306	8.2	3.0	6.14	1.25	37.7	47.0	590	138	48.9	111.5	7
	CH-18-05	42.3	301	8.0	3.0	6.05	1.48	38.6	45.4	567	114	25.0	74.7	7
	CH-18-06	44.6	327	8.6	3.1	6.75	1.50	37.4	44.4	577	135	24.7	68.7	7
	CH-18-07	50.8	368	10.0	3.4	7.78	2.30	52.6	48.6	516	208	38.9	102.0	7
	CH-18-08	87.7	661	17.5	6.2	14.85	6.36	57.8	55.5	744	173	29.5	51.7	8
4#	**CH-18-09-1**	**616**	**4880**	**126.5**	**43.0**	**120.0**	**15.95**	**116.0**	**69.1**	**990**	**233**	**85.2**	**99.8**	**8**
	CH-18-09-2	**113.0**	**916**	**24.5**	**7.9**	**25.7**	**4.99**	**52.8**	**38.0**	**502**	**111**	**23.3**	**118.5**	**8**
	CH-18-10	**374**	**2570**	**76.5**	**29.2**	**78.1**	**24.6**	**68.9**	**46.5**	**345**	**81**	**9.4**	**29.1**	**7**
	CH-18-11	92.3	668	17.1	6.5	18.30	4.02	47.3	28.2	348	135	101.5	119.5	7
	CH-18-12	77.0	553	14.8	6.0	15.25	3.62	41.2	27.4	406	220	122.0	151.5	7
	CH-18-13	95.1	655	17.2	6.7	20.3	5.00	39.4	30.3	478	188	36.4	114.5	7
	CH-18-14	81.2	546	13.8	5.3	12.70	3.63	33.6	19.1	492	182	41.5	118.0	7
	CH-18-15	**140.0**	**985**	**24.8**	**9.5**	**25.9**	**5.66**	**42.8**	**25.5**	**656**	**202**	**39.8**	**94.4**	**7**
	CH-18-16	68.0	484	12.6	4.5	12.70	2.68	35.2	20.9	273	145	82.6	145.0	7
	CH-18-17	**115.5**	**794**	**19.8**	**7.7**	**22.2**	**4.87**	**42.4**	**20.6**	**544**	**242**	**76.8**	**144.5**	**7**
	CH-18-18	98.1	676	16.6	6.6	19.90	4.61	34.9	20.0	480	223	60.0	123.0	7
	CH-18-19	85.1	586	15.5	5.8	15.25	3.52	36.6	25.5	348	168	52.0	123.0	7
	CH-18-20	75.4	546	14.2	5.0	14.70	3.25	40.0	30.0	409	347	65.5	115.5	7
	CH-18-21	95.3	668	17.0	6.4	18.20	4.40	41.1	29.7	484	291	12.4	67.3	7
	CH-18-22	29.6	211	5.5	2.0	5.97	1.48	17.10	14.3	164	147	68.2	109.0	7
	CH-18-23	87.8	629	16.2	6.0	18.15	3.99	43.5	29.0	345	349	60.2	92.0	7
	CH-18-24	24.1	195	5.2	1.6	6.07	3.08	37.0	23.9	633	602	268	127.5	8
	CH-18-25	55.2	461	12.4	3.8	11.80	3.27	38.4	24.9	411	188	77.0	128.0	8
	CH-18-27	58.9	407	11.0	4.1	10.25	2.57	29.8	26.0	383	337	70.3	135.0	7
	CH-18-28-1	27.7	265	7.6	2.1	13.40	3.89	20.8	22.7	219	164	14.2	39.0	10
	CH-18-28-2	38.7	266	6.9	2.6	7.17	1.74	16.60	17.0	208	271	49.1	107.5	7
	CH-18-29	29.2	215	5.9	2.1	6.31	1.69	20.1	16.8	212	196	80.8	138.0	7
	CH-18-30	69.6	502	13.3	4.9	14.15	3.35	31.0	28.4	359	373	80.4	165.0	7
	CH-18-32	31.5	260	7.5	2.3	23.8	12.65	21.5	17.3	335	120	18.5	42.8	8
	CH-18-34	49.7	449	12.5	3.6	14.55	3.33	34.0	30.2	295	135	58.5	89.3	9
6#	XSG18-03H1	44.8	354	9.4	3.1	6.52	2.87	50.7	30.7	635	59	77.3	63.0	8
	XSG18-04H1	56.1	449	11.4	3.8	8.35	2.60	42.8	48.5	736	89	35.7	65.5	8
	XSG18-05H1	72.6	593	14.3	4.7	12.35	6.98	70.2	32.2	1020	92	69.0	65.3	8
	XSG18-06H1	**266**	**2200**	**55.5**	**17.2**	**54.7**	**14.70**	**67.1**	**31.3**	**196**	**49**	**4.4**	**40.8**	**8**
	XSG18-07H1	**395**	**3100**	**78.0**	**25.9**	**75.2**	**12.95**	**74.2**	**35.2**	**275**	**52**	**9.4**	**61.7**	**8**
	XSG18-08H1	**236**	**1820**	**45.6**	**15.9**	**46.4**	**12.85**	**76.5**	**40.3**	**415**	**71**	**28.5**	**74.9**	**8**
	XSG18-09H1	**261**	**1880**	**49.9**	**18.1**	**52.5**	**14.85**	**59.2**	**38.3**	**421**	**71**	**15.2**	**33.8**	**7**
	XSG18-09H2	**350**	**2560**	**66.6**	**24.1**	**70.9**	**16.30**	**68.6**	**48.6**	**523**	**106**	**14.9**	**30.1**	**7**
	XSG18-09H3	**291**	**2130**	**56.3**	**20.1**	**55.5**	**15.20**	**49.1**	**42.2**	**314**	**80**	**26.5**	**24.2**	**7**
	XSG18-09H4	**405**	**2960**	**77.3**	**27.8**	**81.2**	**17.00**	**61.6**	**54.7**	**637**	**117**	**4.8**	**17.1**	**7**
	XSG18-10H1	78.3	517	12.6	5.1	11.70	2.93	31.5	26.2	382	231	45.7	80.1	7
	XSG18-11H1	66.8	478	11.4	4.2	11.40	3.03	34.4	23.1	402	129	68.0	85.7	7
	XSG18-12H1	66.4	427	10.2	4.2	10.90	2.59	28.5	20.3	309	183	46.5	85.4	6
	XSG18-13H1	84.1	499	12.4	5.1	13.10	2.86	27.2	15.7	211	67	69.9	66.2	6
	XSG18-13H2	102.5	674	17.1	6.6	19.55	4.70	38.7	27.0	488	233	30.0	87.1	7
	XSG18-14H1	**121.0**	**745**	**17.5**	**7.2**	**17.65**	**4.52**	**45.2**	**31.8**	**659**	**496**	**87.8**	**178.5**	**6**
	XSG18-16H1	75.2	530	13.6	5.0	16.75	3.95	49.5	26.5	500	318	96.2	114.0	7

续表

剖面	样品编号	Nb	Zr	Hf	Ta	Th	U	Ga	Sc	V	Cr	Co	Ni	Zr/Nb
7#	HSM18-02H1	43.4	343	8.7	2.9	6.08	1.38	40.9	35.6	422	69	30.3	99.2	8
	HSM18-04H1	49.4	401	9.9	3.1	10.00	3.68	58.2	27.1	664	116	97.5	56.2	8
	HSM18-05H1	**212**	**1640**	**41.2**	**14.3**	**42.9**	**12.05**	**59.6**	**60.4**	**401**	**76**	**5.6**	**32.0**	**8**
	HSM18-06H1	**176.5**	**1430**	**36.2**	**11.5**	**35.0**	**13.25**	**87.5**	**49.8**	**476**	**87**	**10.6**	**46.6**	**8**
	HSM18-07H1	**237**	**1820**	**45.5**	**15.6**	**47.3**	**12.25**	**53.3**	**49.3**	**559**	**82**	**5.7**	**35.0**	**8**
	HSM18-08H1	96.4	805	20.0	6.5	20.1	4.89	52.2	34.5	568	68	15.7	66.4	8
	HSM18-09H1	**267**	**1920**	**49.9**	**18.4**	**53.5**	**11.20**	**54.5**	**41.6**	**400**	**88**	**9.1**	**43.8**	**7**
	HSM18-10H1	**123.5**	**1030**	**26.8**	**8.8**	**27.5**	**6.64**	**49.4**	**35.3**	**423**	**65**	**10.6**	**24.5**	**8**
	HSM18-10H2	**154.0**	**1180**	**30.0**	**10.0**	**30.5**	**6.84**	**49.6**	**36.2**	**338**	**79**	**19.6**	**57.0**	**8**
8#	HSZ18-02H1	47.2	385	10.5	3.2	7.14	1.34	39.0	40.5	500	78	65.0	120.0	8
	HSZ18-04H1	56.5	466	12.2	3.8	9.43	1.38	44.1	39.9	620	67	84.3	82.5	8
	HSZ18-05H1	**221**	**1830**	**49.8**	**14.6**	**43.3**	**13.45**	**82.1**	**44.0**	**797**	**107**	**5.8**	**32.9**	**8**
	HSZ18-06H1	**153.0**	**1180**	**30.6**	**10.0**	**29.8**	**7.75**	**88.6**	**18.7**	**190**	**40**	**90.2**	**117.0**	**8**
	HSZ18-07H1	34.8	306	7.6	2.2	7.67	1.91	41.4	16.7	219	32	118.5	113.0	9
	HSZ18-08H1	**168.0**	**1400**	**35.5**	**11.0**	**33.0**	**6.27**	**60.7**	**33.6**	**392**	**59**	**12.7**	**24.3**	**8**
	HSZ18-09H1	96.4	840	22.0	6.4	21.8	5.67	68.7	35.8	496	100	23.4	117.0	9
	HSZ18-09H2	**622**	**4860**	**122.0**	**40.9**	**111.5**	**9.07**	**66.4**	**58.9**	**238**	**27**	**13.7**	**60.2**	**8**
	HSZ18-10H1	**322**	**2560**	**62.9**	**20.3**	**64.8**	**16.75**	**86.0**	**59.6**	**510**	**109**	**7.2**	**36.0**	**8**
	HSZ18-11H1	**298**	**1790**	**46.8**	**17.6**	**52.1**	**16.30**	**62.5**	**40.4**	**179**	**46**	**3.3**	**16.0**	**6**
	HSZ18-11H2	**581**	**3910**	**115.5**	**43.3**	**117.0**	**26.4**	**133.5**	**38.7**	**63**	**4**	**28.2**	**120.5**	**7**
	HSZ18-11H3	**663**	**4030**	**122.0**	**48.2**	**130.0**	**37.9**	**100.5**	**31.5**	**45**	**11**	**19.6**	**25.4**	**6**
	HSZ18-12H1	**233**	**1700**	**45.6**	**16.0**	**47.0**	**10.90**	**54.6**	**38.5**	**251**	**60**	**35.3**	**49.1**	**7**
	HSZ18-13H1	**236**	**1790**	**47.5**	**16.2**	**48.2**	**10.65**	**59.4**	**40.5**	**454**	**89**	**13.0**	**48.5**	**8**
	HSZ18-13H2	**156.0**	**1170**	**30.1**	**10.1**	**28.4**	**6.79**	**58.3**	**33.5**	**363**	**93**	**50.7**	**58.9**	**8**
	HSZ18-14H1	106.5	806	21.1	7.1	19.50	4.61	47.7	38.1	483	108	44.0	68.8	8
	HSZ18-15H1	93.5	661	16.6	6.0	17.80	3.89	35.9	26.4	315	115	58.3	88.6	7
	HSZ18-16H1	**112.0**	**755**	**19.9**	**7.1**	**19.85**	**4.36**	**45.9**	**33.1**	**318**	**218**	**96.7**	**68.9**	**7**
	HSZ18-17H1	91.0	678	17.7	6.0	16.10	3.89	43.5	45.0	513	119	40.6	63.2	7
	HSZ18-18H1	75.7	529	13.1	4.7	14.60	3.32	28.1	23.5	293	109	48.0	71.7	7
	HSZ18-18H2	55.0	408	10.5	3.4	8.05	1.79	33.2	35.3	500	153	29.0	85.0	7
	HSZ18-19H1	55.9	411	10.8	3.6	10.25	2.04	42.1	24.8	436	96	104.0	108.5	7
	HSZ18-19H2	97.0	669	16.7	6.1	16.95	3.91	40.3	29.4	431	254	35.5	66.5	7
	HSZ18-20H1	77.1	521	13.3	4.8	13.50	3.48	32.9	27.3	361	209	63.9	91.6	7
	HSZ18-21H1	45.2	299	7.8	2.8	8.16	2.48	24.2	16.7	416	254	109.5	97.4	7
	HSZ18-21H2	92.0	675	17.7	5.8	16.65	3.83	38.9	43.0	433	170	13.9	63.7	7
	HSZ18-22H1	62.7	434	11.2	3.9	10.15	2.45	35.3	28.7	327	272	67.8	128.0	7
	HSZ18-23H1	102.0	746	19.1	6.5	22.5	4.76	39.8	27.0	406	214	23.3	69.0	7
	HSZ18-24H1	81.6	554	13.6	5.0	16.50	3.71	38.6	27.3	340	344	52.6	62.2	7
	HSZ18-25H1	68.4	466	11.5	4.3	13.20	3.17	67.5	22.7	331	145	119.5	182.0	7
	HSZ18-26H1	78.7	524	13.1	4.8	14.95	3.51	50.7	25.9	628	546	83.6	168.0	7
	HSZ18-27H1	66.6	465	12.1	4.3	12.30	2.76	30.2	27.3	355	234	69.9	110.5	7
	HSZ18-27H2	63.4	477	12.0	4.4	12.30	4.43	35.1	27.6	443	193	63.4	98.2	8
	HSZ18-T1f32H1	73.5	521	13.2	5.0	14.45	3.28	32.2	29.1	336	256	67.9	112.0	7
10#	**ZJC18-01H1**	**358**	**2830**	**67.1**	**22.5**	**76.5**	**11.55**	**56.1**	**23.1**	**112**	**27**	**13.2**	**40.6**	**8**
	ZJC18-02H1	**424**	**3420**	**79.4**	**26.8**	**89.3**	**17.85**	**105.0**	**33.2**	**263**	**66**	**55.9**	**119.5**	**8**
	ZJC18-03H1	103.0	779	18.2	6.3	17.20	12.15	54.6	31.3	529	160	15.6	56.4	8
	ZJC18-04H1	**441**	**3370**	**80.1**	**28.0**	**85.0**	**22.0**	**67.9**	**40.2**	**242**	**51**	**11.1**	**51.6**	**8**
	ZJC18-05H1	**137.0**	**1000**	**24.5**	**8.7**	**28.6**	**15.70**	**93.6**	**41.0**	**434**	**65**	**56.6**	**56.1**	**7**
	ZJC18-06H1	**399**	**2870**	**72.8**	**27.2**	**79.8**	**13.40**	**55.2**	**39.7**	**179**	**43**	**4.5**	**22.8**	**7**
	ZJC18-07H1	**209**	**1560**	**37.5**	**13.2**	**41.5**	**11.40**	**86.5**	**30.0**	**380**	**77**	**38.3**	**56.7**	**7**

表 7-18　研究区东西向剖面微量元素测试结果（黑体代表矿化样）　（单位：10^{-6}）

剖面	样品编号	Nb	Zr	Hf	Ta	Th	U	Ga	Sc	V	Cr	Co	Ni	Zr/Nb
12#	ZHB18-02H1	49	388	10	3.3	7.05	1.12	45.2	60.7	793	115	23.7	80.8	8
	ZHB18-03H1	**287**	**2300**	**57.5**	**17.2**	**54.8**	**13.7**	**56.4**	**34.1**	**129**	**36**	**8.1**	**29.2**	**8**
	ZHB18-04H1	**266**	**2120**	**53.2**	**17.7**	**57.9**	**9.54**	**48.2**	**26.7**	**72**	**38**	**27.9**	**45.8**	**8**
	ZHB18-04H2	**169.5**	**1440**	**36.8**	**11.4**	**40**	**12.85**	**41.7**	**21.5**	**157**	**45**	**18.8**	**29.6**	**8**
	ZHB18-06H1	**209**	**1740**	**42.8**	**13.6**	**44.1**	**4.49**	**41.4**	**19**	**65**	**20**	**20.7**	**70.2**	**8**
	ZHB18-06H2	**206**	**1600**	**39.9**	**13.4**	**43.3**	**6.73**	**63.2**	**26**	**112**	**41**	**87.3**	**102.5**	**8**
13#	DJT18-02H1	67.3	549	13.9	4.6	10.00	2.21	44.2	41.9	581	47	13.4	32.9	8
	DJT18-03H1	**117.5**	**929**	**21.5**	**6.8**	**20.1**	**10.10**	**87.7**	**35.4**	**1020**	**98**	**200**	**97.8**	**8**
	DJT18-04H1	**564**	**4420**	**112.5**	**38.3**	**113.5**	**16.30**	**93.6**	**57.1**	**408**	**130**	**9.0**	**38.8**	**8**
	DJT18-05H1	**501**	**3640**	**89.6**	**33.2**	**108.0**	**14.00**	**106.0**	**45.5**	**274**	**139**	**15.4**	**25.1**	**7**
	DJT18-05H2	**237**	**1810**	**43.3**	**14.7**	**49.3**	**11.55**	**68.4**	**47.9**	**461**	**112**	**21.5**	**63.2**	**8**
	DJT18-06H1	**112.5**	**869**	**20.9**	**7.0**	**24.4**	**4.95**	**42.9**	**27.2**	**381**	**117**	**62.6**	**68.2**	**8**
14#	LTS18-01H1	66.2	494	11.9	4.1	11.20	4.09	50.2	35.6	660	115	26.3	29.2	7
	LTS18-02H1	**622**	**5670**	**132.0**	**47.0**	**136.0**	**34.4**	**98.4**	**46.6**	**83**	**29**	**9.5**	**28.0**	**9**
	LTS18-03H1	**697**	**5580**	**125.0**	**44.3**	**128.5**	**26.7**	**107.0**	**36.9**	**21**	**8**	**12.3**	**31.3**	**8**
	LTS18-04H1	**441**	**3470**	**80.2**	**27.6**	**81.8**	**19.95**	**65.6**	**33.1**	**148**	**28**	**13.5**	**64.9**	**8**
	LTS18-05H1	**274**	**2100**	**49.2**	**17.0**	**53.8**	**13.95**	**47.4**	**34.4**	**176**	**42**	**25.0**	**70.6**	**8**
15#	LCH18-02H1	36.4	256	6.2	2.3	5.02	0.81	35.4	44.1	557	85	24.4	73.3	7
	LCH18-03H1	37.4	259	6.2	2.4	5.04	0.96	88.9	42.4	629	152	323	405	7
	LCH18-04H1	**123.0**	**887**	**21.2**	**7.7**	**19.85**	**12.00**	**61.2**	**47.4**	**611**	**237**	**25.7**	**32.1**	**7**
	LCH18-05H1	**384**	**2790**	**68.0**	**24.3**	**81.0**	**10.10**	**101.0**	**45.9**	**916**	**156**	**24.2**	**69.0**	**7**
	LCH18-05H2	**541**	**3900**	**94.3**	**35.1**	**114.0**	**9.16**	**68.8**	**57.6**	**390**	**152**	**7.6**	**17.3**	**7**
	LCH18-06H1	81.6	619	14.3	5.0	15.00	3.28	51.8	30.8	456	97	151.0	109.5	8
	LCH18-07H1	70.8	610	14.7	4.5	16.50	3.47	46.3	24.1	324	74	80.5	103.5	9
	LCH18-08H1	109.5	856	20.7	7.1	22.1	4.93	53.8	34.1	542	97	107.5	54.1	8
	LCH18-09H1	88.3	655	15.2	5.4	14.65	3.92	51.4	35.4	558	123	21.5	64.2	7
	LCH18-10H1	95.1	670	15.5	5.8	17.95	3.80	40.5	30.8	440	139	20.2	88.1	7
	GYL18-01H1	26.3	267	6.4	1.7	6.68	3.54	17.60	19.4	305	36	27.0	32.3	10
	GYL18-05H1	**309**	**2260**	**55.1**	**19.8**	**64.1**	**7.76**	**110.0**	**38.7**	**392**	**120**	**196.5**	**73.0**	**7**
16#	**GYL18-05H2**	**124.5**	**944**	**23.1**	**8.1**	**24.8**	**4.75**	**49.3**	**38.9**	**328**	**73**	**17.4**	**100.0**	**8**

Sc $18.7\times10^{-6}\sim69.1\times10^{-6}$，均值 39.8×10^{-6}；V $45.0\times10^{-6}\sim990.0\times10^{-6}$，均值 391.5×10^{-6}；Cr $4.0\times10^{-6}\sim496.0\times10^{-6}$，均值 96.8×10^{-6}；Co $3.3\times10^{-6}\sim96.7\times10^{-6}$，均值 28.2×10^{-6}；Ni $16.0\times10^{-6}\sim178.5\times10^{-6}$，均值 59.2×10^{-6}。由此，可以看出，南北向剖面群中，矿化样普遍富集 Nb（Ta）、Ga、Zr（Hf）和 U（Th），而非矿化样中相对贫这几种元素，但非矿化样中 Sc、V、Cr、Co 和 Ni 含量普遍高于矿化样。

值得注意的是所有南北剖面群中的矿化样，其 Zr/Nb 值波动较小，绝大多数集中于 7～8，而非矿化样的 Zr/Nb 值波动范围稍大，为 6～10。因此，本研究区可以把 Zr/Nb 值作为重要的找矿标志之一，即 Zr/Nb 值一方面为野外快速判断区域上是否具有矿化提供了简捷的方法，因为 Zr 在野外手持仪中更易被检测到，另一方面，为矿化层品位高低提供第一手判断依据，因为如野外测出 Zr 含量高则稀有金属 Nb 也必定高。这一规律在下述的区域东西向剖面中也体现得淋漓尽致。

为了更为直观地认识微量元素在南北向各个剖面中的垂向变化规律，本研究选定了 Nb、Ta、Zr、Hf、Th、U、Ga、Sc、V、Cr、Co 和 Ni 等 12 种微量元素，据各剖面中的矿化样及邻近非矿化样的测试数据，从北向南，依次绘制了 4#、6#、7#、8#和 10# Nb 矿化剖面的微量元素垂向变化曲线（图 7-36），以矿化样和非矿化样采集比较密集的威宁黑石张氏沟 8#剖面为例，垂向剖面上的矿化样和非矿化样的微量元素含量

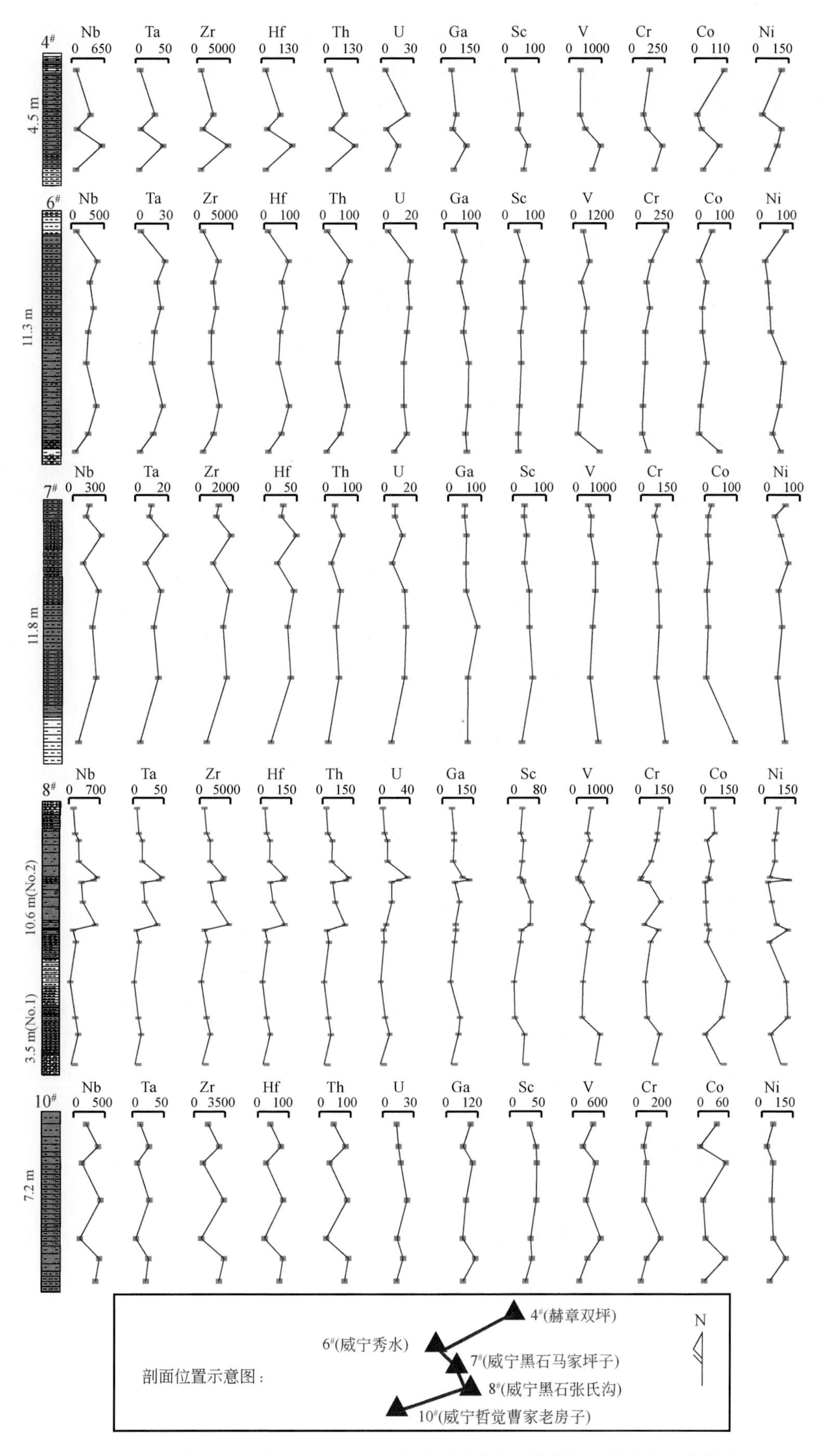

图 7-36　研究区从北向南 Nb-Ga-REE 多金属矿化剖面的微量元素垂向变化曲线

既有渐变关系又有突变关系，在 8#剖面下部矿化层与非矿化样的围岩之间稀有金属元素含量（Nb、Ta、Zr、Hf、U、Th、Ga）呈现先逐渐增加，后逐渐减少的趋势，与此同时，Co 和 Ni 含量出现先减少后增加的变化特征。在 8#剖面上部，矿化层与非矿化层中的微量元素 Nb、Ta、Zr、Hf、Th、U、Ga 含量出现突变趋势，即紧邻的 2 个样品中出现稀有金属的急剧上升或下降。根据以上变化特征，我们初步推测，非矿化样到矿化样的渐变趋势，可能记录了成矿继承演化过程，也反映了矿化样和非矿化样可能来源于同一源区。

2）区域东西向 Nb-Ga-REE 矿化剖面群微量元素特征

通过系统分析东西向剖面群（12#、13#、14#、15#和 16#）所有样品的微量元素结果（表 7-18），可知 Nb 在矿化样中含量为 $112.5\times10^{-6}\sim697.0\times10^{-6}$，均值为 325.5×10^{-6}，比南北向剖面的矿化样高，从区域位置上，东西向剖面群处于更往南的位置，这可能反映了 Nb 矿化的高品位中心在研究区南部；Ta 在矿化样中含量为 $6.8\times10^{-6}\sim47.0\times10^{-6}$，平均为 21.3×10^{-6}；Zr 在矿化样中含量为 $869.0\times10^{-6}\sim5670.0\times10^{-6}$，均值为 2551.0×10^{-6}；Hf 在矿化样中含量为 $20.9\times10^{-6}\sim132\times10^{-6}$，平均为 61.37×10^{-6}；Ga 在矿化样中含量为 $41.4\times10^{-6}\sim110.0\times10^{-6}$，均值为 71.5×10^{-6}；Th 在矿化样中含量为 $19.9\times10^{-6}\sim136.0\times10^{-6}$，平均为 66.3×10^{-6}；U 在矿化样中含量为 $4.5\times10^{-6}\sim34.4\times10^{-6}$，均值为 12.8×10^{-6}。而在非矿化样中，这几种元素的含量明显降低，分别为 Nb（$26.3\times10^{-6}\sim109.5\times10^{-6}$，均值 66.2×10^{-6}），Ta（$1.7\times10^{-6}\sim7.1\times10^{-6}$，均值 4.2×10^{-6}），Zr（$256\times10^{-6}\sim856\times10^{-6}$，均值 511×10^{-6}），Hf（$6.2\times10^{-6}\sim20.7\times10^{-6}$，均值 12.3×10^{-6}），Ga（$17.6\times10^{-6}\sim88.9\times10^{-6}$，均值 47.8×10^{-6}），Th（$5.0\times10^{-6}\sim22.1\times10^{-6}$，均值 11.9×10^{-6}），U（$0.8\times10^{-6}\sim4.9\times10^{-6}$，均值 2.9×10^{-6}）。Sc 在非矿化样中含量为 $19.4\times10^{-6}\sim60.7\times10^{-6}$，均值为 36.3×10^{-6}；V 在非矿化样中含量为 $305.0\times10^{-6}\sim793.0\times10^{-6}$，平均为 531×10^{-6}；Cr 在非矿化样中含量为 $36.6\times10^{-6}\sim152.0\times10^{-6}$，均值为 98.2×10^{-6}；Co 在非矿化样中含量为 $13.4\times10^{-6}\sim323.0\times10^{-6}$，平均为 74.4×10^{-6}；Ni 在非矿化样中含量为 $29.2\times10^{-6}\sim405.0\times10^{-6}$，均值为 97.5×10^{-6}。然而，这几种微量元素在矿化样中含量分别为：Sc $19.0\times10^{-6}\sim57.6\times10^{-6}$，均值 37.9×10^{-6}；V $21.0\times10^{-6}\sim1020.0\times10^{-6}$，均值 323.4×10^{-6}；Cr $8.0\times10^{-6}\sim237.0\times10^{-6}$，均值 85.3×10^{-6}；Co $7.6\times10^{-6}\sim200.0\times10^{-6}$，均值 42.3×10^{-6}；Ni $17.3\times10^{-6}\sim102.5\times10^{-6}$，均值 55.6×10^{-6}。由此，可以看出，东西向剖面群的矿化样也普遍富集 Nb（Ta）、Ga、Zr（Hf）和 U（Th），而非矿化样中相对贫这几种元素，但非矿化样中 Sc、V、Cr、Co 和 Ni 含量普遍高于矿化样。东西向剖面群中的矿化样 Zr/Nb 值波动较小，绝大多数集中于 7～8，而非矿化样的 Zr/Nb 值波动范围稍大，为 7～10，这个规律与南北向剖面群的矿化样和非矿化样的类似。

从西向东，依次绘制了 12#、13#、14#、15#和 16# Nb 矿化剖面的微量元素垂向变化曲线（图 7-37），以矿化样和非矿化样采集比较密集的 12#云南会泽者海剖面为例，垂向剖面上的矿化样和非矿化样的微量元素含量总体均呈现渐变趋势，12#剖面从底部到上部，矿化层与非矿化层的围岩之间稀有金属元素含量（Nb、Ta、Zr、Hf、U、Th、Ga）呈逐渐增加的趋势，与此同时，Sc、V、Cr、Co 和 Ni 含量出现逐渐减少的变化特征。这种微量元素的渐变关系，可能暗示非矿化到矿化的成矿继承演化过程，也反映了矿化样和非矿化样可能来源于同一源区。这一规律在以上南北向剖面群中也有所体现。

3. 榍石微区微量元素特征

矿物学研究表明研究区的玄武岩普遍富含榍石，而榍石一般为富集 Nb 和 REE 的矿物，因此，初步推测玄武岩中的榍石与 Nb 成矿可能存在某种紧密的联系。为此，本研究利用电子探针对富含榍石玄武岩系统开展了微区微量元素地球化学研究。

榍石属单斜晶系的岛状结构硅酸盐矿物，形态多呈菱形、晶粒状、不规则团块状等，少数呈柱状、粒状。榍石一般常产于中酸性岩，以花岗岩和变质岩中最常见，基性喷出岩中不常见到（侯明才等，2011），但 XRD 定性分析结果表明，研究区玄武岩中含有大量榍石。为了进一步探讨其矿物学特征，我们挑选出了 2#、3#和 15#剖面 3 件具有代表性的玄武岩样品（GD18-01H1、HZY18-01H1 和 LCH18-01H1）为重点研究对象，并开展了电子探针研究工作。

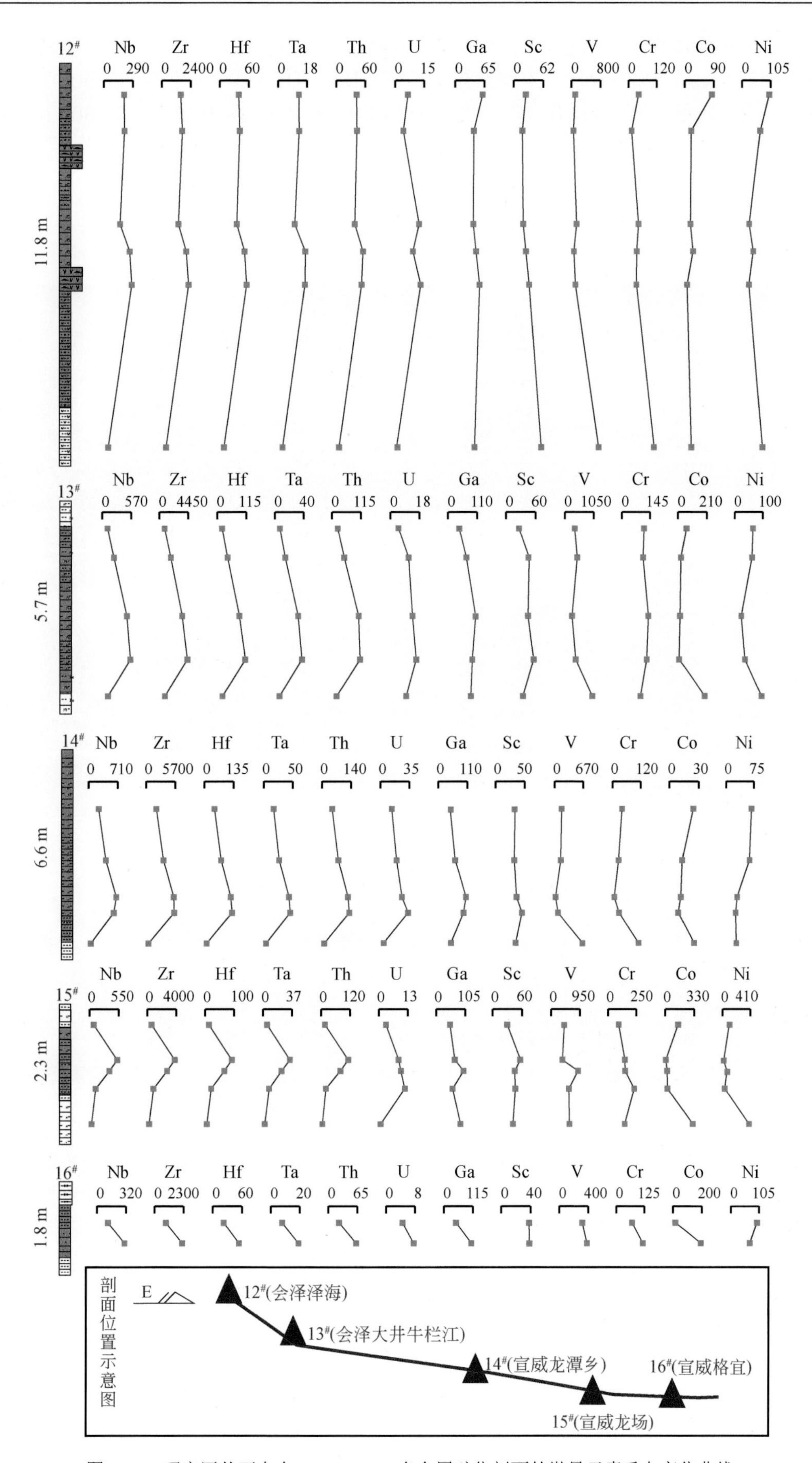

图 7-37　研究区从西向东 Nb-Ga-REE 多金属矿化剖面的微量元素垂向变化曲线

研究发现，研究区的峨眉山玄武岩薄片中大量发育榍石，且产出形式多样：大量以显晶质晶粒状副矿物形式存在，少量以隐晶质榍石存在，主要见有以下不同形态：①自形榍石［图 7-38(a)］，具有较完好结晶外形的结构，边界规则，在边缘还有含铁矿物的次生加大边；②半自形榍石［图 7-38(b)］，边界较清楚；③信封状榍石［图 7-38(c)］，为榍石常见晶体形态，呈扁平信封状；④晶粒状榍石［图 7-38(d)］；⑤云雾状榍石［图 7-38(e)］，表面发生微弱的蚀变；⑥片状榍石［图 7-38(f)］，呈薄片状展布；⑦十字形榍石［图 7-38(g)］，产于辉石中；⑧团块状榍石［图 7-38(h)］，表面较均匀平整；⑨蚀变榍石［图 7-38(i)］，榍石部分蚀变为锐钛矿和钛铁矿。

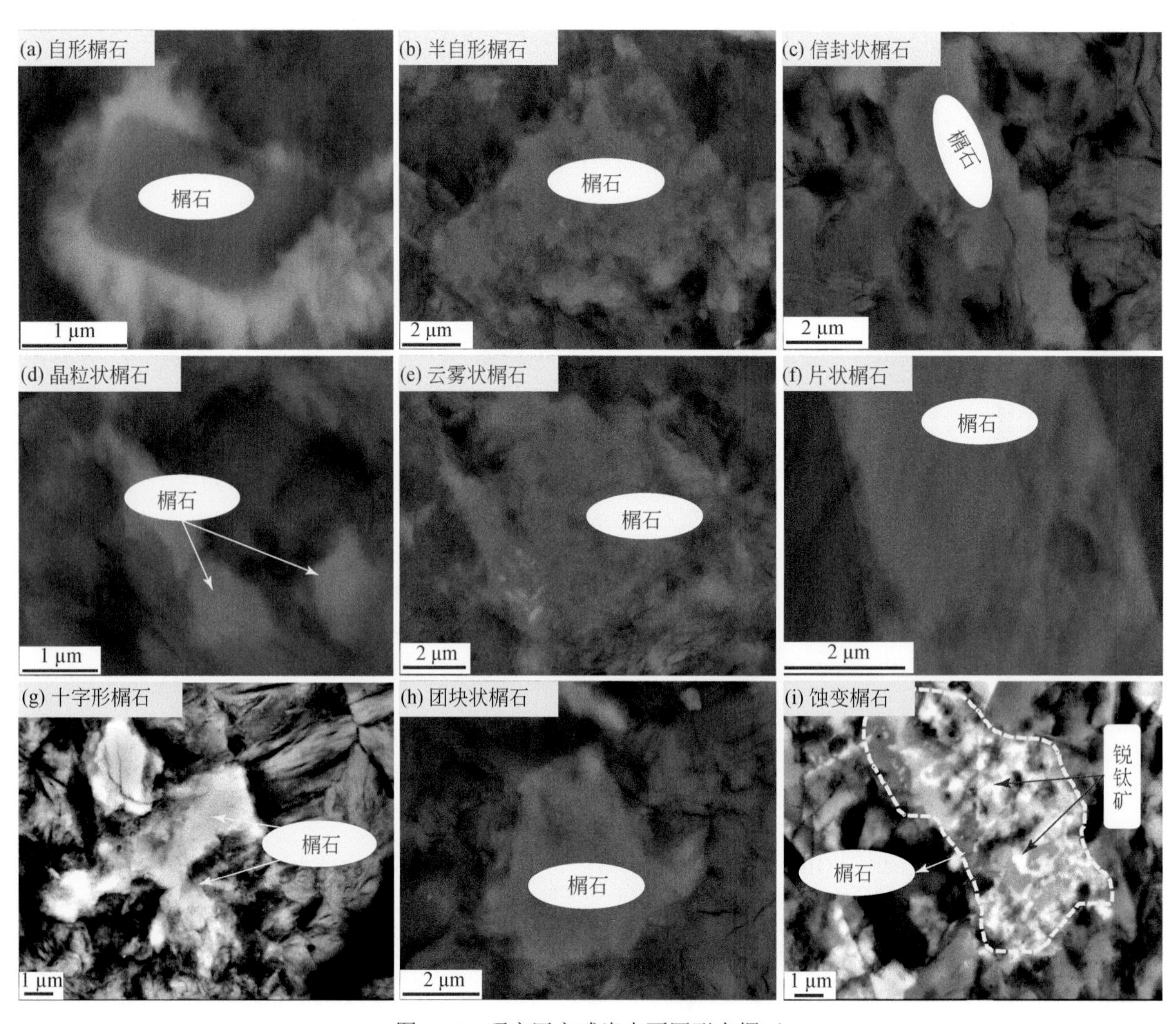

图 7-38　研究区玄武岩中不同形态榍石

电子探针分析显示，富含 Nb 的矿物均为钛矿物，主要有榍石，部分为钛铁矿及少量的锐钛矿，榍石化学成分总量在 100%左右（表 7-19），主要原因是榍石总体颗粒较大且完整，所测试的数据均为矿物本身的含量，而锐钛矿一般都由榍石局部蚀变而来［图 7-38(i)］，颗粒非常小且不完整，锐钛矿最大粒径都比电子探针束斑小，所测出的数据会受到周围榍石的影响，所以锐钛矿化学成分可能误差较大。其中，榍石中 Nb 含量最高，为 0.07%～0.14%，平均 0.07%（表 7-19）。玄武岩底板榍石除了富含 Nb 外，也含有一定量的 Zr、Ce（表 7-19）。研究表明，1500 ℃时下地幔部分熔融作用生成的易熔部分——玄武岩岩浆富集微量元素 Ce，给榍石提供了很好的 Ce 来源，促使原始岩浆分异而来的大部分榍石中富含 Ce 且以类质同象形式赋存（侯明才等，2011）。本研究对富含 Nb 的榍石样品（gd18xs）进行了精细的面扫描，结果也明显看到 Ce 及 Zr 均富集在榍石中，且较均匀地分布于榍石中，这表明 Ce 和 Zr 可能以类质同象形式存在。另外，面扫描的榍石中，也能反映出有 Nb 的分布，但是由于 Nb 含量相对较低，故 Nb 的分布形态不是很清晰。

表 7-19　研究区榍石电子探针分析结果（杜胜江等，2019a）　（单位：%）

测点号	CaO	Nb_2O_5	ZrO_2	Al_2O_3	SiO_2	TiO_2	Ce_2O_3	FeO	MgO	MnO	总计
hzy18xs-1	14.52	0.07	0.10	11.88	48.48	15.05	0.19	6.02	—	—	96.31
hzy18xs-4	25.47	0.04	0.16	3.59	33.10	30.19	0.12	4.63	—	—	97.31
hzy18xs-5	26.39	0.14	0.10	2.53	31.46	31.03	0.25	4.77	—	—	96.67
lch18xs-4	22.33	0.05	0.22	4.08	33.21	28.13	0.10	5.57	—	—	93.68
gd-18 xs-1	14.08	0.03	0.03	10.68	48.91	13.01	0.09	6.20	—	—	93.03

7.6　成矿物质来源探讨

7.6.1　年代学证据

为了深入探索宣威组 Nb-Ga-REE 多金属矿床的成矿物质来源，基于宏观野外展布特征，即矿层底部分布有大面积的峨眉山玄武岩，二者具有密切的空间关系，所以本研究自下而上，对底部玄武岩和上部的矿化层开展了系统的年代学工作。

1. 榍石 U-Pb 定年与成岩年代学

基于研究区广泛分布的玄武岩中普遍含有榍石这一重要发现，且榍石中富含 Nb、REE 等多种关键金属，本研究系统采集了位于云南宣威地区的龙场花椒冲剖面底部玄武岩。对同一样品（LCH-B）挑选出榍石和锆石，制备榍石靶和锆石靶，开展微区原位 LA-ICP-MS U-Pb 定年。

从 BSE（背散射电子）图像可看出 [图 7-39(a)]，榍石晶形以自形-半自形为主，边缘线清晰。榍石定年结果见表 7-20，图 7-40(a)和图 7-40(c)。由于榍石的 ^{207}Pb 法校正（207corr）加权平均年龄误差相对较大（Duan and Li，2017），一般建议参考 Tera-Wasserburg 图解年龄，MSWD≤4 的图数据可靠性较高，样品 LCH-B 的 Tera-Wasserburg 图点分布特征，显示具有较强的线性关系 [图 7-40(a)]，且 MSWD=1（＜4）[图 7-40(a)]，表明剖面底部玄武岩中榍石主要形成于 256 Ma 左右。

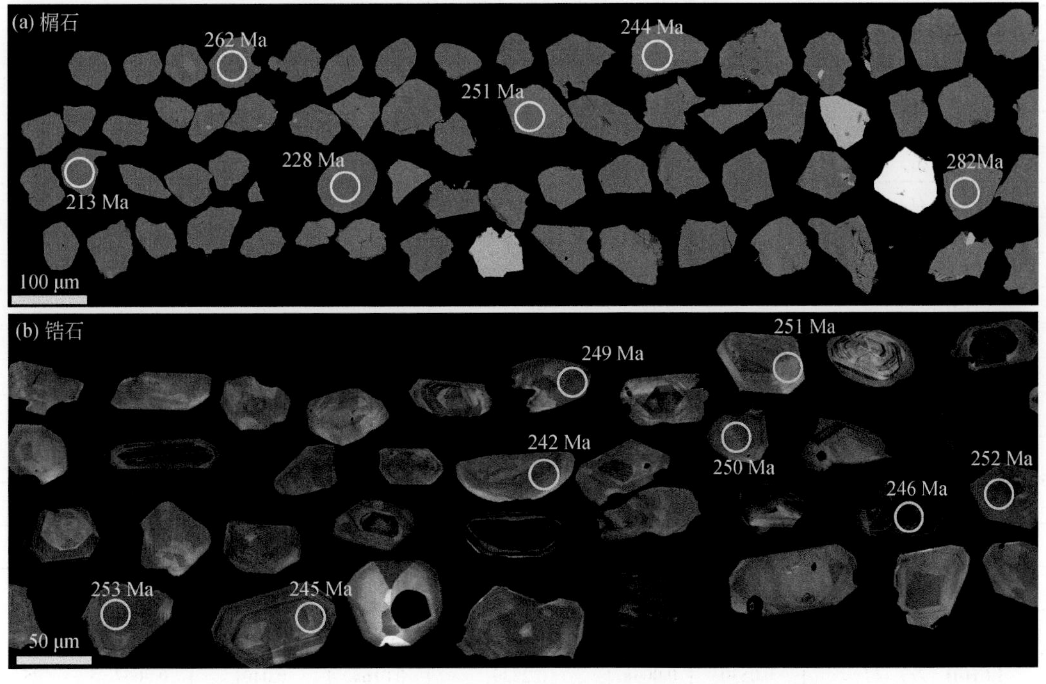

图 7-39　研究区玄武岩中部分榍石 BSE 图和部分锆石 CL 图

表 7-20 研究区玄武岩中榍石和锆石 LA-ICP-MS U-Pb 同位素组成测试结果

矿物	测试点号	$^{207}Pb/^{206}Pb$	1σ	$^{207}Pb/^{235}U$	1σ	$^{206}Pb/^{238}U$	1σ	年龄/Ma	1σ
榍石	LCH-B-33	0.4181	0.0407	2.6323	0.1597	0.0593	0.0028	213	17
	LCH-B-34	0.1491	0.0059	0.9339	0.0269	0.0469	0.0008	262	5
	LCH-B-35	0.4535	0.0491	3.2163	0.2104	0.0608	0.0037	203	22
	LCH-B-37	0.4233	0.0464	3.1287	0.2279	0.0643	0.0034	229	21
	LCH-B-43	0.7512	0.0546	13.7848	0.9652	0.1568	0.0085	175	47
	LCH-B-46	0.1095	0.0037	0.6295	0.0183	0.0426	0.0007	251	4
	LCH-B-52	0.3300	0.0325	2.3045	0.2145	0.0576	0.0029	245	18
	LCH-B-28	0.6153	0.0511	4.6055	0.2334	0.0737	0.0037	157	22
	LCH-B-45	0.5220	0.0434	7.1231	0.6131	0.1006	0.0062	283	37
	LCH-B-55	0.5786	0.0423	5.3124	0.3911	0.0783	0.0039	188	23
锆石	LCH-B（Zr）-01	0.0565	0.0037	0.3095	0.0187	0.0400	0.0008	253	5
	LCH-B（Zr）-04	0.0538	0.0043	0.2756	0.0182	0.0383	0.0007	242	4
	LCH-B（Zr）-05	0.0559	0.0038	0.2929	0.0170	0.0378	0.0007	239	4
	LCH-B（Zr）-07	0.0503	0.0047	0.2737	0.0208	0.0394	0.0009	249	5
	LCH-B（Zr）-08	0.0549	0.0040	0.2877	0.0187	0.0383	0.0006	242	4
	LCH-B（Zr）-09	0.0538	0.0032	0.2992	0.0171	0.0401	0.0006	254	4
	LCH-B（Zr）-10	0.0555	0.0028	0.2971	0.0143	0.0386	0.0005	244	3
	LCH-B（Zr）-12	0.0517	0.0043	0.2803	0.0206	0.0397	0.0008	251	5
	LCH-B（Zr）-14	0.0527	0.0029	0.2843	0.0153	0.0392	0.0006	248	4
	LCH-B（Zr）-15	0.0517	0.0039	0.2868	0.0197	0.0406	0.0007	256	5
	LCH-B（Zr）-16	0.0502	0.0025	0.2764	0.0141	0.0394	0.0005	249	3
	LCH-B（Zr）-17	0.0551	0.0032	0.3161	0.0169	0.0416	0.0007	263	5
	LCH-B（Zr）-18	0.0508	0.0022	0.2686	0.0114	0.0382	0.0005	242	3
	LCH-B（Zr）-19	0.0572	0.0048	0.3052	0.0225	0.0394	0.0008	249	5
	LCH-B（Zr）-20	0.0511	0.0025	0.2783	0.0137	0.0391	0.0005	247	3
	LCH-B（Zr）-21	0.0560	0.0041	0.3005	0.0182	0.0395	0.0008	250	5
	LCH-B（Zr）-22	0.0543	0.0026	0.2883	0.0138	0.0381	0.0005	241	3
	LCH-B（Zr）-23	0.0518	0.0029	0.2921	0.0167	0.0403	0.0006	255	4
	LCH-B（Zr）-25	0.0555	0.0033	0.3091	0.0176	0.0400	0.0006	253	4
	LCH-B（Zr）-27	0.0541	0.0040	0.3005	0.0201	0.0403	0.0007	255	4
	LCH-B（Zr）-28	0.0558	0.0036	0.3177	0.0204	0.0414	0.0007	262	5
	LCH-B（Zr）-29	0.0577	0.0047	0.3219	0.0246	0.0410	0.0009	259	5
	LCH-B（Zr）-31	0.0518	0.0051	0.2813	0.0208	0.0408	0.0010	258	6
	LCH-B（Zr）-32	0.0494	0.0043	0.2691	0.0189	0.0398	0.0008	251	5
	LCH-B（Zr）-33	0.0511	0.0042	0.2975	0.0236	0.0420	0.0008	265	5
	LCH-B（Zr）-34	0.0512	0.0040	0.2758	0.0213	0.0392	0.0008	248	5
	LCH-B（Zr）-35	0.0568	0.0054	0.3202	0.0268	0.0411	0.0009	260	6
	LCH-B（Zr）-36	0.0527	0.0046	0.2830	0.0206	0.0398	0.0008	252	5
	LCH-B（Zr）-37	0.0572	0.0053	0.3013	0.0240	0.0402	0.0010	254	6
	LCH-B（Zr）-39	0.0572	0.0051	0.3072	0.0243	0.0392	0.0008	248	5
	LCH-B（Zr）-40	0.0536	0.0043	0.2848	0.0223	0.0386	0.0007	244	5
	LCH-B（Zr）-42	0.0496	0.0033	0.2717	0.0167	0.0400	0.0007	253	4
	LCH-B（Zr）-43	0.0502	0.0038	0.2657	0.0181	0.0392	0.0008	248	5
	LCH-B（Zr）-44	0.0570	0.0045	0.3120	0.0214	0.0409	0.0012	259	8
	LCH-B（Zr）-45	0.0562	0.0039	0.3201	0.0208	0.0411	0.0009	260	6
	LCH-B（Zr）-46	0.0578	0.0045	0.3041	0.0198	0.0398	0.0008	252	5
	LCH-B（Zr）-47	0.0530	0.0038	0.2839	0.0164	0.0401	0.0007	254	5
	LCH-B（Zr）-48	0.0491	0.0047	0.2536	0.0200	0.0389	0.0008	246	5

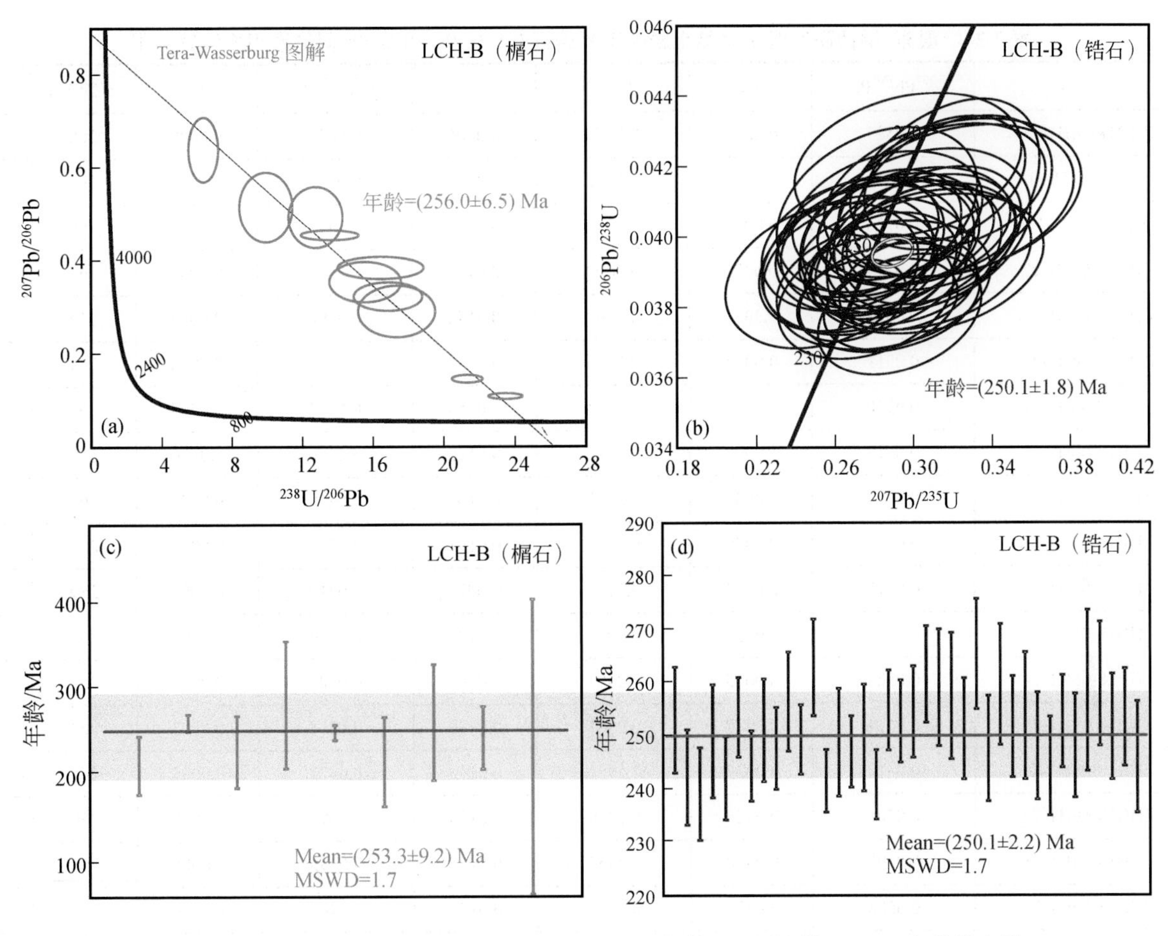

图 7-40 研究区玄武岩中榍石的 LA-ICP-MS U-Pb 年龄 TW 图和锆石 U-Pb 年龄谐和图

锆石 CL（阴极发光）图像显示环带清晰［图 7-39(b)］，具有典型的岩浆成因信息，能很好地代表玄武岩形成年龄，锆石形状以长条状为主，晶形主要为自形-半自形，有的可看到内核结构。锆石定年结果见表 7-20、图 7-40(b)和图 7-40(d)。从锆石 U-Pb 年龄谐和图可看出，谐和度较高，且 MSWD=2.1，数据可靠，误差小，表明研究区的玄武岩可能形成于 250 Ma 左右，这与前人报道的峨眉山大火成岩省岩浆事件时间（255～260 Ma）（He et al.，2007）大致吻合，同时，与获得的榍石形成年龄（256 Ma）在误差范围内是一致的，表明榍石应该是玄武岩浆结晶的产物，产出状态以原生榍石为主。

2. 成矿年代学

为了厘定研究区的 Nb-Ga-REE 成矿时代，本研究采集了云南会泽地区的 12#剖面（者海）矿化层硬质黏土岩样品进行了 U-Pb 定年测试，矿化样中碎屑锆石 U-Pb 同位素分析结果见表 7-21。样品的锆石以长柱状为主，内部结构较清晰，多数结晶较好，也可见典型的岩浆振荡环带特征（图 7-41），指示其主体可能为岩浆结晶的产物，矿化层中岩浆型锆石可能指示了成矿物质来源于岩浆岩（即玄武岩）。累计测试了 74 个点，获得的 U-Pb 同位素年龄为 260.1±1.1 Ma［图 7-42(a)(b)］。以上分析数据的 MSWD 小于 3，表明数据可信度高，且与峨眉山玄武岩年龄（255～260 Ma，He et al.，2007）误差范围内相一致，同时与孟昌忠等（2015）报道的黔西威宁—六盘水地区的铁-多金属矿床（产于宣威组底部）中的 U-Pb 年龄（255～258 Ma）相吻合。因此，初步表明该类表生型 Nb-Ga-REE 多金属矿床的成矿物质来源可能主要来源于玄武岩的风化，玄武岩是主要的物源贡献者。而玄武岩中的榍石年龄为 256 Ma，且富含 Nb、REE 等成矿元素，表明玄武岩中的榍石是成矿物质的主要来源。

表 7-21　滇东-黔西研究区矿化黏土岩中碎屑锆石 LA-ICP-MS U-Pb 同位素组成测试结果

测试点号	$^{207}Pb/^{206}Pb$	1σ	$^{207}Pb/^{235}U$	1σ	$^{206}Pb/^{238}U$	1σ	年龄/Ma	1σ
ZHB18-06H1-03	0.0525	0.0043	0.2970	0.0206	0.0421	0.0008	266	5
ZHB18-06H1-117	0.0515	0.0019	0.2960	0.0108	0.0417	0.0004	263	3
ZHB18-06H1-118	0.0520	0.0021	0.2936	0.0118	0.0411	0.0005	260	3
ZHB18-06H1-22	0.0519	0.0023	0.3007	0.0131	0.0420	0.0005	265	3
ZHB18-06H1-35	0.0523	0.0031	0.2808	0.0144	0.0398	0.0007	252	4
ZHB18-06H1-43	0.0511	0.0025	0.2936	0.0136	0.0417	0.0006	264	4
ZHB18-06H1-51	0.0520	0.0030	0.2954	0.0154	0.0412	0.0005	260	3
ZHB18-06H1-54	0.0515	0.0027	0.2912	0.0142	0.0410	0.0006	259	4
ZHB18-06H1-65	0.0533	0.0034	0.2995	0.0169	0.0419	0.0006	265	4
ZHB18-06H1-68	0.0512	0.0029	0.2962	0.0161	0.0421	0.0006	266	4
ZHB18-06H1-72	0.0517	0.0017	0.2925	0.0094	0.0410	0.0004	259	3
ZHB18-06H1-73	0.0512	0.0023	0.2937	0.0127	0.0416	0.0005	263	3
ZHB18-06H1-74	0.0528	0.0035	0.2903	0.0162	0.0408	0.0007	258	4
ZHB18-06H1-75	0.0514	0.0027	0.2941	0.0130	0.0415	0.0005	262	3
ZHB18-06H1-76	0.0518	0.0025	0.2983	0.0140	0.0421	0.0005	266	3
ZHB18-06H1-77	0.0501	0.0025	0.2740	0.0129	0.0395	0.0006	250	4
ZHB18-06H1-78	0.0507	0.0028	0.2755	0.0139	0.0395	0.0006	250	4
ZHB18-06H1-79	0.0508	0.0029	0.2802	0.0149	0.0402	0.0006	254	4
ZHB18-06H1-80	0.0527	0.0035	0.3073	0.0202	0.0424	0.0007	268	4
ZHB18-06H1-81	0.0510	0.0024	0.2803	0.0122	0.0402	0.0005	254	3
ZHB18-06H1-82	0.0524	0.0027	0.2986	0.0145	0.0415	0.0004	262	3
ZHB18-06H1-83	0.0524	0.0034	0.2967	0.0187	0.0412	0.0005	260	3
ZHB18-06H1-48	0.0532	0.0035	0.2946	0.0167	0.0410	0.0006	259	4
ZHB18-06H1-57	0.0534	0.0040	0.3044	0.0205	0.0421	0.0007	266	5
ZHB18-06H1-59	0.0536	0.0032	0.3061	0.0165	0.0423	0.0007	267	4
ZHB18-06H1-66	0.0528	0.0026	0.2937	0.0141	0.0407	0.0005	257	3
ZHB18-06H1-69	0.0506	0.0024	0.2821	0.0130	0.0406	0.0005	256	3
ZHB18-06H1-73	0.0527	0.0019	0.3017	0.0104	0.0417	0.0005	263	3
ZHB18-06H1-78	0.0524	0.0022	0.2904	0.0114	0.0404	0.0004	255	3
ZHB18-06H1-81	0.0530	0.0032	0.2963	0.0164	0.0411	0.0006	259	3
ZHB18-06H1-02	0.0531	0.0034	0.3001	0.0199	0.0410	0.0005	259	3
ZHB18-06H1-100	0.0543	0.0049	0.3082	0.0225	0.0419	0.0009	265	5
ZHB18-06H1-24	0.0529	0.0024	0.2914	0.0128	0.0402	0.0005	254	3
ZHB18-06H1-27	0.0527	0.0025	0.2964	0.0141	0.0407	0.0005	257	3
ZHB18-06H1-39	0.0518	0.0039	0.2718	0.0173	0.0395	0.0007	250	4
ZHB18-06H1-80	0.0536	0.0037	0.2931	0.0183	0.0403	0.0007	255	4
ZHB18-06H1-82	0.0528	0.0028	0.2983	0.0145	0.0410	0.0006	259	4

续表

测试点号	$^{207}Pb/^{206}Pb$	1σ	$^{207}Pb/^{235}U$	1σ	$^{206}Pb/^{238}U$	1σ	年龄/Ma	1σ
ZHB18-06H1-84	0.0536	0.0032	0.2971	0.0173	0.0407	0.0006	257	4
ZHB18-06H1-85	0.0535	0.0053	0.2952	0.0264	0.0403	0.0009	255	5
ZHB18-06H1-92	0.0531	0.0026	0.3064	0.0153	0.0418	0.0005	264	3
ZHB18-06H1-04	0.0496	0.0024	0.2802	0.0135	0.0412	0.0005	260	3
ZHB18-06H1-08	0.0527	0.0025	0.2987	0.0149	0.0406	0.0005	257	3
ZHB18-06H1-15	0.0541	0.0024	0.3135	0.0129	0.0425	0.0005	268	3
ZHB18-06H1-53	0.0547	0.0039	0.3173	0.0198	0.0428	0.0006	270	4
ZHB18-06H1-60	0.0540	0.0026	0.3097	0.0144	0.0417	0.0004	264	3
ZHB18-06H1-61	0.0545	0.0030	0.2996	0.0143	0.0406	0.0006	256	4
ZHB18-06H1-63	0.0535	0.0021	0.3047	0.0118	0.0413	0.0004	261	3
ZHB18-06H1-77	0.0540	0.0025	0.3001	0.0124	0.0407	0.0006	257	4
ZHB18-06H1-89	0.0549	0.0033	0.3024	0.0160	0.0409	0.0007	259	4
ZHB18-06H1-31	0.0545	0.0030	0.3052	0.0158	0.0410	0.0005	259	3
ZHB18-06H1-44	0.0541	0.0023	0.3139	0.0133	0.0421	0.0004	266	3
ZHB18-06H1-56	0.0552	0.0034	0.3155	0.0178	0.0421	0.0007	266	4
ZHB18-06H1-86	0.0548	0.0029	0.3213	0.0154	0.0429	0.0006	271	4
ZHB18-06H1-90	0.0547	0.0029	0.3093	0.0159	0.0412	0.0006	260	4
ZHB18-06H1-119	0.0562	0.0033	0.3149	0.0168	0.0418	0.0007	264	5
ZHB18-06H1-25	0.0552	0.0027	0.3177	0.0153	0.0418	0.0005	264	3
ZHB18-06H1-33	0.0487	0.0028	0.2667	0.0140	0.0403	0.0005	255	3
ZHB18-06H1-93	0.0546	0.0021	0.3132	0.0127	0.0413	0.0005	261	3
ZHB18-06H1-06	0.0562	0.0038	0.3238	0.0203	0.0422	0.0007	266	4
ZHB18-06H1-104	0.0554	0.0036	0.3179	0.0193	0.0417	0.0007	263	5
ZHB18-06H1-106	0.0552	0.0045	0.3080	0.0214	0.0404	0.0009	255	5
ZHB18-06H1-38	0.0548	0.0031	0.3050	0.0178	0.0401	0.0006	254	4
ZHB18-06H1-62	0.0569	0.0041	0.3140	0.0192	0.0410	0.0008	259	5
ZHB18-06H1-70	0.0555	0.0029	0.3051	0.0153	0.0401	0.0007	254	4
ZHB18-06H1-71	0.0556	0.0042	0.3061	0.0221	0.0404	0.0007	255	4
ZHB18-06H1-101	0.0588	0.0056	0.3207	0.0244	0.0413	0.0009	261	6
ZHB18-06H1-26	0.0561	0.0024	0.3137	0.0132	0.0408	0.0005	258	3
ZHB18-06H1-50	0.0561	0.0027	0.3194	0.0154	0.0412	0.0005	260	3
ZHB18-06H1-96	0.0570	0.0030	0.3336	0.0158	0.0431	0.0007	272	4
ZHB18-06H1-67	0.0567	0.0028	0.3239	0.0158	0.0416	0.0005	263	3
ZHB18-06H1-94	0.0571	0.0029	0.3259	0.0163	0.0415	0.0006	262	4
ZHB18-06H1-103	0.0571	0.0042	0.3189	0.0210	0.0406	0.0007	257	5
ZHB18-06H1-110	0.0463	0.0031	0.2547	0.0155	0.0403	0.0007	254	4
ZHB18-06H1-113	0.0574	0.0024	0.3219	0.0125	0.0408	0.0006	258	3

图 7-41　研究区 Nb-Ga-REE 多金属矿化层中部分测年锆石测点 CL 图像

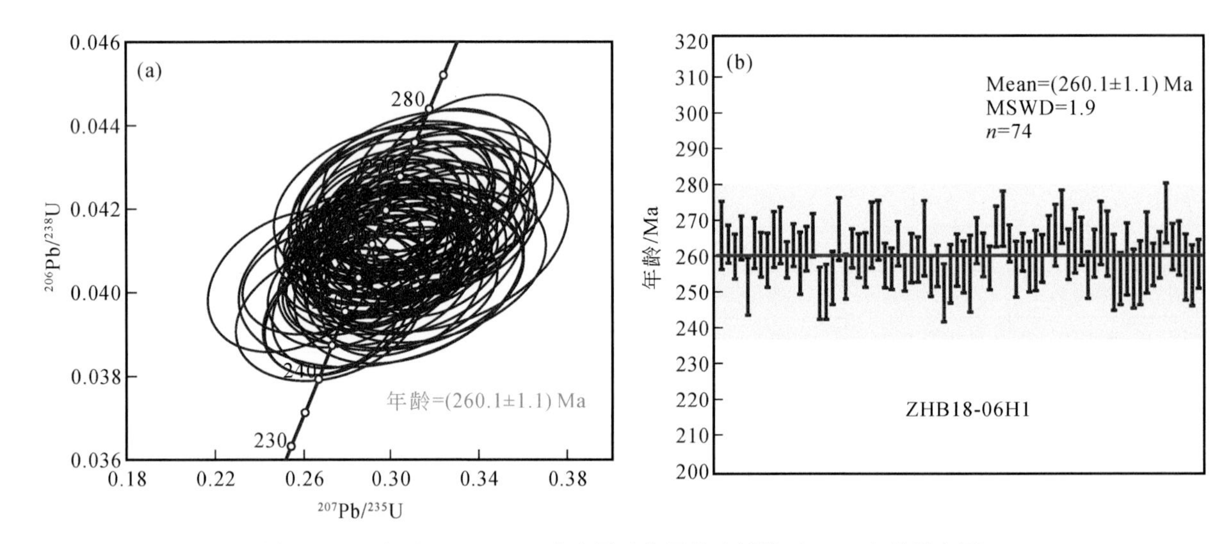

图 7-42　研究区 Nb-Ga-REE 多金属矿化层的碎屑锆石 U-Pb 年龄谐和图

7.6.2　元素地球化学证据

在年代学研究基础上，为了进一步约束研究区 Nb-Ga-REE 多金属矿床的物源，本研究选取了贵州威宁地区的 8#张氏沟剖面和 4#岔河剖面、云南宣威地区的 14#三间地剖面和 15#花椒冲剖面，系统开展了 Nb-Ga-REE 矿化样与玄武岩、矿化样与榍石的微量元素特征对比研究，同时也阐述了 Nb-Ga-REE 矿化样与玄武岩、矿化样与榍石的 REE 特征。

1. 微量元素地球化学

Nb-Ga-REE 多金属矿化样和玄武岩的原始地幔标准化微量元素蛛网图反映出矿化样与广泛分布玄武岩具有较为一致的分布形式（图 7-43），均为前部分元素变化大、后部分元素变化小，同时具有相似的元素富集或亏损趋势，相对富集 Ba、Nb、Zr 等元素，相对亏损 K、Sr 等元素。比较而言，岔河剖面和花椒冲剖面黏土岩矿化层的微量元素特征更接近相应底部玄武岩的特征。但总体上 Nb-Ga-REE 矿化样与下伏峨眉山玄武岩之间具有较为类似的元素组成及变化规律，暗示它们之间可能存在一定的亲缘关系。而榍石在这种亲缘关系中起到了极其重要的纽带作用，矿化样与榍石的微量元素蛛网图清晰地显示出（图 7-44），榍石与矿化样不仅分布样式高度一致，亏损和富集的规律都高度一致，表明榍石应该是该套 Nb-Ga-REE 矿床的主要贡献者。同时，榍石与寄主岩石（玄武岩）的微量元素蛛网对比图（图 7-45）显示，榍石与玄武岩的微量元素特征相似，具有一定的继承性，也辅助说明了榍石来自玄武岩浆的分异结晶，是原生榍石。

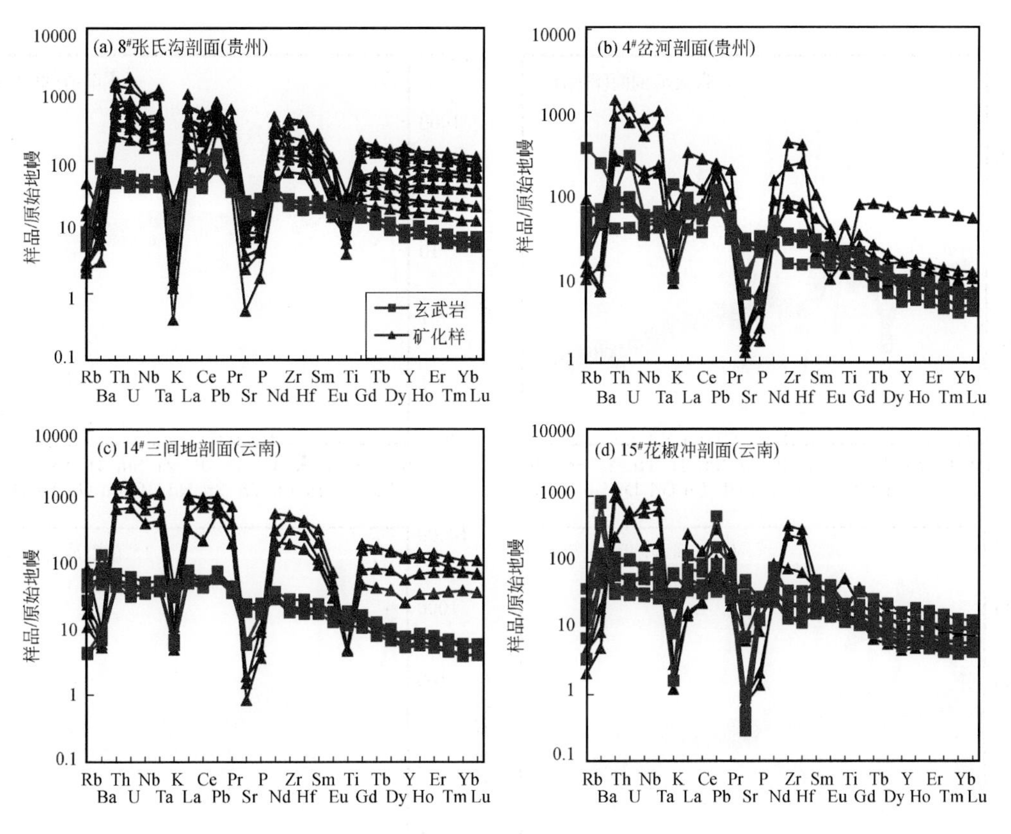

图 7-43　研究区宣威组 Nb-Ga-REE 多金属矿化样和玄武岩的原始地幔标准化微量元素蛛网图（标准数据值引自 McDonough and Sun，1995）

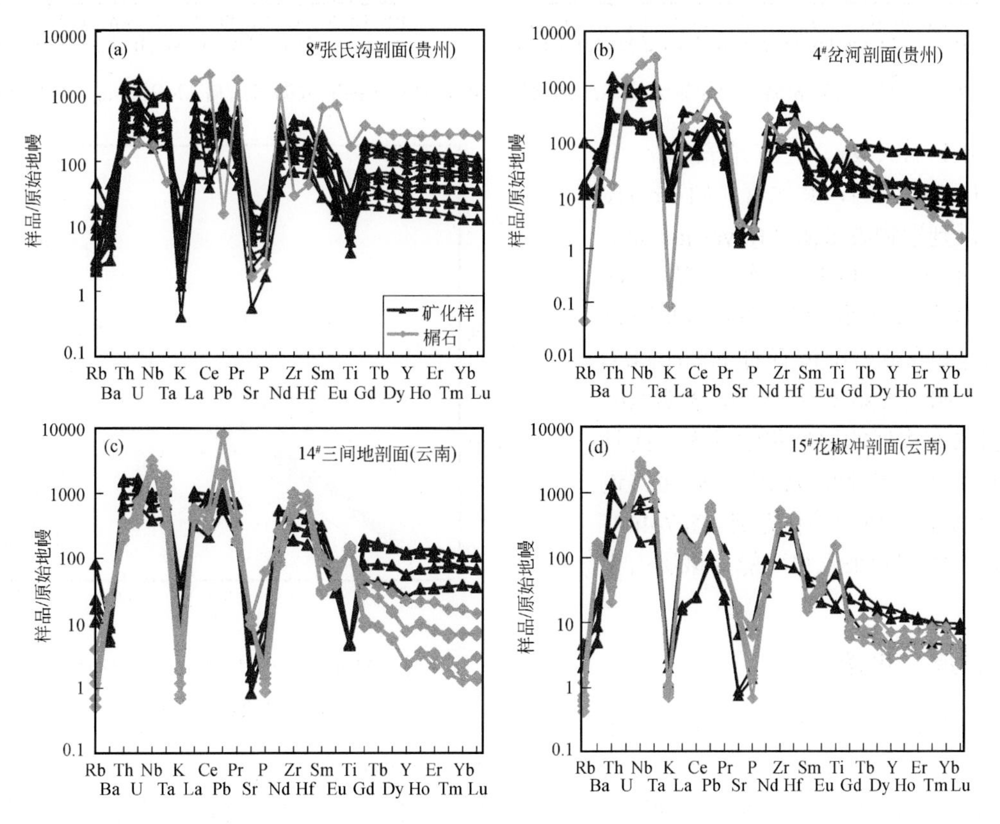

图 7-44　研究区宣威组 Nb-Ga-REE 多金属矿化样和椆石的原始地幔标准化微量元素蛛网图（标准数据值引自 McDonough and Sun，1995）

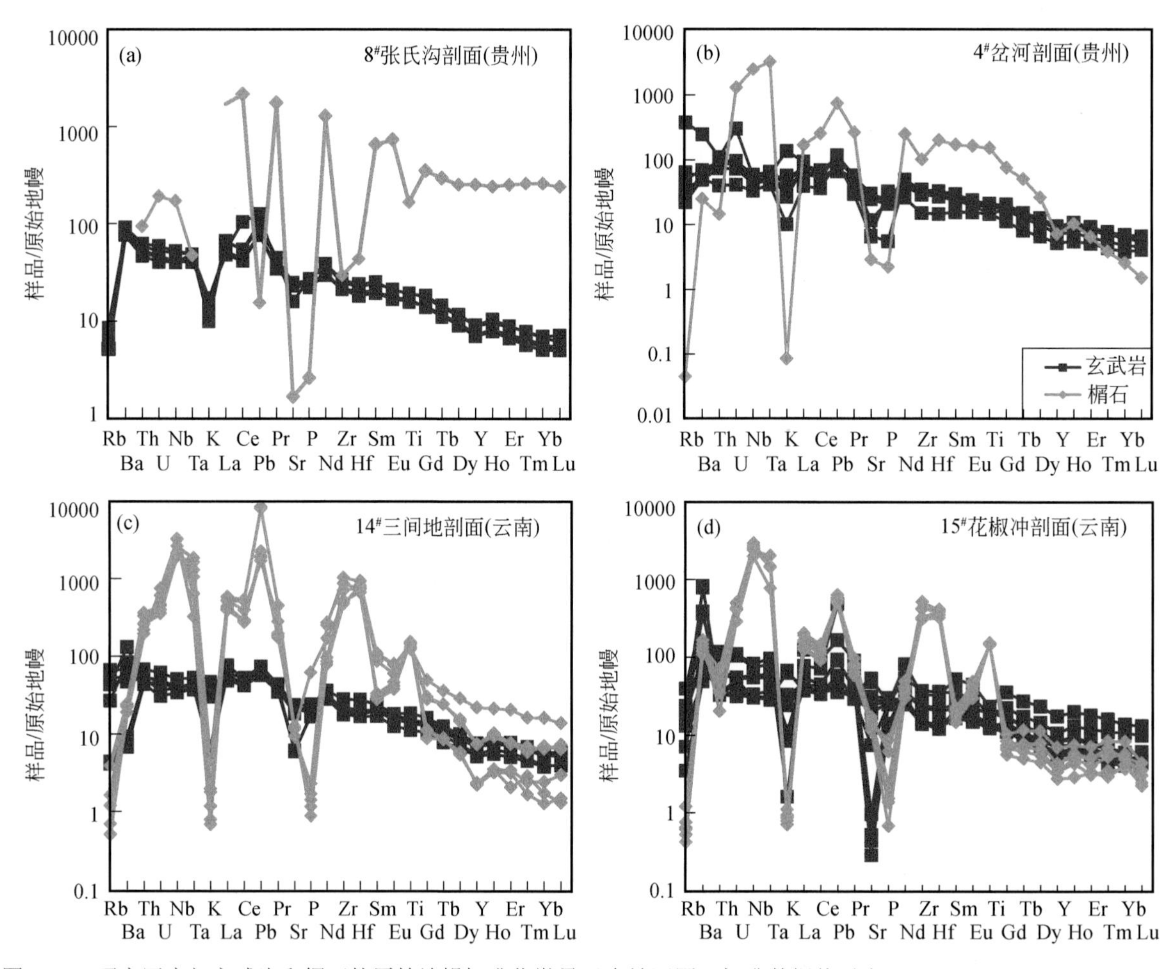

图 7-45　研究区底部玄武岩和榍石的原始地幔标准化微量元素蛛网图（标准数据值引自 McDonough and Sun，1995）

此外，由于 Nb、Zr、Ti 在地表风化-沉积过程中是相对稳定的，其比值（如 Nb/Ti、Zr/Ti）常用以判别物质来源（Hayashi et al.，1997；He et al.，2007）。结合研究区 Nb-Ga-REE 多金属剖面的相关关系分析可以发现，矿化样和玄武岩中榍石的 Nb/Ti-Zr/Ti 具有良好的正相关关系（图 7-46），表明 Nb、Zr、Ti 不仅具有类似的地球化学行为，而且从玄武岩中的榍石向 Nb-Ga-REE 矿化样过渡，其表现出明显的协同演化趋势（图 7-46），表明 Nb、REE 的初始来源很可能为峨眉山玄武岩。

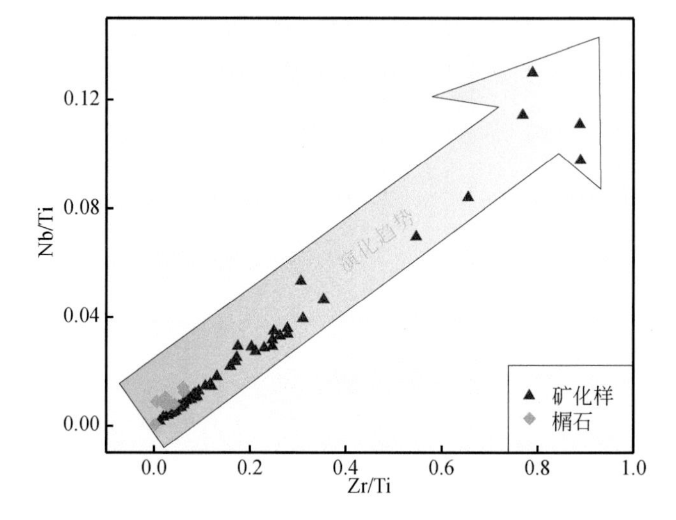

图 7-46　研究区玄武岩中榍石→矿化样黏土岩的 Nb/Ti-Zr/Ti 值演化趋势

2. REE 地球化学

本研究选取 4#、8#、14#、15#剖面分析了 REE 地球化学特征，也是采取“矿化样—玄武岩—榍石”对比研究的思路（表 7-22）。矿化样和玄武岩的球粒陨石标准化 REE 配分对比图，显示稀土配分模式均为右倾型，总体都是富集轻稀土、亏损重稀土（图 7-47），相对而言，岔河和花椒冲剖面中的矿化样和玄武岩稀土展布特征相似度更大，暗示它们之间可能存在一定的亲缘关系。为了深入探究这种亲缘关系，分析了矿化样和榍石的稀土特征，稀土配分模式表明，二者均为轻稀土富集的右倾型（图 7-48），具有较好的继承亲缘关系。同时，榍石与其寄主的玄武岩 REE 特征对比，发现榍石与玄武岩具体相似的球粒陨石标准化 REE 配分模式（图 7-49），也暗示玄武岩中的榍石为原生榍石，在后期的风化-沉积成矿过程中，起到了重要的控制作用。

表 7-22　研究区玄武岩电子探针分析结果　（单位：%）

矿物	测点号	CaO	Nb_2O_5	ZrO_2	Al_2O_3	SiO_2	TiO_2	Ce_2O_3	FeO	MgO	MnO	总计
榍石	hzy18-1xs-9	27.16	0.05	0.08	2.96	32.08	31.98	0.08	3.76	—	—	98.16
	hzy18-1xs-10	26.03	0.01	0.06	3.54	31.08	30.80	0.07	7.60	—	—	99.18
	hzy18-1xs-11	23.77	0.02	0.10	4.36	32.76	26.59	0.06	10.63	—	—	98.30
	hzy18-1xs-12	26.30	0.03	0.05	3.21	33.51	30.27	0.07	5.99	—	—	99.42
	hzy18-1xs-13	27.03	0.06	0.06	3.51	32.10	30.51	0.12	3.97	—	—	97.36
	hzy18-1xs-14	26.29	0.08	0.06	2.76	31.49	31.25	0.06	4.64	—	—	96.64
	lch18-1xs-2	26.62	0.15	0.27	2.73	31.97	31.42	0.12	2.83	—	—	96.09
	gd-18-1xs-2	26.57	0.06	0.06	1.81	34.83	35.03	0.12	1.82	—	—	100.30
	gd-18-1xs-3	21.91	0.11	0.51	6.55	34.75	28.38	0.12	3.48	—	—	95.80
钛铁矿	gd-8-1ttk-14	0.18	0.08	0.04	—	0.42	46.17	—	46.78	0.03	3.36	97.05
	hzy18-1ttk-1	2.13	0.07	0.13	—	3.64	47.59	—	34.69	0.00	11.93	100.18
	hzy18-1ttk-2	3.91	0.02	0.07	—	5.74	43.20	—	33.24	0.52	10.33	97.02
锐钛矿	hzy18rtk-4	—	0.13	0.23	—	—	47.92	—	22.65	—	—	70.83

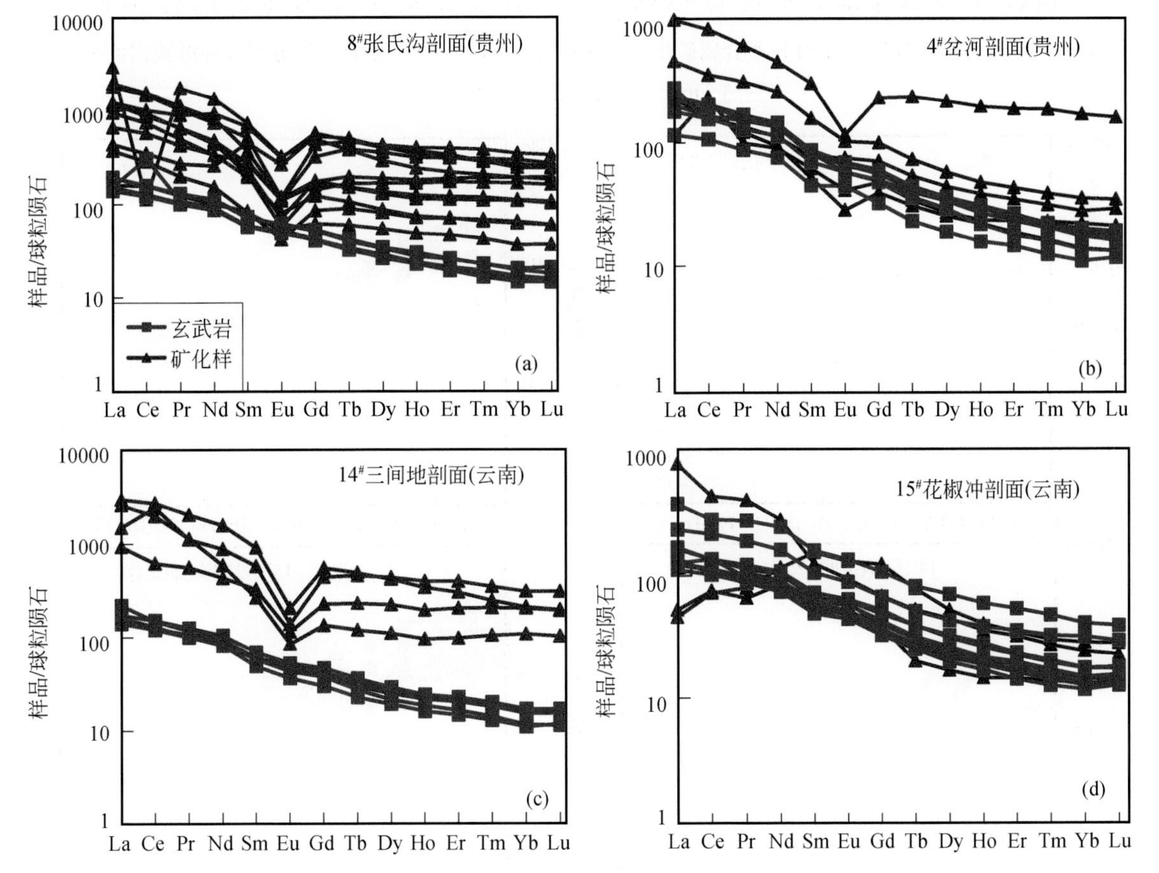

图 7-47　研究区宣威组 Nb-Ga-REE 多金属矿化样和玄武岩的球粒陨石标准化 REE 配分图（标准数据值引自 McDonough and Sun，1995）

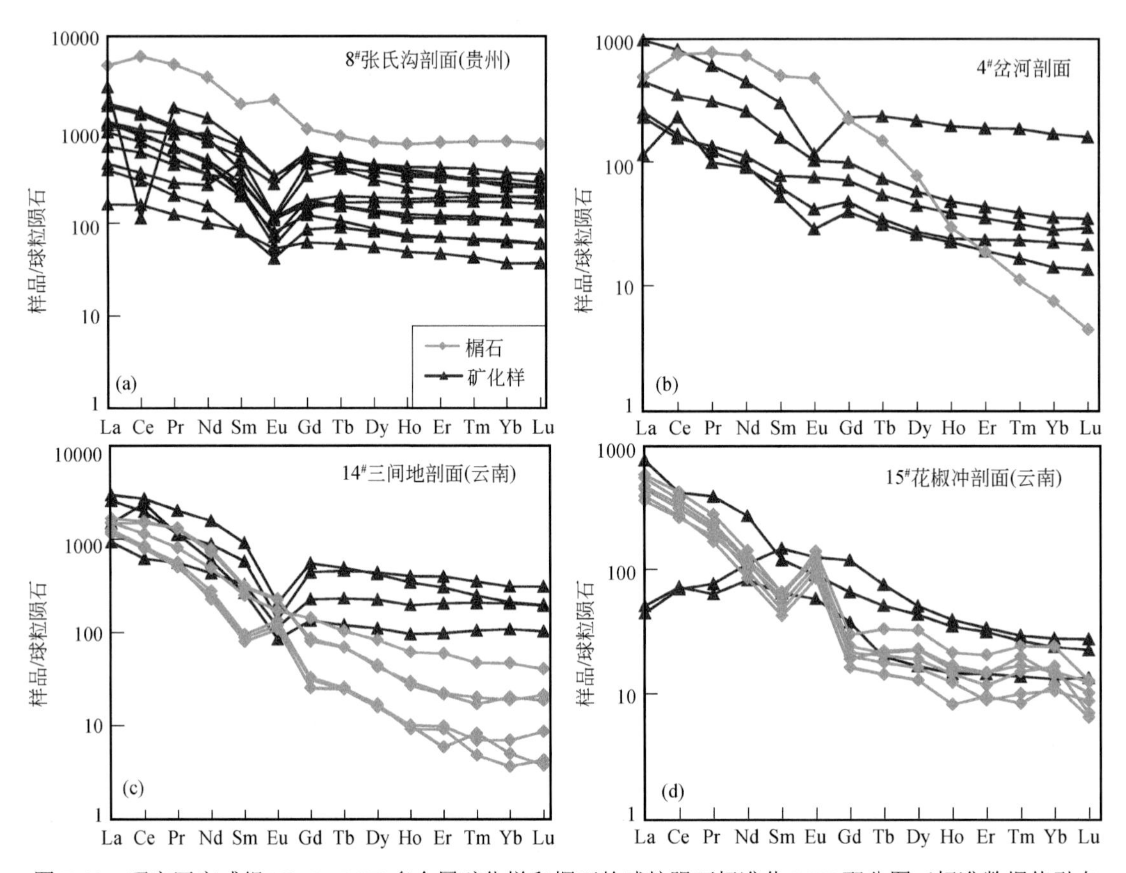

图 7-48　研究区宣威组 Nb-Ga-REE 多金属矿化样和榍石的球粒陨石标准化 REE 配分图（标准数据值引自 McDonough and Sun，1995）

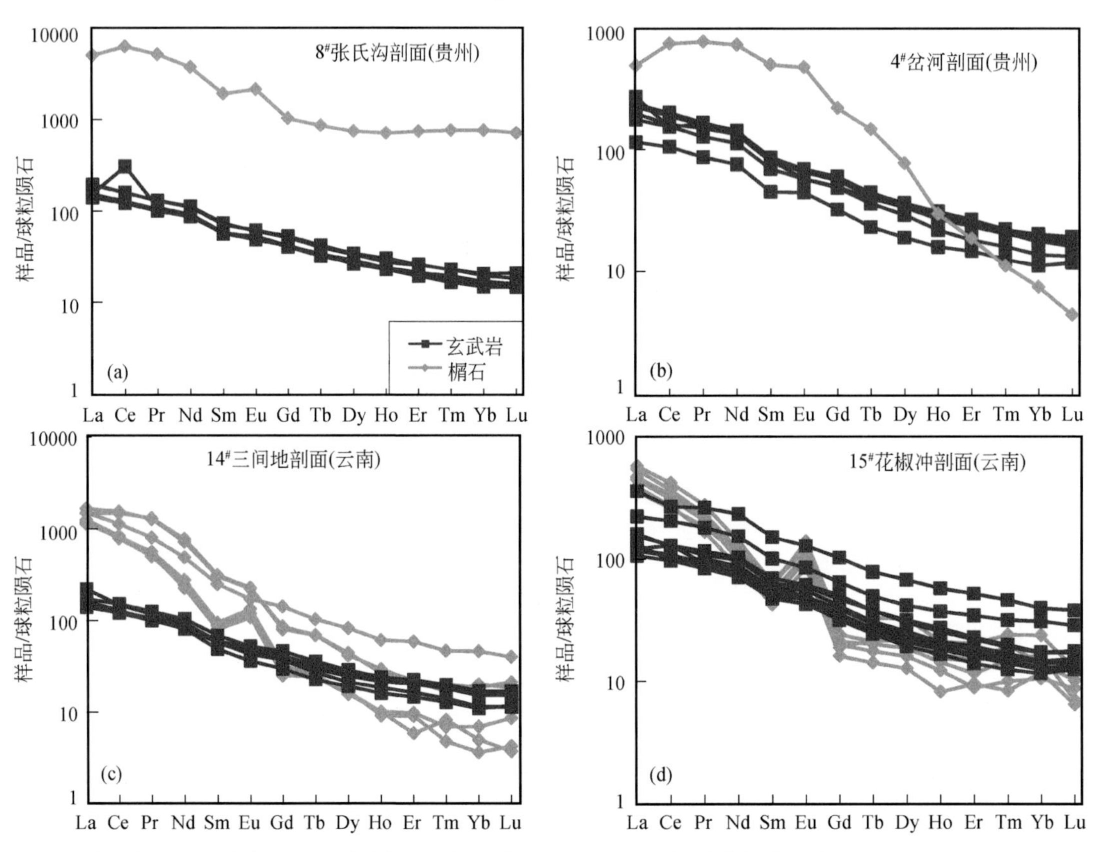

图 7-49　研究区宣威组玄武岩和榍石的球粒陨石标准化 REE 配分图（标准数据值引自 McDonough and Sun，1995）

7.7　Nb-Ga-REE 多金属矿床元素富集机制及成矿模式

虽然前人从不同的角度对 Nb-Ga-REE 多金属矿床的物质来源及成矿元素富集机制开展了部分研究，但是目前尚存在较大争议，因此还需要开展大量的研究工作来进一步揭示 Nb-Ga-REE 多金属矿床的富集机制，从而探索性构建较为接近地质实际的成矿模式。本研究通过高分辨微区矿物学、岩石学及元素地球化学等手段对其物质来源开展了系统研究，基本查清了 Nb-Ga-REE 多金属富集层底部的峨眉山玄武岩具有高 Nb 高稀土的背景，且厚度巨大、延伸稳定，具有一定成矿物质基础，有提供 Nb 多金属的可能性。重要的是研究发现玄武岩中普遍发育榍石，而榍石中富含 Nb、REE 等多种稀有金属，由此推测榍石应该是导致玄武岩高 Nb 高稀土背景的主要原因。结合 Nb 矿层中主要的含 Nb 矿物为锐钛矿，而玄武岩中榍石有的在表生条件下蚀变为了锐钛矿，因此，推测研究区 Nb-Ga-REE 多金属富集层的成矿物质主要来源于富榍石的玄武岩，而榍石的风化蚀变是控制 Nb、REE 进一步富集成矿的主要因素。

7.7.1　富集机制探讨

尽管在宣威组底部的古风化壳 Nb-Ga-REE 多金属富集层普遍具有较高的背景，但富集程度仍有较大的差异。这种富集程度的差异一方面与成矿过程（古风化-沉积作用）可能有密切的联系，另一方面，其风化作用的富集机制可能是控制富集程度的另一个关键因素。前人围绕这一科学问题，尝试从不同的角度开展研究，获得了不同的认识。

（1）康滇古陆风化富集：滇黔地区在晚二叠世时期广泛发育煤系地层，沉积盆地外围为不同岩性和地貌有显著差别的古陆剥蚀区。昆明以南至成都以西的广大地区，由二叠纪时期喷发的玄武岩构成高原地貌（康滇古陆），地形切割较强烈（周义平和任友谅，1983；Dai et al.，2010）。研究区位于沉积盆地西部，以陆相和部分海陆过渡相碎屑沉积为主，为了厘清其物质来源，对其开展多角度研究，孟昌忠等（2015）发现黔西威宁-六盘水地区的铁-多金属矿床（产于宣威组底部）的锆石具有典型岩浆成因特征，测得 U-Pb 年龄为 255～258 Ma，与峨眉山大火成岩省岩浆事件时间（255～260 Ma）（He et al.，2007）相吻合，且未发现存在其他年龄的碎屑或继承锆石，表明矿石中锆石来源于峨眉山大火成岩省岩浆岩近源风化的产物。何冰辉等（2017）报道的滇东者海地区宣威组下部碎屑锆石 U-Pb 年龄为 252～268 Ma，也与峨眉山大火成岩省的形成时间相一致，且测得的古水流方向为由西南向北东方向，结合当时古地貌特征，推测这些碎屑锆石可能来自西部康滇古陆峨眉山玄武岩组岩石的风化剥蚀产物（Xu et al.，2008；Zhong et al.，2011；Deconinck et al.，2014）。

（2）峨眉山大火成岩省顶部的酸性岩风化富集：近年来，随着峨眉山地幔柱活动晚期的酸性火山岩的发现（He et al.，2007），关于宣威组底部地层的成因有了新的解释。在攀西地区的峨眉山地幔柱残留的熔岩系统顶端发现有少量粗面岩和流纹岩，这些酸性岩被认为是在地幔柱活动晚期峨眉山高 Ti 玄武质岩浆经结晶分异作用形成的（Xu et al.，2010；Shellnutt，2014）。He 等（2007）对整个宣威组从底到顶的 Al、Ti 变化特征进行了研究，表明宣威组底部岩石的 Al_2O_3/TiO_2 值普遍大于 7，且与峨眉山酸性岩的 Al_2O_3/TiO_2 比较接近；宣威组中上部沉积岩的 Al_2O_3/TiO_2 值则普遍小于 7，与峨眉山高 Ti 玄武岩中的该值范围较一致，因此认为，峨眉山大火成岩省顶部的酸性岩首先接受风化剥蚀作用，剥蚀产物沉积在康滇古陆东部形成宣威组底部岩石；而随着风化作用的继续，玄武岩开始接受风化剥蚀，其产物覆盖酸性岩风化产物形成宣威组的中上部。然而，酸性岩浆一般具有较高的挥发性物质和高度聚合的硅酸形态，其黏度一般较基性岩浆要高得多，且酸性岩浆的喷发方式一般为强烈爆发（Xu et al.，2010）。如果宣威组底部完全为峨眉山酸性火山岩的风化产物，这么巨大的酸性火山喷发残留岩对应的喷发出去酸性火山灰的量一定很惊人（赵利信，2016）。但到目前为止，在西南地区晚二叠世地层中还没有发现与峨眉山地幔柱活动相关的厚层火山灰沉积层（朱江和张招崇，2013），且 Yang J H 等（2015）估算峨眉山大火成岩省仅约有 1×10^4 km^3 的酸性岩浆喷发出地表。这些推论与以上 He 等（2007）的观点略有矛盾，因此宣威组（包括底部）是否完全为峨眉山酸性岩风化产物还存在一些疑问。

（3）火山灰-热液流体混合富集：自 Dai 等（2010）在滇东地区发现宣威组地层发育与煤或含煤岩系有关的稀有金属矿床以来，后续在重庆（Dai et al.，2012b）、四川南部和贵州西部（Dai et al.，2014a）同时代地层中也发现了 Nb-Zr-REE-Ga 的矿化层，表明 Nb-Ga-REE 多金属矿化层延伸稳定、连续性好。该类矿床的成矿过程大致被认为是峨眉山大火成岩省 Nb-Ta 矿化的碱性流纹质岩浆喷出地表后（Xu et al.，2010），在同生成岩阶段即受到热液活动影响，热液流体溶解（交代）火山灰，原地分解原生稀有金属赋存的矿物、释放出稀有金属离子并重新组合为新的矿物相，即火山灰-热液流体混合型成矿作用导致稀有金属富集（Dai et al.，2010，2013）。

然而，本研究通过 Nb-Ga-REE 多金属矿化层和底部玄武岩剖析，结果显示 Nb 矿床中主要的载 Nb 矿物为锐钛矿，同时也可能存在少量的 Nb 独立矿物；而玄武岩中普遍含有一种特殊的富 Nb、Ti 矿物——榍石。锐钛矿一般可由榍石等钛矿物风化形成。因此，表明矿层中锐钛矿很可能是由玄武岩中榍石风化而来，成矿物质主要来自玄武岩，且榍石可能是 Nb 富集的主要控制因素。

7.7.2 成矿主控因素—榍石

1. 榍石矿物学

榍石（titanite）的晶体化学式是 $CaTi[SiO_5]$（Vuorinen and Hålenius，2005），榍石中富含 Nb、稀土等多金属的原因是 Ca 位常被 REE(尤其 Y 和 Ce)、U、Th、Pb、Sr、Ba 和 Mn 等大离子元素所置换(Vuorinen and Hålenius，2005)，这是导致研究区玄武岩中的榍石富含 Nb 和 REE 的主要原因；Ti 常被 Al、Fe、Mg、Zr、Nb、Ta、V、Cr、W 和 Sn 替代；而 O 可被 OH^-，F^-和 Cl^-替代（Tropper et al.，2002；Vuorinen and Hålenius，2005）。

本研究进行了系统的电子探针分析，结果显示富含 Nb 的矿物均为钛矿物，主要为榍石，少量为钛铁矿和锐钛矿，Nb 在各种钛矿物中的含量差别较大（表 7-22），榍石普遍含 Nb，含量 0.01%～0.15%，平均 0.06%，另外部分钛铁矿和锐钛矿也含有少量的 Nb。榍石中除富含 Nb 外，Zr、Ce 等也有一定的富集（图 7-50）。

高 Ti 和低 Ti 玄武岩的 Ce 含量差异较大，研究区多为高 Ti 玄武岩，Ce 含量（64.3×10^{-6}～264×10^{-6}）要比姜寒冰等（2009）报道的低 Ti 玄武岩中 Ce 含量（16.8×10^{-6}～71.1×10^{-6}）高得多，这也与宋谢炎等(2001)、严再飞等（2006）报道的攀西地区、二滩峨眉山玄武岩的 REE 特征相吻合。玄武岩中 Ce 含量的明显差异很可能与其所含榍石的多少有关，因为 1500 ℃时下地幔分熔作用生成的易熔部分——玄武岩岩浆富集微量元素 Ce，给榍石提供了很好的 Ce 来源，而榍石极易混入 Ce 类质同象（Vuorinen and Hålenius，2005），使原始岩浆分异而来的大部分榍石中富含 Ce（侯明才等，2011），这与研究区玄武岩中榍石的成分特征很吻合。因此，Ce 含量较高的玄武岩一般为富榍石高 Ti 玄武岩，反之为低 Ti 玄武岩。

2. 榍石成因

榍石（titanite）是一种普遍存在于各类岩石中的副矿物（Wörrier et al.，1983；Wolff，1984），主要形成于中酸性岩、碱性岩及低级到中高级的变质岩中，热液成因岩中也常见（Storey et al.，2006；Li and Liu，2010；Li et al.，2015），少部分以斑晶形式存在于霞石岩中（Green and Pearson，1986），沉积岩中也偶见（Morton and Hallsworth，1999）。而在基性岩中比较少见，仅见少量的报道，Seifert（2006）在德国的 Hinterhermsdorf、Saxony 发现存在大量与玄武岩有关的重砂矿物，其中包括大量赋存于玄武质角砾岩中富 Zr 榍石，且认为这类榍石主要来源于高演化的碱性玄武质岩浆的分异结晶。

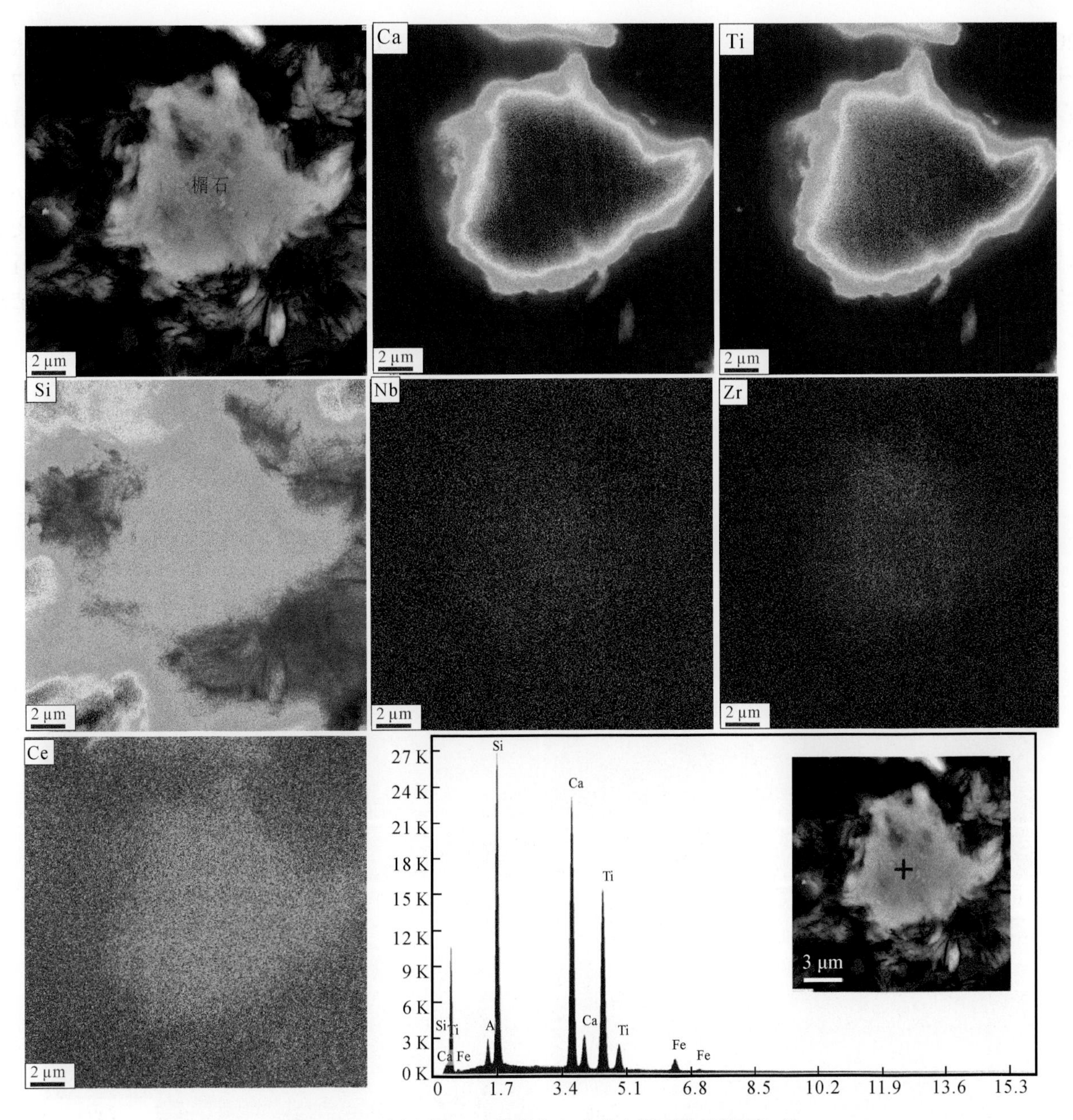

图 7-50　研究区高 Nb 富稀土玄武岩中榍石的元素面扫描

侯明才等（2011）首次发现并肯定了高 Ti 峨眉山玄武岩中存在隐晶榍石，它们在玄武岩整个喷发时期广泛发育，并且是玄武岩中赋存 TiO_2 的主要矿物，玄武岩中的榍石可能主要存在以下两种成因：①少量以晶粒状副矿物形式和大多数在玄武岩基质中与玄武岩玻璃质混合产出的隐晶榍石，是原始基性岩浆的产物，主要形成于岩浆活动作用晚期；②隐晶状充填溶孔、杏仁体边缘和裂缝中的隐晶榍石，形成于岩浆作用期后，是热液流体的产物。结合研究区的榍石矿物学、地球化学等特征，榍石主要赋存于富碱性的高 Ti 峨眉山玄武岩中，且玄武岩具有高 Nb 高稀土背景，故推测研究区榍石是在富 Nb、REE 的碱性玄武质岩浆的结晶分异作用下形成。结合榍石与玄武岩的成岩年代学数据，二者年龄在误差范围内一致，综合推测榍石多为产于玄武岩中的原生榍石。

3. 榍石的表生风化对成矿的贡献

榍石中常富含 Nb。Nb 过去常被认为是不活动的稳定元素而用于解译地质过程（Kurtz et al.，2000；Hastie et al.，2011），但世界上大量 Nb 矿床的出现促使地质学家对 Nb 的活动性进行重新认识，Friis 和 Casey

（2018）报道了 Nb 在表生风化条件下也具有很好的活动性，Nb 可以从原矿物中溶出并以可溶性氧酸盐离子进行迁移（Deblonde et al.，2015）。表生条件六铌酸盐矿物（Hansesmarkite）的发现（Friis et al.，2017），暗示 Nb 可以从原生矿物中风化淋滤出来并以某种离子进行搬运，沉淀形成新的 Nb 矿物，这为本书借助榍石来进一步探究 Nb 的来源、迁移提供了重要启示。

通过微区 FIB 切片[图 7-51(a)]，在高分辨透射电镜下能清楚观察到榍石的蚀变过渡结构[图 7-51(b)]，榍石局部蚀变成的锐钛矿与原榍石接触边界呈锯齿状［图 7-51(b)]，表明榍石蚀变为锐钛矿是一个渐变的风化蚀变过程。面扫描显示未发生蚀变的榍石，其主要成分 Ca、Ti、Si 明显可见［图 7-51(c)、(d)和(e)]，而发生蚀变的榍石，局部变为了锐钛矿，锐钛矿中包裹少量的铁氧化物［图 7-51(f)]，导致锐钛矿的结构多为不规则状［图 7-51(b)]。

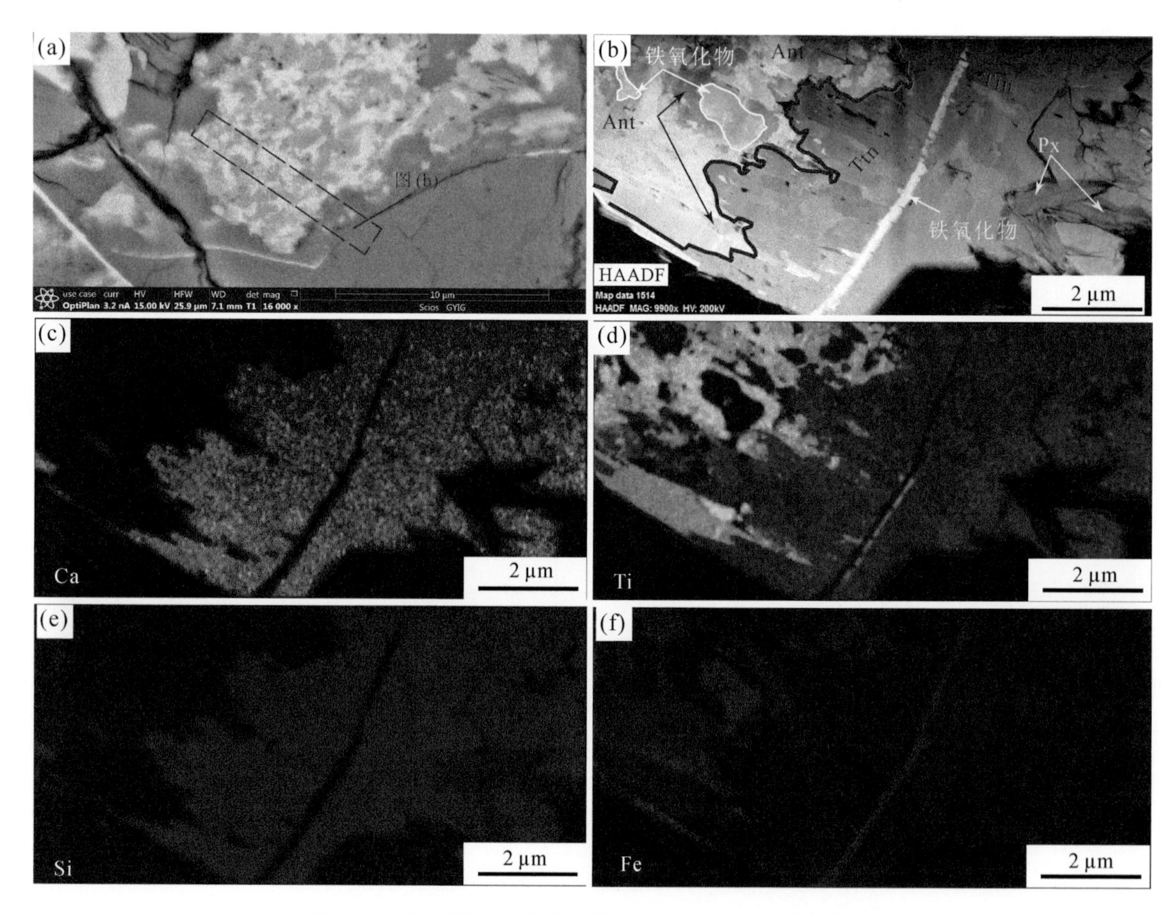

图 7-51　研究区蚀变玄武岩的 FIB 切片及蚀变过渡结构

Ant. 锐钛矿；Ttn. 榍石；Px. 辉石

Nb 和 REE 可通过类质同象替代形式分别置换榍石中 Ti 和 Ca。风化作用下，含 Nb 榍石随着 Ca、Si 流失而转换为含 Nb 锐钛矿，部分 Nb 可以从原生矿物中淋滤出来发生迁移、沉淀形成新的 Nb 独立矿物，导致 Nb 的富集成矿。榍石中的 Ca 在表生风化作用下易被溶出，占据 Ca 晶格位置的 REE 也随之溶出并迁移到合适位置形成含稀土的新矿物或稀土矿物，这可能是导致 REE 富集的主要因素。

7.7.3　元素迁移及成矿模式初探

1. 元素迁移

1）Nb-REE 富集及迁移

基于以上物源与富集机制的探讨，本专著系统对研究区广泛分布的玄武岩开展深入研究，结果显示该区玄武岩具有特殊的地球化学特征，尤其是高品位 Nb 矿化层剖面对应的底部玄武岩常常具有较高的 Nb、REE 背景。这类高 Nb 高 REE 玄武岩不仅规模巨大且元素含量均一（Xu et al.，2001），意味着如果底部玄武岩作为 Nb-Ga-REE 多金属富集层的风化母岩，那么高 Nb 富 REE 玄武岩只需在表生风化作用下促使 Nb 富集 3～5 倍便可达到 Nb 的最低工业品位，因此，研究区广泛分布的玄武岩具有一定的成矿物质基础，有提供 Nb 多金属的可能性。虽然凝灰岩也具有较高的 Nb、REE 多金属背景值，因其分布规模较小，提供这么多稀有金属可能存在困难，不排除提供少量成矿物质的可能性（Dai et al.，2010）。

通过微区分析，发现研究区高 Nb 富 REE 玄武岩中的榍石有的已经风化蚀变为锐钛矿［图 7-51(b)］，同时，我们在多金属富集层中观察到主要的载 Nb 矿物为锐钛矿（图 7-52），因此，初步推测矿层中的 Nb、REE 多金属的富集很可能是由母岩玄武岩中的榍石导致，Nb 进一步的富集可能与榍石的表生风化蚀变息息相关。

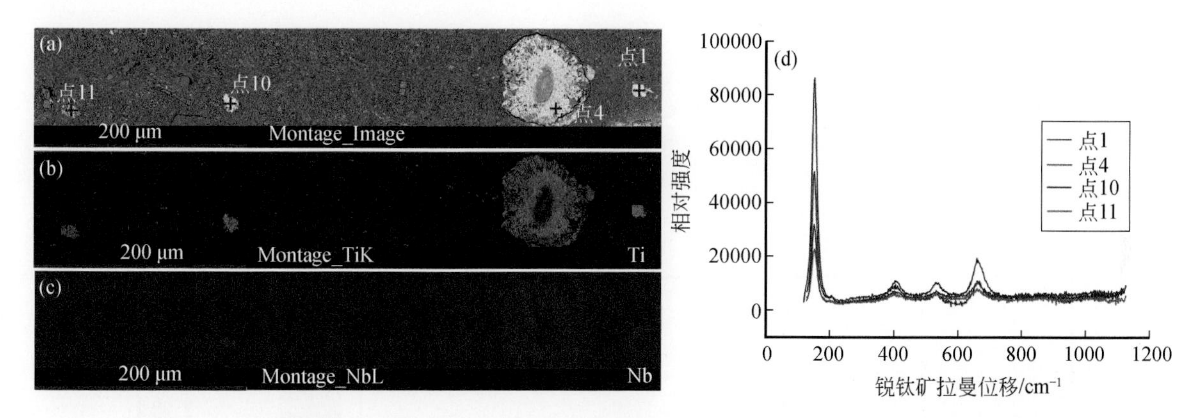

图 7-52　研究区 Nb-Ga-REE 多金属矿床的主要载 Nb 矿物（锐钛矿）的面扫描和拉曼光谱

Montage Image：蒙太奇图像；Montage TiK：Ti 元素 K 线系蒙太奇图像；Montage NbL：Nb 元素 L 线系蒙太奇图像

值得注意的是，研究区 Nb 矿化层除 Nb 达到工业品位外，Zr、REE 也得到一定程度富集，且 Nb 矿化层和底部玄武岩的 Nb-Ta、Zr-Hf 具有很好的正相关性（图 7-53），显示具有较好的继承演化特征，因此，Nb-Ga-REE 富集层的成矿物质很可能来自底部高 Ti 玄武岩。

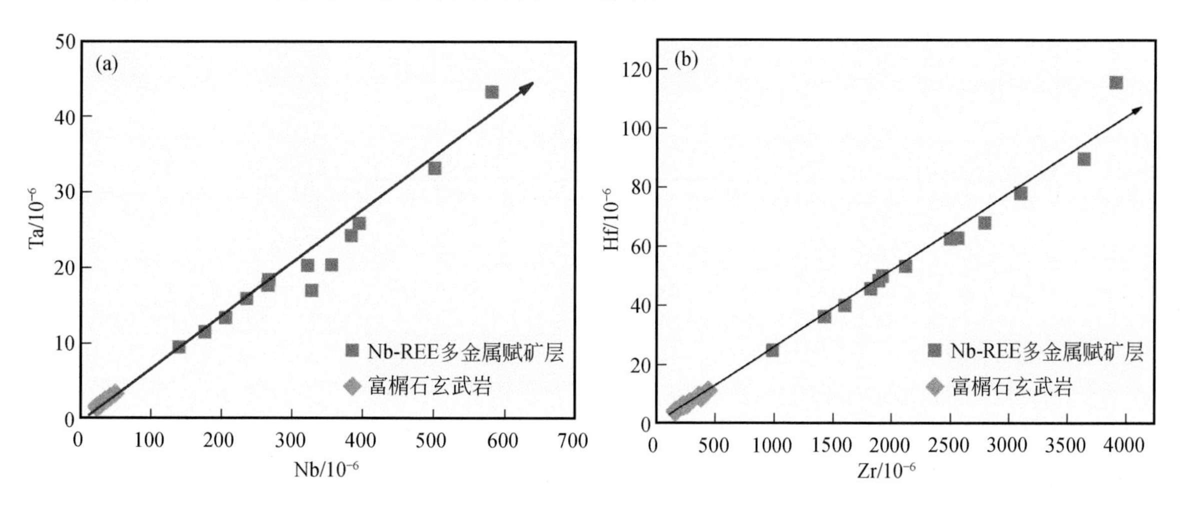

图 7-53　研究区峨眉山玄武岩和 Nb 矿化层中的 Nb-Ta 和 Zr-Hf 相关关系

徐义刚等（2013）研究表明，高 Ti 和低 Ti 玄武岩可能来自不同的母岩浆，具有不同的地球化学特征，二者具有不同的结晶分异过程。当下地幔分熔作用生成的易熔部分——玄武岩岩浆富集微量元素 Nb、REE 时，就能给榍石提供很好的 Nb、REE 来源（侯明才等，2011），促使原始岩浆分异而来的大部分榍石中富含 Nb、REE，而富 Nb、REE 玄武岩常为碱性高 Ti 富玄武岩，因此，榍石可能主要来自富碱高 Ti 玄武岩浆。在表生风化作用下，富含 Nb 的榍石会随着 Ca、Si 流失而蚀变为含 Nb 锐钛矿（矿化层主要的赋 Nb 矿物），致使 Nb 不断富集；榍石风化过程中随着 Ca 的溶蚀，Ca 位常被 REE 置换，占据 Ca 晶格位置的 REE 也随之溶出并迁移到合适位置形成富稀土的矿物。因此，榍石的表生风化作用贯穿整个成矿过程，是成矿元素迁移富集的主控因素。

2）Ga 元素富集及迁移

①Ga 的分布与富集特征

滇黔研究区宣威组底部的关键金属矿化层，除富集 Nb、REE 外，Ga 也发生了一定程度富集，本研究选取出露完整的黑石张氏沟 8#剖面为重点对象开展系统分析，结果显示绝大部分黏土岩中 Ga 超过了铝土矿型 Ga 的工业品位（30×10^{-6}，《矿产资源工业要求手册》编委会，2012），大多数样品的 Ga 为 30×10^{-6}～80×10^{-6}［图 7-54(a)］。

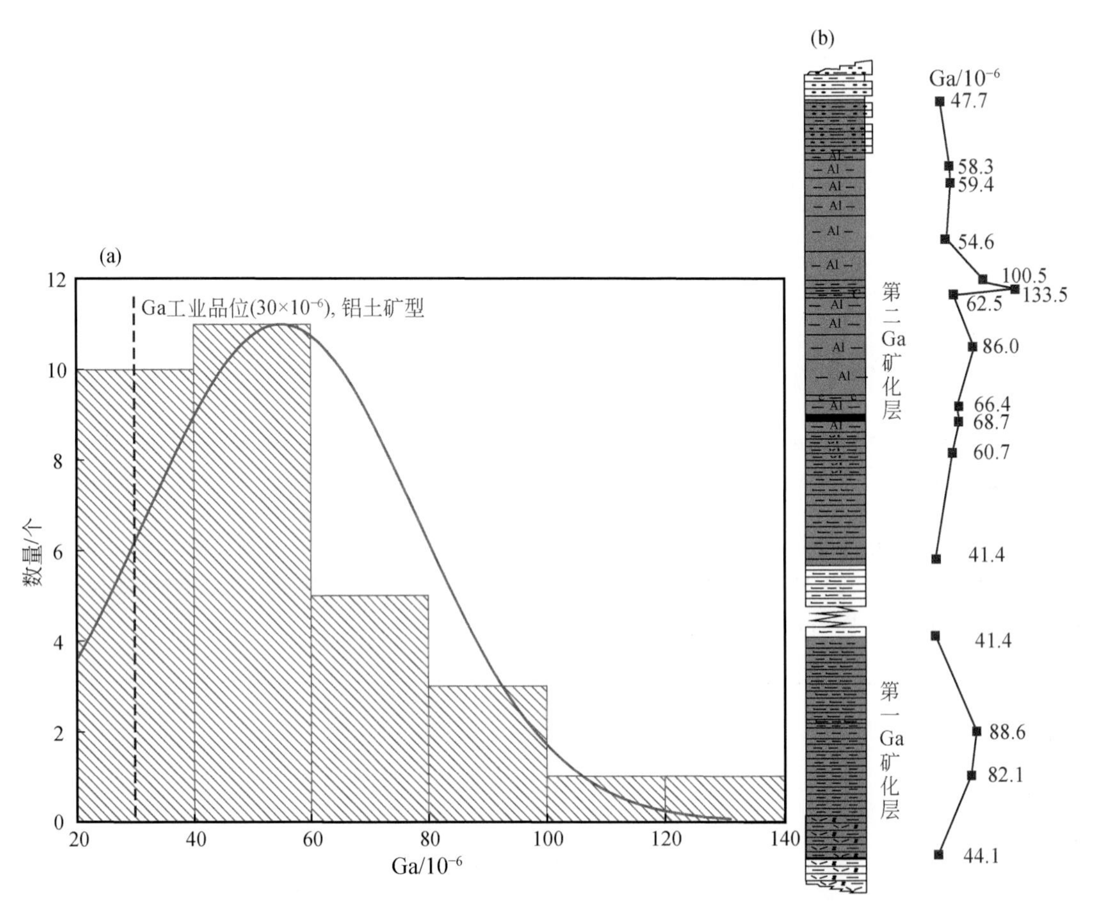

图 7-54　研究区宣威组张氏沟剖面黏土岩中 Ga 含量分布范围（a）和 Ga 剖面垂向富集特征（b）

垂向上，Ga 的富集具有一定的规律性，自下而上，8#剖面共发育 2 个 Ga 矿化层［图 7-54(b)］，其中第 1 个 Ga 矿化层的 Ga 含量为 41.4×10^{-6}～88.6×10^{-6}，平均 64.1×10^{-6}；第 2 个 Ga 矿化层的 Ga 含量为 41.4×10^{-6}～133.5×10^{-6}，平均 70.0×10^{-6}。上部的第二矿化层总体上 Ga 含量高于下部的第一矿化层，Ga 发生超常富集也是位于第二矿化层。这可能主要是由于第二矿化层铝质含量较高，此外还可能与其中发育煤层有一些关系。煤层沉积期的物源和沉积环境比较适于赋 Ga 矿物的形成和 Ga 的富集。

②Ga 的赋存状态及迁移形式

从地球化学的角度，微量元素赋存状态主要指微量元素的结合状态，即存在形式。Ga 在地壳中稀少且分散，常以类质同象形式进入其他矿物晶格中，以独立矿物的形式存在极为罕见（涂光炽等，2004），仅在非洲 Tsumed Cu-Pb-Zn 矿床中发现有原生 Ga 矿物（硫镓铜矿）（涂光炽等，2004），其他的 Ga 元素主要伴生在铝土矿（Moskalyk，2003；Özlü，1983；Öztürket al.，2002；Calagari and Abedini，2007）、煤矿

（唐修义等，2004；代世峰等，2006）、铅锌矿及明矾石矿（梁祥济和王福生，1999）等矿床中。Ga 常与 Al 共生，在含 Al 矿物（岩石）中 Ga 主要以类质同象形式替代 Al，有时也可像 Al 一样，在铝硅酸盐矿物中替代四面体的 Si，也有少部分的 Ga 以吸附形式存在。

对研究区 8#剖面黏土岩中 Ga 与 Al 的相关性分析［图 7-55（a）］，显示二者具有较明显的正相关关系，而 Ga 与 Al 具有相似的地球化学性质，所以微量元素 Ga 以类质同象形式可进入含 Al 的矿物晶格中，含 Al 的矿物多为造岩矿物，因此，推测剖面中的 Ga 的迁移富集可能主要与含 Al 矿物密切相关。值得注意的是，在 8#张氏沟剖面的矿化黏土岩中，还发现一种特殊含 Al 矿物（勃姆石），而勃姆石在准格尔煤型 Ga 矿床中广泛发育，且为 Ga 的主要载体（吴国代等，2009），因此，该剖面中发育的勃姆石对 Ga 的富集可能具有一点贡献。同时，为了探究 Ga 与矿化黏土岩中的钛矿物关系，系统研究了 Ga 与 Ti 的相关性［图 7-55（b）］，结果显示 Ga 与 Ti 几乎无相关性，这也初步表明 Ga 的富集与主要载 Nb 矿物（锐钛矿 TiO_2）无直接关系，反映 Ga 与 Nb-REE 富集迁移的地球化学过程可能不太一样，造就了区域上的元素沉积分带（图 7-56）。

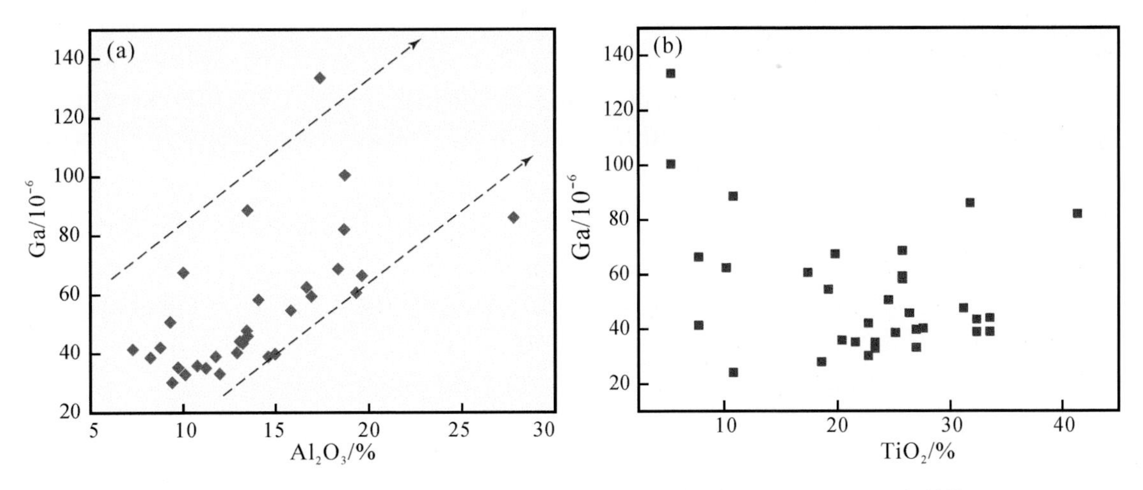

图 7-55　研究区宣威组张氏沟剖面矿化黏土岩中 Ga-Al 相关性（a）和 Ga-Ti 相关性（b）

研究表明，Ga 富集的主控因素有以下几方面：Ga 的富集在宏观上受物源区的控制，周义平和任友谅（1982）根据 Ga 含量在沉积盆地空间上的变化，将其分为风化壳型、同沉积富 Ga 型、同沉积贫 Ga 型；盆地沉积过程中适宜的介质的地球化学环境有利于 Ga 的富集；刘长龄和时子祯（1985）认为，勃姆石形成主要与成岩阶段的弱酸性与弱氧性至弱还原的介质环境有关，勃姆石更易在泥炭沼泽（煤）的沉积环境中形成，这可能是导致 8#剖面的 Ga 超常富集发生在煤层附近的原因。Yi 等（2007）和易同生等（2007）认为，水动力条件、酸碱程度、物质来源是控制煤中 Ga 富集的关键地质-地球化学因素；后生淋滤作用和地下水活动，导致 Ga 在煤层顶底板附近富集（李春阳，1991），这与研究区 8#剖面第二矿化层的 Ga 超常富集发育在距离顶板较近的位置是相一致的（图 7-54b）。

综上所述，研究区宣威组的 Ga 富集受物源区陆源碎屑成分、古气候条件和沉积环境的控制，Ga 主要来源于铝土矿，应属于风化壳型外生 Ga 矿床，Ga 在适宜的地球化学环境和有利的沉积环境下发生富集，同时，后生淋滤作用和地下水的活动可能是造成宣威组 Ga 富集的另外一个地质因素。

2. 成矿模式

基于成矿地质背景、成矿地质条件、矿床地质地球化学特征的研究，结合成矿的源→运→聚地球化学过程分析，本次调查研究工作认为，玄武岩中的榍石对成矿物质来源的贡献巨大，且控制了主要的 Nb 和 REE 的成矿过程。成矿模式如图 7-56，认为目前发现的峨眉山玄武岩风化淋积型 Nb 稀土多金属矿主要分布在火山高地，古风化-沉积型 Nb 稀土多金属矿主要分布在火山洼地的过渡地带的黏土岩层中。矿床形成与峨眉山玄武岩浆的喷溢活动密不可分。

峨眉山玄武岩浆的喷溢活动对成矿起到了两大作用：一是塑造良好的古地貌环境。含矿层的原始沉积环境可能与峨眉山玄武岩浆喷溢并固结时所塑造的古地貌形态密切相关。因为在晚二叠世时期，峨眉山玄武岩浆的喷溢完全可以形成凹凸不平的古地形，可以形成火山高地和火山洼地。一般而言，火山高地的岩石很容易遭受强烈风化作用，岩石会普遍发生碎裂形成大量岩屑。这些岩屑在大气降水成因的地表水的作用下，发生分解，蚀变成为高岭石黏土物质。这些由风化作用产生的岩屑在大气降水成因的地表水的作用下，会源源不断地向湖泊沼泽环境搬运。与此相反，火山洼地则很容易形成湖泊沼泽环境，可以大量接受源自蚀源区的碎屑物，并发生沉积成岩作用。在成岩过程中，沉积物被压实，固结成岩。二是提供 Nb、REE、Fe、Ti 等元素来源。微量元素分析结果表明，峨眉山玄武岩中 Fe、Ti、Nb、REE 等元素含量较高，其中，Fe 最高达 25%，平均 12%；Ti 最高达 13%，平均 3%；稀土总量（ΣREE）一般含量范围 212×10^{-6}～364×10^{-6}，平均 247×10^{-6}；Ga 为 18.7×10^{-6}～35.4×10^{-6}，平均 25.5×10^{-6}；Nb 为 29.2×10^{-6}～43.9×10^{-6}，平均 35.1×10^{-6}；Sc 为 23.3×10^{-6}～45.2×10^{-6}，平均 29.4×10^{-6}。

峨眉山玄武岩覆盖面广，厚度巨大，可以提供足够的物质来源。在峨眉山玄武岩遭受到强烈风化作用时，在强烈的风化作用下产生大量的风化产物，成为蚀源区、物源区，可以为后来的成岩成矿提供足够的物质来源。由风化作用产生的大量风化产物，且玄武岩中富含一种重要的富集 Nb 和 REE 的矿物（榍石），与此同时，赋存在玄武岩中的 Nb、REE、Fe、Ti 等元素被解析出来，形成风化淋积型 Nb-REE 多金属矿（图 7-56）。在大气降水、地表水、海侵海退的作用下，其中 Fe 以颗粒物的形式机械迁移，而 REE 由于海水的浸取和水动力的搬运，可溶于水中或以离子形式被高岭石黏土矿物吸附于表面，并随高岭石黏土矿物和流体一起被搬运迁移至火山洼地等合适的物理化学环境，沉淀沉积成岩，随着搬运距离和物理化学变化，在黏土岩阶段，轻重稀土元素发生分异。Al（Ga）在海水作用下，形成稳定的形态迁移，Nb、Zr、Ti、Sc 等稳定元素则随 Al 一同迁移，与 REE 发生分异，并逐步得到富集，最终形成铝土矿型的 Nb 多金属矿（图 7-56）。极少部分金红石由化学风化作用形成，一般不含 Nb。在迁移过程中，由于物理、化学作用发生分异，产生了 Fe 矿层、Nb、Ga、REE 矿层的分异，因此，区域上就形成了不同的矿化沉积中心。

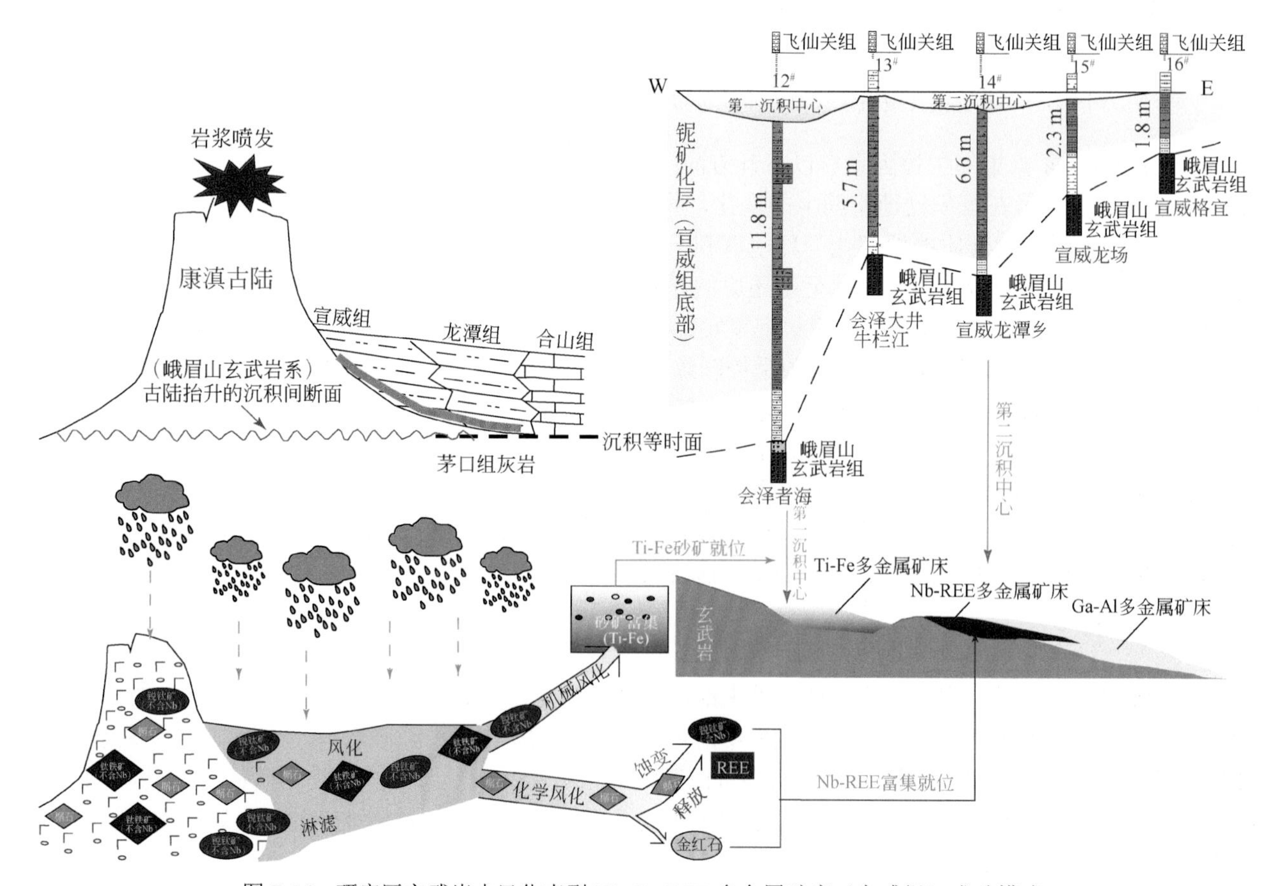

图 7-56　研究区玄武岩古风化壳型 Nb-Ga-REE 多金属矿床（宣威组）成矿模式

第 8 章　稀散金属矿床找矿预测模型和勘查技术体系

稀散金属矿产资源的形成通常需要特殊的地质背景与成矿过程，决定了稀散金属矿床具有特殊的成矿条件及控制因素，因此勘查有关的成矿理论、找矿模型和勘查技术有其独特性，需要建立具有针对性的找矿模式，发展对应有效的勘查技术。通过成矿理论研究，提炼稀散金属找矿的关键标志，形成稀散金属成矿预测信息提取与分析方法，在此基础上形成集“矿床模型+地球化学异常+地球物理异常”为一体的稀散金属矿床深部综合勘查技术方法是提高稀散矿产资源深部预测评价水平和预测精度的重要途径，也是实现深部找矿突破的关键。本章拟通过对扬子地块西缘开展区域、矿集区和示范点 3 个尺度已有的地球物理和地球化学数据的重新解译，开展物探与化探信息联合的多元数据分析、融合和三维预测技术研究，提取稀散元素成矿的综合地球物理与化探异常，从而构建与稀散金属成矿预测有关的基础数据库平台，研发多元地学信息系统，建立深部稀散金属综合信息预测模型；形成集“矿床模型+地化异常+地物异常”为一体的深部综合勘查技术和方法。

8.1　不同尺度下 Ge 的地球化学找矿模型及远景区圈定

8.1.1　区域尺度的地球化学找矿模型及矿田级找矿远景区圈定

Ge 作为一种分散元素，因其含量低且极为分散，一般很难形成独立矿床（涂光炽等，2004）。我国目前还没有成熟的专门寻找 Ge 矿的方法，Ge 矿的发现大部分是在勘查煤矿、Pb-Zn 矿以及 Fe 矿过程当中综合评价时确定的，如：在评价云南临沧煤矿的过程中发现 Ge 主要富集在成熟度较低的煤层中（王婷灏等，2016）；在评价广西环北 Pb-Zn-S-Fe 矿床时发现 Ge 富集与 Pb-Zn 成矿同步（《中国矿床发现史 • 广西卷》编委会，1996a）；1960 年在评价湖北万寿山风化淋滤型铁矿床时发现了 Ge 资源，其中赤铁矿中 Ge 的含量达到了工业品位（《中国矿床发现史 • 湖北卷》编委会，1996b）；云南会泽 Pb-Zn-Ge 矿床，是新中国成立后在苏联专家的帮助下，通过对 Pb-Zn 矿床伴生元素的定性、定量分析以及随后在富 Ge 铅锌烟尘中提取 Ge 实验的成功，使得会泽 Pb-Zn 矿床中的 Ge 资源得以发现和应用（景维祥和曾祥恕，1992）。

化探作为有效的找矿手段之一，在找矿过程当中发挥了巨大作用，据不完全统计，运用地球化学方法发现的矿床约占发现矿床总数的 71%（Xie and Cheng，2014；Wang X Q et al.，2016），因此，在 Ge 矿找矿过程中，化探应当发挥其作用。虽然大量研究发现，在 Pb-Zn 硫化物矿床中，Ge 主要赋存在闪锌矿中，尤其是铁含量较低的浅色闪锌矿中（胡瑞忠等，2000；Höll et al.，2007；Cugerone et al.，2018，2020），但是鉴于 Ge 在表生状态下物理、化学性质的研究还相对薄弱，与 Zn 的共生分离关系并不十分明确（刘英俊等，1984），这使得在利用水系沉积物或者土壤测量数据进行区域找矿预测时，是采用以 Ge 找 Ge 的直接找矿方法，还是采用以 Zn 等寄主元素找 Ge 的间接找矿方法，成为一个迫切需要解决的问题，本节主要针对这一问题进行研究。

可能是由于经费有限、分析技术不成熟或者重视程度不够等原因，在全国 1∶20 万化探扫面过程中，只对常规的包括 Zn、Pb、Ag 等在内的 39 种元素进行分析，并没有对 Ge 等分散元素进行分析测试，Ge 元素直接找矿的效果难以评价。值得庆幸的是，2000～2010 年期间，在中国地质调查局的领导下，中国地质科学院地球物理地球化学勘查研究所先后组织开展了包括 Ge 等分散元素在内的 76 个元素的地球化学填图计划，范围涉及南方 12 省，涵盖整个川滇黔地区（程志中等，2014）。虽然是低密度地球化学填图，但由于分析对象是 1∶20 万水系沉积物副样的组合样，因此其对圈定矿田级找矿远景区以及指导进一步化探找矿工作具有重要意义。本节将川滇黔地区作为研究范围，以 Zn、Ge 元素作为研究对象，综合分析其数字特征和分布规律，确定找矿指示元素；通过比较 *C-A*（多重分形理论的浓度-面积分形方法）等多种异常下限确定方法，识别找矿元素地球化学块体；并结合多种地质因素筛选出矿田级找矿远景区，为进一步的找矿工作部署提供依据。

1. 数据来源和分析预测方法

1）地球化学数据集

中国于 20 世纪 70 年代末开展了 1∶20 万区域化探全国扫面计划，按照每 1 km^2 采集 1～2 个水系沉积物样品的原则，在二级水系或上一级水系口上，采集有利于多元素聚集的淤泥、粉砂或细砂，采样点控制的汇水盆地面积一般不小于 1/3 km^2，不大于 3 km^2，采集粒度为小于 60 目的细粒物质。截止到 2006 年，已经覆盖了全国 700 万 km^2 的范围，按计划要求，一部分样品用于分析测试，一部分作为地质实物资料（副样）存放于各省样品库中（Xie and Cheng，2014）。

川滇黔研究区所收集到的 463 个水系沉积物组合样品的 76 个元素的分析数据，是将川滇黔研究区（四川、云南、贵州交界区）内已经完成的 1∶20 万区域化探扫面保存的副样在每个 1∶5 万图幅内将所有原始样品（副样）组合成 1 件分析样品，按每平方千米抽取 5 g 样品参与组合，若有两件或两件以上样品时，只抽取两件样品，按等重量原则组成总共重 5 g 组合样品参与组合，抽样原则是抽取控制面积大的水系沉积物，对于副样为 4 km^2 一个组合样保存的样品，每件样品抽取 20 g 参与组合。参与样品组合的单位有四川省地质矿产勘查开发局物探队、化探队，云南省地质调查院，贵州省地质调查院，参与样品分析方法研究和样品测试工作的单位为中国地质科学院地球物理地球化学勘查研究所。此次作为研究对象的 Zn 和 Ge 元素，其分析测试方法分别是 X 射线荧光光谱法（XRF）和氢化物发生原子荧光光谱法（HG-AFS），检出限分别为 1.8×10^{-6} 和 0.02×10^{-6}，低于地壳丰度值 76×10^{-6} 和 1.6×10^{-6}（程志中等，2014）。

2）探索性数据分析方法

探索性数据分析方法作为一种新型的统计分析手段，近年来在包括地质矿产在内的许多行业得到了广泛的应用，并取得了明显成效（张璇，2013；Asadi et al.，2014；Zhou S G et al.，2015）。其强调了数据本身的价值，而不要求其必须符合正态分布，可以更加客观地发现数据的规律，找到数据的稳健耐抗模式，从而发掘出数据的隐藏信息。在探索性数据分析中，统计参数和统计图形是数据分析的主要手段，其中，统计图形在探索性统计分析中扮演着非常重要的角色（谢佳斌和金勇进，2009），常见的统计图形有直方图、累积分布图、*Q-Q* 图、箱式图、散点图等。本书将采用探索性数据分析方法并结合地球化学图探究 Zn、Ge 元素数据的分布特征和规律。

3）地球化学块体与 *C-A* 方法

地球化学块体的概念是由 Doe（1991）提出的，是指富含某种或某些元素的大岩块，它们是从地球形成到演化至今不均匀性的总显示，能够为矿床的形成提供物质来源。谢学锦（1995）、谢学锦和向运川（1999）提出利用地球化学扫面数据圈定地球化学块体，并将地球化学块体定义为面积大于 1000 km^2 的地球化学异常。地球化学块体与矿集区往往存在着密切的关系，有大型矿集区的存在，一定有地球化学块体的存在（王学求等，2007）。作为形成大型矿集区的必要条件，圈定地球化学块体显得尤为重要。要圈定地球化学块体，确定代表地球化学块体边界的地球化学异常下限是关键（李随民等，2009），其实质就是将不同总体（如：地球化学块体和非地球化学块体）加以区分，将地球化学块体识别出来。长期以来，人们总结出多种用于圈定地球化学块体边界的方法，如元素含量均值+2 倍标准差（王学求等，2007；周顶等，2014），元素含量累计频率在 80%～85%之间的数值（李堃等，2013），矿床边界品位的 1/80（邵跃，1997）以及箱式图的上界（Carranza，2009，2010；Asadi et al.，2014）等作为地球化学块体的边界。总体而言，以统计参数或者工作经验较多，而对地球化学块体的空间分布和几何特征考虑不足（娄德波等，2012）。

基于多重分形理论的浓度-面积分形方法（*C-A*），根据统计自相似原理，充分考虑元素含量分布的频率特征和空间几何特征，能够在空间域将不同的总体区别开来，有效地识别地球化学块体，已经在各类地球化学异常识别方面获得了广泛的应用（Cheng et al.，1994）。其工作原理主要是：在一个浓度和面积取对数的坐标系中，通过在面积和元素浓度值之间存在的幂率关系，即：$A(C \geqslant P) \propto PC\text{-}\alpha$，$A$ 为面积，C 为浓度值，P 为常数，α 为奇异性指数，对于不同的地球化学浓度值区间，通过最小二乘法（LS）使用不同的直线段进行拟合，并计算不同的 α 值，直线的交叉点及所对应的浓度值作为分界值把浓度值分成几个组分，达到背景和块体分离的目的。本书也将以该方法来确定地球化学块体边界。

4）证据权方法

证据权方法最初被应用在没有空间意义的医学诊断上。在 20 世纪 80 年代，Agterberg（1989）和 Bonham-Carter 等（1989）修改和发展了证据权模型，将其应用于具有空间意义的找矿预测中，证据图层（控矿要素或找矿标志）相当于“症状”，矿床预测（后验概率）相当于“诊断结果”。证据权方法不仅可以用于上述找矿预测，还可以通过已知矿床确定证据图层的最佳范围。其基本原理如下：

$$w^{+} = \ln\frac{P(B|D)}{P(B|\bar{D})}$$

$$w^{-} = \ln\frac{P(\bar{B}|D)}{P(\bar{B}|\bar{D})}$$

$$c = w^{+} - w^{-}$$

$$t = \frac{c}{\sigma(c)}$$

其中，D 代表矿床存在；B 代表证据图层存在；$\bar{D}$ 代表矿床不存在；$\bar{B}$ 表示证据图层不存在；P 代表概率；w^{+}代表正权重；w^{-}代表负权重；c 代表空间相关性系数；$\sigma(c)$代表空间相关性系数的标准差；t 代表 c 的学生氏统计量，用以检验原假设（c=0），当 t>1.96 时，表示在检验水平 α=0.05 条件下拒绝原假设，其 t 越大，相关性越强，因此 t 的最大值也对应着最佳的分布范围（Bonham-Carter et al.，1989；成秋明等，2009）。本书将使用该方法确定地球化学块体的最佳边界范围，用以确认和验证最科学的地球化学块体圈定方法。

2. Ge 矿找矿方法的合理性选择

根据 Zn 的统计直方图［图 8-1（a）］和 Q-Q 图［图 8-2（a）］可以看出其明显不符合正态分布，数据离散程度较大（变异系数=1.14），且均值（119.89×10^{-6}）明显高于地球丰度值（79×10^{-6}），这一点从箱式图也可以得到清晰的反映（图 8-3），且从直方图上可以看出 Zn 元素分布特征复杂，至少具有 2 个峰值，

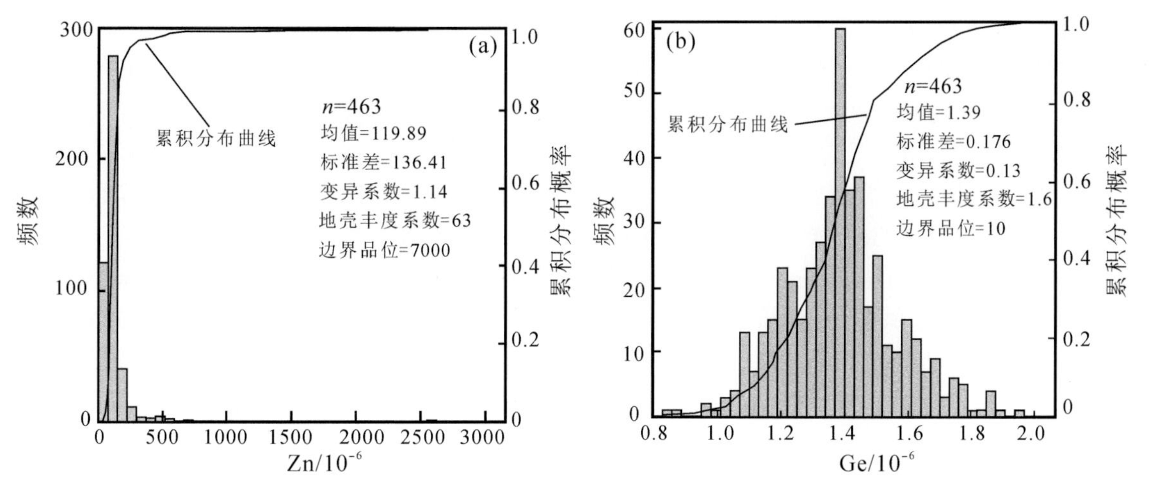

图 8-1　研究区水系沉积物 Zn 和 Ge 元素含量的统计直方图、累积分布图及相关参数

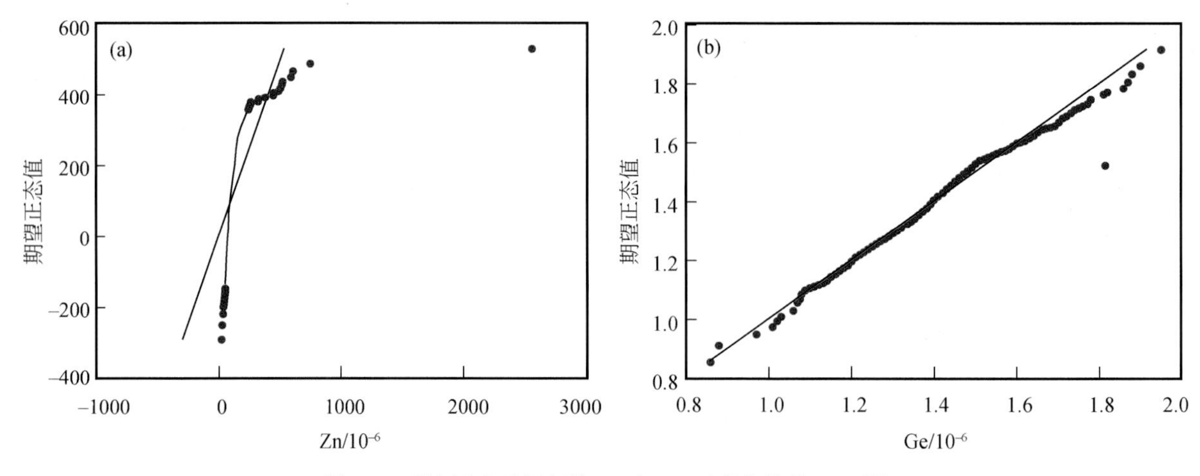

图 8-2　研究区水系沉积物 Zn 和 Ge 元素含量的 *Q-Q* 图

表明 Zn 元素含量分布至少来自 2 个总体，低值区分布可能对应着非地球化学块体这一总体，而高值区分布则可能代表着地球化学块体分布；Zn 元素地球化学图与矿床（点）空间关系分布（图 8-4）具有良好的对应关系，大部分矿床（点），尤其是绝大多数主要矿床（如：黑区－雪区、赤普、茂租、乐红、天宝山、小石房、大梁子、会泽、毛坪、杉树林、青山、富乐）均位于相对高值区，而位于相对低值区的矿床（点）则非常少，可进一步确认高值区可能与相应的地球化学块体相对应，符合以 Zn 找 Zn 的区域化探找矿思路。

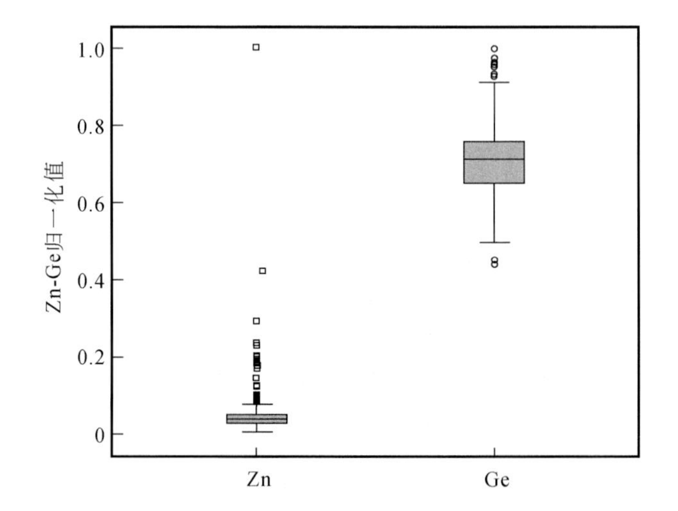

图 8-3　研究区水系沉积物 Zn 和 Ge 元素含量箱式图

根据 Ge 元素的统计直方图和 *Q-Q* 图可以看出其较为符合正态分布，且离散程度较小（变异系数=0.13），最大值与最小值之间差距很小，基本围绕地壳丰度值（1.6×10^{-6}）（Höll et al.，2007）波动，这一点从箱式图也可以得到清晰的反映（图 8-3），且从直方图和 *Q-Q* 图上可以看出 Ge 元素分布仅有 1 个峰值，表明 Ge 元素分布仅由 1 个正态总体构成，难以划分为理想的背景和块体 2 个总体；另外，根据 Ge 元素地球化学图与矿床（点）空间关系分布（图 8-5），可以看出 Ge 元素值分布与矿床（点）之间并没有明显的对应关系，相对高值区有大梁子、会泽、乐红等矿床相叠加，而相对低值区有黑区—雪区和赤普相对应，在中等强度的区域有天宝山、小石房、茂租、毛坪、青山、杉树林、富乐等矿床产出，可进一步说明，Ge 元素的区域地球化学分布对 Ge 矿床的分布没有控制和指示作用，采用 Ge 元素圈定地球化学块体是没有依据的，不符合以 Ge 找 Ge 的区域化探找矿思路，必须另辟蹊径。

关于 Ge 元素与 Zn 元素的关系，前人已经做了大量研究，普遍认为在 Pb-Zn-Ge 矿床中，原生状态下，Ge 主要以类质同象赋存在闪锌矿中，尤其是铁含量较低的浅色闪锌矿中（胡瑞忠等，2000；Höll et al.，2007；Cugerone et al.，2018）。然而，在表生氧化状态下，Ge 和 Zn 是否还有如此紧密的共生关系，相关研究却很少见，尤其是由于 Ge 元素的多亲和性（亲铁、亲硫、亲石、亲有机质）和高度分散性（刘英俊等，1984），使得在表生状态下 Ge 与 Zn 的共生分离关系研究显得尤为重要。本书通过以上水系沉积物中 Ge 元素和 Zn 元素的散点图（图 8-6）分析可知，它们之间几乎没有相关关系，因为相关系数很小，接近于 0（R^2=0.009≪0.8），造成这种情况的原因可能是在表生氧化条件下，Ge 与 Zn 表现出迥异的物理、化学性质而发生分离造成的。这一结果表明虽然 Ge 与 Zn 在原生条件下紧密共生，但 Ge 在表生条件下却表现出高度分散性和均匀性等截然不同的物理、化学特性，也进一步表明在寻找 Ge 矿的问题上应该采用以 Zn 找 Ge 的区域化探找矿思路，即：首先通过 Zn 元素化探异常发现 Pb-Zn 矿床，然后通过综合评价 Pb-Zn 矿床，尤其是其中主要的富 Zn 矿体，进一步发现 Ge 矿床，这也恰恰与前言中提到的已发现 Ge 矿的勘查历史相一致。

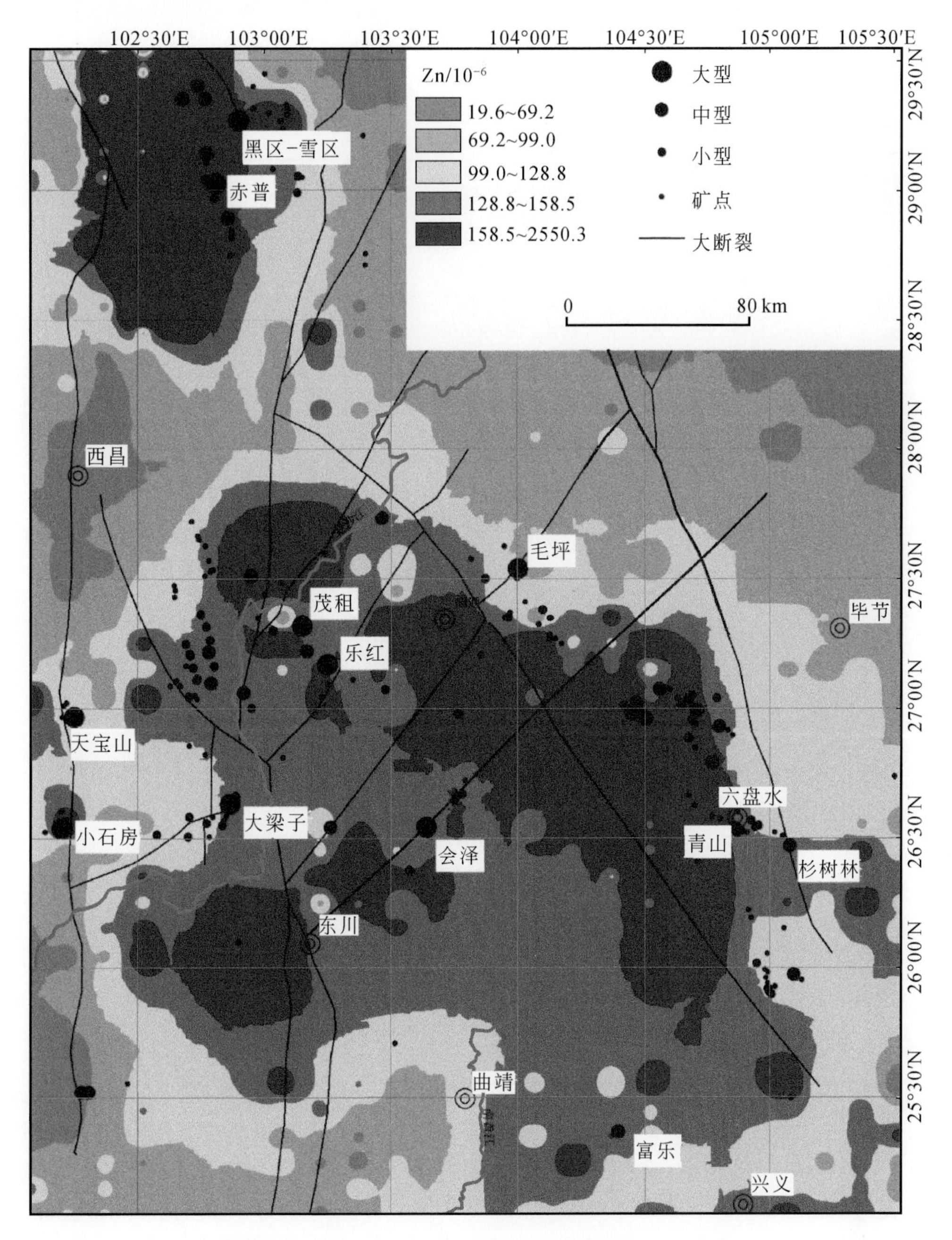

图 8-4　研究区水系沉积物 Zn 元素含量地球化学图

3. 科学确定地球化学块体下限

在确立了以 Zn 找 Ge 的找矿思路之后，如何确定 Zn 地球化学块体的范围是进一步圈定找矿远景区的当务之急。前人在研究确定异常下限方面做了大量的工作，但主要分为两类：一类是基于经典统计分析的异常下限确定方法；另一类是近些年来新发展起来的基于多重分形理论的异常圈定方法，该类方法强调不同总体的科学分离。本书通过采用经典统计学方法，包括直方图法、箱式图法、累积概率法、原生晕法圈定的 Zn 地球化学块体下限分别为 392.7×10^{-6}、153.9×10^{-6}、87.5×10^{-6} 和 146.5×10^{-6}；而采用基于多重分形理论的先进的 *C-A* 方法确定的地球化学块体下限为 124×10^{-6}。

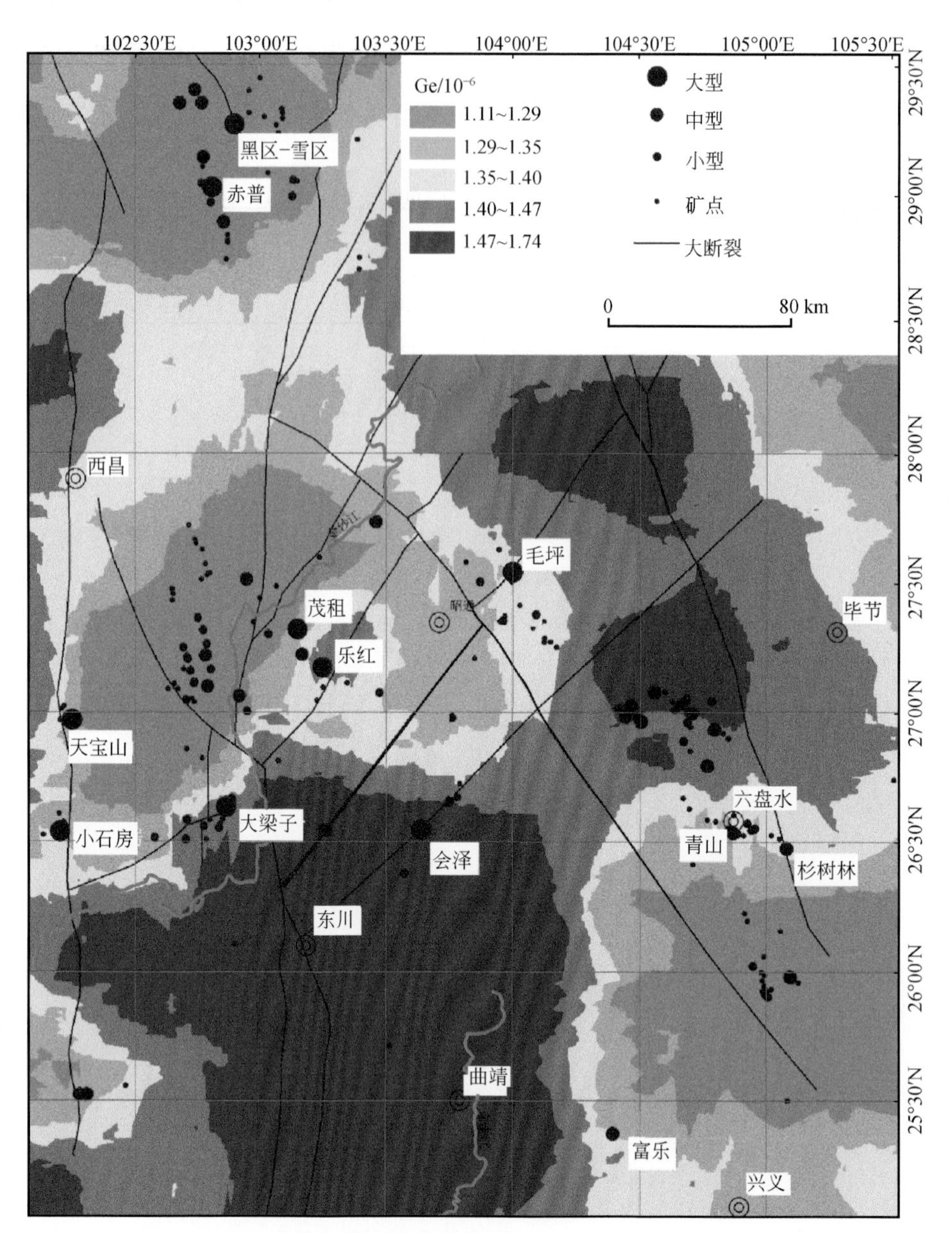

图 8-5 研究区 Ge 元素含量地球化学图

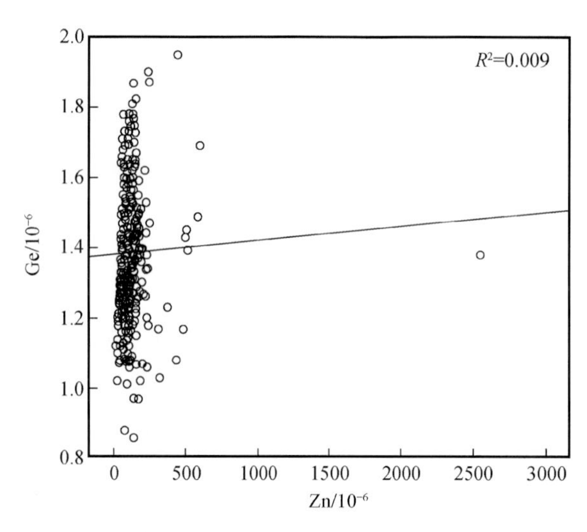

图 8-6 研究区水系沉积物 Zn 与 Ge 元素含量散点图

通过定性分析不同方法圈定的地球化学块体与矿床（点）之间的空间关系来看：直方图法（图 8-7）圈定的地球化学块体明显偏小，研究区仅有 8 个矿床产出在该块体内，仅占矿床总数的 3.8%，尤其是绝大多数规模矿床并没有出现在地球化学块体内，因此明显是不合适的；原生晕法（图 8-8）圈定的地球化学块体的范围又明显偏大，虽然涵盖了绝大多数矿床（204 个），占矿床总数的 97%，但能够明显看出将大面积的空白区也圈定为地球化学块体，因此也是不合理的。

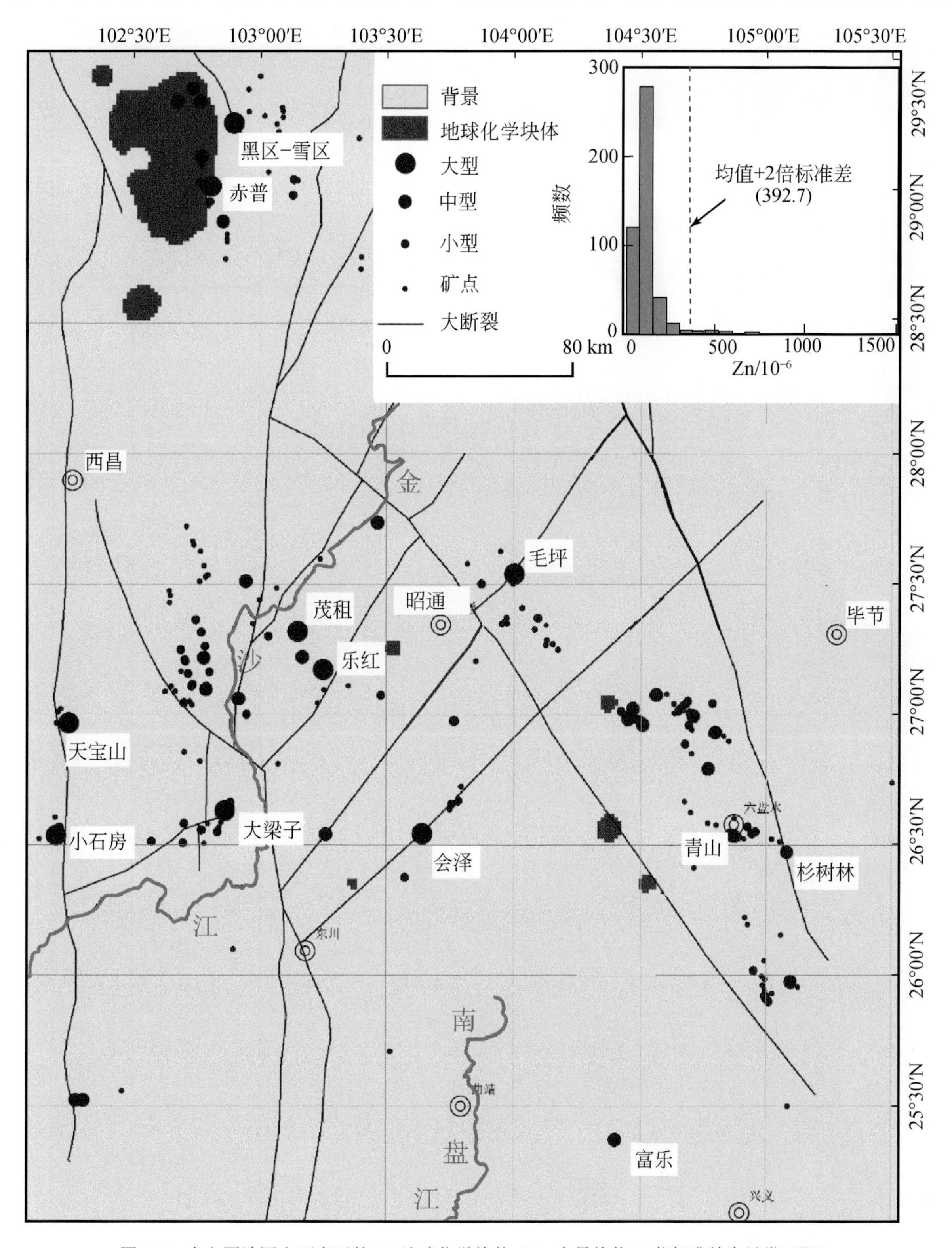

图 8-7　直方图法圈定研究区的 Zn 地球化学块体（Zn 含量均值+2 倍标准差为异常下限）

累积概率法（图 8-9）、箱式图法（图 8-10）和 *C-A* 方法（图 8-11）相对以上 2 种方法从地球化学块体与矿床（点）的定性关系上看要显得合理得多，但要确定哪种方法是最优方法，还需要采用更为精确的定量方法进一步验证。

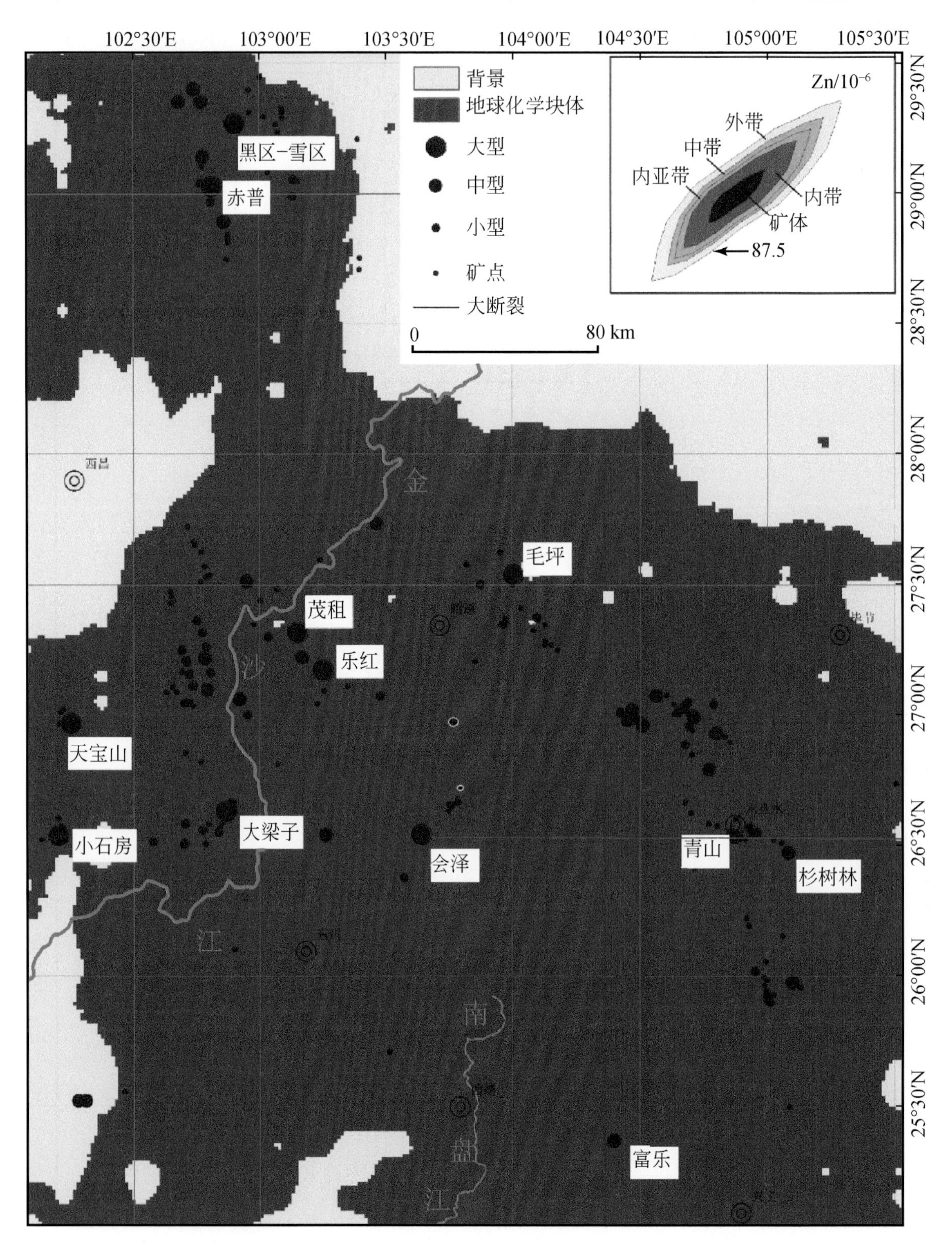

图 8-8 原生晕法（原生晕外带下限作为异常下限）圈定研究区的 Zn 地球化学块体

本书采用证据权模型得到的相关系数（c）的学生氏统计量（t）来度量地球化学块体的最优下限区间，通过计算，当 c =1.98 时，其所对应的统计量 t=9.42，达到最大值，对应的第 20 个元素区间范围为 120×10^{-6}～130×10^{-6}（图 8-12、表 8-1），落在该区间的异常下限仅仅包含基于多重分形理论的 *C-A* 方法所确定的下限，因此可以确认 124×10^{-6} 是最合理的异常下限，此时，落在地球化学块体内的矿床数为 189 个，占总数的 85.6%，该值确定的地球化学块体将作为进一步圈定找矿远景区的基础。

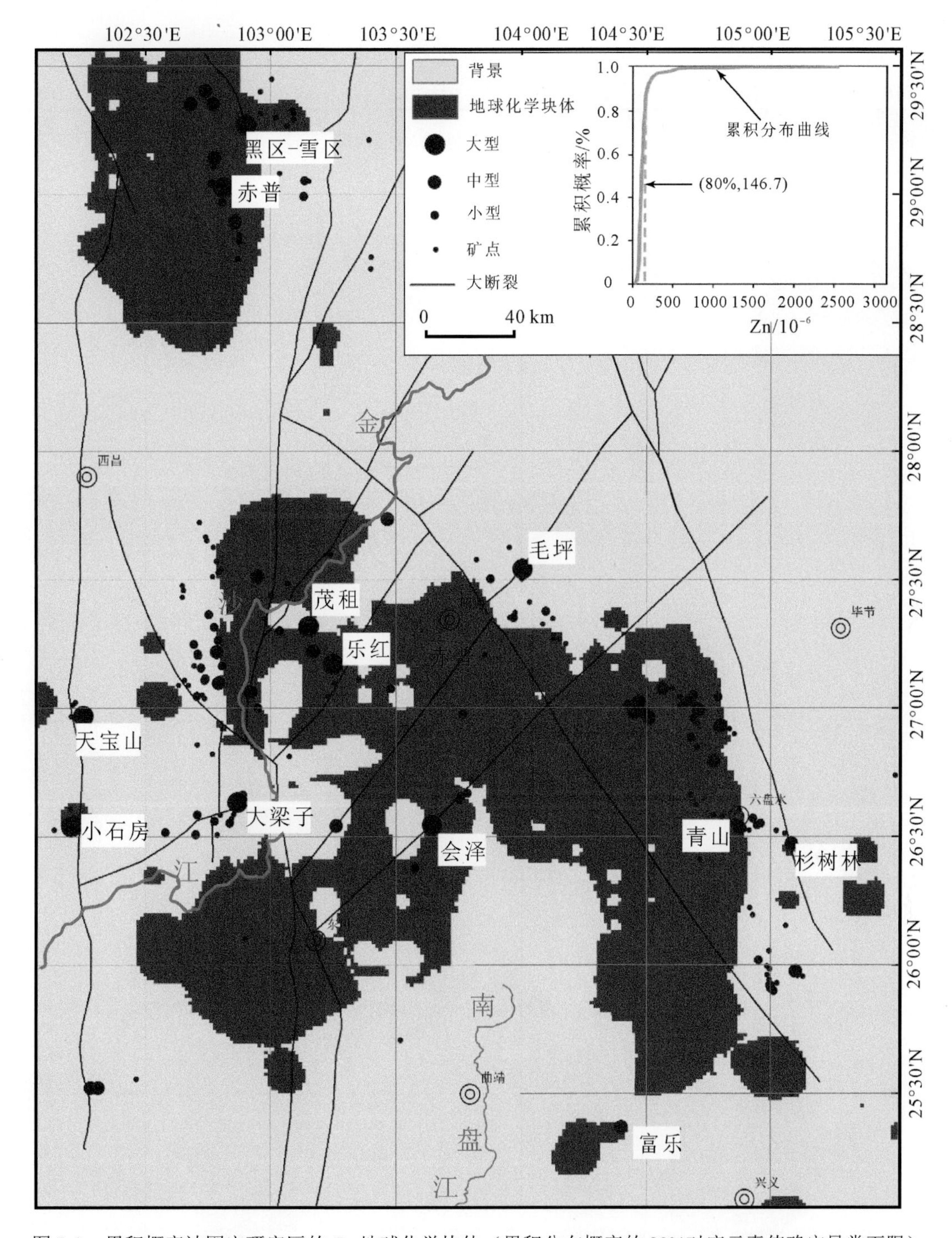

图 8-9　累积概率法圈定研究区的 Zn 地球化学块体（累积分布概率的 80%对应元素值确定异常下限）

4. 矿田级找矿远景区圈定

在以上地球化学块体圈定的基础上（图 8-11），结合矿床主要赋存在震旦系至下二叠统的碳酸盐岩中，且在区域上受不同层次的断裂以及层间破碎带控制，并综合考虑共伴生元素（Pb、Ag）的空间分布（图 8-13、图 8-14）；另外基于受构造控制的矿床分布往往具有“丛聚效应”与“鹤立鸡群”的特点（金友渔，1984；王世称等，2000；郭涛和吕古贤，2007；成秋明等，2009；张遵遵等，2013），进而圈定了黑区—赤普（I）、大湾子—大桥边（II）、茂租—乐红（III）、毛坪（IV）、天宝山—小石房（V）、猫猫厂—白蜡厂（VI）、大梁子（VII）、会泽（VIII）、青山—杉树林（IX）、猴子厂—顶头山（X）以及富乐（XI）等 11 处矿田级找矿远景区（图 8-15）。

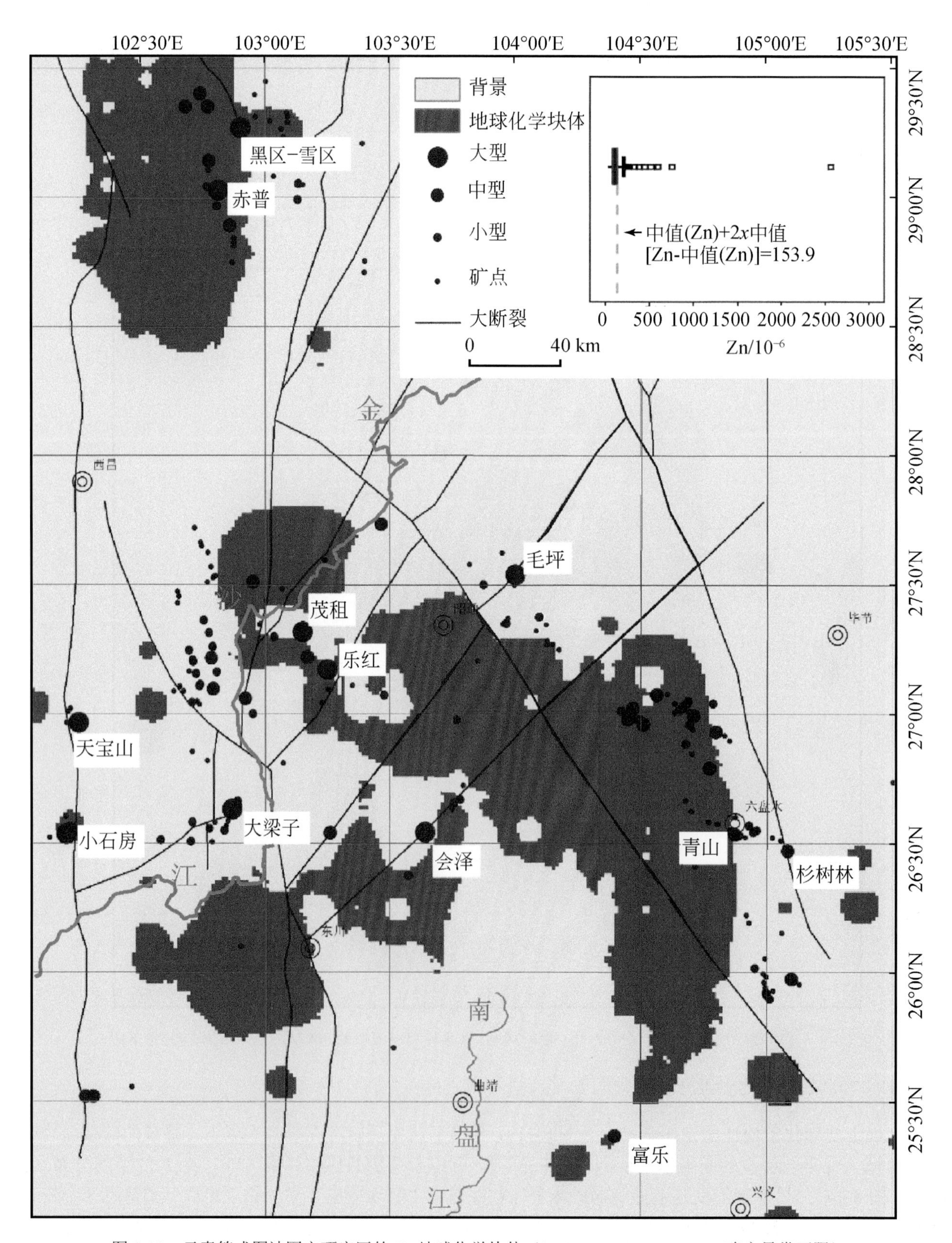

图 8-10　元素箱式图法圈定研究区的 Zn 地球化学块体（$[Zn]_{中值}+2\times|Zn-[Zn]_{中值}|_{中值}$确定异常下限）

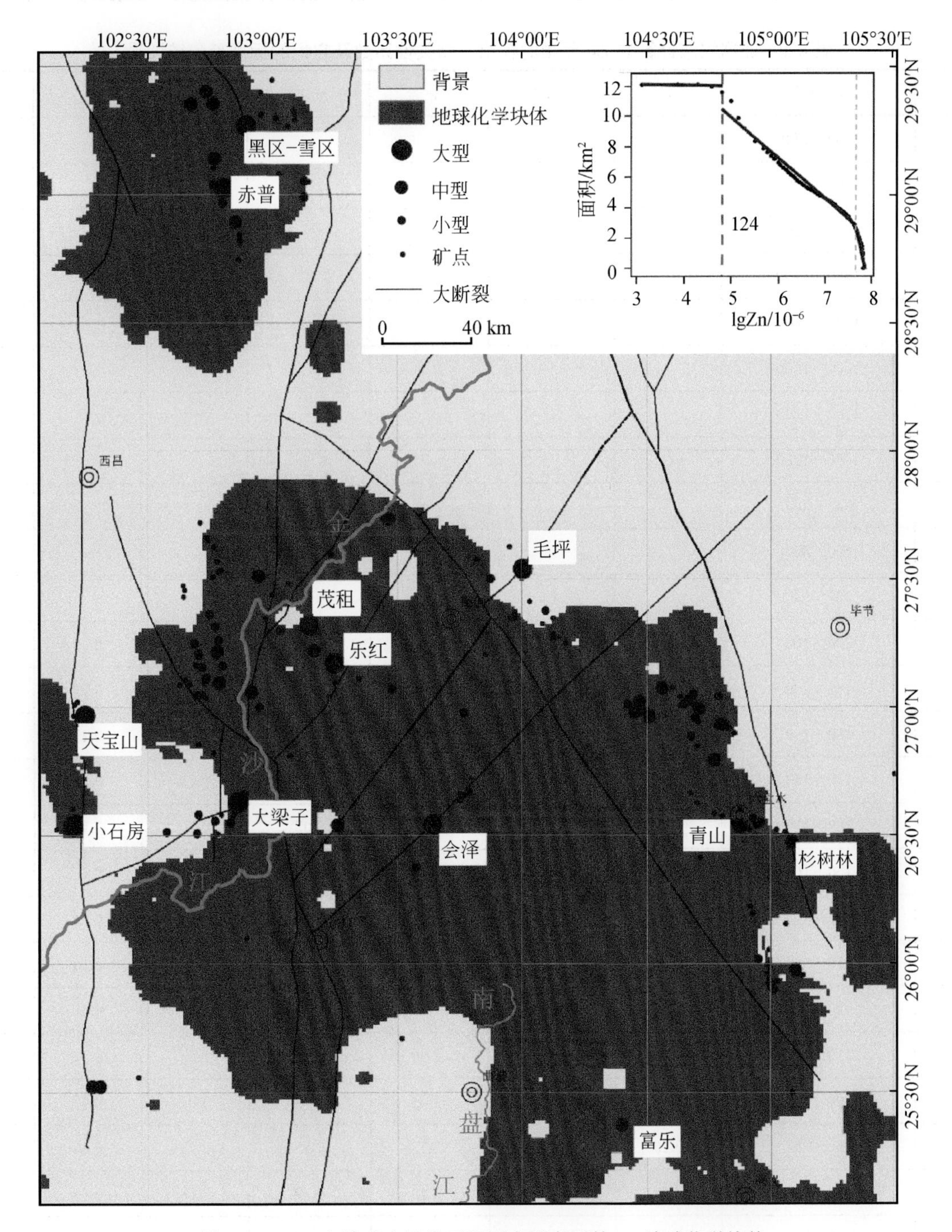

图 8-11　*C-A* 方法确定异常下限圈定研究区的 Zn 地球化学块体

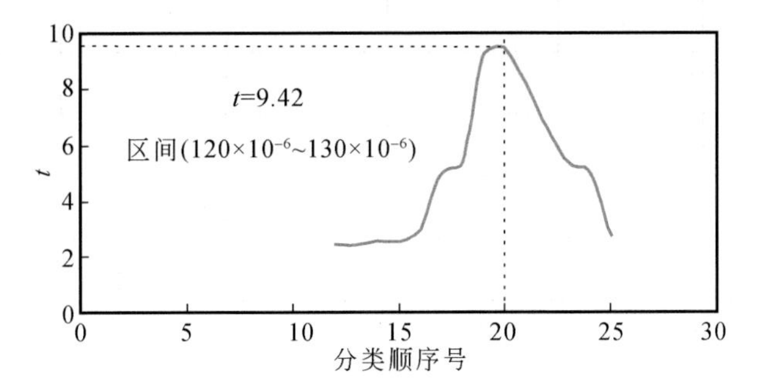

图 8-12　证据权法确定研究区的 Zn 地球化学块体下限范围

表 8-1　证据权法计算的 Zn 元素的权重、相关性系数及它们的标准差和统计量

分类顺序	$Zn/10^{-6}$	w^+	$S(w^+)$	w^-	$S(w^-)$	c	$S(c)$	t
1	2400～2549							
2	2200～2400							
3	2000～2200							
4	1800～2000							
5	1600～1800							
6	1400～1600							
7	1200～1400							
8	1000～1200							
9	800～1000							
10	600～800							
11	400～600							
12	200～400	0.61	0.25	−0.04	0.07	0.65	0.26	2.45
13	190～200	0.56	0.24	−0.04	0.07	0.60	0.25	2.44
14	180～190	0.53	0.21	−0.05	0.07	0.58	0.23	2.58
15	170～180	0.48	0.19	−0.06	0.07	0.53	0.21	2.57
16	160～170	0.48	0.17	−0.08	0.08	0.56	0.18	3.05
17	150～160	0.58	0.13	−0.18	0.08	0.76	0.15	5.05
18	140～150	0.48	0.10	−0.27	0.09	0.76	0.14	5.39
19	130～140	0.63	0.08	−0.83	0.14	1.45	0.16	9.19
20	120～130	0.58	0.07	−1.39	0.20	1.98	0.21	9.42
21	110～120	0.49	0.07	−2.09	0.31	2.57	0.32	8.15
22	100～110	0.38	0.07	−2.63	0.45	3.01	0.46	6.57
23	90～100	0.26	0.07	−2.72	0.55	2.98	0.56	5.33
24	80～90	0.17	0.07	−3.02	0.79	3.18	0.79	5.03
25	70～80	0.08	0.07	−2.98	1.11	3.06	1.11	2.74
26	60～70							
27	50～60							
28	40～50							
29	30～40							
30	19.60～30							

注：w^+代表正权重，w^-代表负权重，S 表示标准差，c 代表空间相关性系数，t 表示学生氏统计量。

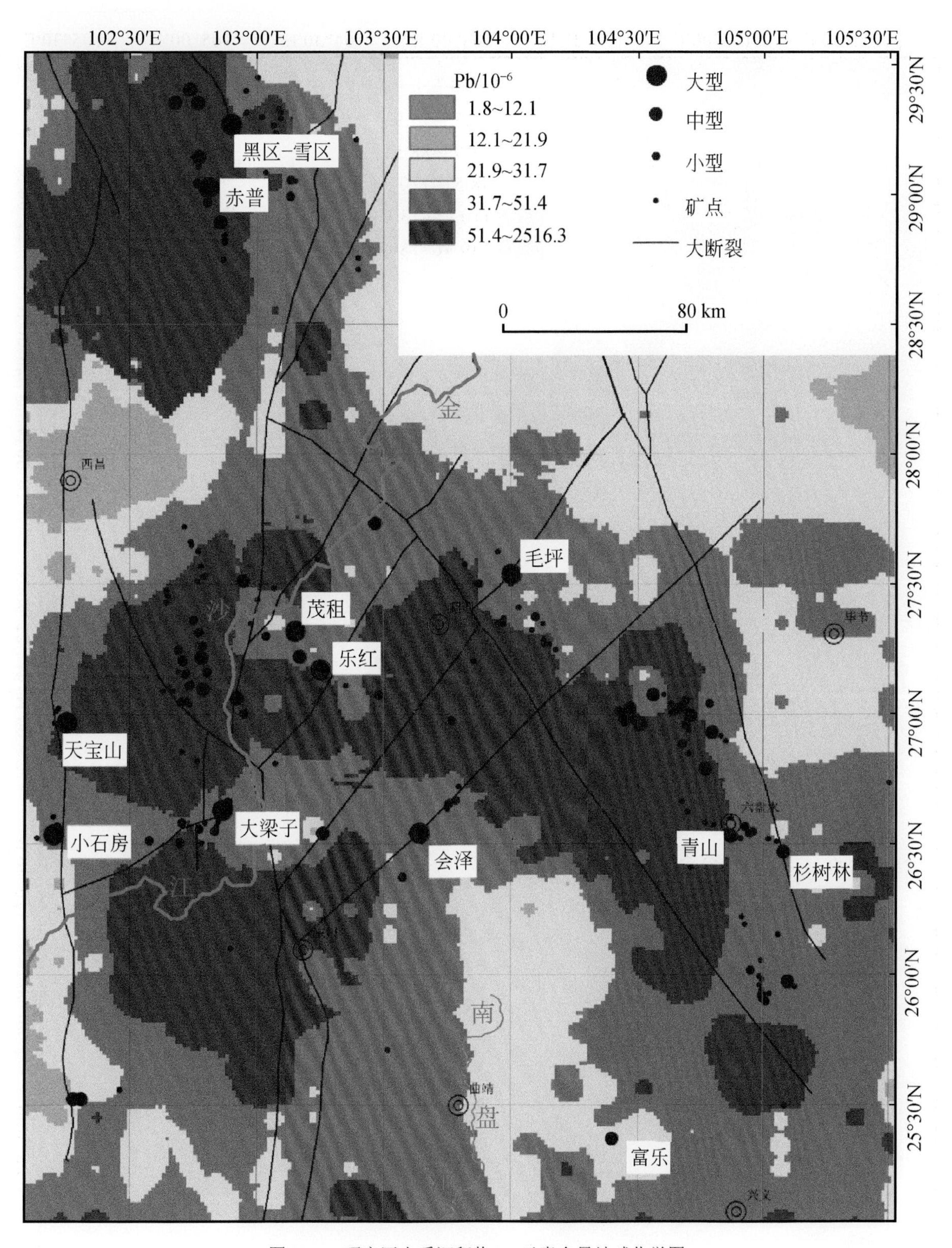

图 8-13　研究区水系沉积物 Pb 元素含量地球化学图

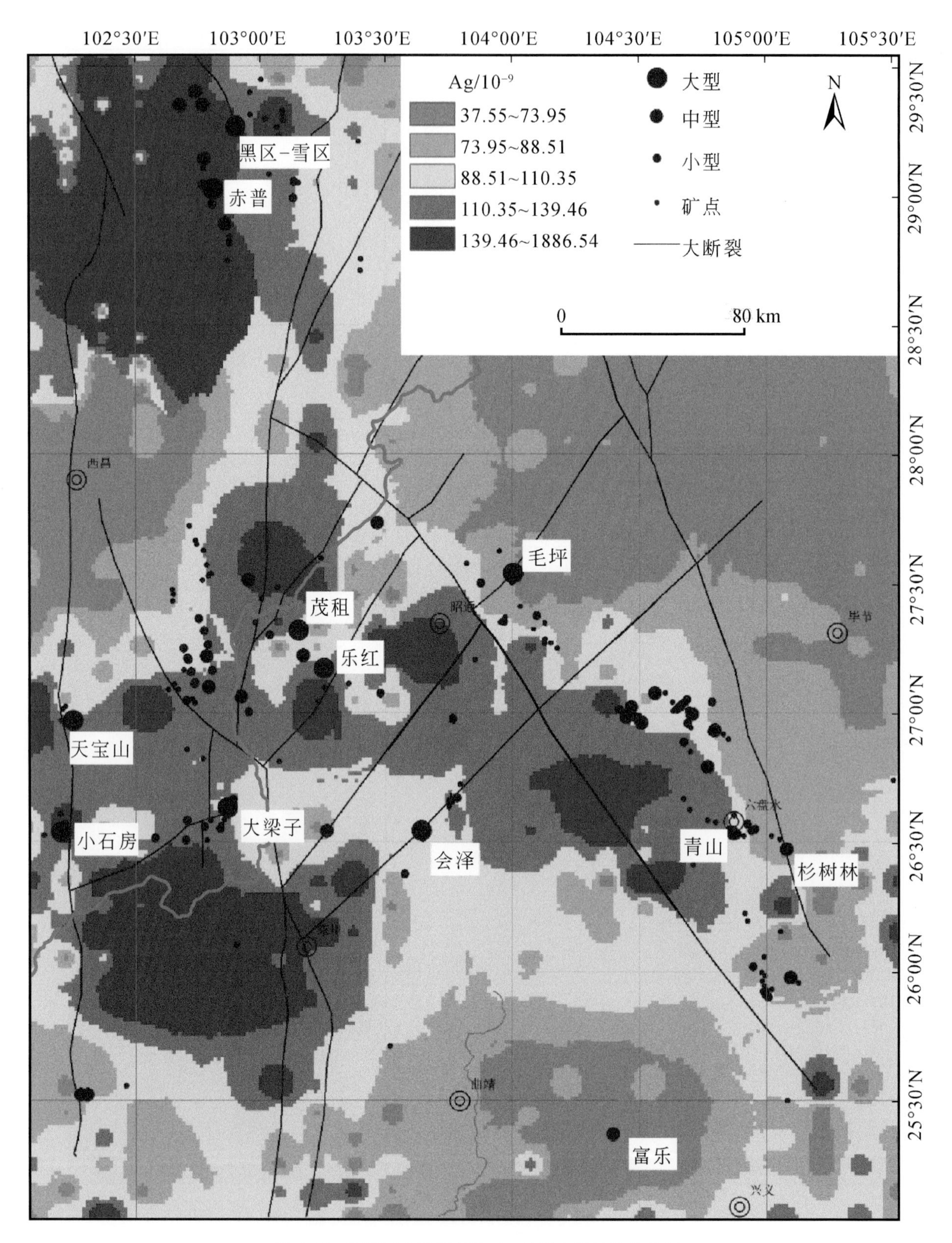

图 8-14　研究区水系沉积物 Ag 元素含量地球化学图

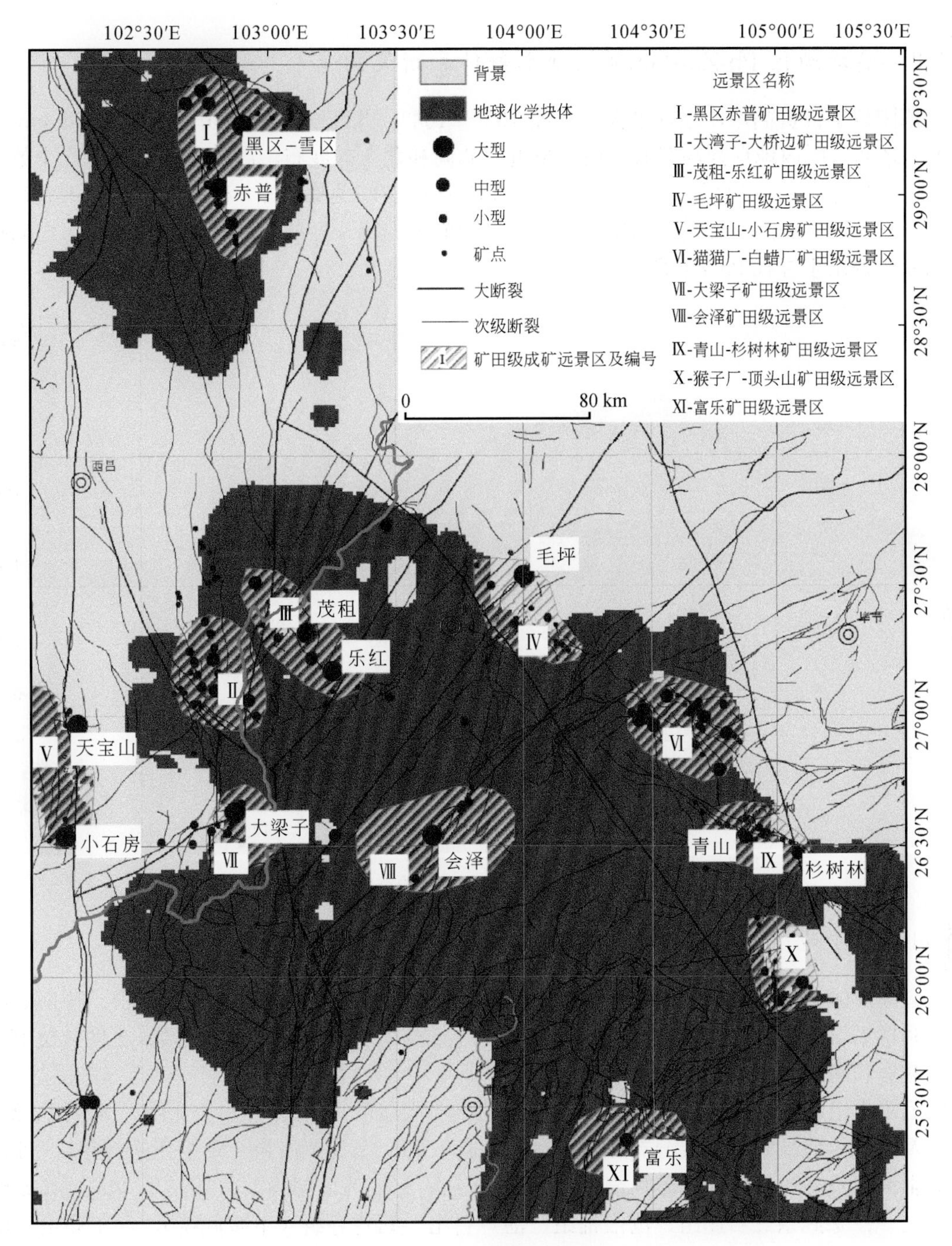

图 8-15　研究区矿田级找矿远景区分布图

8.1.2　矿田尺度的地球化学找矿模型及矿床级找矿远景区圈定——以东川—会泽地区为例

东川—会泽地区 Pb-Zn-(Ge)矿是川滇黔含 Ge 的 Pb-Zn 矿的重要组成部分，本节以会泽式 Pb-Zn-(Ge)矿床为预测对象，在总结区域成矿规律的基础上（主要是地层与构造控矿），充分收集工作区 1∶20 万地形资料、1∶20 万区域矿产地质图、1∶20 万航空磁测和重力资料、1∶20 万包括 Pb、Zn、Ag 在内的 39 个元素的水系沉积物测量数据，并对上述资料进行数字化成图。在使用自然断点法（Jenks）等方法对各类预测要素进行分类的基础上，通过采用线性加权方法对预测要素进行综合，形成了成矿有利度图和预测远景区分布图，共圈定 A 类找矿远景区 9 处，B 类找矿远景区 7 处。

1. 东川—会泽地区 Pb-Zn-(Ge)矿与地形条件和断裂构造的关系

工作区范围位于云贵高原，地理坐标为东经 103°～104°，北纬 26°～26°40′，面积 7374 km^2，海拔在 600～3000 m 之间，区内地形西高东低，山脉呈近南北向和北东向展布，高山峡谷相间，除少数高坝平原外，皆为山区。根据图 8-16 地形与已发现 Pb-Zn-(Ge)矿床的空间关系可知，矿床主要产出于北东向的山间峡谷或盆地内，其地质成因主要是矿床受控于与地形空间展布相一致的北东向断裂构造，可作为推断北东向断裂的辅助依据用于寻找 Pb-Zn 矿床。

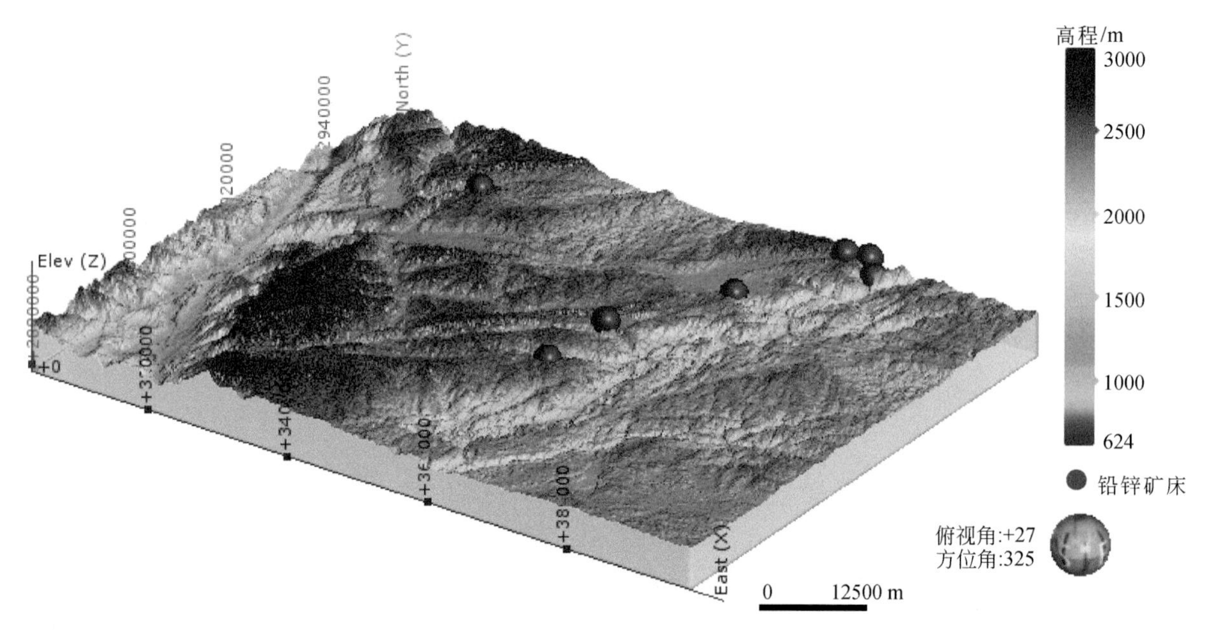

图 8-16　地形与 Pb-Zn 矿床的空间关系图

2. 东川—会泽地区 Pb-Zn 矿床与地层的关系

东川—会泽地区 Pb-Zn-(Ge)矿严格受岩性控制，集中分布在震旦系和古生代地层中，特别是震旦系灯影组和石炭系摆佐组地层中，赋矿围岩为白云岩、硅质白云岩、白云质灰岩等碳酸盐岩，不同层位 Pb-Zn-(Ge)矿床的产出数量和储量如图 6-3 所示。

研究区范围内出露地层由下而上包括：元古宇昆阳群因民组、大龙口组、美党组、落雪组、鹅头山组、黄草岭组以及黑头山组，它们主要分布在研究区的东部，为一套浅变质岩；震旦系澄江组（下震旦统）、南沱组、灯影组以及陡山沱组（上震旦统），主要分布在研究区西南部和西北部，是 Pb-Zn-(Ge)矿床的重要含矿层位之一；寒武系红石崖组、沧浪铺组、渔户村组、筇竹寺组（下寒武统）、西王庙组、陡坡寺组（中寒武统）以及二道水组（上寒武统），在全区呈 V 字形分布，为一套以砂岩、粉砂岩、石英砂岩、泥岩、碳酸盐岩为代表的滨浅海、潮坪相沉积；奥陶系下巧家组、红石崖组（下奥陶统）、大箐组、上巧家组（中、上奥陶统），主要分布在研究区西南部和西北部；志留系大路寨组（中志留统）、关底组、妙高组、菜地湾组（上志留统），在研究区零星分布，面积较小；泥盆系翠峰山组、坡角组（下泥盆统）、海口组、缩头山组、红崖坡组（中泥盆统）以及宰格组（上泥盆统），在研究区分布较广，主要呈带状分布，主要为一套滨海相的碎屑岩沉积和一套海相碳酸盐岩沉积；石炭系岩关组、摆佐组（下石炭统），在研究区亦分布较广，且呈带状分布，主要为潮坪-台地相碳酸盐岩沉积，底部有少量碎屑，系内各组均为连续沉积，是区域另一重要 Pb-Zn-(Ge)矿床赋矿层位；二叠系栖霞组、梁山组、茅山组（下二叠统），在研究区亦分布较广，且呈带状分布，其底部为滨海沼泽相含煤碎屑沉积，之上为台地相碳酸盐岩沉积；二叠系上统玄武岩组（上二叠统）和宣威组，在全区广泛分布，岩性主要为大套玄武岩，顶部为河流-滨海相碎屑沉积；三叠系［永宁镇组、飞仙关组（下三叠统）、关岭组（中三叠统）、须家河组（上三叠统）］和侏罗系［下禄丰组、自流井组、上沙溪庙组、上禄丰组、上沙溪庙组、遂宁组（中-下侏罗统）、蓬莱镇组（上侏罗统）]，在全区均有分布。

震旦系中 Pb-Zn 矿集中产在震旦系顶部的灯影组中段及上段的含磷硅质白云岩中，有会泽五星厂、雨碌等矿床；石炭系中 Pb-Zn 矿主要产在石炭系下统的摆佐组台地边缘浅滩相晶质白云岩、异地碳酸盐岩建造中，有矿山厂、麒麟厂等矿床，此外，龙头山、龙王庙 Pb-Zn 矿床主要产于中生代地层中，会泽地区 Pb-Zn 矿床产出层位如图 8-17 所示。

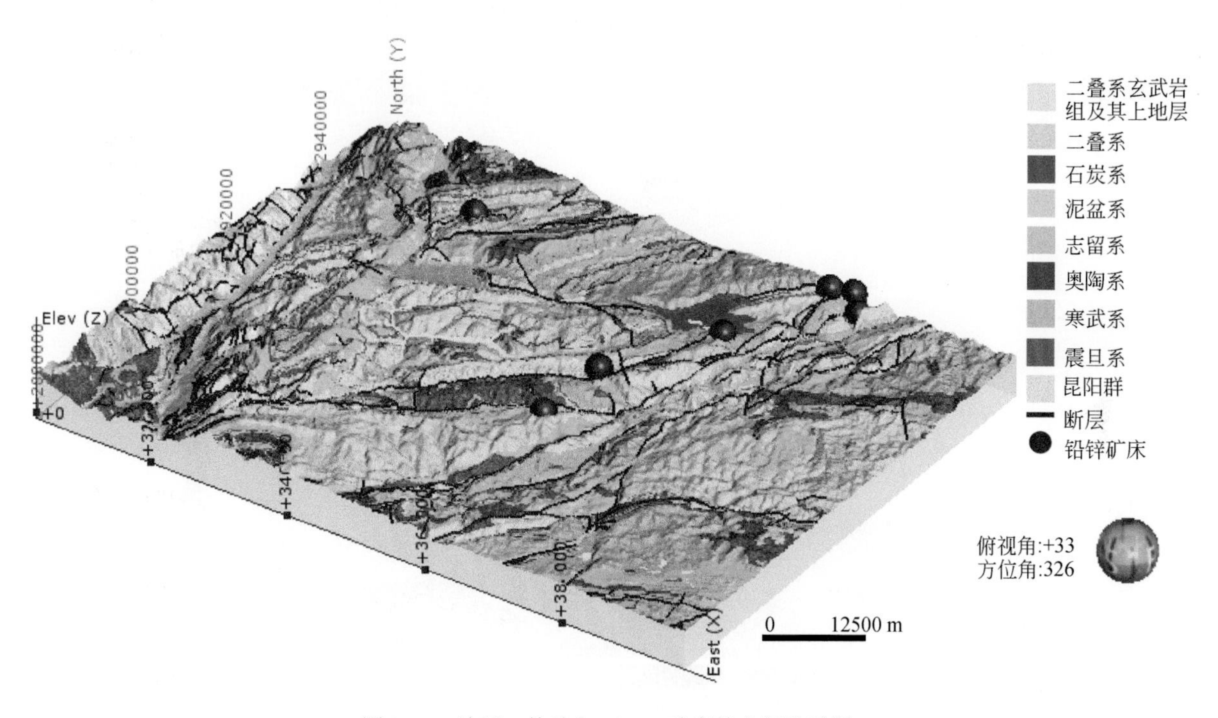

图 8-17 地层、构造与 Pb-Zn 矿床的空间关系图

3. 构造与 Pb-Zn 矿床的关系

区内断裂构造发育，主要包括北东向［白泥塘断裂、背罗箐断裂（五星厂）、沧房沟断裂、赤水河断裂、大白岩石断裂、大菜园断裂、待补断裂（银厂）、姑庄断裂］、北西向（安家坪断裂）以及近东西向、南北向（放牛坪断裂）3 组断裂构造，其中在区域上北东向是主要的控矿构造，北东向构造与其他方向构造的交汇部位附近往往是产出矿床的有利部位。

4. 化探与 Ge-Pb-Zn 矿床（点）

鉴于 Pb-Zn-(Ge)矿床（点）主要产于碳酸盐（灰岩、白云岩以及大理岩）当中，且产出矿种主要为 Pb、Zn、Ag，因此研究主要探讨 Pb-Zn 矿床与 3 种成矿元素 Pb、Zn、Ag 以及含矿层位 2 种主要氧化物组成 MgO、CaO 等的空间相关关系（图 8-18～图 8-22）。由图可以看出 Zn 含量在 27×10^{-6}～290×10^{-6}之间，大部分 Pb-Zn-(Ge)矿床（点）位于中高异常区，这与其作为主要矿种以及其表生作用下的地球化学性质有关，因此可以作为寻找 Pb-Zn 矿的有利标志；Pb 含量在 8.2×10^{-6}～200×10^{-6}之间，Ag 含量在 20×10^{-9}～300×10^{-9}之间，所有 Pb-Zn-(Ge)矿床（点）均位于中高异常区，这也与其作为主要矿种以及其表生作用下的地球化学性质有关，因此可以作为寻找 Pb-Zn 矿的有利标志。CaO 和 MgO 含量在 0.1%～6%以及 0.1%～4%之间，大部分 Pb-Zn-(Ge)矿床（点）位于 CaO 和 MgO 的中高异常区，这也与灰岩和白云岩作为含矿围岩以及其表生作用下的地球化学性质有关，因此可以作为寻找 Pb-Zn 矿的有利标志。因此，最终 Pb、Zn、Ag、CaO 和 MgO 等 5 种元素或氧化物均可作为预测要素参与 Pb-Zn-(Ge)矿床的找矿预测。

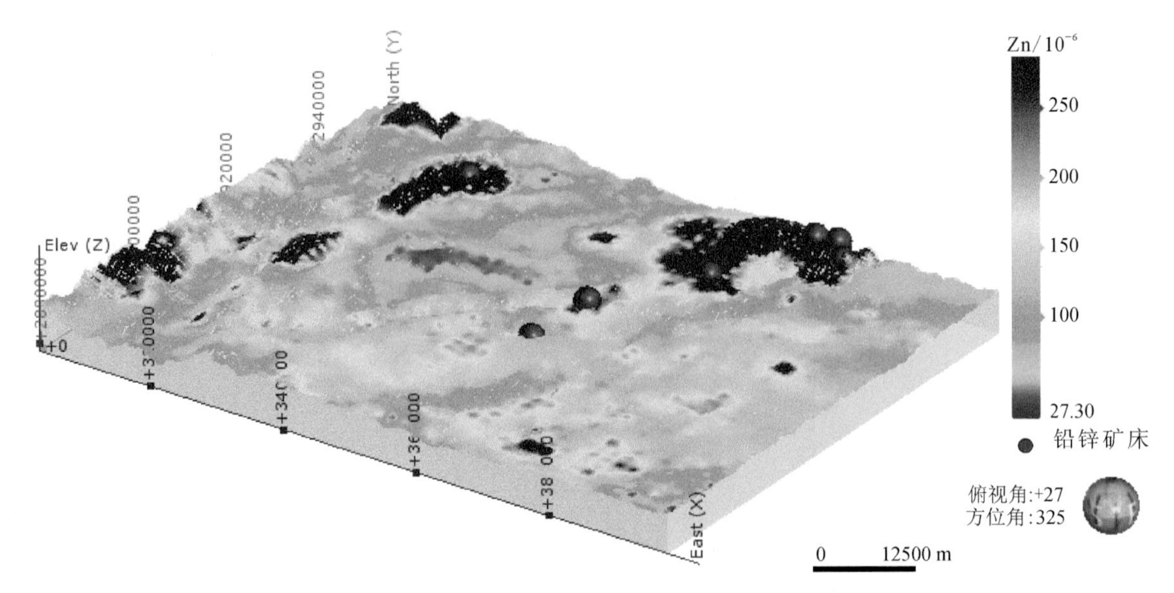

图 8-18　Zn 元素地球化学图与 Pb-Zn 矿床空间关系图

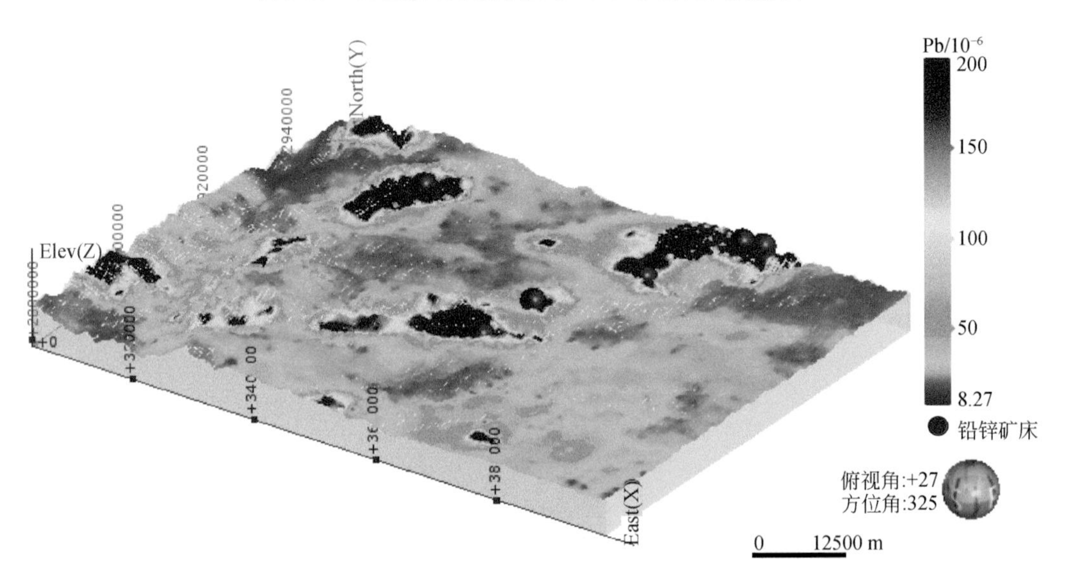

图 8-19　Pb 元素地球化学图与 Pb-Zn 矿床空间关系图

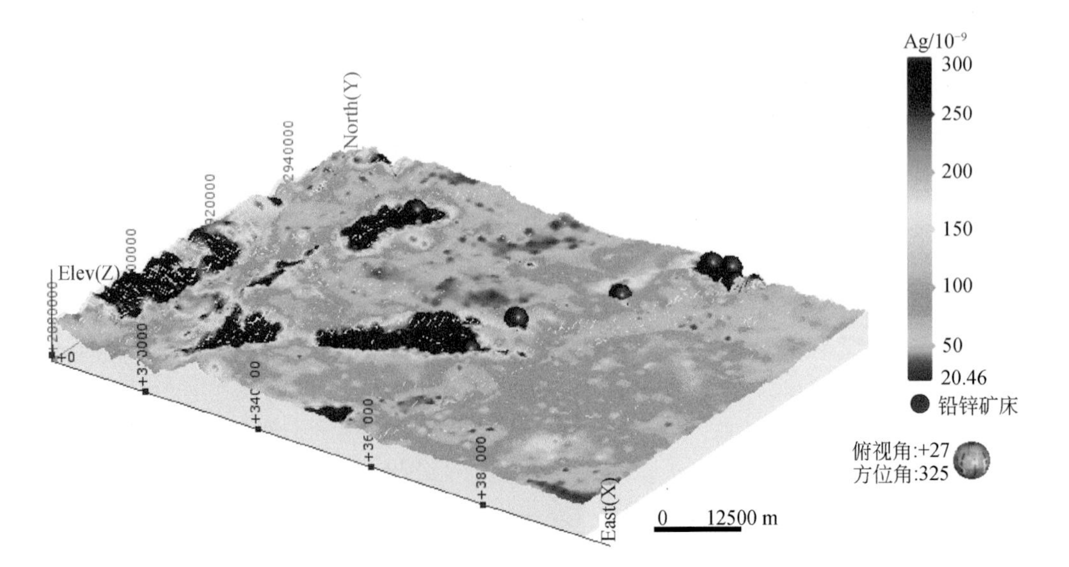

图 8-20　Ag 元素地球化学图与 Pb-Zn 矿床空间关系图

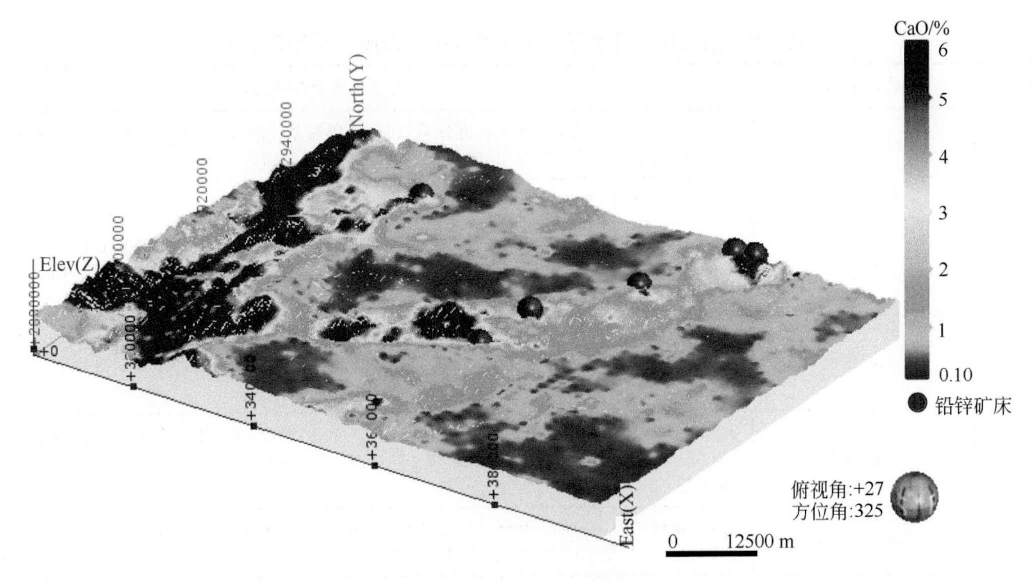

图 8-21 CaO 元素地球化学图与 Pb-Zn 矿床空间关系图

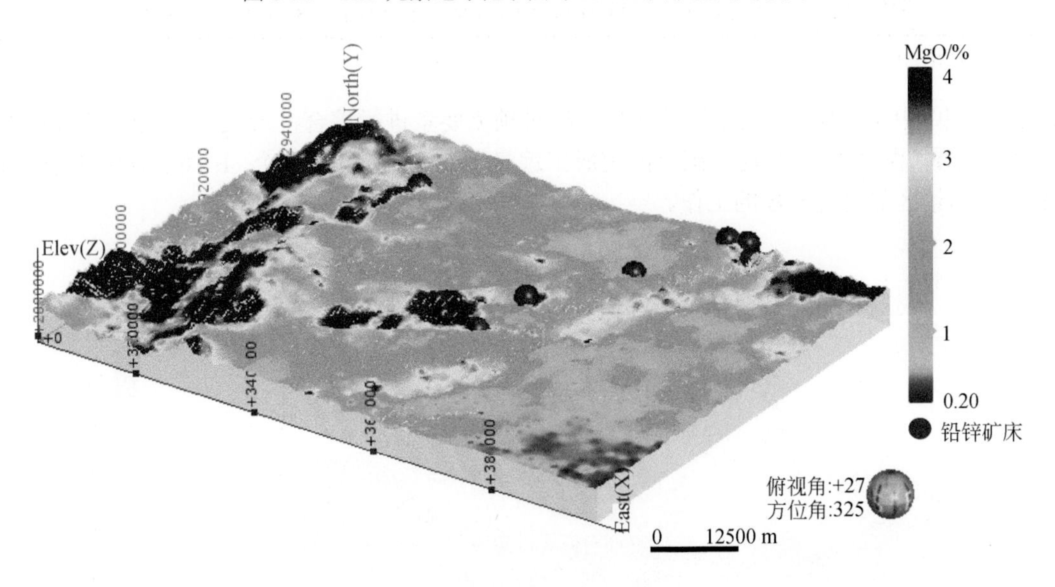

图 8-22 MgO 元素地球化学图与 Pb-Zn 矿床空间关系图

5. 物探（磁法、重力）与 Pb-Zn 矿

布格重力异常值的范围在$-195\times10^{-6}\sim120\times10^{-6}$ m/s^{2}之间，属于重力负异常范围，根据布格重力异常与断层及 Pb-Zn-(Ge)矿床的空间关系可知，异常的空间展布与矿床及构造的关系并不明显，这可能是由地质体之间的密度差异不明显造成的。

磁测数据的范围在$-198\sim10$ nT 之间，整体位于负异常范围，由于仅在研究区南部进行了小范围的磁法测量，无法进行区域地质解释和类比，因此磁测数据不参与该研究区找矿预测。

6. Pb-Zn-(Ge)矿找矿预测模型及矿床级找矿远景区圈定

根据以上本区典型矿床的成矿规律以及矿床与地形、地质、物探、化探的空间关系，确定会泽地区 MVT 型富 Ge Pb-Zn 矿床的找矿模型如表 8-2 所示。

表 8-2 东川—会泽地区富 Ge Pb-Zn 矿床找矿预测模型表

预测要素	要素类别	真值范围及有利级别
含矿层位	基底及盖层	昆阳群（3）；震旦系（10）；寒武系（7）；奥陶系（5）；志留系（5）；泥盆系（7）；石炭系（10）；二叠系下部（5），二叠系玄武岩组之上地层（2）
控矿构造	断裂构造	北东向断裂构造 2500 m 缓冲区（10）
化探异常［自然断点法（Jenks）］	Pb/10^{-6}	8.27～39.53（1）；39.53～54.76（2）；54.76～86.01（3）；86.01～150.21（4）；150.21～282.03（5）；282.03～552.72（6）；552.72～1108.59（7）；1108.59～2250.11（8）；2250.11～4594.22（9）；4594.22～9407.92（10）
	Zn/10^{-6}	27.30～170.30（1）；170.30～527.78（2）；527.78～1099.74（3）；1099.74～1814.69（4）；1814.69～2887.12（5）；2887.12～4603.00（6）；4603.00～6461.88（7）；6461.88～9107.20（8）；9107.20～12681.97（9）；12681.97～18258.59（10）
	Ag/10^{-9}	20.46～46.74（1）；46.74～58.55（2）；58.55～63.86（3）；63.86～75.67（4）；75.67～101.95（5）；101.95～160.40（6）；160.40～290.43（7）；290.43～579.66（8）；579.66～1223.05（9）；1223.05～2654.23（10）
	CaO 异常/%	0.10～0.41（1）；0.41～0.55（2）；0.55～0.62（3）；0.62～0.76（4）；0.76～1.07（5）；1.07～1.72（6）；1.72～3.13（7）；3.13～6.12（8）；6.12～12.53（9）；12.53～26.22（10）
	MgO 异常/%	0.20～1.08（1）；1.08～1.52（2）；1.52～1.74（3）；1.74～1.85（4）；1.85～2.06（5）；2.06～2.50（6）；2.50～3.38（7）；3.38～5.15（8）；5.15～8.72（9）；8.72～15.90（10）

注：括号内数字表示有利级别。

在以上找矿模型的基础上，采用线性加权方法对预测要素进行综合，形成会泽地区富 Ge Pb-Zn 矿床成矿有利度分布图（图 8-23），在此基础上圈定成矿远景区（A 类远景区 9 个，B 类远景区 7 个）（图 8-24），可优先在 A 类远景区部署进一步的工作。

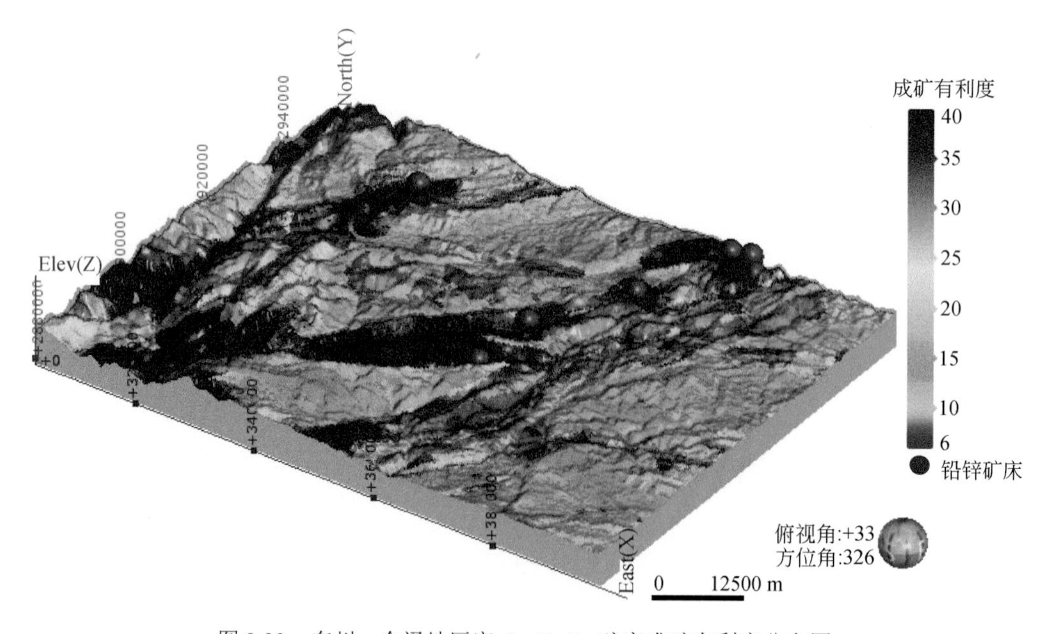

图 8-23 东川—会泽地区富 Ge Pb-Zn 矿床成矿有利度分布图

8.1.3 矿床尺度富 Ge Pb-Zn 矿床找矿模型及深部矿体预测——以会泽富 Ge Pb-Zn 矿床为例

1. 样品采集和分析

1）样品采集

本次工作在会泽富 Ge Pb-Zn 矿床 14#剖面的矿山厂、麒麟厂矿段各中段采集岩矿样品，样品主要采集自

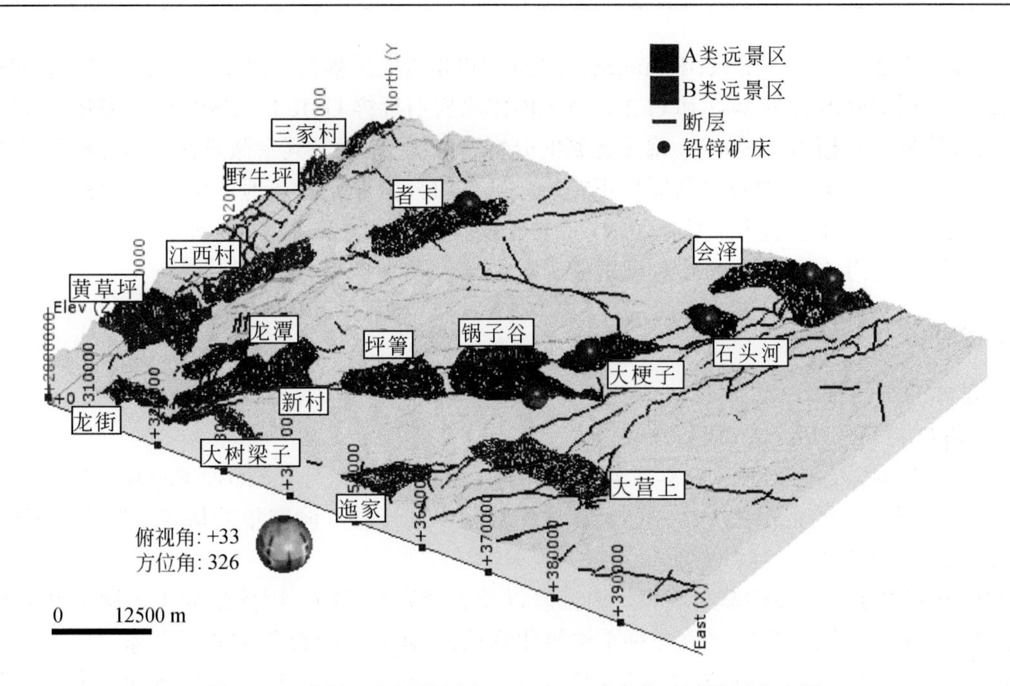

图 8-24　东川—会泽地区富 Ge Pb-Zn 矿床找矿远景区分布图

矿体及矿体附近的顶底板围岩，其中矿山厂采集自 1925、1916 和 1776 三个中段，麒麟厂采集自 1451、1261、1199 和 1175 四个中段。选取矿体穿脉进行采集，在围岩中的采样间距为 5 m，遇矿体与围岩接触带加密为 3 m，矿体内部为 1 m，采样空间位置见图 8-25。每个样品重量不低于 1 kg，以确保充足的后续实验所需。

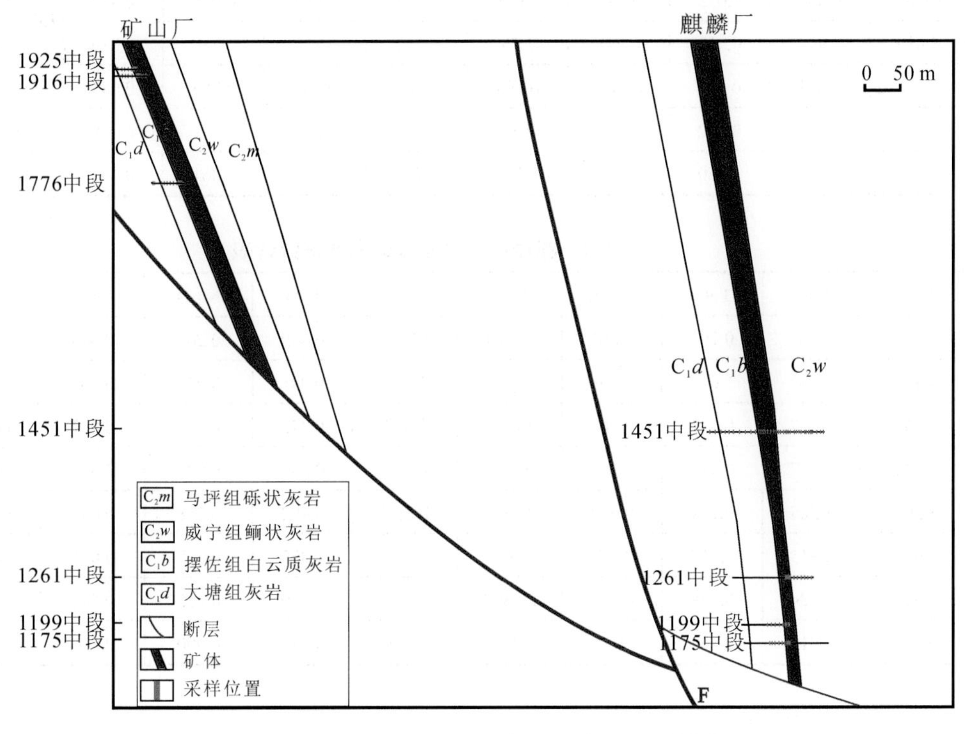

图 8-25　会泽富 Ge Pb-Zn 矿床 14 号剖面及采样位置图

2）分析测试

全岩样品的主量、微量和稀土元素分析在长江大学资源与环境学院分析测试中心实验室完成。样品经破碎后的岩屑用去离子水清洗后烘干，磨至 200 目，在 Rigaku RIX2000 型荧光光谱仪（XRF）上测定主量元素，分析精度优于 2%～5%。在 Per-EkmerSciex Elan 6000 型电感耦合等离子体质谱仪（ICP-MS）上完成微量元素测定，使用 USGS 标准 W-2 和 G-2 以及美国国家岩石标样 GSR-1、GSR-2 和 GSR-3 来校正所测元素的含量，具体流程见刘颖等（1996），稀土元素的分析精度优于 3%，其余微量元素的分析精度优于 5%。

由于矿石样品分析项目与围岩样品项目不完全一致，部分微量元素在地球化学特征统计分析中无法利用，因此，本次研究工作主要选取氧化物 CaO、MgO 及微量元素 As、Pb、Zn 等 17 个元素进行有关分析，选择全部指示元素作原生晕垂向分带系列研究等。

2. 元素地球化学特征

1）元素基本分布特征

①CaO、MgO 与 Ge、Pb、Zn 成矿关系

通过表 8-3、表 8-4 及图 8-26、图 8-27 可看出，从近矿围岩到矿体，SiO_2、Fe_2O_3、FeO、P_2O_5 总体呈逐渐增高趋势，并具典型的正相关关系，显示在成矿过程中同迁移、同富集的特点，在热液成矿过程发生黄铁矿化、硅化等各种蚀变。

富 Ge Pb-Zn 矿主要产于碳酸盐（灰岩、白云岩以及大理岩）当中，因此研究主要探讨 Pb-Zn 矿床与 3 种成矿元素 Pb、Zn、Ge 以及含矿层位 2 种主要氧化物组成 MgO、CaO 等的相关关系。

由图 8-28、图 8-29 可见，在热液成矿作用过程中，Ge、Pb、Zn 富集，CaO、MgO 析出，成矿元素富集与 CaO、MgO 呈反消长关系。

表 8-3　矿山厂常量元素含量均值统计表　（单位：%）

样品	SiO_2	Al_2O_3	FeO	Fe_2O_3	CaO	MgO	K_2O	Na_2O	MnO	P_2O_5	TiO_2
1925 围岩	0.397	0.117	0.097	0.351	41.373	7.530	0.033	2.933	0.023	0.010	0.009
1925 矿体	10.284	0.657	0.655	6.483	0.658	0.474	0.065	0.050	0.042	0.100	0.098
1916 围岩	3.819	0.904	0.373	0.571	45.790	2.151	0.117	0.772	0.020	0.016	0.120
1916 矿体	10.033	1.851	0.694	12.442	6.198	4.261	0.163	0.084	0.084	0.111	0.254
1175 围岩	0.305	0.082	0.082	0.210	44.353	6.651	0.025	0.341	0.018	0.009	0.009
1175 矿体	6.261	0.277	1.450	22.331	5.118	3.402	0.034	0.061	0.031	0.058	0.020

表 8-4　麒麟厂常量元素含量均值统计表　（单位：%）

样品	SiO_2	Al_2O_3	FeO	Fe_2O_3	CaO	MgO	K_2O	Na_2O	MnO	P_2O_5	TiO_2
1451 围岩	3.337	1.361	0.167	0.602	29.341	17.357	0.409	0.207	0.043	0.011	0.080
1451 矿体	0.462	0.342	1.617	21.693	3.755	1.811	0.091	0.051	0.061	0.026	0.023
1261 围岩	3.965	0.952	0.323	0.284	46.913	2.423	0.243	0.396	0.023	0.009	0.081
1261 矿体	5.832	2.027	0.417	15.193	1.151	0.121	0.544	0.048	0.020	0.021	0.088
1199 围岩	3.291	1.309	0.129	0.254	27.877	18.219	0.492	0.168	0.031	0.010	0.075
1199 矿体	5.686	2.915	1.717	15.328	5.804	2.130	1.002	0.062	0.077	0.030	0.145
1175 围岩	0.522	0.134	0.198	0.244	29.803	18.711	0.029	0.452	0.045	0.008	0.012
1175 矿体	0.332	0.412	2.742	20.454	4.877	0.076	0.058	0.090	0.066	0.459	0.020

②围岩及矿体稀土元素分配模式

矿山厂、麒麟厂稀土配分模式均为右倾型，明显为富轻稀土（图 8-30）。与矿体不同，矿山厂的上部及下部、麒麟厂的上部及中下部围岩以出现明显的 Eu 正异常为特征，反映沉积成因。矿体为后生热液成因。

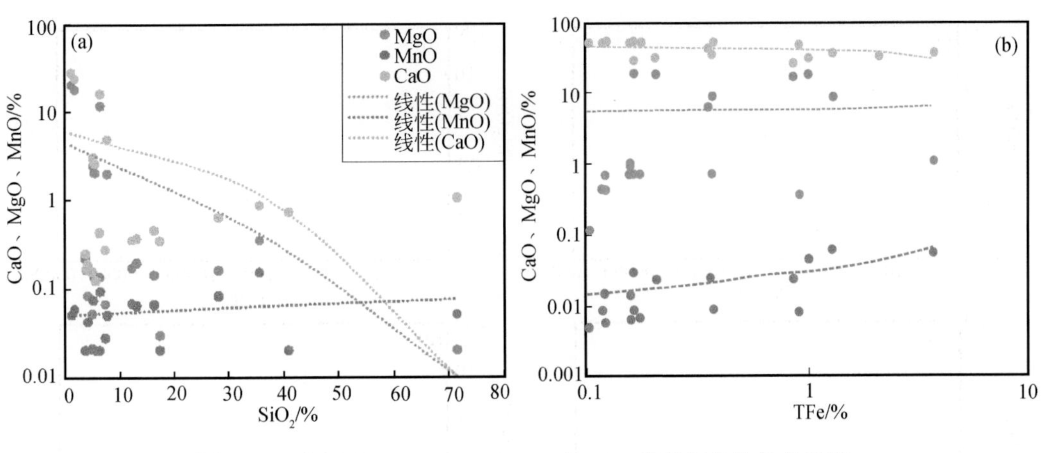

图 8-26 矿山厂 CaO、MgO、MnO 与 SiO_2 和铁氧化物的关系图

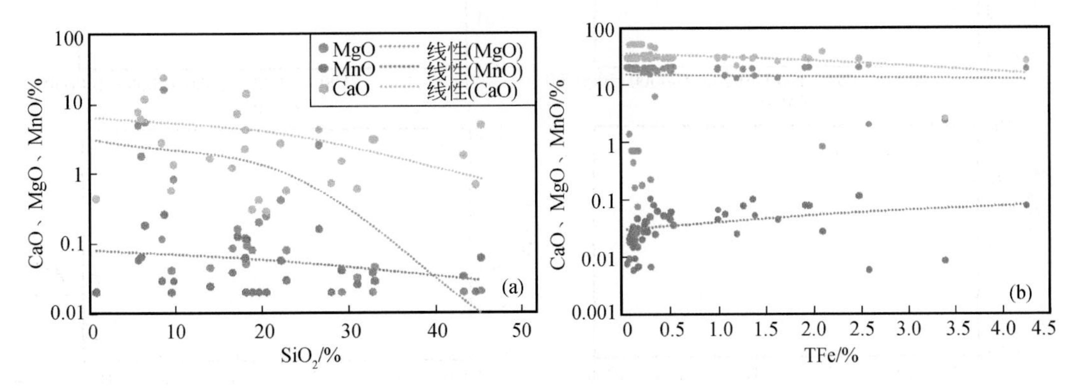

图 8-27 麒麟厂 Cao、MgO、MnO 与 SiO_2 和铁氧化物的关系图

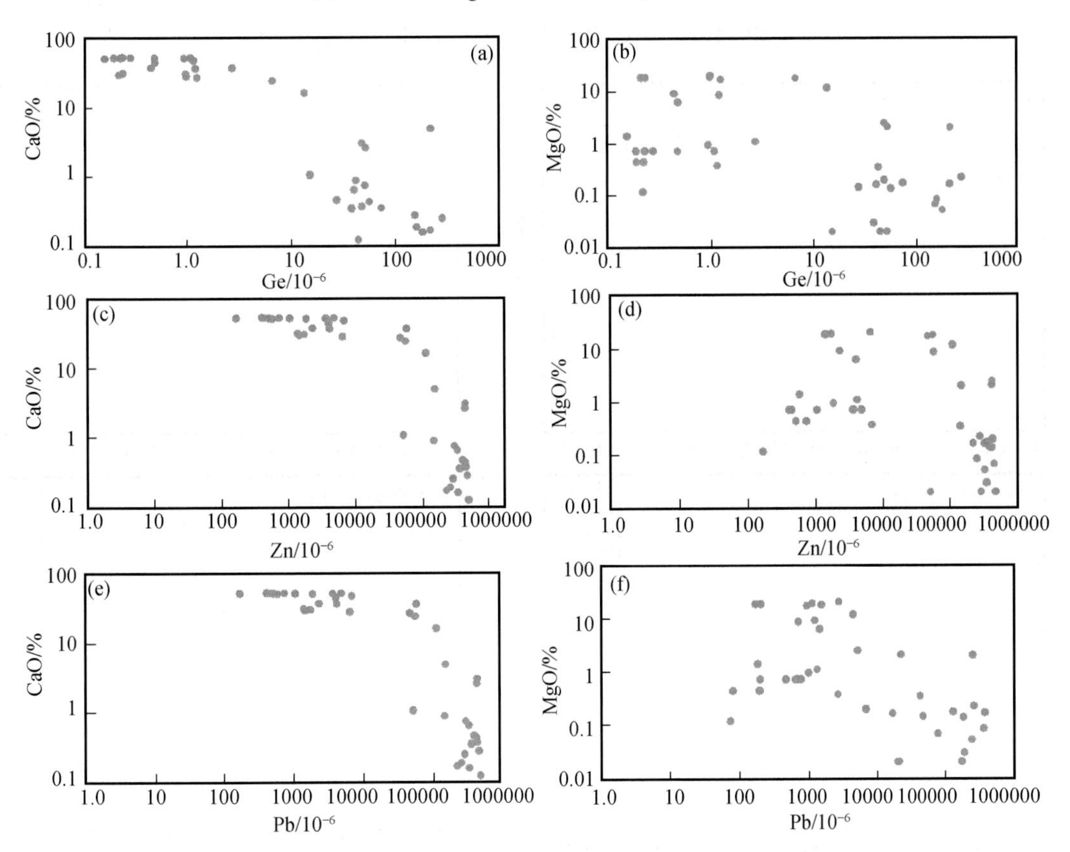

图 8-28 矿山厂 Ge、Zn、Pb 与 CaO、MgO 含量关系图

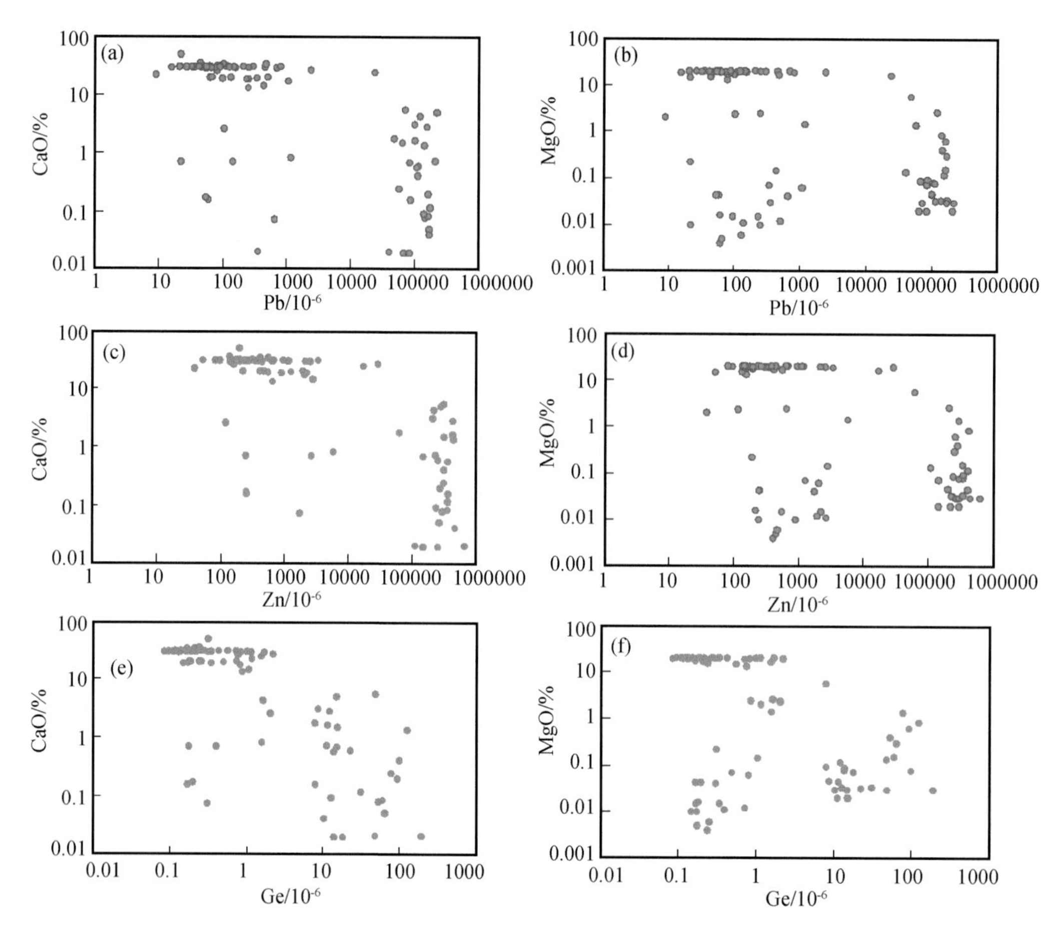

图 8-29 麒麟厂 Ge、Zn、Pb 与 CaO、MgO 含量关系图

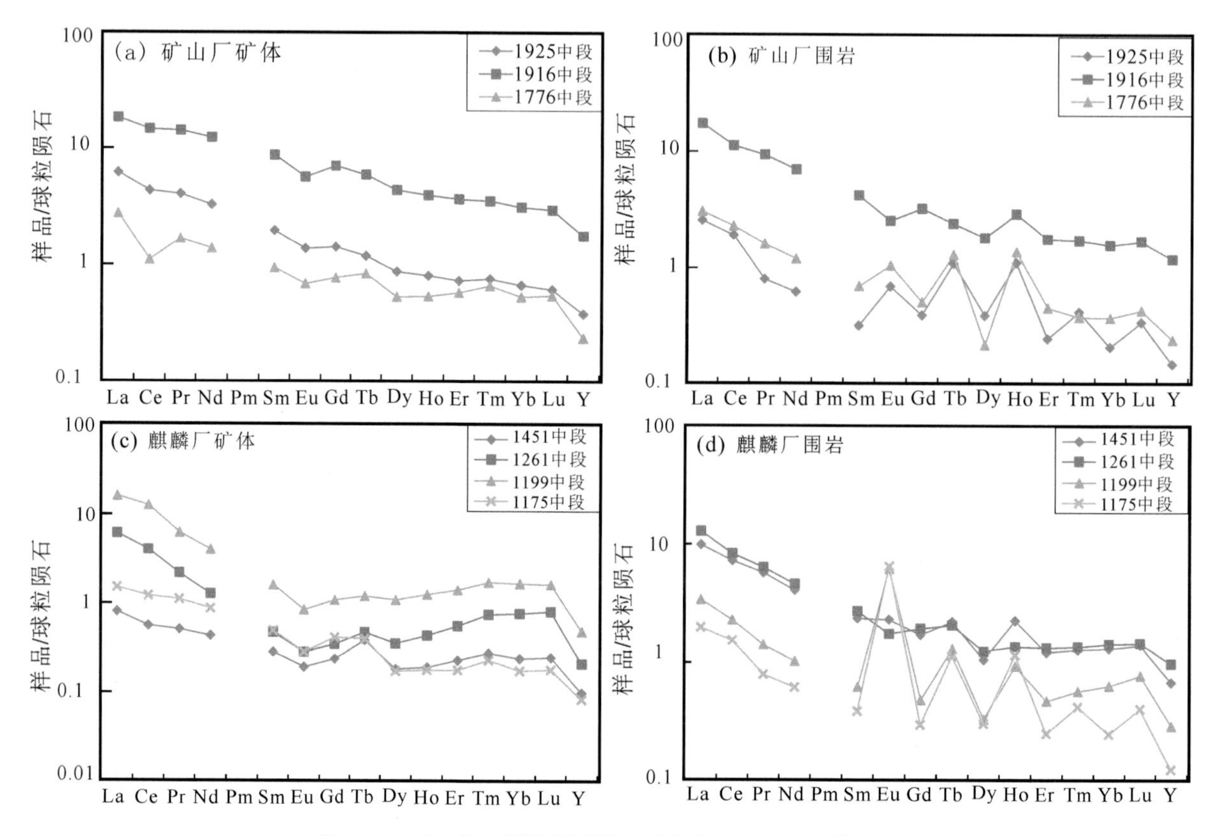

图 8-30 矿山厂、麒麟厂围岩及矿体稀土元素分配模式图

矿体（包括各个中段）的稀土总量明显高于围岩，可见在深部成矿流体形成过程中，有较多的稀土元素进入成矿流体，导致矿体中稀土元素总含量偏高，表明成矿物质来源不同于地层。

③微量元素基本特征

由于样品采集数量有限，矿石样品 Pb、Zn 等成矿元素与围岩含量量级差异极大，如剔除特高值样品后，成矿元素等均为围岩样品数据，而围岩样品数小于 30 件，通过现有样品数据无法反映真实的元素含量背景，对通过确定各元素背景值来探讨元素富集地球化学特征意义不大，代表性不强，因此通过以中国东部地壳平均含量与各矿山元素含量算数平均值进行直接对比得到元素富集系数，可较直观反映 14#剖面两处（矿山厂、麒麟厂）元素富集特征。以 0.6、1、1.5、3 为标志线所代表的地球化学意义为：＜0.6 为相对贫化；0.6～1 为正常分布；1～1.5 为相对偏高；1.5～3 为相对富集；＞3 为明显富集。通过计算统计可见（图 8-31、图 8-32）：

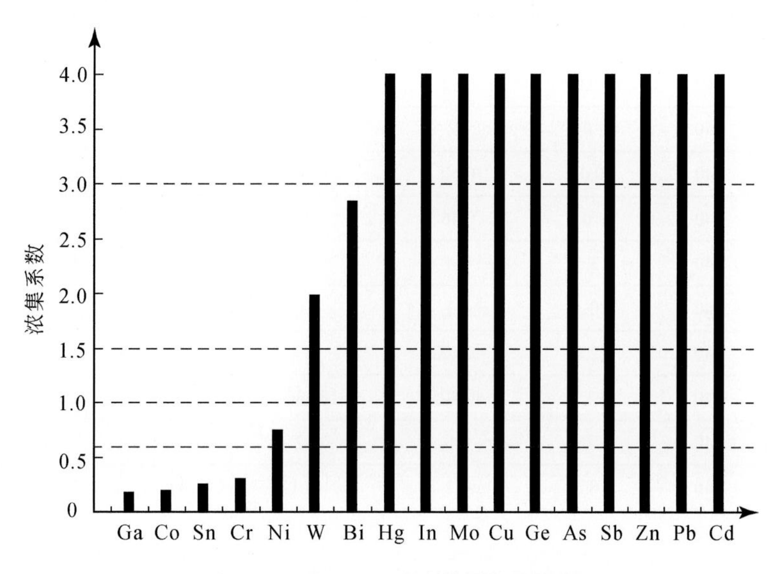

图 8-31　矿山厂元素富集系数排序图

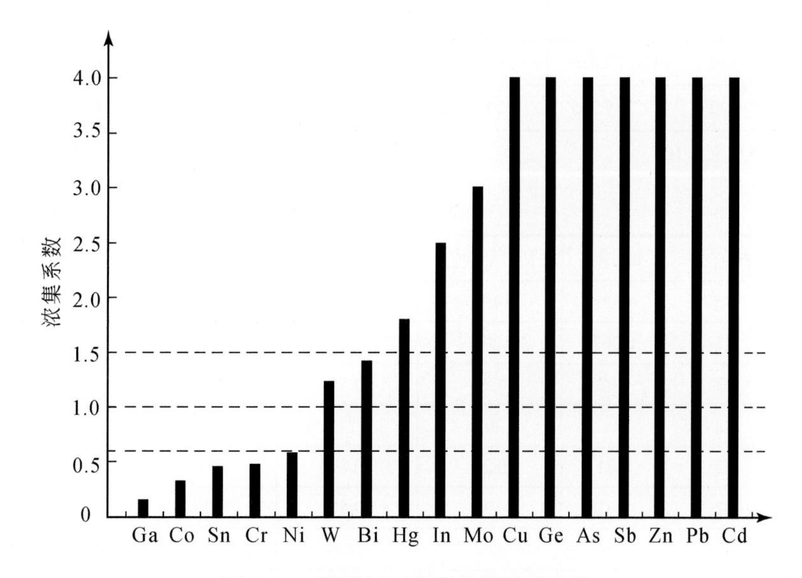

图 8-32　麒麟厂元素富集系数排序图

富集系数大于 4.0 的不绘制其真实值

矿山厂 14#剖面各微量元素中，Ga、Co、Sn、Cr 元素相对贫化，Ni 元素正常分布，W、Bi 元素相对富集，Hg、In、Mo、Cu、Ge、As、Sb、Zn、Pb、Cd 富集系数依次增强，尤其是 Zn、Pb、Cd 极为富集，主要是主成矿元素成矿作用的结果。

麒麟厂微量元素分布特征与矿山厂相差不大，Ga、Co、Sn、Cr、Ni 元素相对贫化，W、Bi 相对偏高，Hg、In、Mo 相对富集，Cu、Ge、As、Sb、Zn、Pb、Cd 依次明显富集。

微量元素其他特征见表 8-5、表 8-6。利用 SPSS 软件对本次测试的样品数据进行箱式图分析发现（图 8-33、图 8-34），矿山厂的 Pb、Cd、Ge、Mo、W、Ga、Cr、Cu 等元素的大部分样品超过中位数值（图中柱体中间横线表示），存在较多高异常值，Zn、Sb、Hg 等元素大多未超过中位数。麒麟厂绝大多数微量元素均超过中位数，说明成矿作用对绝大部分元素影响极大。

表 8-5 14#剖面矿山厂微量元素参数统计表

元素	数据个数	最小值	几何平均值	算术平均值	中位数	最大值	标准离差	富集系数	变异系数
As	40	1.33	94.66	519.5	103.3	4022.15	892.34	118.07	1.72
Sb	40	0.089	7.782	221.942	34.038	2722.371	523.739	652.77	2.36
Bi	40	0.02	0.22	0.51	0.33	2.2	0.55	2.84	1.07
Hg	40	0	2	50	11	470	95	4.17	1.89
Mo	40	0.04	0.62	4.38	0.46	48.77	11.91	7.06	2.72
W	40	0	0.46	1.92	0.36	20.13	3.93	1.98	2.04
Cr	40	3.5	9.4	13.9	7.7	92.1	16.6	0.3	1.19
Co	40	0.3	1.3	1.9	1.1	13.5	2.5	0.19	1.31
Ni	40	2.1	11.2	18.4	13	195	31.1	0.74	1.69
Cu	40	3.133	40.405	189.307	33.666	1220	288.702	11.14	1.53
Ga	40	0	0.6	3.2	0.7	31.4	5.8	0.17	1.8
Ge	40	0.2	5.2	44.1	4.6	278.4	71.5	33.69	1.62
In	40	0.017	0.095	0.237	0.059	2.371	0.448	4.73	1.89
Cd	40	0.572	44.869	265.936	46.082	1530	407.199	3324.2	1.53
Sn	40	0.1	0.4	0.5	0.4	3.3	0.6	0.25	1.16
Pb	40	72.81	5110.15	61226.03	2721.49	376600	106340.59	3222.42	1.74
Zn	40	165.205	22922.341	150541.399	52600	473600	172829.206	2213.84	1.15

注：含量单位为 10^{-6}。

表 8-6 14#剖面麒麟厂微量元素参数统计表

元素	数据个数	最小值	几何平均值	算术平均值	中位数	最大值	标准离差	富集系数	变异系数
As	82	0.05	14.17	1073.29	4.33	20278.24	3432.73	243.93	3.2
Sb	82	0.067	1.483	166.965	0.131	4021.556	588.823	491.07	3.53
Bi	82	0.02	0.26	0.54	0.5	3.2	0.55	3	1.02
Hg	82	0	0	21	0	337	45	1.79	2.12
Mo	82	0.04	0.21	0.87	0.18	19.35	2.69	1.41	3.08
W	82	0.01	0.33	0.57	0.25	5.62	0.81	0.58	1.44
Cr	82	1.9	8.3	14.6	6.6	208.6	27.6	0.32	1.89
Co	82	0	0.9	1.5	0.9	15.6	2.1	0.15	1.46
Ni	82	0.6	8.4	11.8	9.3	73.1	12.1	0.47	1.03
Cu	82	2.519	12.586	42.3	5.473	333.3	67.136	2.49	1.59
Ga	82	0	0.9	8.6	1.2	171.7	24.2	0.45	2.82
Ge	82	0.1	1.3	13.7	0.7	191.5	31.6	10.42	2.32
In	82	0.016	0.102	0.248	0.052	2.553	0.424	4.96	1.71
Cd	82	0.159	8.883	208.79	2.412	1763	344.375	2609.87	1.65
Sn	82	0.1	0.7	2.6	0.4	61.3	8.1	1.23	3.12
Pb	82	8.88	1066.46	38397.84	249.32	220200	62088.86	2020.94	1.62
Zn	82	38.021	3939.453	97866.11	1145.968	647300	154029.823	1439.21	1.57

注：含量单位为 10^{-6}。

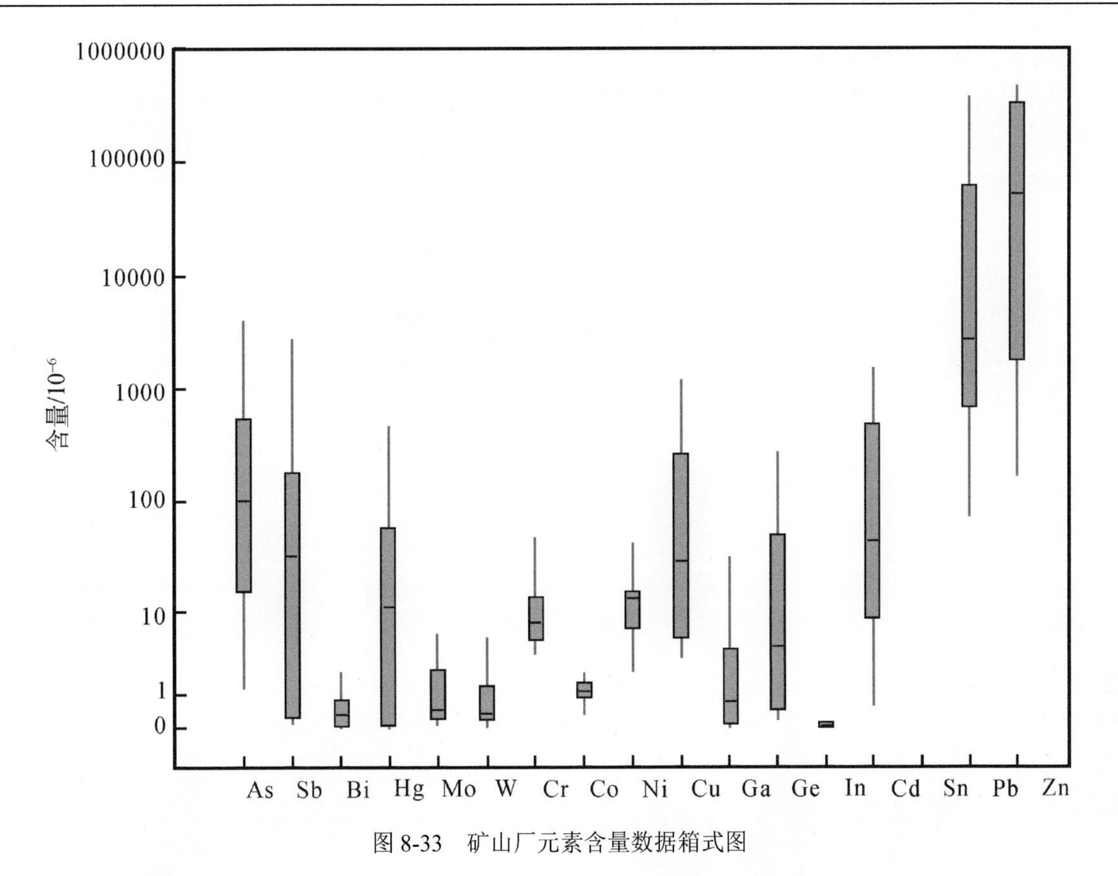

图 8-33　矿山厂元素含量数据箱式图

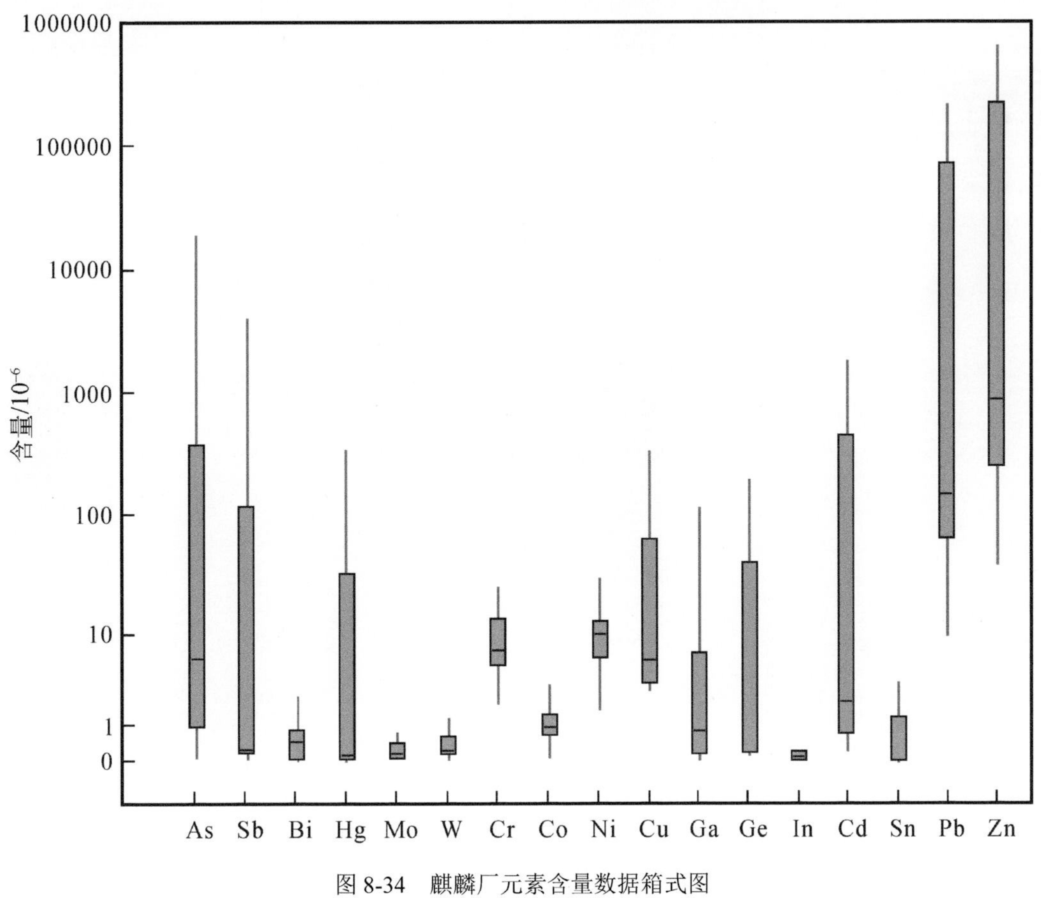

图 8-34　麒麟厂元素含量数据箱式图

2）主成矿元素空间分布特征

矿山厂的主成矿元素 Pb、Zn 浓集中心主要富集于上、中、下 3 个中段，而 Ge、Cu 主要富集于上、中 2 个中段（图 8-35），反映了矿床以方铅矿、闪锌矿为主，Ge、Cu 作为主要伴（共）生元素。

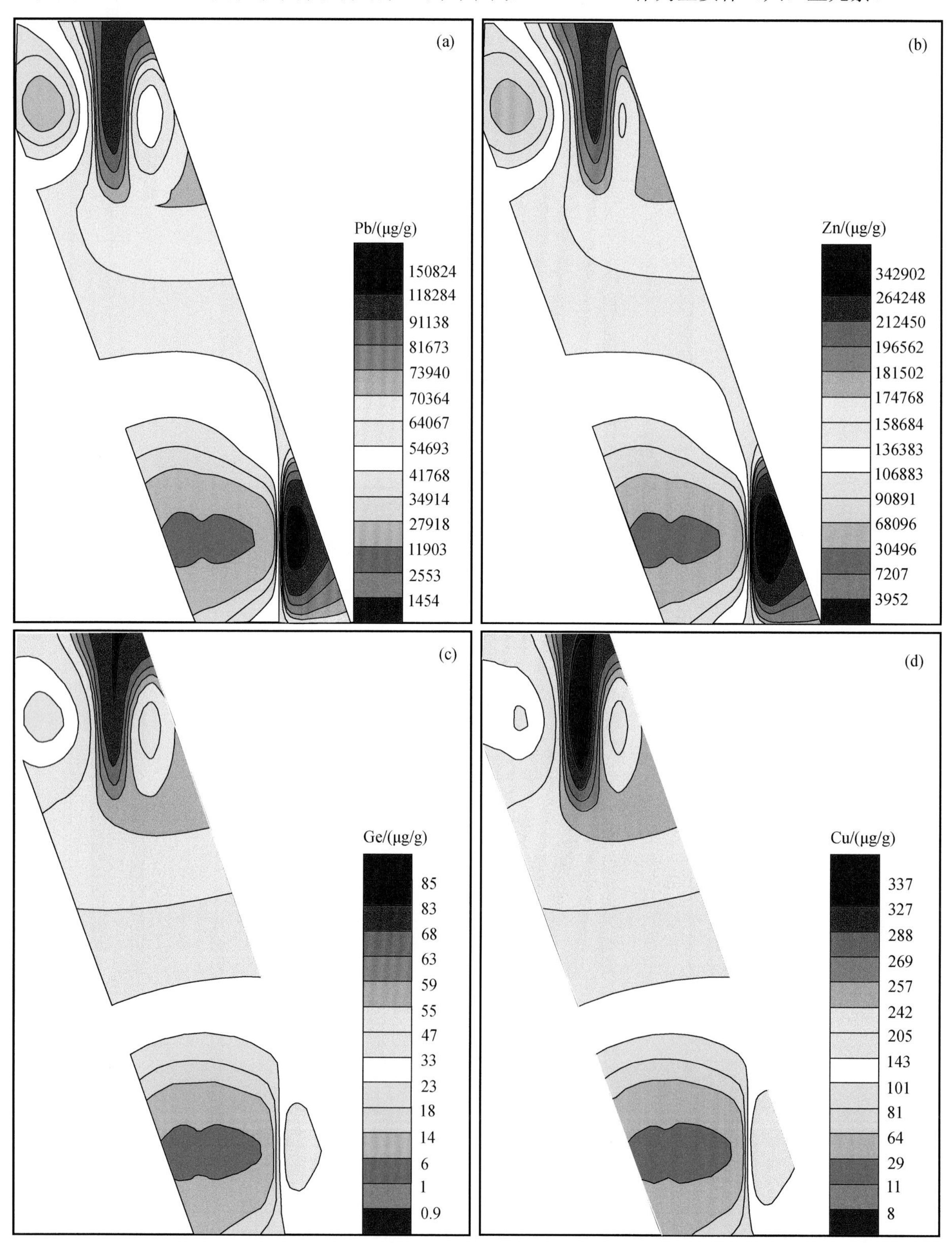

图 8-35　矿山厂 Pb、Zn、Ge、Cu 空间分布图

麒麟厂的 Pb、Zn、Cu 主要在 1261～1175 中段富集，Ge 主要富集在 1261 中段，其中 Pb、Zn 在最底部中段富集（图 8-36）。

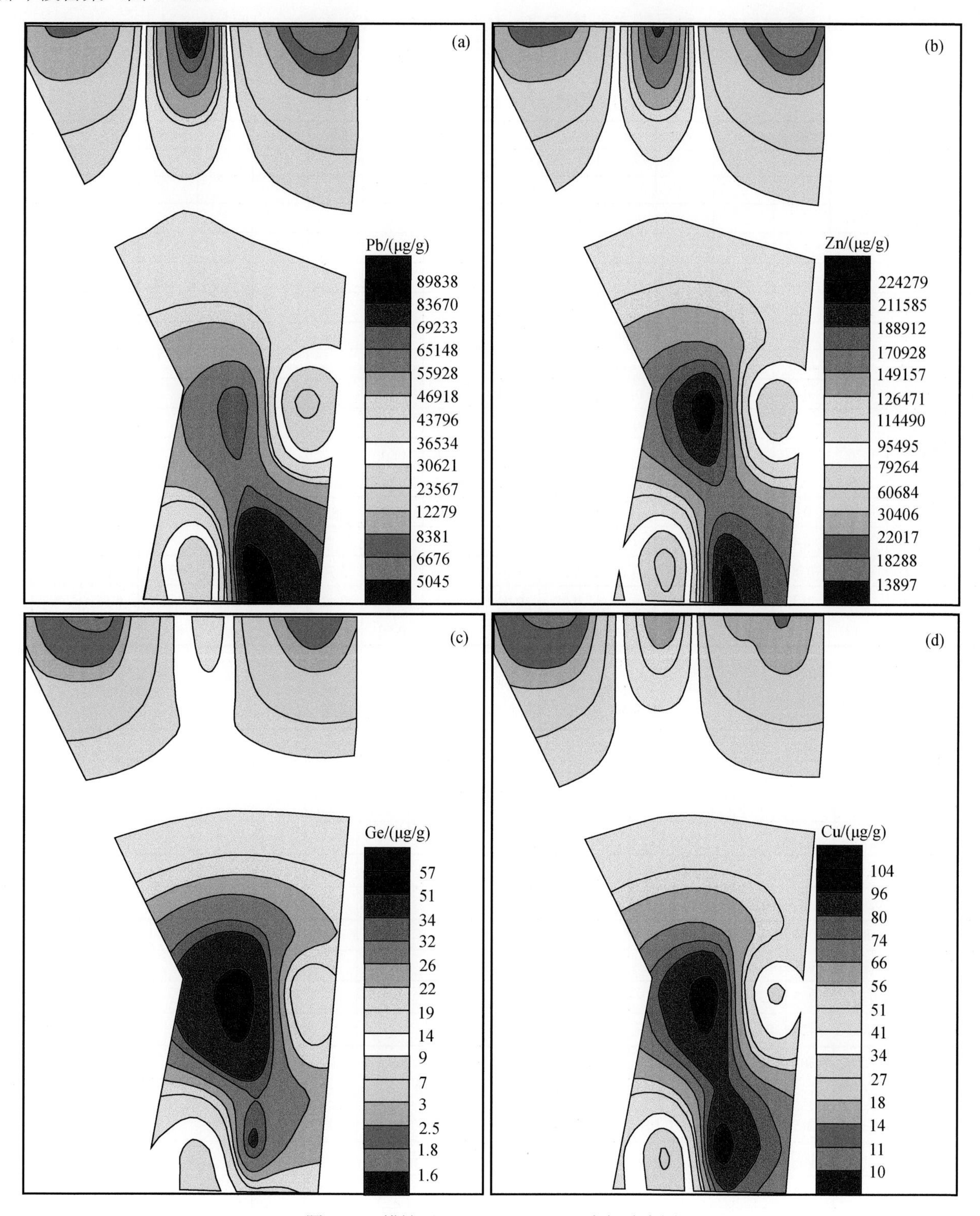

图 8-36　麒麟厂 Pb、Zn、Ge、Cu 空间分布图

3）相关性分析

通过相关性分析，总体上（包含围岩及矿石样品，见表 8-7），矿山厂 Zn 与 As、Cu、Ge、Cd、Pb 呈正相关，其中与 Cd 相关最密切，与 Bi 呈负相关；Pb 与 Hg、Cu、Ge、Zn 呈正相关，其中与 Cu、Ge 相关最密切；Bi 与其他元素均不相关，且与 Zn 呈负相关。分别从围岩、矿体分析（表 8-8、图 8-37），围岩

中 Ge、Cu 与 Pb、Zn 均呈正相关，矿体中 Ge、Cu 与 Pb 呈正相关而与 Zn 呈负相关，推断在矿物结晶过程中存在 $3Zn^{2+} \longleftrightarrow Ge^{4+}+2Cu^{+}$的替代关系。即在成矿过程中 Ge、Cu 替代 Zn 晶格，Ge、Cu 含量增加，而造成 Zn 离子析出，含量降低，也可能是矿床中 Zn 为主量而 Ge、Cu 为微量的原因；Cd 与 Zn 呈正相关，在高温成矿阶段与主金属元素往往同步活动，以类质同象形式进入闪锌矿。

表 8-7　矿山厂（围岩+矿体）微量元素相关系数矩阵

	As	Sb	Bi	Hg	Mo	W	Cr	Co	Ni	Cu	Ga	Ge	In	Cd	Sn	Pb	Zn
As	1																
Sb	0.45	1															
Bi	−0.41	−0.18	1														
Hg	0.12	0.37	−0.33	1													
Mo	0.66	0.61	−0.22	−0.04	1												
W	0.41	0.85*	−0.29	0.33	0.65	1											
Cr	0.12	0.36	0.02	0.14	0.28	0.46	1										
Co	−0.08	0.15	0.06	0.21	−0.04	0.11	0.79*	1									
Ni	0.28	0.78*	−0.05	−0.06	0.59	0.78*	0.51	0.22	1								
Cu	0.15	0.35	−0.36	0.96**	−0.05	0.29	0.19	0.23	−0.07	1							
Ga	0.35	0.75*	−0.27	0.69	0.36	0.60	0.40	0.47	0.39	0.61	1						
Ge	0.13	0.29	−0.38	0.88*	−0.03	0.32	0.22	0.11	−0.03	0.94**	0.45	1					
In	0.10	0.56	−0.07	0.71	0.15	0.40	0.37	0.46	0.11	0.65	0.83*	0.48	1				
Cd	0.39	0.03	−0.45	0.19	−0.01	−0.09	−0.19	−0.09	−0.14	0.29	0.12	0.20	0.08	1			
Sn	−0.09	0.26	0.08	0.50	−0.07	0.13	0.52	0.74*	0.05	0.44	0.71	0.27	0.76*	−0.13	1		
Pb	0.32	0.29	−0.30	0.82*	0.04	0.27	0.07	0.03	−0.11	0.86*	0.42	0.86*	0.46	0.23	0.16	1	
Zn	0.53	0.13	−0.60	0.37	0.18	0.15	−0.01	−0.15	−0.12	0.50	0.18	0.52	0.13	0.81*	−0.16	0.49	1

注：*相关性在 0.05 层上显著（双尾）；**相关性在 0.01 层上显著（双尾）。下同。

表 8-8　矿山厂矿体微量元素相关系数矩阵

	As	Sb	Bi	Hg	Mo	W	Cr	Co	Ni	Cu	Ga	Ge	In	Cd	Sn	Ag	Au	Pb	Zn
As	1																		
Sb	0.295	1																	
Bi	−0.068	0.443*	1																
Hg	−0.205	0.209	0.183	1															
Mo	0.625**	0.562**	−0.015	−0.23	1														
W	0.241	0.816**	0.074	0.155	0.608**	1													
Cr	0.066	0.574**	0.011	0.124	0.384	0.721**	1												
Co	−0.216	0.222	0.063	0.334	−0.127	0.115	0.448*	1											
Ni	0.251	0.815**	0.124	−0.154	0.583**	0.811**	0.694**	0.193	1										
Cu	−0.248	0.146	0.308	0.953**	−0.295	0.056	0.121	0.303	−0.191	1									
Ga	0.149	0.700**	0.189	0.604**	0.264	0.508*	0.437*	0.607**	0.367	0.469*	1								
Ge	−0.259	0.073	0.215	0.842**	−0.252	0.101	0.274	0.152	−0.129	0.917**	0.262	1							
In	−0.089	0.520*	0.435*	0.698**	0.057	0.322	0.226	0.425	0.045	0.617**	0.821**	0.406	1						
Cd	0.113	−0.281	−0.08	−0.15	−0.232	−0.453*	−0.605**	−0.233	−0.274	−0.093	−0.202	−0.227	−0.133	1					
Sn	−0.129	0.315	0.115	0.639**	−0.106	0.142	0.331	0.718**	−0.001	0.579**	0.812**	0.363	0.790**	−0.181	1				
Ag	−0.087	0.079	0.419	0.672**	−0.151	0.171	0.088	−0.026	−0.199	0.711**	0.150	0.744**	0.393	−0.233	0.125	1			
Au	0.850**	0.081	−0.137	−0.113	0.525*	0.091	−0.041	−0.278	−0.029	−0.185	0.097	−0.168	0.037	0.113	−0.133	−0.001	1		
Pb	0.043	0.093	0.433*	0.758**	−0.143	0.056	−0.026	−0.001	−0.215	0.801**	0.241	0.788**	0.383	−0.132	0.206	0.895**	0.075	1	
Zn	0.201	−0.36	−0.133	−0.065	−0.087	−0.337	−0.383	−0.482*	−0.374	0.066	−0.334	0.101	−0.215	0.708**	−0.300	0.028	0.282	0.1	1

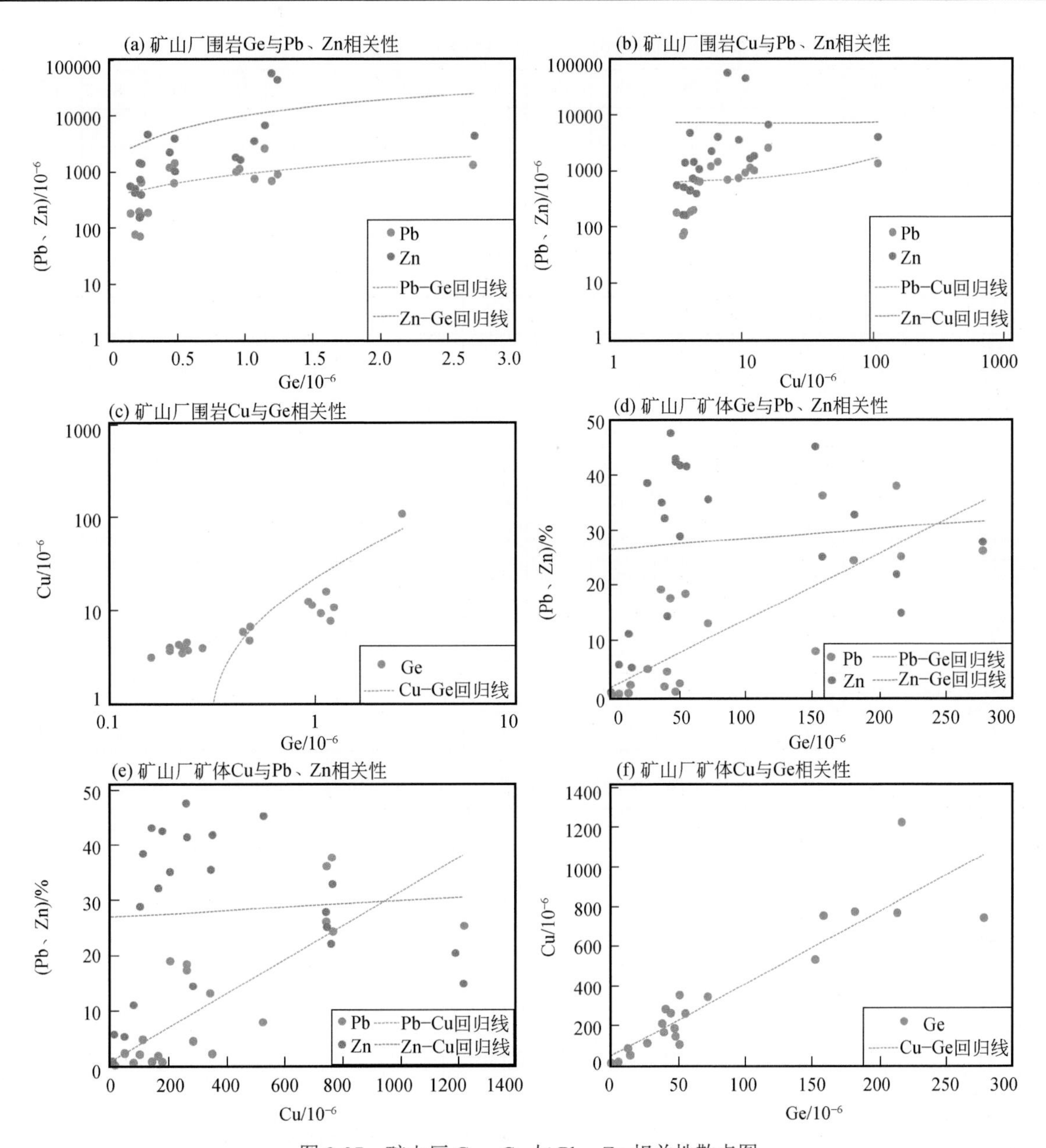

图 8-37　矿山厂 Ge、Cu 与 Pb、Zn 相关性散点图

麒麟厂：总体上（含围岩及矿石样品，见表 8-9），相关性从大到小，Zn 与 Cd、Cu、Hg、Pb、Ge、In 相关密切，与 Bi 呈负相关；Pb 与 Cd、Cu、In、As 呈正相关，与 Bi 负相关；Cu 和 Ge、In、Cd、Pb、Zn 关系密切。在麒麟厂围岩 Ge、Cu 与 Pb、Zn 以及 Ge 与 Cu 存在明显的线性相关，而在矿体中 Ge 与 Pb 呈弱的负相关或不相关而与 Zn 呈正相关（表 8-10，图 8-38），推断在方铅矿中可能有部分闪锌矿残留，Ge、Cu 以类质同象形式直接替代闪锌矿中的 Zn。

4）聚类分析

通过聚类分析（图 8-39～图 8-42），总体上或矿体中，微量元素大致可分类如下：

矿山厂总体上 Zn、Cd 为一组，反映的是闪锌矿从早期到晚期受成矿流体物理化学条件的制约，Cd 在硫离子活度低、成矿温度降低，pH 降低，Cd/Zn 降低的条件下在闪锌矿中富集；Pb、Ge、Cu、Hg 聚为一类，指示矿化过程中可能存在较强的多金属硫化物阶段的叠加。

麒麟厂总体上 In、Pb、Ge、Hg、Cu、Zn、Cd 聚为一类，但在矿体微量元素聚类分析中，Pb、Ag、Cu、Zn、Cd、Ge、Hg 主成矿元素分别划为一类，可能反映该段矿体成矿物质来源于不同阶段成矿流体；Ni、W、Co、Cr 组合可能反映成矿与峨眉山玄武岩关系密切。

表 8-9　麒麟厂（围岩+矿体）微量元素相关系数矩阵

	As	Sb	Bi	Hg	Mo	W	Cr	Co	Ni	Cu	Ga	Ge	In	Cd	Sn	Pb	Zn
As	1																
Sb	0.959**	1															
Bi	−0.276	−0.253	1														
Hg	0.408	0.409	−0.346	1													
Mo	0.716	0.786*	−0.009	0.254	1												
W	−0.003	0.008	0.051	0.049	0.336	1											
Cr	−0.048	−0.030	0.206	−0.074	0.379	0.768*	1										
Co	−0.072	−0.054	0.339	−0.136	0.363	0.687	0.863*	1									
Ni	−0.167	−0.135	0.156	−0.178	0.118	0.452	0.754	0.581	1								
Cu	0.291	0.281	−0.448	0.815*	0.135	0.052	−0.059	−0.143	−0.202	1							
Ga	−0.001	−0.022	0.253	0.000	−0.020	−0.003	0.032	0.010	−0.029	0.033	1						
Ge	0.413	0.454	−0.374	0.888*	0.295	0.018	−0.069	−0.140	−0.198	0.820	0.021	1					
In	0.276	0.142	−0.216	0.551	0.009	−0.021	−0.061	−0.096	−0.177	0.615	0.087	0.383	1				
Cd	0.349	0.339	−0.524	0.845*	0.155	0.079	−0.081	−0.191	−0.156	0.903**	−0.008	0.800*	0.598	1			
Sn	0.081	0.028	−0.199	0.152	−0.014	−0.043	0.002	−0.048	−0.132	0.428	0.136	0.364	0.418	0.247	1		
Pb	0.537	0.466	−0.550	0.457	0.267	0.129	−0.046	−0.168	−0.100	0.643	−0.004	0.429	0.543	0.738*	0.287	1	
Zn	0.376	0.355	−0.559	0.795*	0.154	0.083	−0.065	−0.189	−0.125	0.881*	−0.006	0.724	0.624	0.979**	0.260	0.791	1

表 8-10　麒麟厂矿体微量元素相关系数矩阵

	As	Sb	Bi	Hg	Mo	W	Cr	Co	Ni	Cu	Ga	Ge	In	Cd	Sn	Ag	Au	Pb	Zn
As	1																		
Sb	0.951**	1																	
Bi	−0.014	−0.025	1																
Hg	0.196	0.229	−0.141	1															
Mo	0.845**	0.930**	−0.029	0.204	1														
W	−0.194	−0.150	0.700**	−0.191	−0.117	1													
Cr	−0.096	−0.049	0.633**	−0.171	−0.013	0.613**	1												
Co	−0.011	0.031	0.832**	−0.196	0.055	0.788**	0.892**	1											
Ni	−0.153	−0.114	0.219	−0.152	−0.048	0.374	0.873**	0.628**	1										
Cu	−0.064	−0.031	−0.201	0.670**	−0.051	−0.377*	−0.262	−0.326	−0.234	1									
Ga	0.006	−0.116	0.378*	0.049	−0.164	−0.086	0.077	0.133	−0.092	0.196	1								
Ge	0.218	0.300	−0.131	0.835**	0.270	−0.246	−0.173	−0.197	−0.194	0.718**	0.146	1							
In	0.05	−0.106	−0.082	0.284	−0.192	−0.385*	−0.263	−0.285	−0.198	0.350	0.633**	0.093	1						
Cd	−0.025	0.020	−0.267	0.752**	−0.003	−0.313	−0.247	−0.329	−0.110	0.758**	−0.035	0.701**	0.297	1					
Sn	−0.079	−0.124	−0.057	−0.086	−0.142	−0.324	−0.142	−0.175	−0.167	0.276	0.751**	0.218	0.301	−0.069	1				
Ag	0.377*	0.344	−0.237	0.018	0.332	−0.186	−0.192	−0.266	−0.078	0.245	−0.182	0.130	0.031	0.227	−0.075	1			
Au	0.001	−0.099	−0.034	−0.129	−0.073	−0.139	−0.008	−0.037	0.096	−0.222	−0.029	−0.229	0.123	−0.028	−0.146	−0.113	1		
Pb	0.356	0.269	−0.167	−0.200	0.249	−0.183	−0.106	−0.177	0.023	−0.019	−0.014	−0.170	0.167	0.083	−0.010	0.853**	−0.086	1	
Zn	−0.011	0.019	−0.308	0.662**	−0.025	−0.379*	−0.203	−0.316	−0.032	0.696**	−0.032	0.545**	0.356	0.934**	−0.083	0.230	0.080	0.157	1

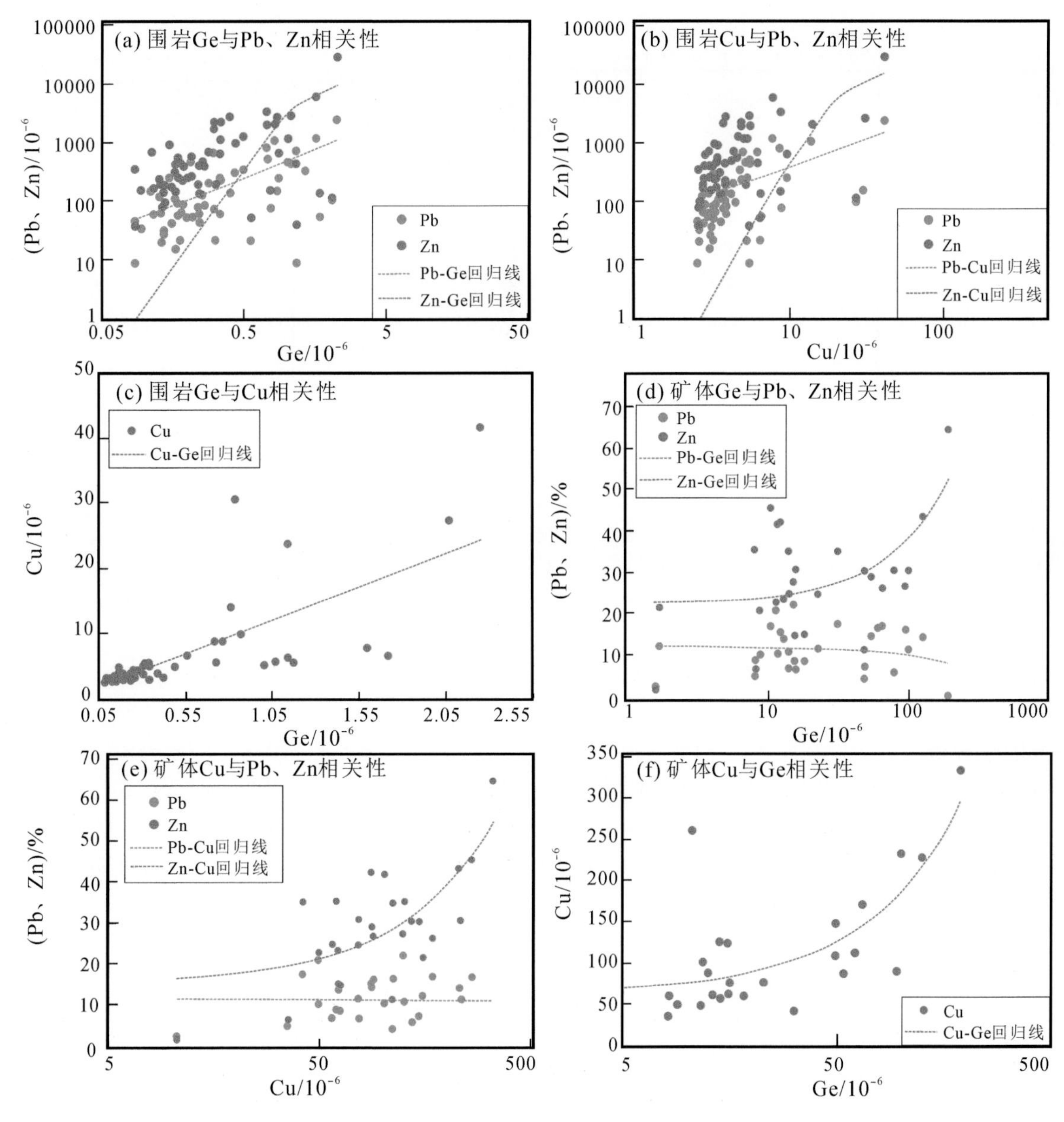

图 8-38 麒麟厂 Ge、Cu 与 Pb、Zn 相关性散点图

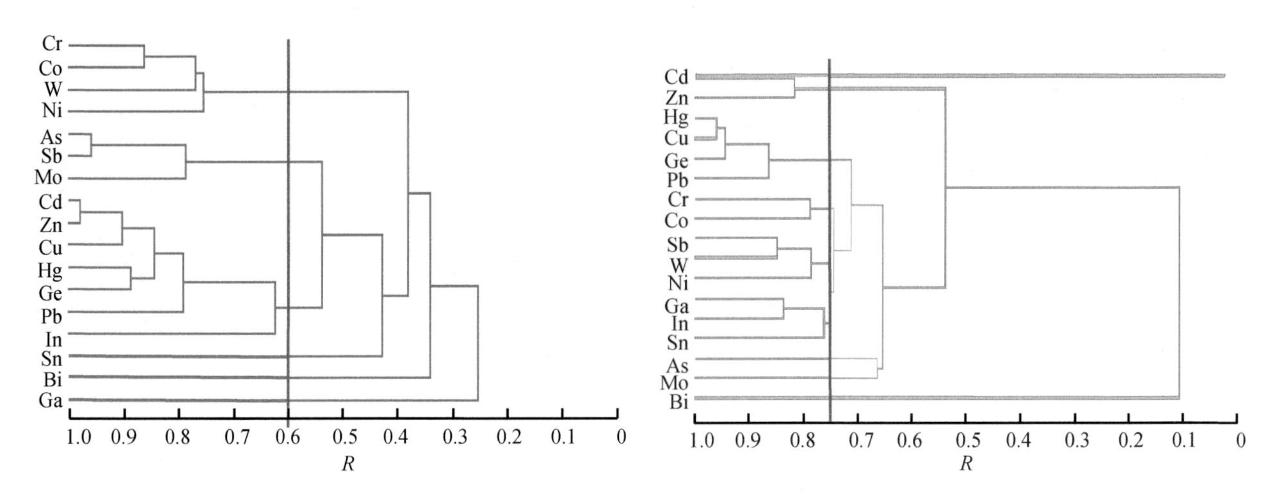

图 8-39 矿山厂围岩和矿体微量元素 *R* 型聚类分析谱系图

图 8-40 麒麟厂围岩和矿体微量元素 *R* 型聚类分析谱系图

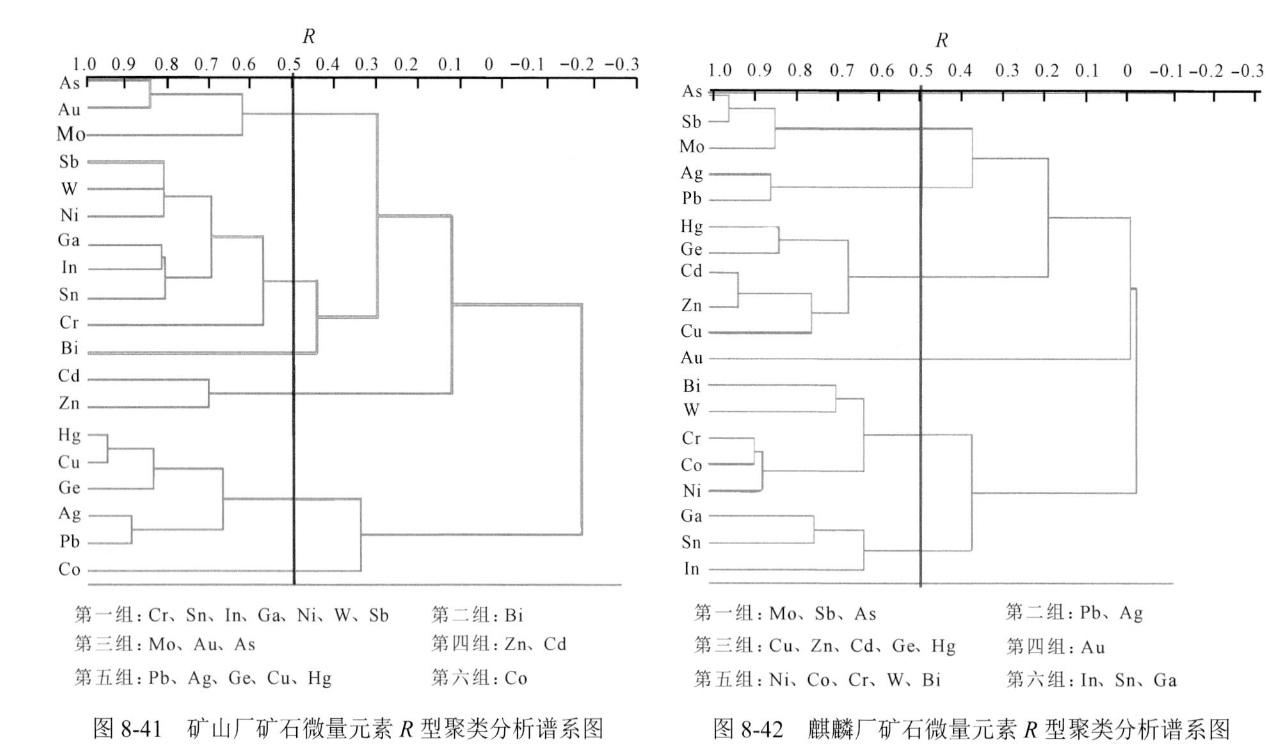

图 8-41　矿山厂矿石微量元素 *R* 型聚类分析谱系图

图 8-42　麒麟厂矿石微量元素 *R* 型聚类分析谱系图

5）因子分析

利用矿山厂、麒麟厂矿石分析数据分别进行因子分析，当累计方差贡献>84%时，矿山厂提取到 5 个主因子（表 8-11）：F_1，Cu、Hg、Ge、Pb、Ag；F_2，Sb、W、Cr、Ni、Zn、Cd；F_3，As、Mo、Au；F_4，Co、Ga、In、Sn；F_5，Bi。F_1、F_2 方差贡献率分别达 32.55%、23.17%，代表了矿床 2 个不同矿化阶段，Zn、Cd 与 W、Cr、Ni、Sb 等中高温元素因子载荷呈负数，表明 Zn、Cd 成矿阶段可能处于低温热液环境；F_2、F_4、F_5 代表成矿流体对矿床叠加改造的元素组合。

表 8-11　矿山厂微量元素正交旋转载荷矩阵

	F_1	F_2	F_3	F_4	F_5
As	−0.152	−0.0378	0.951	−0.0173	−0.0121
Sb	0.1039	0.7202	0.3798	0.2215	0.3765
Bi	0.2081	0.0564	−0.041	0.0633	0.9281
Hg	0.9144	−0.0956	−0.0505	0.3182	0.0196
Mo	−0.2206	0.4447	0.7122	−0.0232	0.0017
W	0.286	0.8424	0.3257	−0.0111	−0.0071
Cr	0.1793	0.8089	0.1056	0.2118	−0.1988
Co	0.1491	0.2445	−0.1618	0.8011	0.0046
Ni	−0.1586	0.8236	0.2502	0.0374	0.1066
Cu	0.9144	−0.0956	−0.0505	0.3182	0.0196
Ga	0.3327	0.3849	0.3369	0.7942	0.0599
Ge	0.9051	0.004	−0.1377	0.0205	0.002
In	0.5484	0.0771	0.1043	0.6002	0.3954
Cd	−0.1261	−0.7414	0.174	0.0142	−0.0606
Sn	0.3118	0.0731	−0.0935	0.8892	0.0094
Ag	0.8996	−0.0138	0.0281	−0.1844	0.061
Au	−0.0534	−0.1869	0.8711	−0.0377	−0.0066
Pb	0.9132	−0.0948	0.1516	−0.0768	0.2444
Zn	0.0523	−0.6794	0.2958	−0.3576	−0.0419
特征值及方差贡献					
特征值	6.1837	4.403	2.5747	1.7484	1.0994
方差贡献/%	32.5456	23.1735	13.551	9.202	5.7862
累计方差贡献/%	32.5456	55.7191	69.2701	78.4722	84.2584

从麒麟厂矿石分析数据提取了 6 个因子（表 8-12），累计方差贡献率为 86.27%，F_1 为 Hg、Cu、Ge、Cd、Zn，代表主成矿阶段元素组合；F_2 为 As、Sb、Mo 组合，代表较低温成矿热液蚀变阶段；F_3 为 Bi、W、Cr、Co、Ni 组合，可能代表成矿物质来源与峨眉山玄武岩有联系；F_4 为 In、Ga、Sn 组合，代表高温热液成矿元素组合；F_5 的 Pb、Ag 与 F_6 的 Au 分别代表另外不同成矿或富集阶段。

通过因子分析，矿山厂存在富 Cu、Hg、Ge、Pb、Ag 与富 Zn、Cd 的两阶段热液叠加，麒麟厂则为 Hg、Cu、Ge、Cd、Zn 与 Pb、Ag 两个成矿阶段，可能暗示矿山厂、麒麟厂 Pb-Zn 矿至少有两个成矿阶段。

表 8-12　麒麟厂微量元素正交旋转载荷矩阵

	F_1	F_2	F_3	F_4	F_5	F_6
As	0.0026	0.9793	−0.0032	0.0299	0.1526	0.0021
Sb	0.0826	0.9543	0.0433	−0.0857	0.123	−0.0084
Bi	−0.1322	0.0885	0.7881	0.2387	−0.2228	0.0093
Hg	0.8544	0.2245	−0.1047	−0.0225	−0.1843	0.0255
Mo	0.0599	0.9143	0.002	−0.1345	0.1214	−0.0066
W	−0.2664	−0.0627	0.7412	−0.2331	−0.2463	−0.0172
Cr	−0.1183	−0.0933	0.9514	−0.0159	0.0428	−0.0102
Co	−0.1434	−0.0167	0.9323	−0.0206	−0.1004	−0.0116
Ni	0.0338	−0.2313	0.7428	−0.1627	0.1673	−0.0078
Cu	0.8559	−0.0994	−0.1511	0.2542	0.1606	−0.2128
Ga	0.0663	−0.0264	0.1182	0.9743	−0.0627	0.0958
Ge	0.8504	0.3072	−0.0846	0.1244	−0.1901	−0.2383
In	0.2676	−0.0532	−0.2385	0.6296	0.1416	0.4653
Cd	0.8875	−0.0591	−0.1534	−0.0744	0.1962	0.0523
Sn	−0.0495	−0.1073	−0.1308	0.8303	−0.0043	−0.256
Ag	0.1155	0.2673	−0.1249	−0.0672	0.9005	−0.0345
Au	−0.0958	0.0015	0.0048	−0.0334	−0.0741	0.8934
Pb	−0.1164	0.2529	−0.0743	0.069	0.9069	−0.0308
Zn	0.8946	−0.0541	−0.1464	−0.0801	0.1956	0.1894
特征值及方差贡献						
特征值	5.3401	3.2935	2.7617	2.1256	1.6418	1.2205
方差贡献/%	28.1056	17.3343	14.5354	11.1872	8.641	6.4236
累计方差贡献/%	28.1056	45.44	59.9754	71.1626	79.8036	86.2272

3. 矿床原生晕指示元素垂向分布序列确定

矿床原生晕指示元素垂向分带规律的研究有助于正确判断矿床（体）剥蚀程度，寻找隐伏矿体，是构造地球化学原生晕叠加找矿和地球化学模式找矿的基础。国内化探领域学者在格里戈良提出的指示元素垂向分带指数计算法的基础上，先后提出了多种改进计算方法，包括广义衬值法、浓集重心法、浓集指数法、比重指数法、含量梯度法等，为元素分带序列研究方法的不断发展完善做出贡献。

充分结合本次工作取样及样品测试等实际情况，本次研究尝试采用浓集指数法（解庆林，1992）来分别计算矿山厂、麒麟厂不同标高矿体原生晕轴向分带序列。这种方法认为，元素相对含量最大值在空间上处于不同标高，就是分带性的体现。该方法特点是，原始数据标准化结果是唯一的，且数据集中，能消除地壳中各元素丰度差可能计算带来的影响，如元素量纲不统一时仍有效；克服了格里戈良分带指数计算法中当指示元素异常在某截面（中段）不连续时，分带指数梯度值无法直接计算的弊端。本次工作因有的中段巷道揭露有限，取样均未采穿矿体，元素异常未连续等，因此，采用浓集指数法探讨元素垂向分带序列对深部成矿预测是适宜的。其计算步骤如下：

（1）计算各指示元素所有中段金属含量平均值。

（2）计算所有中段各元素金属含量与各中段该元素含量平均值的比，作为该元素在该中段的标准化值。

（3）计算各中段不同元素标准化值的均值。

（4）计算各中段各元素标准化值与各中段均值的比值，并按其最大值所在位置（中段）初步确定分带序列。比值越大，说明该元素在该中段浓集程度越高。按各元素浓集指数最大值所在中段初步排出分带序列。

（5）当某中段有 2 个或多个指示元素的浓集指数均为最大值时，则按公式①计算每个中段内元素浓集指数梯度ΔG_{CI}，根据ΔG_{CI}大小，以确定各自的具体位置，大者在上，下者在下。设当有 P 个中段：

①当 2 个或多个指示元素的最大浓集指数（CI_{max}）在最上中段时 $\Delta G_{CI}=CI_1\sum_{l=2}^{P}(CI_l)^{-1}$ ；

②当 2 个或多个指示元素 CI_{max} 同在 m 中段时，当 m 为 2，3，…，$P-1$ 时，

$$\Delta G_{CI}=CI_m\left[\sum_{l=m+1}^{P}(CI_l)^{-1}-\sum_{l=1}^{m-1}(CI_l)^{-1}\right];$$

当 2 个或多个指示元素 CI_{max} 同在 P 中段时 $\Delta G_{CI}=-CI_P\sum_{l=1}^{P-1}(CI_l)^{-1}$ 。

1）矿山厂原生晕垂向分带序列及其特征

根据上述方法计算，矿山厂截面各中段元素浓集指数计算结果如表 8-13 所示。

由表 8-13 可看出，矿山厂 14#剖面矿体元素轴向分带序列初步确定为：Ag、Bi、Cd、Cr、Cu、Hg、Mn、Pb、Se、Sr、Ta、Tl、Zn（1925 中段）→Ba、Be、Co、Cs、Hf、In、Li、Nb、Rb、Sc、Sn、Th、U、Zr、ΣREE（1916 中段）→Au、As、B、Ga、Mo、Ni、Sb、V、W（1776 中段）。

根据初步确定的各中段元素分带序列及浓集指数计算结果，再计算每个中段内各元素浓集指数的梯度值（由上到下），以确定其具体位置。通过计算，结果见表 8-14，由表可见：

1925 中段元素浓集指数梯度变化值从大到小分别为：Ge、Ag、Cu、Hg、Pb、Zn、Mn、Cd、Se、Bi、Sr、Cr、Ta、Tl;

1916 中段元素浓集指数梯度变化值从大到小分别为：ΣREE、Li、Ba、Cs、Co、Rb、Sn、Nb、Zr、Hf、In、U、Th、Sc、Be;

1776 中段元素浓集指数梯度变化值从大到小分别为：V、Ga、Ni、W、Sb、As、B、Mo、Au。

因此，矿山厂 14#剖面矿体元素总的垂向分带序列具体为：Ge、Ag、Cu、Hg、Pb、Zn、Mn、Cd、Se、Bi、Sr、Cr、Ta、Tl→ΣREE、Li、Ba、Cs、Co、Rb、Sn、Nb、Zr、Hf、In、U、Th、Sc、Be→V、Ga、Ni、W、Sb、As、B、Mo、Au。

将所得的矿山厂 14#剖面成矿成晕元素的轴向分带序列与全国典型的热液矿床总结归纳出各元素在轴向分带中的位置，得到一个相对完整的分带序列（李惠等，1999），由浅至深为：B-I-As-Hg-F-Sb-Ba-Pb-Ag-Au-Zn-Cu-W-Bi-Mo-Mn-Ni-Cd-Co-V-Ti。具有较大概率出现在矿体头部的元素为前缘晕元素，常出现在矿体尾部的元素为尾晕元素。根据以上规律，前缘晕指示元素为 Hg、As、Sb、F、I、B、Ba、Cs、ΣREE、Rb、Sr，尾晕元素为 Bi、Mo、Mn、Co、Cr、V、Ni、Ti、W、Sn、U、Nb、Ta。近矿指示元素为 Au、Ag、Cu、Pb、Zn。

本次研究工作取样仅采集到 1925～1776 中段样品，矿体实际向上延伸出露地表，从构造原生晕轴向分带序列可以看出，分带序列的上部出现 Ge、Ag、Cu、Hg、Pb、Zn、Mn、Cd、Se、Bi、Sr、Cr、Ta、Tl，其中 Ge、Ag、Cu、Pb、Zn、Cd 为近矿元素，与 Pb-Zn 矿体成矿有直接关系，也有前缘晕元素 Hg、Sr，同时也出现了 Mn、Bi、Cr、Ta 尾晕元素，前缘晕与尾晕元素共存，反映不同阶段成矿叠加，或者同一阶段在同一构造体系中形成的串珠状矿体在上、下相距不大时前缘晕元素和尾晕元素叠加在一起，形成前缘、尾晕元素共存的现象。前缘晕指示元素和近矿指示元素重叠在一起，表明矿体可能是上下 2 个矿体紧密相连或叠加，也可能说明成矿流体比较均匀，暗示其成矿机制的特殊性，而作为前缘晕元素，Hg 逸散能力较强，在矿体中出现前缘晕 Hg，这与矿体从 1925 中段继续往下延伸的实际情况相吻合。

表 8-13 矿山厂各中段元素含量（10^{-6}）均值、标准化值及浓集指数计算结果

元素	均值			标准化值			浓集指数		
	1925 中段	1916 中段	1776 中段	1925 中段	1916 中段	1776 中段	1925 中段	1916 中段	1776 中段
Ag	237.940	113.466	89.543	1.619	0.772	0.609	2.440	0.483	0.824
Au	6.892	2.832	67.703	0.267	0.110	2.623	0.402	0.069	3.548
As	252.891	315.917	1005.350	0.482	0.602	1.916	0.726	0.377	2.591
B	24.720	28.451	98.926	0.488	0.561	1.951	0.735	0.351	2.639
Ba	10.356	47.381	8.971	0.466	2.131	0.403	0.702	1.334	0.546
Be	0.073	0.546	0.119	0.296	2.221	0.483	0.446	1.391	0.653
Bi	0.498	0.532	0.500	0.977	1.043	0.980	1.473	0.653	1.325
Cd	297.555	283.817	215.061	1.121	1.069	0.810	1.689	0.669	1.096
Co	1.204	3.406	1.060	0.637	1.802	0.561	0.960	1.129	0.759
Cr	12.540	17.549	11.373	0.907	1.270	0.823	1.367	0.795	1.113
Cs	0.204	0.908	0.184	0.472	2.101	0.427	0.711	1.316	0.577
Cu	269.424	223.941	71.891	1.430	1.189	0.382	2.155	0.744	0.516
Ga	1.286	4.816	3.512	0.401	1.503	1.096	0.605	0.941	1.482
Ge	76.720	40.108	15.883	1.734	0.907	0.359	2.614	0.568	0.486
Hf	0.152	0.482	0.168	0.570	1.802	0.627	0.860	1.129	0.848
Hg	70.832	56.835	21.972	1.420	1.139	0.440	2.140	0.713	0.596
In	0.141	0.401	0.155	0.606	1.726	0.668	0.913	1.081	0.904
Li	0.612	2.694	0.461	0.487	2.145	0.367	0.735	1.343	0.497
Mn	196.299	180.398	149.055	1.120	1.029	0.851	1.688	0.645	1.150
Mo	0.330	1.335	11.701	0.074	0.300	2.626	0.112	0.188	3.551
Nb	0.552	1.902	0.566	0.549	1.889	0.562	0.827	1.183	0.761
Ni	11.253	16.084	28.159	0.608	0.869	1.522	0.917	0.544	2.059
Pb	8.475	5.373	4.577	1.380	0.875	0.745	2.080	0.548	1.008
Rb	0.793	3.128	0.760	0.508	2.005	0.487	0.766	1.255	0.658
Sb	89.096	217.519	359.552	0.401	0.980	1.619	0.605	0.613	2.190
Sc	0.280	1.822	0.455	0.328	2.138	0.534	0.494	1.339	0.722
Se	0.134	0.157	0.077	1.092	1.281	0.627	1.646	0.802	0.848
Sn	0.347	0.858	0.330	0.678	1.677	0.644	1.022	1.050	0.871
Sr	126.525	156.685	126.939	0.925	1.146	0.928	1.395	0.718	1.256
Ta	0.189	0.276	0.190	0.865	1.264	0.872	1.303	0.791	1.179
Th	0.056	0.695	0.068	0.206	2.544	0.250	0.310	1.593	0.339
Tl	0.076	0.110	0.081	0.849	1.238	0.913	1.280	0.775	1.235
U	0.261	1.228	0.313	0.434	2.044	0.522	0.655	1.280	0.706
V	6.611	41.589	19.694	0.292	1.838	0.870	0.440	1.151	1.177
W	1.880	1.137	2.816	0.967	0.585	1.448	1.457	0.366	1.959
Zn	19.902	13.178	12.227	1.318	0.873	0.810	1.986	0.546	1.095
Zr	9.533	26.117	9.843	0.629	1.722	0.649	0.947	1.078	0.878
ΣREE	11.183	42.323	4.755	0.576	2.179	0.245	0.868	1.365	0.331

表 8-14　矿山厂各指示元素浓集指数梯度值计算结果

1925 中段		1916 中段		1776 中段	
Ag	8.008	Ba	0.544	Au	−60.445
Bi	3.368	Be	−0.989	As	−10.440
Cd	4.065	Co	0.312	B	−11.101
Cr	2.949	Cs	0.430	Ga	−4.025
Cu	7.072	Hf	0.018	Mo	−50.698
Ge	9.987	In	0.012	Ni	−6.027
Hg	6.592	Li	0.876	Sb	−7.191
Mn	4.087	Nb	0.124	V	−3.696
Pb	5.859	Rb	0.268	W	−6.693
Se	3.995	Sc	−0.853		
Sr	3.054	Sn	0.178		
Ta	2.753	Th	−0.440		
Tl	2.689	U	−0.142		
Zn	5.449	Zr	0.090		
		ΣREE	2.549		

同样，中部及下部均出现前缘晕和尾晕元素共存现象，中部出现了 ΣREE、Li、Ba、Cs、Rb 前缘晕元素，Co、Sn、Nb、U 等尾晕元素，下部出现了 Sb、As、B 前缘晕元素，尾晕元素 V、Ga、Ni、W、Mo，还出现了近矿元素 Au。从元素尾晕、前缘晕往下持续共存的情况判断，矿体存在透镜体状产出和尖灭再现的情况。

矿山厂矿体原生晕轴向分带序列的主成矿（Ge、Ag、Cu、Pb、Zn 等）近矿元素出现在上部，不仅出现了前缘晕、尾晕、近矿晕共存，Pb-Zn 矿体从 1925 中段往下继续延伸，而且中、下部也出现了前缘晕、尾晕重叠现象，由此推测矿山厂 $14^{\#}$剖面矿体可能是多阶段叠加成矿，推测 1776 中段往深部还有很大延伸或者隐伏盲矿体的存在。

2）麒麟厂原生晕垂向分带序列及其特征

经计算，麒麟厂各中段元素含量及浓集指数等计算结果如表 8-15 所示。

由表 8-15 可看出，麒麟厂 $14^{\#}$剖面矿体元素轴向分带序列初步确定为：B、Be、Co、Cr、Hf、Li、Nb、Ni、Rb、Sc、Se、Th、Tl、V、W、Zr（1451 中段）→As、Cs、Ge、Hg、Mo、Sb、Sr（1261 中段）→In、La、Sn、ΣREE（1199 中段）→Ag、Au、Ba、Bi、Cd、Cu、Ga、Mn、Pb、Ta、U、Zn（1175 中段）。

根据初步确定的各中段元素分带序列及浓集指数计算结果，再计算每个中段内各元素浓集指数的梯度值（由上到下），以确定其具体位置。通过计算，结果见表 8-16，由表可见：

1451 中段元素浓集指数梯度变化值从大到小分别为：Se-Rb-Th-B-Tl-Sc-Be-W-Li-Nb-Ni-Zr-Co-Hf-Cr-V；

1261 中段元素浓集指数梯度变化值从大到小分别为：Mo-Cs-Sr-Hg-Ge-As-Sb；

1199 中段元素浓集指数梯度变化值从大到小分别为：La-ΣREE-In-Sn；

1175 中段元素浓集指数梯度变化值从大到小分别为：Ta-Ag-Cu-Bi-Cd-Zn-Pb- Mn-Au-U-Ga-Ba。

因此，麒麟厂 $14^{\#}$剖面矿体元素总的垂向分带序列具体为：Se-Rb-Th-B-Tl-Sc-Be-W-Li-Nb-Ni-Zr-Co-Hf-Cr-V → Mo-Cs-Sr-Hg-Ge-As-Sb → La-ΣREE-In-Sn → Ta-Ag-Cu-Bi-Cd-Zn-Pb-Mn-Au-U-Ga-Ba。

表 8-15 麒麟厂各中段元素含量（10^{-6}）均值、标准化值及浓集指数计算结果

元素	均值				标准化值				浓集指数			
	1451	1261	1199	1175	1451	1261	1199	1175	1451	1261	1199	1175
Ag	71.81	85.81	57.53	68.23	1.01	1.21	0.81	0.96	0.96	1.02	0.76	1.38
Au	33.76	9.83	11.31	42.96	1.38	0.40	0.46	1.76	1.31	0.34	0.43	2.52
As	275.08	4354.93	1622.10	414.86	0.17	2.61	0.97	0.25	0.16	2.21	0.91	0.36
B	70.59	52.43	12.41	11.61	1.92	1.43	0.34	0.32	1.82	1.20	0.32	0.45
Ba	208.81	13.05	1102.15	1253.88	0.32	0.02	1.71	1.95	0.31	0.02	1.60	2.80
Be	0.55	0.42	0.35	0.15	1.50	1.15	0.95	0.40	1.42	0.97	0.89	0.57
Bi	0.60	0.51	0.30	0.57	1.21	1.04	0.60	1.15	1.15	0.88	0.56	1.66
Cd	136.50	334.38	271.08	309.25	0.52	1.27	1.03	1.18	0.49	1.07	0.97	1.69
Co	1.66	1.72	1.23	0.63	1.27	1.32	0.93	0.48	1.21	1.11	0.88	0.69
Cr	16.40	14.43	15.45	7.13	1.23	1.08	1.16	0.53	1.17	0.91	1.08	0.77
Cs	2.63	3.37	0.80	0.18	1.51	1.93	0.46	0.10	1.43	1.63	0.43	0.15
Cu	26.64	70.83	71.51	48.32	0.49	1.30	1.32	0.89	0.47	1.10	1.23	1.28
Ga	4.58	2.91	22.28	17.36	0.39	0.25	1.89	1.47	0.37	0.21	1.77	2.12
Ge	5.46	40.45	25.52	8.07	0.27	2.04	1.28	0.41	0.26	1.72	1.20	0.58
Hf	0.40	0.32	0.33	0.17	1.30	1.04	1.10	0.56	1.23	0.88	1.03	0.80
Hg	11.78	62.16	24.38	15.76	0.41	2.18	0.85	0.55	0.39	1.84	0.80	0.79
In	0.17	0.26	0.50	0.31	0.54	0.84	1.61	1.01	0.52	0.71	1.51	1.45
La	2.42	3.11	3.23	0.54	1.04	1.34	1.39	0.23	0.99	1.13	1.30	0.33
Li	2.22	1.21	1.47	1.31	1.43	0.78	0.95	0.85	1.36	0.66	0.89	1.22
Mn	400.05	204.93	290.57	425.17	1.21	0.62	0.88	1.29	1.15	0.52	0.82	1.85
Mo	0.65	2.98	0.26	0.22	0.63	2.90	0.25	0.22	0.60	2.45	0.23	0.31
Nb	1.86	1.56	1.50	0.59	1.35	1.13	1.09	0.43	1.28	0.96	1.02	0.61
Ni	13.99	10.62	8.39	7.47	1.38	1.05	0.83	0.74	1.31	0.89	0.78	1.06
Pb	2.62	4.48	5.97	6.04	0.55	0.94	1.25	1.26	0.52	0.79	1.17	1.82
Rb	8.42	4.81	8.06	0.53	1.54	0.88	1.48	0.10	1.47	0.74	1.38	0.14
Sb	35.18	791.38	141.94	81.66	0.13	3.01	0.54	0.31	0.13	2.55	0.51	0.45
Sc	1.92	1.48	1.08	0.36	1.59	1.22	0.89	0.30	1.51	1.03	0.83	0.43
Se	1.89	0.08	0.08	0.18	3.38	0.14	0.15	0.33	3.21	0.11	0.14	0.47
Sn	0.83	0.78	13.42	1.35	0.20	0.19	3.28	0.33	0.19	0.16	3.07	0.47
Sr	71.16	191.56	57.83	68.93	0.73	1.97	0.59	0.71	0.69	1.66	0.56	1.02
Ta	0.28	0.26	0.25	0.19	1.13	1.05	1.04	0.78	1.07	0.88	0.98	1.12
Th	1.09	0.80	0.59	0.09	1.70	1.24	0.91	0.14	1.62	1.05	0.86	0.20
Tl	0.32	0.16	0.17	0.07	1.76	0.90	0.97	0.37	1.67	0.76	0.91	0.53
U	0.86	1.13	6.95	4.84	0.25	0.33	2.02	1.41	0.24	0.28	1.89	2.02
V	14.08	13.83	13.61	9.02	1.11	1.09	1.08	0.71	1.06	0.92	1.01	1.03
W	0.69	0.37	0.57	0.27	1.46	0.77	1.20	0.58	1.38	0.65	1.12	0.83
Zn	6.46	14.87	12.81	14.96	0.53	1.21	1.04	1.22	0.50	1.02	0.98	1.75
Zr	24.20	18.33	19.32	10.20	1.34	1.02	1.07	0.57	1.28	0.86	1.01	0.81
ΣREE	11.67	12.56	11.97	2.95	1.19	1.28	1.22	0.30	1.13	1.08	1.15	0.43

表 8-16　麒麟厂指示元素浓集指数梯度值结算结果

1451		1261		1199		1175	
Se	57.31	Mo	14.22	La	1.42	Ta	−3.46
Rb	13.43	Cs	13.74	ΣREE	0.57	Ag	−4.61
Th	11.39	Sr	2.22	In	−4.02	Cu	−4.94
B	11.29	Hg	−0.08	Sn	−28.60	Bi	−6.29
Tl	7.20	Ge	−2.22			Cd	−6.76
Sc	6.75	As	−5.50			Zn	−7.01
Be	5.54	Sb	−9.30			Pb	−7.34
W	5.02					Mn	−7.38
Li	4.71					Au	−15.19
Nb	4.67					U	−16.90
Ni	4.41					Ga	−17.11
Zr	4.32					Ba	−174.44
Co	4.21						
Hf	4.13						
Cr	3.87						
V	3.22						

对比麒麟厂 10 号矿体以往研究成果（李志平等，2018），矿床原生晕垂向分带序列从上到下为 As、Sb、Hg、Ba、F→Pb、Zn、Ag、Cu、Cd、Ge→La、Li、Be、Sr、Bi、Mn、Co、Ni、V 以及矿山厂的原生晕垂向分带序列发现，本矿体原生晕垂向分带序列上部以尾晕元素为主：Sc、Be、W、Li、Nb、Ni、Co、Cr、V、Mo；中上部到中下部以前缘晕为主：Cs、Sr、Hg、As、Sb、La、ΣREE；最下部以近矿元素为主：Ag、Cu、Zn、Pb、Au，其次是前缘晕元素 Cd、Ba、Mn 及尾晕元素 Bi、Ga，由此可见，矿体原生晕垂向分带具有明显的反分带现象，各中段存在前、尾晕共存现象，这是受热液-热卤水改造成矿形成矿体原生晕及叠加的特征，依据盲矿预测的前、尾晕共存及反分带准则，最低中段（1175）下部沿构造延伸方向，矿体将继续延伸或出现盲矿体。

4. 矿床深部成矿预测

根据李惠等（1999）对 Au 等多金属矿床应用叠加晕寻找盲矿和判别矿体剥蚀程度的 5 个准则，其中 3 个如下：

（1）反分带准则。当原生晕垂直分带序列出现“反分带”或反常，即 Hg、As、Sb、B、I、F、Ba 等典型前缘晕元素出现在分带序列的下部，则指示深部还有盲矿或第二个富集中段，若矿体本身还未尖灭，则指示矿体向下延伸还很大。

（2）共存准则。即矿体及原生晕中既有加强的 Hg、As、Sb、F、B 等前缘晕元素，又有 Bi、Mo、Mn、Co、Ni 等尾晕元素的强异常，即前、尾晕共存，若为矿体则指示矿体向下延伸还很大，若为矿化则指示深部有盲矿体。

（3）反转准则。计算矿体或晕的地球化学参数（比值或累乘比）时，若有几个标高连续上升或下降，突然反转，即由降转为升，或由升转为降，这种现象指示矿体向下延伸很大或深部有盲矿体。

1）矿山厂深部成矿预测

本次研究尝试通过计算地球化学参数来客观反映矿体深部资源潜力。矿山厂 Zn/Cd 值（元素含量）从上到下分别为 668.86、464.31、568.52，对比资料认为（王光辉等，2016）会泽 Pb-Zn 矿床 Zn/Cd 值较高且变化较大（499±212），矿床成矿物质来源于地层和峨眉山玄武岩，对比矿山厂的 Zn/Cd 值，认为矿山厂矿床成矿物质来源是一致的。

从表 8-17 可以看出，从上到下 1925 中段至 1776 中段，Ba/Zn、Ba/Pb、Mn/Pb、Ba/Mo、（Mn+Ba）/（Zn+Pb）值先升后降，Mn/Zn、ΣREE/Mo、（Mn+Ba）/（Bi+Mo）、Pb/Mo 值随深度递减，Cd/Zn 值先降后升，Ge、Pb、Zn 平均含量也随深度递减。

表 8-17 矿山厂部分指示元素比值（浓集指数）

中段	1925 中段	1916 中段	1776 中段
Ba/Zn	0.353	2.442	0.498
Mn/Zn	15.103	3.435	0.324
Ba/Pb	0.338	2.436	0.541
Mn/Pb	0.812	1.177	1.141
Ba/Mo	6.279	7.110	0.154
ΣREE/Mo	7.764	7.271	0.093
（Mn+Ba）/（Zn+Pb）	0.287	2.873	0.569
（Mn+Ba）/（Bi+Mo）	7.196	7.020	0.133
Pb/Mo	18.605	2.919	0.284
Cd/Zn	1.176	0.816	0.999
Ge	76.720	40.108	15.883
Pb	8.475	5.373	4.577
Zn	19.902	13.178	12.227

在矿山厂指示元素垂向分带序列基础上，利用 Pb/Mo 值尝试探讨该矿体 Pb-Zn 矿化的剥蚀水平及延伸情况。

该矿体指示元素垂向分布存在前、尾晕共存，反分带及部分指示元素分带指数比出现升转降等情况，Pb/Mo 值及 Pb、Zn、Ge 等平均品位呈有规律递减，根据 Pb/Mo 值与高程关系以及 Pb、Zn 品位分别拟合线性回归方程，推测矿体延伸深度或尖灭位置以及盲矿体出露位置。

高程/m：	−455（1925 中段）	−464（1916 中段）	−604（1776 中段）
Pb/Mo：	18.605	2.919	0.284
Pb 平均品位/%：	8.475	5.373	4.577
Zn 平均品位/%：	19.902	13.178	12.227

拟合回归方程如下：

Pb/Mo 与高程（据张伟平，2006）： $y=5.5041x-547.68$ （8-1）

Pb 品位与高程： $y=28.303x-681.5$ （8-2）

Zn 品位与高程： $y=12.732x-699.95$ （8-3）

按 Pb 最低工业品位 0.5%，Mo 最低工业品位 0.06%，经标准化处理，Pb/Mo=0.084，假设式（8-1）成立，即 Pb 品位处于最低工业品位（0.5%）边界时为矿体（自地表计）延伸长度（张伟平，2006），将 $x=0.084$ 代入式（8-1），得到 $y=-547.2$ m，而目前实际情况是矿体已开采深度 604 m，说明依据 Mo 等尾晕元素出现在矿体下部中段从而判定该中段是矿体的尾部的观点不成立，根据矿体原生晕垂向分带序列特征及矿体品位、地球化学参数（元素比值）变化规律，推测控制矿体的 3 个中段中至少存在 2 个阶段成矿，上部矿体尾部与下部矿体头部出现重叠，导致前缘晕与尾矿晕叠加，根据这一推测及 Pb-Zn 矿体品位随高程（深度）变化规律，拟合 Pb-Zn 矿矿体延伸的回归方程，见式（8-2）、式（8-3），将 Pb 最低工业品位 0.5%、Zn 最低工业品位 1%分别代入式（8-2）、式（8-3），求得 y 分别为−667.2 m 和−687.2 m，即现最低中段 1776 矿体将延伸至 667.2～687.2 m 深度后尖灭，在该部位出现新的盲矿体（下一个矿体头部）。因此推测 1776 下部矿体继续延伸或者更深部存在盲矿体（图 8-43）。

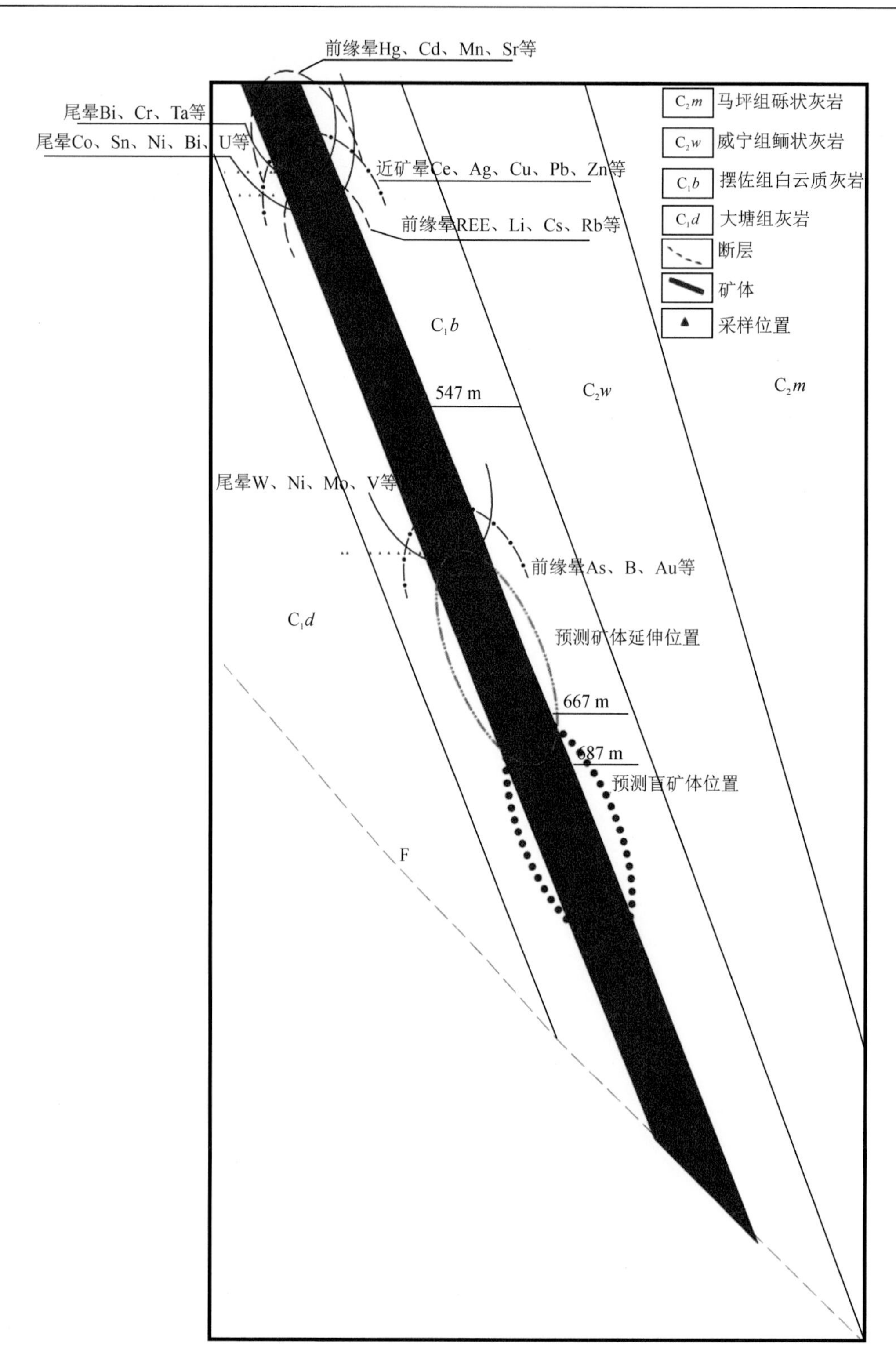

图 8-43　矿山厂原生晕垂向分带特征及深部成矿预测图

2）麒麟厂深部成矿预测

根据本次研究麒麟厂原生晕垂向分带序列的成果，麒麟厂 14#剖面，从上至下，从 1451 中段至 1175 中段，由尾晕+前缘晕叠加（1451 中段）→前缘晕（1261 中段）→前缘晕+尾晕（1199 中段）→近矿晕（1175 中段），原生晕垂向分带明显具有反分带现象。根据前人对构造叠加晕预测，构造叠加晕预测盲矿体的实际深度主要与晕的强度及已知矿体的延伸有关，李惠等（1999）研究了构造叠加晕在矿体前缘的距离，发现构造叠加晕离开矿体范围可达 300 m 左右，指示了构造叠加晕预测矿体的实际深度可达 300 m，因此分析，从 1261 中段至 1175 中段距离 86 m，由此推测 1451 中段的 Cs、Sr、Hg、As、Sb、Ge 等前缘晕元素其实就是 1175 中段矿体的前缘晕，从 1451 m 至 1175 m，随着深度加深 Pb、Zn 矿石品位明显增高，矿体构造下方为一推测隐伏构造，该隐伏构造为矿体构造容矿提供了热液通道，但具体该隐伏构造是否为容矿构造尚不得而知，从现有资料推测，该隐伏构造产状在与矿体构造交汇部位的东南侧（剖面矿体的右侧）较缓，极有可能在低缓处或与矿体构造交汇部位产生储存空间，因此认为，1175 矿体往下延伸至与隐伏构造交汇部位（距离 50 余米）是成矿预测靶区，而与隐伏构造交汇部位往东南侧伏方向低缓处为成矿有利空间（图 8-44）。

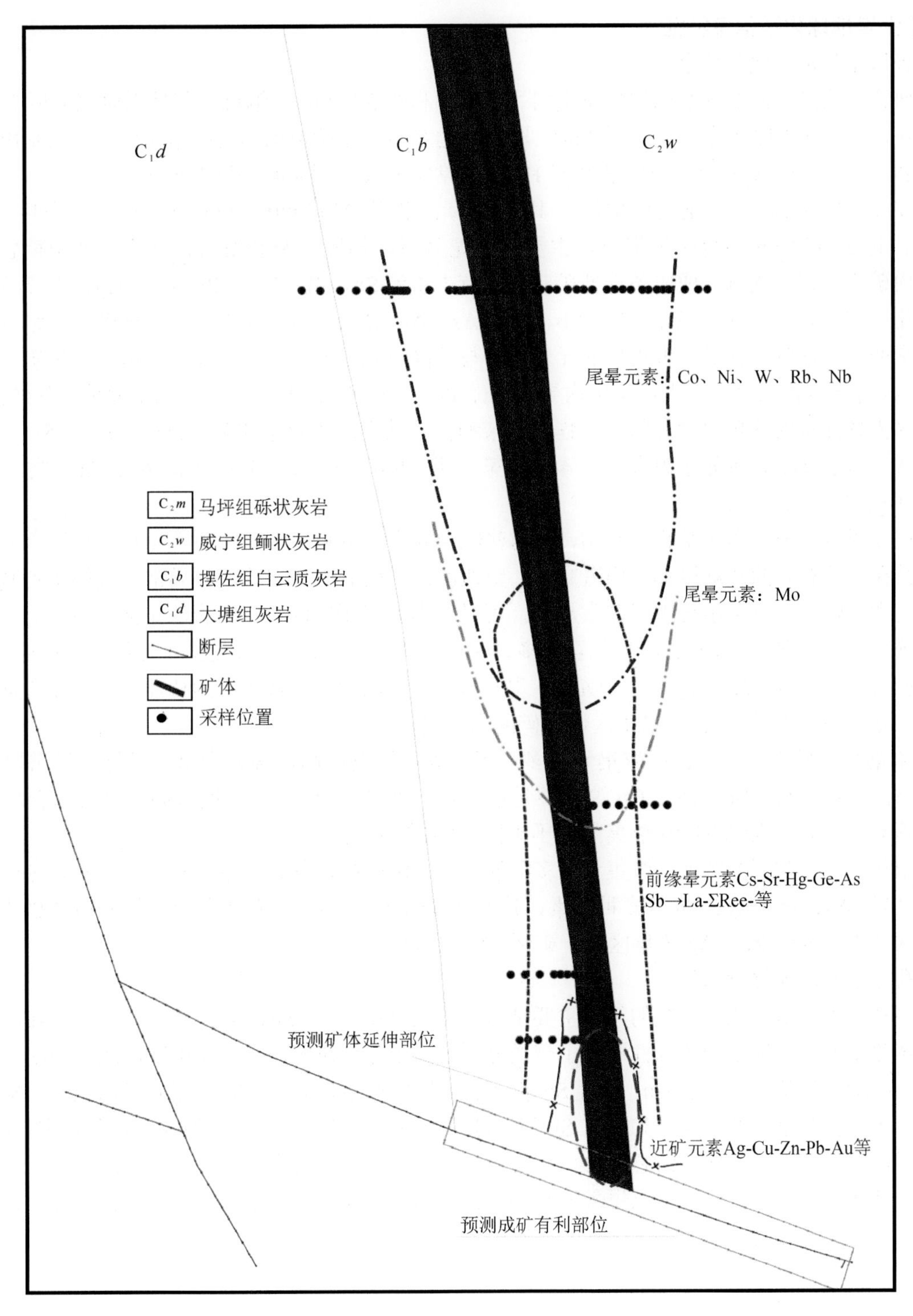

图 8-44　麒麟厂 14#剖面原生晕垂向分带特征及深部成矿预测图

8.2　典型富 In 矿床找矿预测模型和深部预测

8.2.1　大厂 Sn-In 多金属矿床深部预测示范

1. 区域地质化学背景

1）原生晕地球化学信息特征

①地表原生晕地球化学信息

本次研究收集到广西 215 队的原生晕资料，图幅面积约 320 km^2，铜坑及其外围研究区域 35 km^2，样品共 11176 件，平均采样密度 319.31 件/km^2，覆盖率达 89%。原始数据通过栅格化处理，绘制出大厂矿田 Sn、Zn、Pb、Ag、Sb、Cu、As、Hg 和热释 Hg 的异常等值线（图 8-45～图 8-48）。

本次研究主要在铜坑—龙头山地区，其范围为北坐标 2745000～2752000 m，东坐标 455000～460000 m，位于丹池 Sn 多金属矿带内，主要出露泥盆系，褶皱、断裂发育，印支—燕山期岩浆活动较强烈。区内矿产丰富，优越的成矿条件使矿带内产有丰富的 Sn、Pb、Zn、Sb、Cu、Hg、W 等多种矿产。

地球化学图上有 Sn、Pb、Zn、Cu、Sb、Hg、As、Ag 等元素组合异常。异常规模大、强度高、重叠度好、异常密集。这些高含量、大规模的元素异常与该区内众多的 Sn、Pb、Zn、Sb、Cu 等矿化（点）及重砂 Sn、As 等异常相吻合，是大厂矿田内寻找 Sn、Pb、Zn、Cu、W 多金属矿的重要地球化学区。

根据区内各元素的地球化学异常重叠程度及亲和性，结合地质背景和矿产特征，选定 Sn、Cu、Pb、Zn、Sb、As、Ag、Hg 8 种元素组合分为 4 类：第 1 类，Sn；第 2 类，Pb、Zn、Ag；第 3 类，Sb、As、Hg、热释 Hg；第 4 类，Cu。

按上述 4 类分组分别做了综合异常图，从这些综合异常图可见：研究区内各元素组合异常近于北西向分布，尤其在一些有利的背斜核部、构造交汇，交切部位和火成岩分布的部位异常表现得特别密集。其中铜坑、巴力和高峰矿区异常组合表现非常显著，可以作为寻找研究区异常组合浓集区的典范。

铜坑浓集区（异常区）特征：浓集元素最多、规模最大、浓度最高，各元素重合最好。异常以 Sn、Pb、Zn、Ag 为主，伴生 As、Sb、Hg 等多种元素，其中以 Sn、Pb、Ag 重合较好为特征。组合异常总体呈近北东向不规则带状，区内最大的 Sn 浓集区位于矿区 208 线附近。

巴力浓集区（异常区）特征：浓集元素多、规模大、浓度最高，各元素重合较好。异常以 Pb、Zn、Ag 为主，伴生 Sn、As、Sb、Hg、Cu 等多种元素，其中以 Zn、Pb 重合程度最高。异常组合总体呈近北西向不规则带状，区内最大的 Zn 浓集区位于矿区 33 号线附近。

高峰浓集区（异常区）特征：浓集元素多、规模大、浓度高，各元素重合较好。异常以 Sn、Pb、Zn、Ag 为主，伴生 As、Sb、Hg、Cu 等多种元素，其中以 Sn、Zn、Pb 重合程度最高。异常组合总体呈不规则面状，区内最大的 Sn、Zn、Ag 浓集区位于矿区 52 号线附近。

②钻孔原生晕地球化学信息

本次钻孔原生晕地球化学研究的元素主要是 Sn、Cu、Pb、Zn、Sb、Ag、W、Co+Ni、Au。首先，根据区域地球化学元素特征中的亲缘性进行了聚类分析、因子分析研究，揭示了矿区内成矿作用的复杂和多次矿化叠加改造的现象，指出了 Cu、Pb、Sb 和 Ag 可作为区内找 Sn 和 Zn 的近矿指示元素。根据多元统计分析的结果，把 9 个主要元素分为 Sn、Sb 型，Pb、Zn 和 Ag 型，Cu、Au 型 3 类，分别进行组合研究。其次，应用钻孔原生晕地球化学信息的数字化的成果，充分分析钻孔内原生晕异常表现，且力图运用三维的原生晕地球化学信息，构建三维原生晕地球化学异常体，并采用多元素异常组合验证的方法，进一步提高异常体的价值（图 8-49）。

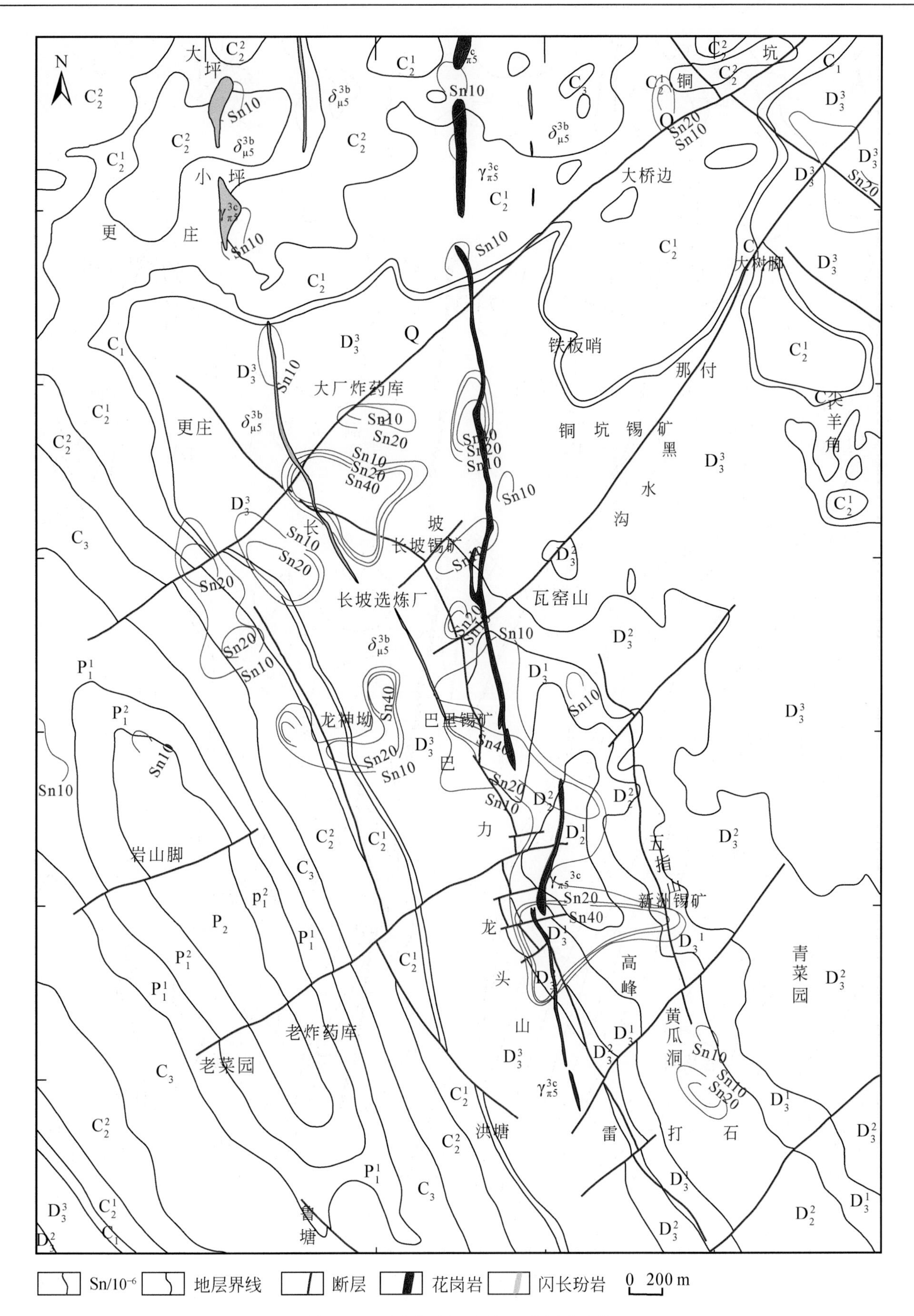

图 8-45　地表原生晕元素 Sn 异常分布图

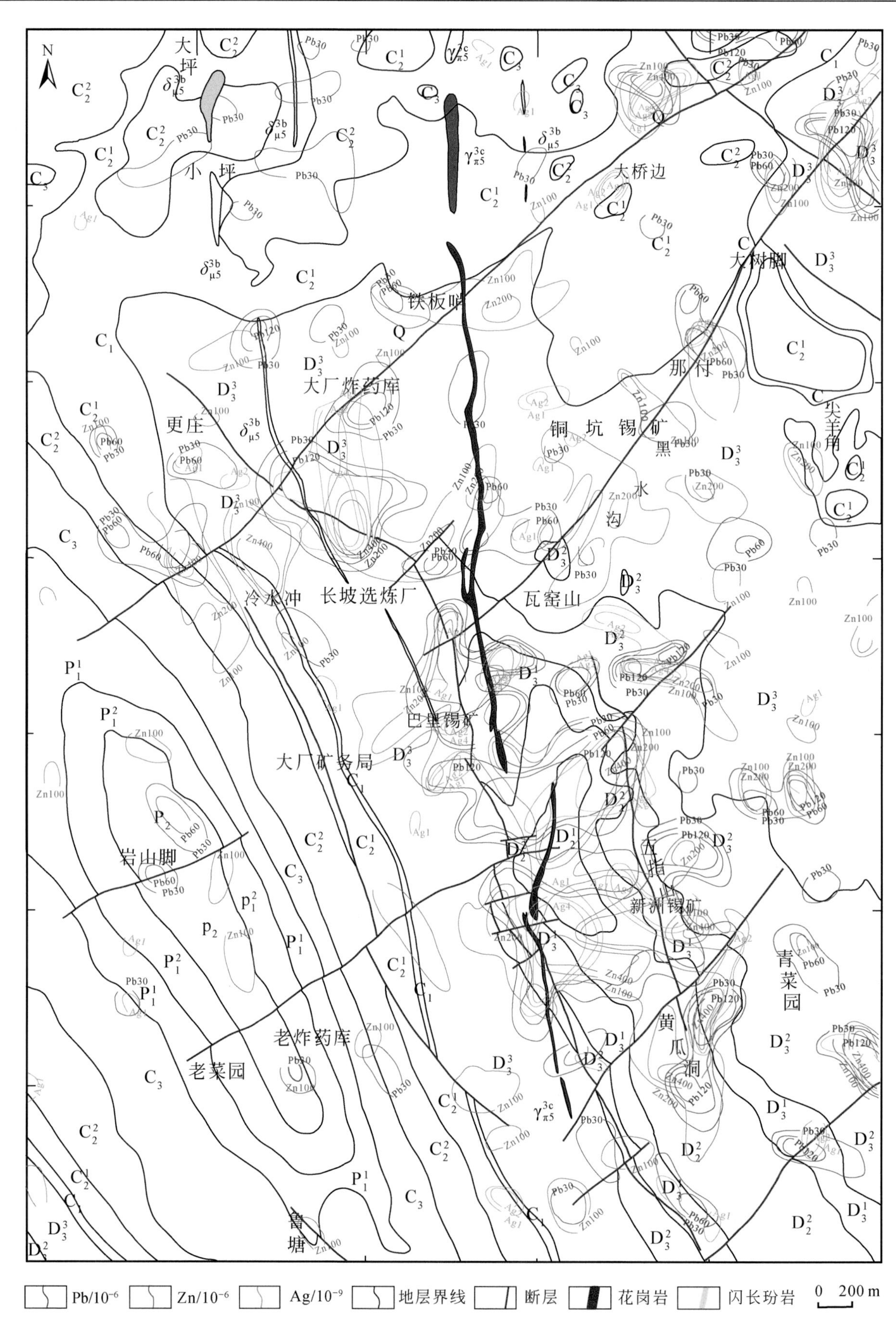

图 8-46 地表原生晕元素 Pb、Zn、Ag 异常分布图

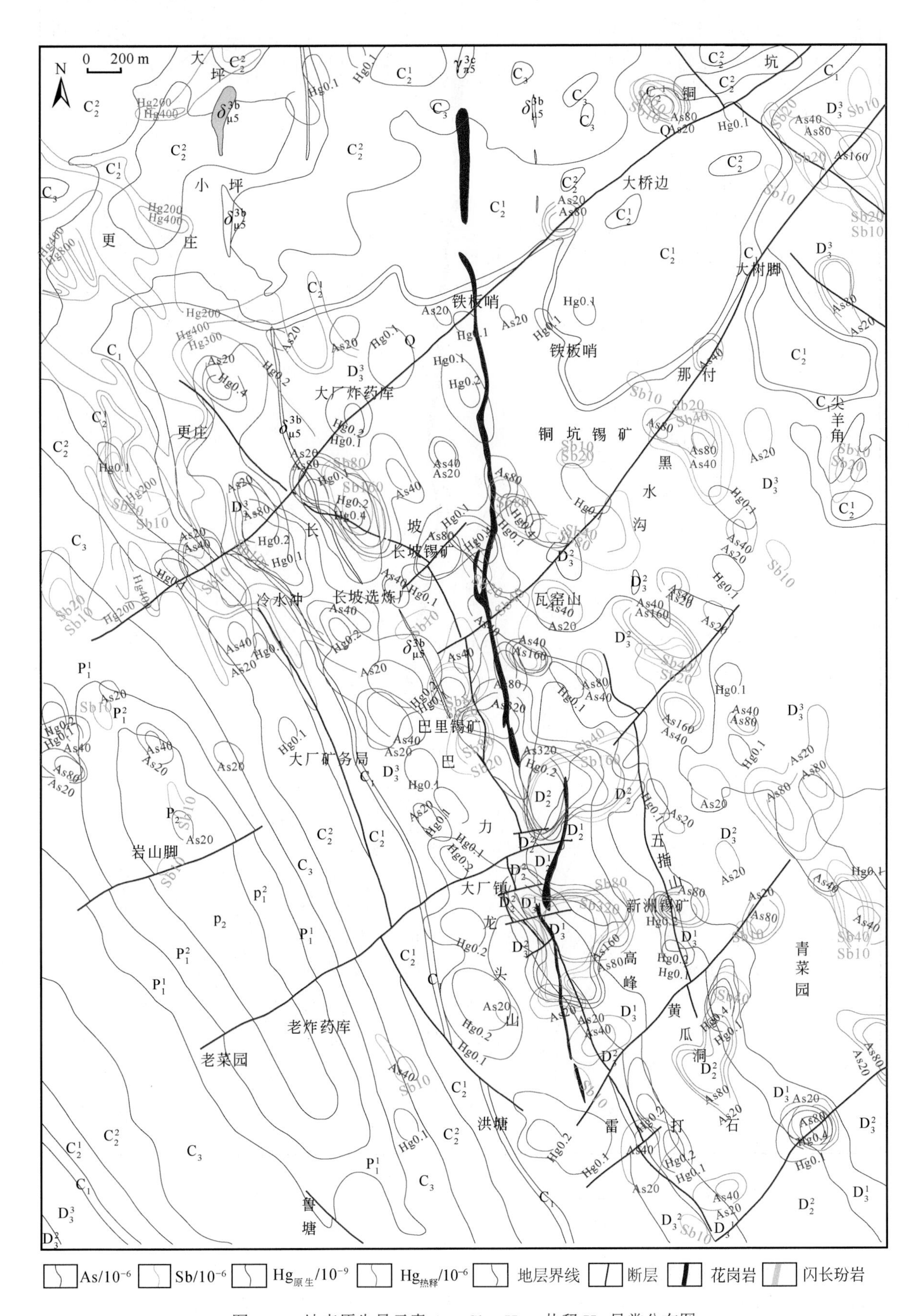

图 8-47　地表原生晕元素 As、Sb、Hg、热释 Hg 异常分布图

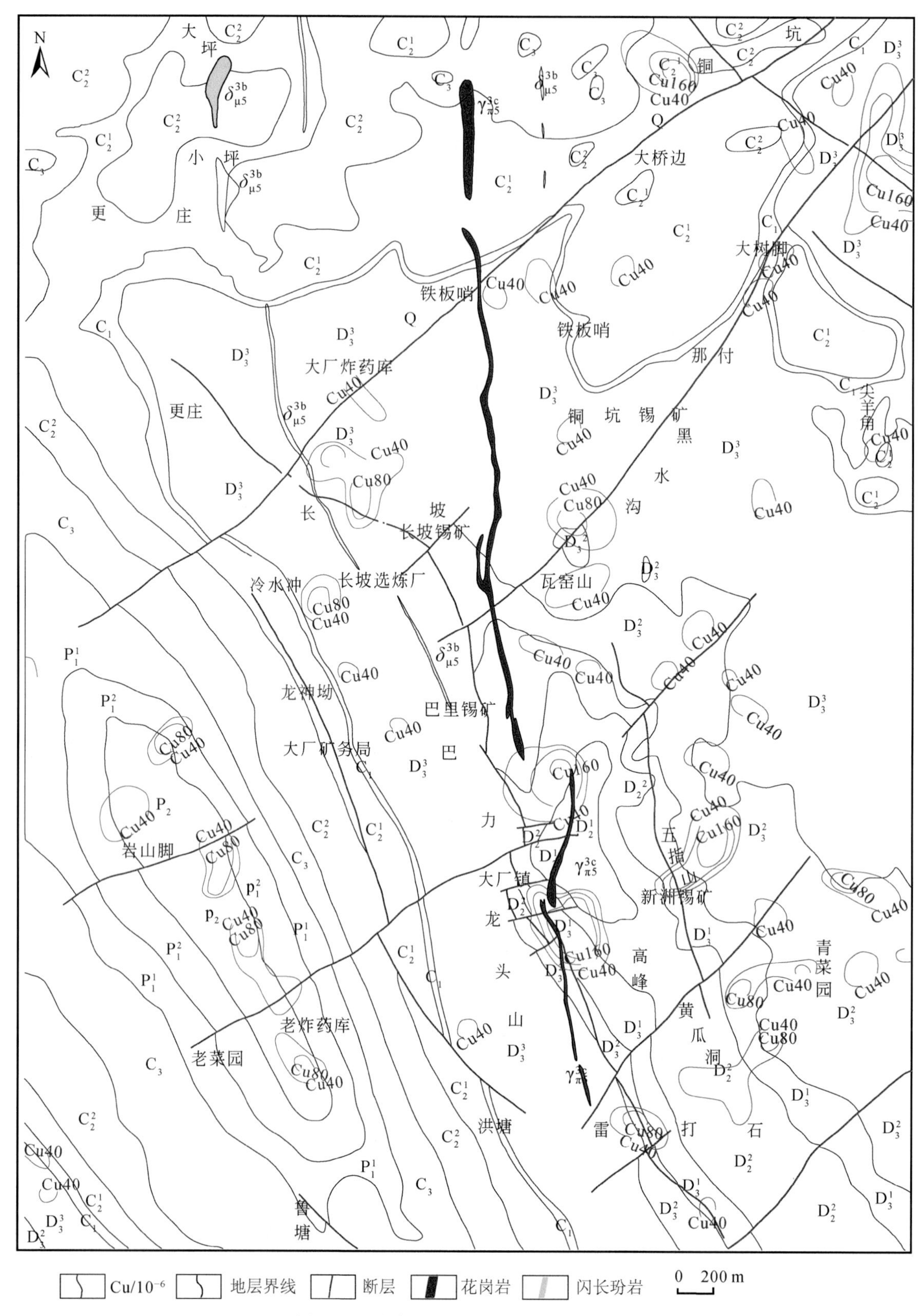

图 8-48　地表原生晕元素 Cu 异常分布图

2）次生晕地球化学信息特征

地表元素次生晕资料来自收集的广西大厂矿山上的元素次生晕灰度异常数字图像资料。从图 8-50 可见，次生晕 Sn、Cu 异常值大于异常下限的异常范围覆盖了铜坑、长坡和高峰矿区。研究区北部，Sn、Cu

次生晕异常呈北西向分布，覆盖铜坑矿区范围。另在铜坑东部，东岩墙以东范围也出现北西向分布的异常反应。其次，从图上可以看出，研究区中部和南部 Sn、Cu 次生晕异常近北西向广泛分布于大厂断裂两盘、大厂背斜轴部和东西岩墙周围。

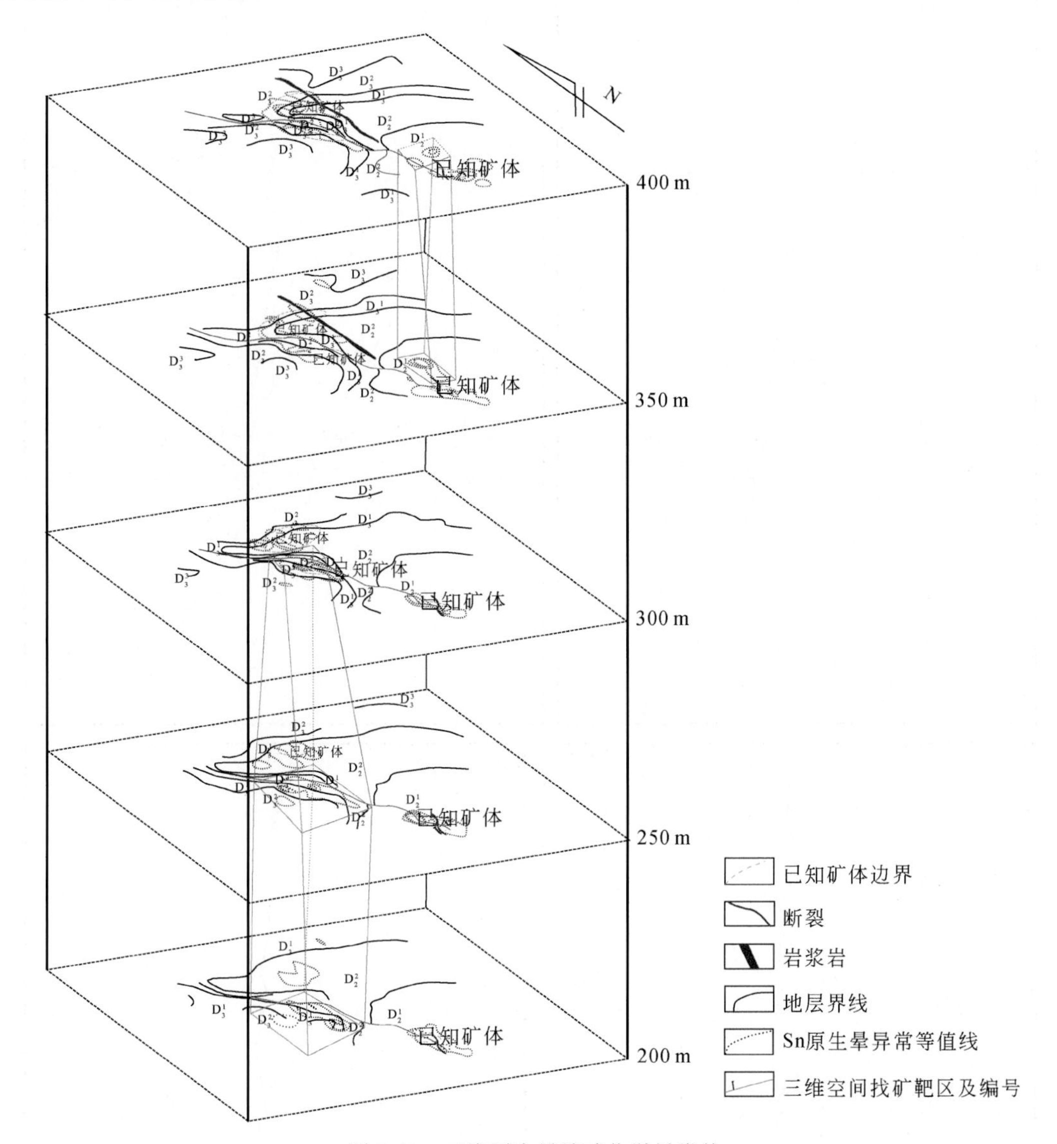

图 8-49　三维原生晕地球化学异常体

地层岩性简述：D_3^3. 上泥盆统同车江组灰岩夹砂页岩；D_3^2. 上泥盆统五指山组灰岩夹硅质岩；D_3^1. 上泥盆统柳江组硅质岩；D_2^2. 中泥盆统罗富组灰岩、硅质岩；D_2^1. 中泥盆统那标组砂页岩、生物礁灰岩

从图 8-50 可以看出，Pb、Zn 的次生晕异常与 Sn、Cu 的次生晕异常具有相似性，基本分为北部和中南部 2 个异常浓集区并近似于北西向分布，Pb、Zn 次生晕异常近北西向广泛分布于大厂断裂下盘和大厂背斜西翼。

总之，次生晕异常值可指示矿化及矿体的分布范围，本区矿化露头及矿体都在此异常值范围内，对次生晕异常信息特征的提取，有利于矿区找矿预测。

2. 地球物理信息特征

1）重力特征

从区域重力等值线图（图 8-51）上可以看出，大厂矿田处在重力异常北西向梯级带上，矿区南东表现较南西平缓的特征。铜坑矿区所处的大厂西矿带正处在北西向重力异常的梯度带上，基本反映出矿区南北向和北西向深大断裂的情况。

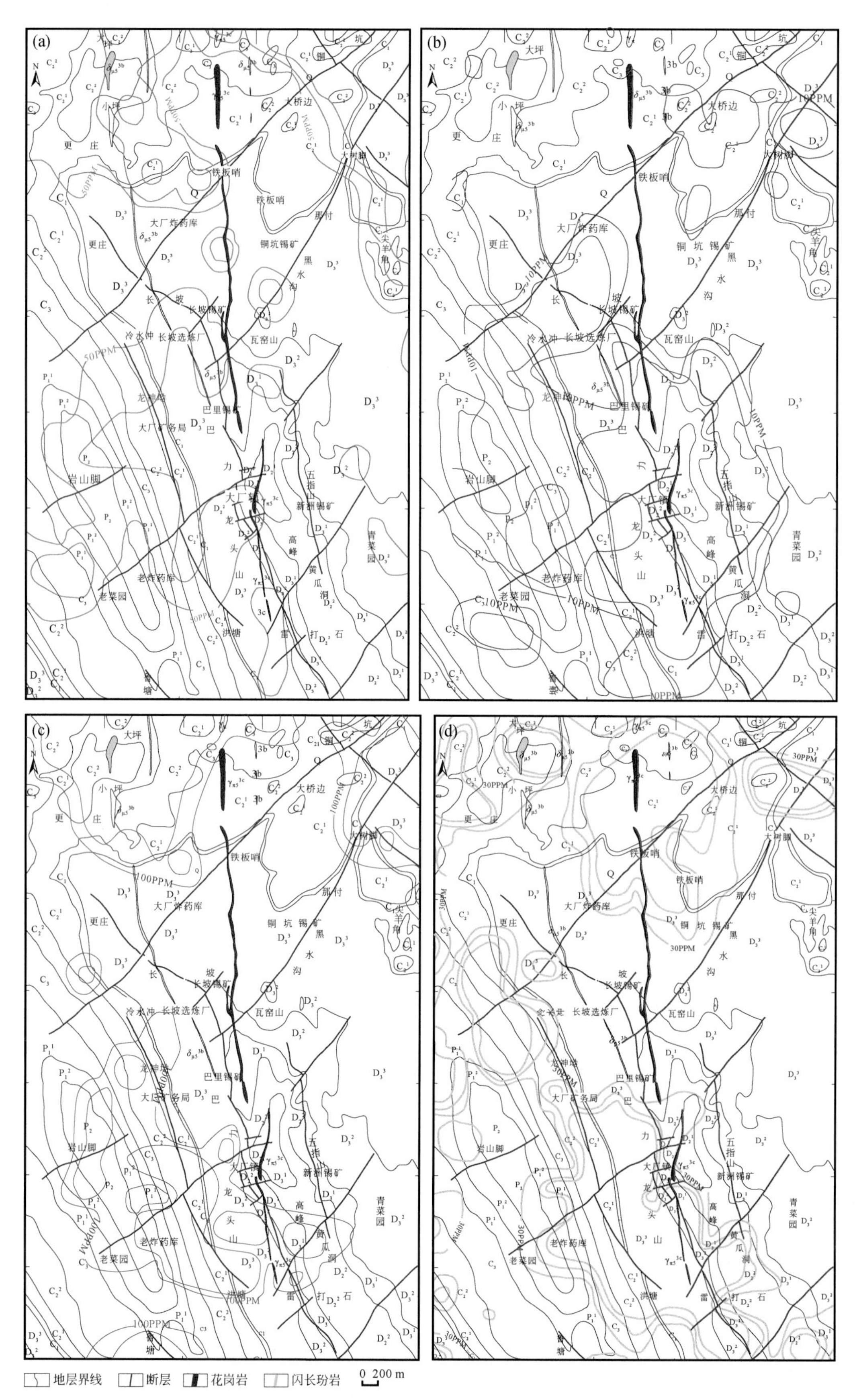

图 8-50 广西大厂铜坑外围 Cu、Sn、Zn、Pb 次生晕异常图

（a）Cu 异常；（b）Sn 异常；（c）Zn 异常；（d）Pb 异常

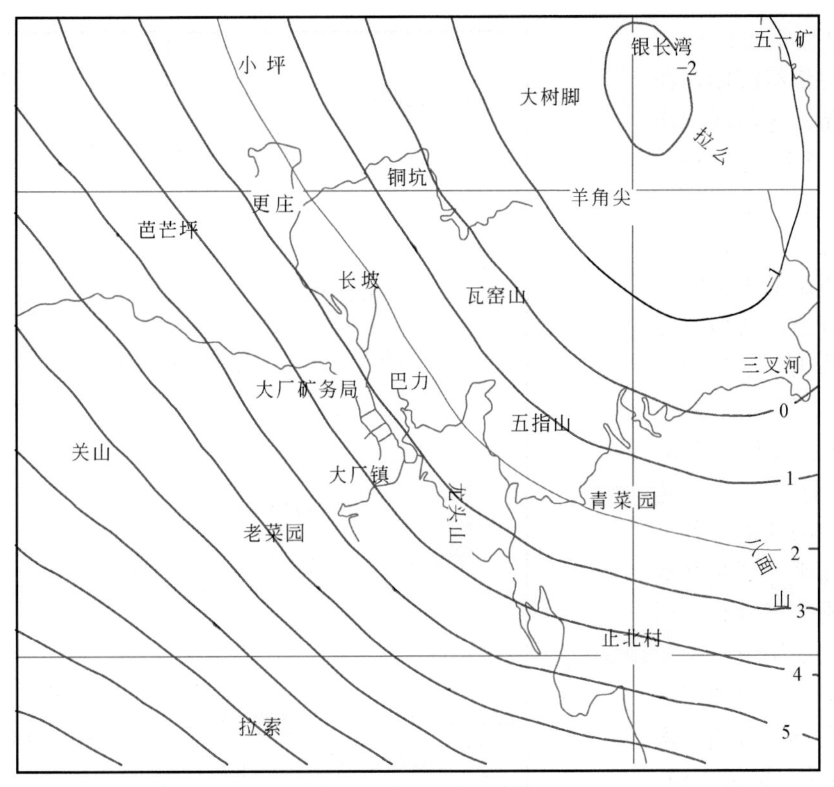

图 8-51　铜坑矿区重力等值线图（数值单位：10^{-3} m/s^2）

2）电性特征

正常围岩的电阻率一般在 10000 Ω • m 左右，极化率小于 1%。花岗岩的电阻率略低一些，但不显著。蚀变及矿化围岩的电阻率为 100～1000 Ω • m，极化率 10%～30%。矿石电阻率小于 100 Ω • m，极化率大于 50%，浸染状矿石的极化率略高一些。下石炭统与下泥盆统的碳质页岩，亦属低电阻率、高极化率特征，仅硅化强烈时，电阻率增高。碳质岩层分布的地段，对找矿来说，将产生干扰异常，效果不佳。

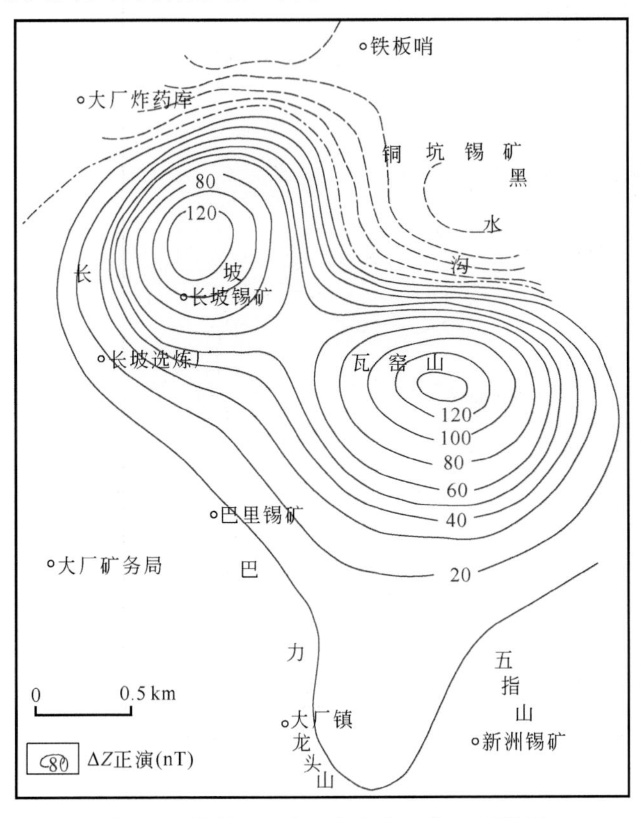

图 8-52　长坡—巴力—龙头山一带ΔZ 正演图

3）磁性特征

a. 普磁特征

大厂矿田的岩浆岩与沉积岩，均属微弱磁性（磁化率 $5\times4\pi\times10^{-6}$（SI）），仅蚀变围岩（包括热变质及矿化）与矿体具有中等磁性。西带的蚀变围岩磁性中偏弱，向深部有增强的趋势；东带蚀变围岩的磁性中偏强，400 m 标高以下存在多层磁性增强地段。经过普磁研究，确定出长坡—巴力—龙头山一带一级靶区。长坡—巴力—龙头山一带，是大厂矿田的主要生产基地。探明储量的三分之二来自这个地区。一些老坑口已闭坑，如果这一带深边部能找到新的矿体，对扩大矿山远景和现在的生产规模，都将是十分有益的。

长坡—巴力—龙头山一带 8 km^2 的 1∶10000 地面磁测（图 8-52），主要由长坡、瓦窑山 2 个异常组成，属于复杂叠加异常。2个异常由 75nT 等值线圈闭，在巴力—龙头山一带，等值线向南甩出一个尾巴。这个尾巴在 15～75 nT 等值线上均有显示。从图上还可看出，主异常之外，还有几处浅部磁性体引起的小异常。

异常区地形复杂，长坡、瓦窑山、巴力、龙头山、上坡岭等处，均为 850 m 标高以上的山脊，最高处在巴力山顶，标高 947 m。最低处为 650 m 标高。高差达 300 m 以上。这样的地形条件，对磁异常进行曲化平处理是必要的。化平后，异常变得规整、圆滑，长坡—巴力—龙头山一带，等值线向南甩出的尾巴更加明确（图 8-53）。化平磁异常分离出来的深源（500 m）磁异常见图 8-54。与化平异常相比，2 个异常形态相似。化平异常与实测异常的主体部分也基本一致。这表明，实测异常主要是深源的反映。

由化平异常求取的垂向二阶导数异常见图 8-55。图中圈出的正值区有 2 个，主区是长坡已知矿及瓦窑山部分已知矿加未知矿，并向青菜园方向延展。主区的西南侧，北起长坡 1 号竖井，南至巴力村以南，为一数值较低、宽度不大的正值区带。其中包括 3 个异常中心，由北向南，面积由小到大。大者长 700 m，宽 300 m。异常中心附近，均有北东向断裂通过。这个二导异常恰位于大厂断裂的西侧下盘上，距断裂轴约 250 m。由此推断，化极垂向二导磁异常反映的这个带，预示着大厂背斜南西翼及大厂断裂的下盘，发育着严格受构造控制并与磁铁矿有关的隐伏 Sn 多金属矿化带，其中南段 2 个异常中心有一定规模，值得进一步查证。

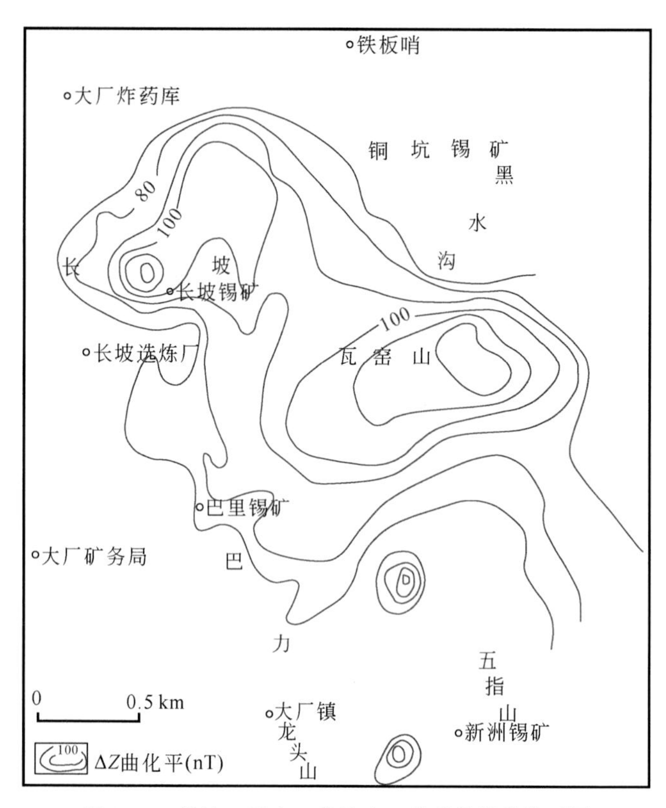

图 8-53　长坡—巴力—龙头山一带磁异常曲化平图

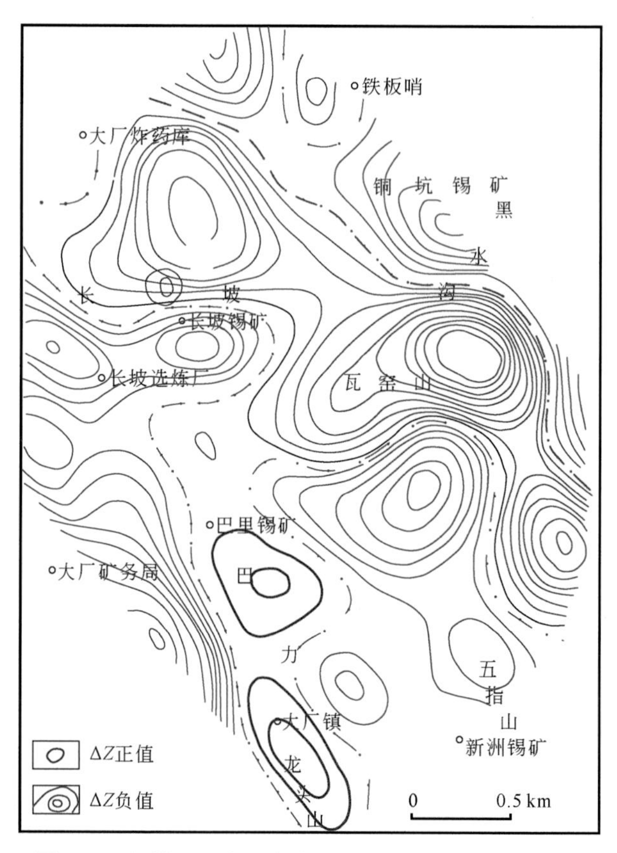

图 8-54　长坡—巴力—龙头山一带ΔZ 实测与ΔZ 深源图

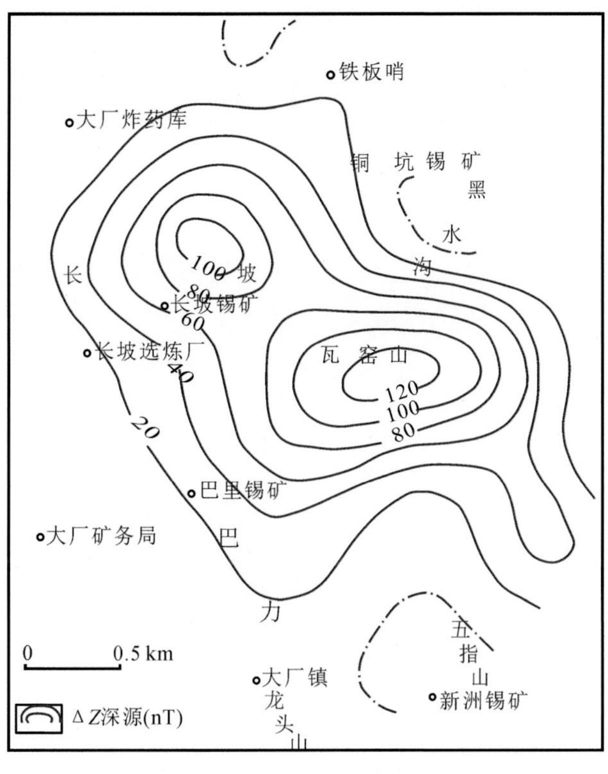

图 8-55　长坡—巴力—龙头山一带ΔZ深源场图

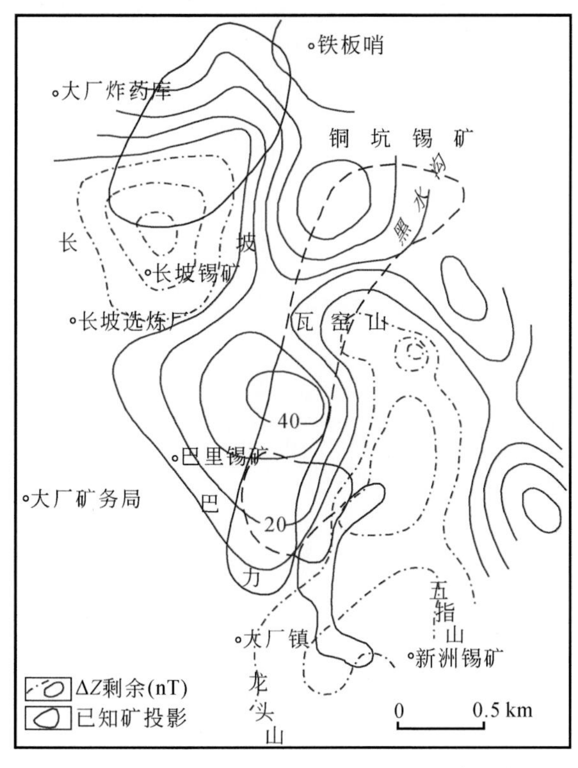

图 8-56　长坡—巴力—龙头山一带ΔZ剩余异常图

该区已知矿床与磁性体一致的有长坡矿床、龙头山 100 号矿床及瓦窑山异常早期验证的磁性体。巴力已知矿体基本上无磁性。将已知矿床在 950 水平上正演的磁异常和化平磁异常进行比较，正演结果与化平磁异常已十分相似。将这两个异常相减，求得该区的剩余异常如图 8-56 所示。在这张图上，瓦窑山异常基本消失，长坡异常略有残差，巴力一带出现了面积近 1 km^2 的剩余异常区，剩余异常极大值达 40 nT。这表明，100 号矿体北西 500 m 处，深部 500 m 以下，还有一隐伏矿化中心，值得重视。

基于上述分析认为，长坡—巴力—龙头山一带，沿大厂倒转背斜轴及大厂断裂两侧，存在着隐伏多金属矿化带，深度在 500 m 以下，巴力一带的深部最为可观。

b. 高磁特征

湖南有色地质勘查局二四七队于 2001 年依据 DZ 56—1987《地面高精度磁测技术规定》，对大厂矿田进行了地面高精度磁测。

为了解区内磁源体的垂向变化特点，提取不同深度矿化体的赋存信息，分别进行了 200 m、600 m、1000 m 三个深度的磁场分离（图 8-57），从而获得：①深度 h<200 m 的浅源磁异常，反映了深度在 200 m 以内近地表磁源体的磁异常分布特征，是识别浅部热蚀变晕和近地表矿化体分布的重要信息。②h>200 m 的浅深度磁异常 a 平面图，该图反映了剔除 h<200 m 浅源异常后，h>200 m 以下各种磁源体的综合异常，是区内深部找矿信息显示最为充分的资料，该图与 1∶1 万普磁异常的总体形态基本一致。③h=200～600 m 的中源磁异常 b 平面图，此图是深度在 200～600 m 区间磁源体分布位置的反映，是用于圈定深部矿化体最主要的目标磁异常。④h>600 m 的中深度磁异常 c 平面图和 h>1000 m 的大深度磁异常 d 平面图，分别反映深度大于 600 m 和深度大于 1000 m 磁源体的赋存状况。

由上可知，这些图件实际上构筑了磁源体的立体分布形态。

3. 遥感信息特征

本次收集了 3 种遥感数据：法国 SPOT-1 卫星 Pan 波段数据、美国 Landsat-7 卫星 ETM+全波段数据和 Landsat-5 TM 全波段数据。研究试验了用 3 种分辨率高于 MSS 的卫星影像——TM 影像、SPOT-1&Landsat-7 ETM+融合影像和 ETM+Pan 波段影像（全色黑白影像）作为再次对大厂矿田开展断裂构造信息提取的信息源。

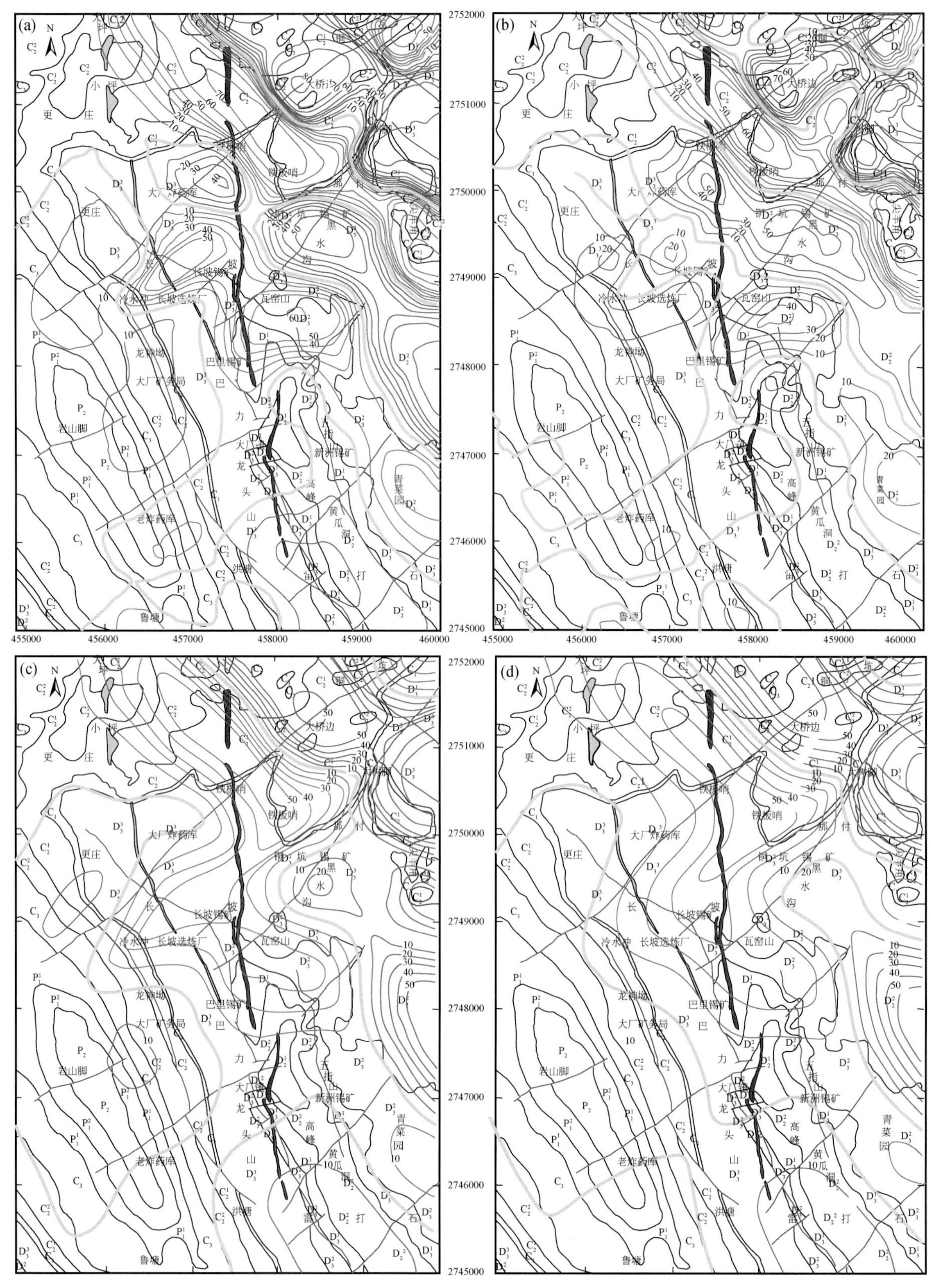

图 8-57　广西大厂铜坑外围不同深度高精度磁异常图

(a) 浅源（h<200 m）；(b) 中源（200 m<h<600 m）；(c) 中深度（600 m<h<1000 m）；(d) 大深度（h>1000 m）

1）环形构造解译

在“六五”“锡矿专题”提出龙箱盖复式环形构造 R_1-R_2-R_3 后，这次研究确认真正存在 R_2 与 R_3 两个环形构造。大厂矿田的几个主要的大型矿床——铜坑矿、长坡矿、龙头山矿和拉么矿等，均在 R_2 与 R_3 之间或者 R_2 环形构造外侧边缘分布。虽然从龙箱盖至老山、青菜园和金竹坳的约 90 个见矿钻孔并不出现在该区域内，但也都在紧邻 R_2 环形构造北东－东部外缘的 100～2000 m 范围内的弧形地带内分布，总体构成一个与 R_2 连成一体的半弧形状见矿钻孔带，同样显示出对于 R_2-R_3 复式环形构造的密切依赖关系。这些事实表明，R_2-R_3 复式环形构造区域的确对应着一个完整的成矿区域，从而可以作为缩小找矿靶区的最重要的宏观找矿标志（图 8-58）。

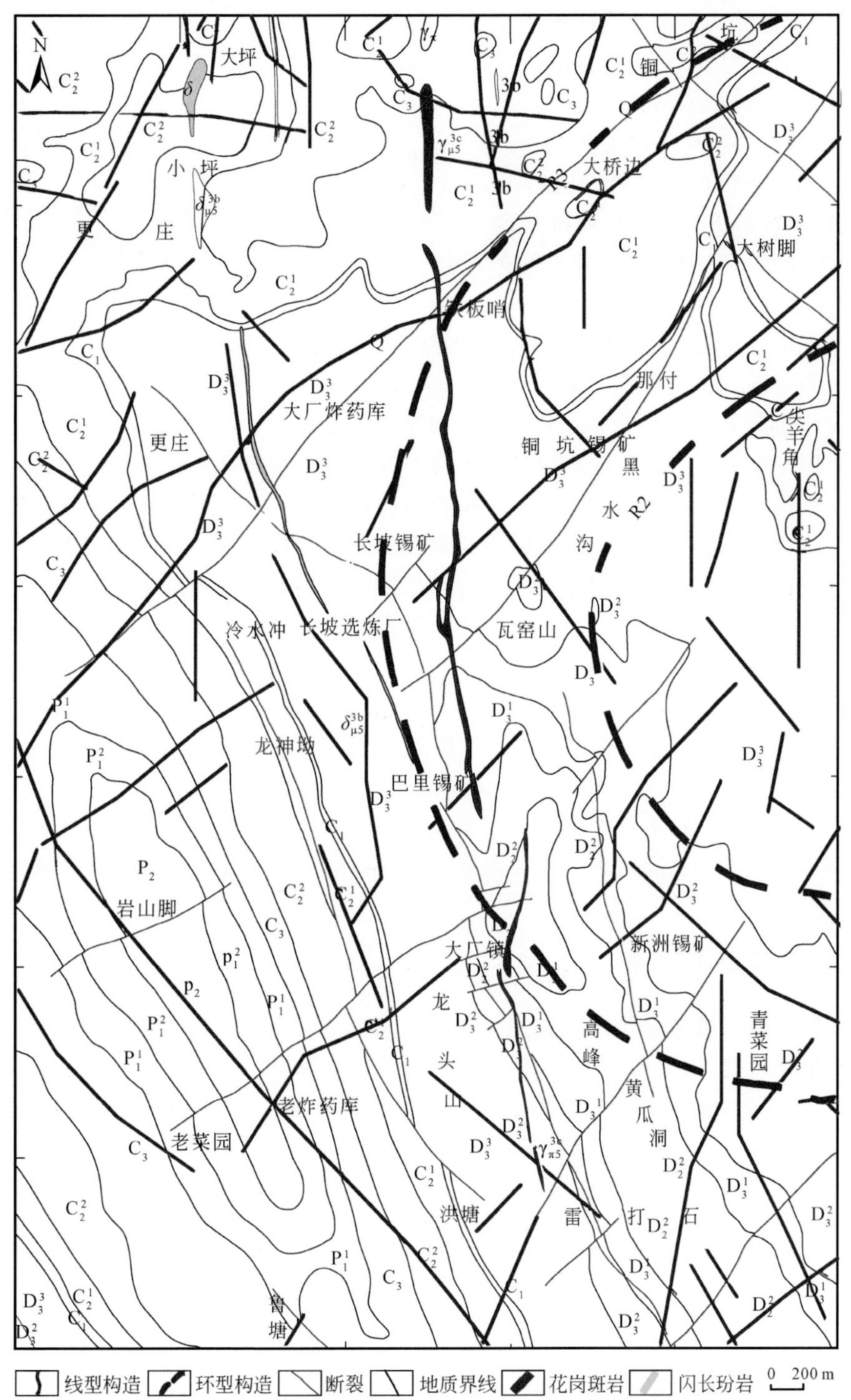

图 8-58　广西大厂矿田 Landsat-7Pan 波段遥感影像地质解译图

2）线性构造解译

试验研究表明，以 15 m 分辨率的 ETM+-Pan 波段影像揭示本区断裂构造的线性影像特征信息具有最好的效果。通过此次遥感地质解译，在研究区内共获得各种走向的线性构造 203 条。对其中部分开展了实地查证。结果表明，大部分都与断裂构造有关。通过此次实地工作新发现的线性-断裂构造比原探明的断裂构造多 2.5 倍，从而为补充和深化大厂矿田的找矿勘查提供了新的依据。

为定量研究大厂矿田断裂构造分布规律，对从ETM+-Pan波段影像上解译获得的203条线性构造按走向进行了编号测量和统计。按 10°间隔对线性构造分组，统计计算出每组的线性构造数及平均走向角度。绘制了大厂矿田线性构造玫瑰图，认为本区的线性构造按走向划分可分为 NE 和 NW 两组（图 8-59）。其中，NE 方向可进一步细分为 NE30º～39º、NE40º～49º和 NE50º～59º 3 个次主走向组，NW 方向可进一步细分为 NW310º～319º、NW320º～329º、NW330º～339º和 NW340º～349º 4 个次主走向组。其次，在本区线性构造的 7 个次主优势走向中，30º～59º是本区线性构造的第一优势分布走向，310º～339º是本区线性构造的第二优势分布走向。这一统计结果完全与大厂矿田实际情况相吻合。大厂矿田断裂构造的实际情况是，规模上是 NW 向断裂居首，而数量上则是 NE 向断裂居首。

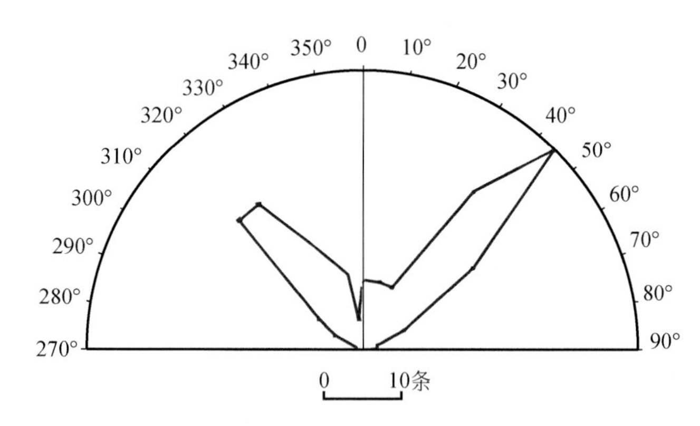

图 8-59　由 ETM+-Pan 波段影像解译的线性构造玫瑰图

总之，大厂矿田已知最有利成矿的地段基本上都在线性构造密集区和环形构造与线性构造交汇地段。由于线性构造与断裂构造存在直接对应关系，而断裂构造对大厂矿田的形成具有重要的控制作用，因此毫无疑义，通过解译获得的线性构造对本区找矿具有重要意义。其找矿指示作用主要表现在 3 个方面：

（1）与大厂环形构造呈相割关系的线性构造，其相割部分是导矿的良好通道，也是容矿的良好空间，而最有利的成矿部位是其与环边的交点。其对应的断裂构造应列为找矿优先考虑的目标。铜坑、长坡和拉么矿属于这种情况。

（2）与大厂环形构造呈相切关系的线性构造，其切点部分是导矿的良好通道，也是容矿的良好空间，而最有利的成矿部位是其与环边的切点。其对应的断裂构造应列为找矿第二优先考虑的目标。龙箱盖和新洲 Sn 矿属于这种情况。

（3）位于丹池大断裂与龙箱盖环形构造之间的线性构造，具有比除大厂环形构造区以外的其他部位的线性构造更有利的成矿可能性，其对应的断裂构造应列为找矿第三优先考虑的目标。灰乐和车河矿属于这种情况。

4. 大厂 Sn-In 多金属矿床中 In 及相关元素富集规律

1）地层中 In 的富集与微量元素及相关主要金属元素间的关系

通过与克拉克值进行比较，大厂矿田的近矿围岩微量元素具有以下特征（图 8-60、图 8-61）。

（1）赋矿地层中分散元素 In 的含量较高，平均达到 1.88×10^{-6}，为克拉克值的 18.80 倍，In 出现轻度富集。其中在罗富组（D_2l）中 In 的平均含量达 4.64×10^{-6}，为克拉克值的 46.42 倍；特别是在罗富组浅灰色灰岩中 In 的含量达 30.62×10^{-6}，为克拉克值的 306.20 倍，In 出现了高度富集，可能是在成矿过程中有利的岩性受到了含矿热液的影响。在五指山组第 3 段、同车江组、那标组、五指山组第 1 段、五指山组第 2 段、柳江组，In 的平均含量为克拉克值的 17.21、16.07、16.05、7.31、6.64、5.92 倍，均出现了轻度富集。此外区内不同岩性之间 In 的含量变化较大，可能与地层岩性有关，说明成矿对围岩具有选择性，纯净的碳酸盐岩是理想的赋矿岩性。

（2）从 In 与各微量元素及主要金属元素相关性分析来看，In 与 Cd 元素显著相关，其次为 Ga、Sn、Zn、Cu、Pb 元素，与其他元素相关性都较弱，反映了 In 在地层中赋存的浅成性，表明 In 与亲铜元素关系密切。

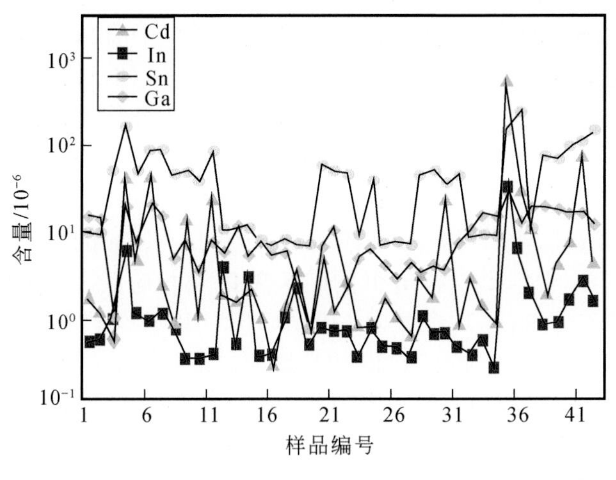

图 8-60　赋矿地层 In、Cd、Ga、Sn 含量变化图
（据戴塔根等，2012）

图 8-61　赋矿地层 Pb、Zn、In、Cu 含量变化图
（据戴塔根等，2012）

（3）Cd 元素含量较高，赋矿地层中平均达到 20.88×10^{-6}，为克拉克值的 104.4 倍，属高度富集。Cd 元素因其与 In 元素地球化学性质相近，一般常紧密伴生，另外在本矿田近矿围岩中 Cd 与 In 的相关性很好。

（4）按富集系数大小，近矿围岩微量元素及相关主要金属元素排列顺序前 5 位为 Cd、Ag、Sn、In、Zn 等，这些元素可作为是否接近矿体的找矿指示元素。

2）矿石中 In 的富集与微量元素及相关主要金属元素间的关系

（1）In-Sn 正相关：在大厂矿田，In 和 Sn 之间存在正相关关系（图 8-62）。In 与 Sn 这种同步增长的关系也在其他类型的矿床中存在。即使处于同一矿田的不同矿床，含 Sn 低的矿床含 In 也相应低，如大厂矿田的拉么矿 Sn 平均含量为 57.93×10^{-6}，高峰 100#矿体 Sn 平均含量为 139.6×10^{-6}；而拉么矿 In 平均含量为 3.017×10^{-6}，高峰 100#矿体 In 平均含量为 199.7×10^{-6}，拉么矿 In 的平均含量为高峰 100#矿体 In 的平均含量的几十分之一。尽管前人大量的研究表明，大部分 In 并不进入锡石而是进入闪锌矿晶格中，但 Sn 对 In 的活化、迁移及富集十分重要。涂光炽（1994）认为 Sn 在 In 的富集过程中所起的主要作用在于：由于 In 与 Sn 的地球化学性质的相似性，在 Sn 存在的情况下，In 才可能大量进入热液体系，使得 In 在成矿溶液中能够达到较高的浓度，而在沉淀过程中，In 与 Sn 分离，大量进入闪锌矿。

（2）In-Zn 负相关：In 的含量变化曲线与 Zn 的含量变化曲线呈剪刀形，反映 In 与 Zn 的负相关关系，这说明 In^{3+}以类质同象的形式进入了闪锌矿晶格。在还原环境中，In 易形成+3 价离子（图 8-63）。

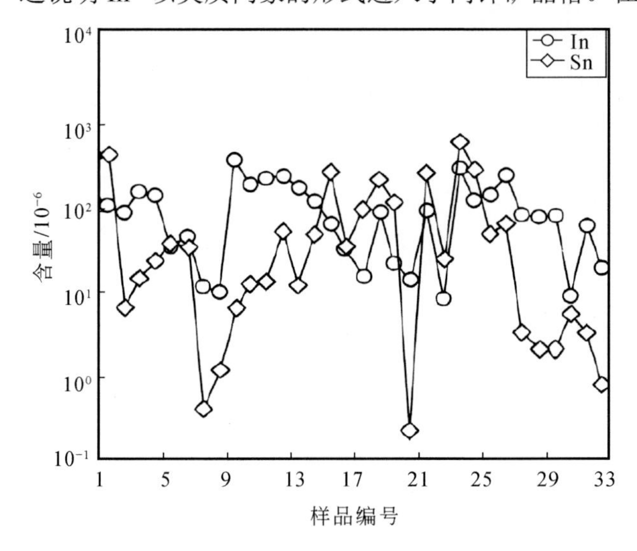

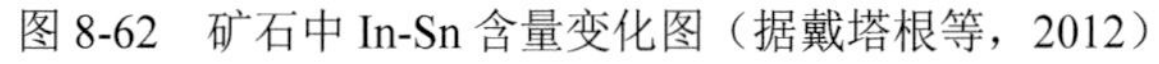
图 8-62　矿石中 In-Sn 含量变化图（据戴塔根等，2012）

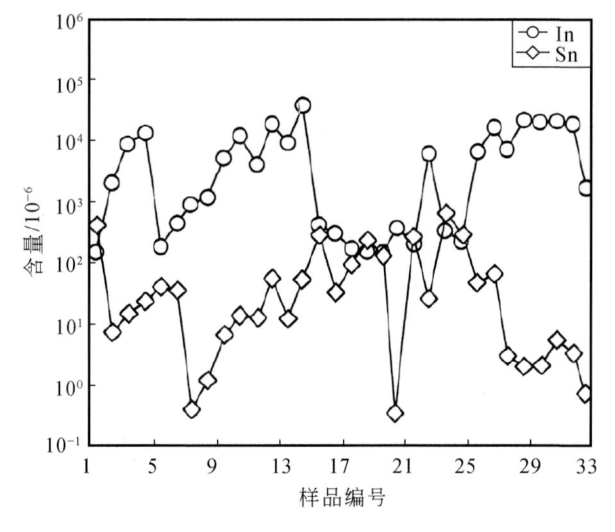

图 8-63　矿石中 In-Zn 含量变化图（据戴塔根等，2012）

涂光炽（1994）和张乾等（2003）等详细研究了全球不同类型矿床平均 In 含量的变化，认为最富 In 的矿床是锡石硫化物矿床和富 In 的 Pb-Zn 矿床。国内著名的大厂矿田、云南都龙、白牛厂、个旧 Sn-Pb-Zn 矿床、广东金子窝和内蒙古孟恩陶勒盖矿床等，都是富 In 矿床的例子；而日本的丰羽矿山（Toyoha）和鹿儿岛矿山、西班牙的 Nevos Corvo 矿床、加拿大的 Kidd Creek 矿床等富 In 矿床也都不同程度地富含 Sn。这说明 Sn 在 In 的富集过程中起到了某种重要作用。张乾等（2003，2005）对不同类型矿床中 In 与 Sn 的关系研究表明不同类型矿床中，In 与 Sn 具有同步增长的关系，即使在贫 In 的矿床中，如在 Fe、Mn、Cu 矿床中也存在这种同步消长的关系。而在热液型、夕卡岩型矿床中，矿石中 In 和 Sn 的含量明显高于其他类型的 Pb-Zn 矿床。即使处于同一矿田的不同矿床，含 Sn 低的矿床含 In 也相应低，如大厂矿田的拉么矿 Sn 平均含量为 57.93×10^{-6}，高峰 100#矿体 Sn 平均含量为 139.6×10^{-6}；而拉么矿 In 平均含量为 3.017×10^{-6}，高峰 100#矿体 In 平均含量为 199.7×10^{-6}，拉么矿 In 的平均含量是高峰 100#矿体 In 的平均含量的几十分之一。尽管 In 富集在含 Sn 的硫化物矿床中，但是大部分的 In 并不进入锡石而是进入闪锌矿等集中矿物中。

（3）In-Cd 正相关：根据 ICP-MS 分析的结果，矿石中的 In 与 Cd 呈正相关关系（图 8-64）。由于 In 的原子容易失去 3 个电子而成为+3 价的阳离子，其离子的最外层具有 18 个电子，属于铜型离子；Cd 是典型的亲铜元素，In 和 Cd 的地球化学性质相近，在地质作用过程中，特别是在内生地质作用过程中，有着相似的地球化学行为。当 Zn^{2+} 从成矿热液中开始结晶时，In 和 Cd 以类质同象的形式一起进入闪锌矿的晶格中。In 虽以闪锌矿作为载体矿物，可以说闪锌矿是 In 的聚宝盆，但单纯的 Pb-Zn 矿，In 含量很低。如拉么矿床 Zn 的平均含量达 15200×10^{-6}，但 In 的平均含量仅为 3.017×10^{-6}。只有在锡石硫化物矿床和富 Sn 的 Pb-Zn 矿床中，分散元素 In 才能得到富集。如 95#、96#、100#矿体等。

3）REE 与 In 的富集规律

大厂矿田内岩浆活动强烈，主要表现为燕山晚期中酸性岩浆的侵入活动。岩浆岩在地表出露不多，主要以隐伏岩体的形式产出。地表仅见断续的岩脉，隐伏岩体顶侧有少量岩枝、岩床等。岩浆活动对矿带内 Sn 多金属矿床的形成起了重要作用。大厂矿田花岗岩的稀土元素具以下地球化学特征：花岗岩中的 In 含量与 δEu 呈负相关关系。花岗岩中斜长石对 Eu 的分配系数明显依赖于体系中的氧逸度，氧逸度越低，Eu 的分配系数越大。在岩浆结晶分离过程中，大量斜长石的存在，使得熔体中形成了明显的 Eu 负异常，In 含量与 δEu 呈负相关关系，说明在某一成矿过程中的结晶作用的晚期，In 可能还是作为一种中等非亲和元素赋存于岩浆中（图 8-65）。

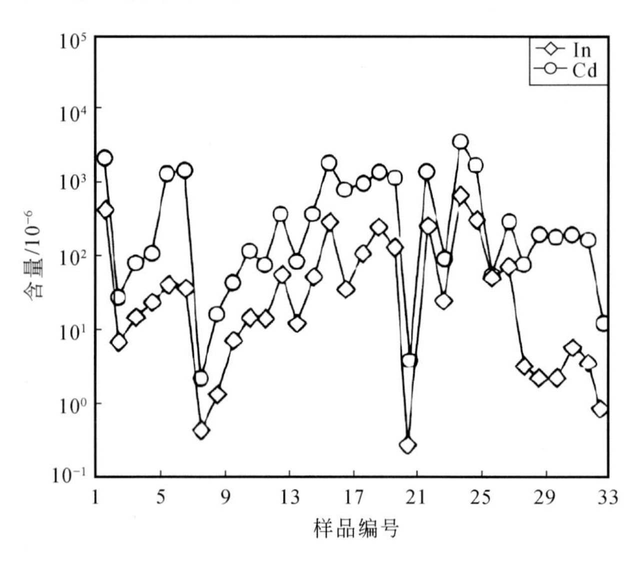

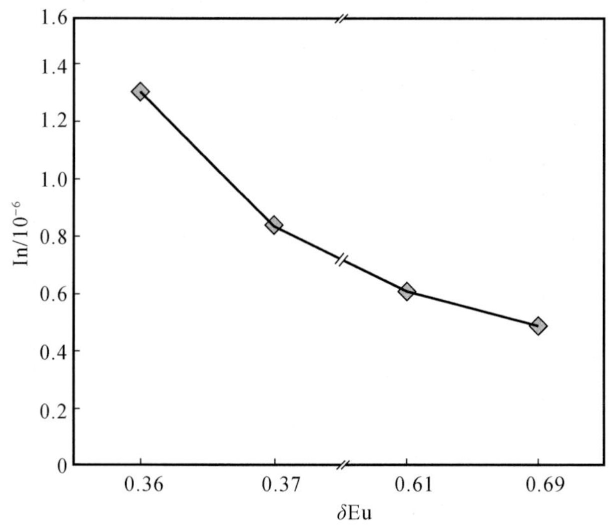

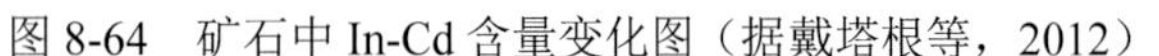

图 8-64 矿石中 In-Cd 含量变化图（据戴塔根等，2012）

图 8-65 花岗岩中δEu-In 关系图（据戴塔根等，2012）

一般来说，不同蚀变的各种近矿围岩具有大致相同的稀土元素配分型式是其源于同一母岩的有效标志，大厂Sn矿床中近矿围岩主要由灰岩和泥岩组成，其稀土元素主要参数与In的变化总体反映了近矿围岩具有同源性，但也反映出近矿围岩成分的复杂，且经过成矿作用之后，其稀土元素发生了不同程度的分馏，In在近矿围岩中的含量与δEu呈正消长关系（图8-66）。

对大厂矿田91#、92#、95#、96#、100#、拉么矿体矿石进行了稀土元素特征与In的关系研究，结果表明：In在矿体中的含量与δEu、LREE/HREE、$(La/Yb)_N$关系密切（图8-67）。大厂矿田中1#、92#、95#、96#、100#、拉么矿体中均含有较高的In，但In含量最高的是100#矿体，平均达199.73×10^{-6}，最高达672×10^{-6}，矿体的δEu、LREE/HREE、$(La/Yb)_N$平均值分别为1.22、7.85、13.85，100#矿体中In平均含量则达232.97×10^{-6}，对应的δEu、LREE/HREE、$(La/Yb)_N$平均值分别为1.30、2.94、4.76，铕出现富集，暗示了一种相对氧化的成矿环境；此外，由于在成矿流体早期结晶过程中，重稀土优先进入固相，轻稀土则趋向于保存在流体中，100#矿体LREE/HREE、$(La/Yb)_N$值均较其他矿体小，说明100#矿体矿石结晶较早，同时说明了当时100#矿体较其他矿体的成矿环境相对呈酸性。In在Eu出现富集、轻重稀土分异较小的100#矿体中得到很大的富集，说明In在相对氧化、弱碱性的成矿环境更易得到富集，并且这种富集发生在高温阶段。

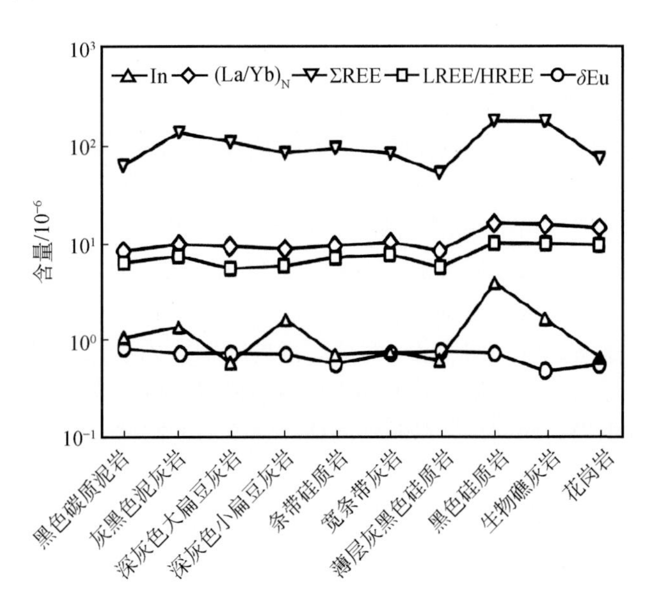

图8-66　In与近矿围岩稀土元素主要参数变化图
（据戴塔根等，2012）

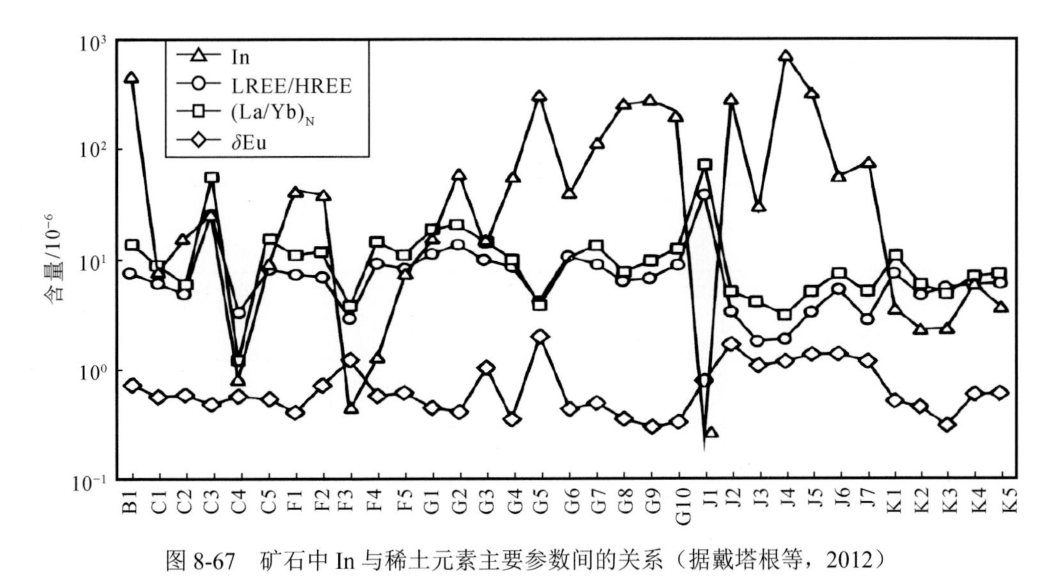

图8-67　矿石中In与稀土元素主要参数间的关系（据戴塔根等，2012）

5. 富In矿床综合信息找矿模型

综合信息找矿模型是矿产预测的地质理论基础，是划分地质统计单元和选取控矿变量的主要依据，是综合信息矿产预测理论与方法研究的核心。从20世纪50年代初美国Allais等提出矿床服从概率统计分布开始，国外就开始了用统计方法对一定地理空间范围内存在或可能存在的某种或某几种矿产资源的数量、质量和空间位置等进行合理评估。我国矿产资源定量工作强调与地质找矿工作密切配合、走科研与生产相结合的道路。

综合信息找矿模型是在成矿模型研究基础上，以地质体和矿产资源体为单元（矿床密集区、矿田、矿床、矿体），研究地质、地球物理、地球化学、遥感信息的统计性特征，研究直接找矿信息、间接找矿信息的关联及其信息间的转换规律，应用间接信息反映地质体和矿产资源体的综合信息特征，作为成矿预测的依据。通过对广西大厂 Sn 多金属矿床的地、物、化多源信息特征的充分分析，结合矿床成因研究、In 的超常富集规律解剖，得出以下认识：

（1）花岗岩中 In 与 Sn 具有同步变化关系，云母类矿物是花岗岩中 In 和 Sn 的主要载体矿物，岩浆演化过程中 In 逐步富集。

（2）In 与 Sn 在成矿流体中具有很好的正相关关系，二者同步搬运。交代作用下生成硅酸盐矿物时，In、Sn 可同步进入多硅白云母、石榴子石、辉石中，但不足以形成 In 的大规模富集。

（3）至中-低温锡石-硫化物阶段，锡石和硫化物大量形成，由于 Sn^{4+}、In^{3+}离子化学性质差异，In 更多地进入闪锌矿等硫化物中，导致 In 与 Sn 发生分离，并形成富 In 矿床。

（4）成矿指示元素 Sn、Zn、Cu、In 等在三维空间富集变化特征对富 In 矿体的深部预测具有一定的指示意义。In、Cd 和 Ge 的空间富集规律与 Zn 一致，表明它们主要富集于闪锌矿中，与铁闪锌矿同期形成，也证明铁闪锌矿是它们的主要载体矿物，可作为直接找矿标志，In 在复合分布图中显示出在矿体中上部层位中沿走向向南，沿倾向向西连续富集的趋势，表明矿区外围西部和南部矿体赋存层位的上部可能具有一定的找矿前景。

本书总结了广西大厂 Sn 多金属矿的综合信息找矿模型（表 8-18），为开展综合信息成矿预测提供了科学的依据。

表 8-18　广西大厂富 In 矿床综合信息找矿模型

找矿标志		描述
地质标志	容矿地层	泥盆系上统榴江组（D_3^1）、泥盆系上统五指山组（D_3^2）和泥盆系中统罗富组（D_2^2）岩性段及其与斑岩、玢岩的接触带
	岩浆岩	花岗斑岩，闪长玢岩，基性次火山岩
	控矿构造	大厂背斜两翼或次级背斜、轴部节理裂隙发育地段或翼部层间破碎带，走向北西向、北东向断裂及其所派生或因岩浆侵入而形成的各组次级断裂、裂隙、层间裂隙带和岩浆岩接触带等构造
	围岩蚀变	硅化、绢云母化、绿帘石化、碳酸盐化、高岭土化、夕卡岩化
	成矿元素	Sn、Pb、Zn、Cu、Sb、Hg、As、Ag
地球物理标志	电法	由于地层碳质含量比较高，产生干扰异常，效果不佳
地球物理标志	磁法	具有一定规模中-强磁力异常，且异常走向与区域性构造基本一致
	高精度磁测	具有一定规模中-强磁力异常，结合深部磁力异常，组成立体磁力体
地球化学标志	元素异常组合	具有 Sn、Pb、Zn、Cu、Sb、Hg、As、Ag 元素组合
	原生晕特征	存在北西、北东向不规则宽带状以 Sn、Zn、Pb 为主，伴生 Cu、Sb、Hg、As、Ag 等多种元素组合异常
	地表和地下原生晕异常叠加特征	地表和地下原生晕
	次生晕特征	具有次生晕异常值大于 128×10^{-9} 的面状异常
遥感解译标志	线、环构造特征	有利的线与线、线与环的交汇部位

6. 大厂 Sn-In 多金属矿床综合地学信息找矿定位预测

1）控矿因素和找矿标志

矿产资源靶区定位预测，是用统计方法解决矿产资源靶区的空间定位问题，是对综合信息解译所圈定的由预测矿种或矿床成矿系列的成矿必要条件组合所限定的空间范围。目的是统计评价每个矿产资源体的成矿可能性大小，从中优选出成矿可能性较大的矿产资源体作为进一步找矿工作的靶区，通过定量预测实现对某种或几种矿产资源的总量进行估算。

正如前面章节所叙述的，广西大厂 Sn-In 多金属矿的控矿因素主要为地层、岩性、岩体和构造，其中，由于大厂地区经历了泥盆纪的边缘裂谷阶段，地壳张裂、下陷活动，从而沟通了地壳浅部与深部的物质交换，形成了盆地内深水、低能、还原的沉积环境，海底喷流热水沉积作用非常发育，区域上常常伴随火山喷发活动。所以在最强烈的拉张期（榴江期）中所形成的泥盆系上统榴江组、泥盆系上统五指山组和泥盆系中统罗富组地层具有初始矿源层的特征。经过长期变质作用，以上地层中的成矿元素容易在构造有利部位进一步富集，形成矿体。其次，由于海西—印支期强烈的岩浆活动，在接触带上形成夕卡岩型和脉状矿体。而且矿源层中的成矿元素也得以活化、迁移，进一步叠加改造初始矿体，形成富矿、大矿。当时岩体与矿体之间无论是在空间分布上，还是在成矿动力的热源上都有着密不可分的关系；构造是矿区主要控矿因素之一，构造控制着矿体的空间形态和大厂背斜两翼或次级背斜、轴部节理裂隙发育地段或翼部层间破碎带。走向北西向、北东向断裂及其所派生或因岩浆侵入而形成的各组次级断裂、裂隙、层间裂隙带，以及岩浆岩接触带等构造，岩体的侵入接触破碎带严格控制着含矿区似层状矿体和脉状矿体的展布。本书通过对铜坑、巴力和高峰 3 个典型矿区综合信息特征的统计，详细地构建了铜坑外围综合信息特征的典型。

通过地学多源信息特征的分析以及综合信息找矿模型的建立可知，广西大厂 Sn-In 多金属矿床的找矿标志主要为（图 8-68、表 8-19）：

（1）地层、岩性标志：泥盆系海相类复理石碳酸盐岩建造地层，尤其是上统柳江组、上统五指山组和中统罗富组地层及其层间剥离（滑脱）带是寻找似层状矿体的主要部位。其次与岩浆岩的接触带是寻找夕卡岩型矿体和脉状矿体的主要场所。

（2）构造标志：大厂背斜两翼或次级背斜、轴部节理裂隙发育地段或翼部层间破碎带，层间剥离（滑脱）带，走向北西向、北东向断裂及其构造破碎带所派生或因岩浆侵入而形成的各组次级断裂、裂隙、层间裂隙带和岩浆岩接触带等构造等是找矿的有利地段。

（3）岩浆岩标志：成矿区内花岗斑岩、闪长玢岩侵入体或隐伏岩体侵入部位，即有花岗斑岩、闪长玢岩分布，并有岩体及围岩蚀变的部位是找矿的有利部位。

（4）围岩蚀变及矿化标志：围岩蚀变的强弱显示出矿化的强弱，矿区中强烈的硅化、绢云母（水云母）化、绿帘石化、碳酸盐化、高岭土化、夕卡岩化等蚀变特征可作为直接找矿标志。

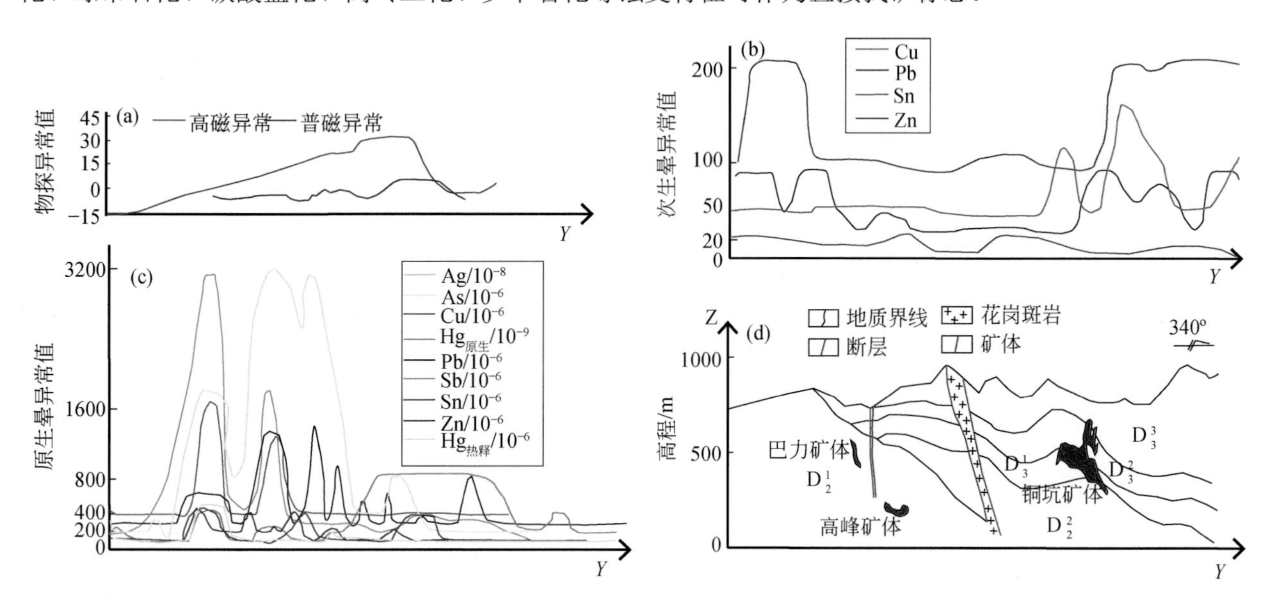

图 8-68　广西大厂铜坑及外围综合信息剖面图

物探异常默认单位为 nT，化探异常默认单位为 10^{-6}

表 8-19　广西大厂富 In 矿床综合信息特征

项目名称			铜坑矿区	巴力矿区	高峰矿区
地质信息特征	地层		泥盆系上统同车江组（D_3^3），五指山组（D_3^2），榴江组（D_3^1），中统罗富组（D_2^2），纳标组（D_2^1）	泥盆系上统同车江组（D_3^3），五指山组（D_3^2），榴江组（D_3^1），中统罗富组（D_2^2）	泥盆系中统纳标组（D_2^1）
	断裂		大厂断裂附近	大厂断裂附近	大厂断裂附近
	褶皱		大厂背斜轴部	大厂背斜轴部	大厂背斜轴部
	火成岩		东岩墙两侧，凝灰岩，玄武岩	东、西岩墙两侧	东岩墙两侧
	围岩蚀变		硅化、绢云母（水云母）化、绿帘石化、碳酸盐化、高岭土化、夕卡岩化		
化探信息特征	地表原生晕	Sn	10＜Sn＜40	10＜Sn＜40	10＜Sn＜40
		Pb-Zn-Ag	30＜Pb＜120 100＜Zn＜400 1＜Ag＜2	30＜Pb＜120 100＜Zn＜400 1＜Ag＜2	30＜Pb＜120 100＜Zn＜400 1＜Ag＜4
		As-Sb-Hg	20＜As＜80 10＜Sb＜160 0.1＜Hg＜0.4	80＜As＜320 20＜Sb＜80 0.1＜Hg＜0.2	80＜As＜320 40＜Sb＜320 0.1＜Hg＜0.4
		Cu	40＜Cu＜80	40＜Cu	40＜Cu＜160
	地表次生晕	Sn-Pb-Zn-Cu	10＜Sn＜20 30＜Pb＜90 50＜Cu＜100	10＜Sn＜20 30＜Pb＜90 50＜Cu＜100	10＜Sn＜20 30＜Pb＜90 50＜Cu＜100
	钻孔原生晕	Sn-Sb	5＜Sn 1＜Sb	5＜Sn 1＜Sb	5＜Sn 1＜Sb
		Pb-Zn-Ag	58.9＜Pb 50＜Zn 5＜Ag	58.9＜Pb 50＜Zn 5＜Ag	58.9＜Pb 50＜Zn 5＜Ag
		Cu-Au	48.8＜Cu 0.01＜Au	48.8＜Cu 0.01＜Au	48.8＜Cu 0.01＜Au
物探信息特征	普磁（ΔT/nT）		-20＜普磁剩余＜40	20＜普磁剩余＜40	-20＜普磁剩余＜40
	高磁（ΔT/nT）	浅源（h≤200 m）	-40＜高磁＜100	0＜高磁＜75	-10＜高磁＜0
		中源（200 m＜h≤600 m）	-50＜高磁＜75	-20＜高磁＜10	-20＜高磁＜10
		深源（600 m＜h≤1000 m）	-75＜高磁＜50	0＜高磁＜30	0＜高磁＜10
		大深度（h＞1000 m）	0＜高磁＜30	0＜高磁＜40	0＜高磁＜10
遥感地质信息特征	线性构造		北西、北东向线性构造交切，交汇的复合部位	北西、北东向线性构造交切，交汇的复合部位	线性构造不发育
	环形构造		R_2-R_3 复式环形构造区域	R_2-R_3 复式环形构造区域	R_2-R_3 复式环形构造区域

（5）地球物理标志：普磁具有一定规模的中-强磁力异常，区化平及剩余磁异常特征也是重要的找矿标志；磁测显低缓正、负异常（巴力有弱-中等强度磁力异常），是寻找磁黄铁矿等金属硫化物的重要地球物理信息特征。经过高磁的磁源体的垂向变化模拟、化极到磁极的磁场变换处理、分量转换、向上延拓、垂向二阶导数和分离区域场和局部场等方法用于对磁性体的定性解释，最后对引起主要局部磁异常的磁性体定位。

（6）地球化学标志：Sn 原（次）生晕出现 Sn≥10×10^{-6}的异常带；Pb、Zn 和 Ag 次原生晕组合异常带；地表地球化学与钻孔地球化学信息特征对应区等都是本区重要的找矿标志。

（7）遥感信息标志：有利成矿的地段基本上都在线性构造密集区和环形构造与线性构造交汇地段。

（8）遗留的旧硐、采场、坑等标志：广西大厂矿田开发冶炼历史悠久，因此以前遗留的旧硐、采场和坑也是最明显的找矿标志之一。

2）基于 GIS 空间分析的综合信息找矿定位预测

本次成矿预测研究的范围为北坐标 2745～2752 km，长 7 km，东坐标 455～460 km，长 5 km，总面积 35 km^2。

研究区工作程度不均匀，物探、化探次生晕等工作集中在北坐标 2746～2751 km，东坐标 456 m～459 km，面积约 15 km^2，主要的钻探工作和研究都集中在铜坑及外围地区。

GIS 是 geographic information system（地理信息系统）的英文缩写，它是对地球空间数据进行输入、存储、检索、运算、分析、建模、显示、输出等的计算机管理信息系统，是集地理学、测绘学、遥感学、空间科学、信息科学、计算机科学和管理科学为一体的综合性学科，也称为空间数据的管理系统。

在成矿预测过程中，GIS 提供了在计算机辅助下对地质、地理、地球物理、地球化学和遥感（航片和卫片）等多源地学信息进行集成管理、有效综合与分析的能力，成为改变传统矿产资源预测方法的有力依据。

从宏观上来说，GIS 空间分析可以归纳为以下 3 个方面：

（1）拓扑分析：包括空间图形数据的拓扑运算，即旋转变换、比例尺变换、二维及三维显示、几何元素计算等。

（2）属性分析：包括数据检索、逻辑与数学运算、重分类、统计分析等。

（3）拓扑与属性的联合分析：包括与拓扑相关的数据检索、叠置处理、区域分析、领域分析、网络分析、形状探测、瘦化处理、空间内插等。

基于 GIS 空间分析的综合信息成矿预测的基本步骤如下：

（1）建立预测区地学空间数据库；

（2）对研究区成矿地质背景、成矿作用、各类控矿因素进行深入研究，同时进行典型矿床地质对比分析，总结成矿规律和成矿模式，建立综合信息找矿模型；

（3）进行 GIS 可视化矿产资源信息处理和解释；

（4）预测区地质统计单元的划分；

（5）地质变量的提取与赋值；

（6）开展空间分析，将与成矿相关的图层数据关联，叠加、磨合、综合分析区域成矿规律及找矿标志；

（7）进行矿床定位预测和资源量预测；

（8）对预测成果进行评述，提出找矿工作建议。

具体工作和取得成果如下：

（1）研究区 GIS 空间数据库建设

本次研究所能收集到的有关研究区的资料包括 1∶1 万和 1∶2000 地质图，1∶1 万次生晕（Sn、Cu、Pb、Zn）地球化学测量资料、1∶1 万原生晕（Sn、Pb、Zn、Cu、Sb、Hg、As、Ag）地球化学测量资料、1∶1 万普通磁测资料、1∶1 万高精度磁测资料、1∶5 万遥感资料等。本次研究运用钻孔原生晕数据建立钻孔原生晕元素（Sn、Cu、Pb、Zn、Sb、Ag、W、Co+Ni、Au）组合异常，力求用地表异常和地下异常的叠合程度优选找矿靶区。GIS 空间数据库的建设主要包括数据库的结构设计和数据的采集等。

根据研究需要，我们设计的数据库结构包括三层。第一层（也称为总库）是图库的定义文件，储存所有图库的信息；第二层（也称库类）为子库信息，包括地理图库、地质图库、物探图库、化探图库、遥感图库等；第三层（既图层）是各专题数据层的数据。

研究区数据的采集主要采用三种方式：一是通过矢量化生成，对收集到的各类图件进行数字化，如地质图件主要采用这种方式；二是通过 GIS 的数字化自动成图功能，把采集到的各类数据导入 GIS 软件，建立三维数据文件，然后运用 GIS 空间分析模块自动成图，如化探、物探等图件的生成；三是通过 Surpac 的地质统计学功能，对原始钻孔原生晕数据进行建库、建模、地质统计、异常估算和评价的过程。

（2）地质统计单元的划分

地质统计单元的划分是进行定量化统计预测的一项基础性工作，统计单元是统计预测的基本单位，是提取与矿产资源体特征密切相关的地质变量的基础，也是综合信息地质找矿模型转化为定量预测模型的纽带。

根据不同使用目的，地质统计单元可分为模型单元和预测单元。模型单元是地质工作程度和研究程度相对较高，各种地质体的特征基本清楚的单元，而预测单元是指地质体特征还不清楚，需要通过统计预测来评价其资源质量和数量的统计单元。

常用的地质统计单元划分方法有两种：网格单元法和地质体单元法。网格法是由阿莱斯 1957 年首先提出的，其做法是把研究区按着一定的间隔，划分成面积相等、形态相同的若干个单元。地质体法是由王世称教授等 1987 年提出的，是指应用对预测矿种具有明显控制作用的地质条件和找矿意义明确的标志圈定地质统计单元的方法。

本次研究采用上述 2 种方法相结合对广西大厂铜坑—龙头山矿区进行地质统计单元的划分，也就是首先考虑各种地质因素对统计单元的影响，以各地质因素为确定统计单元大小的依据，然后在整个研究区内以此尺寸划分统计单元格。

广西大厂成矿区地质统计单元的划分主要考虑的地质因素有地层、构造、岩体、化探和物探。据大厂矿田断层统计表，绝大多数断层的规模都远大于 200 m，普磁及高精度磁测的异常最小面积为 0.03 km^2（长 0.3 km，宽 0.1 km），但绝大多数异常区的边长都大于 200 m；大厂矿田岩体目前已发现数十个，一般呈岩墙、岩床、岩株状产出，岩体规模较小，长度 10～3000 m，平均 320 m；矿区地层、褶皱和化探的规模和范围比较大。依据最小原则综合考虑以上因素，确定地质统计单元的大小为 200 m×200 m，单元格总数 875 个（图 8-69）。

（3）地质变量的提取

在矿产预测中，地质变量的提取是正确使用变量的关键，是变量选择、赋值和变换的基础。地质变量的提取是在对研究区的成矿规律、控矿因素、找矿标志、地球物理、地球化学和遥感地质等方面进行深入、详尽的研究基础上进行的，综合信息找矿模型是变量提取的依据。

地质变量可分为定性地质变量和定量地质变量两大类，其中地层、岩体、构造等通常作为定性地质变量，而地球化学勘查信息、地球物理勘查信息、矿石品位、岩石化学成分及其含量等一般作为定量地质变量。地质变量提取的资料包括地质勘探、区域物化探、矿床成因和成矿规律以及地球物理、地球化学勘查和遥感方面的资料等。

地质变量提取必须遵循以下 5 个原则：①在正确认识成矿规律、控矿因素和找矿标志前提下提取地质变量；②由于一般研究区域都存在地质勘探程度和研究程度不均衡的情况，因此必须注意变量的等级性；③把综合信息找矿模型作为提取模型单元地质变量的基础；④在单元对比分析的基础上提取地质变量；⑤根据模型单元和预测单元的研究程度和勘探程度差异，研究地质变量的关联。

地质变量提取的一般步骤包括：①选择一批典型的矿床单元；②通过典型单元的横向对比，识别控矿变量；③通过典型单元的纵向对比，识别控矿变量；④由点及面，研究控矿因素的统计规律，提取地质变量。

根据上述原则和方法，首先选定铜坑矿区、长坡矿区和高峰矿区已经工程探明的矿体作为确定典型单元格的标准，然后进行已知矿床与单元格之间的区对区的空间分析得到典型的模型单元格的分布。通过对上述典型单元格应用 GIS 进行属性查询和检索，结合控矿因素和找矿标志的综合分析可得到以下结论：泥盆系上统柳江组、泥盆系上统五指山组和泥盆系中统罗富组岩性段、花岗斑岩、闪长玢岩、基性次火山岩、北西向和北东向断裂、次生晕异常组合、地表原生晕异常组合、钻孔原生晕异常组合、普磁异常、高磁异常和遥感地质异常可作为主要的控矿变量。

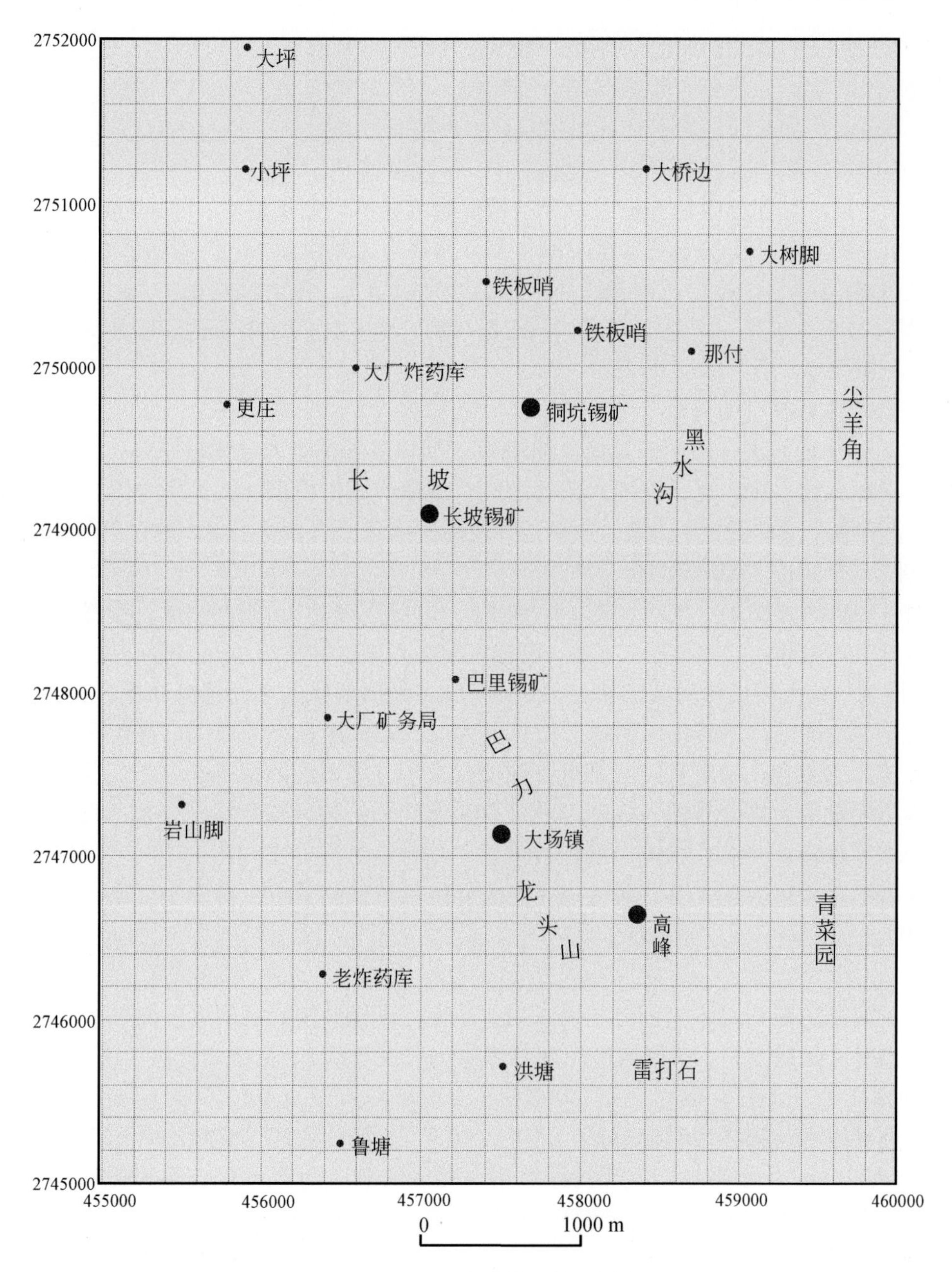

图 8-69 预测区地质统计单元划分图

（4）地质变量的赋值

变量的赋值是按特定的预测目的对变量的定量化处理，赋予一定的数值，为定量预测模型的建立提供数据基础。变量赋值最常用的方法主要有二态和三态赋值法。二态赋值就是把变量存在与否的状态、变量作用的大小以及作用的正与负作为赋值的条件，分别用 1 或 0 来表示，当变量存在时就赋值 1，不存在时就赋值 0，当变量作用大或作用为正时就赋值 1，否则赋值 0。三态赋值与二态赋值类似，以 1、0、−1 分别表示变量的状态，如根据变量存在、不明确和不存在，变量作用大、中、小，作用为正、无和负作用，分别赋值 1、0、−1 表示变量的状态。

本次研究采用二态赋值法给变量进行赋值，具体如下：

变量 1：泥盆系上统柳江组地层，如存在泥盆系上统柳江组地层，则赋值 1，否则为 0；

变量 2：泥盆系上统五指山组地层，如存在泥盆系上统五指山组地层，则赋值 1，否则为 0；

变量 3：泥盆系中统罗富组地层，如泥盆系中统罗富组地层存在，则赋值 1，否则为 0；

变量 4：北西向断层，如北西向断层存在，则赋值 1，否则赋值 0；

变量 5：北东向断层，如北东向断层存在，则赋值 1，否则赋值 0；

变量 6：花岗斑岩，如花岗斑岩存在，则赋值 1，否则赋值 0；

变量 7：闪长玢岩，如闪长玢岩存在，则赋值 1，否则赋值 0；

变量 8：物探异常，若存在中等普磁或中等高精度磁测异常，则赋值 1，否则为 0；

变量 9：化探异常，若存在次生晕异常及原生晕异常组合，则赋值 1，否则赋值 0；

变量 10：遥感地质异常，若存在遥感线环构造组合则赋值 1，否则赋值 0；

变量 11：围岩蚀变及矿化，主要指硅化、绢云母（水云母）化、绿帘石化、碳酸盐化、高岭土化、夕卡岩化，若存在则赋值 1，否则赋值 0。

（5）地学多源信息 GIS 空间分析

运用 GIS 空间分析功能进行地学多源信息的空间分析和成矿预测的通常做法是：将处于同一空间区域的各类数据图层（地、物、化、遥、矿等）在已知成矿规律或成矿模型（式）指导下，通过 GIS 系统中的空间分析功能，将有利于成矿的控矿因素、成矿条件、成矿信息标志表现出来，进行空间叠加和综合，确定有利信息组合部位，进而进行成矿预测和评价。

首先分别对各控矿因素变量（地层、岩体、构造）和成矿信息（物探、化探、遥感和围岩蚀变）与地质统计单元格进行空间分析，其中地层、岩体、物探、化探和围岩蚀变与单元格分别做区对区的相交分析，构造、遥感线环构造与单元格做区对线的相交分析，得到各地质变量的单元格分布图。由于各地质变量（控矿信息）的分布是不均衡的，尤其化探和物探信息因为前人工作区选择的原因，在矿区外围缺乏物化探资料，对我们进行信息的组合，确定有利信息组合部位带来了许多不利的影响。

以上述各地质变量单元格分布图为基础，采用 GIS 空间分析的区与区相交分析，我们对地质统计单元格进行了空间叠加和综合，并进行赋值，得到各单元格综合信息得分图（图 8-70～图 8-78）。同时通过对研究区内 3 个典型矿床（即铜坑、巴力和高峰）的综合信息特征的分析，得出 3 个典型矿床综合信息特征得分图（图 8-79）。

（6）靶区圈定

通过以上地学多源信息的 GIS 空间分析和综合、叠置，可以分别得到研究区与 3 个典型矿床异常类似的预测靶区，共圈定了靶区 3 个，即铜坑矿东南部黑水沟靶区（I-1）、瓦窑山靶区（I-2）、高峰矿北部靶区（I-3），各靶区的特征如下（图 8-80）。

a. 铜坑矿东南部黑水沟靶区（I-1）特征

该靶区面积 0.32 km^2，出露地层主要为泥盆系，靶区的东、西部各有一条 NE 向断裂出露，同时有花岗斑岩墙（脉）出露，围岩蚀变主要是硅化、绢云母（水云母）化及碳酸盐（方解石或白云石）化。

该靶区普磁剩余场值ΔZ一般 10～30 nT，极大值 50 nT，异常总体走向北北东，靶区处于 2 个异常峰之间，面积约 0.9 km^2，其中靶区北东部处于异常分布的中心，面积近 0.4 km^2，普磁从浅部到深部均有异常，但深部异常总体走向 NNW，靶区处于 2 个异常峰之间，面积约 1.5 km^2。高精度磁测ΔT一般 0～30 nT，异常明显，呈面状。靶区有 Sn、Cu、Zn、Pb、Ag、As、Sb 和 Hg 原生晕异常出现，异常值分别为 Sn≥10×10^{-6}、Cu≥40×10^{-6}、Zn≥100×10^{-6}、Pb≥30×10^{-6}、Ag≥1×10^{-6}、As≥20×10^{-6}、Sb≥40×10^{-6}、Hg≥0.1×10^{-6}。同时靶区有 Sn、Zn、Pb 和 Cu 次生晕异常出现，异常值分别为 Sn≥10×10^{-6}、Zn≥100×10^{-6}、Pb≥30×10^{-6}和 Cu≥50×10^{-6}。

综上所述，该靶区各种有利的控矿因素和找矿标志均有出现，现在矿山主要开发利用的 92#矿体和黑水沟矿体都在该靶区深部及附近。地物化多源信息显示该区是寻找各类型矿床的良好场所。

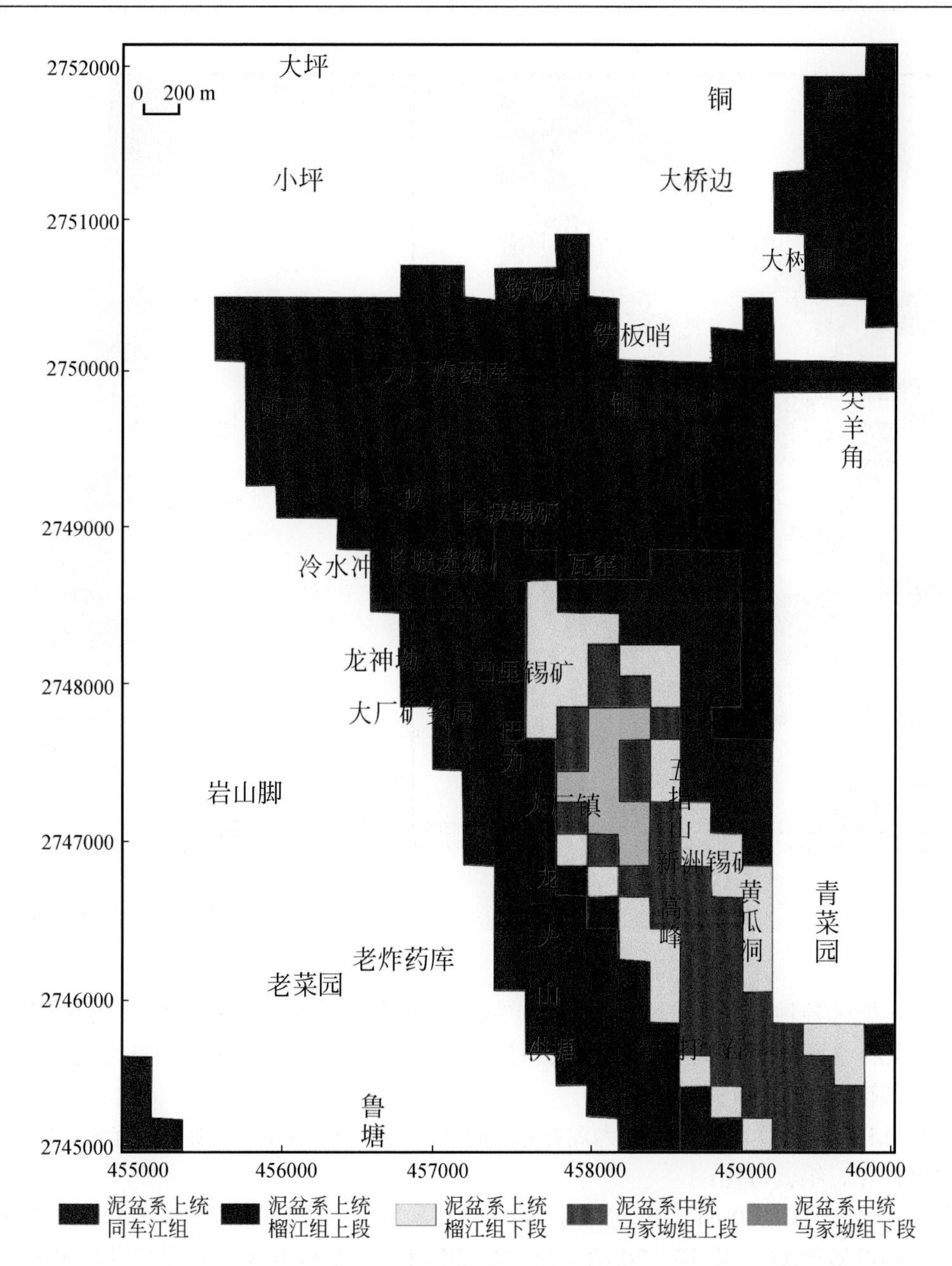

图 8-70　广西大厂矿田地层分布图

b. 瓦窑山靶区（I-2）特征

该靶区面积 0.88 km^2，出露地层主要为泥盆系，靶区内发育 NW 和 NE 向的断裂，大厂断裂通过西部，靶区的西部有 NNW 向闪长玢岩墙（脉）和 SN 向花岗斑岩出露，围岩蚀变主要是硅化，绢云母化。

该靶区普磁值处于−50～80 nT，极大值为 100 nT，正异常近北西向，呈串珠状分布，靶区处于正负异常交替部位。高精度磁测ΔT 一般 10～30 nT，极大值 50 nT，异常近 NW 向，呈串珠状分布，靶区处于异常峰上，异常面积约 0.5 km^2，高磁异常从浅部、中部到深部均有异常表现，总体走向 NW，靶区处于异常峰南部。靶区有 Sn、Cu、Zn、Pb、Ag、As、Sb 和 Hg 原生晕异常出现，异常值分别为 Sn≥10×10^{-6}、Cu≥40×10^{-6}、Zn≥100×10^{-6}、Pb≥30×10^{-6}、Ag≥1×10^{-6}、As≥20×10^{-6}、Sb≥40×10^{-6}、Hg≥0.1×10^{-6}。同时靶区有 Pb、Cu 次生晕异常出现，异常值分别为 Pb≥30×10^{-6}、Cu≥50×10^{-6}。

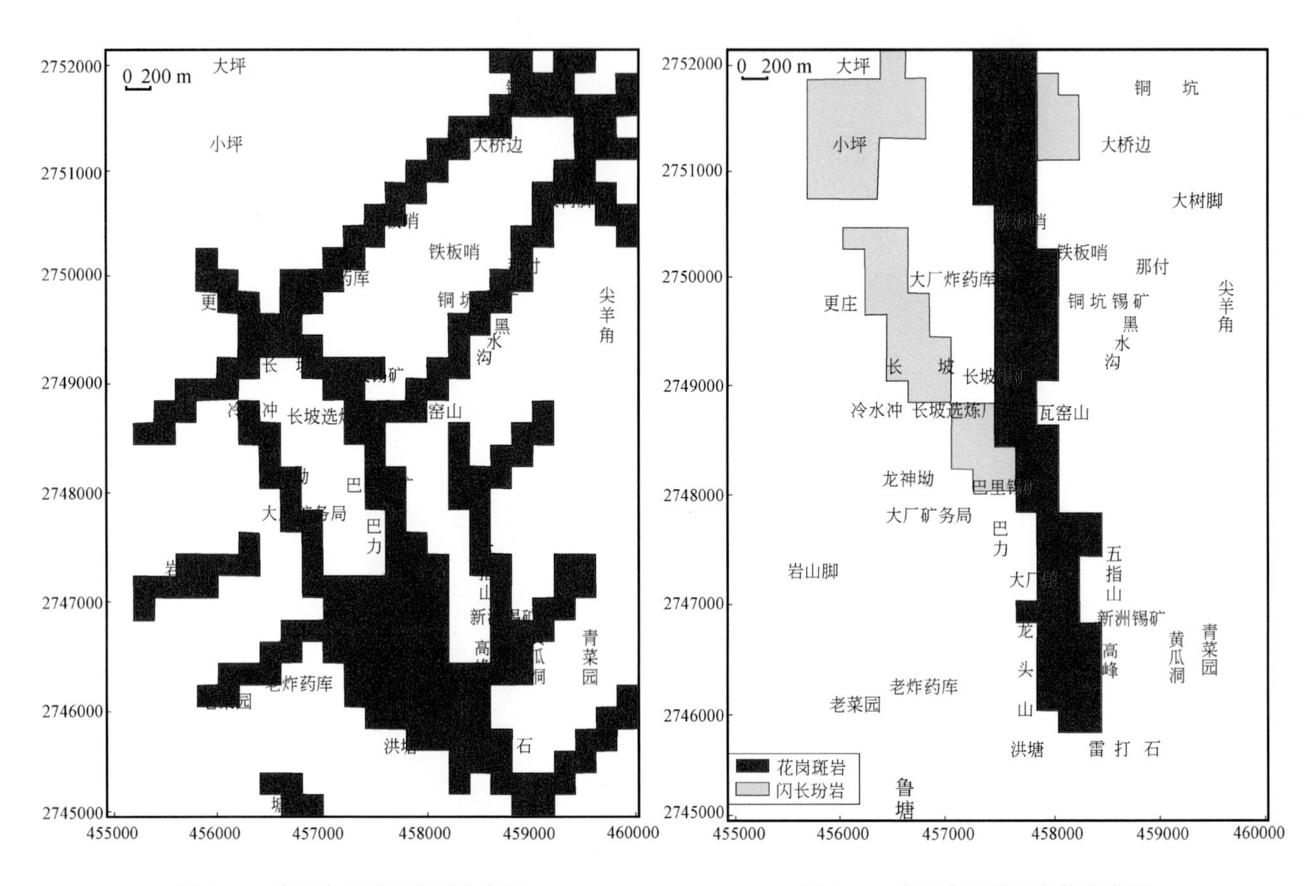

图 8-71　广西大厂矿田断层分布图　　　图 8-72　广西大厂矿田岩体分布图

综上所述，该靶区各种有利的控矿因素和找矿标志均有出现，现在矿山主要开发利用的巴力矿体和黑水沟矿体都在该靶区深部及附近。地物化多源信息显示该区是寻找各类型矿床的良好场所。

c. 高峰矿北部靶区（I-3）特征

该靶区面积 0.16 km^2，出露地层主要为泥盆系，靶区内发育 NW 向大厂断裂，有 SN 向花岗斑岩出露，围岩蚀变主要是硅化、绢云母化。

该靶区普磁值处于-20～30 nT，极大值为 40 nT，正异常近 NW 向，呈串珠状分布，靶区处于正负异常交替部位。高精度磁测ΔT一般 10～20 nT，极大值 30 nT，异常近 NW 向，呈串珠状分布，靶区处于异常峰的南缘，异常面积约 0.2 km^2，高磁异常从浅部、中部到深部均有异常表现，总体走向北西，靶区处于异常峰南部。靶区有 Sn、Cu、Zn、Pb、As、Sb 和 Hg 原生晕异常出现，异常值分别为 Sn≥10×10^{-6}、Cu≥40×10^{-6}、Zn≥100×10^{-6}、Pb≥30×10^{-6}、As≥20×10^{-6}、Sb≥40×10^{-6}、Hg≥0.1×10^{-6}。同时靶区有 Pb 次生晕异常出现，异常值为 Pb≥30×10^{-6}。

综上所述，该靶区各种有利的控矿因素和找矿标志均有出现，现在矿山主要开发利用的巴力矿体和高峰矿体都在该靶区深部及附近。地物化多源信息显示该区是寻找各类型矿床的良好场所。

3）基于数字矿床的深边部预测

近 10 年来国内外重视老矿山深部和边部找矿，例如智利近 10 年来新发现的 5 个大型 Cu 矿床，都在已知的安第斯山斑岩 Cu 矿带上；加拿大在萨德伯里老矿区新发现了 2 个大 Ni 矿床；澳大利亚在已知朗希尔矿田发现了巨型“世纪”Pb-Zn 矿床等。我国在山东的招远金矿，云南易门 Cu 矿、鹤庆北衙 Au 矿、个旧 Sn 矿等，通过近年的找矿工作，也有新发现，新增了不少的资源储量，说明了老矿山找矿潜力大。

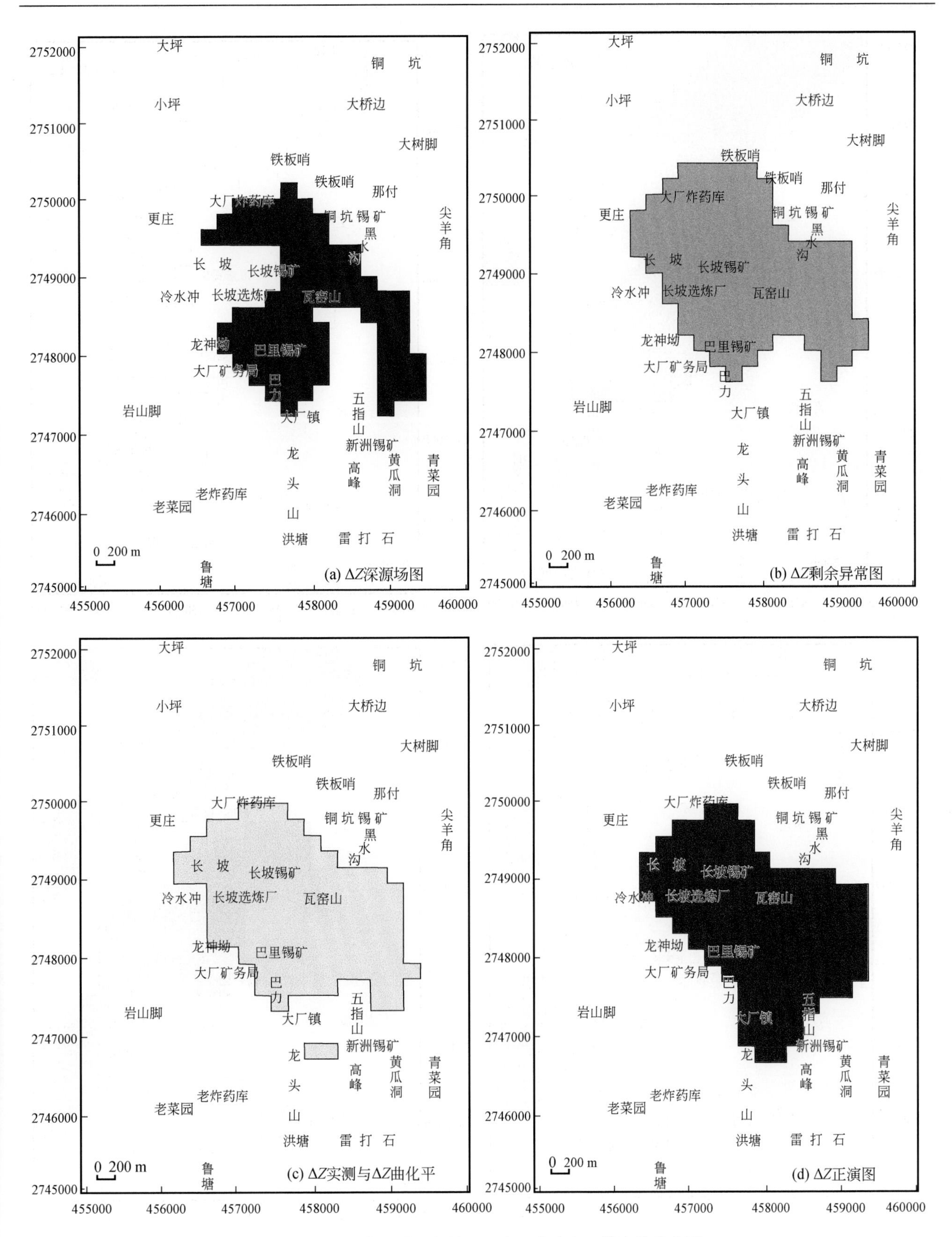

图 8-73　广西大厂矿田长坡—巴力—龙头山一带岩体分布图

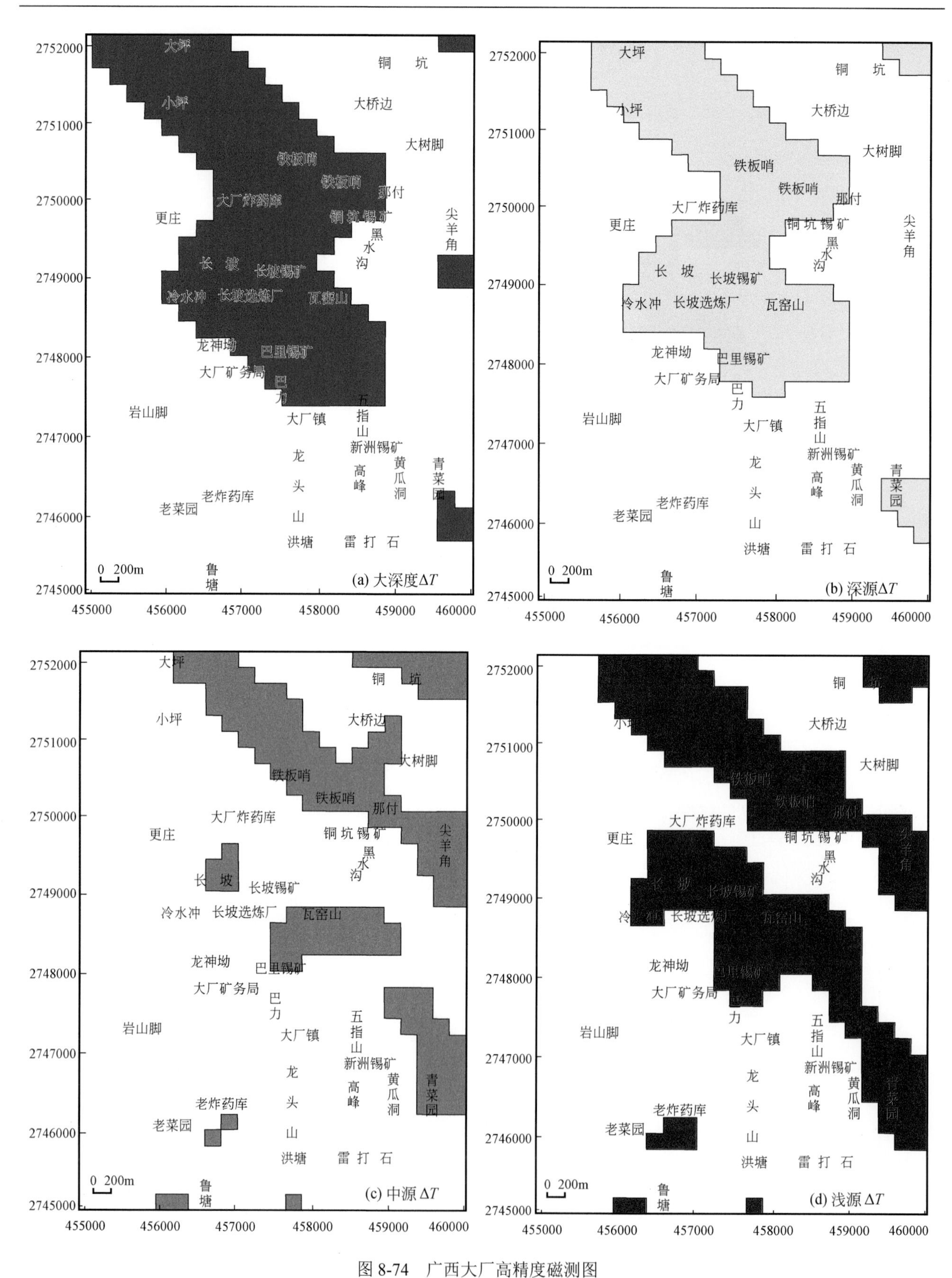

图 8-74　广西大厂高精度磁测图

大深度（$h>1000$ m）；深源（600 m$<h\leqslant$1000 m）；中源（200 m$<h\leqslant$600 m）；浅源（$h\leqslant$200 m）

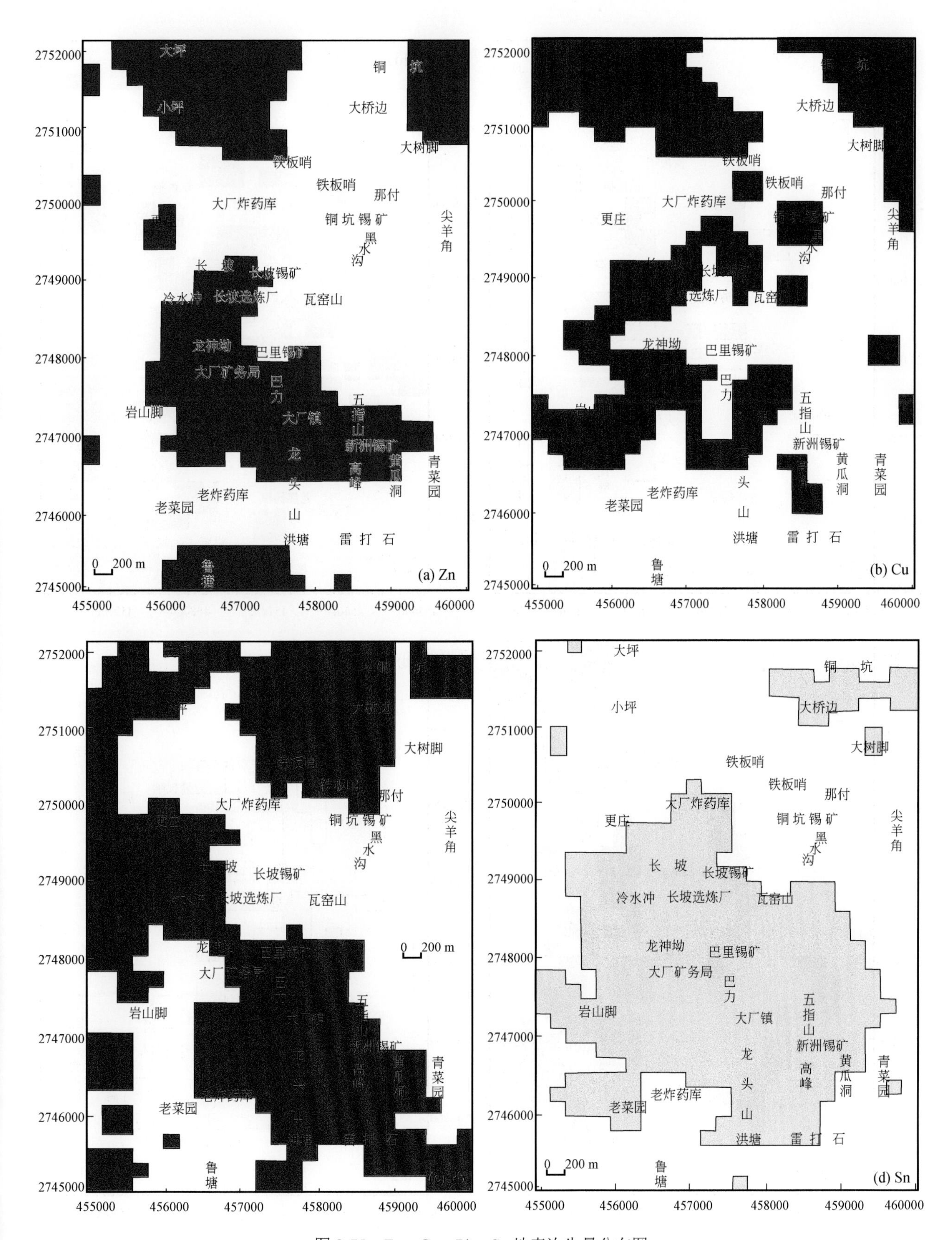

图 8-75　Zn、Cu、Pb、Sn 地表次生晕分布图

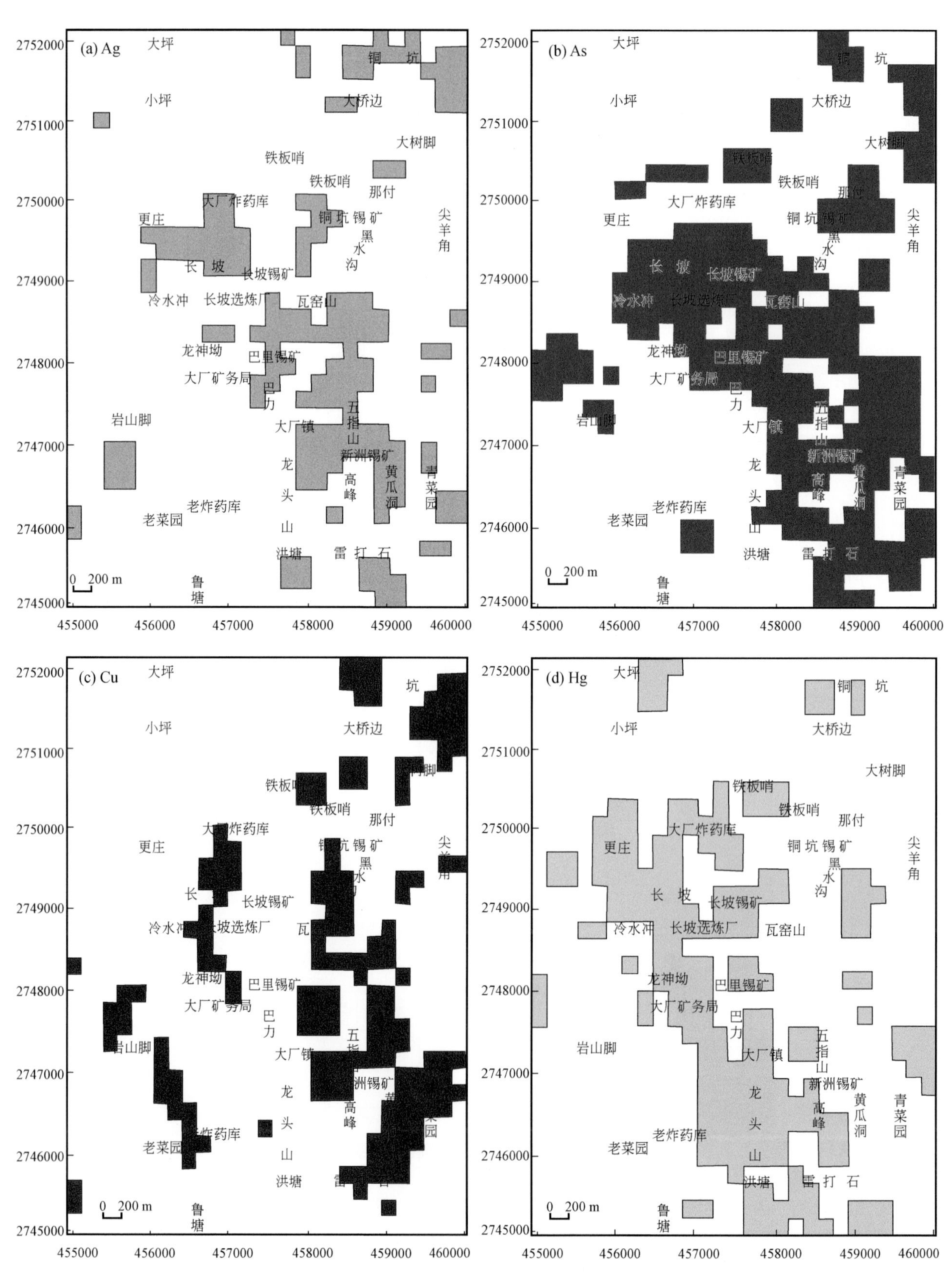

图 8-76　Ag、As、Cu、Hg 地表原生晕分布图

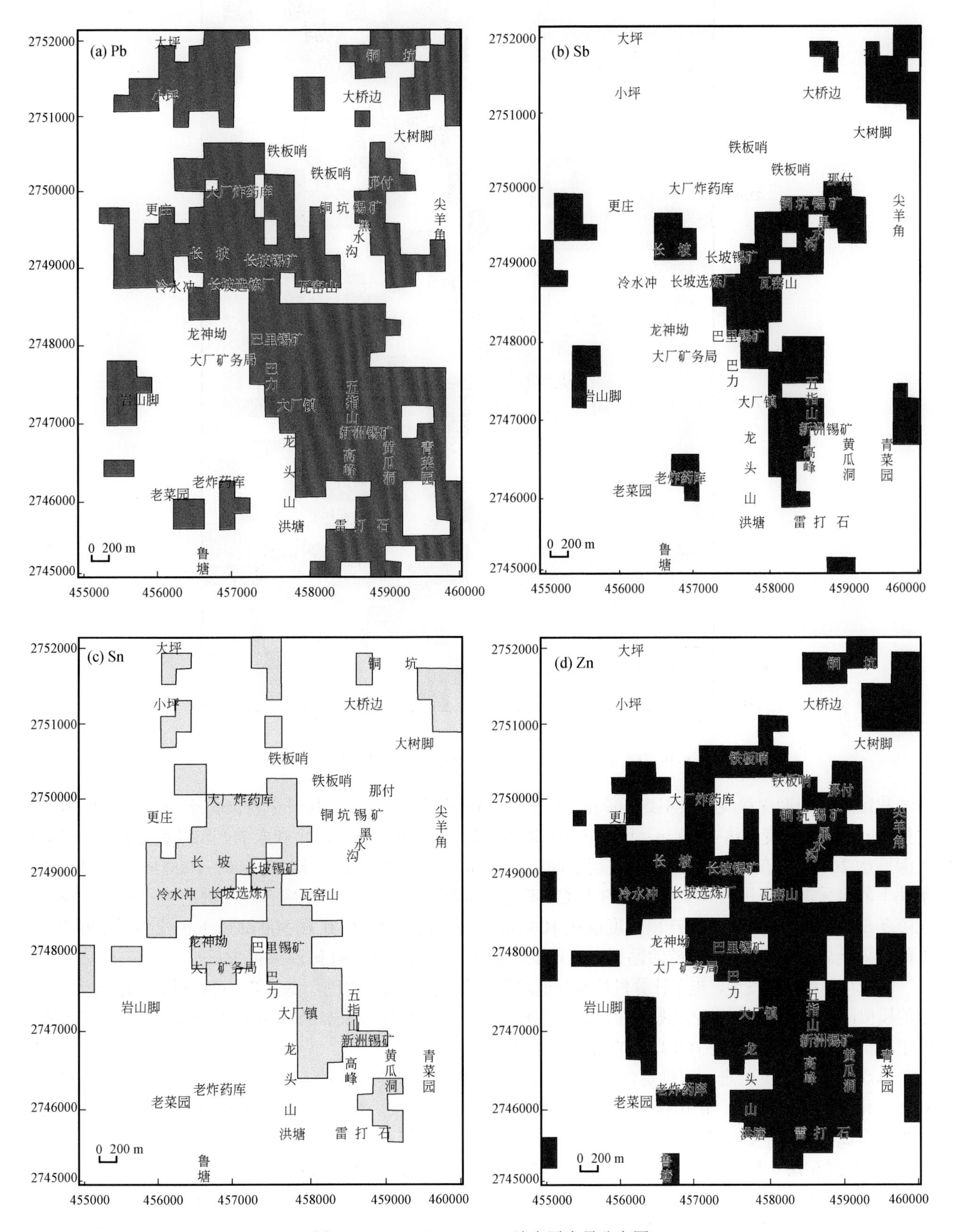

图 8-77　Pb、Sb、Sn、Zn 地表原生晕分布图

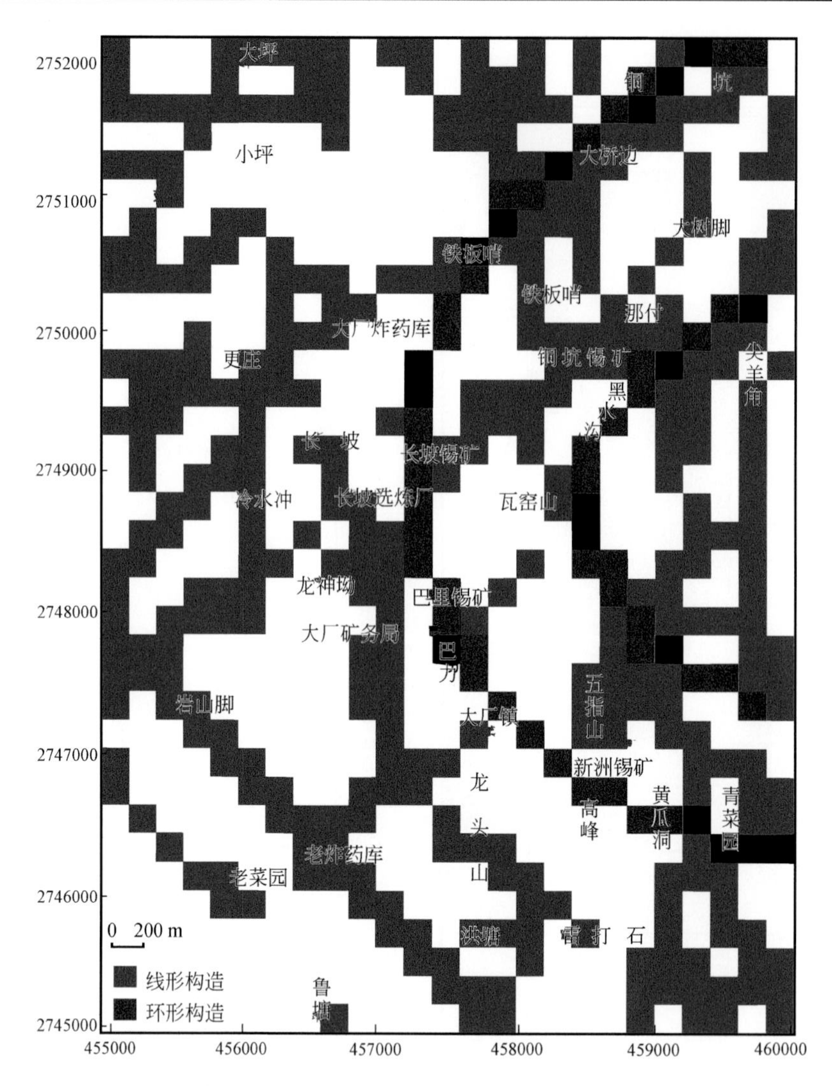

图 8-78　广西大厂矿田 Landsat-7 Pan 波段遥感影像地质解译图

我国过去的勘探深度一般不到 500 m，而矿业发达国家许多矿山勘探开采深度大于 1000 m，如南非的兰德 Au 矿开采深度已达 4000 m、巴伯顿 Au 矿采矿深度达 3800 m，澳大利亚的芒特艾萨 Cu 多金属矿开采深度达 2600 m，在 3000 m 深度又发现了储量大于 300 万 t 的富 Cu 矿床。在 500～1000 m 我国现行技术条件下的可采深度范围内（如辽宁红透山 Cu 矿开采深度达 1100 m），还应存在深部的第二找矿空间，如铜陵冬瓜山特大型 Cu 矿床的产出深度就在 1000 m 左右，凡口 Pb-Zn 矿在 500 m 以下也找到了 100 万 t 以上的可采金属储量，铜坑 Sn 矿的勘探深度在 255 m 左右，因此深部找矿前景很大。

随着科学技术的发展，电子计算机技术与地质学，成矿预测研究的进一步交叉，可以对矿床进行动态、三维的模拟，并利用地质三维空间数据库，建立矿床的三维空间模型，对已知矿体深部及外围的异常进行搜索和圈定，实现靶区优选，指导具体地区的找矿预测工作。

本次研究对铜坑矿进行三维定位预测研究，建立了 Sn-Zn 矿三维立体模型，指出铜坑的深部及侧方的 3 个富 In 矿床找矿靶区。矿山探矿工程验证结果表明，I-1、I-2、I-3 靶区探获 Sn、Zn 富矿石储量，并发现半生金属元素 In、Cd、Ga、Au、Ag 等。施工工程中，见有 10～235 m 厚的碳酸盐岩化蚀变带（大理岩化），并见到 6 处 0.5～7.57 m 厚的块状矿体（脉），Sn 品位在 0.18%～0.66%之间，Pb 在 0.16%～0.35%之间，Zn 在 2.79%～13.15%之间，In 在 0.13～2.4 g/t 之间，Ga 在 1.25～31 g/t 之间，Cd 在 13.18～768 g/t 之间，施工钻孔的位置都落在靶区范围之内，证明大厂矿田 Sn-Zn 矿综合信息找矿模式可以适用于 In 等稀有元素找矿，解决了在未建立富 In 矿床三维地质模型的前提下（未对 In 做基本分析，仅有组合分析数据和少量的微量数据），探索了一套富 In 矿床综合信息找矿模式。

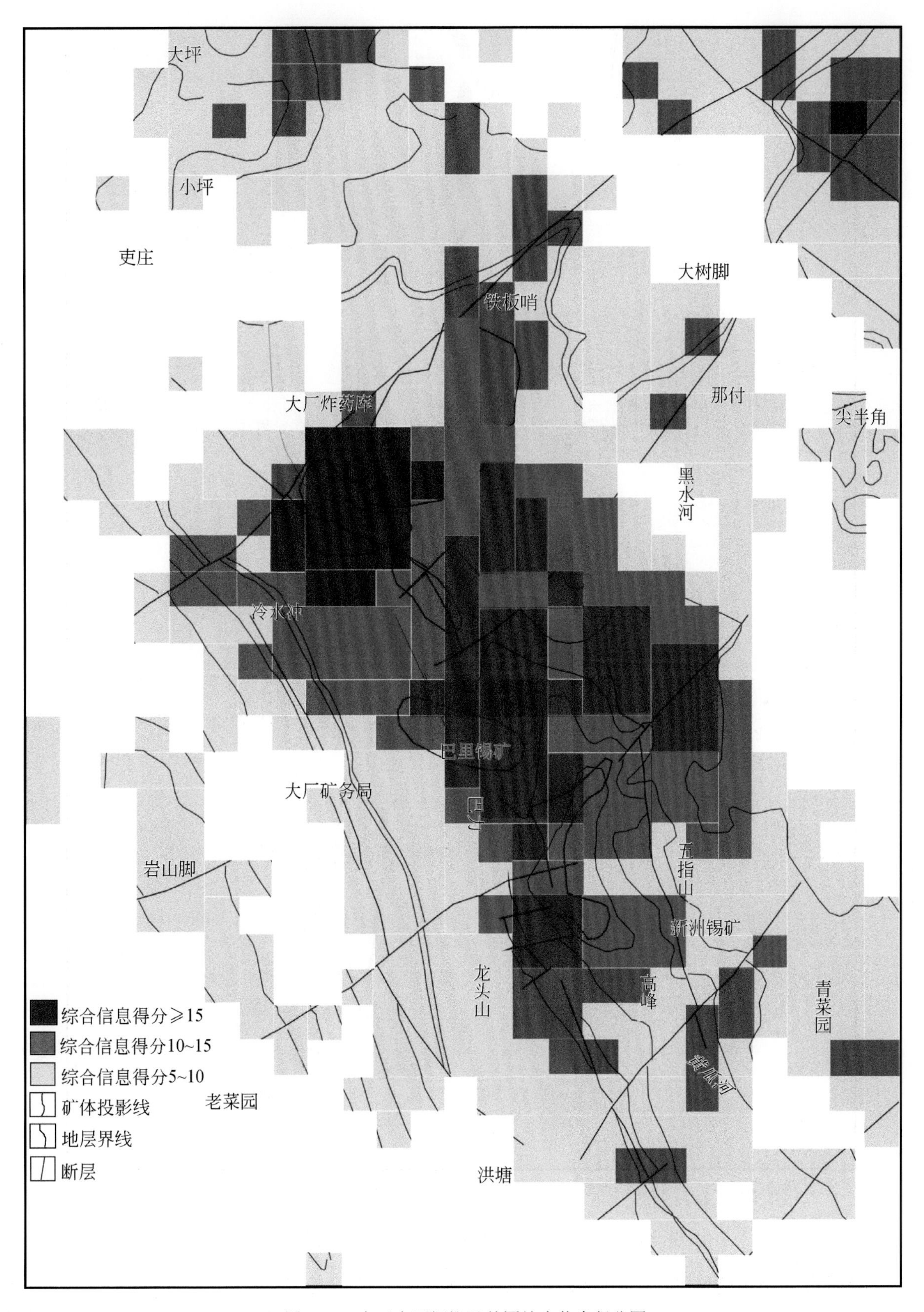

图 8-79　广西大厂铜坑及外围综合信息得分图

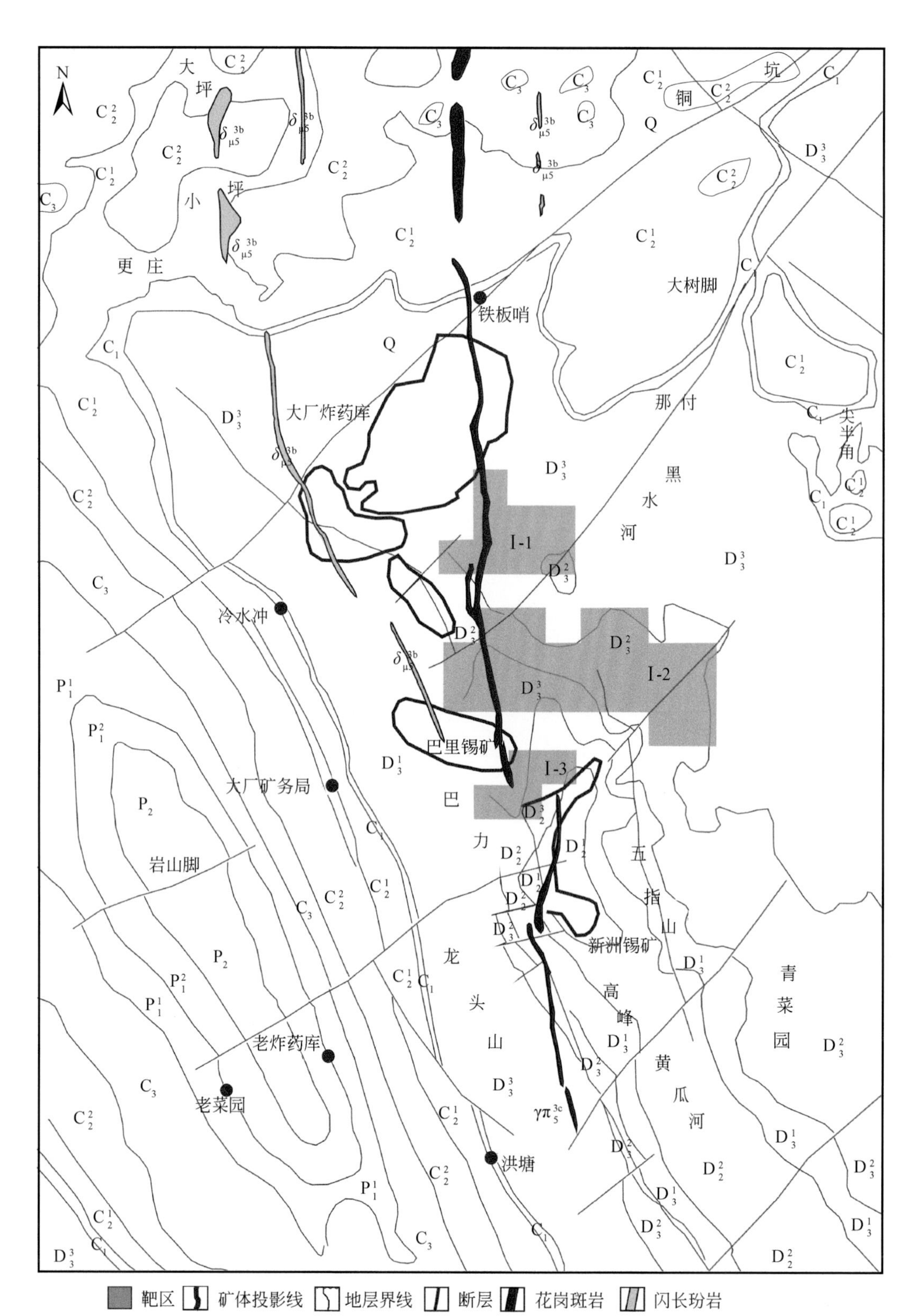

图 8-80　广西大厂铜坑及外围综合信息找矿预测靶区图

通过模型综合叠加的结果，我们可以清楚地观察到广西大厂矿田地形、地质、构造、岩浆岩和主要矿体的基本情况，并可以通过钻孔原生晕异常与各大地质因素的叠加情况，确定出广西大厂矿区下一步找矿方向（图 8-81）。

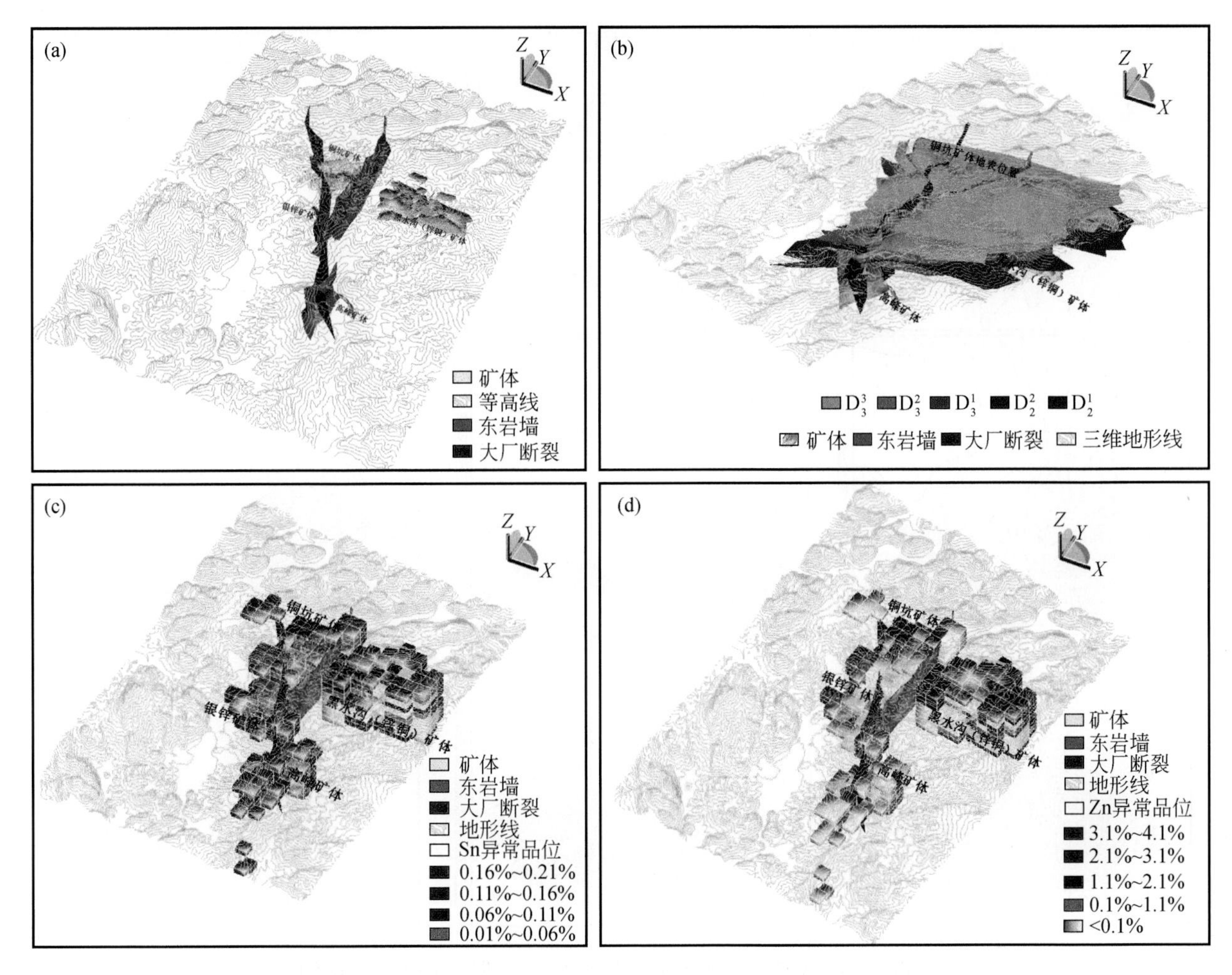

图 8-81　综合模型叠置图

8.2.2　都龙 Zn-In 多金属矿床深部预测示范

1. 区域地球化学背景

从区域地球化学资料中可见，滇东南地区 Sn、W、Pb、Zn、Cu、In、Cd、As、Ag 和 Bi 都存在较明显的正异常特征，且个旧和马关地区均为异常较为集中的地区。

其中滇东南—桂北地区都存在高强度的 In 正异常，异常规模大，分带清楚，浓集中心明显，平均变异系数 1.35，与区域富 In 矿床及相关花岗岩体的空间位置具有高度一致性。区域 In 异常分布特征与 Sn、W、Pb、Zn、Bi 和 As 等元素异常分布的空间对应性最好，与 Ag、Cd 等元素异常的空间对应性次之，与 Cu 的对应性一般。

滇东南—桂北地区具有较高的 In 元素背景值（图 8-82），为 In 的超常富集成矿提供了有利条件和一定物质基础。相比地层而言，个旧、都龙和大厂地区高分异的 S 型含 Sn 花岗岩中 In 含量较高，表明 In 很可能主要源自这些含 Sn 花岗岩，但仍需要更多研究资料来证实。

云南省 Sn 元素背景值为 5.91×10^{-6}，富集系数 1.43，变异系数 10.09，与陆壳含量比值为 3.48，属极富集元素。滇东南地区多元素地球化学异常图（引自谢学锦等，2008）中，主要异常元素有 Sn、W、Be、Bi、Rb、Pb、Li、Cs、Sc、Ag、Tl 等，其中以 Sn、W、Pb、Bi 等元素优势较明显，相关性也很好（引自谢学锦等，2008），异常强度大，Sn 变异系数高达 3.123，Bi 变异系数为 2.623，W 变异系数 2.054，Pb 变异系数较低。两个浓集中心分别位于个旧和马关地区，与个旧、都龙等超大型 Sn 多金属矿床分布一致。

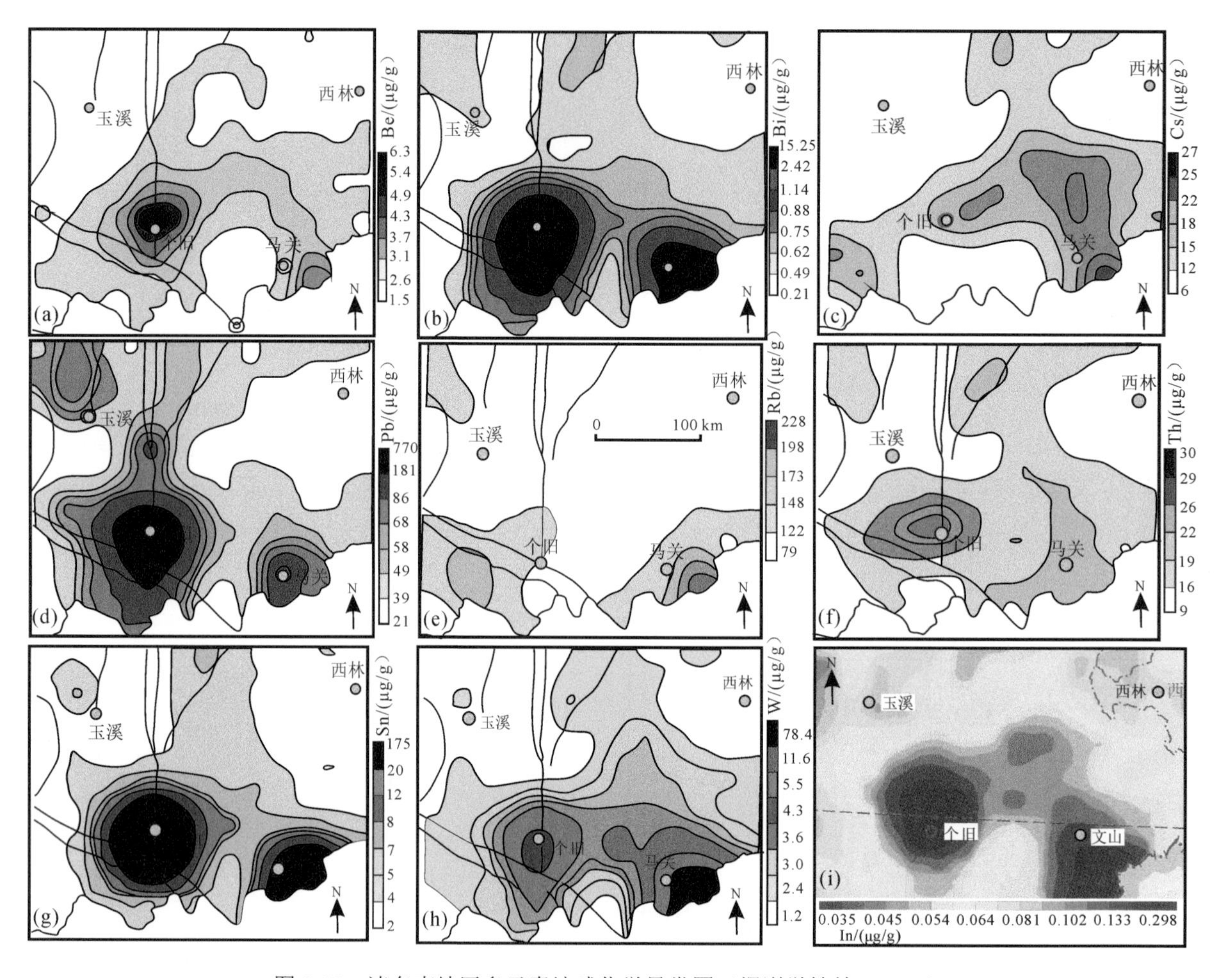

图 8-82　滇东南地区多元素地球化学异常图（据谢学锦等，2008）

从图 8-83 中可见，滇东南老君山地区成矿元素地球化学异常组合为 Sn、W、Bi、Cu、Pb、Zn、In 和 Ag 等。其中 Sn 异常呈东西向大团块状分布，异常浓集中心形态清楚，与老君山花岗岩体基本一致，内浓度带分带明显，最高质量分数为 2400×10^{-6}，异常分布面积大，约 980 km^2（王臣兴等，2016）。W、Bi 异常的形成和分布范围与 Sn 异常较为相似。Cu、Pb、Zn、Ag 异常呈半环状分布于 Sn 异常西南部和西北缘，大致与老君山岩体与围岩的接触带位置一致，其中 Cu、Zn、Ag 异常具有内浓度带，Pb 异常稍弱，具有中浓度带，且 Ag 异常分布范围最大，Cu 次之，Zn 异常主要集中在都龙镇和大坪镇附近。据异常元素组合特征，异常面金属量较大的元素为 W、Sn、Cu、Zn 和 Ag，其中 Sn、W 异常衬度大，与 Sn、W 为主成矿元素相符，重要伴生指示元素为 Bi，其他伴生指示元素为 Cu、Pb、Zn、Ag 和 In 等（王臣兴等，2016）。

2. 区域地球物理背景

滇东地区布格重力异常较简单，主体为东西向大规模重力低异常区（王臣兴等，2016），其北西部为 NE 向弥勒—师宗构造的重力低异常边界，西南部则为以 NW 向为主的重力高异常带，东部为东突的环形梯级带。个旧—马关地区 Sn-W 矿都与重力低异常有关，探明矿床全部落入重力低异常区域内，且重力低异常区域均有不同规模的花岗岩出露。花岗岩从地表向下均有侧伏方向（王臣兴等，2016），预示了矿床的分带方向和赋存部位。如个旧岩体向南，薄竹山岩体向北西、老君山岩体向北等。

滇东南地区东西两侧磁场背景截然相反，东侧砚山等地为平静的负背景场，其上叠加一些弱小的正异常，红河断裂带以西的西侧为正背景场，其上叠加范围较大的低磁异常带。强磁异常特征与 Sn-W 矿关系不明显（王臣兴等，2016），但滇东南地区的锡石-硫化物型矿石一般为弱磁性，这与接触带夕卡岩中含有一定量的磁铁矿、磁黄铁矿等矿物有关，其磁化率为 $2090\times10^{-6}\pi$（SI）（王臣兴等，2016）。因此，接触带往往具有强度较低的磁异常。结合重力异常特征可见，在重力低异常带中出现磁异常，特别是局部重力低值中心的边缘出现低磁异常带，很可能是接触带型 Sn-W 矿床的典型地球物理异常模式。

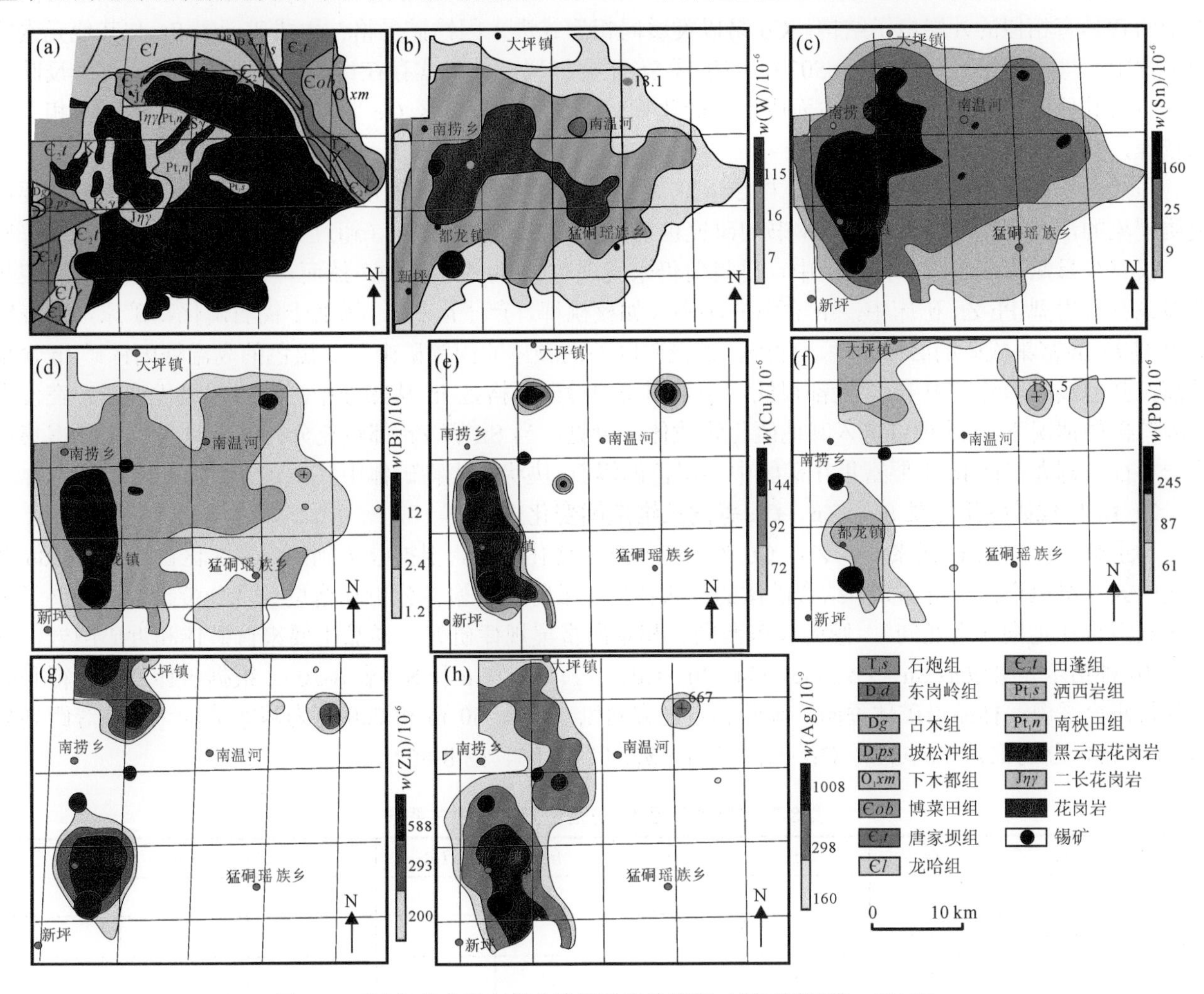

图 8-83　滇东南老君山都龙地区元素异常图（据王臣兴等，2016）

综上，布格重力低异常带、剩余重力负异常带，特别是其中的局部低值区和梯度带、重力高与低异常交替变化带，并叠加有弱的磁异常（王臣兴等，2016），则可视为滇东南地区 Sn-W 成矿远景区划分的间接地球物理标志。

3. 都龙 Zn-In 多金属矿床 In 及相关元素富集规律

1）In 与其他成矿元素的相关性分析

根据矿床地质特征和成矿元素组合，都龙 Zn-In 多金属矿床 In 相关的指示元素组合有 Sn、Zn、Ge、Ga、Cd、Ag、Cu 和 S 等。对之前收集的 577 组组合样中上述 9 种元素的含量进行了 R 型聚类分析，得到元素的相关系数和聚类分析谱系图（图 8-84）。从表中可见，In 与其他指示元素相关性为 Sn（0.501）＞Cd（0.410）＞Ga（0.407）＞S（0.304）＞Zn（0.200）＞Cu（0.147）＞Ge（0.073）＞Ag（0.012），其中

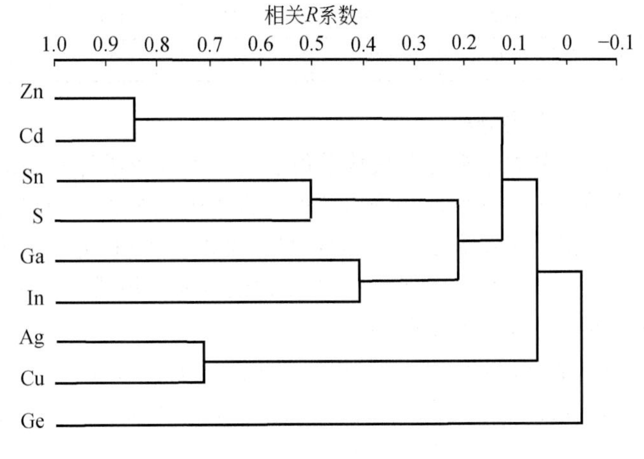

图 8-84　都龙矿区主要成矿元素 R 型聚类分析谱系图

与高温成矿元素 Sn 和 Ga 的关系最密切，可能与它们都主要源自花岗岩岩浆热液有关。各元素两两相关程度由高至低依次为：Zn-Cd、Ag-Cu、Sn-S、Ga-In 等。Zn 与 Cd 的相关性最好，相关系数为 0.844，可能是由于两者具有相似的外层电子结构，Cd 易以类质同相形式进入闪锌矿晶格；主成矿元素 Sn 与其他元素的相关性中，与 S 的相关性最好（0.502），与矿区 Sn 主要以锡石的形式存在这一地质事实不符，可能反映的是锡石与其他金属硫化物密切伴生而成块状硫化物矿石的关系。矿区 Ge 含量较低，且与其他元素相关性都较差，其原因有待进一步研究。

虽然 In 与 Zn 的相关系数小于 In 与 Sn，但大量的矿物学研究和矿山选冶实践都证明矿床中 In 主要以类质同象的形式存在于闪锌矿中。本书的研究也证实了都龙矿床中的 In（超过 95%）大都赋存在铁闪锌矿中，仅有少量赋存在锡石和黄铜矿中，且目前仍未发现有 In 的独立矿物。然而，在其他不含 Sn 的岩浆热液型或夕卡岩型 Pb-Zn 矿床中，In 含量并不高（如核桃枰、芦子园等），远低于锡石硫化物矿床，这表明 Sn 可能是 In 富集成矿的必要条件。此外，都龙矿区不同颜色的闪锌矿中，仅黑色的高温铁闪锌矿 In 含量较高，其他浅色闪锌矿中 In 含量都很低，这表明铁闪锌矿晶格是 In 从热液中沉淀时的最优选择，在没有铁闪锌矿的情况下 In 才选择进入其他硫化物载体。可见，当 Sn 和 Zn 都较充分时，In 才能够大量富集，这一特征与都龙矿区 In 主要富集在矿区中部层位的锡石-块状硫化物矿体中（后述）具有一致性。

2）In 与成矿指示元素 Sn、Zn、Cu 等的三维空间变化规律

为了解 In 与主成矿元素 Sn、Zn、Cu 等的空间富集变化规律，根据收集到的都龙矿区勘查阶段 188 个钻孔中 570 组组合样分析结果，结合矿体的产状特征，运用 *R* 型聚类分析和格里戈良分带指数法开展了不同元素组合在走向（南北向）、倾向（东西向）和垂向富集规律研究。样品主要来自矿体和近矿围岩，分析的 10 种指示元素包括 Sn、Zn、Ge、Ga、In、Cd、Ag、As、Cu 和 S（表 8-20）。根据矿体产状特征和矿化分带研究需要，样品沿矿体垂向、倾向和走向方向以 50 m、60 m 和 200 m 为基本单位，分别等距划分为 10 个带，分别记为 V_1～V_{10}、D_1～D_{10} 和 S_1～S_{10}（图 8-85、图 8-86）。

表 8-20　都龙矿区 In 与指示元素的相关系数

	Sn	Zn	Ge	Ga	In	Cd	Ag	Cu	S
Sn	1.000								
Zn	−0.106	1.000							
Ge	−0.035	0.008	1.000						
Ga	0.128	−0.109	0.053	1.000					
In	0.501	0.200	0.073	0.407	1.000				
Cd	0.047	0.844	0.010	−0.036	0.410	1.000			
Ag	−0.188	0.145	−0.104	0.040	0.012	0.150	1.000		
Cu	−0.023	0.059	−0.122	0.066	0.147	0.155	0.714	1.000	
S	0.502	0.292	−0.119	−0.081	0.304	0.322	−0.018	0.147	1.000

（1）聚类分析

R 型聚类分析可以从数学角度研究不同成矿元素地球化学行为的相似程度。为了研究各微量元素之间的关系，对 570 件样品分析数据进行了聚类分析，得到 10 种指示元素的聚类分析谱系图。

根据距离系数小于 25 的水平，可以将 10 种元素分为 3 组：

a. Ag-Cu-As 元素组合，由 3 种亲铜元素组成，为中低温元素组合，该元素组合一般于近矿区域富集，可作为多金属矿的找矿指示元素。

b. Zn-Cd-S-In-Sn 元素组合，为富 In 的 Sn-Zn 多金属硫化物成矿元素组合。其中 Zn 具有铜型离子的特点，有强烈的亲硫性，Zn 在中低温热液中可实现运移、富集，形成硫化物矿床，闪锌矿中常含有 Cd、Ge、Ga 和 In 等分散元素，分散元素均以类质同象形式置换闪锌矿中的 Zn。Cd 与 Zn 都属于亲硫元素，由于二者在离子结构上的相似性，Cd 与 Zn 具有近似的地球化学行为，自然界 Cd 的活动紧密跟随 Zn，而且 Cd 比 Zn 具有更强的亲硫性质。In 属于亲硫元素，易于进入具四面体配位晶格的硫化物中，如闪锌矿、黄锡矿和黝铜矿等，其中闪锌矿是具有工业价值的主要载 In 矿物，另外一些高 S 的具有 6 次配位的铁矿物如磁黄铁矿、黄铁矿和毒砂等，也可载有一定量的 In（刘英俊等，1984）。与 In 地球化学性质相近的元素是 Sn，锡石中经常含 In。Sn 具有亲氧、亲硫和亲铁的三重性，在氧化环境中优先形成锡石。

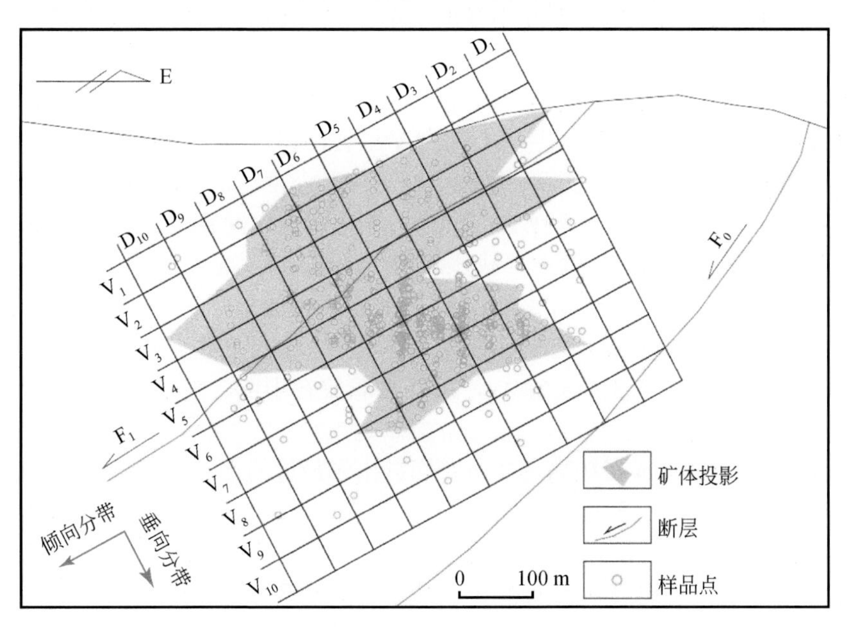

图 8-85　都龙矿区倾向-垂向矿体投影及样品分布图

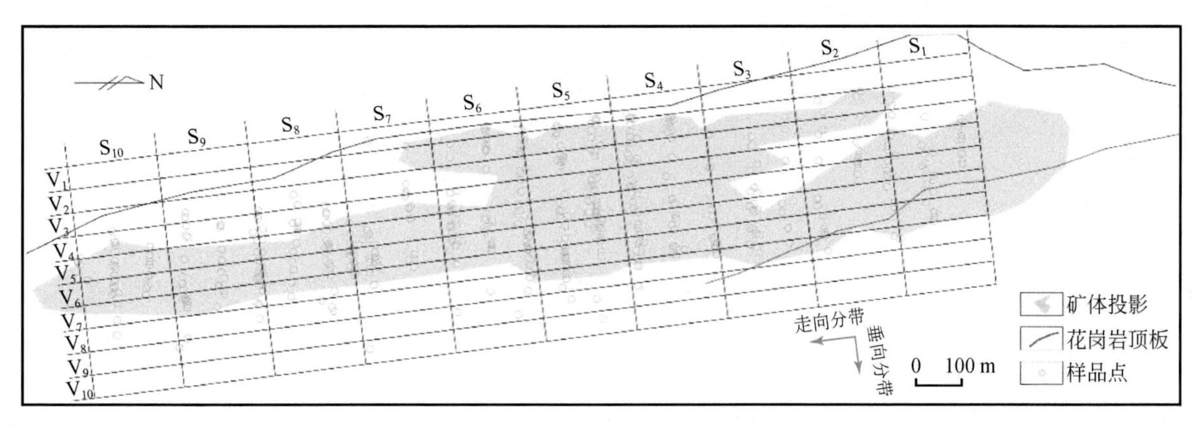

图 8-86　都龙矿区走向-垂向矿体投影及样品分布图

c. Ge、Ga 两种分散元素与其他元素相关性均较差，聚为一类。Ge 同时具有亲硫、亲石和亲铁的性质，Ge 的亲硫性使其富集在某些硫化矿物中，中低温条件下，Ge 以类质同象的形式进入闪锌矿等金属硫化物晶格，也可以锗酸根的形式进入含硫盐类矿物。Ga 亦同时具有亲硫、亲石和亲铁的性质，Ga 可以广泛地参与各类地质作用，在铝硅酸及多硫化合物中均发现有 Ga，Ga 以类质同象的方式进入硫化物晶格。统计数据表明，Ga 在中酸性岩浆岩中得到富集，花岗岩中的黑云母为富 Ga 矿物，长石为 Ga 的载体矿物（涂光炽等，2004）。

（2）指示元素在三维空间中的富集规律

根据都龙 Sn-Zn 多金属矿床主矿体总体呈层状、似层状，沿走向延伸较远、沿倾向延伸稳定等特点，采用格里戈良法对 Sn、Zn、Ge、Ga、In、Cd、Ag、As、Cu 和 S 等 10 种元素，分别沿矿体垂向、倾向和走向计算了元素分带序列。计算时，先计算各元素在给定分带区间上的线金属量，再对线金属量标准化后计算格里戈良分带指数，各元素格里戈良分带指数最大值所在分带区间位置即为该元素的富集区间，对分带指数最大值处于同一分带区间的元素，进行矿化梯度计算和比较，最终得到 10 种元素在不同方向上的分带序列。垂向方向由上往下（V_1～V_{10}）分带序列为 Zn＞Cd＞Ag＞In＞S＞Cu＞Ge＞Sn＞Ga＞As；倾向方向由东往西（D_1～D_{10}）分带序列为 As＞Cu＞Ga＞Sn＞In＞Ge＞S＞Cd＞Zn＞Ag；走向方向由北往南（S_1～S_{10}）分带序列为 Ga＞Ge＞Ag＞As＞Cu＞Zn＞Sn＞In＞Cd＞S。结果显示：

垂向分带上，高温主成矿元素 Sn 主要在中下部富集，富集中心为 V_7，富集趋势向浅部依次减弱，向深部先减弱后升高。Zn 和 Cd 则主要在上部富集，富集中心为 V_1，向深部依次减弱。Ag 也主要在上部富集，富集中心为 V_2，具有向浅部富集的趋势。Cu 富集中心为 V_3，向浅部有减弱趋势，向深部则先减弱后升高。In 和 S 主要趋于在中上部富集，富集中心都为 V_2。As 富集中心在最下部（V_{10}），向上部先减弱后升高。从下往上不是完整的从高温到低温成矿序列，推测这种分带特征可能是由矿床经历多期成矿作用引起的。In（V_2）、Ge（V_6）和 S（V_2）元素在 Zn 和 Sn 元素之间的区间富集，可能与 In、Ge 两元素的亲硫性有关，多金属硫化物可能是 In 与 Ge 的主要载体矿物。分散元素 Ga 在下部区间（V_9）富集，往上该元素分带指数迅速降低，由于中-酸性岩浆岩富 Ga，因此其富集可能主要受隐伏花岗岩控制。

倾向分带上，自 D_1 至 D_{10}（E→W）元素分带规律与垂向方向由下往上分带规律类似，东部（D_1～D_5）富 As-Cu-Ga-Sn，西部（D_8～D_{10}）富 Cd-Zn-Ag，In 主要富集在中部，向东部依次减弱，向西部则先减弱后升高。

走向分带上，分散亲石元素 Ga 在距离老君山花岗岩出露最近的最北部 S1 区间富集，Ge-Ag-As-Cu 主要趋于在距隐伏花岗岩较近矿区北部 S_2～S_3 区间富集，锡石多金属硫化物组合 Zn-Sn-In-Cd-S 则主要趋于富集在离花岗岩较远的中-南部的 S_6～S_{10} 的区间。元素分带特征显示，矿区中-南部是锡石多金属硫化物富集中心，往北部接近老君山花岗岩体反而富集中低温成矿元素组合，但这一特征与地质事实不符，可能为地层中元素分布不均匀所致。

（3）指示元素在不同方向的复合富集变化规律

在倾向-垂向和走向-垂向方向对格里戈良分带指数进行复合（所在单元格行与列分带指数加和），即可得到矿体投影面上的复合分带指数，可直观展现元素的富集空间和富集规律。主成矿元素 Sn 和 Zn，以及分散元素 Cd、Ge、Ga 和 In 的复合分带指数特征见图 8-87。

从图 8-87 中可见，主成矿元素 Sn 在垂向-倾向（V-D）和垂向-走向（V-S）复合图中，都显示出在矿体赋存层位及其下部（深部）层位富集，沿走向方向则具有向南富集的趋势，与地质事实相符。主成矿元素 Zn 在 V-D 和 V-S 复合图中主要趋于在矿体赋存层位及其上部层位中富集，沿走向主要富集于中部。二者在垂向和走向复合图中具有共同的集中富集区域，即 S_5～S_9，在主矿体富厚部位矿化都显示出一定的垂向穿层性，可能是热液沿 F_1 断层及其两侧派生构造充填交代的结果。

分散元素 Cd、In 的富集空间与 Zn 近乎一致，显示了二者的就位空间对闪锌矿的依附性，且它们可能与富 Zn 硫化物同期形成，In 在复合分布图中显示出在矿体中上部层位中沿走向向南，沿倾向向西连续富集的趋势，表明矿区外围西部和南部矿体赋存层位的上部可能具有一定的找矿前景。分散元素 Ga 主要在矿区下部和近北部隐伏花岗岩部位富集，显示了花岗岩对矿区 Ga 元素的控制。

3）In 及相关成矿元素的富集规律

为了研究成矿元素的空间富集变化规律，项目组还选取位于矿区中部的剖面（59～75 线）建模数据进行分层统计。

为了确保信息样品长度的统一性，需要对原样品进行重新组合，使所有的样品数据落在给定长度的承载上。最终选择 1 m 为组合样的基本样长，建模范围的钻孔数据中得到组合样品数 1528 个，根据 Sn、Zn、Ge、Ga、In、Cd、Ag、Cu 和 S 等 9 个元素的分析结果进行统计。由统计分析所得主成矿元素 Sn、Zn 品位变化系数分别为 271.1%，190.8%，即 Sn、Zn 矿化均极不均匀。用类比法确定特高品位，特高品位的最低界限是平均品位的 15 倍，即 Pb 品位高于 2.51%（平均品位 0.167%×15）的样品视为特高品位，以 2.51%代之，对 Zn 而言，矿床也为极不均匀矿床，其特高品位的最低界限是矿体平均品位的 15 倍，即 Zn 品位高于 19.77%（平均品位 1.318%×15）的样品被视为特高品位，以 19.77%代之。经统计分析处理后，各元素经基本统计均达到或接近正态分布。在 Surpac 软件中，以接近 F_0 的平面为基准平面，以地层的垂直方向为研究方向，考虑到矿体的整体分布特征，从基准平面出发沿垂直向上方向每隔 50 m 划分一个块段，共划分出 9 个块段，分别统计出每个块段中各元素含量和 Zn/（Sn+Zn）的平均值，通过对比可以找出各元素在不同块段中的品位变化规律（图 8-88）。

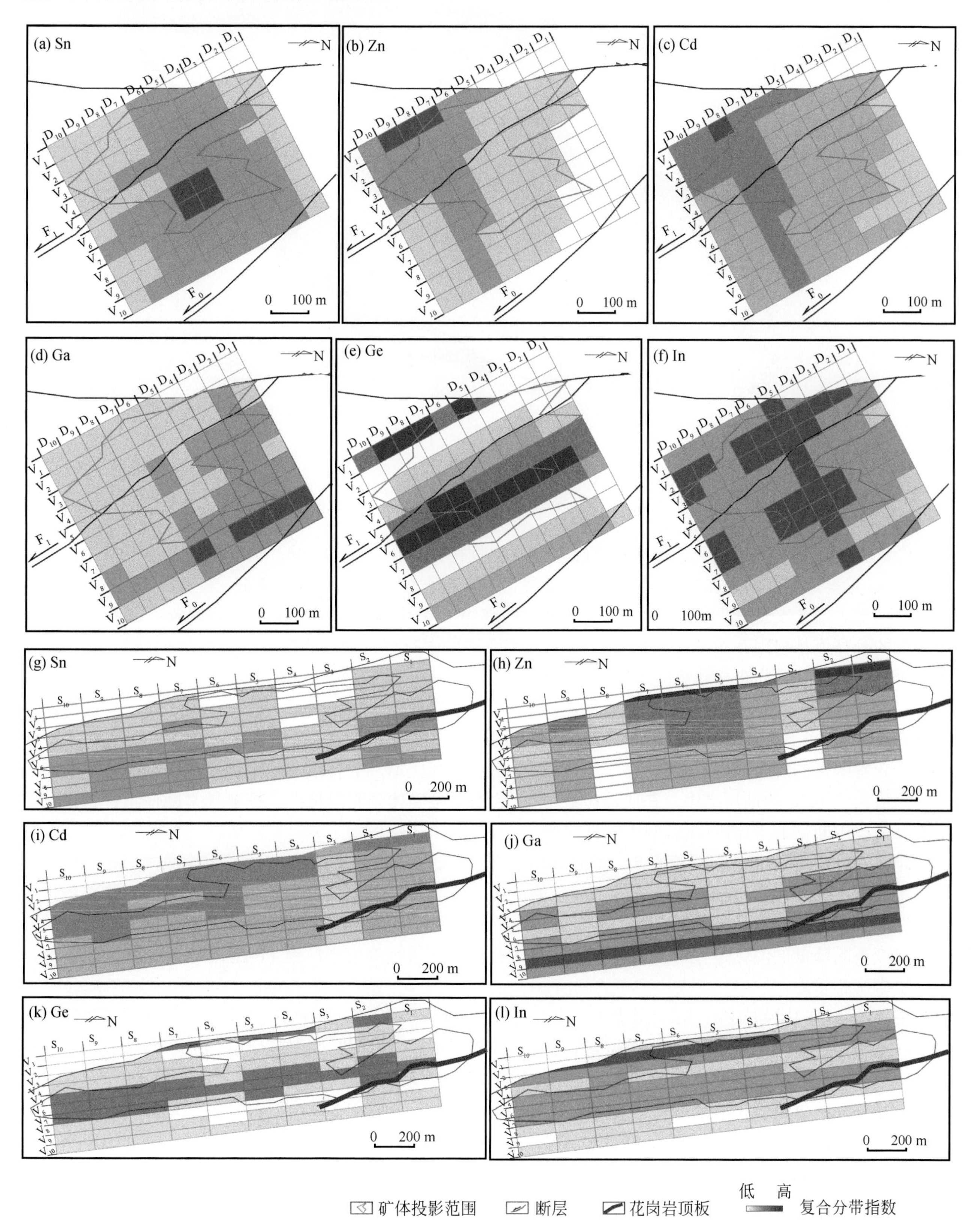

图 8-87　都龙矿区指示元素复合分带指数及矿体投影图

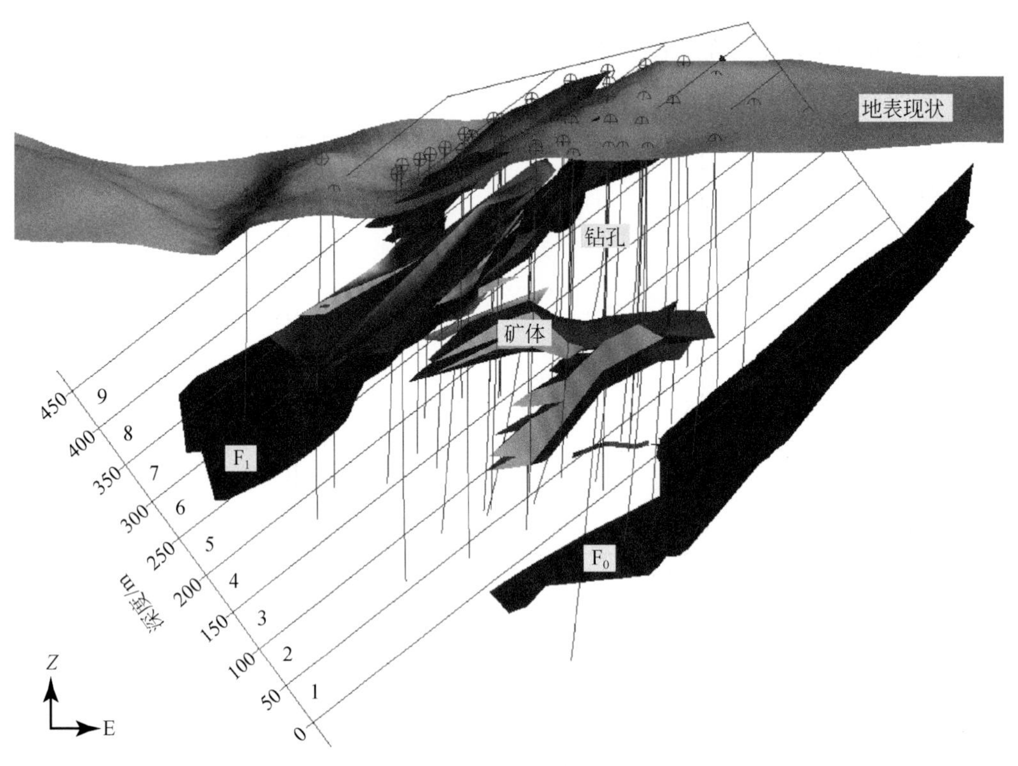

图 8-88　都龙矿区 59～75 勘探线间垂向分层图

经统计发现，不同块段元素分布自下往上呈现出规律性变化（图 8-89）。自下部地层往上变化特征如下：①Ga 元素最大值出现在最下层的第 1 个块段内，随地层的升高品位逐渐降低；②Sn 元素在第 2 块段出现最大值，总趋势随地层的升高品位逐渐降低，在第 6 个块段出现了异常增大的现象；③Zn、In、Cd 三元素的最高值都出现在第 4 个块段中，且在第 8 个块段中有异常增高的现象；④Ag、Cu 最大值出现在第 8 个块段中，品位分布总趋势随地层的升高而升高，表明其主要富集在上部地层之中，但相对 Ag 而言，Cu 在各块中含量变化不明显，中下部的第 4 块段具有次高值；⑤Ge 元素最大值位于第 3 段，总趋势随地层升高而降低；⑥S 规律性不明显；⑦Zn/(Sn+Zn)值分布自下而上是逐渐近似等比升高的，在第 6 个块段出现了异常降低的现象，在上部的 7、8、9 块段又出现了同比增高的特征。结合地质情况，矿体主要产出在该比值大于 0.70 的地层之中，在比值接近 0.90 的地层中矿体分布较集中。推测异常降低特征是由位于第 6 个块段中断层 F_1 的错断或后期作用引起的。

总体上，矿床下部层位较富集 Sn、Ga 和 S，这一特征与矿区最下部的 13 号主矿体以富 Sn 的块状硫化物矿石为主的地质事实相符。代表高温端元的成矿元素 Sn 含量从第 2 块段起向上总体呈下降趋势，代表低温端元的成矿元素 Ag（前缘晕）则呈明显升高的趋势，反映出高温成矿流体由下部向上部运移的过程中温度不断降低的演化过程，该特征与距离隐伏花岗岩体较远的南当厂银 Pb-Zn 矿床中 Ag 大量富集这一地质事实相符。

中部的 4～6 块段是 Zn、In、Cd 及 Cu 的主要富集层位，并且在上部的 8～9 块段中也发生部分富集，Cu 则达到最高值，表明随着流体温度降低，铁闪锌矿和黄铜矿等硫化物相继从成矿热液中析出沉淀，In、Cd 与 Zn 的变化规律十分吻合（图 8-90），反映出闪锌矿是它们的主要载体。

上述特征与近期矿山统计的 Zn 和 In 品位分布特征一致。从图 8-89 可见，Zn 主要富集于中部和上部含矿层位，沿走向（南北向）向南延伸较远，沿倾向向西也有较好的延伸；In 主要富集于中部含矿层位，具有向下迅速减弱，向上缓慢减弱的特征，沿走向（南北向）向南延伸较远，向西延伸特征与 Zn 相似，但弱于 Zn。从构造控矿的角度来说，In 与 Zn 的分布均可以看成 F_1 断层为界，并在其上、下盘附近或次生构造中富集，表明其分布受控于 F_1 断层。

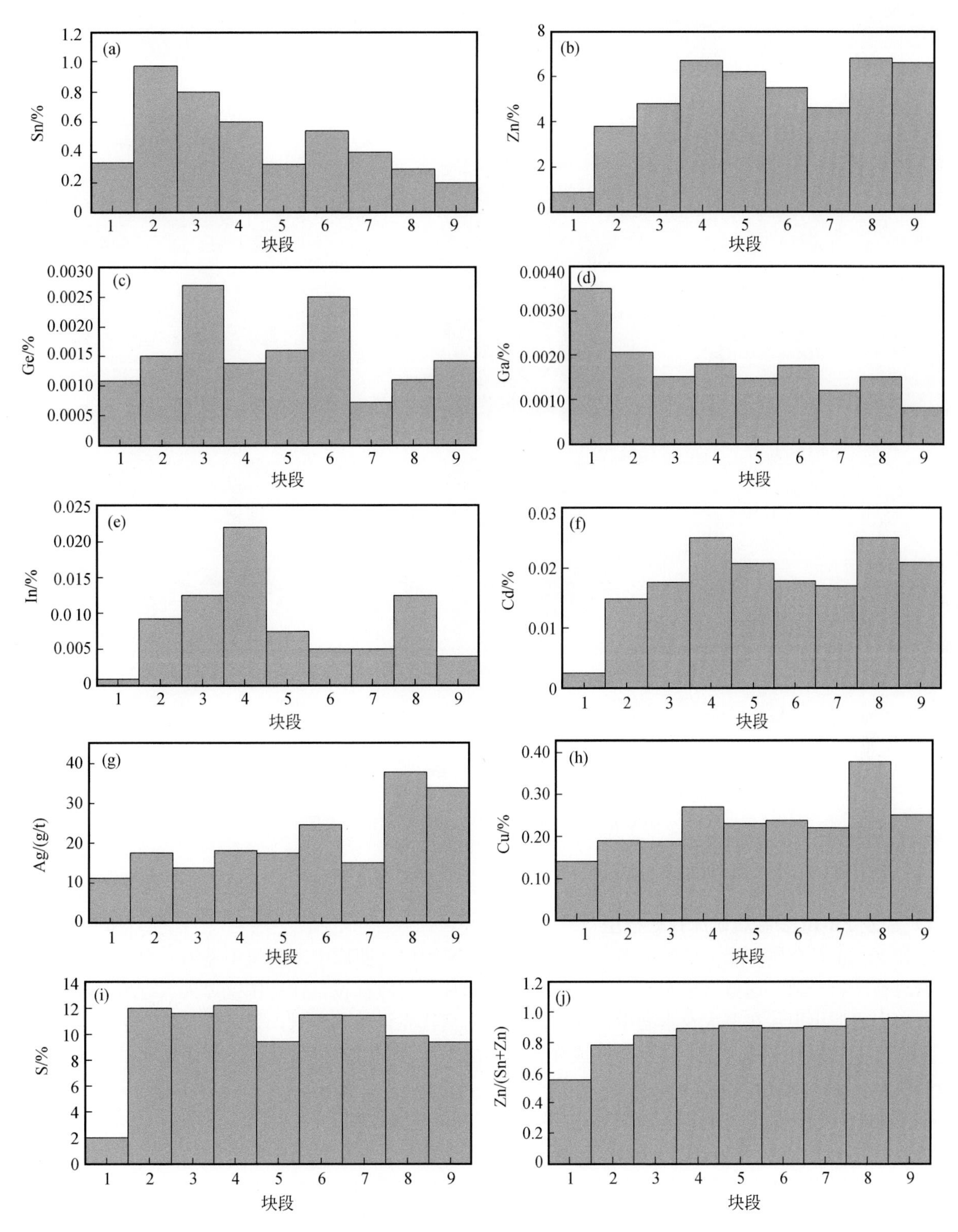

图 8-89　不同块段中各元素均值以及 Zn/(Zn+Sn)柱状图

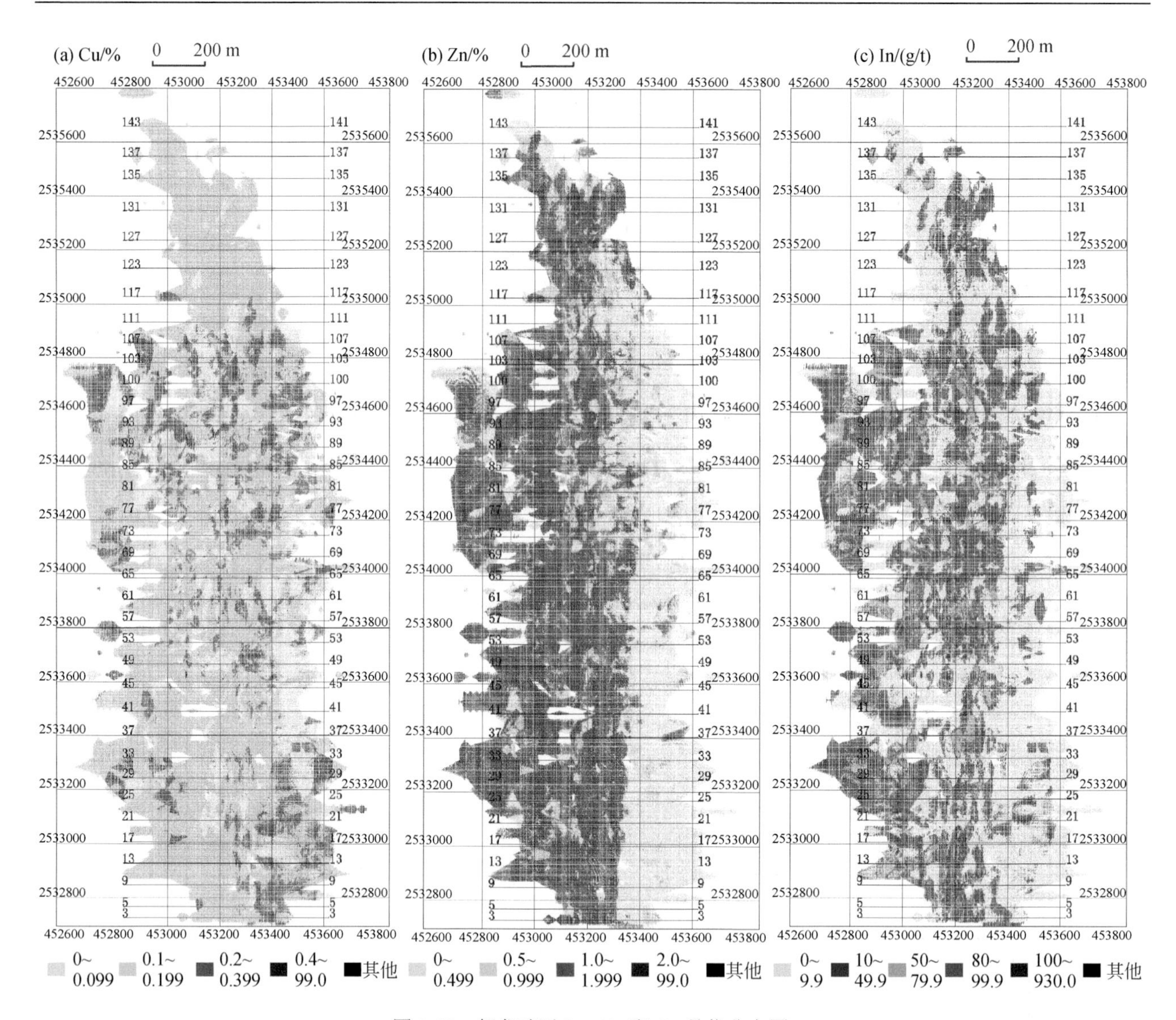

图 8-90　都龙矿区 In、Zn 和 Cu 品位分布图

4. 富 In 矿床找矿模型与找矿标志

1）都龙 Zn-In 多金属矿床找矿模型

都龙 Zn-In 多金属矿床主要矿体多产于新元古界新寨岩组（即原中寒武统田蓬组）夕卡岩中，剖面上与围岩总体产状一致。这些含矿夕卡岩多发育于片岩和片岩过渡部位，往往围绕厚大大理岩地质体上、下盘，夕卡岩成群出现，在厚大夕卡岩中，往往尚残留未交代完全的大理岩，采场中含矿夕卡岩切断边部大理岩层理的现象随处可见，表明夕卡岩形成晚于地层围岩，并非喷流沉积或沉积变质作用的结果，而是后期由热液交代作用形成。

综合分析认为，都龙富 In 硫化物矿床主要受以下因素共同控制：

（1）断裂构造。岩浆热液矿化是该矿区最重要的成矿阶段，必须具备相应开放的构造环境，使成矿溶液通过沟通花岗岩体的有利构造进行释放。大量野外地质现象表明，老君山燕山晚期重熔花岗岩岩浆沿南北向构造侵位，矿区深部隐伏岩体呈南北向脊条状分布，岩体顶界面呈波状不规则起伏，总体向南西方向侧伏。其上部两条近南北向的断层 F_0 和 F_1 共同控制了矿化热液的活动方向，并最终控制了矿床中主要矿体的产出。含矿夕卡岩与南北向延伸的断层 F_0、F_1 相一致，特别是 F_1 断层构造破碎带宽度大（5～20 m），延伸远（大于 8 km），带中蚀变矿化普遍而强烈，并有花岗斑岩脉和长英质岩脉侵入其中，沿构造带形成的剥离空间，也是工业矿体的重要赋矿空间；围绕 F_1 断层或其派生的次级层间构造带、岩相过渡带也有大小不一的含矿夕卡岩分布，表明 F_1 断层是矿区重要的导矿和容矿构造。矿区 13 号、24 号等大型夕卡岩型矿体虽然宏观上呈顺层分布，显示一定的“层控”和沉积特征，但实际为岩浆热液沿南北向 F_1 断裂破碎带及围岩岩性突变带形成的派生层间剥离构造充填交代的结果。

（2）地层中岩相变化带、层间破碎带。老君山多金属成矿区出露地层为寒武系、奥陶系、泥盆系、石炭系、二叠系，但区内发现的原生 Sn、Zn、In、Cu 等多金属矿床（点）大多产于新元古界新寨岩组（Pt_3x）中，显示一定的“层控”特征。这并非偶然，据已有资料（贾福聚等，2013，2014），新寨岩组 Pt_3x 地层中成矿元素 Sn、Zn、Pb 等总体含量较高，在区内复杂的加里东期构造-岩浆活动、印支期区域变质作用等地质演化过程中，原本分散的成矿元素发生了多次不同程度的富集，为燕山晚期岩浆热液交代成矿作用提供了物质基础。

新寨岩组地层岩相垂向变化较大，总体呈南北走向，向西倾，倾角 20°～60°。上部（西部）主要发育碳酸盐岩（即不纯的大理岩），局部夹石英云母片岩，下部（东部）主要为由碎屑岩变质而成的石英云母片岩，中部二者交互出现。不同的岩性特征反映了该地层的沉积环境和沉积岩相的差异。

不同岩相带控制了夕卡岩的发育程度和矿体的规模，曼家寨矿段东部（主要为 Pt_3x 下段）主要为由陆源碎屑岩变质而成的石英云母片岩带，岩性相对单一，岩石孔隙度较差，偶尔夹少量碳酸盐岩，不利于热液交代作用和厚大夕卡岩的形成，在构造和岩脉发育的地段，仅形成规模小的锡石硫化物石英脉型矿体、石英脉型白钨矿或夕卡岩型 Cu-Sn 矿囊。矿区西部岩性较东部复杂，总体为碳酸盐夹碎屑岩，因此，似层状夕卡岩比较发育，形成小—大型规模的 Sn-Zn 矿体。中部（陆源—碳酸盐过渡带）岩性十分复杂，钙、泥、硅质交替出现，不同规模、形态各异的大理岩透镜体频频产出，加之 F_1 断层及其次生断层发育，对于成矿热液的运移和热液交代作用非常有利，也具备良好的容矿空间，故围绕大理岩体形成了厚大夕卡岩及特大型 Sn-Zn 工业矿体。

含矿夕卡岩地质体外形不规则，沿走向和倾斜均有膨胀、收缩、分支等现象，有似层状、透镜状、扁豆状、囊状、条带状和脉状等形态。夕卡岩规模大小不等，一般走向长为几十米至 200 余米，最大夕卡岩体长度达 3600 m，厚度数米至 10 余米，最大厚度 120 余米。夕卡岩中矿化极不均匀，同一地质体内，主成矿元素 Zn、Sn、Cu 含量差异甚大，有的地段形成富厚工业矿体，有的地段仅有矿化。这些特征表明成矿热液对大理岩进行了不均匀的差异交代作用，矿化的差异性可能反映了夕卡岩形成于开放体系，不同位置大理岩岩性的不均匀性、层间构造的发育程度差异，以及物理化学条件差异性等综合因素都可能导致矿化发生变化。

（3）与隐伏花岗岩体的距离（温度场）。老君山地区 Sn-W 多金属矿床、矿点都分布在燕山晚期花岗岩体内部或周边，且随着与老君山花岗岩体距离的增加，矿化呈现规律性变化。都龙矿区这一规律最明显，从岩体向外，矿化类型大致呈花岗岩内部的 W、Sn、Mo 矿化→干夕卡岩型 W、Sn、Cu 矿化→湿夕卡岩型 Sn、Zn、In 矿化→外围碳酸盐地层中的热液充填型 Pb、Zn、Ag 矿化。这一规律表明，一方面，燕山晚期花岗岩本身提供了大量成矿金属元素，岩浆活动产生的热能和流体为 Sn 多金属成矿作用提供了有利条件。另一方面，随着成矿热液远离岩体，沿南北向构造活动距离的增加，温度也逐渐降低，与围岩相互作用形成的矿化也随之变化，表明成矿作用特别是成矿流体的运移和演化受岩体温度场控制。

野外调查表明，老君山第 1 期花岗岩体（γ_5^{3a}）内部常发育高温的黑钨矿、锡石和辉钼矿化。刘仕玉等（2018）研究表明，γ_5^{3a} 与围岩接触带普遍发育较厚的硅化壳，仅在穿切硅化壳的裂隙中，见 W-Sn 矿化；γ_5^{3a}、γ_5^{3b} 与围岩接触部位以及其突起上方 100m 范围内，偶见硅化壳，常形成“干夕卡岩”，发育少量 Sn-Cu 矿化；100～500 m 范围，常形成“湿夕卡岩”，矿区 70%以上的矿体均集中在“湿夕卡岩”之中及附近，成矿元素以 Sn-Zn-In 为主；第 3 期花岗岩体（γ_5^{3c}）与围岩接触部位常形成硅化-碳酸盐化-萤石化，形成小而富的中低温 Sn-Cu-W 脉状矿化。

综合上述研究，以都龙矿区为例建立了滇东南老君山地区富 In 矿床的找矿模型（图 8-91）。

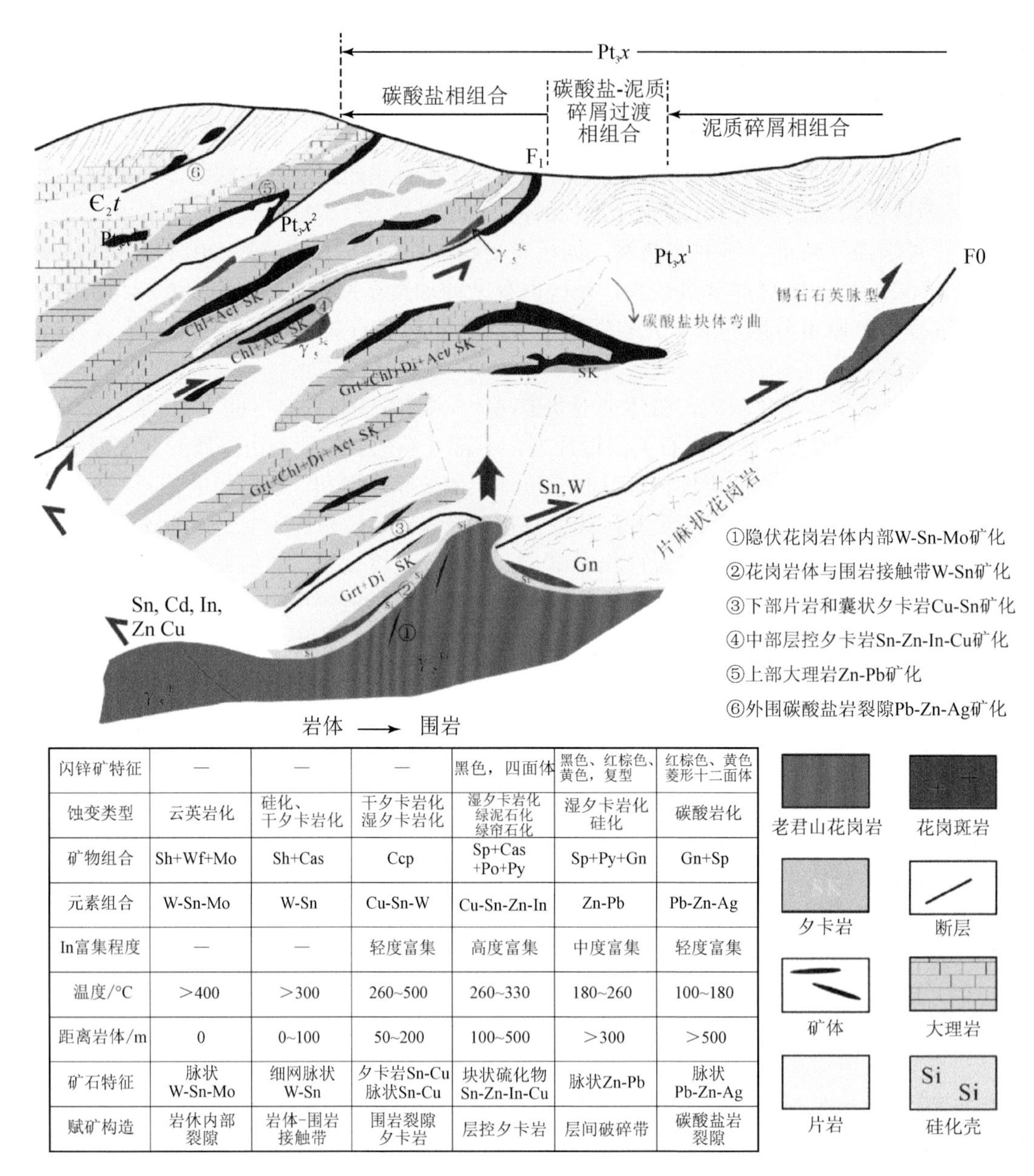

闪锌矿特征	—	—	—	黑色，四面体	黑色、红棕色、黄色，复型	红棕色、黄色菱形十二面体
蚀变类型	云英岩化	硅化、干夕卡岩化	干夕卡岩化湿夕卡岩化	湿夕卡岩化绿泥石化绿帘石化	湿夕卡岩化硅化	碳酸岩化
矿物组合	Sh+Wf+Mo	Sh+Cas	Ccp	Sp+Cas+Po+Py	Sp+Py+Gn	Gn+Sp
元素组合	W-Sn-Mo	W-Sn	Cu-Sn-W	Cu-Sn-Zn-In	Zn-Pb	Pb-Zn-Ag
In富集程度	—	—	轻度富集	高度富集	中度富集	轻度富集
温度/°C	＞400	＞300	260~500	260~330	180~260	100~180
距离岩体/m	0	0~100	50~200	100~500	＞300	＞500
矿石特征	脉状W-Sn-Mo	细网脉状W-Sn	夕卡岩Sn-Cu脉状Sn-Cu	块状硫化物Sn-Zn-In-Cu	脉状Zn-Pb	脉状Pb-Zn-Ag
赋矿构造	岩休内部裂隙	岩体-围岩接触带	围岩裂隙夕卡岩	层控夕卡岩	层间破碎带	碳酸盐岩裂隙

图 8-91　滇东南都龙矿区富 In 硫化物矿床找矿模型

矿物（岩石）缩写：SK. 夕卡岩；Act. 阳起石；Chl. 绿泥石；Grt. 石榴子石；Di. 透辉石；Sh. 白钨矿；Wf. 黑钨矿；Mo. 辉钼矿；Cas. 锡石；Ccp. 黄铜矿；Sp. 闪锌矿；Po. 磁黄铁矿；Py. 黄铁矿；Gn.方铅矿

2）In 的富集指示标志

综合地质、地球物理与地球化学资料和找矿模型，老君山地区 In 的富集指示标志（找矿标志）可归纳如下：

（1）矿物学标志。绝大多数 In 富集在闪锌矿，特别是铁闪锌矿中。因此，闪锌矿是该地区 In 最直接和最重要的富集指示标志，特别是含铁量＞9%的黑色、具有金属光泽的铁闪锌矿或高铁闪锌矿是 In 的最主要富集载体，一般都具有较高的 In 含量（$>50\times10^{-6}$）；铁闪锌矿常与磁黄铁矿、黄铜矿、黄铁矿等共生，因此，闪锌矿+磁黄铁矿+黄铜矿+黄铁矿的矿物组合是理想的找 In 矿物学标志。此外，闪锌矿等硫化物经剥蚀作用出露地表会快速风化分解，形成菱锌矿和异极矿等，常与白铅矿、褐铁矿等共生，也可作为间接 In 富集指标。

（2）岩石学标志。老君山地区规模较大的富 In-Sn-Zn 多金属矿床均以夕卡岩为直接容矿围岩，因此，夕卡岩是重要的间接找矿标志，特别是阳起石+绿帘石+绿泥石等组成“湿夕卡岩”。在热液脉状矿体周围也常发育石榴子石化、符山石化、绿泥石化和绿帘石化等蚀变，这些蚀变可作为寻找富 In 盲矿体的间接找矿标志。

（3）岩相和构造标志。老君山地区含矿夕卡岩都显示出一定的"层控"特征，如都龙矿区主要矿体产状与地层在剖面上基本一致。然而课题组研究成果已证明，这些"层控"夕卡岩是含矿热液在层间裂隙或片岩与大理岩岩相突变带等有利的构造-岩性部位发生交代和充填的结果。特别是新寨岩组中上部片岩与大理岩交替产出，接触部位受力很容易产生滑脱空间和层间破碎带，从而为成矿热液的迁移、交代和矿石沉淀提供良好条件。因此，该区连通隐伏花岗岩体的断裂浅部的派生层间断裂、片岩与大理岩岩相突变带和滑脱带等可作为寻找富 In 矿床的辅助标志。就都龙矿区而言，即 F_1 断裂两侧新寨岩组大理岩与片岩过渡带。

（4）指示元素组合标志。据都龙矿区矿化分带特征和矿化元素富集规律，In 富集相关的指示元素组合主要有 In-Cd-Pb-Zn-Ag-As-Hg-Cu-Fe-W-Sn-Bi-Mo-Be 等。按元素共生组合关系和富集特征，可将 Pb-Ag-As-Hg 组合归为 In 富集的前缘晕指示元素，In-Cd-Zn-Cu-Sn 组合为近矿晕指示元素，W-Fe-Bi-Mo-Be 组合为尾晕指示元素。除 In 外，Zn-Cd-Sn-Cu 组合是重要的富 In 指示标志。

（5）地球物理学标志。据区域和矿区地球物理资料，花岗岩体边部的布格重力低异常带、剩余重力负异常带，特别是其中的局部低值区和梯度带上叠加弱磁异常，是富 In-Sn 多金属矿床成矿远景区划分的间接地球物理标志。

5. 都龙矿区 Sn、Zn、In 的成矿趋势与远景

1）都龙 Zn-Sn 多金属矿床 Sn、Zn、In 的成矿趋势

从都龙矿区找矿模型中可见，该矿 Sn、Zn 和 In 矿化主要富集于燕山晚期隐伏花岗岩向外 100～500 m 范围内，处于该区岩浆热液矿化体系的中部，且 In 的主要富集温度范围为 260～330 ℃，即中高温环境。矿区总体为单斜构造，地层呈南北走向，向西倾斜，倾角一般 10°～35°；目前铜街－曼家寨主矿区已探明的主要矿体多呈层状、似层状、透镜状和囊状产于新寨岩组中"似层状"夕卡岩中，在平面上和剖面上分别呈南高北低的近南北向带状分布、向西倾，向南西向侧伏的叠瓦状分布，产状与地层基本一致。南北走向的 F_1 作为区内主要的导矿、控矿和容矿构造，其产状与矿体、地层相似，表现为近似层间正断层性质，并且 In 主要在 F_1 上、下盘附近或次生构造中富集。这些地质事实表明，矿区西侧厚覆盖层的中下部，以及矿区外围沿 F_1 断层南西向的倾伏端是寻找隐伏富 In 矿床的有利位置。

为了验证上述推断，在前述分层统计的基础上，开展了主成矿元素 Sn、Zn 品位的二维一次趋势面分析和沿矿体走向、倾向的平均品位变化分析。由于它们的品位值随地层的上下变化而具有明显的增减性，故二维一次趋势面将能够有效地表达出品位分布的趋势特征。

图 8-92 给出了都龙矿床主要矿段 Sn 和 Zn 的二维一次趋势面等值线特征，其具有自下而上沿地层呈阶梯状降低的特征，在矿区东部的下部地层中趋势值达到最大。据此，矿区东部花岗岩顶板以上部位是 Sn 元素的重点分布和富集区域，是重点找 Sn 区域。此外，近期生产勘探结果表明，矿区东部和北部外围（金石坡）的隐伏花岗斑岩脉边部，常发育厚度不等的不规则状夕卡岩和云英岩化带，其中的 Sn 含量较高，多达到工业品位，可能是下一步深部寻找 Sn 矿资源的重要突破口。

从图 8-92 中可见，Zn 元素矿化趋势特征与 Sn 正好相反，自东部上部向西部下部呈现出阶梯状增强趋势，矿化趋势在西部以断层 F_1 为界，分成了上下 2 个集中富集区，且沿倾向向西均未封口，所以在矿区西部 Zn 具有较好的找矿远景。前已述及，铁闪锌矿是 In 最重要的载体，同是也是 In 的直接找矿标志，F_1 断层是该矿床的最重要的成矿流体运移通道，结合 In、Zn 的分层富集特征和成矿流体运移与演化趋势，在 F_1 断层上下 2 个 Zn 集中富集区中，In 在下部富集区沿走向向南和倾向向西的深部区域的富集趋势好于上部富集区，可能具有较好的 In 的找矿前景。

从图 8-93 图中可见，在 F_1 下盘地层的下部，矿区 Zn/(Sn+Zn)值由东往西、自下往上呈上升趋势，矿体主要产出在该比值大于 0.70 的地层之中，在比值接近 0.90 的地层中矿体分布较集中，是矿区富 In 锡锌矿体的主要容矿层位。同时，从中可见 Zn/(Sn+Zn)值接近 0.90 的层位主要分布于 F_1 断层两侧，也间接证明 F_1 断层对 In 富集有控制作用。

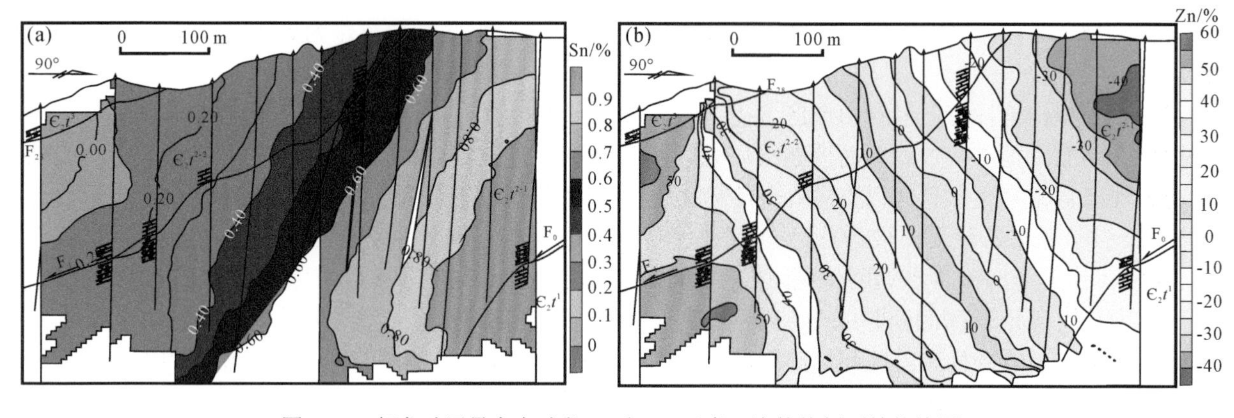

图 8-92 都龙矿区曼家寨矿段 Sn 和 Zn 元素一次趋势剖面等值线图

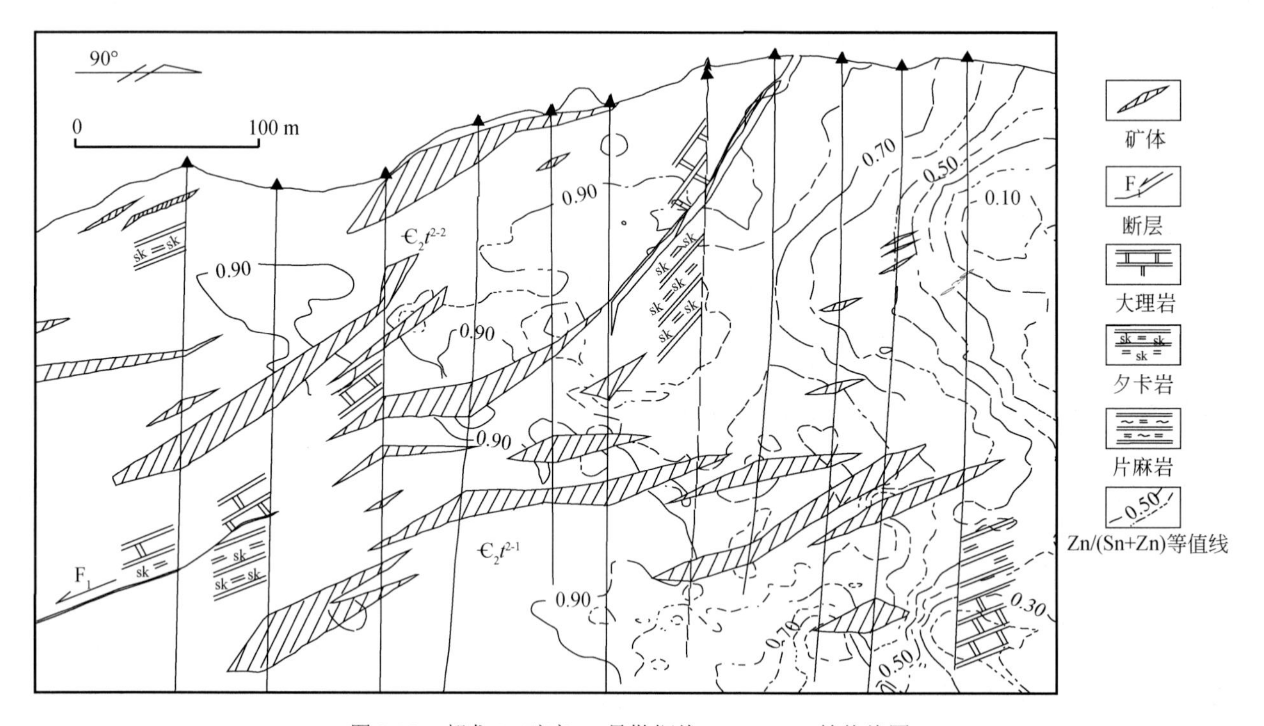

图 8-93 都龙 Sn 矿床 71 号勘探线 Zn/(Sn+Zn)等值线图

2）都龙 Zn-In 多金属矿床 Sn、Zn、In 的成矿远景区

综合都龙矿区矿化分带规律，主、伴生元素在三维空间中的矿化强度变化趋势等，并结合矿区成矿地质条件和控矿因素，在矿区深边部圈定出了 2 个富 In 成矿远景区，即①曼家寨矿段南西部万龙山富 In 多金属成矿远景区和②铜街—曼家寨矿段西部金石坡富 In 成矿远景区（图 8-94）。

（1）万龙山—辣子寨富 In 多金属成矿远景区划分依据如下：

a. 远景区内地层为新寨岩组上段，岩性为大理岩夹片岩，由于矿区地层与断层产状均向西倾斜，该区位于夕卡岩型主矿体沿走向和侧伏向延伸部位，矿化往西未封口，推测矿体往西部还有延伸；

b. 远景区位于断层 F_1 断层向南西向延伸范围，同时还是 F_1 与近东西向断裂构造相交的复合部位，Zn 和 Cu 元素都表现出了较高的矿化趋势；

c. 变异函数分析结果表明，在矿体和地层的倾向方向上，Zn 元素出现了最大变程值，Zn 的成矿具有很好的连续性，这就表明沿地层倾向方向，主矿体西部的深部，将具有很好的找矿前景；

d. 相关分析结果表明 Zn、Cd、In、Cu、Ag 具有较高的相关性，因此该远景区为 Zn、Cu、In 多金属成矿远景区。

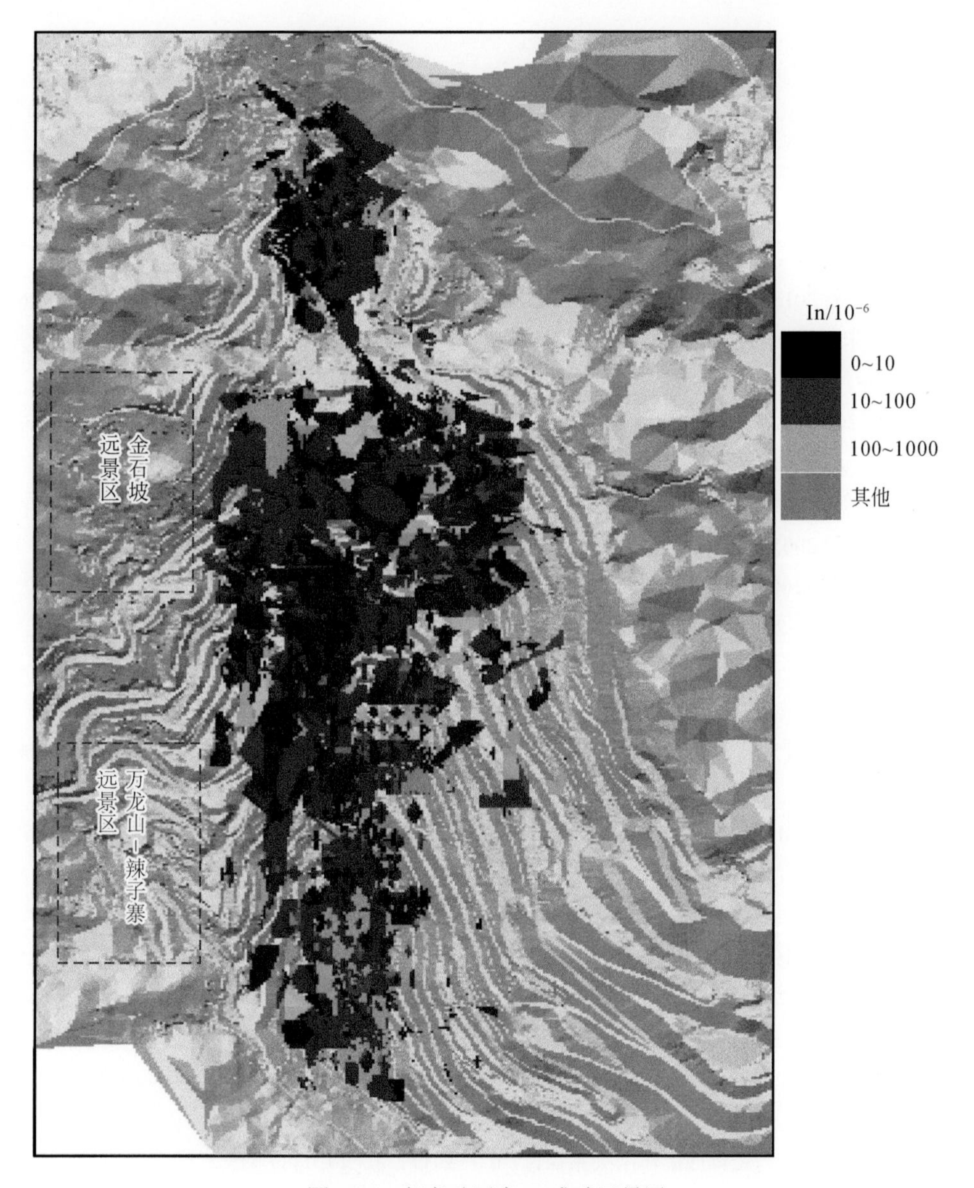

图 8-94　都龙矿区富 In 成矿远景区

（2）金石坡富 In 成矿远景区划分依据如下：

a. 远景区内地层为新寨岩组上段，岩性为大理岩夹片岩。夕卡岩及矿体的产状与万龙山区相类似，是铜街—曼家寨矿段中部主矿体倾向方位，推测主矿体往西部还有延伸；

b. 该地区是 Zn 在 F_1 上盘西部又一个矿化趋势较高的区域；

c. 变异函数分析结果表明，在矿区中部矿体和地层的倾向方向上，Zn 元素出现了大变程值，Zn 具有较好的成矿连续性，因此该远景区为西部 Zn、In 成矿远景区。

参考文献

白俊豪，黄智龙，朱丹，等. 2013. 云南金沙厂铅锌矿床硫同位素地球化学特征. 矿物学报，33（2）：256-264.

鲍谈. 2014. 云南都龙夕卡岩型锡锌多金属矿床成矿流体及成矿机制研究. 贵阳：中国科学院地球化学研究所.

蔡劲宏，周卫宁，张锦章. 1996. 江西银山铜铅锌多金属矿床闪锌矿的标型特征. 桂林工学院学报，16（4）：370-375.

蔡军涛，陈小斌，赵国泽. 2010. 大地电磁资料精细处理和二维反演解释技术研究（一）——阻抗张量分解与构造维性分析. 地球物理学报，53（10）：2516-2526.

蔡明海，梁婷，吴德成，等. 2004. 广西丹池成矿带构造特征及其控矿作用. 地质与勘探，40（6）：5-10.

蔡明海，毛景文，梁婷，等. 2005. 大厂锡多金属矿田铜坑-长坡矿床流体包裹体研究. 矿床地质，24（3）：228-241.

蔡明海，何龙清，刘国庆，等. 2006. 广西大厂锡矿田侵入岩 SHRIMP 锆石 U-Pb 年龄及其意义. 地质论评，52（3）：409-414.

蔡倩茹，燕永锋，杨光树，等. 2017. 滇东南南秧田钨矿床含矿夕卡岩地球化学特征及成因初探. 中国稀土学报，35（5）：642-656.

蔡水洪，苏元复. 2000. 溶剂萃取法分离 Zn，Cu，In. 华东化工学院学报，14（5）：530-536.

蔡周荣，夏斌，黄强太，等. 2015. 上、下扬子区古生界页岩气形成和保存的构造背景对比分析. 天然气地球科学，26（8）：1446-1454.

操应长，葸克来，朱如凯，等. 2015. 松辽盆地南部泉四段扶余油层致密砂岩储层微观孔喉结构特征. 中国石油大学学报（自然科学版），39（5）：7-17.

曹飞，杨卉芃，张亮，等. 2019. 全球钽铌矿产资源开发利用现状及趋势. 矿产保护与利用，39（5）：56-67，89.

曹志敏，温春齐，李保华，等. 1995. 首例独立碲矿床成因探讨. 中国科学（B 辑 化学 生命科学 地学），25（6）：647-654.

柴玉璞. 1988. 位场 DFT 算法研究. 地球物理学报，31（2）：221-224.

柴玉璞，贾继军. 1990. Parker 公式的一系列推广及其在石油重力勘探中的应用前景. 石油地球物理勘探，25（3）：321-332.

常向阳，陈永亨，刘敬勇，等. 2008. 粤西云浮含铊硫化物矿产利用对环境的影响：元素-铅同位素示踪研究. 地球学报，29（6）：765-768.

陈大，刘义. 2012. 峨眉山玄武岩与铅锌成矿作用关系探讨. 矿产勘查，3（4）：469-475.

陈代演，邹振西. 2000. 贵州西南部滥木厂式铊（汞）矿床研究. 贵州地质，17（4）：236-241.

陈国达，杨心宜，梁新权. 2001. 中国华南活化区历史-动力学的初步研究. 大地构造与成矿学，25（3）：228-238.

陈国勇，邹建波，谭华，等. 2008. 黔西北地区铅锌矿成矿规律探讨. 贵州地质，25（2）：86-94.

陈洪德，曾允孚. 1990. 右江沉积盆地的性质及演化讨论. 岩相古地理，（1）：28-37.

陈洪德，曾允孚，李孝全. 1989. 丹池晚古生代盆地的沉积和构造演化. 沉积学报，7（4）：85-96.

陈骏，周怀阳，吴厚泽，等. 1989. 广西大厂沉积-热液叠加型锡矿床的成矿模拟实验. 桂林冶金地质学院学报，9（4）：380-386.

陈启良. 2002. 滇东北渔户村组富铅锌矿成矿地质特征及找矿标志. 地质与勘探，38（1）：22-26.

陈群，戴晓燕，梁鹏，等. 2019. 贵州省修文县石炭系小山坝铝土矿矿床地质特征. 贵州地质，36（4）：316-323.

陈士杰. 1986. 黔西滇东北铅锌矿成因探讨. 贵州地质，3（3）：211-222.

陈伟，孔志岗，刘凤祥，等. 2017. 贵州纳雍枝铅锌矿床地质、地球化学及矿床成因. 地质学报，91（6）：1269-1284.

陈学明，林棕，谢富昌. 1998. 云南白牛厂超大型银多金属矿床叠加成矿的地质地化特征. 地质科学，33（1）：115-124.

陈毓川，黄民智，徐珏，等. 1993. 大厂锡矿地质. 北京：地质出版社：235.

陈毓川，毛景文，骆耀南，等. 1996. 四川大水沟碲（金）矿床地质和地球化学. 北京：原子能出版社：127.

陈中林. 1986. DFT 理论及其新算法研究. 地球物理学报，29（3）：255-272.

成会章. 2013. 四川会理天宝山铅锌矿断裂构造研究及找矿实践. 矿产与地质，27（4）：298-302.

成秋明，赵鹏大，张生元，等. 2009. 奇异性理论在个旧锡铜矿产资源预测中的应用：综合信息集成与靶区圈定. 地球科学（中国地质大学学报），34（2）：243-252.
成永生. 2012. 关于分散元素铟超常富集的专属性问题. 矿床地质，31（S1）：263-264.
成永生. 2013. 关于富铟矿床分布特征及其产出规律的探讨. 矿物学报，33（S2）：199-200.
成永生，胡瑞忠. 2012. 广西大福楼锡多金属矿床铅同位素地球化学. 中南大学学报（自然科学版），43（11）：4381-4387.
程鹏林，李守能，陈群，等. 2004. 从清镇猫场矿区高铁铝土矿的产出特征再探讨黔中铝土矿矿床成因. 贵州地质，21（4）：215-222.
程彦博. 2012. 个旧超大型锡多金属矿区成岩成矿时空演化及一些关键问题探讨. 北京：中国地质大学（北京）.
程彦博，毛景文，陈小林，等. 2010. 滇东南薄竹山花岗岩的 LA-ICP-MS 锆石 U-Pb 定年及地质意义. 吉林大学学报（地球科学版），40（4）：869-878.
程远志，汤吉，陈小斌，等. 2015. 南北地震带南段川滇黔接壤区电性结构特征和孕震环境. 地球物理学报，58(11)：3965-3981.
程志中，谢学锦，冯济舟，等. 2014. 中国南方地区地球化学图集. 北京：地质出版社：1-113.
池国祥，赖健清. 2009. 流体包裹体在矿床研究中的作用. 矿床地质，28（6）：850-855.
丛源，肖克炎，刘增铁，等. 2016. 南盘江-右江 Sn-Sb-Mn-Zn-Al-Au 多金属成矿区主要地质特征及资源潜力. 地质学报，90（7）：1573-1588.
崔毅琦，童雄，周庆华，等. 2005. 我国伴生稀散金属锗镓的选矿回收研究概况. 中国工程科学，7（S1）：161-165.
崔银亮，张云峰，郭欣. 2011. 滇东北铅锌银矿床遥感地质与成矿预测. 北京：地质出版社.
崔银亮，周家喜，黄智龙，等. 2018. 云南富乐铅锌矿床地质、地球化学及成因. 岩石学报，34（1）：194-206.
代世峰，任德贻，李生盛. 2006. 内蒙古准格尔超大型镓矿床的发现. 科学通报，51（2）：177-185.
代世峰，任德贻，周义平，等. 2014. 煤型稀有金属矿床：成因类型、赋存状态和利用评价. 煤炭学报，39（8）：1707-1715.
戴塔根，杜高峰，张德贤，等. 2012. 广西大厂锡多金属矿床中铟的富集规律. 中国有色金属学报，22（3）：703-714.
戴自希. 2005. 世界铅锌资源的分布、类型和勘查准则. 世界有色金属，（3）：15-23，6.
邓海琳，李朝阳，涂光炽，等. 1999. 滇东北乐马厂独立银矿床 Sr 同位素地球化学. 中国科学 D 辑：地球科学，（6）：496-503.
邓克勇，张正荣，金翔霖. 2007. 贵州省赫章县五里坪钼（铅锌）矿地质特征及成因浅析. 贵州地质，24（3）：179-184.
邓卫，刘侦德，阳海燕，等. 2002. 凡口铅锌矿锗和镓资源与回收. 有色金属，54（1）：54-57.
丁道桂，郭彤楼，胡明霞，等. 2007. 论江南-雪峰基底拆离式构造——南方构造问题之一. 石油实验地质，29（2）：120-127，132.
丁道桂，邓模，朱文利. 2010. 大南盘江地区晚古生代拗拉槽盆地的改造变形. 石油与天然气地质，31（4）：393-402.
丁振举，刘从强，姚书振，等. 2003. 东沟坝多金属矿床矿质来源的稀土元素地球化学限制. 吉林大学学报（地球科学版），33（4）：437-442.
董宇，魏博，王焰. 2021. 金川铜镍硫化物矿床中铂族矿物的主要类型和产出特征：热液蚀变过程中铂族元素的富集机理. 岩石学报，37（9）：2875-2888.
董云鹏，朱炳泉，常向阳，等. 2002. 滇东师宗—弥勒带北段基性火山岩地球化学及其对华南大陆构造格局的制约. 岩石学报，18（1）：37-46.
窦文超，刘洛夫，吴康军，等. 2016. 基于压汞实验研究低渗储层孔隙结构及其对渗透率的影响——以鄂尔多斯盆地西南部三叠系延长组长 7 储层为例. 地质论评，62（2）：502-512.
杜刚，汤达祯，武文，等. 2003. 内蒙古胜利煤田共生锗矿的成因地球化学初探. 现代地质，17（4）：453-458.
杜明. 1995. 会泽铅锌矿成为我国最大的锗生产基地. 世界有色金属，（9）：26.
杜乃林，张玲，胜永玲. 1989. 氯化三辛基甲基胺在环境分析中的应用——煤矸石中微量铟的分离与定量. 国外环境科学技术，（1）：65-69.
杜胜江，温汉捷，罗重光，等. 2019a. 滇东-黔西地区峨眉山玄武岩富 Nb 榍石矿物学特征. 矿物学报，39（3）：253-263.
杜胜江，温汉捷，朱传威，等. 2019b. 扬子板块西缘稀散金属超常富集的地球化学背景. 岩石学报，35（11）：3355-3369.
杜胜江，温汉捷，罗重光. 2021. 滇黔地区古风化-沉积型铌多金属矿床物源示踪：来自玄武岩中榍石的启示. 古地理学报，23（4）：871-872.
杜远生，余文超. 2020. 沉积型铝土矿的陆表淋滤成矿作用：兼论铝土矿床的成因分类. 古地理学报，22（5）：812-826.
杜远生，黄宏伟，黄志强，等. 2009. 右江盆地晚古生代—三叠纪盆地转换及其构造意义. 地质科技情报，28（6）：10-15.

杜远生，黄虎，杨江海，等. 2013. 晚古生代—中三叠世右江盆地的格局和转换. 地质论评，59（1）：1-11.

段明. 2009. 内蒙古贺根山地区蛇绿岩的类型及其成矿作用. 长春：吉林大学：4-20.

敦妍冉，荆海鹏，洛桑才仁，等. 2019. 全球镓矿资源分布、供需及消费趋势研究. 矿产保护与利用，39（5）：9-15，25.

樊海峰，温汉捷，胡瑞忠，等. 2009. 分散元素（Ge，Cd，Tl）稳定同位素研究. 地学前缘，16（4）：344-353.

范森葵. 2011. 广西大厂锡多金属矿田地质特征、矿床模式与成矿预测. 长沙：中南大学.

范森葵，王明艳，成永生，等. 2009. 大厂矿田黑水沟-铜坑区深部多方法找矿与成矿预测. 金属矿山，（10）：117-121.

范森葵，王登红，梁婷，等. 2010. 广西大厂 96 号矿体的成矿元素地球化学特征与成因. 吉林大学学报（地球科学版），40（4）：781-790.

范裕，周涛发，Voicu G，等. 2005. 铊矿床成矿规律. 地质科技情报，24（1）：55-60.

范裕，周涛发，袁峰. 2007a. 安徽香泉独立铊矿床中黄铁矿的地球化学特征及其成因. 矿物学报，27（Z1）：100-101.

范裕，周涛发，袁峰，等. 2007b. 安徽和县香泉独立铊矿床的地质地球化学特征及成因探讨. 矿床地质，26（6）：597-608.

冯镜权，李勇，刘文周. 2009. 会理天宝山铅锌矿矿床地质特征及控矿条件浅析. 四川地质学报，29（4）：426-430，434.

冯锐，严惠芬，张若水. 1986. 三维位场的快速反演方法及程序设计. 地质学报，（4）：390-403.

冯旭亮. 2016. 空间域密度界面三维反演方法研究. 西安：长安大学.

符平礼. 2011. 重磁在广西深部找矿的几点认识. 建材与装饰，（8）：504-505.

付绍洪，顾雪祥，王乾，等. 2004. 扬子地块西南缘铅锌矿床 Cd、Ge 与 Ga 富集规律初步研究. 矿物岩石地球化学通报，23（2）：105-108.

甘尕莲，甘长福，宋慈安. 2017. 广西大厂砂锡矿床地质特征及形成条件.中国锰业，35（3）：27-30.

高博. 2014. 典型环境样品中重金属污染及 Cd 和 Pb 同位素示踪的初步研究. 广州：中国科学院广州地球化学研究所.

高航校，任小华，郭健，等. 2011. 茂租铅锌矿床地质-地球物理特征及矿体预测研究. 矿产与地质，25（2）：152-157.

高计元. 1999. 大厂锡石多金属硫化物矿床铅同位素演化及其矿床成因的意义. 地质地球化学，27（2）：38-43.

高雪，邓军，孟健寅，等. 2014. 滇西红牛夕卡岩型铜矿床石榴子石特征. 岩石学报，30（9）：2695-2708.

高振敏，李朝阳. 1999. 分散元素矿床地球化学研究//中国科学院地球化学研究所等. 资源环境与可持续发展. 北京：科学出版社：241-248.

高振敏，张乾，陶琰，等. 2004. 峨眉山地幔柱成矿作用分析. 矿物学报，24（2）：99-104.

郜兆典. 2002. 大厂锡多金属矿床成矿模式及找矿远景. 广西地质，15（3）：25-32，36.

耿元生，杨崇辉，王新社，等. 2007. 扬子地台西缘结晶基底的时代. 高校地质学报，13（3）：429-441.

宫猛，李红谊，徐小明，等. 2010. 青藏高原东部基于噪声的面波群速度分布特征. 地学前缘，17（5）：151-162.

谷团，李朝阳. 1998. 分散元素镉的资源概况及其研究意义——来自牛角塘铅锌矿的线索. 地质地球化学，26（4）：38-42.

顾尚义. 2006. 黔西北铅锌矿稀土元素组成特征——兼论黔西北地区铅锌矿成矿与峨眉山玄武岩的关系. 贵州地质，23(4)：274-277.

顾雪祥，王乾，付绍洪，等. 2004. 分散元素超常富集的资源与环境效应：研究现状与发展趋势. 成都理工大学学报（自然科学版），31（1）：15-21.

管士平，李忠雄. 1999. 康滇地轴东缘铅锌矿床铅硫同位素地球化学研究. 地质地球化学，27（4）：45-54.

广西壮族自治区地质矿产局. 1985. 广西壮族自治区区域地质志. 北京：地质出版社：10-76.

贵州省地质调查院. 2017. 中国区域地质志 • 贵州志. 北京：地质出版社.

郭春丽，王登红，付小方，等. 2006. 四川岔河锡矿区富铟矿石的发现及其找矿意义. 地质论评，52（4）：550-555.

郭佳. 2019. 华南右江盆地锡成矿事件与花岗岩锡成矿能力——以个旧和大厂锡多金属矿区为例. 广州：中国科学院广州地球化学研究所，1-138.

郭利果. 2006. 滇东南老君山变质核杂岩地球化学和年代学初步研究. 贵阳：中国科学院地球化学研究所.

郭令智，施央申，马瑞士. 1980. 华南大地构造格架和地壳演化//国际交流地质学术论文集（一）：构造地质、地质力学. 北京：地质出版社：106-109.

郭涛，吕古贤. 2007. 胶东西北部金成矿带控矿构造系统分析. 地质力学学报，13（2）：119-130.

郭希，陈赟，李士东，等. 2017. 峨眉山大火成岩省地壳横波速度结构特征及其动力学意义. 地球物理学报，60(9)：3338-3351.

国土资源部，发展改革委，科技部，等. 2012. 找矿突破战略行动纲要（2011—2020 年）. 地质装备，13（5）：39-44，25.

韩发，哈钦森. 1989a. 大厂锡-多金属矿床热液喷气沉积成因的证据——容矿岩石的微量元素及稀土元素地球化学. 矿床地质，（3）：33-42.

韩发，哈钦森. 1989b. 大厂锡多金属矿床热液喷气沉积的证据——含矿建造及热液沉积岩.矿床地质，8（2）：25-40.

韩发，哈钦森. 1990. 大厂锡-多金属矿床喷气沉积成因的证据——矿床地质、地球化学特征. 矿床地质，9（4）：309-324.

韩发，赵汝松，沈建忠，等. 1997. 大厂锡多金属矿床地质及成因. 北京：地质出版社：65-157.

韩奎. 2013. 川滇黔交界地区铅锌成矿区构造控矿特征. 西安：西北大学：1-64.

韩奎，罗金海，王宗起，等. 2012. 川滇黔交界地区铅锌矿床含矿角砾岩特征及其构造意义. 矿床地质，31（3）：629-641.

韩润生. 2013. 初论扬子地块西南缘典型的多金属矿床成矿系统. 矿物学报，（S2）：905-906.

韩润生，刘丛强，黄智龙，等. 2001. 论云南会泽富铅锌矿床成矿模式. 矿物学报，21（4）：674-680.

韩润生，陈进，黄智龙，等. 2006. 构造成矿动力学及隐伏矿定位预测——以云南会泽超大型铅锌（银、锗）矿床为例. 北京：科学出版社.

韩润生，邹海俊，胡彬，等. 2007. 云南毛坪铅锌（银、锗）矿床流体包裹体特征及成矿流体来源. 岩石学报，23（9）：2109-2118.

韩润生，胡煜昭，王学琨，等. 2012. 滇东北富锗银铅锌多金属矿集区矿床模型. 地质学报，86（2）：280-294.

韩润生，王峰，胡煜昭，等. 2014. 会泽型（HZT）富锗银铅锌矿床成矿构造动力学研究及年代学约束. 大地构造与成矿学，38（4）：758-771.

韩吟文，马振东. 2003. 地球化学. 北京：地质出版社.

韩照信. 1994. 秦岭泥盆系铅锌成矿带中闪锌矿的标型特征. 西安地质学院学报，16（1）：12-17.

郝天珧，胡卫剑，邢健，等. 2014. 中国海陆 1∶500 万莫霍面深度图及其所反映的地质内涵. 地球物理学报，57（12）：3869-3883.

郝艳丽，张招崇，王福生，等. 2004. 峨眉山大火成岩省“高钛玄武岩”和“低钛玄武岩”成因探讨. 地质论评，50（6）：587-592.

何斌，徐义刚，肖龙，等. 2003. 攀西裂谷存在吗?. 地质论评，49（6）：572-582.

何冰辉，刘少峰，吴鹏. 2017. 滇东者海上二叠统宣威组下部地层碎屑锆石 U-Pb 测年及其地质意义. 地质调查与研究，40（2）：126-133，146.

何承真，肖朝益，温汉捷，等. 2016. 四川天宝山铅锌矿床的锌-硫同位素组成及成矿物质来源. 岩石学报，32（11）：3394-3406.

何登发，董大忠，吕修祥，等. 1996. 克拉通盆地分析. 北京：石油工业出版社.

何芳，张乾，刘玉平，等. 2015. 云南都龙锡锌多金属矿床铅同位素组成：成矿金属来源制约. 矿物学报，35（3）：309-317.

何海洋，何敏，李建武. 2018. 我国铌矿资源供需形势分析. 中国矿业，27（11）：1-5.

何季麟. 2003. 中国钽铌工业的进步与展望. 中国工程科学，5（5）：40-46.

贺胜辉，荣惠锋，尚卫，等. 2006. 云南茂租铅-锌矿床地质特征及成因研究. 矿产与地质，20（4-5）：397-402.

贺胜辉，陈贤胜，荣惠锋. 2014. 云南省会泽县麻栗坪铅锌矿床地质特征及成因研究. 中国矿业，23（10）：80-87.

侯满堂，王党国，邓胜波，等. 2007. 陕西马元地区铅锌矿地质特征及矿床类型. 西北地质，40（1）：42-60.

侯明才，邓敏，张本健，等. 2011. 峨眉山高钛玄武岩中主要的赋钛矿物——榍石的产状、特征及成因. 岩石学报，27（8）：2487-2499.

胡立天，郝天珧. 2014. 带控制点的三维密度界面反演方法. 地球物理学进展，29（6）：2498-2503.

胡瑞忠，毕献武，叶造军，等. 1996. 临沧锗矿床成因初探. 矿物学报，16（2）：97-102.

胡瑞忠，毕献武，苏文超，等. 1997. 对煤中锗矿化若干问题的思考——以临沧锗矿为例. 矿物学报，17（4）：364-368.

胡瑞忠，苏文超，戚华文，等. 2000. 锗的地球化学、赋存状态和成矿作用. 矿物岩石地球化学通报，19（4）：215-217.

胡瑞忠，陶琰，钟宏，等. 2005. 地幔柱成矿系统：以峨眉山地幔柱为例. 地学前缘，12（1）：42-54.

胡瑞忠，温汉捷，苏文超，等. 2014. 矿床地球化学近十年若干研究进展. 矿物岩石地球化学通报，33（2）：127-144.

胡瑞忠，付山岭，肖加飞. 2016. 华南大规模低温成矿的主要科学问题. 岩石学报，32（11）：3239-3251.

胡瑞忠，陈伟，毕献武，等. 2020. 扬子克拉通前寒武纪基底对中生代大面积低温成矿的制约. 地学前缘，27（2）：137-150.

胡晓强，李云泉，帅德权. 2001. 四川丹巴地区 Cu-Ni-Pt 族元素矿床的矿石矿物特征. 矿物岩石，21（1）：14-18.

胡耀国. 1999. 贵州银厂坡银多金属矿床银的赋存状态、成矿物质来源与成矿机制. 贵阳：中国科学院地球化学研究所.

胡宇思，叶霖，黄智龙，等. 2019. 滇东北麻栗坪铅锌矿床微量元素分布与赋存状态：LA-ICPMS 研究. 岩石学报，35（11）：3477-3492.

华仁民，陈培荣，张文兰，等. 2005. 论华南地区中生代 3 次大规模成矿作用. 矿床地质，24（2）：99-107.

黄翀，陈其慎，李颖，等. 2014. 2030 年全球及中国铼资源需求刍议. 中国矿业，23（9）：9-11，29.
黄汲清. 1984. 中国大地构造特征的新研究. 中国地质科学院院报，9（2）：5-18.
黄启勋. 2015. 南盘江—右江成矿带广西境域深部找矿潜力分析. 南方国土资源，（9）：30-32.
黄文斌，等. 2016. 全球新兴战略性矿产资源形势与供求——稀散金属篇. 中国地质调查局图书馆.
黄智龙，陈进，韩润生，等. 2004a. 云南会泽超大型铅锌矿床地球化学及成因——兼论峨眉山玄武岩与铅锌成矿的关系. 北京：地质出版社.
黄智龙，李文博，张振亮，等. 2004b. 云南会泽超大型铅锌矿床成因研究中的几个问题. 矿物学报，24（2）：105-111.
黄智龙，李文博，陈进等. 2004c. 云南会泽超大型铅锌矿床 C、O 同位素地球化学. 大地构造与成矿学，（1）：53-59.
黄智龙，胡瑞忠，苏文超，等. 2011. 西南大面积低温成矿域：研究意义、历史及新进展. 矿物学报，31（3）：309-314.
嵇少丞，王茜，Marcotte D，等. 2006. 苏鲁超高压变质岩中地震波速随围压的变化规律. 地质学报，80（12）：1807-1812.
贾福聚，高建国，念红良，等. 2013. 滇东南老君山锡多金属成矿区含矿岩系稀土元素地球化学. 矿物学报，33（4）：658-664.
贾福聚，念红良，李星，等. 2014. 滇东南老君山成矿区不同成矿系列稀土元素地球化学研究. 高校地质学报，20（4）：549-557.
贾福聚，燕永锋，伍伟，等. 2016. 云南老君山锡多金属成矿区硫、铅、氢、氧同位素地球化学. 吉林大学学报（地球科学版），46（1）：105-118.
姜寒冰，姜常义，钱壮志，等. 2009. 云南峨眉山高钛和低钛玄武岩的岩石成因. 岩石学报，25（5）：1117-1134.
姜凯，燕永锋，朱传威，等. 2014. 云南金顶铅锌矿床中铊、镉元素分布规律研究. 矿物岩石地球化学通报，33（5）：753-758.
金友渔. 1984. 矿化富集中心的数学模型及在矿产资源总量预测中的应用. 地球科学，（4）：117-124.
金中国. 2008. 黔西北地区铅锌矿控矿因素、成矿规律与找矿预测. 北京：冶金工业出版社.
金中国，向贤礼，黄智龙，等. 2011. 黔北务川瓦厂坪铝土矿床元素迁移规律研究. 地质与勘探，47（6）：957-966.
金中国，周家喜，黄智龙，等. 2016. 贵州普定纳雍枝铅锌矿矿床成因：S 和原位 Pb 同位素证据. 岩石学报，32（11）：3441-3455.
景维祥，曾祥恕. 1992. 云南会泽铅锌矿志. 云南经济信息报.
柯小平，王勇，许厚泽，等. 2006. 青藏东缘三维 Moho 界面的位场遗传算法反演. 大地测量与地球动力学，26（1）：100-104.
孔志岗，吴越，张锋，等. 2018. 川滇黔地区典型铅锌矿床成矿物质来源分析：来自 S-Pb 同位素证据. 地学前缘，25（1）：125-137.
孔志岗，张斌臣，吴越，等. 2022. 四川大梁子富锗铅锌矿床的控矿构造样式及成矿机制研究. 地学前缘，29（1）：143-159.
寇林林，张森，钟康惠. 2015. 四川大梁子和天宝山铅锌矿床地球化学差异及地质意义. 地质与资源，24（1）：26-32.
《矿产资源综合利用手册》编委会. 2000. 矿产资源综合利用手册. 北京：科学出版社.
《矿产资源工业要求手册》编委会. 2012. 矿产资源工业要求手册 2012 修订版. 北京：地质出版社.
赖勇，舒启海，王潮. 2013. 内蒙古斑岩钼（铜）矿成矿流体演化机理研究——以海苏沟、敖仑花、车户沟等斑岩钼矿为例. 矿物学报，33（S2）：455.
蓝江波，刘玉平，叶霖，等. 2016. 滇东南燕山晚期老君山花岗岩的地球化学特征与年龄谱系. 矿物学报，36（4）：441-454.
雷良奇，曾允孚. 1993. 热水沉积和岩浆气液叠加与大厂超大型锡-多金属矿床. 地球化学，（3）：252-260.
冷成彪，王守旭，苟体忠，等. 2007. 新疆阿尔泰可可托海 3 号伟晶岩脉研究. 华南地质与矿产，（1）：14-20.
黎彤. 1984. 大洋地壳和大陆地壳的元素丰度. 大地构造与成矿学，8（1）：19-27.
黎彤，倪守斌. 1990. 地球和地壳的化学元素丰度. 北京：地质出版社.
黎彤，袁怀雨，吴胜昔，等. 1999. 中国大陆壳体的区域元素丰度. 大地构造与成矿学，23（2）：101-107.
李爱芬，任晓霞，王桂娟，等. 2015. 核磁共振研究致密砂岩孔隙结构的方法及应用. 中国石油大学学报（自然科学版），39（6）：92-98.
李波. 2010. 滇东北地区会泽、松梁铅锌矿床流体地球化学与构造地球化学研究. 昆明：昆明理工大学：1-27.
李春阳. 1991. 滕县煤田石炭二叠纪煤系锗镓分布特征. 中国煤田地质，3（1）：34-40.
李聪聪，孙顺新，张光超. 2013. 滇东北峨眉山玄武岩对晚二叠世含煤建造的影响. 中国煤炭地质，25（4）：1-6.
李东旭，许顺山. 2000. 变质核杂岩的旋扭成因——滇东南老君山变质核杂岩的构造解析. 地质论评，46（2）：113-119.
李发源. 2003. MVT 铅锌矿床中分散元素赋存状态和富集机理研究——以四川天宝山、大梁子铅锌矿床为例. 成都：成都理工大学：1-64.

李惠，张文华，刘宝林，等. 1999. 金矿床轴向地球化学参数叠加结构的理想模式及其应用准则. 地质与勘探，35（6）：40-43.
李建康，王登红，李华芹，等. 2013. 云南老君山矿集区的晚侏罗世—早白垩世成矿事件. 地球科学——中国地质大学学报，38（5）：1023-1036.
李津，朱祥坤，唐索寒. 2011. 双稀释剂法在非传统稳定同位素测定中的应用——以钼同位素为例. 岩矿测试，30（2）：138-143.
李进文，裴荣富，王永磊，等. 2013. 云南都龙锡锌矿区同位素年代学研究. 矿床地质，32（4）：767-782.
李开文，张乾，王大鹏，等. 2013. 滇东南白牛厂多金属矿床铅同位素组成及铅来源新认识. 地球化学，42（2）：116-130.
李堃，刘凯，汤朝阳，等. 2013. 湘西黔东地区 Zn 地球化学块体特征及锌资源潜力估算. 中国地质，40（4）：1270-1277.
李丽丽，马国庆. 2014. 基于重力梯度的模拟退火法反演中国南海海底地形. 地球物理学进展，29（2）：931-935.
李连举，刘洪滔，刘继顺. 1999. 滇东北铅、锌、银矿床矿源层问题探讨. 有色金属矿产与勘查，8（6）：333-339.
李连廷. 2014. 云南罗平富乐厂铅锌矿床地质特征及深部找矿推测. 云南地质，33（2）：240-244.
李鹏飞，杨丹辉，渠慎宁，等. 2015. 稀有矿产资源的全球供应风险分析——基于战略性新兴产业发展的视角. 世界经济研究，（2）：96-104.
李丕优，燕永锋，杨光树，等. 2018. 云南都龙锡锌多金属矿床夕卡岩矿物学特征与地质意义. 矿物学报，38（3）：290-302.
李随民，吴景霞，栾文楼，等. 2009. 地球化学块体方法在冀北金矿资源潜力估算中的应用. 中国地质，36（2）：444-449.
李文博，黄智龙，陈进，等. 2004a. 会泽超大型铅锌矿床成矿时代研究. 矿物学报，24（2）：112-116.
李文博，黄智龙，陈进，等. 2004b. 云南会泽超大型铅锌矿床硫同位素和稀土元素地球化学研究. 地质学报，78（4）：507-518.
李文博，黄智龙，张冠，2006. 云南会泽铅锌矿田成矿物质来源：Pb、S、C、H、O、Sr 同位素制约. 岩石学报，22（10）：2567-2580.
李献华，李正祥，周汉文，等. 2002. 川西新元古代玄武质岩浆岩的锆石 U-Pb 年代学、元素和 Nd 同位素研究：岩石成因与地球动力学意义. 地学前缘，9（4）：329-338.
李晓彪. 2010. 黔西北天桥铅锌矿床地球化学研究. 贵阳：中国科学院地球化学研究所.
李晓峰，Watanabe Y，毛景文. 2007. 铟矿床研究现状及其展望. 矿床地质，26（4）：475-480.
李晓峰，杨锋，陈振宇，等. 2010. 广西大厂锡矿铟的地球化学特征及成因机制初探. 矿床地质，29（5）：903-914.
李晓峰，徐净，朱艺婷，等. 2019. 关键矿产资源铟：主要成矿类型及关键科学问题. 岩石学报，35（11）：3292-3302.
李晓峰，朱艺婷，徐净. 2020. 关键矿产资源铟研究进展. 科学通报，65（33）：3678-3687.
李廷栋. 2017. 中国区域地质志 • 贵州志. 北京：地质出版社.
李云刚，朱传威. 2020. 会泽铅锌矿床环带状闪锌矿中主微量元素分布特征及其意义. 矿物学报，40（6）：765-771.
李兆丽. 2006. 锡成矿与 A 型花岗岩关系的地球化学研究——以湖南芙蓉锡矿田为例. 贵阳：中国科学院地球化学研究所.
李珍立. 2016. 云南富乐铅锌矿床成矿地质地球化学及找矿方向. 贵阳：中国科学院地球化学研究所.
李珍立，叶霖，黄智龙，等. 2016. 贵州天桥铅锌矿床闪锌矿微量元素组成初探. 矿物学报，36（2）：183-188.
李珍立，叶霖，黄智龙，等. 2018. 云南富乐铅锌矿床中铜矿物的矿物学特征及地质意义. 高校地质学报，24（2）：200-209.
李珍立，叶霖，胡宇思，等. 2019. 云南富乐铅锌矿床黄铁矿微量（稀散）元素组成及成因信息：LA-ICPMS 研究. 岩石学报，35（11）：3370-3384.
李志平，余泽章，罗大锋，等. 2018. 云南会泽县麒麟厂铅锌矿床构造叠加晕特征及找矿意义. 地质科技情报，37（2）：109-117.
李忠烜，刘玉平，叶霖，等. 2016. 云南马关都龙锡锌多金属矿床鲕状黄铁矿微束分析. 矿物学报，36（4）：510-518.
李壮，唐菊兴，王立强，等. 2017. 西藏列廷冈铁多金属矿床夕卡岩矿物学特征及其地质意义. 矿床地质，36（6）：1289-1315.
梁峰，毕献武，冯彩霞，等. 2016. 云南富乐铅锌矿床碳酸盐矿物化学特征及其对成矿作用的指示. 岩石学报，32（11）：3418-3430.
梁婷，王登红，屈文俊，等. 2007. 广西大厂锡多金属矿床方解石的 REE 地球化学特征. 岩石学报，（10）：2493-2503.
梁婷，王登红，蔡明海，等，2008. 广西大厂锡多金属矿床 S、Pb 同位素组成对成矿物质来源的示踪. 地质学报，（7）：967-977.
梁婷，王登红，屈文俊，等. 2009. 广西铜坑锡多金属矿黄铁矿的 Re-Os 同位素组成及成矿物质来源示踪. 地球科学与环境学报，31（3）：230-235.
梁婷，王登红，侯可军，等. 2011. 广西大厂笼箱盖复式岩体的 LA-MC-ICP-MS 锆石 U-Pb 年龄及其地质意义. 岩石学报，27（6）：1624-1636.
梁祥济. 1994. 钙铝-钙铁系列石榴子石的特征及其交代机理. 岩石矿物学杂志，13（4）：342-352.

梁祥济，王福生. 1999. 明矾石矿床中钒、镓萃取实验和综合利用的建议. 矿床地质，18（3）：276-284.
廖文. 1984. 滇东、黔西铅锌金属区硫、铅同位素组成特征与成矿模式探讨. 地质与勘探，（1）：2-6.
廖震，刘玉平，李朝阳，等. 2010. 都龙锡锌矿床绿泥石特征及其成矿意义. 矿床地质，29（1）：169-176.
廖震，王玉往，王京彬，等. 2012. 内蒙古大井锡多金属矿床岩脉 LA-ICP-MS 锆石 U-Pb 定年及其地质意义. 岩石学报，28（7）：2292-2306.
林昌洪，谭捍东，佟拓. 2011. 利用大地电磁三维反演方法获得二维剖面附近三维电阻率结构的可行性. 地球物理学报，54（1）：245-256.
林方成，李兴振，刘朝基. 2007. 东南亚地区地质矿产对比研究项目成果报告. 成都：中国地质调查局成都地质矿产研究所.
林丰. 2017. 中国铟矿资源安全评估. 北京：中国地质大学（北京）.
林建英. 1985. 中国西南三省二叠纪玄武岩系的时空分布及其地质特征. 科学通报，（12）：929-932.
林堃琦，黄文辉，汪远征，等. 2016. 伊敏煤田五牧场区富锗煤分布规律及成矿机理分析. 中国煤炭地质，28（2）：1-6.
林丽，庞艳春，马叶情，等. 2010. 广西大厂长坡-铜坑锡多金属矿床中两种黄铁矿的元素地球化学特征. 成都理工大学学报（自然科学版），37（4）：412-418.
林振民，阳明. 1985. 具有已知深度点的条件下解二度单一密度界面反问题的方法. 地球物理学报，28（3）：311-321.
蔺志永，王登红，张长青. 2010. 四川宁南跑马铅锌矿床的成矿时代及其地质意义. 中国地质，37（2）：488-494.
凌坤跃，温汉捷，张正伟，等. 2019. 白云岩风化剖面元素地球化学特征：对黔中九架炉组“三稀金属”富集机制的启示. 岩石学报，35（11）：3385-3397.
刘宝珺，许效松，潘杏南，等. 1993. 中国南方古大陆沉积地壳演化与成矿. 北京：科学出版社.
刘宝良. 2001. CIPW 标准矿物计算法应用时存在问题的探讨. 地质与资源，10（3）：180-183，189.
刘本培，全秋琦. 1996. 地史学教程. 3 版. 北京：地质出版社.
刘长龄，时子祯. 1985. 山西、河南高铝粘土铝土矿矿床矿物学研究. 沉积学报，3（2）：18-36，165-166.
刘长龄，覃志安. 1991. 我国铝土矿中微量元素的地球化学特征. 沉积学报，9（2）：25-33.
刘成. 2013. 会泽铅锌矿控矿构造特征及找矿预测. 昆明：昆明理工大学.
刘德亮，黄启帅，史仁灯，等. 2015. 锆石 Ge 含量和年龄对云南临沧锗矿床物质来源的约束. 矿床地质，34（1）：139-148.
刘峰. 2005. 云南会泽大型铅锌矿床成矿机制及锗的赋存状态. 北京：中国地质科学院.
刘福辉. 1984. 攀西地区断块构造特征的初步探讨. 成都地质学院学报，（2）：33-43.
刘家铎，张成江，刘显凡，等. 2003. 川滇黔相邻区域铜铅锌金银矿床与峨眉火成岩省的关系探讨. 矿物岩石，23（4）：74-79.
刘家铎，张成江，刘显凡，等. 2004. 扬子地台西南缘成矿规律及找矿方向. 北京：地质出版社.
刘家军，郑明华. 1992. 首次发现锑的硒-硫化合物系列. 科学通报，37（9）：864.
刘家军，郑明华，刘建明，等. 1997. 西秦岭寒武系层控金矿床中硒的矿化富集及其找矿前景. 地质学报，71（3）：266-273.
刘家军，刘建明，郑明华，等. 1998. 西秦岭寒武系金矿床中铟的富集及其意义. 黄金科学技术，6（1）：24-25.
刘家军，翟德高，王大钊，等. 2020. Au-(Ag)-Te-Se 成矿系统与成矿作用. 地学前缘，37（2）：79-98.
刘麦，李伊兰，张睿，等. 2020. 全球镓资源现状及供需形势. 国土资源情报，（10）：50-54，26.
刘默. 2018. 基于横向变密度模型的频率域界面反演方法研究与应用. 北京：中国地质大学（北京）.
刘平. 2001. 八论贵州之铝土矿——黔中-渝南铝土矿成矿背景及成因探讨. 贵州地质，18（4）：238-243.
刘平. 2007. 贵州铝土矿伴生镓的分布特征及综合利用前景——九论贵州之铝土矿. 贵州地质，24（2）：90-96.
刘平，廖友常. 2014. 黔中-渝南沉积型铝土矿区域成矿模式及找矿模型. 中国地质，41（6）：2063-2082.
刘仕玉，刘玉平，叶霖，等. 2018. 都龙锡锌多金属矿床成矿温度场研究. 矿物学报，38（3）：280-289.
刘铁庚，叶霖. 2000. 都匀牛角塘大型独立镉矿床的地质地球化学特征. 矿物学报，20（3）：279-285.
刘铁庚，张乾，叶霖，等. 2004. 贵州牛角塘镉锌矿床中发现原生硫镉矿. 矿物学报，24（2）：191-196.
刘伟，安玉伟，胡乔帆，等. 2015. 广西河池五圩箭猪坡铅锌锑矿多阶段成矿特征分析. 矿产与地质，（2）：215-220.
刘文周. 2009. 云南茂租铅锌矿矿床地质地球化学特征及成矿机制分析. 成都理工大学学报（自然科学版），36（5）：480-486.
刘文周，徐新煌. 1996. 论川滇黔铅锌成矿带矿床与构造的关系. 成都理工学院学报，23（1）：71-77.
刘悟辉，徐文炘，戴塔根，等. 2006. 湖南柿竹园钨锡多金属矿田野鸡尾矿床同位素地球化学研究. 岩石学报，22（10）：2517-2524.

刘艳宾，莫宣学，张达，等. 2014. 滇东南老君山地区晚白垩世花岗岩的成因. 岩石学报，30（11）：3271-3286.
刘英超，侯增谦，杨竹森，等. 2008. 密西西比河谷型（MVT）铅锌矿床：认识与进展. 矿床地质，27（2）：253-264.
刘英俊. 1965. 我国某些铝土矿中镓的若干地球化学特征. 地质论评，23（1）：42-49.
刘英俊. 1982. 中国含镓矿床的主要成因类型. 矿床地质，1（1）：51-60.
刘英俊，曹励明，李兆麟，等. 1984. 元素地球化学. 北京：科学出版社.
刘莹莹. 2014. 闪锌矿、方铅矿的 Re-Os 同位素定年在典型铅锌矿床中的应用. 贵阳：中国科学院地球化学研究所.
刘莹莹，漆亮，黄智龙，等. 2013. 滇东北富乐铅锌矿床硫化物 Re-Os 同位素年龄及其地质意义. 矿物学报，33（S2）：599-600.
刘颖，刘海臣，李献华. 1996. 用 ICP-MS 准确测定岩石样品中的 40 余种微量元素. 地球化学，25（6）：552-558.
刘玉平，李朝阳，曾志刚，等. 1999. 都龙锡锌矿床单矿物 Rb-Sr 等时线年龄测定. 昆明冶金高等专科学校学报，15（2）：5-8.
刘玉平，李朝阳，谷团，等. 2000a. 都龙锡锌多金属矿床成矿物质来源的同位素示踪. 地质地球化学，28（4）：75-82.
刘玉平，李朝阳，刘家军. 2000b. 都龙矿床含矿层状夕卡岩成因的地质地球化学证据. 矿物学报，20（4）：378-384.
刘玉平，叶霖，李朝阳，等. 2006. 滇东南发现新元古代岩浆岩：SHRIMP 锆石 U-Pb 年代学和岩石地球化学证据. 岩石学报，22（4）：916-926.
刘玉平，李正祥，李惠民，等. 2007. 都龙锡锌矿床锡石和锆石 U-Pb 年代学：滇东南白垩纪大规模花岗岩成岩-成矿事件. 岩石学报，23（5）：967-976.
刘肇昌，李凡友，钟康慧，等. 1996. 扬子地台西缘构造演化与成矿. 成都：电子科技大学出版社.
柳贺昌. 1995. 峨眉山玄武岩与铅锌成矿. 地质与勘探，31（4）：1-6.
柳贺昌. 1996. 滇、川、黔成矿区的铅锌矿源层（岩）. 地质与勘探，32（2）：12-18.
柳贺昌，林文达. 1999. 滇东北铅锌银矿床规律研究. 昆明：云南大学出版社.
娄德波，肖克炎，左仁广，等. 2012. 分形滤波技术在新疆黄山—镜儿泉镍铜成矿带中的应用. 地球学报，33（1）：83-90.
娄德波，张长青，山成栋，等. 2019. 川滇黔铅锌（锗）成矿区区域地球化学测量在找锗预测中的作用. 岩石学报，35（11）：3407-3428.
卢海峰，李玉森，马保起，等. 2009. 山西断陷北部北东东向断裂带晚第四纪活动性探讨. 现代地质，23（3）：440-446.
卢焕章，范宏瑞，倪培，等. 2004. 流体包裹体. 北京：科学出版社.
卢静文，彭晓蕾，徐丽杰. 1997. 山西铝土矿床成矿物质来源. 长春地质学院学报，27（2）：147-151.
鲁方康，黄智龙，金中国，等，2009. 黔北务-正-道地区铝土矿镓含量特征与赋存状态初探. 矿物学报，29（3）：373-379.
陆彦. 1998. 川滇南北向构造带的两开两合及成矿作用. 矿物岩石，18（S1）：32-38.
吕豫辉. 2014. 会泽-富乐厂铅锌矿床与典型 MVT 铅锌矿床. 价值工程，（16）：309-310.
吕豫辉，韩润生，任涛，等. 2015. 滇东北矿集区云南富乐厂铅锌矿区断裂构造控矿特征及其与成矿的关系. 现代地质，29（3）：563-575.
罗德宣，张起钻，廖宗廷. 1993. 大厂锡矿田海底热水沉积、后期岩浆热液叠加改造成矿的依据. 矿产与地质，7（5）：313-319.
罗君烈. 1995. 滇东南锡、钨、铅锌、银矿床的成矿模式. 云南地质，14（4）：319-332.
罗开，周家喜，徐畅，等. 2021.四川乌斯河大型锗铅锌矿床锗超常富集特征及其地质意义. 岩石学报，37（9）：2761-2777.
罗泰义，戴向东，朱丹，等. 2007. 镓的成矿作用及其在峨眉山大火成岩省中的成矿效应. 矿物学报，27（3-4）：281-286.
罗卫，尹展，戴塔根. 2009. 广西大厂锡多金属矿田铟富集规律初探. 金属矿山，（8）：69-71，86.
罗志立，刘树根，赵锡奎，等. 1994. 试论 C 型俯冲带及对中国西部造山带形成的作用//罗志立. 龙门山造山带的崛起和四川盆地的形成与演化. 成都：成都科技大学出版社：288-303.
骆耀南，廖升学. 2000. 矿产资源与经济发展. 成都理工学院学报，（S1）：1-5.
骆耀南，俞如龙. 2001. 西南三江地区造山演化过程及成矿时空分布. 矿物岩石，21（3）：153-159.
马学英. 2017. 扬子克拉通及邻域远震接收函数与壳幔结构及动力学响应. 北京：中国科学院地质与地球物理研究所.
毛景文，李红艳，裴荣富，等. 1995. 千里山花岗岩体地质地球化学及与成矿关系. 矿床地质，14（1）：12-25.
毛景文，张作衡，张招崇，等. 1999. 北祁连山小柳沟钨矿床中辉钼矿 Re-Os 年龄测定及其意义. 地质论评，45（4）：412-417.
毛景文，谢桂青，郭春丽，等. 2008. 华南地区中生代主要金属矿床时空分布规律和成矿环境. 高校地质学报，14（4）：510-526.
毛景文，周振华，丰成友，等. 2012. 初论中国三叠纪大规模成矿作用及其动力学背景. 中国地质，39（6）：1437-1471.

梅冥相. 1991. 试论贵州早石炭世铝土铁质岩系的沉积环境及物质来源. 贵州地质，8（4）：322-328.
孟昌忠，陈旸，张莹华，等. 2015. 峨眉山大火成岩省去顶作用与黔西铁-多金属矿床成因：锆石 U-Pb 同位素年代学约束. 中国科学：地球科学，45（10）：1469-1480.
南君亚，周德全，叶健骝，等. 1998. 贵州二叠纪—三叠纪古气候和古海洋环境的地球化学研究. 矿物学报，18（2）：239-249.
念红良，贾福聚，郑荣华，等. 2016. 滇东富乐铅锌矿区地层稀土元素地球化学. 矿产与地质，30（6）：927-933.
聂凤军，江思宏，张义，等. 2007a. 中蒙边境中东段金属矿床成矿规律和找矿方向. 北京：地质出版社.
聂凤军，张万益，江思宏，等. 2007b. 内蒙古小东沟斑岩钼矿床地质特征及成因探讨. 矿床地质，26（6）：12.
欧锦秀. 1996. 贵州水城青山铅锌矿床的成矿地质特征. 桂林工学院学报，16（3）：277-282.
彭齐鸣. 2017. 提高战略性矿产供应能力，推动新兴产业快速发展——在“战略性矿产供需形势分析研讨会”上的讲话. 国土资源情报，（1）：1-3，41.
皮桥辉，胡瑞忠，王登红，等. 2015. 广西大厂锡多金属矿田西矿带稀散元素铟的富集规律研究——来自矿石组构和闪锌矿地球化学的证据. 矿床地质，34（2）：379-396.
皮桥辉，胡瑞忠，彭科强，等. 2016. 云南富宁者桑金矿床与基性岩年代测定——兼论滇黔桂地区卡林型金矿成矿构造背景. 岩石学报，32（11）：3331-3342.
戚华文，胡瑞忠，苏文超，等. 2003. 陆相热水沉积成因硅质岩与超大型锗矿床的成因——以临沧锗矿床为例. 中国科学 D 辑：地球科学，33（3）：236-246.
齐诚，陈棋福，陈颙. 2007. 利用背景噪声进行地震成像的新方法. 地球物理学进展，22（3）：771-777.
钱建平. 2001. 黔西北威宁-水城铅锌矿带动力成矿作用研究. 地质地球化学，29（3）：134-139.
秦德先，洪托，田毓龙，等. 2002. 广西大厂 92 号矿体矿床地质与技术经济. 北京：地质出版社：76-80.
Rollison H R. 2000. 岩石地球化学. 杨学明，杨晓勇，陈双喜，译. 合肥：中国科学技术大学出版社.
秦勇，王文峰，程爱国，等. 2009. 首批煤炭国家规划矿区煤中镓的成矿前景. 中国煤炭地质，21（1）：17-21，26.
任立奎. 2012. 南盘江—十万山地区构造演化与成矿. 北京：中国地质大学（北京）.
任顺利. 2018. 膏盐岩在云南会泽和毛坪铅锌矿成矿中的作用——硫同位素约束. 北京：中国地质大学（北京）.
任顺利，李延河，曾普胜，等. 2018. 膏盐层在云南会泽和毛坪铅锌矿成矿中的作用：硫同位素证据. 地质学报，92（5）：1041-1055.
任涛，周家喜，王蝶，等. 2019. 滇东北富乐铅锌矿床微量元素和 S-Pb 同位素地球化学研究. 岩石学报，35（11）：3493-3505.
阮林森，赵鹏大，胡光道，等. 2013. 四川石棉县大水沟岩片绿片岩锆石 SHRIMP U-Pb 年代学及其地质意义. 地球科学，38（4）：663-676.
邵龙义，刘红梅，田宝霖，等. 1998. 上扬子地区晚二叠世沉积演化及聚煤. 沉积学报，16（2）：55-60.
邵龙义，高彩霞，张超，等. 2013. 西南地区晚二叠世层序-古地理及聚煤特征. 沉积学报，31（5）：856-866.
邵跃. 1997. 热液矿床岩石测量（原生晕法）找矿. 北京：地质出版社.
申重阳，杨光亮，谈洪波，等. 2015. 维西—贵阳剖面重力异常与地壳密度结构特征. 地球物理学报，58（11）：3952-3964.
申小梦，魏忠幸，庄志贤. 2016. 清镇市猫场铝土矿平桥矿段（整合）水工环地质条件分析. 贵州科学，34（2）：26-30.
沈良，饶细辉，韦文彪，等. 2014. 云南会泽麻栗坪观音岩铅锌矿矿床地质特征与矿床成因. 科学技术与工程，14（18）：149-155，172.
沈能平，彭建堂，袁顺达，等. 2008. 湖北徐家山锑矿床流体包裹体特征及其意义. 矿床地质，27（5）：570-578.
沈战武，金灿海，代堰锫，等. 2016. 滇东北毛坪铅锌矿床的成矿时代：闪锌矿 Rb-Sr 定年. 高校地质学报，22（2）：213-218.
石洪召，张林奎，任光明，等. 2011. 云南麻栗坡南秧田白钨矿床层控似夕卡岩成因探讨. 中国地质，38（3）：673-680.
舒良树. 2012. 华南构造演化的基本特征. 地质通报，31（7）：1035-1053.
司荣军. 2005. 云南省富乐分散元素多金属矿床地球化学研究. 贵阳：中国科学院地球化学研究所.
司荣军，顾雪祥，庞绪成，等. 2006. 云南省富乐铅锌多金属矿床闪锌矿中分散元素地球化学特征. 矿物岩石，26（1）：75-80.
司荣军，顾雪祥，秦朝建，等. 2009. 云南富乐分散元素铅锌多金属矿床成矿流体特征. 矿物学报，29（S1）：248-249.
司荣军，顾雪祥，肖淳，等. 2011. 云南省富乐铅锌矿床闪锌矿中微量元素地球化学特征——兼论深色闪锌矿富集 Cd 的原因. 矿物岩石，31（3）：34-40.
司荣军，顾雪祥，谢良鲜，等. 2013. 云南省富乐分散元素多金属矿床地质特征——一个分散元素超常富集的铅锌矿床. 地质与勘探，49（2）：313-322.
宋成祖. 1989. 鄂西南渔塘坝沉积型硒矿化区概况. 矿床地质，8（3）：83-89.
宋焕斌. 1988. 老君山含锡花岗岩的特征及其成因. 矿产与地质，2（3）：47-55.
宋焕斌. 1989. 云南东南部都龙锡石-硫化物型矿床的成矿特征. 矿床地质，8（4）：29-38.
宋恕夏. 1986. 金川硫化铜镍矿床-矿区铂富集体的发现及其赋存状态研究. 地质与勘探，（3）：36-39.
宋谢炎，侯增谦，曹志敏，等. 2001. 峨眉大火成岩省的岩石地球化学特征及时限. 地质学报，75（4）：498-506.
苏航，王小娟，陈智明，等. 2016. 滇东南都龙锡锌多金属矿床中符山石的发现与地质意义. 矿物学报，36（4）：529-534.
孙德梅，闵志. 1984. 三维密度界面反演的一个近似方法. 物探与化探，8（2）：89-98.
孙德梅，刘心铸，彭聪，等. 1994. 应用重磁资料研究广西芒场—大厂成矿带的地质构造及隐伏岩体预测. 中国地质科学院矿床地质研究所所刊，1：120-138.
孙海瑞，周家喜，黄智龙，等. 2016. 四川会理天宝山矿床深部新发现铜矿与铅锌矿的成因关系探讨. 岩石学报，32（11）：3407-3417.
孙家骢，韩润生. 2016. 矿田地质力学理论与方法. 北京：科学出版社.
孙梦宇. 2020. 断裂带构造损伤岩体对泥石流物源形成影响研究——以安宁河断裂带为例. 成都：成都理工大学.
谈树成，周家喜，罗开，等. 2019. 云南毛坪大型铅锌矿床成矿物质来源：原位 S 和 Pb 同位素制约. 岩石学报，35（11）：3461-3476.
谭洪旗，刘玉平. 2017. 滇东南猛洞岩群变质-变形研究及构造意义. 地质学报，91（1）：15-42.
汤艳杰，贾建业，刘建朝. 2002. 豫西地区铝土矿中镓的分布规律研究. 矿物岩石，22（1）：15-20.
唐龙飞，谭泽模，黄敦杰，等. 2014. 大厂矿田硫同位素特征及找矿预测.有色金属（矿山部分），66（6）：30-35.
唐森宁. 1984. 黔西北滇东北层控铅锌矿床特征及其成矿模式. 地质与勘探，20（12）：1-8.
唐香丽. 2016. 南盘江盆地叠加褶皱构造样式及其对主要低温成矿元素异常的指示. 北京：中国地质大学.
唐修义，黄文辉，等. 2004. 中国煤中微量元素. 北京：商务印书馆：6-11，136-141，293-310.
唐永永，毕献武，和利平，等. 2011. 兰坪金顶铅锌矿方解石微量元素、流体包裹体和碳-氧同位素地球化学特征研究. 岩石学报，27（9）：2635-2645.
陶琰，胡瑞忠，唐永永，等. 2019. 西南地区稀散元素伴生成矿的主要类型及伴生富集规律. 地质学报，93（6）：1210-1230.
涂光炽. 1994. 分散元素可以形成独立矿床：一个有待开拓深化的新矿产领域//欧阳自远. 中国矿物岩石地球化学研究新进展. 兰州：兰州大学出版社：234.
涂光炽. 2002. 我国西南地区两个别具一格的成矿带（域）. 矿物岩石地球化学通报，21（1）：1-2.
涂光炽，高振敏. 2003. 分散元素成矿机制研究获重大进展. 中国科学院院刊，18（5）：358-361.
涂光炽，高振敏，胡瑞忠，等. 2004. 分散元素地球化学及成矿机制. 北京：地质出版社.
万庆，杨立功，黄光琼，等. 2016. 广西五圩箭猪坡铅锌锑矿床“西脉东层”找矿潜力分析. 矿产与地质，30（2）：175-180.
汪新伟，郭彤楼，沃玉进，等. 2013. 垭紫罗断裂带深部构造分段特征及构造变换作用. 石油与天然气地质，34（2）：220-228.
王安建，曹殿华，高兰，等. 2009. 论云南兰坪金顶超大型铅锌矿床的成因. 地质学报，83（1）：43-54.
王宝禄，李丽辉，曾普胜. 2004. 川滇黔菱形地块地球物理基本特征及其与内生成矿作用的关系. 东华理工学院学报，27(4)：301-308.
王宝碌，吕世琨，胡居贵. 2004. 试论川滇黔菱形地块. 云南地质，23（2）：140-153.
王臣兴，崔子良，杨伟，等. 2016. 云南省锡钨矿成矿规律及资源潜力. 北京：地质出版社：1-263.
王大鹏，张乾，武丽艳，等. 2019. 花岗岩中铟与锡铜铅锌的关系及其富集成矿意义. 岩石学报，35（11）：3317-3332.
王丹丹，李宝龙，朱德全，等. 2015. 滇东南老君山地区变质岩锆石 U-Pb 年代学及其构造意义. 地质学报，89(10)：1718-1734.
王登红，陈毓川，叶庆同，等. 1998. 新疆阿舍勒铜矿床中黝铜矿的特征. 岩石矿物学杂志，17（1）：74-80，92.
王登红，陈毓川，陈文，等. 2004. 广西南丹大厂超大型锡多金属矿床的成矿时代. 地质学报，78（1）：132-138.
王登红，陈郑辉，陈毓川，等. 2010. 我国重要矿产地成岩成矿年代学研究新数据. 地质学报，84（7）：1030-1040.
王登红，王瑞江，李建康，等. 2013. 中国三稀矿产资源战略调查研究进展综述. 中国地质，40（2）：361-370.
王登红，王瑞江，李建康，等. 2016a. 新兴产业的发展与三稀矿产的调查. 地质论评，62（S1）：423-425.
王登红，王瑞江，孙艳，等. 2016b. 我国三稀（稀有稀土稀散）矿产资源调查研究成果综述. 地球学报，37（5）：569-580.

王东升，刘俊来，Tran M，等. 2011. 越南东北部静足（Tĩnh Túc）钨锡矿区花岗岩年代学、地球化学与区域构造意义. 岩石学报，27（9）：2795-2808.
王光辉，刘兵，匡爱兵. 2016. 铅锌矿床中闪锌矿 Cd 含量及 Zn/Cd 值的地质意义. 西北地质，49（3）：132-140.
王海，王京彬，祝新友，等. 2018. 扬子地台西缘大梁子铅锌矿床成因：流体包裹体及同位素地球化学约束. 大地构造与成矿学，42（4）：681-698.
王海，祝新友，王京彬，等. 2021. 四川天宝山铅锌矿成矿物质来源与成矿机制：来自流体包裹体及同位素地球化学制约. 岩石学报，37（6）：1830-1846.
王鸿发，李均权. 1996. 湖北恩施双河硒矿矿床地质特征. 湖北地质，10（2）：10-21.
王华云. 1993. 贵州铅锌矿的地球化学特征. 贵州地质，10（4）：272-290.
王健，张均，仲文斌，等. 2018. 川滇黔地区天宝山、会泽铅锌矿床成矿流体来源初探：来自流体包裹体及氦氩同位素的证据. 地球科学，43（6）：2076-2099.
王奖臻，李朝阳，李泽琴，等. 2001. 川滇地区密西西比河谷型铅锌矿床成矿地质背景及成因探讨. 地质地球化学，29（2）：41-45.
王奖臻，李朝阳，李泽琴，等. 2002. 川、滇、黔交界地区密西西比河谷型铅锌矿床与美国同类矿床的对比. 矿物岩石地球化学通报，21（2）：127-132.
王金良，刘玉平，王小娟，等. 2014. 都龙锡锌多金属矿床夕卡岩地质地球化学特征及成因讨论. 民营科技，（8）：93-97.
王亮，张嘉玮，向坤鹏，等. 2019. 黔西北地区地球物理特征与铅锌矿控矿构造分析. 现代地质，33（2）：325-336.
王林江. 1994. 黔西北铅锌矿床的地质地球化学特征. 桂林冶金地质学院学报，14（2）：125-130.
王濮，潘兆橹，翁玲宝，等. 1982. 系统矿物学（上册）. 北京：地质出版社.
王谦身，滕吉文，张永谦，等. 2016. 陕渝黔桂 1800km 超长探测剖面重力异常场特征及深部地壳结构探榷. 地球物理学报，59（11）：4139-4152.
王谦身，滕吉文，张永谦，等. 2017. 内蒙满都拉—广西凭祥超长剖面地壳介质密度分布及深部结构特征探榷. 地球物理学报，60（12）：4681-4698.
王乾. 2008. 康滇地轴东缘典型铅锌矿床分散元素镉锗镓的富集规律及富集机制. 成都：成都理工大学.
王乾. 2013. 四川天宝山铅锌矿床硫同位素特征研究. 矿物学报，（S2）：168.
王乾，顾雪祥，付绍洪，等. 2008. 云南会泽铅锌矿床分散元素镉锗镓的富集规律. 沉积与特提斯地质，28（4）：69-73.
王乾，安匀玲，顾雪祥，等. 2009. 四川天宝山铅锌矿床分散元素镉锗镓富集规律. 成都理工大学学报（自然科学版），33（4）：395-401.
王乾，安匀玲，顾雪祥，等. 2010a. 康滇地轴东缘典型铅锌矿床伴生分散元素镉锗镓赋存状态与富集规律研究. 地球与环境，38（3）：286-294.
王乾，安匀玲，顾雪祥，等. 2010b. 四川大梁子铅锌矿床分散元素镉、锗、镓的富集规律. 沉积与特提斯地质，30（1）：78-84.
王瑞，张长青，吴越，等. 2012. 四川天宝山铅锌矿辉绿岩脉形成时代与成矿关系探讨. 矿床地质，31（S1）：449-450.
王瑞江，王登红，李建康，等. 2015. 稀有稀土稀散矿产资源及其开发利用. 北京：地质出版社.
王尚彦，殷鸿福. 2001. 滇东黔西陆相二叠纪-三叠纪界线地层研究. 武汉：中国地质大学出版社.
王少怀，何升，黄宏祥. 2014. 硫铟铜矿在福建紫金山铜金矿床的发现及深部找矿意义. 地质通报，33（9）：1425-1429.
王世称. 1987. 对新一轮矿产普查工作的两点认识. 中国地质，（12）：13-17.
王世称，陈永良，夏立显. 2000. 综合信息矿产预测理论与方法. 北京：科学出版社.
王笋，申重阳. 2013. 直接反演多层密度界面的方法研究. 大地测量与地球动力学，33（1）：17-20.
王婷灏，黄文辉，闫德宇，等. 2016. 中国大型煤-锗矿床成矿模式研究进展：以云南临沧和内蒙古乌兰图嘎煤-锗矿床为例. 地学前缘，23（3）：113-123.
王文彩. 1988. 从南山头锗铁矿中提取金属锗. 江苏冶金，61：61-65.
王文峰，秦勇，刘新花，等. 2011. 内蒙古准格尔煤田煤中镓的分布赋存与富集成因. 中国科学 D 辑：地球科学，41（2）：181-196.
王文元，高建国，侬阳霞，等. 2017.云南禄劝噜鲁铅锌矿床铷-锶同位素年代学与硫、铅同位素地球化学特征. 地质通报，36（7）：1294-1304.
王小川. 1996. 黔西川南滇东晚二叠世含煤地层沉积环境与聚煤规律. 重庆：重庆大学出版社.
王小春. 1992. 天宝山铅锌矿床成因分析. 成都地质学院学报，19（3）：10-20.

王小春，张哲儒. 2000. 论川西地区金矿中黝铜矿的成分标型特征. 岩石矿物学杂志，19（2）：160-166.
王小娟，刘玉平，缪应理，等. 2014. 都龙锡锌多金属矿床 LA-MC-ICPMS 锡石 U-Pb 测年及其意义. 岩石学报，30(3)：867-876.
王晓刚，黎荣，蔡俐鹏，等. 2010. 川滇黔峨眉山玄武岩铜矿成矿地质特征、成矿条件及找矿远景. 四川地质学报，30（2）：174-182.
王新雨，王世锋，江万. 2017. 印支地块晚二叠世弧后伸展：来自老挝川圹高原 A 型花岗岩的证据. 岩石学报，33（11）：3675-3690.
王雄军. 2008. 云南老君山矿集区多因复成成矿模式及空间信息成矿预测模型研究. 长沙：中南大学.
王学求，申伍军，张必敏，等. 2007. 地球化学块体与大型矿集区的关系——以东天山为例. 地学前缘，14（5）：116-123.
王砚耕，王立亭，张明发，等. 1995. 南盘江地区浅层地壳结构与金矿分布模式. 贵州地质，11（2）：91-183.
王跃，朱祥坤. 锌同位素在矿床学中的应用：认识与进展. 矿床地质，29（5）：843-852.
王兆全. 2017. 云南会泽超大型铅锌矿床分散元素富集规律. 北京：中国地质大学（北京）.
王正其，潘家永，曹双林，等. 2006. 层间氧化带分散元素铼与硒的超常富集机制探讨——以伊犁盆地扎吉斯坦层间氧化带砂岩型铀矿床为例. 地质论评，52（3）：358-362.
王志豪，张小路，王钟. 2006. 大功率瞬变电磁在广西大厂外围深部找矿中的应用. 物探与化探，30（3）：194-198.
王钟. 1983. 大厂矿田磁异常的找矿模式. 桂林冶金地质学院学报，3（1）：95-105.
王钟. 1987. 大厂锡多金属矿田的地球物理场特征及其找矿意义. 物探与化探，11（3）：170-176.
王钟，高永文. 1985. 大厂矿田的重力低与浅隐花岗岩体的形态. 桂林冶金地质学院学报，5（2）：169-177.
王钟，张小路，罗润林，等. 2009. 大厂锡多金属矿区深边部找矿中的 TEM 异常特征. 桂林工学院学报，29（3）：303-309.
韦晨，叶霖，李珍立，等. 2020. 四川乌斯河铅锌矿床成矿物质来源及矿床成因：来自原位 S-Pb 同位素证据. 岩石学报，36（12）：3783-3796.
魏宏炼，皮桥辉，杨寿仁. 2017. 丹池成矿带稀散元素镉的富集规律研究. 矿业工程，15（2）：3-6.
温汉捷. 1999. 硒的矿物学、地球化学及成矿机制——以拉尔玛硒-金矿床和若干含硒建造为例. 贵阳：中国科学院地球化学研究所.
温汉捷，裘愉卓. 1999. 拉尔玛硒-金矿床元素有机/无机结合态及硒的赋存状态研究. 中国科学 D 辑：地球科学，29（5）：426-432.
温汉捷，裘愉卓，姚林波，等. 2000. 中国若干下寒武统高硒地层的有机地球化学特征及生物标志物研究. 地球化学，29（1）：28-35.
温汉捷，裘愉卓，刘世荣. 2003. 硒在干酪根中的两种不同赋存状态：TEM 证据. 地球化学，32（1）：21-28.
温汉捷，Carignan J，胡瑞忠，等. 2007. 湖北渔塘坝硒矿床中最大硒同位素分馏的发现及其指示意义. 科学通报，52（15）：1845-1848.
温汉捷，胡瑞忠，樊海峰，等. 2008. 硒同位素测试技术进展及其地质应用. 岩石矿物学杂志，27（4）：346-352.
温汉捷，周正兵，朱传威，等. 2019. 稀散金属超常富集的主要科学问题. 岩石学报，35（11）：3271-3291.
温汉捷，朱传威，杜胜江，等. 2020. 中国镓锗铊镉资源. 科学通报，65（33）：3688-3699.
文德潇，韩润生，吴鹏，等. 2014. 云南会泽 HZT 型铅锌矿床蚀变白云岩特征及岩石-地球化学找矿标志. 中国地质，41（1）：235-245.
闻静. 2020. 富镓矿床中 Ga 同位素的初步研究——以小山坝铝土矿床和乌斯河铅锌矿床为例. 贵阳：中国科学院地球化学研究所.
闻学泽，杜方，易桂喜，等. 2013. 川滇交界东段昭通、莲峰断裂带的地震危险背景. 地球物理学报，56（10）：3361-3372.
翁申富，赵爽. 2010. 黔北务正道铝土矿矿床特征及成矿模式——以务川大竹园铝土矿床为例. 贵州地质，27（3）：185-192.
翁申富，雷志远，陈海，等. 2013. 务正道铝土矿基底古地貌与矿石品质的关系——以务川大竹园铝土矿床为例. 地质与勘探，49（2）：195-204.
吴国代，王文峰，秦勇，等. 2009. 准格尔煤中镓的分布特征和富集机理分析. 煤炭科学技术，37（4）：117-120.
吴国炎. 1997. 华北铝土矿的物质来源及成矿模式探讨. 河南地质，15（3）：161-166.
吴文启，黄煦，李奋，等. 2007. EDTA 滴定法测定废铟锡氧化物靶材中铟. 冶金分析，27（11）：37-40.
吴香尧，骆耀南. 1998. 四川石棉田湾磨西剪切带的变形特征及其运动学分析. 成都理工学院学报，（4）：42-47.
吴越. 2013. 川滇黔地区 MVT 铅锌矿床大规模成矿作用的时代与机制. 北京：中国地质大学（北京）：1-167.
吴越，孔志岗，陈懋弘，等. 2019. 扬子板块周缘 MVT 型铅锌矿床闪锌矿微量元素组成特征与指示意义：LA-ICPMS 研究. 岩石学报，35（11）：3443-3460.

伍永田，王明艳，范森葵. 2005. 分散元素铟的富集规律研究综述. 南方国土资源，（10）：33-35.
夏文杰，杜森官，徐新煌，等. 1994. 中国南方震旦纪岩相古地理与成矿作用. 北京：地质出版社：1-120.
夏文静，闫全人，向忠金，等. 2018. 南盘江盆地中部西林断隆南翼中-下三叠统沉积学特征及其大地构造意义. 岩石学报，34（7）：2119-2139.
肖宪国，黄智龙，周家喜，等. 2012. 黔西北筲箕湾铅锌矿床成矿物质来源：Pb 同位素证据. 矿物学报，32（2）：294-299.
谢桂青，李新昊，韩颖霄，等. 2020. 氧化性富金斑岩-夕卡岩矿床中碲、硒、铊富集机制的研究进展. 矿床地质，39（4）：559-567.
谢佳斌，金勇进. 2009. 探索性数据分析中的统计图形应用. 统计与信息论坛，24（7）：13-17，56.
谢家荣. 1963. 论矿床的分类//孟宪民，等. 矿床学论文集. 北京：科学出版社：9-28.
谢学锦. 1995. 用新观念与新技术寻找巨型矿床. 科学中国人，（5）：15-16，14.
谢学锦，向运川. 1999. 巨型矿床的地球化学预测方法//谢学锦，邵跃，王学求. 走向 21 世纪矿产勘查地球化学. 北京：地质出版社：61-91.
谢学锦，王学求. 2003. 深穿透地球化学新进展. 地学前缘，（1）：225-238.
谢学锦，程志中，张立生，等. 2008. 中国西南地区 76 种元素地球化学图集. 北京：地质出版社.
解洪晶，张乾，祝朝辉，等. 2009. 滇东南薄竹山花岗岩岩石学及其稀土-微量元素地球化学. 矿物学报，29（4）：481-490.
解庆林. 1992. 浓集指数法确定矿床原生晕元素轴向分带序列. 地质与勘探，（6）：55.
熊绍柏，郑晔，尹周勋，等. 1993. 丽江—攀枝花—者海地带二维地壳结构及其构造意义. 地球物理学报，36（4）：434-444.
徐净，李晓峰. 2018. 铟矿床时空分布、成矿背景及其成矿过程. 岩石学报，34（12）：3611-3626.
徐明，蔡明海，春乃芽，等. 2012. 大厂矿田铜坑－长坡锡石硫化物矿床铅同位素特征及其地质意义. 地质与勘探，48（2）：352-358.
徐伟. 2007. 滇东南南温河花岗岩年代学和地球化学初步研究. 贵阳：中国科学院地球化学研究所.
徐新学，刘桂梅，夏训银，等. 2008. 南盘江坳陷右江断凹区大地电磁测深区域构造研究. 海相油气地质，13（4）：53-61.
徐义刚，钟孙霖. 2001. 峨眉山大火成岩省：地幔柱活动的证据及其熔融条件. 地球化学，30（1）：1-9.
徐义刚，何斌，罗震宇，等. 2013. 我国大火成岩省和地幔柱研究进展与展望. 矿物岩石地球化学通报，32（1）：25-39.
许典葵，黄智龙，邓红，等. 2009. 云南会泽超大型铅锌矿床的矿床模型. 矿物学报，29（2）：235-242.
许志琴，侯立玮，王宗秀，等. 1992. 中国松潘-甘孜造山带的造山过程. 北京：地质出版社：190.
薛步高. 2004. 滇东北伴（共）生锗矿地质特征及成因探讨. 化工矿产地质，26（4）：210-219，227.
薛步高. 2006. 超大型会泽富锗铅锌矿复合成因. 云南地质，25（2）：143-159.
薛春纪，陈毓川，杨建民，等. 2002. 金顶铅锌矿床地质-地球化学. 矿床地质，21（3）：270-277.
鄢明才，迟清华，顾铁新，等. 1997. 中国东部上地壳化学组成. 中国科学 D 辑：地球科学，27（3）：193-199.
严再飞，黄智龙，许成，等. 2006. 峨眉山二滩玄武岩地球化学特征. 矿物岩石，26（3）：77-84.
颜丹平，周美夫，王焰，等. 2005. 都龙-Song Chay 变质穹隆体变形与构造年代——南海盆地北缘早期扩张作用始于华南地块张裂的证据. 地球科学（中国地质大学学报），30（4）：402-412.
燕永锋，贾福聚，杨光树，等. 2019. 基于大数据分析的铜坑锡铟多金属矿床 Sn-Zn-Pb 矿化规律及其地质意义. 岩石学报，35（11）：3398-3406.
杨光明. 1980. 赤铁矿型锗矿石中锗的赋存状态研究. 地质与勘探，（7）：35-40.
杨光树，王凯，燕永锋，等. 2019. 滇东南老君山锡-钨-锌-铟多金属矿集区含矿夕卡岩成因研究. 岩石学报，35（11）：3333-3354.
杨国高，朱文凤. 2013. 西藏拉屋锌铜矿床伴生组分赋存状态及工艺性质. 桂林理工大学学报，33（2）：217-222.
杨宁，薛步高. 2012. 滇东北铅锌（银）矿矿集区成矿规律研究. 云南地质，31（1）：1-11.
杨文心，颜丹平，邱亮，等. 2018. 八渡复式背斜中-新生代变形序列及其对南盘江盆地形成演化的意义. 地学前缘，25（1）：33-46.
杨晓坤. 2010. 广西南丹大厂锡矿长坡-高峰矿床（山）数字化与综合信息成矿预测. 昆明：昆明理工大学.
杨应选. 1994. 康滇地轴东缘铅锌矿研究的若干新进展. 四川地质科技情报，（3）：22-25.
杨应选，柯成熙，林方成，等. 1994. 康滇地轴东缘铅锌矿床成因及成矿规律. 成都：四川科学技术出版社.
杨卓欣，王夫运，段永红，等. 2011. 川滇活动地块东南边界基底结构——盐源—西昌—昭觉—马湖深地震测深剖面结果. 地震学报，33（4）：431-442.
杨宗喜，毛景文，陈懋弘，等. 2008. 云南个旧卡房夕卡岩型铜（锡）矿 Re-Os 年龄及其地质意义. 岩石学报，24（8）：1937-1944.

姚林波，高振敏. 2000. 恩施双河渔塘坝硒矿床成因探讨. 矿物岩石地球化学通报，19（4）：350-352.
叶霖. 2004. 东川稀矿山式铜矿地球化学研究. 贵阳：中国科学院地球化学研究所.
叶霖，刘铁庚. 1997. 都匀地区镉（Cd）矿资源及其远景初探. 贵州地质，14（2）：160-163.
叶霖，刘铁庚. 2001. 贵州都匀牛角塘富镉锌矿床中镉的分布及赋存状态探讨. 矿物学报，21（1）：115-118.
叶霖，刘铁庚，邵树勋. 2000. 富镉锌矿成矿流体地球化学研究：以贵州都匀牛角塘富镉锌矿为例. 地球化学，29（6）：597-603.
叶霖，高伟，杨玉龙，等. 2012. 云南澜沧老厂铅锌多金属矿床闪锌矿微量元素组成. 岩石学报，28（5）：1362-1372.
叶霖，鲍谈，刘玉平，等. 2016a. 云南都龙锡锌多金属矿床成矿阶段与成矿流体. 矿物学报，36（4）：503-509.
叶霖，李珍立，胡宇思，等. 2016b. 四川天宝山铅锌矿床硫化物微量元素组成：LA-ICPMS 研究. 岩石学报，32（11）：3377-3393.
叶霖，鲍谈，刘玉平，等. 2018. 云南都龙锡锌矿床中白钨矿微量元素及稀土元素地球化学. 南京大学学报（自然科学），54（2）：245-258.
叶霖，刘玉平，张乾，等. 2017. 云南都龙超大型锡锌多金属矿床中闪锌矿微量及稀土元素地球化学特征. 吉林大学学报（地球科学版），47（3）：734-750.
叶霖，韦晨，胡宇思，等. 2019. 锗的地球化学及资源储备展望. 矿床地质，38（4）：711-728.
叶天竺，等. 2015. 勘查区找矿预测理论与方法. 北京：地质出版社.
叶绪孙，严云秀，何海州. 1996. 广西大厂超大型锡矿床成矿条件. 北京：冶金工业出版社.
叶瑛. 1987. 中酸性火成岩岩石化学计算若干问题的讨论及解决方案. 岩石学报，（3）：74-82.
易同生，秦勇，吴艳艳，等. 2007. 黔东凯里梁山组煤层及其底板中镓的富集与地质成因. 中国矿业大学学报，36（3）：330-334.
银剑钊，陈毓川，周剑雄，等. 1995. 全球碲矿资源若干问题综述——兼述中国四川石棉县大水沟独立碲矿床的发现. 河北地质学院学报，18（4）：348-354.
游国庆，刘淑琴，潘家华. 2014. 太平洋富钴结壳中碲元素的地球化学特征及其富集机制探讨. 矿床地质，33（1）：223-232.
余冲，魏美丽，胡广灿. 2015. 四川会理县天宝山铅锌矿流体包裹体地球化学特征. 云南地质，34（4）：531-538.
於祖相. 1997a. 新矿物大庙矿——铟与铂的天然合金. 地质学报，71（4）：328-331.
於祖相. 1997b. 新矿物伊逊矿——有序的铂与铟的天然合金. 地质学报，71（4）：332-335.
俞惠隆. 1987. 徐家山碳酸盐地层中层控锑矿床的矿质来源与矿液性质. 地球化学，16（2）：167-175.
俞小花，谢刚，王吉坤，等. 2006. 酸性介质中萃取铟的研究. 云南冶金，35（4）：28-32.
喻磊. 2014. 四川会理天宝山铅锌矿床流体包裹体特征及其成因意义. 成都：成都理工大学.
袁波，毛景文，闫兴虎，等. 2014. 四川大梁子铅锌矿成矿物质来源与成矿机制：硫、碳、氢、氧、锶同位素及闪锌矿微量元素制约. 岩石学报，30（1）：209-220.
云南地质矿产局. 1990. 云南省区域地质志. 北京：地质出版社.
云南省有色地质局三一七队. 2010. 云南省罗平县富乐厂铅锌矿核查报告.
曾允孚，刘文均. 1995. 右江盆地演化与层控矿床. 地学前缘，2（4）：237-240.
曾允孚，刘文均，陈洪德，等. 1995. 华南右江复合盆地的沉积构造演化. 地质学报，69（2）：113-124.
曾志刚，李朝阳，刘玉平，等. 1998. 滇东南南秧田两种不同成因类型白钨矿的稀土元素地球化学特征. 地质地球化学，26（2）：34-38.
曾志刚，李朝阳，刘玉平，等. 1999. 老君山成矿区变质成因夕卡岩的地质地球化学特征. 矿物学报，19（1）：48-55.
翟裕生，邓军，宋鸿林，等. 1998. 同生断层对层控超大型矿床的控制. 中国科学 D 辑：地球科学，28（3）：214-218.
詹艳，王立凤，王继军，等. 2012. 广西龙滩库区深部孕震结构大地电磁探测研究. 地球物理学报，55（4）：1400-1410.
张宝贵，张忠. 1999. 滥木厂独立铊矿床主要地球化学特征//中国科学院地球化学研究所. 资源环境与可持续发展. 北京：科学出版社：122-124.
张宝林，吕古贤，苏捷，等. 2015. 云南个旧锡多金属矿田构造岩相成矿规律与西区找矿研究. 地学前缘，22（4）：78-87.
张斌辉，丁俊，张林奎，等. 2011. 滇东南“新寨岩组”与变质花岗质岩的接触关系及其地质意义. 地质论评，57（3）：316-326.
张斌辉，丁俊，任光明，等. 2012. 云南马关老君山花岗岩的年代学、地球化学特征及地质意义. 地质学报，86（4）：587-601.
张斌辉，丁俊，张林奎，等. 2013. 滇东南八布蛇绿岩的 SHRIMP 锆石 U-Pb 年代学研究. 地质学报，87（10）：1498-1509.
张长青. 2005. 川滇黔地区 MVT 铅锌矿床分布、特征及成因研究. 北京：中国地质大学（北京）.

张长青. 2008. 中国川滇黔交界地区密西西比型（MVT）铅锌矿床成矿模型. 北京：中国地质科学院.
张长青，毛景文，刘峰，等. 2005a. 云南会泽铅锌矿床粘土矿物 K-Ar 测年及其地质意义. 矿床地质，24（3）：317-324.
张长青，毛景文，吴锁平，等. 2005b. 川滇黔地区 MVT 铅锌矿床分布、特征及成因. 矿床地质，24（3）：336-348.
张长青，李向辉，余金杰，等. 2008. 四川大梁子铅锌矿床单颗粒闪锌矿铷-锶测年及地质意义. 地质论评，54（4）：532-538.
张长青，吴越，王登红，等. 2014. 中国铅锌矿床成矿规律概要. 地质学报，88（12）：2252-2268.
张德，王顺金. 1994. 皖南锑矿带富硒、碲辉锑矿的矿物学特征及其地质意义. 地球科学——中国地质大学学报，19（2）：169-173.
张国伟，郭安林，王岳军，等. 2013. 中国华南大陆构造与问题. 中国科学：地球科学，43（10）：1553-1582.
张宏飞，高山. 2012. 地球化学. 北京：科学出版社.
张洪培，刘继顺，李晓波，等. 2006. 滇东南花岗岩与锡、银、铜、铅、锌多金属矿床的成因关系. 地质找矿论丛，21（2）：87-90.
张欢，高振敏，马德云，等. 2003. 云南个旧锡矿床成因研究综述. 地质地球化学，31（3）：70-75.
张健，黄文婷，伍静，等. 2018. 广西五圩矿田箭猪坡铅锌锑多金属矿床成矿流体特征及特富矿体形成分析. 地球化学，47（3）：257-267.
张杰，孙传敏，张宝贵，等. 2007. 贵州兴仁滥木厂汞铊矿床矿物扫描电镜研究. 矿物学报，（Z1）：505-510.
张炯飞，庞庆邦，朱群，等. 2003. 内蒙古孟恩陶勒盖银铅锌矿床白云母 Ar-Ar 年龄及其意义. 矿床地质，22（3）：253-256.
张立生. 1998. 康滇地轴东缘以碳酸盐岩为主岩的铅-锌矿床的几个地质问题. 矿床地质，17（增刊）：135-138.
张良钜，胡蕙驿，曾伟来，等. 2015.川南玄武岩晶洞中的沥青与铜矿物球粒研究. 高校地质学报，21（2）：177-185.
张伦尉，黄智龙，李晓彪. 2008. 云南会泽超大型铅锌矿床发现锗的独立矿物. 矿物学报，28（1）：15-16.
张茂富，周宗桂，熊索菲，等. 2016. 云南会泽铅锌矿床闪锌矿化学成分特征及其指示意义. 岩石矿物学杂志，35（1）：111-123.
张佩华，赵振华，赵文霞，等. 2000. 四川大水沟楚碲铋矿的两类显微文像结构. 高校地质学报，6（2）：188-193.
张琦，戚华文，胡瑞忠，等. 2008. 乌兰图嘎超大型锗矿床含锗煤的矿物学. 矿物学报，28（4）：426-438.
张起钻. 1999. 广西大厂超大型锡多金属矿床同位叠加成矿作用. 有色金属矿产与勘查，8（6）：482-485，529.
张乾，刘志浩，战新志，等. 2003. 分散元素铟富集的矿床类型和矿物专属性. 矿床地质，22（3）：309-316.
张乾. 1987. 利用方铅矿、闪锌矿的微量元素图解法区分铅锌矿床的成因类型. 地质地球化学，（9）：64-66.
张乾，朱笑青，高振敏，等. 2005. 中国分散元素富集与成矿研究新进展. 矿物岩石地球化学通报，24（4）：342-349.
张盛，孟小红. 2013. 约束变密度界面反演方法. 地球物理学进展，28（4）：1714-1720.
张世涛，陈国昌. 1997. 滇东南薄竹山复式岩体的地质特征及其演化规律. 云南地质，16（3）：222-232.
张世涛，冯明刚，吕伟. 1998. 滇东南南温河变质核杂岩解析. 中国区域地质，（4）：55-62.
张淑苓，尹金双，王淑英. 1988. 云南帮卖盆地煤中锗存在形式的研究. 沉积学报，6（3）：29-40.
张伟波，陈秀法，陈玉明，等. 2019. 全球铟矿资源供需现状与我国开发利用建议. 矿产保护与利用，39（5）：1-8.
张伟平. 2006. 王沟铅锌矿体中微量元素的分布特征及其垂直分带序列和延深. 甘肃冶金，（2）：27-28.
张璇. 2013. 探索性数据分析的方法在职工平均工资中的应用. 中国市场，（46）：99-100.
张艳，韩润生，魏平堂，等. 2017. 云南会泽矿山厂铅锌矿床流体包裹体特征及成矿物理化学条件. 吉林大学学报（地球科学版），47（3）：719-733.
张燕，鲁超，窦传伟，等. 2017. 福建丁家山铅锌矿稀土元素特征. 地质学刊，41（4）：568-572.
张羽旭，温汉捷，樊海峰，等. 2010. Cd 同位素地质样品的预处理方法研究. 分析测试学报，29（6）：633-637.
张羽旭，朱传威，付绍洪，等. 2012. 川滇黔地区铅锌矿床中锗的富集规律研究. 矿物学报，32（1）：60-64.
张羽旭，周倩，朱传威，等. 2013. 表生风化淋滤迁移过程的 Cd 同位素分馏及其指示意义. 地球与环境，41（6）：612-617.
张岳桥，杨农，孟晖，等. 2004. 四川攀西地区晚新生代构造变形历史与隆升过程初步研究. 中国地质，31（1）：23-33.
张云湘，骆耀南，杨崇喜，等. 1988. 攀西裂谷. 北京：地质出版社.
张云新，吴越，田广，等. 2014. 云南乐红铅锌矿床成矿时代与成矿物质来源：Rb-Sr 和 S 同位素制约. 矿物学报，34（3）：305-311.
张正伟，杨晓勇，温汉捷. 2010. 贵州黔西地区上二叠统宣威组发现富镓矿化层. 矿物岩石地球化学通报，29（1）：107-108.
张志斌，李朝阳，涂光炽，等. 2006. 川、滇、黔接壤地区铅锌矿床产出的大地构造演化背景及成矿作用. 大地构造与成矿学，30（3）：343-354.
张忠，张兴茂，张宝贵. 1998. 南华砷铊矿床元素地球化学和成矿模式. 地球化学，27（3）：269-275.

张忠，张兴茂，张宝贵. 1999. 南华砷铊矿床碱金属碱土金属和稀土元素地球化学. 矿物学报，19（1）：112-119.

张准，黄智龙，周家喜，等. 2011. 黔西北筲箕湾铅锌矿床硫同位素地球化学研究. 矿物学报，31（3）：496-501.

张遵遵，李泽琴，王奖臻，等. 2013. 西藏冈底斯成矿带中铅锌矿床的成矿特征. 地质找矿论丛，28（1）：34-40.

章程. 2000. 广西河池五圩矿田构造应力场划分及力源探讨. 广西地质，13（2）：7-10.

章明，顾雪祥，付绍洪，等. 2003. 锗的地球化学性质与锗矿床. 矿物岩石地球化学通报，22（1）：82-87.

赵斌，李统锦，李昭平. 1983. 夕卡岩形成的物理化学条件实验研究. 地球化学，（3）：256-267.

赵彻终，刘肇昌，李凡友. 1999. 会理-东川元古代海相火山岩带的特征与形成环境. 矿物岩石，（2）：17-24.

赵海，苏文超，沈能平，等. 2018. 广西大厂矿田高峰锡多金属矿床流体包裹体研究.岩石学报，34（12）：3553-3566.

赵利信. 2016. 滇东北晚二叠世煤型铌矿床的元素富集成矿机理. 北京：中国矿业大学（北京）.

赵汝松，刘佑希，杨礼才. 1987. 丹池地区构造系统及其对岩、矿的控制//郭文魁. 锡矿地质讨论会论文集. 北京：地质出版社：176-180.

赵一鸣，林文蔚，毕承思，等. 1990. 中国夕卡岩矿床. 北京：地质出版社.

赵一鸣，林文蔚，毕承思，等. 2012. 中国夕卡岩矿床. 北京：地质出版社.

赵一鸣，丰成友，李大新. 2017. 中国夕卡岩矿床找矿新进展和时空分布规律. 矿床地质，36（3）：519-543.

赵元艺，刘妍，崔玉斌，等. 2010. 西藏班公湖—怒江成矿带与邻区铟矿化带的发现及意义. 地质论评，56（4）：568-578.

赵振华，熊小林，王强，等. 2002. 我国富碱火成岩及有关的大型-超大型金铜矿床成矿作用. 中国科学 D 辑：地球科学，32（增刊）：1-10.

赵自强，丁启秀. 1996. 中南区区域地层. 武汉：中国地质大学出版社：71-123.

郑传仑. 1994. 黔西北铅锌矿的矿质来源. 桂林冶金地质学院学报，14（2）：113-124.

郑荣才，张锦泉. 1989. 滇东—黔西南泥盆纪构造格局及岩相古地理演化. 成都地质学院学报，16（4）：51-60.

郑永飞，陈江峰. 2000. 稳定同位素地球化学. 北京：科学出版社.

中国大百科全书总编辑委员会《地质学》编辑委员会，中国大百科全书出版社编辑部. 1993. 中国大百科全书 • 地质学. 北京：中国大百科全书出版社.

《中国矿床发现史 · 广西卷》编委会. 1996a. 中国矿床发现史 · 广西卷. 北京：地质出版社.

《中国矿床发现史 · 湖北卷》编委会. 1996b. 中国矿床发现史 · 湖北卷. 北京：地质出版社.

中国煤田地质总局. 1996. 黔西川南滇东晚二叠世含煤岩系沉积环境与聚煤规律. 重庆：重庆大学出版社.

周朝宪. 1998. 滇东北麒麟厂锌铅矿床成矿金属来源、成矿流体特征和成矿机理研究. 矿物岩石地球化学通报，17（1）：34-36.

周顶，陈永清，赵彬彬. 2014. 奇异值分解技术及地球化学块体方法在南黄岗-甘珠尔庙成矿带找矿中的应用. 中国地质，41（2）：621-637.

周高明，李本禄. 2005. 云南毛坪铅锌矿床地质特征及成因初探. 西部探矿工程，17（3）：75-77.

周家喜. 2011. 黔西北铅锌成矿区分散元素及锌同位素地球化学. 贵阳：中国科学院地球化学研究所：1-141.

周家喜，黄智龙，李晓彪，等. 2008. 四川会东大梁子铅锌矿床锗富集于方铅矿中的新证据. 矿物学报，28（4）：473-475.

周家喜，黄智龙，周国富，等. 2009. 贵州天桥铅锌矿床分散元素赋存状态及规律. 矿物学报，29（4）：471-480.

周家喜，黄智龙，周国富，等. 2010a. 黔西北赫章天桥铅锌矿床成矿物质来源：S、Pb 同位素和 REE 制约. 地质论评，56（4）：513-524.

周家喜，黄智龙，周国富，等. 2010b. 黔西北铅锌成矿区镉的赋存状态及规律. 矿床地质，29（S1）：1159-1160.

周家喜，黄智龙，周国富，等. 2012. 黔西北天桥铅锌矿床热液方解石 C、O 同位素和 REE 地球化学. 大地构造与成矿学，36（1）：93-101.

周建平，徐克勤，华仁民，等. 1998. 滇东南喷流沉积块状硫化物特征与矿床成因. 矿物学报，18（2）：158-168.

周艳晶. 2021. 中国铟资源动态物质流研究. 武汉：中国地质大学（武汉）.

周义平. 1999. 中国西南龙潭早期碱性火山灰蚀变的 TONSTEINS. 煤田地质与勘探，27（4）：5-9.

周义平，任友谅. 1982. 西南晚二叠世煤田煤中镓的分布和煤层氧化带内镓的地球化学特征. 地质论评，28（1）：46-59.

周义平，任友谅. 1983. 中国西南晚二叠世煤田中 TONSTEIN 的分布和成因. 煤炭学报，（1）：76-88.

周永峰. 1993. 区域重力资料研究在广西深部地质和成矿预测中的应用. 广西地质，6（2）：15-24.

周园园. 2016. 三稀矿产资源新兴产业发展及政策建议. 地质论评，62（S1）：13-14.

朱传威. 2014. 川滇黔地区铅锌矿床中分散元素镉和锗同位素地球化学及其应用. 贵阳：中国科学院地球化学研究所.

朱传威，温汉捷，张羽旭，等. 2013. 铅锌矿床中的 Cd 同位素组成特征及其成因意义. 中国科学：地球科学，43（11）：1847-1856.

朱传威，温汉捷，樊海峰，等. 2014a. 非传统稳定同位素锗的测试进展及其地质应用.岩石矿物学杂志，33（5）：965-970.

朱传威，温汉捷，樊海峰，等. 2014b. 铅锌矿床地质样品的 Ge 同位素预处理方法研究. 岩矿测试，33（3）：305-311.

朱国器，黎海龙，温融湘. 2011. 广西岩浆岩重磁异常特征探讨. 工程地球物理学报，8（5）：566-571.

朱建明，郑宝山，苏宏灿，等. 2001. 恩施渔塘坝自然硒的发现及其初步研究. 地球化学，30（3）：236-241.

朱江，张招崇. 2013. 大火成岩省与二叠纪两次生物灭绝关系研究进展. 地质论评，59（1）：137-148.

朱赖民，袁海华，栾世伟. 1995a. 金阳底苏会东大梁子铅锌矿床内闪锌矿微量元素标型特征及其研究意义. 四川地质学报，15（1）：49-55.

朱赖民，袁海华，栾世伟. 1995b. 四川底苏、大梁子铅锌矿床同位素地球化学特征及成矿物质来源探讨. 矿物岩石，15（1）：72-79.

朱维光，邓海琳，李朝阳. 2001. 四川西部呷村银多金属矿床稀土地球化学研究. 矿物岩石，21（4）：36-43.

朱笑青，张乾，何玉良，等. 2006. 富铟及贫铟矿床成矿流体中铟与锡铅锌的关系研究. 地球化学，35（1）：6-12.

朱艺婷，李晓峰，张龙，等. 2019. 新疆白杨河 U-Be 矿床中电气石的矿物学特征及其成矿指示. 岩石学报，35（11）：3429-3442.

朱自强，程方道，黄国祥. 1995. 同时反演两个三维密度界面的拟神经网络 BP 算法. 石油物探，34（1）：76-85.

庄汉平，卢家烂，傅家谟，等. 1998. 临沧超大型锗矿床锗赋存状态研究. 中国科学 D 辑：地球科学，28（增刊）：37-42.

邹志超，胡瑞忠，毕献武，等. 2012. 滇西北兰坪盆地李子坪铅锌矿床微量元素地球化学特征. 地球化学，41（5）：482-496.

俎波，薛春纪，王庆飞，等. 2011. 云南中甸红山铜矿中硫化物环带及其地质意义. 矿物学报，31（S1）：539-540.

Abidi R，Slim-Shimi N，Somarin A，et al. 2010. Mineralogy and fluid inclusions study of carbonate-hosted Mississippi Valley-type Ain Allega Pb-Zn-Sr-Ba ore deposit，Northern Tunisia. Journal of African Earth Sciences，57（3）：262-272.

Abouchami W，Galer S J G，De Baar H J W，et al. 2011. Modulation of the southern ocean cadmium isotope signature by ocean circulation and primary productivity. Earth and Planetary Science Letters，305（1-2）：83-91.

Abouchami W，Galer S J G，Horner T J，et al. 2013. A common reference material for cadmium isotope studies–NIST SRM 3108. Geostandards and Geoanalytical Research，37（1）：5-17.

Aderson G M. 2008. The mixing hypothesis and the origin of mississippi valley-type ore deposits. Economic Geology，103（8）：1683-1690.

Agterberg F P. 1989. Computer programs for mineral exploration. Science，245（4913）：76-81.

Ahmad M，Solomon M，Walshe J L. 1987. Mineralogical and geochemical studies of the Emperor gold telluride deposit，Fiji. Economic Geology，82（2）：345-370.

Alfantazi A M，Moskalyk R R. 2003. Processing of indium：a review. Minerals Engineering，16（8）：687-694.

Ali J R，Lo C H，Thompson G M，et al. 2004. Emeishan Basalt Ar-Ar overprint ages define several tectonic events that affected the western Yangtze platform in the Mesozoic and Cenozoic. Journal of Asian Earth Sciences，23（2）：163-178.

Aminzadeh B，Shahabpour J，Maghami M. 2011. Variation of rhenium contents in molybdenites from the Sar Cheshmeh porphyry Cu-Mo deposit in Iran. Resource Geology，61（3）：290-295.

Anbar A D，Duan Y，Lyons T W，et al. 2007. A whiff of oxygen before the great oxidation event?. Science，317（5846）：1903-1906.

Anderson G M. 2008. The mixing hypothesis and the origin of Mississippi Valley-Type ore deposits. Economic Geology，103(8)：1683-1690.

Andersen J C Ø，Stickland R J，Rollinson G K，et al. 2016. Indium mineralisation in SW England：host parageneses and mineralogical relations. Ore Geology Reviews，78：213-238.

Anderson J S. 1953. Observations on the geochemistry of indium. Geochimica et Cosmochimica Acta，4（5）：225-240.

Andrew C J. 1993. Mineralizations of the Irish Midlands//Pattrick R A D, Polya A D. Mineralizations of the British Isles. Chapman and Hall, London：208-269.

Angerer G，Erdmann L，Marscheider-Weidemann F，et al. 2009a. Rohstoffe F-Weidemann Fechnologien. Karlsruhe：Fraunhofer ISI.

Angerer G，Erdmann L，Marscheider-Weidemann F，et al. 2009b. Rohstoffe für Zukunftstechnologien：Einfluss des branchenspezifischen

Rohstoffbedarfs in rohstoffintensiven Zukunftstechnologien auf die zukünftige Rohstoffnachfrage. 1-383.

Armstrong J G T，Parnell J，Bullock L A，et al. 2018. Tellurium，selenium and cobalt enrichment in Neoproterozoic black shales，Gwna Group，UK：deep marine trace element enrichment during the Second Great Oxygenation Event. Terra Nova，30（3）：244-253.

Arsenijević M. 1958. Germanium and its distribution in some Yugoslavian ores. Vesnik Zavoda za Geoloska i Geofizicka Istrazivanja NR Srbije，16：55-165（in Serbocroat with English Abstract）.

Asadi H H，Kianpouryan S，Lu Y J，et al. 2014. Exploratory data analysis and C-A fractal model applied in mapping multi-element soil anomalies for drilling：a case study from the Sari Gunay epithermal gold deposit，NW Iran. Journal of Geochemical Exploration，145：233-241.

Auclair G，Fouquet Y，Bohn M. 1987. Distribution of selenium in high-temperature hydrothermal sulfide deposits at 13° North，East Pacific Rise. The Canadian Mineralogist，25（4）：577-587.

Avdonin V V，Sergeeva N E. 1999. Rare metals in the evolutionary sequences of base-metal massive-sulfide deposits. Moscow University Geology Bulletin-Allerton Press.

Baines S B，Fisher N S，Doblin M A，et al. 2001. Uptake of dissolved organic selenides by marine phytoplankton. Limnology and Oceanography，46（8）：1936-1944.

Baker R G A，Rehkämper M，Hinkley T K，et al. 2009. Investigation of thallium fluxes from subaerial volcanism—implications for the present and past mass balance of thallium in the oceans. Geochimica et Cosmochimica Acta，73（20）：6340-6359.

Baker R G A，Schönbächler M，Rehkämper M，et al. 2010a. The thallium isotope composition of carbonaceous chondrites—new evidence for live ^{205}Pb in the early solar system. Earth and Planetary Science Letters，291（1-4）：39-47.

Baker R G A，Rehkämper M，Ihlenfeld C，et al. 2010b. Thallium isotope variations in an ore-bearing continental igneous setting：Collahuasi Formation，northern Chile. Geochimica et Cosmochimica Acta，74（15）：4405-4416.

Bao Z，Li Q，Wang C Y. 2017. Metal source of giant Huize Zn-Pb deposit in SW China：new constraints from in situ Pb isotopic compositions of galena. Ore Geol. Rev. 91：824-836.

Barbanson L，Geldron A. 1983. Distribution du germanium，de l'argent et du cadmium entre les schistes et les minéralisations stratiformes et filoniennes à blende-sidérite de la région de Saint Salvy（Tarn）. Chronique de la Recherche Miniére 470：33-42.

Barbosa V C F，Silva J B C，Medeiros W E. 1999. Gravity inversion of a discontinuous relief stabilized by weighted smoothness constraints on depth. Geophysics，64（5）：1429-1437.

Barnes S J，Mansur E T. 2022. Distribution of Te，As，Bi，Sb，and Se in mid-ocean ridge basalt and komatiites and in picrites and basalts from large igneous provinces：implications for the formation of magmatic Ni-Cu-Platinum group element deposits. Economic Geology，117（8）：1919-1933.

Barnes S J，Prichard H M，Cox R A，et al. 2008. The location of the chalcophile and siderophile elements in platinum-group element ore deposits（a textural，microbeam and whole rock geochemical study）：implications for the formation of the deposits. Chemical Geology，248（3-4）：295-317.

Baronas J J，Hammond D E，McManus J，et al. 2017. A global Ge isotope budget. Geochimica et Cosmochimica Acta，203：265-283.

Bauer M E，Seifert T，Burisch M，et al. 2019. Indium-bearing sulfides from the Hämmerlein skarn deposit，Erzgebirge，Germany：evidence for late-stage diffusion of indium into sphalerite. Mineralium Deposita，54（2）：175-192.

Baumann L. 1994. The vein deposits of Freiberg，Saxony. Monograph Series on Mineral Deposits，31：149-167.

Baumann L，Kuschka E，Seifert T. 1999. Lagerstätten des Erzgebirges. Enke，Stuttgart. 300.

Bebie J，Seward T M，Hovey J K. 1998. Spectrophotometric determination of the stability of thallium（I）chloride complexes in aqueous solution up to 200°C. Geochimica et Cosmochimica Acta，62（9）：1643-1651.

Bech J，Suarez M，Reverter F，et al. 2010a. Selenium and other trace element in phosphorites：a comparison between those of the Bayovar-Sechura and other provenances. Journal of Geochemical Exploration，107（2）：146-160.

Bech J，Suarez M，Reverter F，et al. 2010b. Selenium and other trace elements in phosphate rock of Bayovar–Sechura（Peru）. Journal of Geochemical Exploration，107（2）：136-145.

Belissont R，Boiron M C，Luais B，et al. 2014. LA-ICP-MS analyses of minor and trace elements and bulk Ge isotopes in zoned

Ge-rich sphalerites from the Noailhac-Saint-Salvy deposit（France）：insights into incorporation mechanisms and ore deposition processes. Geochimica et Cosmochimica Acta，126：518-540.

Belissont R，Muñoz M，Boiron M C，et al. 2016. Distribution and oxidation state of Ge，Cu and Fe in sphalerite by μ-XRF and K-edge μ-XANES：insights into Ge incorporation，partitioning and isotopic fractionation. Geochimica et Cosmochimica Acta，177：298-314.

Belogub E V，Ayupova N R，Krivovichev V G，et al. 2020. Se minerals in the continental and submarine oxidation zones of the South Urals volcanogenic-hosted massive sulfide deposits：a review. Ore Geology Reviews，122：103500.

Bensen G D，Ritzwoller M H，Shapiro N M. 2008. Broadband ambient noise surface wave tomography across the United States. Journal of Geophysical Research：Solid Earth，113（B5）：B05306.

Bente K，Doering T. 1995. Experimental studies on the solid state diffusion of Cu + In in ZnS and on "disease"，DIS（diffusion induced segregations），in sphalerite and their geological applications. Mineralogy and Petrology，53（4）：285-305.

Berger G W，York D. 1981. Geothermometry from $^{40}Ar/^{39}Ar$ dating experiments. Geochimica et Cosmochimica Acta，45（6）：795-811.

Berglund M，Wieser M E. 2011. Isotopic compositions of the elements 2009（IUPAC technical report）. Pure and Applied Chemistry，83（2）：397-410.

Bernard A，Dumortier P. 1986. Identification of natural rhenium sulfide（ReS_2）in volcanic fumaroles from the Usu volcano，Hokkaido，Japan//Proceedings of the XIth International Congress on Electron Microscopy. Kyoto，Japan：Japanese Society of Electron Microscopy：1691-1692.

Berner R A. 1984. Sedimentary pyrite formation：an update. Geochimica et Cosmochimica Acta，48（4）：605-615.

Bernstein L R. 1985. Germanium geochemistry and mineralogy. Geochimica et Cosmochimica Acta，49（11）：2409-2422.

Bernstein L R. 1986. Geology and mineralogy of the Apex germanium-gallium mine，Washington County，Utah. U.S. Geological Survey Bulletin，1577：1-9.

Bernstein L R，Waychunas G A. 1987. Germanium crystal chemistry in hematite and goethite from the Apex Mine，Utah，and some new data on germanium in aqueous solution and in stottite. Geochimica et Cosmochimica Acta，51（3）：623-630.

Bernstein L R，Reichel D G，Merlino S. 1989. Renierite crystal structure refined from Rietveld analysis of powder neutron-diffraction data. American Mineralogist，74（9-10）：1177-1181.

Berzina A N，Sotnikov V I，Economou-Eliopoulos M，et al. 2005. Distribution of rhenium in molybdenite from porphyry Cu-Mo and Mo-Cu deposits of Russia（Siberia）and Mongolia. Ore Geology Reviews，26（1-2）：91-113.

Bidoglio G，Gibson P N，O'Gorman M，et al. 1993. X-ray absorption spectroscopy investigation of surface redox transformations of thallium and chromium on colloidal mineral oxides. Geochimica et Cosmochimica Acta，57（10）：2389-2394.

Björck Å. 1967a. Iterative refinement of linear least squares solutions I. BIT Numerical Mathematics，7（4）：257-278.

Björck Å. 1967b. Solving linear least squares problems by Gram-schmidt orthogonalization. BIT Numerical Mathematics，7（1）：1-21.

Björck Å. 1968. Iterative refinement of linear least squares solutions II. BIT Numerical Mathematics，8（1）：8-30.

Bobrov A，Hurskiy D，Merkushyn I，et al. 2008. The first occurrence of native rhenium in natural geological systems//Proceedings of the 33rd International Geological Congress. Oslo，Norway.

Bonev I K，Kerestedjian T，Atanassova R，et al. 2002. Morphogenesis and composition of native gold in the Chelopech volcanic-hosted Au-Cu epithermal deposit，Srednogorie zone，Bulgaria. Mineralium Deposita，37（6-7）：614-629.

Bonham-Carter G F，Agterberg F P，Wright D F. 1989. Weights of evidence modelling：a new approach to mapping mineral potential//Agterberg F P，Bonham-Carter G F. Statistical Applications in the Earth Sciences. Canada：Geological Survey of Canada：171-183.

Boni M，Balassone G，Iannace A. 1996. Base metal ores in the lower Paleozoic of southwestern Sardinia. Economic Geology 75th Anniversary Volume，18-28.

Bonnet J，Mosser-Ruck R，Caumon M C，et al. 2016. Trace element distribution（Cu，Ga，Ge，Cd，and Fe）in sphalerite from the Tennessee Mvt deposits，USA，by combined EMPA，LA-ICP-MS，raman spectroscopy，and crystallography. The Canadian Mineralogist，54（5）：1261-1284.

Borisov A，Jones J H. 1999. An evaluation of Re，as an alternative to Pt，for the 1 bar loop technique：an experimental study at 1400 ℃. American Mineralogist，84（10）：1528-1534.

Boyle E A，Sclater F，Edmond J M. 1976. On the marine geochemistry of cadmium. Nature，263（5572）：42-44.

Bradshaw G D，Rowins S M，Peter J M，et al. 2008. Genesis of the Wolverine volcanic sediment-hosted massive sulfide deposit，Finlayson Lake district，Yukon，Canada：mineralogical，mineral chemical，fluid inclusion，and sulfur isotope evidence. Economic Geology，103（1）：35-60.

Brenguier F，Campillo M，Hadziioannou C，et al. 2008a. Postseismic relaxation along the San Andreas Fault at Parkfield from continuous seismological observations. Science，321（5895）：1478-1481.

Brenguier F，Shapiro N M，Campillo M，et al. 2008b. Towards forecasting volcanic eruptions using seismic noise. Nature Geoscience，1（2）：126-130.

Brett E K A，Prytulak J，Rehkämper M，et al. 2021. Thallium elemental and isotopic systematics in ocean island lavas. Geochimica et Cosmochimica Acta，301：187-210.

Brown H M，Krouse H R. 1964. Fractionation of Germanium isotopes in chemical reactions. Canadian Journal of Chemistry，42（8）：1971-1978.

Brugger J，Etschmann B E，Grundler P V，et al. 2012. Letter：XAS evidence for the stability of polytellurides in hydrothermal fluids up to 599℃，800 bar. American Mineralogist，97（8-9）：1519-1522.

Bullock L A，Parnell J. 2017. Selenium and molybdenum enrichment in uranium roll-front deposits of Wyoming and Colorado，USA. Journal of Geochemical Exploration，180：101-112.

Burton K W，Ling H F，O'Nions R K. 1997. Closure of the Central American Isthmus and its effect on deep-water formation in the North Atlantic. Nature，386（6623）：382-385.

Cai M H，Mao J W，Liang T，et al. 2007. The origin of the Tongkeng-Changpo tin deposit，Dachang metal district，Guangxi，China：clues from fluid inclusions and He isotope systematics. Mineralium Deposita，42（6）：613-626.

Calagari A A，Abedini A. 2007. Geochemical investigations on Permo-Triassic bauxite horizon at Kanisheeteh，East of Bukan，West-Azarbaidjan，Iran. Journal of Geochemical Exploration，94（1-3）：1-18.

Cameron E M，Hamilton S M，Leybourne M I，et al. 2004. Finding deeply buried deposits using geochemistry. Geochemistry：Exploration，Environment，Analysis，4（1）：7-32.

Campbell W，Barton P B. 1996. Occurrence and significance of stalactites within the epithermal deposits at Creede，Colorado. The Canadian Mineralogist，34（5）：905-930.

Candela P A，Holland H D. 1986. A mass transfer model for copper and molybdenum in magmatic hydrothermal systems：the origin of porphyry-type ore deposits. Economic Geology，81（1）：1-19.

Carignan J，Wen H J. 2007. Scaling NIST SRM 3149 for Se isotope analysis and isotopic variations of natural samples. Chemical Geology，242（3-4）：347-350.

Carranza E J M. 2009. Geochemical anomaly and mineral prospectivity mapping in GIS. Handbook of exploration and environmental geochemistry，Volume 11. London：Elsevier.

Carranza E J M. 2010. Catchment basin modelling of stream sediment anomalies revisited：incorporation of EDA and fractal analysis. Geochemistry：Exploration, Environment, Analysis，10（4）：365-381.

Cassard D，Chabod J C，Marcoux E，et al. 1996. Mise en place et origine des minéralisations du gisement à Zn，Ge，Ag，（Pb，Cd）de Noailhac-Saint-Salvy (Tarn, France). Chronique de la Recherche Miniére，514：3-37.

Cerny I，Schroll E. 1995. Heimische Vorräte an Spezialmetallen（Ga，In，Tl，Ge，Se，Te and Cd）in Blei-Zink- und anderen Erzen. Archiv für Lagerstättenforschung der Geologischen Bundesanstalt，18：5-33.

Chan L H，Alt J C，Teagle D A H. 2002. Lithium andlithium isotope profiles through the upper oceanic crust：a study of seawater-basalt exchange at ODP Sites 504B and 896A. Earth Planet Sci Lett，201：187-201.

Chan L H，Edmond J M，Thompson G. 1993. A lithiumisotope study of hot-springs and metabasalts from midoceanridge hydrothermal systems. Journal of Geophysical Research（Solid Earth），98（B6）：9653-9659.

Chan L H, Gieskes J M, You C F, et al. 1994. Lithium isotope geochemistry of sediments and hydrothermal fluids of the Guaymas basin Gulf of California. Geochim Cosmochim, 58 (20): 4443-4454.

Chang T L, Li W J, Qiao G S, et al. 1999. Absolute isotopic composition and atomic weight of germanium. International Journal of Mass Spectrometry, 189 (2-3): 205-211.

Chapman F W Jr, Marvin G G, Tyree S Y Jr. 1949. Volatilization of elements from perchloric and hydrofluoric acid solutions. Analytical Chemistry, 21 (6): 700-701.

Charnock J M, Polya D A, Gault A G, et al. 2007. Direct EXAFS evidence for incorporation of As^{5+} in the tetrahedral site of natural andraditic garnet. American Mineralogist, 92 (11-12): 1856-1861.

Chatterjee A K. 1979. Geology of the Meat Cove zinc deposit, Cape Breton Island, Nova Scotia. Halifax, N. S.: Province of Nova Scotia, Department of Mines & Energy.

Chaussidon M, Albarède F, Sheppard S M F. 1989. Sulphur isotope variations in the mantle from ion microprobe analyses of micro-sulphide inclusions. Earth and Planetary Science Letters, 92 (2): 144-156.

Chave A D, Thomson D J. 2004. Bounded influence magnetotelluric response function estimation. Geophysical Journal International, 157 (3): 988-1006.

Chen F, Wang Q, Yang S, et al. 2018. Space-time distribution of manganese ore deposits along the southern margin of the South China Block, in the context of Palaeo-Tethyan evolution. International Geology Review, 60 (1): 72-86.

Chen J, Halls C, Stanley C J. 1992. Tin-bearing skarns of south China: geological setting and mineralogy. Ore Geology Reviews, 7 (3) : 225-248.

Chen Y, Xu Y, Xu T, et al. 2015. Magmatic underplating and crustal growth in the Emeishan Large Igneous Province, SW China, revealed by a passive seismic experiment. Earth and Planetary Science Letters, 432: 103-114.

Cheng Q M, Agterberg F P, Ballantyne S B. 1994. The separation of geochemical anomalies from background by fractal methods. Journal of Geochemical Exploration, 51 (2): 109-130.

Cheng X, Niu F L, Wang B S. 2010. Coseismic velocity change in the rupture zone of the 2008 M_w 7.9 Wenchuan earthquake observed from ambient seismic noise. Bulletin of the Seismological Society of America, 100 (5B): 2539-2550.

Cheng Y S. 2014. Geological features and S isotope composition of tin deposit in Dachang ore district in Guangxi. Transactions of Nonferrous Metals Society of China, 24 (9): 2938-2945.

Cheng Y S, Hu R Z. 2013. Lead isotope composition and constraints on origin of Dafulou ore deposit, Guangxi, China. Transactions of Nonferrous Metals Society of China, 23 (6): 1766-1773.

Cheng Y B, Mao J W, Liu P. 2016. Geodynamic setting of Late Cretaceous Sn-W mineralization in southeastern Yunnan and northeastern Vietnam. Solid Earth Sciences, 1 (3): 79-88.

Chetty D, Frimmel H E. 2000. The role of evaporites in the genesis of base metal sulphide mineralisation in the Northern Platform of the Pan-African Damara Belt, Namibia: geochemical and fluid inclusion evidence from carbonate wall rock alteration. Mineralium Deposita, 35 (4): 364-376.

Cho K H, Herrmann R B, Ammon C J, et al. 2007. Imaging the upper crust of the Korean peninsula by surface-wave tomography. Bulletin of the Seismological Society of America, 97 (1): 198-207.

Chowdhury A N, Chakraborty S C, Bose B B. 1965. Geochemistry of gallium in bauxite from India. Economic Geology, 60(5): 1052-1058.

Christensen N I, Mooney W D. 1995. Seismic velocity structure and composition of the continental crust: a global view. Journal of Geophysical Research: Solid Earth, 100 (B6): 9761-9788.

Christy A G. 2015. Causes of anomalous mineralogical diversity in the Periodic Table. Mineralogical Magazine, 79 (1): 33-49.

Christy A G, Mills S J, Kampf A R. 2016. A review of the structural architecture of tellurium oxycompounds. Mineralogical Magazine, 80 (3): 415-545.

Chung S L, Lo C H, Lee T Y, et al. 1998. Diachronous uplift of the Tibetan plateau starting 40Myr ago. Nature, 394(6695): 769-773.

Ciobanu C L, Cook N J, Stein H. 2002. Regional setting and geochronology of the Late Cretaceous Banatitic magmatic and metallogenetic belt. Mineralium Deposita, 37 (6-7): 541-567.

Ciobanu C L，Cook N J，Spry P G. 2006. Preface-special issue：telluride and selenide minerals in gold deposits-how and why?. Mineralogy and Petrology，87（3-4）：163.

Ciobanu C L，Cook N J，Utsunomiya S，et al. 2011. Focussed ion beam-transmission electron microscopy applications in ore mineralogy：bridging micro- and nanoscale observations. Ore Geology Reviews，42（1）：6-31.

Ciobanu C L，Cook N J，Kelson C R，et al. 2013. Trace element heterogeneity in molybdenite fingerprints stages of mineralization. Chemical Geology，347：175-189.

Clark A H，Archibald D A，Lee A W，et al. 1998. Laser probe $^{40}Ar/^{39}Ar$ ages of early- and late-stage alteration assemblages，Rosario porphyry copper-molybdenum deposit，Collahuasi District，I Region，Chile. Economic Geology，93（3）：326-337.

Clark J R，Viets J G. 1981. Multielement extraction system for the determination of 18 trace elements in geochemical samples. Analytical Chemistry，53（1）：61-65.

Clark S K，Johnson T M. 2008. Effective isotopic fractionation factors for solute removal by reactive sediments：a laboratory microcosm and slurry study. Environmental Science & Technology，42（21）：7850-7855.

Clark S K，Johnson T M. 2010. Selenium stable isotope investigation into selenium biogeochemical cycling in a lacustrine environment：Sweitzer Lake，Colorado. Journal of Environmental Quality，39（6）：2200-2210.

Cloquet C，Rouxel O，Carignan J，et al. 2005. Natural cadmium isotopic variations in eight geological reference materials（NIST SRM 2711，BCR 176，GSS-1，GXR-1，GXR-2，GSD-12，Nod-P-1，Nod-A-1）and anthropogenic samples，measured by MC-ICP-MS. Geostandards and Geoanalytical Research，29（1）：95-106.

Cloquet C，Carignan J，Libourel G，et al. 2006. Tracing source pollution in soils using cadmium and lead isotopes. Environmental Science & Technology，40（8）：2525-2530.

Coffin M F，Eldholm O. 1994. Large igneous provinces：crustal structure，dimensions，and external consequences. Reviews of Geophysics，32（1）：1-36.

Coggon R M，Rehkämper M，Atteck C，et al. 2014. Controls on thallium uptake during hydrothermal alteration of the upper ocean crust. Geochimica et Cosmochimica Acta，144：25-42.

Cohen B L. 1984. Anomalous behavior of tellurium abundances. Geochimica et Cosmochimica Acta，48（1）：203-205.

Coleman R G，Delevaux M H. 1957. Occurrence of selenium in sulfides from some sedimentary rocks of the Western United States. Economic Geology，52（5）：499-527.

Conliffe J，Wilton D H C，Blamey N J F，et al. 2013. Paleoproterozoic Mississippi Valley Type Pb-Zn mineralization in the Ramah Group，Northern Labrador：stable isotope，fluid inclusion and quantitative fluid inclusion gas analyses. Chemical Geology，362：211-223.

Cook N J，Ciobanu C L，Bogdanov K. 2002. Trace mineralogy of the Upper Cretaceous Banatitic magmatic and metallogenic belt，SE Europe//11th IAGOD Symposium and Geocongress 2002. Windhoek，Namibia：Geological Survey of Namibia.

Cook N J，Ciobanu C L，Pring A，et al. 2009. Trace and minor elements in sphalerite：a LA-ICPMS study. Geochimica et Cosmochimica Acta，73（16）：4761-4791.

Cook N J，Ciobanu C L，Danyushevsky L V，et al. 2011a. Minor and trace elements in bornite and associated Cu-（Fe）-sulfides：a LA-ICP-MS study. Geochimica et Cosmochimica Acta，75（21）：6473-6496.

Cook N J，Ciobanu C L，Williams T. 2011b. The mineralogy and mineral chemistry of indium in sulphide deposits and implications for mineral processing. Hydrometallurgy，108（3-4）：226-228.

Cook N J，Sundblad K，Valkama M，et al. 2011c. Indium mineralisation in A-type granites in southeastern Finland：insights into mineralogy and partitioning between coexisting minerals. Chemical Geology，284（1-2）：62-73.

Cook N J，Ciobanu C L，Brugger J，et al. 2012. Letter. Determination of the oxidation state of Cu in substituted Cu-In-Fe-bearing sphalerite via μ-XANES spectroscopy. American Mineralogist，97（2-3）：476-479.

Cook N J，Etschmann B，Ciobanu C L，et al. 2015. Distribution and substitution mechanism of Ge in a Ge-（Fe）-bearing sphalerite. Minerals，5（2）：117-132.

Cook N，Ciobanu C L，George L，et al. 2016. Trace element analysis of minerals in magmatic-hydrothermal ores by laser ablation inductively-coupled plasma mass spectrometry：approaches and opportunities. Minerals，6（4）：111.

Cooke D R，Hollings P，Walshe J L. 2005. Giant porphyry deposits：characteristics，distribution，and tectonic controls. Economic Geology，100（5）：801-818.

Corbella M，Ayora C，Cardellach E. 2004. Hydrothermal mixing，carbonate dissolution and sulfide precipitation in Mississippi Valley-type deposits. Miner Deposita，39：344-357 .

Cordell L，Henderson R G. 1968. Iterative three-dimensional solution of gravity anomaly data using a digital computer. Geophysics，33（4）：596-601.

Cox K G. 1993. Continental magmatic underplating. Philosophical Transactions：Physical Sciences and Engineering，342（1663）：155-166.

Craddock P R，Warren J M，Dauphas N. 2013. Abyssal peridotites reveal the near-chondritic Fe isotopic composition of the Earth. Earth and Planetary Science Letters，365：63-76.

Cromie P W，Gosse R R，Zhang P，et al. 1996. Exploration for carbonate-hosted Pb-Zn deposits，Sichuan，P. R. C.//30th International Geological Congress. Beijing：Geology Publishing Company Press.

Cutter G A. 1982. Selenium in reducing waters. Science，217（4562）：829-831.

Cutter G A，Bruland K W. 1984. The marine biogeochemistry of selenium：a re-evaluation. Limnology & Oceanography，29（6）：1179-1192.

Cugerone A，Cenki-Tok B，Chauvet A，et al. 2018. Relationships between the occurrence of accessory Ge-minerals and sphalerite in Variscan Pb-Zn deposits of the Bossost anticlinorium，French Pyrenean axial zone：chemistry，microstructures and ore-deposit setting. Ore Geology Reviews，95：1-19.

Cugerone A，Cenki-Tok B，Oliot E，et al. 2020. Redistribution of germanium during dynamic recrystallization of sphalerite. Geology，48（3）：236-241.

Czamanske G K，Kunilov V E，Zientek M L，et al. 1992. A proton-microprobe study of magmatic sulfide ores from the Noril'sk-Talnakh District，Siberia. The Canadian Mineralogist，30：249-287.

Dai S F，Ren D Y，Li S S. 2006. Discovery of the superlarge gallium ore deposit in Jungar，Inner Mongolia，North China. Chinese Science Bulletin，51（18）：2243-2252.

Dai S F，Zhou Y P，Zhang M Q，et al. 2010. A new type of Nb（Ta）-Zr（Hf）-REE-Ga polymetallic deposit in the late Permian coal-bearing strata，eastern Yunnan，southwestern China：possible economic significance and genetic implications. International Journal of Coal Geology，83（1）：55-63.

Dai S F，Jiang Y F，Ward C R，et al. 2012a. Mineralogical and geochemical compositions of the coal in the Guanbanwusu Mine，Inner Mongolia，China：further evidence for the existence of an Al（Ga and REE）ore deposit in the Jungar Coalfield. International Journal of Coal Geology，98：10-40.

Dai S F，Ren D Y，Chou C L，et al. 2012b. Geochemistry of trace elements in Chinese coals：a review of abundances，genetic types，impacts on human health，and industrial utilization. International Journal of Coal Geology，94：3-21.

Dai S F，Zou J H，Jiang Y F，et al. 2012c. Mineralogical and geochemical compositions of the Pennsylvanian coal in the Adaohai Mine，Daqingshan Coalfield，Inner Mongolia，China：modes of occurrence and origin of diaspore，gorceixite，and ammonian illite. International Journal of Coal Geology，94：250-270.

Dai S F，Zhang W G，Ward C R，et al. 2013. Mineralogical and geochemical anomalies of late Permian coals from the Fusui Coalfield，Guangxi Province，southern China：influences of terrigenous materials and hydrothermal fluids. International Journal of Coal Geology，105：60-84.

Dai S F，Luo Y B，Seredin V V，et al. 2014a. Revisiting the late Permian coal from the Huayingshan，Sichuan，southwestern China：enrichment and occurrence modes of minerals and trace elements. International Journal of Coal Geology，122：110-128.

Dai S F，Seredin V V，Ward C R，et al. 2014b. Composition and modes of occurrence of minerals and elements in coal combustion products derived from high-Ge coals. International Journal of Coal Geology，121：79-97.

Dai S F，Seredin V V，Ward C R，et al. 2015. Enrichment of U-Se-Mo-Re-V in coals preserved within marine carbonate successions：geochemical and mineralogical data from the Late Permian Guiding Coalfield，Guizhou，China. Mineralium Deposita，50（2）：159-186.

Danyushevsky L，Robinson P，Gilbert S，et al. 2011. Routine quantitative multi-element analysis of sulphide minerals by laser ablation ICP-MS：standard development and consideration of matrix effects. Geochemistry：Exploration，Environment，Analysis，

11（1）：51-60.

Dare S A S，Barnes S J，Prichard H M，et al. 2014. Mineralogy and geochemistry of Cu-Rich ores from the McCreedy East Ni-Cu-PGE Deposit（Sudbury，Canada）：implications for the behavior of platinum group and chalcophile elements at the end of crystallization of a sulfide liquid. Economic Geology，109（2）：343-366.

Davy R. 1983. Chapter 8 Part A. A Contribution on the Chemical Composition of Precambrian Iron-Formations. Developments in Precambrian Geology，6：325-343.

De Laeter J R. 1972. The isotopic composition and elemental abundance of gallium in meteorites and in terrestrial samples. Geochimica et Cosmochimica Acta，36（7）：735-743.

Deblonde G J P，Chagnes A，Bélair S，et al. 2015. Solubility of niobium（V）and tantalum（V）under mild alkaline conditions. Hydrometallurgy，156：99-106.

Deconinck J F，Crasquin S，Bruneau L，et al. 2014. Diagenesis of clay minerals and K-bentonites in Late Permian/Early Triassic sediments of the Sichuan Basin（Chaotian section，Central China）. Journal of Asian Earth Sciences，81：28-37.

Dehnavi A S，McFarlane C R M，Lentz D R，et al. 2018. Assessment of pyrite composition by LA-ICP-MS techniques from massive sulfide deposits of the Bathurst Mining Camp，Canada：from textural and chemical evolution to its application as a vectoring tool for the exploration of VMS deposits. Ore Geology Reviews，92：656-671.

Demény A，Ahijado A，Casillas R，et al. 1998. Crustal contamination and fluid/rock interaction in the carbonatites of Fuerteventura（Canary Islands，Spain）：a C，O，H isotope study. Lithos，44（3）：101-115.

Deng H L，Li C Y，Tu G Z，et al. 2000. Strontium isotope geochemistry of the Lemachang independent silver ore deposit，northeastern Yunnan，China. Science in China Series D：Earth Sciences，（4）：337-346.

Dhivya L，Janani N，Palanivel B，et al. 2013. Li^+ transport properties of W substituted $Li_7La_3Zr_2O_{12}$ cubic lithium garnets. Aip Advances，3（8）：082115.

Di Benedetto F，Andreozzi G B，Bernardini G P，et al. 2005a. Short-range order of Fe^{2+} in sphalerite by ^{57}Fe Mössbauer spectroscopy and magnetic susceptibility. Physics and Chemistry of Minerals，32（5-6）：339-348.

Di Benedetto R，Bernardini G P，Costagliola P，et al. 2005b. Compositional zoning in sphalerite crystals. American Mineralogist，90（8-9）：1384-1392.

Dill H G. 2010. The “chessboard” classification scheme of mineral deposits：mineralogy and geology from aluminum to zirconium. Earth-Science Reviews，100（1-4）：1-420.

Dill H G，Garrido M M，Melcher F，et al. 2013. Sulfidic and non-sulfidic indium mineralization of the epithermal Au-Cu-Zn-Pb-Ag deposit San Roque（Provincia Rio Negro，SE Argentina）—with special reference to the “indium window” in zinc sulfide. Ore Geology Reviews，51：103-128.

Ding T，Tao C H，Dias Á A，et al. 2021. Sulfur isotopic compositions of sulfides along the Southwest Indian Ridge：implications for mineralization in ultramafic rocks. Mineralium Deposita，56（5）：991-1006.

Distler V V，Yudovskaya M A，Mitrofanov G L，et al. 2004. Geology，composition，and genesis of the Sukhoi Log noble metals deposit，Russia. Ore Geology Reviews，24（1-2）：7-44.

Doe B R. 1991. Source rocks and the genesis of metallic mineral deposits. Global Tectonics and Metallogeny，4（1-2）：13-20.

Drew L J，Berger B R，Kurbanov N K. 1996. Geology and structural evolution of the Muruntau gold deposit，Kyzylkum desert，Uzbekistan. Ore Geology Reviews，11（4）：175-196.

Du G，Zhuang X G，Querol X，et al. 2009. Ge distribution in the Wulantuga high-germanium coal deposit in the Shengli coalfield，Inner Mongolia，northeastern China. International Journal of Coal Geology，78（1）：16-26.

Duan L，Meng Q R，Christie-Blick N，et al. 2018. New insights on the Triassic tectonic development of South China from the detrital zircon provenance of Nanpanjiang turbidites. Geological Society of American Bulletin，130（1-2）：24-34.

Duan Z，Li J W. 2017. Zircon and titanite U-Pb dating of the Zhangjiawa iron skarn deposit, Luxi district, North China Craton: implications for a craton-wide iron skarn mineralization. Ore Geology Reviews，89：309-323.

Dubin A，Peucker-Ehrenbrink B. 2015. The importance of organic-rich shales to the geochemical cycles of rhenium and osmium.

Chemical Geology，403：111-120.

Dutrizac J E，Jambor J L，Chen T T. 1986. Host minerals for the gallium-germanium ores of the Apex Mine，Utah. Economic Geology，81（4）：946-950.

Ebarvia B E，Macalalad E，Rogue N，et al. 1988. Determination of silver，cadmium，selenium，tellurium and thallium in geochemical exploration samples by atomic absorption spectrometry. Journal of Analytical Atomic Spectrometry，3（1）：199-203.

Egbert G D，Booker J R. 1986. Robust estimation of geomagnetic transfer functions. Geophysical Journal International，87（1）：173-194.

Egbert G D，Livelybrooks D W. 1996. Single station magnetotelluric impedance estimation：coherence weighting and the regression *M*-estimate. Geophysics，61（4）：964-970.

Eisenhauer A，Gögen K，Pernicka E，et al. 1992. Climatic influences on the growth rates of Mn crusts during the Late Quaternary. Earth & Planetary Science Letters，109（1-2）：25-36.

El Korh A，Luais B，Boiron M C，et al. 2017. Investigation of Ge and Ga exchange behaviour and Ge isotopic fractionation during subduction zone metamorphism. Chemical Geology，449：165-181.

Ellis A S，Johnson T M，Herbel M J，et al. 2003. Stable isotope fractionation of selenium by natural microbial consortia. Chemical Geology，195（1-4）：119-129.

Elwaer N，Hintelmann H. 2008a. Precise selenium isotope ratios measurement using a multimode sample introduction system（MSIS）coupled with multicollector inductively coupled plasma mass spectrometry（MC-ICP-MS）. Journal of Analytical Atomic Spectrometry，23（10）：1392-1396.

Elwaer N，Hintelmann H. 2008b. Selective separation of selenium（IV）by thiol cellulose powder and subsequent selenium isotope ratio determination using multicollector inductively coupled plasma mass spectrometry. Journal of Analytical Atomic Spectrometry，23（5）：733-743.

Emsley J. 2011. Nature's building blocks：an A-Z guide to the elements. Oxford：Oxford University Press.

Escoube R，Rouxel O J，Luais B，et al. 2012. An intercomparison study of the germanium isotope composition of geological reference materials. Geostandards and Geoanalytical Research，36（2）：149-159.

Escoube R，Rouxel O J，Edwards K，et al. 2015. Coupled Ge/Si and Ge isotope ratios as geochemical tracers of seafloor hydrothermal systems：case studies at Loihi Seamount and East Pacific Rise 9°50'N. Geochimica et Cosmochimica Acta，167：93-112.

Etschmann B E，Liu W H，Pring A，et al. 2016. The role of Te（IV）and Bi（III）chloride complexes in hydrothermal mass transfer：an X-ray absorption spectroscopic study. Chemical Geology，425：37-51.

European Commission. 2010. Critical raw materials for the EU. Report of the Ad-hoc Working Group on defining critical raw materials.

European Commission. 2014. Critical raw materials for the EU. Report of the Ad-hoc Working Group on defining critical raw materials.

Evans M J，Derry L A. 2002. Quartz control of high germanium/silicon ratios in geothermal waters. Geology，30（11）：1019-1022.

Fan D L，Zhang T，Ye J，et al. 2004. Geochemistry and origin of tin-polymetallic sulfide deposits hosted by the devonian black shale series near Dachang，Guangxi，China. Ore Geology Reviews，24（1-2）：103-120.

Fan H F，Wen H J，Hu R Z，et al. 2011. Selenium speciation in Lower Cambrian Se-enriched strata in South China and its geological implications. Geochimica et Cosmochimica Acta，75（23）：7725-7740.

Fan H F，Nielsen S G，Owens J D，et al. 2020. Constraining oceanic oxygenation during the Shuram excursion in South China using thallium isotopes. Geobiology，18（3）：348-365.

Fan W M，Wang Y J，Peng T P，et al. 2004. Ar-Ar and U-Pb geochronology of Late Paleozoic basalts in western Guangxi and its constraints on the eruption age of Emeishan basalt magmatism. Chinese Science Bulletin，49（21）：2318-2327.

Fan W M，Zhang C H，Wang Y J，et al. 2008. Geochronology and geochemistry of Permian basalts in western Guangxi Province，Southwest China：evidence for plume-lithosphere interaction. Lithos，102（1-2）：218-236.

Fan Y，Zhou T F，Yuan F，et al. 2014. Geological and geochemical constraints on the genesis of the Xiangquan Tl-only deposit，eastern China. Ore Geology Reviews，59：97-108.

Faure G. 1977. Principles of isotope geology. Chichester：Wiley.

Fedo C M，Wayne Nesbitt H，Young G M. 1995. Unraveling the effects of potassium metasomatism in sedimentary rocks and paleosols，with implications for paleoweathering conditions and provenance. Geology，23（10）：921-924.

Fehr M A，Rehkämper M，Halliday A N. 2004. Application of MC-ICPMS to the precise determination of tellurium isotope compositions in chondrites，iron meteorites and sulfides. International Journal of Mass Spectrometry，232（1）：83-94.

Fehr M A，Hammond S J，Parkinson I J. 2018. Tellurium stable isotope fractionation in chondritic meteorites and some terrestrial samples. Geochimica et Cosmochimica Acta，222：17-33.

Feng J R，Mao J W，Pei R F. 2013. Ages and geochemistry of Laojunshan granites in southeastern Yunnan，China：implications for W-Sn polymetallic ore deposits. Mineralogy and Petrology，107（4）：573-589.

Feng L P，Zhou L，Liu J H，et al. 2019. Determination of gallium isotopic compositions in reference materials. Geostandards and Geoanalytical Research，43（4）：701-714.

Filimonova O N，Trigub A L，Tonkacheev D E，et al. 2019. Substitution mechanisms in In，Au，and Cu-bearing sphalerites studied by X-ray absorption spectroscopy of synthetic compounds and natural minerals. Mineralogical Magazine，83（3）：437-451.

Fitzpayne A，Prytulak J，Giuliani A，et al. 2020. Thallium isotopic composition of phlogopite in kimberlite-hosted MARID and PIC mantle xenoliths. Chemical Geology，531：119347.

Flegal A R，Patterson C C. 1985. Thallium concentrations in seawater. Marine Chemistry，15（4）：327-331.

Florin G，Luais B，Rushmer T，et al. 2020. Influence of redox processes on the germanium isotopic composition of ordinary chondrites. Geochimica et Cosmochimica Acta，269：270-291.

Fornadel A P，Spry P G，Jackson S E，et al. 2014. Methods for the determination of stable Te isotopes of minerals in the system Au-Ag-Te by MC-ICP-MS. Journal of Analytical Atomic Spectrometry，29（4）：623-637.

Fornadel A P，Spry P G，Haghnegahdar M A，et al. 2017. Stable Te isotope fractionation in tellurium-bearing minerals from precious metal hydrothermal ore deposits. Geochimica et Cosmochimica Acta，202：215-230.

Fornadel A P，Spry P G，Jackson S E. 2019. Geological controls on the stable tellurium isotope variation in tellurides and native tellurium from epithermal and orogenic gold deposits：application to the Emperor gold-telluride deposit，Fiji. Ore Geology Reviews，113：103076.

Foustoukos D I，James R H，Berndt M E，et al. 2004. Lithium isotopic systematics of hydrothermal vent fluids at the Main Endeavour Field，Northern Juan de Fuca Ridge. Chemical Geology，212（1-2）：17-26.

Frenzel M. 2016. The distribution of gallium，germanium and indium in conventional and non-conventional resources：implications for global availability. Freiberg：TU Bergakademie Freiberg.

Frenzel M，Ketris M P，Gutzmer J. 2014. On the geological availability of germanium. Mineralium Deposita，49（4）：471-486.

Frenzel M，Hirsch T，Gutzmer J. 2016a. Gallium，germanium，indium，and other trace and minor elements in sphalerite as a function of deposit type —a meta-analysis. Ore Geology Reviews，76：52-78.

Frenzel M，Ketris M P，Seifert T，et al. 2016b. On the current and future availability of gallium. Resources Policy，47：38-50.

Frey M，Hunziker J C，Frank W，et al. 1974. Alpine metamorphism of the Alps：a review. Schweizerische Mineralogische und Petrographische Mitteilungen，54（2-3）：247-290.

Friis H，Casey W H. 2018. Niobium is highly mobile as a polyoxometalate ion during natural weathering. The Canadian Mineralogist，56（6）：905-912.

Friis H，Weller M T，Kampf A R. 2017. Hansesmarkite，$Ca_2Mn_2Nb_6O_{19} \cdot 20H_2O$，a new hexaniobate from a syenite pegmatite in the Larvik Plutonic Complex，southern Norway. Mineralogical Magazine，81（3）：543-554.

Frost D J，McCammon C A. 2008. The redox state of Earth's mantle. Annual Review of Earth and Planetary Sciences，36（1）：389-420.

Frost R L，Dickfos M J，Keeffe E C. 2009. Raman spectroscopic study of the tellurite minerals：carlfriesite and spiroffite. Spectrochimica Acta Part A：Molecular and Biomolecular Spectroscopy，71（5）：1663-1666.

Fu Y Z，Wen H J. 2020. Variabilities and enrichment mechanisms of the dispersed elements in marine Fe-Mn deposits from the Pacific Ocean. Ore Geology Reviews，121：103470.

Fujii T，Moynier F，Pons M L，et al. 2011. The origin of Zn isotope fractionation in sulfides. Geochimica et Cosmochimica Acta，75（23）：7632-7643.

Fukami Y，Kashiwabara T，Amakawa H，et al. 2022. Tellurium stable isotope composition in the surface layer of ferromanganese crusts from two seamounts in the Northwest Pacific Ocean. Geochimica et Cosmochimica Acta，318：279-291.

Galy A，Pokrovsky O S，Shott J. 2002. Ge-isotopic fractionation during its sorption on goethite：an experimental study. Geochimica et Cosmochimica Acta，66：A259.

Gamble R P. 1982. An experimental study of sulfidation reactions involving andradite and hedenbergite. Economic Geology，77（4）：784-797.

Gamble T D，Goubau W M，Clarke J. 1979. Magnetotellurics with a remote magnetic reference. Geophysics，44（1）：53-68.

Gannoun A，Vlastélic I，Schiano P. 2015. Escape of unradiogenic osmium during sub-aerial lava degassing：evidence from fumarolic deposits，Piton de la Fournaise，Réunion Island. Geochimica et Cosmochimica Acta，166：312-326.

Gao B，Liu Y，Sun K，et al. 2008. Precise determination of cadmium and lead isotopic compositions in river sediments. Analytica Chimica Acta，612（1）：114-120.

Gao S，Rudnick R L，Yuan H L，et al. 2004. Recycling lower continental crust in the North China craton. Nature，432（7019）：892-897.

Gao Y Y，Li X H，Griffin W L，et al. 2014. Screening criteria for reliable U-Pb geochronology and oxygen isotope analysis in uranium-rich zircons：a case study from the Suzhou A-type granites，SE China. Lithos，192：180-191.

Gaskov I V，Gushchina L V. 2020. Physicochemical conditions of the formation of elevated indium contents in the ores of tin-sulfide and base-metal deposits in Siberia and Far East：evidence from thermodynamic modeling. Geochemistry International，58（3）：291-307.

Gaspar M，Knaack C，Meinert L D，et al. 2008. REE in skarn systems：a LA-ICP-MS study of garnets from the Crown Jewel gold deposit. Geochimica et Cosmochimica Acta，72（1）：185-205.

Gault-Ringold M，Adu T，Stirling C H，et al. 2012. Anomalous biogeochemical behavior of cadmium in subantarctic surface waters：mechanistic constraints from cadmium isotopes. Earth and Planetary Science Letters，341-344：94-103.

Gauthier P J，Le Cloarec M F. 1998. Variability of alkali and heavy metal fluxes released by Mt. Etna volcano，Sicily，between 1991 and 1995. Journal of Volcanology and Geothermal Research，81（3-4）：311-326.

George L，Cook N J，Ciobanu C L，et al. 2015. Trace and minor elements in galena：a reconnaissance LA-ICP-MS study. American Mineralogist，100（2-3）：548-569.

George L L，Cook N J，Ciobanu C L. 2016. Partitioning of trace elements in co-crystallized sphalerite–galena–chalcopyrite hydrothermal ores. Ore Geology Reviews，77：97-116.

Gil-Díaz T. 2019. Tellurium radionuclides produced by major accidental events in nuclear power plants. Environmental Chemistry，16（4）：296-302.

Gion A M，Piccoli P M，Candela P A. 2018. Partitioning of indium between ferromagnesian minerals and a silicate melt. Chemical Geology，500：30-45.

Gion A M，Piccoli P M，Candela P A. 2019. Constraints on the formation of granite-related indium deposits. Economic Geology，114（5）：993-1003.

Golden J，McMillan M，Downs R T，et al. 2013. Rhenium variations in molybdenite（MoS_2）：evidence for progressive subsurface oxidation. Earth and Planetary Science Letters，366：1-5.

Goldfarb R J，Hofstra A H，Simmons S F. 2016. Critical elements in carlin，epithermal，and orogenic gold deposits//Rare Earth and Critical Elements in Ore Deposits. Littleton，CO：Society of Economic Geologists：217-244.

Goldschmidt V M. 1954. Geochemistry. Oxford：Clarendon Press.

Gómez-Ortiz D，Agarwal B N P. 2005. 3DINVER.M：a MATLAB program to invert the gravity anomaly over a 3D horizontal density interface by Parker-Oldenburg's algorithm. Computers & Geosciences，31（4）：513-520.

Gong H S，Han R S，Wu P，et al. 2021. Constraints of S-Pb-Sr isotope compositions and Rb-Sr isotopic age on the origin of the Laoyingqing noncarbonate-hosted Pb-Zn deposit in the Kunyang Group，SW China. Geofluids：8844312.

Goodfellow W D，Peter J M. 1996. Sulphur isotope composition of the Brunswick No. 12 massive sulphide deposit，Bathurst Mining Camp，New Brunswick：implications for ambient environment，sulphur source，and ore genesis. Canadian Journal of Earth

Sciences，33（2）：231-251.

Graedel T E，Barr R，Chandler C，et al. 2012. Methodology of metal criticality determination. Environmental Science & Technology，46（2）：1063-1070.

Green M D，Rosman K J R，De Laeter J R. 1986. The isotopic composition of germanium in terrestrial samples. International Journal of Mass Spectrometry and Ion Processes，68（1-2）：15-24.

Green T H，Pearson N J. 1986. Rare-earth element partitioning between sphene and coexisting silicate liquid at high pressure and temperature. Chemical Geology，55（1-2）：105-119.

Greenland L P，Aruscavage P. 1986. Volcanic emission of Se，Te，and As from Kilauea volcano，Hawaii. Journal of Volcanology and Geothermal Research，27（1-2）：195-201.

Greenwood N N，Earnshaw A. 1997. Chemistry of the elements. 2nd ed. Oxford，United Kingdom：Butterworth-Heinemann.

Gregory D D，Large R R，Halpin J A，et al. 2015. Trace element content of sedimentary pyrite in black shales. Economic Geology，110（6）：1389-1410.

Gregory D D，Cracknell M J，Large R R，et al. 2019. Distinguishing ore deposit type and barren sedimentary pyrite using laser ablation-inductively coupled plasma-mass spectrometry trace element data and statistical analysis of large data sets. Economic Geology，114（4）：771-786.

Grundler P V，Brugger J，Etschmann B E，et al. 2013. Speciation of aqueous tellurium（IV）in hydrothermal solutions and vapors，and the role of oxidized tellurium species in Te transport and gold deposition. Geochimica et Cosmochimica Acta，120：298-325.

Gu J，Huang Z L，Fan H P，et al. 2013. Mineralogy，geochemistry，and genesis of lateritic bauxite deposits in the Wuchuan-Zheng'an-Daozhen area，Northern Guizhou Province，China. Journal of Geochemical Exploration，130：44-59.

Guastoni A，Pezzotta F，Vignola P. 2006. Characterization and genetic inferences of arsenates，sulfates and vanadates of Fe，Cu，Pb，Zn from Mount Cervandone（Western Alps，Italy）. Periodico di Mineralogia，75（2-3）：141-150.

Guberman D E. 2013. Germanium//U.S. Geological Survey Minerals Yearbook-2013. Technical Report，Washington DC.

Guillermic M，Lalonde S V，Hendry K R，et al. 2017. The isotope composition of inorganic germanium in seawater and deep sea sponges. Geochimica et Cosmochimica Acta，212：99-118.

Guinoiseau D，Galer S J G，Abouchami W. 2018. Effect of cadmium sulphide precipitation on the partitioning of Cd isotopes：implications for the oceanic Cd cycle. Earth and Planetary Science Letters，498：300-308.

Gulley A L，Nassar N T，Xun S A. 2018. China，the United States，and competition for resources that enable emerging technologies. Proceedings of the National Academy of Sciences of the United States of America，115（16）：4111-4115.

Guo J，Zhang R Q，Sun W D，et al. 2018. Genesis of tin-dominant polymetallic deposits in the Dachang district，South China：insights from cassiterite U-Pb ages and trace element compositions. Ore Geology Reviews，95：863-879.

Guo L G，Liu Y P，Li C Y，et al. 2009. SHRIMP zircon U-Pb geochronology and lithogeochemistry of Caledonian Granites from the Laojunshan area，southeastern Yunnan province，China：implications for the collision between the Yangtze and Cathaysia Blocks. Geochemical Journal，43（2）：101-122.

Guo L H，Gao R. 2018. Potential-field evidence for the tectonic boundaries of the central and western Jiangnan belt in South China. Precambrian Research，309：45-55.

Guo L H，Gao R，Shi L，et al. 2019. Crustal thickness and Poisson's ratios of South China revealed from joint inversion of receiver function and gravity data. Earth and Planetary Science Letters，510：142-152.

Gustafson W I. 1974. The stability of andradite，hedenbergite，and related minerals in the system Ca-Fe-Si-O-H. Journal of Petrology，15（3）：455-496.

Hacker B R，Kelemen P B，Behn M D. 2015. Continental lower crust. Annual Review of Earth and Planetary Sciences，43（1）：167-205.

Hagiwara Y. 2000. Selenium isotope ratios in marine sediments and algae：a reconnaissance study. Urbana，IL：University of Illinois at Urbana-Champaign.

Hagni R D. 1983. Ore microscopy，paragenetic sequence，trace element content，and fluid inclusion studies of the copper-lead-zinc deposits of the southeast Missouri lead district//Proceedings，International Conference on Mississippi Valley Type Lead-Zinc

Deposits：243-256.

Hamlyn P R，Keays R R. 1986. Sulfur saturation and second-stage melts；application to the Bushveld platinum metal deposits. Economic Geology，81（6）：1431-1445.

Han R S，Liu C Q，Huang Z L，et al. 2007. Geological features and origin of the Huize carbonate-hosted Zn-Pb-（Ag）District，Yunnan，South China. Ore Geology Reviews，31（1-4）：360-383.

Hannington M D. 2014. Volcanogenic massive sulfide deposits//Turekian K，Holland H. Treatise on Geochemistry. 2nd ed. Amsterdam：Elsevier，13：463-488.

Hansen P C. 1992. Analysis of discrete ill-posed problems by means of the L-curve. SIAM Review，34（4）：561-580.

Harris C R，Pettke T，Heinrich C A，et al. 2013. Tethyan mantle metasomatism creates subduction geochemical signatures in non-arc Cu-Au-Te mineralizing magmas，Apuseni Mountains（Romania）. Earth and Planetary Science Letters，366：122-136.

Harrison T M，Duncan I，McDougall I. 1985. Diffusion of ^{40}Ar in biotite：temperature，pressure and compositional effects. Geochimica et Cosmochimica Acta，49（11）：2461-2468.

Hastie A R，Mitchell S F，Kerr A C，et al. 2011. Geochemistry of rare high-Nb basalt lavas：are they derived from a mantle wedge metasomatised by slab melts?. Geochimica et Cosmochimica Acta，75（17）：5049-5072.

Hattori K H，Arai S，Clarke D B. 2002. Selenium，tellurium，arsenic and antimony contents of primary mantle sulfides. The Canadian Mineralogist，40（2）：637-650.

Hauri E H，Hart S R. 1997. Rhenium abundances and systematics in oceanic basalts. Chemical Geology，139（1-4）：185-205.

Hayashi K I，Fujisawa H，Holland H D，et al. 1997. Geochemistry of ～1.9 Ga sedimentary rocks from northeastern Labrador，Canada. Geochimica et Cosmochimica Acta，61（19）：4115-4137.

He B，Xu Y G，Huang X L，et al. 2007. Age and duration of the Emeishan flood volcanism，SW China：geochemistry and SHRIMP zircon U-Pb dating of silicic ignimbrites，post-volcanic Xuanwei Formation and clay tuff at the Chaotian section. Earth and Planetary Science Letters，255（3-4）：306-323.

He C S，Dong S W，Santosh M，et al. 2013. Seismic evidence for a geosuture between the Yangtze and Cathaysia blocks，South China. Scientific Reports，3：2200.

He P N，He M Y，Zhang H. 2018. State of rare earth elements in the rare earth deposits of Northwest Guizhou，China. Acta Geochimica，37（6）：867-874.

He Z，Yang Y，Liu J W，et al. 2017. Emerging tellurium nanostructures：controllable synthesis and their applications. Chemical Society Reviews，46（10）：2732-2753.

Heijlen W，Banks D A，Muchez P，et al. 2008. The nature of mineralizing fluids of the Kipushi Zn-Cu Deposit，Katanga，Democratic Repubic of Congo：quantitative fluid inclusion analysis using Laser Ablation ICP-MS and Bulk Crush-Leach Methods. Economic Geology，103（7）：1459-1482.

Hein J R，Bargar J，Koschinsky A，et al. 2007. Sequestration of tellurium from seawater by ferromanganese crusts：a XANES/EXAFS perspective//American Geophysical Union，Fall Meeting. AGU.

Hein J R，Koschinsk A，Bau M，et al. 2000. Cobalt-rich ferromanganese crusts in the Pacific//Cronan D S. Handbook of Marine Mineral Deposits. Boca Raton：CRC Press：239-280.

Hein J R，Koschinsky A，Halliday A N. 2003. Global occurrence of tellurium-rich ferromanganese crusts and a model for the enrichment of tellurium. Geochimica et Cosmochimica Acta，67（6）：1117-1127.

Hein J R，Mizell K，Koschinsky A，et al. 2013. Deep-ocean mineral deposits as a source of critical metals for high- and green-technology applications：comparison with land-based resources. Ore Geology Reviews，51：1-14.

Heinrich C A，Driesner T，Stefánsson A，et al. 2004. Magmatic vapor contraction and the transport of gold from the porphyry environment to epithermal ore deposits. Geology，32（9）：761-764.

Heinrichs H，Schulz-Dobrick B，Wedepohl K H. 1980. Terrestrial geochemistry of Cd，Bi，Tl，Pb，Zn and Rb. Geochimica et Cosmochimica Acta，44（10）：1519-1533.

Hellmann J L，Hopp T，Burkhardt C，et al. 2020. Origin of volatile element depletion among carbonaceous chondrites. Earth and

Planetary Science Letters，549：116508.

Hellmann J L，Hopp T，Burkhardt C，et al. 2021. Tellurium isotope cosmochemistry：implications for volatile fractionation in chondrite parent bodies and origin of the late veneer. Geochimica et Cosmochimica Acta，309：313-328.

Helz G R，Dolor M K. 2012. What regulates rhenium deposition in euxinic basins?. Chemical Geology，304-305：131-141.

Herbel M J，Johnson T M，Oremland R S，et al. 2000. Fractionation of selenium isotopes during bacterial respiratory reduction of selenium oxyanions. Geochimica et Cosmochimica Acta，64（21）：3701-3709.

Herbel M J，Johnson T M，Tanji K K，et al. 2002. Selenium stable isotope ratios in California agricultural drainage water management systems. Journal of Environmental Quality，31（4）：1146-1156.

Hettmann K，Kreissig K，Rehkämper M，et al. 2014. Thallium geochemistry in the metamorphic Lengenbach sulfide deposit，Switzerland：thallium-isotope fractionation in a sulfide melt. American Mineralogist，99（4）：793-803.

Heyl A V，Agnew A F，Lyons E J. 1959.The geology of the Upper Mississippi Valley zinc-lead district. USGS.

Hieronymus B，Kotschoubey B，Boulègue J. 2001. Gallium behaviour in some contrasting lateritic profiles from Cameroon and Brazil. Journal of Geochemical Exploration，72（2）：147-163.

Hinkley T K，Le Cloarec M F，Lambert G. 1994. Fractionation of families of major，minor，and trace metals across the melt-vapor interface in volcanic exhalations. Geochimica et Cosmochimica Acta，58（15）：3255-3263.

Hirata T. 1997. Isotopic variations of germanium in iron and stony iron meteorites. Geochimica et Cosmochimica Acta，61（20）：4439-4448.

Hitzman M，Kirkham R，Broughton D，et al. 2005. The sediment-hosted stratiform copper ore system//Hedenquist J W，Thompson J F H，Goldfarb R J，et al. Economic Geology—One Hundredth Anniversary Volume，1905-2005. Society of Economic Geologists，609-642.

Hofmann B A，Knill M D. 1996. Geochemistry and genesis of the Lengenbach Pb-Zn-As-Tl-Ba-mineralisation，Binn Valley，Switzerland. Mineralium Deposita，31（4）：319-339.

Hofstra A H，Cline J S. 2000. Characteristics and models for carlin-type gold deposits. SEG Reviews，13：163-220.

Höll R，Kling M，Schroll E. 2007. Metallogenesis of germanium—a review. Ore Geology Reviews，30（3-4）：145-180.

Holland H D，Turekian K K. Treatise on Geochemistry. Amsterdam：Elsevier，2：547-568.

Holwell D A，Keays R R，McDonald I，et al. 2015. Extreme enrichment of Se，Te，PGE and Au in Cu sulfide microdroplets：evidence from LA-ICP-MS analysis of sulfides in the Skaergaard Intrusion，east Greenland. Contributions to Mineralogy and Petrology，170：53.

Horner T J，Rickaby R E M，Henderson G M. 2011. Isotopic fractionation of cadmium into calcite. Earth and Planetary Science Letters，312（1-2）：243-253.

Hornibrook E R C，Longstaffe F J. 1996. Berthierine from the lower cretaceous clearwater formation，Alberta，Canada. Clays and Clay Minerals，44（1）：1-21.

Howard J H III. 1977. Geochemistry of selenium：formation of ferroselite and selenium behavior in the vicinity of oxidizing sulfide and uranium deposits. Geochimica et Cosmochimica Acta，41（11）：1665-1678.

Hu R Z，Zhou M F. 2012. Multiple Mesozoic mineralization events in South China—an introduction to the thematic issue. Mineralium Deposita，47（6）：579-588.

Hu R Z，Bi X W，Su W C，et al. 1999. Ge-rich hydrothermal solutions and abnormal enrichment of Ge in coal. Chinese Science Bulletin，44（S2）：257-258.

Hu R Z，Qi H W，Zhou M F，et al. 2009. Geological and geochemical constraints on the origin of the giant Lincang coal seam-hosted germanium deposit，Yunnan，SW China：a review. Ore Geology Reviews，36（1-3）：221-234.

Hu R Z，Chen W T，Xu D R，et al. 2017a. Reviews and new metallogenic models of mineral deposits in South China：an introduction. Journal of Asian Earth Sciences，137：1-8.

Hu R Z，Fu S L，Huang Y，et al. 2017b. The giant South China Mesozoic low-temperature metallogenic domain：reviews and a new geodynamic model. Journal of Asian Earth Sciences，137：9-34.

Hu X Y，Cai G S，Su W C. et al. 2013. Characteristics of ore forming fluid in sphalerite of Shaojiwan lead-zinc deposit in the northwest of Guizhou province，China. Acta Petrologica Sinica，33：302-307（in Chinese with English abstract）.

Hu Y S，Wei C，Ye L，et al. 2021. LA-ICP-MS sphalerite and galena trace element chemistry and mineralization-style fingerprinting for carbonate-hosted Pb-Zn deposits：perspective from early Devonian Huodehong deposit in Yunnan，South China. Ore Geology Reviews，136：104253.

Hu Z C，Gao S. 2008. Upper crustal abundances of trace elements：a revision and update. Chemical Geology，253（3-4）：205-221.

Huang R，Zhu L P，Xu Y X. 2014. Crustal structure of Hubei Province of China from teleseismic receiver functions：evidence for lower crust delamination. Tectonophysics，636：286-292.

Huang Z，Li X，Zhou M，et al. 2010. REE and C-O isotopic geochemistry of calcites from the word-class Huize Pb-Zn deposits，Yunnan，China：implication for the ore genesis. Acta Geologica Sinica（English edition），84：597-613.

Huber P J. 1981. Robust statistics. New York：Wiley.

Huston D L，Sie S H，Suter G F，et al. 1995. Trace elements in sulfide minerals from eastern Australian volcanic-hosted massive sulfide deposits：Part I. Proton microprobe analyses of pyrite，chalcopyrite，and sphalerite，and Part II. Selenium levels in pyrite：comparison with δ^{34}S values and implications for the source of sulfur in volcanogenic hydrothermal systems. Economic Geology，90（5）：1167-1196.

Huston D L，Stevens B，Southgate P N，et al. 2006. Australian Zn-Pb-Ag ore-forming systems：a review and analysis. Economic Geology，101（6）：1117-1157.

Imbert P. 1972. Etude par effet mossbauer de la briartite (Cu_2FeGeS_4). J Phys Chem，34：1675-1682.

Imbert P，Varret F，Wintenberger M. 1973. Etude par effet Mössbauer de labriartite（Cu_2FeGeS_4）. Journal of Physics and Chemistry of Solids，34（10）：1675-1682.

Inghram M G，Hess D C Jr，Brown H S，et al. 1948. On the isotopic composition of meteoritic and terrestrial Gallium. Physical Review，74：343-344.

Intiomale M M，Oosterbosch R. 1974.Géologie et géochimie du gisement de Kipushi，Zaïre. Annales de la Société géologique de Belgique：123-164.

Ishihara S，Endo Y. 2007. Indium and other trace elements in volcanogenic massive sulfide ores from the Kuroko，Besshi and other types in Japan. Bulletin of the Geological Survey of Japan，58（1-2）：7-22.

Ishihara S，Hoshino K，Murakami H，et al. 2006. Resource evaluation and some genetic aspects of indium in the Japanese ore deposits. Resource Geology，56（3）：347-364.

Ishihara S，Qin K Z，Wang Y W. 2008. Resource evaluation of indium in the Dajing Tin-Polymetallic Deposits，Inner Mongolia，China. Resource Geology，58（1）：72-79.

Ishihara S，Murakami H，Li X F. 2011. Indium concentration in zinc ores in plutonic and volcanic environments：examples at the Dulong and Dachang mines，South China. Bulletin of the Geological Survey of Japan，62（7-8）：259-272.

Ishikawa T，Nakamura E. 1990. Suppression of boron volatilization from a hydrofluoric acid solution using a boron-mannitol complex. Analytical Chemistry，62（23）：2612-2616.

Ismail R，Ciobanu C L，Cook N J，et al. 2014. Rare earths and other trace elements in minerals from skarn assemblages，Hillside iron oxide-copper-gold deposit，Yorke Peninsula，South Australia. Lithos，184-187：456-477.

Ivanov V V. 1963. Indium in some igneous rocks of the USSR. Geochemistry，12：1150-1160.

Ivanov V V，Rozbianskaya A A. 1961. Geochemistry of indium in cassiterite-silicate-sulphide ores. Geokhimia，1：71-83（in Russian）.

Jamtveit B，Agnarsdottir K V，Wood B J. 1995. On the origin of zoned grossular-andradite garnets in hydrothermal systems. European Journal of Mineralogy，7（6）：1399-1410.

Jamtveit B，Hervig R L. 1994. Constraints on transport and kinetics in hydrothermal systems from zoned garnet crystals. Science，263（5146）：505-508.

Jamtveit B，Wogelius R A，Fraser D G. 1993. Zonation patterns of skarn garnets：records of hydrothermal system evolution. Geology，

21（2）：113-116.

Jankovic S R. 1993. Metallogenic features of the Alsar epithermal Sb-As-Tl-Au deposit（the Serbo-Macedonian metallogenic province）. Neues Jahrbuch für Mineralogie Abhandlungen，166（1）：25-41.

Ji S C，Wang Q，Salisbury M H，et al. 2016. P-wave velocities and anisotropy of typical rocks from the Yunkai Mts.（Guangdong and Guangxi，China）and constraints on the composition of the crust beneath the South China Sea. Journal of Asian Earth Sciences，131：40-61.

Jiang K，Yan Y F，Zhu C W，et al. 2014. The research on distributions of thallium and cadmium in the Jinding Lead-Zinc deposit，Yunnan Province. Bulletin of Mineralogy，Petrology and Geochemistry，33（5）：753-758.

Jiang S Y，Chen Y Q，Ling H F，et al. 2006. Trace- and rare-earth element geochemistry and Pb-Pb dating of black shales and intercalated Ni-Mo-PGE-Au sulfide ores in Lower Cambrian strata，Yangtze Platform，South China. Mineralium Deposita，41（5）：453-467.

Johan Z. 1988. Indium and germanium in the structure of sphalerite：an example of coupled substitution with Copper. Mineralogy and Petrology，39（3）：211-229.

John D A，Seal R R II，Polyak D E. 2017. Rhenium//Schulz K J，DeYoung J H Jr，Seal R R II，et al. Critical Mineral Resources of the United States：Economic and Environmental Geology and Prospects for Future Supply. Reston，VA：U.S. Geological Survey：575-623.

John S G，Rouxel O J，Craddock P R，et al. 2008. Zinc stable isotopes in seafloor hydrothermal vent fluids and chimneys. Earth and Planetary Science Letters，269（1-2）：17-28.

Johnson T M. 2004. A review of mass-dependent fractionation of selenium isotopes and implications for other heavy stable isotopes. Chemical Geology，204（3-4）：201-214.

Johnson T M，Bullen T D. 2003. Selenium isotope fractionation during reduction by Fe（II）-Fe（III）hydroxide-sulfate（green rust）. Geochimica et Cosmochimica Acta，67（3）：413-419.

Johnson T M，Bullen T D. 2004. Mass-dependent fractionation of selenium and chromium isotopes in low-temperature environments. Reviews in Mineralogy & Geochemistry，55（1）：289-317.

Johnson T M，Herbel M J，Bullen T D，et al. 1999. Selenium isotope ratios as indicators of selenium sources and oxyanion reduction. Geochimica et Cosmochimica Acta，63（18）：2775-2783.

Jones A G，Chave A D，Egbert G，et al. 1989. A comparison of techniques for magnetotelluric response function estimation. Journal of Geophysical Research：Solid Earth，94（B10）：14201-14213.

Jonsson E，Högdahl K，Majka J，et al. 2013. Roquesite and associated indium-bearing sulfides from a Paleoproterozoic carbonate-hosted mineralization：Lindbom's prospect，Bergslagen，Sweden. The Canadian Mineralogist，51（4）：629-641.

Jorgensen B B，Isaksen M F，Jannasch H W. 1992. Bacterial sulfate reduction above 100°C in deep-sea hydrothermal vent sediments. Science，258：1756-1757.

Juniper D N，Kleeman J D. 1979. Geochemical characterization of some tin-mineralizing granites of New South Wales. Journal of Geochemical Exploration，11（3）：321-333.

Kamona A F，Lévêque J，Friedrich G，et al. 1999. Lead isotopes of the carbonate-hosted Kabwe，Tsumeb，and Kipushi Pb-Zn-Cu sulphide deposits in relation to Pan African orogenesis in the Damaran-Lufilian fold belt of Central Africa. Mineralium Deposita，34（3）：273-283.

Kampunzu A B，Cailteux J L H，Kamona A F，et al. 2009. Sediment-hosted Zn-Pb-Cu deposits in the Central African Copperbelt. Ore Geology Reviews，35（3-4）：263-297.

Kanazawa Y，Masaharu K. 2006. Rare earth minerals and resources in the world. Journal of Alloys and Compounds，408：1339-1343.

Kao L S，Peacor D R，Coveney R M Jr，et al. 2001. A C/MoS_2 mixed-layer phase（MoSC）occurring in metalliferous black shales from southern China，and new data on jordisite. American Mineralogist，86（7-8）：852-861.

Karamyan K A. 1958. Germanium-bearing sulphides of Dastakert copper-molybdenum deposit. Doklady Akademii Nauk Armanjanskoj SSR 27：235-237（in Russian）.

Kashiwabara T，Oishi Y，Sakaguchi A，et al. 2014. Chemical processes for the extreme enrichment of tellurium into marine ferromanganese oxides. Geochimica et Cosmochimica Acta，131：150-163.

Kato A，Shinohara K. 1968. The occurrence of roquesite from the Akenobe mine，Hyogo Prefecture，Japan. Mineralogical Journal，

5（4）：276-284.

Kato C，Moynier F. 2017a. Gallium isotopic evidence for extensive volatile loss from the Moon during its formation. Science Advances，3（7）：e1700571.

Kato C，Moynier F. 2017b. Gallium isotopic evidence for the fate of moderately volatile elements in planetary bodies and refractory inclusions. Earth & Planetary Science Letters，479：330-339.

Kato C，Moynier F，Foriel J，et al. 2017. The gallium isotopic composition of the bulk silicate Earth. Chemical Geology，448：164-172.

Kats A Y，Kremenetsky A A，Podkopaev O I. 1998. The germanium mineral resource base of the Russian Federation. Mineral'nye Resursy Rossii，（3）：5-9.

Kelley K D，Jennings S. 2004. A special issue devoted to barite and Zn-Pb-Ag deposits in the Red Dog district，Western Brooks Range，Northern Alaska. Economic Geology，99（7）：1267-1280.

Kelley K D，Leach D L，Johnson C A，et al. 2004. Textural，compositional，and sulfur isotope variations of sulfide minerals in the red dog Zn-Pb-Ag deposits，Brooks Range，Alaska：implications for ore formation. Economic Geology，99（7）：1509-1532.

Kendall B，Creaser R A，Reinhard C T，et al. 2015. Transient episodes of mild environmental oxygenation and oxidative continental weathering during the late Archean. Science Advances，1（10）：e1500777.

Kersten M，Xiao T F，Kreissig K，et al. 2014. Tracing anthropogenic thallium in soil using stable isotope compositions. Environmental Science & Technology，48（16）：9030-9036.

Khin Z，Peters S G，Cromie P，et al. 2007. Nature diversity of deposit types and metallogenic relations of South China. Ore Geology Reviews，31（1-4）：3-47.

Kieft K，Damman A H. 1990. Indium-bearing chalcopyrite and sphalerite from the Gåsborn area，West Bergslagen，central Sweden. Mineralogical Magazine，54（374）：109-112.

Kirchenbaur M，Heuser A，Bragagni A，et al. 2018. Determination of In and Sn mass fractions in sixteen geological reference materials by isotope dilution MC-ICP-MS. Geostandards and Geoanalytical Research，42（3）：361-377.

Kissin S A，De Owqens R. 1989. The relatives of stannite in the light of new data. The Canadian Mineralogist，27（4）：673-688.

Klaproth M H. 1798. XVIII. Extract from a memoir on a new metal called tellurium. The Philosophical Magazine，1（1）：78-82.

Klaus J S，John H，DeYoung Jr，et al. 2017. Critical mineral resources of the United States. Economic and Environmental Geology and Prospects for Future Supply.

Knyazev D A，Myasoedov N F. 2001. Specific effects of heavy nuclei in chemical equilibrium. Separation Science and Technology，36（8-9）：1677-1696.

Koljonen T. 1973. Selenium in certain metamorphic rocks. Bulletin of the Geological Society of Finland，45（2）：107-117.

Kolotilina T B，Mekhonoshin A S，Orsoev D A. 2019. Re sulfides from zhelos and Tokty-Oi intrusions（East Sayan，Russia）. Minerals，9（8）：479.

Kong Z G，Wu Y，Liang T，et al. 2018. Sources of ore-forming material for Pb-Zn deposits in the Sichuan-Yunnan-Guizhou triangle area：multiple constraints from C-H-O-S-Pb-Sr isotopic compositions. Geological Journal，53（S1）：159-177.

König S，Luguet A，Lorand J P，et al. 2012. Selenium and tellurium systematics of the Earth's mantle from high precision analyses of ultra-depleted orogenic peridotites. Geochimica et Cosmochimica Acta，86：354-366.

Kopeykin V A. 1984. Geochemical features of the behavior of gallium in laterization. Geochemistry International，21：162-166.

Korzhinsky M A，Tkachenko S I，Shmulovich K I，et al. 1994. Discovery of a pure rhenium mineral at Kudriavy volcano. Nature，369（6475）：51-52.

Koschinsky A，Hein J R. 2003. Uptake of elements from seawater by ferromanganese crusts：solid-phase associations and seawater speciation. Marine Geology，198（3-4）：331-351.

Kovalenker V A，Laputina I P，Znamenskii V S，et al. 1993. Indium mineralization of the Great Kuril Island Arc. Geologiya rudnykh mestorozhdenii，35：547-552.

Krause J，Reddy S M，Rickard W D A，et al. 2019. Nanoscale compositional segregation in complex In-bearing sulfides//Abstract from Goldschmidt Conference 2019.

Krivovichev V G，Krivovichev S V，Charykova M V. 2020. Tellurium minerals：structural and chemical diversity and complexity. Minerals，10（7）：623.

Krouse H R，Thode H G. 1962. Thermodynamic properties and geochemistry of isotopic compounds of selenium. Canadian Journal of Chemistry，40（2）：367-375.

Kuhlemann J，Vennemann T，Herlec U，et al. 2001. Variations of sulfur isotopes，trace element compositions，and cathodoluminescence of Mississippi Valley-type Pb-Zn ores from the Drau Range，eastern Alps（Slovenia-Austria）：implications for ore deposition on aregional versus microscale. Economic Geology，96（8）：1931-1941.

Kulp T R，Pratt L M. 2004. Speciation and weathering of selenium in upper cretaceous chalk and shale from South Dakota and Wyoming，USA. Geochimica et Cosmochimica Acta，68（18）：3687-3701.

Kurtz A C，Derry L A，Chadwick O A，et al. 2000. Refractory element mobility in volcanic soils. Geology，28（8）：683-686.

Kurtz A C，Derry L A，Chadwick O A. 2002. Germanium-silicon fractionation in the weathering environment. Geochimica et Cosmochimica Acta，66（9）：1525-1537.

Kurzawa T，König S，Alt J C，et al. 2019. The role of subduction recycling on the selenium isotope signature of the mantle：constraints from Mariana arc lavas. Chemical Geology，513：239-249.

Küster D. 2009. Granitoid-hosted Ta mineralization in the Arabian–Nubian Shield：ore deposit types，tectono-metallogenetic setting and petrogenetic framework. Ore Geology Reviews，35（1）：68-86.

Kwak T A P. 1994. Hydrothermal alteration in carbonate-replacement deposits. Geological Association of Canada Short Course Notes，11（1）：381-402.

Kwasnik W. 1963. Fluorine compounds//Brauer G. Handbook of Preparative Inorganic Chemistry. 2nd ed. New York：Academic Press：150-271.

Lacan F，Francois R，Ji Y C，et al. 2006. Cadmium isotopic composition in the ocean. Geochimica et Cosmochimica Acta，70（20）：5104-5118.

Lalonde S V，Konhauser K O. 2015. Benthic perspective on Earth's oldest evidence for oxygenic photosynthesis. Proceedings of the National Academy of Sciences of the United States of America，112（4）：995-1000.

Lange H. 1957. Geochemische Untersuchungen an oxidischen FeMineralen aus dem Elbingerode Komplex. Geologie 6：610-639.

Large R R，Allen R L，Blake M D，et al. 2001. Hydrothermal alteration and volatile element halos for the Rosebery K Lens volcanic-hosted massive sulfide deposit，western Tasmania. Economic Geology，96（5）：1055-1072.

Large R R，Halpin J A，Danyushevsky L V，et al. 2014. Trace element content of sedimentary pyrite as a new proxy for deep-time ocean-atmosphere evolution. Earth and Planetary Science Letters，389：209-220.

Larimer J W. 1973. Chemical fractionations in meteorites—VII. Cosmothermometry and cosmobarometry. Geochimica et Cosmochimica Acta，37（6）：1603-1623.

Layton-Matthews D，Leybourne M I，Peter J M，et al. 2006. Determination of selenium isotopic ratios by continuous-hydride-generation dynamic-reaction-cell inductively coupled plasma-mass spectrometry. Journal of Analytical Atomic Spectrometry，21（1）：41-49.

Layton-Matthews D，Peter J M，Scott S D，et al. 2008. Distribution，mineralogy，and geochemistry of selenium in felsic volcanic-hosted massive sulfide deposits of the Finlayson Lake District，Yukon Territory，Canada. Economic Geology，103（1）：61-88.

Layton-Matthews D，Leybourne M I，Peter J M，et al. 2013. Multiple sources of selenium in ancient seafloor hydrothermal systems：compositional and Se，S，and Pb isotopic evidence from volcanic-hosted and volcanic-sediment-hosted massive sulfide deposits of the Finlayson Lake District，Yukon，Canada. Geochimica et Cosmochimica Acta，117：313-331.

Leach D. 2014. Evaporites and Mississippi Valley-Type Zn-Pb-Ag deposits: an evolving perspective. Acta Geologica Sinica，88(s2)：174-175.

Leach D，Macquar J C，Lagneau V，et al. 2006. Precipitation of lead-zinc ores in the Mississippi Valley-type deposit at Trèves，Cévennes region of southern France. Geofluids，6（1）：24-44.

Leach D L，Sangster D F. 1993. Mississippi Valley-type lead-zinc deposits//Kirkham R V，Sinclair W D，Thorpe R I，et al. Mineral Deposit Modeling. Newfoundland，Canada：Geological Association of Canada，Special Papers，40：289-314.

Leach D L，Song Y. 2019. Sediment-hosted zinc-lead and copper deposits in China//Chang Z，Goldfarb R. Mineral deposits of China：325-409.

Leach D L，Premo W R，Lewchuk M，et al. 2001a. Evidence for Mississippi Valley-type lead-zinc mineralization in the Cevennes region，southern France，during Pyrenees Orogeny. Mineral deposits at the beginning of the 21st century，6 Balkema，Rotterdam：157-160.

Leach D L，Bradley D，Lewchuk M T，et al. 2001b. Mississippi Valley-type lead-zinc deposits through geological time：implications from recent age-dating research. Mineralium Deposita，36（8）：711-740.

Leach D L，Sangster D F，Kelley K D，et al. 2005. Sediment-hosted lead-zinc deposits：a global perspective//Economic Geology：One Hundredth Anniversary Volume. Society of Economic Geologists，561-608.

Leake B E，Woolley A R，Arps C E S，et al. 1997. Nomenclature of amphiboles; report of the subcommittee on amphiboles of the International Mineralogical Association，Commission on New Minerals and Mineral Names. The Canadian Mineralogist，35（1）：219-246.

Leão J W D，Menezes P T L，Beltrão J F，et al. 1996. Gravity inversion of basement relief constrained by the knowledge of depth at isolated points. Geophysics，61（6）：1702-1714.

Lehmann B，Nägler T F，Holland H D，et al. 2007. Highly metalliferous carbonaceous shale and Early Cambrian seawater. Geology，35（5）：403-406.

Lerouge C，Gloaguen E，Wille G，et al. 2017. Distribution of In and other rare metals in cassiterite and associated minerals in Sn ± W ore deposits of the western Variscan Belt. European Journal of Mineralogy，29（4）：739-753.

Li W，Cook N J，Ciobanu C L，et al. 2019. Trace element distributions in（Cu）-Pb-Sb sulfosalts from the Gutaishan Au-Sb deposit，South China：implications for formation of high fineness native gold. American Mineralogist：Journal of Earth and Planetary Materials，104（3）：425-437.

Li W B，Huang Z L，Yin M D. 2007. Dating of the giant Huize Zn-Pb ore field of Yunnan Province，Southwest China：constraints from the Sm-Nd system in hydrothermal calcite. Resource Geology，57（1）：90-97.

Li X，Ma X B，Chen Y，et al. 2020. A plume-modified lithospheric barrier to the southeastward flow of partially molten Tibetan crust inferred from magnetotelluric data. Earth and Planetary Science Letters，548：116493.

Li X B，Huang Z L，Li W B，et al. 2006. Sulfur isotopic compositions of the Huize super-large Pb-Zn deposit，Yunnan province，China：implications for the source of sulfur in the ore-forming fluids. Journal of Geochemical Exploration，89（1-3）：227-230.

Li X F，Liu Y. 2010. First-principles study of Ge isotope fractionation during adsorption onto Fe（III）-oxyhydroxide surfaces. Chemical Geology，278（1-2）：15-22.

Li X F，Liu Y. 2011. Equilibrium Se isotope fractionation parameters：a first-principles study. Earth and Planetary Science Letters，304（1-2）：113-120.

Li X F，Zhao H，Tang M，et al. 2009. Theoretical prediction for several important equilibrium Ge isotope fractionation factors and geological implications. Earth and Planetary Science Letters，287（1-2）：1-11.

Li X H，Liu X M，Liu Y S，et al. 2015. Accuracy of LA-ICPMS zircon U-Pb age determination：an inter-laboratory comparison. Science China Earth Sciences，58（10）：1722-1730.

Li Y. 2014. Chalcophile element partitioning between sulfide phases and hydrous mantle melt：applications to mantle melting and the formation of ore deposits. Journal of Asian Earth Sciences，94：77-93.

Li Y，Densmore A L，Allen P A，et al. 2001. Sedimentary responses to thrusting and strike-slipping of Longmen Shan along the eastern margin of Tibetan Plateau and implications for accretion of Cimmerian continents and India/Eurasia collision. Scientia Geologica Sinica，10（4）：223-243.

Li Y H，Schoonmaker J E. 2003. Chemical composition and mineralogy of marine sediments. Treatise on Geochemistry，7：1-35.

Li Y H，Wang Y M，Song H B，et al. 2005. Extreme enrichment of tellurium in deep-sea sediments. Acta Geologica Sinica，79（4）：547-551.

Li Z L，Ye L，Hu Y S，et al. 2018. Geological significance of nickeliferous minerals in the Fule Pb-Zn deposit，Yunnan Province，China. Acta Geochimica，37（5）：684-690.

Li Z L，Ye L，Hu Y S，et al. 2020a. Origin of the Fule Pb-Zn deposit，Yunnan Province，SW China：insight from *in situ* S isotope analysis by NanoSIMS. Geological Magazine，157（3）：393-404.

Li Z L，Ye L，Hu Y S，et al. 2020b. Trace elements in sulfides from the Maozu Pb-Zn deposit，Yunnan Province，China：implications for trace-element incorporation mechanisms and ore genesis. American Mineralogist，105（11）：1734-1751.

Li Z J，Cole D B，Newby S M，et al. 2021. New constraints on mid-Proterozoic ocean redox from stable thallium isotope systematics of black shales. Geochimica et Cosmochimica Acta，315：185-206.

Lin F C，Ritzwoller M H，Townend J，et al. 2007. Ambient noise Rayleigh wave tomography of New Zealand. Geophysical Journal International，170（2）：649-666.

Lin F C，Moschetti M P，Ritzwoller M H. 2008. Surface wave tomography of the western United States from ambient seismic noise：Rayleigh and Love wave phase velocity maps. Geophysical Journal International，173（1）：281-298.

Lin S，Li W，Chen Z，et al. 2016. Tellurium as a high-performance elemental thermoelectric. Nature Communications，7（1）：1-6.

Lin Y，Wei G，Zengtao C，et al. 2010. LA-ICP-MS Zircon U-Pb Geochronology and Petrology of the Muchang Alkali Granite，Zhenkang County，Western Yunnan Province，China. Acta Geologica Sinica - English Edition，84（6）：1488-1499.

Ling K Y，Zhu X Q，Tang H S，et al. 2015. Mineralogical characteristics of the karstic bauxite deposits in the Xiuwen ore belt，Central Guizhou Province，Southwest China. Ore Geology Reviews，65：84-96.

Ling K Y，Zhu X Q，Tang H S，et al. 2017. Importance of hydrogeological conditions during formation of the karstic bauxite deposits，Central Guizhou Province，Southwest China：a case study at Lindai deposit. Ore Geology Reviews，82：198-216.

Ling K Y，Zhu X Q，Tang H S，et al. 2018. Geology and geochemistry of the Xiaoshanba bauxite deposit，Central Guizhou Province，SW China：implications for the behavior of trace and rare earth elements. Journal of Geochemical Exploration，190：170-186.

Liu J，Liu J，Li J，et al. 2008. Experimental synthesis of the stibnite-antimonselite solid solution series. International Geology Review，50（2）：163-176.

Liu J J，Liu J M，Zheng M H，et al. 2000a. Au-Se paragenesis in Cambrian stratabound gold deposits，western Qinling Mountains，China. International Geology Review，42（11）：1037-1045.

Liu J J，Zheng M H，Liu J M，et al. 2000b. Geochemistry of the La'erma and Qiongmo Au-Se deposits in the western Qinling Mountains，China. Ore Geology Reviews，17（1-2）：91-111.

Liu J L，Tran M D，Tang Y，et al. 2012. Permo-Triassic granitoids in the northern part of the Truong Son belt，NW Vietnam：geochronology，geochemistry and tectonic implications. Gondwana Research，22（2）：628-644.

Liu J P. 2017. Indium mineralization in a Sn-poor skarn deposit：a case study of the Qibaoshan deposit，South China. Minerals，7（5）：76.

Liu J P，Gu X P，Shao Y J，et al. 2016. Indium mineralization in copper-tin Stratiform Skarn ores at the Saishitang-Rilonggou ore field，Qinghai，Northwest China. Resource Geology，66（4）：351-367.

Liu J P，Rong Y N，Zhang S G，et al. 2017. Indium mineralization in the Xianghualing Sn-Polymetallic Orefield in southern Hunan，southern China. Minerals，7（9）：173.

Liu J P，Rong Y N，Gu X P，et al. 2018. Indium mineralization in the Yejiwei Sn-Polymetallic Deposit of the Shizhuyuan Orefield，Southern Hunan，China. Resource Geology，68（1）：22-36.

Liu M S，Zhang Q，Zhang Y N，et al. 2020. High-precision Cd isotope measurements of soil and rock reference materials by MC-ICP-MS with double spike correction. Geostandards and Geoanalytical Research，44（1）：169-182.

Liu T T，Zhu C W，Yang G S，et al. 2020. Primary study of germanium isotope composition in sphalerite from the Fule Pb-Zn deposit，Yunnan province. Ore Geology Reviews，120：103466.

Liu T Z，Klemperer S L，Ferragut G，et al. 2019. Post-critical SsPmp and its applications to Virtual Deep Seismic Sounding（VDSS）-2：1-D imaging of the crust/mantle and joint constraints with receiver functions. Geophysical Journal International，219（2）：1334-1347.

Liu Y P，Ye L，Li C Y，et al. 2003. Laojunshan-Song Chay metamorphic core complex and its tectonic significance//Abstract from Goldschmidt Conference 2003. DOI：10.1016/S0016-7037（00）00094-2.

Liu Y Y，Qi L，Gao J F，et al. 2015. Re-Os dating of galena and sphalerite from lead-zinc sulfide deposits in Yunnan Province，SW China. Journal of Earth Science，26（3）：343-351.

Liu Z，Tian X B，Chen Y，et al. 2017. Unusually thickened crust beneath the Emeishan large igneous province detected by virtual deep seismic sounding. Tectonophysics，721：387-394.

Lo C H，Chung S L，Lee T Y，et al. 2002. Age of the Emeishan flood magmatism and relations to Permian-Triassic boundary events. Earth and Planetary Science Letters，198（3-4）：449-458.

Long J，Zhang S X，Luo K L. 2020. Distribution of selenium and arsenic in differentiated multicellular eukaryotic fossils and their significance. Geoscience Frontiers，11（3）：821-833.

Lu H Z，Liu Y M，Wang C L，et al. 2003. Mineralization and fluid inclusion study of the Shizhuyuan W-Sn-Bi-Mo-F skarn deposit，Hunan Province，China. Economic Geology，98（5）：955-974.

Luais B. 2007. Isotopic fractionation of germanium in iron meteorites：significance for nebular condensation，core formation and impact processes. Earth and Planetary Science Letters，262（1-2）：21-36.

Luais B. 2012. Germanium chemistry and MC-ICPMS isotopic measurements of Fe-Ni，Zn alloys and silicate matrices：insights into deep Earth processes. Chemical Geology，334：295-311.

Lüders，Bernhard Pracejus，Peter Halbach，2002. Fluid inclusion and sulfur isotope studies in probable modern analogue Kuroko-type ores from the JADE hydrothermal field（Central Okinawa Trough，Japan），Chemical Geology，173（1-3）：45-58.

Luo K，Zhou J X，Huang Z L，Wang X C，et al. 2019. New insights into the origin of Early Cambrian carbonatehosted Pb-Zn deposits in South China：A case study of the Maliping Pb-Zn deposit. Gondwana Research，70：88-103

Luo K，Zhou J X，Huang Z L，et al. 2020. New insights into the evolution of Mississippi Valley-type hydrothermal system：A case study of the Wusihe Pb-Zn deposit，South China， using quartz in-situ trace elements and sulfides in situ S-Pb isotopes. American Mineralogist，105（1）：35-51.

Luo K，Cugerone A，Zhou M F，et al. 2022. Germanium enrichment in sphalerite with acicular and euhedral textures：an example from the Zhulingou carbonate-hosted Zn（-Ge）deposit，South China. Mineralium Deposita，57（8）：1343-1365.

Lynton S J，Walker R J，Candela P A. 2005. Lithium isotopes in the system Qz-Ms-fluid：an experimental study. Geochimica et Cosmochimica Acta，69（13）：3337-3347.

Lyons T W，Reinhard C T，Planavsky N J. 2014. The rise of oxygen in Earth's early ocean and atmosphere. Nature，506（7488）：307-315.

Machel H G. 2001. Bacterial and thermochemical sulfate reduction in diagenetic settings—old and new insights. Sedimentary Geology，140（1）：143-175.

Machel H G，Krouse H R，Sassen R. 1995. Products and distinguishing criteria of bacterial and thermochemical sulfate reduction. Applied Geochemistry，10（4）：373-389.

Mahdavi H，Rahimi A. 2018. Zwitterion functionalized graphene oxide/polyamide thin film nanocomposite membrane：towards improved anti-fouling performance for reverse osmosis. Desalination，433：94-107.

Maier W D，Barnes S J. 1999. The origin of Cu sulfide deposits in the Curaca Valley，Bahia，Brazil：evidence from Cu，Ni，Se，and platinum-group element concentrations. Economic Geology，94（2）：165-183.

Makovicky E，Mumme W G，Gable R W. 2013. The crystal structure of ramdohrite，$Pb_{5.9}Fe_{0.1}Mn_{0.1}In_{0.1}Cd_{0.2}Ag_{2.8}Sb_{10.8}S_{24}$：a new refinement. American Mineralogist，98（4）：773-779.

Malisa E P. 2001. The behaviour of selenium in geological processes. Environmental Geochemistry & Health，23（2）：137-158.

Mao J W，Lehmann B，Du A D，et al. 2002a. Re-Os dating of polymetallic Ni-Mo-PGE-Au mineralization in Lower Cambrian black shales of South China and its geologic significance. Economic Geology，97（5）：1051-1061.

Mao J W，Wang Y T，Ding T P，et al. 2002b. Dashuigou tellurium deposit in Sichuan Province，China：S，C，O，and H isotope data and their implications on hydrothermal mineralization. Resource Geology，52（1）：15-23.

Mao J W，Cheng Y B，Chen M H，et al. 2013. Major types and time-space distribution of Mesozoic ore deposits in South China and their geodynamic settings. Mineralium Deposita，48（3）：267-294.

Marinho R S，da Silva C N，Afonso J C，et al. 2011. Recovery of platinum，tin and indium from spent catalysts in chloride medium using strong basic anion exchange resins. Journal of Hazardous Materials，192（3）：1155-1160.

Márquez-Zavalía M F，Galliski M Á，Drábek M，et al. 2015. Ishiharaite，（Cu，Ga，Fe，In，Zn）S，a new mineral from the capillitas mine，northwestern Argentina. The Canadian Mineralogist，52（6）：969-980.

Marschall H R，Pogge von Strandmann P A E，Seitz H M，et al. 2007. The lithium isotopic composition of orogenic eclogites and deep subducted slabs. Earth & Planetary Science Letters，262(3-4)：563-580.

Martens D A，Suarez D L. 1997. Selenium speciation of marine shales，alluvial soils，and evaporation basin soils of California. Journal of Environmental Quality，26（2）：424-432.

Martin A J，McDonald I，MacLeod C J，et al. 2018. Extreme enrichment of selenium in the Apliki Cyprus-type VMS deposit，Troodos，Cyprus. Mineralogical Magazine，82（3）：697-724.

Martins C M，Barbosa V C F，Silva J B C. 2010. Simultaneous 3D depth-to-basement and density-contrast estimates using gravity data and depth control at few points. Geophysics，75（3）：I21-I28.

Maslennikov V V，Maslennikova S P，Large R R，et al. 2009. Study of trace element zonation in vent chimneys from the Silurian Yaman-Kasy volcanic-hosted massive sulfide deposit（Southern Urals，Russia）using laser ablation-inductively coupled plasma mass spectrometry（LA-ICPMS）. Economic Geology，104（8）：1111-1141.

Masterman G J，Cooke D R，Berry R F，et al. 2004. $^{40}Ar/^{39}Ar$ and Re-Os geochronology of porphyry copper-molybdenum deposits and related copper-silver veins in the Collahuasi District，Northern Chile. Economic Geology，99（4）：673-690.

Masterman G J，Cooke D R，Berry R F，et al. 2005. Fluid chemistry，structural setting，and emplacement history of the Rosario Cu-Mo porphyry and Cu-Ag-Au epithermal veins，Collahuasi District，Northern Chile. Economic Geology，100（5）：835-862.

Mather T A，Pyle D M，Oppenheimer C. 2004. Tropospheric volcanic aerosol//Robock A，Oppenheimer C. Volcanism and the Earth's Atmosphere. Washington，DC：American Geophysical Union，139：189-212.

Mathur R，Brantley S，Anbar A，et al. 2010. Variation of Mo isotopes from molybdenite in high-temperature hydrothermal ore deposits . Mineralium Deposita，45：43-50.

McAlister J A，Orians K J. 2015. Dissolved gallium in the Beaufort Sea of the Western Arctic Ocean：a GEOTRACES cruise in the International Polar Year. Marine Chemistry，177：101-109.

McDonough W F. 2014. Compositional model for the earth's core-sciencedirect. Treatise on Geochemistry（Second Edition），3：559-577.

McDonough W F，Sun S S. 1995. The composition of the Earth. Chemical Geology，120（3-4）：223-253.

McFall K，Roberts S，McDonald I，et al. 2019. Rhenium enrichment in the muratdere Cu-Mo（Au-Re）porphyry deposit，turkey：evidence from stable isotope analyses（$\delta^{34}S$，$\delta^{18}O$，δD）and laser ablation-inductively coupled plasma-mass spectrometry analysis of sulfides. Economic Geology，114（7）：1443-1466.

McFall K，McDonald I，Wilkinson J J. 2021. Assessing the role of tectono-magmatic setting in the precious metal（Au，Ag，PGE）and critical metal（Te，Se，Bi）endowment of porphyry Cu deposits. Economic Geology，24（2）：277-295.

McIver J R，Mihalik P. 1975. Stannian andradite from "Davib Ost"，South West Africa. The Canadian Mineralogist，13（3）：217-221.

McLennan S M. 1993. Weathering and global denudation. The Journal of Geology，101（2）：295-303.

McLennan S M. 2001. Relationships between the trace element composition of sedimentary rocks and upper continental crust. Geochemistry，Geophysics，Geosystems，2（4）：1021.

McLennan S M. 2018. Rare earth elements in sedimentary rocks：influence of provenance and sedimentary processes. Geochemistry and mineralogy of rare earth elements. De Gruyter，169-200.

Measures C I，Burton J D. 1980. The vertical distribution and oxidation states of dissolved selenium in the northeast Atlantic Ocean and their relationship to biological processes. Earth and Planetary Science Letters，46（3）：385-396.

Meinert L D，Dipple G，Nicolescu S. 2005. World Skarn Deposits. Economic Geology, 100th Anniversary Volume, 299-336.

Melcher F. 2003. The Otavi Mountain Land in Namibia：Tsumeb，germanium and snowball earth. Mitteilungen der Österreichischen Mineralogischen Gesellschaft，148：413-435.

Melcher F，Buchholz P. 2013. Germanium//Gunn G. Critical Metals Handbook. West Sussex，United Kingdom：John Wiley & Sons：177-203.

Melcher F，Oberthür T，Vetter U，et al. 2003. Germanium in carbonate-hosted Cu-Pb-Zn mineralization in the Otavi Mountain Land，Namibia//Eliopoulos D G，et al. Mineral Exploration and Sustainable Development. Federal Institute for Geosciences and Natural Resources（BGR），Hannover，Germany. Rotterdam：Mill Press：701-704.

Meng Y M，Qi H W，Hu R Z. 2015. Determination of germanium isotopic compositions of sulfides by hydride generation

MC-ICP-MS and its application to the Pb-Zn deposits in SW China. Ore Geology Reviews，65：1095-1109.

Menzer G. 1926. Ueber die Kristallstruktur von Linneit einschliesslich Polydymit und Sychnodymit. Zeitschrift für Kristallographie，64：506-507.

Metcalfe I. 2013. Gondwana dispersion and Asian accretion：tectonic and palaeogeographic evolution of eastern Tethys. Journal of Asian Earth Sciences，66：1-33.

Metz S，Trefry J H. 2000. Chemical and mineralogical influences on concentrations of trace metals in hydrothermal fluids. Geochimica et Cosmochimica Acta，64（13）：2267-2279.

Millensifer T A，Sinclair D，Jonasson I，et al. 2014. Rhenium//Gunn G. Critical Metals Handbook. Oxford：John Wiley & Sons：340-360.

Millot R，Guerrot C，Vigier N. 2004. Accurate and high-precision measurement of lithium isotopes in two reference materials by MC-ICP-MS. Geostandards and Geoanalytical Research，153-159.

Mills S J，Kampf A R，Christy A G，et al. 2014. Bluebellite and mojaveite，two new minerals from the central Mojave Desert，California，USA. Mineralogical Magazine，78（5）：1325-1340.

Misra K C，Gratz J C，Lu C S. 1996. Carbonate-hosted Mississippi Valley-type mineralizations in the Elmwood-Gordonsville deposits，Central Tennessee zinc district，a synthesis//Sangster D F. Carbonate-Hosted Lead-Zinc Deposits. Society of Economic Geologists Special Publication，4：58-73.

Missen O P，Kampf A R，Mills S J，et al. 2019. The crystal structures of the mixed-valence tellurium oxysalts tlapallite，$(Ca,Pb)_3CaCu_6[Te^{4+}{}_3Te^{6+}O_{12}]_2(Te^{4+}O_3)_2(SO_4)_2 \cdot 3H_2O$, and carlfriesite，$CaTe^{4+}{}_2Te^{6+}O_8$. Mineralogical Magazine，83（4）：539-549.

Missen O P，Ram R，Mills S J，et al. 2020. Love is in the Earth：a review of tellurium（bio）geochemistry in surface environments. Earth-Science Reviews，204：103150.

Mitchell K，Mason P R D，Van Cappellen P，et al. 2012. Selenium as paleo-oceanographic proxy：a first assessment. Geochimica et Cosmochimica Acta，89：302-317.

Mitchell K，Couture R M，Johnson T M，et al. 2013. Selenium sorption and isotope fractionation：iron（III）oxides versus iron（II）sulfides. Chemical Geology，342：21-28.

Mitchell K，Mansoor S Z，Mason P R D，et al. 2016. Geological evolution of the marine selenium cycle：insights from the bulk shale $\delta^{82/76}Se$ record and isotope mass balance modeling. Earth and Planetary Science Letters，441：178-187.

Mladenova V，Valchev S. 1998. Ga/Ge ratio in sphalerite from the carbonate-hosted Sedmochislenitsi Deposit as a temperature indication of initial fluids. Review of the Bulgarian Geological Society，59（2-3）：49-54.

Moh G. 1977. Ore minerals. Neues Jahrbuch für Mineralogie-Abhandlungen，131（1）：1-55.

Moh G H. 1976. Experimental and descriptive ore mineralogy. Mineral，128（2）：115-188.

Möller P. 1987. Correlation of homogenization temperatures of accessory minerals from sphalerite-bearing deposits and Ga/Ge model temperatures. Chemical Geology，61（1-4）：153-159.

Möller P，Dulski P. 1993. Germanium and gallium distribution in sphalerite//Moeller P，Lüders V. Formation of Hydrothermal Vein Deposits：a Case Study of the Pb-Zn，Barite and Fluorite Deposits of the Harz Mountains. Monograph Series on Mineral Deposits. Bornträger，Berlin，30：189-196.

Mookherjee A. 1962. Certain aspects of the geochemistry of cadmium. Geochimica et Cosmochimica Acta，26（2）：351-360.

Moore R L，Masterman G J. 2002. The corporate discovery history and geology of the Collahuasi district porphyry copper deposits，Chile. Codes Special Publication，Hobart，Australia：23-50.

Morford J L，Martin W R，Carney C M. 2012. Rhenium geochemical cycling：insights from continental margins. Chemical Geology，324-325：73-86.

Mortensen J K. 1983. Age and evolution of the Yukon Tanana Terrane-southeastern Yukon Territory. Doctoral Thesis. California：University of California.

Mortensen J K. 1992. Pre-Mid-Mesozoic tectonic evolution of the Yukon-Tanana Terrane，Yukon and Alaska. Tectonics，11（4）：836-853.

Mortensen J K，Jilson G A. 1985. Evolution of the Yukon-Tanana terrane：evidence from southeastern Yukon Territory. Geology，13（11）：806-810.

Morton A C，Hallsworth C R. 1999. Processes controlling the composition of heavy mineral assemblages in sandstones. Sedimentary Geology，124（1-4）：3-29.

Moskalyk R R. 2003. Gallium：the backbone of the electronics industry. Minerals Engineering，16（10）：921-929.

Moskalyk R R. 2004. Review of germanium processing worldwide. Minerals Engineering，17（3）：393-402.

Moura M A，Botelho N F，De Mendonca F C. 2007. The indium-rich sulfides and rare arsenates of the Sn-In-mineralized Mangabeira A-type granite，Central Brazil. The Canadian Mineralogist，45（3）：485-496.

Moynier F，Fujii T，Telouk P，et al. 2008. Isotope separation of Te in chemical exchange system with dyclohexano-18-crown-6. Journal of Nuclear Science and Technology，45（S6）：10-14.

Muhling J R，Fletcher I R，Rasmussen B. 2012. Dating fluid flow and Mississippi Valley type base-metal mineralization in the Paleoproterozoic Earaheedy Basin，Western Australia. Precambrian Research，212-213：75-90.

Müller D，Kaminski K，Uhlig S，et al. 2002. The transition from porphyry- to epithermal-style gold mineralization at Ladolam，Lihir Island，Papua New Guinea：a reconnaissance study. Mineralium Deposita，37（1）：61-74.

Munizaga F，Maksaev V，Fanning C M，et al. 2008. Late Paleozoic–Early Triassic magmatism on the western margin of Gondwana：collahuasi area，Northern Chile. Gondwana Research，13（3）：407-427.

Munson B H. 1994. Ecological misconceptions. The Journal of Environmental Education，25（4）：30-34.

Munson M C. 1994. Events and trends in metal and mineral commodities. JOM，46（4）：30-36.

Murakami H，Ishihara S. 2013. Trace elements of Indium-bearing sphalerite from tin-polymetallic deposits in Bolivia，China and Japan：a femto-second LA-ICPMS study. Ore Geology Reviews，53：223-243.

Murao S，Deb M，Furuno M. 2008. Mineralogical evolution of indium in high grade tin-polymetallic hydrothermal veins — a comparative study from Tosham，Haryana state，India and Goka，Naegi district，Japan. Ore Geology Reviews，33（3-4）：490-504.

Murao S，Itoh S. 1992. High thallium content in Kuroko-type ore. Journal of Geochemical Exploration，43（3）：223-231.

Murray W T，O'Hare P A G. 1984. Thermochemistry of inorganic sulfur compounds II. Standard enthalpy of formation of germanium disulfide. The Journal of Chemical Thermodynamics，16（4）：335-341.

Murugan R，Aono T，Sahoo S K. 2020. Precise measurement of tellurium isotope ratios in terrestrial standards using a multiple collector inductively coupled plasma mass spectrometry. Molecules，25（8）：1956.

Nekrasov I Y. 1971. Features of tin mineralization in carbonate deposits，as in Eastern Siberia. International Geology Review，13（10）：1532-1542.

Nesbitt B E. 1993. Electrical resistivities of crustal fluids. Journal of Geophysical Research：Solid Earth，98（B3）：4301-4310.

Nesbitt H W，Young G M. 1982. Early Proterozoic climates and plate motions inferred from major element chemistry of lutites. Nature，299（5885）：715-717.

Nielsen S G，Rehkämper M，Baker J，et al. 2004. The precise and accurate determination of thallium isotope compositions and concentrations for water samples by MC-ICPMS. Chemical Geology，204（1-2）：109-124.

Nielsen S G，Rehkämper M，Porcelli D，et al. 2005. Thallium isotope composition of the upper continental crust and rivers—an investigation of the continental sources of dissolved marine thallium. Geochimica et Cosmochimica Acta，69（8）：2007-2019.

Nielsen S G，Rehkämper M，Halliday A N. 2006a. Large thallium isotopic variations in iron meteorites and evidence for lead-205 in the early solar system. Geochimica et Cosmochimica Acta，70（10）：2643-2657.

Nielsen S G，Rehkämper M，Norman M D，et al. 2006b. Thallium isotopic evidence for ferromanganese sediments in the mantle source of Hawaiian basalts. Nature，439（7074）：314-317.

Nielsen S G，Rehkämper M，Teagle D A H，et al. 2006c. Hydrothermal fluid fluxes calculated from the isotopic mass balance of thallium in the ocean crust. Earth and Planetary Science Letters，251（1-2）：120-133.

Nielsen S G，Rehkämper M，Brandon A D，et al. 2007. Thallium isotopes in Iceland and Azores lavas—implications for the role of altered crust and mantle geochemistry. Earth and Planetary Science Letters，264（1-2）：332-345.

Nielsen S G，Mar-Gerrison S，Gannoun A，et al. 2009. Thallium isotope evidence for a permanent increase in marine organic carbon export in the early Eocene. Earth and Planetary Science Letters，278（3-4）：297-307.

Nielsen S G, Wasylenki L E, Rehkämper M, et al. 2013. Towards an understanding of thallium isotope fractionation during adsorption to manganese oxides. Geochimica et Cosmochimica Acta, 117: 252-265.

Nielsen S G, Klein F, Kading T, et al. 2015. Thallium as a tracer of fluid-rock interaction in the shallow Mariana forearc. Earth and Planetary Science Letters, 430: 416-426.

Nielsen S G, Yogodzinski G, Prytulak J, et al. 2016. Tracking along-arc sediment inputs to the Aleutian arc using thallium isotopes. Geochimica et Cosmochimica Acta, 181: 217-237.

Nielsen S G, Prytulak J, Blusztajn J, et al. 2017. Thallium isotopes as tracers of recycled materials in subduction zones: review and new data for lavas from Tonga-Kermadec and Central America. Journal of Volcanology and Geothermal Research, 339: 23-40.

Oftedal I. 1941. Untersuchungen über die Nebenbestandteile von Erzmineralen norwegischer zinkblende-führender Vorkommen. krifter uitgitt av Det Norske Videnskaps-Akademi Oslo I. Mat.-Naturv. Klasse Nr, 8: 1-103.

Ohmoto H. 1972. Systematics of sulfur and carbon isotopes in hydrothermal ore deposits. Economic Geology, 67 (5): 551-578.

Ohmoto H. 1986a. Systematics of metal ratios and sulfur isotopic ratios in low-temperature base metal deposits. Terra Cognita, 6: 134-135.

Ohmoto H. 1986b. Stable isotope geochemistry of ore deposits. Reviews in Mineralogy and Geochemistry, 16 (1): 491-559.

Oliveira J T, Pacheco N, Carvalho P, et al. 1997. The Neves Corvo mine and the Paleozoic geology of Southwest Portugal//Barriga F J A S, Carvalho D. Geology and VMS Deposits of the Iberian Pyrite Belt. Society of Economic Geologists Guidebook Series. SEG, 27: 21-71.

Oftedal I. 1941. Untersuchungen über die Nebenbestandteile von Erzmineralien norwegischer zinkblendenführender Vorkommen. Skrifter uitgitt av Det Norske Videnskaps-Akademi Oslo I. Mat.-Naturv. Klasse Nr 8, 1–103. Spectrochimica Acta, 2: 135.

Orberger B, Vymazalova A, Wagner C, et al. 2007. Biogenic origin of intergrown Mo-sulphide- and carbonaceous matter in Lower Cambrian black shales (Zunyi Formation, southern China). Chemical Geology, 238 (3-4): 213-231.

Orians K J, Bruland K W. 1988. Dissolved gallium in the open ocean. Nature, 332 (6166): 717-719.

Orr W L. 1986. Kerogen/asphaltene/sulfur relationships in sulfur-rich Monterey oils. Organic Geochemistry, 10 (1-3): 499-516.

Orris G J, Grauch R I. 2002. Rare earth element mines, deposits, and occurrences. Open-File Rep. 2002-189.

Ostrander C M, Owens J D, Nielsen S G. 2017. Constraining the rate of oceanic deoxygenation leading up to a Cretaceous Oceanic Anoxic Event (OAE-2:～94 Ma). Science Advances, 3 (8): e1701020.

Ostrander C M, Johnson A C, Anbar A D. 2021. Earth's first redox revolution. Annual Review of Earth and Planetary Sciences, 49 (1): 337-366.

Owens D R, Traylor L, Mullins P, et al. 2017. Patient-level analysis of efficacy and hypoglycemia outcomes in T2D of glargine vs NPH (4 studies) OWENS et al DRCP 2016 (Supplement). 1-24.

Oyebamiji A, Hu R, Zhao C, et al. 2020. Origin of the Triassic Qilinchang Pb-Zn deposit in the western Yangtze block, SW China: insights from in-situ trace elemental compositions of base metal sulphides. Journal of Asian Earth Sciences, 192: 104292.

Özlü N. 1983. Trace-element content of "Karst Bauxites" and their parent rocks in the mediterranean belt. Mineralium Deposita, 18 (3): 469-476.

Öztürk H, Hein J R, Hanilçi N. 2002. Genesis of the Dogankuzu and Mortas bauxite deposits, Taurides, Turkey: separation of Al, Fe, and Mn and implications for passive margin metallogeny. Economic Geology, 97 (5): 1063-1077.

Paar W H, Putz H. 2005. Germanium associated with epithermal mineralization: examples from Bolivia and Argentina//Zhao C S, Guo B J. Mineral Deposit Research: Meeting the Global Challenge. Beijing: China Land Publishing House: 48-51.

Paar W H, Roberts A C, Berlepsch P, et al. 2004. Putzite, $(Cu_{4.7}Ag_{3.3})_{\Sigma 8}GeS_6$, a new mineral species from capillitas, catamarca, argentina: description and crystal structure. The Canadian Mineralogist, 42 (6): 1757-1769.

Pal D C, Mishra B, Bernhardt H J. 2007. Mineralogy and geochemistry of pegmatite-hosted Sn-, Ta-Nb-, and Zr-Hf-bearing minerals from the southeastern part of the Bastar-Malkangiri pegmatite belt, Central India. Ore Geology Reviews, 30 (1): 30-55.

Pallavicini N, Engström E, Baxter D C, et al. 2014. Cadmium isotope ratio measurements in environmental matrices by MC-ICP-MS. Journal of Analytical Atomic Spectrometry, 29 (9): 1570-1584.

Palme H, O'Neill H S C. 2014. Cosmochemical estimates of mantle composition//Holland H D, Turekian K K. Treatise on

Geochemistry. 2nd ed. Oxford：Elsevier，3：1-39.

Papp J F. 2013. Niobium（columbium）. U.S. Geological Survey Mineral Commodity Summaries：110-111.

Park C，Choi W，Kim H，et al. 2017. Oscillatory zoning in skarn garnet：implications for tungsten ore exploration. Ore Geology Reviews，89：1006-1018.

Parnell J，Bellis D，Feldmann J，et al. 2015. Selenium and tellurium enrichment in palaeo-oil reservoirs. Journal of Geochemical Exploration，148：169-173.

Parnell J，Bullock L，Armstrong J，et al. 2018a. Liberation of selenium from alteration of the Bowland Shale Formation：evidence from the Mam Tor landslide. Quarterly Journal of Engineering Geology and Hydrogeology，51（4）：503-508.

Parnell J，Spinks S，Brolly C. 2018b. Tellurium and selenium in Mesoproterozoic red beds. Precambrian Research，305：145-150.

Pašava J，Oszczepalski S，Du A D. 2010. Re-Os age of non-mineralized black shale from the Kupferschiefer，Poland，and implications for metal enrichment. Mineralium Deposita，45（2）：189-199.

Pašava J，Svojtka M，Veselovský F，et al. 2016. Laser ablation ICPMS study of trace element chemistry in molybdenite coupled with scanning electron microscopy（SEM）—an important tool for identification of different types of mineralization. Ore Geology Reviews，72：874-895.

Pascua M I，Murciego A，Pellitero E，et al. 1997. Sn-Ge-Cd-Cu-Fe-bearing sulfides and sulfosalts from the Barquilla Deposit，Salamanca，Spain. The Canadian Mineralogist，35（1）：39-52.

Pasero M. 2020. The New IMA List of Minerals—a Work in Progress-Updated: March 2020. [2024-03-30]. https://docslib.org/doc/3431813/the-new-ima-list-of-minerals-a-work-in-progress-updated-march-2020.

Patten C，Barnes S J，Mathez E A，et al. 2013. Partition coefficients of chalcophile elements between sulfide and silicate melts and the early crystallization history of sulfide liquid：LA-ICP-MS analysis of MORB sulfide droplets. Chemical Geology，358：170-188.

Pavlova G G，Palessky S V，Borisenko A S，et al. 2015. Indium in cassiterite and ores of tin deposits. Ore Geology Reviews，66：99-113.

Payne C E. 2016. Isotope geochemistry of gallium in hydrothermal systems. Wellington：Victoria University of Wellington.

Peach C L，Mathez E A，Keays R R. 1990. Sulfide melt-silicate melt distribution coefficients for noble metals and other chalcophile elements as deduced from MORB：implications for partial melting. Geochimica et Cosmochimica Acta，54（12）：3379-3389.

Peacock C L，Moon E M. 2012. Oxidative scavenging of thallium by birnessite：explanation for thallium enrichment and stable isotope fractionation in marine ferromanganese precipitates. Geochimica et Cosmochimica Acta，84：297-313.

Peltonen P，Pakkanen L，Johanson B. 1995. Re-Mo-Cu-Os sulphide from the Ekojoki Ni-Cu deposit，SW Finland. Mineralogy and Petrology，52（3-4）：257-264.

Peltzer G，Tapponnier P. 1988. Formation and evolution of strike-slip faults，rifts，and basins during the India-Asia collision：an experimental approach. Journal of Geophysical Research：Solid Earth，93（B12）：15085-15117.

Peng H，He D，Guo R，et al. 2021. High precision cadmium isotope analysis of geological reference materials by double spike MC-ICP-MS. Journal of Analytical Atomic Spectrometry，36（2）：390-398.

Peng Y Q，Shi G R. 2009. Life crises on land across the Permian–Triassic boundary in South China. Global and Planetary Change，65（3-4）：155-165.

Peng Y Q，Zhang S X，Yu T X，et al. 2005. High-resolution terrestrial Permian–Triassic eventostratigraphic boundary in western Guizhou and eastern Yunnan，southwestern China. Palaeogeography，Palaeoclimatology，Palaeoecology，215（3-4）：285-295.

Peng Y Q，Yu J X，Gao Y Q，et al. 2006. Palynological assemblages of non-marine rocks at the Permian–Triassic boundary，western Guizhou and eastern Yunnan，South China. Journal of Asian Earth Sciences，28（4-6）：291-305.

Pfaff K，Wagner T，Markl G. 2009. Fluid mixing recorded by mineral assemblage and mineral chemistry in a Mississippi Valley-type Pb-Zn-Ag deposit in Wiesloch，SW Germany. Journal of Geochemical Exploration，101（1）：81.

Pfaff K，Hildebrandt L H，Leach D L，et al. 2010. Formation of the Wiesloch Mississippi Valley-type Zn-Pb-Ag deposit in the extensional setting of the Upper Rhinegraben，SW Germany. Mineralium Deposita，45（7）：647-666.

Picot P，Pierrot R. 1963. La roquesite，premier mineral d'indium：$CuFeS_2$. Bulletin de Minéralogie，86：7-14.

Plint H E，Gordon T M. 1996. Structural evolution and rock types of the Slide Mountain and Yukon-Tanana terranes in the Campbell

Range，southeastern Yukon Territory. Current research，Part A. Geological Survey of Canada：19-28.

Plint H E，Gordon T M. 1997. The Slide Mountain Terrane and the structural evolution of the Finlayson Lake Fault Zone，southeastern Yukon. Canadian Journal of Earth Sciences，34（2）：105-126.

Pogge von Strandmann P A E，Coath C D，Catling D C，et al. 2014. Analysis of mass dependent and mass independent selenium isotope variability in black shales. Journal of Analytical Atomic Spectrometry，29（9）：1648-1659.

Pogge von Strandmann P A E，Stüeken E E，Elliott T，et al. 2015. Selenium isotope evidence for progressive oxidation of the Neoproterozoic biosphere. Nature Communications，6（1）：10157.

Poirier A，Hillaire-Marcel C. 2011. Improved Os-isotope stratigraphy of the Arctic Ocean. Geophysical Research Letters，38（14）：L14607.

Pokrovski G S，Schott J. 1998. Thermodynamic properties of aqueous Ge（IV）hydroxide complexes from 25 to 350 °C：implications for the behavior of germanium and the Ge/Si ratio in hydrothermal fluids. Geochimica et Cosmochimica Acta，62（9）：1631-1642.

Pokrovski G S，Borisova A Y，Bychkov A Y. 2013. Speciation and transport of metals and metalloids in geological vapors. Reviews in Mineralogy and Geochemistry，76（1）：165-218.

Pokrovsky O S，Galy A，Schott J，et al. 2014. Germanium isotope fractionation during Ge adsorption on goethite and its coprecipitation with Fe oxy（hydr）oxides. Geochimica et Cosmochimica Acta，131：138-149.

Presser T S，Piper D Z，Bird K J，et al. 2004. The phosphoria formation—a model for forecasting global selenium sources to the environment//Hein J R. Life Cycle of the Phosphoria Formation—from Deposition to the Post-Mining Environment：Handbook of Exploration and Environmental Geochemistry. Elsevier，8：299-319.

Prichard H M，Knight R D，Fisher P C，et al. 2013. Distribution of platinum-group elements in magmatic and altered ores in the Jinchuan intrusion，China：an example of selenium remobilization by postmagmatic fluids. Mineralium Deposita，48（6）：767-786.

Prytulak J，Nielsen S G，Plank T，et al. 2013. Assessing the utility of thallium and thallium isotopes for tracing subduction zone inputs to the Mariana arc. Chemical Geology，345：139-149.

Qi H W，Hu R Z，Qi L. 2005. Experimental study on the interaction between peat，lignite and germanium-bearing solution at low temperature. Science in China Series D：Earth Sciences，48（9）：1411-1417.

Qi H W，Hu R Z，Zhang Q. 2007a. Concentration and distribution of trace elements in lignite from the Shengli Coalfield，Inner Mongolia，China：implications on origin of the associated Wulantuga Germanium Deposit. International Journal of Coal Geology，71（2-3）：129-152.

Qi H W，Hu R Z，Zhang Q. 2007b. REE geochemistry of the Cretaceous lignite from Wulantuga Germanium deposit，Inner Mongolia，Northeastern China. International Journal of Coal Geology，71（2-3）：329-344.

Qi H W，Rouxel O，Hu R Z，et al. 2011. Germanium isotopic systematics in Ge-rich coal from the Lincang Ge deposit，Yunnan，Southwestern China. Chemical Geology，286（3-4）：252-265.

Qi H W，Hu R Z，Jiang K，et al. 2019. Germanium isotopes and Ge/Si fractionation under extreme tropical weathering of basalts from the Hainan Island，South China. Geochimica et Cosmochimica Acta，253：249-266.

Queffurus M，Barnes S J. 2015. A review of sulfur to selenium ratios in magmatic nickel-copper and platinum-group element deposits. Ore Geology Reviews，69：301-324.

Rakov L T. 2015. Role of germanium in isomorphic substitutions in quartz. Geochemistry International，53（2）：171-181.

Rakovan J. 2009. Word to the wise：felsic & mafic. Rocks & Minerals，84（6）：559-560.

Rashid K，Krouse H R. 1985. Selenium isotopic fractionation during SeO_3^{2-} reduction to Se^0 and H_2Se. Canadian Journal of Chemistry，63（11）：3195-3199.

Redwood S D. 2003. Famous mineral localities：the Pacajake selenium mine，Potosi，Bolivia. Mineralogical Record，34（4）：339-357.

Rees C E，Thode H G. 1966. Selenium isotope effects in the reduction of sodium selenite and of sodium selenate. Canadian Journal of Chemistry，44（4）：419-427.

Reese M O，Glynn S，Kempe M D，et al. 2018. Increasing markets and decreasing package weight for high-specific-power photovoltaics. Nature Energy，3（11）：1002-1012.

Rehkämper M，Halliday A N. 1999. The precise measurement of Tl isotopic compositions by MC-ICPMS：application to the analysis of geological materials and meteorites. Geochimica et Cosmochimica Acta，63（6）：935-944.

Rehkämper M，Frank M，Hein J R，et al. 2002. Thallium isotope variations in seawater and hydrogenetic，diagenetic，and hydrothermal ferromanganese deposits. Earth and Planetary Science Letters，197（1-2）：65-81.

Rehkämper M，Frank M，Hein J R，et al. 2004. Cenozoic marine geochemistry of thallium deduced from isotopic studies of ferromanganese crusts and pelagic sediments. Earth and Planetary Science Letters，219（1-2）：77-91.

Rehkämper M，Wombacher F，Horner T J，et al. 2012. Natural and anthropogenic Cd isotope variations//Baskaran M. Handbook of Environmental Isotope Geochemistry. Berlin，Heidelberg：Springer：125-154.

Reinhard C T，Raiswell R，Scott C，et al. 2009. A Late Archean sulfidic sea stimulated by early oxidative weathering of the continents. Science，326（5953）：713-716.

Reiser F K M，Rosa D R N，Pinto Á M M，et al. 2011. Mineralogy and geochemistry of tin- and germanium-bearing copper ore，Barrigão re-mobilized vein deposit，Iberian Pyrite Belt，Portugal. International Geology Review，53（10）：1212-1238.

Relvas J M，Tassinari C C，Munhá J，et al. 2001. Multiple sources for ore-forming fluids in the Neves Corvo VHMS Deposit of the Iberian Pyrite Belt（Portugal）：strontium，neodymium and lead isotope evidence. Mineralium Deposita，36（5）：416-427.

Ren Z，Zhou T F，Hollings P，et al. 2018. Trace element geochemistry of molybdenite from the Shapinggou super-large porphyry Mo deposit，China. Ore Geology Reviews，95：1049-1065.

Ren Z Y，Wu Y D，Zhang L，et al. 2017. Primary magmas and mantle sources of Emeishan basalts constrained from major element，trace element and Pb isotope compositions of olivine-hosted melt inclusions. Geochimica et Cosmochimica Acta，208：63-85.

Reynolds J H. 1953. The isotopic constitution of silicon，germanium，and hafnium. Physical Review，90（6）：1047-1049.

Richard A，Banks D A，Hendriksson N，et al.，2018. Lithium isotopes in fluid inclusions as tracers of crustal fluids：An exploratory study，Journal of Geochemical Exploration，184：158-166.

Richards J P. 2003. Tectono-magmatic precursors for porphyry Cu-（Mo-Au）deposit formation. Economic geology，98（8）：1515-1533.

Richards J P. 2009. Postsubduction porphyry Cu-Au and epithermal Au deposits：products of remelting of subduction-modified lithosphere. Geology，37（3）：247-250.

Richards J P，Kerrich R. 1993. The Porgera gold mine，Papua New Guinea；magmatic hydrothermal to epithermal evolution of an alkalic-type precious metal deposit. Economic Geology，88（5）：1017-1052.

Ripperger S，Rehkämper M，Porcelli D，et al. 2007. Cadmium isotope fractionation in seawater—a signature of biological activity. Earth and Planetary Science Letters，261（3-4）：670-684.

Roddick J A. 1967. Tintina trench. The Journal of Geology，75（1）：23-33.

Rodney T T，Charles E C. 1984. Crystal structureof germanite，$Cu_{26}Ge_4Fe_4S_{32}$，determined by powder X-ray diffraction. American Mineralogist，69：943-947.

Rollison H R. 2000. 岩石地球化学. 杨学明，杨晓勇，陈双喜，译. 合肥：中国科学技术大学出版社.

Rosca C，Vlastélic I，Varas-Reus M I，et al. 2022. Isotopic constraints on selenium degassing from basaltic magma and near-surface capture by fumarolic deposits：implications for Se redistribution onto the Earth's surface. Chemical Geology，596：120796.

Rosenberg E. 2009. Germanium：environmental occurrence，importance and speciation. Reviews in Environmental Science and Bio/technology，8（1）：29-57.

Rose-Weston L，Brenan J M，Fei Y W，et al. 2009. Effect of pressure，temperature，and oxygen fugacity on the metal-silicate partitioning of Te，Se，and S：implications for earth differentiation. Geochimica et Cosmochimica Acta，73（15）：4598-4615.

Rosman K J R，De Laeter J R. 1975. The isotopic composition of cadmium in terrestrial minerals. International Journal of Mass Spectrometry and Ion Physics，16（4）：385-394.

Rosman K J R，Taylor P D P. 1998. Isotopic compositions of the elements 1997（Technical Report）. Pure and Applied Chemistry，70（1）：217-235.

Rouxel O，Ludden J，Carignan J，et al. 2002. Natural variations of Se isotopic composition determined by hydride generation multiple collector inductively coupled plasma mass spectrometry. Geochimica et Cosmochimica Acta，66（18）：3191-3199.

Rouxel O，Fouquet Y，Ludden J N. 2004. Subsurface processes at the lucky strike hydrothermal field，Mid-Atlantic ridge：evidence from sulfur，selenium，and iron isotopes. Geochimica et Cosmochimica Acta，68（10）：2295-2311.

Rouxel O，Galy A，Elderfield H. 2006. Germanium isotopic variations in igneous rocks and marine sediments. Geochimica et Cosmochimica Acta，70（13）：3387-3400.

Rouxel O J，Luais B. 2017. Germanium isotope geochemistry. Reviews in Mineralogy and Geochemistry，82（1）：601-656.

Rudge J F，Reynolds B C，Bourdon B. 2009. The double spike toolbox. Chemical Geology，265（3-4）：420-431.

Rudnick R L，Gao S. 2014. Composition of the continental crust//Turekian H D，Holland K K. Treatise on Geochemistry. 2nd ed. Oxford：Elsevier，4：1-51.

Sabra K G，Gerstoft P，Roux P，et al. 2005. Extracting time-domain Green's function estimates from ambient seismic noise. Geophysical Research Letters，32（3）：L03310. DOI：10.1029/2004GL021862.

Sack R O，Ebel D S. 2006. Thermochemistry of sulfide mineral solutions. Reviews in Mineralogy & Geochemistry，61（1）：265-364.

Sack R O，Fredericks R，Hardy L S，et al. 2005. Origin of high-Ag fahlores from the Galena Mine，Wallace，Idaho，U.S.A. American Mineralogist，90（5-6）：1000-1007.

Sahlström F，Blake K，Corral I，et al. 2017. Hyperspectral cathodoluminescence study of indium-bearing sphalerite from the Mt Carlton high-sulphidation epithermal deposit，Queensland，Australia. European Journal of Mineralogy，29（6）：985-993.

Saini-Eidukat B，Melcher F，Lodziak J. 2009. Zinc-germanium ores of the Tres Marias Mine，Chihuahua，Mexico. Mineralium Deposita，44（3）：363-370.

Salters V J M，Stracke A，2004. Composition of the depleted mantle. Geochemistry，Geophysics，Geosystems，5（5）：Q05B07.

Sands D G，Rosman K J R，De Laeter J R. 2001. A preliminary study of cadmium mass fractionation in lunar soils. Earth and Planetary Science Letters，186（1）：103-111.

Sanematsu K，Murakami H，Watanabe Y，et al. 2009. Enrichment of rare earth elements（REE）in granitic rocks and their weathered crusts in central and southern Laos. Bulletin of the Geological Survey of Japan，60（11-12）：527-558.

Sangster D F. 1990. Mississippi Valley-type and sedex lead-zinc deposits：a comparative examination. Transactions，Institution of Mining and Metallurgy. Section B，Applied Earth Science，99：21-42.

Sangster D F. 2002. The role of dense brines in the formation of vent-distal sedimentary-exhalative（SEDEX）lead-zinc deposits：Field and laboratory evidence. Mineralium Deposita，37（2）：149-157.

Santos D F，Silva J B C，Martins C M，et al. 2015. Efficient gravity inversion of discontinuous basement relief. Geophysics，80（4）：G95-G106.

Sarykin F Y. 1977. Deposits of germanium//Smirnov V I. Ore Deposits of the U.S.S.R.，vol. III. New York：Pitman Publishing：442-451.

Sato K. 1980. Tungsten skarn deposit of the Fujigatani mine，southwest Japan. Economic Geology，75（7）：1066-1082.

Saunders J A，Brueseke M E. 2012. Volatility of Se and Te during subduction-related distillation and the geochemistry of epithermal ores of the Western United States. Economic Geology，107（1）：165-172.

Savard D，Bédard L P，Barnes S J. 2009. Selenium concentrations in twenty-six geological reference materials：new determinations and proposed values. Geostandards and Geoanalytical Research，33（2）：249-259.

Schauble E A. 2003. Modeling zinc isotope fractionations. American Geophysical Union，AGU Fall Meeting Abstracts：B12B-0781.

Schauble E A. 2007. Role of nuclear volume in driving equilibrium stable isotope fractionation of mercury，thallium，and other very heavy elements. Geochimica et Cosmochimica Acta，71（9）：2170-2189.

Schediwy S，Rosman K J R，De Laeter J R. 2006. Isotope fractionation of cadmium in lunar material. Earth and Planetary Science Letters，243（3-4）：326-335.

Schedlbauer O F，Heumann K G. 2000. Biomethylation of thallium by bacteria and first determination of biogenic dimethylthallium in the ocean. Applied Organometallic Chemistry，14（6）：330-340.

Scherbarth N L，Spry P G. 2006. Mineralogical，petrological，stable isotope，and fluid inclusion characteristics of the Tuvatu gold-silver telluride deposit，Fiji：Comparisons with the emperor deposit. Economic Geology，101（1）：135-158.

Schilling K，Wilcke W. 2011. A method to quantitatively trap volatilized organoselenides for stable selenium isotope analysis. Journal of Environmental Quality，40（3）：1021-1027.

Schilling K，Johnson T M，Wilcke W. 2011. Selenium partitioning and stable isotope ratios in urban topsoils. Soil Science Society of America Journal，75（4）：1354-1364.

Schilling K，Johnson T M，Wilcke W. 2013. Isotope fractionation of selenium by biomethylation in microcosm incubations of soil. Chemical Geology，352：101-107.

Schilling K，Johnson T M，Mason P R D. 2014. A sequential extraction technique for mass-balanced stable selenium isotope analysis of soil samples. Chemical Geology，381：125-130.

Schilling K，Johnson T M，Dhillon K S，et al. 2015. Fate of selenium in soils at a seleniferous site recorded by high precision Se isotope measurements. Environmental Science & Technology，49（16）：9690-9698.

Schilling K，Basu A，Wanner C，et al. 2020. Mass-dependent selenium isotopic fractionation during microbial reduction of seleno-oxyanions by phylogenetically diverse bacteria. Geochimica et Cosmochimica Acta，276：274-288.

Schmitt A D，Galer S J G，Abouchami W. 2009. High-precision cadmium isotope fractionation determined by double spike thermal ionisation mass spectrometry. Journal of Analytical Atomic Spectrometry，24（8）：1079-1088.

Schroll E，Azer I N. 1959. Beitrag zur Kenntnis ostalpiner Fahlerze. Tschermaks Mineralogisch - Petrographische Mitteilungen，7：70-105.

Schrön W. 1968. Ein Beitrag zur Geochemie des Germaniums. I. Petrogenetische Probleme. Chemie der Erde，27（3）：193.

Schulz K J，DeYoung J H Jr，Seal R R II，et al. 2017. Critical mineral resources of the United States—economic and environmental geology and prospects for future supply. Reston，VA：U.S. Geological Survey.

Schwartz M O. 2000. Cadmium in zinc deposits：economic geology of a polluting element. International Geology Review，42（5）：445-469.

Schwarz-Schampera U. 2013. Antimony//Gunn G. Critical Metals Handbook. Chichester，West Sussex：John Wiley & Sons：70-98.

Schwarz-Schampera U，Herzig P M. 2002. Indium：geology，mineralogy，and economics. Springer Science & Business Media.

Sedlazeck K P，Höllen D，Müller P，et al. 2017. Mineralogical and geochemical characterization of a chromium contamination in an aquifer - A combined analytical and modeling approach. Applied Geochemistry，87：44-56.

Segl M，Mangini A，Bonani G，et al. 1984. ^{10}Be-dating of a manganese crust from Central North Pacific and implications for ocean palaeocirculation. Nature，309（5968）：540-543.

Segl M，Mangini A，Beer J，et al. 1989. Growth rate variations of manganese nodules and crusts induced by paleoceanographic events. Paleoceanography and Paleoclimatology，4（5）：511-530.

Seifert T. 1999. Relationship between late Variscan lamprophyres and hydrothermal vein mineralization in the Erzgebirge//Stanley C J，et al. Mineral Deposits：Processes to Processing. Rotterdam，Netherlands：A.A. Balkema，429-432.

Seifert T，Sandmann D. 2006. Mineralogy and geochemistry of indium-bearing polymetallic vein-type deposits：implications for host minerals from the Freiberg district，Eastern Erzgebirge，Germany. Ore Geology Reviews，28（1）：1-31.

Seifert W. 2006. Mineralchemie der Basaltbrekzie und Schwermineralseife von Hinter-hermsdorf，Sachsen (Deutschland)–eine Neubearbeitung. Z geol Wiss，34（5）：265-285.

Seltmann R，Shatov V，Yakubchuk A. 2005. Mineral deposits database and thematic maps of Central Asia，scale 1：1，500，000. Explanatory Notes to ArcView 3.2 and MapInfo 7 GIS packages. NHM London：Centre for Russian and Central Asian Mineral Studies，117.

Selway K. 2014. On the causes of electrical conductivity anomalies in tectonically stable lithosphere. Surveys in Geophysics，35（1）：219-257.

Seredin V V，Dai S F. 2012. Coal deposits as potential alternative sources for lanthanides and yttrium. International Journal of Coal Geology，94：67-93.

Seredin V V，Finkelman R B. 2008. Metalliferous coals：a review of the main genetic and geochemical types. International Journal of Coal Geology，76（4）：253-289.

Seredin V V，Dai S F，Sun Y Z，et al. 2013. Coal deposits as promising sources of rare metals for alternative power and energy-efficient technologies. Applied Geochemistry，31：1-11.

Seward T M，Henderson C M B，Charnock J M. 2000. Indium（III）chloride complexing and solvation in hydrothermal solutions to 350 ℃：an EXAFS study. Chemical Geology，167（1-2）：117-127.

Shao J Q，Yang S Y. 2012. Does chemical index of alteration（CIA）reflect silicate weathering and monsoonal climate in the

Changjiang River basin?. Chinese Science Bulletin，57（10）：1178-1187.

Shaw D M. 1952. The geochemistry of indium. Geochimica et Cosmochimica Acta，2（3）：185-206.

Shaw D M. 1957. The geochemistry of gallium，indium，thallium—a review//Physics and Chemistry of the Earth，vol. 2. London：Pergamon Press：164-211.

Sheen A I，Kendall B，Reinhard C T，et al. 2018. A model for the oceanic mass balance of rhenium and implications for the extent of Proterozoic ocean anoxia. Geochimica et Cosmochimica Acta，227：75-95.

Shellnutt J G. 2014. The Emeishan large igneous province：a synthesis. Geoscience Frontiers，5（3）：369-394.

Shellnutt J G，Wang K L，Zellmer G F，et al. 2011. Three Fe-Ti oxide ore-bearing gabbro-granitoid complexes in the Panxi region of the Permian Emeishan large igneous province，SW China. American Journal of Science，311（9）：773-812.

Shen W，Ritzwoller M H，Kang D，et al. 2016. A seismic reference model for the crust and uppermost mantle beneath China from surface wave dispersion. Geophysical Journal International，206（2）：954-979.

Shikazono N.2003. Geochemical and tectonic evolution of arc-backarc hydrothermal systems：implication for the origin of Kuroko and epithermal vein-type mineralizations and the global geochemical cycle. Amsterdam：Elsevier：1-463.

Shiller A M. 1998. Dissolved gallium in the Atlantic Ocean. Marine Chemistry，61（1-2）：87-99.

Shiller A M，Bairamadgi G R. 2006. Dissolved gallium in the northwest Pacific and the south and central Atlantic Oceans：implications for aeolian Fe input and a reconsideration of profiles. Geochemistry，Geophysics，Geosystems，7（8）：Q08M09.

Shima M. 1963. Isotopic composition of germanium in meteorites. Journal of Geophysical Research，68（14）：4289-4292.

Shimizu M，Kato A. 1991. Roquesite-bearing tin ores from the Omodani，Akenobe，Fukuoku，and Ikuno polymetallic vein-type deposits in the Inner Zone of southwestern Japan. The Canadian Mineralogist，29（2）：207-215.

Shimizu M，Kato A，Shiozawa T. 1986. Sakuraiite：chemical composition and extent of（Zn，Fe）In-for-CuSn substitution. The Canadian Mineralogist，24（2）：405-409.

Shimizu T，Morishita Y. 2012. Petrography，chemistry，and near-infrared microthermometry of indium-bearing sphalerite from the Toyoha polymetallic deposit，Japan. Economic Geology，107（4）：723-735.

Shimizu T，Matsueda H，Ishiyama D，et al. 1998. Genesis of epithermal Au-Ag mineralization of the Koryu mine，Hokkaido，Japan. Economic Geology，93（3）：303-325.

Shirey S B，Walker R J. 1998. The Re-Os isotope system in cosmochemistry and high-temperature geochemistry. Annual Review of Earth and Planetary Sciences，26（1）：423-500.

Shore A J T. 2010. Selenium geochemistry and isotopic composition of sediments from the Cariaco Basin and the Bermuda Rise：a comparison between a restricted basin and the open ocean over the last 500 ka. Leicester：University of Leicester.

Siebert C，Ross A，McManus J. 2006. Germanium isotope measurements of high-temperature geothermal fluids using double-spike hydride generation MC-ICP-MS. Geochimica et Cosmochimica Acta，70（15）：3986-3995.

Silva J B C，Costa D C L，Barbosa V C F. 2006. Gravity inversion of basement relief and estimation of density contrast variation with depth. Geophysics，71（5）：J51-J58.

Silva J B C，Oliveira A S，Barbosa V C F. 2010. Gravity inversion of 2D basement relief using entropic regularization. Geophysics，75（3）：I29-I35.

Simon G，Kesler S E，Essene E J. 1997. Phase relations among selenides，tellurides，and oxides；II，applications to selenide-bearing ore deposits. Economic Geology，92（4）：468-484.

Simons B，Andersen J C Ø，Shail R K，et al. 2017. Fractionation of Li，Be，Ga，Nb，Ta，In，Sn，Sb，W and Bi in the peraluminous Early Permian Variscan granites of the Cornubian Batholith：precursor processes to magmatic-hydrothermal mineralisation. Lithos，278-281：491-512.

Sims W E ，Bostick F X Jr，Smith H W. 1971. The estimation of magnetotelluric impedance tensor elements from measured data. Geophysics，36（5）：938-942.

Sinclair W D，Kooiman G J A，Martin D A，et al. 2006. Geology，geochemistry and mineralogy of indium resources at Mount Pleasant，New Brunswick，Canada. Ore Geology Reviews，28（1）：123-145.

Sinclair W D，Jonasson I R，Kirkham R V，et al. 2009. Rhenium and other platinum-group metals in porphyry deposits. Ottawa，Canada：Geological Survey of Canada.

Sindeeva N D. 1964. Mineralogy and types of deposits of selenium and tellurium. New York：Interscience Publishers.

Skarpelis N. 1995. Minor elements in the base metal part of an epithermal system：the Kirki（St. Phillippe）Mine，Thrace，Northern Greece. Terra—Proceedings of the 8th EUG Meeting，Strasbourg，293.

Smith D J，Naden J，Jenkin G R T，et al. 2017. Hydrothermal alteration and fluid pH in alkaline-hosted epithermal systems. Ore Geology Reviews，89：772-779.

Smith M P，Henderson P，Jeffries T E R，et al. 2004. The rare earth elements and uranium in garnets from the Beinn an Dubhaich Aureole，Skye，Scotland，UK：constraints on processes in a dynamic hydrothermal system. Journal of Petrology，45（3）：457-484.

Snieder R. 2004. Extracting the Green's function from the correlation of coda waves：a derivation based on stationary phase. Physical Review E，69（4）：046610.

Sobolev S V，Babeyko A Y. 1994. Modeling of mineralogical composition，density and elastic wave velocities in anhydrous magmatic rocks. Surveys in Geophysics，15（5）：515-544.

Sobott R J，Klaes R，Moh G H. 1987. Thallium-containing mineral systems. Part I：Natural assemblages of Tl-sulfosalts and related laboratory experiments. Chemie der Erde，47（3-4）：195-218.

Soler P. 1987. Variations des teneurs en elements mineurs（Cd，In，Ge，Ga，Ag，Bi，Se，Hg，Sn）des minerais de Pb-Zn de la province polymétallique des Andes du Pérou Central. Mineral Deposita. 22：135-143.

Spencer E T，Wilkinson J J，Creaser R A，et al. 2015. The distribution and timing of molybdenite mineralization at the El Teniente Cu-Mo porphyry deposit，Chile. Economic Geology，110（2）：387-421.

Spry P G，Foster F，Truckle J S，et al. 1997. The mineralogy of the Golden Sunlight gold-silver telluride deposit，Whitehall，Montana，U.S.A. Mineralogy and Petrology，59（3-4）：143-164.

Stanton R L. 1972. Ore petrology. New York：McGraw Hill.

Stein H J，Markey R J，Morgan J W，et al. 2001. The remarkable Re-Os chronometer in molybdenite：how and why it works. Terra Nova，13（6）：479-486.

Steiner M，Wallis E，Erdtmann B D，et al. 2001. Submarine-hydrothermal exhalative ore layers in black shales from South China and associated fossils—insights into a Lower Cambrian facies and bio-evolution. Palaeogeography，Palaeoclimatology，Palaeoecology，169（3-4）：165-191.

Stillings L L. 2017. Selenium//Schulz K J，DeYoung J H Jr，Seal R R II，et al. Critical Mineral Resources of the United States-Economic and Environmental Geology and Prospects for Future Supply. Reston，VA：U.S. Geological Survey：Q1-Q55.

Storey C D，Jeffries T E，Smith M. 2006. Common lead-corrected laser ablation ICP-MS U-Pb systematics and geochronology of titanite. Chemical Geology，227（1-2）：37-52.

Stüeken E E. 2017. Selenium isotopes as a biogeochemical proxy in deep time. Reviews in Mineralogy and Geochemistry，82（1）：657-682.

Stüeken E E，Foriel J，Nelson B K，et al. 2013. Selenium isotope analysis of organic-rich shales：advances in sample preparation and isobaric interference correction. Journal of Analytical Atomic Spectrometry，28（11）：1734-1749.

Stüeken E E，Buick R，Anbar A D. 2015a. Selenium isotopes support free O_2 in the latest Archean. Geology，43（3）：259-262.

Stüeken E E，Buick R，Bekker A，et al. 2015b. The evolution of the global selenium cycle：secular trends in Se isotopes and abundances. Geochimica et Cosmochimica Acta，162：109-125.

Stüeken E E，Foriel J，Buick R，et al. 2015c. Selenium isotope ratios，redox changes and biological productivity across the end-Permian mass extinction. Chemical Geology，410：28-39.

Sugaki A，Ueno H，Shimada N，et al. 1983. Geological study on the polymetallic ore deposits in the Potosi district，Bolivia. Science Reports of the Tohoku University，Series III，15：409-460.

Sugaki A，Kitakaze A，Kojima S. 1987. Bulk compositions of intimate intergrowths of chalcopyrite and sphalerite and their genetic implications. Mineralium Deposita，22（1）：26-32.

Sun S S，McDonough W F. 1989. Chemical and isotopic systematics of oceanic basalts：implications for mantle composition and processes//Saunders A D，Norry M J. Magmatism in the Ocean Basins. Geological Society，London，Special Publications，42（1）：313-345.

Sun S S，Ji S C，Wang Q，et al. 2012. Seismic velocities and anisotropy of core samples from the Chinese Continental Scientific Drilling borehole in the Sulu UHP terrane，eastern China. Journal of Geophysical Research：Solid Earth，117（B1）：B01206.

Sun W D，Arculus R J，Bennett V C，et al. 2003a. Evidence for rhenium enrichment in the mantle wedge from submarine arc-like volcanic glasses（Papua New Guinea）. Geology，31（10）：845-848.

Sun W D，Bennett V C，Eggins S M，et al. 2003b. Rhenium systematics in submarine MORB and back-arc basin glasses：Laser ablation ICP-MS results. Chemical Geology，196（1-4）：259-281.

Sun W H，Zhou M F，Yan D P，et al. 2008. Provenance and tectonic setting of the Neoproterozoic Yanbian Group，Western Yangtze Block（SW China）. Precambrian Research，167（1-2）：213-236.

Sun X X，Bao X W，Xu M J，et al. 2014. Crustal structure beneath SE Tibet from joint analysis of receiver functions and Rayleigh wave dispersion. Geophysical Research Letters，41（5）：1479-1484.

Sun Y D，Lai X L，Wignall P B，et al. 2010. Dating the onset and nature of the Middle Permian Emeishan large igneous province eruptions in SW China using conodont biostratigraphy and its bearing on mantle plume uplift models. Lithos，119（1-2）：20-33.

Tagami K，Uchida S，Ishii N，et al. 2013. Estimation of Te-132 distribution in Fukushima Prefecture at the early stage of the Fukushima Daiichi nuclear power plant reactor failures. Environmental Science & Technology，47（10）：5007-5012.

Tan D C，Zhu J M，Wang X L，et al. 2020. Equilibrium fractionation and isotope exchange kinetics between aqueous Se（IV）and Se（VI）. Geochimica et Cosmochimica Acta，277：21-36.

Tang Y Y，Bi X W，Zhou J X，et al. 2019. Rb-Sr isotopic age，S-Pb-Sr isotopic compositions and genesis of the ca. 200 Ma Yunluheba Pb-Zn deposit in NW Guizhou Province，SW China. Journal of Asian Earth Sciences，185：104054.

Tanner J G. 1967. An automated method of gravity interpretation. Geophysical Journal of the Royal Astronomical Society，13（1-3）：339-347.

Tapponnier P，Lacassin R，Leloup P H，et al. 1990. The Ailao Shan/Red River metamorphic belt：tertiary left-lateral shear between Indochina and South China. Nature，343（6257）：431-437.

Taran Y A，Hedenquist J W，Korzhinsky M A，et al. 1995. Geochemistry of magmatic gases from Kudryavy volcano，Iturup，Kuril Islands. Geochimica et Cosmochimica Acta，59（9）：1749-1761.

Taylor H P，Frechen J，Degens E T. 1967. Oxygen and carbon isotope studies of carbonatites from the Laacher See District，West Germany and the Alnö District，Sweden. Geochimica et Cosmochimica Acta，31（3）：407-430.

Taylor S R，McLennan S M. 1985. The continental crust：its composition and evolution：an examination of the geochemical record preserved in sedimentary rocks. Oxford：Blackwell Scientific Publications.

Taylor S R，McLennan S M. 1995. The geochemical evolution of the continental crust. Reviews of Geophysics，33（2）：241-265.

Tempelman-Kluit D J. 1976. The Yukon Crystalline Terrane：enigma in the Canadian Cordillera. Geological Society of America Bulletin，87（9）：1343-1357.

Tempelman-Kluit D. 1979. Transported cataclasite，ophiolite and granodiorite in Yukon Territory：evidence of arc-continent collision. Geological Survey of Canada，79-14.

Teng F Z，William F. McDonough，Roberta L. Rudnick，Boswell A. Wing. 2007 Limited lithium isotopic fractionation during progressive metamorphic dehydration in metapelites：a case study from the Onawa contact aureole，Maine. Chemical Geology，239（1-2）：1-12.

Terashima S. 2001. Determination of indium and tellurium in fifty nine geological reference materials by solvent extraction and graphite furnace atomic absorption spectrometry. Geostandards and Geoanalytical Research，25（1）：127-132.

Terziyev G I. 1966. Conditions of germanium accumulation in hydrothermal mineralization（as illustrated by a bulgarian copper-pyrite deposit）. Geochemistry international USSR，3（2）：341.

Tessalina S G，Yudovskaya M A，Chaplygin I V，et al. 2008. Sources of unique rhenium enrichment in fumaroles and sulphides at Kudryavy volcano. Geochimica et Cosmochimica Acta，72（3）：889-909.

Tettenhorst R T and Corbato C E. 1984. Crystal structure of germanite，$Cu_{26}Ge_4Fe_4S_{32}$ determined by powder X-ray diffraction.

American Mineralogist，69（9-10）：943-947.

Thanh N X，Hai T T，Hoang N，et al. 2014. Backarc mafic-ultramafic magmatism in Northeastern Vietnam and its regional tectonic significance. Journal of Asian Earth Sciences，90：45-60.

Tikhonov A N，Arsenin V Y. 1977. Solutions of ill-posed problems. Washington DC：V.H. Winston & Sons：45-95.

Tomkins A G，Pattison D R M，Frost B R. 2007. On the initiation of metamorphic sulfide anatexis. Journal of Petrology，48（3）：511-535.

Torabi A，Fossen H，Braathen A. 2013. Insight into petrophysical properties of deformed sandstone reservoirs. AAPG Bulletin，97（4）：619-637.

Torró L，Melgarejo J C，Gemmrich L，et al. 2019. Spatial and temporal controls on the distribution of indium in Xenothermal vein-deposits：the Huari Huari district，Potosí，Bolivia. Minerals，9（5）：304.

Tourigny G，Doucet D，Bourget A. 1993. Geology of the Bousquet 2 Mine； an example of a deformed，gold-bearing，polymetallic sulfide deposit. Economic Geology，88（6）：1578-1597.

Tropper P，Manning C E，Essene E J. 2002. The substitution of Al and F in titanite at high pressure and temperature：experimental constraints on phase relations and solid solution properties. Journal of Petrology，43（10）：1787-1814.

Trueman E A G. 1998. Carbonate-hosted Cu +Pb +Zn. Geological Fieldwork 1997，British Columbia Ministry of Employment and Investment，Paper 1998-1：24B1-24B4.

U.S. Geological Survey. 2013. Metal prices in the United States through 2010. Reston，Virginia：U.S. Geological Survey.

U.S. Geological Survey. 2018. Mineral commodity summaries 2018. Reston，VA：U.S. Geological Survey.

U.S. Geological Survey. 2020. Mineral commodity summaries 2020. Reston，VA：U.S. Geological Survey.

USGS. 2011. Area reports-international-Europe and Central Eurasia. U.S. Geological Survey Minerals Yearbook，volume III：1-316.

Vakrushev V A，Semenov V N. 1969. Regularities of germanium distribution in magnetite of iron-ore deposits（exemplified by the Altai-Sayan region and the Yenisey Ridge）. Geokhimiya，6：683-690.

Valkama M，Sundblad K，Cook N J，et al. 2016a. Geochemistry and petrology of the indium-bearing polymetallic skarn ores at Pitkäranta，Ladoga Karelia，Russia. Mineralium Deposita，51（6）：823-839.

Valkama M，Sundblad K，Nygård R，et al. 2016b. Mineralogy and geochemistry of indium-bearing polymetallic veins in the Sarvlaxviken area，Lovisa，Finland. Ore Geology Reviews，75：206-219.

Van de Flierdt T，Frank M，Halliday A N，et al. 2004. Tracing the history of submarine hydrothermal inputs and the significance of hydrothermal hafnium for the seawater budget—a combined Pb-Hf-Nd isotope approach. Earth and Planetary Science Letters，222（1）：259-273.

van der Weijden C H，Reichart G J，van Os B J H. 2006. Sedimentary trace element records over the last 200 kyr from within and below the northern Arabian Sea oxygen minimum zone. Marine Geology，231（1-4）：69-88.

Vance D，O'Nions R K. 1992. Prograde and retrograde thermal histories from the central Swiss Alps. Earth and Planetary Science Letters，114（1）：113-129.

Veizer J，Hoefs J. 1976. The nature of O^{18}/O^{16} and C^{13}/C^{12} secular trends in sedimentary carbonate rocks. Geochimica et Cosmochimica Acta，40（11）：1387-1395.

Vergara H，Thomas A. 1984. Hoja Collacagua，Región de Tarapacá，scale 1∶250000. Instituto de Investigaciones Geologicas，Carta Geológica de Chile N 59.

Viets J G，Hopkins R T，Miller B M. 1992. Variations in minor and trace metals in sphalerite from mississippi valley-type deposits of the Ozark region； genetic implications. Economic Geology，87（7）：1897-1905.

Vishnevsky A V，Belogub E V，Charykova M V，et al. 2018. Thermodynamics of arsenates，selenites，and sulfates in the oxidation zone of sulfide ores. XIV. Selenium minerals in the oxidation zone of the yubileynoe massive sulfide deposit，the South Urals. Geology of Ore Deposits，60（7）：559-567.

Vlassov K A. 1964. Geochemistry，mineralogy and genetical types of rare element deposits. 11：Mineralogy of rare elements. Moscow：Nauka.

Voskresenskaya N. 1975. Particularites geochimiques de la repartition du thallium et du germanium dans les minerais de manganese de l'oural. de diverses geneses，2：81-86.

Vuorinen J H，Hålenius U. 2005. Nb-，Zr- and LREE-rich titanite from the Alnö alkaline complex：crystal chemistry and its importance as a petrogenetic indicator. Lithos，83（1-2）：128-142.

Wachsmann M，Heumann K G. 1992. Negative thermal ionization mass spectrometry of main group elements Part 2.6th group：sulfur，selenium and tellurium. International Journal of Mass Spectrometry and Ion Processes，114（3）：209-220.

Wagner G，Lange U，Bente K，et al. 2000. Structural properties of thin $Zn_{0.62}Cu_{0.19}In_{0.19}S$ alloy films grown on Si（111）substrates by pulsed laser deposition. Thin Solid Films，358（1-2）：80-85.

Wahrenberger C，Seward T M，Dietrich V. 2002. Volatile trace-element transport in high-temperature gases from Kudriavy volcano（Iturup，Kurile Islands，Russia）//Hellmann R，Wood A W. Water-rock Interactions，Ore Deposits，and Environmental Geochemistry：a Tribute to David A. Crerar. The Geochemical Society Special Publications，7：307-327.

Walker R J，Morgan J W. 1989. Rhenium-osmium isotope systematics of carbonaceous chondrites. Science，243（4890）：519-522.

Wallace M W，Middleton H A，Johns B，et al. 2002. Hydrocarbons and Mississippi Valley-type sulfides in the Devonian reef complexes of the eastern Lennard Shelf，Canning Basin，Western Australia//Sedimentary Basins of Western Australia：Proceedings of Petroleum Exploration Society of Australia Symposium，Perth，3：795-816.

Wallmann K. 2001. Controls on the cretaceous and Cenozoic evolution of seawater composition，atmospheric CO_2 and climate. Geochimica et Cosmochimica Acta，65（18）：3005-3025.

Wang D H，Chen Y C，Chen W，et al. 2004. Dating of the Dachang superlarge tin-polymetallic deposit in Guangxi and its implication for the genesis of the No. 100 orebody. Acta Geologica Sinica，78（2）：452-458.

Wang D Z，Liu J J，Zhai D G，et al. 2019. Mineral paragenesis and ore-forming processes of the Dongping gold deposit，Hebei Province，China. Resource Geology，69（3）：287-313.

Wang G Z，Hu R Z. 2002. Geochemical information of ore fluid from fluorite in Qinglong antimony deposit，Southwest Guizhou，China. Geochimica et Cosmochimica Acta，66（15A）：A298-A298.

Wang J，Han L，Huang B，et al. 2019. Amorphization activated ruthenium-tellurium nanorods for efficient water splitting . Nature Communications，10（1）：5692.

Wang J，Li Z X. 2003. History of Neoproterozoic rift basins in South China：implications for Rodinia break-up. Precambrian Research，122（1-4）：141-158.

Wang Q，Li JW，Jian P. 2005. Alkaline syenites in eastern Cathaysia（South China）：link to Permian–Triassic transtension. Earth and Planetary Science Letters，230（3-4）：339-354.

Wang S F，Mo Y S，Wang C，et al. 2016. Paleotethyan evolution of the Indochina Block as deduced from granites in northern Laos. Gondwana Research，38：183-196.

Wang W L，Wu J P，Fang L H，et al. 2017. Crustal thickness and Poisson's ratio in southwest China based on data from dense seismic arrays. Journal of Geophysical Research：Solid Earth，122（9）：7219-7235.

Wang X C，Zhang Z R，Zheng M H，et al. 2000. Metallogenic mechanism of the Tianbaoshan Pb-Zn deposit，Sichuan. Chinese Journal of Geochemistry，19（2）：121-133.

Wang X Q，Zhang B M，Lin X，et al. 2016. Geochemical challenges of diverse regolith-covered terrains for mineral exploration in China. Ore Geology Reviews，73：417-431.

Wang X Y，Fitoussi C，Bourdon B，et al. 2017. A new method of Sn purification and isotopic determination with a double-spike technique for geological and cosmochemical samples. Journal of Analytical Atomic Spectrometry，32（5）：1009-1019.

Wang Y，Xue C，Liu J，et al. 2016a. Geological，geochronological，geochemical，and Sr-Nd-O-Hf isotopic constraints on origins of intrusions associated with the Baishan porphyry Mo deposit in eastern Tianshan，NW China. Mineralium Deposita，51：953-969.

Wang Y，Zhou L，Gao S，et al.，2016b. Variation of molybdenum isotopes in molybdenite from porphyry and vein Mo deposits in the Gangdese metallogenic belt，Tibetan plateau and its implications. Mineralium Deposita，51：201-210.

Wang Y J，Fan W M，Zhang G W，et al. 2013. Phanerozoic tectonics of the South China Block：key observations and controversies. Gondwana Research，23（4）：1273-1305.

Wang Z C，Becker H. 2013. Ratios of S，Se and Te in the silicate Earth require a volatile-rich late veneer. Nature，499（7458）：328-331.

Wang Z C，Becker H，Wombacher F. 2015. Mass fractions of S，Cu，Se，Mo，Ag，Cd，In，Te，Ba，Sm，W，Tl and Bi in geological reference materials and selected carbonaceous chondrites determined by isotope dilution ICP-MS. Geostandards and Geoanalytical Research，39（2）：185-208.

Wang Z C，Laurenz V，Petitgirard S，et al. 2016. Earth's moderately volatile element composition may not be chondritic：evidence from In，Cd and Zn. Earth and Planetary Science Letters，435：136-146.

Wang Z Z，Liu S A，Liu J G，et al. 2017. Zinc isotope fractionation during mantle melting and constraints on the Zn isotope composition of Earth's upper mantle. Geochimica et Cosmochimica Acta，198：151-167.

Warren H V，Thompson R M. 1945. Sphalerites from western Canada. Economic Geology，40（5）：309-335.

Wedepohl K H. 1969. Handbook of geochemistry. Berlin：Springer.

Wegler U，Sens-Schönfelder C. 2007. Fault zone monitoring with passive image interferometry. Geophysical Journal International，168（3）：1029-1033.

Wei A Y，Xue C D，Xiang K，et al. 2015. The ore-forming process of the Maoping Pb-Zn deposit，northeastern Yunnan，China：constraints from cathodoluminescence（CL）petrography of hydrothermal dolomite. Ore Geology Reviews，70：562-577.

Wei C，Huang Z L，Yan Z F，et al. 2018. Trace element contents in sphalerite from the Nayongzhi Zn-Pb Deposit，Northwestern Guizhou，China：insights into incorporation mechanisms，metallogenic temperature and ore genesis. Minerals，8（11）：490.

Wei C，Ye L，Hu Y S，et al. 2021. LA-ICP-MS analyses of trace elements in base metal sulfides from carbonate-hosted Zn-Pb deposits，South China：A case study of the Maoping deposit. Ore Geology Reviews，130：103945.

Wei Q，Dai S F，Lefticariu L，et al. 2018. Electron probe microanalysis of major and trace elements in coals and their low-temperature ashes from the Wulantuga and Lincang Ge ore deposits，China. Fuel，215：1-12.

Wei R F，Guo Q J，Wen H J，et al. 2015. An analytical method for precise determination of the cadmium isotopic composition in plant samples using multiple collector inductively coupled plasma mass spectrometry. Analytical Methods，7（6）：2479-2487.

Wei R F，Guo Q J，Wen H J，et al. 2016. Fractionation of stable cadmium isotopes in the cadmium tolerant Ricinus communis and hyperaccumulator Solanum nigrum. Scientific Reports，6（1）：24309.

Wei R F，Guo Q J，Tian L Y，et al. 2019. Characteristics of cadmium accumulation and isotope fractionation in higher plants. Ecotoxicology and Environmental Safety，174：1-11.

Wen H J，Carignan J. 2011. Selenium isotopes trace the source and redox processes in the black shale-hosted Se-rich deposits in China. Geochimica et Cosmochimica Acta，75（6）：1411-1427.

Wen H J，Qiu Y Z. 2002. Geology and geochemistry of se-bearing formations in Central China. International Geology Review，44（2）：164-178.

Wen H J，Carignan J，Qiu Y Z，et al. 2006. Selenium speciation in Kerogen from two Chinese selenium deposits：environmental implications. Environmental Science and Technology，40（4）：1126-1132.

Wen H J，Carignan J，Hu R Z，et al. 2007. Large selenium isotopic variations and its implication in the Yutangba Se deposit，Hubei Province，China. Chinese Science Bulletin，52（17）：2443-2447.

Wen H J，Carignan J，Chu X L，et al. 2014. Selenium isotopes trace anoxic and ferruginous seawater conditions in the Early Cambrian. Chemical Geology，390：164-172.

Wen H J，Zhang Y X，Cloquet C，et al. 2015. Tracing sources of pollution in soils from the Jinding Pb-Zn mining district in China using cadmium and lead isotopes. Applied Geochemistry，52：147-154.

Wen H J，Zhu C W，Zhang Y X，et al. 2016. Zn/Cd ratios and cadmium isotope evidence for the classification of lead-zinc deposits. Scientific Reports，6（1）：25273.

Wen J，Zhang Y X，Wen H J，et al. 2021. Gallium isotope fractionation in the Xiaoshanba bauxite deposit，central Guizhou Province，southwestern China. Ore Geology Reviews，137：104299.

Werner T T，Mudd G M，Jowitt S M. 2015. Indium：key issues in assessing mineral resources and long-term supply from recycling. Applied Earth Science，124（4）：213-226.

Werner T T，Mudd G M，Jowitt S M. 2017. The world's by-product and critical metal resources part III：a global assessment of indium. Ore Geology Reviews，86：939-956.

Wilkinson J J，Eyre S L，Boyce A J. 2005a. Ore-forming processes in Irish-type carbonate-hosted Zn-Pb deposits：evidence from mineralogy，chemistry，and isotopic composition of sulfides at the Lisheen Mine. Economic Geology，100（1）：63-86.

Wilkinson J J，Weiss D J，Mason T，et al. 2005b. Zinc isotope variation in hydrothermal systems：preliminary evidence from the Irish Midlands ore field. Economic Geology，100（3）：583-590.

Williams H，Turner S，Kelley S，et al. 2001. Age and composition of dikes in Southern Tibet：new constraints on the timing of east-west extension and its relationship to postcollisional volcanism. Geology，29（4）：339-342.

Williams H M，Mccammon C A，Peslier A H，et al. 2004. Iron isotope fractionation and the oxygen fugacity of the mantle. Science，304（5677）：1656-1659.

Williams-Jones A E，Heinrich C A. 2005. 100th Anniversary special paper：vapor transport of metals and the formation of magmatic-hydrothermal ore deposits. Economic Geology，100（7）：1287-1312.

Wilson A J，Cooke D R，Stein H J，et al. 2007. U-Pb and Re-Os geochronologic evidence for two alkalic porphyry ore-forming events in the Cadia district，New South Wales，Australia. Economic Geology，102（1）：3-26.

Wimpenny J，Marks N，Knight K，et al. 2020. Constraining the behavior of gallium isotopes during evaporation at extreme temperatures. Geochimica et Cosmochimica Acta，286：54-71.

Wimpenny J，Borg L，Sio C K I. 2022. The gallium isotopic composition of the Moon. Earth and Planetary Science Letters，578：117318.

Winkle C.1886. Germanium，Ge，ein neues，nichtmetallisches Element. Berichte der deutschen chemischen Gesellschaft，19（1）：210-211.

Winkel L H E，Vriens B，Jones G D，et al. 2015. Selenium cycling across soil-plant-atmosphere interfaces：a critical review. Nutrients，7（6）：4199-4239.

Witt-Eickschen G，Palme H，O'Neill H S C，et al. 2009. The geochemistry of the volatile trace elements As，Cd，Ga，In and Sn in the Earth's mantle：new evidence from in situ analyses of mantle xenoliths. Geochimica et Cosmochimica Acta，73（6）：1755-1778.

Wolff J A. 1984. Variation in NbTa during differentiation of phonolitic magma，Tenerife，Canary Islands. Geochimica et Cosmochimica Acta，48（6）：1345-1348.

Wombacher F，Rehkämper M，Mezger K，et al. 2003. Stable isotope compositions of cadmium in geological materials and meteorites determined by multiple-collector ICPMS. Geochimica et Cosmochimica Acta，67（23）：4639-4654.

Wombacher F，Rehkämper M，Mezger K. 2004. Determination of the mass-dependence of cadmium isotope fractionation during evaporation. Geochimica et Cosmochimica Acta，68（10）：2349-2357.

Wombacher F，Rehkämper M，Mezger K，et al. 2008. Cadmium stable isotope cosmochemistry. Geochimica et Cosmochimica Acta，72（2）：646-667.

Wood B J，Smythe D J，Harrison T. 2019. The condensation temperatures of the elements：a reappraisal. American Mineralogist，104：844-856.

Wood S A，Samson I M. 2006. The aqueous geochemistry of gallium，germanium，indium and scandium. Ore Geology Reviews，28（1）：57-102.

Wörrier G，Beusen J M，Duchateau N，et al. 1983. Trace element abundances and mineral/melt distribution coefficients in phonolites from the Laacher See Volcano（Germany）. Contributions to Mineralogy and Petrology，84（2-3）：152-173.

Wu Y，Zhang C Q，Mao J W，et al. 2013. The genetic relationship between hydrocarbon systems and Mississippi Valley-type Zn-Pb deposits along the SW margin of Sichuan Basin，China. International Geology Review，55（8）：941-957.

Wunder B，Meixner A，Romer R L，et al. 2006. Temperature-dependent isotopic fractionation of lithium between clinopyroxene and high-pressure hydrous fluids. Contributions to Mineralogy and Petrology，151：112-120.

Xie G Q，Mao J W，Richards J P，et al. 2019. Distal Au deposits associated with Cu-Au skarn mineralization in the Fengshan area，eastern China. Economic Geology，114（1）：127-142.

Xie X J，Cheng H X. 2014. Sixty years of exploration geochemistry in China. Journal of Geochemical Exploration，139：4-8.

Xiong S F，Gong Y J，Jiang S Y，et al. 2018. Ore genesis of the Wusihe carbonate-hosted Zn-Pb deposit in the Dadu River Valley district, Yangtze Block, SW China: evidence from ore geology, S-Pb isotopes, and sphalerite Rb-Sr dating. Mineralium Deposita, 53 (7): 967-979.

Xiong Y L. 2007. Hydrothermal thallium mineralization up to 300°C: a thermodynamic approach. Ore Geology Reviews, 32(1-2): 291-313.

Xiong Y L, Wood S A. 2001. Hydrothermal transport and deposition of rhenium under subcritical conditions (up to 200℃) in light of experimental studies. Economic Geology, 96 (6): 1429-1444.

Xiong Y L, Wood S, Kruszewski J. 2006. Hydrothermal transport and deposition of rhenium under subcritical conditions revisited. Economic Geology, 101 (2): 471-478.

Xu B, Jiang S Y, Wang R, et al. 2015. Late Cretaceous granites from the giant Dulong Sn-polymetallic ore district in Yunnan Province, South China: geochronology, geochemistry, mineral chemistry and Nd-Hf isotopic compositions. Lithos, 218-219: 54-72.

Xu B, Jiang S Y, Hofmann A W, et al. 2016. Geochronology and geochemical constraints on petrogenesis of Early Paleozoic granites from the Laojunshan district in Yunnan Province of South China. Gondwana Research, 29 (1): 248-263.

Xu C, Zhong H, Hu R Z, et al. 2020. Sources and ore-forming fluid pathways of carbonate-hosted Pb-Zn deposits in Southwest China: implications of Pb-Zn-S-Cd isotopic compositions. Mineralium Deposita, 55 (3): 491-513.

Xu J, Ciobanu C L, Cook N J, et al. 2016. Skarn formation and trace elements in garnet and associated minerals from Zhibula copper deposit, Gangdese Belt, southern Tibet. Lithos, 262: 213-231.

Xu J, Ciobanu C L, Cook N J, et al. 2020. Numerical modelling of rare earth element fractionation trends in garnet: a tool to monitor skarn evolution. Contribution to Mineralogy and Petrology, 175 (4): 30. DOI: 10.1007/s00410-020-1670-7.

Xu J, Cook N J, Ciobanu C L, et al. 2021. Indium distribution in sphalerite from sulfide-oxide-silicate skarn assemblages: a case study of the Dulong Zn-Sn-In deposit, Southwest China. Mineralium Deposita, 56 (2): 307-324.

Xu S, Unsworth M J, Hu X Y, et al. 2019. Magnetotelluric evidence for asymmetric simple shear extension and lithospheric thinning in South China. Journal of Geophysical Research: Solid Earth, 124 (1): 104-124.

Xu T, Zhang Z J, Liu B F, et al. 2015. Crustal velocity structure in the Emeishan large igneous province and evidence of the Permian mantle plume activity. Science China Earth Sciences, 58 (7): 1133-1147.

Xu W P, Zhu J M, Johnson T M, et al. 2020. Selenium isotope fractionation during adsorption by Fe, Mn and Al oxides. Geochimica et Cosmochimica Acta, 272: 121-136.

Xu Y G, He B. 2007. Thick, high-velocity crust in the Emeishan large igneous province, southwestern China: evidence for crustal growth by magmatic underplating or intraplating//Foulger G R, Jurdy D M. Plates, Plumes and Planetary Processes. Geological Society of America Special Papers, 430: 841-858.

Xu Y G, Chung S L, Jahn B M, et al. 2001. Petrologic and geochemical constraints on the petrogenesis of Permian–Triassic Emeishan flood basalts in southwestern China. Lithos, 58 (3-4): 145-168.

Xu Y G, Luo Z Y, Huang X L, et al. 2008. Zircon U-Pb and Hf isotope constraints on crustal melting associated with the Emeishan mantle plume. Geochimica et Cosmochimica Acta, 72 (13): 3084-3104.

Xu Y G, Chung S L, Shao H, et al. 2010. Silicic magmas from the Emeishan large igneous province, Southwest China: petrogenesis and their link with the end-Guadalupian biological crisis. Lithos, 119 (1-2): 47-60.

Xu Y K, Huang Z L, Zhu D, et al. 2014. Origin of hydrothermal deposits related to the Emeishan magmatism. Ore Geology Reviews, 63: 1-8.

Xue C, Zeng R, Liu S, et al. 2007. Geologic, fluid inclusion and isotopic characteristics of the Jinding Zn-Pb deposit, western Yunnan, South China: a review. Ore Geology Reviews, 31 (1-4): 337-359.

Xue S, Yang Y L, Hall G S, et al. 1997. Germanium isotopic compositions in Canyon Diablo spheroids. Geochimica et Cosmochimica Acta, 61 (3): 651-655.

Xue Z C, Rehkämper M, Schönbächler M, et al. 2012. A new methodology for precise cadmium isotope analyses of seawater. Analytical and Bioanalytical Chemistry, 402 (2): 883-893.

Yan D P, Zhou M F, Wang C Y, et al. 2006. Structural and geochronological constraints on the tectonic evolution of the Dulong-Song Chay tectonic dome in Yunnan Province, SW China. Journal of Asian Earth Sciences, 28 (4-6): 332-353.

Yan J，Fu S L，Liu S，et al. 2022. Giant Sb metallogenic belt in South China：a product of Late Mesozoic flat-slab subduction of paleo-Pacific plate. Ore Geology Reviews，142（10）：104697.

Yan X R，Zhu M Q，Li W，et al. 2021. Cadmium isotope fractionation during adsorption and substitution with iron（oxyhydr）oxides. Environmental Science & Technology，55（17）：11601-11611.

Yang G S，Wen H J，Ren T，et al. 2020. Geochronology，geochemistry and Hf isotopic composition of Late Cretaceous Laojunshan granites in the western Cathaysia block of South China and their metallogenic and tectonic implications. Ore Geology Reviews，117：103297.

Yang J H，Cawood P A，Du Y S. 2015. Voluminous silicic eruptions during late Permian Emeishan igneous province and link to climate cooling. Earth and Planetary Science Letters，432：166-175.

Yang J L，Li Y B，Liu S Q，et al. 2015. Theoretical calculations of Cd isotope fractionation in hydrothermal fluids. Chemical Geology，391（53）：74-82.

Yang L，Sturgeon R E，Mester Z，et al. 2010. Metrological triangle for measurements of isotope amount ratios of silver，indium，and antimony using multicollector-inductively coupled plasma mass spectrometry：the 21st century harvard method. Analytical Chemistry，82：8978-8982.

Yang Q，Liu W H，Zhang J，et al. 2019. Formation of Pb-Zn deposits in the Sichuan–Yunnan–Guizhou triangle linked to the Youjiang foreland basin：Evidence from Rb-Sr age and in situ sulfur isotope analysis of the Maoping Pb-Zn deposit in northeastern Yunnan Province，southeast China. Ore Geology Reviews，107：780-800.

Yang R D，Wang W，Zhang X D，et al. 2008. A new type of rare earth elements deposit in weathering crust of Permian basalt in western Guizhou，NW China. Journal of Rare Earths，26（5）：753-759.

Yang S C，Lee D C，Ho T Y. 2012. The isotopic composition of cadmium in the water column of the South China Sea. Geochimica et Cosmochimica Acta，98（6）：66-77.

Yang Y J，Ritzwoller M H，Levshin A L，et al. 2007. Ambient noise Rayleigh wave tomography across Europe. Geophysical Journal International，168（1）：259-274.

Yang Z，Song W R，Wen H J，et al. 2022. Zinc，cadmium and sulphur isotopic compositions reveal biological activity during formation of a volcanic-hosted massive sulphide deposit. Gondwana Research，101：103-113.

Yao H，van der Hilst R D，de Hoop M V. 2006. Surface-wave array tomography in SE Tibet from ambient seismic noise and two-station analysis：I.—Phase velocity maps. Geophysical Journal International，166（2）：732-744.

Yao H J，Beghein C，van der Hilst R D. 2008. Surface wave array tomography in SE Tibet from ambient seismic noise and two-station analysis—II. Crustal and upper-mantle structure. Geophysical Journal International，173（1）：205-219.

Yao L B，Gao Z M，Yang Z S，et al. 2002. Origin of seleniferous cherts in Yutangba Se deposit，southwest Enshi，Hubei Province. Science in China Series D：Earth Sciences，45（8）：741-754.

Yao Y B，Liu D M. 2012. Comparison of low-field NMR and mercury intrusion porosimetry in characterizing pore size distributions of coals. Fuel，95：152-158.

Ye L，Gao W，Cheng ZT，et al. 2010. LA-ICPMS zircon U-Pb geochronology and petrology of the Muchang alkali granite，Zhenkang County，Western Yunnan Province，China. Acta Geologica Sinica（English edition）84：1488-1499.

Ye L，Cook N J，Ciobanu C L，et al. 2011. Trace and minor elements in sphalerite from base metal deposits in South China：a LA-ICPMS study. Ore Geology Reviews，39（4）：188-217.

Ye L，Cook N J，Liu T G，et al. 2012. The Niujiaotang Cd-rich zinc deposit，Duyun，Guizhou province，southwest China：ore genesis and mechanisms of cadmium concentration. Mineralium Deposita，47（6）：683-700.

Yevdokimov A I，Yekhanin A G，Kuzmin V I，et al. 2002. New data on the germanium content of Mesozoic lignites in the basin of the river Kas//The Geology of Coal Deposits. 12th ed. Yekaterinburg：Uralsk Gosudarstvennyy Gorno-Geologiya Akademiya：181-187.

Yi T S，Qin Y，Zhang J，et al. 2007. Matter composition and two stage evolution of a Liangshan super high-sulfur coal seam in Kaili，Eastern Guizhou. Journal of China University of Mining & Technology，17（2）：158-163.

Yi W，Halliday A N，Lee D C，et al. 1995. Indium and tin in basalts，sulfides，and the mantle. Geochimica et Cosmochimica Acta，

59（24）：5081-5090.

Yi W，Halliday A N，Lee D C，et al. 1998. Precise determination of cadmium，indium and tellurium using multiple collector ICP-MS. Geostandards and Geoanalytical Research，22（2）：173-179.

Yi W，Halliday A N，Alt J C，et al. 2000. Cadmium，indium，tin，tellurium，and sulfur in oceanic basalts：implications for chalcophile element fractionation in the Earth. Journal of Geophysical Research：Solid Earth，105（B8）：18927-18948.

Yierpan A，König S，Labidi J，et al. 2019. Selenium isotope and S-Se-Te elemental systematics along the Pacific-Antarctic ridge：role of mantle processes. Geochimica et Cosmochimica Acta，249：199-224.

Yierpan A，König S，Labidi J，et al. 2020. Recycled selenium in hot spot-influenced lavas records ocean-atmosphere oxygenation. Science Advances，6（39）：eabb6179.

Yierpan A，Redlinger J，König S. 2021. Selenium and tellurium in Reykjanes Ridge and Icelandic basalts：evidence for degassing-induced Se isotope fractionation. Geochimica et Cosmochimica Acta，313：155-172.

Yin H F，Yang F Q，Yu J X，et al. 2007. An accurately delineated Permian-Triassic Boundary in continental successions. Science in China Series D：Earth Sciences，50（9）：1281-1292.

Young E D，Galy A，Nagahara H. 2002. Kinetic and equilibrium mass-dependent isotope fractionation laws in nature and their geochemical and cosmochemical significance. Geochimica et Cosmochimica Acta，66（6）：1095-1104.

Yu J X，Peng Y Q，Zhang S X，et al. 2007. Terrestrial events across the Permian-Triassic boundary along the Yunnan–Guizhou border，SW China. Global and Planetary Change，55（1-3）：193-208.

Yu J X，Li H M，Zhang S X，et al. 2008. Timing of the terrestrial Permian-Triassic boundary biotic crisis：implications from U-Pb dating of authigenic zircons. Science in China Series D：Earth Sciences，51（11）：1633-1645.

Yu M Q，Sun D W，Tian W，et al. 2002. Systematic studies on adsorption of trace elements Pt，Pd，Au，Se，Te，As，Hg，Sb on thiol cotton fiber. Analytica Chimica Acta，456（1）：147-155.

Yuan B，Zhang C Q，Yu H J，et al. 2018. Element enrichment characteristics：insights from element geochemistry of sphalerite in Daliangzi Pb-Zn deposit，Sichuan，Southwest China. Journal of Geochemical Exploration，186：187-201.

Yuan H L，Yin C，Liu X，et al. 2015. High precision in-situ Pb isotopic analysis of sulfide minerals by femtosecond laser ablation multi-collector inductively coupled plasma mass spectrometry. Science in China，Earth Science，58：1713-1721.

Yuan W，Chen J B，Birck J L，et al. 2016. Precise analysis of gallium isotopic composition by MC-ICP-MS. Analytical Chemistry，88（19）：9606-9613.

Yuan W，Saldi G D，Chen J B，et al. 2018. Gallium isotope fractionation during Ga adsorption on calcite and goethite. Geochimica et Cosmochimica Acta，223：350-363.

Yun S T，So C S，Choi S H，et al. 1993. Genetic environment of germanium-bearing gold-silver vein ores from the Wolyu mine，Republic of Korea. Mineralium Deposita，28（2）：107-121.

Yuningsih E T，Matsueda H，Rosana M F，et al. 2011. Physicochemical conditions of the Se- and Te-types epithermal Au-Ag deposits of western Java，Indonesia. Geological Association of Canada-Mineralogical Association of Canada，Abstracts，34：237-238.

Zahedi A，Boomeri M，Nakashima K，et al. 2014. Geochemical characteristics，origin，and evolution of ore-forming fluids of the Khut copper skarn deposit，west of Yazd in Central Iran. Resource Geology，64（3）：209-232.

Zartman R E，Doe B R. 1981. Plumbotectonics—the model.Tectonophysics，1（2）：135-162.

Zaw K，Singoyi B. 2000. Formation of magnetite-scheelite skarn mineralization at Kara，northwestern Tasmania：evidence from mineral chemistry and stable isotopes. Economic Geology，95（6）：1215-1230.

Zaw K，Peters S G，Cromie P，et al. 2007. Nature，diversity of deposit types and metallogenic relations of South China. Ore Geology Reviews，31（3-4）：3-47.

Zelenski M E，Fischer T P，de Moor J M，et al. 2013. Trace elements in the gas emissions from the Erta Ale volcano，Afar，Ethiopia. Chemical Geology，357：95-116.

Zhai D G，Liu J J. 2014. Gold-telluride-sulfide association in the Sandaowanzi epithermal Au-Ag-Te deposit，NE China：implications for phase equilibrium and physicochemical conditions. Mineralogy and Petrology，108（6）：853-871.

Zhai D G，Williams-Jones A E，Liu J J，et al. 2018. Mineralogical，fluid inclusion，and multiple isotope（H-O-S-Pb）constraints on the genesis of the Sandaowanzi epithermal Au-Ag-Te deposit，NE China. Economic Geology，113（6）：1359-1382.

Zhang C Q，Wang D H，Wang Y L，et al. 2012. Discuss on the metallogenic model for Gaolong gold deposit in Tianlin County，Guangxi，China. Acta Petrologica Sinica，28（1）：213-224.

Zhang C Q，Wu Y，Hou L，et al. 2015. Geodynamic setting of mineralization of Mississippi Valley-type deposits in world-class Sichuan-Yunnan-Guizhou Zn-Pb triangle，southwest China：implications from age-dating studies in the past decade and the Sm-Nd age of Jinshachang deposit. Journal of Asian Earth Sciences，103：103-114.

Zhang H，Xiao C，Wen H，et al. 2019. Homogeneous Zn isotopic compositions in the Maozu Zn-Pb ore deposit in Yunnan Province，southwestern China. Ore Geology Reviews，109：1-10.

Zhang L P，Zhang R Q，Hu Y B，et al. 2017. The formation of the Late Cretaceous Xishan Sn-W deposit，South China：geochronological and geochemical perspectives. Lithos，290-291：253-268.

Zhang M，Nie A G，Xie F，et al. 2014. Study on the geological conditions of metallogenesis of the Shazi large-scale anatase deposit in Qinglong County，Guizhou Province. Chinese Journal of Geochemistry，33（4）：450-458.

Zhang Q. 1987. Trace elements in galena and sphalerite and their geochemical significance in distinguishing the genetic types of Pb-Zn ore deposits. Chinese Journal of Geochemistry，6（2）：177-190.

Zhang Q，Zhan X Z，Pan J Y，et al. 1998. Geochemical enrichment and mineralization of indium. Chinese Journal of Geochemistry，17（3）：221-225.

Zhang Q，Zhu X Q，He Y L，et al. 2006. Indium enrichment in the Meng'entaolegai Ag-Pb-Zn deposit，Inner Mongolia，China. Resource Geology，56（3）：337-346.

Zhang T，Zhou L，Yang L，et al. 2016. High precision measurements of gallium isotopic compositions in geological materials by MC-ICP-MS. Journal of Analytical Atomic Spectrometry，31（8）：1673-1679.

Zhang X，Spry P G. 1994. Calculated stability of aqueous tellurium species，calaverite，and hessite at elevated temperatures. Economic Geology，89（5）：1152-1166.

Zhang Y，Han R S，Lei W，et al. 2022. Zn-S isotopic fractionation effect during the evolution process of ore-forming fluids：a case study of the ultra-large Huize rich Ge-bearing Pb-Zn deposit. Applied Geochemistry，140：105240.

Zhang Y Q，Zahir Z A，Frankenberger W T Jr. 2004. Fate of colloidal-particulate elemental selenium in aquatic systems. Journal of Environmental Quality，33（2）：559-564.

Zhang Y X，Wen H J，Zhu C W，et al. 2016. Cd isotope fractionation during simulated and natural weathering. Environmental Pollution，216（1-2）：9-17.

Zhang Y X，Liao S L，Tao C H，et al. 2021. Ga isotopic fractionation in sulfides from the Yuhuang and Duanqiao hydrothermal fields on the Southwest Indian Ridge. Geoscience Frontiers，12（4）：101137.

Zhang Z，Zhang B G，Chen Y C，et al. 2000. The Lanmuchang Tl deposit and its environmental geochemistry. Science in China Series D：Earth Sciences，43（1）：50-62.

Zhang Z Q，Yao H J，Yang Y. 2020. Shear wave velocity structure of the crust and upper mantle in Southeastern Tibet and its geodynamic implications. Science China Earth Sciences，63（9）：1278-1293.

Zhang Z W，Yang X Y，Li S，et al. 2010. Geochemical characteristics of the Xuanwei Formation in West Guizhou：significance of sedimentary environment and mineralization. Chinese Journal of Geochemistry，29（4）：355-364.

Zhang Z W，Zheng G D，Takahashi Y，et al. 2016. Extreme enrichment of rare earth elements in hard clay rocks and its potential as a resource. Ore Geology Reviews，72：191-212.

Zhao K D，Jiang S Y. 2007. Rare earth element and yttrium analyses of sulfides from the Dachang Sn-polymetallic ore field，Guangxi Province，China：implication for ore genesis. Geochemical Journal，41（2）：121-134.

Zhao X F，Zhou M F，Li J W，et al. 2010. Late Paleoproterozoic to early Mesoproterozoic Dongchuan Group in Yunnan，SW China：implications for tectonic evolution of the Yangtze Block. Precambrian Research，182（1-2）：57-69.

Zhao Z Y，Hou L，Ding J，et al. 2018. A genetic link between Late Cretaceous granitic magmatism and Sn mineralization in the southwestern

South China Block：a case study of the Dulong Sn-dominant polymetallic deposit. Ore Geology Reviews，93：268-289.

Zheng M H，Wang X C. 1991. Ore genesis of the Daliangzi Pb-Zn deposit in Sichuan，China. Economic Geology，86（4）：831-846.

Zhi L H，Xiao B L，Mei F Z，et al. 2010. REE and C-O Isotopic Geochemistry of Calcites from the World-class Huize Pb-Zn Deposits，Yunnan，China：implications for the Ore Genesis. Acta Geologica Sinica-English Edition，84（3）：597-613.

Zhong H，Campbell I H，Zhu W G，et al. 2011. Timing and source constraints on the relationship between mafic and felsic intrusions in the Emeishan large igneous province. Geochimica et Cosmochimica Acta，75（5）：1374-1395.

Zhou J X，Huang Z L，Zhou G F，et al. 2010. Sulfur isotopic composition of the Tianqiao Pb-Zn ore deposit，Northwest Guizhou Province，China：implications for the source of sulfur in the ore-forming fluids. Chinese Journal of Geochemistry，29（3）：301-306.

Zhou J X，Gao J G，Chen D，et al. 2013a. Ore genesis of the Tianbaoshan carbonate-hosted Pb-Zn deposit，Southwest China：geologic and isotopic（C-H-O-S-Pb）evidence. International Geology Review，55（10）：1300-1310.

Zhou J X，Huang Z L，Bao G P，et al. 2013b. Sources and thermo-chemical sulfate reduction for reduced sulfur in the hydrothermal fluids，southeastern SYG Pb-Zn Metallogenic province，SW China. Journal of Earth Science，24（5）：759-771.

Zhou J X，Huang Z L，Yan Z F. 2013c. The origin of the Maozu carbonate-hosted Pb-Zn deposit，southwest China：constrained by C-O-S-Pb isotopic compositions and Sm-Nd isotopic age. Journal of Asian Earth Sciences，73：39-47.

Zhou J X，Huang Z L，Zhou M F，et al. 2013d. Constraints of C-O-S-Pb isotope compositions and Rb-Sr isotopic age on the origin of the Tianqiao carbonate-hosted Pb-Zn deposit，SW China. Ore Geology Reviews，53：77-92.

Zhou J X，Huang Z L，Zhou M F，et al. 2014. Zinc，sulfur and lead isotopic variations in carbonate-hosted Pb-Zn sulfide deposits，southwest China. Ore Geology Reviews，58：41-54.

Zhou J X，Bai J H，Huang Z L，et al. 2015. Geology，isotope geochemistry and geochronology of the Jinshachang carbonate-hosted Pb-Zn deposit，southwest China. Journal of Asian Earth Sciences，98：272-284.

Zhou J X，Luo K，Wang X C，et al. 2018a. Ore genesis of the Fule Pb-Zn deposit and its relationship with the Emeishan Large Igneous Province：evidence from mineralogy，bulk C-O-S and in situ S-Pb isotopes. Gondwana Research，54：161-179.

Zhou J X，Xiang Z Z，Zhou M F，et al. 2018b. The giant Upper Yangtze Pb-Zn province in SW China：reviews，new advances and a new genetic model. Journal of Asian Earth Sciences，154：280-315.

Zhou L，Zeng Q，Liu J，et al. 2020. Tracing mineralization history from the compositional textures of sulfide association：a case study of the Zhenzigou stratiform Zn-Pb deposit，NE China. Ore Geology Reviews，2020，126：103792.

Zhou M F，Malpas J，Song X Y，et al. 2002a. A temporal link between the Emeishan large igneous province（SW China）and the end-Guadalupian mass extinction. Earth and Planetary Science Letters，196（3-4）：113-122.

Zhou M F，Yan D P，Kennedy A K，et al. 2002b. SHRIMP U-Pb zircon geochronological and geochemical evidence for Neoproterozoic arc-magmatism along the western margin of the Yangtze Block，South China. Earth and Planetary Science Letters，196（1-2）：51-67.

Zhou M F，Gao J F，Zhao Z，et al. 2018. Introduction to the special issue of Mesozoic W-Sn deposits in South China. Ore Geology Reviews，101：432-436.

Zhou S G，Zhou K F，Cui Y，et al. 2015. Exploratory data analysis and singularity mapping in geochemical anomaly identification in Karamay，Xinjiang，China. Journal of Geochemical Exploration，154：171-179.

Zhou T F，Fan Y，Yuan F，et al. 2005. A preliminary geological and geochemical study of the Xiangquan thallium deposit，eastern China：the world's first thallium-only mine. Mineralogy and Petrology，85（3）：243-251.

Zhou T F，Fan Y，Yuan F，et al.，2008. A preliminary investigation and evaluation of the thallium environmental impacts of the unmined Xiangquan thallium-only deposit in Hexian，China. Environmental Geology，54（1）：131-145.

Zhou X B. 2013. Gravity inversion of 2D bedrock topography for heterogeneous sedimentary basins based on line integral and maximum difference reduction methods. Geophysical Prospecting，61（1）：220-234.

Zhou X Y，Yu J H，O'Reilly S Y，et al. 2017. Sources of the Nanwenhe–Song Chay granitic complex（SW China–NE Vietnam）and its tectonic significance. Lithos，290-291：76-93.

Zhou X Y，Yu J H，O'Reilly S Y，et al. 2018. Component variation in the late Neoproterozoic to Cambrian sedimentary rocks of SW

China-NE Vietnam，and its tectonic significance. Precambrian Research，308：92-110.

Zhou Y P，Bohor B F，Ren Y L. 2000. Trace element geochemistry of altered volcanic ash layers（tonsteins）in Late Permian coal-bearing formations of eastern Yunnan and western Guizhou Provinces，China. International Journal of Coal Geology，44（3-4）：305-324.

Zhou Z B，Wen H J，Qin C J，et al. 2017. Geochemical and isotopic evidence for a magmatic-hydrothermal origin of the polymetallic vein-type Zn-Pb deposits in the northwest margin of Jiangnan Orogen，South China. Ore Geology Reviews，86：673-691.

Zhou Z B，Wen H J，Qin C J，et al. 2018. The genesis of the dahebian Zn-Pb deposit and associated barite mineralization：implications for hydrothermal fluid venting events along the nanhua basin，south china. Ore Geology Reviews，101：785-802.

Zhu C，Wang J，Zhang J，et al. 2020. Isotope geochemistry of Zn，Pb and S in the Ediacaran strata hosted Zn-Pb deposits in Southwest China. Ore Geology Reviews，117：103274.

Zhu C W，Wen H J，Zhang Y X，et al. 2013. Characteristics of Cd isotopic compositions and their genetic significance in the lead-zinc deposits of SW China. Science China Earth Sciences，56（12）：2056-2065.

Zhu C W，Wen H J，Zhang Y X，et al. 2016. Cadmium and sulfur isotopic compositions of the Tianbaoshan Zn-Pb-Cd deposit，Sichuan Province，China. Ore Geology Reviews，76：152-162.

Zhu C W，Wen H J，Zhang Y X，et al. 2017. Cadmium isotope fractionation in the Fule Mississippi Valley-type deposit，Southwest China. Mineralium Deposita，52（5）：675-686.

Zhu C W，Liao S L，Wang W，et al. 2018a. Variations in Zn and S isotope chemistry of sedimentary sphalerite，Wusihe Zn-Pb deposit，Sichuan Province，China. Ore Geology Reviews，95（3）：639-648.

Zhu C W，Wen H J，Zhang Y X，et al. 2018b. Cd isotope fractionation during sulfide mineral weathering in the Fule Zn-Pb-Cd deposit，Yunnan Province，Southwest China. Science of the Total Environment，616-617：64-72.

Zhu C W，Wen H J，Zhang Y X，et al. 2021. Cadmium isotopic constraints on metal sources in the Huize Zn-Pb deposit，SW China. Geoscience Frontiers，12（6）：101241.

Zhu J C，Li R K，Li F C，et al. 2001. Topaz-albite granites and rare-metal mineralization in the Limu district，Guangxi Province，Southeast China. Mineralium Deposita，36（5）：393-405.

Zhu J M，Zheng B S. 2001. Distribution of selenium in a mini-landscape of Yutangba，Enshi，Hubei Province，China. Applied Geochemistry，16（11-12）：1333-1344.

Zhu J M，Johnson T M，Clark S K，et al. 2008. High precision measurement of selenium isotopic composition by hydride generation multiple collector inductively coupled plasma mass spectrometry with a ^{74}Se-^{77}Se double spike. Chinese Journal of Analytical Chemistry，36（10）：1385-1390.

Zhu J M，Johnson T M，Clark S K，et al. 2014. Selenium redox cycling during weathering of Se-rich shales：a selenium isotope study. Geochimica et Cosmochimica Acta，126：228-249.

Zhu W G，Zhong H，Yang Y J，et al. 2016. The origin of the Dapingzhang volcanogenic Cu-Pb-Zn ore deposit，Yunnan province，SW China：constraints from host rock geochemistry and ore Os-Pb-S-C-O-H isotopes. Ore Geology Reviews，75：327-344.

Zhu Z H，Levy G，Ludbrook B，et al. 2011. Rashba spin-splitting control at the surface of the topological insulator Bi_2Se_3. Physical Review Letters，107（18）：186405.